LEGUMES OF AFRICA
A CHECK-LIST

LEGUMES OF AFRICA
A CHECK-LIST

J.M. LOCK

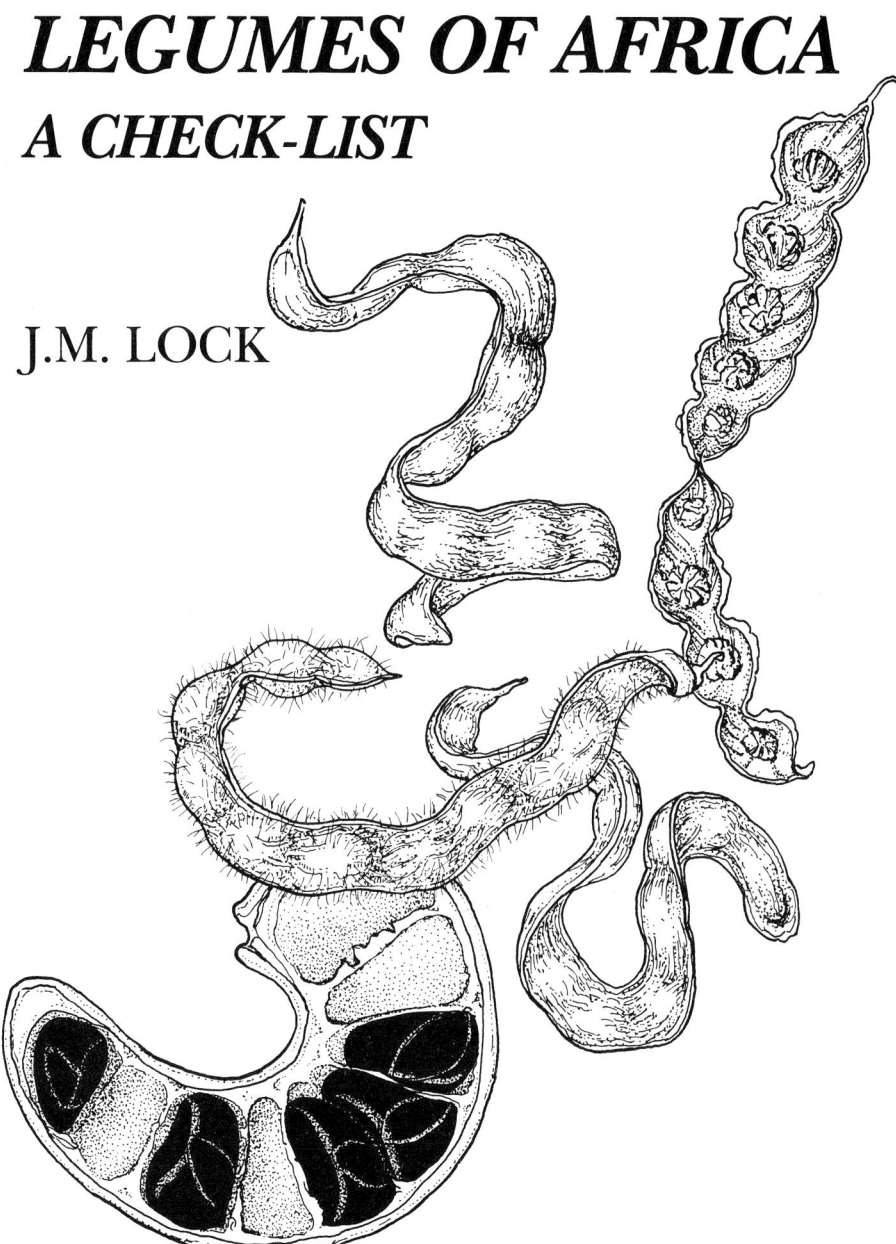

A project undertaken at the Royal Botanic Gardens, Kew as part of the programme of the International Legume Database and Information Service (ILDIS)

Published by
Royal Botanic Gardens
Kew

© Copyright Royal Botanic Gardens, Kew 1989

First published 1989

This check-list has been prepared at the Royal Botanic Gardens, Kew, as a contribution to the International Legume Database and Information Service (ILDIS). The aim of the first phase of ILDIS is to produce a computerised database containing basic nomenclatural, distributional and descriptive information on the legumes of the world. At the time of writing, the main database comprises the African data set from which this check-list has been extracted, a European data set from the ESFDS Database, and an American data set provided by the Missouri Botanical Garden. These are being merged to give a main data set which will then be edited and maintained in content and taxonomic consistency by an international network of experts. The ILDIS project is co-ordinated by Dr F.A. Bisby (University of Southampton), Dr R. M. Polhill (Royal Botanic Gardens, Kew) and Dr J.L. Zarucchi (Missouri Botanical Garden). It is sponsored by BIOSIS, the CEC, IBPGR, IUCN, Missouri Botanical Garden, Royal Botanic Gardens, Kew, the Science & Engineering Research Council (U.K.), and the University of Southampton. The ILDIS Co-ordinating Centre may be contacted at the Biology Department, Building 44, The University, Southampton, SO9 5NH, U.K.

Cover design by Sue Wickison.

ISBN 0 947643 10 9

CONTENTS

Introduction i

Caesalpinioideae 1

Mimosoideae 62

Papilionoideae 100

Geographical Bibliography 509

Bibliography 510

Index 534

Abbreviations 621

INTRODUCTION

This check-list of the legumes of Africa has been compiled at the Royal Botanic Gardens, Kew, as a contribution to the International Legume Database and Information Service Project (ILDIS). The data on which this present work are based are held on computer at the Royal Botanic Gardens, Kew, and at the ILDIS Co-ordinating Centre, whence they are accessible to accredited users. It must be emphasised that the direct outputs from the computer are in an expanded format but, for reasons of space, the data are presented here mostly as abbreviations and codes which are explained on the fold-out sheet inside the back cover.

The check-list has been prepared in the following stages:

1. A search of current Floras of countries and regions of Africa, starting with the most recent.
2. Checking of any monographic accounts which were revealed during (1).
3. A search of the collections in the Herbarium of the Royal Botanic Gardens, Kew, including cultivated material.
4. Checking of any names which appear in the collections but not in regional Floras or monographs.
5. Checking Index Kewensis, Kew Record of Taxonomic Literature, and Kew Current Awareness Lists.
6. Checking of local floristic lists for country records.

The data obtained from these sources were accumulated onto check-sheets, and then entered into an IBM - compatible micro-computer using the program 'ALICE', devised and written by Dr.R.Allkin and Mr.P.Winfield. The completed database, containing some 5825 taxa (species and infra-specific taxa) occupies about 9 Mb; it contains extra material not included in this printed version, which was produced from the database using the Alice Report Generator Program. The resulting text was subsequently edited, partly automatically using the Alice for Typesetting Program devised by Dr Allkin,and partly by hand, and then passed to the typesetter.

During the compilation of this check-list I have received much help and guidance from Dr R.M.Polhill and members of the Legume Section at the Royal Botanic Gardens, Kew. I have also had invaluable help and advice with computing matters from Bob Allkin and Peter Winfield. The work was financed by Kew through the Bentham-Moxon Trust.

THE DATA CATEGORIES

The categories of data in the database are those defined for ILDIS by Dr.S.Hollis (1987): ILDIS Type One Data: Details of Information in the Type One Data Fields. (ILDIS, University of Southampton). Not all of these data types are included in this printed checklist.

NOMENCLATURE

Accepted Names

These are names accepted in one or more standard Floras within the region. Names accepted by the most recent Floras are only rejected if a subsequent generic or other revision has shown this to be necessary.

For some countries, there is no available standard Flora; here names have been included from all available sources although, if the name is an old one and there are no recent records or revisions, it may be treated as provisional (see below.) Every accepted name in the list is accompanied by the number of a reference (see bibliography) in which the name is accepted. If there is doubt about the name, either because it applies to a doubtfully distinct or very poorly-known taxon, or because it may not be validly published, then the name is marked as 'Provisional'. In the computer database, the reasons for regarding a name as provisional are explained in notes, but in this version it will be necessary to refer to the numbered reference for an explanation.

In the vast majority of cases the generic names used are those accepted by Gunn (1983 - ref.566.)

Synonyms

These are names which have been in use either in standard works, or in herbaria, since 1940 and which are treated as synonyms of an accepted name in the most recent standard works or generic monographs. They are italicised in the check-list. It should be noted that this check-list does not attempt to present an exhaustive synonymy, so that names used in the literature prior to 1940 may not be included. In such cases it will be necessary to refer to the relevant standard works for a more comprehensive synonymy.

In a few cases, standard Floras or generic revisions provisionally place a name in synonymy. This is usually because the type specimen has been lost or destroyed, and the original description is inadequate. Such names are included here as 'suspected synonyms'('doubtful synonyms' in the ILDIS system).

Misapplied Names

These are names which have been applied to a taxon which does not include the type of the name. In the database, misapplied names are labelled as such, but in this list they are distinguishable by the the word *sensu* before the authority, as in (for example) *sensu* Brenan, or *sensu auctt.* In the former case only one author has misapplied the name; in the latter, the name has been persistently misapplied. In the first case, two references are attached, one to the original place of misapplication and one to the reference in which the mistake was corrected. In the second case, only one reference is given, to the place where the confusion was cleared up.

CHARACTERISTICS

Four categories of information are included here. First, is the plant a herb (H), a shrub (S) or a tree (T)? Herbs are regarded here as plants producing stems which do not persist from one year to the next. Herbaceous climbers are included here, as are suffrutices, by which is meant plants with a perennial and sometimes woody underground base from which annual herbaceous shoots arise. Shrubs are woody plants which are branched at or near the base. Lianas (woody climbers) are treated as climbing shrubs. Trees are woody plants which are not or scarcely branched near the base. Intermediates occur and some species may be shrubs or trees (S/T); herb/shrub intermediates (H/S) occur commonly among the larger species of, for example, *Tephrosia* and *Crotalaria*.

Secondly, does the plant climb? Those that climb, however they do so, are coded (C). Those that do not are coded (Nc). Those that can do either are coded (C/Nc).

Thirdly, what is the normal lifespan of the plant? Does it persist from one season to another (perennial (P)) or does it complete its life cycle within a single season (annual (A))? Once again, variable taxa are coded as intermediate (A/P).

Finally, there is a code letter for the conservation status of the plant in the wild, using the conventions applied by the International Union for the Conservation of Nature and Natural Resources (IUCN). The following codes are used:

X	-	Extinct
E	-	Endangered
V	-	Vulnerable
I	-	Indeterminate
K	-	Insufficiently known
Nt	-	Neither rare nor threatened (IUCN - 'N').

The vast majority of African legumes have been coded 'Nt'. Where a taxon appears to be confined to a single country, or to small areas in more than one country, such a mountain range overlapping an international boundary, it has been coded 'K'.

ECONOMIC IMPORTANCE TO MAN

There is no entry for this category unless there is a recorded use. The classes that have been used are:

Cover crop	Gum	Ornamental
Dyeing	Human food	Poison
Fibre	Insecticide	Tanning
Firewood	Livestock fodder	Timber
Fish poison	Medicinal	
Green manure	Miscellaneous	

Most of these categories are self-explanatory. 'Green manure' denotes a plant which is grown and then incorporated into the soil while green. 'Human food' covers use of any part at any stage of growth and includes beverages. 'Medicinal' covers any kind of medicinal use. 'Miscellaneous' covers any other use, and is usually explained in a note in the computer database. 'Ornamental' covers all decorative uses, and includes shade trees and hedging plants. 'Poison' includes species poisonous to livestock as well as humans. 'Timber' covers all uses of the wood, both sawn and as logs, poles or sticks. These use categories were introduced before the main ILDIS project had agreed the categories for general use. As a consequence, these will be translated into the ILDIS categories in the main ILDIS database. All records in the computer database are linked to a source reference.

HABITAT

The notation for habitat used here is based on the account of the vegetation of Africa given by White (ref.33). He divides Africa into eighteen phytochoria. Of these, eight are regions defined largely on the basis of endemism at the species level, six are transition zones between the regions, three are regional mosaics in which species characteristic of more than two regions occur admixed, and one is an impoverished area with few species but high endemism. Full accounts of the phytochoria and their vegetation can be found in White (ref. 33).The phytochoria are as follows:

Regional Centres of Endemism
1. Guineo-Congolian
2. Zambezian
3. Sudanian
4. Somalia-Masai
5. Cape
6. Karoo-Namib
7. Mediterranean

Archipelago-like Centre of Endemism
8. Afromontane

Archipelago-like Centre of Extreme Floristic Impoverishment
9. Afroalpine

Regional Transition Zones and Regional Mosaics
10. Guinea-Congolia/Zambezia Regional Transition Zone
11. Guinea-Congolia/Sudania Regional Transition Zone
12. Lake Victoria Regional Mosaic
13. Zanzibar-Inhambane Regional Mosaic
14. Kalahari-Highveld Regional Transition Zone
15. Tongaland-Pondoland Regional Mosaic
16. Sahel Regional Transition Zone
17. Sahara Regional Transition Zone
18. Mediterranean/Sahara Regional Transition Zone

Within the phytochoria, White recognizes a limited range of vegetation types. Of these, the main ones are based on physiognomy, but some subsidiary ones are based more on edaphic factors, such as flooding. White's vegetation types are as follows:

1. Forest
2. Woodland
3. Bushland and thicket
4. Shrubland
5. Grassland
6. Wooded grassland
7. Desert
8. Afroalpine vegetation
9. Scrub forest
10. Transition woodland

11. Scrub woodland
12. Mangrove (and strand vegetation)
13. Herbaceous fresh-water swamp and aquatic vegetation
14. Saline and brackish swamp
15. Bamboo
16. Anthropic landscapes

In this account, White's categories have been used almost unchanged, but from necessity I have expanded Vegetation Type 12 to include strand vegetation; species occurring on sandy sea shores are placed here, as well as the very few legumes that occur within true mangrove communities. I have used Vegetation Type 14 for all species reported as occurring on inland saline or alkaline sites, whether or not these sites are reported specifically as being swampy. Finally, I have used Vegetation Type 16 not so much in White's original sense of 'Anthropic landscapes', where little natural vegetation remains, but rather in the sense of 'ruderal vegetation'. Species recorded as occurring as weeds, on roadsides, in abandoned cultivation and similar places are placed here.

Taxa which occur only as cultivated plants are marked as 'Cult.' Introduced taxa which have become established in the wild are, where possible, given the code of the habitat in which they occur.

The habitat classification uses a combination of phytochorion and vegetation type to produce a three- or four-figure code. The phytochorion number occurs first, and the vegetation type number second. Thus 403 is Somalia-Masai (Phytochorion 4 in the list) bushland and thicket (Vegetation type 3 in the list). 101 is Guineo-Congolian forest, and 1312 is Zanzibar-Inhambane Regional Mosaic mangrove and strand vegetation.

In the computer database, all habitat records are linked to a literature reference, although these links have not been printed here. It must be remembered that a certain amount of 'translation' may have been involved in deciding into which of White's categories each taxon should be placed; I have done most of this, and there may be some mis-interpretation, particularly south of the Equator and in the Mediterranean Region, where I have no field experience.

GEOGRAPHY

Distribution within Africa is indicated by the two-letter I.S.O. Code. All records are linked to a literature reference in the computer database, but these links are not shown in the printed version. All records are of native plants unless shown; (I) indicates a definitely introduced taxon, and (U) a taxon of uncertain status.

Ao	-	Angola	Ma	-	Morocco
Bi	-	Burundi	Ml	-	Mali
Bj	-	Benin	Mr	-	Mauritania
Bw	-	Botswana	Mw	-	Malawi
Cf	-	Central African Rep.	Mz	-	Mozambique
Cg	-	Congo	Na	-	Namibia
Ci	-	Ivory Coast	Ne	-	Niger
Cm	-	Cameroun	Nq	-	Nigeria
Cv	-	Cape Verde Islands	Rw	-	Rwanda
Dj	-	Djibouti	Sd	-	Sudan

Legumes of Africa: A Checklist

Dz	-	Algeria	Sl	-	Sierra Leone
Eg	-	Egypt	Sn	-	Senegal
Eh	-	Western Sahara	So	-	Somalia
Es	-	Spain (Canary Islands)*	St	-	Sao Tome & Principe
Et	-	Ethiopia	Sz	-	Swaziland
Ga	-	Gabon	Td	-	Chad
Gh	-	Ghana	Tg	-	Togo
Gm	-	Gambia	Tn	-	Tunisia
Gn	-	Guinea	Tz	-	Tanzania
Gq	-	Equatorial Guinea	Ug	-	Uganda
Gw	-	Guinea Bissau	Yd	-	South Yemen (Socotra)
Hv	-	Burkina Fasso	Za	-	South Africa
Ke	-	Kenya	Zm	-	Zambia
Ls	-	Lesotho	Zr	-	Zaïre
Lr	-	Liberia	Zw	-	Zimbabwe
Ly	-	Libya			

* Entries for Canary Islands not complete.

Note that country boundaries are followed strictly, so that records for Cabinda are included with those for the rest of Angola, those for Annobon and Bioko (formerly Fernando Po) are included in Equatorial Guinea, and those for Zanzibar and Pemba are included in Tanzania.

Distribution outside Africa is by 'sub-continents' only. This section is not complete, and should not be regarded as a definitive statement of the distribution of a taxon. The system used in the main ILDIS Database will be slightly different. The units used here are:

Asia	-	Pakistan east to China, Japan, Phillipines and Indonesia
Australasia	-	Australia, New Caledonia, Papua New Guinea
Caribbean	-	All islands of the region
Central America	-	Mexico to Panama inclusive
Indian Ocean	-	All islands including Madagascar and Comoros
Middle East	-	Cyprus; Turkey to Iran, s. to Iraq and the Arabian Peninsula
North America	-	the mainland north of Mexico
Pacific Ocean	-	all islands east of Phillipines, Indonesia and New Caledonia
South America	-	The mainland south of Panama
South Atlantic & Southern Oceans	-	islands south of and including Ascension

LITERATURE POINTERS

This section lists references in which may be found a good description, a good illustration, and a distribution map. Up to three references are listed in each category.

References to a description are not necessarily to the original one, but may be so if nothing else is available. Descriptions in English and French have been given priority, but in some cases Latin, German, Portuguese and Italian decriptions have been cited.

Introduction

In selecting illustrations, priority is given to illustrations of the whole plant. If such are not available, then illustrations of parts are cited. Although line drawings have been given priority, some references are given to colour photographs of whole plants but these are not exhaustive. References to additional illustrations can sometimes be found in P.Bamps, J.-P.Lebrun, and A.L.Stork (1981-84): Index Iconographique des Plantes Vasculaires d'Afrique, 1935-1980. IEMVPT Etudes Botaniques 9,11 & 12.

Only maps showing the complete distribution of a taxon in Africa have been cited. There are many other maps showing distribution within more restricted areas. References to distribution maps, including those covering only part of the range of a taxon, can be found in J.- P.Lebrun & A.L.Stork (1977): Index 1935-1976 des Cartes de Rèpartition des Plantes Vasculaires d'Afrique. Conservatoire Botanique, Genève.

In addition to the printed material, the database also contains internationally-used vernacular names. These are not included here. No attempt was made to include the vast number of names recorded in local languages. The computer-based list also contains brief notes, mostly taxonomic, which are not reproduced here.

This check-list claims to contain all taxa recognized in works received at Kew by the end of 1987. However, there will undoubtedly be errors and omissions. I would be most grateful if I could be informed of these, since this material will be contained within the ILDIS World Legume Database, which will be continually updated to take account of new taxa, new country records, and other material.

CAESALPINIOIDEAE

AMHERSTIEAE

ANTHONOTHA P.Beauv.

A. acuminata (De Wild.) J.Léonard [112]
Macrolobium acuminatum De Wild. [113].
Desc.: S/T; Nc; P; Nt. *Habitat:* 101.
Ga Zr.
Description: 112,113.

A. brieyi (De Wild.) J.Léonard [113]
Macrolobium brieyi De Wild. [113].
Desc.: - *Habitat:* 101.
Cg Zr.
Description: 113; *Illustration:* 113.

A. cladantha (Harms) J.Léonard [114]
Macrolobium cladanthum Harms [114].
Desc.: - *Habitat:* –.
Cm Zr.

A. conchyliophora (Pellegrin) J.Léonard [112,114]
Isomacrolobium conchyliophorum (Pellegrin) Aubrév. & Pellegrin [114]; *Macrolobium conchyliophorum* Pellegrin [114].
Desc.: T; Nc; P; K. *Habitat:* 101.
Ga.
Description: 111,112; *Illustration:* 112,115.

A. crassifolia (Baillon) J.Léonard [11]
Macrolobium crassifolium (Baillon) J.Léonard [11]; *Macrolobium heudelotianum* sensu Aubrév. [11,12].
Desc.: T; Nc; P; Nt. *Habitat:* 101 302 1101.
Ci Gn Gw Lr Ml Nq Sl Sn.
Description: 3; *Illustration:* 12.

A. elongata (Hutch.) J.Léonard [11]
Isomacrolobium elongatum (Hutch.) Aubrév. & Pellegrin [11]; *Macrolobium elongatum* Hutch. [11].
Desc.: T; Nc; P; K. *Habitat:* 101.
Sl.
Description: 11.

A. ernae (Dinkl.) J.Léonard [11]
Macrolobium ernae Dinkl. [11]; *Triplisomeris ernae* (Dinkl.) Aubrév. & Pellegrin [11].
Desc.: S/T; Nc; P; K. *Habitat:* 101.
Lr.
Description: 11.

A. explicans (Baillon) J.Léonard [11]
Macrolobium explicans (Baillon) Keay [11]; *Macrolobium heudelotii* Benth. [11]; *Triplisomeris explicans* (Baillon) Aubrév. & Pellegrin [11].
Desc.: S/T; Nc; P; Nt. *Habitat:* 101.
Gn Lr Sl.
Description: 11; *Illustration:* 10,13.

1

A. ferruginea (Harms) J.Léonard [111]
Macrolobium ferrugineum Harms [111].
Desc.: T; Nc; P; Nt. *Habitat:* 101.
Cm Ga.
Description: 111; *Illustration:* 111,112.

A. fragrans (Baker f.) Exell & Hillc. [11]
Macrolobium chrysophylloides Hutch. & Dalziel [11]; *Macrolobium fragrans* Baker f. [11].
Desc.: T; Nc; P; Nt. *Uses:* Human food; Timber. *Habitat:* 101.
Ao Ci Cm Ga Gh Lr Nq Sl Zr.
Description: 3,13,111; *Illustration:* 12,13,111.

A. gabunensis J.Léonard [112]
Isomacrolobium gabunense (J.Léonard) Aubrév. & Pellegrin [112]; *Leonardendron gabunense* (J.Léonard) Aubrév. [112]; *Macrolobium graciliflorum* sensu Pellegrin [16,112].
Desc.: T; Nc; P; K. *Habitat:* 101.
Ga.
Description: 112; *Illustration:* 112,115.

A. gilletii (De Wild.) J.Léonard [113]
Macrolobium gilletii De Wild. [113].
Desc.: T; Nc; P; K. *Habitat:* 101 1001.
Zr.
Description: 113; *Illustration:* 116.

A. graciliflora (Harms) J.Léonard [113]
Isomacrolobium graciliflorum (Harms) Aubrév. & Pellegrin [113]; *Macrolobium graciliflorum* Harms [113].
Desc.: T; Nc; P; Nt. *Habitat:* 101.
Cm Gq Zr.
Description: 113.

A. isopetala (Harms) J.Léonard [11]
Isomacrolobium isopetalum (Harms) Aubrév. & Pellegrin [11]; *Macrolobium isopetalum* Harms [11].
Desc.: T; Nc; P; Nt. *Habitat:* 101.
Cm Ga.
Description: 11,111,113.

A. lamprophylla (Harms) J.Léonard [11]
Desc.: S/T; Nc; P; Nt. *Habitat:* 101.
Cm Ga Nq.
Description: 3,111; *Illustration:* 111,112.

A. lebrunii (J.Léonard) J.Léonard [114]
Isomacrolobium lebrunii (J.Léonard) Aubrév. & Pellegrin [114]; *Macrolobium lebrunii* J.Léonard [114].
Desc.: T; Nc; P; K. *Habitat:* 101.
Zr.
Description: 113; *Illustration:* 117.

A. leptorrhachis (Harms) J.Léonard [11]
Isomacrolobium leptorrhachis (Harms) Aubrév. & Pellegrin [11]; *Macrolobium leptorrhachis* Harms [11].
Desc.: T; Nc; P; K. *Habitat:* 101.
Cm.
Description: 11.

A. macrophylla P.Beauv. [11]
Macrolobium macrophyllum (P.Beauv.) J.F.Macbr. [11].
Desc.: S/T; Nc; P; Nt. *Uses:* Dyeing; Medicinal; Timber. *Habitat:* 101.
Ao Ci Cm Ga Gh Gn Gq Lr Nq Sl Zr.
Description: 3,111; *Illustration:* 12,111,113.

A. nigerica (Baker f.) J.Léonard [11]
Isomacrolobium nigericum (Baker f.) Aubrév. & Pellegrin [11]; *Macrolobium nigericum* (Baker f.) J.Léonard [11].
Desc.: T; Nc; P; Nt. *Habitat:* 101.
Nq Zr.
Description: 3.

A. noldeae (Rossberg) Exell & Hillc. [106]
Macrolobium noldeae Rossberg [106].
Desc.: T; Nc; P; Nt. *Uses:* Timber. *Habitat:* 201 801.
Ao Tz Zr.
Description: 106,113; *Illustration:* 106.

A. obanensis (Baker f.) J.Léonard [11]
Isomacrolobium obanense (Baker f.) Aubrév. & Pellegrin [11]; *Macrolobium obanense* Baker f. [11].
Desc.: T; Nc; P; K. *Uses:* Dyeing. *Habitat:* 101 109.
Nq.
Description: 3.

A. pellegrinii Aubrév. [112]
A. pellegrini Aubrév. [112].
Desc.: Nc; P; K. *Habitat:* 101.
Ga.
Description: 112.

A. pynaertii (De Wild.) Exell & Hillc. [112]
Macrolobium pynaertii De Wild. [112].
Desc.: T; Nc; P; Nt. *Uses:* Medicinal. *Habitat:* 101 1201.
Ao Bi Cm Ga Zr.
Description: 112,113; *Illustration:* 112,113.

A. sargosii (Pellegrin) J.Léonard [114]
Englerodendron sargosii Pellegrin [114]; *Isomacrolobium sargosii* (Pellegrin) Aubrév. & Pellegrin [114]; *Macrolobium sargosii* (Pellegrin) Pellegrin [114].
Desc.: T; Nc; P; Nt. *Habitat:* – .
Ga Zr.
Description: 118.

A. sassandraensis Aubrév. & Pellegrin [119]
Desc.: T; Nc; P; K. *Habitat:* – .
Ci.
Description: 119.

A. stipulacea (Benth.) J.Léonard [114]
Macrolobium stipulaceum Benth. [114]; *Vouapa stipulacea* (Benth.) Taubert [114].
Desc.: S; Nc; P; K. *Habitat:* 101.
Ga.
Description: 111,112; *Illustration:* 112.

A. triplisomeris (Pellegrin) J.Léonard [114]
Macrolobium triplisomere Pellegrin [114]; *Triplisomeris pellegrinii* Aubrév. [114]; *Triplisomeris triplisomeris* (Pellegrin) Aubrév. & Pellegrin [114].
Desc.: S; Nc; P; K. *Habitat:* 101.
Ga.
Description: 112; *Illustration:* 112.

A. trunciflora (Harms) J.Léonard [112]
Macrolobium trunciflorum Harms [112].
Desc.: T; Nc; P; K. *Habitat:* 101.
Ga.
Description: 112.

A. vignei (Hoyle) J.Léonard [11]
Isomacrolobium vignei (Hoyle) Aubrév. & Pellegrin [11]; *Macrolobium sp.aff.obanense* Aubrév. [11,12]; *Macrolobium vignei* Hoyle [11].
Desc.: T; Nc; P; Nt. *Habitat:* 101.
Ci Gh Lr Sl.
Description: 11; *Illustration:* 12.

A. sp.A Keay (provisional) [11]
Desc.: T; Nc; P. *Habitat:* 101.
Cm Nq.

APHANOCALYX Oliver

A. cynometroides Oliver [111]
Desc.: T; Nc; P; Nt. *Habitat:* 101.
Ga Gq Zr.
Description: 111,112,113; *Illustration:* 111,112.

A. djumaensis (De Wild.) J.Léonard [114]
A. cynometroides sensu auctt. [114]; *A. margininervatus* sensu auctt. [114]; *Cynometra ?djumaensis* De Wild. [114].
Desc.: - *Habitat:* -.
Zr.
Description: 113.

A. margininervatus J.Léonard [111]
Desc.: T; Nc; P; Nt. *Habitat:* 101.
Cm Ga.
Description: 111,112; *Illustration:* 111,112.

BERLINIA Hook.f.

B. auriculata Benth. [11]
Desc.: S/T; Nc; P; Nt. *Uses:* Medicinal. *Habitat:* 101 112.
Cm Ga Nq.
Description: 3,112; *Illustration:* 111,112.

B. bracteosa Benth. [11]
Macroberlinia bracteosa (Benth.) Hauman [11].
Desc.: T; Nc; P; Nt. *Uses:* Timber. *Habitat:* 101.
Ao Cm Ga Gq Nq Zr.
Description: 3,111; *Illustration:* 111,112.

B. bruneelii (De Wild.) Torre & Hillc. [110]
B. grandiflora var. *bruneelii* (De Wild.) Hauman [110].
Desc.: T; Nc; P; K. *Habitat:* 1001.
Ao.
Description: 109,110.

B. confusa Hoyle [11]
B. acuminata sensu Aubrév.,p.p. [11,12].
Desc.: T; Nc; P; Nt. *Uses:* Timber. *Habitat:* 101.
Ci Cm Ga Gh Lr Nq Sl.
Description: 3,111; *Illustration:* 12,13,111,112.

B. congolensis (Baker f.) Keay
Desc.: T; Nc; P; Nt. *Habitat:* 101.
Ao Cm Ga Nq Zr.
Description: 3,111; *Illustration:* 111,112.

B. coriacea Keay [11]
B. grandiflora sensu Kennedy [11].
Desc.: T; Nc; P; K. *Habitat:* 101.
Nq.
Description: 3.

B. craibiana Baker f. [11]
B. preussii De Wild. [11].
Desc.: S/T; Nc; P; Nt. *Uses:* Medicinal. *Habitat:* – .
Ao Cm Ga Nq Zr.
Description: 3,111; *Illustration:* 111,112.

B. giorgii De Wild. [113]
B. cabrae De Wild. [113]; *B. gilletii* De Wild. [113].
Desc.: T; Nc; P; Nt. *Habitat:* 201 1001 1010.
Ao Zm Zr.
Description: 113.

B. grandiflora (Vahl) Hutch. & Dalziel [11]
B. heudelotiana Baillon [11]; *B. laurentii* De Wild. [11].
Desc.: S/T; Nc; P; Nt. *Uses:* Timber. *Habitat:* 101 1101.
Ao Bj Cf Ci Cm Gh Gn Hv Ml Nq Sl Tg Zr.
Description: 3; *Illustration:* 3,12,111.

B. hollandii Hutch. & Dalziel [11]
Desc.: T; Nc; P; K. *Habitat:* 101.
Nq.
Description: 3.

B. lundensis Torre & Hillc. [110]
Desc.: T; Nc; P; K. *Habitat:* 1001.
Ao.
Description: 109; *Illustration:* 109,110.

B. occidentalis Keay [11]
B. bracteosa sensu Aubrév. [11,12].
Desc.: T; Nc; P; Nt. *Uses:* Timber. *Habitat:* 101.
Ci Gh Lr Sl.
Description: 11; *Illustration:* 12.

B. orientalis Brenan [106]
B. auriculata sensu Brenan [35,106].
Desc.: T; Nc; P; Nt. *Habitat:* 1302.
Mz Tz.
Description: 106; *Illustration:* 106,134.

B. sapinii De Wild. [113]
B. delevoyi De Wild. [113].
Desc.: S/T; Nc; P; K. *Habitat:* 202 1002.
Zr.
Description: 113.

B. tomentella Keay [11]
B. auriculata sensu Aubrév. [11,12].
Desc.: T; Nc; P; Nt. *Habitat:* 101.
Ci Cm Gh Lr Sl.
Description: 11; *Illustration:* 12.

B. viridicans Baker f. [113]
Desc.: T; Nc; P; Nt. *Habitat:* 101.
Ao Zr.
Description: 113.

B. sp. Torre & Hillc. (provisional) [110]
Desc.: T; Nc; P; K. *Habitat:* 101.
Ao.

B. sp.1 F.White (provisional) [28]
Desc.: T; Nc; P; K. *Habitat:* 201.
Zm.
Description: 28.

BRACHYSTEGIA Benth.
See Ref.28.

B. allenii Burtt Davy & Hutch. [106]
Desc.: T; Nc; P; Nt. *Habitat:* 202.
Mw Mz Tz Zm Zr Zw.
Description: 106; *Illustration:* 106.

B. angustistipulata De Wild. [106]
Desc.: T; Nc; P; Nt. *Habitat:* 202.
Tz Zr.
Description: 106.

B. bakeriana Burtt Davy & Hutch. [28]
B. bakerana Burtt Davy & Hutch. [28].
Desc.: S/T; Nc; P; K. *Habitat:* 202 203.
Ao Zm.
Description: 28.

B. x bequaertii De Wild. [113]
Desc.: T; Nc; P; K. *Habitat:* 202.
Zr.
Description: 113.

B. boehmii Taubert [106]
Desc.: T; Nc; P; Nt. *Habitat:* 202 211.
Ao Bw Mw Mz Tz Zm Zr Zw.
Description: 28,106; *Illustration:* 28.

B. bussei Harms [106]
Desc.: T; Nc; P; Nt. *Habitat:* 202.
Mw Mz Tz Zm Zr Zw.
Description: 106,113.

B. cynometroides Harms [111]
Desc.: T; Nc; P; K. *Uses:* Timber. *Habitat:* 101.
Cm.
Description: 111; *Illustration:* 111.

B. eurycoma Harms [11]
Desc.: T; Nc; P; Nt. *Uses:* Fibre; Timber. *Habitat:* 101.
Cm Nq.
Description: 3,111; *Illustration:* 3,111,112.

B. floribunda Benth. [106]
Desc.: T; Nc; P; Nt. *Uses:* Timber. *Habitat:* 202 211.
Ao Mw Mz Tz Zm Zr.
Description: 106,113; *Illustration:* 113.

B. glaberrima R.E.Fries [106]
Desc.: T; Nc; P; Nt. *Habitat:* – .
Tz Zm Zr.
Description: 106; *Illustration:* 106.

B. glaucescens Burtt Davy & Hutch. [28]
Desc.: T; Nc; P; K. *Habitat:* 202.
Zm.
Description: 28; *Illustration:* 28.

B. gossweileri Burtt Davy & Hutch. [113]
Desc.: T; Nc; P; Nt. *Habitat:* 202.
Zm Zr.
Description: 113.

B. kalongensis De Wild. (provisional) [113]
Desc.: - *Habitat:* - .
Zr.
Description: 113.

B. kennedyi Hoyle [11]
Desc.: T; Nc; P; K. *Habitat:* 101.
Nq.
Description: 3,135; *Illustration:* 3,135.

B. laurentii (De Wild.) Hoyle [11]
Desc.: T; Nc; P; Nt. *Uses:* Timber. *Habitat:* 101.
Cm Ga Zr.
Description: 11,111; *Illustration:* 111,112.

B. leonensis Burtt Davy & Hutch. [11]
Desc.: T; Nc; P; Nt. *Uses:* Timber. *Habitat:* 101.
Ci Lr Sl.
Description: 13; *Illustration:* 12,13.

B. x longifolia Benth. (provisional) [28]
Desc.: T; Nc; P; Nt. *Uses:* Fibre; Medicinal; Timber. *Habitat:* - .
Zm Zr.
Description: 28,113.

B. luishiensis De Wild. (provisional) [113]
Desc.: - *Habitat:* - .
Zr.
Description: 113.

B. lujae De Wild. [113]
Desc.: T; Nc; P; Nt. *Habitat:* 101.
Ao Zr.
Description: 113; *Illustration:* 113.

B. manga De Wild. [106]
B. burttii C.Jackson [106].
Desc.: T; Nc; P; Nt. *Habitat:* 202.
Mw Mz Tz Zm Zr Zw.
Description: 106,113.

B. microphylla Harms [106]
B. tamarindoides sensu Brenan [35,106].
Desc.: T; Nc; P; Nt. *Habitat:* 202 211.
Mw Mz Tz Zm Zr.
Description: 28,106,113; *Illustration:* 106.

B. mildbraedii Harms [111]
B. nzang Pellegrin [111]; *B. sp.* Heitz [111]; *Cynometra pachycarpa* A.Chev. [111].
Desc.: T; Nc; P; Nt. *Habitat:* 101.
Cm Ga.
Description: 111; *Illustration:* 111.

B. nigerica Hoyle & A.Jones [11]
Desc.: T; Nc; P; K. *Habitat:* 101.
Nq.
Description: 3; *Illustration:* 3.

B. puberula Burtt Davy & Hutch. [106]
Desc.: T; Nc; P; Nt. *Habitat:* 202.
Ao Tz Zm Zr.
Description: 106; *Illustration:* 28.

B. russelliae I.M.Johnston [28]
Desc.: S; Nc; P; Nt. *Habitat:* – .
Ao Zm Zr.
Description: 28.

B. spiciformis Benth. [106]
Desc.: T; Nc; P; Nt. *Uses:* Fibre; Medicinal; Timber. *Habitat:* 202 203 211 1010 1310.
Ao Ke Mw Mz Tz Zm Zr Zw.
Description: 28,106,113; *Illustration:* 28,42,106,113.

B. stipulata De Wild. [106]
Desc.: T; Nc; P; Nt. *Habitat:* 202 211.
Mw Mz Tz Zm Zr.
Description: 106,113.

B. subfalcato-foliolata De Wild. (provisional) [113]
Desc.: - *Habitat:* – .
Zr.
Description: 113.

B. tamarindoides Benth. [33]
Desc.: T; Nc; P. *Habitat:* 202.
Ao.

B. taxifolia Harms [106]
Desc.: S/T; Nc; P; Nt. *Habitat:* 202 211.
Mw Tz Zm Zr.
Description: 106,113.

B. torrei Hoyle (provisional) [33]
Desc.: - *Habitat:* – .

B. utilis Burtt Davy & Hutch. [106]
Desc.: T; Nc; P; Nt. *Habitat:* 202.
Ao Mw Mz Tz Zm Zr Zw.
Description: 106,113.

B. wangermeeana De Wild. [106]
Desc.: T; Nc; P; Nt. *Habitat:* 202 1010.
Ao Tz Zm Zr.
Description: 106,113.

B. zenkeri Harms (provisional) [111]
Desc.: T; Nc; P. *Habitat:* 101.
Cm.
Description: 111.

B. sp.cf.bakeriana Hoyle (provisional) [110]
B. rizomatosa Gossw. [110].
Desc.: S; Nc; P. *Habitat:* 202.
Ao.

B. sp.nr.russelliae F.White (provisional)   [28]
Desc.: S; Nc; P. *Habitat:* 202.
Zm.
Description: 28.

CRYPTOSEPALUM Benth.
See Ref.169.

C. congolanum (De Wild.) J.Léonard   [111]
Pynaertiodendron congolanum De Wild. [111].
Desc.: T; Nc; P; Nt. *Habitat:* 101.
Cm Ga Zr.
Description: 111,112,113; *Illustration:* 111,112.

C. diphyllum Duvign.   [11]
Desc.: T; Nc; P; K. *Habitat:* 101.
Nq.
Description: 3.

C. elegans Letouzey   [168]
Desc.: T; Nc; P; K. *Habitat:* 101.
Cm.
Description: 168; *Illustration:* 168.

C. exfoliatum De Wild.   [106]
Desc.: S/T; Nc; P; Nt. *Habitat:* 202.
Ao Mw Tz Zm Zr.
Description: 106.

  subsp. **craspedoneuron**   [169]
  Desc.: S; Nc; P; K. *Habitat:* 202.
  Zm.
  Description: 169; *Map:* 169.

  subsp. **exfoliatum**   [169]
  C. fruticosum Hutch. [169].
  Desc.: S/T; Nc; P; Nt. *Habitat:* 202.
  Tz Zm.
  Description: 106; *Map:* 169.

  subsp. **pseudotaxus** (Baker f.) Duvign. & Brenan   [169]
  C. arboreum Baker f. [169]; *C. pseudotaxus* Baker f. [169].
  Desc.: T; Nc; P; Nt. *Uses:* Medicinal. *Habitat:* 201 202.
  Ao Zm.
  Description: 28; *Map:* 169; *Illustration:* 170.

  subsp. **suffruticans** (Duvign.) Duvign. & Brennan   [169]
  C. suffruticans Duvign. [169].
  Desc.: S; Nc; P; Nt. *Habitat:* 202.
  Ao Zm.
  Description: 169; *Map:* 169.

C. katangense (De Wild.) J.Léonard   [113]
Desc.: S; Nc; P; K. *Habitat:* 202.
Zr.
Description: 113.

C. maraviense Oliver   [106]
C. bifolium De Wild. [169]; *C. boehmii* Harms [169]; *C. busseanum* Harms [169]; *C. crassiusculum* Duvign. [169]; *C. curtisiorum* I.M.Johnston [169]; *C. dasycladum* Harms [169]; *C. debeerstii* De Wild. [169]; *C. delevoyi* De Wild. [169]; *C. elegans* Duvign. [169]; *C. hockii* De Wild. [169]; *C. puchellum* Harms [169]; *C. robynsii* De Wild. [169]. *Cryptosepalum subelegans* Duvign. [169]; *C. verdickii* De Wild. [169].

Desc.: S; Nc; P; Nt. *Uses:* Medicinal. *Habitat:* 202.
Mw Mz Tz Zm Zr Zw.
Description: 106,113; *Map:* 169. *Illustration:* 106,113.

C. mimosoides Oliver [169]
Desc.: S; Nc; P; Nt. *Habitat:* 1002.
Ao Zr.
Description: 113.

C. minutifolium (A.Chev.) Hutch. & Dalziel [11]
Desc.: T; Nc; P; K. *Habitat:* 801.
Ci.
Description: 11; *Map:* 136; *Illustration:* 12.

C. pellegrinianum (J.Léonard) J.Léonard [11]
Pynaertiodendron congolanum sensu Pellegrin [16,111]; *Pynaertiodendron pellegrinianum* J.Léonard [11].
Desc.: T; Nc; P; Nt. *Habitat:* 101.
Cm Ga Nq Zr.
Description: 3,111,113; *Illustration:* 111,112,113.

C. staudtii Harms [11]
C. exfoliatum sensu Pellegrin [16,111]; *C. sp.Tani* Letouzey & Mouranche [111,171].
Desc.: S/T; Nc; P; Nt. *Habitat:* 101.
Cm Ga Gq Nq.
Description: 11,111; *Illustration:* 111,112.

C. tetraphyllum (Hook.f.) Benth. [11]
Desc.: T; Nc; P; Nt. *Uses:* Timber. *Habitat:* 101 109.
Ci Gh Gn Lr Sl.
Description: 11,13; *Illustration:* 12,13,172.

DIDELOTIA Baillon

D. africana Baillon [11]
Desc.: T; Nc; P; Nt. *Uses:* Timber. *Habitat:* 101.
Cm Ga Nq.
Description: 3,111; *Illustration:* 111,112.

D. afzelii Taubert [11]
Desc.: T; Nc; P; Nt. *Uses:* Medicinal. *Habitat:* 101.
Lr Sl.
Description: 11; *Illustration:* 13.

D. brevipaniculata J.Léonard [114]
Cynometra sp. Zing Letouzey & Mouranche [111,171]; *Monopetalanthus sp.A* Keay [11,114]; *Toubaouate brevipaniculata* (J.Léonard) Aubrév. & Pellegrin [13].
Desc.: T; Nc; P; Nt. *Habitat:* 101.
Ci Cm Ga Lr.
Description: 111; *Map:* 136. *Illustration:* 13,111,112.

D. engleri Dinkl. & Harms [11]
Desc.: S/T; Nc; P; K. *Habitat:* 101.
Lr.
Description: 11; *Illustration:* 13.

D. idae Oldeman,de Wit & J.Léonard [13]
D. sp.nr.unifoliolata Keay [11,13].
Desc.: T; Nc; P; Nt. *Uses:* Timber. *Habitat:* 101.
Ci Gh Lr Sl.
Description: 13; *Illustration:* 12,13.

D. ledermannii Harms (provisional) [114]
Desc.: T; Nc; P; K. *Habitat:* – .
Cm.
Description: 179.

D. letouzeyi Pellegrin [111]
Desc.: T; Nc; P; Nt. *Uses:* Timber. *Habitat:* – .
Cm Ga.
Description: 111,112; *Illustration:* 111,112.

D. minutiflora (A.Chev.) J.Léonard [112]
Zingania minutiflora A.Chev. [112].
Desc.: T; Nc; P; K. *Habitat:* 101.
Ga.
Description: 112; *Illustration:* 112,137.

D. morelii Aubrév. [112]
Desc.: T; Nc; P; K. *Habitat:* – .
Ga.
Description: 112; *Illustration:* 112.

D. pauli-sitai Letouzey [180]
Desc.: T; Nc; P; K. *Habitat:* 101.
Cg.
Description: 180; *Illustration:* 180.

D. unifoliolata J.Léonard [111]
Desc.: S/T; Nc; P; Nt. *Habitat:* 101.
Cm Ga Gh Nq Zr.
Description: 111,113; *Illustration:* 111,112,113.

D. sp. Keay (provisional) [11]
Desc.: T; Nc; P. *Habitat:* 101.
Lr Sl.
Description: 11.

ENGLERODENDRON Harms

E. usambarense Harms [106]
Desc.: S/T; Nc; P; K. *Habitat:* 1301.
Tz.
Description: 106; *Illustration:* 41,106.

GILBERTIODENDRON J.Léonard

G. aylmeri (Hutch. & Dalziel) J.Léonard [11]
Macrolobium aylmeri Hutch. & Dalziel [11].
Desc.: T; Nc; P; Nt. *Habitat:* 101.
Lr Sl.
Description: 11.

G. barbulatum (Pellegrin) J.Léonard [112]
Macrolobium barbulatum Pellegrin [112].
Desc.: S/T; Nc; P; K. *Habitat:* 101.
Ga.
Description: 112.

G. bilineatum (Hutch. & Dalziel) J.Léonard [11]
Macrolobium bilineatum Hutch. & Dalziel [11].
Desc.: T; Nc; P; Nt. *Habitat:* 101.
Ci Gh Lr Sl.
Description: 11,12; *Illustration:* 11,12.

G. brachystegioides (Harms.) J.Léonard [11]
Macrolobium brachystegioides Harms [11].
Desc.: T; Nc; P; Nt. *Habitat:* 101.
Cm Ga.
Description: 111.

G. breynii Bamps [181]
Desc.: T; Nc; P; K. *Habitat:* 101.
Zr.
Description: 181; *Illustration:* 181.

G. demonstrans (Baillon) J.Léonard [11]
G. dinklagei (Harms) J.Léonard [111]; *Macrolobium demonstrans* (Baillon) Oliver [11]; *Macrolobium dinklagei* Harms [111].
Desc.: S/T; C/Nc; P; Nt. *Habitat:* 101.
Cm Ga Nq.
Description: 3,111; *Illustration:* 111.

G. dewevrei (De Wild.) J.Léonard [111]
Macrolobium dewevrei De Wild. [111].
Desc.: T; Nc; P; Nt. *Uses:* Human food; Timber. *Habitat:* 101.
Ao Cf Cg Cm Ga Nq Zr.
Description: 3,111,113; *Map:* 174. *Illustration:* 111,112.

G. grandiflorum (De Wild.) J.Léonard [11]
Macrolobium grandiflorum De Wild. [11].
Desc.: T; Nc; P; Nt. *Uses:* Timber. *Habitat:* 101.
Cm Ga Nq Zr.
Description: 111,113.

G. grandistipulatum (De Wild.) J.Léonard [112]
Macrolobium grandistipulatum De Wild. [112].
Desc.: T; Nc; P; Nt. *Uses:* Timber. *Habitat:* 101.
Ga Zr.
Description: 112,113.

G. imenoense (Pellegrin) J.Léonard [112]
Macrolobium imenoense Pellegrin [112].
Desc.: S/T; Nc; P; K. *Habitat:* 101.
Ga.
Description: 112.

G. ivorense (A.Chev.) J.Léonard [11]
Macrolobium chevalieri Harms [11]; *Macrolobium ivorense* (A.Chev.) Pellegrin [11].
Desc.: T; Nc; P; Nt. *Uses:* Medicinal; Timber. *Habitat:* 101.
Ci Lr.
Description: 12.

G. klainei (Pellegrin) J.Léonard [111]
Macrolobium klainei Pellegrin [111].
Desc.: T; Nc; P; Nt. *Habitat:* 101.
Cm Ga.
Description: 111; *Illustration:* 111.

G. limba (Scott Elliot) J.Léonard [11]
Macrolobium limba Scott Elliot [11].
Desc.: T; Nc; P; Nt. *Uses:* Medicinal; Timber. *Habitat:* 101.
Ci Gh Gn Lr Sl.
Description: 11,12.

G. limosum (Pellegrin) J.Léonard   [112]
Macrolobium limosum Pellegrin [112].
Desc.: S; Nc; P; K. *Habitat:* 101.
Ga.
Description: 112.

G. mayombense (Pellegrin) J.Léonard   [111]
Macrolobium mayombense Pellegrin [111].
Desc.: T; Nc; P; Nt. *Habitat:* 101.
Ao Cg Cm Ga Nq Zr.
Description: 3,111,113.

G. ngounyense (Pellegrin) J.Léonard   [112]
Macrolobium ngouniense Pellegrin [112]; *Macrolobium ngounyense* Pellegrin [112].
Desc.: T; Nc; P; K. *Habitat:* 101.
Ga.
Description: 112.

G. obliquum (Stapf) J.Léonard   [11]
Macrolobium obliquum Stapf [11].
Desc.: S; Nc; P; K. *Habitat:* 101.
Lr.
Description: 11.

G. ogoouense (Pellegrin) J.Léonard   [111]
Macrolobium bambolense Louis [111]; *Macrolobium brachystegioides* var. *sulphureum* Pellegrin [111]; *Macrolobium ecoucense* Pellegrin [111]; *Macrolobium ecoukense* Pellegrin [111]; *Macrolobium ogoouense* Pellegrin [111].
Desc.: T; Nc; P; Nt. *Uses:* Timber. *Habitat:* 101.
Ao Cg Cm Ga Zr.
Description: 111,112,113; *Illustration:* 111,112,113.

G. pachyanthum (Harms) J.Léonard   [111]
Macrolobium pachyanthum Harms [111].
Desc.: T; Nc; P; K. *Habitat:* 101.
Cm.
Description: 111.

G. preussii (Harms) J.Léonard   [11]
G. taiense Aubrév. [13]; *Macrolobium preussii* Harms [11].
Desc.: T; Nc; P; Nt. *Uses:* Timber. *Habitat:* 101.
Ci Cm Ga Gh Lr Sl.
Description: 13,111; *Illustration:* 13,111.

G. quadrifolium (Harms) J.Léonard (provisional)   [114,182]
Macrolobium quadrifolium Harms [182].
Desc.: T; Nc; P; K. *Habitat:* 101.
Cm.
Description: 182.

G. splendidum (Hutch. & Dalziel) J.Léonard   [11]
Macrolobium splendidum (Hutch. & Dalziel) Pellegrin [11].
Desc.: T; Nc; P; Nt. *Habitat:* 101.
Ci Gh Sl.
Description: 11,12; *Illustration:* 12.

G. stipulaceum (Benth.) J.Léonard   [111]
G. sp. J.Léonard [113,181]; *Macrolobium benthamii* Baker f. [111].
Desc.: T; Nc; P; Nt. *Habitat:* 101.
Ga Gq Zr.
Description: 111,112; *Illustration:* 112.

G. straussianum (Harms) J.Léonard (provisional) [111]
Macrolobium straussianum Harms [111].
Desc.: - Habitat: – .
Gq.
Description: 179.

G. unijugum (Pellegrin) J.Léonard [111]
Macrolobium unijugum Pellegrin
Desc.: T; Nc; P; K. Habitat: 101.
Ga.
Description: 111.

G. zenkeri (Harms) J.Léonard [111]
Macrolobium zenkeri Harms [111].
Desc.: T; Nc; P; K. Habitat: 101.
Cm.
Description: 111.

G. sp.A Keay (provisional) [11]
Desc.: T; Nc; P. Habitat: 101.
Nq.
Description: 3.

G. sp.aff.G.dewevrei Aubrév. (provisional) [111]
Desc.: T; Nc; P; K. Habitat: 101.
Cm.
Description: 111.

ISOBERLINIA Craib & Stapf

I. angolensis (Benth.) Hoyle & Brenan [106]
I. densiflora (Baker) Milne-Redh. [106]; *I. niembaensis* (De Wild.) Duvign. [106]; *I. tomentosa* sensu Torre & Hillc. [106,110].
Desc.: T; Nc; P; Nt. Habitat: 202 210 302 1002.
Ao Bi Cm Mw Sd Tz Zm Zr.
Description: 106,113; Illustration: 106,113.

I. doka Craib & Stapf [106]
Berlinia doka (Craib & Stapf) Baker f. [106].
Desc.: T; Nc; P; Nt. Uses: Timber. Habitat: 302.
Bj Cf Ci Cm Gh Gn Hv Ml Ne Nq Sd Td Tg Ug Zr.
Description: 3,106,111; Illustration: 3,10,111.

I. paradoxa Hauman [113]
Desc.: T; Nc; P; K. Habitat: 302.
Zr.
Description: 113.

I. scheffleri (Harms) Greenway [106]
Desc.: T; Nc; P; K. Habitat: 1301.
Tz.
Description: 106.

I. tomentosa (Harms) Craib & Stapf [106]
Berlinia dalzielii (Craib & Stapf) Baker f. [106]; *I. dalzielii* Craib & Stapf [106].
Desc.: T; Nc; P; Nt. Uses: Timber. Habitat: 202 302.
Bi Bj Cf Ci Cm Gh Gn Ml Mw Nq Sd Tg Tz Zm Zr.
Description: 3,106,111; Illustration: 111.

ISOMACROLOBIUM Aubréville
No combination available in *Anthonotha*.

I. hallei Aubrév. (provisional)   [112]
Desc.: S; Nc; P; K. *Habitat:* 101.
Ga.
Description: 112.

JULBERNARDIA Pellegrin

J. baumii (Harms) Troupin   [113]
Isoberlinia baumii (Harms) Duvign. [113]; *Pseudoberlinia baumii* (Harms) Duvign. [113].
Desc.: T; Nc; P; Nt. *Habitat:* 202 1002.
Ao Zr.
Description: 113; *Illustration:* 163.

J. brieyi (De Wild.) Troupin   [113]
Berlinia brieyi De Wild. [113]; *J. normandii* Pellegrin [112].
Desc.: T; Nc; P; Nt. *Uses:* Timber. *Habitat:* 101.
Ao Cg Ga Zr.
Description: 112,113; *Illustration:* 112.

J. globiflora (Benth.) Troupin   [106]
Berlinia eminii Taubert [106]; *Isoberlinia globiflora* (Benth.) Greenway [106]; *Pseudoberlinia globiflora* (Benth.) Duvign. [106].
Desc.: S/T; Nc; P; Nt. *Uses:* Fibre; Firewood; Medicinal; Poison; Timber. *Habitat:* 202 211.
Bi Bw Mw Mz Na Tz Zm Zr Zw.
Description: 106,107; *Illustration:* 41,106.

J. gossweileri (Baker f.) Torre & Hillc.   [110]
Berlinia paniculata sensu Gossw. [110,188]; *Berlinia paniculata* var. *gossweileri* Baker f. [110].
Desc.: H; Nc; P; K. *Habitat:* 202.
Ao.
Description: 68.

J. hochreutineri Pellegrin   [112]
Desc.: T; Nc; P; K. *Habitat:* 101.
Ga.
Description: 112, *Illustration:* 112.

J. letouzeyi J-F.Villiers   [189]
Desc.: T; Nc; P; K. *Habitat:* 101.
Cm.
Description: 189; *Illustration:* 189.

J. magnistipulata (Harms) Troupin   [106]
Isoberlinia magnistipulata (Harms) Milne-Redh. [106].
Desc.: S/T; Nc; P; Nt. *Habitat:* 1301 1303 1309.
Ke Tz.
Description: 106.

J. paniculata (Benth.) Troupin   [106]
Isoberlinia paniculata (Benth.) Greenway [106]; *Pseudoberlinia paniculata* (Benth.) Duvign. [106].
Desc.: T; Nc; P; Nt. *Uses:* Medicinal; Timber. *Habitat:* 202.
Ao Bi Mw Mz Tz Zm Zr.
Description: 106,113; *Illustration:* 106.

J. pellegriniana Troupin   [111]
Paraberlinia bifoliolata Pellegrin [111].
Desc.: T; Nc; P; Nt. *Habitat:* 101.
Cm Ga Zr.
Description: 11,111,190; *Illustration:* 111,112.

J. seretii (De Wild.) Troupin   [11]
Berlinia ledermannii Harms [113]; *J. ogoouensis* Pellegrin [111]; *Seretoberlinia seretii* (De Wild.) Duvign. [113].
Desc.: T; Nc; P; Nt. *Uses:* Timber. *Habitat:* 101.
Ao Cm Ga Nq Zr.
Description: 3,111,113; *Illustration:* 111,112,113.

J. unijugata J.Léonard   [106]
Desc.: T; Nc; P; K. *Habitat:* 201.
Tz.
Description: 106.

MACROLOBIUM Schreber

The generic position of *M. crassifolium* is uncertain.

M. crassifolium A.Chev. (provisional)   [11]
Desc.: - Habitat: –.
Gn.
Description: 11.

MICHELSONIA Hauman

M. microphylla (Troupin) Hauman   [113]
Julbernardia microphylla Troupin [113]; *Tetraberlinia microphylla* (Troupin) Aubrév. [112].
Desc.: T; Nc; P; K. *Uses:* Timber. *Habitat:* 101.
Zr.
Description: 113; *Illustration:* 113,191.

M. polyphylla (Harms) Hauman   [111]
Berlinia polyphylla Harms [111]; *Julbernardia polyphylla* (Harms) Troupin [111]; *Tetraberlinia polyphylla* (Harms) J.Léonard [111].
Desc.: T; Nc; P; Nt. *Habitat:* 101.
Cm Ga.
Description: 111,112; *Illustration:* 111,112,137.

MICROBERLINIA A.Chev.

M. bisulcata A.Chev.   [111]
Berlinia bifurcata (A.Chev.) Troupin [111]; *Berlinia bisulcata* (A.Chev.) Troupin [111].
Desc.: T; Nc; P; K. *Habitat:* 101.
Cm.
Description: 11,111,112; *Illustration:* 111,112,137.

M. brazzavillensis A.Chev.   [112]
Desc.: T; Nc; P; K. *Habitat:* 101.
Ga.
Description: 112; *Illustration:* 112,137.

MONOPETALANTHUS Harms

M. breynei Bamps   [181]
Desc.: T; Nc; P; K. *Habitat:* 101.
Zr.
Description: 181; *Illustration:* 181.

M. compactus Hutch. & Dalziel   [11]
Desc.: T; Nc; P; Nt. *Habitat:* –.
Ci Lr Sl.
Description: 11,13; *Illustration:* 11,13.

M. coriaceus Aubrév. [111]
Desc.: T; Nc; P; K. *Habitat:* 101.
Ga.
Description: 111,112; *Illustration:* 112.

M. durandii F.Hallé & Normand [111]
Desc.: T; Nc; P; K. *Uses:* Timber. *Habitat:* 101.
Ga.
Description: 111,112,192; *Illustration:* 192.

M. evrardii Bamps [181]
Desc.: T; Nc; P; K. *Habitat:* 101.
Zr.
Description: 181.

M. hedinii (A.Chev.) Pellegrin [111]
Cynometra hedinii A.Chev. [111].
Desc.: T; Nc; P; K. *Habitat:* 101.
Cm.
Description: 111; *Illustration:* 111,112,137.

M. heitzii Pellegrin [112]
Desc.: T; Nc; P; K. *Habitat:* 101.
Ga.
Description: 111,112; *Illustration:* 111,112.

M. jensenii Gram [113]
Desc.: T; Nc; P; K. *Habitat:* 101.
Zr.
Description: 113.

M. ledermannii Harms [111]
Desc.: T; Nc; P; K. *Habitat:* 101.
Cm.
Description: 111; *Illustration:* 111,112.

M. letestui Pellegrin [111]
Desc.: T; Nc; P; Nt. *Uses:* Timber. *Habitat:* 101.
Cm Ga.
Description: 111,112; *Illustration:* 111,112.

M. longiracemosus A.Chev. [111]
Desc.: T; Nc; P; K. *Habitat:* 101.
Ga.
Description: 111,112; *Illustration:* 112,137.

M. microphyllus Harms [111]
Desc.: T; Nc; P; Nt. *Uses:* Timber. *Habitat:* 101.
Ao Cm Ga Zr.
Description: 111,112,113; *Illustration:* 111,112.

M. pectinatus A.Chev. [112]
Desc.: T; Nc; P; K. *Habitat:* 101.
Ga.
Description: 112; *Illustration:* 112,137.

M. pellegrinii A.Chev. [111]
Desc.: T; Nc; P; Nt. *Uses:* Timber. *Habitat:* – .
Cm Ga.
Description: 111,112; *Illustration:* 111,112,137.

M. pteridophyllus Harms [11]
Desc.: T; Nc; P; Nt. *Uses:* Human food; Medicinal; Timber. *Habitat:* 101.
Cm Lr Sl Zr.
Description: 11,113; *Illustration:* 113.

M. richardsiae J.Léonard [106]
M. leonardii Devred & Bamps [106].
Desc.: T; Nc; P; Nt. *Habitat:* 101 201.
Ao Tz Zm Zr.
Description: 106,193; *Illustration:* 106,193.

M. trapnellii J.Léonard [28]
Desc.: T; Nc; P; K. *Habitat:* 201.
Zm.
Description: 28,194; *Illustration:* 194.

M. sp. Aubrév. (provisional) [111]
Desc.: T; Nc; P. *Habitat:* 101.
Cm.
Description: 111.

M. sp.B Keay (provisional) [11]
Desc.: T; Nc; P. *Habitat:* 101.
Nq.
Description: 3.

M. sp.C Keay (provisional) [11]
Desc.: S/T; Nc; P. *Habitat:* – .
Cm.
Description: 11.

ODDONIODENDRON De Wild.

O. micranthum (Harms) Baker f. [111,113]
O. gilletii De Wild. [113].
Desc.: T; Nc; P; Nt. *Uses:* Timber. *Habitat:* 101.
Cm Ga Zr.
Description: 111,112,113; *Illustration:* 111,112.

O. normandii Aubrév. [112]
Desc.: T; Nc; P; K. *Habitat:* 101.
Ga.
Description: 112; *Illustration:* 112.

O. romeroi Mendes [195]
Desc.: T; Nc; P; K. *Habitat:* 101.
Ao.
Description: 195; *Illustration:* 195.

PARAMACROLOBIUM J.Léonard

P. coeruleum (Taubert) J.Léonard [106]
Macrolobium coeruleoides De Wild. [106]; *Macrolobium coeruleum* (Taubert) Harms [106]; *Macrolobium dawei* Hutch. & Burtt Davy [11].
Desc.: T; Nc; P; Nt. *Uses:* Timber. *Habitat:* 101 1301.
Ao Cf Cg Cm Gn Ke Sl Tz Zr.
Description: 106,113; *Illustration:* 10,106,113.

PELLEGRINIODENDRON J.Léonard

P. diphyllum (Harms) J.Léonard [11]
Macrolobium diphyllum Harms [11].
Desc.: T; Nc; P; Nt. *Habitat:* 101.
Ci Cm Ga Gh.
Description: 11,111; *Illustration:* 12,111,112.

POLYSTEMONANTHUS Harms

P. dinklagei Harms [11]
Desc.: T; Nc; P; Nt. *Habitat:* 101.
Ci Lr.
Description: 11; *Illustration:* 11,15.

PSEUDOMACROLOBIUM Hauman

P. mengei (De Wild.) Hauman [113]
Berlinia mengei De Wild. [113]; *Macrolobium sp.* Troupin [113,191].
Desc.: T; Nc; P; K. *Uses:* Fish poison; Timber. *Habitat:* 101.
Zr.
Description: 113; *Illustration:* 113.

TAMARINDUS L.

T. indica L. [106]
Desc.: T; Nc; P; Nt. *Uses:* Dyeing; Human food; Medicinal; Ornamental; Timber. *Habitat:* 202 302 401 1209 1303 2001 Cult.
Ao Bi Bj Cf Ci Cm Cv Dj(U) Eg(I) Et Gh Gn Gq(I) Gw Hv Ke Lr Ly(I) Ml Mw Mz Ne Nq Sd Sl Sn So Td Tg Tz Ug Yd Za(U) Zm Zr Zw; Indian Ocean.
Description: 3,106,113; *Illustration:* 3,41,106.

TETRABERLINIA (Harms) Hauman

T. bifoliolata (Harms) Hauman [111]
Berlinia bifoliolata Harms [111]; *Julbernardia bifoliolata* (Harms) Troupin [111].
Desc.: T; Nc; P; Nt. *Uses:* Timber. *Habitat:* 101.
Ao Cm Ga Gq Zr.
Description: 111,112,113; *Illustration:* 111,112.

T. moreliana Aubrév. [112]
Desc.: T; Nc; P; K. *Uses:* Timber. *Habitat:* 101.
Ga.
Description: 112; *Illustration:* 112.

T. tubmaniana J.Léonard [13]
Didelotia sp. Keay,p.p. [13].
Desc.: T; Nc; P; K. *Uses:* Timber. *Habitat:* 101.
Lr.
Description: 13; *Illustration:* 13.

CAESALPINIEAE

ACROCARPUS Wight & Arn.

A. fraxinifolius Arn. [106]
Desc.: T; Nc; P; Nt. *Uses:* Ornamental. *Habitat:* Cult.
Tz(1) Ug(1).
Description: 106

BURKEA Benth.

B. africana Hook. [106]
Desc.: T; Nc; P; Nt. *Uses:* Firewood; Fish poison; Gum; Medicinal; Tanning; Timber. *Habitat:* 202 211 302 1006 1409.
Ao Bj Bw Cf Ci Cm Gh Gn Hv Ml Mw Mz Na Ne Nq Sd Sn Td Tg Tz Ug Za Zm Zr Zw.
Description: 3,106,113; *Illustration:* 10,106,138.

BUSSEA Harms

B. eggelingii Verdc. [106]
Desc.: S/T; Nc; P; K. *Habitat:* 1301.
Tz.
Description: 106.

B. gossweileri Baker f. [113]
Desc.: T; Nc; P; Nt. *Habitat:* 101.
Ao Zr.
Description: 113; *Illustration:* 113.

B. massaiensis (Taubert) Harms [106]
Desc.: S/T; Nc; P; Nt. *Uses:* Human food; Livestock fodder. *Habitat:* 202 203.
Tz Zm.
Description: 106; *Illustration:* 106.

 subsp. **massaiensis** [106]
Desc.: S/T; Nc; P; Nt. *Uses:* Human food; Livestock fodder. *Habitat:* 202 203.
Tz.
Description: 106; *Illustration:* 106.

 subsp. **rhodesica** Brenan [106]
Desc.: S/T; Nc; P; K. *Habitat:* 202 203.
Zm.

B. occidentalis Hutch. [11]
Desc.: T; Nc; P; Nt. *Uses:* Human food; Medicinal; Timber. *Habitat:* 101.
Ci Gh Lr Sl.
Description: 11,13; *Illustration:* 12,13.

B. xylocarpa (Sprague) Sprague & Craib [139]
Desc.: T; Nc; P; K. *Habitat:* 202.
Mz.
Description: 139.

CAESALPINIA L.

C. bessac Chiov. (provisional) [125]
Desc.: S; Nc; P; K. *Habitat:* – .
So.
Description: 81,125; *Map:* 125; *Illustration:* 125.

C. bonduc (L.) Roxb. [106]
C. crista sensu auctt. [16,54,106].
Desc.: S/T; C/Nc; P; Nt. *Uses:* Medicinal. *Habitat:* 112 1312 1512.
Ao Bj Ci Cm Eg(I) Et(I) Gh Gw Ke Lr Mz Nq Sl Sn So Tg Tz Za Zr.
Description: 106,113; *Illustration:* 112.

C. coriaria (Jacq.) Willd. [106]
Desc.: S/T; Nc; P. *Uses:* Dyeing; Medicinal; Ornamental; Tanning. *Habitat:* Cult.
Gh(I) Mz(I) Tz(I) Ug(I) Zr(I) ; South America.

C. dalei Brenan & J.B.Gillett [106]
   C. sp. I.R.Dale [42,106].
   Desc.: T; Nc; P; K. *Habitat*: 1301.
   Ke.
   Description: 106.

C. dauensis Thulin [140]
   C. sp.A Brenan [106,140].
   Desc.: S; Nc; P; K. *Habitat*: 403.
   Ke.
   Description: 106,140.

C. decapetala (Roth) Alston [106]
   C. sepiaria Roxb. [106].
   Desc.: S/T; C/Nc; P. *Uses*: Ornamental. *Habitat*: Cult.
   Ao(I) Cm(I) Et(I) Ke(I) Lr(I) Mw(I) Mz(I) Nq(I) Rw(I) Sd(I) Sl(I) Sz(I) Tz(I) Ug(I) Za(I) Zm(I) Zr(I) Zw(I) ; Asia.
   Description: 106,107,113; *Illustration*: 24.

C. digyna Rottler [106]
   Desc.: S/T; Nc; P. *Uses*: Ornamental. *Habitat*: Cult.
   Tz(I) ; Asia.

C. erianthera Chiov. [106]
   Desc.: S; Nc; P; Nt. *Habitat*: 403.
   Dj Et Ke So.
   Description: 106; *Illustration*: 81.

C. gilliesii (Hook.) Dietr. [106]
   Desc.: S; Nc; P. *Uses*: Ornamental. *Habitat*: Cult.
   Ao(I) Et(I) Ke(I) Ly(I) Mz(I) Na(I) Tz(I) Za(I) Zw(I) ; South America.
   Description: 107,141; *Illustration*: 141.

C. glandulosopedicellata R.Wilczek [113]
   Desc.: S; Nc; P; K. *Habitat*: 202.
   Zr.
   Description: 113; *Illustration*: 113.

C. homblei R.Wilczek [113]
   Desc.: S; Nc; P; K. *Habitat*: 202.
   Zr.
   Description: 113.

C. insolita (Harms) Brenan & J.B.Gillett [106]
   Hoffmannseggia insolita Harms [106].
   Desc.: T; Nc; P; K. *Habitat*: 1302.
   Tz.
   Description: 106.

C. leiostachya (Benth.) Ducke [8]
   Desc.: T; Nc; P. *Habitat*: Cult.
   Zw.

C. merxmuelleriana A.Schreiber [142]
   Desc.: S; Nc; P; K. *Habitat*: 604.
   Na.
   Description: 142; *Map*: 142; *Illustration*: 142.

C. mexicana A.Gray [8]
   Desc.: - *Habitat*: Cult.
   Sn(I) .

C. oligophylla Harms [24]
Desc.: S; Nc; P; K. *Habitat:* 403.
Et So.
Description: 24; *Map:* 125; *Illustration:* 24.

C. pearsonii L.Bolus [142]
Desc.: S; Nc; P; K. *Habitat:* 604.
Na.
Description: 107; *Map:* 142; *Illustration:* 143.

C. peltophoroides Benth. [8]
Desc.: T; Nc; P. *Habitat:* Cult.
Ke(I) ; South America.

C. pulcherrima (L.) Sw. [106]
Poinciana pulcherrima L. [106].
Desc.: S/T; Nc; P. *Uses:* Fish poison; Medicinal; Ornamental; Tanning. *Habitat:* Cult.
Ao(I) Cf(I) Ci(I) Eg(I) Et(I) Gh(I) Gq(I) Ke(I) Lr(I) Ml(I) Mw(I) Ne(I) Nq(I) Sl(I) So(I) Tz(I) Ug(I) Za(I) Zm(I) Zr(I) .
Description: 106; *Illustration:* 261.

C. punctata Willd. [144]
C. paucijuga Oliver [144].
Desc.: S/T; Nc; P. *Uses:* Ornamental. *Habitat:* Cult.
Ug(I) ; Caribbean.

C. rostrata N.E.Br. [107]
Desc.: S; C/Nc; P; Nt. *Habitat:* 1502.
Mz Za.
Description: 107; *Illustration:* 145.

C. rubra (Engl.) Brenan [107]
Hoffmannseggia rubra Engl. [107].
Desc.: S; Nc; P; Nt. *Habitat:* 1404.
Ao Bw Na.
Description: 107; *Map:* 142.

C. sappan L. [106]
Desc.: S/T; Nc; P. *Uses:* Dyeing; Medicinal; Ornamental; Tanning. *Habitat:* Cult.
Nq(I) Tz(I) Ug(I) Za(I) Zr(I) ; Asia.
Description: 113.

C. spicata Dalz. [106]
Wagatea spicata (Dalz.) Wight [106].
Desc.: S; Nc; P. *Habitat:* Cult.
Tz(I) ; Asia.

C. spinosa (Molina) O.Kuntze [106]
C. pectinata Cav. [106]; *C. tinctoria* (Kunth) Benth. [106].
Desc.: S/T; Nc; P. *Uses:* Ornamental; Tanning. *Habitat:* Cult.
Et(I) Ke(I) Na(I) Ug(I) Zw(I) ; South America.
Description: 107.

C. trothae Harms [106]
Desc.: S; C/Nc; P; Nt. *Habitat:* 403.
Et Ke So Tz.
Description: 106; *Illustration:* 106.

subsp. **trothae** [106]
Desc.: S; C/Nc; P; Nt. *Habitat:* 403.
Ke Tz.
Description: 106; *Illustration:* 106.

subsp. **erlangeri** (Harms) Brenan [106]
C. erlangeri Harms [106].
Desc.: S; C/Nc; P; Nt. *Uses:* Livestock fodder. *Habitat:* 403.
Et Ke So.
Description: 24,106; *Map:* 125; *Illustration:* 106.

C. volkensii Harms [106]
C. major sensu Brenan [35,106].
Desc.: S; C; P; Nt. *Habitat:* 1201 1301.
Et Ke Tz Ug.
Description: 106.

C. welwitschiana (Oliver) Brenan [106]
Mezoneuron welwitschianum Oliver [106].
Desc.: S; C; P; Nt. *Habitat:* 101 1201.
Ao Bi Cm Ga Rw Tz Ug Zm Zr.
Description: 106,111,113; *Illustration:* 28,111,113.

CHIDLOWIA Hoyle

C. sanguinea Hoyle [11]
Desc.: T; Nc; P; Nt. *Habitat:* 101 1101.
Ci Gh Lr Sl.
Description: 11,12; *Illustration:* 12,161.

CORDEAUXIA Hemsley

C. edulis Hemsley [24]
Desc.: S/T; Nc; P; K. *Uses:* Dyeing; Human food; Livestock fodder. *Habitat:* 403.
Et Ke(I) So Tz(I).
Description: 24,164; *Map:* 125. *Illustration:* 24,81,164.

DELONIX Raf.

D. baccal (Chiov.) Baker f. [106]
Desc.: T; Nc; P; Nt. *Habitat:* 403.
Et Ke So.
Description: 24,106; *Map:* 125; *Illustration:* 125.

D. elata (L.) Gamble
Desc.: T; Nc; P; Nt. *Uses:* Dyeing; Medicinal; Tanning. *Habitat:* 403.
Dj Eg Et Ke Na(I) Sd So Tz Ug Zr; Asia.
Description: 24,106; *Illustration:* 24,106.

D. regia (Hook.) Raf. [106]
Desc.: T; Nc; P; E. *Uses:* Ornamental. *Habitat:* Cult.
Ao(I) Bi(I) Cm(I) Eg(I) Et(I) Gh(I) Ke(I) Ly(I) Ml(I) Mz(I) Ne(I) So(I) Td(I) Tg(I) Tz(I) Ug(I) Za(I) Zm(I) Zr(I) Zw(I) ; Indian Ocean.
Description: 3,113,141; *Illustration:* 3,141,261.

ERYTHROPHLEUM R.Br.

E. africanum (Benth.) Harms [106]
Desc.: T; Nc; P; Nt. *Uses:* Medicinal; Poison; Timber. *Habitat:* 202 210 302 1006.
Ao Bj Bw Cf Ci Ga Gh Gm Gn Gw Ml Mz Na Nq Sd Sn Td Tg Tz Zm Zr Zw.
Description: 3,106; *Illustration:* 10,28.

E. ivorense A.Chev. [11]
E. micranthum Holland [11].
Desc.: T; Nc; P; Nt. *Uses:* Poison; Timber. *Habitat:* 101.
Ci Cm Ga Gh Gq Gw Lr Nq Sl.
Description: 3,13,111; *Illustration:* 12,13,111.

E. lasianthum Corbishley [107]
    E. guineense var. *swaziense* Burtt Davy [107]; *E. suaveolens* sensu auctt. [107].
    Desc.: T; Nc; P; Nt. *Uses:* Medicinal; Poison. *Habitat:* 1501.
    Mz Sz Za.
    Description: 107; *Illustration:* 107.

E. letestui A.Chev. [110]
    Desc.: T; Nc; P; Nt. *Habitat:* 101.
    Ao Ga.
    Description: 68.

E. suaveolens (Guillemin & Perrottet) Brenan [106]
    E. guineense G.Don [106].
    Desc.: T; Nc; P; Nt. *Uses:* Dyeing; Fish poison; Medicinal; Poison; Tanning; Timber. *Habitat:* 201 1101 1301 1310.
    Cf Ci Cm Gh Gm Gn Gw Ke Ml Mw Mz Nq Sd Sl Sn Td Tg Tz Ug Zm Zr Zw; Asia.
    Description: 3,106,113; *Illustration:* 3,106,113.

GLEDITSIA L.

G. amorphoides (Griseb.) Taubert [106]
    Desc.: T; Nc; P. *Habitat:* Cult.
    Ke(I) ; South America.

G. triacanthos L. [106]
    Desc.: T; Nc; P. *Uses:* Livestock fodder; Medicinal. *Habitat:* Cult.
    Mz(I) Ug(I) Za(I) Zw(I) ; North America.

HAEMATOXYLUM L.

H. campechianum L. [106]
    Haematoxylon campechianum L. [106].
    Desc.: T; Nc; P. *Uses:* Dyeing; Timber. *Habitat:* Cult.
    Ao(I) Ci(I) Eg(I) Ke(I) Nq(I) Sd(I) Sl(I) Tz(I) Ug(I) Zr(I) ; Caribbean; Central America.

H. dinteri (Harms) Harms [107]
    Desc.: S; Nc; P; K. *Habitat:* 604.
    Na.
    Description: 107; *Illustration:* 107.

HOFFMANNSEGGIA Cav.
See Ref.185.

H. burchellii (DC.) Oliver [107]
    Desc.: H/S; Nc; P; Nt. *Habitat:* 202 1402.
    Bw Na Za Zw.
    Description: 107.

  subsp. **burchellii** [107]
    Desc.: H/S; Nc; P; Nt. *Habitat:* 1402.
    Bw Na Za Zw.
    Description: 107; *Map:* 185.

  subsp. **rubro-violacea** (Baker f.) Brummitt & J.Ross [107]
    H. rubro-violacea Baker f. [107].
    Desc.: H/S; Nc; P; Nt. *Habitat:* 202.
    Bw Za.
    Description: 107; *Map:* 185.

H. lactea (Schinz) Schinz [107]
    H. pearsonii Phillips [107].
    Desc.: S; Nc; P; Nt. *Habitat:* 604.
    Na Za.
    Description: 107; *Map:* 185; *Illustration:* 186.

H. sandersonii (Harvey) Engl. [107]
Desc.: H; Nc; P; K. *Habitat:* 1505.
Za.
Description: 107; *Map:* 185; *Illustration:* 107.

MEZONEURON Desf.

This genus is merged with *Caesalpinia* by Gunn (Ref.566).

M. angolense Oliver [106]
Mezoneurum angolense Oliver [113].
Desc.: S; C; P; Nt. *Habitat:* 101 1001 1201 1301.
Ao Cm Lr Mz Tz Ug Zm Zr.
Description: 106,113; *Illustration:* 106.

M. benthamianum Baillon [11]
Desc.: S; C; P; Nt. *Uses:* Medicinal. *Habitat:* 101 1101 1103.
Bj Ci Gh Gm Gn Gw Lr Nq Sl SnTg.
Description: 11.

M. cucullatum (Roxb.) Wight & Arn. [106]
Desc.: - *Habitat:* Cult.
Tz(I) ; Asia.

PACHYELASMA Harms

P. tessmannii (Harms) Harms [11]
Desc.: T; Nc; P; Nt. *Uses:* Fish poison; Medicinal; Tanning; Timber. *Habitat:* 101.
Cm Ga Gq Nq Zr.
Description: 3,111,113; *Illustration:* 41,111,112.

PARKINSONIA L.

P. aculeata L. [106]
Desc.: S/T; Nc; P; Nt. *Uses:* Livestock fodder; Medicinal; Ornamental. *Habitat:* – .
Ao(I) Cm(I) Cv(I) Dj(I) Et(I) Gh(I) Gm(I) Ke(I) Ly(I) Ml(I) Mr(I) Mz(I) Na(I) Ne(I) Nq(I) Sd(I) Sl(I) Sn(I) So(I) Td(I) Tz(I) Ug(I) Za(I) Zr(I) Zw(I) ; Central America; South America.
Description: 3,106,113; *Illustration:* 141.

P. africana Sonder [107]
Desc.: S/T; Nc; P; Nt. *Uses:* Human food. *Habitat:* 604 1403.
Bw Na Za.
Description: 107; *Illustration:* 107.

P. anacantha Brenan [106]
Desc.: S; Nc; P; K. *Habitat:* 403.
Ke.
Description: 106.

P. raimondoi Brenan [197]
Desc.: S; Nc; P; K. *Habitat:* 403.
So.
Description: 197; *Illustration:* 197.

P. scioana (Chiov.) Brenan [106]
Caesalpinia gillettii Hutch. & E.A.Bruce [106]; *Peltophoropsis scioana* Chiov. [106].
Desc.: S/T; Nc; P; Nt. *Habitat:* 403.
Dj Et Ke So.
Description: 24,106; *Map:* 125; *Illustration:* 24,106,125.

PELTOPHORUM (Vogel) Walp.

P. africanum Sonder [113]
Desc.: T; Nc; P; Nt. *Uses:* Medicinal; Ornamental. *Habitat:* 202 203 1503.
Ao Bw Ke(I) Mw Mz Na Sz Tz(I) Za Zm Zr Zw.
Description: 107,113; *Illustration:* 58,198,410.

P. dasyrhachis (Miq.) Baker [106]
Desc.: T; Nc; P. *Uses:* Ornamental. *Habitat:* Cult.
Ci(I) Sl(I) Tz(I) Ug(I) ; Asia.

P. dubium (Sprengel) Taubert [8]
P. vogelianum Benth. [8].
Desc.: T; Nc; P. *Habitat:* – .
Zw(I) ; South America.

P. pterocarpum (DC.) K.Heyne [106]
P. ferrugineum (Decne.) Benth. [106]; *P. inerme* (Roxb.) Naves [106]; *P. roxburghii* (G.Don) Degener [106].
Desc.: T; Nc; P. *Uses:* Ornamental. *Habitat:* Cult.
Bi(I) Gh(I) Gm(I) Gn(I) Ke(I) Lr(I) Mz(I) Nq(I) Sd(I) Sl(I) Tg(I) Tz(I) Ug(I) Za(I) Zr(I) ; Asia; Australasia.
Description: 113; *Illustration:* 261.

PTEROGYNE Tul.

P. nitens Tul. [106]
Desc.: T; Nc; P. *Uses:* Ornamental. *Habitat:* Cult.
Ke(I) Ug(I) ; South America.

PTEROLOBIUM Wight & Arn.

P. stellatum (Forsskal) Brenan [106]
P. exosum (J.Gmelin) Baker f. [106].
Desc.: S; C/Nc; P; Nt. *Habitat:* 401 403 801 803.
Et Ke Mw Mz Rw Sd Tz Ug Za Zm Zr Zw; Middle East.
Description: 106,113; *Illustration:* 24,106,410.

SCHIZOLOBIUM Vogel

S. parahybum (Vell.) Blake [106]
S. excelsum Vogel [106].
Desc.: T; Nc; P. *Uses:* Ornamental. *Habitat:* Cult.
Mw(I) Mz(I) Tz(I) Ug(I) Zm(I) Zr(I) ; South America.
Description: 113.

STACHYOTHYRSUS Harms

S. stapfiana (A.Chev.) J.Léonard & Voorh. [203]
Kaoue stapfiana (A.Chev.) Pellegrin [203]; *Oxystigma stapfiana* A.Chev. [203].
Desc.: T; Nc; P; Nt. *Uses:* Miscellaneous; Timber. *Habitat:* 101.
Ci Lr Sl.
Description: 11,13; *Illustration:* 12,13.

S. staudtii Harms [111]
Kaoue germainii R.Wilczek [203].
Desc.: T; Nc; P; Nt. *Habitat:* 101.
Cm Ga Gq Zr.
Description: 111,112,113; *Illustration:* 112,113,167.

S. tessmannii Harms (provisional) [179]
Desc.: T; Nc; P; K. *Habitat:* 101.
Gq.
Description: 179.

STUHLMANNIA Taubert

S. moavi Taubert [106]
Desc.: T; Nc; P; K. *Habitat:* 1301.
Tz.
Description: 106; *Illustration:* 106.

CASSIEAE

CASSIA L.

The African species of *Cassia* have recently been divided among the three segregate genera, *Cassia*, *Chamaecrista* and *Senna* (Lock 1988,ref.565) . Combinations in the segregate genera have not been made for all introduced species, which are listed here under *Cassia*.

C. abbreviata Oliver [106]
Desc.: S/T; Nc; P; Nt. *Uses:* Medicinal; Poison; Tanning. *Habitat:* 202 203 403 1306.
Bw Ke Mz Na So Tz Za Zm Zr Zw.
Description: 106.

subsp. **abbreviata** [106]
Desc.: S/T; Nc; P; Nt. *Habitat:* 202 203 1306.
Mz Tz Zm Zr Zw.
Description: 106.

subsp. **beareana** (Holmes) Brenan [106]
C. beareana Holmes [106].
Desc.: S/T; Nc; P; Nt. *Uses:* Medicinal. *Habitat:* 202 203 403 1306.
Bw Ke Mz Na So Tz Za Zm Zr Zw; Australasia.
Description: 106,107,146; *Illustration:* 146,410.

subsp. **kassneri** (Baker f.) Brenan [106]
C. kassneri Baker f. [106].
Desc.: S/T; Nc; P; Nt. *Uses:* Tanning. *Habitat:* 403 1306.
Ke Tz.
Description: 106.

C. afrofistula Brenan [106]
C. beareana sensu R.O.Williams [106]; *C. fistula* sensu Brenan [106].
Desc.: S/T; Nc; P; Nt. *Uses:* Medicinal. *Habitat:* 1303.
Ke Mz Tz Zw(I) ; Indian Ocean; North America.
Description: 106,148; *Illustration:* 106,148.

C. angolensis Hiern [106]
Desc.: T; Nc; P; Nt. *Uses:* Medicinal. *Habitat:* 201 1301.
Ao Mw Mz Tz Za(I) Zm Zr.
Description: 106.

C. arereh Del. [11]
Desc.: T; Nc; P; Nt. *Uses:* Fish poison; Medicinal. *Habitat:* 302.
Cm Et Nq Sd.
Description: 3,149; *Illustration:* 10,24,149.

C. artemisioides DC. [107]
Desc.: S; Nc; P. *Habitat:* Cult.
Za(I) Zw(I) ; Australasia.
Description: 107.

C. aubrevillei Pellegrin [11]
C. sp.aff.mannii Aubrév.,p.p. [11,12].
Desc.: T; Nc; P; K. *Habitat:* 101.
Ci Ga.
Description: 11; *Illustration:* 12.

C. barclayana Sweet [8]
Desc.: - *Habitat:* – .
Za(I) .

C. brewsteri F.Muell. [106]
Desc.: T; Nc; P. *Habitat:* Cult.
Ke(I) ; Australasia.

C. burttii Baker f. [106]
Desc.: S/T; Nc; P; Nt. *Habitat:* 1302 1306.
Mz Tz.
Description: 106,150; *Illustration:* 148,150.

C. eremophila Vogel [107]
Desc.: S; Nc; P. *Habitat:* Cult.
Eg(I) Tz(I) Za(I) ; Australasia.
Description: 107.

C. ferruginea Schrader [151]
Desc.: T; Nc; P. *Uses:* Ornamental. *Habitat:* Cult.
Za(I) ; South America.

C. fistula L. [106]
Desc.: T; Nc; P. *Uses:* Medicinal; Ornamental; Tanning. *Habitat:* Cult.
Ao(I) Et(I) Ke(I) Mw(I) Tz(I) Ug(I) Za(I) Zw(I) ; Asia.
Description: 107; *Illustration:* 10,261.

C. grandis L.f. [106]
Desc.: T; Nc; P. *Uses:* Ornamental. *Habitat:* Cult.
Ci(I) Sl(I) Tz(I) Ug(I) Zr(I) ; South America.
Illustration: 261.

C. javanica L. [107]
Desc.: T; Nc; P. *Uses:* Ornamental. *Habitat:* Cult.
Lr(I) Nq(I) Sl(I) Td(I) Tg(I) Za(I) Zr(I) Zw(I) ; Asia.
Description: 107.

subsp. **javanica** [155]
Desc.: T; Nc; P. *Uses:* Ornamental. *Habitat:* – .

subsp. **nodosa** (Roxb.) K.& S.Larsen [155]
C. javanica var. *indochinensis* Gagnepain [151]; *C. nodosa* Roxb. [155]; *C. agnes* (De Wit) Brenan [151].
Desc.: T; Nc; P. *Uses:* Ornamental. *Habitat:* Cult.
Gh(I) Ke(I) Nq(I) Tz(I) Ug(I) Zr(I) ; Asia.

C. leiandra Benth. [106]
C. moschata Benth. [2].
Desc.: T; Nc; P. *Uses:* Ornamental. *Habitat:* Cult.
Ug(I) ; South America.

C. mannii Oliver [106]
Desc.: T; Nc; P; Nt. *Uses:* Timber. *Habitat:* 101 1201.
Ci Cm Ga Nq Sd St Ug Zr.
Description: 3,106,113; *Illustration:* 111,113,156.

C. psilocarpa Welw. (provisional) [106,110]
Desc.: T; Nc; P; K. *Habitat:* – .
Ao.
Description: 106.

C. renigera Benth. [106]
Desc.: T; Nc; P. *Uses:* Ornamental. *Habitat:* Cult.
Ug(I) ; Asia.
Description: 2.

C. retusa Vogel [8]
Desc.: S; Nc; P. *Habitat:* Cult.
Ci(I) .

C. roxburghii DC. [106]
C. marginata Roxb. [106].
Desc.: T; Nc; P. *Uses:* Ornamental. *Habitat:* Cult.
Ke(I) Sl(I) Ug(I) ; Asia.
Description: 2.

C. sieberiana DC. [106]
C. kotschyana Oliver [11]; *C. sieberana* DC. [106].
Desc.: S/T; Nc; P; Nt. *Uses:* Fish poison; Medicinal; Ornamental; Timber. *Habitat:* 302.
Bj Cf Ci Cm Gh Gm Gn Gw Hv Lr Ml Ne Nq Sd Sl Sn Td Tg Ug Zr.
Description: 3,106,113; *Illustration:* 3,10,11.

C. thyrsoidea Brenan [106]
C. sieberiana sensu Brenan [35,106].
Desc.: S/T; Nc; P; Nt. *Habitat:* 201.
Mw Tz.
Description: 106,148; *Illustration:* 148.

C. sp.A Brenan (provisional) [106]
Desc.: H; Nc; P; K. *Habitat:* 205.
Tz.
Description: 106.

C. sp.B Brenan (provisional) [106]
Desc.: H; Nc; P; K. *Habitat:* 405.
Ke.
Description: 106.

CERATONIA L.

C. oreothauma Hillc.,G.P.Lewis & Verdc. [160]
Desc.: T; Nc; P; K. *Uses:* Livestock fodder. *Habitat:* – .
So; Middle East.
Description: 160; *Illustration:* 160.

subsp. **somalensis** Hillc.,G.P.Lewis & Verdc. [160]
Desc.: T; Nc; P; K. *Habitat:* – .
So.
Description: 160; *Illustration:* 160.

C. siliqua L. [106]
Desc.: T; Nc; P; Nt. *Uses:* Gum; Human food; Livestock fodder; Medicinal. *Habitat:* 701 704 1801 1804.
Cv(I) Dz Et(I) Ke(I) Ly Ma Mz(I) Na(I) Sd(I) TnTz(I) Za(I) Zm(I) Zw(I) .
Description: 141; *Illustration:* 141,531,548.

CHAMAECRISTA (L.) Moench
See Ref.565.

C. absus (L.) Irwin & Barneby [565]
Cassia absus L. [565]
Desc.: H; Nc; A; Nt. *Uses:* Medicinal. *Habitat:* 305 405 1205.
Ao Bi Bj Bw Cf Ci Et Gh Gm Gn Ke Ml Mw Mz Na Ne Nq Sd Sl Sn Sz Td Tg Tz Ug Za Zm Zr Zw; Asia; Australasia.
Description: 106,107,113; *Illustration:* 106.

C. africana (Stey.) Lock [565]
Cassia africana (Stey.) Mendonça & Torre [565]
Desc.: H/S; Nc; P; K. *Habitat:* 202.
Ao.
Description: 147; *Illustration:* 110,147.

C. biensis (Stey.) Lock [565]
Cassia biensis (Stey.) Mendonça & Torre [565]
Desc.: H; Nc; P; Nt. *Habitat:* –.
Ao Bw Mz Na Sz Za Zm Zw.
Description: 107; *Illustration:* 147.

C. capensis (Thunb.) E.Meyer [565]
Cassia capensis Thunb. [565]
Desc.: H; Nc; P; Nt. *Habitat:* –.
Mz Sz Za.
Description: 107.

C. comosa E.Meyer [565].
Cassia comosa (E.Meyer) Vogel [565]
Desc.: H; Nc; P; Nt. *Habitat:* 202 203.
Mw Mz Sz Tz Za Zr.
Description: 106,107.

C. dimidiata (Roxb.) Lock [565]
Cassia hochstetteri Ghesq. [565]; *Senna dimidiata* Roxb. [106].
Desc.: H; Nc; A; Nt. *Habitat:* 805.
Et Tz Zw; Asia; Indian Ocean.
Description: 106; *Illustration:* 149.

C. duboisii (Stey.) Lock [565]
Cassia duboisii Stey. [565]
Desc.: H; Nc; P; K. *Habitat:* 202.
Zr.
Description: 113; *Illustration:* 152.

C. exilis (Vatke) Lock [565]
Cassia exilis Vatke [565]
Desc.: H; Nc; A; K. *Habitat:* 1305.
Tz.
Description: 106.

C. falcinella (Oliver) Lock [565]
Cassia falcinella Oliver [565]
Desc.: H; Nc; A; Nt. *Habitat:* 205 405 1205.
Bw Ke Na Rw Tz Ug Zm Zr Zw.
Description: 106,113.

C. fallacina (Chiov.) Lock [565]
Cassia fallacina Chiov. [565]
Desc.: H/S; Nc; P; Nt. *Habitat:* 405.
Et Ke So Tz.
Description: 106,149; *Illustration:* 149.

C. fenarolii (Mendonça & Torre) Lock [565]
Cassia fenarolii Mendonça & Torre [565]
Desc.: H; Nc; P; Nt. *Habitat:* 202.
Ao Tz Zm Zw.
Description: 106; *Illustration:* 110,147.

C. ghesquiereana (Brenan) Lock [565]
Cassia ghesquiereana Brenan [565]
Desc.: H; Nc; P; Nt. *Habitat:* 805.
Tz Ug Zr.
Description: 106.

C. gracilior (Ghesq.) Lock [565]
Cassia gracilior (**Ghesq.**) **Stey.** [565]
Desc.: H; Nc; A; Nt. *Habitat:* 202 205.
Ao Mw Tz Zm Zr Zw.
Description: 106.

C. grantii (Oliver) Standley [565].
Cassia grantii Oliver [565]
Desc.: H; Nc; A; Nt. *Habitat:* 202 206 402 406.
Ao Ke Mw Mz Tz Ug.
Description: 106.

C. hildebrandtii (Vatke) Lock [565]
Cassia hildebrandtii Vatke [565]
Desc.: H; Nc; P; Nt. *Habitat:* 405 406.
Et Ke Rw So Tz Ug Zr.
Description: 106; *Illustration:* 149.

C. huillensis (Mendonça & Torre) Lock [565]
Cassia huillensis Mendonça & Torre [565]
Desc.: H/S; Nc; P; K. *Habitat:* 202.
Ao.
Description: 147; *Illustration:* 110,147.

C. jaegeri (Keay) Lock [565]
Cassia jaegeri Keay [565]
Desc.: H; Nc; A; Nt. *Habitat:* 306.
Ml Sl Sn.
Description: 11.

C. kalulensis (Stey.) Lock [565]
Cassia kalulensis Stey. [565]
Desc.: H; Nc; P; K. *Habitat:* 202.
Zr.
Description: 113; *Illustration:* 152.

C. katangensis (Ghesq.) Lock [565]
Cassia katangensis (**Ghesq.**) **Stey.** [565]
Desc.: H; Nc; P; Nt. *Habitat:* 202.
Ga Mw Tz Zm Zr.
Description: 106; *Illustration:* 152.

C. kirkii (Oliver) Standley [565].
Cassia kirkii Oliver [565]; *C. wildemaniana* Ghesq. [565].
Desc.: H; Nc; A; Nt. *Habitat:* 105 205 305 1205.
Ao Ci Cm Et Ga Gh Gn Gq Ke Lr Mw Nq Sl Tg Tz Ug Zm Zr Zw.
Description: 106,113; *Map:* 152. *Illustration:* 106,113.

C. meelii (Stey.) Lock [565]
Cassia meelii Stey. [565]
Desc.: H; Nc; A; K. Habitat: 202.
Zr.
Description: 113; Illustration: 152.

C. mimosoides (L.) Greene [565]
Cassia mimosoides L. [565].
Desc.: H; Nc; A; Nt. Uses: Livestock fodder; Medicinal. Habitat: 202 205 302 305 1106 1202 1205 1302 1305.
Ao Bi Bj Bw Ci Cm Et Ga Gh Gm Gn Gw Hv Ke Lr Ml Mr Mw Mz Na Ne Nq Sd Sl Sn St Sz Td Tg Tz Ug Za Zm Zr Zw; Asia; Australasia; Indian Ocean.
Description: 106,113; Map: 152; Illustration: 113.

C. newtonii (Mendonça & Torre) Lock [565]
Cassia newtonii Mendonça & Torre [565]
Desc.: H; Nc; P; K. Habitat: 202.
Ao.
Description: 147; Illustration: 110,147.

C. nictitans (L.) Moench [151]
Cassia lechenaultiana DC. [151].
Desc.: - Habitat: Cult.
Zr(I) ; Asia; Australasia.

C. nigricans (Vahl) Greene [565].
Cassia nigricans Vahl [565].
Desc.: H; Nc; A; Nt. Uses: Medicinal. Habitat: 205 216 305 316 405 416.
Ao Bj Cf Cm Et Gh Gm Gw Hv Ke Ml Ne Nq Sd Sn Td Tz Ug Zr; Asia; Middle East.
Description: 106,113; Illustration: 24,149.

C. paralias (Brenan) Lock [565]
Cassia paralias Brenan [565].
Desc.: S; Nc; P; K. Habitat: 1312.
Mz.
Description: 158.

C. parva (Stey) Lock (provisional) [105,565]
Cassia parva Stey. [565].
Desc.: H; Nc; P; Nt. Habitat: 202.
Ke Mw Tz Za Zm Zr Zw.
Description: 106,113.

C. plumosa E.Meyer [565]
Cassia plumosa (E.Meyer) Vogel [565].
Desc.: H; Nc; P; Nt. Habitat: – .
Mz Za.
Description: 107.

C. polytricha (Brenan) Lock [565]
Cassia polytricha Brenan [565].
Desc.: H; Nc; A; Nt. Habitat: 202 205.
Mw Mz Tz Zm Zw.
Description: 106.

C. puccioniana (Chiov.) Lock [565]
Cassia puccioniana Chiov. [149].
Desc.: S; Nc; P; K. Uses: Livestock fodder. Habitat: 404.
So.
Description: 149; Map: 149; Illustration: 149.

C. stricta E.Meyer [565]
   Cassia quarrei (Ghesq.) Stey. [565]; *Cassia sparsa* Stey. [565].
   Desc.: H; Nc; A; Nt. Habitat: 202 203 1203.
   Ke Mw Rw Sz Tz Za Zm Zr Zw.
   Description: 106,113; Illustration: 113,152.

C. robynsiana (Ghesq.) Lock [565]
   Cassia robynsiana Ghesq. [565]
   Desc.: H; Nc; P; Nt. Habitat: 202.
   Zm Zr.
   Description: 113; Illustration: 159.

C. rotundifolia (Pers.) Greene [151]
   Cassia rotundifolia Pers. [151].
   Desc.: H; Nc; A; Nt. Habitat: 316 1116.
   Gh(I) Gm(I) Nq(I) Tg(I) ; Central America.
   Description: 11.

C. schmitzii (Stey.) Lock [565]
   Cassia schmitzii Stey. [565].
   Desc.: H; Nc; A; K. Habitat: 202.
   Zr.
   Description: 113; Illustration: 113.

C. usambarensis (Taubert) Standley [565]
   Cassia usambarensis Taubert [565].
   Desc.: H; Nc; P; Nt. Habitat: 805.
   Ke Tz.
   Description: 106.

C. wittei (Ghesq.) Lock [565]
   Cassia wittei Ghesq. [565]; *Cassia wildemaniana* sensu auctt. [106].
   Desc.: H; Nc; A; Nt. Habitat: 803 805.
   Cm Et Mw Mz Tz Ug Zr Zw.
   Description: 106; Illustration: 149.

C. zambesiaca (Oliver) Lock [565]
   Cassia zambesiaca Oliver [106].
   Desc.: H; Nc; P; Nt. Habitat: 1305 1316.
   Ke Mz Tz Zw.
   Description: 106.

DIALIUM L.
Specific limits are poorly understood and controversial in this genus.

D. angolense Oliver [113]
   D. evrardii Stey. [113].
   Desc.: T; Nc; P; Nt. Habitat: 201 1001.
   Ao Cf Zm Zr.
   Description: 113; Illustration: 110.

D. aubrevillei Pellegrin [11]
   Desc.: T; Nc; P; Nt. Habitat: – .

D. bipindense Harms [111]
   D. connaroides Baker f. [111]; *D. fleuryi* Pellegrin [111].
   Desc.: T; Nc; P; Nt. Habitat: 101.
   Cm Ga.
   Description: 111; Illustration: 111,112.

D. corbisieri Staner [113]
Desc.: T; Nc; P; K. *Habitat:* 101.
Zr.
Description: 113.

D. densiflorum Harms [111]
Desc.: T; Nc; P; Nt. *Habitat:* 101.
Cm Ga.
Description: 111,112.

D. dinklagei Harms [11]
D. staudtii Harms [110].
Desc.: T; Nc; P; Nt. *Habitat:* 101 1101.
Ao Ci Cm Ga Gh Gn Lr Nq Sl Zr.
Description: 3,12; *Illustration:* 12,111,112.

D. englerianum Henriq. [107]
D. engleranum Henriq. ; *D. lacourtianum* Vermoesen [113]; *D. simsii* Phillips [110].
Desc.: T; Nc; P; Nt. *Uses:* Human food; Medicinal. *Habitat:* 106 202 1006.
Ao Bw Na Zm Zr Zw.
Description: 107,113; *Illustration:* 28,110.

D. eurysepalum Harms [112]
Desc.: T; Nc; P; K. *Habitat:* 101.
Ga.
Description: 112.

D. excelsum Stey. [106]
D. bipindense sensu Eggeling [9,106]; *D. sp.* Eggeling [9,106]; *D. sp.nr.bipindense* Eggeling [9,106].
Desc.: T; Nc; P; Nt. *Uses:* Timber. *Habitat:* 101 1201.
Ug Zr.
Description: 106,113; *Illustration:* 106,113.

D. gossweileri Baker f. [113]
Desc.: T; Nc; P; Nt. *Habitat:* – .
Ao Ga Gq Zr.
Description: 113; *Illustration:* 113.

D. graciliflorum Harms (provisional) [113]
Desc.: T; Nc; P. *Habitat:* 101.
Zr.
Description: 113.

D. guineense Willd. [11]
Desc.: S/T; Nc; P; Nt. *Uses:* Firewood; Human food; Medicinal; Timber. *Habitat:* 101 310 1101 1103.
Bj Ci Gh Gm Gn Gw Lr Nq Sl Sn St Tg; Caribbean.
Description: 3,12; *Illustration:* 3,12.

D. hexasepalum Harms [113]
Desc.: S; Nc; P; K. *Habitat:* 101.
Zr.
Description: 113.

D. holtzii Harms [106]
Desc.: T; Nc; P; Nt. *Habitat:* 1301.
Ke Mz Tz.
Description: 106.

D. kasaiense Stey. [113]
Desc.: T; Nc; P; K. *Habitat:* 101.
Zr.
Description: 113.

D. latifolium Harms (provisional) [177]
Desc.: T; Nc; P; K. *Habitat:* –.
Cm.
Description: 177.

D. orientale Baker f. [106]
Desc.: S/T; Nc; P; Nt. *Uses:* Timber. *Habitat:* 1303 1309.
Ke Tz.
Description: 106; *Illustration:* 106.

D. pachyphyllum Harms [11]
D. yambataense Vermoesen [113].
Desc.: T; Nc; P; Nt. *Uses:* Poison; Timber. *Habitat:* 101.
Ao Cm Ga Gq Nq Zr.
Description: 3,111; *Illustration:* 111.

D. pentandrum Stey. [113]
Desc.: T; Nc; P; K. *Habitat:* 101.
Zr.
Description: 113; *Illustration:* 113.

D. pobeguinii Pellegrin [11]
D. ovatum Hutch. & Dalziel [11].
Desc.: T; Nc; P; Nt. *Habitat:* 1101.
Gn Sl.
Description: 10,11; *Illustration:* 10.

D. poggei Harms (provisional) [113]
Desc.: T; Nc; P; K. *Habitat:* –.
Zr.
Description: 113.

D. polyanthum Harms [177]
Desc.: T; Nc; P; Nt. *Habitat:* –.
Cf Cm.
Description: 177.

D. quinquepetalum Pellegrin [178]
Desc.: S/T; Nc; P; K. *Habitat:* –.
Cg.
Description: 178.

D. reygaertii De Wild. [113]
Desc.: T; Nc; P; K. *Habitat:* 101.
Zr.
Description: 113.

D. schlechteri Harms [107]
Desc.: T; Nc; P; Nt. *Habitat:* 1501.
Mz Za.
Description: 107; *Illustration:* 107.

D. soyauxii Harms [111]
Desc.: T; Nc; P; K. *Habitat:* 101.
Ga.
Description: 111.

D. tessmannii Harms [111]
D. mayumbense Baker f. [110].
Desc.: T; Nc; P; Nt. *Habitat:* 101.
Ao Cm Ga Gq Zr.
Description: 111,112,113; *Illustration:* 111,112.

D. zenkeri Harms [111]
Desc.: T; Nc; P; Nt. *Uses:* Human food. *Habitat:* 101.
Cm Gq Zr.
Description: 111,113; *Illustration:* 111.

D. sp. Torre & Hillc. (provisional) [110]
Desc.: - *Habitat:* 101.
Ao.

DISTEMONANTHUS Benth.

D. benthamianus Baillon [11]
Desc.: T; Nc; P; Nt. *Uses:* Dyeing; Medicinal; Timber. *Habitat:* 101.
Ci Cm Ga Gh Gq Lr Nq Sl Tg.
Description: 3,13,111; *Illustration:* 12,13,111.

DUPARQUETIA Baillon

D. orchidacea Baillon [11]
Oligostemon pictus Benth. [11].
Desc.: S/T; C/Nc; P; Nt. *Habitat:* 101.
Ao Ci Cm Ga Gh Lr Nq Zr.
Description: 11,111; *Map:* 136. *Illustration:* 111,112,172.

SENNA Miller
See Ref.565.

S. alata (*L.*) *Roxb.* [565]
Cassia alata L. [565].
Desc.: S; Nc; P; Nt. *Uses:* Medicinal; Ornamental. *Habitat:* 116 1116 Cult.
Bi(I) Ci(I) Cm(I) Ga(I) Gh(I) Gn(I) Ke(I) Lr(I) Ml(I) Mw(I) Nq(I) Sl(I) Sn(I) Td(I) Tz(I) Ug(I) Zr(I) ; South America.
Description: 106,111,113; *Illustration:* 10,261.

S. alexandrina Miller [151]
Cassia senna L. [106]; *Cassia acutifolia* Del. [106]; *S. acutifolia* (Del.) Batka [106].*Desc.:* S; Nc; P; Nt. *Uses:* Medicinal. *Habitat:* 403.
Dj Dz Eg Et Ke Ml Mz(U) Ne Nq SdSo; Asia; Middle East.
Description: 106,149; *Illustration:* 10,149.

S. auriculata (L.) Roxb. [565]
Cassia auriculata L. [565]; *C. densistipulata* Taubert [106].
Desc.: S/T; Nc; P; Nt. *Uses:* Medicinal; Tanning. *Habitat:* 1302 Cult.
Gh(I) Nq(I) Sd(U) Sl(I) Tz(U) Za(I) Zr(I) ; Asia.
Description: 106.

S. baccarinii (*Chiov.*) *Lock* [565]
Cassia baccarinii Chiov. [565].
Desc.: S; Nc; P; Nt. *Habitat:* 403.
Et Ke So.
Description: 24,106,149; *Map:* 149. *Illustration:* 24,149.

S. bacillaris (L.f.) Irwin & Barneby [151]
Cassia bacillaris L.f. [151]; *Cassia fruticosa* Miller [106,151].
Desc.: T; Nc; P. *Habitat:* Cult.
Gh(I) Ke(I) Sl(I) Tz(I) Ug(I) Zr(I) ; Caribbean; Central America; South America.
Description: 106.

Senna bicapsularis (L.) Roxb. [151]
Cassia bicapsularis L. [151].
Desc.: S; C/Nc; P. *Uses:* Ornamental. *Habitat:* Cult.
Eg(I) Et(I) Gh(I) Ke(I) Mw(I) Nq(I) Sd(I) Sl(I) Sn(I) So(I) Tz(I) Ug(I) Za(I) Zm(I) Zr(I) Zw(I) ; Caribbean; South America.
Description: 106,113,149; *Illustration:* 149.

S. corymbosa (Lam.) Irwin & Barneby [151]
Cassia corymbosa Lam. [107,151].
Desc.: S; Nc; P. *Habitat:* Cult.
Za(I) ; South America.
Description: 107.

S. didymobotrya (Fresen) Irwin & Barneby [151]
Cassia didymobotrya Fresen. [106]; *Cassia nairobiensis* L.Bailey [106].
Desc.: S; Nc; P; Nt. *Uses:* Fish poison; Medicinal; Ornamental; Poison; Tanning. *Habitat:* 202 206 402 406.
Ao Et Ke Mw Mz Na(U) Sd Tz Ug Za(U) Zm Zr Zw; Australasia; North America.
Description: 106,113; *Illustration:* 106,113,149.

S. ellisae (Brenan) Lock [565]
Cassia ellisae Brenan [565].
Desc.: S/T; Nc; P; Nt. *Habitat:* 403.
Et So.
Description: 24,153; *Map:* 149; *Illustration:* 149.

S. gossweileri (Baker f.) Lock [565]
Cassia gossweileri Baker f. [565].
Desc.: H; Nc; P; K. *Habitat:* – .
Ao.
Description: 68.

S. hirsuta (L.) Irwin & Barneby [151]
Cassia hirsuta L. [106,151].
Desc.: H/S; Nc; P; Nt. *Habitat:* 116 1216 1316 Cult.
Bi(I) Cf(I) Ci(I) Cm(I) Ga(I) Gh(I) Gn(I) Ke(I) Lr(I) Ml(I) Mw(I) Nq(I) Tg(I) Tz(I) Ug(I) Za(I) Zr(I) Zw(I) ; South America.
Description: 106,111,113; *Illustration:* 111.

S. holosericea (Fresen.) Greuter [565]
Cassia holosericea Fresen. [565].
Desc.: H/S; Nc; P; Nt. *Habitat:* 403.
Dj Et Sd So Yd; Asia.
Description: 24,29; *Map:* 149; *Illustration:* 149.

S. hookeriana Batka [565]
Cassia adenensis Benth. [565].
Desc.: H/S; Nc; P. *Habitat:* 403.
So Yd.

S. humifusa (Brenan) Lock [565]
Cassia humifusa Brenan [565]
Desc.: H; Nc; P; K. *Habitat:* 403.
Ke So.
Description: 106.

Senna italica Miller [565]
Desc.: H/S; Nc; P; Nt. *Habitat:* 405 1703.
Ao Bw Cm Cv Dj Eg Eh Et Gm Ke Ly Ml Na Ne Nq Sd Sn So Td Tz Ug Za; Asia; Middle East.
Description: 106,111; *Illustration:* 111,141,149.

subsp. **italica** [565]
C. *aschrek* Forsskal [565]; *Cassia italica* (**Miller**) Sprengel [565]; *C. obovata* Colladon [565].
Desc.: H/S; Nc; P; Nt. *Uses:* Human food; Medicinal. *Habitat:* 405 1703.
Cm Cv Dj Eg Eh Gm Ly Ml Ne Nq Sd Sn So Td; Asia; Middle East.
Description: 10,141; *Illustration:* 10,141.

subsp. **arachoides** (Burchell) Lock [153]
Cassia arachoides Burchell [565]; *Cassia italica* subsp. *arachoides* (Burchell) Brenan [565].
Desc.: H/S; Nc; P; Nt. *Habitat:* 1403 1416.
Bw Mz Na Sz Za Zw.
Description: 154; *Map:* 154; *Illustration:* 154.

subsp. **micrantha** (Brenan) Lock [565]
Cassia italica subsp. *micrantha* Brenan [565].
Desc.: H/S; Nc; P; Nt. *Habitat:* 405.
Bw Dj Et Ke Ml Na Ne Sn So Td Tz Ug Yd Za; Asia.
Description: 106; *Illustration:* 24,149.

S. ligustrina (L.) Irwin & Barneby [151]
Cassia ligustrina L. [151].
Desc.: S; Nc; P. *Habitat:* Cult.
Gh(I).

S. longiracemosa (Vatke) Lock [565]
Cassia longiracemosa Vatke [565].
Desc.: S/T; Nc; P; Nt. *Habitat:* 403.
Et Ke So Tz Ug.
Description: 106,149; *Illustration:* 149.

S. marylandica (L.) Link [151]
Cassia marilandica L. [141,151]; *Cassia marylandica* L. [151].
Desc.: S/T; Nc; P. *Habitat:* – .
Ly(I) ; North America.

S. multiglandulosa (Jacq.) Irwin & Barneby [151]
Cassia tomentosa L.f. [151].
Desc.: - *Habitat:* – .
Et(I) Ke(I) Na(I) Za(I) ; South America.
Description: 107.

S. multijuga (Rich.) Irwin & Barneby [151]
Cassia multijuga Rich. [107,151].
Desc.: T; Nc; P. *Habitat:* Cult.
Gh(I) Ke(I) Sl(I) Tz(I) Ug(I) Za(I) Zm(I) Zw(I) ; South America.
Description: 107.

S. obtusifolia (L.) Irwin & Barneby [151]
Cassia obtusifolia L. [106,151]; *Cassia tora* sensu auctt. [106].
Desc.: H/S; Nc; A; Nt. *Uses:* Dyeing; Human food; Medicinal. *Habitat:* 216 316 416 1116 1606.
Ao(I) Bi(I) Ci(I) Cm(I) Et(I) Ga(I) Gh(I) Gm(I) Gn(I) Gq(I) Gw(I) Ke(I) Lr(I) Ly(I) Ml(I) Mr(I) Mw(I) Mz(I) Na(I) Ne(I) Nq(I) Sd(I) Sl(I) Sn(I) St(I) Td(I) Tg(I) Tz(I) Ug(I) Yd(I) Za(I) Zm(I) Zr(I) Zw(I) .
Description: 106,111,113; *Illustration:* 24,149.

S. occidentalis (L.) Link [151]
Cassia occidentalis L. [151].
Desc.: H; Nc; A; Nt. *Uses:* Medicinal. *Habitat:* 116 216 416 1116.
Ao(U) Bi(U) Cf(U) Ci(U) Cm(I) Et(I) Ga(I) Gh(U) Gn(U) Gq(U) Ke(U) Lr(U) Ly(U) Ml(U) Mz(U) Na(U) Ne(U) Nq(U) Rw(U) Sd(U) Sl(U) Sn(U) Sz(U) Td(U) Tg(U) Tz(U) Ug(U) Za(U) Zm(U) Zr(I) .
Description: 106; *Illustration:* 10,106,149,405.

S. pendula (Willd.) Irwin & Barneby   [151]
   Cassia pendula Willd. [151].
   Desc.: S; Nc; P. *Habitat:* – .
   Gh(I) Ke(I) Mz(I) Za(I) Zw(I) .

   var. **glabrata** (Vogel) Irwin & Barneby
   Cassia coluteoides Colladon [107].
   Desc.: S; Nc; P. *Habitat:* – .
   Za(I) .
   Description: 107.

S. petersiana (Bolle) Lock   [565]
   Cassia petersiana Bolle [565].
   Desc.: S/T; Nc; P; Nt. *Uses:* Medicinal. *Habitat:* 202 206 302 403.
   Cf Cm Et Ke Mz Rw Sd Sz Tz Ug Za Zm Zw; Indian Ocean.
   Description: 106,113; *Illustration:* 10,149,410.

S. podocarpa (Guillemin & Perrottet) Lock   [565]
   Cassia podocarpa Guillemin & Perrottet [565].
   Desc.: S; Nc; P; Nt. *Uses:* Dyeing; Medicinal. *Habitat:* 116 1116.
   Ci Gh Gm Gn Gq Gw Hv Lr Nq Sl Sn Tg.
   Description: 10,11; *Illustration:* 10.

S. polyphylla (Jacq.) Irwin & Barneby   [151]
   Cassia polyphylla Jacq. [151].
   Desc.: S; Nc; P. *Habitat:* Cult.
   Gh(I) Ke(I) Nq(I) Tz(I) ; Caribbean.

S. ruspolii (Chiov.) Lock   [565]*Cassia ruspolii* Chiov. [565].
   Desc.: S; Nc; P; Nt. *Habitat:* 403.
   Et Ke So.
   Description: 106,149; *Map:* 149; *Illustration:* 149.

S. septemtrionalis (Viv.) Irwin & Barneby   [151]
   Cassia floribunda Cav. [106,151]; *Cassia laevigata* Willd. [151].
   Desc.: S/T; Nc; P. *Uses:* Ornamental. *Habitat:* Cult.
   Bi(I) Cm(I) Et(I) Gh(I) Gq(I) Ke(I) Mw(I) Mz(I) Nq(I) Rw(I) Sl(I) Sz(I) Tz(I) Ug(I) Za(I) Zm(I) Zr(I) Zw(I) ; Central America.
   Description: 106,111,113; *Illustration:* 111.

Senna siamea (Lam.) Irwin & Barneby   [151]
   Cassia siamea Lam. [151].
   Desc.: T; Nc; P. *Uses:* Firewood; Ornamental; Timber. *Habitat:* Cult.
   Ao(I) Bj(I) Ci(I) Cm(I) Et(I) Gh(I) Lr(I) Ml(I) Mw(I) Mz(I) Ne(I) Nq(I) Sd(I) Sl(I) Sn(I) Sz(I) Td(I) Tg(I) Ug(I) Za(I) Zm(I) Zr(I) Zw(I) ; Asia.
   Description: 3,113.

S. singueana (Del.) Lock   [565]
   Cassia singueana Del. [565]; *Cassia goratensis* Fresen. [106]; *Cassia sinqueana* Del. [107];
      Cassia zanzibarensis Vatke [106].
   Desc.: S/T; Nc; P; Nt. *Uses:* Medicinal; Poison; Tanning. *Habitat:* 202 203 206 302 403 1311.
   Ao Bi Ci Cm Et Gh Hv Ke Ml Mw Na Ne Nq Sd Td Tz Ug Zm Zr Zw; Indian Ocean.
   Description: 3,106,113; *Illustration:* 10,106,149.

S. socotrana (Serr.-Val.) Lock   [565]
   Cassia socotrana Serr.-Val. [565].
   Desc.: S; Nc; P; K. *Habitat:* – .
   Yd.
   Description: 149; *Illustration:* 149.

S. sophera (L.) Roxb. [151]
Cassia sophera L. [106].
Desc.: S; Nc; P. *Habitat:* 1116 1316 Cult.
Bj(I) Ci(I) Et(I) Gh(I) Gq(I) Ke(I) Lr(I) Nq(I) Sl(I) So(I) Tz(I) Yd(I) Za(I) Zr(I) .
Description: 106; *Illustration:* 149.

S. spectabilis (DC.) Irwin & Barneby [151]
Cassia spectabilis DC. [107].
Desc.: T; Nc; P. *Uses:* Ornamental. *Habitat:* Cult.
Ao(I) Bi(I) Cf(I) Cm(I) Ke(I) Mw(I) Nq(I) Td(I) Tg(I) Tz(I) Ug(I) Za(I) Zm(I) Zr(I) Zw(I) .
Description: 107.

S. surattensis (Burm.f.) Irwin & Barneby [151]
Cassia surattensis Burm.f. [151]; *Cassia glauca* Lam. [113].
Desc.: S/T; Nc; P. *Habitat:* Cult.
Ci(I) Gh(I) Nq(I) Tg(I) Tz(I) Zr(I) Zw(I) ; Asia; Australasia.
Description: 113.

S. splendida (Vogel) Irwin & Barneby [151]
Cassia splendida Vogel [151].
Desc.: S; Nc; P. *Habitat:* – .
Ke(I) Za(I) .
Description: 107.

S. tora (L.) Roxb. [106]
Cassia tora L. [106].
Desc.: H/S; Nc; A; Nt. *Habitat:* – .
Tz(U) ; Asia; Pacific Ocean.
Description: 106.

S. truncata (Brenan) Lock [565]
Cassia truncata Brenan [24].
Desc.: S; Nc; P; Nt. *Uses:* Medicinal. *Habitat:* 403.
Et So.
Description: 24,149; *Map:* 149; *Illustration:* 149.

S. tuhovalyana (Ake Assi) Lock [565]
Cassia tuhovalyana Ake Assi [157].
Desc.: S; Nc; P; K. *Habitat:* – .
Ci.
Description: 157; *Illustration:* 157.

CERCIDEAE

ADENOLOBUS (Benth.) Torre & Hillc.
See Ref.108.

A. garipensis (E.Meyer) Torre & Hillc. [107]
Bauhinia garipensis E.Meyer [107].
Desc.: S/T; Nc; P; Nt. *Uses:* Livestock fodder. *Habitat:* 604.
Ao Na Za.
Description: 107; *Map:* 108; *Illustration:* 107.

A. pechuelii (Kuntze) Torre & Hillc. [107]
Desc.: S; Nc; P; Nt. *Habitat:* 604.
Ao Bw Na.
Description: 107; *Map:* 108; *Illustration:* 107.

subsp. **pechuelii** [107]
Bauhinia pechuelii Kuntze [107].
Desc.: S; Nc; P; Nt. *Habitat:* 604.
Bw Na.
Description: 107; *Map:* 108; *Illustration:* 107.

subsp. **mossamedensis** (Torre & Hillcoat) Brummitt & J.Ross [107]
A. mossamedensis Torre & Hillc. [107]; *Bauhinia mossamedensis* (Torre & Hillc.) Cusset [107].
Desc.: S; Nc; P; Nt. *Uses:* Livestock fodder. *Habitat:* 604.
Ao Bw Na.
Description: 107; *Map:* 108; *Illustration:* 109,110.

BAUHINIA L.

B. acuminata L. [106]
Desc.: T; Nc; P; Nt. *Uses:* Ornamental. *Habitat:* Cult.
Sl(I) Zr(I) ; Asia.

B. binata Blanco [8]
Lysiphyllum binatum (Blanco) De Wit [120].
Desc.: S/T; C/Nc; P. *Uses:* Ornamental. *Habitat:* Cult.
Sd(I) ; Asia; Australasia.
Description: 120; *Illustration:* 120,261.

B. bowkeri Harvey [107]
Pauletia bowkeri (Harvey) Schmitz [107].
Desc.: S/T; Nc; P. *Uses:* Ornamental. *Habitat:* 1503.
Za Zw(I) ; Australasia.
Description: 107,124; *Illustration:* 124.

B. buscalionii Mattei [125]
Desc.: S; Nc; P; K. *Habitat:* 403.
So.
Description: 125; *Map:* 125; *Illustration:* 125.

B. candicans Benth. [107]
Desc.: S/T; Nc; P. *Uses:* Ornamental. *Habitat:* Cult.
Za(I) ; South America.
Description: 107.

B. ellenbeckii Harms [24]
Desc.: S/T; Nc; P; Nt. *Habitat:* 403.
Et So.
Description: 24; *Map:* 125; *Illustration:* 24.

B. exellii Torre & Hillc. [110]
Desc.: S; Nc; P; K. *Habitat:* 202.
Ao.
Description: 109; *Illustration:* 109,110.

B. farek Desv. (provisional) [24]
Desc.: S; Nc; P. *Habitat:* – .
Et.
Description: 24; *Map:* 125.

B. galpinii N.E.Br. [107]
B. punctata sensu Bolle [107]; *Perlebia galpinii* (N.E.Br.) Schmitz [107].
Desc.: S; C/Nc; P; Nt. *Uses:* Ornamental. *Habitat:* 203 1503.
Gh(I) Ke(I) Mw(I) Mz Sz Za Zm(I) Zw; Asia.
Description: 107; *Illustration:* 261,410.

B. kalantha Harms [106]
Desc.: S; Nc; P; K. *Habitat:* 203.
Tz.
Description: 106.

B. mendoncae Torre & Hillc. [28]
Desc.: S; Nc; P; Nt. *Habitat:* 202 203.
Ao Zm.
Description: 28.

B. mombassae Vatke [106]
B. loesneriana Harms (suspected synonym) [106].
Desc.: S; Nc; P; K. *Habitat:* 1301.
Ke.
Description: 106.

B. monandra Kurz [113]
Desc.: T; Nc; P. *Uses:* Ornamental. *Habitat:* Cult.
Ao(I) Bi(I) Ci(I) Gh(I) Lr(I) Ml(I) Nq(I) Sl(I) So(I) Tz(I) Zm(I) Zr(I).
Description: 113.

B. natalensis Hook. [107]
Perlebia natalensis (Hook.) Schmitz [107].
Desc.: S; Nc; P; K. *Uses:* Ornamental. *Habitat:* 1503.
Za.
Description: 107.

B. petersiana Bolle [106]
Desc.: S/T; Nc; P; Nt. *Habitat:* 201 202 203.
Ao Bw Mw Mz Na Tz Za Zm Zr Zw.
Description: 106; *Map:* 126; *Illustration:* 106.

subsp. **petersiana** [126]
Perlebia petersiana (Bolle) Schmitz [126].
Desc.: S/T; C/Nc; P; Nt. *Uses:* Human food; Tanning. *Habitat:* 202 206.
Mw Mz Na Tz Zm Zr Zw.
Description: 106,107; *Map:* 126. *Illustration:* 106,127.

subsp. **macrantha** (Oliver) Brummitt & J.Ross [128]
B. macrantha Oliver [107]; *B. petersiana subsp. serpae* (Ficalho & Hiern) Brummitt & J.Ross [107]; *B. serpae* Ficalho & Hiern [107]; *Perlebia macrantha subsp. serpae* (Ficalho & Hiern) Schmitz [107];
Desc.: S/T; Nc; P; Nt. *Uses:* Human food; Medicinal. *Habitat:* 202 603.
Ao Bw Na Za Zm Zw.
Description: 107; *Map:* 126; *Illustration:* 107,129.

B. purpurea L. [107]
Desc.: T; Nc; P. *Uses:* Ornamental. *Habitat:* Cult.
Et(I) Mw(I) Mz(I) Nq(I) Sl(I) Ug(I) Za(I) Zm(I) Zr(I) ; Asia; Indian Ocean.
Description: 107.

B. racemosa Lam. [106]
Desc.: - *Habitat:* – .
Mr(I) Sl(I) Tz(I) Ug(I) ; Asia; Indian Ocean.

B. richardiana DC. [8]
Desc.: T; Nc; P. *Habitat:* – .
Zr(I) ; South America.

B. rufescens Lam. [11]
Adenolobus rufescens (Lam.) Schmitz [108].
Desc.: S/T; Nc; P; Nt. *Uses:* Fibre; Livestock fodder; Medicinal; Tanning; Timber. *Habitat:* 302 1606.

Bj Ci Cm Gh Gn Gw Ml Mr Ne Nq Sd Sl Sn Td Tg.
Description: 3,111; *Map:* 57,131. *Illustration:* 10,29.

B. somalensis Pichi-Serm. & Roti-Michel. [125]
Desc.: S; Nc; P; K. *Habitat:* 404.
So.
Description: 125; *Map:* 125; *Illustration:* 125.

B. taitensis Taubert [106]
Desc.: S; Nc; P; K. *Habitat:* 403.
Ke.
Description: 106.

B. tomentosa L. [106]
B. volkensii Taubert [106]; *B. wituensis* Harms [106]; *Pauletia tomentosa* (L.) Schmitz [106].
Desc.: S/T; Nc; P; Nt. *Uses:* Medicinal; Ornamental. *Habitat:* 209 403 1503.
Ao Cm(I) Et Gh(I) Ke Nq(I) Sl(I) So Tz Za Zm Zr Zw; Asia; Pacific Ocean.
Description: 106,113,132; *Illustration:* 125,132,261.

B. urbaniana Schinz [107]
Perlebia urbaniana (Schinz) Schmitz [107].
Desc.: S; Nc; P; Nt. *Habitat:* 202.
Ao Bw Na Zm.
Description: 107.

B. vahlii Wight & Arn. [8]
Desc.: S; C; P. *Habitat:* Cult.
Zr(I).

B. variegata L. [107]
Desc.: T; Nc; P. *Uses:* Dyeing; Human food; Medicinal; Ornamental; Tanning. *Habitat:* – .
Et(I) Gh(I) Ke(I) Mw(I) Mz(I) Nq(I) Sl(I) Tz(I) Ug(I) Za(I) Zm(I) Zr(I) Zw(I) ; Asia.
Description: 107.

GIGASIPHON Drake
Gunn (ref.566) does not regard this as distinct from *Bauhinia*.

G. gossweileri (Baker f.) Torre & Hillc. [111]
Bauhinia gossweileri Baker f. [111].
Desc.: S; C; P; Nt. *Habitat:* 101.
Ao Ga Zr.
Description: 112,113.

G. macrosiphon (Harms) Brenan [106]
Bauhinia macrosiphon Harms [106]; *G. humblotianum* sensu Dale & Greenway [42,106].
Desc.: T; Nc; P; V. *Uses:* Ornamental. *Habitat:* 1301.
Ke Tz.
Description: 106; *Illustration:* 106.

GRIFFONIA Baillon

G. physocarpa Baillon [11]
Bandeiraea tenuiflora Benth. [11].
Desc.: S; C/Nc; P; Nt. *Habitat:* 101.
Cm Ga Gq Nq Zr.
Description: 111,113; *Illustration:* 111,113.

G. simplicifolia (DC.) Baillon [11]
Bandeiraea simplicifolia (DC.) Benth. [11].
Desc.: S; C/Nc; P; Nt. *Uses:* Fibre; Medicinal; Miscellaneous; Poison. *Habitat:* 101 1101 1103.
Ci Ga Gh Lr Nq Tg.
Description: 11.

G. speciosa (Benth.) Taubert [111]
Bandeiraea speciosa Benth. [111].
Desc.: S; C; P; Nt. *Habitat:* 101.
Ao Cm Ga Zr.
Description: 111,112,113; *Illustration:* 172.

G. tessmannii (De Wild.) Compère [111]
Bandeiraea tessmannii De Wild. [111].
Desc.: S; C; P; Nt. *Habitat:* 101.
Ga Gq Zr.
Description: 111,112,113; *Illustration:* 111.

PILIOSTIGMA Hochst.
Gunn (ref.566) does not regard this genus as distinct from *Bauhinia*.

P. malabaricum (Roxb.) Benth.
Desc.: T; Nc; P. *Habitat:* Cult.
Sl(I) .

P. reticulatum (DC.) Hochst. [11]
Bauhinia reticulata DC. [11].
Desc.: S/T; Nc; P; Nt. *Habitat:* 302 1606.
Cf Ci Cm Et Gh Hv Ml Ne Nq Sd Sn Td.
Description: 3,111; *Map:* 57; *Illustration:* 10.

P. thonningii (Schum.) Milne-Redh. [106]
Bauhinia thonningii Schum. [106].
Desc.: S/T; Nc; P; Nt. *Uses:* Dyeing; Fibre; Gum; Livestock fodder; Medicinal; Tanning. *Habitat:* 110 202 302 406 1010 1306.
Ao Bj Bw Ci Cm Et Ga Gh Gm Gn Gw Hv Ke Ml Mw Mz Na Ne Nq Sd Sl Sn Td Tg Tz Ug Za Zm Zr Zw.
Description: 106,107,113; *Illustration:* 11,106,107,113.

TYLOSEMA (Schweinf.) Torre & Hillc.
Gunn (ref.566) does not regard this genus as distinct from *Bauhinia*.

T. argentea (Chiov.) Brenan [106]
Bauhinia argentea Chiov. [106].
Desc.: H; C; P; Nt. *Habitat:* 403.
Ke So.
Description: 106; *Map:* 125.

T. esculentum (Burchell) A.Schreiber [107]
Bauhinia bainesii Schinz [107]; *Bauhinia esculenta* Burchell [107].
Desc.: H/S; C; P; Nt. *Uses:* Human food; Livestock fodder. *Habitat:* 1405 1406.
Bw Na Za.
Description: 107,206; *Illustration:* 206.

T. fassoglense (Schweinf.) Torre & Hillc.
T. fassoglensis (Schweinf.) Torre & Hillc. [106]*Bauhinia fassoglensis* Schweinf. [106]; *Bauhinia kirkii* Oliver [106].
Desc.: H/S; C/Nc; P; Nt. *Uses:* Fibre; Human food; Livestock fodder. *Habitat:* 202 206 306 406.
Ao Bi Et Ke Mw Mz Sd Sz Tz Ug Za Zm Zr Zw.
Description: 106,113; *Illustration:* 24,106,410,412.

T. humifusa (Pichi-Serm. & Roti-Michel.) Brenan [106]
Bauhinia humifusa Pichi-Serm. & Roti-Michel. [106].
Desc.: H; C/Nc; P; Nt. *Habitat:* 403.
Ke So.
Description: 106; *Map:* 125; *Illustration:* 125.

DETARIEAE

AFZELIA Smith

A. africana Pers. [106]
Desc.: T; Nc; P; Nt. *Uses:* Livestock fodder; Medicinal; Poison; Timber. *Habitat:* 101 110 302 1101.
Bj Cf Ci Cm Gh Gn Gw Hv Ml Ne Nq Sd Sl Sn Td Tg Ug Zr.
Description: 3,106; *Illustration:* 3,11,113.

A. bella Harms [11]
Desc.: S/T; Nc; P; Nt. *Habitat:* 101.
Ao Ci Cm Ga Gh Gn Lr Nq Zr.
Description: 3,111; *Illustration:* 12,111,112.

A. bipindensis Harms [106]
A. bella sensu Eggeling & Dale [106]; *A. caudata* Hoyle,p.p. [106]; *Pahudia bequaertii* (De Wild.) De Wit [106].
Desc.: T; Nc; P; Nt. *Uses:* Timber. *Habitat:* 101 201.
Ao Cf Cm Ga Nq Ug Zr.
Description: 106,111; *Illustration:* 111,112.

A. bracteata Benth. [11]
Desc.: T; Nc; P; Nt. *Uses:* Medicinal; Timber. *Habitat:* 101.
Ci Gn Lr Sl.
Description: 13; *Illustration:* 12,13.

A. pachyloba Harms [11]
A. caudata Hoyle,p.p. ; *Pahudia brieyi* (De Wild.) De Wit [11].
Desc.: T; Nc; P; Nt. *Uses:* Timber. *Habitat:* 101.
Ao Cm Ga Nq Zr.
Description: 3,111; *Illustration:* 111,112.

A. peturei De Wild. [113]
Desc.: T; Nc; P; K. *Habitat:* 201.
Zr.
Description: 113; *Illustration:* 113.

A. quanzensis Welw. [106]
A. cuanzensis sensu auctt. [106].
Desc.: T; Nc; P; Nt. *Uses:* Poison; Timber. *Habitat:* 202 203 409 1301 1501 1503.
Ao Bw Ke Mw Mz Na So Sz Tz Ug(I)Za Zm Zr Zw.
Description: 106; *Illustration:* 42,106.

AUGOUARDIA Pellegrin

A. letestui Pellegrin [112]
Desc.: T; Nc; P; K. *Habitat:* 101.
Ga.
Description: 112; *Illustration:* 112.

BAIKIAEA Benth.
See Ref.122.

B. fragrantissima Baker f. [110]
Desc.: T; Nc; P; Nt. *Habitat:* 101 1001.
Ao Zr.
Description: 113.

B. ghesquiereana J.Léonard [106]
Desc.: T; Nc; P; K. *Habitat:* 202.
Tz.
Description: 106.

B. insignis Benth. [106]
Desc.: S/T; Nc; P; Nt. *Uses:* Ornamental. *Habitat:* 101 1201.
Ao Cg Cm Ga Gq Nq Tz Ug Zr; Asia.
Description: 106,113; *Illustration:* 106,113.

  subsp. **insignis** [106]
  Desc.: S/T; Nc; P; Nt. *Habitat:* 101.
  Cg Cm Ga Gq Nq Zr.
  Description: 3,111; *Illustration:* 111,113.

  subsp. **minor** (Oliver) J.Léonard [106]
  B. eminii Taubert [106]; *B. minor* Oliver [106].
  Desc.: T; Nc; P; Nt. *Uses:* Human food; Ornamental. *Habitat:* 101 1201.
  Ao Cm Ga Tz Ug Zr.
  Description: 106,113; *Illustration:* 106.

B. plurijuga Harms [107]
Desc.: T; Nc; P; Nt. *Uses:* Medicinal; Tanning; Timber. *Habitat:* 201.
Ao Bw Na Zm Zw.
Description: 107; *Illustration:* 107,110.

B. robynsii Ghesq. [112]
Desc.: T; Nc; P; Nt. *Uses:* Ornamental. *Habitat:* 101.
Ga Gq Zr.
Description: 112,113; *Illustration:* 112.

B. suzannae Ghesq. (provisional) [122]
Desc.: T; Nc; P; K. *Habitat:* 101.
Zr.

B. zenkeri Harms [122]
Desc.: T; Nc; P; K. *Habitat:* 101.

BROWNEA Jacq.

B. ariza Benth. [106]
Desc.: T; Nc; P. *Uses:* Ornamental. *Habitat:* Cult.
Ug(I) ; South America.
Illustration: 261.

B. coccinea Jacq. [8]
Desc.: Nc; P. *Uses:* Ornamental. *Habitat:* Cult.
Zr(I) .

B. grandiceps Jacq. [106]
Desc.: T; Nc; P. *Uses:* Ornamental. *Habitat:* Cult.
Tz(I) ; South America.

B. latifolia Jacq. [106]
Desc.: T; Nc; P. *Uses:* Ornamental. *Habitat:* Cult.
Tz(I) Ug(I) ; Caribbean; South America.

B. rosa-de-monte Berg [106]
Desc.: T; Nc; P. *Uses:* Ornamental. *Habitat:* Cult.
Ug(I) ; South America.

COLOPHOSPERMUM J.Léonard

C. mopane (Benth.) J.Léonard [107]
Copaifera mopane Benth. [107].
Desc.: T; Nc; P; Nt. *Uses*: Livestock fodder; Medicinal; Timber. *Habitat*: 202 602 1403.
Ao Bw Mw Mz Na Za Zm Zw.
Description: 107; *Map*: 131,162. *Illustration*: 107,162.

COPAIFERA L.

C. baumiana Harms [113]
Desc.: S; Nc; P; Nt. *Uses*: Medicinal. *Habitat*: 202.
Ao Zm Zr.
Description: 113; *Map*: 162; *Illustration*: 162,163.

C. mildbraedii Harms [11]
C. salikounda sensu Kennedy [11,133]; *C. sp.aff.salikounda* J.Léonard [11,162].
Desc.: T; Nc; P; Nt. *Habitat*: 101.
Cf Cm Ga Nq Zr.
Description: 3,111,113; *Map*: 162. *Illustration*: 111,112.

C. officinalis L. [8]
Desc.: T; Nc; P. *Habitat*: Cult.
Sl(I) .

C. religiosa J.Léonard [111]
C. salikounda sensu auctt. [16,111].
Desc.: T; Nc; P; Nt. *Uses*: Timber. *Habitat*: 101.
Cm Zr.
Description: 111,113; *Map*: 162. *Illustration*: 111,162.

C. salikounda Heckel [11]
Desc.: T; Nc; P; Nt. *Uses*: Medicinal; Miscellaneous. *Habitat*: 101.
Ci Gh Gn Lr Sl.
Description: 11,13; *Map*: 162. *Illustration*: 12,13,162.

CRUDIA Schreber

C. bibundina Harms (provisional) [8]
Desc.: T; Nc; P. *Habitat*: - .
Cm.

C. gabonensis Harms [11]
C. sp.aff.gabonensis Aubrév. [11,12].
Desc.: T; Nc; P; Nt. *Uses*: Timber. *Habitat*: 101.
Ci Cm Ga Gh.
Description: 11,13,111; *Illustration*: 12,13,111,112.

C. gossweileri Baker f. [110]
Desc.: T; Nc; P; K. *Habitat*: 101.
Ao.
Description: 68.

C. harmsiana De Wild. [113]
Desc.: T; Nc; P; K. *Habitat*: 101.
Zr.
Description: 113.

C. klainei De Wild. [11]
C. senegalensis sensu Oliver [11,165].
Desc.: T; Nc; P; Nt. *Habitat*: 101.
Cm Ga Gq Nq Sl.
Description: 3,111; *Illustration*: 12,111,165.

C. laurentii De Wild. [113]
Desc.: T; Nc; P; K. *Habitat:* 101.
Zr.

C. ledermannii Harms (provisional) [111]
Desc.: - Habitat: -.
Cm.

C. michelsonii J.Léonard [113]
Desc.: T; Nc; P; K. *Habitat:* 101.
Zr.
Description: 113; *Illustration:* 166.

C. senegalensis Benth. [11]
C. sp.aff.senegalensis Aubrév. [11,12].
Desc.: T; Nc; P; Nt. *Habitat:* 101 1101.
Ci Cm Ga Gh Gn Gw Lr Nq Sl Sn.
Description: 3; *Illustration:* 12.

C. zenkeri Harms (provisional) [167]
Desc.: T; Nc; P. *Habitat: -.*
Description: 167.

C. sp.A Keay (provisional) [11]
Desc.: T; Nc; P; Nt. *Habitat:* 101.
Cm Nq.
Description: 3,11.

CYNOMETRA L.

C. alexandri C.H.Wright [106]
C. sankuruensis Vermoesen [106].
Desc.: T; Nc; P; Nt. *Uses:* Timber. *Habitat:* 101 1001 1201.
Bi Tz Ug Zr.
Description: 106,113; *Map:* 174. *Illustration:* 9,173.

C. ananta Hutch. & Dalziel [11]
Desc.: T; Nc; P; Nt. *Uses:* Timber. *Habitat:* 101.
Ci Gh Lr.
Description: 11,12,13; *Illustration:* 12,13.

C. brachyrrhachis Harms [106]
Desc.: T; Nc; P; K. *Habitat:* 1301.
Tz.
Description: 106.

C. cauliflora L. [106]
Desc.: T; Nc; P. *Habitat:* Cult.
Tz(I) ; Asia.

C. congensis De Wild. (provisional) [113]
Desc.: T; Nc; P; Nt. *Habitat:* 101.
Ga Zr.
Description: 113.

C. engleri Harms [106]
Desc.: T; Nc; P; K. *Habitat:* 1301.
Tz.
Description: 106; *Illustration:* 41.

C. filifera Harms (provisional)   [106]
Desc.: T; Nc; P; K. *Habitat:* 1303.
Tz.
Description: 106.

C. gillmanii J.Léonard   [106]
C. sp.14 Brenan [35,106].
Desc.: T; Nc; P; K. *Habitat:* 1302.
Tz.
Description: 106; *Illustration:* 175.

C. greenwayi Brenan   [106]
Desc.: T; Nc; P; K. *Habitat:* 1309.
Ke.
Description: 106; *Illustration:* 134.

C. hankei Harms   [11]
C. henkei Harms [137].
Desc.: T; Nc; P; Nt. *Uses:* Timber. *Habitat:* 101.
Cm Nq Zr.
Description: 3,111; *Illustration:* 112,137,175.

C. leonensis Hutch. & Dalziel   [11]
Desc.: T; Nc; P; Nt. *Habitat:* 101.
Ao Lr Sl.
Description: 11,13; *Illustration:* 13.

C. leonensis Hutch. & Dalziel   [11]
Desc.: T; Nc; P; Nt. *Habitat:* 101.
Lr Sl.
Description: 11,13; *Illustration:* 13.

C. letestui (Pellegrin) J.Léonard   [112]
Hymenostegia letestui Pellegrin [112].
Desc.: T; Nc; P; Nt. *Habitat:* 101.
Ao Cg Ga Zr.
Description: 112,113; *Illustration:* 112.

C. longipedicellata Harms   [106]
Desc.: T; Nc; P; K. *Habitat:* 1301.
Tz.
Description: 106.

C. lujae De Wild.   [112]
Desc.: S/T; Nc; P; Nt. *Habitat:* 101.
Ao Cg Ga Zr.
Description: 112,113; *Illustration:* 112.

C. mannii Oliver   [11]
Desc.: T; Nc; P; Nt. *Uses:* Timber. *Habitat:* 101.
Ao Cm Ga Nq St Zr.
Description: 3,111; *Illustration:* 111,112,175.

C. megalophylla Harms   [11]
Desc.: T; Nc; P; Nt. *Uses:* Timber. *Habitat:* 101.
Bj Ci Gh Nq Tg.
Description: 3; *Illustration:* 3,12.

C. michelsonii J.Léonard   [113]
Desc.: T; Nc; P; K. *Habitat:* 101.
Zr.
Description: 113.

C. nyangensis Pellegrin [112]
Desc.: T; Nc; P; K. *Habitat:* 101.
Ga.
Description: 112; *Illustration:* 112.

C. oddonii De Wild. [112]
Desc.: T; Nc; P; K. *Habitat:* 101.
Ga Zr.
Description: 112,113; *Illustration:* 112.

C. palustris J.Léonard [113]
Desc.: T; Nc; P; K. *Habitat:* 101.
Zr.
Description: 113.

C. pedicellata De Wild. [113]
Desc.: T; Nc; P; Nt. *Uses:* Timber. *Habitat:* 101.
Ao Zr.
Description: 113.

C. sanagaensis Aubrév. [111]
Desc.: S/T; Nc; P; K. *Habitat:* 101.
Cm.
Description: 111; *Illustration:* 111.

C. schlechteri Harms [112]
Desc.: T; Nc; P; Nt. *Habitat:* 101.
Cg Ga Zr.
Description: 112,113; *Illustration:* 112,113.

C. sessiliflora Harms [113]
C. gilletii De Wild. [113].
Desc.: T; Nc; P; Nt. *Habitat:* 101.
Cg Zr.
Description: 113; *Map:* 162; *Illustration:* 113.

C. suaheliensis (Taubert) Baker f. [106]
Desc.: S/T; Nc; P; Nt. *Habitat:* 1301 1303.
Ke Tz.
Description: 106; *Illustration:* 41.

C. trinitensis Oliver [11]
Desc.: - *Habitat:* Cult.
Gh(I) ; Caribbean.

C. ulugurensis Harms [106]
Desc.: T; Nc; P; K. *Habitat:* 1301.
Tz.
Description: 106.

C. vogelii Hook.f. [11]
Desc.: T; Nc; P; Nt. *Uses:* Timber. *Habitat:* 301 1101.
Ci Gh Gm Gn Gw Ml Nq Sl Sn.
Description: 3,12; *Illustration:* 12.

C. webberi Baker f. [106]
Desc.: T; Nc; P; Nt. *Uses:* Firewood. *Habitat:* 1301 1303.
Ke Tz.
Description: 106; *Illustration:* 106.

C. sp.A Brenan (provisional)   [106]
Desc.: T; Nc; P; K. *Habitat:* 1301.
Tz.
Description: 106.

C. sp.B Brenan (provisional)   [106]
C. sp.13 Brenan [35,106].
Desc.: T; Nc; P; K. *Habitat:* 1301.
Tz.

DANIELLIA Bennett

D. alsteeniana Duvign.   [113]
Desc.: T; Nc; P; Nt. *Habitat:* 201 1001 1010.
Ao Zr.
Description: 113; *Map:* 162. *Illustration:* 110,113,162.

D. klainei A.Chev.   [111]
Desc.: T; Nc; P; Nt. *Habitat:* 101.
Ao Cm Ga Zr.
Description: 111,112,113; *Map:* 162. *Illustration:* 111,112.

D. oblonga Oliver   [11]
D. thurifera sensu J.Léonard [11,113].
Desc.: T; Nc; P; Nt. *Habitat:* 101.
Cm Gq Nq.
Description: 3.

D. ogea (Harms) Holland   [11]
D. fosteri Holland [11]; *D. punchii* Holland [11]; *D. similis* Holland [11].
Desc.: T; Nc; P; Nt. *Uses:* Gum; Miscellaneous; Timber. *Habitat:* 101 1101.
Ci Ga Gh Gq Gw Lr Nq Sl Sn.
Description: 3,13,112; *Map:* 162. *Illustration:* 13,111,112.

D. oliveri (Rolfe) Hutch. & Dalziel   [11]
Paradaniellia oliveri Rolfe [11].
Desc.: T; Nc; P; Nt. *Uses:* Gum; Medicinal; Miscellaneous; Timber. *Habitat:* 106 110 302.
Ao Bj Cf Ci Cm Gh Gm Gn Gw Hv Ml Ne Nq Sd Sl Sn Td Tg Ug Zr.
Description: 3,106,113; *Map:* 162. *Illustration:* 9,10,106.

D. pynaertii De Wild.   [11]
D. ealaensis Baker f. [11]; *D. mortehanii* De Wild. [114].
Desc.: T; Nc; P; Nt. *Habitat:* 101.
Cm Ga Nq Zr.
Description: 3,112,113; *Map:* 162. *Illustration:* 112.

D. soyauxii (Harms) Rolfe   [112]
Cyanothyrsus soyauxii Harms [111].
Desc.: T; Nc; P; Nt. *Habitat:* 101.
Ga Zr.
Description: 112,113; *Map:* 162. *Illustration:* 15,112.

D. thurifera Bennett   [11]
Desc.: T; Nc; P; Nt. *Uses:* Gum; Miscellaneous; Timber. *Habitat:* 101.
Ci Gh Gn Gw Lr Sl.
Description: 11,12; *Illustration:* 12.

D. sp. J.Léonard (provisional)   [113]
Desc.: T; Nc; P. *Habitat:* 101.
Zr.
Description: 113.

DETARIUM Juss.

D. beurmannianum Schweinf. (provisional) [567]
Desc.: - Habitat: – .

D. macrocarpum Harms [11]
Desc.: T; Nc; P; Nt. Uses: Timber. Habitat: 101.
Cm Ga Nq.
Description: 3,111; Illustration: 41,111,112.

D. microcarpum Guillemin & Perrottet [11]
D. senegalense sensu auctt. [11].
Desc.: T; Nc; P; Nt. Uses: Livestock fodder; Medicinal; Timber. Habitat: 302.
Cf Ci Cm Gh Gm Gn Gw Ml Ne Nq Sd Sn Td Tg.
Description: 3,111; Illustration: 3,10,111.

D. senegalense J.Gmelin [11]
D. heudelotianum Baillon [11].
Desc.: T; Nc; P; Nt. Uses: Livestock fodder; Medicinal; Timber. Habitat: 101 106 1101.
Cf Ci Gh Gm Gn Gw Lr Nq Sd Sl Sn Tg Zr; Asia; Caribbean.
Description: 3,113; Illustration: 12.

EURYPETALUM Harms

E. batesii Baker f. [111]
Desc.: T; Nc; P; Nt. Habitat: 101.
Cm Ga.
Description: 111,112; Illustration: 111,112.

E. tessmannii Harms [111]
Desc.: T; Nc; P; Nt. Habitat: 101.
Ga Gq.
Description: 111; Illustration: 41.

E. unijugum Harms [11]
Desc.: T; Nc; P; Nt. Habitat: 101.
Cm Ga.
Description: 3,111; Illustration: 111.

GILLETIODENDRON Vermoesen

G. escherichii (Harms) J.Léonard (provisional) [111]
Cynometra escherichii Harms [177].
Desc.: T; Nc; P; K. Habitat: – .
Gq.
Description: 177.

G. glandulosum (Portères) J.Léonard [11]
Cymonetra glandulosa (Portères) Roberty [11]; Cynometra glandulosa (Portères) J.Léonard [11].
Desc.: T; Nc; P; K. Habitat: 301.
Ml.
Description: 10,11; Illustration: 10.

G. kisantuense (De Wild.) J.Léonard [11]
Cynometra dacremontii Lebrun [113]; Cynometra kisantuense De Wild. [113]; Cynometra pierreana sensu Aubrév. [11,12].
Desc.: T; Nc; P; Nt. Habitat: 101.
Ao Ci Ga Zr.
Description: 111,113; Illustration: 12,111,113.

G. mildbraedii (Harms) Vermoesen [113]
   Cynometra mildbraedii Harms [113].
   Desc.: T; Nc; P; Nt. *Uses:* Medicinal. *Habitat:* 101.
   Cf Cm Zr.
   Description: 111,113; *Illustration:* 111.

G. pierreanum (Harms) J.Léonard [111]
   Cynometra pierreana Harms [111].
   Desc.: T; Nc; P; Nt. *Habitat:* 101.
   Cm Ga.
   Description: 111; *Illustration:* 111.

GOSSWEILERODENDRON Harms

G. balsamiferum (Vermoesen) Harms [11]
   Desc.: T; Nc; P; Nt. *Uses:* Gum; Timber. *Habitat:* 101.
   Ao Cm Ga Nq Zr.
   Description: 3,111,113; *Illustration:* 110,111,113.

G. joveri Aubrév. [111]
   Desc.: T; Nc; P; Nt. *Habitat:* 101.
   Cm Ga Gq.
   Description: 111; *Illustration:* 111,112.

GUIBOURTIA Bennett

G. arnoldiana (De Wild. & T.Durand) J.Léonard [113]
   Copaifera arnoldiana (De Wild. & T.Durand) T.& H.Durand [113].
   Desc.: T; Nc; P; Nt. *Uses:* Timber. *Habitat:* 101.
   Ao Cg Ga Zr.
   Description: 112,113; *Map:* 162. *Illustration:* 112,113,162.

G. carrissoana (M.Exell) J.Léonard [162]
   Copaifera carrissoana M.Exell [110]; *Copaifera gossweileri* M.Exell [110]; *G. gossweileri* (M.Exell) Torre & Hillc. [162].
   Desc.: S/T; Nc; P; K. *Habitat:* 202 203.
   Ao.
   Map: 162.

G. coleosperma (Benth.) J.Léonard [113]
   Copaifera coleosperma Benth. [113].
   Desc.: T; Nc; P; Nt. *Uses:* Dyeing; Human food; Medicinal; Timber. *Habitat:* 202.
   Ao Bw Na Zm Zr Zw.
   Description: 28,113; *Map:* 162. *Illustration:* 162,163.

G. conjugata (Bolle) J.Léonard [107]
   Desc.: S/T; Nc; P; Nt. *Habitat:* 202.
   Mz Za Zm Zw.
   Description: 107; *Map:* 162; *Illustration:* 162.

G. copallifera Bennett [11]
   Copaifera copallifera (Bennett) Milne-Redh. [11]; *Copaifera guibourtiana* Benth. [11]; *G. vuilletiana* (A.Chev.) A.Chev. [11]; *G. vuilletii* (A.Chev.) A.Chev. [11].
   Desc.: S/T; Nc; P; Nt. *Uses:* Gum; Medicinal; Timber. *Habitat:* 301 309.
   Ci Gn Gw Ml Nq(I) Sl.
   Description: 3,12; *Map:* 162; *Illustration:* 12,162.

G. demeusei (Harms) J.Léonard [11]
   Copaifera demeusei Harms [11].
   Desc.: T; Nc; P; Nt. *Uses:* Gum; Medicinal; Timber. *Habitat:* 101.
   Cf Cg Cm Ga Zr.
   Description: 111,113; *Map:* 162. *Illustration:* 111,112,162.

G. dinklagei (Harms) J.Léonard [11]
G. *liberiensis* J.Léonard [11].
Desc.: S/T; Nc; P; K. *Habitat:* 101.
Lr.
Description: 11; *Map:* 162; *Illustration:* 13,183.

G. ehie (A.Chev.) J.Léonard [11]
Copaifera ehie A.Chev. [11].
Desc.: T; Nc; P; Nt. *Uses:* Timber. *Habitat:* 101 1101.
Ci Cm Ga Gh Lr Nq.
Description: 3,111,112; *Map:* 162. *Illustration:* 12,111,112,162.

G. leonensis J.Léonard [11]
Desc.: T; Nc; P; Nt. *Habitat:* 101.
Gw Lr Sl.
Description: 11,183; *Illustration:* 183.

G. pellegriniana J.Léonard [11]
G. *coleosperma* sensu Heitz [112].
Desc.: T; Nc; P; Nt. *Habitat:* 101.
Ao Cg Cm Ga Nq.
Description: 3,111; *Map:* 162. *Illustration:* 162,184.

G. schliebenii (Harms) J.Léonard [106]
Copaifera schliebenii Harms [106].
Desc.: T; Nc; P; Nt. *Habitat:* 1302.
Mz Tz.
Description: 106; *Map:* 162; *Illustration:* 106,162.

G. sousae J.Léonard [183]
Desc.: T; Nc; P; K. *Habitat:* – .
Mz.
Description: 183; *Illustration:* 183.

G. tessmannii (Harms) J.Léonard [11]
Copaifera tessmannii Harms [11].
Desc.: T; Nc; P; Nt. *Uses:* Medicinal; Timber. *Habitat:* 101.
Cm Ga Gq.
Description: 111,112; *Map:* 162. *Illustration:* 111,112,162.

HYLODENDRON Taubert

H. gabunense Taubert [11]
Desc.: T; Nc; P; Nt. *Uses:* Timber. *Habitat:* 101.
Cm Ga Nq Zr.
Description: 3,111,113; *Illustration:* 111,112,113.

HYMENAEA L.

H. courbaril L. [106]
Desc.: T; Nc; P. *Uses:* Gum. *Habitat:* Cult.
Ci(I) Ke(I) Ug(I) ; Central America.

H. verrucosa Gaertner [187]
Trachylobium hornemannianum Hayne [187]; *Trachylobium verrucosum* (Gaertner) Oliver [187].
Desc.: T; Nc; P; Nt. *Uses:* Gum; Timber. *Habitat:* 1301 1310.
Gh(I) Ke Mz Tz; Indian Ocean.
Description: 106; *Illustration:* 42,106.

HYMENOSTEGIA (Benth.) Harms

H. afzelii (Oliver) Harms [11]
Desc.: T; Nc; P; Nt. *Uses:* Firewood; Medicinal; Miscellaneous; Timber. *Habitat:* 101 1101.
Ci Cm Gh Gn Lr Nq Sl Tg.
Description: 3,111; *Illustration:* 12,111.

H. aubrevillei Pellegrin [11]
Desc.: T; Nc; P; Nt. *Habitat:* 101.
Ci Gh Nq.
Description: 11,12; *Illustration:* 12.

H. bakeriana Hutch. & Dalziel [11]
Desc.: T; Nc; P; K. *Habitat:* 101.
Nq.
Description: 3.

H. brachyura (Harms) J.Léonard [111]
Cynometra brachyura Harms [111].
Desc.: S/T; Nc; P; K. *Habitat:* 101.
Cm.
Description: 111; *Illustration:* 111.

H. breteleri Aubrév. [111]
Desc.: T; Nc; P; K. *Habitat:* 109.
Cm.
Description: 111; *Illustration:* 111.

H. felicis (A.Chev.) J.Léonard [111]
Cynometra felicis (A.Chev.) Pellegrin [111]; *Dipetalanthus felicis* A.Chev. [111].
Desc.: T; Nc; P; K. *Habitat:* 101.
Cm.
Description: 111; *Illustration:* 137.

H. floribunda (Benth.) Harms [111]
Desc.: T; Nc; P; Nt. *Habitat:* 101.
Ga Gq Zr.
Description: 111,113; *Illustration:* 112,113.

H. gracilipes Hutch. & Dalziel [11]
Desc.: T; Nc; P; K. *Habitat:* 101.
Gh.
Description: 11.

H. klainei Pellegrin [112]
Desc.: T; Nc; P; K. *Habitat:* 101.
Ga.
Description: 112; *Illustration:* 112.

H. laxiflora (Benth.) Harms [113]
Desc.: S/T; Nc; P; Nt. *Habitat:* 203 1001.
Ao Cg Zr.
Description: 113; *Illustration:* 110,113,175.

H. mundungu (Pellegrin) J.Léonard [111]
Cynometra mundungu Pellegrin [111].
Desc.: T; Nc; P; Nt. *Habitat:* 101.
Cm Ga Zr.
Description: 111; *Illustration:* 111,112,115.

H. neoaubrevillei J.Léonard   [112]
   Cynometra aubrevillei Pellegrin [112].
   Desc.: T; Nc; P; K. *Habitat:* 101.
   Ga.
   Description: 112; *Illustration:* 112,115.

H. ngounyensis Pellegrin   [112]
   Desc.: T; Nc; P; K. *Habitat:* 101.
   Ga.
   Description: 112; *Illustration:* 112.

H. normandii Pellegrin   [112]
   Desc.: T; Nc; P; K. *Habitat:* 101.
   Ga.
   Description: 112; *Illustration:* 112.

H. pellegrinii (A.Chev.) J.Léonard   [112]
   Cynometra bipetala Pellegrin [112]; *Dipetalanthus pellegrinii* A.Chev. [112].
   Desc.: T; Nc; P; K. *Habitat:* 101.
   Ga.
   Description: 112; *Illustration:* 112,115,137.

H. talbotii Baker f.   [11]
   Desc.: T; Nc; P; K. *Habitat:* 101.
   Nq.
   Description: 3.

H. sp. Aubrév. (provisional)   [111]
   Desc.: T; Nc; P. *Habitat:* 101.
   Cm.
   Description: 111.

INTSIA Thouars

I. bijuga (Colebr.) O.Kuntze   [106]
   Desc.: T; Nc; P; Nt. *Habitat:* 1312.
   Tz; Indian Ocean.
   Description: 106; *Illustration:* 106.

LEBRUNIODENDRON J.Léonard

L. unijugatum (Harms) J.Léonard   [111]
   Cynometra leptantha Harms [111].
   Desc.: T; Nc; P; Nt. *Habitat:* 101.
   Cm Zr.
   Description: 111,113; *Illustration:* 111,113,175.

LEONARDOXA Aubrév.

L. africana (Baillon) Aubrév.   [111]
   Schotia africana (Baillon) Keay [111]; *Schotia humboldtioides* Oliver [111].
   Desc.: T; Nc; P; Nt. *Habitat:* 101.
   Cm Ga Gq Nq.
   Description: 11,111,112; *Illustration:* 41,111,112,167.

L. bequaertii (De Wild.) Aubrév.   [112]
   Cynometra purpureo-caerulea Baker f. [113]; *Schotia bequaertii* (De Wild.) De Wild. [113];
      Schotia bequaertii var. *rubriflora* (De Wild.) J.Léonard [113]; *Schotia bergeri* De Wild. [113];
      Schotia claessensii (De Wild.) Lebrun [112,113]; *Schotia rubriflora* (De Wild.) De Wild. [113].
   Desc.: T; Nc; P; Nt. *Habitat:* 101.
   Ao Ga Zr.
   Description: 112,113; *Illustration:* 112.

L. romii (De Wild.) Aubrév. [113]
Schotia romii De Wild. [113].
Desc.: T; Nc; P; K. *Uses:* Ornamental. *Habitat:* 101 1001.
Zr.
Description: 113.

LIBREVILLEA Hoyle

L. klainei (Harms) Hoyle [112]
Brachystegia klainei Harms [112].
Desc.: S/T; Nc; P; Nt. *Habitat:* – .
Ao Cm Ga.
Description: 112; *Illustration:* 110,112.

LOESENERA Harms

L. gabonensis Pellegrin [112]
Desc.: T; Nc; P; K. *Habitat:* 101.
Ga.
Description: 112; *Illustration:* 112.

L. kalantha Harms [11]
Desc.: S/T; Nc; P; K. *Uses:* Medicinal; Timber. *Habitat:* 101.
Lr.
Description: 11; *Illustration:* 12,13.

L. talbotii Baker f. [11]
Desc.: T; Nc; P; Nt. *Habitat:* 101.
Cm Nq.
Description: 3.

L. walkeri (A.Chev.) J.Léonard [112]
Ibadja walkeri A.Chev. [112].
Desc.: T; Nc; P; K. *Habitat:* 101.
Ga.
Description: 112; *Illustration:* 112.

LYSIDICE Hance

L. rhodostegia Hance [106]
Desc.: T; Nc; P. *Uses:* Ornamental. *Habitat:* Cult.
Sl(I) Tz(I) Ug(I) ; Asia.

NEOCHEVALIERODENDRON J.Léonard

N. stephanii (A.Chev.) J.Léonard [111]
Hymenostegia stephanii (A.Chev.) Baker f. [111].
Desc.: T; Nc; P; K. *Habitat:* 101.
Ga.
Description: 111,112; *Illustration:* 111,112.

OXYSTIGMA Harms

O. buchholzii Harms [113]
O. dewevrei De Wild. [113]; *O. mafuta* De Wild. [113].
Desc.: S/T; Nc; P; Nt. *Habitat:* 101.
Ao Cm Ga Gq Zr.
Description: 111,113; *Illustration:* 110,111,113.

O. gilbertii J.Léonard [113]
Desc.: T; Nc; P; K. *Habitat:* 101.
Zr.
Description: 113; *Illustration:* 113.

O. mannii (Baillon) Harms [11]
   Desc.: T; Nc; P; Nt. *Uses:* Timber. *Habitat:* 101 112.
   Cm Ga Gq Nq.
   Description: 3,111; *Illustration:* 41,111,112.

O. msoo Harms [106]
   Desc.: T; Nc; P; K. *Habitat:* 401.
   Ke Tz.
   Description: 106; *Map:* 345; *Illustration:* 106.

O. oxyphyllum (Harms) J.Léonard [11]
   Oxymitra mortehanii De Wild. [111]; *Oxymitra oxyphyllum* (Harms) J.Léonard [111]; *O. mortehanii* De Wild. [113]; *Pterygopodium oxyphyllum* Harms [113].
   Desc.: T; Nc; P; Nt. *Uses:* Timber. *Habitat:* 101.
   Ao Cg Cm Ga Nq Zr.
   Description: 3,11,111,113; *Illustration:* 111,112,196.

O. sp. Keay, Onochie & Stanfield (provisional) [3]
   Desc.: T; Nc; P. *Habitat:* 101.
   Nq.
   Description: 3.

O. sp. Torre & Hillc. (provisional) [110]
   Desc.: T; Nc; P. *Habitat:* 1001.
   Ao.

PLAGIOSIPHON Harms

P. discifer Harms [111]
   Hymenostegia discifer (Harms) Pellegrin [111].
   Desc.: S; Nc; P; K. *Habitat:* – .
   Cm.
   Description: 111.

P. emarginatus (Hutch. & Dalziel) J.Léonard [111]
   Hymenostegia emarginata (Hutch. & Dalziel) Hutch. & Dalziel [11]; *Monopetalanthus emarginatus* Hutch. & Dalziel [11]; *Tripetalanthus emarginatus* (Hutch. & Dalziel) A.Chev. [11].
   Desc.: T; Nc; P; Nt. *Habitat:* 101.
   Ci Cm Ga Lr Sl.
   Description: 11,111; *Illustration:* 12,13,137.

P. gabonensis (A.Chev.) J.Léonard [111]
   Hymenostegia gabonensis (A.Chev.) Pellegrin [111]; *Tripetalanthus gabonensis* A.Chev. [111].
   Desc.: T; Nc; P; Nt. *Habitat:* 101.
   Cm Ga.
   Description: 111; *Illustration:* 137.

P. longitubus (Harms) J.Léonard [111]
   Cynometra longituba Harms [111].
   Desc.: S/T; Nc; P; K. *Habitat:* 101.
   Cm.
   Description: 111; *Illustration:* 111,112.

P. multijugus (Harms) J.Léonard [111]
   Cynometra multijuga Harms [111].
   Desc.: T; Nc; P; Nt. *Habitat:* 101.
   Cm Ga.
   Description: 111; *Illustration:* 111,112.

SARACA L.

S. indica L. [106]
Desc.: T; Nc; P. *Habitat:* Cult.
Eg(I) Tz(I) Ug(I) Za(I) ; Asia.

SCHOTIA Jacq.

S. afra (L.) Thunb. [107]
Desc.: S/T; Nc; P; Nt. *Uses:* Human food; Medicinal; Tanning; Timber. *Habitat:* 604 1503.
Na Za.
Description: 107; *Illustration:* 199,200,400.

S. brachypetala Sonder [107]
S. latifolia sensu Dale [2,107]; *S. semireducta* Merxm. [107].
Desc.: T; Nc; P; Nt. *Uses:* Human food; Medicinal; Ornamental; Timber. *Habitat:* 202 1402 1501.
Ke(I) Mz Sz Ug(I) Za Zw.
Description: 107; *Illustration:* 107,201,410.

S. capitata Bolle [107]
S. transvaalensis Rolfe [107].
Desc.: S/T; Nc; P; Nt. *Habitat:* 1502.
Mz Sz Za Zw.
Description: 107; *Illustration:* 199,202.

S. latifolia Jacq. [107]
Desc.: T; Nc; P; Nt. *Uses:* Dyeing; Human food; Timber. *Habitat:* 603 1501.
Es(I) Za.
Description: 107; *Illustration:* 107,199.

S. sp. J.Ross (provisional) [107]
Desc.: T; Nc; P. *Habitat:* – .
Za.
Description: 107.

SCORODOPHLOEUS Harms

S. fischeri (Taubert) J.Léonard [106]
Cynometra sp.15 Brenan [35,106].
Desc.: T; Nc; P; Nt. *Habitat:* 409 1301.
Ke Tz.
Description: 106; *Illustration:* 106.

S. zenkeri Harms [111]
Desc.: T; Nc; P; Nt. *Habitat:* 101.
Ao Cm Ga Zr.
Description: 111,112,113; *Map:* 174. *Illustration:* 41,111,113,137.

SINDORA Miq.

S. klaineana Pellegrin [111]
Desc.: T; Nc; P; K. *Habitat:* 101 112.
Ga.
Description: 111,112; *Illustration:* 111,112.

SINDOROPSIS J.Léonard

S. letestui (Pellegrin) J.Léonard [112]
Copaifera letestui (Pellegrin) Pellegrin [112]; *Dialium letestui* Pellegrin [112].
Desc.: T; Nc; P; K. *Habitat:* 101.
Ga.
Description: 112; *Illustration:* 112.

STEMONOCOLEUS Harms

S. micranthus Harms [11]
Desc.: T; Nc; P; Nt. *Uses:* Timber. *Habitat:* 101.
Cf Ci Cm Ga Gh Nq.
Description: 3,111,112; *Illustration:* 12,41,111.

TALBOTIELLA Baker

T. batesii Baker f. [111]
Desc.: T; Nc; P; K. *Habitat:* 101.
Cm.
Description: 111; *Illustration:* 111,112,115.

T. eketensis Baker f. [11]
Desc.: S; Nc; P; K. *Habitat:* 101.
Nq.
Description: 3; *Illustration:* 111,112,115.

T. gentii Hutch. & Greenway [11]
Desc.: T; Nc; P; K. *Uses:* Timber. *Habitat:* 1101.
Cm Gh.
Description: 11; *Map:* 204.

TESSMANNIA Harms

T. africana Harms [11]
T. claessensii De Wild. [11].
Desc.: T; Nc; P; Nt. *Uses:* Timber. *Habitat:* 101.
Cf Cg Cm Ga Gq Zr.
Description: 11,111,113; *Map:* 162. *Illustration:* 41,113,162.

T. anomala (Micheli) Harms [111]
T. parvifolia Harms [111].
Desc.: T; Nc; P; Nt. *Uses:* Timber. *Habitat:* 101.
Cm Ga Zr.
Description: 111,112,113; *Map:* 162. *Illustration:* 111,137,162.

T. baikiaeoides Hutch. & Dalziel [11]
Desc.: T; Nc; P; Nt. *Habitat:* 101 1101.
Ci Lr Sl.
Description: 11,12; *Map:* 162; *Illustration:* 12.

T. burttii Harms [106]
Desc.: T; Nc; P; Nt. *Habitat:* 201.
Tz Zm Zr.
Description: 106; *Map:* 162.

T. camoneana Torre [176]
Desc.: S; Nc; P; K. *Habitat:* 202.
Ao.
Description: 176; *Illustration:* 176.

T. copallifera J.Léonard [114]
Macrolobium diphyllum sensu auctt. [113,114].
Desc.: T; Nc; P; K. *Uses:* Gum. *Habitat:* 101.
Zr.
Description: 113,114.

T. dawei J.Léonard [110]
Desc.: T; Nc; P; K. *Uses:* Gum. *Habitat:* – .
Ao.
Description: 205; *Map:* 162.

T. densiflora Harms [106]
Desc.: T; Nc; P; K. *Habitat:* – .
Tz.
Description: 106; *Map:* 162.

T. dewildemaniana Harms [113]
Desc.: T; Nc; P; Nt. *Habitat:* 101.
Ao Zr.
Description: 113; *Map:* 162; *Illustration:* 162.

T. lescrauwaetii (De Wild.) Harms [113]
Desc.: T; Nc; P; Nt. *Habitat:* 101 1001.
Cm Ga Zr.
Description: 111,112,113; *Map:* 162. *Illustration:* 111,137,162.

T. martiniana Harms [106]
Desc.: S/T; Nc; P; K. *Habitat:* – .
Tz.
Description: 106; *Map:* 162.

T. yangambiensis J.Léonard [113]
Desc.: T; Nc; P; K. *Habitat:* 101.
Zr.
Description: 113; *Map:* 162. *Illustration:* 113,162,205.

UMTIZA Sim

U. listerana Sim [107]
Desc.: S/T; Nc; P; K. *Habitat:* 1501 1503.
Za.
Description: 107; *Illustration:* 107.

ZENKERELLA Taubert

Z. capparidacea (Taubert) J.Léonard [106]
Cynometra capparidacea (Taubert) Harms [106].
Desc.: T; Nc; P; K. *Habitat:* 801 1301.
Tz.
Description: 106.

Z. citrina Taubert [11]
Cynometra citrina (Taubert) Harms [11].
Desc.: S/T; Nc; P; Nt. *Habitat:* 101.
Cm Ga Gq Nq.
Description: 11,111,112; *Illustration:* 111,112,175.

Z. egregia J.Léonard [106]
Cynometra egregia Hora & Greenway [106].
Desc.: T; Nc; P; K. *Habitat:* 1301.
Tz.
Description: 106; *Illustration:* 106.

Z. grotei (Harms) J.Léonard [106]
Cynometra grotei Harms [106].
Desc.: T; Nc; P; K. *Habitat:* 1301.
Tz.
Description: 106; *Illustration:* 106.

Z. schliebenii (Harms) J.Léonard [106]
Cynometra schliebenii Harms [106].
Desc.: T; Nc; P; K. *Habitat:* 801.
Tz.
Description: 106.

MIMOSOIDEAE

ACACIEAE

ACACIA Miller
See Ref.50.

A. abyssinica Benth. [50]
Desc.: T; Nc; P; Nt. *Habitat:* 801 802 806.
Et Ke Mw Mz Rw Sd Tz Ug Zr Zw; Middle East.
Description: 50; *Illustration:* 50.

subsp. **abyssinica** [50]
A. xiphocarpa Benth. [50].
Desc.: T; Nc; P; K. *Habitat:* 801 802.
Et.
Description: 50; *Illustration:* 50.

subsp. **calophylla** Brenan
Desc.: T; Nc; P; Nt. *Habitat:* 801 802 806.
Ke Mw Mz Rw Sd Tz Ug Zr Zw.
Description: 50; *Illustration:* 50.

A. adenocalyx Brenan & Exell [50]
Desc.: S/T; Nc; P; Nt. *Habitat:* 1303.
Ke Mz Tz.
Description: 50; *Map:* 91; *Illustration:* 50.

A. adunca G.Don [19]
Racosperma aduncum (G.Don) Pedley [494].
Desc.: T; Nc; P. *Habitat:* Cult.
Za(I); Australasia.
Description: 19.

A. amythethophylla A.Rich. [50,63]
A. macrothyrsa Harms [63].
Desc.: S/T; Nc; P; Nt. *Habitat:* 202 206 302 306.
Ao Ci Cm Et Gh Hv Ke Ml Mw Mz Ne Nq Sd Tz Ug Zm Zr Zw.
Description: 50; *Map:* 63; *Illustration:* 7,10,50.

A. ancistroclada Brenan [50]
Desc.: S/T; Nc; P; Nt. *Habitat:* 403.
Ke Tz.
Description: 50; *Illustration:* 50.

A. andongensis Hiern (provisional) [50]
Desc.: T; Nc; P; K. *Habitat:* –.
Ao.
Description: 50.

A. aneura F.Muell. [8]
Racosperma aneurum (Benth.) Pedley [494].
Desc.: T; Nc; P. *Habitat:* –.
Ke(I).

A. ankokib Chiov. [50]
Desc.: T; Nc; P; K. *Habitat:* 403.
So.
Description: 50; *Illustration:* 50.

A. antunesii Harms [50]
Desc.: T; Nc; P; K. *Habitat:* – .
Ao.
Description: 50; *Illustration:* 50.

A. arenaria Schinz [50]
A. hermannii Baker f.
Desc.: S/T; Nc; P; Nt. *Habitat:* 202 203.
Ao Bw Na Tz Zw.
Description: 50; *Illustration:* 50.

A. armata R.Br. [19]
Desc.: S; Nc; P. *Habitat:* Cult.
Za(I); Australasia.
Description: 19.

A. asak (Forsskal) Willd. [50]
A. glaucophylla A.Rich. [50].
Desc.: S/T; Nc; P; Nt. *Habitat:* 403.
Dj Et Sd; Middle East.
Description: 50; *Illustration:* 50.

A. ataxacantha DC. [50]
A. eriadenia Benth. [50]; *A. lugardiae* N.E.Br. [50].
Desc.: S/T; C/Nc; P; Nt. *Habitat:* 206 209 306 1603.
Ao Bj Bw Cf Ci Cm Gn Ke Lr Ml Mz Na Ne Nq Sd Sl Sn Sz Td Tg Tz Za Zw.
Description: 50; *Illustration:* 50,65,410.

A. auriculiformis A.Cunn. [8]
Racosperma auriculiforme (Benth.) Pedley [494].
Desc.: T; Nc; P. *Habitat:* Cult.
Tz(I).
Illustration: 261.

A. baileyana F.Muell. [19]
Racosperma baileyanum (F.Muell.) Pedley [494].
Desc.: S/T; Nc; P. *Habitat:* Cult.
Ke(I) Sz(I) Za(I) Zw(I); Australasia.
Description: 19.

A. balfourii G.M.Woodrow (provisional) [89]
Desc.: T; Nc; P. *Habitat:* – .
Yd.
Description: 89.

A. bavazzanoi Pichi-Serm. [50]
Desc.: T; Nc; P; K. *Habitat:* 801.
Et.
Description: 50; *Illustration:* 50.

A. binervia (Wendl.) Macbr. [8]
Desc.: T; Nc; P. *Habitat:* Cult.
Ke(I).

A. borleae Burtt Davy [50]
Desc.: S/T; Nc; P; Nt. *Habitat:* 202 1402.
Mz Sz Za Zw.
Description: 50; *Map:* 66; *Illustration:* 50.

A. brevispica Harms [50]
Desc.: S/T; C/Nc; P; Nt. *Habitat:* 203 403 1203.
Ao Bi Cf Et Ke Mz Rw Sd So Sz Tz Ug Za Zr.
Description: 50; *Map:* 67,91,92. *Illustration:* 24,50.

subsp. **brevispica** [50]
A. pennata sensu Baker f. [50,68].
Desc.: S/T; C/Nc; P; Nt. *Habitat:* 203 403 1203.
Ao Bi Cf Et Ke Rw Sd So Tz UgZr.
Description: 50; *Map:* 67; *Illustration:* 24,50.

subsp. **dregeana** (Benth.) Brenan [50]
Desc.: S/T; C/Nc; P; Nt. *Habitat:* 1503.
Mz Sz Za.
Description: 50; *Map:* 67; *Illustration:* 50.

A. bricchettiana Chiov. [50]
A. gloveri Gilliland [50].
Desc.: S; Nc; P; Nt. *Habitat:* 403.
Et So.
Description: 50; *Illustration:* 50.

A. bullockii Brenan [50]
Desc.: T; Nc; P; K. *Habitat:* 202.
Tz.
Description: 1,50; *Illustration:* 50.

A. burkei Benth. [50]
Desc.: T; Nc; P; Nt. *Habitat:* 1403 1503.
Bw Mz Sz Za Zw.
Description: 50; *Illustration:* 50.

A. burttii Baker f. [50]
Desc.: S/T; Nc; P; K. *Habitat:* 406.
Tz.
Description: 1,50; *Illustration:* 50.

A. bussei Sjost. [50]
Desc.: T; Nc; P; Nt. *Habitat:* 403 411 1303.
Et Ke So Tz.
Description: 1,50; *Illustration:* 50.

A. caffra (Thunb.) Willd. [50]
Desc.: S/T; Nc; P; Nt. *Habitat:* 202 1402 1503.
Bw Mz Sz Za.
Description: 50; *Illustration:* 50,93.

A. callicoma Meissner (provisional) [50]
Desc.: - Habitat: – .
Za.
Description: 50.

A. caraniana Chiov. [50]
Desc.: T; Nc; P; Intermediate. *Habitat:* 403.
So.
Description: 50; *Illustration:* 50.

A. chariessa Milne-Redh. [50]
Desc.: S; Nc; P; K. *Habitat:* 206.
Zw.
Description: 50; *Illustration:* 50.

A. cheilanthifolia Chiov. [50]
Desc.: S/T; Nc; P; K. *Habitat:* 404.
Et So.
Description: 50; *Illustration:* 50.

A. ciliolata Brenan & Exell
Desc.: S; C; P; Nt. *Habitat:* 101.
Ao Zr.
Description: 50; *Map:* 91.

A. condyloclada Chiov. [50]
Desc.: T; Nc; P; Nt. *Habitat:* 403.
Et Ke So.
Description: 1,50; *Illustration:* 50.

A. cultriformis G.Don [19]
Racosperma cultriforme (G.Don) Pedley [494].
Desc.: S/T; Nc; P. *Habitat:* Cult.
Et(I) Za(I) Zw(I); Australasia.
Description: 19.

A. cyanophylla Lindley [28]
Desc.: T; Nc; P. *Uses:* Ornamental. *Habitat:* Cult.
Mz(I) Zm(I).

A. cyclops G.Don [19]
Desc.: S/T; Nc; P; Nt. *Habitat:* Cult.
Et(I) Na(I) Za(I); Australasia.
Description: 19.

A. davyi N.E.Br. [50]
Desc.: S/T; Nc; P; Nt. *Habitat:* 202 1403 1503.
Mz Sz Za.
Description: 50; *Illustration:* 50.

A. dealbata Link [19]
Racosperma dealbatum (Link) Pedley [493].
Desc.: S/T; Nc; P. *Habitat:* Cult.
Et(I) Ls(I) Mz(I) Sz(I) Tz(I) Ug(I) Za(I) Zw(I); Australasia.
Description: 19; *Illustration:* 531.

A. decurrens Willd. [19]
Racosperma decurrens (Willd.) Pedley [493].
Desc.: T; Nc; P. *Habitat:* Cult.
Et(I) Tz(I) Za(I); Australasia.
Description: 19.

A. dolichocephala Harms [50]
Desc.: T; Nc; P; Nt. *Habitat:* 402 802.
Et Ke Sd Tz Ug.
Description: 1,50; *Illustration:* 1,50.

A. drepanolobium Sjost. [50]
A. formicarum Harms [50]; *A. lathouwersii* Staner [50].
Desc.: S/T; Nc; P; Nt. *Habitat:* 406.
Et Ke Sd So Tz Ug Zr.
Description: 1,50; *Illustration:* 41,50.

A. dudgeoni Holland
Desc.: S/T; Nc; P; Nt. *Habitat:* 306.
Bj Ci Cm Gh IIv Ml Ne Nq Sn Tg.
Description: 50; *Illustration:* 50.

A. edgeworthii T.Anderson [50]
 A. erythraea Chiov. [50]; *A. humifusa* Chiov. [50]; *A. pseudosocotrana* Chiov. [50]; *A. socotrana* Balf.f. [50]; *A. sultani* Chiov. [50].
 Desc.: S; Nc; P; Nt. *Habitat:* 403.
 Et Ke So Yd; Middle East.
 Description: 1,50; *Illustration:* 1,50.

A. ehrenbergiana Hayne [50]
 A. flava (Forsskal) Schweinf. [50].
 Desc.: S/T; Nc; P; Nt. *Habitat:* 1605 1702.
 Dj Dz Eg Eh Et Ml Mr Ne Sd Td; Middle East.
 Description: 50; *Illustration:* 50.

A. elata Benth. [19]
 A. terminalis sensu Court [19,69]; *Racosperma elatum* (Benth.) Pedley [493].
 Desc.: T; Nc; P; Nt. *Habitat:* Cult.
 Ke(I) Ug(I) Za(I) Zw(I); Australasia.
 Description: 19.

A. elatior Brenan [50]
 Desc.: T; Nc; P; Nt. *Habitat:* 402.
 Ke Sd Ug.
 Description: 1,50; *Illustration:* 50.

 subsp. **elatior** [50]
  Desc.: T; Nc; P; Nt. *Habitat:* 402.
  Ke.
  Description: 1,50; *Illustration:* 50.

 subsp. **turkanae** Brenan [50]
  Desc.: T; Nc; P; Nt. *Habitat:* 402.
  Ke Sd Ug.
  Description: 1,50; *Illustration:* 50.

A. eriocarpa Brenan [50]
 Desc.: S/T; Nc; P; Nt. *Habitat:* 202 203.
 Mz Zm Zw.
 Description: 6,50; *Illustration:* 50.

A. erioloba E.Meyer [50]
 A. giraffae sensu auctt. [50]; *A. giraffae* Willd. [50,71].
 Desc.: S/T; Nc; P; Nt. *Uses:* Firewood. *Habitat:* 202 603 1406.
 Ao Bw Na Za Zm Zw; Middle East.
 Description: 50; *Map:* 70; *Illustration:* 50.

A. erubescens Oliver [50]
 A. dulcis Marloth & Engl. [50].
 Desc.: S/T; Nc; P; Nt. *Habitat:* 202.
 Ao Bw Mw Mz Na Tz Za Zm Zr Zw.
 Description: 1,6,50; *Illustration:* 30,50.

A. erythrocalyx Brenan [50]
 Desc.: S; C; P; Nt. *Habitat:* 302.
 Hv Ml Ne Nq Tg.
 Description: 50; *Map:* 91.

A. erythrophloea Brenan [50]
 Desc.: T; Nc; P; K. *Habitat:* 206.
 Tz.
 Description: 1,50.

A. etbaica Schweinf. [50]
Desc.: T; Nc; P; Nt. *Habitat*: 402 403 411.
Dj Et Ke Sd So Tz Ug.
Description: 1,50; *Illustration*: 50.

subsp. **australis** Brenan [50]
Desc.: T; Nc; P; Nt. *Habitat*: 403 406.
Ke Tz.
Description: 50.

subsp. **etbaica** [50]
Desc.: T; Nc; P; Nt. *Habitat*: 403.
Et Sd So.
Description: 50.

subsp. **platycarpa** Brenan [50]
Desc.: T; Nc; P; Nt. *Habitat*: 403.
Et Ke Tz.
Description: 1,50; *Illustration*: 1.

subsp. **uncinata** Brenan [50]
Desc.: T; Nc; P; Nt. *Habitat*: 406.
Et Ke So Ug.
Description: 1,50; *Illustration*: 50.

A. exuvialis Verd. [50]
Desc.: S/T; Nc; P; Nt. *Habitat*: 202.
Za Zw.
Description: 50; *Map*: 66; *Illustration*: 50.

A. farnesiana (L.) Willd. [50]
Desc.: S/T; Nc; P; Nt. *Uses*: Medicinal; Miscellaneous. *Habitat*: Cult.
Et(I) Gh(I) Ly(I) Mz(I) Tg(I) Tz(I) Ug(I) Za(I) Zw(I); Australasia; South America.
Description: 1,50; *Illustration*: 50.

A. fimbriata G.Don [19]
Racosperma fimbriatum (G.Don) Pedley [494].
Desc.: S/T; Nc; P. *Habitat*: Cult.
Za(I); Australasia.
Description: 19.

A. fischeri Harms [50]
Desc.: S/T; Nc; P; K. *Habitat*: 206 406.
Tz.
Description: 1,50; *Illustration*: 50.

A. fleckii Schinz [50]
A. cinerea Schinz [50].
Desc.: S/T; Nc; P; Nt. *Habitat*: 201 202 1406.
Ao Bw Na Za Zm Zw.
Description: 6,50; *Illustration*: 30,50.

A. galpinii Burtt Davy [50]
A. senegal sensu O.B.Miller [72].
Desc.: T; Nc; P; Nt. *Habitat*: 201 1402.
Bw Mw Mz Tz Za Zm Zw.
Description: 6,50; *Illustration*: 50.

A. gerrardii Benth. [50]
A. hebecladoides Harms [50].
Desc.: S/T; Nc; P; Nt. *Habitat*: 202 302 403 406.
Bw Cf Et Ke Nq Rw Sd Sz Td Tz Ug Za Zm Zr Zw.
Description: 1,50; *Illustration*: 50,410.

A. goetzei Harms [50]
Desc.: T; Nc; P; Nt. *Habitat:* 202 206 402 406.
Ao Et Ke Mw Mz Tz Zm Zr Zw.
Description: 1,50; *Illustration:* 50.

subsp. **goetzei** [50]
A. bequaertii De Wild. [50]; *A. mossambicensis* sensu Baker f. [1,68].
Desc.: T; Nc; P; Nt. *Habitat:* 202 206 402 406.
Ao Ke Mw Mz Tz Zm Zr Zw.
Description: 1,50; *Illustration:* 50.

subsp. **microphylla** Brenan [50]
A. gossweileri Baker f. [50]; *A. joachimii* Harms [50]; *A. kinionge* De Wild. [50]; *A. uluguruensis* Harms [50]; *A. van-meelii* G.Gilbert & Boutique [50].
Desc.: T; Nc; P; Nt. *Habitat:* 202 402.
Ao Et Ke Mw Mz Tz Zm Zr Zw.
Description: 1,50; *Illustration:* 50.

A. gourmaensis A.Chev. [50]
Desc.: S/T; Nc; P; Nt. *Habitat:* 302 306.
Bj Ci Gh Ne Nq Tg.
Description: 50; *Illustration:* 50.

A. grandicornuta Gerstner [50]
Desc.: S/T; Nc; P; Nt. *Habitat:* 202 1402.
Bw Mz Sz Za Zw.
Description: 50; *Illustration:* 50.

A. gummifera Willd. [50]
Desc.: S/T; Nc; P; K. *Habitat:* 1803 1809.
Ma.
Description: 50; *Illustration:* 50.

A. haematoxylon Willd. [50]
A. giraffae Willd. [50,71].
Desc.: S/T; Nc; P; Nt. *Habitat:* 1406.
Bw Na Za.
Description: 50; *Map:* 70,404; *Illustration:* 50.

A. hamulosa Benth. [50]
A. paradoxa Chiov. [50].
Desc.: S; Nc; P; Nt. *Habitat:* 403.
Et Ke So; Middle East.
Description: 50; *Illustration:* 50.

A. hebeclada DC. [50]
Desc.: S/T; Nc; P; Nt. *Habitat:* 202 206 1406.
Ao Bw Na Za Zm Zw.
Description: 6,50; *Illustration:* 50.

subsp. **chobiensis** (O.Miller) A.Schreiber [50]
Desc.: S/T; Nc; P; Nt. *Habitat:* 202.
Bw Na Zm Zw.
Description: 50; *Illustration:* 50.

subsp. **hebeclada** [50]
A. stolonifera Burchell [50].
Desc.: S/T; Nc; P; Nt. *Habitat:* 1406.
Bw Na Za.
Description: 50; *Illustration:* 50,94.

subsp. **tristis** A.Schreiber [50]
    A. tristis Oliver [50].
    Desc.: S/T; Nc; P; Nt. *Habitat:* 202.
    Ao Na.
    Description: 50; *Illustration:* 50.

A. hecatophylla A.Rich. [50]
    Desc.: T; Nc; P; Nt. *Habitat:* 302 306.
    Et Sd Ug Zr.
    Description: 1,50; *Illustration:* 50.

A. hereroensis Engl. [50]
    A. mellei Verd. [50].
    Desc.: S/T; Nc; P; Nt. *Habitat:* 140 206 1406.
    Bw Na Za Zw.
    Description: 50; *Illustration:* 50,95.

A. hockii De Wild. [50]
    A. chariensis A.Chev. [50]; *A. orfota* sensu Brenan [73]; *A. seyal* var. *multijuga* Baker f. [50]; *A. stenocarpa* sensu auctt. [50].
    Desc.: S/T; Nc; P; Nt. *Habitat:* 202 206 302 306.
    Ao Bj Cf Ci Cm Et Gh Gn Hv Ke Mw Mz Nq Rw Sd Td Tg Tz Ug Zm Zr Zw; Middle East.
    Description: 1,50; *Illustration:* 50.

A. homalophylla Benth. [8]
    Desc.: T; Nc; P. *Habitat:* Cult.
    Ke(I).

A. horrida (L.) Willd. [50]
    Desc.: S; Nc; P; Nt. *Habitat:* – .
    Et Ke Sd So Ug; Asia.
    Description: 50; *Illustration:* 50.

subsp. **benadirensis** (Chiov.) Hillc. & Brenan [50]
    A. bussei var. *benadirensis* Chiov. [50]; *A. latronum* subsp. *benadirensis* (Chiov.) Brenan [50].
    Desc.: S; Nc; P; Nt. *Habitat:* 403.
    Dj Et Ke Sd So Ug.
    Description: 1,50; *Illustration:* 50.

A. kamerunensis Gand. [50]
    Desc.: S; C; P; Nt. *Habitat:* 101.
    Cf Cm Gh Gw Lr Nq Sl St Tg UgZr.
    Description: 1,50; *Map:* 91; *Illustration:* 50.

A. karroo Hayne [50]
    A. dekindtiana A.Chev. [50]; *A. horrida* sensu auctt. [50]; *A. inconflagrabilis* Gerstner [50]; *A. natalitia* E.Meyer [50].
    Desc.: S/T; Nc; P; Nt. *Uses:* Gum. *Habitat:* 609 1403 1503.
    Ao Bw Ls Ly(I) Ma(I) Mz Na Sz Za Zw.
    Description: 19,50; *Map:* 75. *Illustration:* 50,83,410.

A. kirkii Oliver [50]
    Desc.: S/T; Nc; P; Nt. *Habitat:* 202 402 1201 1206.
    Ao Bw Ke Na Rw Tz Ug Zm Zr Zw.
    Description: 1,50; *Illustration:* 1,7,50.

subsp. **kirkii** [50]
    A. kirkii Harms [50]; *A. mildbraedii* sensu Bogdan [50,76].
    Desc.: T; Nc; P; Nt. *Habitat:* 202 402.
    Ao Bw Ke Na Tz Ug Zm Zr Zw.
    Description: 50; *Illustration:* 50.

subsp. **mildbraedii** (Harms) Brenan [50]
A. mildbraedii Harms [50].
Desc.: S/T; Nc; P; Nt. Habitat: 1201 1206.
Rw Tz Ug Zr.
Description: 1,50; Illustration: 7.

A. kraussiana Benth. [50]
Desc.: S; C; P; Nt. Habitat: 1501 1503.
Mz Za.
Description: 50,74; Map: 404; Illustration: 50,74.

A. laeta Benth. [50]
Desc.: S/T; Nc; P; Nt. Habitat: 403 1606 1702.
Eg Et Hv Ml Ne Nq Sd So Td Tz; Asia; Middle East.
Description: 1,50; Illustration: 50.

A. lahai Benth. [50]
Desc.: T; Nc; P; Nt. Habitat: 802.
Et Ke Tz Ug.
Description: 1,50; Illustration: 24,50.

A. lasiopetala Oliver [50]
Desc.: T; Nc; P; Nt. Habitat: 202 206.
Mw Mz Tz Zr.
Description: 1,50; Illustration: 50.

A. latistipulata Harms [50]
Desc.: S; C/Nc; P; Nt. Habitat: 1302 1303.
Mz Tz.
Description: 50; Map: 91; Illustration: 50,74.

A. leucophaea Willd. [8]
Desc.: T; Nc; P. Habitat: –.
Tz(I).

A. leucospira Brenan [50]
Desc.: S; Nc; P; K. Habitat: 403.
So.
Description: 50; Map: 404; Illustration: 50.

A. longifolia (Andrews) Willd. [19]
Desc.: S/T; Nc; P. Habitat: Cult.
Ke(I) Za(I); Australasia.
Description: 19; Illustration: 531,548.

A. luederitzii Engl. [50]
A. gillettiae Burtt Davy; *A. goeringii* Schinz [50]; *A. retinens* Sim [50]; *A. uncinata* sensu auctt. [50,72].
Desc.: S/T; Nc; P; Nt. Habitat: 202 1406.
Bw Mz Na Sz Za Zm Zw.
Description: 50; Map: 96; Illustration: 50.

A. lujae De Wild. [50]
Desc.: S; C; P; K. Habitat: 101.
Zr.
Description: 50; Map: 404; Illustration: 50.

A. macalusoi Mattei (provisional) [50]
Desc.: K. Habitat: –.
So.
Description: 50.

A. macrostachya DC. [50]
A. ataxacantha sensu P.Sousa [50,77].
Desc.: S/T; C/Nc; P; Nt. *Habitat:* 302.
Bj Ci Gn Gw Hv Ml Ne Nq Sd Sl Sn Td Tg.
Description: 50; *Illustration:* 50.

A. maidenii F.Muell. [19]
Racosperma maidenii (F.Muell.) Pedley [494].
Desc.: T; Nc; P. *Habitat:* Cult.
Za(I); Australasia.
Description: 19.

A. malacocephala Harms [50]
Desc.: T; Nc; P; K. *Habitat:* 406.
Tz.
Description: 1,50; *Illustration:* 50.

A. manubensis J.Ross [50]
Desc.: T; Nc; P; K. *Habitat:* 403.
So.
Description: 50; *Illustration:* 50.

A. mauroceana DC. (provisional) [50]
Desc.: K. *Habitat:* – .
Ma(U).
Description: 50.

A. mbuluensis Brenan [50]
Desc.: T; Nc; P; K. *Habitat:* 406.
Tz.
Description: 1,50; *Illustration:* 50.

A. mearnsii De Wild. [19]
A. mollissima sensu auctt. [19,28,35]; *Racosperma mearnsii* (De Wild.) Pedley [493].
Desc.: T; Nc; P; Nt. *Uses:* Firewood; Tanning; Timber. *Habitat:* Cult.
Et(I) Ke(I) Rw(I) Sz(I) Tz(I) Ug(I) Za(I) Zm(I); Australasia.
Description: 1,19.

A. melanoxylon R.Br. [19]
Racosperma melanoxylon (R.Br.) Martius [494].
Desc.: T; Nc; P. *Uses:* Timber. *Habitat:* Cult.
Et(I) Ke(I) Ls(I) Sz(I) Tz(I) Za(I); Australasia.
Description: 19.

A. mellifera (Vahl) Benth. [50]
Desc.: S/T; Nc; P; Nt. *Habitat:* 203 403 1603.
Ao Bw Eg Et Ke Mz Na Sd So Tz Za Zm Zw; Middle East.
Description: 1,50; *Illustration:* 41,50.

  subsp. **detinens** (Burchell) Brenan [50]
Desc.: S/T; Nc; P; Nt. *Habitat:* 203.
Ao Bw Mz Na Tz Za Zw.
Description: 1,50; *Illustration:* 30,50.

  subsp. **mellifera** [50]
Desc.: S/T; Nc; P; Nt. *Habitat:* 403 1603.
Ao Dj Eg Et Ke Na Sd So Tz; Middle East.
Description: 1,50; *Map:* 57; *Illustration:* 24,50.

A. montigena Brenan & Exell [50]
A. monticola Brenan & Exell [50].
Desc.: S; C; P; Nt. *Habitat:* 801.
Bi Et Ke Mw Rw Tz Ug Zm Zr.
Description: 1,50; *Map:* 91; *Illustration:* 50.

A. montis-usti Merxm. & A.Schreiber [50]
Desc.: T; Nc; P; K. *Habitat:* 604.
Na.
Description: 50; *Illustration:* 50.

A. nebrownii Burtt Davy [50]
A. rogersii Burtt Davy [50]; *A. walteri* Suesseng. [50].
Desc.: S/T; Nc; P; Nt. *Habitat:* 203 214.
Bw Na Za Zw.
Description: 50; *Map:* 66; *Illustration:* 50.

A. negrii Pichi-Serm. [50]
Desc.: S/T; Nc; P; K. *Habitat:* 802.
Et.
Description: 50; *Illustration:* 24,50.

A. nigrescens Oliver [50]
A. passargei Harms; *A. schliebenii* Harms [50].
Desc.: T; Nc; P; Nt. *Habitat:* 202 1502 1506.
Bw Mw Mz Na Sz Tz Za Zm Zw.
Description: 1,50; *Map:* 98. *Illustration:* 50,97,410.

A. nilotica (L.) Del. [50]
Desc.: T; Nc; P; Nt. *Uses:* Gum; Medicinal; Tanning; Timber. *Habitat:* 202 302.
Ao Bw Dz Eg Et Gh Gm Gw Ke Ly Ml Mw Mz Ne Nq Sd Sn So Tg Tz Ug Za Zm Zw; Asia.
Description: 50; *Illustration:* 50.

subsp. **adstringens** (Schum. & Thonn.) Roberty [50]
A. adansonii Guillemin & Perrottet [50]; *A. adstringens* (Schum. & Thonn.) Berhaut [50]; *A. nilotica* subsp. *adansonii* (Guillemin & Perrottet) Brenan [50].
Desc.: T; Nc; P; Nt. *Habitat:* 302 1602 1702.
Dz Gh Gm Gw Ly Ml Ne Nq Sd Sn Td Tg.
Description: 50; *Map:* 57; *Illustration:* 50,83.

subsp. **indica** (Benth.) Brenan [50]
A. arabica sensu auctt. [35,50].
Desc.: T; Nc; P; Nt. *Habitat:* Cult.
Ao(I) Eg(I) Et(I) Tz(I); Asia.
Description: 50; *Illustration:* 50.

subsp. **kraussiana** (Benth.) Brenan [50]
A. benthamiana Rochebr. [50]; *A. benthamii* Rochebr. [50]; *A. nilotica* subsp. *subalata* sensu auctt. [40,50]; *A. subalata* sensu auctt. [35].
Desc.: T; Nc; P; Nt. *Uses:* Gum; Timber. *Habitat:* 202 214 1403.
Ao Bw Et Mw Mz Tz Za Zm Zw.
Description: 50; *Illustration:* 19,99,410.

subsp. **leiocarpa** Brenan [50]
Desc.: T; Nc; P; Nt. *Habitat:* 403.
Et Ke So Tz.
Description: 50; *Illustration:* 50.

subsp. **nilotica** [50]
Desc.: T; Nc; P; Nt. *Habitat:* 306.
Eg Et Ml Ne Nq Sd Sn Td; Middle East.
Description: 50; *Map:* 57; *Illustration:* 50.

subsp. **subalata** (Vatke) Brenan [50]
A. subalata Vatke [50].
Desc.: T; Nc; P; Nt. *Habitat:* 402 403 406.
Et Ke Sd Tz Ug.
Description: 1,50; *Illustration:* 41,50.

subsp. **tomentosa** (Benth.) Brenan
Desc.: T; Nc; P; Nt. *Habitat:* 302.
Dj Et Gh Ml Nq Sd Sn Td.
Description: 50; *Illustration:* 50.

A. oerfota (Forsskal) Schweinf. [73]
A. gorinii Chiov. [50]; *A. nubica* Benth. [73]; *A. orfota* sensu auctt. [73].
Desc.: S; Nc; P; Nt. *Habitat:* 403 1603.
Dj Eg Et Ke Sd So Tz Ug.
Description: 1,50; *Map:* 57; *Illustration:* 50.

A. ogadensis Chiov. [50]
Albizia ogadensis (Chiov.) Chiov. [50].
Desc.: S/T; Nc; P; Nt. *Habitat:* 403.
Et Ke So.
Description: 50; *Illustration:* 50.

A. oliveri Vatke [50]
Desc.: S/T; Nc; P; Nt. *Habitat:* 403.
Et So.
Description: 50; *Illustration:* 50.

A. origena A.Hunde [79]
Desc.: T; Nc; P; Nt. *Habitat:* 806.
Et; Middle East.
Description: 24,79; *Map:* 79; *Illustration:* 79.

A. paolii Chiov. [50]
Desc.: S; Nc; P; Nt. *Habitat:* 403.
Et Ke Sd So.
Description: 1,50; *Illustration:* 50.

subsp. **paolii** [50]
Desc.: S; Nc; P; Nt. *Habitat:* 403.
Et Ke Sd So.
Description: 1,50; *Illustration:* 50.

subsp. **paucijuga** Brenan [50]
A. sp.B Brenan [1,50].
Desc.: S; Nc; P; Nt. *Habitat:* 403.
Ke.
Description: 1,50.

A. pendula G.Don [19]
Racosperma pendulum (G.Don) Pedley [494].
Desc.: S/T; Nc; P; Nt. *Habitat:* Cult.
Za(I); Australasia.
Description: 19.

A. pennivenia Balf.f. [90]
Desc.: T; Nc; P; K. *Uses:* Livestock fodder. *Habitat:* 403.
Yd.
Description: 90; *Illustration:* 90.

A. pentagona (Schum.) Hook.f. [50]
A. pentaptera Welw. [50]; *A. silvicola* G.Gilbert & Boutique,p.p. [50].
Desc.: S; C; P; Nt. *Habitat:* 101 1001 1201.
Ao Bi Cg Cm Et Ga Gh Gn Gq Ke Mz Nq Sd Sl St Tz Ug Zr Zw.
Description: 1,50; *Map:* 91; *Illustration:* 50,74.

A. permixta Burtt Davy [50]
Desc.: S/T; Nc; P; Nt. *Habitat:* 202.
Za Zw.
Description: 50; *Map:* 66; *Illustration:* 50.

A. persiciflora Pax [50]
A. eggelingii Baker f. [50].
Desc.: T; Nc; P; Nt. *Habitat:* 302 1202 1206.
Et Ke Sd Ug Zr.
Description: 1,50; *Illustration:* 50.

A. pilispina Pichi-Serm. [50]
Desc.: S/T; Nc; P; Nt. *Habitat:* 202 206.
Et Mw Mz Tz Zm Zr.
Description: 1,50; *Illustration:* 50.

A. podalyriifolia G.Don [19]
Racosperma podalyriifolium (G.Don) Pedley [494].
Desc.: S/T; Nc; P. *Habitat:* Cult.
Et(I) Ke(I) Mw(I) Tz(I) Ug(I) Za(I) Zw(I); Australasia.
Description: 19.

A. polyacantha Willd. [50]
Desc.: T; Nc; P; Nt. *Habitat:* 202 302.
Bi Bj Bw Cf Ci Cm Et Gh Gm Ke Ml Mw Mz Ne Nq Rw Sd Sn Tg Tz Ug Za Zm Zr Zw; Asia.
Description: 50; *Illustration:* 50.

  subsp. **campylacantha** (A.Rich.) Brenan [50]
  A. caffra var. *campylacantha* (A.Rich.) Aubrev. [50]; *A. campylacantha* A.Rich. [50]; *A. catechu* subsp. *suma* (Roxb.) Roberty [50].
  Desc.: T; Nc; P; Nt. *Uses:* Timber. *Habitat:* 202 302 1006.
  Bi Bj Bw Cf Ci Cm Et Gh Gm Ke Ml Mw Mz Ne Nq Rw Sd Sn Tg Tz Ug Za Zm Zr Zw.
  Description: 1,50; *Illustration:* 19,41.

A. prasinata A.Hunde [79]
Desc.: T; Nc; P; K. *Habitat:* 403.
Et.
Description: 24,79; *Map:* 79; *Illustration:* 79.

A. pseudofistula Harms [50]
A. formicarum sensu Burtt [50,80].
Desc.: S/T; Nc; P; K. *Habitat:* 206 406.
Tz.
Description: 1,50; *Illustration:* 50.

A. pseudonigrescens Brenan & J.Ross [50]
Desc.: T; Nc; P; I. *Habitat:* 403.
Et.
Description: 50; *Illustration:* 50.

A. puccioniana Chiov. [50]
Desc.: S; Nc; P; K. *Habitat:* 403.
So.
Description: 81; *Illustration:* 81.

A. purpurea Bolle (provisional) [50]
Desc.: T; Nc; P; K. *Habitat:* – .
Mz.
Description: 50.

A. pycnantha Benth. [19]
Desc.: S/T; Nc; P. *Habitat*: Cult.
Tz(I) Za(I); Australasia.
Description: 19.

A. quintanilhae Torre [50]
Desc.: S/T; Nc; P; K. *Habitat*: –.
Ao.
Description: 50; *Illustration*: 50.

A. reficiens Wawra [50]
Desc.: S/T; Nc; P; Nt. *Habitat*: 403 604 1406.
Ao Et Ke Na Sd So Ug.
Description: 50; *Map*: 96,404; *Illustration*: 50.

  subsp. **misera** (Vatke) Brenan [50]
  A. misera Vatke [50]; *A. stefanini* Chiov. [50].
  Desc.: S; Nc; P; Nt. *Habitat*: 403.
  Et Ke Sd So Ug.
  Description: 1,50; *Map*: 96,404; *Illustration*: 50.

  subsp. **reficiens** [50]
  A. cf.uncinata sensu Torre [30,50].
  Desc.: S/T; Nc; P; Nt. *Habitat*: 604 1406.
  Ao Na.
  Description: 50; *Map*: 96,404; *Illustration*: 50.

A. rehmanniana Schinz [50]
Desc.: S/T; Nc; P; Nt. *Habitat*: 202.
Bw Za Zm Zw.
Description: 50; *Illustration*: 50.

A. retinoides Schldl. [19]
Desc.: S/T; Nc; P. *Habitat*: Cult.
Et(I) Za(I); Australasia.
Description: 19.

A. robusta Burchell [50]
Desc.: T; Nc; P; Nt. *Habitat*: 202 401 406 1301 1403 1503.
Bw Et Ke Mw Mz Na Sz Tz Za Zm Zw.
Description: 50; *Illustration*: 50.

  subsp. **clavigera** (E.Meyer) Brenan [50]
  A. clavigera E.Meyer [50]; *A. clavigera* subsp. *clavigera* E.Meyer [50].
  Desc.: T; Nc; P; Nt. *Habitat*: –.
  Bw Mw Mz Na Sz Za Zm Zw.
  Description: 50; *Illustration*: 50.

  subsp. **robusta** [50]
  Desc.: T; Nc; P; Nt. *Habitat*: 202 1403.
  Bw Za Zw.
  Description: 50; *Illustration*: 50,100.

  subsp. **usambarensis** (Taubert) Brenan [50]
  A. clavigera subsp. *usambarensis* (Taubert) Brenan; *A. sacleuxii* A.Chev. [50]; *A. usambarensis* Taubert [50].
  Desc.: T; Nc; P; Nt. *Habitat*: 401 406 1301.
  Et Ke Mz Tz.
  Description: 1,50; *Illustration*: 41,50.

A. robynsiana Merxm. & A.Schreiber [50]
Desc.: S/T; Nc; P; K. Habitat: 604.
Na.
Description: 50; Illustration: 50.

A. rovumae Oliver [50]
A. chrysothrix Taubert [50].
Desc.: T; Nc; P; Nt. Habitat: 1301 1312.
Ke Mz Tz; Indian Ocean.
Description: 1,50; Illustration: 50.

A. saligna (Labill.) Wendl. [19]
A. cyanophylla Lindley; *Racosperma salignum* (Labill.) Pedley [494].
Desc.: S/T; Nc; P; Nt. Habitat: Cult.
Et(I) Ke(I) Na(I) Tz(I) Za(I); Australasia.
Description: 19.

A. sarcophylla Chiov. [50]
Desc.: S; Nc; P; K. Habitat: 403.
So.
Description: 50; Illustration: 50.

A. schinoides Benth. [8]
Desc.: T; Nc; P. Habitat: Cult.
Ke(I) Zw(I); Australasia.

A. schlechteri Harms (provisional) [50]
Desc.: T; Nc; P; K. Habitat: – .
Mz.
Description: 50.

A. schweinfurthii Brenan & Exell [50]
Desc.: S/T; C/Nc; P; Nt. Habitat: 202 302.
Bw Mw Mz Sd Tz Za Zm Zw.
Description: 1,50; Map: 67,91. Illustration: 50,74.

A. senegal (L.) Willd. [50]
A. circummarginata Chiov. [50]; A. cufodontii Chiov. [50]; A. glaucophylla sensu Brenan [35,50]; A. kinionge sensu Brenan [35,50]; A. oxyosprion Chiov. [50]; A. senegal subsp. modesta (Wallich) Roberty [50]; A. senegal subsp. senegalensis Roberty [50]; A. somalensis sensu Brenan [35,50]; A. sp.1 F.White [50]; A. spinosa Marloth & Engl. [50]; A. thomasii sensu Brenan [35,50]; A. volkii Suesseng. [50].
Desc.: S/T; Nc; P; Nt. Uses: Gum; Medicinal. Habitat: 202 206 302 403 1203 1303 1503 1603 1606.
Ao Bw Ci Cm Et Gm Ke Ml Mr Mz Na Ne Nq Rw Sd Sn So Sz Td Tz Ug Za Zm Zr Zw; Asia.
Description: 1,50; Map: 57,101. Illustration: 11,41,50.

A. seyal Del. [50]
A. fistula Schweinf. [50]; A. flava var. seyal (Del.) Roberty [50]; A. stenocarpa A.Rich. [50].
Desc.: T; Nc; P; Nt. Uses: Timber. Habitat: 206 302 403 406 1603.
Cm Dj Eg Et Gh Hv Ke Ml Mr Mw Mz Ne Nq Sd Sn So Td Tg Tz Ug Zm.
Description: 1,50; Map: 57,91; Illustration: 50.

A. sieberiana DC. [50]
A. abyssinica sensu auctt. [50]; A. amboensis Schinz [50]; A. davyi sensu auctt. [50]; A. purpurascens Vatke [50]; A. sieberana DC. [50]; A. sieberiana subsp. vermoesenii (De Wild.) Troupin [50]; A. vermoesenii De Wild.; A. woodii Burtt Davy [50].
Desc.: T; Nc; P; Nt. Uses: Livestock fodder; Medicinal; Timber. Habitat: 202 206 302 306 1206.
Ao Bj Bw Cg Ci Et Gh Gw Hv Ml Mw Mz Na Ne Nq Rw Sd Sn Sz Td Tg Tz Ug Za Zr Zw.
Description: 1,50; Map: 57,102,404. Illustration: 50,410.

A. somalensis Vatke [50]
Desc.: S/T; Nc; P; K. *Habitat:* 403.
So.
Description: 50; *Illustration:* 50.

A. stuhlmannii Taubert [50]
Desc.: S/T; Nc; P; Nt. *Habitat:* 203 403 1312.
Bw Et Ke So Tz Za Zw.
Description: 1,50; *Illustration:* 1,41,50.

A. swazica Burtt Davy [50]
Desc.: S/T; Nc; P; Nt. *Habitat:* 1503.
Mz Sz Za.
Description: 19,50; *Map:* 66; *Illustration:* 50.

A. tanganyikensis Brenan [50]
A. rovumae sensu Burtt [1,80].
Desc.: T; Nc; P; K. *Habitat:* 206 406.
Tz.
Description: 1,50; *Illustration:* 50.

A. taylori Brenan & Exell [50]
Desc.: S; C; P; K. *Habitat:* 1303.
Tz.
Description: 1,50; *Map:* 82; *Illustration:* 1.

A. tenuispina Verd. [50]
Desc.: S; Nc; P; Nt. *Habitat:* 202.
Bw Za.
Description: 19,50; *Map:* 66; *Illustration:* 50.

A. tephrodermis Brenan [50]
Desc.: S; C; P; K. *Habitat:* 1303.
Tz.
Description: 50; *Map:* 82.

A. thomasii Harms [50]
Desc.: S/T; Nc; P; Nt. *Habitat:* 403.
Ke Tz.
Description: 1,50; *Illustration:* 1,50.

A. torrei Brenan [50]
Desc.: S; Nc; P; K. *Habitat:* 1303.
Mz.
Description: 50; *Map:* 66; *Illustration:* 50.

A. tortilis (Forsskal) Hayne [50]
Desc.: S/T; Nc; P; Nt. *Habitat:* 202 302 403 604 1406 1606 1702.
Ao Bw Dz Eg Et Ke Ly Ml Mz Na Ne Nq Sd Sn So Sz Td Tz Za Zw; Middle East.
Description: 1,50; *Illustration:* 50.

  subsp. **heteracantha** (Burchell) Brenan [50]
  A. heteracantha Burchell [50]; *A. likatunensis* Burchell [50].
  Desc.: S/T; Nc; P; Nt. *Habitat:* 202 604 1406.
  Ao Bw Mz Na Sz Za Zw.
  Description: 50; *Illustration:* 50,410.

  subsp. **raddiana** (Savi) Brenan [50]
  A. raddiana Savi.
  Desc.: S/T; Nc; P; Nt. *Habitat:* 302 403 1606 1702.
  Dz Eg Eh Ke Ly Ml Ne Nq Sd Sn So Td.
  Description: 50; *Illustration:* 83.

subsp. **spirocarpa** (A.Rich.) Brenan [50]
A. pappii Gand. [50]; *A. petersiana* Bolle (suspected synonym) [50]; *A. spirocarpa* A.Rich. [50].
Desc.: S/T; Nc; P; Nt. *Habitat:* 202 403.
Ao Bw Dj Et Ke Mz Na Sd So Tz Zw.
Description: 1,50; *Illustration:* 41,50.

subsp. **tortilis** [50]
Desc.: S/T; Nc; P; Nt. *Habitat:* 403.
Sd So; Middle East.
Description: 50; *Illustration:* 41.

A. turnbulliana Brenan [50]
Desc.: S; Nc; P; Nt. *Habitat:* 403.
Ke So.
Description: 1,50; *Illustration:* 50.

A. venosa Benth. [50]
Desc.: T; Nc; P; K. *Habitat:* 403 802.
Dj Et.
Description: 50; *Illustration:* 50.

A. vestita Ker Gawler [8]
Desc.: T; Nc; P. *Habitat:* Cult.
Ke(I).

A. viscidula Benth. [19]
Racosperma viscidulum (Benth.) Pedley [494].
Desc.: S/T; Nc; P. *Habitat:* Cult.
Za(I).
Description: 19.

A. visite Griseb. [19]
Desc.: T; Nc; P. *Habitat:* Cult.
Za(I); South America.
Description: 19.

A. walwalensis Gilliland [50]
Desc.: S; Nc; P; K. *Habitat:* 403.
Et.
Description: 50; *Illustration:* 50.

A. welwitschii Oliver [50]
Desc.: T; Nc; P; Nt. *Habitat:* 201 202.
Ao Mw Mz Za Zw.
Description: 6,19,50; *Illustration:* 50.

subsp. **delagoensis** (Harms) J.Ross & Brenan [50]
A. delagoensis Harms [50].
Desc.: T; Nc; P; Nt. *Habitat:* 201 202.
Mw Mz Za Zw.
Description: 6,50; *Illustration:* 50.

subsp. **welwitschii** [50]
Desc.: T; Nc; P; K. *Habitat:* 202.
Ao.
Description: 50; *Illustration:* 50.

A. xanthophloea Benth. [50]
Desc.: T; Nc; P; Nt. *Habitat:* 202 402 1302.
Ke Mw Mz Sz Tz Za Zw.
Description: 1,6,50; *Illustration:* 1,19,84,410.

A. zanzibarica (S.Moore) Taubert [50]
A. sennii Chiov. [50].
Desc.: S/T; Nc; P; Nt. *Habitat:* 1302 1306 1314.
Et Ke So Tz.
Description: 1,50; *Illustration:* 50.

A. zizyphispina Chiov. [50]
A. impervia Gilliland [50].
Desc.: S; Nc; P; Nt. *Habitat:* 403.
Et So.
Description: 50; *Illustration:* 50.

A. sp.131 J.Ross (provisional) [50]
Desc.: S; Nc; P. *Habitat:* – .
Za.

A. sp.132 J.Ross (provisional) [50]
Desc.: T; Nc; P. *Habitat:* 802.
Et.
Description: 50.

A. sp.133 J.Ross (provisional) [50]
Desc.: T; Nc; P. *Habitat:* – .
Sd.
Description: 50.

A. sp.C Brenan (provisional) [50]
Desc.: S; Nc; P. *Habitat:* 403.
Tz.
Description: 1,50.

A. sp.D Brenan (provisional) [50]
Desc.: S/T; Nc; P. *Habitat:* – .
Tz.
Description: 1,50.

A. sp.E Brenan (provisional) [1,50]
Desc.: T; Nc; P. *Habitat:* 403.
Tz.
Description: 1,50.

A. sp.F Brenan (provisional) [1,50]
Desc.: S/T; Nc; P. *Habitat:* 202.
Tz.
Description: 1,50.

FAIDHERBIA A.Chev.

F. albida (Del.) A.Chev.
Acacia albida Del. [50].
Desc.: T; Nc; P; Nt. *Uses:* Livestock fodder; Medicinal; Timber. *Habitat:* 202 302 1602.
Ao Bj Bw Cm Cv(I) Dz Eg Eh Et Gh Gm Gw Hv Ke Ml Mr Mw Mz Na Ne Nq Sd Sn So Sz Td Tg Tz Ug Za Zm Zr Zw; Middle East; South Atlantic & S. Oceans.
Description: 50,62; *Map:* 62,91. *Illustration:* 19,41,62.

INGEAE

ALBIZIA Durazz.
Gunn places taxa formerly treated as *Cathormion, Arthrosamanea* and &*Samanea here; combinations are not always available in* Albizia. *The spelling* Albizzia *is incorrect but often found (Ref.1).*

A. adianthifolia (Schum.) W.Wight [1]
> *A. gummifera* sensu R.O.Williams [1,54]; *A. sassa* sensu Aubrev. [12,55].
> *Desc.:* T; Nc; P; Nt. *Uses:* Timber. *Habitat:* 101 110 1001 1101 1201 1301 1501.
> Ao Bj Ci Cm Gh Gm Gn Gw Ke Lr Mw Mz Nq Rw Sl Sn Sz Tg Tz Ug Za Zm Zr Zw.
> *Description:* 1,19; *Map:* 55. *Illustration:* 1,6,11,19.

A. altissima Hook.f. [1]
> *Arthrosamanea altissima* (Hook.f.) G.Gilbert & Boutique [1]; *Cathormion altissimum* (Hook.f.) Hutch. & Dandy [1]; *Pithecolobium stuhlmannii* Taubert (suspected synonym) [1].
> *Desc.:* S/T; Nc; P; Nt. *Uses:* Medicinal; Timber. *Habitat:* 101.
> Ao Cf Ci Cm Ga Gh Lr Nq Sd Sl Tg Ug Zm Zr.
> *Description:* 1; *Illustration:* 1,6,12.

A. amara (Roxb.) Boivin [1]
> *Desc.:* S/T; Nc; P; Nt. *Uses:* Medicinal. *Habitat:* 202 302 406 1302 1603.
> Bw Et Ke Mw Mz Rw Sd Td Tz Za Zm Zr Zw; Asia.
> *Description:* 1.

subsp. **amara** [1]
> *A. gracilifolia* Harms [1].
> *Desc.:* T; Nc; P; Nt. *Habitat:* 403 1302.
> Ke Mz Tz; Asia.
> *Description:* 1.

subsp. **sericocephala** (Benth.) Brenan [1]
> *A. amara* sensu G.Gilbert & Boutique [1,7]; *A. sericocephala* Benth. [1]; *A. struthiofolia* O.Miller [19]; *A. struthiophylla* Milne-Redh. [1].
> *Desc.:* S/T; Nc; P; Nt. *Habitat:* 202 302 406 1603.
> Bw Et Ke Mw Mz Rw Sd Td Tz Ug Za Zm Zw.
> *Description:* 1,6,19; *Illustration:* 6,28,29.

A. anthelmintica Brongn. [1]
> *Desc.:* S/T; Nc; P; Nt. *Uses:* Medicinal. *Habitat:* 202 402 1303 1402 1603.
> Ao Bw Et Ke Mw Mz Na Sd So Sz Tz Ug Za Zm Zw.
> *Description:* 1; *Illustration:* 28,29.

A. antunesiana Harms [1]
> *Desc.:* T; Nc; P; Nt. *Uses:* Medicinal; Timber. *Habitat:* 202 206.
> Ao Bw Mw Mz Na Rw Tz Zm Zr Zw.
> *Description:* 1,6; *Illustration:* 7,56.

A. aylmeri Hutch. [29]
> *Desc.:* T; Nc; P; K. *Habitat:* 1603.
> Sd.
> *Description:* 29; *Map:* 57.

A. brevifolia Schinz [6]
> *A. rogersii* Burtt Davy [6].
> *Desc.:* S/T; Nc; P; Nt. *Habitat:* 202.
> Bw Mz Na Za Zm Zw.
> *Description:* 6; *Illustration:* 28.

A. carbonaria Britton [8]
Desc.: T; Nc; P. *Habitat:* – .
Ke(I); South America.

A. caribaea (Urban) Britton & Rose [1]
Pithecellobium caribaeum Urban [11].
Desc.: T; Nc; P. *Habitat:* Cult.
Nq(I); Caribbean; Central America.

A. chevalieri Harms [11]
Desc.: T; Nc; P; Nt. *Habitat:* 302 306.
Ci Cm Gh Hv Ml Ne Nq Sn Td.
Description: 10; *Illustration:* 10.

A. chinensis (Osbeck) Merr. [1]
A. stipulata Boivin [2].
Desc.: T; Nc; P. *Habitat:* Cult.
Bi(I) Et(I) Tz(I) Ug(I) Zr(I) Zw(I); Asia.

A. coriaria Oliver [1]
Desc.: T; Nc; P; Nt. *Uses:* Fish poison; Timber. *Habitat:* 202 302 402 1101 1106.
Ao Bj Ci Cm Gh Ke Nq Sd Tg Tz Ug Zm Zr.
Description: 1; *Map:* 53; *Illustration:* 12.

A. dinklagei (Harms) Harms [11];
Cathormion dinklagei (Harms) Hutch. & Dandy [11]; *Pithecellobium dinklagei* (Harms) Harms [11]; *Samanea dinklagei* (Harms) Keay [11]
Desc.: S/T; Nc; P; Nt. *Uses:* Medicinal; Timber. *Habitat:* 101.
Ci Cm Gh Gn Gw Lr Sl.
Description: 11,12; *Illustration:* 12.

A. eriorhachis Harms [29]
Cathormion eriorhachis (Harms) Dandy [29]
Desc.: T; Nc; P; Nt. *Habitat:* – .
Cf Cm Sd.
Description: 10,29; *Illustration:* 10.

A. euryphylla Harms [1]
Desc.: S; Nc; P; K. *Habitat:* 203.
Tz.
Description: 1.

A. falcataria (L.) Fosb. [6]
A. falcata (L.) Backer [6].
Desc.: T; Nc; P; Nt. *Habitat:* Cult.
Ao(I) Gw(I) Ke(I) Mz(I) Nq(I) St(I) Ug(I) Zw(I); Asia.
Description: 6; *Illustration:* 261.

A. ferruginea (Guillemin & Perrottet) Benth. [1]
Desc.: T; Nc; P; Nt. *Uses:* Timber. *Habitat:* 101.
Ao Bj Cf Ci Cm Ga Gh Gm Gn Gw Nq Sl Sn Tg Ug Zr.
Description: 1; *Illustration:* 12,13.

A. forbesii Benth. [1]
Desc.: T; Nc; P; Nt. *Habitat:* 1303 1501.
Mz Tz Za Zw.
Description: 1,58; *Illustration:* 58.

A. gillardinii G.Gilbert & Boutique [7]
Desc.: T; Nc; P; K. *Habitat:* 1006.
Zr.
Description: 7.

A. glaberrima (Schum. & Thonn.) Benth. [1]
A. eggelingii Baker f. [1]; *A. glabrescens* Oliver [1]; *A. warneckei* Harms [11]; *Pithecellobium glaberrimum* (Schum. & Thonn.) Aubrev. [1].
Desc.: T; Nc; P; Nt. *Uses:* Timber. *Habitat:* 101 401 1101 1201 1301 1303.
Ao Ci Cm Gh Gn Gw Ke Mw Nq Sd Tg Tz Zm Zr Zw.
Description: 1,6; *Illustration:* 6.

A. grandibracteata Taubert [1]
Desc.: T; Nc; P; Nt. *Uses:* Timber. *Habitat:* 401 1201.
Et Ke Rw Sd Tz Ug Zr.
Description: 1; *Illustration:* 1,9,24.

A. gummifera (J.Gmelin) C.A.Smith [1]
A. ealaensis De Wild. [1]; *A. laevicorticata* Zimm. [1].
Desc.: T; Nc; P; Nt. *Uses:* Timber. *Habitat:* 101 201 801 1201.
Ao Cm Et Ke Mw Mz Nq Rw Sd Tz Ug Zr Zw; Indian Ocean.
Description: 1,6; *Map:* 55; *Illustration:* 1,10.

A. harveyi Fourn. [1]
Desc.: T; Nc; P; Nt. *Habitat:* 202 403 406.
Bw Ke Mw Mz Na Sz Tz Za Zm Zr Zw.
Description: 1,19; *Illustration:* 1,6,19.

A. intermedia De Wild. & T.Durand [11]
Desc.: T; Nc; P; Nt. *Habitat:* 101.
Ao Cf Cm Ga Gq Nq Sd Zr.
Description: 55; *Map:* 55; *Illustration:* 55.

A. isenbergiana (A.Rich.) Fourn. [1]
Desc.: T; Nc; P; Nt. *Habitat:* 403 1302.
Et Ke Mz Tz Ug Zm Zw.
Description: 1.

A. laurentii De Wild. [7]
Desc.: T; Nc; P; Nt. *Habitat:* 101.
Cm Ga Zr.
Description: 7.

A. lebbeck (L.) Benth. [1]
A. lebbek sensu auctt. [1].
Desc.: T; Nc; P; Nt. *Uses:* Ornamental; Timber. *Habitat:* Cult.
Ao(I) Bj(I) Ci(I) Dj(I) Eg(I) Et(I) Gh(I) Gm(I) Gq(I) Gw(I) Ke(I) Lr(I) Ml(I) Mw(I) Mz(I) Ne(I) Nq(I) Sl(I) Sn(I) So(I) St(I) Td(I) Tg(I) Tz(I) Ug(I) Za(I) Zm(I) Zr(I) Zw(I); Asia.
Description: 1; *Illustration:* 10,12,54,261.

A. leptophylla Harms
Arthrosamanea leptophylla (Harms) G.Gilbert & Boutique [6]; *Cathormion leptophyllum* (Harms) Keay [6]; *Samanea leptophylla* (Harms) Brenan & Brummitt [6] *Samanea sp.1* F.White [6,28].
Desc.: T; Nc; P; Nt. *Habitat:* 201 1001.
Zm Zr.
Description: 6; *Illustration:* 6.

A. letestui Pellegrin [16]
Desc.: T; Nc; P; K. *Habitat:* – .
Ga.
Description: 16.

A. lophantha (Willd.) Benth. [1]
A. distachya (Vent.) J.F.Macbr. [1].
Desc.: T; Nc; P; Nt. *Habitat:* Cult.
Et(I) Ke(I) Tz(I) Za(I); Australasia.
Description: 19.

A. malacophylla (A.Rich.) Walp. [1]
A. boromoensis Aubrev. & Pellegrin [1]; *A. elliptica* Fourn. [24]; *A. pallida* Fourn. [24]; *A. quartiniana* (A.Rich.) Walp. [24].
Desc.: T; Nc; P; Nt. *Habitat:* 302 306 1603.
Cf Ci Cm Et Hv Ml Ne Nq Sd Sn Ug.
Description: 1; *Map:* 57; *Illustration:* 10.

A. mossamedensis Torre [30]
Desc.: T; Nc; P; K. *Habitat:* 202.
Ao.
Description: 30; *Illustration:* 30.

A. obbiadensis (Chiov.) Brenan [59]
Acacia nervulosa Chiov. [59]; *Acacia obbiadensis* Chiov. [59];
Desc.: S; Nc; P; K. *Habitat:* 403.
So.
Description: 59.

A. obliquifoliolata De Wild. [7];
Arthrosamanea obliquifoliolata (De Wild.) G.Gilbert & Boutique [7]; *C. obliquifoliolatum* (De Wild.) G.Gilbert & Boutique [7]; *Pithecellobium obliquifoliolatum* (De Wild.) J.Léonard [7].
Desc.: T; Nc; P; Nt. *Habitat:* 101.
Zr.
Description: 7; *Illustration:* 7.

A. odoratissima (L.f.) Benth. [1]
Desc.: T; Nc; P. *Uses:* Timber. *Habitat:* Cult.
Ke(I) Mw(I) Mz(I) Tz(I) Zw(I); Asia.

A. oliveri Pellegrin (provisional) [16]
Desc.: T; Nc; P. *Habitat:* 101.
Ao Ga.
Description: 16.

A. petersiana (Bolle) Oliver [1]
Desc.: S/T; Nc; P; Nt. *Habitat:* 202 203 1301.
Ke Mw Mz Rw Tz Ug Za Zw.
Description: 1,6,19; *Illustration:* 58.

subsp. **evansii** (Burtt Davy) Brenan [6]
A. evansii Burtt Davy [6].
Desc.: S/T; Nc; P; Nt. *Habitat:* 202.
Mz Za Zw.
Description: 6; *Illustration:* 58.

subsp. **petersiana** [6]
A. brachycalyx Oliver [1].
Desc.: S/T; Nc; P; Nt. *Habitat:* 202 203 1301.
Ke Mw Mz Tz Ug.
Description: 6.

A. procera (Roxb.) Benth. [1]
Desc.: T; Nc; P. *Uses:* Timber. *Habitat:* Cult.
Eg(I) Sd(I) St(I) Ug(I) Za(I) Zw(I); Asia.
Description: 19; *Illustration:* 261.

Albizia rhombifolia Benth. [11];
Albizia glaberrima sensu auctt. [11]; *Cathormion rhombifolium* (Hook.f.) Hutch. & Dandy [11]; *Pithecellobium glaberrimum* sensu Aubrev.,p.p. [10,11].
Desc.: T; Nc; P; Nt. *Habitat:* 101.
Gn Gw Sl Sn.
Description: 5,11; *Illustration:* 10.

Albizia saman (Jacq.) F.Muell.
Enterolobium saman (Jacq.) Prain [1]; *Pithecellobium saman* (Jacq.) Benth. [1]. *Samanea saman*(Jacq.) Merr. [3].
Desc.: T; Nc; P; Nt. *Uses*: Livestock fodder; Ornamental; Timber. *Habitat*: Cult.
Bj(I) Gh(I) Gm(I) Ke(I) Nq(I) Sd(I) Sl(I) St(I) Tg(I) Tz(I) Ug(I) Zm(I) Zr(I); South America.
Description: 3; *Illustration*: 3,261.

A. saponaria (Lour.) Miq. [1]
Desc.: - *Habitat*: Cult.
Tz; Asia.

A. schimperiana Oliver [1]
A. amaniensis Baker f. [1]; *A. maranguensis* Engl. (suspected synonym) [1] *A. schimperana* Oliver
Desc.: T; Nc; P; Nt. *Uses*: Miscellaneous. *Habitat*: 403 801 1201 1301.
Et Ke Mw Mz Sd So Tz Ug Zr Zw.
Description: 1; *Illustration*: 24.

A. suluensis Gerstner [19]
Desc.: T; Nc; P; K. *Uses*: Medicinal; Timber. *Habitat*: 1501.
Za.
Description: 19; *Illustration*: 60.

A. tanganyicensis Baker f. [1]
Desc.: T; Nc; P; Nt. *Habitat*: 202 403.
Ao Bw Ke Mw Mz Na Tz Za Zm Zw.
Description: 1.

subsp. **adamsoniorum** Brenan [61]
Desc.: T; Nc; P; K. *Habitat*: 403.
Ke.
Description: 61.

subsp. **tanganyicensis** [1]
A. rhodesica Burtt Davy [1].
Desc.: T; Nc; P; Nt. *Habitat*: 202.
Ao Bw Mw Mz Na Tz Za Zm Zw.
Description: 1; *Illustration*: 85.

A. versicolor Oliver [1]
Desc.: T; Nc; P; Nt. *Uses*: Medicinal; Timber. *Habitat*: 202 1010 1503.
Ao Bw Ke Mw Mz Na Rw Tz Ug Za Zm Zr Zw.
Description: 1; *Illustration*: 7,28,58,410.

A. welwitschii Oliver [7]
Desc.: T; Nc; P; Nt. *Habitat*: 101.
Ao Zr.
Description: 7.

A. zimmermannii Harms [1]
A. nyasica Dunkley [6].
Desc.: T; Nc; P; Nt. *Habitat*: 202 203 401.
Ke Mw Mz Tz Zm Zw.
Description: 1,6.

A. zygia (DC.) J.F.Macbr. [1]
Desc.: T; Nc; P; Nt. *Uses*: Timber. *Habitat*: 101 110 310 1001 1101 1201.
Ao Bj Cf Ci Cm Ga Gh Gm Gn Gw Ke Lr Ml Ne Nq Rw Sd Sl Sn Td Tg Tz Ug Zr.
Description: 1; *Map*: 57; *Illustration*: 12.

CALLIANDRA Benth.
See Ref.49.

C. brevipes Benth. [8]
Desc.: S; Nc; P. *Habitat:* – .
Zw(I).

C. gilbertii Thulin & A.Hunde [49]
Dichrostachys sp.B Brenan [1,49].
Desc.: S; Nc; P; Nt. *Habitat:* 403.
Ke So.
Description: 49; *Map:* 49; *Illustration:* 49.

C. haematocephala Hassk. [1]
Desc.: S/T; Nc; P. *Uses:* Ornamental. *Habitat:* Cult.
Gh(I) Nq(I) Zw(I); South America.
Illustration: 261.

C. houstoni (Miller) Benth. [8]
Desc.: S/T; Nc; P. *Habitat:* Cult.
Zw(I); Central America.

C. houstoniana (Miller) Standley [8]
Desc.: S; Nc; P. *Habitat:* Cult.
Ke(I).

C. inaequilatera Rusby [8]
Desc.: S; Nc; P. *Habitat:* – .
Zw(I); South America.

C. portoricensis (Jacq.) Benth. [11]
Desc.: S; Nc; P. *Uses:* Medicinal; Ornamental. *Habitat:* Cult.
Gh(I) Nq(I) Tg(I); Caribbean; Central America.

C. redacta (J.Ross) Thulin & A.Hunde [49]
Acacia redacta J.Ross [49].
Desc.: S; Nc; P; K. *Habitat:* 604.
Za.
Description: 50; *Map:* 49; *Illustration:* 50.

C. surinamensis Benth. [1]
Desc.: S/T; Nc; P. *Uses:* Ornamental. *Habitat:* Cult.
Bi(I) Ke(I) Nq(I) Rw(I) Sl(I) Tg(I) Tz(I) Ug(I) Zw(I); South America.
Illustration: 261.

C. tweediei Benth. [8]
Desc.: S; Nc; P. *Habitat:* Cult.
Zw(I); South America.

ENTEROLOBIUM Martius

E. contortisiliquum (Vell.) Morong [1]
E. timbouva Martius [1].
Desc.: T; Nc; P. *Habitat:* Cult.
Ke(I) Zw(I); South America.

E. cyclocarpum (Jacq.) Griseb. [11]
Desc.: T; Nc; P; Nt. *Uses:* Ornamental. *Habitat:* Cult.
Gh(I) Sl(I); Central America; South America.

INGA Miller

I. edulis Martius [1]
I. vera sensu Brenan [1,35].
Desc.: T, Nc; P. *Uses:* Ornamental. *Habitat:* Cult.
Nq(I) St(I) Tz(I) Zr(I); South America.
Description: 4.

I. rodrigueziana Pittier [8]
Desc.: T; Nc; P. *Habitat:* Cult.
Gq(I).

PITHECELLOBIUM Martius

P. dulce (Roxb.) Benth. [1]
Desc.: S/T; Nc; P; Nt. *Uses:* Dyeing; Livestock fodder; Ornamental; Tanning. *Habitat:* Cult.
Bi(I) Dj(I) Eg(I) Et(I) Gh(I) Ke(I) Mw(I) Mz(I) Nq(I) Sd(I) Sl(I) So(I) Td(I) Tg(I) Tz(I) Ug(I) Zr(I) Zw(I); South America.
Description: 1; *Illustration:* 261.

P. pruinosum Benth. [1]
Desc.: S/T; Nc; P. *Habitat:* Cult.
Tz(I); Australasia.

P. unguis-cati (L.) Benth. [1]
Desc.: S/T; Nc; P. *Habitat:* Cult.
Bi(I) Gh(I) Tz(I); South America.

SAMANEA (Benth.) Merr.

Other species of *Samanea* are now in *Albizia*; no combination available for this taxon.

S. guineensis (G.Gilbert & Boutique) Brenan & Brummitt
Arthrosamanea leptophylla var. *guineensis* G.Gilbert & Boutique [7]; *Cathormion leptophyllum* var. *guineense* (G.Gilbert & Boutique) G.Gilbert & Boutique [7]; *Cathormion leptophyllum* subsp. *guineensis* (G.Gilbert & Boutique) Cavaco [7].
Desc.: T; Nc; P; Nt. *Habitat:* 101.
Zr.
Description: 7.

MIMOSEAE

ADENANTHERA L.

A. microsperma Teijsm. [1]
Desc.: T; Nc; P; Nt. *Uses:* Ornamental. *Habitat:* Cult.
Tz(I).

A. pavonina L. [1]
Desc.: T; Nc; P; Nt. *Uses:* Ornamental; Timber. *Habitat:* Cult.
Cm(I) Gh(I) Gw(I) Mz(I) Nq(I) Sl(I) St(I) Td(I) Tg(I) Tz(I)Ug(I) Zr(I).
Description: 1,7; *Illustration:* 261.

ADENOPODIA C.Presl
See Ref.207.

A. rotundifolia (Harms) Brenan [207]
E. rotundifolia Harms [1,207]; *Entadopsis rotundifolia* (Harms) Pedro [1].
Desc.: S/T; Nc; P; Nt. *Habitat:* 1303 1314.
Tz.
Description: 1.

A. scelerata (A.Chev.) Brenan [207]
E. scelerata A.Chev. [11,207]; *Entadopsis scelerata* (A.Chev.) G.Gilbert & Boutique [1,7].
Desc.: S; C/Nc; P; Nt. *Habitat:* 101.
Ao Ci Cm Gh Lr Nq Td Zr.
Description: 11.

A. schlechteri (Harms) Brenan [207]
E. schlechteri (Harms) Harms [6,207]
Desc.: S; C; P; K. *Habitat:* 1303.
Mz.
Description: 6; *Illustration:* 6.

A. spicata (E.Meyer) C.Presl [207]
E. spicata (E.Meyer) Druce [19,207]
Desc.: S; C; P; Nt. *Habitat:* 1501.
Sz Za.
Description: 19; *Illustration:* 19.

AMBLYGONOCARPUS Harms

A. andongensis (Oliver) Exell & Torre [1]
A. obtusangulus (Oliver) Harms [1]; *A. schweinfurthii* Harms [6]; *Tetrapleura andongensis* var. *schweinfurthii* (Harms) Aubrev. [1].
Desc.: T; Nc; P; Nt. *Uses:* Timber. *Habitat:* 202 302.
Ao Bw Cf Cm Gh Mw Mz Na Nq Sd Td Tz Ug Zm Zr Zw.
Description: 1; *Illustration:* 1,6,10.

AUBREVILLEA Pellegrin

A. kerstingii (Harms) Pellegrin [11]
Desc.: T; Nc; P; Nt. *Habitat:* 101 1101.
Cf Ci Cm Gh Nq Sl Tg Zr.
Description: 3; *Illustration:* 3,12.

A. platycarpa Pellegrin [11]
Desc.: T; Nc; P; Nt. *Habitat:* 101.
Ci Cm Gh Gn Lr Nq Sl Zr.
Description: 3,13; *Illustration:* 12,13.

CALPOCALYX Harms
See Ref.87.

C. atlanticus J-F.Villiers [87]
Desc.: T; Nc; P; K. *Habitat:* 101.
Cm.
Description: 87; *Map:* 87; *Illustration:* 87.

C. aubrevillei Pellegrin [11]
Desc.: T; Nc; P; Nt. *Habitat:* 101.
Ci Lr Sl.
Description: 13,87; *Illustration:* 12,13.

C. brevibracteatus Harms [11]
Desc.: T; Nc; P; Nt. *Uses:* Medicinal; Timber. *Habitat:* 101.
Ci Gh Lr Sl.
Description: 3,87; *Illustration:* 12.

C. brevifolius J-F.Villiers [8]
Desc.: T; Nc; P; K. *Habitat:* 101.
Ga.
Description: 87; *Map:* 87; *Illustration:* 87.

C. cauliflorus Hoyle [11]
Desc.: T; Nc; P; K. *Habitat:* 101.
Nq.
Description: 3,87; *Map:* 87; *Illustration:* 87.

C. dinklagei Harms [11]
C. crawfordianus Mendes [87]; *Xylia dinklagei* (Taubert) Roberty [87].
Desc.: T; Nc; P; Nt. *Uses:* Medicinal; Timber. *Habitat:* 101.
Ao Cg Cm Ga Gq Nq.
Description: 3,87; *Map:* 87; *Illustration:* 15,87.

C. heitzii Pellegrin [16]
Desc.: T; Nc; P; K. *Habitat:* 101.
Cm Ga.
Description: 16,87; *Map:* 87; *Illustration:* 87.

C. klainei Harms [16]
Desc.: T; Nc; P; K. *Habitat:* 101.
Cm Ga.
Description: 16,87; *Map:* 87; *Illustration:* 87.

C. letestui Pellegrin [16]
Desc.: T; Nc; P; K. *Habitat:* 101.
Cm Ga.
Description: 16,87; *Map:* 87.

C. ngounyensis Pellegrin [16]
C. ngouniensis Pellegrin [87].
Desc.: T; Nc; P; K. *Habitat:* 101.
Cm Ga.
Description: 16,87; *Map:* 87.

C. winkleri (Harms) Harms [11]
C. brevibracteatus sensu Keay et al. [3,87]; *Piptadenia winkleri* Harms [87].
Desc.: T; Nc; P; K. *Habitat:* 101.
Cm Nq.
Description: 11,87; *Map:* 87; *Illustration:* 87.

CYLICODISCUS Harms

C. gabunensis Harms [11]
Desc.: T; Nc; P; Nt. *Uses:* Timber. *Habitat:* 101.
Ci Cm Ga Gh Gq Nq.
Description: 3; *Illustration:* 12.

DESMANTHUS Willd.

D. virgatus (L.) Willd. [19]
Desc.: S; Nc; P; Nt. *Uses:* Ornamental. *Habitat:* Cult.
Cv(I) Sn(I) St(I) Za(I) Zw(I).
Description: 19; *Illustration:* 261.

DICHROSTACHYS (DC.) Wight & Arn.
See Ref.21.

D. cinerea (L.) Wight & Arn. [6]
D. glomerata (Forsskal) Chiov. [21]; *D. platycarpa* Welw. [21].
Desc.: S/T; Nc; P; Nt. *Uses:* Firewood; Livestock fodder; Medicinal; Timber. *Habitat:* 202 203 306 403 1303.
Ao Bi Bj Bw Cf Cm Cv Eg(I) Et Gh Gm Gn Gw Ke Lr Mw Mz Na Ne Nq Rw Sd Sl Sn So Sz Td Tg Tz Ug Za Zm Zr Zw; Asia; Australasia; Caribbean; Indian Ocean; North America.
Description: 6; *Illustration:* 6.

subsp. africana Brenan & Brummitt [21]
D. arborea N.E.Br. [21].
Desc.: S/T; Nc; P; Nt. *Habitat:* 202 203 306 403 1303.
Ao Bi Bw Cf Cm Cv Eg(I) Et Gh Gm Ke Mw Mz Na Nq Rw Sd Sl Sn Sz Tg Tz Ug Za Zm Zr Zw; Asia; Caribbean; Indian Ocean; North America.
Description: 6,21; *Map:* 21; *Illustration:* 1,6.

subsp. argillicola Brenan & Brummitt [21]
Desc.: S/T; Nc; P; Nt. *Habitat:* 202 403.
Ao Et Mz Na Sd So Tz Ug Za Zm Zr Zw.
Description: 6,21; *Map:* 21; *Illustration:* 6.

subsp. forbesii (Benth.) Brenan & Brummitt [21]
Desc.: S/T; Nc; P; Nt. *Habitat:* 1303.
Ao Ke Mz Tz Za.
Description: 6,21; *Map:* 21; *Illustration:* 6.

subsp. keniensis Brenan & Brummitt [21]
Desc.: S; Nc; P; Nt. *Habitat:* 403.
Ke.
Description: 21; *Map:* 21.

subsp. nyassana (Taubert) Brenan [21]
D. glomerata subsp. *nyassana* (Taubert) Brenan; *D. nyassana* Taubert [21].
Desc.: S/T; Nc; P; Nt. *Habitat:* 202.
Ao Mw Mz Rw Sz Tz Ug Za Zm Zr Zw.
Description: 6; *Illustration:* 6,410.

subsp. platycarpa (W.Bull) Brenan & Brummitt [21]
D. platycarpa W.Bull [21].
Desc.: S/T; Nc; P; Nt. *Habitat:* 306.
Ao Bj Cm Gh Gn Gw Lr Sd Sl Sn Tg Ug Zr.
Description: 21; *Map:* 21.

D. dehiscens Balf.f. [90]
Desc.: S; Nc; P; K. *Habitat:* – .
Yd.
Description: 90; *Illustration:* 90.

D. kirkii Benth. [24]
Desc.: S/T; Nc; P; K. *Habitat:* 403.
Et So.
Description: 24; *Illustration:* 24.

D. sp.A Brenan (provisional) [1]
Desc.: S; Nc; P; Nt. *Habitat:* 403.
Ke.
Description: 1.

ELEPHANTORRHIZA Benth.
See Ref.25.

E. burkei Benth. [25]
Desc.: S/T; Nc; P, Nt. *Habitat:* 202.
Bw Mz Za Zw.
Description: 25; *Map:* 25; *Illustration:* 26,103.

E. elephantina (Burchell) Skeels [25]
Desc.: S; Nc; P; Nt. *Uses:* Dyeing; Tanning. *Habitat:* 205 1404 1405.
Bw Ls Mz Na Sz Za Zw.
Description: 25; *Map:* 25; *Illustration:* 19,26.

E. goetzei (Harms) Harms [25]
Desc.: S/T; Nc; P; Nt. *Habitat:* 202 203 1403.
Ao Bw Mw Mz Tz Za Zm Zw.
Description: 1,25; *Map:* 25; *Illustration:* 1,6.

subsp. **goetzei** [27]
Desc.: S/T; Nc; P; Nt. *Habitat:* 202 203 1403.
Ao Bw Mw Mz Tz Za Zm Zw.
Description: 6,25; *Map:* 25; *Illustration:* 1,19.

subsp. **lata** Brenan & Brummitt [27]
E. sp.1 F.White [27,28].
Desc.: S/T; Nc; P; Nt. *Habitat:* 202.
Zm Zw.
Description: 6,25,27; *Map:* 25.

E. obliqua Burtt Davy [25]
Desc.: S; Nc; P; R. *Habitat:* 205.
Za.
Description: 19,25; *Map:* 25; *Illustration:* 26.

E. praetermissa J.Ross [25]
Desc.: S; Nc; P; Nt. *Habitat:* 202.
Za.
Description: 25; *Map:* 25.

E. rangei Harms [25]
Desc.: S; Nc; P; I. *Habitat:* – .
Na.
Description: 25; *Map:* 25; *Illustration:* 26.

E. schinziana Dinter [25]
Desc.: S; Nc; P; I. *Habitat:* – .
Na.
Description: 25; *Map:* 25.

E. suffruticosa Schinz [25]
Desc.: S/T; Nc; P; Nt. *Habitat:* 202 205.
Ao Mz Na Zw.
Description: 25; *Map:* 25; *Illustration:* 26.

E. woodii E.Phillips [25]
Desc.: S; Nc; P; I. *Habitat:* 1405.
Ls Za.
Description: 25; *Map:* 25; *Illustration:* 26.

E. sp.1 J.Ross (provisional) [25]
Desc.: S; Nc; P. *Habitat:* – .
Za.
Description: 25.

ENTADA Adans.

E. abyssinica A.Rich. [1]
Entadopsis abyssinica (A.Rich.) G.Gilbert & Boutique [1].
Desc.: T; Nc; P; Nt. *Uses:* Medicinal. *Habitat:* 106 202 406 1006 1106.
Ao Bj Cf Ci Cm Et Gh Gn Hv Ke Ml Mw Mz Nq Rw Sd Sl Tg Tz Ug Zm Zr Zw.
Description: 1; *Illustration:* 1.

E. africana Guillemin & Perrottet [1]
E. sudanica Schweinf. [1]; *Entadopsis sudanica* (Schweinf.) G.Gilbert & Boutique [1].
Desc.: S/T; Nc; P; Nt. *Uses:* Fibre; Livestock fodder; Medicinal. *Habitat:* 302.
Bj Cf Ci Cm Et Gh Gm Gw Hv Ml Ne Nq Sd Sn Td Tg Ug Zr.
Description: 1; *Illustration:* 10,11.

E. arenaria Schinz [19]
Desc.: S; Nc; P; Nt. *Uses:* Medicinal. *Habitat:* 202 1002.
Ao Na Zm Zr Zw.
Description: 6,19.

subsp. arenaria [6]
E. nana Harms [19]; *Entadopsis nana* (Harms) G.Gilbert & Boutique [19].
Desc.: S; Nc; P; Nt. *Habitat:* 202.
Ao Na Zm Zw.
Description: 6,19; *Illustration:* 30.

subsp. microcarpa (Brenan) J.Ross [6]
E. nana subsp. *microcarpa* Brenan; *E. sp.2* F.White [6].
Desc.: S; Nc; P; Nt. *Habitat:* 202 1002.
Zm Zr.
Description: 6.

E. bacillaris F.White [1]
Desc.: S; Nc; P; Nt. *Habitat:* 202.
Tz Zm.
Description: 1,6.

E. camerunensis J-F.Villiers [88]
Desc.: S; C/Nc; P; K. *Habitat:* 1101.
Cm.
Description: 88; *Illustration:* 88.

E. chrysostachys (Benth.) Drake [6]
E. kirkii Oliver [6].
Desc.: S; C/Nc; P; Nt. *Habitat:* 202.
Mw Mz Tz Zm Zw; Indian Ocean.
Description: 6.

E. dolichorrhachis Brenan [6]
E. sp.1 F.White [6].
Desc.: S; Nc; P; Nt. *Habitat:* 202.
Zm.
Description: 6,31; *Illustration:* 6,31.

E. gigas (L.) Fawcett & Rendle [1]
E. planoseminata (De Wild.) G.Gilbert & Boutique [1]; *E. umbonata* (De Wild.) G.Gilbert & Boutique [1].
Desc.: S; C; P; Nt. *Uses:* Miscellaneous. *Habitat:* 101 201 1201.
Ao Cf Cm Ga Gh Gq Lr Sd Sl Tg Ug Zm Zr; South America.
Description: 1.

E. hockii De Wild. [7]
Entadopsis hockii (De Wild.) G.Gilbert & Boutique [7].
Desc.: S; Nc; P; Nt. *Habitat:* – .
Ao Zr.
Description: 7.

E. leptostachya Harms [1]
Entadopsis leptostachya (Harms) Cuf. [1].
Desc.: S/T; C; P; Nt. *Habitat:* 403.
Et Ke So Tz.
Description: 1; *Illustration:* 1.

E. mannii (Oliver) Tisser. [11]
Entadopsis mannii (Oliver) G.Gilbert & Boutique [7,11].
Desc.: S; C/Nc; P; Nt. *Habitat:* 101 109.
Ao Cf Ci Cm Ga Gh Gn Gq Gw Lr Ml Nq Sl Sn Tg Zr.
Description: 7,11.

E. mossambicensis Torre [6]
Desc.: S; Nc; P; K. *Habitat:* 1302.
Mz.
Description: 6.

E. nudiflora Brenan [6]
E. sp.nr.wahlbergii F.White [6,28].
Desc.: S; C; P; Nt. *Habitat:* 202.
Tz Zm.
Description: 6.

E. phaneroneura Brenan [34]
Entadopsis flexuosa G.Gilbert & Boutique,p.p. [34].
Desc.: S; C; P; Nt. *Habitat:* 1203 1302.
Bi.
Description: 34.

E. rheedei Sprengel [8]
E. pursaetha DC. [8]*E. gigas* G.Gilbert & Boutique [1,7]; *E. gogo* (Blanco) I.M.Johnston [1]; *E. phaseoloides* sensu auctt. [1,29,35].
Desc.: S; C; P; Nt. *Uses:* Miscellaneous. *Habitat:* 101 201 1201.
Ci Cm Gh Gn Gq Gw Ke Lr Mw Mz Nq Sl Sn Tg Tz Ug Za Zr Zw; Asia; Australasia; Pacific Ocean.
Description: 1,6.

E. spinescens Brenan [1]
E. flexuosa sensu Brenan [1,35].
Desc.: S; C; P; K. *Habitat:* 203.
Tz.
Description: 1.

E. stuhlmannii (Taubert) Harms [1]
Entadopsis stuhlmannii (Taubert) Pedro [1].
Desc.: S; C; P; Nt. *Habitat:* 1303.
Mz Tz.
Description: 1.

E. wahlbergii Harvey [1]
E. flexuosa Hutch. & Dalziel [1]; *Entadopsis flexuosa* (Hutch. & Dalziel) G.Gilbert & Boutique [1]; *Entadopsis wahlbergii* (Harvey) Pedro [1].
Desc.: S; C; P; Nt. *Habitat:* 206 306.
Ci Gh Gw Ml Mz Nq Sd Tg Tz Ug Za Zr.
Description: 1,6,19; *Illustration:* 6.

FILLAEOPSIS Harms

F. discophora Harms [11]
Desc.: T; Nc; P; Nt. *Uses:* Timber. *Habitat:* 101.
Ao Cm Ga Nq Zr.
Description: 3,7; *Illustration:* 15.

LEUCAENA Benth.

L. esculenta (DC.) Benth. [20]
Desc.: S; Nc; P; Nt. *Uses:* Ornamental. *Habitat:* – .
Sn(I).

L. glabrata Rose [1]
Desc.: S/T; Nc; P; Nt. *Habitat:* Cult.
Ug(I); Central America.

L. guatamalensis Britton & Rose [7]
Desc.: S/T; Nc; P; Nt. *Habitat:* – .
Zr(I).

L. latisiliqua (L.) Gillis [8]
Desc.: T; Nc; P. *Habitat:* – .
Ke(I).

L. leucocephala (Lam.) De Wit [1]
L. glauca sensu auctt. [36].
Desc.: S/T; Nc; P; Nt. *Uses:* Firewood; Livestock fodder; Miscellaneous. *Habitat:* 116 1116 Cult.
Ao(I) Bi(I) Ci(I) Cv(I) Eg(I) Et(I) Gh(I) Gn(I) Gq(I) Gw(I) Ke(I) Lr(I) Ml(I) Mw(I) Mz(I) Ne(I) Nq(I) Sd(I) Sl(I) Sn(I) So(I) St(I) Td(I) Tg(I) Tz(I) Ug(I) Za(I) Zr(I) Zw(I); Central America.
Description: 1,7,19; *Illustration:* 6,261.

L. pulverulenta (Schldl.) Benth. [1]
Desc.: - *Habitat:* – .
Ug(I) Zr(I); Central America.

MIMOSA L.

M. bimucronata (DC.) Kuntze [6]
Desc.: S/T; Nc; P; Nt. *Habitat:* Cult.
Mz(I); South America.
Description: 6; *Illustration:* 37.

M. busseana Harms [1]
Desc.: S; C/Nc; P; Nt. *Habitat:* 1303.
Mz Tz.
Description: 1.

M. caesalpiniifolia Benth. [8]
Desc.: S; Nc; P. *Habitat:* Cult.
Ci(I).

M. elliptica Benth. [1]
Desc.: S; Nc; P. *Uses:* Ornamental. *Habitat:* Cult.
Tz(I).

M. invisa Colla [1]
Desc.: S; C/Nc; P; Nt. *Uses:* Miscellaneous. *Habitat:* 116 Cult.
Bi(I) Cm(I) Et(I) Gh(I) Mz(I) Nq(I) Rw(I) Tg(I) Tz(I) Zr(I) Zw(I); South America.
Description: 1; *Illustration:* 261.

M. latispinosa Lam. [1]
Desc.: S; Nc; P. *Habitat:* – .
Tz; Indian Ocean.
Description: 1.

M. mossambicensis Brenan [6]
M. violacea Bolle [1].
Desc.: S; C; P; K. *Habitat:* 1302.
Mz.
Description: 6.

M. pigra L. [1]
M. asperata L. [1].
Desc.: S; Nc; P; Nt. *Habitat:* 113 213 313 413 1213.
Ao Bi Bj Bw Cf Ci Cm Et Gh Gm Gn Gw Hv Ke Lr Ml Mr Mw Mz Na Ne Nq Rw Sd Sl Sn So Td Tg Tz Ug Za Zm Zr Zw; Indian Ocean.
Description: 1,6,7; *Illustration:* 1,6.

M. polydactyla Willd. [4]
Desc.: H; Nc; P. *Habitat:* – .
St(I).
Description: 4.

M. pudica L. [1]
Desc.: H; Nc; A; Nt. *Uses:* Cover crop; Livestock fodder; Medicinal. *Habitat:* 116 216 1216.
Ci(I) Cm(I) Ga(I) Gh(I) Gm(I) Ke(I) Lr(I) Mw(I) Nq(I) Sd(I) Sl(I) Sn(I) St(I) Tg(I) Tz(I) Ug(I) Za(I) Zr(I) Zw(I).
Description: 1; *Illustration:* 261.

M. rubicaulis Lam. [11]
Desc.: S; C/Nc; P. *Habitat:* – .
Sl(I).

M. scabrella Benth. [1]
M. bracaatinga Hoehne [1].
Desc.: T; Nc; P. *Habitat:* Cult.
Tz(I) Ug(I) Zw(I).

M. suffruticosa (Vatke) Drake [1]
Desc.: S; Nc; P. *Habitat:* – .
Tz; Indian Ocean.
Description: 1.

NEPTUNIA Lour.

N. oleracea Lour. [1]
N. natans (L.) Druce [39]; *N. prostrata* (Lam.) Baillon [1].
Desc.: H; Nc; P; Nt. *Habitat:* 113 213 313.
Ao Bj Bw Cm Gh Gm Ke Ml Mw Mz Na Ne Nq Sd Sr Tg Tz Ug Za Zm Zr Zw; Indian Ocean.
Description: 1; *Illustration:* 1,6.

NEWTONIA Baillon

N. aubrevillei (Pellegrin) Keay [11]
Desc.: T; Nc; P; Nt. *Habitat:* 101 201.
Ci Gh Lr Sl Zm Zr.
Description: 6; *Illustration:* 12.

subsp. **aubrevillei** [6]
Piptadenia aubrevillei Pellegrin [6].
Desc.: T; Nc; P; Nt. *Habitat:* 101.
Ci Gh Lr Sl.
Description: 6; *Illustration:* 12,13.

subsp. **lasiantha** Brenan & Brummitt [6]
Albizia sp.prob.zygia F.White [6,28].
Desc.: T; Nc; P; Nt. *Habitat:* 201.
Zm Zr.
Description: 6.

N. buchananii (Baker) G.Gilbert & Boutique [1]
Piptadenia buchananii Baker [1].
Desc.: T; Nc; P; Nt. *Uses:* Timber. *Habitat:* 101 201 801 1201.
Ao Cm Ke Mw Mz Rw Tz Ug Zm Zr Zw.
Description: 1; *Illustration:* 1.

N. duparquetiana (Baillon) Keay [11]
Piptadenia duparquetiana (Baillon) Pellegrin [11]; *Piptadenia insignis* (Baillon) Baker f. [11].
Desc.: T; Nc; P; Nt. *Habitat:* 101.
Ci Cm Ga Gh Lr Nq Sl.
Description: 3; *Illustration:* 12.

N. elliotii (Harms) Keay [11]
Desc.: T; Nc; P; K. *Habitat:* 101.
Sl.

N. erlangeri (Harms) Brenan [1]
Piptadenia erlangeri Harms [1].
Desc.: T; Nc; P; K. *Habitat:* 403.
Ke So Tz.
Description: 1; *Illustration:* 41.

N. glandulifera (Pellegrin) G.Gilbert & Boutique [7]
Piptadenia glandulifera Pellegrin [7].
Desc.: T; Nc; P; Nt. *Habitat:* 101.
Cm Ga Zr.
Description: 7.

N. griffoniana (Baillon) Baker f. [16]
N. klainei Harms; *Piptadenia griffoniana* Baillon [16].
Desc.: T; Nc; P; Nt. *Habitat:* 101.
Ao Cm Ga.
Description: 16.

N. hildebrandtii (Vatke) Torre [1]
Piptadenia hildebrandtii Vatke [1].
Desc.: T; Nc; P; Nt. *Habitat:* 202 401.
Ke Mz Tz Za Zm Zw.
Description: 1,6; *Illustration:* 19.

N. leucocarpa (Harms) G.Gilbert & Boutique [7]
Desc.: T; Nc; P; Nt. *Habitat:* 101.
Ga Zr.
Description: 7.

N. paucijuga (Harms) Brenan [1]
Cylicodiscus battiscombei Baker f. [1]; *Cylicodiscus paucijugus* (Harms) Verdc. [1]; *Piptadenia paucijuga* Harms [1].
Desc.: T; Nc; P; Nt. *Uses:* Timber. *Habitat:* 1201.
Ke Tz.
Description: 1.

N. zenkeri Harms [11]
Piptadenia zenkeri (Harms) Pellegrin [11].
Desc.: T; Nc; P; Nt. *Habitat:* 101.
Cm Ga.
Illustration: 41.

PIPTADENIASTRUM Brenan

P. africanum (Hook.f.) Brenan [1]
Piptadenia africana Hook.f. [1].
Desc.: T; Nc; P; Nt. *Uses:* Fish poison; Medicinal; Timber. *Habitat:* 101.
Ao Cf Ci Cm Ga Gh Lr Nq Sd Sl Tg Ug Zr.
Description: 1; *Illustration:* 1,12,13.

PROSOPIS L.

P. africana (Guillemin & Perrottet) Taubert [1]
Desc.: T; Nc; P; Nt. *Uses:* Tanning; Timber. *Habitat:* 302 1102.
Cf Ci Cm Gh Gm Gn Gw Hv Ml Ne Nq Sd Sl Sn Td Tg Ug Zr.
Description: 1; *Illustration:* 1,10,29.

P. alba Griseb. [8]
Desc.: T; Nc; P. *Habitat:* Cult.
Sd(I).

P. farcta (Banks & Sol.) J.F.Macbr. [454]
Lagonychium farctum (Banks & Sol.) Bobrov [454]; *P. stephaniana* (Willd.) Sprengel [454].
Desc.: S; Nc; P; Nt. *Habitat:* – .
Dz Eg Tn.
Description: 455; *Illustration:* 455.

P. glandulosa Torrey [19]
P. chilensis sensu auctt. [19]; *P. juliflora* sensu auctt. [19].
Desc.: T; Nc; P; Nt. *Uses:* Livestock fodder; Timber. *Habitat:* – .
Bw(I) Dj(I) Et(I) Ke(I) Ly(I) Ml(I) Mr(I) Na(I) Ne(I) Nq(I) Sd(I) So(I) Tz(I) Ug(I).

P. limensis Benth. [6]
Desc.: T; Nc; P. *Habitat:* – .
Zw(I).

P. pubescens Benth. [19]
Desc.: S/T; Nc; P. *Habitat:* – .
Za(I); North America.
Description: 19.

P. velutina Wooton [19]
Desc.: S/T; Nc; P. *Habitat:* – .
Za(I); North America.
Description: 19.

PSEUDOPROSOPIS Harms
See Ref.47.

P. bampsiana Lisowski [44]
Desc.: S/T; C/Nc; P; Nt. *Habitat:* 101.
Gn Sl.
Description: 44; *Map:* 46; *Illustration:* 44.

P. claessensii (De Wild.) G.Gilbert & Boutique [47]
Desc.: S; C; P; Nt. *Habitat:* 101.
Ga Zr.
Description: 47; *Map:* 46; *Illustration:* 47.

P. euryphylla Harms [1]
Desc.: S; C; P; Nt. *Habitat:* 1301 1303.
Mz Tz.
Description: 1; *Map:* 46.

subsp. **euryphylla** [1]
Desc.: S/T; C/Nc; P; Nt. *Habitat:* 1301 1303.
Mz Tz.
Description: 1; *Map:* 46.

subsp. **puguensis** Brenan [45]
Desc.: S; C; P; K. *Habitat:* 1301.
Tz.
Description: 45.

P. fischeri (Taubert) Harms [1]
Desc.: S/T; Nc; P; Nt. *Habitat:* 203.
Tz Zm Zr.
Description: 1; *Map:* 46; *Illustration:* 1,41.

P. gilletii (De Wild.) J-F.Villiers [47]
Adenanthera gilletii De Wild. [47]; *Adenanthera klainei* Baker f. [47]; *Entada mannii* sensu Raponda-Walker & Sillans [47].
Desc.: S; C; P; Nt. *Uses:* Fibre. *Habitat:* 101.
Cg Ga Zr.
Description: 47; *Map:* 46; *Illustration:* 47.

P. sericea (Hutch. & Dalziel) Brenan [47]
Desc.: S; C; P; Nt. *Habitat:* 101.
Gn Lr Sl.
Description: 47; *Map:* 46; *Illustration:* 47.

P. uncinata Evrard [47]
Piptadenia claessensii De Wild. [47].
Desc.: S; C; P; Nt. *Uses:* Fish poison. *Habitat:* 101.
Zr.
Description: 47; *Map:* 46; *Illustration:* 47.

SCHRANKIA Willd.

S. leptocarpa DC. [11]
Desc.: H; C/Nc; A; Nt. *Habitat:* – .
Bj(I) Ci(I) Ga(I) Gh(I) Nq(I) Tg(I).

STRYPHNODENDRON Martius

S. obovatum Benth. [1]
S. barbatimao sensu Brenan [1,35].
Desc.: T; Nc; P. *Habitat:* – .
Tz.

TETRAPLEURA Benth.

T. chevalieri (Harms) Baker f. [11]
Desc.: T; Nc; P; Nt. *Uses:* Timber. *Habitat:* 101.
Ci Lr.
Description: 12; *Illustration:* 12.

T. tetraptera (Schum. & Thonn.) Taubert [1]
Desc.: T; Nc; P; Nt. *Uses:* Human food; Medicinal; Timber. *Habitat:* 101 1201.
Ao Cf Ci Cm Ga Gw Ke Lr Nq Sd Sl Sn St Tg Tz Ug Zr.
Description: 1; *Illustration:* 1,11,12.

XEROCLADIA Harvey

X. viridiramis (Burchell) Taubert [19]
    Desc.: S; Nc; P; Nt. *Habitat:* 604.
    Na Za.
    Description: 19; *Illustration:* 19.

XYLIA Benth.

X. africana Harms [1]
    Desc.: T; Nc; P; K. *Habitat:* 1302.
    Tz.
    Description: 1; *Illustration:* 41.

X. evansii Hutch. [11]
    Desc.: T; Nc; P; Nt. *Uses:* Timber. *Habitat:* 101.
    Ci Gh Sl.
    Description: 12; *Illustration:* 12.

X. ghesquierei Robyns [7]
    Desc.: T; Nc; P. *Habitat:* 101.
    Zr.
    Description: 7; *Illustration:* 7.

X. mendoncae Torre [6]
    Desc.: T; Nc; P; K. *Habitat:* 202.
    Mz.
    Description: 6.

X. schliebenii Harms [1]
    Desc.: T; Nc; P; K. *Habitat:* 1302.
    Tz.
    Description: 1.

X. torreana Brenan [6]
    X. africana sensu Torre [6,48].
    Desc.: T; Nc; P; Nt. *Habitat:* 202.
    Mw Mz Za Zw.
    Description: 6; *Illustration:* 6,19.

X. xylocarpa (Roxb.) Taubert [1]
    X. dolabriformis Benth. [2].
    Desc.: T; Nc; P. *Uses:* Timber. *Habitat:* Cult.
    Tz(I) Ug(I); Asia.

PARKIEAE

PARKIA R.Br.
See Ref.51.

P. bicolor A.Chev. [51]
    P. agboensis A.Chev. [51]; *P. klainei* A.Chev. [51]; *P. zenkeri* Harms [11].
    Desc.: T; Nc; P; Nt. *Uses:* Medicinal; Timber. *Habitat:* 101.
    Ao Bj Ci Cm Ga Gh Gn Lr Nq Sl Zr.
    Description: 13,51; *Map:* 51. *Illustration:* 7,13,51.

P. biglandulosa Wight & Arn. [6]
Desc.: T; Nc; P. *Habitat:* Cult.
Mz(I); Asia.

P. biglobosa (Jacq.) Don [51]
P. africana R.Br. [51]; *P. clappertoniana* Keay [51]; *P. filicoidea* sensu auctt. [51]; *P. intermedia* Oliver [51]; *P. oliveri* J.F.Macbr. [51].
Desc.: T; Nc; P; Nt. *Uses:* Human food; Livestock fodder; Medicinal. *Habitat:* 302 1102.
Bj Cf Ci Cm Gh Gm Gn Gw Hv Ml Ne Nq Sd Sl Sn St Td Tg; Caribbean.
Description: 51; *Map:* 51; *Illustration:* 11,51.

P. filicoidea Oliver [51]
P. bussei Harms [1]; *P. hildebrandtii* Harms [1].
Desc.: T; Nc; P; Nt. *Uses:* Fibre; Human food; Livestock fodder; Medicinal; Timber. *Habitat:* 101 201 401 1201.
Ao Cf Cg Ci Cm Ga Gh Ke Mw Mz Nq Sd Td Tg Tz Ug Zm Zr.
Description: 1,6,51; *Map:* 51; *Illustration:* 1,51.

P. javanica (Lam.) Merr. [1]
P. roxburghii G.Don [1].
Desc.: T; Nc; P. *Habitat:* Cult.
Tz(I) Ug(I); Asia.

PENTACLETHRA Benth.

P. eetveldeana De Wild. & T.Durand [7]
Desc.: T; Nc; P; Nt. *Habitat:* 101.
Ao Cm Ga Zr.
Description: 7.

P. macrophylla Benth. [11]
Desc.: T; Nc; P; Nt. *Uses:* Human food; Medicinal; Timber. *Habitat:* 101.
Ao Bj Ci Cm Ga Gh Gn Gq Gw Lr Nq Sl Sn St Tg Zr.
Description: 3,13; *Illustration:* 12,13,41.

PAPILIONOIDEAE

ABREAE

ABRUS Adans.
See Ref.270.

A. canescens Baker [210]
Desc.: H/S; C/Nc; P; Nt. *Habitat*: 205 206 305 306 405 406 1205 1206.
Ao Bi Cf Ci Cm Ga Gh Gm Gn Gw Hv Ke Lr Nq Sd Sl Sn Tg Tz Ug Zm Zr.
Description: 210; *Illustration*: 210,269.

A. laevigatus E.Meyer [270]
Desc.: H/S; C; P; Nt. *Habitat*: – .
Mz Sz Za.

A. precatorius L. [210]
Desc.: H/S; C; P; Nt. *Uses*: Fibre; Medicinal; Poison. *Habitat*: 203 205 303 305 403 405 1203 1205.
Ao Bj Bw Cm Cv Et Ga Gh Gn Gq Ke Lr Ml Mw Mz Na Ne Nq Rw Sd Sl Sn So St Td Tg Tz Ug Za Zm Zr Zw; Australasia; Indian Ocean.
Description: 210,230; *Illustration*: 269.

subsp. **africanus** Verdc. [210]
Desc.: H/S; C; P; Nt. *Habitat*: 203 205 302 303 305 403 405 1203 1205.
Ke Na Ne Rw Sd So Tg Tz Ug; Australasia; Indian Ocean.
Description: 210,220; *Illustration*: 220,410; *Map*: 220,410.

A. pulchellus Thwaites [210]
Desc.: H/S; C/Nc; P; Nt. *Habitat*: 101 201 202 302 402 1201 1202.
Ao Bj Bw(U) Cf Cm Gh Gn Gq Gw Lr Mw Mz Nq Sd Sl Sn Td Tg Tz Ug Zm Zr.
Description: 210.

subsp. **suffruticosus** (Boutique) Verdc. [210]
A. fruticulosus sensu Torre [210,216]; *A. gorsei* Berhaut [270]; *A. suffruticosus* Boutique [210].
Desc.: H; Nc; P; Nt. *Habitat*: 202 302.
Ao Bi Mw Nq Sl Sn Td Tz Zm Zr.
Description: 210.

subsp. **tenuiflorus** (Benth.) Verdc. [210]
A. stictosperma Berhaut
Desc.: H/S; C; P; Nt. *Habitat*: 101 201 401 1201.
Ao Cm Et Gh Gn Gq Lr Mz Nq Sd Sl Sn Tg Tz Ug Zr.
Description: 210.

A. schimperi Baker [210]
Desc.: S; Nc; P; Nt. *Habitat*: 202 203 302 402 403.
Cf Et Ke Mw Sd Td Tz Ug Zm Zw.
Description: 210.

subsp. **africanus** (Vatke) Verdc. [210]
Desc.: S; Nc; P; Nt. *Habitat*: 202 203 402 403.
Ke Tz Zm Zw.
Description: 210.

subsp. **oblongus** Verdc. [270]
Desc.: S; Nc; P; Nt. *Habitat*: 203.
Mw Zw.
Description: 270.

subsp. **schimperi** Baker   [210]
Desc.: S; Nc; P; Nt. *Habitat:* 302 303.
Cf Et Sd Td Ug.
Description: 210.

A. somalensis Taubert (provisional)   [270]
Desc.: - *Habitat:* -.
So.
Description: 270.

A. sp. Verdc. (provisional)   [270]
Desc.: S; Nc; P. *Habitat:* -.
Et.
Description: 270.

A. sp.A J.B.Gillett et al. (provisional)   [210]
Desc.: H; Nc; P. *Habitat:* 1301 1305.
Ke.
Description: 210.

A. wittei Baker f. (provisional)   [270]
Desc.: S; Nc; P; K. *Habitat:* -.
Zr.
Description: 270.

AESCHYNOMENEAE

AESCHYNOMENE L.

A. abyssinica (A.Rich.) Vatke   [210]
Desc.: H/S; Nc; P; Nt. *Habitat:* 202 205 206 302 305 1205.
Bi Cf Cm Et Ke Mw Mz Nq Sd Tz Ug Zm Zr Zw.
Description: 210; *Illustration:* 24.

A. acutangula Baker   [216]
Desc.: H; Nc; P; K. *Habitat:* 202.
Ao.

A. afraspera J.Léonard   [236]
A. aspera sensu auctt. [236].
Desc.: H/S; Nc; A; Nt. *Uses:* Timber. *Habitat:* 213 313.
Ao Bi Ci Cm Gh Gm Gw Ml Mw Mz Ne Nq Sd Sl Sn Td Tg Za Zm Zr.
Description: 212,236,237; *Illustration:* 236.

A. americana L.   [212]
Desc.: S; Nc; P. *Habitat:* 205 Cult.
Mw(I) Nq(I) Sl(I) Zm(I) Zw(I); Central America; South America.
Description: 212.

A. angolense Rossberg   [216]
Desc.: H/S; Nc; P; K. *Habitat:* -.
Ao.
Description: 216.

A. aphylla Wild   [237]
Desc.: S; Nc; P; K. *Habitat:* 205 803 805.
Mz Zw.
Description: 237.

A. batekensis Troch. & Koechlin [240]
  Desc.: H; Nc; P; K. *Habitat:* – .
  Cg.
  Description: 240.

A. baumii Harms [210]
  A. kassneri (Harms) Verdc. [237].
  Desc.: H/S; Nc; P; Nt. *Habitat:* 202 205 305.
  Ao Bi Cm Nq Rw Tz Zm Zr.
  Description: 210,236; *Illustration:* 236.

A. bella Harms [210]
  Desc.: S; Nc; P; K. *Habitat:* 801.
  Tz.
  Description: 210; *Illustration:* 210.

A. benguellensis Torre [241]
  Desc.: H/S; Nc; P; K. *Habitat:* – .
  Ao.
  Description: 216,241; *Illustration:* 241.

A. bracteosa Baker [210]
  Desc.: H/S; Nc; P; Nt. *Habitat:* 202.
  Ao Mw Tz Zm Zr Zw.
  Description: 210,236.

A. bullockii J.Léonard [210]
  Desc.: H; C/Nc; P; Nt. *Habitat:* 202.
  Tz Zr.
  Illustration: 210,236.

A. burttii Baker f. [210]
  Desc.: S; Nc; P; K. *Habitat:* 202 802.
  Tz.
  Description: 210.

A. chimanimaniensis Verdc. [237]
  Desc.: S; Nc; P; K. *Habitat:* 805.
  Mz Zw.
  Description: 237; *Illustration:* 242.

A. crassicaulis Harms [236]
  Smithia trochainii Berhaut [243].
  Desc.: H; Nc; P; Nt. *Habitat:* 313 1113.
  Cf Cm Ml Ne Nq Sn Td Zr.
  Description: 236; *Illustration:* 236.

A. cristata Vatke [210]
  Desc.: H/S; Nc; P; Nt. *Habitat:* 213 313 413.
  Ao Bj Bw Cm Et Ga Ke Ml Mw Mz Na Nq Sd Td Tz Ug Zm Zr Zw.
  Description: 210,236; *Illustration:* 236.

A. curtisiae Johnston (provisional) [237]
  Desc.: - *Habitat:* – .
  Ao.
  Description: 237.

A. debilis Baker [216]
  Desc.: H; Nc; P; K. *Habitat:* 202.
  Ao.
  Description: 216.

A. deightonii Hepper [212]
Desc.: H; Nc; A; Nt. *Habitat*: – .
Ci Gh Gn Sl.
Description: 214; *Illustration*: 214.

A. dimidiata Baker [236]
Desc.: H/S; Nc; P; K. *Habitat*: 213.
Ao Zr.
Description: 236; *Illustration*: 236.

subsp. **bequaertii** (De Wild.) J.Léonard [236]
Desc.: H/S; Nc; P; K. *Habitat*: 213.
Zr.
Description: 236; *Illustration*: 236.

subsp. **dimidiata** [236]
Desc.: H/S; Nc; P; K. *Habitat*: 213.
Ao.
Description: 236.

A. elaphroxylon (Guillemin & Perrottet) Taubert [210]
Herminiera elaphroxylon Guillemin & Perrottet [210]; *Smithia grandidieri* Baillon [243].
Desc.: S/T; Nc; P; Nt. *Uses*: Timber. *Habitat*: 213 313 413 1213.
Ao Bi Cm Eg(I) Et Gh Ke Mw Mz Nq Rw Sd Sn Td Tz Ug Zm Zr; Indian Ocean.
Description: 210,236; *Illustration*: 10,24,212,220.

A. falcata (Poiret) DC. [237]
Desc.: H; Nc; A. *Habitat*: Cult.
Zm(I) Zw(I); South America.
Description: 237.

A. fluitans Peter [210]
A. crassicaulis sensu Gossw. & Mendonca [216,244]; *A. schlechteri* Baker f. [210].
Desc.: H; Nc; P; Nt. *Habitat*: 213.
Ao Bw Na Tz Zm Zr.
Description: 210,236.

A. fulgida Baker [210]
Desc.: H/S; Nc; P; Nt. *Habitat*: 213.
Ao Tz Zm Zr.
Description: 210.

A. gazensis Baker f. [237]
Desc.: S; Nc; P; K. *Habitat*: 205.
Zw.
Description: 237.

A. glabrescens Baker [236]
Desc.: H/S; Nc; P; Nt. *Habitat*: 202.
Ao Zm Zr.
Description: 236,237; *Illustration*: 236.

A. glauca R.E.Fries [210]
Desc.: H/S; Nc; P; Nt. *Habitat*: 202.
Mw Mz Tz Zm Zr.
Description: 210,236.

A. goetzei Harms (provisional) [210]
Desc.: S; Nc; P; K. *Habitat*: – .
Tz.
Description: 210.

A. gracilipes Taubert [210]
Desc.: H/S; Nc; P; Nt. *Habitat:* 305 405.
Cm Ke Zr.
Description: 210,236.

A. grandistipulata Harms [237]
Desc.: S; Nc; P; K. *Habitat:* 803.
Mz Zw.
Description: 237.

A. heurckeana Baker [210]
Desc.: H/S; Nc; P; Nt. *Habitat:* 203 205 213.
Bi Mw Mz Rw Tz Zm Zr; Indian Ocean.
Description: 210,236; *Illustration:* 220.

A. indica L. [210]
Desc.: H/S; Nc; A; Nt. *Habitat:* 205 213 305 313 413 1205 1213.
Ao Bi Bw Cm Et Ga Gh Gm Gw Ke Ml Mr Mw Mz Na Ne Nq Rw Sd Sn So St Td Tg Tz Ug Za Zm Zr Zw; Asia; Australasia; Indian Ocean; North America.
Description: 210,236; *Illustration:* 210,220,236,261.

A. inyangensis Wild [237]
Desc.: S; Nc; P; K. *Habitat:* 803 805.
Mz Zw.
Description: 237.

A. katangensis De Wild. [236]
Desc.: H/S; Nc; P; Nt. *Habitat:* 202.
Zm Zr.
Description: 236.

  subsp. **katangensis** [236]
  Desc.: H/S; Nc; P; K. *Habitat:* – .
  Zr.
  Description: 236.

  subsp. **sublignosa** (De Wild.) J.Léonard [236]
  A. sublignosa De Wild. [236].
  Desc.: H/S; Nc; P; Nt. *Habitat:* – .
  Zm Zr.
  Description: 236.

A. kerstingii Harms [212]
Desc.: H; Nc; P; Nt. *Habitat:* – .
Ci Gh Tg.
Description: 212.

A. latericola Verdc. [237]
Desc.: H; Nc; P; K. *Habitat:* 205.
Zm.
Description: 237,243; *Illustration:* 243.

A. lateritia Harms [236]
Bakerophyton lateritium (Harms) Maheshw. [236].
Desc.: H; C/Nc; A; Nt. *Habitat:* 303 305.
Ao Ci Cm Gh Gw Ml Nq Td Tg Zr.
Description: 236; *Illustration:* 236.

A. leptophylla Harms [210]
Desc.: H/S; Nc; P; Nt. *Habitat:* 202 205.
Ao Bi Mw Tz Zm Zr Zw.
Description: 210,236; *Illustration:* 236.

subsp. **leptophylla** [236]
Desc.: H/S; Nc; P; Nt. *Habitat:* 202 205.
Ao Bi Tz Zm Zr.
Description: 236.

subsp. **magnifoliolata** J.Léonard [236]
Desc.: H/S; Nc; P; K. *Habitat:* – .
Zr.
Description: 236.

A. **maximistipulata** Torre [241]
Desc.: H/S; Nc; P; K. *Habitat:* – .
Ao.
Description: 241; *Illustration:* 241.

A. **mediocris** Verdc. [237]
Desc.: H; Nc; A; Nt. *Habitat:* 213.
Zm Zw.
Description: 237,245; *Illustration:* 245.

A. **megalophylla** Harms [237]
Desc.: S/T; Nc; P; Nt. *Habitat:* 801 803.
Mw Mz Zw.
Description: 237.

A. **micrantha** DC. [237]
Desc.: H; Nc; P; Nt. *Habitat:* – .
Mz Za; Indian Ocean.
Description: 237.

A. **mimosifolia** Vatke [210]
A. nyikensis var. *gracilis* Suesseng. [237]; *A. walteri* Harms [210].
Desc.: H/S; Nc; P; Nt. *Habitat:* 202 402.
Ke Mw Mz Tz Zm Zr Zw.
Description: 210,236; *Illustration:* 210.

A. **minutiflora** Taubert [210]
Desc.: H; Nc; A; Nt. *Habitat:* 202.
Mw Mz Tz Zm Zw.
Description: 210.

subsp. **grandiflora** Verdc. [237]
Desc.: H; Nc; P; K. *Habitat:* 202.
Mz.
Description: 237.

subsp. **minutiflora** [237]
Desc.: H; Nc; A; Nt. *Habitat:* 202.
Mw Mz Tz Zm Zw.
Description: 237.

A. **mossambicensis** Verdc. [237]
Desc.: H; Nc; A; K. *Habitat:* 202.
Mz Tz.
Description: 237,242; *Illustration:* 242.

subsp. **longestipitata** Verdc. [237]
Desc.: H; Nc; A; K. *Habitat:* – .
Tz.
Description: 237.

subsp. **mossambicensis** [237]
Desc.: H; Nc; A; K. *Habitat:* 202.
Mz.
Description: 237; *Illustration:* 242.

A. mossoensis J.Léonard [210]
Desc.: H/S; Nc; P; Nt. *Habitat:* 202.
Bi Tz Zm.
Description: 210,236.

A. multicaulis Harms [210]
Desc.: H/S; Nc; P; Nt. *Habitat:* 202 205.
Bi Tz Zm Zr.
Description: 210,236.

A. neglecta Hepper [212]
Desc.: H; Nc; A; K. *Habitat:* – .
Nq.
Description: 212,214; *Illustration:* 214.

A. nematopoda Harms [210]
Desc.: H; Nc; A; Nt. *Habitat:* 202.
Mz Tz.
Description: 210.

A. nilotica Taubert [210]
Desc.: H/S; Nc; A; Nt. *Uses:* Livestock fodder. *Habitat:* 213 313.
Cm Ml Na Ne Sd Td Tz Zm Zr Zw.
Description: 210,236; *Illustration:* 236.

A. nodulosa (Baker) Baker f. [237]
Desc.: S; Nc; P; Nt. *Habitat:* 202 203 803.
Mw Mz Za Zw.
Description: 237.

A. nyassana Taubert [210]
Desc.: H/S; Nc; P; Nt. *Habitat:* 202 205.
Mw Mz Tz Za Zm Zr Zw.
Description: 210,236; *Illustration:* 236.

A. nyikensis Baker [210]
Desc.: S; Nc; P; Nt. *Habitat:* 202 203 205.
Mw Tz.
Description: 210.

A. oligophylla Harms [210]
Desc.: H/S; Nc; P; Nt. *Habitat:* 202 205.
Mw Tz Zm Zr.
Description: 210,236; *Illustration:* 236.

A. pararubrofarinacea J.Léonard [236]
Humularia bianoensis Duvign. [237].
Desc.: S/T; Nc; P; Nt. *Habitat:* 202 203.
Zm Zr.
Description: 236.

A. pfundii Taubert [210]
A. ptundii Taubert [29].
Desc.: S; Nc; P; Nt. *Habitat:* 213 313 413.
Cm Et Ke Ml Mw Mz Ne Nq Sd Tz Zm.
Description: 210; *Illustration:* 210.

A. pseudoglabrescens Verdc. [237]
Desc.: H/S; Nc; P; K. *Habitat*: 202.
Zm.
Description: 237.

A. pulchella Baker [212]
Bakerophyton pulchellum (Baker) Maheshw. [212].
Desc.: H; Nc; P; Nt. *Habitat*: – .
Ci Gh Gn Gw Ml Sl Sn Tg.
Description: 212.

A. pygmaea Baker [236]
Desc.: H/S; Nc; P; Nt. *Habitat*: 202 205.
Ao Zm Zr.
Description: 236.

A. rehmannii Schinz [246]
A. glutinosa Taubert [246]; *A. leptobotrya* Baker f. [246].
Desc.: H; Nc; P; Nt. *Habitat*: – .
Sz Za.
Description: 236,246.

A. rhodesica Harms [237]
Desc.: H; Nc; P; Nt. *Habitat*: 205 805.
Mz Zw.
Description: 237.

A. rubrofarinacea (Taubert) F.White [210]
Geissaspis clevei De Wild. [210]; *Geissaspis rubrofarinacea* (Taubert) Baker f. [210]; *Humularia maclouniei* (De Wild.) Duvign. [210]; *Humularia rubrofarinacea* (Taubert) Duvign. [210].
Desc.: S; Nc; P; Nt. *Habitat*: 202 205 206.
Bi Mw Tz Zm.
Description: 210.

A. rubroviolacea J.Léonard [236]
Desc.: H/S; Nc; P; K. *Habitat*: 202.
Zr.
Description: 236; *Illustration*: 236.

A. ruspoliana Harms [24]
Desc.: H/S; Nc; K. *Habitat*: – .
Et.
Description: 24.

A. sansibarica Taubert [210]
Desc.: H; Nc; A; K. *Habitat*: – .
Tz.
Description: 210.

A. schimperi A.Rich. [210]
A. telekii Schweinf. [210].
Desc.: H/S; Nc; A; Nt. *Habitat*: 213 313 413 1213.
Bi Cm Et Gm Gn Gw Ke Mw Mz Nq Rw Sd Sl Sn Tz Ug Zm Zr Zw; Indian Ocean.
Description: 210,220,236; *Illustration*: 24,210,220.

A. schliebenii Harms [210]
Desc.: S; Nc; P; K. *Habitat*: 202 203.
Mw Mz Tz Zm Zw.
Description: 210.

A. semilunaris Hutch. [237]
Desc.: S; Nc; P; K. *Habitat:* 202 801 802.
Mw Zm.
Description: 28,237.

A. sensitiva Sw. [210]
Desc.: H/S; Nc; A; Nt. *Habitat:* 213 313 1113.
Cm Ga Gh Gm Gn Gw Lr Mw Mz Ne Nq Sd Sl Sn Td Tz Ug Zr; Caribbean; Indian Ocean; South America.
Description: 210,236; *Illustration:* 236.

A. siifolia Baker [216]
Desc.: H; Nc. *Habitat:* 213.
Ao.
Description: 216.

A. solitariiflora J.Léonard [210]
Desc.: H/S; Nc; P; Nt. *Habitat:* 202.
Mw Tz Zm Zr.
Description: 210,236.

A. sparsiflora Baker [210]
Desc.: H/S; Nc; P; Nt. *Habitat:* 202 802.
Mw Tz.
Description: 210.

A. stipitata Burtt Davy [247]
Desc.: H; Nc; P; K. *Habitat:* – .
Sz.
Description: 247.

A. stipulosa Verdc. [237]
Desc.: H; Nc; P; K. *Habitat:* 202.
Zm.
Description: 237; *Illustration:* 243.

A. stolzii Harms [210]
Desc.: H/S; Nc; P; Nt. *Uses:* Ornamental. *Habitat:* 203.
Mw Tz.
Description: 210.

A. tambacoundensis Berhaut [212]
Desc.: H; Nc; A; Nt. *Habitat:* 313.
Gh Gw Ne Sl Sn.
Description: 20,212; *Illustration:* 20.

A. tenuirama Baker [236]
Desc.: H/S; Nc; P; Nt. *Habitat:* 202 203.
Ao Mw Zm Zr.
Description: 236; *Illustration:* 216.

A. trigonocarpa Baker f. [210]
Desc.: H/S; Nc; P; Nt. *Habitat:* 202 203.
Mw Tz Zm Zw.
Description: 210.

A. uniflora E.Meyer [236]
Smithia bernieri Baillon [243].
Desc.: H/S; Nc; A; Nt. *Habitat:* 213 313 413.
Ao Bi Cm Gh Gw Ke Mw Mz Ne Nq Sd Sn Tg Tz Ug Za Zm Zr.
Description: 210,236; *Illustration:* 236.

A. upembensis J.Léonard [236]
Desc.: H/S; Nc; P; K. *Habitat:* 205.
Zr.
Description: 236.

A. venulosa Verdc. [210]
Desc.: H/S; Nc; P; Nt. *Habitat:* 202.
Tz Zm.
Description: 210; *Illustration:* 243.

A. sp.A J.B.Gillett et al. (provisional) [210]
Desc.: H; Nc; P; K. *Habitat:* 205.
Tz.
Description: 210.

A. sp.A Hepper (provisional) [212]
Desc.: H; Nc; K. *Habitat:* 305.
Cm.
Description: 212.

A. sp.aff.mimosifolia Exell & Fernandez (provisional) [216]
Desc.: H; Nc; K. *Habitat:* – .
Ao.

A. sp.B J.B.Gillett et al. (provisional) [210]
Desc.: H; Nc; A; K. *Habitat:* 1305.
Ke.
Description: 210.

A. sp.B Verdc. (provisional) [237]
Desc.: H; Nc. *Habitat:* – .
Mz.
Description: 237.

A. sp.C J.B.Gillett et al. (provisional) [210]
Desc.: H; Nc; P; K. *Habitat:* 805.
Mw Tz.
Description: 210.

A. sp.C Verdc. (provisional) [237]
Desc.: H; Nc; P; K. *Habitat:* – .
Mz.
Description: 237.

A. sp.D J.B.Gillett et al. (provisional) [210]
Desc.: H; Nc; P; K. *Habitat:* 205.
Tz.
Description: 210.

A. sp.D Verdc. (provisional) [237]
Desc.: H; Nc; P. *Habitat:* 805.
Mw Tz.
Description: 237.

A. sp.E J.B.Gillett et al. (provisional) [210]
Desc.: H; Nc; P; K. *Habitat:* 205.
Tz.
Description: 210.

A. sp.E Verdc. (provisional) [237]
Desc.: H; Nc; P; K. *Habitat:* 202.
Mz.
Description: 237.

A. sp.F J.B.Gillett et al. (provisional) [210]
A. sp.G Verdc. [237].
Desc.: H/S; Nc; P; K. *Habitat:* 205.
Mw Tz.
Description: 210.

A. sp.F Verdc. (provisional) [237]
Desc.: H/S; Nc; P; K. *Habitat:* 202.
Zm.
Description: 237.

A. sp.G J.B.Gillett et al. (provisional) [210]
Desc.: H; Nc; P; K. *Habitat:* 205.
Tz.
Description: 210.

A. sp.H J.B.Gillett et al. (provisional) [210]
Desc.: H; Nc; P; K. *Habitat:* – .
Tz.
Description: 210.

A. sp.nr.bella F.White (provisional) [28]
Desc.: S; Nc; P; K. *Habitat:* 202.
Zm.
Description: 28.

ARACHIS L.

A. benthamii Handro [210]
Desc.: - *Habitat:* – .
Ke(I) Tz(I).

A. diogoi Hoehne [210]
Desc.: - *Habitat:* – .
Tz(I).

A. glabrata Benth. [210]
Desc.: - *Habitat:* – .
Gh(I) Tz(I).

A. hagenbeckii Harms [210]
Desc.: - *Habitat:* Cult.
Ke(I) Tz(I).

A. hypogaea L. [210]
Desc.: H; Nc; A; Nt. *Uses:* Human food; Livestock fodder. *Habitat:* Cult.
Ao(I) Bi(I) Ci(I) Cm(I) Et(I) Ga(I) Gh(I) Gm(I) Gn(I) Gq(I) Gw(I) Lr(I) Ml(I) Mw(I) Mz(I) Na(I) Ne(I) Nq(I) Rw(I) Sd(I) Sl(I) Sn(I) St(I) Td(I) Tg(I) Tz(I) Ug(I) Za(I) Zm(I) Zr(I) Zw(I).
Description: 210,236; *Illustration:* 24,210,220.

A. repens Handro [210]
Desc.: - *Habitat:* Cult.
Tz(I).

A. villosulicarpa Hoehne [210]
Desc.: - *Habitat:* Cult.
Tz(I).

ARTHROCARPUM Balf.f.

A. gracile Balf.f. [90]
Desc.: T; Nc; P; K. *Habitat*: 403.
Yd.
Description: 90; *Illustration*: 90.

A. somalense Hillc. & J.B.Gillett [248]
Desc.: S; Nc; P; K. *Habitat*: 403.
So.
Description: 248.

BRYASPIS Duvign.

B. humularioides D.Gledhill [249]
Desc.: H; Nc; K. *Habitat*: – .
Lr Sl.
Description: 249; *Illustration*: 249.

subsp. **falcistipulata** D.Gledhill [249]
Desc.: H; Nc; K. *Habitat*: – .
Sl.
Description: 249; *Illustration*: 249.

subsp. **humularioides** [249]
Desc.: H; Nc; K. *Habitat*: – .
Lr.
Description: 249; *Illustration*: 249.

B. lupulina (Benth.) Duvign. [249]
Geissaspis lupulina Benth. [212].
Desc.: H; Nc; A; Nt. *Habitat*: – .
Gn Gw Sl Sn.
Description: 212,224; *Illustration*: 224.

CYCLOCARPA Baker

C. stellaris Baker [210]
Aeschynomene stellaris (Baker) Roberty [212].
Desc.: H; Nc; A; Nt. *Habitat*: 205 216 305 316.
Bi Cf Cm Ga Gh Gn Gw Hv Lr Ml Mw Mz Nq Sl Tz Zm Zr Zw; Asia; Australasia.
Description: 210,236; *Illustration*: 210.

GEISSASPIS Wight & Arn.

G. keilii De Wild. (provisional) [210]
Desc.: - *Habitat*: – .

G. psittacorhyncha (Webb) Taubert (provisional) [212]
Desc.: - *Habitat*: – .
Cv(U).

HUMULARIA Duvign.

H. affinis (De Wild.) Duvign. [250]
Geissaspis affinis De Wild. [250].
Desc.: H; Nc; P; K. *Habitat*: 202 205 206.
Zr.
Description: 250.

H. anceps Duvign. [250]
Desc.: H; Nc; P; K. *Habitat*: – .
Zr.
Description: 250.

H. apiculata (De Wild.) Duvign. [250]
    Geissaspis apiculata De Wild. [250]; *Geissaspis luentensis* De Wild. [237]; *H. bakerana* (De Wild.) Duvign. [237]; *H. bakeriana* (De Wild.) Duvign. [237]; *H. katangensis* var. *glabrescens* Duvign. [237]; *H. luentensis* (De Wild.) Duvign. [237].
    Desc.: II; Nc; P; Nt. *Uses:* Medicinal. *Habitat:* 203.
    Zm Zr.
    Description: 250.

H. bequaertii (De Wild.) Duvign. [250]
    Geissaspis bequaertii De Wild. [250]; *H. purpureocoerulea* Duvign. [237].
    Desc.: H; Nc; P; Nt. *Habitat:* 202.
    Zm Zr.
    Description: 250.

H. bifoliolata (Micheli) Duvign. [250]
    Geissaspis bifoliolata Micheli [250].
    Desc.: H; Nc; P; K. *Habitat:* – .
    Zr.
    Description: 250.

H. callensii Duvign. [250]
    Desc.: H; Nc; P; K. *Habitat:* – .
    Zr.
    Description: 250.

H. chevalieri (De Wild.) Duvign. [251]
    Geissaspis chevalieri De Wild. [251].
    Desc.: - *Habitat:* – .
    Cf.

H. ciliato-denticulata (De Wild.) Duvign. [250]
    Geissaspis ciliato-denticulata De Wild. [250].
    Desc.: H; Nc; P; K. *Habitat:* – .
    Zr.
    Description: 250.

H. corbisieri (De Wild.) Duvign. [250]
    Geissaspis corbisieri De Wild. [250]; *Geissaspis kapandensis* De Wild. .
    Desc.: H; Nc; P; K. *Habitat:* – .
    Zr.
    Description: 250.

H. descampsii (De Wild. & T.Durand) Duvign. [250]
    Geissaspis descampsii De Wild. & T.Durand [250].
    Desc.: H; Nc; P; Nt. *Habitat:* 205.
    Mw Zm Zr.
    Description: 250; *Illustration:* 250.

H. drepanocephala (Baker) Duvign. [210]
    Geissaspis drepanocephala Baker [210]; *Geissaspis emarginata* Harms [210]; *Geissaspis princei* De Wild. (suspected synonym) [210].
    Desc.: H/S; Nc; P; Nt. *Habitat:* 202 805.
    Mw Tz Zm Zr.
    Description: 210,250; *Illustration:* 210,250.

H. duvigneaudii Symoens [252]
    Desc.: H; Nc; P; K. *Habitat:* 202.
    Zr.
    Description: 252; *Illustration:* 252.

H. elegantula Duvign. [250]
Desc.: H; Nc; P; K. *Habitat*: 205.
Zr.
Description: 250.

H. elisabethvilleana (De Wild.) Duvign. [210]
Geissaspis elisabethvilleana De Wild. [210].
Desc.: H/S; Nc; P; Nt. *Habitat*: 202 205.
Bi Tz Zm Zr.
Description: 210,250; *Illustration*: 250.

H. flabelliformis Duvign. [251]
Desc.: H; Nc; P; K. *Habitat*: – .
Zm.
Description: 251.

H. kapiriensis (De Wild.) Duvign. [250]
Geissaspis welwitschii var. *kapiriensis* De Wild. [250].
Desc.: H; Nc; P; Nt. *Habitat*: 202.
Zm Zr.
Description: 250; *Illustration*: 250.

H. kassneri (De Wild.) Duvign. [250]
Geissaspis kassneri De Wild. [250].
Desc.: H; Nc; P; K. *Habitat*: 202.
Bi Zm Zr.
Description: 237,250.

H. katangensis (De Wild.) Duvign. [250]
Geissaspis katangensis De Wild. [250].
Desc.: H; Nc; P; Nt. *Habitat*: – .
Zm Zr.
Description: 250.

H. ledermannii (De Wild.) Duvign. [251]
Geissaspis ledermannii De Wild. [251].
Desc.: H; Nc; P; K. *Habitat*: – .
Cm.
Description: 251.

H. magnistipulata Torre [216]
Desc.: H/S; Nc; P; K. *Habitat*: – .
Ao.
Description: 241; *Illustration*: 216,241.

H. mendoncae (Baker) Duvign. [250]
Desc.: H; Nc; P; Nt. *Habitat*: – .
Ao Zr.
Description: 250.

H. meyeri-johannis (Harms & De Wild.) Duvign. [250]
Geissaspis meyeri-johannis Harms & De Wild. [250].
Desc.: H; Nc; P; K. *Habitat*: – .
Bi.
Description: 250.

H. minima (Hutch.) Duvign. [237]
Geissaspis minima Hutch. [237].
Desc.: H/S; Nc; P; K. *Habitat*: 202.
Zm.
Description: 237.

subsp. **flabelliformis** (Duvign.) Verdc. [237]
    Desc.: H/S; Nc; P; K. *Habitat:* 202.
    Zm.
    Description: 237; *Illustration:* 251.

subsp. **minima** [237]
    Desc.: H/S; Nc; P; K. *Habitat:* 202.
    Zm.
    Description: 237.

H. multifoliolata Verdc. [210]
    Desc.: S; Nc; P; K. *Habitat:* 202.
    Bi Tz.
    Description: 210,243; *Illustration:* 243.

H. pseudaeschynomene Verdc. [237]
    Desc.: H; Nc; P; K. *Habitat:* 205.
    Zm.
    Description: 237,242; *Illustration:* 242.

H. renieri (De Wild.) Duvign. [250]
    Geissaspis renieri De Wild. .
    Desc.: H; Nc; P; K. *Habitat:* 205.
    Zr.
    Description: 250.

H. rosea (De Wild.) Duvign. [250]
    Geissaspis incognita De Wild. [250]; *Geissaspis robynsii* De Wild. [250]; *Geissaspis rosea* De Wild. [250]; *Geissaspis subscabra* De Wild. [250]; *H. reptans* Verdc. [237].
    Desc.: H/S; Nc; P; Nt. *Habitat:* 202.
    Tz Zm Zr.
    Description: 237,250; *Illustration:* 243.

H. submarginalis Verdc. [237]
    Desc.: S; Nc; P; K. *Habitat:* 202.
    Zm.
    Description: 237; *Illustration:* 242.

H. sudanica Duvign. [251]
    Desc.: H/S; Nc; P; K. *Habitat:* – .
    Sd.
    Description: 251.

H. tenuis Duvign. [250]
    Desc.: H; Nc; P; K. *Habitat:* – .
    Zr.
    Description: 250.

H. upembae Duvign. [250]
    Desc.: H; Nc; P; K. *Habitat:* 202.
    Zr.
    Description: 250.

H. welwitschii (Taubert) Duvign. [237]
    Geissaspis castroi Baker f. [237]; *H. lundaensis* Duvign. [237]; *H. megalophylla* (Harms) Duvign. [237].
    Desc.: S; Nc; P; Nt. *Habitat:* – .
    Ao Zm Zr.
    Description: 237.

H. wittei Duvign. [250]
Desc.: H; Nc; P; K. *Habitat*: – .
Zr.
Description: 250.

H. sp.nov.aff.kassneri Torre (provisional) [216]
Desc.: S; Nc; P; K. *Habitat*: – .
Ao.

KOTSCHYA Endl.
See Ref.237.

K. aeschynomenoides (Baker) J.Dewit & Duvign. [210]
K. volkensii (Taubert) J.Dewit & Duvign. [210]; *Smithia aeschynomenoides* Baker [210]; *Smithia mildbraedii* Harms [237]; *Smithia volkensii* Taubert [210].
Desc.: S; Nc; P; Nt. *Uses*: Firewood; Timber. *Habitat*: 202 801 803 805.
Ao Bi Gn(I) Ke Mw Rw Sd Tz Ug Zm Zr.
Description: 210,250; *Illustration*: 220,250.

K. africana Endl. [210]
Smithia bequaertii De Wild. [210]; *Smithia kotschyi* Benth. [210].
Desc.: S; Nc; P; Nt. *Uses*: Timber. *Habitat*: 202 405 801.
Bi Et Ke Mw Mz Rw Sd Tz Ug Zm Zr.
Description: 210,250; *Illustration*: 220.

K. bullockii Verdc. [210]
Desc.: S/T; Nc; P; Nt. *Habitat*: 202.
Tz Zm.
Description: 210,237; *Illustration*: 210,243.

K. capitulifera (Baker) J.Dewit & Duvign. [210]
K. capitulifera var. *robusta* J.Dewit & Duvign. [210]; *Smithia burttii* Baker f. [210].
Desc.: H; Nc; A; Nt. *Habitat*: 202 205.
Ao Bi Ke Tz Zm Zr Zw.
Description: 210,250.

K. carsonii (Baker) J.Dewit & Duvign. [210]
Desc.: S; Nc; P; Nt. *Uses*: Medicinal. *Habitat*: 205.
Ao Ci Gn Mw Mz Tz Zm Zr.
Description: 210.

subsp. **carsonii** [210]
Desc.: S; Nc; P; Nt. *Habitat*: 205.
Ao Mw Mz Tz Zm Zr.
Description: 210.

subsp. **reflexa** (Portères) Verdc. [210]
Smithia reflexa Portères [210].
Desc.: S; Nc; P; Nt. *Habitat*: – .
Ci Gn.
Description: 210.

K. coalescens J.Dewit & Duvign. [210]
Desc.: H/S; Nc; P; Nt. *Habitat*: 803 805.
Tz Zm Zr.
Description: 210,250.

K. eurycalyx (Harms) J.Dewit & Duvign. [210]
Smithia eurycalyx Harms [216].
Desc.: H/S; Nc; P; Nt. *Habitat*: 805.
Ao Mw Tz Zm Zr.
Description: 210.

subsp. **eurycalyx** [210]
Desc.: H/S; Nc; P; Nt. *Habitat*: – .
Ao Zr.
Description: 250.

subsp. **venulosa** Verdc. [210]
Desc.: H/S; Nc; P; Nt. *Habitat*: 805.
Mw Tz Zm.
Description: 210.

K. goetzei (Harms) Verdc. [210]
Smithia goetzei Harms [210].
Desc.: S; Nc; P; K. *Habitat*: 801 803 805.
Tz.
Description: 210.

K. imbricata Verdc. [237]
Desc.: S; Nc; P; K. *Habitat*: 202.
Zm.
Description: 237; *Illustration*: 237.

K. longiloba Verdc. [237]
Desc.: H/S; Nc; P; K. *Habitat*: 205.
Zm.
Description: 237.

K. lutea (Portères) Hepper [212]
Smithia lutea Portères [212].
Desc.: S; Nc; P; Nt. *Habitat*: 805.
Ci Gn Sl.
Description: 212.

K. micrantha (Harms) Hepper [212]
Smithia micrantha Harms [212].
Desc.: H; Nc; P; K. *Habitat*: – .
Gn.
Description: 212.

K. ochreata (Taubert) J.Dewit & Duvign. [212]
Smithia ochreata Taubert [212]; *Smithia uguenensis* sensu auctt. [250].
Desc.: S; Nc; P; Nt. *Uses*: Medicinal. *Habitat*: 203 205.
Ao Ci Ga Gh Gn Gw Lr Ml Sl Tg Zr.
Description: 250.

K. oubanguiensis (Tisser.) Verdc. [243]
Smithia oubanguiensis Tisser. [243].
Desc.: - *Habitat*: – .
Cf.

K. parvifolia (Burtt Davy) Verdc. [243]
Smithia parvifolia Burtt Davy [243].
Desc.: - *Habitat*: – .
Sz Za.

K. platyphylla (Brenan) Verdc. [210]
Smithia platyphylla Brenan [210].
Desc.: S/T; Nc; P; K. *Habitat*: 803.
Tz.
Description: 210.

K. princeana (Harms) Verdc. [210]
Smithia princeana Harms [210].
Desc.: S; Nc; P; K. *Habitat:* 805.
Tz.
Description: 210.

K. prittwitzii (Harms) Verdc. [210]
Smithia prittwitzii Harms [210]; *Smithia strobilantha* sensu Brenan [35,210].
Desc.: S; Nc; P; Nt. *Habitat:* 202 203 205.
Bi Tz Zm.
Description: 210.

K. recurvifolia (Taubert) F.White [210]
Desc.: S; Nc; P; Nt. *Habitat:* 205 801 803 805.
Et Ke Mw Tz Zm.
Description: 210; *Illustration:* 210.

subsp. **aethiopica** Verdc. [24]
Desc.: S; Nc; P; K. *Habitat:* 405 805.
Et.
Description: 24; *Illustration:* 24.

subsp. **keniensis** Verdc. [210]
Desc.: S; Nc; P; Nt. *Habitat:* 803.
Ke.
Description: 210.

subsp. **longifolia** Verdc. [210]
Desc.: S; Nc; P; K. *Habitat:* 803.
Tz.
Description: 210.

subsp. **recurvifolia** [210]
Smithia recurvifolia Taubert [210].
Desc.: S; Nc; P; Nt. *Habitat:* 801 803 805.
Mw Tz Zm.
Description: 210; *Illustration:* 210.

K. scaberrima (Taubert) Wild [237]
Smithia scaberrima Taubert [237].
Desc.: S; Nc; P; Nt. *Habitat:* 805.
Mw Mz.
Description: 237.

K. schweinfurthii (Taubert) J.Dewit & Duvign. [250]
Smithia schweinfurthii Taubert [250].
Desc.: S; Nc; P; Nt. *Habitat:* 302.
Cf Cm Gh Nq Sd Td Tg Zr.
Description: 250.

K. speciosa (Hutch.) Hepper [210]
Smithia speciosa Hutch. [210].
Desc.: S; Nc; P; Nt. *Habitat:* 202 205 206 302 305 306.
Cm Mz Nq Tz Zm Zw.
Description: 210; *Illustration:* 346.

K. stolonifera (Brenan) J.Dewit & Duvign. [210]
Smithia stolonifera Brenan [210].
Desc.: H; Nc; P; Nt. *Habitat:* – .
Ao Bi Tz Zr.
Description: 210,250.

K. strigosa (Benth.) J.Dewit & Duvign. [210]
Sarcobotrya strigosa (Benth.) R.Viguier [210]; *Smithia strigosa* Benth. [210].
Desc.: S; Nc; P; Nt. *Habitat*: – .
Ao Bi Cm Mw Mz Nq Rw Tz Ug Zm Zr Zw; Indian Ocean.
Description: 210; *Illustration*: 220.

K. strobilantha (Baker) J.Dewit & Duvign. [250]
Smithia strobilantha Baker [250].
Desc.: S; Nc; P; Nt. *Habitat*: 202 205 206.
Ao Bi Bw Mw Mz Zm Zr Zw.
Description: 250; *Illustration*: 250.

K. suberifera Verdc. [237]
K. sp.1 F.White [28,237].
Desc.: S/T; Nc; P; K. *Habitat*: 202.
Zm.
Description: 28,237,243; *Illustration*: 243.

K. thymodora (Baker f.) Wild [210]
Desc.: S; Nc; P; Nt. *Habitat*: 203 803.
Mw Mz Tz Za Zm Zw.
Description: 210.

subsp. **septentrionalis** Verdc. [210]
Desc.: S; Nc; P; Nt. *Habitat*: 203 803.
Mw Tz Zm.
Description: 210.

subsp. **thymodora** [210]
Desc.: S; Nc; P; Nt. *Habitat*: – .
Mz Za Zw.
Description: 210.

K. uguenensis (Taubert) F.White [210]
Smithia uguenensis Taubert [210].
Desc.: S; Nc; P; Nt. *Habitat*: 801 803.
Mw Mz Tz Zm.
Description: 210; *Illustration*: 41.

K. uniflora (A.Chev.) Hepper [212]
Smithia uniflora A.Chev. [212].
Desc.: S; Nc; P; K. *Habitat*: 305.
Gn.
Description: 212.

K. sp.A Verdc. (provisional) [237]
Desc.: H; Nc; P; K. *Habitat*: 203.
Zw.
Description: 237.

ORMOCARPUM P.Beauv.

O. caeruleum Balf.f. [90]
O. coeruleum Balf.f. [248].
Desc.: S; Nc; P; K. *Habitat*: 403.
Yd.
Description: 90,248; *Illustration*: 90.

O. flavum J.B.Gillett [210]
Desc.: S; Nc; P; K. *Habitat*: 202.
Tz.
Description: 210.

O. keniense J.B.Gillett [210]
Desc.: S; Nc; P; Nt. *Habitat:* 403.
Ke So.
Description: 210.

O. kirkii S.Moore [210]
O. bibracteatum sensu auctt. [210]; *O. mimosoides* S.Moore [210]; *O. pubescens* sensu Cuf.,p.p. [39,210].
Desc.: S/T; Nc; P; Nt. *Habitat:* 403 1303.
Ke Mw Mz Na So Tz Za Zm Zr Zw.
Description: 210; *Illustration:* 210.

O. klainei Tisser. [248]
O. sp.A Hepper [248].
Desc.: S; Nc; P; Nt. *Habitat:* 101.
Cm Ga.
Description: 16,248; *Illustration:* 16.

O. megalophyllum Harms [236]
Desc.: S; Nc; P; Nt. *Habitat:* 101.
Cm Ga Gh Gn Lr Nq Sl Zr.
Description: 212,236.

O. muricatum Chiov. [210]
O. bibracteatum sensu P.Glover [210,253]; *O. pubescens* sensu Cuf.,p.p. [39,210].
Desc.: S; Nc; P; Nt. *Habitat:* 403.
Et Ke So.
Description: 210; *Illustration:* 210.

O. pubescens (Hochst.) Cuf. [212]
Desc.: S/T; Nc; P; Nt. *Uses:* Timber. *Habitat:* 302.
Cm Et Gh Nq Sd Sn.
Description: 3,212; *Illustration:* 10,20.

O. schliebenii Harms [210]
Desc.: S; Nc; P; Nt. *Habitat:* 1303.
Mz Tz.
Description: 210; *Illustration:* 210.

O. sennoides (Willd.) DC. [210]
Desc.: S/T; Nc; P; Nt. *Habitat:* 1301 1303.
Ao Cf Ci Cm Gh Gn Gw Ke Lr Nq Sl Sn St Tg Tz Zm Zr; Asia.
Description: 210; *Illustration:* 20,210.

subsp. **hispidum** (Willd.) Brenan & J.Léonard [210]
O. guineense (Willd.) Hutch. & Dalziel [216]; *O. guineense* subsp. *hispidum* (Willd.) Brenan & J.Léonard
Desc.: S/T; Nc; P; Nt. *Habitat:* 101.
Ao Cf Ci Cm Ga Gh Gn Gw Lr Nq Sl Sn Tg Zm Zr.
Description: 210,236.

subsp. **sennoides** [210]
Desc.: S/T; Nc; P. *Habitat:* – .
Asia.
Description: 210.

subsp. **zanzibaricum** Brenan & J.B.Gillett [210]
O. sennoides subsp. *hispidum* sensu Dale & Greenway [42,210].
Desc.: S/T; Nc; P; Nt. *Habitat:* 1301 1303.
Ke Tz.
Description: 210.

O. somalense J.B.Gillett [248]
Desc.: S; Nc; P; K. *Habitat:* 403.
So.
Description: 248.

O. trachycarpum (Taubert) Harms [210]
O. aromaticum Baker f. [210]; *O. melanodictyotum* Chiov. [210]; *O. mimosoides* sensu auctt. [210]; *O. sp.nr.trachycarpum* Eggeling & Dale [9,210].
Desc.: S/T; Nc; P; Nt. *Habitat:* 402 403 405.
Et Ke Tz Ug.
Description: 210; *Illustration:* 210.

O. trichocarpum (Taubert) Engl. [210]
Desc.: S; Nc; P; Nt. *Habitat:* 203 205 206 403 405 406.
Bw Et Ke Mw Mz Rw Sd Sz Tz Ug Za Zw.
Description: 210,220; *Illustration:* 210,220.

O. verrucosum P.Beauv. [212]
Desc.: S; Nc; P; Nt. *Habitat:* 112.
Ao Ci Cm Gh Gn Gq Gw Lr Nq Sl Sn St Zr.
Description: 236; *Illustration:* 20,236.

O. sp.5 Verdc. (provisional) [237]
Desc.: S; Nc; P; K. *Habitat:* 1302.
Mz.
Description: 237.

O. sp.6 Verdc. [237]
Desc.: S; Nc; P; K. *Habitat:* – .
Zw.
Description: 237.

O. sp.B J.B.Gillett (provisional) [248]
Desc.: S; Nc; P; K. *Habitat:* 403.
So.
Description: 248.

SMITHIA Aiton

S. abyssinica (A.Rich.) Verdc. [24]
Desc.: H; Nc; A; K. *Habitat:* 805 816.
Et.
Description: 24; *Illustration:* 24.

S. elliotii Baker f. [210]
S. erubescens sensu J.Dewit & Duvign. [210,250]; *S. rosea* R.Viguier [210].
Desc.: H; Nc; A; Nt. *Habitat:* 205 213 305 313 1205 1213.
Bi Cm Et Ke Mw Mz Nq Rw Tz Ug Zm Zr; Indian Ocean.
Description: 210; *Illustration:* 210,220.

S. erubescens (E.Meyer) Baker f. [210]
Desc.: H; Nc; A; Nt. *Habitat:* – .
Sz Za.

STYLOSANTHES Sw.

S. erecta P.Beauv. [210]
Desc.: H; Nc; P; Nt. *Uses:* Livestock fodder; Medicinal. *Habitat:* 112 1305 1312.
Ao Bj Ci Cm Ga Gh Gq Ke Lr Ml Ne Nq Sl Sn Tg Zr; Indian Ocean.
Description: 210,236; *Illustration:* 236.

S. fruticosa (Retz.) Alston [210]
S. bojeri Vogel [210]; *S. flavicans* Baker [210]; *S. mucronata* Willd. [210].
Desc.: H; Nc; P; Nt. *Uses:* Livestock fodder. *Habitat:* 203 205 303 305 403 405.
Ao Bi Bw Ci Cm Et Gh Gm Gw Hv Ke Ml Mw Mz Na Ne Nq Rw Sd Sn So Sz Td Tg Tz Ug Za Zm Zr Zw; Asia; Indian Ocean.
Description: 210,236; *Illustration:* 24,210,220.

S. guianensis (Aublet) Sw. [210]
S. gracilis Kunth [210]; *S. guyanensis* (Aublet) Sw. [210].
Desc.: H; Nc; P; Nt. *Uses:* Livestock fodder. *Habitat:* 205 305 405 Cult.
Bi(I) Cm(I) Gh(I) Ke(I) Mw(I) Nq(I) Rw(I) Sl(I) Tg(I) Tz(I) Ug(I) Zm(I) Zr(I) Zw(I); Central America; South America.
Description: 210.

S. humilis Kunth [210]
S. sundaica Taubert [210].
Desc.: H; Nc; P. *Habitat:* – .
Hv(I) Ke(I) Tz(I) Zw(I).
Illustration: 261.

S. montevidensis Vogel [210]
Desc.: - *Habitat:* – .
Ke(I).

S. suborbiculata Chiov. [254]
S. suborbicularis Chiov. [210].
Desc.: H; Nc; P; K. *Habitat:* 1305 1312.
So.
Description: 210,254.

S. viscosa Sw. [212]
Desc.: - *Habitat:* – .
Sl(I); South America.

ZORNIA J.Gmelin

Z. albolutescens Mohl. [210]
Z. apiculata sensu Milne-Redh.,p.p. [210,255].
Desc.: H; Nc; P; K. *Habitat:* 403.
Ke.
Description: 210; *Map:* 256; *Illustration:* 256.

Z. apiculata Milne-Redh. [210]
Z. diphylla sensu Hutch. & E.A.Bruce [210,257].
Desc.: H; Nc; P; Nt. *Habitat:* 403 405.
Et Ke So Tz.
Description: 210; *Map:* 256; *Illustration:* 256.

Z. brevipes Milne-Redh. [210]
Desc.: H; Nc; P; K. *Habitat:* 202.
Tz.
Description: 210; *Map:* 256; *Illustration:* 256.

Z. capensis Pers. [210]
Desc.: H; Nc; P; Nt. *Habitat:* 203 216 403 416.
Ke Mz Na Sz Tz Za Zw.
Description: 210; *Map:* 256; *Illustration:* 256.

subsp. **capensis** [210]
Desc.: H; Nc; P; Nt. *Habitat:* 205 206.
Mz Na Za Zw.
Description: 210.

subsp. **tropica** Milne-Redh. [210]
> *Z. tropica* (Milne-Redh.) Mohl. [210].
> *Desc.:* H; Nc; P; Nt. *Habitat:* 403 416.
> Ke Tz.
> *Description:* 210; *Map:* 256; *Illustration:* 256.

Z. durumuensis De Wild. [236]
> *Z. lelyi* Hutch. & Dalziel [236].
> *Desc.:* H; Nc; P; Nt. *Habitat:* 205 216 305.
> Cf Cm Nq Sd Tg Zr.
> *Description:* 212,236; *Map:* 256. *Illustration:* 236,256.

Z. glochidiata DC. [210]
> *Z. diphylla* sensu auctt. [210].
> *Desc.:* H; Nc; A; Nt. *Uses:* Livestock fodder; Medicinal. *Habitat:* 205 216 305 316 405 416 1605.
> Ao Bi Bj Bw Ci Cm Cv Et Gh Gm Gn Gw Hv Ke Ml Mw Mz Na Ne Nq Rw Sd Sl Sn Td Tg Tz Ug Yd Za Zm Zr Zw; Indian Ocean.
> *Description:* 210,236,237; *Map:* 256. *Illustration:* 256.

Z. latifolia Smith [236]
> *Desc.:* H; Nc; P; Nt. *Habitat:* 316.
> Bi(I) Bj(I) Ci(I) Cm(I) Gh(I) Gn(I) Lr(I) Ml(I) Nq(I) Sl(I)Sn(I) Tg(I) Zr(I); South America.
> *Description:* 212,236; *Illustration:* 256.

Z. linearis E.Meyer [256]
> *Desc.:* H; Nc; P; Nt. *Habitat:* – .
> Za.
> *Description:* 256; *Map:* 256; *Illustration:* 256.

Z. milneana Mohl. [237]
> *Desc.:* H; Nc; A; Nt. *Habitat:* 202 205 216.
> Ao Bw Mz Na Za Zm Zw.
> *Description:* 237; *Map:* 256; *Illustration:* 256.

Z. pratensis Milne-Redh. [210]
> *Desc.:* H; Nc; P; Nt. *Habitat:* 205 206 305 306 405 406.
> Ao Bi Cm Et Ke Mw Mz Rw Sd Tz Ug Zm Zr Zw.
> *Description:* 210; *Map:* 256; *Illustration:* 24,220.

subsp. **barbata** J.Léonard & Milne-Redh. [210]
> *Z. setifera* Mohl. [210].
> *Desc.:* H; Nc; P; Nt. *Habitat:* 205 305.
> Cm Tz Zm Zr.
> *Description:* 210; *Map:* 256; *Illustration:* 236,256.

subsp. **pratensis** [210]
> *Z. diphylla* sensu auctt.,p.p. [210].
> *Desc.:* H; Nc; P; Nt. *Habitat:* 205 206 405 406.
> Ao Bi Et Ke Mw Mz Rw Sd Tz Ug Zm Zr Zw.
> *Description:* 210,236; *Map:* 256; *Illustration:* 236.

Z. punctatissima Milne-Redh. [210]
> *Desc.:* H; Nc; P; K. *Habitat:* 202.
> Tz.
> *Description:* 210.

Z. reptans Harms [210]
> *Desc.:* H; Nc; P; K. *Habitat:* 202.
> Tz.
> *Description:* 210; *Map:* 256; *Illustration:* 256.

Z. setosa Baker f. [210]
Desc.: H; Nc; P; Nt. *Habitat:* 205 216 405 416 1205 1216.
Bi Et Ke Mw Mz Na Rw Tz Ug Zm Zr.
Description: 210,236; *Map:* 256. *Illustration:* 210,236.

subsp. **obovata** (Baker f.) J.Léonard & Milne-Redh. [210]
Z. obovata (Baker f.) Mohl. [210]; *Z. tetraphylla* sensu auctt. [210].
Desc.: H; Nc; P; Nt. *Habitat:* 205 216 405 416 1205 1216.
Bi Et Ke Rw Tz Ug Zm Zr.
Description: 210,236; *Map:* 256. *Illustration:* 210,220,236.

subsp. **setosa** [210]
Desc.: H; Nc; P; Nt. *Habitat:* 205.
Mw Mz Na Tz Zm Zr.
Description: 210; *Map:* 256; *Illustration:* 256.

Z. songeensis Milne-Redh. [210]
Desc.: H; Nc; P; K. *Habitat:* 202.
Tz.
Description: 210.

CICEREAE

CICER L.
See Ref.391.

C. arietinum L. [391]
Desc.: H; Nc; A; Nt. *Uses:* Human food. *Habitat:* Cult.
Dz(I),Eg(I),Et(I),Ke(I),Ma(I),Sd(I),So(I),Tn(I),Tz(I),Ug(I), Zr(I),Zw(I).
Description: 210,391; *Map:* 391. *Illustration:* 210,391,548.

C. atlanticum Maire [391]
Desc.: H; Nc; P; K. *Habitat:* – .
Ma.
Description: 391; *Map:* 391; *Illustration:* 391.

C. canariense A.Santos Guerra & G.P.Lewis [392]
Desc.: H; C; P; K. *Habitat:* – .
Es.
Description: 392; *Illustration:* 392.

C. cuneatum A.Rich. [391]
Desc.: H; C/Nc; A; Nt. *Habitat:* 1605 1616.
Eg,Et.
Description: 24,391; *Map:* 391. *Illustration:* 24,391.

CORONILLEAE

ANTOPETITIA A.Rich.

A. abyssinica A.Rich. [210]
Ornithopus coriandrinus Hochst. [210].
Desc.: H; Nc; A; Nt. *Habitat:* 805 816.
Bi Cm Dj Et Ke Mw Mz Nq Rw Tz Ug Zm Zr Zw.
Description: 210,236,237; *Illustration:* 210,236.

CORONILLA L.

C. juncea L. [454]
Desc.: S; Nc; P; Nt. *Habitat:* 703 704.
Dz Ma Tn; Europe.
Description: 360; *Illustration:* 531.

  subsp. **pomelii** Battand. (provisional) [454]
Desc.: S; Nc; P; Nt. *Habitat:* – .
Dz Ma.
Description: 360.

C. minima L. [454]
Desc.: H/S; Nc; P; Nt. *Habitat:* 701 703.
Dz Ma Tn; Europe.
Description: 360.

  subsp. **clusii** Murb. (provisional) [454]
Desc.: - Habitat: – .
Dz Ma Tn; Europe.

C. ramosissima (Ball) Ball [454]
C. ifniensis Caball. [454].
Desc.: K. *Habitat:* – .
Ma.

C. repanda (Poiret) Guss. [454]
C. arenivaga Pau [454].
Desc.: H; Nc; A; Nt. *Habitat:* 1816.
Dz Ly Ma Tn; Europe; Middle East.
Description: 360,368; *Illustration:* 368.

  subsp. **dura** (Cav.) Cout. [454]
Desc.: - Habitat: – .
Ma; Europe.
Description: 360.

  subsp. **repanda** [454]
Desc.: H; Nc; A; Nt. *Habitat:* 1816.
Dz Ly Ma Tn; Europe.
Description: 360,368; *Illustration:* 368.

C. scorpioides (L.) Koch [454]
Desc.: H; Nc; A; Nt. *Uses:* Livestock fodder. *Habitat:* 1816.
Dz Ly Ma Tn; Europe; Middle East.
Description: 368,456; *Illustration:* 368,456,531.

C. valentina L. [454]
Desc.: S; Nc; P; Nt. *Habitat:* 701 703.
Dz Ly Ma Tn; Europe.
Description: 360.

  subsp. **glauca** (L.) Battand. [454]
C. glauca L. [454]; *C. pentaphylloides* (Rouy) A.W.Hill (suspected synonym) [454].
Desc.: S; Nc; P; Nt. *Habitat:* – .
Dz Ke(I) Ly Ma Tn; Europe.
Description: 360.

  subsp. **pentaphylla** (Desf.) Battand. (provisional) [454]
Desc.: - Habitat: – .
Dz Ma Tn; Europe.
Description: 360.

subsp. **speciosa** (Uhrova) Greuter & Burdet   [454]
   C. speciosa Uhrova [454].
   Desc.: S; Nc; P; K. *Habitat:* – .
   Dz.
   Description: 360.

subsp. **valentina**   [454]
   C. valentina subsp. *eu-valentina* Maire [454].
   Desc.: S; Nc; P; Nt. *Habitat:* 704.
   Dz Tn; Europe.
   Description: 360.

C. viminalis Salisb.   [454]
   Desc.: K. *Habitat:* – .
   Ma.

HIPPOCREPIS L.

H. atlantica Ball   [454]
   Desc.: - *Habitat:* – .
   Dz Ma Tn.

H. bicontorta Loisel.   [454]
   Desc.: H; Nc; A; Nt. *Habitat:* 1816.
   Dz Eg Ly Ma Tn; Middle East.
   Description: 360,368; *Map:* 458. *Illustration:* 360,368,455.

H. brevipetala (Murb.) Dominguez   [454]
   H. minor var. *brevipetala* Murb. [454]; *H. minor* subsp. *brevipetala* (Murb.) Pottier-Alapetite [454].
   Desc.: - *Habitat:* – .
   Ma Tn.
   Description: 458; *Map:* 458; *Illustration:* 458.

H. ciliata Willd.   [454]
   H. multisiliquosa subsp. *ciliata* (Willd.) Maire [454].
   Desc.: H; Nc; A; Nt. *Habitat:* 1816.
   Dz Ly Ma Tn; Europe; Middle East.
   Description: 368; *Illustration:* 368.

H. constricta Kunze   [454]
   H. multisiliquosa subsp. *constricta* (Kunze) Maire [454]; *H. multisiliquosa* subsp. *eilatensis* Zoh. [454].
   Desc.: H; Nc; A; Nt. *Habitat:* 1705.
   Cv Dz Eg Ma Sd Tn; Asia; Middle East.
   Description: 458; *Map:* 458; *Illustration:* 458.

H. cyclocarpa Murb.   [454]
   Desc.: H; Nc; A; Nt. *Habitat:* 1805 1816.
   Eg Ly Tn; Europe.
   Description: 368,458; *Map:* 458. *Illustration:* 368,455,458.

H. emerus (L.) Lassen   [454]
   Coronilla emerus L. [454].
   Desc.: S; Nc; P; Nt. *Habitat:* – .
   Tn; Europe; Middle East.
   Illustration: 531,548.

subsp. **emeroides** (Boiss. & Spruner) Greuter & Burdet   [454]
   Coronilla emerus subsp. *emeroides* (Boiss. & Spruner) Holmboe
   Desc.: - *Habitat:* – .
   Tn.

H. liouvillei Maire [454]
Desc.: K. *Habitat:* – .
Ma.

   subsp. **acutiflora** Emb. [454]
   Desc.: K. *Habitat:* – .
   Ma.

   subsp. **liouvillei** [454]
   Desc.: - *Habitat:* – .
   Ma.

H. minor Munby [454]
H. minor subsp. *munbyana* Quezel & Santa [454].
Desc.: H; Nc; A; Nt. *Habitat:* – .
Dz Ma Tn.
Description: 456,458; *Map:* 458; *Illustration:* 458.

H. monticola Lassen [454]
Desc.: - *Habitat:* – .
Dz Ly Ma Tn.

H. multisiliquosa L. [454]
H. multisiliquosa subsp. *confusa* (Pau) Maire [454].
Desc.: H; Nc; A; Nt. *Habitat:* 1816.
Dz Ly Ma Tn; Europe; Middle East.
Description: 368,458; *Map:* 458. *Illustration:* 368,458.

H. neglecta Lassen [454]
Desc.: K. *Habitat:* – .
Ma.

H. salzmannii Boiss. & Reuter [454]
Desc.: - *Habitat:* – .
Ma; Europe.
Description: 458; *Map:* 458; *Illustration:* 458.

   subsp. **maura** (Braun-Blanquet & Maire) Maire [454]
   H. maura Braun-Blanquet & Maire [454].
   Desc.: K. *Habitat:* – .
   Ma.

   subsp. **salzmannii** [454,458]
   Desc.: K. *Habitat:* – .
   Ma; Europe.

H. unisiliquosa L. [454]
Desc.: - *Habitat:* – .
Dz Eg Ly Ma Tn; Europe; Middle East.
Description: 458; *Map:* 458; *Illustration:* 458,531.

   subsp. **biflora** (Sprengel) O.Bolos & Vigo [454]
   H. biflora Sprengel [454]; *H. unisiliquosa* sensu auctt. [454]; *H. unisiliquosa* subsp. *linnaeana* Maire [454].
   Desc.: H; Nc; A; Nt. *Habitat:* 703 705 716 1805 1816.
   Dz Eg Ly Ma Tn; Europe; Middle East.
   Description: 360; *Map:* 458; *Illustration:* 360.

   subsp. **unisiliquosa** [454]
   Desc.: - *Habitat:* – .
   Eg Tn; Middle East.
   Description: 458.

ORNITHOPUS L.

O. compressus L. [454]
Desc.: H; Nc; A; Nt. *Habitat:* – .
Dz Ma Tn Za(I); Europe; Middle East.
Description: 360; *Illustration:* 360.

O. isthmocarpus Cosson [454]
O. sativus sensu auctt. [454]; *O. sativus* subsp. *isthmocarpus* (Cosson) Dostal [454].
Desc.: H; Nc; A; Nt. *Habitat:* – .
Dz Ma; Europe.
Description: 360,456; *Illustration:* 360,456.

O. perpusillus L. [454]
Desc.: H; Nc; A; Nt. *Habitat:* – .
Dz; Europe.
Description: 360.

O. pinnatus (Miller) Druce [454]
O. ebracteatus Brot. [454].
Desc.: H; Nc; A; Nt. *Habitat:* 716.
Dz Ma Tn Za(I); Europe; Middle East.
Description: 360; *Illustration:* 360.

O. sativus Brot. [454]
O. sativus subsp. *roseus* (Dufour) Dostal [454].
Desc.: - *Habitat:* – .
Dz Ma Tz(I) Za(I); Europe; Middle East.

O. uncinatus Maire & Sam. [454]
Desc.: K. *Habitat:* – .
Ma.

SCORPIURUS L.

S. muricatus L. [454]
S. oliverii Palau [454]; *S. subvillosus* L. [454]; *S. sulcatus* L. [454].
Desc.: H; Nc; A; Nt. *Habitat:* 716 1816.
Dz Eg Et Ly Ma Tn; Europe; Middle East.
Description: 24,368,456; *Illustration:* 24,368,456.

S. vermiculatus L. [454]
Desc.: H; Nc; A; Nt. *Habitat:* – .
Dz Ma Tn; Europe.

SECURIGERA DC.

S. atlantica Boiss. & Reuter [454]
Coronilla atlantica Boiss. & Reuter [454].
Desc.: - *Habitat:* – .
Dz Tn.

S. securidaca (L.) Degen & Doerfler [454]
Coronilla securidaca L. [454].
Desc.: - *Habitat:* – .
Eg(I) Ma; Europe; Middle East.

TRIPODION Medikus

T. kremerianum (Cosson) Lassen [454]
Hammatolobium kremerianum (Cosson) C.Mueller [454].
Desc.: H; Nc; P; Nt. *Habitat:* – .
Dz Ma.
Description: 360; *Illustration:* 360.

T. tetraphyllum (L.) Fourr. [454]
Anthyllis tetraphylla L. [454]; *Physanthyllis tetraphylla* (L.) Boiss. [454].
Desc.: H; Nc; A; Nt. *Habitat:* 1816.
Dz Eg Ly Ma Tn; Europe; Middle East.
Description: 360,368,456; *Illustration:* 360,368,456.

CROTALARIEAE

ASPALATHUS L.
See Refs. 511, 512, 514, 515, 516, 517, 518, 520, & 521. Ref.521 provides an index to the whole series of papers.

A. abietina Thunb. [518]
A. fornicata Benth. [518].
Desc.: S; Nc; P; Nt.*Habitat:* 504.
Za.
Description: 518; *Map:* 518; *Illustration:* 518.

A. acanthes Ecklon & Zeyher [515]
Desc.: S; Nc; P; Nt. *Habitat:* 504.
Za.
Description: 515; *Map:* 515; *Illustration:* 515.

A. acanthiloba R.Dahlgren [514]
Desc.: S; Nc; P; K. *Habitat:* 504.
Za.
Description: 514; *Map:* 514; *Illustration:* 514.

A. acanthoclada R.Dahlgren [518]
Desc.: S; Nc; P; Nt. *Habitat:* 504.
Za.
Description: 518; *Map:* 518; *Illustration:* 518.

A. acanthophylla Ecklon & Zeyher [517]
A. chamissonis Vogel [517].
Desc.: S; Nc; P; Nt. *Habitat:* 504.
Za.
Description: 517; *Map:* 517; *Illustration:* 517.

A. acicularis E.Meyer [518]
Desc.: S; Nc; P; Nt. *Habitat:* 504 604 1405.
Ls Za.
Description: 518; *Map:* 518; *Illustration:* 518.

subsp. **acicularis** [518]
Desc.: S; Nc; P; Nt. *Habitat:* 504 604 1405.
Ls Za.
Description: 518; *Map:* 518; *Illustration:* 518.

subsp. **planifolia** R.Dahlgren [518]
Desc.: S; Nc; P; Nt. *Habitat:* – .
Za.
Description: 518; *Map:* 518; *Illustration:* 518.

A. acidota R.Dahlgren [511]
Desc.: S; Nc; P; Nt. *Habitat:* 504.
Za.
Description: 511; *Map:* 511; *Illustration:* 511.

A. acifera R.Dahlgren   [518]
Desc.: S; Nc; P; Nt. *Habitat:* 504.
Za.
Description: 518; *Map:* 518; *Illustration:* 518.

A. aciloba R.Dahlgren   [518]
Desc.: H/S; Nc; P; K. *Habitat:* 504.
Za.
Description: 518; *Map:* 518; *Illustration:* 518.

A. aciphylla Harvey   [517]
Desc.: S; Nc; P; Nt. *Habitat:* 504.
Za.
Description: 517; *Map:* 517; *Illustration:* 517.

A. aculeata Thunb.   [514]
Desc.: S; Nc; P; Nt. *Habitat:* 504.
Za.
Description: 514; *Map:* 514; *Illustration:* 514.

A. acuminata Lam.   [518]
Desc.: S; Nc; P; Nt. *Habitat:* 504.
Za.
Description: 518; *Map:* 518; *Illustration:* 518.

  subsp. **acuminata**   [518]
Desc.: S; Nc; P; Nt. *Habitat:* 504.
Za.
Description: 483,518; *Map:* 518; *Illustration:* 518.

  subsp. **magniflora** R.Dahlgren   [518]
Desc.: S; Nc; P; K. *Habitat:* 504.
Za.
Description: 518; *Map:* 518; *Illustration:* 518.

  subsp. **pungens** (Thunb.) R.Dahlgren   [518]
A. pungens Thunb. [518].
Desc.: S; Nc; P; Nt. *Habitat:* 504.
Za.
Description: 518; *Map:* 518; *Illustration:* 518.

A. acutiflora R.Dahlgren   [518]
A. remota L.Bolus,p.p. [518].
Desc.: S; Nc; P; Nt. *Habitat:* 504.
Za.
Description: 518; *Map:* 518; *Illustration:* 518.

A. albens L.   [518]
A. agardhiana DC. [518]; *A. armata* Thunb. [518]; *A. exilis* Harvey [518].
Desc.: S; Nc; P; Nt. *Habitat:* 504.
Za.
Description: 518; *Map:* 518; *Illustration:* 518.

A. alopecurus Benth.   [515]
Desc.: S; Nc; P; Nt. *Habitat:* 504.
Za.
Description: 515; *Map:* 515; *Illustration:* 515.

A. alpestris (Benth.) R.Dahlgren   [521]
Borbonia alpestris Benth. [521]; *Borbonia trinervia* sensu auctt. [521].
Desc.: S; Nc; P; Nt. *Habitat:* 503 504.
Za.
Description: 521; *Map:* 521; *Illustration:* 521.

A. altissima R.Dahlgren [511]
A. altissima sensu auctt.; *A. sericea* sensu auctt. [511].
Desc.: S; Nc; P; Nt. *Habitat*: 504.
Za.
Description: 511; *Map*: 511; *Illustration*: 511.

A. angustifolia (Lam.) R.Dahlgren [521]
Desc.: S; Nc; P; Nt. *Habitat*: 504.
Za.
Description: 521; *Map*: 521; *Illustration*: 521.

subsp. **angustifolia** [521]
Borbonia angustifolia Lam. [521]; *Borbonia lanceolata* L. [521].
Desc.: H/S; Nc; P; Nt. *Habitat*: 504.
Za.
Description: 483,521; *Map*: 521. *Illustration*: 396,521.

subsp. **robusta** (E.Phillips) R.Dahlgren [521]
Borbonia lanceolata subsp. *robusta* E.Phillips [521].
Desc.: S; Nc; P; Nt. *Habitat*: 504.
Za.
Description: 521; *Illustration*: 521.

A. araneosa L. [514]
Desc.: S; Nc; P; Nt. *Habitat*: 504.
Za.
Description: 483,514; *Map*: 514. *Illustration*: 396,514.

A. arenaria R.Dahlgren [517]
Desc.: S; Nc; P; Nt. *Habitat*: 504.
Za.
Description: 517; *Map*: 517; *Illustration*: 517.

A. argentea L. [511]
A. aemula sensu auctt. [511].
Desc.: S; Nc; P; Nt. *Habitat*: 504.
Za.
Description: 511; *Map*: 511; *Illustration*: 511.

A. argyrella MacOwan [511]
Desc.: H/S; Nc; P; Nt. *Habitat*: 504.
Za.
Description: 483,511; *Map*: 511; *Illustration*: 511.

A. argyrophanes R.Dahlgren [515]
A. eriophylla sensu auctt. [515].
Desc.: S; Nc; P; Nt. *Habitat*: 504.
Za.
Description: 515; *Map*: 515; *Illustration*: 515.

A. arida E.Meyer [517]
Desc.: H/S; Nc; P; Nt. *Habitat*: 504.
Za.
Description: 517; *Map*: 517; *Illustration*: 396,517.

subsp. **arida** [517]
Desc.: S; Nc; P; Nt. *Habitat*: 504.
Za.
Description: 517; *Map*: 517; *Illustration*: 517.

subsp. **erecta** (E.Meyer) R.Dahlgren [517]
Desc.: S; Nc; P; Nt. *Habitat*: 504.
Za.
Description: 517; *Map*: 517; *Illustration*: 517.

subsp. **procumbens** (E.Meyer) R.Dahlgren [517]
A. arida sensu auctt. [517].
Desc.: H/S; Nc; P; Nt. *Habitat*: 504.
Za.
Description: 483,517; *Map*: 517. *Illustration*: 396,517.

A. aristata Compton [518]
Desc.: H/S; Nc; P; Nt. *Habitat*: 504.
Za.
Description: 518; *Map*: 518; *Illustration*: 518.

A. aristifolia R.Dahlgren [518]
Desc.: H/S; Nc; P; Nt. *Habitat*: 504.
Za.
Description: 518; *Map*: 518; *Illustration*: 518.

A. aspalathoides (L.) R.Dahlgren [511]
A. anthylloides L. [511]; *A. kraussiana* Meissner [511]; *A. stellaris* Ecklon & Zeyher [511].
Desc.: S; Nc; P; Nt. *Habitat*: 504.
Za.
Description: 483,511; *Map*: 511. *Illustration*: 396,511.

A. asparagoides L.f. [514]
Desc.: S; Nc; P; Nt. *Habitat*: 504.
Za.
Description: 514; *Map*: 514; *Illustration*: 514.

subsp. **asparagoides** [514]
Desc.: S; Nc; P; Nt. *Habitat*: 504.
Za.
Description: 514; *Map*: 514; *Illustration*: 514.

subsp. **rubro-fusca** (Ecklon & Zeyher) R.Dahlgren [514]
A. rubro-fusca Ecklon & Zeyher [514].
Desc.: S; Nc; P; Nt. *Habitat*: 504.
Za.
Description: 514; *Map*: 514; *Illustration*: 514.

A. astroites L. [518]
Desc.: S; Nc; P; Nt. *Habitat*: 504.
Za.
Description: 483,518; *Map*: 518. *Illustration*: 396,518.

A. attenuata R.Dahlgren [518]
Desc.: S; Nc; P; Nt. *Habitat*: 504.
Za.
Description: 518; *Map*: 518; *Illustration*: 518.

A. aurantiaca R.Dahlgren [518]
Desc.: S; Nc; P; Nt. *Habitat*: 504.
Za.
Description: 518; *Map*: 518; *Illustration*: 518.

A. barbata (Lam.) R.Dahlgren [521]
Borbonia barbata Lam. [521].
Desc.: S; Nc; P; Nt. *Habitat*: 504.
Za.
Description: 483,521; *Map*: 521. *Illustration*: 396,521.

A. barbigera R.Dahlgren   [519]
Desc.: S; Nc; P; K. *Habitat*: 504.
Za.
Description: 519; *Map*: 519; *Illustration*: 519.

A. batodes Ecklon & Zeyher   [518]
Desc.: H/S; Nc; P; Nt. *Habitat*: 504.
Za.
Description: 518; *Map*: 518; *Illustration*: 518.

   subsp. **batodes**   [518]
   A. aciphylla var. *nana* Harvey [518]; *A. munita* Bolus [518].
   Desc.: S; Nc; P; Nt. *Habitat*: 504.
   Za.
   Description: 518; *Map*: 518; *Illustration*: 518.

   subsp. **spinulifolia** R.Dahlgren   [518]
   Desc.: H/S; Nc; P; Nt. *Habitat*: 504.
   Za.
   Description: 518; *Map*: 518; *Illustration*: 518.

A. bidouwensis R.Dahlgren   [511]
Desc.: S; Nc; P; K. *Habitat*: 504.
Za.
Description: 511; *Map*: 511; *Illustration*: 511.

A. biflora E.Meyer   [518]
Desc.: S; Nc; P; Nt. *Habitat*: 504.
Za.
Description: 518; *Map*: 518; *Illustration*: 518.

   subsp. **biflora**   [518]
   A. suffruticosa sensu auctt.,p.p. [518].
   Desc.: S; Nc; P; Nt. *Habitat*: 504.
   Za.
   Description: 518; *Map*: 518; *Illustration*: 518.

   subsp. **longicarpa** R.Dahlgren   [518]
   Desc.: S; Nc; P; Nt. *Habitat*: 504.
   Za.
   Description: 518; *Map*: 518; *Illustration*: 518.

A. bodkinii Bolus   [511]
Desc.: H/S; Nc; P; Nt. *Habitat*: 504.
Za.
Description: 511; *Map*: 511; *Illustration*: 511.

A. borbonifolia R.Dahlgren   [511]
Desc.: S; Nc; P; K. *Habitat*: 504.
Za.
Description: 511; *Map*: 511; *Illustration*: 511.

A. bowieana (Benth.) R.Dahlgren   [515]
Desc.: S; Nc; P; Nt. *Habitat*: 504.
Za.
Description: 515; *Map*: 515; *Illustration*: 515.

A. bracteata Thunb.   [511]
A. capillaris (Thunb.) Benth. [511]; *A. pedunculata* L'Her. [511].
Desc.: H/S; Nc; P; Nt. *Habitat*: 504.
Za.
Description: 483,511; *Map*: 511; *Illustration*: 511.

A. burchelliana Benth. [517]
Desc.: S; Nc; P; Nt. *Habitat*: 504.
Za.
Description: 517; *Map*: 517; *Illustration*: 517.

A. caespitosa R.Dahlgren [514]
Desc.: H/S; Nc; P; Nt. *Habitat*: 508.
Za.
Description: 514; *Map*: 514; *Illustration*: 514.

A. calcarata Harvey [515]
Desc.: S; Nc; P; Nt. *Habitat*: 504.
Za.
Description: 515; *Map*: 515; *Illustration*: 515.

A. calcarea R.Dahlgren [518]
A. remota L.Bolus [518].
Desc.: H/S; Nc; P; Nt. *Habitat*: 504.
Za.
Description: 518; *Map*: 518; *Illustration*: 379,518.

A. callosa L. [517]
Desc.: S; Nc; P; Nt. *Habitat*: 504.
Za.
Description: 483,517; *Map*: 517. *Illustration*: 396,517.

A. campestris R.Dahlgren [514]
Desc.: H/S; Nc; P; Nt. *Habitat*: 504.
Za.
Description: 514; *Map*: 514; *Illustration*: 514.

A. candicans Aiton f. [517]
Desc.: S; Nc; P; Nt. *Habitat*: 504.
Za.
Description: 517; *Map*: 517; *Illustration*: 517.

A. candidula R.Dahlgren [518]
Desc.: H/S; Nc; P; K. *Habitat*: 504.
Za.
Description: 518; *Map*: 518; *Illustration*: 518.

A. capensis (Walp.) R.Dahlgren [517]
A. sarcodes Benth. [517].
Desc.: S; Nc; P; Nt. *Habitat*: 504.
Za.
Description: 483,517; *Map*: 517. *Illustration*: 396,397,517.

A. capitata L. [517]
Desc.: S; Nc; P; Nt. *Habitat*: 504.
Za.
Description: 483,517; *Map*: 517. *Illustration*: 396,517.

A. carnosa Bergius [517]
Desc.: S; Nc; P; Nt. *Habitat*: 504.
Za.
Description: 483,517; *Map*: 517. *Illustration*: 396,517.

A. cephalotes Thunb. [512]
A. spicata sensu auctt. [512].
Desc.: S; Nc; P; Nt. *Habitat*: 504.
Za.
Description: 512; *Map*: 512. *Illustration*: 396,397,512.

subsp. **cephalotes** [512]
Desc.: S; Nc; P; Nt. *Habitat:* 504.
Za.
Description: 512; *Map:* 512; *Illustration:* 512.

subsp. **obscuriflora** R.Dahlgren [512]
Desc.: S; Nc; P; Nt. *Habitat:* 504.
Za.
Description: 512; *Map:* 512; *Illustration:* 512.

subsp. **violacea** R.Dahlgren [512]
Desc.: S; Nc; P; Nt. *Habitat:* 504.
Za.
Description: 512; *Map:* 512. *Illustration:* 396,397,512.

A. cerrantha Ecklon & Zeyher [512]
A. spicata sensu Fourc. [512,513]; *A. spicata* var. *cephalotes* sensu Fourc. [512,513].
Desc.: S; Nc; P; Nt. *Habitat:* 504.
Za.
Description: 512; *Map:* 512; *Illustration:* 512.

A. chenopoda L. [514]
Desc.: S; Nc; P; Nt. *Habitat:* 504.
Za.
Description: 514; *Map:* 514; *Illustration:* 514.

subsp. **chenopoda** [514]
Desc.: S; Nc; P; Nt. *Habitat:* 504.
Za.
Description: 483,514; *Map:* 514; *Illustration:* 514.

subsp. **gracilis** (Ecklon & Zeyher) R.Dahlgren [514]
Desc.: S; Nc; P; Nt. *Habitat:* 504.
Za.
Description: 514; *Map:* 514; *Illustration:* 514.

A. chortophila Ecklon & Zeyher [515]
Desc.: H/S; Nc; P; Nt. *Habitat:* 504.
Za.
Description: 515; *Map:* 515; *Illustration:* 515.

subsp. **chortophila** [515]
A. laricifolia sensu auctt.,p.p. [515].
Desc.: H/S; Nc; P; Nt. *Habitat:* 504 1505.
Za.
Description: 515; *Map:* 515; *Illustration:* 515.

subsp. **congesta** R.Dahlgren [515]
Desc.: H/S; Nc; P; Nt. *Habitat:* 508.
Za.
Description: 515; *Map:* 515; *Illustration:* 515.

subsp. **kougaensis** R.Dahlgren [515]
Desc.: H/S; Nc; P; Nt. *Habitat:* 504.
Za.
Description: 515; *Map:* 515; *Illustration:* 515.

A. chrysantha R.Dahlgren [518]
Desc.: H/S; Nc; P; Nt. *Habitat:* 504.
Za.
Description: 518; *Map:* 518; *Illustration:* 518.

A. ciliaris L. [514]
A. leucophaea Harvey [514]; *A. robusta* Bolus [514].
Desc.: S; Nc; P; Nt. *Habitat:* 504.
Za.
Description: 483,514; *Map:* 514. *Illustration:* 396,399,514.

A. cinerascens E.Meyer [518]
Desc.: S; Nc; P; Nt. *Uses:* Ornamental. *Habitat:* 504.
Za.
Description: 518; *Map:* 518; *Illustration:* 518.

A. citrina R.Dahlgren [517]
A. arida var. *grandiflora* Benth. [517].
Desc.: S; Nc; P; Nt. *Habitat:* 504.
Za.
Description: 517; *Map:* 517; *Illustration:* 517.

A. cliffortiifolia R.Dahlgren [515]
Desc.: S; Nc; P; K. *Habitat:* 504.
Za.
Description: 515; *Map:* 515; *Illustration:* 515.

A. collina Ecklon & Zeyher [517]
Desc.: S; Nc; P; Nt. *Habitat:* 504.
Za.
Description: 517; *Map:* 517; *Illustration:* 517.

subsp. **collina** [517]
Desc.: S; Nc; P; Nt. *Habitat:* 504.
Za.
Description: 517; *Map:* 517; *Illustration:* 517.

subsp. **luculenta** R.Dahlgren [517]
Desc.: S; Nc; P; Nt. *Habitat:* 504.
Za.
Description: 517; *Map:* 517; *Illustration:* 517.

A. commutata (J.Vogel) R.Dahlgren [521]
Borbonia commutata J.Vogel [521]; *Borbonia undulata* Thunb. [521].
Desc.: H/S; Nc; P; Nt. *Habitat:* 504.
Za.
Description: 521; *Map:* 521; *Illustration:* 521.

A. compacta R.Dahlgren [521]
Desc.: H/S; Nc; P; K. *Habitat:* 504.
Za.
Description: 521; *Map:* 521; *Illustration:* 521.

A. complicata (Benth.) R.Dahlgren [521]
Borbonia complicata Benth. [521].
Desc.: S; Nc; P; K. *Habitat:* – .
Za.
Description: 521; *Map:* 521; *Illustration:* 521.

A. comptonii R.Dahlgren [511]
Desc.: H/S; Nc; P; K. *Habitat:* 504.
Za.
Description: 511; *Map:* 511; *Illustration:* 511.

A. concava Bolus [518]
Desc.: H/S; Nc; P; K. *Habitat:* – .
Za.
Description: 518; *Map:* 518; *Illustration:* 518.

A. concavifolia (Ecklon & Zeyher) R.Dahlgren [511]
Desc.: S; Nc; P; K. Habitat: 504.
Za.
Description: 511; Map: 511; Illustration: 511.

A. condensata R.Dahlgren [518]
Desc.: H/S; Nc; P; Nt. Habitat: 504 508.
Za.
Description: 518; Map: 518; Illustration: 518.

A. confusa R.Dahlgren [514]
A. simsiana Ecklon & Zeyher [514].
Desc.: H/S; Nc; P; Nt. Habitat: 504.
Za.
Description: 514; Map: 514; Illustration: 514.

A. cordata (L.) R.Dahlgren [521]
Borbonia cordata L. [521].
Desc.: S; Nc; P; Nt. Habitat: 504.
Za.
Description: 483,521; Illustration: 396,521.

A. corniculata R.Dahlgren [511]
Desc.: S; Nc; P; K. Habitat: 504.
Za.
Description: 511; Map: 511; Illustration: 511.

A. corrudifolia Bergius [518]
A. corrudaefolia Bergius [518]; A. genistoides L. [518].
Desc.: S; Nc; P; Nt. Habitat: 504.
Za.
Description: 518; Map: 518; Illustration: 518.

A. costulata Benth. [517]
Desc.: S; Nc; P; Nt. Habitat: 504.
Za.
Description: 517; Map: 517; Illustration: 517.

A. crassisepala R.Dahlgren [518]
A. retroflexa var. parviflora Harvey [518].
Desc.: S; Nc; P; Nt. Habitat: 504.
Za.
Description: 518; Map: 518; Illustration: 518.

A. crenata (L.) R.Dahlgren [521]
Borbonia crenata L. [521]; Borbonia parviflora Lam. [521].
Desc.: S; Nc; P; Nt. Habitat: 504.
Za.
Description: 483,521; Map: 521. Illustration: 396,399,521.

A. cuspidata R.Dahlgren [518]
Desc.: H/S; Nc; P; Nt. Habitat: 504.
Za.
Description: 518; Map: 518; Illustration: 518.

subsp. **cuspidata** [518]
Desc.: H/S; Nc; P; Nt. Habitat: 504.
Za.
Description: 518; Map: 518; Illustration: 518.

subsp. **humifusa** R.Dahlgren   [518]
Desc.: H/S; Nc; P; Nt. *Habitat:* 504.
Za.
Description: 518; *Map:* 518; *Illustration:* 518.

subsp. **stricticlada** R.Dahlgren   [518]
Desc.: H/S; Nc; P; Nt. *Habitat:* 504.
Za.
Description: 518; *Map:* 518; *Illustration:* 518.

A. cymbiformis DC.   [514]
A. uniflora sensu auctt. [514].
Desc.: H/S; Nc; P; Nt. *Habitat:* 504.
Za.
Description: 514; *Map:* 514; *Illustration:* 396,514.

A. cytisoides Lam.   [511]
Desc.: S; Nc; P; Nt. *Habitat:* 504.
Za.
Description: 511; *Map:* 511; *Illustration:* 511.

A. dasyantha Ecklon & Zeyher   [511]
Desc.: S; Nc; P; Nt. *Habitat:* 504.
Za.
Description: 511; *Map:* 511; *Illustration:* 511.

A. decora R.Dahlgren   [517]
Desc.: S; Nc; P; Nt. *Habitat:* 504.
Za.
Description: 517; *Map:* 517; *Illustration:* 517.

A. densifolia Benth.   [512]
Desc.: S; Nc; P; Nt. *Habitat:* 504.
Za.
Description: 512; *Map:* 512; *Illustration:* 512.

A. desertorum Bolus   [515]
Desc.: S; Nc; P; Nt. *Habitat:* 504.
Za.
Description: 515; *Map:* 515; *Illustration:* 515.

A. dianthophora E.Phillips   [517]
Desc.: S; Nc; P; Nt. *Habitat:* 504.
Za.
Description: 517; *Map:* 517; *Illustration:* 517.

A. diffusa Ecklon & Zeyher   [511]
Desc.: H/S; Nc; P; Nt. *Habitat:* 504.
Za.
Description: 511; *Map:* 511; *Illustration:* 511.

A. digitifolia R.Dahlgren   [518]
Desc.: H/S; Nc; P; K. *Habitat:* 504.
Za.
Description: 518; *Map:* 518; *Illustration:* 518.

A. divaricata Thunb.   [518]
Desc.: H/S; Nc; P; Nt. *Habitat:* 504.
Za.
Description: 518; *Map:* 518; *Illustration:* 518.

subsp. **brevicarpa** R.Dahlgren [518]
Desc.: H/S; Nc; P; Nt. *Habitat:* 504 508.
Za.
Description: 518; *Map:* 518; *Illustration:* 518.

subsp. **divaricata** [518]
Desc.: S; Nc; P; Nt. *Habitat:* 504.
Za.
Description: 518; *Map:* 518; *Illustration:* 518.

subsp. **gracilior** R.Dahlgren [518]
Desc.: S; Nc; P; Nt. *Habitat:* 504 604.
Za.
Description: 518; *Map:* 518; *Illustration:* 518.

subsp. **horizontalis** R.Dahlgren [518]
Desc.: S; Nc; P; Nt. *Habitat:* 504.
Za.
Description: 518; *Map:* 518; *Illustration:* 518.

subsp. **leptocoma** (Ecklon & Zeyher) R.Dahlgren [518]
Desc.: S; Nc; P; Nt. *Habitat:* 504.
Za.
Description: 518; *Map:* 518; *Illustration:* 518.

A. dunsdoniana R.Dahlgren [511]
Desc.: S; Nc; P; Nt. *Habitat:* 504.
Za.
Description: 511; *Map:* 511; *Illustration:* 511.

A. elliptica (E.Phillips) R.Dahlgren [521]
Borbonia elliptica E.Phillips [521]; Borbonia latifolia Benth. [521].
Desc.: S; Nc; P; Nt. *Habitat:* 504.
Za.
Description: 521; *Map:* 521; *Illustration:* 521.

A. ericifolia L. [515]
Desc.: H/S; Nc; P; Nt. *Habitat:* 504.
Za.
Description: 483,515; *Map:* 515. *Illustration:* 396,515.

subsp. **ericifolia** [515]
A. mollis Harvey,p.p. [515].
Desc.: H/S; Nc; P; Nt. *Habitat:* 504.
Za.
Description: 483,515; *Map:* 515. *Illustration:* 396,515.

subsp. **minuta** R.Dahlgren [515]
Desc.: H/S; Nc; P; Nt. *Habitat:* 504.
Za.
Description: 515; *Map:* 515; *Illustration:* 515.

subsp. **puberula** (Ecklon & Zeyher) R.Dahlgren
Desc.: H/S; Nc; P; Nt. *Habitat:* 504.
Za.
Description: 515; *Map:* 515; *Illustration:* 515.

subsp. **pusilla** R.Dahlgren [515]
Desc.: H/S; Nc; P; Nt. *Habitat:* 504.
Za.
Description: 515; *Map:* 515; *Illustration:* 515.

A. erythrodes Ecklon & Zeyher [517]
Desc.: H; Nc; P; K. *Habitat*: – .
Za.
Description: 517; *Map*: 517; *Illustration*: 517.

A. esterhuyseniae R.Dahlgren [511]
Desc.: H/S; Nc; P; K. *Habitat*: 504.
Za.
Description: 511; *Map*: 511; *Illustration*: 511.

A. excelsa R.Dahlgren [517]
Desc.: S; Nc; P; Nt. *Habitat*: 504.
Za.
Description: 517; *Map*: 517; *Illustration*: 399,517.

A. fasciculata (Thunb.) R.Dahlgren [511]
A. involucrata E.Meyer [511]; *A. undulata* Ecklon & Zeyher [511].
Desc.: S; Nc; P; K. *Habitat*: 504.
Za.
Description: 511; *Map*: 511; *Illustration*: 511.

A. ferox Harvey [517]
Desc.: S; Nc; P; K. *Habitat*: 604.
Za.
Description: 517; *Map*: 517; *Illustration*: 517.

A. filicaulis Ecklon & Zeyher [515]
A. angustissima E.Meyer [515].
Desc.: S; Nc; P; Nt. *Habitat*: 504.
Za.
Description: 483,515; *Map*: 515; *Illustration*: 515.

A. flexuosa Thunb. [515]
A. kannaensis Ecklon & Zeyher [515].
Desc.: H/S; Nc; P; Nt. *Habitat*: 504.
Za.
Description: 515; *Map*: 515; *Illustration*: 515.

A. florifera R.Dahlgren [515]
Desc.: S; Nc; P; Nt. *Habitat*: 504.
Za.
Description: 515; *Map*: 515; *Illustration*: 515.

A. florulenta R.Dahlgren [518]
Desc.: H/S; Nc; P; Nt. *Habitat*: – .
Za.
Description: 518; *Map*: 518; *Illustration*: 518.

A. forbesii Harvey [512]
Desc.: S; Nc; P; Nt. *Habitat*: 504.
Za.
Description: 512; *Map*: 512; *Illustration*: 512.

A. fourcadei L.Bolus [515]
Desc.: S; Nc; P; K. *Habitat*: 504.
Za.
Description: 515; *Map*: 515; *Illustration*: 515.

A. frankenioides DC. [518]
Desc.: H/S; Nc; P; Nt. *Habitat*: 504.
Za.
Description: 518; *Map*: 518; *Illustration*: 518.

A. fusca Thunb. [517]
Desc.: S; Nc; P; Nt. *Habitat:* 504.
Za.
Description: 517; *Map:* 517; *Illustration:* 517.

A. galeata E.Meyer [512]
Desc.: S; Nc; P; Nt. *Habitat:* 504.
Za.
Description: 512; *Map:* 512; *Illustration:* 512.

A. gerrardii Bolus [518]
Desc.: S; Nc; P; Nt. *Habitat:* 1505.
Za.
Description: 518; *Map:* 518; *Illustration:* 518.

A. glabrata R.Dahlgren [517]
Desc.: S; Nc; P; K. *Habitat:* 504.
Za.
Description: 517; *Map:* 517; *Illustration:* 517.

A. glabrescens R.Dahlgren [515]
Desc.: S; Nc; P; Nt. *Habitat:* 504.
Za.
Description: 515; *Map:* 515; *Illustration:* 515.

A. globosa Andrews [512]
A. pileata L.Bolus [512].
Desc.: S; Nc; P; Nt. *Habitat:* 504.
Za.
Description: 512; *Map:* 512; *Illustration:* 512.

A. globulosa E.Meyer [512]
Desc.: S; Nc; P; Nt. *Habitat:* 504.
Za.
Description: 512; *Map:* 512; *Illustration:* 512.

A. glossoides R.Dahlgren [518]
Desc.: S; Nc; P; K. *Habitat:* 504.
Za.
Description: 518; *Map:* 518; *Illustration:* 518.

A. grandiflora Benth. [512]
Desc.: S; Nc; P; Nt. *Habitat:* 504.
Za.
Description: 512; *Map:* 512; *Illustration:* 512.

A. granulata R.Dahlgren [517]
Desc.: S; Nc; P; Nt. *Habitat:* 504.
Za.
Description: 517; *Map:* 517; *Illustration:* 517.

A. grobleri R.Dahlgren [518]
Desc.: H/S; Nc; P; Nt. *Habitat:* 504.
Za.
Description: 518; *Map:* 518; *Illustration:* 518.

A. heterophylla L.f. [511]
Desc.: H/S; Nc; P; Nt. *Habitat:* 504.
Za.
Description: 511; *Map:* 511; *Illustration:* 511.

subsp. **heterophylla** [511]
Desc.: H/S; Nc; P; Nt. *Habitat*: 504.
Za.
Description: 511; *Map*: 511; *Illustration*: 511.

subsp. **lagopus** (Thunb.) R.Dahlgren [511]
Desc.: H/S; Nc; P; Nt. *Habitat*: 504.
Za.
Description: 511; *Map*: 511; *Illustration*: 511.

subsp. **lotoides** (Thunb.) R.Dahlgren [511]
A. *lotoides* Thunb. [511].
Desc.: H/S; Nc; P; Nt. *Habitat*: 504.
Za.
Description: 483,511; *Map*: 511; *Illustration*: 511.

A. hirta E.Meyer [515]
Desc.: S; Nc; P; Nt. *Habitat*: 504.
Za.
Description: 515; *Map*: 515; *Illustration*: 515.

subsp. **hirta** [515]
Desc.: S; Nc; P; Nt. *Habitat*: 504.
Za.
Description: 515; *Map*: 515; *Illustration*: 379,515.

subsp. **stellaris** R.Dahlgren [515]
A. *astroites* sensu Fourc. [513,515].
Desc.: S; Nc; P; Nt. *Habitat*: 504.
Za.
Description: 515; *Map*: 515; *Illustration*: 515.

A. hispida Thunb. [515]
Desc.: S; Nc; P; Nt. *Habitat*: 504.
Za.
Description: 515; *Map*: 515; *Illustration*: 515.

subsp. **albiflora** (Ecklon & Zeyher) R.Dahlgren [515]
A. *thymifolia* var. *albiflora* (Ecklon & Zeyher) Benth. [515].
Desc.: H/S; Nc; P; Nt. *Habitat*: 504.
Za.
Description: 515; *Map*: 515; *Illustration*: 515.

subsp. **hispida** [515]
A. *micrantha* E.Meyer [515]; A. *thymifolia* sensu auctt. [515].
Desc.: H/S; Nc; P; Nt. *Habitat*: 504.
Za.
Description: 515; *Map*: 515; *Illustration*: 515.

A. humilis Bolus [518]
Desc.: H/S; Nc; P; K. *Habitat*: 504.
Za.
Description: 518; *Map*: 518; *Illustration*: 518.

A. hypnoides R.Dahlgren [518]
Desc.: H/S; Nc; P; K. *Habitat*: 504.
Za.
Description: 518; *Map*: 518; *Illustration*: 518.

A. hystrix L.f. [515]
Desc.: S; Nc; P; Nt. *Habitat*: 504.
Za.
Description: 515; *Map*: 515; *Illustration*: 515.

A. incana R.Dahlgren [511]
Desc.: S; Nc; P; K. *Habitat:* 504.
Za.
Description: 511; *Map:* 511; *Illustration:* 511.

A. incompta Thunb. [518]
Desc.: S; Nc; P; Nt. *Habitat:* 503 504.
Za.
Description: 518; *Map:* 518; *Illustration:* 518.

A. incurva Thunb. [514]
Desc.: H/S; Nc; P; Nt. *Habitat:* 504.
Za.
Description: 514; *Map:* 514; *Illustration:* 514.

A. incurvifolia Walp.
Desc.: S; Nc; P; Nt. *Habitat:* 504.
Za.
Description: 515; *Map:* 515; *Illustration:* 515.

A. inops Ecklon & Zeyher [511]
Desc.: S; Nc; P; K. *Habitat:* 504.
Za.
Description: 511; *Map:* 511; *Illustration:* 511.

A. intermedia Ecklon & Zeyher [515]
A. poliotes Ecklon & Zeyher [515].
Desc.: S; Nc; P; Nt. *Habitat:* 504.
Za.
Description: 515; *Map:* 515; *Illustration:* 515.

A. intervallaris Bolus [511]
Desc.: H/S; Nc; P; Nt. *Habitat:* 504.
Za.
Description: 511; *Map:* 511; *Illustration:* 511.

A. intricata Compton [518]
Desc.: H/S; Nc; P; Nt. *Habitat:* 504.
Za.
Description: 518; *Map:* 518; *Illustration:* 518.

  subsp. **anthospermoides** (R.Dahlgren) R.Dahlgren [518]
  A. wittebergensis subsp. *anthospermoides* R.Dahlgren [518].
  Desc.: S; Nc; P; Nt. *Habitat:* – .
  Za.
  Description: 518; *Map:* 518; *Illustration:* 518.

  subsp. **intricata** [518]
  A. wittebergensis subsp. *intricata* (Compton) R.Dahlgren [518].
  Desc.: S; Nc; P; K. *Habitat:* 504.
  Za.
  Description: 518; *Map:* 518; *Illustration:* 518.

  subsp. **oxyclada** (Compton) R.Dahlgren [518]
  A. oxyclada Compton [518]; *A. wittebergensis* subsp. *oxyclada* (Compton) R.Dahlgren [518].
  Desc.: S; Nc; P; Nt. *Habitat:* 504.
  Za.
  Description: 518; *Map:* 518; *Illustration:* 518.

A. joubertiana Ecklon & Zeyher [515]
Desc.: S; Nc; P; Nt. *Habitat:* 504.
Za.
Description: 515; *Map:* 515; *Illustration:* 515.

subsp. **glabripetala** R.Dahlgren [515]
Desc.: S; Nc; P; Nt. *Habitat*: 504.
Za.
Description: 515; *Map*: 515; *Illustration*: 515.

subsp. **joubertiana** [515]
Desc.: S; Nc; P; Nt. *Habitat*: 504.
Za.
Description: 515; *Map*: 515; *Illustration*: 515.

subsp. **longispica** R.Dahlgren [515]
Desc.: S; Nc; P; Nt. *Habitat*: 504.
Za.
Description: 515; *Map*: 515; *Illustration*: 515.

subsp. **shawii** (L.Bolus) R.Dahlgren [515]
A. phylicoides Compton [515]; *A. shawii* L.Bolus [515].
Desc.: S; Nc; P; Nt. *Habitat*: 504.
Za.
Description: 515; *Map*: 515; *Illustration*: 515.

A. juniperina Thunb. [518]
Desc.: H/S; Nc; P; Nt. *Habitat*: 504.
Za.
Description: 518; *Map*: 518; *Illustration*: 518.

subsp. **gracilifolia** (R.Dahlgren) R.Dahlgren [518]
A. gracilifolia R.Dahlgren [518].
Desc.: H/S; Nc; P; K. *Habitat*: – .
Za.
Description: 518; *Map*: 518; *Illustration*: 518.

subsp. **grandis** R.Dahlgren [518]
Desc.: H/S; Nc; P; Nt. *Habitat*: 504.
Za.
Description: 518; *Map*: 518; *Illustration*: 518.

subsp. **juniperina** [518]
A. galioides sensu auctt. [518].
Desc.: H/S; Nc; P; Nt. *Habitat*: 504.
Za.
Description: 483,518; *Map*: 518. *Illustration*: 396,518.

subsp. **monticola** R.Dahlgren [518]
Desc.: H/S; Nc; P; Nt. *Habitat*: 504 508.
Za.
Description: 518; *Map*: 518; *Illustration*: 518.

A. karrooensis R.Dahlgren [518]
Desc.: S; Nc; P; K. *Habitat*: – .
Za.
Description: 518; *Map*: 518; *Illustration*: 518.

A. lactea Thunb. [517]
Desc.: S; Nc; P; Nt. *Habitat*: 504 604.
Za.
Description: 517; *Map*: 517; *Illustration*: 517.

subsp. **adelphea** R.Dahlgren [517]
A. adelphea Ecklon & Zeyher [517]; *A. iniquua* Ecklon & Zeyher [517]; *A. rubescens* Ecklon & Zeyher [517]; *A. sublingens* Ecklon & Zeyher [517].
Desc.: S; Nc; P; Nt. *Habitat*: 504.
Za.
Description: 517; *Map*: 517; *Illustration*: 517.

subsp. **breviloba** R.Dahlgren [517]
Desc.: S; Nc; P; Nt. *Habitat:* 604.
Za.
Description: 517; *Map:* 517; *Illustration:* 517.

subsp. **lactea** [517]
Desc.: S; Nc; P; Nt. *Habitat:* 504.
Za.
Description: 517; *Map:* 517; *Illustration:* 517.

A. laeta Bolus [517]
A. rubrocalyx Compton [517].
Desc.: S; Nc; P; Nt. *Habitat:* 504.
Za.
Description: 517; *Map:* 517; *Illustration:* 517.

A. lamarckiana R.Dahlgren [515]
Desc.: S; Nc; P; Nt. *Habitat:* 504.
Za.
Description: 515; *Map:* 515; *Illustration:* 515.

A. lanata E.Meyer [511]
A. falcata Benth. [511].
Desc.: S; Nc; P; Nt. *Habitat:* 504.
Za.
Description: 511; *Map:* 511; *Illustration:* 511.

A. lanceicarpa R.Dahlgren [518]
Desc.: S; Nc; P; K. *Habitat:* – .
Za.
Description: 518; *Map:* 518; *Illustration:* 518.

A. lanceifolia R.Dahlgren [521]
Desc.: H/S; Nc; P; Nt. *Habitat:* 505.
Za.
Description: 521; *Map:* 521; *Illustration:* 521.

A. lanifera R.Dahlgren [521]
Borbonia villosa Harvey [521].
Desc.: H/S; Nc; P; Nt. *Habitat:* 504.
Za.
Description: 521; *Map:* 521; *Illustration:* 521.

A. laricifolia Bergius [515]
Desc.: H/S; Nc; P; Nt. *Habitat:* 504.
Za.
Description: 515; *Map:* 515; *Illustration:* 515.

subsp. **canescens** (L.) R.Dahlgren [515]
A. canescens L. [515].
Desc.: H/S; Nc; P; Nt. *Habitat:* 504.
Za.
Description: 483,515; *Map:* 515; *Illustration:* 515.

subsp. **laricifolia** [515]
Desc.: S; Nc; P; Nt. *Habitat:* 504.
Za.
Description: 483,515; *Map:* 515. *Illustration:* 396,399,515.

A. latifolia Bolus [511]
Desc.: S; Nc; P; K. *Habitat:* 504.
Za.
Description: 511; *Map:* 511; *Illustration:* 511.

A. leiantha (E.Phillips) R.Dahlgren [521]
  Borbonia leiantha E.Phillips [521].
  Desc.: S; Nc; P; Nt. *Habitat:* 504.
  Za.
  Description: 521; *Map:* 521; *Illustration:* 521.

A. lenticula Bolus [518]
  Desc.: S; Nc; P; K. *Habitat:* 504.
  Za.
  Description: 518; *Map:* 518; *Illustration:* 518.

A. leptoptera Bolus [518]
  Desc.: S; Nc; P; K. *Habitat:* 504.
  Za.
  Description: 518; *Map:* 518; *Illustration:* 518.

A. leucophylla R.Dahlgren [517]
  Desc.: S; Nc; P; Nt. *Habitat:* 503 504.
  Za.
  Description: 517; *Map:* 517; *Illustration:* 517.

  subsp. **leucophylla** [517]
    Desc.: S; Nc; P; Nt. *Habitat:* 503.
    Za.
    Description: 517; *Map:* 517; *Illustration:* 517.

  subsp. **septentrionalis** R.Dahlgren [517]
    Desc.: S; Nc; P; Nt. *Habitat:* 504 604.
    Za.
    Description: 517; *Map:* 517; *Illustration:* 517.

A. linearis (Burm.f.) R.Dahlgren [520]
  Desc.: S; Nc; P; Nt. *Uses:* Human food. *Habitat:* 504 Cult.
  Za.
  Description: 520; *Map:* 520; *Illustration:* 411,520.

  subsp. **latipetala** R.Dahlgren [520]
    Desc.: S; Nc; P; Nt. *Habitat:* – .
    Za.

  subsp. **linearis** [520]
    A. contaminata (Thunb.) Druce [520]; *A. corymbosa* E.Meyer [520].
    Desc.: S; Nc; P; Nt. *Uses:* Human food. *Habitat:* 504 Cult.
    Za.
    Description: 520; *Map:* 520; *Illustration:* 520.

  subsp. **pinifolia** (Marloth) R.Dahlgren [520]
    Borbonia pinifolia Marloth [520].
    Desc.: S; Nc; P; Nt. *Habitat:* 504.
    Za.
    Description: 520; *Map:* 520; *Illustration:* 520.

A. linguiloba R.Dahlgren [514]
  A. incurva sensu auctt.,p.p. [514].
  Desc.: H/S; Nc; P; Nt. *Habitat:* 504.
  Za.
  Description: 514; *Map:* 514; *Illustration:* 514.

A. longifolia Benth. [515]
  Desc.: S; Nc; P; Nt. *Habitat:* 504.
  Za.
  Description: 515; *Map:* 515; *Illustration:* 515.

A. longipes Harvey [518]
Desc.: S; Nc; P; Nt. *Habitat:* 504.
Za.
Description: 518; *Map:* 518; *Illustration:* 518.

A. lotiflora R.Dahlgren [514]
Desc.: S; Nc; P; K. *Habitat:* 504.
Za.
Description: 514; *Map:* 514; *Illustration:* 514.

A. macrantha Harvey [515]
Desc.: S; Nc; P; Nt. *Habitat:* 504.
Za.
Description: 483,515; *Map:* 515; *Illustration:* 515.

A. macrocarpa Ecklon & Zeyher [515]
Desc.: S; Nc; P; K. *Habitat:* 504.
Za.
Description: 515,519; *Map:* 515. *Illustration:* 515,519.

A. marginalis Ecklon & Zeyher [518]
Desc.: S; Nc; P; Nt. *Habitat:* 504 505.
Za.
Description: 518; *Map:* 518; *Illustration:* 518.

A. marginata Harvey [511]
Desc.: S; Nc; P; Nt. *Habitat:* 504.
Za.
Description: 511; *Map:* 511; *Illustration:* 511.

A. microphylla DC. [518]
A. *divaricata* var. *microphylla* (DC.) Harvey [518].
Desc.: S; Nc; P; Nt. *Habitat:* 504.
Za.
Description: 483,518; *Map:* 518; *Illustration:* 518.

A. millefolia R.Dahlgren [514]
Desc.: S; Nc; P; Nt. *Habitat:* 504.
Za.
Description: 514; *Map:* 514; *Illustration:* 514.

A. monosperma (DC.) R.Dahlgren [521]
Borbonia monosperma DC. [521].
Desc.: S; Nc; P; K. *Habitat:* 504.
Za.
Description: 521; *Map:* 521; *Illustration:* 521.

A. mundiana Ecklon & Zeyher [517]
A. *ciliatistyla* L.Bolus [517]; A. *mundtiana* Ecklon & Zeyher [517].
Desc.: S; Nc; P; Nt. *Habitat:* 504.
Za.
Description: 517; *Map:* 517; *Illustration:* 379,517.

A. muraltioides Ecklon & Zeyher [515]
Desc.: H/S; Nc; P; Nt. *Habitat:* 504.
Za.
Description: 515; *Map:* 515; *Illustration:* 515.

A. myrtillifolia Benth. [511]
Desc.: S; Nc; P; K. *Habitat:* – .
Za.
Description: 511; *Illustration:* 511.

A. nigra L. [512]
Desc.: S; Nc; P; Nt. *Habitat*: 504.
Za.
Description: 512; *Map*: 512; *Illustration*: 512.

A. nivea Thunb. [518]
Desc.: S; Nc; P; Nt. *Habitat*: 504 604.
Za.
Description: 518; *Map*: 518; *Illustration*: 518.

A. nudiflora Harvey [521]
A. *alternifolia* Harvey [521].
Desc.: S; Nc; P; Nt. *Habitat*: 504.
Za.
Description: 521; *Map*: 521; *Illustration*: 521.

A. obliqua R.Dahlgren [517]
Desc.: S; Nc; P; K. *Habitat*: 504.
Za.
Description: 517; *Map*: 517; *Illustration*: 517.

A. oblongifolia R.Dahlgren [511]
Desc.: S; Nc; P; Nt. *Habitat*: 504.
Za.
Description: 511; *Map*: 511; *Illustration*: 511.

A. obtusifolia R.Dahlgren [517]
Desc.: S; Nc; P; Nt. *Habitat*: 504.
Za.
Description: 517; *Map*: 517; *Illustration*: 517.

A. odontoloba R.Dahlgren [517]
Desc.: S; Nc; P; K. *Habitat*: 504.
Za.
Description: 517; *Map*: 517; *Illustration*: 517.

A. oliveri R.Dahlgren [459]
Desc.: S; Nc; P; K. *Habitat*: – .
Za.
Description: 459; *Map*: 459; *Illustration*: 459.

A. opaca Ecklon & Zeyher [514]
Desc.: H/S; Nc; P; Nt. *Habitat*: 504.
Za.
Description: 514; *Map*: 514; *Illustration*: 514.

subsp. **opaca** [514]
A. *schlechteri* Bolus [514].
Desc.: H/S; Nc; P; Nt. *Habitat*: 504.
Za.
Description: 514; *Map*: 514; *Illustration*: 514.

subsp. **pappeana** (Harvey) R.Dahlgren [514]
A. *pappeana* Harvey [514].
Desc.: H/S; Nc; P; K. *Habitat*: 504.
Za.
Description: 514; *Map*: 514; *Illustration*: 514.

subsp. **rostriloba** R.Dahlgren [514]
A. *carinata* sensu Fourc. [513,514].
Desc.: S; Nc; P; Nt. *Habitat*: 504.
Za.
Description: 514; *Map*: 514; *Illustration*: 514.

A. orbiculata Benth. [511]
Desc.: S; Nc; P; K. *Habitat:* 504.
Za.
Description: 511; *Map:* 511; *Illustration:* 511.

A. pachyloba Benth. [517]
Desc.: S; Nc; P; Nt. *Habitat:* 504.
Za.
Description: 517; *Map:* 517; *Illustration:* 517.

subsp. **macroclada** R.Dahlgren [517]
Desc.: S; Nc; P; Nt. *Habitat:* 504.
Za.
Description: 517; *Map:* 517; *Illustration:* 517.

subsp. **pachyloba** [517]
Desc.: S; Nc; P; Nt. *Habitat:* 504.
Za.
Description: 517; *Map:* 517; *Illustration:* 517.

subsp. **rugulicarpa** R.Dahlgren [517]
Desc.: S; Nc; P; K. *Habitat:* 504.
Za.
Description: 517; *Map:* 517; *Illustration:* 517.

subsp. **succulentifolia** R.Dahlgren [517]
Desc.: S; Nc; P; Nt. *Habitat:* 504.
Za.
Description: 517; *Map:* 517; *Illustration:* 517.

subsp. **villicaulis** R.Dahlgren [517]
Desc.: S; Nc; P; Nt. *Habitat:* 504.
Za.
Description: 517; *Map:* 517; *Illustration:* 517.

A. pallescens Ecklon & Zeyher [514]
Desc.: S; Nc; P; K. *Habitat:* 504.
Za.
Description: 514; *Map:* 514; *Illustration:* 514.

A. pallidiflora R.Dahlgren [517]
Desc.: H/S; Nc; P; Nt. *Habitat:* 504 508.
Za.
Description: 517; *Map:* 517; *Illustration:* 517.

A. parviflora Bergius [515]
A. comosa Thunb. [515].
Desc.: H/S; Nc; P; Nt. *Habitat:* 504.
Za.
Description: 515; *Map:* 515; *Illustration:* 515.

A. patens R.Dahlgren
Desc.: H/S; Nc; P; Nt. *Habitat:* 504.
Za.
Description: 511; *Map:* 511; *Illustration:* 511.

A. pedicellata Harvey [518]
A. nivalis Marloth [518].
Desc.: H/S; Nc; P; Nt. *Habitat:* 504 508.
Za.
Description: 518; *Map:* 518; *Illustration:* 518.

A. pedunculata Houtt. [518]
A. argyraea DC. [518].
Desc.: S; Nc; P; Nt. *Habitat*: 504.
Za.
Description: 518; *Map*: 518; *Illustration*: 518.

A. pendula R.Dahlgren [520]
A. tenuifolia sensu auctt. [520].
Desc.: S/T; Nc; P; Nt. *Habitat*: 504.
Za.
Description: 520; *Map*: 520; *Illustration*: 520.

A. perfoliata (Lam.) R.Dahlgren [521]
Desc.: S; Nc; P; Nt. *Habitat*: 504.
Za.
Description: 521; *Map*: 521; *Illustration*: 521.

subsp. **perfoliata** [521]
Borbonia crenata sensu auctt. [521]; *Borbonia perfoliata* Lam. [521].
Desc.: S; Nc; P; Nt. *Habitat*: 504.
Za.
Description: 521; *Map*: 521; *Illustration*: 521.

subsp. **phillipsii** R.Dahlgren [521]
Borbonia multiflora (Harvey) E.Phillips [521].
Desc.: S; Nc; P; Nt. *Habitat*: 504.
Za.
Description: 521; *Map*: 521; *Illustration*: 521.

A. perforata (Thunb.) R.Dahlgren [521]
Borbonia ciliata Willd. [521]; *Borbonia perforata* Thunb. [521].
Desc.: S; Nc; P; Nt. *Habitat*: 504.
Za.
Description: 521; *Map*: 521; *Illustration*: 521.

A. pigmentosa R.Dahlgren [514]
Desc.: H/S; Nc; P; Nt. *Habitat*: 504.
Za.
Description: 514; *Map*: 514; *Illustration*: 514.

A. pilantha R.Dahlgren [518]
Desc.: S; Nc; P; K. *Habitat*: – .
Za.
Description: 518; *Map*: 518; *Illustration*: 518.

A. pinea Thunb. [515]
Desc.: S; Nc; P; Nt. *Habitat*: 504.
Za.
Description: 515; *Map*: 515; *Illustration*: 515.

subsp. **caudata** R.Dahlgren [515]
Desc.: S; Nc; P; Nt. *Habitat*: 504.
Za.
Description: 515; *Map*: 515; *Illustration*: 515.

subsp. **pinea** [515]
Desc.: S; Nc; P; Nt. *Habitat*: 504.
Za.
Description: 515; *Map*: 515; *Illustration*: 515.

A. pinguis Thunb. [517]
Desc.: S; Nc; P; Nt. *Habitat:* 504.
Za.
Description: 517; *Map:* 517; *Illustration:* 517.

subsp. **australis** R.Dahlgren [517]
Desc.: S; Nc; P; Nt. *Habitat:* 504.
Za.
Description: 517; *Map:* 517; *Illustration:* 517.

subsp. **longissima** R.Dahlgren [517]
Desc.: S; Nc; P; Nt. *Habitat:* 504.
Za.
Description: 517; *Map:* 517; *Illustration:* 517.

subsp. **occidentalis** R.Dahlgren [517]
Desc.: S; Nc; P; Nt. *Habitat:* 504.
Za.
Description: 517; *Map:* 517; *Illustration:* 517.

subsp. **pinguis** [517]
A. affinis Thunb. [517]; *A. pentheri* Gand. [517].
Desc.: S; Nc; P; Nt. *Habitat:* 504.
Za.
Description: 517; *Map:* 517; *Illustration:* 517.

A. polycephala E.Meyer [511]
A. rigida Schltr. [511].
Desc.: S; Nc; P; Nt. *Habitat:* 504.
Za.
Description: 511; *Map:* 511; *Illustration:* 511.

subsp. **lanatifolia** (E.Meyer) R.Dahlgren [511]
Desc.: S; Nc; P; Nt. *Habitat:* 504.
Za.
Description: 511; *Map:* 511; *Illustration:* 511.

subsp. **polycephala** [511]
Desc.: S; Nc; P; K. *Habitat:* 504.
Za.
Description: 511; *Map:* 511; *Illustration:* 511.

subsp. **rigida** (Schltr.) R.Dahlgren [511]
Desc.: S; Nc; P; Nt. *Habitat:* 504.
Za.
Description: 511; *Map:* 511; *Illustration:* 511.

A. potbergensis R.Dahlgren [518]
Desc.: H/S; Nc; P; K. *Habitat:* 504.
Za.
Description: 518; *Map:* 518; *Illustration:* 518.

A. proboscidea R.Dahlgren [518]
Desc.: H/S; Nc; P; K. *Habitat:* 504.
Za.
Description: 518; *Map:* 518; *Illustration:* 518.

A. prostrata Ecklon & Zeyher [514]
Desc.: H/S; Nc; P; K. *Habitat:* 504.
Za.
Description: 514; *Map:* 514; *Illustration:* 514.

A. psoraleoides (Presl) Benth. [511]
Desc.: H/S; Nc; P; Nt. *Habitat:* 504.
Za.
Description: 483,511; *Map:* 511; *Illustration:* 511.

A. pulicifolia R.Dahlgren [518]
Desc.: - *Habitat:* 504.
Za.
Description: 518; *Map:* 518; *Illustration:* 518.

A. pumila R.Dahlgren [511]
Desc.: H/S; Nc; P; Nt. *Habitat:* 504.
Za.
Description: 511; *Map:* 511; *Illustration:* 511.

A. pycnantha R.Dahlgren [518]
Desc.: S; Nc; P; Nt. *Habitat:* 504.
Za.
Description: 518; *Map:* 518; *Illustration:* 518.

A. quadrata L.Bolus [511]
Desc.: H/S; Nc; P; Nt. *Habitat:* 504.
Za.
Description: 511; *Map:* 511; *Illustration:* 379,511.

A. quinquefolia L. [511]
Desc.: H/S; Nc; P; Nt. *Habitat:* 504.
Za.
Description: 511; *Map:* 511; *Illustration:* 379,511.

subsp. **acocksii** R.Dahlgren [511]
Desc.: H/S; Nc; P; Nt. *Habitat:* 504.
Za.
Description: 511; *Map:* 511; *Illustration:* 511.

subsp. **compacta** R.Dahlgren [511]
Desc.: H/S; Nc; P; Nt. *Habitat:* 504.
Za.
Description: 511; *Map:* 511; *Illustration:* 511.

subsp. **quinquefolia** [511]
A. jacobaea E.Meyer [511].
Desc.: H/S; Nc; P; Nt. *Habitat:* 504.
Za.
Description: 511; *Map:* 511; *Illustration:* 511.

subsp. **virgata** (Thunb.) R.Dahlgren [511]
A. ascendens E.Meyer [511]; *A. elongata* Ecklon & Zeyher [511]; *A. leucocephala* E.Meyer [511]; *A. meyeri* Harvey [511]; *A. virgata* Thunb. [511].
Desc.: H/S; Nc; P; Nt. *Habitat:* 504.
Za.
Description: 511; *Map:* 511; *Illustration:* 511.

A. radiata R.Dahlgren [511]
Desc.: S; Nc; P; Nt. *Habitat:* 504.
Za.
Description: 511; *Map:* 511; *Illustration:* 511.

subsp. **pseudosericea** R.Dahlgren [511]
Desc.: S; Nc; P; Nt. *Habitat:* 504.
Za.
Description: 511; *Map:* 511; *Illustration:* 511.

subsp. **radiata** [511]
Desc.: S; Nc; P; Nt. *Habitat:* 504.
Za.
Description: 511; *Map:* 511; *Illustration:* 511.

A. ramosissima R.Dahlgren [518]
Desc.: S; Nc; P; K. *Habitat:* – .
Za.
Description: 518; *Map:* 518; *Illustration:* 518.

A. ramulosa E.Meyer
Desc.: S; Nc; P; Nt. *Habitat:* 504.
Za.
Description: 511; *Map:* 511; *Illustration:* 511.

A. rectistyla R.Dahlgren [515]
Desc.: S; Nc; P; Nt. *Habitat:* 504.
Za.
Description: 515; *Map:* 515; *Illustration:* 515.

A. recurva Benth. [517]
Desc.: S; Nc; P; Nt. *Habitat:* 504.
Za.
Description: 517; *Map:* 517; *Illustration:* 517.

A. recurvispina R.Dahlgren [517]
Desc.: H/S; Nc; P; K. *Habitat:* 504.
Za.
Description: 517; *Map:* 517; *Illustration:* 517.

A. repens R.Dahlgren
Desc.: H/S; Nc; P; K. *Habitat:* 504.
Za.
Description: 518; *Map:* 518; *Illustration:* 518.

A. retroflexa L. [518]
Desc.: H/S; Nc; P; Nt. *Habitat:* 504.
Za.
Description: 518; *Map:* 518; *Illustration:* 518.

subsp. **amoena** R.Dahlgren [518]
Desc.: S; Nc; P; K. *Habitat:* 504.
Za.
Description: 518; *Map:* 518; *Illustration:* 518.

subsp. **angustipetala** R.Dahlgren [518]
Desc.: H/S; Nc; P; Nt. *Habitat:* 504.
Za.
Description: 518; *Map:* 518; *Illustration:* 518.

subsp. **bicolor** (Ecklon & Zeyher) R.Dahlgren [518]
Desc.: H/S; Nc; P; Nt. *Habitat:* 504.
Za.
Description: 518; *Map:* 518; *Illustration:* 518.

subsp. **empetrifolia** R.Dahlgren [518]
Desc.: H/S; Nc; P; K. *Habitat:* – .
Za.
Description: 518; *Map:* 518; *Illustration:* 518.

subsp. **retroflexa** [518]
Desc.: S; Nc; P; Nt. *Habitat:* 504.
Za.
Description: 483,518; *Map:* 518; *Illustration:* 518.

A. rigidifolia R.Dahlgren [518]
Desc.: S; Nc; P; Nt. *Habitat:* 504 508.
Za.
Description: 518; *Map:* 518; *Illustration:* 518.

A. rosea R.Dahlgren [512]
Desc.: H/S; Nc; P; Nt. *Habitat:* 504.
Za.
Description: 512; *Map:* 512; *Illustration:* 512.

A. rostrata Benth. [515]
Desc.: S; Nc; P; K. *Habitat:* 504.
Za.
Description: 515; *Map:* 515; *Illustration:* 515.

A. rostripetala R.Dahlgren [518]
Desc.: S; Nc; P; K. *Habitat:* 504.
Za.
Description: 518; *Map:* 518; *Illustration:* 518.

A. rubens Thunb. [518]
Desc.: H/S; Nc; P; Nt. *Habitat:* 504 508.
Za.
Description: 518; *Map:* 518; *Illustration:* 518.

A. rubiginosa R.Dahlgren [514]
Desc.: S; Nc; P; Nt. *Habitat:* 504.
Za.
Description: 514; *Map:* 514; *Illustration:* 514.

A. rugosa Thunb. [511]
Desc.: S; Nc; P; Nt. *Habitat:* 504.
Za.
Description: 511; *Map:* 511; *Illustration:* 511.

subsp. **linearifolia** (DC.) R.Dahlgren [511]
A. linearifolia DC. [511].
Desc.: S; Nc; P; Nt. *Habitat:* 504.
Za.
Description: 511; *Map:* 511; *Illustration:* 511.

subsp. **rugosa** [511]
Desc.: S; Nc; P; Nt. *Habitat:* 504.
Za.
Description: 511; *Map:* 511; *Illustration:* 511.

A. rupestris R.Dahlgren [511]
Desc.: S; Nc; P; Nt. *Habitat:* 504.
Za.
Description: 511; *Map:* 511; *Illustration:* 511.

A. rycroftii R.Dahlgren [519]
Desc.: S; Nc; P; K. *Habitat:* 504.
Za.
Description: 519; *Map:* 519; *Illustration:* 519.

A. salicifolia R.Dahlgren [511]
Desc.: S; Nc; P; Nt. *Habitat*: 504.
Za.
Description: 511; *Map*: 511; *Illustration*: 511.

A. salteri L.Bolus [514]
Desc.: S; Nc; P; Nt. *Habitat*: 504.
Za.
Description: 514; *Map*: 514; *Illustration*: 514.

A. sanguinea Thunb. [517]
Desc.: S; Nc; P; Nt. *Habitat*: 504.
Za.
Description: 517; *Map*: 517; *Illustration*: 517.

  subsp. **foliosa** R.Dahlgren [517]
Desc.: S; Nc; P; Nt. *Habitat*: 504.
Za.
Description: 517; *Map*: 517; *Illustration*: 517.

  subsp. **sanguinea** [517]
Desc.: S; Nc; P; Nt. *Habitat*: 504.
Za.
Description: 517; *Map*: 517; *Illustration*: 517.

A. sceptrum-aureum R.Dahlgren [515]
Desc.: S; Nc; P; Nt. *Habitat*: 504.
Za.
Description: 515; *Map*: 515; *Illustration*: 515.

A. secunda E.Meyer [518]
Desc.: S; Nc; P; K. *Habitat*: – .
Za.
Description: 518; *Map*: 518; *Illustration*: 518.

A. securifolia Ecklon & Zeyher [511]
Desc.: S; Nc; P; Nt. *Habitat*: 504.
Za.
Description: 511; *Map*: 511; *Illustration*: 511.

  subsp. **crassa** R.Dahlgren [511]
Desc.: S; Nc; P; K. *Habitat*: – .
Za.
Description: 511; *Map*: 511; *Illustration*: 511.

  subsp. **securifolia** [511]
A. conferta Benth. [511]; *A. exigua* Ecklon & Zeyher [511]; *A. spathulata* Ecklon & Zeyher [511].
Desc.: S; Nc; P; Nt. *Habitat*: 504.
Za.
Description: 511; *Map*: 511; *Illustration*: 511.

A. sericea Bergius [511]
Desc.: S; Nc; P; Nt. *Habitat*: 504.
Za.
Description: 511; *Map*: 511; *Illustration*: 511.

  subsp. **aemula** (E.Meyer) R.Dahlgren [511]
A. aemula E.Meyer [511].
Desc.: S; Nc; P; Nt. *Habitat*: 504.
Za.
Description: 511; *Map*: 511; *Illustration*: 511.

subsp. **sericea** [511]
A. heterophylla sensu auctt. [511]; *A. linifolius* sensu auctt. [511].
Desc.: S; Nc; P; Nt. Habitat: 504.
Za.
Description: 511; Map: 511; Illustration: 396,511.

A. serpens R.Dahlgren [518]
A. suffruticosa sensu auctt. [518].
Desc.: S; Nc; P; Nt. Habitat: 504.
Za.
Description: 483,518; Map: 518; Illustration: 518.

A. setacea Ecklon & Zeyher [515]
A. rigescens E.Meyer [515].
Desc.: S; Nc; P; Nt. Habitat: 504.
Za.
Description: 515; Map: 515; Illustration: 515.

A. simii Bolus [517]
Desc.: H/S; Nc; P; Nt. Habitat: 504 1505.
Za.
Description: 517; Map: 517; Illustration: 517.

subsp. **katbergensis** R.Dahlgren [517]
Desc.: S; Nc; P; K. Habitat: 504.
Za.
Description: 517; Map: 517; Illustration: 517.

subsp. **simii** [517]
Desc.: H/S; Nc; P; Nt. Habitat: 504 1505.
Za.
Description: 517; Map: 517; Illustration: 517.

A. smithii R.Dahlgren [517]
Desc.: H/S; Nc; P; K. Habitat: 503 504.
Za.
Description: 517; Map: 517; Illustration: 517.

A. spectabilis R.Dahlgren [515]
Desc.: S; Nc; P; Nt. Habitat: 504.
Za.
Description: 515; Map: 515; Illustration: 515.

A. spicata Thunb. [514]
Desc.: S; Nc; P; Nt. Habitat: – .
Za.
Description: 514; Map: 514; Illustration: 514.

subsp. **cliffortioides** (Bolus) R.Dahlgren [514]
A. cliffortioides Bolus [514].
Desc.: S; Nc; P; Nt. Habitat: 504.
Za.
Description: 514; Map: 514; Illustration: 514.

subsp. **neglecta** (T.M.Salter) R.Dahlgren [514]
A. neglecta T.M.Salter [514].
Desc.: S; Nc; P; Nt. Habitat: 504.
Za.
Description: 483,514; Map: 514; Illustration: 514.

subsp. **spicata** [514]
A. benthamii Harvey [514]; *A. nervosa* E.Meyer [514].
Desc.: S; Nc; P; Nt. *Habitat:* 504.
Za.
Description: 514; *Map:* 514; *Illustration:* 514.

A. spiculata R.Dahlgren [517]
Desc.: S; Nc; P; Nt. *Habitat:* 504.
Za.
Description: 517; *Map:* 517; *Illustration:* 517.

A. spinescens Thunb. [517]
Desc.: S; Nc; P; Nt. *Habitat:* 504.
Za.
Description: 517; *Map:* 517; *Illustration:* 517.

subsp. **lepida** (E.Meyer) R.Dahlgren [517]
A. leipoldtii Schltr. [517]; *A. lepida* E.Meyer [517].
Desc.: S; Nc; P; Nt. *Habitat:* 504.
Za.
Description: 517; *Map:* 517; *Illustration:* 517.

subsp. **spinescens** [517]
Desc.: S; Nc; P; Nt. *Habitat:* 504.
Za.
Description: 517; *Map:* 517; *Illustration:* 517.

A. spinosa L. [517]
Desc.: S; Nc; P; Nt. *Habitat:* 504.
Za.
Description: 517; *Map:* 517; *Illustration:* 517.

subsp. **flavispina** (Benth.) R.Dahlgren [517]
Desc.: S; Nc; P; Nt. *Habitat:* 504.
Za.
Description: 517; *Map:* 517; *Illustration:* 517.

subsp. **glauca** (Ecklon & Zeyher) R.Dahlgren [517]
A. glauca Ecklon & Zeyher [517].
Desc.: S; Nc; P; Nt. *Habitat:* 503 504 604.
Za.
Description: 517; *Map:* 517; *Illustration:* 517.

subsp. **obtusata** (Thunb.) R.Dahlgren [517]
A. obtusata Thunb. [517].
Desc.: S; Nc; P; Nt. *Habitat:* 504 604.
Za.
Description: 517; *Map:* 517; *Illustration:* 517.

subsp. **spinosa** [517]
Desc.: S; Nc; P; Nt. *Habitat:* 504.
Za.
Description: 483,517; *Map:* 517; *Illustration:* 517.

A. spinosissima R.Dahlgren [518]
Desc.: S; Nc; P; Nt. *Habitat:* 504.
Za.
Description: 518; *Map:* 518; *Illustration:* 518.

subsp. **spinosissima** [518]
Desc.: S; Nc; P; Nt. *Habitat:* 504.
Za.
Description: 518; *Map:* 518; *Illustration:* 518.

subsp. **tenuiflora** R.Dahlgren [518]
Desc.: H/S; Nc; P; Nt. *Habitat:* – .
Za.
Description: 518; *Map:* 518; *Illustration:* 518.

A. stenophylla Ecklon & Zeyher [511]
Desc.: S; Nc; P; Nt. *Habitat:* 504.
Za.
Description: 511; *Map:* 511; *Illustration:* 511.

subsp. **colorata** R.Dahlgren [511]
Desc.: S; Nc; P; Nt. *Habitat:* 504.
Za.
Description: 511; *Map:* 511; *Illustration:* 511.

subsp. **garciana** Benth. [511]
A. capitella Benth. [511].
Desc.: S; Nc; P; Nt. *Habitat:* 504.
Za.
Description: 511; *Map:* 511; *Illustration:* 511.

subsp. **stenophylla** [511]
A. canaliculata E.Meyer [511].
Desc.: S; Nc; P; Nt. *Habitat:* 504.
Za.
Description: 511; *Map:* 511; *Illustration:* 511.

A. steudeliana Brongn. [517]
A. microdon Benth. [517].
Desc.: S; Nc; P; Nt. *Habitat:* 503 504.
Za.
Description: 517; *Map:* 517; *Illustration:* 517.

A. stokoei L.Bolus [517]
Desc.: S; Nc; P; K. *Habitat:* 504.
Za.
Description: 517; *Map:* 517; *Illustration:* 517.

A. suaveolens Ecklon & Zeyher [511]
Desc.: S; Nc; P; K. *Habitat:* 504.
Za.
Description: 511; *Map:* 511; *Illustration:* 511.

A. submissa R.Dahlgren [512]
A. parviflora sensu auctt. [512].
Desc.: H/S; Nc; P; Nt. *Habitat:* 504.
Za.
Description: 512; *Map:* 512; *Illustration:* 512.

A. subulata Thunb. [517]
Desc.: S; Nc; P; Nt. *Habitat:* 504.
Za.
Description: 517; *Map:* 517; *Illustration:* 517.

A. sulphurea R.Dahlgren [517]
Desc.: S; Nc; P; K. *Habitat:* – .
Za.
Description: 517; *Map:* 517; *Illustration:* 517.

A. taylorii R.Dahlgren [519]
Desc.: H/S; Nc; P; K. *Habitat:* 504.
Za.
Description: 519; *Map:* 519; *Illustration:* 519.

A. tenuissima R.Dahlgren [518]
Desc.: S; Nc; P; Nt. *Habitat:* 504.
Za.
Description: 518; *Map:* 518; *Illustration:* 518.

A. teres Ecklon & Zeyher [515]
Desc.: S/T; Nc; P; Nt. *Habitat:* 504.
Za.
Description: 515; *Map:* 515; *Illustration:* 515.

subsp. **teres** [515]
Desc.: S/T; Nc; P; Nt. *Habitat:* 504.
Za.
Description: 515; *Map:* 515; *Illustration:* 515.

subsp. **thodei** R.Dahlgren [515]
Desc.: S; Nc; P; Nt. *Habitat:* 504.
Za.
Description: 515; *Map:* 515; *Illustration:* 515.

A. ternata (Thunb.) Druce [511]
A. ferruginea Benth. [511]; *A. purpurea* Ecklon & Zeyher [511].
Desc.: S; Nc; P; Nt. *Habitat:* 504.
Za.
Description: 483,511; *Map:* 511. *Illustration:* 396,511.

A. tridentata L. [511]
Desc.: S; Nc; P; Nt. *Habitat:* 504.
Za.
Description: 483,511; *Map:* 511. *Illustration:* 396,511.

subsp. **fragilis** R.Dahlgren [511]
Desc.: S; Nc; P; K. *Habitat:* 504.
Za.
Description: 511; *Map:* 511; *Illustration:* 511.

subsp. **rotunda** R.Dahlgren [511]
Desc.: S; Nc; P; Nt. *Habitat:* 504.
Za.
Description: 511; *Map:* 511; *Illustration:* 511.

subsp. **staurantha** (Ecklon & Zeyher) R.Dahlgren [511]
A. argentea sensu auctt. [511]; *A. staurantha* Ecklon & Zeyher [511].
Desc.: S; Nc; P; Nt. *Habitat:* 504.
Za.
Description: 511; *Map:* 511; *Illustration:* 511.

subsp. **tridentata** [511]
A. pilosa L. (suspected synonym) [511].
Desc.: S; Nc; P; Nt. *Habitat:* 504.
Za.
Description: 483,511; *Map:* 511. *Illustration:* 396,511.

A. triquetra Thunb. [512]
A. propinqua E.Meyer [512].
Desc.: S; Nc; P; Nt. *Habitat:* 504.
Za.
Description: 512; *Map:* 512; *Illustration:* 512.

A. truncata Ecklon & Zeyher [511]
Desc.: S; Nc; P; Nt. *Habitat:* 504.
Za.
Description: 511; *Map:* 511; *Illustration:* 511.

subsp. **sphaerocephala** (Schltr.) R.Dahlgren [511]
> *A. sphaerocephala* Schltr. [511].
> *Desc.:* S; Nc; P; K. *Habitat:* 504.
> Za.
> *Description:* 511; *Map:* 511; *Illustration:* 511.

subsp. **truncata** [511]
> *Desc.:* S; Nc; P; K. *Habitat:* 504.
> Za.
> *Description:* 511; *Map:* 511; *Illustration:* 511.

A. tuberculata Walp. [517]
> *A. verrucosa* sensu auctt. [517].
> *Desc.:* S; Nc; P; Nt. *Habitat:* 504.
> Za.
> *Description:* 517; *Map:* 517; *Illustration:* 517.

A. tylodes Ecklon & Zeyher [517]
> *Desc.:* S; Nc; P; Nt. *Habitat:* 504.
> Za.
> *Description:* 517; *Map:* 517; *Illustration:* 517.

A. ulicina Ecklon & Zeyher [518]
> *Desc.:* S; Nc; P; Nt. *Habitat:* 504.
> Za.
> *Description:* 518; *Map:* 518; *Illustration:* 518.

subsp. **kardouwensis** R.Dahlgren [518]
> *Desc.:* H/S; Nc; P; K. *Habitat:* – .
> Za.
> *Description:* 518; *Map:* 518; *Illustration:* 518.

subsp. **ulicina** [518]
> *Desc.:* S; Nc; P; Nt. *Habitat:* 504.
> Za.
> *Description:* 518; *Map:* 518; *Illustration:* 518.

A. uniflora L. [515]
> *Desc.:* S; Nc; P; Nt. *Habitat:* 504.
> Za.
> *Description:* 515; *Map:* 515; *Illustration:* 515.

subsp. **uniflora** [515]
> *A. leptophylla* Ecklon & Zeyher [515].
> *Desc.:* S; Nc; P; Nt. *Habitat:* 504.
> Za.
> *Description:* 515; *Map:* 515; *Illustration:* 515.

subsp. **willdenowiana** (Benth.) R.Dahlgren [515]
> *A. willdenowiana* Benth. [515].
> *Desc.:* S; Nc; P; Nt. *Habitat:* 504.
> Za.
> *Description:* 515; *Map:* 515; *Illustration:* 515.

A. vacciniifolia R.Dahlgren [516]
> *A. vaccinifolia* R.Dahlgren [515,516].
> *Desc.:* H/S; Nc; P; K. *Habitat:* 504.
> Za.
> *Description:* 516; *Map:* 516; *Illustration:* 516.

A. varians Ecklon & Zeyher [515]
Desc.: H/S; Nc; P; Nt. *Habitat:* 504.
Za.
Description: 515; *Map:* 515; *Illustration:* 515.

subsp. **isolata** R.Dahlgren [515]
Desc.: H/S; Nc; P; K. *Habitat:* 504.
Za.
Description: 515; *Map:* 515; *Illustration:* 515.

subsp. **varians** [515]
Desc.: H/S; Nc; P; Nt. *Habitat:* 504.
Za.
Description: 515; *Map:* 515; *Illustration:* 515.

A. variegata Ecklon & Zeyher [517]
Desc.: H/S; Nc; P; X. *Habitat:* – .
Za.
Description: 483,517; *Map:* 517; *Illustration:* 517.

A. venosa E.Meyer [511]
Desc.: S; Nc; P; K. *Habitat:* 504.
Za.
Description: 511; *Map:* 511; *Illustration:* 511.

A. verbasciformis R.Dahlgren [515]
Desc.: S; Nc; P; Nt. *Habitat:* 504.
Za.
Description: 515; *Map:* 515; *Illustration:* 515.

A. vermiculata Lam. [518]
Desc.: S; Nc; P; Nt. *Habitat:* 504.
Za.
Description: 518; *Map:* 518; *Illustration:* 518.

A. villosa Thunb. [511]
Desc.: H/S; Nc; P; Nt. *Habitat:* 504.
Za.
Description: 511; *Map:* 511; *Illustration:* 511.

A. vulnerans Thunb. [518]
Desc.: S/T; Nc; P; Nt. *Habitat:* 504.
Za.
Description: 518; *Map:* 518; *Illustration:* 518.

A. vulpina R.Dahlgren [511]
Desc.: S; Nc; P; Nt. *Habitat:* 504.
Za.
Description: 511; *Map:* 511; *Illustration:* 511.

A. wittebergensis Compton & Barnes [518]
A. wittebergensis subsp. *wittebergensis* Compton & Barnes [518].
Desc.: H/S; Nc; P; Nt. *Habitat:* 504.
Za.
Description: 518; *Map:* 518; *Illustration:* 518.

A. wurmbeana E.Meyer [517]
Desc.: S; Nc; P; Nt. *Habitat:* 504.
Za.
Description: 517; *Map:* 517; *Illustration:* 517.

A. zeyheri (Harvey) R.Dahlgren [517]
A. lactea var. *zeyheri* Harvey [517].
Desc.: S; Nc; P; Nt. *Habitat*: 503 504.
Za.
Description: 517; *Map*: 517; *Illustration*: 517.

BOLUSIA Benth.

B. amboensis (Schinz) Harms [163]
Phaseolus amboensis Schinz [163].
Desc.: H; Nc; P; Nt. *Habitat*: – .
Bw Na Zm.
Description: 163.

B. capensis Benth. [460,461]
Crotalaria acuminata DC. [461].
Desc.: H; Nc; P. *Habitat*: – .
Bw Za.
Description: 460; *Illustration*: 460.

B. ervoides (Baker) Torre [357,461]
Crotalaria ervoides Baker [461].
Desc.: H; Nc; P; K. *Habitat*: – .
Ao.

B. resupinata Milne-Redh. [210]
Desc.: H; Nc; P; K. *Habitat*: – .
Zm.
Description: 462; *Illustration*: 462.

B. rhodesiana Corbishley [463]
Desc.: H; Nc; P; Nt. *Habitat*: – .
Bw Mw Zm Zr Zw.
Description: 463.

B. sp. J.B.Gillett et al. (provisional) [210]
Desc.: H; Nc; P. *Habitat*: 203.
Tz.
Description: 210; *Illustration*: 210.

BUCHENROEDERA Ecklon & Zeyher

B. amajubica Burtt Davy [327]
Desc.: H; Nc; P. *Habitat*: – .
Za.
Description: 247.

B. glabrescens Dummer [279]
Desc.: - *Habitat*: – .
Za.
Description: 464.

B. griquana Schltr. [279]
Desc.: - *Habitat*: – .
Za.

B. holosericea Benth. (provisional) [222]
Desc.: - *Habitat*: – .
Za.
Description: 222.

B. jacottetii Schinz (provisional) [272]
Desc.: - Habitat: - .

B. lotononoides Scott Elliot [327]
Desc.: - Habitat: - .
Ls Za.
Illustration: 465.

B. macowanii Dummer [464]
Desc.: - Habitat: - .
Za.
Description: 464.

B. meyeri Presl [222]
Desc.: H/S; Nc; P. *Habitat: - .*
Za.
Description: 222.

B. multiflora Ecklon & Zeyher [222]
B. alpina Ecklon & Zeyher [222]; *B. gracilis* Ecklon & Zeyher [222].
Desc.: S; Nc; P. *Habitat: - .*
Za.
Description: 222.

B. pauciflora Schltr. [279]
Desc.: - Habitat: - .
Za.

B. sparsiflora J.M.Wood & Evans [327]
Desc.: - Habitat: - .
Za.

B. spicata Harvey (provisional) [222]
Desc.: H/S; Nc; P. *Habitat: - .*
Za.
Description: 222.

B. tenuifolia Ecklon & Zeyher [327]
Desc.: S; Nc; P. *Habitat: - .*
Za.
Description: 222.

B. trichodes Presl [222]
Desc.: H; Nc; P. *Habitat: - .*
Za.
Description: 222.

B. umbellata Harvey [222]
Desc.: H; Nc; P. *Habitat: - .*
Za.
Description: 222.

B. uniflora Dummer [464]
Desc.: - Habitat: - .
Za.
Description: 464.

B. viminea Presl [327]
Desc.: H; Nc; P. *Habitat: - .*
Za.
Description: 222.

CROTALARIA L.
See Ref.461.

C. abbreviata Baker f. [461]
C. fulvella Merxm. [461].
Desc.: H; Nc; A; Nt. *Habitat:* 202 203 205.
Tz Zm Zr Zw.
Description: 210,461,467; *Map:* 461.

C. abscondita Baker [461]
Desc.: H; Nc; P; Nt. *Habitat:* 203 205.
Ao Zm Zr.
Description: 461; *Map:* 461.

C. aculeata De Wild. [461]
Desc.: H/S; Nc; P; Nt. *Habitat:* 205 216 305 316 1205 1216.
Ao Bi Et Mw Rw Sd Tz Ug Zm Zr; Indian Ocean.
Description: 210,461,467; *Map:* 461.

subsp. **aculeata** [461]
Desc.: H/S; Nc; P; Nt. *Habitat:* 205 216.
Ao Mw Tz Zm Zr; Indian Ocean.
Description: 210,461,467; *Map:* 461.

subsp. **claessensii** (De Wild.) Polhill [461]
C. aculeata var. *claessensii* (De Wild.) R.Wilczek [461]; *C. claessensii* De Wild. [461]; *C. spinosa* sensu auctt. [29,461]; *C. spinosa* subsp. *aculeata* sensu Robyns [173,461].
Desc.: H/S; Nc; P; Nt. *Habitat:* 305 316 1105 1116 1205 1216.
Bi Et Rw Sd Ug Zr.
Description: 461; *Map:* 461.

C. adamii R.Wilczek [461]
Desc.: H; Nc; A; K. *Habitat:* 202.
Zr.
Description: 461,467,476; *Map:* 461.

C. adamsonii Baker f. [461]
C. noldeae Rossberg [461].
Desc.: H; Nc; P; Nt. *Habitat:* 202 205.
Ao Mw Mz Tz Zm Zr.
Description: 210,461,467; *Map:* 461. *Illustration:* 467.

C. adenocarpoides Taubert [461]
Desc.: H; Nc; A; Nt. *Habitat:* 803 805.
Bi Rw Ug Zr.
Description: 173,210,461; *Map:* 461.

C. adolfi Harms [461]
Desc.: S; Nc; P; K. *Habitat:* 801.
Tz.
Description: 210,461; *Map:* 461.

C. aegyptiaca Benth. [461]
C. wissmannii Schwartz [461].
Desc.: H/S; Nc; P; Nt. *Habitat:* 404 407 1707.
Eg So; Middle East.
Description: 455,461; *Map:* 461.

C. afrocentralis Polhill [461]
C. ononoides var. *grandiflora* R.Wilczek [461].
Desc.: H; Nc; A; Nt. *Habitat:* 1102 1116.
Cf Zr.
Description: 461,467; *Map:* 461.

C. agatiflora Schweinf. [461]
C. megistantha Taubert [461].
Desc.: H/S; Nc; P; Nt. *Habitat*: 803 805 806 Cult.
Bi Et Ke Mw(I) Mz Tz Ug Zr Zw(I).
Description: 24,210,461; *Map*: 461. *Illustration*: 210,461.

subsp. agatiflora [461]
Desc.: H; Nc; P; Nt. *Uses*: Ornamental. *Habitat*: 803 805 Cult.
Ke Tz.
Description: 210,461; *Map*: 461. *Illustration*: 210,461.

subsp. engleri (Baker f.) Polhill [461]
C. engleri Baker f. [461]; *C. grandibracteata* sensu Brenan,p.p. [35,461]; *C. imperialis* sensu Dale & Greenway [42,461].
Desc.: S/T; Nc; P; Nt. *Habitat*: 401 801 803.
Ke Tz.
Description: 210,461; *Map*: 461; *Illustration*: 461.

subsp. erlangeri Baker f. [461]
C. erlangeri (Baker f.) Hutch. & E.A.Bruce [461].
Desc.: S; Nc; P; K. *Habitat*: 803 805.
Et.
Description: 461; *Map*: 461.

subsp. imperialis (Taubert) Polhill [461]
C. agatiflora sensu auctt. [42,461,467]; *C. imperialis* Taubert [461].
Desc.: H/S; Nc; P; Nt. *Habitat*: 803 1203 1206.
Bi Et Ke Mw(I) Tz Ug Za(I) Zr.
Description: 210,461; *Map*: 461; *Illustration*: 461.

subsp. vaginifera Polhill [461]
Desc.: H/S; Nc; P; Nt. *Habitat*: 801 803.
Mz Tz.
Description: 210,461; *Map*: 461. *Illustration*: 210,461.

C. alata D.Don [461]
Desc.: H; Nc; A. *Uses*: Green manure. *Habitat*: – .
Tz(I) Ug(I); Asia; Indian Ocean.
Description: 210,461.

C. albicaulis Franchet [461]
Desc.: H; Nc; P; Nt. *Habitat*: 403.
Dj Et So.
Description: 461; *Map*: 461; *Illustration*: 24.

C. alemanniana Torre [461]
Desc.: H; Nc; P; K. *Habitat*: 202 203.
Ao Zm.
Description: 357,461; *Map*: 461; *Illustration*: 357.

C. alexandri Baker f. [461]
Desc.: H; Nc; A; Nt. *Habitat*: 202 216 402 416 1202 1216.
Bi Et Ke Mw Mz Rw Tz Ug Zm Zw.
Description: 210,461,467; *Map*: 461. *Illustration*: 461.

C. alticola Polhill [461]
C. keilii sensu R.Wilczek,p.p. [461,467].
Desc.: S; Nc; P; K. *Habitat*: 805 815.
Zr.
Description: 461; *Map*: 461; *Illustration*: 461.

C. amoena Baker [461]
Desc.: H/S; Nc; P; Nt. *Habitat:* 202.
Ao Tz Zm Zr.
Description: 210,461,467; *Map:* 461. *Illustration:* 461.

C. andromedifolia R.Wilczek [461]
Desc.: H/S; Nc; P; K. *Habitat:* 1205.
Bi Zr.
Description: 461,467; *Map:* 461. *Illustration:* 467,476.

C. angulicaulis Harms [461]
Desc.: H; Nc; A; Nt. *Habitat:* 202 203 206 1002 1003 1006.
Ao Zm Zr.
Description: 461; *Map:* 461.

C. anisophylla (Hiern) Baker [461]
Desc.: H; Nc; A; Nt. *Habitat:* 202 205 206.
Ao Zm Zw.
Description: 461; *Map:* 461.

C. annua Milne-Redh. [461]
   C. adenocarpoides sensu R.Wilczek,p.p. [461,467]; *C. antunesii* sensu Torre,p.p. [461]; *C. symoensiana* Timp. [461].
   Desc.: H; Nc; A; Nt. *Habitat:* 202.
   Ao Mw Tz Zm Zr.
   Description: 210,461; *Map:* 461; *Illustration:* 487.

C. anthyllopsis Baker [461]
Desc.: H; Nc; A; Nt. *Habitat:* 202 205 302 305 1202 1205.
Ao Bi Cf Et Ke Ml Mw Mz Nq Rw Tz Ug Zm Zr Zw.
Description: 210,461,467; *Map:* 461.

C. antunesii Baker f. [461]
Desc.: H; Nc; A; K. *Habitat:* 205.
Ao.
Description: 461; *Map:* 461.

C. arcuata Polhill [461]
   C. acuminatissima sensu R.Wilczek [461,467].
   Desc.: H; Nc; A; Nt. *Habitat:* 205.
   Zm Zr.
   Description: 461; *Map:* 461; *Illustration:* 461.

C. arenaria Benth. [461]
Desc.: H/S; Nc; P; Nt. *Habitat:* 1605.
Ml Mr Ne Nq Sn Td.
Description: 461; *Map:* 461.

C. argenteotomentosa R.Wilczek [461]
Desc.: H; Nc; A; Nt. *Habitat:* 202.
Zm Zr.
Description: 461,467,476; *Map:* 461.

   subsp. **argenteotomentosa** [461]
   Desc.: H; Nc; A; Nt. *Habitat:* 202.
   Zm Zr.
   Description: 461; *Map:* 461.

   subsp. **dolosa** Polhill [461]
   Desc.: H; Nc; A; K. *Habitat:* 202.
   Zm.
   Description: 461; *Map:* 461.

C. argyraea Baker [461]
Desc.: H; Nc; P; Nt. *Habitat:* 604.
Ao Na.
Description: 461; *Map:* 461.

C. argyrolobioides Baker [461]
C. kasikiensis Baker f. [461]; *C. singuliflora* Baker f. [461].
Desc.: H; Nc; A; Nt. *Habitat:* 202 803 805.
Mw Mz Tz Zm Zr.
Description: 210,461; *Map:* 461.

C. arushae Polhill [461]
Desc.: H; Nc; A; K. *Habitat:* 406.
Tz.
Description: 210,461; *Map:* 461; *Illustration:* 468.

C. assurgens Polhill [461]
Desc.: H; Nc; P; K. *Habitat:* 202.
Tz.
Description: 210,461,468; *Map:* 461. *Illustration:* 468.

C. atrorubens Benth. [461]
Desc.: H; Nc; A; Nt. *Habitat:* 302 305.
Cm Gh Gm Ml Ne Nq Sd Sn Td.
Description: 29,461; *Map:* 461.

C. aurea Baker f. [461]
Desc.: H; Nc; A; K. *Habitat:* – .
Na.
Description: 461; *Map:* 461; *Illustration:* 461.

C. awasensis Thulin [24]
C. lanceolata subsp. *contigua* sensu Polhill,p.p. [24].
Desc.: H; Nc; A; K. *Habitat:* 406.
Et.
Description: 24,466; *Illustration:* 466.

C. axillaris Aiton [461]
Desc.: H/S; Nc; P; Nt. *Habitat:* 105 405 1103 1105 1303 1305.
Ao Bi Cf Et Gh Ke Mw Mz Tg Tz Ug Zm Zr.
Description: 210,461,467; *Map:* 461. *Illustration:* 173,461,467.

C. axilliflora Baker f. [461]
C. mokoroensis R.Wilczek [461]; *C. sengae* R.Wilczek [461].
Desc.: H; Nc; A; Nt. *Habitat:* 202 1102.
Cf Zm Zr.
Description: 461,467; *Map:* 461; *Illustration:* 461.

C. axillifloroides R.Wilczek [461]
Desc.: H; Nc; A; Nt. *Habitat:* 202.
Zm Zr.
Description: 461,467,476; *Map:* 461.

C. bakeriana Rossberg [461]
C. bakerana Rossberg [461].
Desc.: H; Nc; K. *Habitat:* 205.
Ao.
Description: 461; *Map:* 461.

C. balbi Chiov. [461]
Desc.: H; Nc; A; Nt. *Habitat:* 805.
Ke Tz.
Description: 210,461; *Map:* 461.

C. ballyi Polhill [461]
Desc.: H; Nc; P; K. *Habitat*: 403.
Ke.
Description: 210,461,468; *Map*: 461. *Illustration*: 461,468.

C. bamendae Hepper [461]
Desc.: H/S; Nc; P; Nt. *Habitat*: 805.
Ao Cm Nq.
Description: 214,461.

C. barkae Schweinf. [461]
C. geminiflora Baker f. [461]; *C. homalocarpa* Baker f. [461]; *C. taubertii* Baker f. [461].
Desc.: H; Nc; A; Nt. *Habitat*: 205 305 1405 1605.
Ao Bw Cm Et Gh Hv Ke Mw Mz Na Ne Nq Sd So Td Tg Tz Za Zm Zw.
Description: 210,461; *Map*: 461. *Illustration*: 210,461.

subsp. **barkae** [461]
Desc.: H; Nc; A; Nt. *Habitat*: 205 305 1405 1605.
Ao Bw Cm Et Gh Hv Mw Mz Na Ne Nq Sd Td Tg Tz Za Zm Zw.
Description: 210,461; *Map*: 461; *Illustration*: 461.

subsp. **cordisepala** Polhill [461]
Desc.: H; Nc; A; Nt. *Habitat*: 405.
Ke Tz.
Description: 210,461; *Map*: 461.

subsp. **teitensis** (Sacl.) Polhill [461]
C. teitensis Sacl. [461].
Desc.: H; Nc; A; Nt. *Habitat*: 402 403.
Ke Tz.
Description: 210,461; *Map*: 461.

subsp. **zimmermannii** (Baker f.) Polhill [461]
C. zimmermannii Baker f. [461].
Desc.: H; Nc; A; Nt. *Habitat*: 1303 1305 1316.
Ke Tz.
Description: 210,461; *Map*: 461.

C. barnabassii Baker f. [461]
C. mossamedesiana Baker f. [461].
Desc.: H; Nc; A; Nt. *Habitat*: 202 203.
Ao Mw Mz Na Tz Za Zw.
Description: 210,461; *Map*: 461; *Illustration*: 461.

C. basipeta R.Wilczek [461]
C. mabobo R.Wilczek [461].
Desc.: H; Nc; A; Nt. *Habitat*: 202 205.
Zm Zr.
Description: 461,467,476; *Map*: 461.

C. baumii Harms [461]
Desc.: H; Nc; A; Nt. *Habitat*: 202 205.
Ao Zm Zr.
Description: 461; *Map*: 461.

C. becquetii R.Wilczek [461]
C. laburnifolia sensu Brenan [297,461].
Desc.: H/S; Nc; P; Nt. *Habitat*: 801 803 815.
Mw Rw Tz Ug Zm Zr.
Description: 210,461,467; *Map*: 461. *Illustration*: 461.

subsp. **becquetii** [461]
  Desc.: H/S; Nc; P; Nt. *Habitat*: 801 803 815.
  Rw Tz Ug Zr.
  Description: 210,461,467; *Map*: 461. *Illustration*: 461.

subsp. **turgida** Polhill [461]
  Desc.: H/S; Nc; P; Nt. *Habitat*: – .
  Mw Tz Zm.
  Description: 210,461; *Map*: 461; *Illustration*: 461.

C. **bemba** R.Wilczek [461]
  Desc.: H; Nc; A; Nt. *Habitat*: 202.
  Zm Zr.
  Description: 461,467,476; *Map*: 461.

C. **benadirensis** Chiov. [461]
  Desc.: H; Nc; A; K. *Habitat*: 403.
  So.
  Description: 461; *Map*: 461.

C. **benguellensis** Baker f. [461]
  C. benguellensis var. *bailundensis* Torre [461]; *C. sapinii* sensu Torre,p.p. [216,461].
  Desc.: H; Nc; P; K. *Habitat*: 202 206.
  Ao.
  Description: 461; *Map*: 461; *Illustration*: 357.

C. **bequaertii** Baker f. [461]
  Desc.: H; Nc; A; Nt. *Habitat*: 202 205.
  Ao Mw Tz Zm Zr Zw.
  Description: 210,461,467; *Map*: 461.

C. **bernieri** Baillon [461]
  C. ankaranensis M.Pelt. [461].
  Desc.: H; Nc; A; Nt. *Habitat*: 205 1205 1305 1505.
  Ke Mz Tz Ug Zw; Indian Ocean.
  Description: 210,461; *Map*: 461.

C. **blanda** Polhill [461]
  Desc.: H; Nc; A; K. *Habitat*: 202.
  Zm.
  Description: 461; *Map*: 461; *Illustration*: 461.

C. **boehmii** Taubert [461]
  Desc.: H; Nc; A; Nt. *Habitat*: 202 203.
  Tz.
  Description: 210,461; *Map*: 461.

C. **bogdaniana** Polhill [461]
  Desc.: H; Nc; A; Nt. *Habitat*: 405 416.
  Et Ke So Tz Ug.
  Description: 210,461; *Map*: 461. *Illustration*: 210,468.

C. **bondii** Torre [461]
  Desc.: H; Nc; P; K. *Habitat*: 202.
  Ao.
  Description: 461; *Map*: 461; *Illustration*: 357.

C. **bongensis** Baker f. [461]
  Desc.: H; Nc; A; Nt. *Habitat*: 205 305 1105.
  Ao Cf Cm Ke Lr Nq Sd Tz Ug Zm Zr.
  Description: 210,461,467; *Map*: 461.

C. boranica Baker f. [461]
Desc.: H; Nc; A; Nt. Habitat: 403.
Et Ke So.
Description: 210,461; Map: 461.

subsp. **boranica** [461]
Desc.: H; Nc; A; Nt. Habitat: 403.
Et Ke So.
Description: 461; Map: 461.

subsp. **trichocarpa** Polhill [461]
Desc.: H; Nc; A; K. Habitat: 403.
Ke.
Description: 461; Map: 461.

C. boudetii Polhill [461]
Desc.: H; Nc; A; K. Habitat: 403.
Et.
Description: 461; Map: 461; Illustration: 461.

C. boutiqueana R.Wilczek [461]
Desc.: H; Nc; P; K. Habitat: 205.
Zr.
Description: 461,467; Map: 461. Illustration: 461,467,476.

C. brachycarpa (Benth.) Verd. [461]
Desc.: H; Nc; P; K. Habitat: 1405.
Za.
Description: 461; Map: 461; Illustration: 461.

C. bredoi R.Wilczek [461]
Desc.: H; Nc; A; Nt. Habitat: 205.
Zm Zr.afriuca
Description: 461,467,476; Map: 461.

C. brevicornuta Polhill [461]
Desc.: H; Nc; A; K. Habitat: 203.
Tz.
Description: 210,461,468; Map: 461. Illustration: 461,468.

C. brevidens Benth. [461]
C. albertiana Baker f. [461]; C. intermedia Kotschy [461]; C. intermedia var. abyssinica Engl. [461]; C. intermedia var. dorumaensis (Wilczek) Polhill [461]; C. intermedia var. parviflora (Baker f.) Polhill [461].
Desc.: H; Nc; A; Nt. Habitat: 205 206 305 306 1105 1106 1205 1206.
Bi Cf Cm Et Ke Nq Rw Sd Td Tz Ug Zr.
Description: 210,461; Map: 461; Illustration: 467.

C. burkeana Benth. [461]
Desc.: H; Nc; P; Nt. Habitat: 206 1406.
Bw Mz Sz Za Zw.
Description: 461; Map: 461.

C. burttii Baker f. [461]
Desc.: H; Nc; P; Nt. Habitat: 205 405.
Ke Tz.
Description: 210,461; Map: 461.

C. cabui R.Wilczek (provisional) [461]
Desc.: H; Nc; A; K. Habitat: – .
Zr.
Description: 461,467,476; Map: 461.

C. callensii R.Wilczek [461]
Desc.: H; Nc; P; K. *Habitat:* 205.
Zr.
Description: 461,467; *Map:* 461.

C. calliantha Polhill [461]
Desc.: H; Nc; A; K. *Habitat:* 202 205.
Zr.
Description: 461; *Map:* 461; *Illustration:* 461.

C. calycina Schrank [461]
Desc.: H; Nc; A; Nt. *Habitat:* 105 205 305 1005 1105 1305.
Ao Bi Cf Cg Ci Et Ga Gh Gn Gw Ml Mz Nq Sd Sl Sn Td Tg Tz Ug Zm Zr; Asia; Australasia.
Description: 210,461,467; *Map:* 461. *Illustration:* 461,467.

C. campestris Polhill [461]
Desc.: H; Nc; A; K. *Habitat:* 205.
Zm Zr.
Description: 461; *Map:* 461; *Illustration:* 461.

C. capensis Jacq. [461]
Desc.: S; Nc; P; Nt. *Habitat:* 203 205 1303 1305 1403 1405 1503 1505.
Ke(I) Mw Mz Sz Za Zw.
Description: 461; *Map:* 461; *Illustration:* 461.

C. capillipes Polhill [461]
Desc.: H; Nc; P; K. *Habitat:* 203.
Tz.
Description: 210,461; *Map:* 461; *Illustration:* 468.

C. carrissoana Torre [461]
Desc.: H; Nc; P; K. *Habitat:* 205.
Ao.
Description: 461; *Map:* 461; *Illustration:* 357.

C. carsonii Baker f. [461]
Desc.: H; Nc; A; K. *Habitat:* 205.
Zm.
Description: 461; *Map:* 461.

C. carsonioides R.Wilczek [461]
Desc.: H; Nc; A; K. *Habitat:* 202.
Zr.
Description: 461,467,476; *Map:* 461.

C. caudata Baker [461]
C. harmsiana Taubert [461]; *C. orthoclada* sensu auctt. [461].
Desc.: H; Nc; P; Nt. *Habitat:* 203 205 303 305.
Ao Bi Cm Mz Nq Tz Ug Zm Zr Zw.
Description: 210,461,467; *Map:* 461. *Illustration:* 461,467.

C. cephalotes A.Rich. [461]
C. cephalotes var. *moeroensis* Baker f. .
Desc.: H; Nc; A; Nt. *Habitat:* 205 305 405 1105 1205.
Ao Bi Bj Cf Ci Cm Et Gh Gn Hv Ke Ml Mw Mz Nq Rw Sd Sn Td Tg Tz Ug Zm Zr Zw.
Description: 210,461,467; *Map:* 461. *Illustration:* 210,461,475.

C. chamaepeuce Polhill [461]
Desc.: H; Nc; A; K. *Habitat:* 805.
Zr.
Description: 461; *Map:* 461; *Illustration:* 461.

C. chirindae Baker f. [461]
Desc.: H; Nc; P; Nt. *Habitat*: 803 805.
Mw Mz Tz Zw.
Description: 210,461; *Map*: 461.

C. chondrocarpa Polhill [461]
Desc.: H; Nc; P; K. *Habitat*: 205.
Ao.
Description: 461; *Map*: 461; *Illustration*: 461.

C. chrysochlora Harms [461]
Desc.: H; Nc; P; Nt. *Habitat*: 205 206 305 306 1205 1206.
Bi Cm Ke Rw Sd Tz Ug Zm Zr.
Description: 210,461,467; *Map*: 461. *Illustration*: 210,461.

C. chrysotricha Polhill [461]
Desc.: H; Nc; P; Nt. *Habitat*: 202.
Ao Tz Zm Zr.
Description: 210,461; *Map*: 461; *Illustration*: 468.

C. cistoides Baker [461]
Desc.: H/S; Nc; P; Nt. *Habitat*: 202 203.
Ao Tz Zm.
Description: 210,461; *Map*: 461.

  subsp. **cistoides** [461]
  Desc.: H/S; Nc; P; Nt. *Habitat*: 202 203.
  Ao Zm.
  Description: 461; *Map*: 461.

  subsp. **orientalis** Polhill [461]
  Desc.: H/S; Nc; P; Nt. *Habitat*: 202 203.
  Tz Zm.
  Description: 210,461; *Map*: 461.

C. cleomifolia Baker [461]
C. longibracteata De Wild. [461].
Desc.: H/S; Nc; P; Nt. *Habitat*: 203 303 403 1003 1103 1203.
Ao Bi Bj Cf Cm Et Gn Ke Ml Mw Mz Nq Rw Sd Sl Tg Tz Ug Zm Zr Zw.
Description: 210,461,467; *Map*: 461. *Illustration*: 461.

C. cobalticola Duvign. & Plancke [461]
Desc.: H; Nc; A; K. *Habitat*: 205.
Zr.
Description: 461,491; *Map*: 461. *Illustration*: 461,491.

C. collina Polhill [461]
Desc.: H; Nc; P; K. *Habitat*: 202 803 805.
Mz Zw.
Description: 461; *Map*: 461; *Illustration*: 461.

C. colorata Schinz [461]
Desc.: H/S; Nc; P; Nt. *Habitat*: 604.
Na Za.
Description: 461; *Map*: 461; *Illustration*: 461.

  subsp. **colorata** [461]
  Desc.: H/S; Nc; P; K. *Habitat*: 607.
  Na.
  Description: 461; *Map*: 461; *Illustration*: 461.

subsp. **erecta** (Schinz) Polhill [461]
C. schultzei Harms [461].
Desc.: H/S; Nc; P; Nt. *Habitat:* 604 607.
Na Za.
Description: 461; *Map:* 461.

C. comanestiana Volkens & Schweinf. [461]
Desc.: H; Nc; P; Nt. *Habitat:* 403.
Et Ke So Tz.
Description: 210,461; *Map:* 461.

C. comosa Baker [461]
C. petitiana sensu F.W.Andrews,p.p. [29,461].
Desc.: H; Nc; A; Nt. *Habitat:* 205 206 305 306 1005 1006 1105 1106.
Ao Cf Ci Cm Et Gh Gm Gn Gw Ml Mw Mz Nq Sd Sl Sn Td Tg Zm Zr.
Description: 461,467; *Map:* 461.

C. concinna Polhill [461]
Desc.: H; Nc; A; K. *Habitat:* 202.
Tz.
Description: 210,461,468; *Map:* 461. *Illustration:* 468.

C. confertiflora Polhill [461]
Desc.: H; Nc; A; K. *Habitat:* 205.
Zm.
Description: 461; *Map:* 461; *Illustration:* 461.

C. confusa Hepper [461]
Desc.: H; Nc; P; Nt. *Habitat:* 302 305.
Bj Cm Gh Hv Ne Nq Td Tg.
Description: 461; *Map:* 461.

C. congesta Polhill [461]
C. sp.F J.B.Gillett et al. [461].
Desc.: H; Nc; A; Nt. *Habitat:* 202 205.
Mw Tz Zr.
Description: 461; *Map:* 461; *Illustration:* 461.

C. congoensis Baker f. [461]
Desc.: H; Nc; A; K. *Habitat:* 202.
Zr.
Description: 461,467; *Map:* 461.

C. cordata Baker [461]
Desc.: H/S; Nc; P; K. *Habitat:* 202 205.
Ao.
Description: 461; *Map:* 461.

C. cornetii Taubert & Dewevre [461]
Desc.: H; Nc; P; Nt. *Habitat:* 202 206.
Zm Zr.
Description: 461,467; *Map:* 461. *Illustration:* 461,467.

C. corymbosa Torre [461]
Desc.: H; Nc; P; K. *Habitat:* - .
Ao.
Description: 461; *Map:* 461; *Illustration:* 357.

C. crebra Polhill [461]
Desc.: H; Nc; A; K. *Habitat:* 202.
Zm.
Description: 461; *Map:* 461; *Illustration:* 461.

C. criniramea Polhill
Desc.: H; Nc; P; K. *Habitat*: 205.
Zm.
Description: 461; *Map*: 461; *Illustration*: 461.

C. cuspidata Taubert [461]
C. prolongata sensu Torre,p.p. [461]; *C. seretii* De Wild. [461]; *C. sp.A* Hepper [212,461].
Desc.: H; Nc; A; Nt. *Habitat*: 202 205 1102 1105.
Ao Cf Nq Tz Zm Zr.
Description: 210,461; *Map*: 461; *Illustration*: 461.

C. cyanea Baker [461]
C. polyclados Baker [461].
Desc.: H; Nc; A; K. *Habitat*: 205.
Ao.
Description: 461; *Map*: 461.

C. cylindrica A.Rich. [461]
C. nigrescens Chiov. [461].
Desc.: H; Nc; P; Nt. *Habitat*: 805.
Et Ke.
Description: 210,461; *Map*: 461.

subsp. **afrorientalis** Polhill [461]
Desc.: H; Nc; P; K. *Habitat*: 805.
Ke.
Description: 210,461; *Map*: 461.

subsp. **cylindrica** [461]
Desc.: H; Nc; P; Nt. *Habitat*: 805.
Et Ke.
Description: 210,461; *Map*: 461.

C. cylindrocarpa DC. [461]
C. pseudopodocarpa R.E.Fries [461].
Desc.: H; Nc; P; Nt. *Habitat*: 205 206 305 306 1105 1106.
Ao Bi Bj Cf Cm Gh Hv Ke Lr Ml Nq Sn Td Tg Ug Zm Zr.
Description: 210,461,467; *Map*: 461.

C. cylindrostachys Baker [461]
Desc.: H; Nc; A; Nt. *Habitat*: 202 203.
Ao Mw Tz Zm Zw.
Description: 210,461; *Map*: 461.

C. dalensis Torre [461]
Desc.: H; Nc; A; K. *Habitat*: 203.
Ao.
Description: 357,461; *Map*: 461; *Illustration*: 357.

C. damarensis Engl. [461]
Desc.: H; Nc; A; Nt. *Habitat*: 205 605 1405.
Ao Bw Mz Na Za Zm Zw.
Description: 461; *Map*: 461.

C. dasyclada Polhill [461]
Desc.: H; Nc; A; K. *Habitat*: 205.
Tz.
Description: 461,468; *Map*: 461; *Illustration*: 468.

C. debilis Polhill [461]
Desc.: H; Nc; A; K. *Habitat*: 205.
Zm.
Description: 461; *Map*: 461; *Illustration*: 461.

C. decora Polhill [461]
Desc.: H; Nc; A; Nt. *Habitat:* 205.
Tz Zm Zr.
Description: 210,461,468; *Map:* 461. *Illustration:* 210.

C. dedzana Polhill [461]
Desc.: H; Nc; P; K. *Habitat:* 202 805.
Mw.
Description: 461; *Map:* 461; *Illustration:* 461.

C. deflersii Schweinf. [461]
Desc.: H; Nc; P; Nt. *Habitat:* 403 405.
Dj Et Ke So Tz.
Description: 210,461; *Map:* 461.*Illustration:* 210,461.

C. deightonii Hepper [461]
Desc.: H; Nc; A; Nt. *Habitat:* 305 1105.
Gn Gw Hv Ml Sl Sn.
Description: 461; *Map:* 461.

C. densicephala Baker [461]
Desc.: H; Nc; P; Nt. *Habitat:* 202 302 805.
Ao Zm Zr.
Description: 461; *Map:* 461.

C. depressa Polhill [461]
Desc.: H; Nc; P; K. *Habitat:* 202.
Zr.
Description: 461; *Map:* 461; *Illustration:* 461.

C. desaegeri R.Wilczek [461]
Desc.: H; Nc; A; K. *Habitat:* 205.
Zr.
Description: 461,467,476; *Map:* 461.

C. descampsii Micheli [461]
Desc.: H; Nc; A; K. *Habitat:* 202.
Zr.
Description: 461,467; *Map:* 461; *Illustration:* 488.

C. deserticola Baker f. [461]
C. camisassae Chiov. [461]; *C. kikangaensis* De Wild. [461]; *C. rhopalocarpa* Chiov. [461].
Desc.: H; Nc; A; Nt. *Habitat:* 202 205 402 405 805 1102 1105 1202 1205 1302.
Bi Et Ke Mw Mz Rw Sd Tz Ug Zm Zr Zw.
Description: 210,461,467; *Map:* 461.*Illustration:* 480.

  subsp. **deserticola** [461]
  Desc.: H; Nc; A; Nt. *Habitat:* 202 205 1102 1105 1202 1205 1302 1305.
  Bi Et Ke Mw Mz Rw Sd Tz Ug Zm Zr Zw.
  Description: 210,461; *Map:* 461; *Illustration:* 480.

  subsp. **orientalis** Polhill [461]
  Desc.: H; Nc; A; Nt. *Habitat:* 1302 1305 1316.
  Ke Tz.
  Description: 210,461; *Map:* 461.

C. dewildemaniana R.Wilczek [461]
Desc.: H; Nc; A; Nt. *Habitat:* 405 406 1205 1206.
Bi Cm Ke Rw Tz Ug Zr.
Description: 210,461,467; *Map:* 461.*Illustration:* 468.

subsp. **dewildemaniana** [461]
Desc.: H; Nc; A; Nt. *Habitat:* 1205 1206.
Bi Cm Rw Tz Ug Zr.
Description: 210,461,467; *Map:* 461.*Illustration:* 468.

subsp. **oxyrhyncha** Polhill [461]
Desc.: H; Nc; A; Nt. *Habitat:* 405 406.
Ke Tz.
Description: 461; *Map:* 461; *Illustration:* 468.

C. **dilatata** Polhill [461]
Desc.: H; Nc; A; K. *Habitat:* 201.
Zr.
Description: 461; *Map:* 461; *Illustration:* 461.

C. **diminuta** Polhill [461]
Desc.: H; Nc; A; K. *Habitat:* 203.
Tz.
Description: 210,461,469; *Map:* 461.*Illustration:* 469.

C. **dinteri** Schinz [461]
Desc.: H; Nc; P; Nt. *Habitat:* 1403 1405.
Bw Na Za.
Description: 461; *Map:* 461; *Illustration:* 461.

C. **distans** Benth. [461]
Desc.: H; Nc; A; Nt. *Habitat:* 202 205 1402 1405.
Bw Ls Mw Na Za Zm Zr Zw.
Description: 461; *Map:* 461; *Illustration:* 461.

subsp. **distans** [461]
Desc.: H; Nc; A; Nt. *Habitat:* 1402 1405.
Ls Na Za.

subsp. **macaulayae** (Baker f.) Polhill [461]
C. macaulayae Baker f. [461].
Desc.: H; Nc; A; Nt. *Habitat:* 205.
Mw Zm Zw.
Description: 461; *Map:* 461; *Illustration:* 461.

subsp. **macrotropis** (Baker f.) Polhill [461]
C. macaulayae sensu R.Wilczek [461,467]; *C. macrotropis* Baker f. [461].
Desc.: H; Nc; A; Nt. *Habitat:* 205.
Zm Zr Zw(I).w(I).I)..
Description: 461; *Map:* 461.

subsp. **mediocris** Polhill [461]
Desc.: H; Nc; A; Nt. *Habitat:* 202 203 205.
Bw Za Zw.
Description: 461; *Map:* 461; *Illustration:* 461.

C. **distantiflora** Baker f. [461]
Desc.: H; Nc; P; Nt. *Habitat:* 803 805.
Et Ke Tz.
Description: 210,461; *Map:* 461.

C. **doidgeae** Verd. [461]
Desc.: S; Nc; P; K. *Habitat:* 803 805.
Za.
Description: 461; *Map:* 461.

C. dolichantha Polhill [461]
Desc.: H; Nc; P; K. *Habitat*: 203.
Tz.
Description: 210,461,469; *Map*: 461.*Illustration*: 469.

C. dolichonyx Baker f. & Martin [461]
Desc.: H; Nc; A; K. *Habitat*: 1105.
Zr.
Description: 461,467; *Map*: 461.

C. doniana Baker [461]
Desc.: H; C/Nc; P; Nt. *Habitat*: 103 105 1101 1103 1105.
Cf Ci Cm Gh Gn Lr Nq Sl Zr.
Description: 461,467; *Map*: 461; *Illustration*: 461.

C. duboisii R.Wilczek [461]
C. microcereus Timp. [461].
Desc.: H; Nc; A; Nt. *Habitat*: 202 206.
Zm Zr.
Description: 461,467,476; *Map*: 461.*Illustration*: 467,476,489.

subsp. **duboisii** [461]
Desc.: H; Nc; A; K. *Habitat*: 202 206.
Zr.
Description: 461,467,476; *Map*: 461.

subsp. **mutica** Polhill [461]
Desc.: H; Nc; A; K. *Habitat*: 202 206.
Zm.
Description: 461; *Map*: 461.

C. dumosa Franchet [461]
Desc.: H/S; Nc; P; Nt. *Habitat*: 403.
Et Ke So.
Description: 210,461; *Map*: 461; *Illustration*: 461.

C. dura J.M.Wood & Evans [461]
Desc.: H; Nc; P; Nt. *Habitat*: 1505.
Mz Za.
Description: 461; *Map*: 461; *Illustration*: 477.

subsp. **dura** [461]
Desc.: H; Nc; P; Nt. *Habitat*: 1505.
Za.
Description: 461; *Map*: 461; *Illustration*: 477.

subsp. **mozambica** Polhill [461]
Desc.: H; Nc; P; Nt. *Habitat*: 1505.
Mz Za.
Description: 461; *Map*: 461.

C. durandiana R.Wilczek [461]
C. filifolia De Wild. [461].
Desc.: H; Nc; P; K. *Habitat*: 205.
Zr.
Description: 461,467; *Map*: 461; *Illustration*: 116.

C. duvigneaudii Timp. [461]
Desc.: H; Nc; A; K. *Habitat*: – .
Zr.
Description: 461,489; *Map*: 461; *Illustration*: 489.

C. ebenoides (Guillemin & Perrottet) Walp. [461]
  Desc.: H; Nc; A; Nt. *Habitat*: 305 1605.
  Gw Ml Sn.
  Description: 461; *Map*: 461.

C. egregia Polhill [461]
  Desc.: H; Nc; A; K. *Habitat*: 202 205.
  Zm.
  Description: 461; *Map*: 461; *Illustration*: 461.

C. elisabethae Baker f. [461]
  C. acuminatissima Baker f. [461]; *C. kamatinii* R.Wilczek [461]; *C. luteo-violacea* Torre [461]; *C. mumbwae* Baker f. [461]; *C. subumbellata* Torre [461].
  Desc.: H; Nc; A; Nt. *Habitat*: 202.
  Ao Zm Zr.
  Description: 461,467; *Map*: 461.*Illustration*: 357,492.

C. emarginata Benth. [461]
  Desc.: H; Nc; A; Nt. *Habitat*: 1305.
  Ke Tz.
  Description: 54,210,461; *Map*: 461.*Illustration*: 54.

C. emarginella Vatke [461]
  C. laxa Franchet [461]; *C. nogalensis* Chiov. [461]; *C. rathjensiana* Schwartz [461].
  Desc.: H/S; Nc; P; Nt. *Habitat*: 403 405 803.
  Dj Et Ke Sd So.
  Description: 210,461; *Map*: 461; *Illustration*: 461.

C. ephemera Polhill [461]
  Desc.: H; Nc; A; Nt. *Habitat*: 202 205.
  Zm Zr.
  Description: 461,468; *Map*: 461.*Illustration*: 461,468.

C. eremicola Baker f. [461]
  Desc.: H; Nc; P; Nt. *Habitat*: 205 605 1405.
  Bw Mz Na Za.
  Description: 461; *Map*: 461.

  subsp. **eremicola** [461]
    Desc.: H; Nc; P; Nt. *Habitat*: 605 1405.
    Na Za.
    Description: 461; *Map*: 461.

  subsp. **parviflora** Polhill [461]
    Desc.: H; Nc; P; Nt. *Habitat*: 205 1405.
    Bw Mz Za.
    Description: 461; *Map*: 461.

C. ericoides Torre [461]
  Desc.: H; Nc; P; K. *Habitat*: 205.
  Ao.
  Description: 461; *Map*: 461; *Illustration*: 216,357.

C. erythrophleba Baker [461]
  Desc.: H; Nc; A; K. *Habitat*: 206.
  Ao.
  Description: 461; *Map*: 461.

C. eurycalyx Polhill [461]
  Desc.: H; Nc; A; K. *Habitat*: 202.
  Zm.
  Description: 461; *Map*: 461; *Illustration*: 461.

C. exaltata Polhill [461]
Desc.: S/T; Nc; P; K. *Habitat:* 801 815.
Et.
Description: 461; *Map:* 461.*Illustration:* 24,461,468.

C. excisa (Thunb.) Baker f. [461]
Desc.: H; Nc; P; Nt. *Habitat:* 504 604.
Za.
Description: 461,483; *Map:* 461; *Illustration:* 461.

subsp. **excisa** [461]
Desc.: - *Habitat:* 504.
Za.
Description: 461; *Map:* 461; *Illustration:* 461.

subsp. **namaquensis** Polhill [461]
C. angustissima E.Meyer [461].
Desc.: H; Nc; P; Nt. *Habitat:* 604.
Za.
Description: 461; *Map:* 461.

C. exelliana R.Wilczek [461]
Desc.: H; Nc; A; K. *Habitat:* 202.
Zr.
Description: 461,467,476; *Map:* 461.*Illustration:* 467,476.

C. exilipes Polhill [461]
Desc.: H; Nc; A; K. *Habitat:* 405 1205.
Tz.
Description: 210,461,468; *Map:* 461.*Illustration:* 468.

C. exilis Polhill [461]
Desc.: H; Nc; A; K. *Habitat:* 202 206.
Zr.
Description: 461; *Map:* 461; *Illustration:* 461.

C. eximia Polhill [461]
Desc.: H; Nc; A; K. *Habitat:* 202.
Tz.
Description: 210,461,468; *Map:* 461.*Illustration:* 468.

C. fallax Chiov. [461]
Desc.: H; Nc; A; K. *Habitat:* 405.
Et.
Description: 461; *Map:* 461.

C. fascicularis Polhill [461]
Desc.: H/S; Nc; P; Nt. *Habitat:* 403 803.
Et Ke Ug.
Description: 210,461,468; *Map:* 461.*Illustration:* 468.

C. fenarolii Torre [461]
Desc.: H; Nc; P; K. *Habitat:* – .
Ao.
Description: 461; *Map:* 461; *Illustration:* 357.

C. filicaulis Baker [461]
C. decaulescens R.Wilczek [461]; *C. filicauloides* R.Wilczek [461].
Desc.: H; Nc; A; Nt. *Habitat:* 202.
Ao Mw Mz Tz Zm Zr Zw.
Description: 210,461,467; *Map:* 461.

C. flavicarinata Baker f. [461]
Desc.: H/S; Nc; P; Nt. *Habitat*: 202.
Bw Na Zm Zw.
Description: 461; *Map*: 461; *Illustration*: 461.

C. florida Baker [461]
C. florida var. *richardsiana* Torre [461]; *C. kipiriensis* R.Wilczek [461]; *C. pseudoflorida* R.Wilczek [461].
Desc.: H; Nc; P; Nt. *Habitat*: 202.
Ao Tz Zm Zr.
Description: 210,461,467; *Map*: 461.*Illustration*: 461.

C. friesii Verd. [461]
Desc.: H; Nc; P; K. *Habitat*: 202 205.
Zm Zw.
Description: 461; *Map*: 461.

C. gamwelliae Baker f. [461]
Desc.: H; Nc; A; Nt. *Habitat*: – .
Tz Zm.
Description: 210,461; *Map*: 461.

C. gazensis Baker f. [461]
Desc.: H/S; Nc; P; Nt. *Habitat*: 803 805.
Mz Za Zw.
Description: 461; *Map*: 461; *Illustration*: 461.

subsp. **gazensis** [461]
Desc.: H/S; Nc; P; Nt. *Habitat*: 803 805.
Mz Zw.
Description: 461; *Map*: 461; *Illustration*: 461.

subsp. **herbacea** Polhill (provisional) [461]
Desc.: H; Nc; P; Nt. *Habitat*: 205 805.
Za Zw.
Description: 461; *Map*: 461.

C. germainii R.Wilczek [461]
C. robinsoniana Torre [461].
Desc.: H; Nc; A; Nt. *Habitat*: 205.
Ao Bi Zm Zr.
Description: 461,467,476; *Map*: 461.*Illustration*: 467,476.

C. gillettii Polhill [461]
Desc.: H; Nc; A; K. *Habitat*: 803.
Et.
Description: 461; *Map*: 461; *Illustration*: 461.

C. glabripedicellata R.Wilczek [461]
Desc.: H; Nc; A; K. *Habitat*: 202.
Zr.
Description: 461,467,476; *Map*: 461.

C. glauca Willd. [461]
C. amadiensis De Wild. [461].
Desc.: H; Nc; A; Nt. *Habitat*: 205 305 405 1005 1105 1205.
Ao Bi Bj Cf Cg Ci Cm Et Ga Gh Gn Gw Hv Ke Ml Mw Mz Ne Nq Rw Sd Sl Sn Td Tg Tz Ug Zm Zr Zw.
Description: 210,461,467; *Map*: 461.*Illustration*: 24,461,467.

C. glaucifolia Baker [461]
C. longifoliolata De Wild. [461]; *C. lotononis* Baker [461].
Desc.: H; Nc; A; Nt. *Habitat:* 202 205 805.
Ao Cm Mw Mz Tz Ug(U) Zm Zr.
Description: 210,461,467; *Map:* 461.*Illustration:* 210,357,461.

C. glaucoides Baker f. [461]
Desc.: H; Nc; A; Nt. *Habitat:* 305 1605.
Gw Ml Sn.
Description: 461; *Map:* 461.

C. globifera E.Meyer [461]
C. cinerea Verd. [461].
Desc.: H; Nc; P; Nt. *Habitat:* 1505.
Sz Za.
Description: 461; *Map:* 461; *Illustration:* 486.

C. gnidioides R.Wilczek [461]
Desc.: H; Nc; P; K. *Habitat:* 205.
Zr.
Description: 461,467; *Map:* 461; *Illustration:* 467.

C. goetzei Harms [461]
Desc.: S; Nc; P; Nt. *Habitat:* 805.
Mw Tz Zm.
Description: 210,461; *Map:* 461.

C. goodiiformis Vatke [461]
C. saxatilis Vatke [461]; *C. thomsonii* Oliver [461].
Desc.: S; Nc; P; Nt. *Habitat:* 202 206 406 1302 1306.
Ke Mz Tz Zr.
Description: 210,461; *Map:* 461.*Illustration:* 461,473.

C. goreensis Guillemin & Perrottet [461]
C. cylindrocarpa sensu auctt. [461].
Desc.: H; Nc; A; Nt. *Uses:* Miscellaneous. *Habitat:* 105 205 302 303 305 1005 1105.
Ao Bi Bj Cf Cg Ci Cm Et Ga Gh Gm Gn Gw Hv Ke Lr Ml Mw Mz Ne Nq Rw Sd Sl Sn Td Tg Tz Ug Zm Zr Zw.
Description: 210,461,467; *Map:* 461.*Illustration:* 467.

C. graminicola Baker f. [461]
C. diloloensis Baker f. [461]; *C. diloloensis* var. *prostrata* R.Wilczek [461]; *C. praecox* Milne-Redh. [461].
Desc.: H; Nc; P; Nt. *Habitat:* 202 205 302 305 1102 1202.
Bi Bj Cf Cm Gh Tg Tz Zm Zr.
Description: 210,461,467; *Map:* 461.*Illustration:* 210,461.

C. grandibracteata Taubert [461]
Desc.: S; Nc; P; Nt. *Habitat:* 401 801 803 816.
Tz.
Description: 210,461; *Map:* 461; *Illustration:* 461.

C. grandistipulata Harms [461]
C. lachnocarpa sensu auctt. [461].
Desc.: H; Nc; P; Nt. *Habitat:* 202.
Ao Mw Tz Zm Zr Zw.
Description: 210,461,467; *Map:* 461.*Illustration:* 474.

C. grata Polhill [461]
Desc.: H; Nc; A; K. *Habitat:* 1303 1305.
Ke.
Description: 210,461,468; *Map:* 461.*Illustration:* 461,468.

C. greenwayi Baker f. [461]
Desc.: H; Nc; A; Nt. *Habitat:* 405.
Ke Tz.
Description: 210,461; *Map:* 461.

C. griquensis Bolus [461]
Desc.: H; Nc; P; Nt. *Habitat:* 1405.
Sz Za.
Description: 461; *Map:* 461.

C. griseofusca Baker f. [461]
Desc.: H; Nc; P; K. *Habitat:* 202.
Ao.
Description: 461; *Map:* 461.

C. haumaniana R.Wilczek [461]
Desc.: H; Nc; P; K. *Habitat:* 805.
Zr.
Description: 461,467; *Map:* 461.

C. heidmannii Schinz [461]
Desc.: H; Nc; A; Nt. *Habitat:* – .
Ao Bw Na Zw.
Description: 461; *Map:* 461.

C. hemsleyi Milne-Redh. [461]
Desc.: H; Nc; A; Nt. *Habitat:* 805 1305.
Tz.
Description: 210,461; *Map:* 461.

C. herpetoclada Rossberg [461]
Desc.: H; Nc; P; K. *Habitat:* 202.
Ao.
Description: 461; *Map:* 461.

C. heterotricha Polhill [461]
Desc.: H; Nc; P; K. *Habitat:* 405.
Et.
Description: 461; *Map:* 461; *Illustration:* 461.

C. hoffmannii R.Wilczek [461]
Desc.: - *Habitat:* 205.
Zr.
Description: 461,467,476; *Map:* 461.

C. holoptera Baker [461]
Desc.: H; Nc; A; K. *Habitat:* 1003 1006.
Ao.
Description: 461; *Map:* 461.

C. horrida Polhill [461]
Desc.: H/S; Nc; P; K. *Habitat:* – .
So.
Description: 461; *Map:* 461; *Illustration:* 461.

C. huillensis Taubert [461]
Desc.: H; Nc; P; Nt. *Habitat:* 202.
Ao Na Zm.
Description: 461; *Map:* 461; *Illustration:* 357.

subsp. **huillensis** [461]
Desc.: H; Nc; P; K. *Habitat:* 202.
Ao.
Description: 461; *Map:* 461; *Illustration:* 357.

subsp. **zambesiaca** Polhill [461]
Desc.: H; Nc; P; Nt. *Habitat:* – .
Na Zm.
Description: 461; *Map:* 461; *Illustration:* 461.

C. humilis Ecklon & Zeyher [461]
C. effusa E.Meyer [461].
Desc.: H; Nc; A; Nt. *Habitat:* 604.
Za.
Description: 461; *Map:* 461; *Illustration:* 411,461.

C. hyssopifolia Klotzsch [461]
C. subdisperma Baker f. [461]; *C. tenuirama* sensu R.Wilczek,p.p. [461].
Desc.: H; Nc; A; Nt. *Habitat:* 202 205 206 302 305 306 1202 1205 1206 1302 1305 1306.
Bi Cf Ci Cm Et Gh Gn Gw Hv Ke Ml Mw Mz Nq Rw Sd Sl Sn Td Tg Tz Ug Zr Zw.
Description: 210,224,461; *Map:* 461.

C. impressa Walp. [461]
Desc.: H; Nc; A; Nt. *Habitat:* 403.
Dj Et Sd.
Description: 461; *Map:* 461.

C. incana L. [461]
Desc.: H; Nc; P; Nt. *Habitat:* 805 816.
Bi Cm Et Ke Mw Mz Nq Rw Sl So Tz Ug Zm Zr Zw; Indian Ocean.
Description: 210,461,467; *Map:* 461.*Illustration:* 461.

subsp. **incana** [461]
Desc.: H; Nc; P; Nt. *Habitat:* 816.
Et(I) Ke(I) So(I) Tz(I) Zr(I) Zw(I); Caribbean.
Description: 210,461; *Map:* 461.

subsp. **purpurascens** (Lam.) Milne-Redh. [461]
C. purpurascens Lam. [461].
Desc.: H; Nc; P; Nt. *Habitat:* – .
Bi Cm Et Ke Mw Mz Nq Rw Tz Ug Zm Zr Zw.
Description: 210,461; *Map:* 461; *Illustration:* 461.

C. incompta N.E.Br. [461]
Desc.: H; Nc; A; K. *Habitat:* – .
Bw Na.
Description: 461; *Map:* 461.

C. incrassifolia Polhill [461]
Desc.: S; Nc; P; Nt. *Habitat:* 403.
Et So.
Description: 461; *Map:* 461; *Illustration:* 461.

C. inflexa Polhill [461]
Desc.: H; Nc; A; K. *Habitat:* 202.
Zr.
Description: 461; *Map:* 461; *Illustration:* 461.

C. inopinata (Harms) Polhill [461]
Priotropis inopinata Harms [461].
Desc.: S; Nc; P; K. *Habitat:* 803 805.
Tz.
Description: 461; *Map:* 461; *Illustration:* 478.

C. insignis Polhill [461]
Desc.: S; Nc; P; K. *Habitat:* 803.
Mz Zw.
Description: 461; *Map:* 461; *Illustration:* 461.

C. intonsa Polhill [461]
Desc.: H; Nc; P; K. *Habitat:* 803 805.
Et.
Description: 461; *Map:* 461; *Illustration:* 461.

C. involutifolia Polhill [461]
Desc.: H; Nc; A; Nt. *Habitat:* 205 305.
Cm Tz Zm Zr.
Description: 210,461,468; *Map:* 461.*Illustration:* 461,468.

C. inyangensis Polhill [461]
Desc.: H; Nc; P; K. *Habitat:* 805.
Zw.
Description: 461; *Map:* 461; *Illustration:* 461.

C. ionoptera Polhill [461]
Desc.: H; Nc; A; K. *Habitat:* 205.
Zm.
Description: 461; *Map:* 461; *Illustration:* 461.

C. iringana Harms [461]
Desc.: H; Nc; A; Nt. *Habitat:* 202 203 205.
Tz.
Description: 210,461; *Map:* 461.

C. ivantalensis Baker [461]
Desc.: H/S; Nc; P; K. *Habitat:* 202.
Ao.
Description: 461; *Map:* 461.

C. jacksonii Baker f. [461]
Desc.: H/S; Nc; P; K. *Habitat:* 803 805.
Ke.
Description: 210,461; *Map:* 461.

C. jerokoensis Baker f. [461]
Desc.: H/S; Nc; P; K. *Habitat:* – .
Ke.
Description: 210,461; *Map:* 461.

C. jijigensis Thulin [24]
Desc.: H; Nc; P; K. *Habitat:* 403.
Et.
Description: 24,466; *Illustration:* 466.

C. johannis Torre [461]
Desc.: H; Nc; P; K. *Habitat:* 205.
Ao.
Description: 461; *Map:* 461; *Illustration:* 357.

C. johnstonii Baker [461]
Desc.: H; Nc; A; K. *Habitat:* 202.
Mw.
Description: 461; *Map:* 461; *Illustration:* 461.

C. jubae Polhill [461]
Desc.: H; Nc; P; K. *Habitat:* 405.
So.
Description: 461; *Map:* 461; *Illustration:* 468.

C. juncea L. [461]
Desc.: H; Nc; A. *Uses:* Fibre; Green manure. *Habitat:* Cult.
Gh(I) Ke(I) Nq(I) Sn(I) Tg(I) Tz(I) Ug(I); Asia; Indian Ocean.
Description: 210,461; *Illustration:* 461.

C. jurioniana R.Wilczek [461]
Desc.: H; Nc; P; K. *Habitat:* 202.
Zr.
Description: 461,467,476; *Map:* 461.

C. kambanguensis R.Wilczek [461]
Desc.: H; Nc; P; K. *Habitat:* 1005.
Zr.
Description: 461,467,476; *Map:* 461.

C. kambolensis Baker f. [461]
C. piedboeufii R.Wilczek [461]; *C. robynsii* R.Wilczek [461].
Desc.: H; Nc; P; Nt. *Habitat:* 202 1102.
Ao Cf Zm Zr.
Description: 461; *Map:* 461.

C. kandoensis Baker f. [461]
Desc.: H; Nc; A; K. *Habitat:* 202.
Zr.
Description: 461,467; *Map:* 461; *Illustration:* 461.

C. kapiriensis De Wild. [461]
Desc.: H/S; Nc; P; Nt. *Habitat:* 202 205 216.
Zm Zr Zw.
Description: 461,467; *Map:* 461.

C. karagwensis Taubert [461]
C. lugardiorum Bullock [461].
Desc.: H; Nc; A; Nt. *Habitat:* 805 816.
Bi Cm Et Ke Rw Tz Ug Zr.
Description: 210,461,467; *Map:* 461.*Illustration:* 24.

C. kassneri Baker f. [461]
Desc.: H; Nc; A; K. *Habitat:* 202.
Zr.
Description: 461,467; *Map:* 461.

C. kelaensis Baker f. [461]
C. multicaulis Torre [461].
Desc.: H; Nc; P; K. *Habitat:* 1005.
Ao.
Description: 461; *Map:* 461; *Illustration:* 357.

C. keniensis Baker f. [461]
Desc.: H/S; C/Nc; P; Nt. *Habitat:* 801 803 805.
Et Ke Tz Ug.
Description: 210,461; *Map:* 461.*Illustration:* 210,461.

C. kerkvoordei R.Wilczek [461]
Desc.: H/S; Nc; P; Nt. *Habitat:* 205.
Zm Zr.
Description: 461,467; *Map:* 461.

C. kibaraensis R.Wilczek [461]
Desc.: H; Nc; A; K. *Habitat*: 202.
Zr.
Description: 461,467,476; *Map*: 461.

C. kipandensis Baker f. [461]
C. pseudokipandensis R.Wilczek [461].
Desc.: H; Nc; A; Nt. *Habitat*: 202.
Mw Mz Tz Zm Zr Zw.
Description: 210,461,467; *Map*: 461.*Illustration*: 461.

C. kipilaensis R.Wilczek [461]
Desc.: H; Nc; A; Nt. *Habitat*: 202.
Ao Zm Zr.
Description: 461,467,476; *Map*: 461.

C. kirkii Baker [461]
Desc.: H; Nc; A; Nt. *Habitat*: 205 1305.
Ke Mz Tz.
Description: 210,461; *Map*: 461.

C. kuiririensis Baker f. [461]
Desc.: H; Nc; A; Nt. *Habitat*: 202.
Ao Zm Zr Zw.
Description: 461; *Map*: 461.

C. kundelunguensis Baker f. [461]
Desc.: H; Nc; A; K. *Habitat*: 202.
Zr.
Description: 461,467; *Map*: 461.

C. kurtii Schinz [461]
Desc.: H; Nc; A; K. *Habitat*: 604.
Na.
Description: 461; *Map*: 461; *Illustration*: 461.

C. kwengeensis R.Wilczek [461]
Desc.: H; Nc; P; Nt. *Habitat*: 205.
Zm Zr.
Description: 461,467; *Map*: 461.

C. laburnifolia L. [461]
Desc.: H; Nc; P; Nt. *Habitat*: 203 303 403.
Bi Bw Dj Et Ke Mw Mz Rw Sd So Sz Td Tz Ug Za Zm Zr Zw; Asia; Australasia; Indian Ocean.
Description: 210,461,467; *Map*: 461.

  subsp. **australis** (Baker f.) Polhill [461]
  C. australis (Baker f.) Verd. [461].
  Desc.: H; Nc; P; Nt. *Habitat*: – .
  Bw Mz Sz Za Zw.
  Description: 461; *Map*: 461; *Illustration*: 470.

  subsp. **eldomae** (Baker f.) Polhill [461]
  C. eldomae Baker f. [461].
  Desc.: H; Nc; P; Nt. *Habitat*: 403.
  Ke Tz.
  Description: 210,461; *Map*: 461.

  subsp. **laburnifolia** [461]
  Desc.: H; Nc; P; Nt. *Habitat*: 203 303 403.
  Bi Bw Et Ke Mw Mz Rw Sd So Td Tz Ug Zm Zr Zw; Asia; Australasia; Indian Ocean.
  Description: 210,461; *Map*: 461; *Illustration*: 24.

subsp. **petiolaris** (Franchet) Polhill [461]
C. aurantiaca Baker [461]; C. petiolaris Franchet [461].
Desc.: H; Nc; P; Nt. Habitat: 403.
Dj Ke So.
Description: 461; Map: 461.

subsp. **tenuicarpa** Polhill [461]
Desc.: H; Nc; P; Nt. Habitat: 403.
Et Ke So Tz.
Description: 210,461; Map: 461; Illustration: 461.

C. **laburnoides** Klotzsch [461]
C. bagamoyoensis Baker f. [461]; C. junodiana Baker f. [461]; C. latifoliolata (De Wild.) R.Wilczek [461].
Desc.: H; Nc; A; Nt. Habitat: 205 1105 1303 1505.
Ke Mw Mz So Tz Ug Za Zr.
Description: 210,461; Map: 461.

C. **lachnocarpoides** Engl. [461]
C. valida sensu auctt.,p.p. [461].
Desc.: H/S; Nc; P; Nt. Habitat: 803 805.
Bi Et Ke Mw Mz Sd Tz Ug Zm Zr Zw.
Description: 210,461,467; Map: 461. Illustration: 475.

C. **lachnophora** A.Rich. [461]
C. elata Baker [461]; C. lachnocarpa Baker,p.p. [461].
Desc.: H/S; Nc; P; Nt. Habitat: 202 206 302 306 802 806 1202 1206.
Ao Bi Ci Cm Et Gh Ke Mw Mz Nq Rw Sd Sn Td Tg Tz Ug Zm Zr Zw.
Description: 210,461,467; Map: 461. Illustration: 24,467,474.

C. **lachnosema** Stapf [461]
Desc.: H/S; Nc; P; Nt. Habitat: 202 302.
Ao Cf Ci Cm Gh Gn Hv Lr Ml Nq Sd Sl Td Tg Zr.
Description: 461,467; Map: 461; Illustration: 461.

C. **lanceolata** E.Meyer [461]
Desc.: H; Nc; A; Nt. Habitat: 205 305 405 1205 1305 1505.
Et Ke Mw Mz Sd Sz Tz Ug Za Zm Zw; Indian Ocean.
Description: 210,461; Map: 461; Illustration: 468.

subsp. **contigua** Polhill [461]
Desc.: H; Nc; A; Nt. Habitat: 305 405 1205.
Et Ke Sd Tz Ug.
Description: 210,461; Map: 461; Illustration: 468.

subsp. **exigua** Polhill [461]
Desc.: H; Nc; A; Nt. Habitat: 205 1305.
Mw Mz.
Description: 461; Map: 461.

subsp. **lanceolata** [461]
Desc.: H; Nc; A; Nt. Habitat: 205 1305 1505.
Mw Mz Sz Tz Za Zw; Indian Ocean.
Description: 210,461; Map: 461; Illustration: 468.

subsp. **prognatha** Polhill [461]
Desc.: H; Nc; A; Nt. Habitat: 205.
Mw Mz Zm Zw.
Description: 461; Map: 461; Illustration: 468.

C. lancifoliolata Torre [461]
Desc.: H; Nc; P; K. *Habitat:* 805.
Ao.
Description: 461; *Map:* 461; *Illustration:* 357.

C. lasiocarpa Polhill [461]
Desc.: H; Nc; A; Nt. *Habitat:* 205.
Tz Zm.
Description: 210,461; *Map:* 461; *Illustration:* 468.

C. lathyroides Guillemin & Perrottet [461]
Desc.: H; Nc; A; Nt. *Habitat:* 105 1105.
Bj Ci Gm Gn Gw Lr Ml Sl Sn.
Description: 224,461; *Map:* 461; *Illustration:* 461.

C. lawalreeana R.Wilczek [461]
Desc.: H; Nc; P; K. *Habitat:* 205.
Zr.
Description: 461,467; *Map:* 461; *Illustration:* 476.

C. laxiflora Baker [461]
Desc.: H; Nc; A; K. *Habitat:* 202.
Tz Zm.
Description: 210,461; *Map:* 461; *Illustration:* 461.

C. lebeckioides Bond [461]
Desc.: S; Nc; P; K. *Habitat:* 604.
Za.
Description: 461; *Map:* 461; *Illustration:* 472.

C. lebrunii Baker f. [461]
Desc.: S; Nc; P; Nt. *Habitat:* 801 803.
Ke Ug Zr.
Description: 210,461,467; *Map:* 461. *Illustration:* 467.

C. ledermannii Baker f. [461]
Desc.: H; Nc; A; Nt. *Habitat:* 803 805.
Cm Nq.
Description: 461; *Map:* 461; *Illustration:* 461.

C. leonardiana Timp. [461]
Desc.: - *Habitat:* 202.
Zr.
Description: 461,489; *Map:* 461.

C. lepidissima Baker f. [461]
Desc.: H; Nc; P; Nt. *Habitat:* 202 205 1002 1005.
Ao Zm Zr.
Description: 461,467; *Map:* 461.

C. leprieurii Guillemin & Perrottet [461]
C. linearifolia De Wild. [461]; *C. vogelii* Benth. [461].
Desc.: H; Nc; A; Nt. *Habitat:* 205 302 305 316.
Ao Cf Ci Cm Gh Gn Gw Hv Ml Nq Sd Sn Td Tg Ug Zr.
Description: 210,461; *Map:* 461; *Illustration:* 116.

C. leptocarpa Balf.f. [461]
Desc.: H; Nc; P; Nt. *Habitat:* 403.
Dj Et Ke So Yd.
Description: 210,461; *Map:* 461. *Illustration:* 24,90,461.

subsp. **aberrans** Polhill [461]
Desc.: H; Nc; P; K. *Habitat:* – .
So.
Description: 461; *Map:* 461; *Illustration:* 461.

subsp. **contracta** Polhill [461]
Desc.: H; Nc; P; K. *Habitat:* 403.
So.
Description: 461; *Map:* 461; *Illustration:* 461.

subsp. **leptocarpa** [461]
Desc.: H; Nc; P; Nt. *Habitat:* 403.
Dj Et Ke So Yd.
Description: 210,461; *Map:* 461. *Illustration:* 90,461.

C. **leptoclada** Harms [461]
Desc.: H; Nc; P; Nt. *Habitat:* 105 205 1005.
Cg Zm Zr.
Description: 461,467; *Map:* 461.

C. **leubnitziana** Schinz [461]
Desc.: H; Nc; P; K. *Habitat:* 604.
Na.
Description: 461; *Map:* 461; *Illustration:* 461.

C. **leucoclada** Baker [461]
Desc.: H/S; Nc; P; K. *Habitat:* 403.
So.
Description: 461; *Map:* 461; *Illustration:* 461.

C. **limosa** Polhill [461]
Desc.: H; Nc; A; K. *Habitat:* 205.
Zm.
Description: 461; *Map:* 461; *Illustration:* 461.

C. **linearifoliolata** Chiov. [461]
Desc.: H; Nc; A; K. *Habitat:* 403.
So.
Description: 461; *Map:* 461; *Illustration:* 482.

C. **lisowskii** Polhill [461]
Desc.: H; Nc; A; K. *Habitat:* 205 805.
Zr.
Description: 461; *Map:* 461; *Illustration:* 461.

C. **loandae** Baker f. [461]
C. loandae var. *annua* Torre [461].
Desc.: H; Nc; A; K. *Habitat:* – .
Ao.
Description: 461; *Map:* 461; *Illustration:* 357.

C. **longiclavata** Polhill [461]
Desc.: H; Nc; P; K. *Habitat:* – .
Ao.
Description: 461; *Map:* 461; *Illustration:* 461.

C. **longidens** Verd. [461]
Desc.: H/S; Nc; P; K. *Habitat:* 1405.
Za.
Description: 461; *Map:* 461.

C. longithyrsa Baker f. [461]
Desc.: H; Nc; A; Nt. *Habitat:* 105 116 1005 1016 1105 1116.
Sd Zr.
Description: 461,467; *Map:* 461.

C. lotiformis Milne-Redh.
Desc.: H; Nc; P; K. *Habitat:* 403 405 805.
Ke.
Description: 210,461; *Map:* 461; *Illustration:* 479.

C. lotoides Benth. [461]
Desc.: H; Nc; P; Nt. *Habitat:* 205 216 1405.
Bw Za Zw.
Description: 461; *Map:* 461.

C. lukafuensis De Wild. [461]
Desc.: H; Nc; P; Nt. *Habitat:* 202 205.
Zm Zr.
Description: 461,467; *Map:* 461; *Illustration:* 461.

C. lukomae Baker f. [461]
Desc.: H; Nc; A; K. *Habitat:* – .
Zr.
Description: 461,467; *Map:* 461.

C. lukwangulensis Harms [461]
Desc.: H/S; C/Nc; P; Nt. *Habitat:* 803.
Ke Tz.
Description: 210,461; *Map:* 461; *Illustration:* 461.

C. lunata Polhill [461]
Desc.: S; Nc; P. *Uses:* Ornamental. *Habitat:* Cult.
Ke(I); Asia.
Description: 461.

C. lundensis Torre (provisional) [461]
Desc.: H; Nc; P; K. *Habitat:* 1005.
Ao.
Description: 461; *Map:* 461.

C. luondeensis R.Wilczek [461]
Desc.: H; Nc; P; Nt. *Habitat:* 805.
Mz Tz Zr.
Description: 210,461,467; *Map:* 461.

C. lusamboensis R.Wilczek [461]
Desc.: H; Nc; A; K. *Habitat:* – .
Zr.
Description: 461,467,476; *Map:* 461.

C. lusingaensis R.Wilczek [461]
Desc.: H; Nc; P; K. *Habitat:* – .
Zr.
Description: 461,467; *Map:* 461.

C. luxenii Baker f. [461]
Desc.: H; Nc; P; K. *Habitat:* – .
Zr.
Description: 461,467; *Map:* 461.

C. macrantha Polhill [461]
Desc.: H; Nc; P; K. *Habitat:* 803.
Ug.
Description: 210,461; *Map:* 461; *Illustration:* 468.

C. macrocalyx Benth. [461]
Desc.: H; Nc; A; Nt. *Habitat:* 302 305.
Ci Cm Gh Gm Gn Gw Hv Ml Ne Nq Sn Td Tg.
Description: 461; *Map:* 461; *Illustration:* 461.

C. macrocarpa E.Meyer [461]
Desc.: S; Nc; P; Nt. *Habitat:* 1502 1503 1505.
Za Zw.
Description: 461; *Map:* 461.

subsp. **macrocarpa** [461]
Desc.: S; Nc; P; Nt. *Habitat:* 1502 1503 1505.
Za.
Description: 461; *Map:* 461; *Illustration:* 461.

subsp. **matopoensis** Polhill [461]
Desc.: S; Nc; P; K. *Habitat:* – .
Zw.
Description: 461; *Map:* 461.

C. malaissei Polhill [461]
Desc.: H; Nc; P; K. *Habitat:* 206.
Zr.
Description: 461; *Map:* 461; *Illustration:* 461.

C. malindiensis Polhill [461]
Desc.: H; Nc; A; K. *Habitat:* 1305.
Ke.
Description: 461,468; *Map:* 461; *Illustration:* 468.

C. manganifera Polhill [461]
Desc.: H; Nc; A; K. *Habitat:* 202.
Zr.
Description: 461; *Map:* 461; *Illustration:* 461.

C. massaiensis Taubert [461]
C. paolii Cuf. [461].
Desc.: H; Nc; P; Nt. *Habitat:* 403.
Et Ke So Ug.
Description: 210,461; *Map:* 461.

C. mauensis Baker f. [461]
Desc.: H/S; Nc; P; Nt. *Habitat:* 403 803 805.
Ke Tz.
Description: 210,461; *Map:* 461; *Illustration:* 461.

C. melanocalyx Polhill [461]
Desc.: H; Nc; A; K. *Habitat:* 205.
Tz.
Description: 210,461,468; *Map:* 461. *Illustration:* 468.

C. mendesii Torre [461]
Desc.: H; Nc; P; K. *Habitat:* 1405.
Ao.
Description: 461; *Map:* 461; *Illustration:* 357.

C. mendoncae Torre [461]
Desc.: S; Nc; P; Nt. *Habitat:* 202.
Ao.
Description: 461; *Map:* 461; *Illustration:* 357.

C. mentiens Polhill [461]
Desc.: H; Nc; A; K. *Habitat:* 803 805.
Cm.
Description: 461; *Map:* 461; *Illustration:* 461.

C. mesopontica Taubert [461]
Desc.: H; Nc; P; Nt. *Habitat:* 805 1105 1205.
Bi Cf Rw Tz Ug Zr.
Description: 210,461,467; *Map:* 461.

subsp. **glabrescens** (Wilczek) Milne-Redh. [461]
Desc.: H; Nc; P; Nt. *Habitat:* 805.
Rw Ug Zr.
Description: 210,461.

subsp. **mesopontica** [461]
Desc.: H; Nc; P; Nt. *Habitat:* 805 1105 1205.
Bi Cf Rw Tz Ug Zr.
Description: 210,461.

C. meyerana Steudel [461]
Desc.: H; Nc; P; Nt. *Habitat:* 604 607.
Na Za.
Description: 461; *Map:* 461.

C. micans Link [461]
C. anagyroides Kunth [461].
Desc.: S; Nc; P; Nt. *Uses:* Cover crop; Livestock fodder. *Habitat:* Cult.
Zr(I); Indian Ocean; South America.
Description: 461.

C. micheliana R.Wilczek [461]
Desc.: H; Nc; P; K. *Habitat:* 206.
Zr.
Description: 461,467,476; *Map:* 461.

C. microcarpa Benth. [461]
Desc.: H; Nc; A; Nt. *Habitat:* 205 305 405 1205 1305.
Ao Cm Et Gh Hv Ke Ml Mw Mz Ne Nq Rw Sd Td Tg Tz Ug Zm Zw.
Description: 210,461,467; *Map:* 461. *Illustration:* 24.

C. microphylla Vahl [461]
Desc.: H; Nc; A; Nt. *Habitat:* 405 1605.
Dj Eg Et Mr Ne Sd So Td; Middle East.
Description: 461; *Map:* 332,461; *Illustration:* 481.

C. microthamnus R.Wilczek [461]
Desc.: H; Nc; A; K. *Habitat:* 205.
Zm Zr.
Description: 461,467,476; *Map:* 461.

C. mildbraedii Baker f. [461]
C. wildemanii Baker f. & Martin [461].
Desc.: S; Nc; P; Nt. *Habitat:* 803.
Et Rw Ug Zr.
Description: 210,461,467; *Map:* 461. *Illustration:* 461.

C. milneana R.Wilczek [461]
Desc.: H; Nc; P; K. *Habitat*: 1005.
Zr.
Description: 461,467; *Map*: 461.

C. minutissima Baker f. [461]
Desc.: H; Nc; A; Nt. *Habitat*: 202 205.
Bi Zm Zr.

C. miranda Milne-Redh. [461]
Desc.: H; Nc; A; Nt. *Habitat*: 202.
Tz Zm.
Description: 210,461; *Map*: 461.

C. misella Polhill [461]
Desc.: H; Nc; A; K. *Habitat*: 202.
Mz.
Description: 461; *Map*: 461; *Illustration*: 461.

C. mocubensis Polhill [461]
Desc.: H; Nc; A; K. *Habitat*: 202 1302.
Mz.
Description: 461; *Map*: 461; *Illustration*: 461.

C. modesta Polhill [461]
Desc.: H; Nc; A; Nt. *Habitat*: 205.
Zm Zr.
Description: 461; *Map*: 461; *Illustration*: 461.

C. mollii Polhill [461]
Desc.: H; Nc; P; Nt. *Habitat*: 1505.
Sz Za.
Description: 461; *Map*: 461; *Illustration*: 461.

C. monteiroi Baker f. [461]
C. breyeri N.E.Br. [461]; *C. inhabilis* Verd. [461]; *C. rigidula* Baker f. [461].
Desc.: H/S; Nc; P; Nt. *Habitat*: 202 1303 1305 1503 1505.
Mz Sz Za Zw.
Description: 461; *Map*: 461; *Illustration*: 461.

C. mortonii Hepper [461]
Desc.: H; Nc; P; Nt. *Habitat*: 302 305.
Ci Gh Tg.
Description: 461; *Map*: 461.

C. morumbensis Baker f. [461]
Desc.: H; Nc; A; Nt. *Habitat*: 202.
Mw Tz Zm Zr.
Description: 210,461,467; *Map*: 461.

C. muenzneri Baker f. [461]
Desc.: H; Nc; P; K. *Habitat*: 205 805.
Tz.
Description: 210,461; *Map*: 461.

C. naragutensis Hutch. [461]
C. lynesii Baker f. & Martin [461].
Desc.: H; Nc; P; Nt. *Habitat*: 305 306.
Cm Gh Hv Ml Ne Nq Sd Td Tg.
Description: 461; *Map*: 461.

C. natalensis Baker f. [461]
Desc.: S; Nc; P; Nt. *Habitat*: 1503.
Za.
Description: 461; *Map*: 461; *Illustration*: 461.

C. natalitia Meissner [461]
Desc.: H/S; Nc; A; Nt. *Habitat*: 205 405 1205 1305 1505.
Ao Bi Et Ke Mw Mz Rw Sd Sz Tz Ug Za Zm Zr Zw; Middle East.
Description: 210,461,467; *Map*: 461. *Illustration*: 210,461.

C. nematophylla Baker f. [461]
Desc.: H; Nc; A; K. *Habitat*: 202.
Ao.
Description: 461; *Map*: 461.

C. newtoniana Torre [461]
Desc.: H; Nc; P; K. *Habitat*: 202 203.
Ao.
Description: 357,461; *Map*: 461.

C. nigricans Baker [461]
Desc.: H; Nc; P; Nt. *Habitat*: 202.
Mw Mz Tz Zm Zr.
Description: 210,461,467; *Map*: 461. *Illustration*: 461,467.

C. nuda Polhill [461]
Desc.: H; Nc; A; K. *Habitat*: 202 205.
Zm.
Description: 461; *Map*: 461; *Illustration*: 461.

C. nudiflora Polhill [461]
Desc.: H; Nc; A; K. *Habitat*: 202 205.
Zm.
Description: 461; *Map*: 461; *Illustration*: 461.

C. nyikensis Baker [461]
Desc.: H; Nc; A; Nt. *Habitat*: 202 805.
Mw Tz Zm.
Description: 210,461; *Map*: 461.

C. obscura DC. [461]
Desc.: H; Nc; P; Nt. *Habitat*: – .
Za.
Description: 461; *Map*: 461; *Illustration*: 461.

C. occidentalis Hepper [461]
Desc.: H; Nc; A; Nt. *Habitat*: 205 1105.
Cm Gn Gw Ml Sl Zm.
Description: 214,224,461; *Map*: 461. *Illustration*: 214.

C. ochroleuca G.Don [461]
C. brevidens sensu auctt. [461]; *C. cannabina* Baker f. [461]; *C. intermedia* sensu auctt. [461]; *C. lanceolata* sensu auctt. [461].
Desc.: H; Nc; A; Nt. *Habitat*: 105 205 305 1005 1105 1205.
Ao Bi Bj Bw Cf Cg Ci Cm Et Ga Gh Gn Gw Hv Ke Lr Ml Mw Mz Ne Nq Sd Sl Sn St Sz(I) Td Tg Tz Ug Zm Zr Zw; Indian Ocean.
Description: 210,461,467; *Map*: 461. *Illustration*: 461.

C. oligosperma Polhill [461]
Desc.: H/S; Nc; P; Nt. *Habitat*: 403.
Et Ke So.
Description: 461; *Map*: 461; *Illustration*: 461.

C. oligostachya Baker [461]
Desc.: H; Nc; A; Nt. *Habitat:* 1002 1005.
Ao Zr.
Description: 461; *Map:* 461.

C. onobrychis A.Rich. [461]
C. astragalina sensu R.Wilczek [461,467]; *C. astragalinoides* Baker f. [461]; *C. impressa* sensu F.W.Andrews [29,461]; *C. impressa* subsp. *onobrychis* (A.Rich.) Cuf. [461].
Desc.: H; Nc; A; Nt. *Habitat:* 305 805.
Et Mw Sd Zr.
Description: 29,461; *Map:* 461.

C. ononoides Benth. [461]
Desc.: H; Nc; A; Nt. *Habitat:* 105 205 305 1005 1105 1205 1305.
Ao Bi Cf Cg Ci Cm Et Ga Gh Gn Gw Ke Lr Ml Nq Rw Sd Sn Td Tg Tz Ug Zm Zr; Indian Ocean.
Description: 210,461,467; *Map:* 461. *Illustration:* 24,210,461.

C. onusta Polhill [461]
Desc.: H; Nc; A; K. *Habitat:* 216.
Zm.
Description: 461; *Map:* 461; *Illustration:* 461.

C. oocarpa Baker [461]
Desc.: H; Nc; A; Nt. *Habitat:* 405 805.
Bi Et Ke Mw Tz.
Description: 210,461,467; *Map:* 461. *Illustration:* 461.

subsp. **microcarpa** Milne-Redh. [461]
Desc.: H; Nc; A; Nt. *Habitat:* 405.
Et Ke Tz.
Description: 210,461; *Map:* 461; *Illustration:* 461.

subsp. **oocarpa** [461]
Desc.: H; Nc; A; Nt. *Habitat:* 805.
Bi Mw Tz.
Description: 210,461; *Map:* 461; *Illustration:* 461.

C. orientalis Verd.
Desc.: H/S; Nc; P; Nt. *Habitat:* 205 206 1405 1406.
Bw Na Za Zw.
Description: 461; *Map:* 461.

subsp. **allenii** (Verd.) Polhill & A.Schreiber [461]
Desc.: H/S; Nc; P; Nt. *Habitat:* 205 206.
Na Za Zw.

subsp. **orientalis** [461]
Desc.: H/S; Nc; P; Nt. *Habitat:* 1405 1406.
Bw Za.
Description: 461; *Map:* 461.

C. orixensis Willd. [461]
Desc.: H; Nc; A; Nt. *Habitat:* 805 816.
Et; Asia.
Description: 461; *Map:* 461.

C. orthoclada Baker [461]
C. harmsiana sensu Hepper [212,461].
Desc.: S; Nc; P; Nt. *Habitat:* 803 805 1203 1205.
Ao Bi Cm Ke Mw Nq Rw Tz Ug Zm Zr.
Description: 210,461,467; *Map:* 461. *Illustration:* 467.

C. ovata Polhill [461]
Desc.: H; Nc; A; K. *Habitat:* 805 816.
Tz.
Description: 210,461,468; *Map:* 461. *Illustration:* 468.

C. oxyphylla Harms [461]
Desc.: H; Nc; P; K. *Habitat:* 205.
Zr.
Description: 461,467; *Map:* 461. *Illustration:* 461,467.

C. oxyphylloides R.Wilczek [461]
C. oosterboschiana Timp. [461].
Desc.: H; Nc; P; K. *Habitat:* 202.
Zr.
Description: 461,467,476,489; *Map:* 461. *Illustration:* 489.

C. pallida Aiton [461]
C. falcata DC. [461]; *C. mucronata* Desv. [461]; *C. striata* DC. [461].
Desc.: H; Nc; P; Nt. *Uses:* Cover crop; Livestock fodder; Poison. *Habitat:* 105 205 305 1005 1105 1205 1505.
Ao Bi Bj Cf Cg Ci Cm Et Ga Gh Gm Gn Gw Hv Ke Lr Ml Mw Mz Ne Nq Rw Sd Sl Sn St Sz Td Tg Tz Ug Za Zm Zr Zw; Asia; Caribbean; Indian Ocean.
Description: 210,461; *Map:* 461. *Illustration:* 29,461,467.

C. pallidicaulis Harms [461]
C. arthroophylla Verd. [461]; *C. multicolor* Merxm. [461].
Desc.: S; Nc; P; Nt. *Habitat:* 202 203.
Mz Tz Zm Zr Zw.
Description: 210,461; *Map:* 461; *Illustration:* 461.

C. paracistoides Torre [461]
Desc.: H; Nc; A; K. *Habitat:* 202 205.
Ao.
Description: 461; *Map:* 461; *Illustration:* 357.

C. paraspartea Polhill [461]
Desc.: H; Nc; A; K. *Habitat:* 202.
Mz.
Description: 461; *Map:* 461.

C. parvula Baker [461]
Desc.: H; Nc; A; Nt. *Habitat:* 205 1105.
Ao Bi Cf Cm Mw Nq Tz Zm Zr.
Description: 210,461,467.

C. passerinoides Taubert [461]
Desc.: H; Nc; A; Nt. *Habitat:* 205.
Tz Zm Zr.
Description: 210,461; *Map:* 461.

C. patula Polhill [461]
Desc.: H; Nc; P; Nt. *Habitat:* 403.
Ke Tz.
Description: 210,461,468; *Map:* 461. *Illustration:* 468.

C. paulina Schrank [461]
Desc.: H/S; Nc; P; Nt. *Uses:* Green manure. *Habitat:* Cult.
Et(I) Ke(I) Zw(I); South America.
Description: 461.

C. pearsonii Baker f. [461]
Desc.: H; Nc; P; K. *Habitat*: 604.
Za.
Description: 461; *Map*: 461; *Illustration*: 461.

C. pentaphylla Baker f. [461]
Desc.: H; Nc; A; K. *Habitat*: 202.
Ao.
Description: 461; *Map*: 461.

C. perbracteolata Polhill [461]
Desc.: H; Nc; A; K. *Habitat*: 202.
Zr.
Description: 461; *Map*: 461; *Illustration*: 461.

C. peregrina Polhill [461]
Desc.: H; Nc; A; K. *Habitat*: 202.
Zm.
Description: 461; *Map*: 461; *Illustration*: 461.

C. perlaxa Polhill [461]
Desc.: H; Nc; P; K. *Habitat*: 202.
Tz.
Description: 210,461,469; *Map*: 461. *Illustration*: 469.

C. perrottetii DC. [461]
Desc.: H; Nc; A; Nt. *Habitat*: 305 1605.
Gm Gw Mr Sn.
Description: 461; *Map*: 461.

C. persica (Burm.f.) Merrill [461]
Desc.: S; Nc; P; Nt. *Habitat*: 404.
Dj Et So Yd; Middle East.
Description: 461; *Map*: 461; *Illustration*: 461.

C. peschiana Duvign. & Timp. [461]
Desc.: H; Nc; P; K. *Habitat*: 205.
Zr.
Description: 461; *Map*: 461; *Illustration*: 485.

C. petitiana (A.Rich.) Walp. [461]
C. dilloniana sensu R.Wilczek [461,467].
Desc.: H; Nc; A; Nt. *Habitat*: 805 1105 1205.
Et Ke Sd Tz Ug Zr.
Description: 210,461; *Map*: 461.

C. phillipsiae Baker [461]
Desc.: H; Nc; A; Nt. *Habitat*: 403 405.
Et Ke So.
Description: 210,461; *Map*: 461.

C. phylicoides Wild [461]
Desc.: H/S; Nc; P; K. *Habitat*: 805.
Zw.
Description: 461; *Map*: 461.

C. phylloloba Harms [461]
Desc.: H; Nc; A; K. *Habitat*: 202 203.
Tz.
Description: 210,461; *Map*: 461; *Illustration*: 461.

C. phyllostachys Baker [461]
Desc.: H; Nc; A; K. *Habitat*: 202.
Mw.
Description: 461; *Map*: 461.

C. pilosiflora Baker [461]
Desc.: H/S; Nc; P; K. *Habitat*: 202.
Mw.
Description: 461; *Map*: 461.

C. pisicarpa Baker [461]
Desc.: H; Nc; A; Nt. *Habitat*: 203 216.
Ao Bw Mw Mz Na Tz Za Zm Zw.
Description: 210,461; *Map*: 461. *Illustration*: 461,468.

C. pittardiana Torre [461]
Desc.: H; Nc; P; K. *Habitat*: 202.
Ao.
Description: 461; *Map*: 461.

C. platysepala Harvey [461]
Desc.: H; Nc; A; Nt. *Habitat*: 202 205 1402 1405.
Bw Mz Na Zm Zw.
Description: 461; *Map*: 461; *Illustration*: 461.

C. pleiophylla Polhill [461]
Desc.: H; Nc; P; Nt. *Habitat*: 405.
Et So.
Description: 461; *Illustration*: 461.

C. plowdenii Baker [461]
Desc.: H; Nc; A; Nt. *Habitat*: 805 816.
Et; Middle East.
Description: 461; *Map*: 461; *Illustration*: 24.

C. podocarpa DC. [461]
C. damarensis var. *maraisiana* Torre [461].
Desc.: H; Nc; A; Nt. *Habitat*: 205 1405 1605.
Ao Bw Et Ke Ml Mr Mw Mz Na Ne Sd Sn Td Tz Ug Za Zm Zw.
Description: 210,461; *Map*: 461; *Illustration*: 461.

C. poecilantha Polhill [461]
Desc.: H; Nc; P; K. *Habitat*: 202.
Tz.
Description: 210,461; *Map*: 461; *Illustration*: 469.

C. polhillii Thulin [24]
Desc.: H; Nc; A; K. *Habitat*: 405.
Et.
Description: 24,466; *Illustration*: 466.

C. poliochlora Harms [461]
Desc.: H; Nc; P; K. *Habitat*: 202 205.
Tz.
Description: 210,461; *Map*: 461.

C. polyantha Taubert [461]
Desc.: H; Nc; P; K. *Habitat*: 1002 1005.
Zr.
Description: 461,467; *Map*: 461.

C. polychroma Polhill   [461]
   C. versicolor Baker [461].
   Desc.: H; Nc; A; K. *Habitat:* 203 205.
   Ao.
   Description: 461; *Map:* 461; *Illustration:* 461.

C. polygaloides Baker   [461]
   Desc.: H; Nc; A; Nt. *Habitat:* 1005 1105 1305.
   Ao Cf Gn Gw Sl Tg Tz Zr.
   Description: 224,461,467; *Map:* 461. *Illustration:* 461.

   subsp. **orientalis** Polhill
   Desc.: H; Nc; A; K. *Habitat:* 1305.
   Tz.
   Description: 461; *Map:* 461.

   subsp. **polygaloides**   [461]
   Desc.: H; Nc; A; Nt. *Habitat:* 1005 1105.
   Ao Cf Gn Gw Sl Zr.
   Description: 224,461,467; *Map:* 461. *Illustration:* 461.

C. polysperma Kotschy   [461]
   C. grantii Baker [461].
   Desc.: H; Nc; A; Nt. *Habitat:* 303 305 403 405.
   Et Ke Mw Mz Sd Tz Ug Zw.
   Description: 210,461; *Map:* 461; *Illustration:* 461.

C. polytricha Polhill   [461]
   Desc.: H/S; Nc; P; K. *Habitat:* – .
   Zm.
   Description: 461; *Map:* 461; *Illustration:* 461.

C. praetexta Polhill   [461]
   Desc.: H; Nc; A; K. *Habitat:* 202.
   Zm.
   Description: 461; *Map:* 461; *Illustration:* 461.

C. preladoi Baker f.   [461]
   Desc.: H; Nc; A; K. *Habitat:* – .
   Mz.
   Description: 461; *Map:* 461.

C. prittwitzii Baker f.   [461]
   C. pseudonatalitia R.Wilczek [461].
   Desc.: H/S; Nc; P; Nt. *Habitat:* 202.
   Ao Tz Zm Zr.
   Description: 210,461; *Map:* 461.

C. prolongata Baker   [461]
   Desc.: H; Nc; A; Nt. *Habitat:* 202 205.
   Ao Mw Tz Zm Zr.
   Description: 210,461,467; *Map:* 461. *Illustration:* 461.

C. protensa Baker   [461]
   Desc.: H; Nc; P; K. *Habitat:* 205.
   Ao.
   Description: 461; *Map:* 461.

C. psammophila Harms   [461]
   Desc.: H; Nc; A; K. *Habitat:* 205.
   Ao.
   Description: 461; *Map:* 461.

C. pseudo-alexandri R.Wilczek   [461]
Desc.: H; Nc; A; K. *Habitat:* 202.
Zr.
Description: 461,467; *Map:* 461.

C. pseudo-seretii R.Wilczek   [461]
Desc.: H; Nc; A; K. *Habitat:* 202.
Zr.
Description: 461,467,476; *Map:* 461.

C. pseudodiloloensis R.Wilczek   [461]
C. bianoensis Timp. [461].
Desc.: H; Nc; P; Nt. *Habitat:* 202 205.
Tz Zm Zr.
Description: 210,461,467; *Map:* 461. *Illustration:* 489.

C. pseudoquangensis Torre   [461]
Desc.: H; Nc; P; K. *Habitat:* – .
Ao.
Description: 357,461; *Map:* 461; *Illustration:* 357.

C. pseudospartium Baker f.   [461]
Desc.: S; Nc; P; Nt. *Habitat:* 403.
Ke Tz.
Description: 210,461; *Map:* 461.

C. pseudotenuirama Torre   [461]
C. hyssopifolia sensu R.Wilczek [461,467]; *C. lukomae* sensu R.Wilczek,p.p. [461,467].
Desc.: H; Nc; A; Nt. *Habitat:* 205 305 1205.
Ao Ci Cm Et Gh Gn Hv Ke Ml Mw Sd Sn Tz Zm Zr.
Description: 210,461; *Map:* 461.

C. pseudovirgultatis Torre   [461]
Desc.: H/S; Nc; P; K. *Habitat:* 202.
Ao.
Description: 357,461; *Map:* 461; *Illustration:* 357.

C. pterocalyx Harms   [461]
Desc.: H; Nc; P; K. *Habitat:* 1302 1303.
Tz.
Description: 210,461; *Map:* 461; *Illustration:* 461.

C. pteropoda Balf.f.   [90]
Desc.: H; Nc; P; K. *Habitat:* – .
Yd.
Description: 90; *Illustration:* 90.

C. pterospartioides Torre   [461]
Desc.: H; Nc; P; K. *Habitat:* – .
Ao.
Description: 461; *Map:* 461; *Illustration:* 216,357.

C. pudica Polhill   [461]
Desc.: H; Nc; P; Nt. *Habitat:* 202.
Mw Tz.
Description: 461; *Map:* 461.

C. pycnostachya Benth.   [461]
Desc.: H; Nc; A; Nt. *Habitat:* 403 405 416.
Dj Et Ke Sd So Tz Ug.
Description: 210,461; *Map:* 461. *Illustration:* 24,29.

subsp. **donaldsonii** (Baker f.) Polhill [461]
  C. tropeae sensu J.B.Gillett et al. [210,461].
  Desc.: H; Nc; A; Nt. *Habitat:* – .
  Et Ke So.
  Description: 210,461; *Map:* 461.

subsp. **pycnostachya** [461]
  Desc.: H; Nc; A; Nt. *Habitat:* 403 405 416.
  Et Ke Sd So Tz Ug.
  Description: 210,461; *Map:* 461; *Illustration:* 29.

subsp. **tropeae** (Mattei) Polhill [461]
  C. tropeae Mattei [461].
  Desc.: H; Nc; A; Nt. *Habitat:* – .
  Ke So.
  Description: 461; *Map:* 461.

C. pygmaea Polhill [461]
  Desc.: H; Nc; A; K. *Habitat:* 202 205.
  Zm Zr.
  Description: 461; *Map:* 461; *Illustration:* 461.

C. quangensis Taubert [461]
  C. bicolor I.M.Johnston [461]; *C. francoisiana* Duvign. & Timp. [461]; *C. kutchiensis* Baker f. [461]; *C. malangensis* Baker f. [461]; *C. malangensis* var. *capituliformis* R.Wilczek [461]; *C. malangensis* var. *overlaetii* R.Wilczek [461]; *C. mortelmansii* R.Wilczek [461]; *C. mullendersii* R.Wilczek [461]; *C. xassenguensis* Torre [461].
  Desc.: H; Nc; P; Nt. *Habitat:* 202 205.
  Ao Zm Zr.
  Description: 461; *Map:* 461; *Illustration:* 461,467.

C. quarrei Baker f. [461]
  Desc.: H; Nc; A; Nt. *Habitat:* 202 302 1102.
  Ao Bi Cf Cm Td Tz Zm Zr.
  Description: 210,461,467; *Map:* 461.

C. quartiniana A.Rich. [461]
  C. azaisii Sacl. [461]; *C. platycalyx* Baker [461].
  Desc.: H; Nc; P; Nt. *Habitat:* 801 803 816.
  Ao Bi Cm Et Ke Nq Rw Sd Tz Zr; Middle East.
  Description: 210,461,467; *Map:* 461. *Illustration:* 24,461.

C. reclinata Polhill [461]
  Desc.: H; Nc; P; K. *Habitat:* 202 203 205.
  Tz.
  Description: 210,461; *Map:* 461; *Illustration:* 468.

C. recta A.Rich. [461]
  Desc.: H/S; Nc; P; Nt. *Habitat:* 203 206 805 1003 1006 1103 1106 1203 1206.
  Ao Bi Cf Cm Et Ke Mw Mz Nq Rw Sd Sz Tz Ug Za Zm Zr Zw.
  Description: 210,461,467; *Map:* 461. *Illustration:* 461,467,484.

C. recumbens Polhill [461]
  C. decumbens Baker [461].
  Desc.: H; Nc; P; K. *Habitat:* 205.
  Ao.
  Description: 461; *Map:* 461.

C. renierana R.Wilczek [461]
  Desc.: H; Nc; P; K. *Habitat:* 1005.
  Zr.
  Description: 461,467,476; *Map:* 461.

C. reptans Taubert [461]
Desc.: H; Nc; A; Nt. *Habitat:* 202.
Mw Mz Tz Ug Zm Zw.
Description: 210,461; *Map:* 461; *Illustration:* 468.

C. retusa L. [461]
C. tunguensis (Lima) Polhill [461].
Desc.: H; Nc; A; Nt. *Habitat:* 116 1305 1316.
Gh(U) Gm(U) Gn(U) Ke(U) Lr(U) Ml Mz(U) Nq(U) Sl(U) Sn(U) So(U) Tz(U) Ug(U) Yd; Asia.
Description: 210,461,467; *Illustration:* 54,461.

C. rhizoclada Polhill [461]
Desc.: H; Nc; P; Nt. *Habitat:* 403 805.
Ke Tz.
Description: 210,461,468; *Map:* 461. *Illustration:* 210,468.

C. rhodesiae Baker f. [461]
C. natalitia var. *procumbens* Baker f. [461]; *C. natalitia* var. *pseudo-rhodesiae* Merxm. [461].
Desc.: H; Nc; P; Nt. *Habitat:* 202 203 205.
Mw Tz Za Zm Zw.
Description: 210,461; *Map:* 461; *Illustration:* 461.

C. rhynchocarpa Polhill [461]
Desc.: H; Nc; P; Nt. *Habitat:* 1303 1305.
Ke So.
Description: 210,461; *Map:* 461; *Illustration:* 468.

C. rhynchotropioides Baker f. [461]
Desc.: H; Nc; P; K. *Habitat:* 202 205.
Ao.
Description: 461; *Map:* 461.

C. ringoetii Baker f. [461]
Desc.: H; Nc; A; K. *Habitat:* 202.
Mw Mz Tz Zm Zr.
Description: 210,461,467; *Map:* 461.

C. riparia Polhill [461]
Desc.: H; Nc; A; K. *Habitat:* 205.
Zr.
Description: 461; *Map:* 461; *Illustration:* 461.

C. rogersii Baker f. [461]
C. rogersii var. *kilwaensis* R.Wilczek [461].
Desc.: H; Nc; P; Nt. *Habitat:* 202 203 205 206.
Mw Tz Zm Zr Zw.
Description: 210,461,467; *Map:* 461.

C. rosenii (Pax) Polhill [461]
C. bieberi Cuf. [461]; *C. raffillii* Milne-Redh. [461].
Desc.: S; Nc; P; K. *Habitat:* 803 805.
Et.
Description: 24,461; *Map:* 461. *Illustration:* 24,461.

C. rufocaulis Gilli [461]
Desc.: H; Nc; A; Nt. *Habitat:* 403 405.
Et Ke So.
Description: 210,461; *Map:* 461; *Illustration:* 361.

C. rupicola Baker f. [461]
Desc.: H; Nc; A; K. *Habitat:* – .
Zr.
Description: 461,467; *Map:* 461.

C. ruspoliana Chiov. [461]
C. sidamaensis Chiov. [461].
Desc.: H; Nc; A; K. *Habitat:* 805.
Et.
Description: 461; *Map:* 461.

C. sacculata Chiov. [461]
Desc.: H; Nc; P; K. *Habitat:* 405.
Et.
Description: 461; *Map:* 461; *Illustration:* 480.

C. saharae Cosson [461]
Desc.: H; Nc; P; Nt. *Habitat:* 1707.
Dz Eh Ly Ma Ml Mr Ne.
Description: 360,461; *Map:* 332,461. *Illustration:* 461.

C. saltiana Andrews [461]
Desc.: H; Nc; P; Nt. *Habitat:* 403 405 1605.
Dj Et Ke Sd So.
Description: 210,461; *Map:* 461; *Illustration:* 29.

C. sapinii De Wild. [461]
Desc.: H; Nc; P; Nt. *Habitat:* 1002 1005.
Ao Zr.
Description: 461,467; *Map:* 461.

subsp. **kasaiensis** (Wilczek) Polhill [461]
C. kasaiensis R.Wilczek [461].
Desc.: H; Nc; P; K. *Habitat:* 1002 1005.
Zr.
Description: 461,467,476; *Map:* 461.

subsp. **sapinii** [461]
Desc.: H; Nc; P; Nt. *Habitat:* 1002 1005.
Ao Zr.
Description: 461; *Map:* 461.

C. scassellatii Chiov. [461]
C. drummondii Milne-Redh. [461].
Desc.: H/S; Nc; P; Nt. *Habitat:* 403 405 1303 1305.
Ke So.
Description: 210,461; *Map:* 461. *Illustration:* 461,475.

C. schinzii Baker f. [461]
Desc.: H; Nc; P; Nt. *Habitat:* 202 206.
Bw Mz Za Zw.
Description: 461; *Map:* 461.

C. schlechteri Baker f. [461]
Desc.: H; Nc; P; Nt. *Habitat:* 1505.
Mz Za.
Description: 461; *Map:* 461.

C. schliebenii Polhill [461]
Desc.: H; Nc; A; Nt. *Habitat:* 205.
Mz Tz.
Description: 210,461,468; *Map:* 461. *Illustration:* 468.

C. schmitzii R.Wilczek [461]
Desc.: H; Nc; A; K. *Habitat:* 205.
Zr.
Description: 461,467,476; *Map:* 461.

C. seemeniana Harms [461]
Desc.: H; Nc; P; K. *Habitat:* 805.
Tz.
Description: 210,461; *Map:* 461.

C. senegalensis (Pers.) DC. [461]
C. maxillaris sensu auctt. [461]; *C. shamvaensis* sensu Torre [216,461].
Desc.: H; Nc; A; Nt. *Habitat:* 205 206 1605 1606.
Ao Cm Cv Et Ml Mw Mz Ne Nq Sd Sn Td Tz Za Zm Zr Zw; Middle East.
Description: 210,461,467; *Map:* 461. *Illustration:* 461.

C. sengensis Baker f. (provisional) [461]
Desc.: H; Nc; A; K. *Habitat:* – .
Zr.
Description: 461,467; *Map:* 461.

C. serengetiana Polhill [461]
Desc.: H; Nc; A; Nt. *Habitat:* 405.
Ke Tz.
Description: 210,461; *Map:* 461.

C. sericifolia Harms [461]
Desc.: H/S; Nc; P; Nt. *Habitat:* 202.
Ao Na.
Description: 461; *Map:* 461.

C. sertulifera Taubert [461]
Desc.: H; Nc; A; Nt. *Habitat:* 202 205.
Tz Zm Zr.
Description: 210,461,467; *Map:* 461. *Illustration:* 467.

C. sessilis De Wild. [461]
Desc.: H; Nc; A; Nt. *Habitat:* 105 113.
Ao Cg Zr.
Description: 461,467; *Map:* 461; *Illustration:* 116.

C. shirensis (Baker f.) Milne-Redh. [461]
Desc.: H; Nc; A; Nt. *Habitat:* 202 205 302 305.
Ao Bi Cm Ke Mw Mz Tz Zm Zw.
Description: 210,461; *Map:* 461. *Illustration:* 210,461.

C. simoma Polhill [461]
Desc.: H; Nc; A; K. *Habitat:* 202.
Zm.
Description: 461; *Map:* 461; *Illustration:* 461.

C. simulans Milne-Redh. [461]
Desc.: S; Nc; P; K. *Habitat:* – .
Tz.
Description: 210,461; *Map:* 461.

C. singulifloroides R.Wilczek
Desc.: H; Nc; A; K. *Habitat:* – .
Zr.
Description: 461,467,476; *Map:* 461.

C. somalensis Chiov. [461]
Desc.: H; Nc; P; Nt. *Habitat:* 403 405.
Et Ke So.
Description: 210,461; *Map:* 461.

subsp. **fusula** Polhill [461]
Desc.: H; Nc; P; K. *Habitat:* 405.
Et.
Description: 461; *Map:* 461.

subsp. **somalensis** [461]
Desc.: H; Nc; P; Nt. *Habitat:* 403 405.
Ke So.
Description: 210,461; *Map:* 461.

C. sparsifolia Baker [461]
C. katongaensis R.Wilczek [461].
Desc.: H; Nc; A; Nt. *Habitat:* 202.
Mw Mz Tz Zm Zr Zw.
Description: 210,461,467; *Map:* 461.

C. spartea Baker [461]
Desc.: H; Nc; A; Nt. *Habitat:* 205 805 1205.
Ao Bi Cm Mw Nq Tz Za Zm Zr Zw.
Description: 210,461,467; *Map:* 461. *Illustration:* 210,461.

C. spartioides DC. [461]
C. virgultalis sensu auctt.,p.p. [461].
Desc.: S; Nc; P; Nt. *Habitat:* 1402 1403 1405.
Bw Na Za.
Description: 461; *Map:* 461.

C. spathulato-foliolata Torre [461]
Desc.: H; Nc; A; K. *Habitat:* 202.
Ao.
Description: 461; *Map:* 461; *Illustration:* 216,357.

C. spectabilis Roth [461]
C. sericea Retz. [461].
Desc.: H; Nc; A. *Uses:* Green manure; Poison. *Habitat:* Cult.
Ke(I) Ml(I) Tz(I); Asia; Indian Ocean.
Description: 210,461,467.

C. sphaerocarpa DC. [461]
C. cernua Schinz [461].
Desc.: H; Nc; A; Nt. *Habitat:* 205 305 1405 1505.
Ao Bw Cf Ls Ml Mw Mz Na Ne Nq Sd Sn Sz Td Tz Za Zm Zw.
Description: 210,461; *Map:* 461; *Illustration:* 461.

subsp. **polycarpa** (Benth.) Hepper [461]
C. polycarpa Benth. [461].
Desc.: H; Nc; A; K. *Habitat:* – .
Sn.
Description: 461; *Map:* 461.

subsp. **sphaerocarpa** [461]
Desc.: H; Nc; A; Nt. *Habitat:* 205 305 1405 1505.
Ao Bw Cf Ls Ml Mw Mz Na Ne Nq Sd Sn Sz Td Tz Za Zm Zw.
Description: 210,461; *Map:* 461; *Illustration:* 461.

C. spinosa Benth. [461]
Desc.: H/S; Nc; A; Nt. *Habitat:* 205 405 805 1205.
Ao Bi Et Ke Rw Sd Sn Tz Ug Zm Zw.
Description: 210,461; *Map:* 461. *Illustration:* 24,461.

C. stanerana Baker f. [461]
Desc.: S; Nc; P; K. *Habitat*: –.
Zr.
Description: 461,467; *Map*: 461.

C. stenopoda Baker f. [461]
Desc.: H; Nc; A; K. *Habitat*: 604.
Ao.
Description: 461; *Map*: 461.

C. stenoptera Baker [461]
Desc.: H; Nc; P; Nt. *Habitat*: 202 203 205.
Ao Zm Zr.
Description: 461; *Map*: 461.

C. stenorhampha Harms [461]
Desc.: H; Nc; P; Nt. *Habitat*: 305 1105.
Cf Cm Et Sd Ug Zr.
Description: 29,461,467; *Map*: 461. *Illustration*: 24.

C. stenothyrsa Taubert [461]
Desc.: H; Nc; P; Nt. *Habitat*: 1002 1006.
Ao Zr.
Description: 461,467; *Map*: 461.

C. steudneri Schweinf. [461]
Desc.: H; Nc; A; Nt. *Habitat*: –.
Ao Bw Et Mw Mz Na Sd Tz Za Zm Zw.
Description: 210,461; *Map*: 461.

C. stipularia Desv. [461]
C. alata sensu Hepper [212,461].
Desc.: H; Nc; A. *Habitat*: –.
Gh(I); Caribbean; South America.
Description: 461.

C. stolzii (Baker f.) Polhill [461]
C. xanthoclada var. *stolzii* Baker f. [461].
Desc.: H; Nc; P; Nt. *Habitat*: 803 805.
Ke Mw Mz Tz Zr Zw.
Description: 210,461,467; *Map*: 461. *Illustration*: 461.

C. streptorrhyncha Milne-Redh. [461]
Desc.: H; Nc; A; K. *Habitat*: 202.
Zm.
Description: 461; *Map*: 461; *Illustration*: 490.

C. strigulosa Balf.f. [90]
Desc.: H; Nc; P; K. *Habitat*: –.
Yd.
Description: 90; *Illustration*: 90.

C. stuhlmannii Taubert [461]
Desc.: H; Nc; A; Nt. *Habitat*: 402 403 405.
Tz.
Description: 210,461; *Map*: 461.

C. subcaespitosa Polhill [461]
C. caespitosa Baker [461].
Desc.: H; Nc; P; Nt. *Habitat*: 202 805.
Mw Tz.
Description: 461; *Map*: 461.

C. subcalvata Polhill [461]
Desc.: H; Nc; A; K. *Habitat:* 205.
Zr.
Description: 461; *Map:* 461; *Illustration:* 461.

C. subcapitata De Wild. [461]
C. acervata Baker f. [461]; *C. gracilicaulis* Baker f. [461]; *C. lanceolata* var. *malangensis* Baker f. [461]; *C. lathyroides* sensu R.Wilczek [461,467]; *C. longipedunculata* R.Wilczek [461]; *C. lukuluensis* Baker f. [461]; *C. luniemuensis* R.Wilczek [461]; *C. mesoponticoides* R.Wilczek [461]; *C. nicholsonii* Baker f. [461].
Desc.: H; Nc; A; Nt. *Habitat:* 105 205 805 1005 1105.
Ao Cf Cg Cm Gh Mw Mz Nq Tg Tz Ug Zm Zr.
Description: 210,461,467; *Map:* 461.

subsp. **oreadum** (Baker f.) Polhill [461]
C. acervata sensu Hepper [212,461]; *C. oreadum* Baker f. [461].
Desc.: H; Nc; A; Nt. *Habitat:* 805.
Cm Nq.
Description: 461; *Map:* 461.

subsp. **subcapitata** [461]
C. fwamboensis Baker f. [461]; *C. pycnocephala* Baker f. [461]; *C. upembaensis* R.Wilczek [461].
Desc.: H; Nc; A; Nt. *Habitat:* 105 205 305 1005 1105.
Ao Cf Cg Cm Gh Mw Mz Nq Tg Tz Ug Zm Zr.
Description: 210,461; *Map:* 461.

C. subsessilis Harms [461]
Desc.: H; Nc; P; K. *Habitat:* 202.
Ao.
Description: 461; *Map:* 461.

C. subspicata Polhill [461]
Desc.: H; Nc; A; Nt. *Habitat:* 202.
Mw Tz.
Description: 210,461,468; *Map:* 461. *Illustration:* 468.

C. subtilis Polhill [461]
C. axillifloroides var. *gracilis* R.Wilczek [461].
Desc.: H; Nc; A; Nt. *Habitat:* 202.
Zm Zr.
Description: 461; *Map:* 461.

C. sylvicola Baker f. [461]
Desc.: H; Nc; P; Nt. *Habitat:* 202 205.
Ao Zm Zr.
Description: 461; *Map:* 461.

C. szaferana R.Wilczek [461]
C. szaferiana R.Wilczek [461].
Desc.: H; Nc; P; K. *Habitat:* 205.
Zr.
Description: 461,467; *Map:* 461.

C. tabularis Baker f. [461]
Desc.: H/S; Nc; P; Nt. *Habitat:* 803.
Ke Mw Mz Tz Zm.
Description: 28,210,461; *Map:* 461.

C. tamboensis R.Wilczek [461]
Desc.: H; Nc; A; K. *Habitat:* 205.
Zr.
Description: 461,467,476; *Map:* 461. *Illustration:* 467,476.

C. teixeirae Torre [461]
Desc.: H; Nc; A; Nt. *Habitat:* 202 205.
Ao Na.
Description: 461; *Map:* 461; *Illustration:* 461.

C. tenuipedicellata Baker f. [461]
Desc.: H; Nc; A; Nt. *Habitat:* 202.
Zm Zr.
Description: 461,467; *Map:* 461.

C. tenuirama Baker [461]
Desc.: H; Nc; A; Nt. *Habitat:* 202.
Ao Zm Zr.
Description: 461; *Map:* 461.

C. tenuirostrata Polhill [461]
Desc.: H; Nc; P; K. *Habitat:* 202 205 402 405.
Tz.
Description: 210,461,468; *Map:* 461. *Illustration:* 468.

C. teretifolia Milne-Redh. [461]
Desc.: H; Nc; A; Nt. *Habitat:* 202 205.
Mw Mz Tz Zm Zr.
Description: 210,461; *Map:* 461. *Illustration:* 210,461.

C. tetraptera Torre [461]
Desc.: H; Nc; A; K. *Habitat:* 202 203.
Ao.
Description: 461; *Map:* 461; *Illustration:* 216,357.

C. thebaica (Del.) DC. [461]
Desc.: H/S; Nc; P; Nt. *Habitat:* 1605 1707 1716.
Eg Sd Td.
Description: 29,455,461; *Map:* 461. *Illustration:* 461.

C. thomasii Harms [461]
Desc.: H; Nc; P; Nt. *Habitat:* – .
Et Ke So Tz.
Description: 210,461; *Map:* 461.

C. torrei Polhill [461]
Desc.: S; Nc; P; K. *Habitat:* 805.
Mz.
Description: 461; *Map:* 461; *Illustration:* 461.

C. trifoliolata Baker f. [461]
Desc.: H; Nc; K. *Habitat:* – .
Et.
Description: 461; *Map:* 461.

C. trinervia Polhill [461]
Desc.: H; Nc; P; K. *Habitat:* 202.
Zm.
Description: 461; *Map:* 461; *Illustration:* 461.

C. tristis Polhill [461]
Desc.: S; Nc; P; K. *Habitat:* 202.
Zm.
Description: 461; *Map:* 461; *Illustration:* 461.

C. tsavoana Polhill [461]
Desc.: H; Nc; P; Nt. *Habitat:* 403 406.
Ke Tz.
Description: 210,461; *Map:* 461; *Illustration:* 468.

C. uguenensis Taubert [461]
Desc.: H; Nc; A; Nt. *Habitat:* 403 405.
Et Ke Tz Ug.
Description: 210,461; *Map:* 461.

C. ukambensis Vatke [461]
Desc.: H; Nc; A; Nt. *Habitat:* 403.
Ke Tz.
Description: 210,461; *Map:* 461.

C. ukingensis Harms [461]
Desc.: S; Nc; P; K. *Habitat:* 203.
Tz.
Description: 461; *Map:* 461.

C. ulbrichiana Harms [461]
C. barnabassii var. *cunenensis* Torre [461].
Desc.: H; Nc; A; Nt. *Habitat:* 202 203.
Na Zm Zw.
Description: 461; *Map:* 461; *Illustration:* 357.

C. umbellifera R.E.Fries [461]
Desc.: H; Nc; P; K. *Habitat:* 202.
Zm.
Description: 461; *Map:* 461.

C. uncinata Baker [461]
C. nicholsonii sensu Torre,p.p. [461].
Desc.: H; Nc; A; Nt. *Habitat:* 202 203 205.
Ao.
Description: 461; *Map:* 461.

C. uncinella Lam. [461]
C. fischeri Taubert [461]; *C. madecassa* R.Viguier [461].
Desc.: H/S; Nc; P; Nt. *Habitat:* – .
Mz Tz; Indian Ocean.
Description: 210,461; *Map:* 461; *Illustration:* 469.

C. unicaulis Bullock [461]
C. tabularis sensu Torre [216,461].
Desc.: H; Nc; P; Nt. *Habitat:* 202.
Ao Zm.
Description: 461; *Map:* 461; *Illustration:* 471.

C. vagans Polhill [461]
Desc.: H; Nc; A; Nt. *Habitat:* 302.
Cm Ml Nq.
Description: 461; *Map:* 461; *Illustration:* 461.

C. valida Baker [461]
Desc.: H/S; Nc; P; Nt. *Habitat:* 202 805.
Mw Tz Zm Zr Zw.
Description: 210,461,467; *Map:* 461.

C. vallicola Baker f. [461]
C. oxthoibos Baker f. & Martin [461].
Desc.: H; Nc; A; Nt. *Habitat:* 205 805 1205.
Ke Rw Sd Tz Ug Zr.
Description: 210,461,467; *Map:* 461. *Illustration:* 210,461.

C. vandenbrandii R.Wilczek [461]
Desc.: H; Nc; A; Nt. *Habitat:* 202 805.
Tz Zm Zr.
Description: 461; *Map:* 461.

C. vanderystii R.Wilczek [461]
Desc.: H; Nc; P; K. *Habitat:* 1006.
Zr.
Description: 461,467,476; *Map:* 461.

C. vanmeelii R.Wilczek [461]
Desc.: H; Nc; A; K. *Habitat:* 202.
Tz Zm.
Description: 210,461; *Map:* 461.

C. varicosa Polhill [461]
Desc.: H; Nc; P; K. *Habitat:* 1205.
Tz.
Description: 210,461; *Map:* 461; *Illustration:* 468.

C. variegata Baker [461]
 C. gweloensis (Baker f.) Milne-Redh. [461]; *C. thaumasiophylla* Harms [461]; *C. variegata* var. *humpatensis* Torre [461].
Desc.: H; Nc; P; Nt. *Habitat:* 202 206.
Ao Mw Mz Tz Zm Zr Zw.
Description: 210,461,467; *Map:* 461. *Illustration:* 357.

C. variifolia Polhill [461]
Desc.: H; Nc; P; K. *Habitat:* 805.
Tz.
Description: 210,461; *Map:* 461; *Illustration:* 468.

C. vasculosa Benth. [461]
 C. rufocarpa Gilli [461].
Desc.: H; Nc; A; Nt. *Habitat:* 205 206 1205 1206 1305 1306 1505 1506.
Ke Mw Mz Tz Ug Za Zw.
Description: 210,461; *Map:* 461; *Illustration:* 361.

C. vatkeana Engl. [461]
Desc.: H; Nc; A; Nt. *Habitat:* 803 805.
Et Ke Sd Tz.
Description: 210,461; *Map:* 461.

C. verdcourtii Polhill [461]
Desc.: H; Nc; P; Nt. *Habitat:* 405.
Et Ke Sd.
Description: 210,461; *Map:* 461; *Illustration:* 468.

C. verrucosa L. [461]
Desc.: H; Nc; A. *Uses:* Green manure. *Habitat:* Cult.
Nq(I) Sl(I) Tz(I) Ug(I); Asia.
Description: 210,461.

C. vialettei Battand. [461]
Desc.: H; Nc; P; K. *Habitat:* 1707.
Dz.
Description: 360,461; *Map:* 461; *Illustration:* 461.

C. vialis Milne-Redh. [461]
Desc.: H; Nc; A; K. *Habitat:* 216.
Tz.
Description: 210,461; *Map:* 461.

C. virgulata Klotzsch [461]
   Desc.: H; Nc; A; Nt. *Habitat:* 202 203 205 1302 1303 1305 1502 1503 1505.
   Bw Mw Mz Sz Tz Za Zm Zr Zw.
   Description: 210,461; *Map:* 461; *Illustration:* 461.

   subsp. **forbesii** (Baker) Polhill [461]
      C. aculeata sensu Brenan,p.p. [297,461]; *C. forbesii* Baker [461].
      Desc.: H; Nc; A; Nt. *Habitat:* 202 203 205 1302 1303 1305.
      Mw Mz Tz.
      Description: 461; *Map:* 461; *Illustration:* 461.

   subsp. **grantiana** (Harvey) Polhill [461]
      C. grantiana Harvey [461].
      Desc.: H; Nc; A; Nt. *Habitat:* 202 203 205 1302 1303 1305 1502 1503 1505.
      Bw Mz Sz Za Zw.
      Description: 461; *Map:* 461; *Illustration:* 461.

   subsp. **longistyla** (Baker f.) Polhill [461]
      C. longistyla Baker f. [461].
      Desc.: H/S; Nc; A; Nt. *Habitat:* 202 203 205.
      Zw.
      Description: 461; *Map:* 461; *Illustration:* 461.

   subsp. **pauciflora** (Baker) Polhill [461]
      C. forbesii var. *vanmeelii* R.Wilczek [461]; *C. pauciflora* Baker [461].
      Desc.: H; Nc; A; Nt. *Habitat:* 202 203 205.
      Mw Tz Zm Zr.
      Description: 461; *Map:* 461; *Illustration:* 461.

   subsp. **virgulata** [461]
      Desc.: H; Nc; A; Nt. *Habitat:* 202 203 205.
      Mz Zm Zw.
      Description: 461; *Map:* 461; *Illustration:* 461.

C. virgultatis DC. [461]
   Desc.: S; Nc; P; Nt. *Habitat:* 1405.
   Na Za.
   Description: 461; *Map:* 461.

C. welwitschii Baker [461]
   Desc.: H; Nc; P; K. *Habitat:* – .
   Ao.
   Description: 461; *Map:* 461; *Illustration:* 357.

C. wilczekiana Timp. [461]
   Desc.: H; Nc; A; K. *Habitat:* 202.
   Zr.
   Description: 461,489; *Map:* 461.

C. youngii Baker f. [461]
   Desc.: H; Nc; P; K. *Habitat:* 202 203.
   Ao.
   Description: 461; *Map:* 461.

C. zanzibarica Benth. [461]
   C. cleomoides Klotzsch (suspected synonym) [461]; *C. thomensis* Baker f. [461].
   Desc.: H; Nc; A; Nt. *Habitat:* 205 1305 Cult.
   Ke(I) Mz St(I) Tz.
   Description: 210,461; *Map:* 461. *Illustration:* 210,461.

DICHILUS DC.

D. gracilis Ecklon & Zeyher [222]
Desc.: H/S; Nc; P. *Habitat:* – .
Za.
Description: 222.

D. lebeckioides DC. [222]
Desc.: H/S; Nc; P. *Habitat:* – .
Na Sz Za.
Description: 222.

D. pilosus Schinz [272]
Desc.: - *Habitat:* – .
Za.

D. strictus E.Meyer [222]
Desc.: H/S; Nc; P. *Habitat:* – .
Ls Za.
Description: 222.

LEBECKIA Thunb.

L. acanthoclada Dinter [232]
L. spathulifolia Dinter [232].
Desc.: S; Nc; P; K. *Habitat:* – .
Na.

L. ambigua E.Meyer [232,278]
Desc.: H/S; Nc; P. *Habitat:* – .
Za.
Description: 222.

L. bowieana Benth. [495]
Desc.: S; Nc; P; K. *Habitat:* – .
Za.
Description: 222,495; *Map:* 495; *Illustration:* 495.

L. carnosa (E.Meyer) Druce [279]
L. candolleana Walp. .
Desc.: H/S; Nc; P. *Habitat:* – .
Za.
Description: 222.

L. cinerea E.Meyer [232]
Desc.: S; Nc; P. *Habitat:* – .
Na Za.
Description: 222.

L. contaminata (L.) Thunb. (provisional) [278]
Desc.: H; Nc; P. *Habitat:* – .
Za.

L. cytisoides Thunb. [278]
L. capensis (L.) Druce [278,496].
Desc.: S; Nc; P. *Habitat:* – .
Za.
Description: 222; *Illustration:* 397,411.

L. densa Thunb. [278]
Desc.: S; Nc; P. *Habitat:* – .
Za.

L. dinteri Harms [278]
L. candicans Dinter [278].
Desc.: S; Nc; P. *Habitat:* – .
Na.

L. fasciculata Benth. [495]
Desc.: S; Nc; P; K. *Habitat:* – .
Za.
Description: 495; *Map:* 495; *Illustration:* 495.

L. gracilis Ecklon & Zeyher [8]
Desc.: H/S; Nc; P. *Habitat:* – .
Za.

L. grandiflora Benth. [278]
Desc.: H/S; Nc; P. *Habitat:* – .
Za.
Description: 222.

L. halenbergensis Merxm. & A.Schreiber [232]
Desc.: S; Nc; P. *Habitat:* – .
Na.
Description: 367.

L. humilis Thunb. [222]
Desc.: S; Nc; P. *Habitat:* – .
Za.
Description: 222.

L. inflata Bolus [222,278]
Desc.: H/S; Nc; P. *Habitat:* – .
Za.
Description: 497; *Illustration:* 497.

L. leipoldtiana R.Dahlgren [495]
Desc.: S; Nc; P. *Habitat:* – .
Za.
Description: 495; *Map:* 495; *Illustration:* 495.

L. leptophylla Benth. [278]
Desc.: H/S; Nc; P. *Habitat:* – .
Za.
Description: 222.

L. leucoclada Schltr. [381]
Desc.: - *Habitat:* – .
Za.
Description: 381.

L. linearifolia E.Meyer [232]
Desc.: S; Nc; P. *Habitat:* – .
Na Za.
Description: 222.

L. longipes Bolus [278]
Desc.: H/S; Nc; P. *Habitat:* – .
Za.
Description: 498; *Illustration:* 278.

L. lotononoides Schltr. [381]
Desc.: - *Habitat:* – .
Za.
Description: 381.

L. macowanii T.M.Salter [278]
Desc.: H/S; Nc; P. *Habitat:* – .
Za.
Description: 499; *Illustration:* 499.

L. macrantha Harvey [222,499]
Desc.: S; Nc; P. *Habitat:* – .
Za.
Description: 222.

L. marginata E.Meyer (provisional) [222]
Desc.: - *Habitat:* – .
Za.
Description: 222.

L. melilotoides R.Dahlgren [500]
Desc.: H/S; Nc; P. *Habitat:* – .
Za.
Description: 500; *Map:* 500; *Illustration:* 500.

L. meyeriana Ecklon & Zeyher [278]
Desc.: H; Nc; P. *Habitat:* – .
Za.
Description: 222.

L. microphylla E.Meyer [222]
Desc.: S; Nc; P. *Habitat:* – .
Za.
Description: 222.

L. mucronata Benth. [222]
Desc.: H/S; Nc; P. *Habitat:* – .
Za.
Description: 222.

L. multiflora E.Meyer [278]
Aspalathus caerulescens E.Meyer [8]; *Buchenroedera caerulescens* (E.Meyer) Presl [8]; *Buchenroedera glabriflora* N.E.Br. [8].
Desc.: H/S; Nc; P. *Habitat:* – .
Na Za.
Description: 222.

L. obovata Schinz [232]
Desc.: S; Nc; P. *Habitat:* – .
Na.

L. parvifolia (Schinz) Harms (provisional) [41]
Desc.: - *Habitat:* – .

L. pauciflora Ecklon & Zeyher [278]
Desc.: H/S; Nc; P. *Habitat:* 504.
Za.
Description: 222.

L. plukenetiana E.Meyer [278]
Desc.: H; Nc; P. *Habitat:* – .
Za.
Description: 222; *Illustration:* 396.

L. psiloloba Walp. [278]
L. cuspidosa (DC.) Skeels
Desc.: S; Nc; P. *Habitat:* – .
Za.
Description: 222,278.

L. pungens Thunb. [278]
Desc.: S; Nc; P. *Habitat:* – .
Za.
Description: 222.

L. schlechteriana Schinz (provisional) [8]
Desc.: - *Habitat:* – .

L. sepiaria (L.) Thunb. [278]
Desc.: H; Nc; P. *Habitat:* 504.
Za.
Description: 222.

L. sericea Thunb. [278]
Desc.: S; Nc; P. *Habitat:* 604.
Za.
Description: 222; *Illustration:* 411.

L. sessilifolia (Ecklon & Zeyher) Benth. [495]
Desc.: S; Nc; P. *Habitat:* 504.
Za.
Description: 222,495; *Map:* 495; *Illustration:* 495.

L. simsiana Ecklon & Zeyher [278]
Desc.: H/S; Nc; P. *Habitat:* – .
Za.
Description: 222; *Illustration:* 399,411.

L. spinescens Harvey [232]
L. armata E.Meyer [501]; *L. elongata* Hutch. [501].
Desc.: S; Nc; P. *Habitat:* – .
Na Za.
Description: 222.

L. subnuda DC. (provisional) [232]
Desc.: - *Habitat:* – .
Za.
Description: 222.

L. subsecunda Gand. (provisional) [502]
Desc.: H; Nc; P. *Habitat:* – .
Za.
Description: 502.

L. wrightii (Harvey) Bolus [278]
Lotononis wrightii Harvey [498].
Desc.: H/S; Nc; P. *Habitat:* – .
Za.
Description: 498; *Illustration:* 498.

LOTONONIS (DC.) Ecklon & Zeyher
See Ref.522, but this is very out-of-date.

L. acuminata Ecklon & Zeyher [279]
Desc.: H; Nc; P. *Habitat:* – .
Za.

L. adpressa N.E.Br. [522]
Desc.: - *Habitat:* – .
Za.

L. affinis Burtt Davy [247]
 Desc.: H; Nc; P. Habitat: 1405.
 Za.
 Description: 247.

L. ambigua Dummer [522]
 Desc.: H; Nc; P. Habitat: – .
 Za.
 Description: 522.

L. angolensis Baker [522]
 Desc.: H; Nc; P; Nt. Habitat: 305 805 816.
 Ao Bi Cm Ke Mw Mz Tz Ug Zm Zr Zw.
 Description: 210,467.

L. angustifolia (E.Meyer) Steudel [279]
 Desc.: H; Nc; P. Habitat: – .
 Za.
 Description: 483; Illustration: 396.

L. anthylloides Harvey [522]
 Desc.: H; Nc; P. Habitat: – .
 Za.

L. arenicola De Wild. [461]
 Crotalaria arenicola (De Wild.) Dummer [461].
 Desc.: H; Nc; A. Habitat: – .
 Za.
 Description: 523; Illustration: 523.

L. argentea Ecklon & Zeyher [522]
 L. argentae Ecklon & Zeyher [278].
 Desc.: H; Nc; P. Habitat: – .
 Za.

L. argyrella MacOwan [279]
 Desc.: - Habitat: – .
 Za.

L. arida Dummer [522]
 Desc.: H; Nc; P. Habitat: – .
 Za.
 Description: 522.

L. azurea Benth. [522]
 Desc.: H; Nc; P. Habitat: – .
 Za.
 Illustration: 524.

L. bachmanniana Dummer [522]
 Desc.: H; Nc; P. Habitat: – .
 Za.
 Description: 522.

L. bainesii Baker [279]
 Amphinomia bainesii (Baker) A.Schreiber [279].
 Desc.: H; Nc; A; Nt. Uses: Livestock fodder. Habitat: – .
 Bw Ke(I) Na Za Zw(I); Australasia.
 Description: 232.

L. barberae Dummer [522]
Desc.: H; Nc; P. Habitat: – .
Za.
Description: 522.

L. basutica E.Phillips [279]
Desc.: H; Nc; P; K. Habitat: – .
Ls.

L. benthamiana Dummer [522]
Desc.: - Habitat: – .
Za.
Description: 522.

L. biflora (Bolus) Dummer [522]
Desc.: - Habitat: – .
Za.

L. bolusii Dummer [522]
Desc.: H; Nc; P. Habitat: – .
Za.
Description: 522.

L. brachyantha Harms [232]
Amphinomia brachyantha (Harms) A.Schreiber [232].
Desc.: H; Nc; P; K. Habitat: – .
Na.
Description: 232.

L. brachyloba Benth. [522]
Desc.: H; Nc; A. Habitat: – .
Za.

L. brierleyae Baker f. [525]
Desc.: S; Nc; P. Habitat: – .
Za.
Description: 525.

L. bullonii Emb. & Maire [454]
Amphinomia bullonii (Emb. & Maire) Font Quer & Rothm. [526].
Desc.: H/S; Nc; P; K. Habitat: 701 703.
Ma.
Description: 526.

L. burchellii Benth. [522]
Desc.: H; Nc; P. Habitat: – .
Za.

L. calycina (E.Meyer) Benth. [522]
Desc.: H; Nc; P; Nt. Habitat: – .
Ls Na Za.
Description: 232.

L. carinalis Harvey [522]
Desc.: - Habitat: – .
Za.

L. carinata Benth. [522]
Desc.: - Habitat: – .
Za.

L. carnosa Benth. [522]
Desc.: - Habitat: - .
Za.

L. clandestina (E.Meyer) Benth. [522]
Desc.: H; Nc; P; Nt. *Habitat: - .*
Na Za.
Description: 232.

L. corymbosa Benth. [522]
Desc.: H; Nc; P; Nt. *Habitat:* 1405.
Sz Za.
Description: 233.

L. crumanina Benth. [522]
Desc.: H; Nc; P; Nt. *Habitat: - .*
Bw Na Za.
Description: 232.

L. curtii Harms [232]
Amphinomia curtii (Harms) A.Schreiber [232].
Desc.: H; Nc; A; K. *Habitat: - .*
Na.
Description: 232.

L. cytisoides Benth. [522]
Desc.: - Habitat: - .
Ls Za.

L. debilis Benth. [522]
Desc.: H; Nc; P. *Habitat: - .*
Za.

L. delicata (Baker f.) Polhill [461]
Crotalaria delicata Baker f. [461].
Desc.: H; Nc; A; K. *Habitat: - .*
Ao.
Description: 523; *Illustration:* 523.

L. delicatula De Wild. [523]
Desc.: - Habitat: - .
Za.
Description: 523; *Illustration:* 523.

L. depressa Ecklon & Zeyher [522]
Desc.: S; Nc; P. *Habitat: - .*
Za.

L. dichiloides Sonder [522]
Desc.: H; Nc; P. *Habitat: - .*
Za.

L. dieterlenii E.Phillips [279]
Desc.: H; Nc; P; K. *Habitat: - .*
Ls.

L. digitata Harvey [522]
Desc.: - Habitat: - .
Za.

L. divaricata (Ecklon & Zeyher) Benth. [522]
   L. genuflexa Benth. [522].
   Desc.: S; Nc; P; Nt. *Habitat:* – .
   Ls Za.

L. dregeana Dummer [522]
   Desc.: H; Nc; P. *Habitat:* – .
   Za.
   Description: 522.

L. eriantha Benth. [522]
   Desc.: H; Nc; P. *Habitat:* 1405.
   Ls Sz Za.
   Description: 233.

L. erisemoides (Ficalho & Hiern) Torre [216]
   Crotalaria erisemoides Ficalho & Hiern [216]; *L. eriosemoides* (Ficalho & Hiern) Torre
   Desc.: H; Nc; P. *Habitat:* – .
   Ao.

L. evansiana Burtt Davy [247]
   Desc.: H; Nc; P. *Habitat:* 1405.
   Za.
   Description: 247.

L. exstipulata L.Bolus [278]
   Desc.: H; Nc; P. *Habitat:* – .
   Za.

L. falcata (E.Meyer) Benth. [522]
   Amphinomia decipiens (E.Meyer) A.Schreiber [232]; *L. decipiens* De Wild. [232].
   Desc.: H; Nc; P; Nt. *Habitat:* – .
   Na Za.
   Description: 232,523; *Illustration:* 523.

L. flava Dummer [522]
   Desc.: H; Nc; P. *Habitat:* – .
   Za.
   Description: 522.

L. florifera Dummer [522]
   Desc.: H; Nc; P. *Habitat:* – .
   Sz Za.
   Description: 233,522.

L. foliosa Bolus [522]
   Desc.: H; Nc; P. *Habitat:* – .
   Ls Sz Za.
   Description: 233.

L. furcata (Merxm. & A.Schreiber) A.Schreiber [232]
   Amphinomia furcata Merxm. & A.Schreiber [232].
   Desc.: H; Nc; P. *Habitat:* – .
   Na.
   Description: 232,367.

L. galpinii Dummer [522]
   Desc.: - *Habitat:* 805.
   Ls Za.
   Description: 522.

L. gracilis Benth. [522]
  Desc.: S; Nc; P. *Habitat:* – .
  Za.

L. grandis Dummer & Jennings [522]
  Desc.: H; Nc. *Habitat:* – .
  Za.
  Description: 522.

L. hirsuta Schinz [522]
  Desc.: H; Nc; P. *Habitat:* – .
  Za.

L. humifusa Benth. [522]
  Desc.: - *Habitat:* – .
  Za.

L. humilior Dummer [522]
  Desc.: - *Habitat:* – .
  Za.

L. involucrata (Bergius) Benth. [522]
  Desc.: H; Nc; P. *Habitat:* – .
  Za.
  Description: 522; *Illustration:* 524.

L. lanceolata Benth. [522]
  Desc.: H; Nc; P. *Habitat:* – .
  Ls Za.

L. laxa Ecklon & Zeyher [522]
  Desc.: H; Nc; P; Nt. *Habitat:* 803 805.
  Et Ke Ls Mw Sz Tz Ug Za Zw.
  Description: 24,210; *Illustration:* 24,210.

L. lenticula (E.Meyer) Benth. [527]
  Desc.: - *Habitat:* – .
  Za.

L. leptoloba Bolus [232]
  Amphinomia leptoloba (Bolus) A.Schreiber [232].
  Desc.: H; Nc; A; Nt. *Habitat:* – .
  Na Za.
  Description: 232.

L. leucoclada (Schltr.) Dummer [522]
  Desc.: S; Nc; P. *Habitat:* – .
  Za.
  Illustration: 522.

L. listii Polhill [279,528]
  Listia heterophylla E.Meyer [279].
  Desc.: H; Nc; P; Nt. *Habitat:* – .
  Mz Za Zm Zw.
  Description: 247; *Illustration:* 528.

L. listioides Dinter & Harms [232]
  Amphinomia listioides (Dinter & Harms) A.Schreiber [232].
  Desc.: H; Nc; A; K. *Habitat:* – .
  Na.
  Description: 232.

L. longiflora Bolus [522]
Desc.: S; Nc; P. *Habitat:* – .
Za.

L. lupinifolia (Boiss.) Benth. [454]
Amphinomia lupinifolia (Boiss.) Pau [526].
Desc.: H; Nc; P; Nt. *Habitat:* – .
Dz Ma; Europe.
Description: 526; *Illustration:* 524,526.

L. macra Schltr. [522]
L. maira K.Schum. [522].
Desc.: H; Nc; P. *Habitat:* – .
Za.

L. macrocarpa Ecklon & Zeyher [522]
Desc.: H; Nc; P. *Habitat:* – .
Za.

L. macrosepala Conrath [522]
Desc.: - *Habitat:* – .
Za.

L. maculata Dummer [522]
Desc.: H; Nc; P. *Habitat:* – .
Za.
Description: 522.

L. magnistipulata Dummer [522]
Desc.: H; Nc; P. *Habitat:* – .
Za.
Description: 522.

L. marlothii Engl. [522]
Desc.: H; Nc; P. *Habitat:* – .
Ls Za.

L. maroccana Ball [522]
Amphinomia maroccana (Ball) Font Quer & Rothm. [526].
Desc.: H; Nc; P. *Habitat:* 1803 1805.
Ma.
Description: 456,526.

L. maximiliani De Wild. [522]
L. maximiliana Schltr. [279].
Desc.: H; Nc; A. *Habitat:* – .
Za.
Description: 523; *Illustration:* 523.

L. micrantha (E.Meyer) Benth. (provisional) [279]
Desc.: H; Nc; P. *Habitat:* – .
Za.

L. microphylla Harvey [522]
Desc.: H/S; Nc; P. *Habitat:* – .
Za.

L. minor Dummer & Jennings [522]
Desc.: H; Nc; P. *Habitat:* – .
Za.
Description: 522.

L. mirabilis Dinter [232]
Amphinomia mirabilis (Dinter) A.Schreiber [232].
Desc.: H/S; Nc; P; K. *Habitat*: – .
Na.
Description: 232.

L. mollis Benth. [522]
Desc.: - *Habitat*: – .
Za.

L. monophylla Harvey [522]
Desc.: H; Nc; P. *Habitat*: – .
Za.

L. mucronata Conrath [522]
L. gerrardii Dummer [327,522].
Desc.: H; Nc; P. *Habitat*: – .
Sz Za.
Description: 233.

L. myriantha Baker [279]
Desc.: H; Nc; P. *Habitat*: – .
Za.

L. namaquensis Bolus [461]
Crotalaria namaquensis (Bolus) Dummer [461].
Desc.: - *Habitat*: – .

L. neglecta Dummer [522]
Desc.: H; Nc; P. *Habitat*: – .
Za.
Description: 522.

L. newtonii Dummer [522]
Desc.: H; Nc; A. *Habitat*: – .
Ao.
Description: 522.

L. ornata Dummer [522]
Desc.: H; Nc; P. *Habitat*: – .
Ls Za.
Description: 522.

L. orthorrhiza Conrath [522]
Desc.: - *Habitat*: – .
Za.

L. oxyptera (E.Meyer) Benth. [278]
Crotalaria oxyptera E.Meyer [278,522].
Desc.: H; Nc; P. *Habitat*: – .
Za.
Description: 483.

L. pallens Benth. [522]
Desc.: H; Nc; P. *Habitat*: – .
Za.

L. pallidirosea Dinter & Harms [232]
Amphinomia pallidirosea (Dinter & Harms) A.Schreiber [232].
Desc.: H; Nc; P. *Habitat*: – .
Na.
Description: 232.

L. parviflora Burtt Davy   [247]
Desc.: H; Nc; P. *Habitat*: –.
Za.
Description: 247.

L. pauciflora Dummer   [522]
Desc.: - *Habitat*: –.
Za.
Description: 522.

L. peduncularis Benth.   [522]
Desc.: H; Nc; P. *Habitat*: –.
Za.
Description: 483; *Illustration*: 396,524.

L. pentaphylla Benth.   [522]
Desc.: - *Habitat*: –.
Za.

L. perplexa (E.Meyer) Ecklon & Zeyher   [278]
Desc.: H; Nc; P. *Habitat*: –.
Za.
Description: 483.

L. platycarpa (Viv.) Pichi-Serm.   [454]
Amphinomia dinteri (Schinz) A.Schreiber [232]; *Amphinomia lotoidea* (Del.) Maire [526]; *Amphinomia platycarpa* (Viv.) Cuf. [232]; *L. abyssinica* Kotschy [232]; *L. dichotoma* (Del.) Boiss. [526]; *L. dinteri* Schinz [232]; *L. leobordea* Benth. [232]; *L. lotoidea* Del. [526]; *L. platycarpos* (Viv.) Pichi-Serm. [279].
Desc.: H; Nc; A; Nt. *Habitat*: 405 416 604 1805.
Ao Cf Cv Dj Dz Eg Et Ke Ly Ma Mr Na Sd Td Tz Ug Za Zw; Asia; Middle East.
Description: 210,368,526; *Illustration*: 210,368,529.

L. polycephala Benth.   [522]
Desc.: - *Habitat*: –.
Za.

L. pottiae Burtt Davy   [247]
Desc.: S; Nc; P. *Habitat*: –.
Za.
Description: 247.

L. procumbens Bolus   [522]
Desc.: H; Nc; P. *Habitat*: –.
Za.

L. prostrata (L.) Benth.   [522]
Desc.: H; Nc; P. *Habitat*: –.
Za.
Description: 483; *Illustration*: 396.

L. pseudodelicata (Torre) Polhill   [461]
Crotalaria pseudodelicata Torre [461].
Desc.: H; Nc; A; K. *Habitat*: –.
Ao.
Description: 357; *Illustration*: 357.

L. pulchra Dummer   [522]
Desc.: H; Nc; P. *Habitat*: –.
Sz Za.
Description: 522.

L. pumila Ecklon & Zeyher [522]
Desc.: H/S; Nc; P. *Habitat:* –.
Za.

L. pungens Ecklon & Zeyher [522]
Desc.: H; Nc; P. *Habitat:* –.
Za.

L. pusilla Dummer [522]
Desc.: H; Nc; P. *Habitat:* –.
Za.
Description: 522.

L. quinata Benth. [522]
Desc.: - *Habitat:* –.
Za.

L. rabenaviana Dinter & Harms [232]
Amphinomia rabenaviana (Dinter & Harms) A.Schreiber [232]; *L. oocarpa* Wilman (suspected synonym) [232].
Desc.: H; Nc; P; K. *Habitat:* –.
Na.
Description: 232.

L. rara Dummer [522]
Desc.: H; Nc; P. *Habitat:* –.
Za.
Description: 522.

L. rehmannii Dummer [522]
Desc.: H; Nc; P. *Habitat:* –.
Ls Za.

L. rigida Benth. [522]
Desc.: S; Nc; P. *Habitat:* –.
Za.

L. rosea Dummer [522]
Desc.: H; Nc; A. *Habitat:* –.
Za.
Description: 522.

L. sabulosa T.M.Salter [278]
Desc.: H; Nc; P. *Habitat:* –.
Za.
Description: 483.

L. schonfelderi (Merxm. & A.Schreiber) A.Schreiber [232]
Amphinomia schonfelderi Merxm. & A.Schreiber [232].
Desc.: H; Nc; P; Nt. *Habitat:* –.
Bw Na.
Description: 232,367.

L. schwansiana Dinter (provisional) [279]
Desc.: - *Habitat:* –.
Za.

L. sericoflora Dummer [522]
Desc.: H; Nc; P. *Habitat:* –.
Za.
Description: 522.

L. sericophylla Benth. [522]
Desc.: - Habitat: - .
Ls Za.

L. serpens (E.Meyer) R.Dahlgren [279]
Crotalaria serpens E.Meyer [279]; *Euchlora hirsuta* (Thunb.) Druce [524]; *Euchlora serpens* (E.Meyer) Ecklon & Zeyher [524].
Desc.: H; Nc; P; Nt. *Habitat:* 504 604.
Za.
Description: 483,524; *Map:* 524; *Illustration:* 524.

L. serpentinicola H.Wild [530]
Desc.: H; Nc; A; K. *Habitat:* 205 206.
Zw.
Description: 530.

L. solitudinis Dummer [522]
Desc.: H; Nc; P. *Habitat:* - .
Za.
Description: 522.

L. speciosa Hutch. [279]
Desc.: H/S; Nc; P. *Habitat:* - .
Za.

L. spicata Compton [279]
Desc.: H; Nc; P; K. *Habitat:* 1405.
Sz.
Description: 233.

L. steingroeveriana Dummer [522]
L. clandestina var. *steingroeveriana* Schinz [522].
Desc.: - Habitat: - .
Bw Za.

L. stipulosa Baker f. [232]
Amphinomia stipulosa (Baker f.) A.Schreiber [232].
Desc.: - Habitat: - .
Na Zw.
Description: 232.

L. stolzii Harms [210]
Desc.: H; Nc; P; Nt. *Habitat:* 805.
Mw Tz.
Description: 210.

L. strigillosa (Merxm. & A.Schreiber) A.Schreiber [232]
Amphinomia strigillosa Merxm. & A.Schreiber [232].
Desc.: H; Nc; K. *Habitat:* - .
Na.
Description: 232,367.

L. sutherlandii Dummer [522]
Desc.: H; Nc; P. *Habitat:* - .
Za.
Description: 522.

L. tapetiformis Emb. & Maire [454]
Amphinomia tapetiformis (Emb. & Maire) Maire [526].
Desc.: H/S; Nc; P; K. *Habitat:* 1804.
Ma.
Description: 526; *Illustration:* 526.

L. tenella Ecklon & Zeyher [522]
Desc.: H; Nc; P. *Habitat*: –.
Ls Za.
Illustration: 524.

L. tenuifolia (Ecklon & Zeyher) Dummer [522]
L. involucrata Benth.,p.p. [522].
Desc.: H; Nc; P. *Habitat*: –.
Za.
Description: 522.

L. tenuipes Burtt Davy [247]
Desc.: H; Nc; P. *Habitat*: –.
Za.
Description: 247.

L. tenuis Baker [522]
Desc.: H; Nc; A; K. *Habitat*: –.
Ao.

L. transvaalensis Dummer [522]
Desc.: H; Nc; P. *Habitat*: –.
Za.
Description: 522.

L. trichopoda (E.Meyer) Benth. [522]
Desc.: H; Nc; P. *Habitat*: –.
Za.

L. trisegmentata E.Phillips [279]
Desc.: - *Habitat*: –.
Ls Za.

L. umbellata (L.) Benth. [522]
Desc.: H; Nc; P. *Habitat*: –.
Za.
Description: 483; *Illustration*: 396.

L. varia (E.Meyer) Steud. [522]
Desc.: H/S; Nc; P. *Habitat*: –.
Za.

L. versicolor Benth. [522]
Desc.: H; Nc; P. *Habitat*: –.
Ls Za.

L. viborgioides Benth. [522]
Desc.: H/S; Nc; P. *Habitat*: –.
Za.

L. villosa Benth. [522]
Desc.: H; Nc; P. *Habitat*: –.
Za.

L. wilmsii Dummer [522]
Desc.: H; Nc; P. *Habitat*: –.
Za.
Description: 522.

L. woodii Bolus [522]
L. montana Schinz [359]; *L. schlechteri* Schinz [522].
Desc.: - *Habitat*: –.
Ls Za.

L. wyliei J.M.Wood [522]
Desc.: - Habitat: -.
Za.

L. sp. A.Schreiber (provisional) [232]
Desc.: H; Nc. *Habitat: -.*
Na.
Description: 232.

MELOLOBIUM Ecklon & Zeyher

M. accedens Burtt Davy [247]
Desc.: H; Nc; P. *Habitat: -.*
Za.
Description: 247.

M. adenodes Ecklon & Zeyher [278]
Desc.: H/S; Nc; P. *Habitat: -.*
Na Za.
Description: 222.

M. aethiopicum (L.) Druce [278]
M. cernuum Ecklon & Zeyher [8].
Desc.: H/S; Nc; P. *Habitat: -.*
Za.
Description: 222.

M. alpinum Ecklon & Zeyher [278,327]
Desc.: H/S; Nc; P. *Habitat: -.*
Ls Za.
Description: 222.

M. burchellii N.E.Br. [279]
Desc.: S; Nc; P. *Habitat: -.*
Za.
Description: 503.

M. calycinum Benth. [222]
Desc.: H/S; Nc; P. *Habitat: -.*
Za.
Description: 222.

M. canaliculatum (E.Meyer) Benth. (provisional) [222]
Desc.: H/S; Nc; P. *Habitat: -.*
Za.
Description: 222.

M. candicans (E.Meyer) Ecklon & Zeyher [222]
Desc.: H/S; Nc; P; Nt. *Habitat: -.*
Bw Na Za.
Description: 222.

M. canescens (E.Meyer) Benth. [222]
Desc.: H/S; Nc; P. *Habitat: -.*
Za.
Description: 222.

M. decorum Dummer (provisional) [8]
Desc.: S; Nc; P. *Habitat: -.*
Za.
Description: 504.

M. decumbens (E.Meyer) Burtt Davy [232]
M. microphyllum var. *decumbens* Harvey [247]; *M. mixtum* sensu auctt. [232].
Desc.: S; Nc; P. *Habitat*: – .
Na Za.
Description: 247.

M. exudans Harvey [278]
Desc.: H/S; Nc; P. *Habitat*: – .
Za.
Description: 222.

M. glanduliferum Dummer [504]
Desc.: S; Nc; P. *Habitat*: – .
Bw.
Description: 375,504.

M. humile Ecklon & Zeyher [278]
Desc.: H/S; Nc; P. *Habitat*: – .
Za.
Description: 222.

M. involucratum (Thunb.) Stirton [505]
Argyrolobium involucratum (Thunb.) Harvey [505].
Desc.: S; Nc; P; K. *Habitat*: 503.
Za.
Description: 505,506; *Map*: 505. *Illustration*: 505,506.

M. karasbergense L.Bolus [232]
Desc.: S; Nc; P. *Habitat*: – .
Na.
Description: 186.

M. macrocalyx Dummer [232]
M. brachycarpum Harms [232]; *M. psammophilum* Harms [232]; *M. stenophyllum* Harms [232].
Desc.: H/S; Nc; P. *Habitat*: – .
Bw Na Za.
Description: 504.

M. microphyllum (L.f.) Ecklon & Zeyher [327]
M. glanduliferum sensu auctt. [232].
Desc.: H/S; Nc; P; Nt. *Habitat*: – .
Bw Ls Na Za.
Description: 222.

M. mixtum Dummer [504]
Desc.: - *Habitat*: – .
Za.
Description: 504.

M. obcordatum Harvey [327]
Desc.: H/S; Nc; P. *Habitat*: – .
Ls Za.
Description: 222.

M. parviflorum Benth. (provisional) [222]
Desc.: - *Habitat*: – .
Za.
Description: 222.

M. peglerae Dummer [504]
Desc.: H; Nc; P. *Habitat*: – .
Za.
Description: 504.

M. stipulatum (Thunb.) Harvey (provisional)   [278]
Desc.: H/S; Nc; P. *Habitat:* – .
Za.
Description: 222.

M. subspicatum Conrath   [279]
Desc.: H; Nc; P. *Habitat:* – .
Za.

M. velutinum E.Meyer   [8]
Desc.: S; Nc; P. *Habitat:* – .
Za.

M. villosum Harms   [232]
Desc.: S; Nc; P. *Habitat:* – .
Bw Na.

M. viscidulum Steudel (provisional)   [222]
Desc.: H/S; Nc; P. *Habitat:* – .
Za.
Description: 222.

M. wilmsii Harms   [279]
Desc.: H; Nc; P. *Habitat:* – .
Za.

PEARSONIA Dummer
See Ref.507.

P. aristata (Schinz) Dummer   [507]
Desc.: H/S; Nc; P; Nt. *Habitat:* 205 805.
Sz Za Zw.
Description: 507; *Map:* 507; *Illustration:* 410,507.

P. bracteata (Benth.) Polhill   [507]
Lotononis bracteata Benth. [507].
Desc.: H; Nc; P; K. *Habitat:* 205.
Za.
Description: 507; *Map:* 507.

P. cajanifolia (Harvey) Polhill   [507]
Desc.: H/S; Nc; P; Nt. *Habitat:* 203 205 805.
Mw Za Zw.
Description: 507; *Map:* 507; *Illustration:* 410.

  subsp. **cajanifolia**   [507]
  Phaenohoffmannia cajanifolia (Harvey) Kuntze [507]; *Pleiospora cajanifolia* Harvey [507].
  Desc.: H/S; Nc; P; Nt. *Habitat:* 205.
  Za.
  Description: 507; *Map:* 507.

  subsp. **cryptantha** (Baker) Polhill   [507]
  Phaenohoffmannia cajanifolia subsp. *cryptantha* (Baker) J.B.Gillett [507]; *Pleiospora bolusii* Dummer [507]; *Pleiospora holosericea* Schinz [507]; *Pleiospora macrophylla* Dummer [507]; *Pleiospora paniculata* Dummer [507].
  Desc.: H/S; Nc; P; Nt. *Habitat:* 203 205 805.
  Mw Za Zw.
  Description: 507; *Map:* 507.

P. flava (Baker f.) Polhill   [507]
Desc.: H; Nc; P; Nt. *Habitat:* 202 805.
Tz Zm Zr.
Description: 210,507; *Map:* 507. *Illustration:* 210,507.

subsp. **flava** [507]
Gamwellia flava Baker f. [507].
Desc.: H; Nc; P; Nt. *Habitat:* 202 805.
Tz Zm.
Description: 210,507; *Map:* 507. *Illustration:* 210,507.

subsp. **mitwabaensis** (Timp.) Polhill [507]
Gamwellia flava subsp. *mitwabaensis* Timp. [507].
Desc.: H; Nc; P; K. *Habitat:* 202.
Zr.
Description: 507; *Map:* 507.

P. grandifolia (Bolus) Polhill [507]
Desc.: H; Nc; P; Nt. *Habitat:* 805 1405.
Za Zw.
Description: 507; *Map:* 507; *Illustration:* 507.

subsp. **grandifolia** [507]
Lotononis grandifolia Bolus [507]; *Phaenohoffmannia grandifolia* (Bolus) J.B.Gillett [507]; *Pleiospora grandifolia* (Bolus) Dummer [507].
Desc.: H; Nc; P; K. *Habitat:* 805.
Za.
Description: 507; *Map:* 507.

subsp. **latibracteolata** (Dummer) Polhill [507]
Phaenohoffmannia latibracteolata (Dummer) J.B.Gillett [507]; *Pleiospora latibracteolata* Dummer [507].
Desc.: H; Nc; P; Nt. *Habitat:* 805 1405.
Za Zw.
Description: 507; *Map:* 507; *Illustration:* 507.

P. mesopontica Polhill [507]
Desc.: H; Nc; P; K. *Habitat:* 805.
Zw.
Description: 507; *Map:* 507; *Illustration:* 507.

P. metallifera Wild [507]
Desc.: H; Nc; P; K. *Habitat:* 205.
Zw.
Description: 507; *Map:* 507; *Illustration:* 507.

P. obovata (Schinz) Polhill [507]
Phaenohoffmannia obovata (Schinz) J.B.Gillett [507]; *Pleiospora obovata* Schinz [507].
Desc.: H; Nc; P; K. *Habitat:* 205 805.
Za.
Description: 507; *Map:* 507.

P. sessilifolia (Harvey) Dummer [507]
Desc.: H/S; Nc; P; Nt. *Habitat:* 205 805 1405.
Sz Za Zw.
Description: 507; *Map:* 507; *Illustration:* 507.

subsp. **filifolia** (Bolus) Polhill [507]
P. filifolia (Bolus) Dummer [507]; *P. haygarthii* (N.E.Br.) Dummer [507]; *P. rogersii* (Kensit) Dummer [507].
Desc.: H; Nc; P; K. *Habitat:* 1405 1505.
Za.
Description: 507; *Map:* 507; *Illustration:* 410.

subsp. **marginata** (Schinz) Polhill [507]
P. atherstonei Dummer [507]; *P. marginata* (Schinz) Dummer [507]; *P. mucronata* Burtt Davy [507]; *P. multiflora* (Schinz) Dummer [507]; *P. podalyriifolia* Dummer [507]; *P. propinqua* Dummer [507].

Desc.: H/S; Nc; P; Nt. *Habitat:* 205 1405.
Sz Za.
Description: 507; *Map:* 507.

subsp. sessilifolia [507]
P. mucronata Baker f. [507].
Desc.: H/S; Nc; P; Nt. *Habitat:* 205 805 1405.
Za Zw.
Description: 507; *Map:* 507.

subsp. swaziensis (Bolus) Polhill [507]
P. swaziensis (Bolus) Dummer [507].
Desc.: H/S; Nc; P; K. *Habitat:* 1405.
Sz.
Description: 507; *Map:* 507.

P. uniflora (Kensit) Polhill [507]
Lotononis uniflora Kensit [507].
Desc.: H; Nc; P; Nt. *Habitat:* 202 205 206 1505.
Mz Sz Za.
Description: 507; *Map:* 507; *Illustration:* 507.

POLHILLIA Stirton
See Ref.508.

P. canescens Stirton [508]
Desc.: S; Nc; P; K. *Habitat:* 503.
Za.
Description: 508; *Map:* 508; *Illustration:* 508.

P. connatum (Harvey) Stirton [508]
Argyrolobium connatum Harvey [508].
Desc.: H/S; Nc; P; K. *Habitat:* – .
Za.
Description: 508; *Map:* 508; *Illustration:* 508.

P. pallens Stirton [508]
Desc.: H; Nc; P; E. *Habitat:* 503.
Za.
Description: 508; *Map:* 508; *Illustration:* 508.

P. waltersii (Stirton) Stirton [508]
Lebeckia waltersii Stirton [508].
Desc.: S; Nc; P; K. *Habitat:* 503.
Za.
Description: 508; *Map:* 508; *Illustration:* 508.

P. sp.A Stirton (provisional) [508]
Desc.: H; Nc; P; K. *Habitat:* – .
Za.
Description: 508; *Map:* 508.

RAFNIA Thunb.

R. affinis Harvey [222]
Desc.: S; Nc; P. *Habitat:* 504.
Za.
Description: 222.

R. amplexicaulis Thunb. [278]
Desc.: S; Nc; P. *Habitat:* 504.
Za.
Description: 222.

R. angulata Thunb. [278]
Desc.: H/S; Nc; P. Habitat: 504.
Za.
Description: 222.

R. axillaris Thunb. [278]
Desc.: H/S; Nc; P. Habitat: 504.
Za.
Description: 222.

R. capensis (L.) Druce [278]
Desc.: H/S; Nc; P. Habitat: –.
Za.

R. crassifolia Harvey [278]
Desc.: H/S; Nc; P. Habitat: –.
Za.
Description: 222.

R. crispa Stirton [509]
Desc.: H; Nc; P. Habitat: 505.
Za.
Description: 509; Map: 509; Illustration: 509.

R. cuneifolia Thunb. [278]
Desc.: S; Nc; P. Habitat: 504.
Za.
Description: 222; Illustration: 399.

R. dichotoma Ecklon & Zeyher [278]
Desc.: H/S; Nc; P. Habitat: 504.
Za.
Description: 222.

R. diffusa Thunb. [278]
Desc.: H/S; Nc; P. Habitat: 504.
Za.
Description: 222.

R. divaricata Ecklon & Zeyher [279]
Desc.: - Habitat: –.
Za.

R. elliptica Thunb. [278]
Desc.: S; Nc; P. Habitat: –.
Za.
Description: 222; Illustration: 400.

R. ericifolia T.M.Salter [278]
Desc.: H/S; Nc; P. Habitat: –.
Za.
Description: 510.

R. fastigiata Ecklon & Zeyher [278]
Desc.: S; Nc; P. Habitat: 504.
Za.
Description: 222.

R. humilis Ecklon & Zeyher [278]
Desc.: H/S; Nc; P. Habitat: –.
Za.
Description: 222.

R. lancea DC. [278]
Desc.: H/S; Nc; P. *Habitat:* – .
Za.
Description: 222.

R. opposita Thunb. [222]
Desc.: H/S; Nc; P. *Habitat:* 504.
Za.
Description: 222.

R. ovata E.Meyer [278]
Desc.: S; Nc; P. *Habitat:* – .
Za.
Description: 222.

R. perfoliata E.Meyer [278]
Desc.: H/S; Nc; P. *Habitat:* – .
Za.
Description: 222.

R. racemosa Ecklon & Zeyher [278]
Desc.: S; Nc; P. *Habitat:* – .
Za.
Description: 222.

R. retroflexa Thunb. [278]
Desc.: H/S; Nc; P. *Habitat:* – .
Za.
Description: 222.

R. spicata Thunb. [278]
Desc.: S; Nc; P. *Habitat:* – .
Za.
Description: 222.

R. thunbergii Harvey [278]
Desc.: S; Nc; P. *Habitat:* – .
Za.
Description: 222.

R. triflora Thunb. [278]
Desc.: S; Nc; P. *Habitat:* – .
Za.
Description: 222.

R. virens E.Meyer (provisional) [278]
Desc.: S; Nc; P. *Habitat:* – .
Za.
Description: 222.

ROBYNSIOPHYTON R.Wilczek

R. vanderystii R.Wilczek [467]
Desc.: H; Nc; A; Nt. *Habitat:* 205 1005.
Ao Zm Zr.
Description: 467; *Illustration:* 467.

ROTHIA Pers.

R. hirsuta (Guillemin & Perrottet) Baker [210]
Amphinomia desertorum (Dummer) A.Schreiber; *Lotononis desertorum* Dummer [210].
Desc.: H; Nc; A; Nt. *Habitat:* 216 316 416.
Ao Cm Et Gh Gm Gq Gw Hv Ke Ml Mz Ne Nq Sd Sn Td Tg Tz Ug Za Zm Zw.
Description: 24,210; *Illustration:* 24,210.

SPARTIDIUM Pomel

S. saharae (Cosson & Durieu) Pomel [368]
Genista saharae Cosson & Durieu [368].
Desc.: S; Nc; P; Nt. Habitat: 1707.
Dz Ly Ma Tn.
Description: 360,368; Illustration: 360,368.

WIBORGIA Thunb.

W. fusca Thunb. [495]
Desc.: S; Nc; P. Habitat: – .
Za.
Description: 495; Map: 495; Illustration: 495.

  subsp. **fusca** [495]
  W. flexuosa E.Meyer [495].
  Desc.: S; Nc; P. Habitat: – .
  Za.
  Description: 495; Map: 495; Illustration: 495.

  subsp. **macrocarpa** R.Dahlgren [495]
  Desc.: S; Nc; P; K. Habitat: – .
  Za.
  Description: 495; Map: 495; Illustration: 495.

W. humilis (Thunb.) R.Dahlgren [495]
W. apterophora R.Dahlgren [495].
Desc.: H/S; Nc; P; K. Habitat: 504.
Za.
Description: 495; Map: 495; Illustration: 495.

W. incurvata E.Meyer [495]
W. cuspidata Benth. [495].
Desc.: H/S; Nc; P; K. Habitat: 604.
Za.
Description: 495; Map: 495; Illustration: 495.

W. leptoptera R.Dahlgren [495]
Desc.: S; Nc; P; K. Habitat: – .
Za.
Description: 495; Map: 495; Illustration: 495.

  subsp. **cedarbergensis** R.Dahlgren [495]
  Desc.: S; Nc; P; K. Habitat: – .
  Za.
  Description: 495; Map: 495; Illustration: 495.

  subsp. **leptoptera** [495]
  Desc.: S; Nc; P; K. Habitat: – .
  Za.
  Description: 495; Map: 495; Illustration: 495.

W. monoptera E.Meyer [495]
Desc.: S; Nc; P; K. Habitat: – .
Za.
Description: 495; Map: 495; Illustration: 411,495.

W. mucronata (L.f.) Druce [495]
W. armata (Thunb.) Harvey [495]; *W. spinescens* Ecklon & Zeyher [495].
Desc.: S; Nc; P; K. Habitat: – .
Za.
Description: 495; Map: 495; Illustration: 495.

W. obcordata (P.Bergius) Thunb. [495]
Desc.: S; Nc; P; Nt. *Habitat:* – .
Za.
Description: 495; *Map:* 495; *Illustration:* 396,495.

W. sericea Thunb. [495]
Desc.: S; Nc; P. *Habitat:* – .
Za.
Description: 495; *Map:* 495; *Illustration:* 495.

W. tenuifolia E.Meyer [495]
Desc.: S; Nc; P; K. *Habitat:* 503 504.
Za.
Description: 495; *Map:* 495; *Illustration:* 495.

W. tetraptera E.Meyer [495]
Desc.: S; Nc; P; K. *Habitat:* 503 504.
Za.
Description: 495; *Map:* 495; *Illustration:* 495.

DALBERGIEAE

ANDIRA A.L.Juss.
See Ref.209.

A. inermis (Wright) DC. [106]
Desc.: T; Nc; P; Nt. *Uses:* Medicinal; Poison; Timber. *Habitat:* 101 302.
Cf Ci Cm Gh Gm Gw Ml Ne Nq Sd Sn Td Tg Ug; Caribbean; South America.
Description: 106; *Map:* 209; *Illustration:* 10,106.

subsp. **inermis** [106]
A. inermis sensu Keay et al. [3,209].
Desc.: T; Nc; P; Nt. *Habitat:* 101 Cult.
Cm Nq Tz(I); South America.
Description: 209; *Map:* 209.

subsp. **grandiflora** (Guillemin & Perrottet) Polhill [106]
Desc.: T; Nc; P; Nt. *Habitat:* 302.
Gm Gw Ml Sn.
Description: 209; *Map:* 209.

subsp. **rooseveltii** (De Wild) Polhill [209]
A. inermis sensu Hepper [112,209]; *Ostryoderris brownii* Hoyle [209]; *Millettia sp.nov. aff. M.macrophylla* sensu Eggeling [9,209].
Desc.: T; Nc; P; Nt. *Habitat:* 302.
Cf Ci Cm Gh Nq Sd Td Tg Ug.
Description: 210; *Map:* 209; *Illustration:* 210.

CENTROLOBIUM Benth.

C. paraense Tul. [210]
Desc.: - *Habitat:* Cult.
Tz(I); South America.
Description: 210.

DALBERGIA L.f.

D. acariiantha Harms [210]
D. vacciniifolia sensu Brenan,p.p. [35,210].
Desc.: S/T; Nc; P; K. *Habitat*: 203 1303.
Tz.
Description: 210.

D. acutifoliolata Mendonça & Sousa [211]
Desc.: S; C; P; K. *Habitat*: 201.
Zm.
Description: 211; *Illustration*: 211.

D. adami Berhaut [20]
Desc.: S; C; P; K. *Habitat*: – .
Sn.
Description: 20.

D. afzeliana G.Don [212]
Desc.: S/T; C/Nc; P; Nt. *Habitat*: 101 1001.
Ao Cf Cm Ga Gh Gn Gw Nq Sl Tg Zr.
Description: 213.

D. ajudana Harms (provisional) [212]
Desc.: S; Nc; P. *Habitat*: – .
Bj.

D. albiflora Hutch. & Dalziel [212]
Desc.: S; C; P; Nt. *Habitat*: – .
Ci Nq Sl.

  subsp. **albiflora** [212]
  Desc.: S; C; P; Nt. *Habitat*: – .
  Lr Sl.
  Illustration: 214.

  subsp. **echinocarpa** Hepper [212]
  Desc.: S/T; C/Nc; P; K. *Habitat*: – .
  Nq.
  Illustration: 214.

D. altissima Baker f. [216]
Desc.: S; C; P; Nt. *Habitat*: 101.
Ao Cm.

D. arbutifolia Baker [210]
D. ochracea Harms [210].
Desc.: S/T; C/Nc; P; Nt. *Habitat*: 201 202 203.
Mw Mz Tz Zm Zr Zw.
Description: 210.

  subsp. **aberrans** Polhill [210]
  D. megalocarpa Harms [210].
  Desc.: S/T; C/Nc; P; K. *Habitat*: 202 203.
  Tz.
  Description: 210; *Illustration*: 210.

  subsp. **arbutifolia** [210]
  Desc.: S/T; C/Nc; P; Nt. *Habitat*: 201 202 203.
  Mw Mz Tz Zm Zr Zw.
  Description: 210,213.

D. armata E.Meyer [210]
Desc.: S; C; P; Nt. *Habitat:* 1302 1303 1502 1503.
Mz Sz Tz Za.
Description: 210; *Illustration:* 410.

D. assamica Benth. [210]
Desc.: T; Nc; P. *Uses:* Ornamental. *Habitat:* Cult.
Ke(I); Asia.
Description: 210.

D. bakeri Baker [230]
Desc.: S/T; C/Nc; P; Nt. *Habitat:* 101.
Ao Ga Zr.
Description: 230.

D. baronii Baker [210]
Desc.: T; Nc; P. *Uses:* Ornamental. *Habitat:* Cult.
Tz(I); Indian Ocean.
Description: 210.

D. bignonae Berhaut [20]
Desc.: S; C; P; Nt. *Habitat:* – .
Ci Gw Sn Tg.
Description: 20.

D. boehmii Taubert [210]
D. harmsiana De Wild. [210].
Desc.: S/T; Nc; P; Nt. *Habitat:* 202 203 302.
Ao Cf Cm Gw Ke Mw Mz Sd Sn Tz Zm Zr Zw.
Description: 210.

  subsp. **boehmii** [210]
  D. elata Harms [210].
  Desc.: S/T; Nc; P; Nt. *Habitat:* 201 202 203 1101.
  Ao Cf Cm Gw Ke Mw Mz Sd Sn Tz Zm Zr Zw.
  Description: 210.

  subsp. **stuhlmannii** (Taubert) Polhill [210]
  Desc.: - *Habitat:* – .

D. bracteolata Baker [210]
D. goetzei Harms [210].
Desc.: S/T; C/Nc; P; Nt. *Habitat:* 1303.
Ke Mz Tz; Indian Ocean.
Description: 210; *Illustration:* 210.

D. carringtoniana Sousa [216]
Desc.: S/T; Nc; P; K. *Habitat:* 202.
Ao.

D. commiphoroides Baker f. [210]
Desc.: S; Nc; P; Nt. *Habitat:* 403.
Et Ke So.
Description: 24,210.

D. congensis Baker f. [216]
Desc.: S; Nc; P; K. *Habitat:* 101.
Ao Cf.

D. crispa Hepper [212]
Desc.: S; C; P; Nt. *Habitat:* – .
Nq Sl.
Description: 214; *Illustration:* 214.

D. dalzielii Hutch. & Dalziel [212]
Desc.: S; C/Nc; P; Nt. *Habitat*: 101.
Cm Ga Nq Tg.

D. ealaensis De Wild. [213]
Desc.: S; C; P; Nt. *Habitat*: 101.
Ao Cm Ga Zr.
Description: 213.

D. ecastaphyllum (L.) Taubert [212]
Desc.: S; Nc; P; Nt. *Habitat*: – .
Ao Ci Cm Gh Gm Gn Gq Gw Lr Nq Sl Sn St Tg.
Description: 213.

D. eremicola Polhill [210]
D. sp. Dale & Greenway [42,210].
Desc.: S; Nc; P; K. *Uses*: Timber. *Habitat*: 403.
Ke So.
Description: 210; *Illustration*: 209.

D. fischeri Taubert [210]
D. sp.2 F.White [28,210].
Desc.: S/T; C/Nc; P; Nt. *Habitat*: 201 202 203.
Mw Mz Tz Zm Zw.
Description: 210.

D. florifera De Wild. [213]
Desc.: S; C; P; Nt. *Habitat*: 101.
Ao Cf Zr.
Description: 213.

D. fouilloyana Pellegrin [218]
Desc.: S; C; P; K. *Habitat*: 101.
Ga.
Description: 218.

D. gentilii De Wild. [213]
Desc.: S; C; P; K. *Habitat*: 101.
Zr.
Description: 213.

D. gilbertii Cronq. [213]
Desc.: S; C; P; K. *Habitat*: 101.
Zr.
Description: 213.

D. gossweileri Baker f. [216]
Desc.: S; C; P; K. *Habitat*: 101.
Ao.

D. grandibracteata De Wild. [213]
Desc.: S; C; P; K. *Habitat*: 101.
Gn Zr.
Description: 213.

D. heudelotii Stapf [212]
Desc.: S/T; C/Nc; P; Nt. *Habitat*: 101.
Ci Ga Gh Gn Lr Nq Sl Sn Zr.
Description: 212,213.

D. hostilis Benth. [212]
   D. gilletii De Wild. [216]; *D. saxatilis* sensu Cavaco [216,219].
   Desc.: S; C/Nc; P; Nt. *Uses:* Timber. *Habitat:* 302 1001 1002 1101.
   Ao Bj Cf Ci Cm Ga Gh Gn Gq Gw Lr Nq Sl Tg Zr.
   Description: 213; *Illustration:* 213.

D. kisantuensis De Wild. & T.Durand [213]
   Desc.: S; C; P; Nt. *Habitat:* 101 1001 1002.
   Ao Ga Zr.
   Description: 213.

D. lactea Vatke [210]
   D. macrothyrsa sensu Cuf. [39,210].
   Desc.: S/T; C/Nc; P; Nt. *Habitat:* 201 203 403 801 1203.
   Bi Cm Et Ga Ke Mw Mz Nq Rw Sd Tz Ug Zm Zr Zw.
   Description: 24,210,213; *Illustration:* 24,210,220.

D. lanceolaria L.f. [210]
   Desc.: T; Nc; P. *Habitat:* Cult.
   Tz(I); Asia.
   Description: 210.

D. lastoursvillensis Pellegrin [218]
   Desc.: S; C/Nc; P; K. *Habitat:* 101.
   Ga.
   Description: 218.

D. latifolia Roxb. [210]
   Desc.: T; Nc; P. *Habitat:* Cult.
   Ke(I) Nq(I) Tz(I) Ug(I); Asia.
   Description: 3,210.

D. laxiflora Micheli [213]
   Desc.: S/T; C/Nc; P; K. *Habitat:* 101.
   Zr.
   Description: 213.

D. librevillensis Pellegrin [221]
   Desc.: S; C; P; K. *Habitat:* 101.
   Ga.
   Description: 221.

D. louisii Cronq. [212]
   Desc.: S; C/Nc; P; Nt. *Habitat:* 101.
   Nq Zr.
   Description: 213; *Illustration:* 213.

D. macrosperma Baker [216]
   Desc.: S/T; C/Nc; P; K. *Habitat:* 101 1002.
   Ao.

D. malangensis Sousa [210]
   Desc.: S/T; C/Nc; P; Nt. *Habitat:* 201 203.
   Ao Tz Zm.
   Description: 210.

D. martinii F.White [28]
   Desc.: S; C; P; Nt. *Habitat:* 203.
   Na Zm Zw.
   Description: 28.

D. mayumbensis Baker f. [216]
Desc.: S; C; P; K. *Habitat:* 101.
Ao.

D. melanoxylon Guillemin & Perrottet [210]
Desc.: S/T; Nc; P; Nt. *Uses:* Timber. *Habitat:* 302 402 403.
Ao Bw Cf Ci Et Hv Ke Mw Mz Nq Sd Sn Td Tz Ug Za Zm Zr Zw; Asia.
Description: 3,24,210; *Illustration:* 41,42,210.

D. microphylla Chiov. [210]
D. microcarpa Baker f. [210].
Desc.: S; Nc; P; Nt. *Habitat:* 403.
Et Ke So Tz.
Description: 24,210.

D. multijuga E.Meyer [222]
Desc.: S/T; C/Nc; P; K. *Habitat:* 1501 1503.
Za.
Description: 222.

D. ngounyensis Pellegrin [213]
Desc.: S; C; P; Nt. *Habitat:* 101.
Ga Sl Zr.
Description: 213.

D. nitidula Baker [210]
Desc.: S/T; Nc; P; Nt. *Uses:* Medicinal; Timber. *Habitat:* 202 203 402 403 1203.
Ao Bi Mw Mz Rw Tz Ug Za Zm Zr Zw.
Description: 210,213; *Illustration:* 210,220.

D. noldeae Harms [223]
Desc.: S; C; P; K. *Habitat:* 101.
Ao Gw.
Description: 223.

D. oblongifolia G.Don [212]
Desc.: S; C/Nc; P; Nt. *Habitat:* – .
Ci Gh Gw Lr Sl Sn.

D. obovata E.Meyer [210]
D. sessiliflora Harms [210].
Desc.: S/T; C/Nc; P; Nt. *Uses:* Fibre; Medicinal; Timber. *Habitat:* 1301 1303.
Mz Tz Za.
Description: 210.

D. oligophylla Hutch. & Dalziel [212]
Desc.: S; Nc; P; Nt. *Habitat:* 101 801.
Cm Nq Sl.

D. pachycarpa (De Wild. & T.Durand) De Wild. [213]
Desc.: S; C; P; Nt. *Habitat:* 101.
Ao Cm Zr.
Description: 213.

D. pluriflora Baker f. [216]
Desc.: S; Nc; P; K. *Habitat:* 112.
Ao.

D. rufa G.Don [212]
Desc.: S; C/Nc; P; Nt. *Uses:* Medicinal. *Habitat:* 101.
Cm Gn Gw Nq Sl Sn Zr.
Description: 213.

D. rugosa Hepper [212]
Desc.: S; C; P; Nt. *Habitat:* – .
Lr Sl.
Description: 214; *Illustration:* 214.

D. sambesiaca Schinz (provisional) [227]
Desc.: T; Nc; P. *Habitat:* – .
Mz.
Description: 227.

D. saxatilis Hook.f. [212]
D. isangiensis De Wild. [213]; *D. macrothyrsa* Harms [212].
Desc.: S; C; P; Nt. *Uses:* Medicinal; Timber. *Habitat:* 101 1101.
Ao Ci Cm Ga Gh Gn Gw Lr Nq Sl Sn Tg Zr.
Description: 213; *Illustration:* 213.

D. setifera Hutch. & Dalziel [212]
Desc.: S; C/Nc; P; K. *Habitat:* – .
Ci Gh.

D. sissoo DC. [210]
Desc.: T; Nc; P. *Uses:* Livestock fodder; Timber. *Habitat:* Cult.
Gh(I) Gw(I) Ke(I) Mz(I) Ne(I) Nq(I) Sd(I) Sl(I) Sn(I) Td(I) Tz(I) Ug(I) Zm(I) Zw(I); Asia.
Description: 3,210.

D. teixeirae Sousa [228]
Desc.: S/T; Nc; P; K. *Habitat:* – .
Ao.
Description: 228; *Illustration:* 228.

D. uarandensis (Chiov.) Thulin [229]
Calpurnia uarandensis Chiov. [229].
Desc.: S; Nc; P; K. *Habitat:* 403.
So.
Description: 229; *Illustration:* 229.

D. vacciniifolia Vatke [210]
Desc.: S/T; C/Nc; P; Nt. *Habitat:* 1301 1303.
Ke Tz.
Description: 210; *Illustration:* 210.

D. sp.1 F.White (provisional) [28]
Desc.: S; C; P; K. *Habitat:* 201.
Zm.
Description: 28.

D. sp.A Hepper (provisional) [212]
Desc.: S; C; P; K. *Habitat:* 1101.
Nq.

D. sp.A Sousa (provisional) [216]
Desc.: S; C; P; K. *Habitat:* 101.
Ao.

D. sp.A Troupin (provisional) [220]
Desc.: S; C; P; K. *Habitat:* 1201.
Rw.
Description: 220; *Illustration:* 220.

D. sp.B Sousa (provisional) [216]
Desc.: S; C; P; K. *Habitat:* 101.
Ao.

D. sp.nr.macrosperma Baker (provisional) [212]
D. pachycarpa sensu Kennedy [133,212].
Desc.: - *Habitat:* 101.
Nq.
Description: 212.

D. sp.nr.pachycarpa (De Wild. & T.Durand) De Wild. (provisional) [212]
Desc.: - *Habitat:* – .
Gh.
Description: 212.

MACHAERIUM Pers.

M. lunatum (L.f.) Ducke [409]
Drepanocarpus lunatus (L.f.) G.Meyer [409].
Desc.: S; C/Nc; P; Nt. *Uses:* Medicinal. *Habitat:* 112.
Ao Bj Ci Cm Gh Gm Gn Gw Lr Nq Sl Sn St Tg Zr; South America.
Description: 212,230; *Illustration:* 212.

PTEROCARPUS Jacq.

P. albopubescens Hauman [230]
Desc.: T; Nc; P; Nt. *Habitat:* 202.
Zr.
Description: 230.

P. angolensis DC. [210]
Desc.: S/T; Nc; P; Nt. *Uses:* Dyeing; Medicinal; Timber. *Habitat:* 202.
Ao Mz Na Sz Tz Za Zm Zr.
Description: 210,230; *Map:* 231. *Illustration:* 210,410.

P. antunesii (Taubert) Harms [28]
Desc.: T; Nc; P; Nt. *Uses:* Timber. *Habitat:* 202 203.
Ao Na Zm.
Description: 28,232; *Map:* 215.

P. brenanii L.Barbosa & Torre [28]
Desc.: T; Nc; P; K. *Habitat:* 202.
Zm.
Description: 28,215; *Map:* 215; *Illustration:* 215.

P. casteelsii De Wild. (provisional) [230]
Desc.: T; Nc; P; K. *Habitat:* 101.
Zr.
Description: 230.

P. claessensii De Wild. [230]
Desc.: T; Nc; P; K. *Habitat:* 202.
Zr.
Description: 230.

P. erinaceus Poiret [212]
Desc.: T; Nc; P; Nt. *Uses:* Dyeing; Livestock fodder; Medicinal; Tanning; Timber. *Habitat:* 302.
Bj Cf Ci Cm Ga Gh Gm Gn Gw Hv Lr Ml Ne Nq Sl Sn Td Tg.
Description: 3,215; *Illustration:* 3,10,215.

P. gilletii De Wild. [230]
Desc.: T; Nc; P; K. *Habitat:* 101.
Zr.
Description: 230; *Map:* 215; *Illustration:* 215.

P. hockii De Wild. (provisional)   [230]
Desc.: S/T; Nc; P; K. *Habitat:* 202.
Zr.
Description: 230.

P. homblei De Wild.   [230]
Desc.: T; Nc; P; K. *Habitat:* 202.
Zr.
Description: 230.

P. indicus Willd.   [210]
Desc.: T; Nc; P. *Uses:* Ornamental. *Habitat:* Cult.
Ke(I) Mz(I) Sl(I) St(I) Tz(I) Zr(I); Asia.
Description: 210,215; *Illustration:* 54,261.

P. lucens Guillemin & Perrottet   [210]
P. abyssinicus Hochst. [210]; *P. leucens* Guillemin & Perrottet [3].
Desc.: T; Nc; P; Nt. *Uses:* Livestock fodder; Timber. *Habitat:* 302 306.
Cf Ci Cm Et Gh Gn Ml Ne Nq Sd Sn Td Ug Zr.
Description: 3,210,230; *Map:* 57,215. *Illustration:* 10,24,210.

P. mildbraedii Harms   [210]
Desc.: T; Nc; P; Nt. *Habitat:* 101 1301.
Bj Ci Cm Ga Gh Gq Lr Nq Sl Tz.
Description: 3,210; *Map:* 215. *Illustration:* 12,210.

subsp. **mildbraedii**   [210]
Desc.: T; Nc; P; Nt. *Habitat:* 101.
Bj Ci Cm Ga Gh Gq Lr Nq Sl.
Description: 3,210; *Map:* 215; *Illustration:* 12.

subsp. **usambarensis** (Verdc.) Polhill   [210]
P. usambarensis Verdc. [210].
Desc.: T; Nc; P; K. *Habitat:* 1301.
Tz.
Description: 210; *Map:* 215; *Illustration:* 210.

P. mutondo De Wild.   [230]
Desc.: T; Nc; P; K. *Habitat:* 202.
Zr.
Description: 230.

P. osun Craib   [212]
Desc.: T; Nc; P; Nt. *Uses:* Timber. *Habitat:* 101.
Cg Cm Ga Gq Nq Zr.
Description: 3,212; *Map:* 215; *Illustration:* 3,215.

P. rotundifolius (Sonder) Druce   [210]
Desc.: S/T; Nc; P; Nt. *Uses:* Livestock fodder; Timber. *Habitat:* 202.
Ao Bw Mw Mz Sz Tz Za Zm Zr Zw.
Description: 210; *Map:* 235; *Illustration:* 234.

subsp. **polyanthus** (Harms) Mendonça & Sousa   [210]
P. polyanthus Harms [210].
Desc.: T; Nc; P; Nt. *Habitat:* 202.
Bw Mw Mz Tz Zm Zr Zw.
Description: 210,230; *Map:* 235; *Illustration:* 210.

subsp. **rotundifolius**   [210]
Desc.: S/T; Nc; P; Nt. *Habitat:* 202.
Ao Za.
Description: 210; *Map:* 235.

P. santalinoides DC. [212]
Desc.: T; Nc; P; Nt. *Uses:* Human food; Medicinal; Timber. *Habitat:* 301 1101.
Bj Ci Cm Gh Gm Gn Gw Hv Lr Ml Nq Sl Sn Tg; South America.
Description: 3,12,212; *Illustration:* 12,215.

P. soyauxii Taubert [212]
Desc.: T; Nc; P; Nt. *Uses:* Dyeing; Medicinal; Timber. *Habitat:* 101.
Ao Cf Cm Ga Gq Nq Zr.
Description: 3,212,230; *Illustration:* 215.

P. tessmannii Harms (provisional) [215]
Desc.: - *Habitat:* –.
Gq.

P. tinctorius Welw. [210]
P. chrysothrix Taubert [210]; *P. holtzii* Harms [210]; *P. megalocarpus* Harms [210]; *P. sp.(odoratus De Wild.?)* sensu Brenan [35,210]; *P. sp.(tinctorius Baker) sensu Brenan [35,210]; P. stolzii* Harms [210].
Desc.: T; Nc; P; Nt. *Habitat:* 202 203 206.
Ao Mw Mz Tz Zm Zr.
Description: 210,230; *Illustration:* 28,210,230.

P. velutinus De Wild. (provisional) [230]
Desc.: T; Nc; P; K. *Habitat:* 202.
Zr.
Description: 230.

P. zenkeri Harms (provisional) [215]
Desc.: T; Nc; P; K. *Habitat:* 101.
Cm.
Description: 215.

TIPUANA (Benth.) Benth.

T. tipu (Benth.) Kuntze [210]
Desc.: T; Nc; P. *Uses:* Ornamental. *Habitat:* Cult.
Ke(I) Mw(I) Tz(I) Ug(I) Za(I); South America.
Description: 210.

DESMODIEAE

ALYSICARPUS Desv.

A. ferrugineus A.Rich. [24]
Desc.: H; Nc; P; K. *Habitat:* 405 805.
Et.
Description: 24; *Illustration:* 24.

A. glumaceus (Vahl) DC. [210]
Desc.: H; Nc; A; Nt. *Habitat:* 205 206 216 305 306 316 405 406 416 1205 1206 1216.
Ao Bi Cm Et Gh Hv Ke Mw Mz Ne Nq Rw Sd Sn So Td Tg Tz Ug Za Zr Zw; Middle East.
Description: 210,236; *Illustration:* 210,220.

subsp. **glumaceus** [210]
Desc.: H; Nc; A; Nt. *Habitat:* 205 206 216 305 306 316 405 406 416 1205 1206 1216.
Ao Bi Cm Et Gh Hv Ke Mw Mz Ne Nq Sd Sn So Tz Ug Za Zw.
Description: 210.

subsp. **hispidicarpus** (Fiori) J.Leonard   [210]
: *A. squamosus* Gand. [210].
Desc.: H; Nc; A; Nt. *Habitat:* 405 406 416.
Et Ke So Tz Zr.
Description: 210; *Illustration:* 210.

subsp. **macalusoi** (Mattei) Verdc.   [210]
: *A.macalusoi* Mattei [210].
Desc.: H; Nc; A; Nt. *Habitat:* 405 1305.
Ke So.
Description: 210.

A. longifolius Wight & Arn.   [8]
: *Desc.:* H; Nc; A. *Habitat:* – .
Ke(I) Zw(I); Asia.

A. monilifer (L.) DC.   [29]
: *Desc.:* H; Nc; A; Nt. *Uses:* Livestock fodder. *Habitat:* 1605.
Et Ne Sd.
Description: 24,29.

A. ovalifolius (Schum.) J.Leonard   [210]
: *Desc.:* H; Nc; A; Nt. *Uses:* Livestock fodder. *Habitat:* 205 206 305 306 405 406.
Ao Cm Et Ga Gh Gm Gw Ke Ml Mw Mz Ne Nq Sd Sn Td Tg Tz Zm ZrZw; Asia; Indian Ocean.
Description: 210,236; *Illustration:* 210,236.

A. polygonoides Romariz (provisional)   [258]
: *Desc.:* H; Nc; A; K. *Habitat:* – .
Ao.
Description: 258.

A. quartinianus A.Rich.   [24]
: *Desc.:* H; Nc; A; Nt. *Habitat:* 805 816.
Cm Et.
Description: 24.

A. rugosus (Willd.) DC.   [210]
: *Desc.:* H; Nc; A; Nt. *Uses:* Livestock fodder; Medicinal. *Habitat:* 205 206 216 305 306 316 405 406 416.
Ao Bi Cf Cm Dj Et Gh Gm Gn Gw Ke Ml Mw Mz Na Ne Nq Sd Sl Sn Td Tg Tz Ug Za Zm Zr Zw; Indian Ocean.
Description: 210,236; *Illustration:* 24,210.

subsp. **perennirufus** J.Leonard   [210]
: *Desc.:* H; Nc; P; Nt. *Uses:* Livestock fodder; Medicinal. *Habitat:* – .
Ao Bi Cf Et Ke Mw Mz Rw Tz Ug Za Zm Zr Zw.
Description: 210,236; *Illustration:* 24,220.

subsp. **reticulatus** Verdc.   [210]
: *Desc.:* H; Nc; A; Nt. *Habitat:* 203 216.
Tz Zm.
Description: 210.

subsp. **rugosus**   [210]
: *Desc.:* H; Nc; A; Nt. *Habitat:* 205 206 216 305 306 316 405 406 416.
Ao Bi Cm Et Gh Gm Gn Gw Ke Ml Mw Mz Na Ne Nq Sd Sl Sn Tg Tz Ug Zw; Indian Ocean.
Description: 210.

A. vaginalis (L.) DC.   [210]
: *Desc.:* H; Nc; P; Nt. *Uses:* Livestock fodder; Miscellaneous. *Habitat:* 203 205 206 216 305 306 316 403 405 406 416.
Ao Ga Gh Ke Mz Ne Nq Rw Sd Sl St Tg Tz Ug Yd Zm Zr Zw; Asia; Indian Ocean.
Description: 210,236; *Illustration:* 173,210,236.

A. zeyheri Harvey [210]
Desc.: H; Nc; P; Nt. *Uses:* Medicinal. *Habitat:* 202 205 216 402 405 416.
Ao Et Ke Mw Mz Nq Sd Sl Tz Ug Za Zm Zr Zw.
Description: 210,236; *Illustration:* 210,236.

A. sp.A J.B.Gillett et al. (provisional) [210]
Desc.: H; Nc; A; K. *Habitat:* 405.
Ke Tz.
Description: 210.

DESMODIUM Desv.

D. adscendens (Sw.) DC. [210]
D. oxalidifolium G.Don [210].
Desc.: H; Nc; P; Nt. *Uses:* Cover crop; Livestock fodder; Medicinal. *Habitat:* 101 116 201 216 401 416 1201 1216.
Ao Bi Ci Cm Et Ga Gh Gn Gq Gw Ke Lr Mw Mz Nq Rw Sl Sn St Sz Tg Tz Ug Za Zm Zr Zw.
Description: 210,236; *Illustration:* 216.

D. appressipilum B.G.Schubert [210]
Desc.: H; Nc; P; Nt. *Habitat:* 202 205 805.
Tz Zm.
Description: 210; *Illustration:* 259.

D. asperum Desv. [64]
Desc.: H; Nc; A. *Uses:* Livestock fodder. *Habitat:* – .
Ne(I) Td(I) Za(I); South America.

D. barbatum (L.) Benth. [210]
D. barbatum subsp. *dimorphum* (Baker) Laundon [210]; *D. dimorphum* Baker [210].
Desc.: H; Nc; P; Nt. *Habitat:* 202 205 302 305 402 405 1202 1205.
Ao Bi Cm Et Ga Gn Ke Mw Mz Na Nq Rw Sd Tz Ug Za Zm Zr Zw; Indian Ocean.
Description: 210,236; *Illustration:* 210,216,220.

D. cordifolium (Harms) Schindler [210]
Desc.: H; Nc; P; Nt. *Habitat:* 202 205.
Ao Cf Mw Tz Zm Zr.
Description: 210,236.

D. delicatulum A.Rich. (provisional) [29]
Desc.: - *Habitat:* – .
Sd.
Description: 29.

D. dichotomum (Willd.) DC. [210]
Desc.: H; Nc; P; Nt. *Habitat:* 405.
Et(U) Sd(U) Td(U) Ug(U) Zm(I); Asia.
Description: 210; *Illustration:* 24.

D. discolor Vogel (provisional) [8]
Desc.: H; Nc. *Habitat:* – .
Ke(I) Zm(I); South America.

D. distortum (Aublet) Macbr. [23]
Desc.: - *Uses:* Cover crop. *Habitat:* – .
Tg(I); South America.
Description: 261.

D. dregeanum Benth. [210]
D. caffrum (E.Meyer) Druce [210].
Desc.: H/S; Nc; P; Nt. *Habitat:* 205 405.
Ao Bi Ke Mz Tz Ug Za Zm.
Description: 210; *Illustration:* 210.

D. fulvescens B.G.Schubert [236]
Desc.: H; Nc; P; K. *Habitat:* 205.
Zm Zr.
Description: 236.

D. gangeticum (L.) DC. [210]
D. gangeticum var. *maculatum* (L.) Baker [210]; *D. natalitium* Sonder [210]; *Hedysarum lanceolatum* Schum. & Thonn. [210].
Desc.: H; Nc; P; Nt. *Uses:* Medicinal. *Habitat:* 116 202 205 206 216 302 305 306 402 405 406 1205 1206.
Ao Cf Ci Cm Et Ga Gh Gm Gn Gq Gw Ke Lr Mw Mz Nq Rw Sd Sl Sn St Td Tg Tz Ug Zm Zr Zw.
Description: 210,236; *Illustration:* 210,220.

D. gyroides (Link) DC. [261]
Desc.: H/S; Nc; P. *Habitat:* – .
Cm(I) Zr(I); Asia.
Description: 261.

D. helenae Buscal. & Muschler [236]
Desc.: H/S; Nc; P; Nt. *Habitat:* 202 205 206.
Ao Zm Zr.
Description: 236,237.

D. heterocarpon (L.) DC. [210]
D. polycarpum sensu R.O.Williams [54,210].
Desc.: H/S; Nc; P; Nt. *Habitat:* 1305 1313.
Gh(I) Tz; Asia; Australasia.
Description: 210,261.

D. hirtum Guillemin & Perrottet [210]
Desc.: H/S; Nc; A; Nt. *Uses:* Cover crop; Livestock fodder. *Habitat:* 205 305.
Bi Cm Et Ga Gh Gm Gn Gw Ml Mz Ne Nq Sd Sl Sn Td Tg Tz Zm Zr Zw.
Description: 210,236; *Illustration:* 236.

D. incanum (Sw.) DC. [8]
D. canum (J.Gmelin) Schinz & Thell. [210]; *D. frutescens* sensu auctt. [210].
Desc.: H/S; Nc; P; Nt. *Habitat:* 116 316 416 1216.
Ci(U) Cm(U) Ga(U) Gn(U) Gq(U) Lr(U) Ml(U) Sl(U) St(U) Tz(U)Ug(U) Zr(U); Central America; North America; South America.
Description: 210.

D. intortum (Miller) Urban [261]
Desc.: H; Nc; P. *Uses:* Cover crop; Livestock fodder. *Habitat:* 1205 Cult.
Ao(I) Ke(I) Mw(I) Nq(I) Rw(I) Ug(I) Zm(I) Zw(I).
Description: 220,261.

D. laxiflorum DC. [212]
Desc.: H/S; Nc; P; Nt. *Habitat:* 305 Cult.
Cf(I) Gh(I) Gm(I) Gn(I) Gw(I) Nq(I) Sl(I) Sn(I) Td Tg(I).g(I).I).; Asia; Australasia.
Description: 212,261.

D. linearifolium G.Don [212]
Desc.: H; Nc; P; Nt. *Habitat:* – .
Gn Gw Sl.
Description: 212.

D. ospriostreblum Chiov. [210]
D. tortuosum sensu Hepper,p.p. [210,212].
Desc.: H; Nc; A; Nt. *Habitat:* 202 203 302 303.
Cm Cv Et Gh Gq Mw Ne Nq Sd Sl Sn Tz Zm Zw.
Description: 210; *Illustration:* 24.

D. pilosiusculum DC. [8]
D. sandvicense E.Meyer [8].
Desc.: - Habitat: –.
Gh(I) Ke(I).

D. procumbens (Miller) Hitchc. [210]
D. spirale DC. [210].
Desc.: - Habitat: –.
Cv(I) Mw(I) Nq(I) Sl(I) Zm(I).

D. psilocarpum Gray [8]
Desc.: H/S; Nc; P. Habitat: –.
Zm(I).

D. ramosissimum G.Don [210]
D. mauritianum sensu auctt. [210]; *Hedysarum fruticulosum* Schum. & Thonn. [210].
Desc.: H/S; Nc; P; Nt. Uses: Medicinal. Habitat: 205 305 405 1205.
Ao Bi Bj Cf Ci Cm Et Ga Gh Gn Gq Gw Ke Lr Ml Mz Nq Rw Sd Sl St Td Tg Tz Ug Zm Zr; Indian Ocean.
Description: 210,236; *Illustration:* 210,220.

D. repandum (Vahl) DC. [210]
D. aparine Chiov. [210]; *D. scalpe* DC. [210].
Desc.: H/S; Nc; P; Nt. Uses: Medicinal. Habitat: 101 201 301 401 416 1201.
Ao Bi Cm Et Ga Gn Gq Ke Mw Mz Nq Rw Sd Sl St Sz Tz Ug Za Zm Zr Zw; Asia; Indian Ocean; Middle East.
Description: 210,236; *Illustration:* 24,173,220,236.

D. salicifolium (Poiret) DC. [210]
Desc.: H/S; Nc; P; Nt. Uses: Cover crop. Habitat: 205 305 405 1205.
Ao Bw Cf Ci Cm Et Ga Gh Gm Gn Gq Gw Ke Lr Ml Mw Mz Na Nq Rw Sd Sl Sn Sz Td Tg Tz Ug Za Zm Zr Zw.
Description: 210,236; *Illustration:* 24,216,220,236.

D. schweinfurthii Schindler [212]
Desc.: H; Nc; A; Nt. Habitat: 305.
Cf Et Nq Sd Sl Td Zr.
Description: 212,236; *Illustration:* 236.

D. scorpiurus (Sw.) Desv. [212]
Desc.: H; C/Nc; A. Habitat: –.
Gh(I) Gn(I) Ke(I) Mw(I) Ne(I) Nq(I) Sl(I) Zr(I); South America.
Description: 212,261; *Illustration:* 261.

D. setigerum (E.Meyer) Harvey [210]
Desc.: H; Nc; P; Nt. Habitat: 205 216 305 316 405 416 1205 1216.
Ao Bi Cf Ci Cm Gh Gn Hv Ke Lr Mw Mz Ne Nq Rw Sl Sz Td Tz Ug Za Zm Zr Zw.
Description: 210,236; *Illustration:* 220,236.

D. stolzii Schindler [210]
Desc.: H; Nc; P; Nt. Uses: Medicinal. Habitat: 202.
Bi Mw Tz Zm Zr Zw.
Description: 210,236.

D. tanganyikense Baker [210]
Desc.: H; Nc; P; Nt. Habitat: 202 205.
Ao Mw Mz Tz Zm Zr Zw.
Description: 210,236; *Illustration:* 210,216.

D. tortuosum (Sw.) DC. [210]
Desc.: H; Nc; P; Nt. Uses: Livestock fodder. Habitat: 216 316 416 1216.
Ao(I) Bi(I) Ci Cm(I) Gh(I) Gq(I) Gw(I) Mw(I) Mz(I) Nq(I) Sl(I) Sn(I) St(I) Td(I) Tg(I) Tz(I) Ug(I) Za(I) Zm(I) Zr(I) Zw(I); South America.
Description: 210,236; *Illustration:* 220.

D. triflorum (L.) DC. [210]
Hedysarum granulatum Schum. [210].
Desc.: H; Nc; A; Nt. *Uses:* Ornamental. *Habitat:* 205 305 405 1205 Cult.
Ao Bi Bj Ci Cm Gh Gn Gw Ke Lr Mw Nq Sd Sl St(U) Tg Tz Ug Yd Zm Zr Zw(I); Asia; Indian Ocean; North America; South America.
Description: 210,236.

D. umbellatum (L.) DC. [210]
Dendrolobium umbellatum (L.) Benth. [210].
Desc.: S; Nc; P; Nt. *Habitat:* 1312.
Ke Tz; Asia; Australasia; Indian Ocean.
Description: 210,261; *Illustration:* 261.

D. uncinatum (Jacq.) DC. [24]
Desc.: H; Nc; P; Nt. *Habitat:* – .
Cm(I) Et(I) Ke(I); South America.
Description: 24,261.

D. velutinum (Willd.) DC. [210]
D. lasiocarpum (P.Beauv.) DC. [210].
Desc.: H/S; Nc; P; Nt. *Uses:* Livestock fodder; Medicinal. *Habitat:* 101 116 201 202 205 206 302 305 306 402 405 406 1202.1205;1206
Ao Bi Bj Cf Cg Ci Cm Et Ga Gh Gm Gn Gw Hv Ke Lr Ml Mz Ne Nq Rw Sd Sl Sn St Td Tg Tz Ug Za Zm Zr Zw; Asia; Indian Ocean.
Description: 210,236,261; *Illustration:* 24,220.

D. wittei B.G.Schubert [236]
Desc.: H; Nc; P; K. *Habitat:* 202.
Zr.
Description: 236.

D. zenkeri Schindler [263]
Desc.: H; Nc; P; K. *Habitat:* 101.
Cm.
Description: 263.

DROOGMANSIA De Wild.

D. angolensis Torre [241]
Desc.: H; Nc; P; Nt. *Habitat:* – .
Ao Zr.
Description: 241.

D. chevalieri (Harms) Hutch. & Dalziel [212]
Desc.: H; Nc; P; Nt. *Habitat:* – .
Gn Sl.
Description: 212,264; *Illustration:* 264.

D. dorae Torre [216]
Desc.: H; Nc; P; K. *Habitat:* – .
Ao.
Description: 241; *Illustration:* 241.

D. elongata B.G.Schubert [236]
Desc.: H; Nc; P; K. *Habitat:* 205.
Zr.
Description: 236.

D. giorgii De Wild. [236]
Desc.: S; Nc; P; K. *Habitat:* – .
Zm Zr.
Description: 236,237.

D. gossweileri Torre [216]
Desc.: H/S; Nc; P; K. *Habitat:* – .
Ao.
Description: 241; *Illustration:* 216,241.

D. grandiflora B.G.Schubert [236]
Desc.: S; Nc; P; K. *Habitat:* 202 205.
Zr.
Description: 236.

D. lancifolia Schindler [236]
Desc.: H; Nc; P; K. *Habitat:* – .
Zr.
Description: 236.

D. ledermannii Schindler [265]
Desc.: H; Nc; P; Nt. *Habitat:* 302.
Cm Nq.
Description: 265.

D. longirhachis B.G.Schubert [236]
Desc.: H; Nc; P; K. *Habitat:* 205.
Zr.
Description: 236; *Illustration:* 236.

D. megalantha (Taubert) De Wild. [237]
Desc.: H/S; Nc; P; Nt. *Habitat:* 202.
Ao Zm.
Description: 237.

D. mildbraedii Schindler [266]
Desc.: H; Nc; P; K. *Habitat:* – .
Cm.
Description: 266.

D. montana Jacq.-Fel. [212]
Desc.: S; Nc; P; K. *Habitat:* – .
Gn.
Description: 212.

D. munamensis De Wild. [236]
Desc.: H; Nc; P; K. *Habitat:* 202 205.
Zr.
Description: 236.

D. pteropus (Baker) De Wild. [210]
D. hockii De Wild. [237]; *D. longipes* R.E.Fries [237]; *D. longistipitata* De Wild. [237]; *D. platypus* (Baker) Schindler [210]; *D. quarrei* De Wild. [237]; *D. whytei* Schindler [210].
Desc.: H/S; Nc; P; Nt. *Uses:* Medicinal. *Habitat:* 202.
Ao Bi Mw Mz Tz Zm Zr Zw.
Description: 210; *Illustration:* 210.

D. reducta De Wild. [236]
Desc.: H; Nc; P; K. *Habitat:* 202 205.
Zr.
Description: 236.

D. scaettaiana A.Chev. & Sillans [212]
Desc.: H; Nc; P; Nt. *Habitat:* – .
Ci Gn Lr Sl.
Description: 212,264; *Illustration:* 264.

D. sillansii A.Chev. [264]
Desc.: H; Nc; P; K. *Habitat*: 302.
Cf.
Description: 264; *Illustration*: 264.

D. tenuis B.G.Schubert [236]
Desc.: H; Nc; P; K. *Habitat*: 202.
Zr.
Description: 236.

D. tisserantii Sillans [264]
Desc.: H; Nc; P; K. *Habitat*: – .
Cf.
Description: 264; *Illustration*: 264.

D. van-meelii B.G.Schubert [236]
Desc.: H; Nc; P; K. *Habitat*: 205.
Zr.
Description: 236.

D. vanderystii De Wild. [216]
Desc.: H/S; Nc; P; K. *Habitat*: – .
Ao.

D. velutina B.G.Schubert [236]
Desc.: S; Nc; P; K. *Habitat*: – .
Zr.
Description: 236.

D. cf.whytei Torre (provisional) [216]
Desc.: H/S; Nc; P; K. *Habitat*: – .
Ao.

MELINIELLA Harms

M. micrantha Harms [212]
Desc.: H; Nc; A; Nt. *Habitat*: – .
Cf Cm Gh Gn Gw Ml Ne Nq Sn Td Tg.
Description: 212,224.

PSEUDARTHRIA Wight & Arn.

P. confertiflora (A.Rich.) Baker [210]
Desc.: H/S; Nc; P; Nt. *Uses:* Medicinal. *Habitat*: 205 206 305 306 405 406 1205 1206.
Ao Cm Et Gh Ke Nq Sd Td Tg Tz Ug Zr.
Description: 210,236; *Illustration*: 210,236.

P. crenata Hiern [216]
Desc.: H; Nc; P; K. *Habitat*: 202.
Ao.

P. fagifolia Baker [212]
Desc.: H/S; Nc; P; Nt. *Habitat*: – .
Ci Cm Ga Gn Gw Nq Sl.
Description: 212.

P. hookeri Wight & Arn. [210]
Desc.: H/S; Nc; P; Nt. *Uses:* Medicinal. *Habitat*: 202 205 206 302 305 306 402 405 406 1202 1205 1206.
Ao Bi Cf Cg Cm Et Ga Gh Gn Gw Hv Ke Mw Mz Nq Rw Sd Sl Sn Td Tg Tz Ug Za Zm Zr Zw; Indian Ocean.
Description: 210,220,236; *Illustration*: 24,210,220.

P. macrophylla Baker (provisional) [216]
   Desc.: H; Nc; P; K. *Habitat:* – .
   Ao.
   Description: 216.

PYCNOSPORA Wight & Arn.

P. lutescens (Poiret) Schindler [210]
   Desc.: H; Nc; P; Nt. *Habitat:* 402 403 405 1202 1203 1205 1206.
   Ke Rw Tz Ug Zr; Asia; Australasia.
   Description: 210,236; *Illustration:* 210,220,236.

URARIA Desv.

U. gossweileri Baker f. [216]
   Desc.: H; Nc; P; K. *Habitat:* 205.
   Ao.
   Description: 216.

U. picta (Jacq.) DC. [210]
   U. aphrodisiaca Welw. [8].
   Desc.: H/S; Nc; P; Nt. *Uses:* Medicinal. *Habitat:* 205 206 305 306.
   Ao Bj Ci Cm Et Ga Gh Gm Gw Hv Lr Ml Mw Mz Ne Nq Rw Sd Sl Sn St Td Tg Tz Ug Zr.
   Description: 210,236; *Illustration:* 210,220,236.

GALEGEAE

ALHAGI Adans.

A. graecorum Boiss. [454]
   A. mannifera Desv. [454]; *A. maurorum* sensu auctt. [454].
   Desc.: H/S; Nc; A; Nt. *Habitat:* 1707.
   Dz Eg Ly Ne(U) Sd Td; Europe; Middle East.
   Description: 360,368,529; *Illustration:* 29,455,529.

A. maurorum Medikus [454]
   A. camelorum Fischer [454]; *A. pseudalhagi* Desv. [454].
   Desc.: H/S; Nc; P; Nt. *Habitat:* – .
   Za(I); Europe; Middle East.

ASTRACANTHA Podl.

A. granatensis (Lam.) Podl. [454]
   Astragalus granatensis Lam. [454].
   Desc.: - *Habitat:* – .
   Ma; Europe.

ASTRAGALUS L.

A. akkensis Cosson [454]
   Desc.: H; Nc; P; Nt. *Habitat:* 1707.
   Dz Eh Ma.
   Description: 360; *Illustration:* 360.

A. algarbiensis Bunge [454]
   Desc.: - *Habitat:* – .
   Ma; Europe.

A. algerianus E.Sheldon [454]
    A. tenuifoliosus Maire [454]; *A. tenuifolius* Desf. [454].
    Desc.: H; Nc; Nt. *Habitat*: 1805.
    Dz Ma Tn; Europe.
    Description: 360; *Illustration*: 360,529.

A. alopecuroides L. [454]
    Desc.: H; Nc; P; Nt. *Habitat*: 702 705 1805.
    Dz Ma; Europe.
    Description: 360; *Illustration*: 360.

  subsp. **alopecuroides** [454]
    A. narbonensis Gouan [454].
    Desc.: H; Nc; P; Nt. *Habitat*: 702 705 1805.
    Dz Ma; Europe.
    Description: 360; *Illustration*: 360.

A. annularis Forsskal [454]
    Desc.: H; Nc; A; Nt. *Habitat*: – .
    Eg Ly Tn; Middle East.
    Description: 368; *Illustration*: 368,455.

A. antiatlanticus Emb. & Maire [454]
    Desc.: K. *Habitat*: – .
    Ma.

A. armatus Willd. [454]
    Desc.: - *Habitat*: 1805.
    Dz Ma Tn.
    Description: 360,529; *Illustration*: 529.

  subsp. **armatus** [454]
    A. fontanesii subsp. *tragacanthoides* Maire [454].
    Desc.: - *Habitat*: – .
    Dz Ma Tn.
    Description: 360.

  subsp. **numidicus** (Cosson & Durieu) Emb. & Maire [454]
    A. fontanesii subsp. *numidicus* (Cosson & Durieu) Maire [454].
    Desc.: - *Habitat*: – .
    Dz Ma Tn.
    Description: 360.

A. asterias Steven [454]
    Desc.: H; Nc; A; Nt. *Habitat*: – .
    Dz Eg Ly Ma Tn.
    Description: 368; *Illustration*: 368.

  subsp. **aristidis** (Battand.) Greuter [454]
    A. cruciatus subsp. *aristidis* Battand. [454].
    Desc.: H; Nc; A; Nt. *Habitat*: – .
    Tn.

  subsp. **asterias** [454]
    Desc.: H; Nc; A; Nt. *Habitat*: – .
    Eg Ly.
    Description: 368; *Illustration*: 368.

  subsp. **astraboides** (Pomel) Greuter [454]
    A. cruciatus subsp. *astraboides* (Pomel) Battand. [454].
    Desc.: H; Nc; A; Nt. *Habitat*: – .
    Dz Ma Tn.

subsp. **polyactinus** (Boiss.) Greuter   [454]
>   *A. cruciatus* sensu Negre [454,456]; *A. rene-mairei* Eig (suspected synonym) [454].
>   *Desc.:* H; Nc; A; Nt. *Habitat:* – .
>   Dz Ma Tn.
>   *Description:* 456; *Illustration:* 456.

subsp. **radiatus** (Battand.) Greuter   [454]
>   *A. cruciatus* subsp. *radiatus* Battand. [454].
>   *Desc.:* H; Nc; A; Nt. *Habitat:* – .
>   Dz Eg Ly Tn.
>   *Description:* 368.

A. atropilosulus (Hochst.) Bunge   [210]
>   *Desc.:* H; Nc; P; Nt. *Habitat:* 205 405 805 1205.
>   Bi Et Ke Mw Rw Sd So Tz Ug Za Zm Zr Zw; Middle East.
>   *Description:* 24,210,220; *Illustration:* 24,210,220.

subsp. **abyssinicus** (Hochst.) J.B.Gillett   [558]
>   *A. abyssinicus* Hochst. [558]; *A. coerulescens* Hochst. [558].
>   *Desc.:* H; Nc; P; Nt. *Habitat:* 805.
>   Et Sd.
>   *Description:* 24.

subsp. **atropilosulus**   [558]
>   *Desc.:* H; Nc; P; Nt. *Habitat:* 805.
>   Et.
>   *Description:* 24,558; *Illustration:* 24.

subsp. **bequaertii** (De Wild.) J.B.Gillett   [558]
>   *A. abyssinicus* sensu Cronq., p.p. [210]; *A. bequaertii* De Wild. [210]; *A. elgonensis* Bullock [210]; *A. venosus* sensu Edwards & Bogdan [210].
>   *Desc.:* H; Nc; P; Nt. *Habitat:* 405 805 1205.
>   Bi Et Ke Tz Ug Zr.
>   *Description:* 210,220.

subsp. **burkeanus** (Harvey) J.B.Gillett   [558]
>   *A. abyssinicus* sensu Edwards & Bogdan [210,384]; *A. abyssinicus* sensu Cronq.,p.p. [210]; *A. burkeanus* Harvey [558]; *A. venosus* sensu Hedb. [210,559].
>   *Desc.:* H; Nc; P; Nt. *Habitat:* 205 405 805 1205.
>   Et Ke Mw Rw So Tz Ug Za Zm Zw; Middle East.
>   *Description:* 210,558; *Illustration:* 210,220.

A. boeticus L.   [454]
>   *A. baeticus* L. [454,456].
>   *Desc.:* H; Nc; A; Nt. *Habitat:* – .
>   Dz Eg Ly Ma Tn; Europe.
>   *Description:* 360,368,456; *Illustration:* 360,368,455,456.

A. bombycinus Boiss.   [454]
>   *Desc.:* H. *Habitat:* – .
>   Eg.

A. bourgeanus Cosson   [454]
>   *Desc.:* H; Nc; P; Nt. *Habitat:* 1805.
>   Dz Ma.
>   *Description:* 360; *Illustration:* 360.

A. caprinus L.   [454]
>   *Desc.:* H; Nc; P; Nt. *Habitat:* 703 705.
>   Dz Eg Ly Ma Tn; Middle East.
>   *Description:* 360,368,456; *Illustration:* 368,456,529.

subsp. **caprinus** [454]
Desc.: H; Nc; P; Nt. *Habitat:* – .
Dz Ma Tn.
Description: 360.

subsp. **lanigerus** (Desf.) Maire [454]
A. alexandrinus Boiss. [454]; *A. beershabensis* Rech.f. [454]; *A. caprinus* subsp. *alexandrinus* (Boiss.) Pottier-Alapetite [454]; *A. deserti-syriaci* Eig [454].
Desc.: H; Nc; P; Nt. *Habitat:* – .
Dz Eg Ly Ma Tn; Middle East.
Description: 360,368; *Illustration:* 368,455,529.

A. contortuplicatus L. [454]
Desc.: H; Nc; A; Nt. *Habitat:* – .
Eg(U); Europe.
Description: 455.

A. corrugatus Bertol. [454]
A. cruciatus Link [454]; *A. tenuirugis* Boiss. [454].
Desc.: H; Nc; A; Nt. *Habitat:* 1705 1805.
Dz Eg Ly Ma Td Tn.
Description: 360,368; *Illustration:* 360,368,529.

A. cymbicarpos Brot. [454]
Desc.: H; Nc. *Habitat:* – .
Ma; Europe.

A. depressus L. [454]
Desc.: H; Nc. *Habitat:* 708.
Dz Ma.
Description: 360.

subsp. **atlantis** Maire [454]
Desc.: H; Nc; K. *Habitat:* – .
Ma.

subsp. **depressus** [454]
Desc.: H; Nc; Nt. *Habitat:* 708.
Dz Ma.
Description: 360.

A. echinatus Murray [454]
Desc.: H; Nc; A; Nt. *Habitat:* 1803.
Dz Ma Tn.
Description: 360,456; *Illustration:* 360,456.

A. edulis Bunge [454]
Desc.: H; Nc; A; Nt. *Habitat:* 1805.
Dz Ma.
Description: 360,456; *Illustration:* 360,456.

A. embergeri Jah. et al. (provisional) [454]
A. hamosus subsp. *embergeri* (Jah. et al.) Maire [454].
Desc.: H; Nc; K. *Habitat:* – .
Ma.

A. epiglottis L. [454]
Desc.: H; Nc; A; Nt. *Habitat:* 703 705.
Dz Ly Ma Tn.
Description: 368,456; *Illustration:* 360,456.

subsp. **asperulus** (Dufour) Nyman [454]
Desc.: H; Nc; Nt. *Habitat:* – .
Dz Ma Tn.

subsp. **epiglottis** [454]
Desc.: H; Nc; A; Nt. *Habitat:* – .
Dz Ly Ma Tn.
Description: 368.

A. **eremophilus** Boiss. [454]
A. schimperi sensu Cuf. [24,39].
Desc.: H; Nc; A; Nt. *Habitat:* 1707.
Dz Eg Eh Et Ly Sd Td; Asia; Middle East.
Description: 24,360,368; *Illustration:* 360,529.

A. **exscapus** L. [454]
Desc.: H; Nc. *Habitat:* – .
Ma; Europe.

subsp. **maurus** Humbert & Maire [454]
Desc.: H; Nc; K. *Habitat:* – .
Ma.

A. **falciformis** Desf. [454]
Desc.: H; Nc; P; Nt. *Habitat:* 705.
Dz Tn.
Description: 360; *Illustration:* 360.

A. **faurei** Maire [454]
Desc.: H; Nc; P; Nt. *Habitat:* 705.
Dz Ma.
Description: 360.

A. **font-queri** Maire & Sennen [454]
Desc.: H; Nc; P; K. *Habitat:* 1805.
Ma.
Description: 360; *Illustration:* 360.

A. **froedinii** Murb. [454]
Desc.: H; Nc; K. *Habitat:* – .
Ma.

A. **fruticosus** Forsskal [454]
A. tomentosus Lam. [454].
Desc.: H; Nc; P; Nt. *Habitat:* – .
Eg; Middle East.
Description: 455.

A. **geniculatus** Desf. [454]
Desc.: H; Nc; A; Nt. *Habitat:* 702 705 1805.
Dz Ma Tn.
Description: 360.

A. **geniorum** Maire [454]
Desc.: H; Nc; A; K. *Habitat:* 1707.
Dz.
Description: 360.

A. **glaux** L. [454]
Desc.: H; Nc; A; Nt. *Habitat:* – .
Dz Ma Tn.
Description: 360,456; *Illustration:* 360,456.

A. gombo Bunge [454]
  A. fruticosus subsp. *gombo* (Bunge) Jafri [454].
  Desc.: H; Nc; P; Nt. *Habitat:* 1707.
  Dz Ly Ma Tn.
  Description: 360,368; *Illustration:* 368,529.

  subsp. **gombo** [454]
    Desc.: H; Nc; Nt. *Habitat:* – .
    Dz Ma Tn.
    Description: 360; *Illustration:* 360.

  subsp. **gomboeformis** (Pomel) Ott [454]
    A. gombiformis Pomel [529]; *A. gomboeformis* Pomel [454].
    Desc.: H; Nc; Nt. *Habitat:* 1805.
    Dz Ly Tn.
    Description: 360; *Illustration:* 360,529.

A. graecus Boiss. & Spruner [454]
  Desc.: H; Nc; P; Nt. *Habitat:* – .
  Ly; Europe.
  Description: 368.

A. gryphus Bunge [454]
  Desc.: H; Nc; A; Nt. *Habitat:* 1805.
  Dz Ma.
  Description: 360; *Illustration:* 360.

A. hamosus L. [454]
  Desc.: H; Nc; A; Nt. *Habitat:* 705 1805.
  Dz Eg Ly Ma Tn; Europe; Middle East.
  Description: 360,368,456; *Illustration:* 360,368,455,456.

A. hauarensis Boiss. [454]
  A. ghizensis Del. [454,529]; *A. gyzensis* Bunge [454].
  Desc.: H; Nc; A; Nt. *Habitat:* – .
  Dz Eg Ly Ma Tn; Middle East.
  Description: 360,368; *Illustration:* 368,529.

A. hispidulus DC. [454]
  Desc.: H; Nc; A; Nt. *Habitat:* – .
  Eg Ly; Middle East.
  Description: 368,455.

A. ibrahimianus Maire [454]
  Desc.: H; Nc; K. *Habitat:* – .
  Ma.

A. incanus L. [454]
  Desc.: H; Nc; Nt. *Habitat:* 1805.
  Dz Ma Tn.
  Description: 360; *Illustration:* 360.

  subsp. **incanus** [454]
    Desc.: H; Nc; K. *Habitat:* – .
    Ma.

  subsp. **incurvus** (Desf.) Maire [454]
    Desc.: H; Nc; Nt. *Habitat:* – .
    Dz Ma.
    Description: 360.

subsp. **nummularioides** (Desf.) Maire [454]
Desc.: H; Nc; Nt. *Habitat:* – .
Dz Ma Tn.
Description: 360.

A. intercedens Rech.f. [454]
A. maris-mortui Eig [454].
Desc.: H; Nc; A; Nt. *Habitat:* 1707.
Ly; Middle East.
Description: 368; *Illustration:* 368.

A. kahiricus DC. [454]
Desc.: H; Nc; P; Nt. *Habitat:* – .
Eg.
Description: 455.

A. kralikii Battand. [454]
A. hispidulus subsp. *kralikianus* Tackh. & Boulos [454]; *A. hispidulus* subsp. *kralikii* (Cosson) Poitier-Alapetite [454].
Desc.: H; Nc; A; Nt. *Habitat:* – .
Dz Eg Ly Tn.
Description: 455.

A. lusitanicus Lam. [454]
Desc.: H; Nc; Nt. *Habitat:* 702.
Dz Ma; Europe; Middle East.
Description: 360; *Illustration:* 360.

subsp. **lusitanicus** [454]
Desc.: H; Nc; Nt. *Habitat:* 702 703.
Dz Ma; Europe.
Description: 360; *Illustration:* 360.

A. mairei Emb. & Maire [454]
Desc.: H; Nc; K. *Habitat:* – .
Ma.

A. mareoticus Del. [454]
Desc.: H; Nc; A; Nt. *Habitat:* 1707 1805.
Dz Eg Ly Ma.
Description: 360,455; *Illustration:* 360,529.

A. maroccanus Braun-Blanquet & Maire [454]
Desc.: H; Nc; A; K. *Habitat:* 1805.
Ma.
Description: 456; *Illustration:* 456.

A. maurorum Murb. [454]
A. pseudogombo Fernandez Casas [454].
Desc.: H; Nc; Nt. *Habitat:* – .
Dz Ma.

A. mesatlanticus Andreanszky (provisional) [454]
Desc.: H; Nc; K. *Habitat:* – .
Ma.

A. monspessulanus L. [454]
Desc.: H; Nc; P; Nt. *Habitat:* – .
Dz Ma Tn.
Description: 360; *Illustration:* 360.

subsp. **monspessulanus** [454]
Desc.: H; Nc; P; Nt. *Habitat*: – .
Dz Ma Tn; Europe.
Description: 360; *Illustration*: 360.

A. onobrychis L. [454]
Desc.: H; Nc; P; Nt. *Habitat*: 1805.
Dz; Europe; Middle East.
Description: 360.

A. pauciflorus Lazaro [454]
A. longidentatus Chater [454]; *A. mauritanicus* Cosson [454].
Desc.: H; Nc; A; Nt. *Habitat*: 1805.
Dz Ma.
Description: 360.

A. pelecinus (L.) Barneby [454]
Desc.: H; Nc; A; Nt. *Uses*: Livestock fodder. *Habitat*: – .
Dz Es Et Ly Ma Sd Tn Tz; Europe; Middle East.
Description: 210,368,456; *Illustration*: 24,210,368.

subsp. **leiocarpus** (A.Rich.) Lock ined. [210]
Biserrula leiocarpa A.Rich. [210]; *Biserrula pelecinus* var. *leiocarpa* (A.Rich.) Chiov. [210]; *Biserrula pelecinus* subsp. *leiocarpa* (A.Rich.) J.B.Gillett [210]; *Biserrula pelecinus* var. *subintegra* Baker f. [210].
Desc.: H; Nc; A; Nt. *Habitat*: 405 805.
Et Sd Tz.
Description: 210,560; *Illustration*: 210.

subsp. **pelecinus** [560]
Biserrula pelecinus L. [454].
Desc.: H; Nc; A; Nt. *Habitat*: – .
Dz Es Et Ly Ma Tn; Europe; Middle East.

A. peregrinus Vahl [454]
Desc.: H; Nc; A; Nt. *Habitat*: – .
Dz Eg Ly Tn; Middle East.
Description: 360,368,455; *Illustration*: 360,368,455.

subsp. **peregrinus** [454]
Desc.: H; Nc; A; Nt. *Habitat*: – .
Eg Ly.
Description: 368,455; *Illustration*: 368.

subsp. **warionis** (Gand.) Maire [454]
A. peregrinus subsp. *warionii* Eig [454]; *A. warionis* Gand. [454].
Desc.: H; Nc; A; Nt. *Habitat*: 1805.
Dz Tn.
Description: 360; *Illustration*: 360.

A. reesei Maire [454]
Desc.: H; Nc; K. *Habitat*: – .
Ma.

A. reinei Ball [454]
Desc.: H; Nc; P; Nt. *Habitat*: 703.
Dz Ma.
Description: 360; *Illustration*: 360.

subsp. **nemorosus** (Battand.) Maire [454]
Desc.: H; Nc; P; Nt. *Habitat*: 703.
Dz.
Description: 360; *Illustration*: 360.

subsp. **reinei** [454]
Desc.: H; Nc; P; Nt. *Habitat:* – .
Ma.

A. schimperi Boiss. [454]
Desc.: H; Nc; A; Nt. *Habitat:* – .
Eg Ly; Middle East.
Description: 368,455; *Illustration:* 368.

A. schizotropis Murb. [454]
Desc.: H; Nc; P; K. *Habitat:* – .
Ma.
Description: 456; *Illustration:* 456.

A. scorpioides Willd. [454]
Desc.: H; Nc; A; Nt. *Habitat:* 1803 1805.
Dz Ma.
Description: 360,368; *Illustration:* 360,368.

A. sesameus L. [454]
Desc.: H; Nc; A; Nt. *Habitat:* – .
Dz Ma Tn.
Description: 360,456; *Illustration:* 360,456.

A. sieberi DC. [454]
Desc.: S; Nc; P; Nt. *Habitat:* – .
Eg; Middle East.
Description: 455.

A. sinaicus Boiss. [454]
Desc.: H; Nc; A; Nt. *Habitat:* 1805.
Dz(U) Ly Tn(U).n(U).U).; Europe; Middle East.
Description: 360,368; *Illustration:* 368,529.

A. solandri Lowe [454]
Desc.: H; Nc; A; K. *Habitat:* – .
Ma.
Description: 456; *Illustration:* 456.

A. spinosus (Forsskal) Muschler [454]
Desc.: H/S; Nc; P; Nt. *Habitat:* 1707.
Eg Ly; Middle East.
Description: 368; *Illustration:* 368,455.

A. stella Gouan [454]
Desc.: H; Nc; A; Nt. *Habitat:* – .
Dz Ma; Europe.
Description: 360.

A. tachdirtensis Andreanszky (provisional) [454]
Desc.: H; Nc; K. *Habitat:* – .
Ma.

A. taubertianus E.A.Durand & Barratte [454]
Desc.: H; Nc; A; K. *Habitat:* – .
Ly.
Description: 368; *Illustration:* 368.

A. tragacantha L. [454]
Desc.: H. *Habitat:* – .
Tn.

A. tribuloides Del. [454]
> *Desc.:* H; Nc; A; Nt. *Habitat:* 1705.
> Dz Eg Ly Ma Tn.
> *Description:* 360,368,455; *Illustration:* 368.

A. trigonus DC. [454]
> *A. leucacanthus* Boiss. [454]; *A. pseudotrigonus* Battand. & Trabut [454].
> *Desc.:* H/S; Nc; P; Nt. *Habitat:* 1707.
> Dz Eg Ly Ma Ml Mr Ne Sd Td.
> *Description:* 360,368,455; *Illustration:* 368.

A. turolensis Pau [454]
> *Desc.:* H; Nc; Nt. *Habitat:* – .
> Ma; Europe.

subsp. **exsul** (Font Quer) Maire [454]
> *Desc.:* H; Nc; K. *Habitat:* – .
> Ma.

A. vogelii (Webb) Bornm. [454]
> *Desc.:* H; Nc; A; Nt. *Habitat:* 1707.
> Cv Dz Eg Eh Et Ly Ml Mr Ne SdTd; Middle East.
> *Description:* 360,368; *Illustration:* 360,368,529.

subsp. **fatimensis** Maire [454]
> *A. fatmensis* Chiov. [454].
> *Desc.:* H; Nc; A; Nt. *Habitat:* – .
> Dz Eg Et; Asia; Middle East.
> *Description:* 24,360; *Illustration:* 529.

subsp. **vogelii** [454]
> *A. vogelii* subsp. *prolixus* (Bunge) Maire [454].
> *Desc.:* H; Nc; A; Nt. *Habitat:* 1707.
> Dz Eg Eh Ly.
> *Description:* 360,368; *Illustration:* 368,529.

A. weilleri Emb. et al. [454]
> *Desc.:* H; Nc; K. *Habitat:* – .
> Ma.

COLUTEA L.

C. abyssinica Kunth & Bouche [210]
> *C. istria* sensu auctt. [210].
> *Desc.:* S; Nc; P; Nt. *Habitat:* 803 805.
> Et Ke Rw So Tz Ug.
> *Description:* 24,210; *Illustration:* 24,210.

C. atlantica Browicz [454]
> *C. arborescens* sensu auctt. [454]; *C. arborescens* subsp. *atlantica* (Browicz) Ponert [454].
> *Desc.:* S; Nc; P; Nt. *Habitat:* 702.
> Dz Ma.
> *Description:* 360,456; *Illustration:* 456.

GALEGA L.
See Ref.562.

G. battiscombei (Baker f.) J.B.Gillett [210]
> *Astragalus battiscombei* Baker f. [210].
> *Desc.:* H; Nc; A; K. *Habitat:* 801.
> Ke.
> *Description:* 210; *Map:* 562.

G. lindblomii (Harms) J.B.Gillett   [210]
Astragalus somalensis var. *lindblomii* Harms [210]; *Astragalus tridens* sensu Jex-Blake [210].
Desc.: H; Nc; A; Nt. *Habitat:* 803 805 815.
Ke Ug.
Description: 210; *Map:* 562; *Illustration:* 210.

G. officinalis L.   [454]
Desc.: H/S; Nc; P; Nt. *Habitat:* – .
Dz Ma Za(I).a(I).I).; Europe.
Illustration: 548.

G. somalensis (Harms) J.B.Gillett   [562]
Astragalus somalensis Harms [562].
Desc.: H; Nc; P; K. *Habitat:* – .
Et.
Description: 24,562; *Map:* 562; *Illustration:* 24.

GLYCYRRHIZA L.

G. foetida Desf.   [454]
Desc.: H; Nc; P; Nt. *Habitat:* 705.
Dz Ma Tn; Europe.
Description: 360; *Illustration:* 360.

G. glabra L.   [454]
Desc.: H; Nc; P; Nt. *Uses:* Human food. *Habitat:* – .
Dz(I) Eg(I) Ly(U).
Description: 368.

LESSERTIA DC.
See Ref.563, but this is out-of-date and the genus badly needs revision.

L. acanthorachis (Dinter) Dinter   [232]
Desc.: H/S; Nc; P; K. *Habitat:* – .
Na.
Description: 232.

L. affinis Burtt Davy   [247]
Desc.: H; Nc; P. *Habitat:* 1405.
Za.
Description: 247.

L. annularis Burchell   [279]
Desc.: H; Nc; P. *Habitat:* – .
Na Za.
Description: 222,232.

L. argentea Harvey   [279]
Desc.: H; Nc; P. *Habitat:* – .
Ls Za.
Description: 222,483.

L. benguellensis Baker f.   [279]
Desc.: H; Nc; P. *Habitat:* 1414.
Ao Bw Na Za.
Description: 232.

L. brachypus Harvey   [279]
Desc.: S; Nc; P. *Habitat:* – .
Za.
Description: 222.

L. brachystachya DC. [279]
Desc.: H; Nc; P. *Habitat:* – .
Za.
Description: 222.

L. candida E.Meyer [279]
Desc.: H; Nc; P. *Habitat:* – .
Na Za.
Description: 222,232.

L. capensis (P.Bergius) Druce [279]
L. pulchra Sims [483].
Desc.: H; Nc; P. *Habitat:* – .
Za.
Description: 222,483; *Illustration:* 396.

L. capitata E.Meyer [279]
Desc.: H; Nc; P. *Habitat:* – .
Za.
Description: 222.

L. carnosa Ecklon & Zeyher [279]
Desc.: H; Nc; P. *Habitat:* – .
Za.
Description: 222.

L. cryptantha Dinter [232]
Desc.: H; Nc; P. *Habitat:* – .
Na.
Description: 232.

L. depressa Harvey [279]
Desc.: H; Nc; P. *Habitat:* 1405.
Ls Za.
Description: 222,247.

L. diffusa R.Br. [279]
Desc.: H; Nc; P. *Habitat:* – .
Za.
Description: 222; *Illustration:* 411.

L. distans Burtt Davy [247]
Desc.: H; Nc; P. *Habitat:* – .
Za.
Description: 247.

L. dykei L.Bolus [279]
Desc.: H; Nc; P. *Habitat:* – .
Za.
Description: 563.

L. emarginata Schinz [232]
Desc.: H; Nc; P; Nt. *Habitat:* – .
Bw Na Zm Zw.
Description: 232.

L. eremicola Dinter [232]
Desc.: H; Nc; P. *Habitat:* – .
Na.
Description: 232.

L. excisa DC. [279]
Desc.: H; Nc; P. *Habitat:* – .
Za.
Description: 222,483.

L. falciformis DC. [279]
Desc.: H; Nc; P. *Habitat:* – .
Bw Na Za.
Description: 222,232.

L. flanaganii L.Bolus [563]
Desc.: H; Nc; P; K. *Habitat:* – .
Za.
Description: 563.

L. flexuosa E.Meyer [279]
Desc.: S; Nc; P. *Habitat:* – .
Za.
Description: 222.

L. fruticosa Lindley [279]
Desc.: S; Nc; P. *Habitat:* – .
Za.
Description: 222.

L. glabricaulis L.Bolus [279]
Desc.: - *Habitat:* – .
Za.

L. globosa L.Bolus [563]
Desc.: H; Nc; P. *Habitat:* – .
Za.
Description: 563.

L. harveyana L.Bolus [563]
Desc.: H; Nc; P. *Habitat:* – .
Za.
Description: 563.

L. herbacea (L.) Druce [279]
L. linearis (Thunb.) DC. [483].
Desc.: H; Nc; A. *Habitat:* – .
Za.
Description: 222,483.

L. incana Schinz [232]
Desc.: H; Nc; P. *Habitat:* – .
Na.
Description: 232.

L. inflata Harvey [279]
Desc.: H; Nc; P. *Habitat:* – .
Za.
Description: 222.

L. kensitii L.Bolus [563]
Desc.: H; Nc; P. *Habitat:* – .
Za.
Description: 563.

L. macrostachya DC. [279]
Desc.: H; Nc; P. *Habitat:* – .
Bw Na Za.
Description: 222,232.

L. margaritacea E.Meyer [279]
Desc.: S; Nc; P. *Habitat:* – .
Za.
Description: 222.

L. microcarpa E.Meyer [222]
Desc.: H; Nc; P. *Habitat:* – .
Za.
Description: 222.

L. miniata T.M.Salter [279]
Desc.: H; Nc; P. *Habitat:* – .
Za.
Description: 483.

L. mossii R.G.Young [279]
Desc.: H; Nc; P. *Habitat:* – .
Za.

L. muricata T.M.Salter (provisional) [279]
Desc.: - *Habitat:* – .
Za.

L. pappeana Harvey [279]
Desc.: H; Nc; P. *Habitat:* – .
Za.
Description: 222.

L. parviflora Harvey [279]
Desc.: H; Nc; P. *Habitat:* – .
Za.

L. pauciflora Harvey [210]
L. schlechteri L.Bolus [279].
Desc.: H; Nc; P; Nt. *Habitat:* 805.
Ke Ls Na Tz Za Zw.
Description: 210,222.

L. perennans DC. [279]
L. polystachya Harvey [563]; *L. subcanescens* Gand. (suspected synonym) [8].
Desc.: H; Nc; P. *Habitat:* 1405.
Ls Za Zw.
Description: 222,247.

L. phillipsiana Burtt Davy [279]
Desc.: H; Nc; P. *Habitat:* – .
Za.
Description: 247.

L. physodes Ecklon & Zeyher [279]
Desc.: H; Nc; P. *Habitat:* – .
Za.
Description: 222.

L. prostrata DC. [279]
Desc.: H; Nc; P. *Habitat:* – .
Za.
Description: 222.

L. rigida E.Meyer [279]
Desc.: H/S; Nc; P. *Habitat:* – .
Za.

L. spinescens E.Meyer [279]
Desc.: S; Nc; P. *Habitat:* – .
Za.
Description: 222; *Illustration:* 411.

L. stenoloba E.Meyer [279]
Desc.: H; Nc; P. *Habitat:* – .
Za.
Description: 222,247.

L. stipulata Baker f. [279]
Desc.: - *Habitat:* – .

L. stricta L.Bolus [279]
Desc.: H; Nc; P. *Habitat:* – .
Ls Za.
Description: 247,563.

L. subumbellata Harvey [222]
Desc.: H; Nc; P. *Habitat:* – .
Za.
Description: 222.

L. tenuifolia E.Meyer [279]
Desc.: H; Nc; P. *Habitat:* – .
Za.
Description: 222.

L. thodei L.Bolus [279]
Desc.: H; Nc; P. *Habitat:* – .
Ls Za.
Description: 563.

L. tomentosa DC. [279]
Desc.: H; Nc; P. *Habitat:* – .
Za.
Description: 222,483.

SUTHERLANDIA R.Br.
See Ref.564.

S. frutescens (L.) R.Br. [564]
Desc.: S; Nc; P; Nt. *Habitat:* – .
Bw Ke(I) Ls Na Za.
Description: 564; *Illustration:* 396,397,411.

S. humilis E.Phillips & R.A.Dyer [564]
Desc.: H/S; Nc; P; Nt. *Habitat:* – .
Za.
Description: 564.

S. microphylla Burchell [564]
Desc.: S; Nc; P; Nt. *Habitat:* – .
Bw Na Za.
Description: 564.

S. montana E.Phillips & R.A.Dyer [564]
   Desc.: S; Nc; P; Nt. *Habitat:* – .
   Ls Za.
   Description: 564.

S. speciosa E.Phillips & R.A.Dyer [564]
   Desc.: S; Nc; P; K. *Habitat:* – .
   Za.
   Description: 564.

S. tomentosa Ecklon & Zeyher [564]
   Desc.: S; Nc; P; K. *Habitat:* – .
   Za.
   Description: 564.

GENISTEAE

ADENOCARPUS DC.

A. anagyroides Cosson & Bal. [454]
   Desc.: S; Nc; P; K. *Habitat:* 702 703.
   Ma.
   Description: 526,570; *Map:* 570. *Illustration:* 526,570.

A. artemisiifolius Jah. et al. [454]
   Desc.: S; Nc; P; K. *Habitat:* 702.
   Ma.
   Description: 526,570; *Map:* 570. *Illustration:* 526,570.

A. bacquei Battand. & Pitard [454]
   Desc.: S; Nc; P; K. *Habitat:* 708.
   Ma.
   Description: 526,570; *Map:* 570. *Illustration:* 526,570.

A. boudyi Battand. & Maire [454]
   Desc.: S; Nc; P; K. *Habitat:* 702 705.
   Ma.
   Description: 526,570; *Map:* 570. *Illustration:* 526,570.

A. cincinnatus (Ball) Maire [454]
   Desc.: S; Nc; P; K. *Habitat:* 702.
   Ma.
   Description: 526,570; *Map:* 570. *Illustration:* 526,570.

A. complicatus (L.) Gren. & Godron [454]
   Desc.: S; Nc; P; Nt. *Habitat:* 701.
   Dz Ma; Europe; Middle East.
   Description: 526,570; *Illustration:* 526.

   subsp. **commutatus** (Guss.) Cout. [454]
      Desc.: S; Nc; P; Nt. *Habitat:* 701.
      Dz; Europe.
      Description: 360,526.

   subsp. **intermedius** Cout. [454]
      A. complicatus subsp. *nainii* (Maire) P.Gibbs [454].
      Desc.: S; Nc; P; Nt. *Habitat:* 701.
      Ma; Europe.
      Description: 526,570.

A. decorticans Boiss. [454]
Desc.: S; Nc; P; Nt. *Habitat:* 701.
Dz Ma; Europe.
Description: 360,526,570; *Map:* 570. *Illustration:* 526,570.

A. faurei Maire [454]
Desc.: S; Nc; P; K. *Habitat:* 702.
Dz.
Description: 360,526,570; *Illustration:* 526,570.

A. mannii (Hook.f.) Hook.f. [210]
A. benguellensis Baker [210].
Desc.: S; Nc; P; Nt. *Habitat:* 803 804 805.
Ao Cm Et Gq Ke Mw Nq Rw Sd Tz Ug Zm Zr.
Description: 210,467,570; *Map:* 570. *Illustration:* 24,210,467.

A. telonensis (Loisel.) DC. [454]
Desc.: S; Nc; P; Nt. *Habitat:* 702 703.
Ma; Europe.
Description: 526,570; *Map:* 570. *Illustration:* 526,570.

A. umbellatus Battand. [454]
Desc.: S; Nc; P; K. *Habitat:* 702 703.
Dz.
Description: 360,526,570; *Map:* 570. *Illustration:* 526,570.

ARGYROCYTISUS (Maire) C.Raynaud

A. battandieri (Maire) C.Raynaud [454]
Cytisus battandieri Maire [454].
Desc.: S; Nc; P; K. *Uses:* Ornamental. *Habitat:* 701.
Ma.
Description: 526.

ARGYROLOBIUM Ecklon & Zeyher

A. aciculare Dummer [571]
Desc.: H/S; Nc; P. *Habitat:* – .
Za.
Description: 571.

A. adscendens Walp. [279]
A. ascendens Walp. [327].
Desc.: H; Nc; P. *Habitat:* – .
Za.
Description: 222.

A. aequinoctiale Baker [572]
A. buaricum Harms [572].
Desc.: H; Nc; P; Nt. *Habitat:* – .
Ao Cm Nq Zm.
Description: 572.

A. amplexicaule (E.Meyer) Dummer [327]
A. leptocladum Harms [573]; *A. pilosum* Harvey [573].
Desc.: H; Nc; P. *Habitat:* – .
Za.
Description: 222,574.

A. arabicum (Decne.) Jaub. & Spach [572]
A. abyssinicum Jaub. & Spach [572].
Desc.: H; Nc; A; Nt. *Habitat:* 405 805 1705.
Dz Eg Et Sd Td; Middle East.
Description: 24,360,526; *Illustration:* 526.

A. baptisioides Walp. [279]
Desc.: H; Nc; P. *Habitat:* – .
Za.
Description: 222.

A. barbatum Walp. [222]
Desc.: H/S; Nc; P. *Habitat:* – .
Za.
Description: 222.

A. bodkinii Dummer [210,571]
Desc.: H; Nc; P. *Habitat:* – .
Za.
Description: 571.

A. brevicalyx Stirton [575]
Desc.: S; Nc; P; K. *Habitat:* 504.
Za.
Description: 575; *Map:* 575; *Illustration:* 575.

A. campicola Harms [574]
Desc.: H; Nc; P. *Habitat:* 1405.
Za.
Description: 574.

A. candicans Ecklon & Zeyher [222]
Desc.: S; Nc; P. *Habitat:* – .
Za.
Description: 222.

A. collinum Ecklon & Zeyher [279]
Desc.: H/S; Nc; P. *Habitat:* – .
Ls Za.
Description: 222.

A. confertum Polhill [572]
Desc.: H; Nc; P; Nt. *Habitat:* 402 403 803 805.
Et So.
Description: 24,572; *Illustration:* 24,572.

A. crassifolium Ecklon & Zeyher [279]
Desc.: H/S; Nc; P. *Habitat:* – .
Za.
Description: 222.

A. crinitum Walp. [222]
Desc.: H; Nc; P. *Habitat:* – .
Za.
Description: 222.

A. eylesii Baker f. [572]
Desc.: H/S; Nc; P; K. *Habitat:* 205.
Zw.
Description: 572.

A. filiforme Ecklon & Zeyher [279]
Desc.: H; Nc; P. *Habitat:* – .
Za.
Description: 222,483.

A. fischeri Taubert [210]
A. aequinoctiale sensu auctt. [210,467]; *A. bequaertii* De Wild. [572]; *A. dekindtii* Harms [210]; *A. helenae* Buscal. & Muschler [572]; *A. keniense* Harms [572]; *A. leucophyllum* Baker [210]; *A. mildbraedii* Harms [210]; *A. monticolum* Baker f. [572]; *A. rivae* (Harms) Cuf. [210]; *A. rufopilosum* De Wild. [572].
Desc.: H/S; Nc; P; Nt. *Habitat:* 801 803 805.
Ao Et Ke Mw Rw Sd Tz Ug Zm Zr.
Description: 24,210,467; *Illustration:* 210,467,572.

A. friesianum Harms [210]
A. leucophyllum sensu Brenan,p.p. [35,210].
Desc.: H/S; Nc; P; Nt. *Habitat:* 803.
Ke Tz.
Description: 210.

A. frutescens Burtt Davy [279]
Desc.: H/S; Nc; P; K. *Habitat:* – .
Za.
Description: 247.

A. glaucum Schinz (provisional) [247]
Desc.: - *Habitat:* – .
Za.

A. harmsianum Harms [574]
Desc.: H; Nc; P. *Habitat:* – .
Za.
Description: 574.

A. harveyanum Oliver [279]
A. uniflorum Harvey [279].
Desc.: H/S; Nc; P; Nt. *Habitat:* 205 805 1405.
Ls Sz Za Zw.
Description: 222,233.

A. hirsuticaule Harms [574]
Desc.: H; Nc; P. *Habitat:* – .
Za.
Description: 574.

A. humile E.Phillips [279]
Desc.: H; Nc; P. *Habitat:* – .
Za.
Description: 416.

A. incanum Ecklon & Zeyher [279]
Desc.: H/S; Nc; P. *Habitat:* – .
Za.
Description: 222.

A. lanceolatum Ecklon & Zeyher [222]
Desc.: H; Nc; P. *Habitat:* – .
Za.
Description: 222.

A. lancifolium Burtt Davy [279]
Desc.: H/S; Nc; P. *Habitat:* – .
Za.
Description: 247.

A. longifolium (Meissner) Walp. [327]
Desc.: H/S; Nc; P. *Habitat:* – .
Sz Za.
Description: 222,233.

A. longipes N.E.Br. [327]
Desc.: - *Habitat:* – .
Za.

A. lunaris (L.) Druce [278]
Desc.: H; Nc; P. *Habitat:* – .
Za.
Description: 483.

A. lydenburgense Harms [279]
Desc.: H; Nc; P. *Habitat:* 805.
Za.
Description: 574.

A. macrophyllum Harms [210]
Desc.: H/S; Nc; P; Nt. *Habitat:* 202 805.
Ao Tz Zm.
Description: 210,574.

A. marginatum Bolus [279]
Desc.: H; Nc; P. *Habitat:* – .
Za.

A. megarrhizum Bolus [279]
Desc.: - *Habitat:* – .
Za.

A. microphyllum Ball [454]
Desc.: H/S; Nc; P; K. *Habitat:* 702 703 1802 1803.
Ma.
Description: 526; *Illustration:* 526.

A. molle Ecklon & Zeyher [279]
Desc.: H; Nc; P. *Habitat:* – .
Za.
Description: 222.

A. muddii Dummer [279]
Desc.: H; Nc; P; K. *Habitat:* 805.
Za.
Description: 571.

A. muirii L.Bolus [279]
Desc.: H; Nc; P. *Habitat:* – .
Za.

A. nanum Harms [279]
Desc.: H; Nc; P. *Habitat:* – .
Ls Za.
Description: 574.

A. nanum Burtt Davy (provisional) [247]
Desc.: H; Nc; P. *Habitat:* – .
Za.
Description: 247.

A. natalense Dummer   [279]
Desc.: H; Nc; P. *Habitat:* –.
Za.
Description: 571.

A. nigrescens Dummer   [279]
Desc.: H; Nc; P. *Habitat:* 805.
Ls Za.
Description: 571.

A. nitens Burtt Davy   [247]
Desc.: H/S; Nc; P; K. *Habitat:* –.
Za.
Description: 247.

A. obsoletum Harvey (provisional)   [222]
Aspalathus sericea Thunb. [222].
Desc.: H; Nc; P. *Habitat:* –.
Za.
Description: 222.

A. pachyphyllum Schltr.   [278]
Desc.: H/S; Nc; P. *Habitat:* –.
Za.

A. patens Ecklon & Zeyher   [279]
Desc.: H/S; Nc; P. *Habitat:* –.
Za.
Description: 222.

A. pauciflorum Ecklon & Zeyher   [279]
Desc.: H; Nc; P. *Habitat:* –.
Za.
Description: 222.

A. petiolare Walp.   [279]
Desc.: H/S; Nc; P. *Habitat:* –.
Za.
Description: 222.

A. podalyrioides Dummer   [571]
Desc.: H; Nc; P. *Habitat:* –.
Za.
Description: 571.

A. polyphyllum Ecklon & Zeyher   [279]
Desc.: S; Nc; P. *Habitat:* –.
Za.
Description: 222.

A. pumilum Ecklon & Zeyher   [279]
Desc.: H; Nc; P. *Habitat:* –.
Ls Za.
Description: 222.

A. ramosissimum Baker   [210]
A. dorycnoides Baker [210].
Desc.: H/S; Nc; P; Nt. *Habitat:* 803 805.
Et Ke.
Description: 24,210; *Illustration:* 210.

A. rarum Dummer [571]
Desc.: H; Nc; P. Habitat: – .
Za.
Description: 571.

A. rogersii N.E.Br. [247]
Desc.: H/S; Nc; P. Habitat: – .
Za.
Description: 247.

A. rupestre (E.Meyer) Walp. [210]
Desc.: H; Nc; P; Nt. Habitat: 803 804 805.
Et Ke Ls Mw Rw Sd Tz Ug Za Zm Zr.
Description: 210; Map: 572.

subsp. **aberdaricum** (Harms) Polhill [210]
A. aberdaricum Harms [210]; A. virgatum sensu auctt. [210].
Desc.: H; Nc; P; Nt. Habitat: 804 805.
Et Ke Mw Rw Tz Ug Zm Zr.
Description: 24,210,467; Map: 572.

subsp. **kilimandscharicum** (Taubert) Polhill [210]
A. kilimandscharicum Taubert [210].
Desc.: H; Nc; P; Nt. Habitat: 803 805.
Ke Sd Tz Ug.
Description: 210; Map: 572.

subsp. **remotum** (A.Rich.) Polhill [210]
A. virgatum Baker [210].
Desc.: H; Nc; P; Nt. Habitat: 804 805.
Et So.
Description: 24,572; Map: 572.

subsp. **rupestre** [572]
Desc.: H; Nc; P; Nt. Habitat: – .
Ls Za.
Description: 572.

A. saharae Pomel [454]
Desc.: H/S; Nc; P; Nt. Habitat: 1707 1805.
Dz Ma.
Description: 526,529; Illustration: 526,529.

A. sandersonii Harvey [279]
Desc.: - Habitat: – .
Za.

A. sankeyi Dummer [279]
Desc.: H; Nc; P. Habitat: 805.
Za.
Description: 464.

A. schimperianum A.Rich. [572]
A. petitianum A.Rich. [572].
Desc.: S; Nc; P; K. Habitat: 803 805.
Et.
Description: 24,572; Illustration: 24.

A. sericeum Ecklon & Zeyher [279]
Desc.: S; Nc; P. Habitat: – .
Za.
Description: 222.

A. sericosemium Harms [279]
Desc.: H; Nc; P. *Habitat:* 805.
Za.
Description: 574.

A. speciosum Ecklon & Zeyher [279]
Desc.: H/S; Nc; P. *Habitat:* 1405.
Sz Za.
Description: 222,233.

A. splendens Walp. (provisional) [222]
Desc.: H; Nc; P. *Habitat:* – .
Za.
Description: 222.

A. stipulaceum Ecklon & Zeyher [279]
Desc.: H; Nc; P. *Habitat:* – .
Za.
Description: 222.

A. stolzii Harms [210]
Desc.: H/S; Nc; P; Nt. *Habitat:* 205 805.
Mw Tz.
Description: 210; *Illustration:* 210,572.

A. summomontanum Hilliard & B.L.Burtt [576]
Desc.: H; Nc; P; Nt. *Habitat:* 805.
Ls Za.
Description: 576.

A. sutherlandii Harvey [279]
Desc.: - *Habitat:* – .
Za.
Description: 222.

A. terme Walp. [222]
Desc.: H; Nc; P. *Habitat:* – .
Za.
Description: 222.

A. thodei Harms [574]
Desc.: H; Nc; P. *Habitat:* – .
Za.
Description: 574.

A. thomii Harvey [222]
Desc.: H; Nc; P. *Habitat:* – .
Za.
Description: 222.

A. tomentosum (Andrews) Druce [210]
A. andrewsianum (E.Meyer) Steudel [210]; *A. shirense* Taubert [210]; *A. stuhlmannii* Taubert [210].
Desc.: H/S; Nc; P; Nt. *Habitat:* 203 216 803 805.
Bi Mw Mz Rw Sz Tz Ug Za Zm Zr Zw.
Description: 210,233,467; *Illustration:* 210,572.

A. tortum Suesseng. [577]
Desc.: H; Nc; P. *Habitat:* 203.
Za.
Description: 577.

A. transvaalense Schinz   [279]
Desc.: H; Nc; P. *Habitat:* – .
Za.
Description: 247.

A. tuberosum Ecklon & Zeyher   [279]
A. angustifolium Ecklon & Zeyher [279].
Desc.: H; Nc; P; Nt. *Habitat:* 205 1405.
Ls Sz Za Zw.
Description: 222,233,572; *Illustration:* 572.

A. tysonii Harms   [279]
Desc.: H; Nc; P. *Habitat:* 805.
Za.
Description: 574.

A. umbellatum Vogel (provisional)   [222]
Desc.: - *Habitat:* – .
Za.
Description: 222.

A. uniflorum (Decne.) Jaub. & Spach   [454]
Desc.: H/S; Nc; P; Nt. *Habitat:* 1805 1816.
Dz Eg Ly Ma Tn; Middle East.
Description: 368,526,529; *Illustration:* 368,526,529.

A. vaginiferum Harms   [210]
A. lejeunei R.Wilczek [210].
Desc.: H/S; Nc; P; Nt. *Habitat:* 803.
Bi Tz.
Description: 210,467.

   A. variopile N.E.Br.   [279]
   Desc.: Nc; P. *Habitat:* 805.
Ls Za.

A. velutinum Ecklon & Zeyher   [279]
Desc.: H/S; Nc; P; K. *Habitat:* – .
Za.
Description: 222,483.

A. wilmsii Harms   [279]
Desc.: H; Nc; P. *Habitat:* – .
Sz Za.
Description: 233,247.

A. woodii Dummer   [279]
Desc.: H; Nc; P. *Habitat:* – .
Za.
Description: 571.

A. zanonii (Turra) P.Ball   [454]
Desc.: H/S; Nc; P; Nt. *Habitat:* 702 703 705.
Dz Ma Tn; Europe.
Description: 360,526; *Illustration:* 526.

   subsp. **fallax** (Ball) Greuter   [454]
   Lotophyllus argenteus var. *fallax* (Ball) Maire [526].
   Desc.: H/S; Nc; P; K. *Habitat:* – .
   Ma.
   Description: 526.

subsp. **grandiflorum** (Boiss. & Reuter) Greuter   [454]
Lotophyllus argenteus subsp. *grandiflorus* (Boiss. & Reuter) Quezel & Santa [454].
Desc.: H/S; Nc; P; Nt. *Habitat:* 702 703 705.
Dz Ma.
Description: 526.

subsp. **stipulaceum** (Ball) Greuter   [454]
Lotophyllus argenteus subsp. *stipulaceus* (Ball) Quezel & Santa [454].
Desc.: H/S; Nc; P; Nt. *Habitat:* 702 703 705.
Dz Ma.
Description: 360,526.

subsp. **zanonii**   [454]
Lotophyllus argenteus Link [454]; *Lotophyllus argenteus* subsp. *linneanus* (Walp.) Quezel & Santa [454].
Desc.: H/S; Nc; P; Nt. *Habitat:* – .
Dz Ma Tn; Europe.
Description: 360.

CALICOTOME Link

C. infesta (C.Presl) Guss.   [454]
Desc.: S; Nc; P; Nt. *Habitat:* 702 703.
Dz Ly Ma Tn; Europe.
Description: 360,526.

subsp. **infesta**   [454]
Desc.: S; Nc; P; Nt. *Habitat:* – .
Ly Tn; Europe.
Description: 578; *Map:* 578.

subsp. **intermedia** (C.Presl) Greuter   [454]
C. villosa subsp. *intermedia* (C.Presl) Quezel & Santa [454]; *C. villosa* var. *intermedia* (C.Presl) Ball [578].
Desc.: S; Nc; P; Nt. *Habitat:* – .
Dz Ma Tn.
Description: 360,578; *Map:* 454.

C. spinosa (L.) Link   [454]
C. fontanesii Rothm. [454].
Desc.: S; Nc; P; Nt. *Habitat:* 702 703.
Dz; Europe.
Description: 360,526,578; *Map:* 578. *Illustration:* 526.

C. villosa (Poiret) Link   [454]
Desc.: S; Nc; P; Nt. *Habitat:* 702 703 1805.
Dz Ly Ma Tn; Europe; Middle East.
Description: 526; *Illustration:* 526.

CHAMAECYTISUS Link

C. pulvinatus (Quezel) C.Raynaud   [454]
Cytisus pulvinatus Quezel [454].
Desc.: Nc; P; K. *Habitat:* – .
Ma.

CYTISOPHYLLUM O.F.Lang

C. sessilifolium (L.) O.F.Lang   [454]
Desc.: Nc; P; Nt. *Habitat:* – .
Dz(U); Europe.

CYTISUS L.

C. albidus DC. [454]
C. *ifniensis* Font Quer [454].
Desc.: S; Nc; P; K. *Habitat:* 1803 1804.
Ma.
Description: 526; *Illustration:* 526.

C. arboreus (Desf.) DC. [454]
Desc.: S; Nc; P; Nt. *Habitat:* 702 703.
Dz Ma; Europe.
Description: 360,456,526; *Illustration:* 456,526.

subsp. arboreus [454]
Desc.: S; Nc; P; Nt. *Habitat:* 702 703.
Dz Ma.
Description: 360,526.

subsp. baeticus (Webb) Maire [454]
Desc.: - *Habitat:* 702 703.
Dz Ma; Europe.
Description: 360,526; *Illustration:* 526.

subsp. catalaunicus (Webb) Maire [454]
C. *malacitanus* subsp. *catalaunicus* (Webb) Heyw. [454].
Desc.: S; Nc; P; Nt. *Habitat:* – .
Ma; Europe.
Description: 526.

subsp. malacitanus (Boiss.) Malagarr. [454]
C. *malacitanus* Boiss. [454].
Desc.: S; Nc; P; Nt. *Habitat:* – .
Ma(U); Europe.

C. balansae (Boiss.) Ball [454]
Desc.: S; Nc; P; Nt. *Habitat:* 702 703 708.
Dz Ma; Europe.
Description: 360,526; *Illustration:* 526.

subsp. balansae [454]
Corothamnus balansae (Boiss.) Ponert [454]; C. *purgans* sensu auctt. [454]; C. *purgans* subsp. *balansae* (Boiss.) Maire [360].
Desc.: S; Nc; P; Nt. *Habitat:* 702 705 708.
Dz Ma.
Description: 360,526; *Illustration:* 526.

C. fontanesii Ball [454]
Chronanthus biflorus (Desf.) Frodin & Heyw. [454]; *Spartium biflorum* Desf. [454].
Desc.: S; Nc; P; Nt. *Habitat:* 702 703 705.
Dz Ma; Europe.
Description: 360,526; *Illustration:* 526.

subsp. plumosus (Boiss.) Fernandez Casas (provisional) [454]
Genista biflora var. *plumosa* Boiss. [454].
Desc.: S; Nc; P; Nt. *Habitat:* – .
Ma; Europe.

C. grandiflorus DC. [454]
Desc.: S; Nc; P; Nt. *Habitat:* – .
Ma; Europe.
Description: 526; *Illustration:* 526.

subsp. **barbarus** (Jah. & Maire) Maire   [454]
   C. grandiflorus var. *barbarus* (Jah. & Maire) Maire [454].
   Desc.: S; Nc; P; K. *Habitat:* – .
   Ma.
   Description: 526.

subsp. **grandiflorus**   [454]
   Desc.: S; Nc; P; Nt. *Habitat:* – .
   Ma; Europe.
   Description: 526; *Illustration:* 526.

subsp. **haplophyllus** (Maire & Sennen) Maire   [454]
   C. grandiflorus var. *haplophyllus* Maire & Sennen [526].
   Desc.: S; Nc; P; K. *Habitat:* – .
   Ma.
   Description: 526.

C. **maurus** Humbert & Maire   [454]
   Sarothamnus maurus (Humbert & Maire) C.Raynaud [454].
   Desc.: S; Nc; P; K. *Habitat:* 701.
   Ma.
   Description: 526; *Illustration:* 526.

C. **megalanthus** (Pau & Font Quer) Font Quer   [454]
   Desc.: S; Nc; P; K. *Habitat:* 701.
   Ma.
   Description: 526; *Illustration:* 526.

C. **palmensis** (Christ) Hutch.   [210]
   Desc.: S/T; Nc; P; Nt. *Uses:* Ornamental. *Habitat:* Cult.
   Es Ke(I) Tz(I).
   Description: 210.

C. **scoparius** L.   [454]
   Sarothamnus scoparius (L.) Koch [454].
   Desc.: S; Nc; P; Nt. *Habitat:* – .
   Za(I); Europe.

C. **striatus** (Hill) Rothm.   [454]
   Sarothamnus striatus (Hill) Samp. .
   Desc.: S; Nc; P; Nt. *Habitat:* – .
   Ma; Europe.

C. **villosus** Pourret   [454]
   C. triflorus L'Her. [454].
   Desc.: S; Nc; P; Nt. *Habitat:* 701 702 703.
   Dz Ma Tn; Europe; Middle East.
   Description: 360,526; *Illustration:* 360,526.

ERINACEA Adans.

E. **anthyllis** Link   [454]
   E. pungens Boiss. [454].
   Desc.: S; Nc; P; Nt. *Habitat:* 702 705 708.
   Dz Ma Tn; Europe.
   Description: 360,526; *Illustration:* 526.

GENISTA L.

G. **acanthoclada** DC.   [454]
   Desc.: S; Nc; P; Nt. *Habitat:* 1803 1805.
   Ly; Europe; Middle East.
   Description: 368,526,579; *Illustration:* 368.

subsp. **acanthoclada** [454]
Desc.: S; Nc; P; Nt. *Habitat:* 1803 1805.
Ly; Middle East.
Description: 368,526,579; *Illustration:* 368.

G. anglica L. [454]
Desc.: S; Nc; P; Nt. *Habitat:* 703.
Ma; Europe.
Description: 526; *Illustration:* 526.

subsp. **ancistrocarpa** (Spach) Maire (provisional) [454]
Desc.: S; Nc; P; Nt. *Habitat:* 703.
Ma; Europe.
Description: 526.

G. aspalathoides Lam. [454]
Desc.: S; Nc; P; Nt. *Habitat:* 702.
Dz Tn; Europe.
Description: 360,526,579; *Illustration:* 526.

G. capitellata Cosson [454]
G. microcephala var. *capitellata* (Cosson) Maire [360].
Desc.: S; Nc; P; Nt. *Habitat:* 703.
Dz Ma Tn.
Description: 360,579.

G. carpetana Lange [454]
Desc.: S; Nc; P; Nt. *Habitat:* 708.
Ma; Europe.
Description: 579.

subsp. **nociva** (Pau & Font Quer) C.Vicioso & Lainz [454]
G. nociva Pau & Font Quer [454].
Desc.: S; Nc; P; K. *Habitat:* 708.
Ma.
Description: 526,579; *Illustration:* 526.

G. cephalantha Spach [454]
Desc.: S; Nc; P; Nt. *Habitat:* 702 703.
Dz Ma.
Description: 360,526,579; *Illustration:* 526.

subsp. **cephalantha** [454]
Desc.: S; Nc; P; Nt. *Habitat:* 702 703.
Dz Ma.
Description: 360,526,579.

subsp. **demnatensis** (Murb.) C.Raynaud [454]
G. demnatensis Murb. [454].
Desc.: S; Nc; P; K. *Habitat:* 708.
Ma.
Description: 526,579.

G. cinerea (Vill.) DC. [454]
Desc.: S; Nc; P; Nt. *Habitat:* 702 703.
Dz Tn; Europe.
Description: 360,526,579.

subsp. **cinerea** [454]
Desc.: S; Nc; P; Nt. *Habitat:* – .
Dz Tn; Europe.
Description: 579.

G. clavata Poiret [454]
Desc.: S; Nc; P; K. *Habitat*: 703 705.
Ma.
Description: 526,579; *Illustration*: 526.

G. ferox Poiret [454]
Desc.: S; Nc; P; Nt. *Habitat*: 701 702 703.
Dz Ma Tn.
Description: 360,526,579; *Illustration*: 526.

G. florida L. [454]
Desc.: S; Nc; P; K. *Habitat*: 708.
Ma; Europe.
Description: 526,579; *Illustration*: 526.

G. hirsuta Vahl [454]
Desc.: S; Nc; P; Nt. *Habitat*: 702 703.
Dz Ma; Europe.
Description: 360,526,579; *Illustration*: 526.

  subsp. **erioclada** (Spach) C.Raynaud [454]
  G. erioclada Spach [454]; *G. erioclada* subsp. *atlantica* (Spach) Maire [454].
  Desc.: S; Nc; P; Nt. *Habitat*: 702 703.
  Dz Ma.
  Description: 360,526; *Illustration*: 526.

G. ifniensis Caball. [454]
  G. ferox subsp. *microphylla* (Ball) Font Quer [454].
  Desc.: S; Nc; P; K. *Habitat*: 702 703.
  Ma.
  Description: 526.

G. linifolia L. [454]
  Cytisus linifolius (L.) Lam. [454]; *Teline linifolia* (L.) Webb & Berth. [454].
  Desc.: S; Nc; P; Nt. *Habitat*: 702 703.
  Dz Ma; Europe.
  Description: 360,526; *Illustration*: 526.

G. lobelii DC. [454]
  G. aspalathoides subsp. *erinaceoides* (Loisel.) Maire [454].
  Desc.: S; Nc; P; Nt. *Habitat*: 702 703.
  Dz Ma; Europe.
  Description: 360,526.

  subsp. **longipes** (Pau) Heyw. (provisional) [454]
  G. longipes Pau [454].
  Desc.: S; Nc; P; Nt. *Habitat*: – .
  Ma; Europe.

G. microcephala Cosson & Durieu [454]
  Desc.: S; Nc; P; Nt. *Habitat*: 1803 1805.
  Dz Ly Tn.
  Description: 368,526,579; *Illustration*: 360,368,526.

G. monspessulana (L.) L.Johnson [454]
  Cytisus candicans (L.) Lam. [454]; *Cytisus monspessulanus* L. [454]; *G. candicans* L. [454].
  Desc.: S; Nc; P; Nt. *Habitat*: 702 703.
  Dz Ma Tn Za(I)   ; Europe; Middle East.
  Description: 360,483,526; *Illustration*: 526.

G. numidica Spach [454]
Desc.: S; Nc; P; K. *Habitat:* 702 703.
Dz; Europe.
Description: 360,526; *Illustration:* 360,526.

subsp. **filiramea** (Pomel) Battand. [454]
Desc.: S; Nc; P; K. *Habitat:* – .
Dz.
Description: 360,526.

subsp. **ischnoclada** (Pomel) Battand. [454]
Desc.: S; Nc; P; K. *Habitat:* – .
Dz.
Description: 360,526.

subsp. **numidica** [454]
Desc.: S; Nc; P; K. *Habitat:* 702 703.
Dz.
Description: 360,526.

subsp. **sarotes** (Pomel) Battand. [454]
Desc.: S; Nc; P; K. *Habitat:* – .
Dz.
Description: 360,526.

G. osmariensis Cosson [454]
Cytisus osmariensis (Cosson) Ball [454]; *Teline osmariensis* (Cosson) P.Gibbs & Dingw. [454].
Desc.: S; Nc; P; K. *Habitat:* 701 703.
Ma.
Description: 526.

G. oxycedrina Pomel [454]
Desc.: S; Nc; P; K. *Habitat:* – .
Ma.

G. pseudopilosa Cosson [454]
Desc.: S; Nc; P; Nt. *Habitat:* 702 703 705.
Dz Ma; Europe.
Description: 360,526,579; *Illustration:* 526.

G. quadriflora Munby [454]
Desc.: S; Nc; P; Nt. *Habitat:* 702 703.
Dz Ma.
Description: 360,526,579; *Illustration:* 526.

G. ramosissima (Desf.) Poiret [454]
G. cinerea subsp. *ramosissima* (Desf.) Quezel & Santa [454].
Desc.: S; Nc; P; Nt. *Habitat:* 702 703.
Dz Ma; Europe.
Description: 360,526,579; *Illustration:* 526.

G. scorpius (L.) DC. [454]
Desc.: S; Nc; P; Nt. *Habitat:* 702 703 1802 1803.
Ma; Europe.
Description: 526; *Illustration:* 526.

subsp. **intermedia** Emb. & Maire (provisional) [454]
Desc.: S; Nc; P; K. *Habitat:* – .
Ma.
Description: 526.

subsp. **myriantha** (Ball) Maire   [454]
Desc.: S; Nc; P; Nt. *Habitat:* – .
Ma.
Description: 526.

G. segonnei (Maire) P.Gibbs   [454]
Adenocarpus segonnei Maire [454]; *Cytisus segonnei* (Maire) Maire [454]; *Teline segonnei* (Maire) C.Raynaud [454].
Desc.: S; Nc; P; Nt. *Habitat:* 702 703.
Ma.
Description: 526; *Illustration:* 526.

G. spartioides Spach   [454]
Desc.: S; Nc; P; Nt. *Habitat:* 702 703.
Dz Ma; Europe.
Description: 360,526,579; *Illustration:* 526.

subsp. **pseudoretamoides** Maire   [454]
Desc.: S; Nc; P; Nt. *Habitat:* 702 703.
Dz Ma.
Description: 360,526; *Illustration:* 526.

subsp. **spartioides**   [454]
G. retamoides Spach [454]; *G. spartioides* subsp. *retamoides* (Spach) Maire [454].
Desc.: S; Nc; P; Nt. *Habitat:* – .
Dz; Europe.
Description: 360,526; *Illustration:* 526.

G. spinulosa Pomel   [454]
Desc.: S; Nc; P; K. *Habitat:* 703.
Dz.
Description: 360,526; *Illustration:* 360,526.

G. tournefortii Spach   [454]
Desc.: S; Nc; P; Nt. *Habitat:* 702 703.
Ma; Europe.
Description: 526,579; *Illustration:* 526.

G. triacanthos Brot.   [454]
Desc.: S; Nc; P; Nt. *Habitat:* 702 703.
Dz Ma; Europe.
Description: 526,579; *Illustration:* 526.

subsp. **triacanthos**   [454]
Desc.: S; Nc; P; Nt. *Habitat:* – .
Ma; Europe.
Description: 579.

subsp. **vepres** (Pomel) P.Gibbs   [454]
G. vepres Pomel [454].
Desc.: S; Nc; P; K. *Habitat:* 701.
Dz.
Description: 360,526,579; *Illustration:* 360,526.

G. tricuspidata Desf.   [454]
G. tricuspidata subsp. *duriaei* (Spach) Battand. [454].
Desc.: S; Nc; P; Nt. *Habitat:* 703.
Dz Ma Tn.
Description: 360,526,579; *Illustration:* 526.

G. tridens (Cav.) DC. [454]
Desc.: S; Nc; P; Nt. Habitat: – .
Ma; Europe.
Description: 579.

G. tridentata L. [454]
Chamaespartium tridentatum (L.) P.Gibbs [454]; Cytisus tridentatus (L.) Vukot. [454].
Desc.: H/S; Nc; P; Nt. Habitat: 702 703.
Ma; Europe.
Description: 526; Illustration: 526.

subsp. **lasiantha** (Spach) Greuter [454]
Chamaespartium tridentatum subsp. lasianthum (Spach) Sojak [454].
Desc.: H/S; Nc; P; Nt. Habitat: – .
Ma; Europe.
Description: 526.

subsp. **riphaea** (Pau & Font Quer) Greuter [454]
Genistella riphaea Pau & Font Quer [454].
Desc.: H/S; Nc; P; K. Habitat: – .
Ma.
Description: 526.

G. ulicina Spach [454]
Desc.: S; Nc; P; Nt. Habitat: 702 703.
Dz Ma Tn.
Description: 360,526,579; Illustration: 360,526.

G. umbellata (L'Her.) Poiret [454]
Desc.: S; Nc; P; Nt. Habitat: 702 703.
Dz Ma; Europe.
Description: 360,526,579; Illustration: 360,526.

subsp. **umbellata** [454]
Desc.: - Habitat: – .
Dz Ma; Europe.

HESPEROLABURNUM Maire

H. platycarpum (Maire) Maire [454]
Laburnum platycarpum Maire [454].
Desc.: S; Nc; P; K. Habitat: 1802.
Ma.
Description: 526.

LUPINUS L.

L. albus L. [454]
Desc.: H; Nc; A; Nt. Uses: Green manure; Human food; Livestock fodder. Habitat: 716 Cult.
Dz(I) Eg(I) Ke(I) Ly(I) Tz(I); Europe; Middle East.
Description: 24,368,526; Illustration: 526.

subsp. **albus** L. [454,526]
Desc.: H; Nc; A; Nt. Habitat: – .
Dz(I) Eg(I); Europe; Middle East.

L. angustifolius L. [454]
Desc.: H; Nc; A; Nt. Uses: Green manure; Livestock fodder. Habitat: 702 703 705 716.
Dz Eg Et(I) Ke(I) Ly Ma Tn; Europe; Middle East.
Description: 368,456,526; Illustration: 456,526.

subsp. **reticulatus** (Desv.) Arcang. (provisional) [454]
Desc.: H; Nc; A; Nt. *Habitat:* – .
Dz Ly Ma Tn; Europe; Middle East.
Description: 526.

L. atlanticus Gladst. [454]
Desc.: H; Nc; K. *Habitat:* – .
Ma.

L. cosentinii Guss. [454]
Desc.: Nc. *Habitat:* – .
Ma Tn; Europe.

L. digitatus Forsskal [454]
L. luthereaui Maire [454]; *L. tassilicus* Maire [454].
Desc.: H; Nc; A; Nt. *Habitat:* – .
Dz Eg Eh Ly Ma Sn.
Description: 368,526; *Illustration:* 368,526.

L. ehrenbergii Schldl. [210]
Desc.: H; Nc; A; Nt. *Habitat:* 216.
Mw(I) Tz(I); Central America.
Description: 210.

L. luteus L. [454]
Desc.: H; Nc; A; Nt. *Uses:* Green manure; Poison. *Habitat:* 705.
Dz(I) Et(I) Ke(I) Ma(I) Tn(I); Europe; Middle East.
Description: 360,456,526; *Illustration:* 456,526.

L. micranthus Guss. [454]
L. hirsutus sensu auctt. [454].
Desc.: H; Nc; A; Nt. *Uses:* Poison. *Habitat:* 703.
Dz Ly Ma Tn; Europe; Middle East.
Description: 360,456; *Illustration:* 456.

L. mutabilis Sweet [210]
Desc.: H; Nc; P. *Uses:* Fish poison; Human food; Ornamental. *Habitat:* Cult.
Et(I) Tz(I).
Description: 24.

L. pilosus Murray [210]
Desc.: H; Nc; A. *Uses:* Green manure. *Habitat:* – .
Tz(I) Ug(I).

L. princei Harms [210]
L. somalensis sensu auctt.,p.p. [210].
Desc.: H; Nc; A; Nt. *Habitat:* 202 805.
Et Ke Tz.
Description: 24,210; *Illustration:* 24,210.

L. pubescens Benth. [210]
Desc.: H; Nc; A; Nt. *Habitat:* 805.
Ug(I) Zr(I); South America.
Description: 210.

L. somalensis Baker f. [210]
Desc.: - *Habitat:* – .
So.

RETAMA Raf.

R. dasycarpa Cosson [454]
   Desc.: S; Nc; P; K. *Habitat:* 1803 1805.
   Ma.
   Description: 526; *Illustration:* 526.

R. monosperma (L.) Boiss. [454]
   Lygos monosperma (L.) Heyw. [454].
   Desc.: S; Nc; P; Nt. *Habitat:* 703 705 1805.
   Dz Eg Ma; Europe.
   Description: 360,456,526; *Illustration:* 456,526.

  subsp. **bovei** (Spach) Maire [454]
    Lygos raetam var. *bovei* (Spach) Tackh. & Boulos [455].
    Desc.: S; Nc; P; Nt. *Habitat:* 703 705.
    Dz Eg Ma.
    Description: 360,526.

  subsp. **monosperma** [454]
    Desc.: S; Nc; P; Nt. *Habitat:* – .
    Ma; Europe.
    Description: 526.

R. raetam (Forsskal) Webb [454]
   Desc.: S; Nc; P; Nt. *Habitat:* 705 1705 1707.
   Dz Eg Eh Ly Ma Tn; Europe; Middle East.
   Description: 360,368,526; *Illustration:* 360,368,526.

  subsp. **raetam** [454]
    Lygos raetam (Forsskal) Heyw. [454].
    Desc.: S; Nc; P; Nt. *Habitat:* 1707.
    Dz Eg Ly Ma Tn; Middle East.
    Description: 360,368; *Illustration:* 368,455.

R. sphaerocarpa (L.) Boiss. [454]
   Lygos sphaerocarpa (L.) Heyw. [454].
   Desc.: S; Nc; P; Nt. *Habitat:* 705 1805.
   Dz Ma Tn; Europe.
   Description: 360,456,526; *Illustration:* 526,529.

SPARTIUM L.

S. junceum L. [454]
   Desc.: S; Nc; P; Nt. *Uses:* Fibre; Ornamental. *Habitat:* 702 703.
   Dz Et(I) Ke(I) Ly Ma Tn Tz(I) Za(I); Europe; Middle East.
   Description: 24,368,526; *Illustration:* 368,526.

STAURACANTHUS Link

S. boivinii (Webb) Samp. [454]
   Ulex boivinii Webb [454].
   Desc.: S; Nc; P; Nt. *Habitat:* 702 703.
   Dz Ma; Europe.
   Description: 360,526; *Illustration:* 526.

S. genistoides (Brot.) Samp. [454]
   Desc.: S; Nc; P; Nt. *Habitat:* 702 703.
   Ma; Europe.
   Description: 526; *Illustration:* 526.

subsp. **spectabilis** (Webb) Rothm. [454]
Desc.: S; Nc; P; Nt. *Habitat:* – .
Ma; Europe.

ULEX L.

U. europaeus L. [454]
Desc.: S; Nc; P; Nt. *Uses:* Ornamental. *Habitat:* – .
Dz(U) Tz(I) Za(I); Europe.
Description: 360,526; *Illustration:* 526.

U. parviflorus Pourret [454]
Desc.: S; Nc; P; Nt. *Habitat:* 702 703.
Dz Ma; Europe.
Description: 360,526; *Illustration:* 526.

subsp. **africanus** (Webb) Greuter [454]
U. africanus Webb [454].
Desc.: S; Nc; P; Nt. *Habitat:* 702 703.
Dz Ma.
Description: 360,526; *Illustration:* 526.

subsp. **funkii** (Webb) Guinea [454]
U. scaber G.Kunze [454].
Desc.: S; Nc; P; Nt. *Habitat:* 702 703.
Ma; Europe.
Description: 526; *Illustration:* 526.

HEDYSAREAE

EBENUS L.

E. armitagei Schweinf. & Taubert [454]
Desc.: H; Nc; P; K. *Habitat:* 1812.
Eg Ly.
Description: 368,455; *Illustration:* 368,455.

E. pinnata Aiton [454]
Desc.: H; Nc; P; Nt. *Habitat:* 1816.
Dz Ly Ma Tn.
Description: 360,368,456; *Illustration:* 368,456.

HEDYSARUM L.

H. aculeolatum Boiss. [454]
Desc.: H; Nc; A; Nt. *Habitat:* 701 703.
Dz Ma.
Description: 360.

subsp. **aculeolatum** [454]
Desc.: H; Nc; A; Nt. *Habitat:* – .
Dz Ma.
Description: 360.

subsp. **mauritanicum** (Pomel) Maire [454]
Desc.: H; Nc; A; Nt. *Habitat:* – .
Dz Ma.
Description: 360.

H. argyreum Greuter & Burdet [454]
H. argentatum Maire [454].
Desc.: K. *Habitat:* –.
Ma.

H. carnosum Desf. [454]
Desc.: H; Nc; P; Nt. *Habitat:* 1805.
Dz Ma Tn.
Description: 360; *Illustration:* 360.

H. coronarium L. [454]
Desc.: H; Nc; P; Nt. *Uses:* Livestock fodder; Ornamental. *Habitat:* –.
Dz Eg(U) Ke(I) Ly(U) Ma Tn Zw(I).
Description: 360,368; *Illustration:* 360,368,548.

H. flexuosum L. [454]
Desc.: H; Nc; P; Nt. *Habitat:* 703 705.
Dz Ma Tn.
Description: 360.

H. humile L. [454]
Desc.: H; Nc; P; Nt. *Habitat:* 701 703.
Dz Ma Tn.
Description: 360; *Illustration:* 360.

H. membranaceum Cosson & Bal. [454]
Desc.: - *Habitat:* –.
Ma.

H. naudinianum Cosson & Durieu [454]
Desc.: H; Nc; P; K. *Habitat:* 701.
Dz.
Description: 360; *Illustration:* 360.

H. pallidum Desf. [454]
Desc.: H; Nc; P; Nt. *Habitat:* 701 703.
Dz Ma Tn.
Description: 360.

H. perrauderianum Cosson & Durieu [454]
H. perralderianum Cosson [360].
Desc.: H; Nc; P; K. *Habitat:* 701.
Dz.
Description: 360; *Illustration:* 360.

H. spinosissimum L. [454]
Desc.: H; Nc; A; Nt. *Habitat:* 1816.
Dz Eg Ly Ma Tn.
Description: 360,368; *Illustration:* 360,368.

subsp. **capitatum** (Rouy) Asch. & Graebner [454]
Desc.: H; Nc; A; Nt. *Habitat:* 1816.
Dz Ly Ma Tn.
Description: 360.

subsp. **spinosissimum** [454]
H. spinosissimum subsp. *eu-spinosissimum* Briq. [360].
Desc.: H; Nc; A; Nt. *Habitat:* 1816.
Dz Eg Ly Ma Tn.
Description: 360.

ONOBRYCHIS Miller

O. alba (Waldst. & Kit.) Desv. [454]
Desc.: H; Nc; P; Nt. Habitat: – .
Dz Ma; Europe.
Description: 360; Illustration: 360.

  subsp. **mairei** (Sirj.) Maire [454]
  O. mairei Sirj. [454].
  Desc.: H; Nc; P; Nt. Habitat: 701.
  Dz Ma.
  Description: 360; Illustration: 360.

O. argentea Boiss. [454]
Desc.: H; Nc; P; Nt. Habitat: 703 704.
Dz Ma Tn; Europe.
Description: 360; Illustration: 360.

  subsp. **cristata** (Pomel) Battand. [454]
  Desc.: H; Nc; P; Nt. Habitat: 703 704.
  Dz Ma Tn.
  Description: 360.

O. cadevallii Jah. et al. [454]
Desc.: K. Habitat: – .
Ma.

O. caput-galli Lam. [454]
Desc.: H; Nc; A; Nt. Habitat: 701 703.
Dz Ly Ma Tn.
Description: 360,368; Illustration: 360,368,531.

O. crista-galli (L.) Lam. [454]
O. armatus Pampan. [368].
Desc.: H; Nc; A; Nt. Habitat: 704 716 1816.
Dz Eg Ly Ma Tn.
Description: 360,368,456; Illustration: 368,455,456.

O. kabylica (Bornm.) Sirj. [454]
Desc.: H; Nc; P; Nt. Habitat: 701.
Dz Ma Tn.
Description: 360; Illustration: 360.

O. paucidentata Pomel (provisional) [454]
Desc.: H; Nc; P; K. Habitat: – .
Dz.

O. peduncularis (Cav.) DC. [454]
Desc.: H; Nc; P; Nt. Habitat: – .
Ma; Europe.
Description: 456; Illustration: 456.

  subsp. **jahandiezii** (Sirj.) Maire [454]
  O. jahandiezii Sirj. [454].
  Desc.: - Habitat: – .
  Ma.

  subsp. **peduncularis** [454]
  Desc.: - Habitat: – .
  Ma; Europe.

O. ptolemaica (Del.) DC. [454]
  O. ptolemaica subsp. *macroptera* C.Towns. [454].
  Desc.: H; Nc; P; Nt. *Habitat:* 1705.
  Eg; Middle East.
  Description: 455.

O. saxatilis (L.) Lam. [454]
  Desc.: - *Habitat:* – .
  Ma; Europe.

O. viciifolia Scop. [454]
  Desc.: H; Nc; P; Nt. *Uses:* Livestock fodder. *Habitat:* – .
  Dz(I) Et(I); Europe; Middle East.
  Description: 360.

TAVERNIERA DC.
See Ref.457.

T. abyssinica A.Rich. [457]
  T. schimperi var. *oligantha* sensu Cuf.,p.p. [457].
  Desc.: S; Nc; P; Nt. *Habitat:* 803.
  Et.
  Description: 457; *Map:* 457; *Illustration:* 457.

T. aegyptiaca Boiss. [457]
  Desc.: H/S; Nc; P; Nt. *Habitat:* – .
  Eg Et Sd; Middle East.
  Description: 457; *Map:* 457; *Illustration:* 455,457.

T. cuneifolia (Roth) Ali [457]
  T. glabra Boiss. [457].
  Desc.: H/S; Nc; P; Nt. *Habitat:* – .
  So; Asia; Middle East.
  Description: 457; *Map:* 457; *Illustration:* 457.

T. lappacea (Forsskal) DC. [457]
  T. stefaninii Chiov. [457].
  Desc.: H/S; Nc; P; Nt. *Habitat:* 404.
  Et Sd So; Asia; Middle East.
  Description: 457; *Map:* 457; *Illustration:* 457.

T. longisetosa Thulin [457]
  Desc.: H/S; Nc; P; K. *Habitat:* 404.
  So.
  Description: 457; *Map:* 457; *Illustration:* 457.

T. multinoda Thulin [457]
  Desc.: S; Nc; P; Nt. *Habitat:* – .
  So; Middle East.
  Description: 457; *Map:* 457; *Illustration:* 457.

T. oligantha (Franchet) Thulin [457]
  T. schimperi var. *oligantha* Franchet [457].
  Desc.: S; Nc; P; K. *Habitat:* – .
  Dj.
  Description: 457; *Map:* 457; *Illustration:* 457.

T. schimperi Jaub. & Spach [457]
  Desc.: S; Nc; P; K. *Habitat:* 303.
  Et.
  Description: 457; *Map:* 457; *Illustration:* 457.

T. sericophylla Balf.f. [457]
Desc.: H/S; Nc; P; X. *Habitat:* – .
Yd.
Description: 90,457; *Map:* 457. *Illustration:* 90,457.

INDIGOFEREAE

CYAMOPSIS DC.
See Ref.347.

C. dentata (N.E.Br.) Torre (provisional) [216]
Indigofera dentata N.E.Br. [216].
Desc.: H; Nc; A; Nt. *Habitat:* 604.
Ao Bw Na.

C. senegalensis Guillemin & Perrottet [210]
C. stenophylla (Bonnet) A.Chev. [347].
Desc.: H; Nc; A; Nt. *Habitat:* 305 405.
Et Gm Ml Na Ne Sd Sn Td Tz; Middle East.
Description: 24,210; *Illustration:* 24,210.

C. serrata Schinz [347]
Desc.: H; Nc; A; Nt. *Habitat:* – .
Na Za.

C. tetragonoloba (L.) Taubert [347]
Desc.: H; Nc; A. *Uses:* Cover crop; Gum; Human food; Livestock fodder. *Habitat:* – .
Et(I) Sl(I) Td(I) Tz(I) Za(I); Asia.
Description: 24.

INDIGOFERA L.
See Refs.347 and 363, which deal with tropical Africa; the southern African species, however, remain in great need of revision and the listing of species from this region given here should not be taken too seriously.

I. acanthoclada Dinter (provisional) [347]
Desc.: - *Habitat:* – .
Na.

I. acanthorhachis Dinter (provisional) [349]
Desc.: - *Habitat:* – .
Na.
Description: 349.

I. achyranthoides Taubert [347]
I. wauensis Cronq. [347].
Desc.: H; Nc; P; Nt. *Habitat:* – .
Sd Zr.
Description: 29,236.

I. acutiflora N.E.Br. [247]
Desc.: H; Nc; A. *Habitat:* – .
Za.
Description: 247.

I. acutisepala Baker f. [350]
Desc.: H; Nc; P. *Habitat:* – .
Za.
Description: 350.

I. adenocarpa E.Meyer [232]
I. pechuelii Kuntze [232].
Desc.: - Habitat: -.
Na Za.

I. adenoides Baker f. [347]
Desc.: H; Nc; P; Nt. *Habitat: -.*
Na Za Zw.
Description: 350.

I. adscendens Ecklon & Zeyher [222]
Desc.: H; Nc. *Habitat: -.*
Za.
Description: 222.

I. alopecurus Schltr. [351]
Desc.: H; Nc; P. *Habitat: -.*
Za.
Description: 351.

I. alpina Ecklon & Zeyher [352]
I. stipularis Link (suspected synonym) [352].
Desc.: - Habitat: -.
Za.

I. alternans DC. [347]
Desc.: H; Nc; A; Nt. *Habitat:* 604.
Ao Bw Na Za.

I. ambelacensis Schweinf. [347]
I. wildemanii Baker f. [347].
Desc.: H; Nc; A; Nt. *Habitat:* 305 405 1205.
Bi Et Ke Rw Sd Tz Ug Zr.
Description: 210,236; *Illustration:* 210,220.

I. amitina N.E.Br. [353]
Desc.: H/S; Nc; P. *Habitat: -.*
Za.
Description: 353.

I. ammophila Thulin [354]
Desc.: H; Nc; P; K. *Habitat: -.*
Ke.
Description: 354; *Map:* 354; *Illustration:* 354.

I. amoena Aiton [222]
Desc.: S; Nc. *Habitat: -.*
Za.
Description: 222.

I. amorphoides Jaub. & Spach [347]
Desc.: H/S; Nc; P; Nt. *Habitat:* 403.
Dj Et Ke So; Middle East.
Description: 24,210; *Illustration:* 24.

I. anabibensis A.Schreiber [355]
Desc.: H; Nc; A; K. *Habitat: -.*
Na.
Description: 355; *Illustration:* 355.

I. andrewsiana J.B.Gillett [347]
Desc.: H; Nc; A; Nt. *Habitat:* 305.
Nq Sd Ug.
Description: 210,347.

I. angustata E.Meyer [222]
I. stenophylla Ecklon & Zeyher [222].
Desc.: S; Nc; P. *Habitat:* – .
Za.

I. angustifolia L. [222]
Desc.: H/S; Nc; P. *Habitat:* – .
Za.
Description: 222; *Illustration:* 396.

I. angustiloba Baker f. [350]
Desc.: H; Nc; P. *Habitat:* – .
Za.
Description: 350.

I. annua Milne-Redh. [347]
Desc.: H; Nc; A; Nt. *Habitat:* – .
Ao Na Zm Zw.
Description: 356.

I. antunesiana Harms [347]
Desc.: H; Nc; P; Nt. *Habitat:* 202.
Ao Mw Mz Tz Zm Zr Zw.
Description: 210; *Illustration:* 216,357.

I. aquae-nitentis Bremek. [358]
Desc.: H; Nc; P. *Habitat:* – .
Za.
Description: 358.

I. arabica Jaub. & Spach [347]
Desc.: H; Nc; P; Nt. *Habitat:* – .
Dj Et So; Middle East.
Description: 24.

I. arenophila Schinz [347]
Desc.: - *Habitat:* – .
Na Za Zm Zw.

I. argentea Burm.f. [347]
Desc.: H/S; Nc; A; Nt. *Uses:* Livestock fodder. *Habitat:* 404 1707.
Dz Eg Et Ml Mr Ne Sd So Td Yd; Asia; Middle East.
Description: 24; *Map:* 332.

I. argyraea Ecklon & Zeyher [347]
I. medicaginea sensu auctt. [347].
Desc.: - *Habitat:* – .
Ls Na Za.

I. argyroides E.Meyer [347]
Desc.: H; Nc; A; Nt. *Habitat:* – .
Na Za.
Description: 222.

I. arrecta A.Rich. [347]
Desc.: H/S; Nc; P; Nt. *Uses:* Cover crop; Dyeing. *Habitat:* 203 216 303 316 403 416.
Ao Bi Cm Et Ga Gh Gm Gn Gw Ke Ml Mw Mz Ne Nq Rw Sd Sn So Sz Tg Tz Ug Za Zm Zr Zw; Indian Ocean; Middle East.
Description: 210,236; *Illustration:* 29,220,236.

I. articulata Gouan [347]
Desc.: S; Nc; P; Nt. *Uses:* Dyeing. *Habitat:* 403 405 1603 1707.
Dj Dz Eg Et Sd So Yd; Middle East.
Description: 24; *Illustration:* 24.

I. asparagoides Taubert [347]
Desc.: H; Nc; A; Nt. *Habitat:* 205 305 405 1205.
Bi Ga Ke Rw Tz Ug Zm Zr.
Description: 210,236; *Illustration:* 210,220.

subsp. **asparagoides** [210]
Desc.: H; Nc; P; Nt. *Habitat:* 205 305 405 1205.
Bi Ga Ke Rw Tz Ug Zm Zr.
Description: 210; *Illustration:* 210,220.

subsp. **ephemera** J.B.Gillett [210]
Desc.: H; Nc; A; Nt. *Habitat:* 202 205.
Tz Zm.
Description: 210.

I. aspera DC. [347]
Desc.: H; Nc; A; Nt. *Habitat:* – .
Gh Ml Ne Nq Sd Sn Td.
Description: 29.

I. asterocalycina Gilli [210]
Desc.: H/S; Nc; P; K. *Habitat:* 203.
Tz.
Description: 210; *Illustration:* 361.

I. astragalina DC. [347]
Desc.: H; Nc; A; Nt. *Habitat:* 205 216 305 316 405 416 1605 1616.
Ao Bi Bw Cm Et Ke Ml Mr Mw Mz Na Ne Nq Sd Sn St Td Tz Ug Za Zm Zr Zw; Asia; Caribbean.
Description: 210; *Illustration:* 210.

I. atrata N.E.Br. [247]
Desc.: H; Nc; P. *Habitat:* 1405.
Za.
Description: 247.

I. atricephala J.B.Gillett [210]
Desc.: H; Nc; A; K. *Habitat:* 205 805.
Tz.
Description: 210,347.

I. atriceps Hook.f. [210]
Desc.: H; Nc; A; Nt. *Habitat:* – .
Bi Cm Et Gn Ke Mw Mz Rw Sd Sl Tz Ug Zm Zr Zw.
Description: 210; *Illustration:* 210.

subsp. **atriceps** [210]
I. atriceps subsp. *alboglandulosa* (Engl.) J.B.Gillett [210]; *I. setosissima* var. *major* Cronq. [210].
Desc.: H; Nc; A; Nt. *Habitat:* 803 805.
Bi Cm Et Gn Ke Mw Mz Rw Sd Sl Tz Ug Zm Zr Zw.
Description: 210; *Illustration:* 210.

subsp. **glandulosissima** (R.E.Fries) J.B.Gillett [210]
Desc.: H; Nc; A; Nt. *Habitat:* 202.
Mw Mz Tz Zm.
Description: 210.

subsp. **kaessneri** (Baker f.) J.B.Gillett   [210]
I. kaessneri Baker f. [347].
Desc.: H; Nc; A; Nt. *Habitat:* 203 205 403 405 1203 1205.
Bi Et Ke Tz Ug Zm.
Description: 210; *Illustration:* 24,210.

subsp. **ramosa** (Cronq.) J.B.Gillett   [210]
I. ramosa Cronq. [210].
Desc.: H; Nc; A; Nt. *Habitat:* – .
Bi Mw Tz Zr.
Description: 210.

subsp. **rhodesiaca** J.B.Gillett   [210]
Desc.: H; Nc; A; Nt. *Habitat:* 202.
Mw Tz Zm.
Description: 210,347.

subsp. **setosissima** (Harms) J.B.Gillett   [210]
I. setosissima Harms [210].
Desc.: H; Nc; A; Nt. *Habitat:* 205 405 1205.
Bi Et Ke Rw Tz Ug Zm Zr.
Description: 210; *Illustration:* 220.

subsp. **ufipaensis** J.B.Gillett   [210]
Desc.: H; Nc; P; K. *Habitat:* 805.
Tz.
Description: 210.

I. auricoma E.Meyer   [347]
Desc.: - *Habitat:* – .
Ao Na Za.

I. australis Willd.   [8,347]
Desc.: S; Nc; P. *Uses:* Poison. *Habitat:* – .
Za(I); Australasia.

I. bainesii Baker   [347]
I. variabilis N.E.Br. [347].
Desc.: H/S; Nc; P. *Habitat:* – .
Bw Na Za Zw.

I. bangweolensis R.E.Fries   [347]
Desc.: H; Nc; A; Nt. *Habitat:* 205 1205.
Tz Zm.
Description: 210.

I. barteri Hutch. & Dalziel   [212,347]
Desc.: H; Nc; A; Nt. *Habitat:* – .
Gh Nq.

I. basiflora J.B.Gillett   [347]
Desc.: H/S; Nc; P; K. *Habitat:* 405.
Tz.
Description: 210,347; *Illustration:* 210.

I. baumiana Harms   [347]
Desc.: H/S; Nc; P; Nt. *Habitat:* 202.
Ao Na Zm Zr.

I. benguellensis Baker   [347]
Desc.: H; Nc; P; K. *Habitat:* 604.
Ao.

I. berhautiana J.B.Gillett [347]
Desc.: H; Nc; P; Nt. *Habitat:* – .
Ci Gh Gw Ne Nq Sn Td.
Description: 362.

I. bifrons E.Meyer [222]
Desc.: H/S; Nc; P. *Habitat:* – .
Za.
Description: 222.

I. biglandulosa J.B.Gillett [347]
Desc.: H; Nc; A; Nt. *Habitat:* – .
Sd Tz Zm.
Description: 210,347.

I. binderi Kotschy [347]
Desc.: S; Nc; P; Nt. *Habitat:* 303 401 403.
Cf Et Ke Sd Tz Ug.
Description: 24,210.

I. bogdanii J.B.Gillett [210]
Desc.: H/S; Nc; P; Nt. *Habitat:* 405 805.
Et Ke Tz.
Description: 210,347; *Illustration:* 210.

I. bongensis Kotschy & Peyr. [347]
Desc.: H; Nc; P; Nt. *Habitat:* 1106.
Cf Sd Zr.
Description: 29,236.

I. boranica Thulin [354]
Desc.: H/S; Nc; P; Nt. *Habitat:* 403.
Et Ke So.
Description: 24,354; *Map:* 354; *Illustration:* 354.

I. brachynema J.B.Gillett [210]
I. colutea var. *linearis* J.B.Gillett [210].
Desc.: H; Nc; A; Nt. *Habitat:* 203 205 216 403 405 416.
Ao Et Ke Mw So Tz Zm Zw.
Description: 210.

I. brachystachya E.Meyer [222]
Desc.: S; Nc; P. *Habitat:* – .
Za.
Description: 222; *Illustration:* 396.

I. bracteolata DC. [347]
Desc.: H; Nc; P; Nt. *Habitat:* 302.
Bj Cm Gh Gw Hv Ml Ne Nq Sd Sn Td Tg.
Description: 29.

I. brassii Baker (provisional) [347]
Desc.: H; Nc; K. *Habitat:* – .
Gh.

I. brevicalyx Baker f. [347]
I. geminata sensu Cuf. [39,347].
Desc.: H; Nc; P; Nt. *Habitat:* 805.
Bi Et Ke Rw Tz Ug Zr.
Description: 210,236; *Illustration:* 210,220.

I. brevifilamenta J.B.Gillett [210]
Desc.: H; Nc; A; Nt. *Habitat:* 206 306.
Cf Cm Gw Mw Nq Tz Zm.
Description: 210.

I. brevifolia N.E.Br. [353]
Desc.: H; Nc; P. *Habitat:* – .
Za.
Description: 353.

I. breviracemosa Torre [216]
Desc.: H/S; Nc; P; K. *Habitat:* – .
Ao.
Description: 357; *Illustration:* 357.

I. brevistaminea J.B.Gillett [347]
Desc.: H; Nc; A; K. *Habitat:* – .
Zr.
Description: 347.

I. breviviscosa J.B.Gillett [363]
Desc.: H; Nc; A; K. *Habitat:* 202 216.
Zm.
Description: 363; *Illustration:* 363.

I. buchananii Burtt Davy [364]
Desc.: H/S; Nc; P; Nt. *Habitat:* – .
Sz Za.
Description: 364.

I. buchneri Taubert [347]
Desc.: H; Nc; A; K. *Habitat:* 202.
Ao.

I. burchellii DC. [222]
Desc.: H/S; Nc. *Habitat:* – .
Za.
Description: 222.

I. burkeana Harvey [347]
I. affinis Harvey [347].
Desc.: - *Habitat:* – .
Bw Na Za.

I. burttii Baker f. [210,347]
Desc.: H; Nc; P; K. *Habitat:* 202 205.
Tz.
Description: 210.

I. bussei J.B.Gillett [210]
Desc.: H; Nc; A; K. *Habitat:* – .
Tz.
Description: 210,347; *Illustration:* 210.

I. butayei De Wild. [347]
I. medicaginea sensu Cronq.,p.p. [347].
Desc.: H; Nc; A; Nt. *Habitat:* 205 305 1105 1205.
Bi Cf Et Nq Ug Zm Zr.
Description: 24,210.

I. cana Thulin [354]
 Desc.: H/S; Nc; P; K. *Habitat:* 403.
 Et.
 Description: 24,354; *Map:* 354; *Illustration:* 354.

I. candicans Aiton [222]
 Desc.: H/S; Nc; P. *Habitat:* 504.
 Za.
 Description: 222.

I. candidissima Dinter [232,349]
 Desc.: H/S; Nc; P; K. *Habitat:* – .
 Na.
 Description: 349.

I. candolleana Meissner (provisional) [365]
 Desc.: S; Nc; P. *Habitat:* – .
 Za.
 Description: 365.

I. capillaris Thunb. [222]
 Desc.: H; Nc; P. *Habitat:* – .
 Za.
 Description: 222; *Illustration:* 396.

I. capitata Kotschy [210]
 Desc.: H; Nc; A; Nt. *Habitat:* 205 305.
 Ao Cf Cm Gh Gn Gw Ml Nq Sd Sl Sn Td Tg Ug Zm Zr.
 Description: 210.

I. cardiophylla Harvey [222]
 Desc.: H/S; Nc; P. *Habitat:* – .
 Za.
 Description: 222.

I. cavallii Chiov. [347]
 Desc.: - *Habitat:* – .
 Ke So.
 Map: 354.

I. cecilii N.E.Br. [347]
 Desc.: H; Nc. *Habitat:* – .
 Mz Zw.
 Description: 366.

I. charlierana Schinz [210]
 I. charlieriana Schinz [210]; *I. relaxata* N.E.Br. [210].
 Desc.: H; Nc; A; Nt. *Habitat:* 205 1305.
 Ao Bj Bw Ke Mw Mz Na So Tz Za Zm Zw.
 Description: 210; *Illustration:* 210.

I. chevalieri Tisser. [347]
 Desc.: - *Habitat:* – .
 Cf.

I. chirensis J.B.Gillett [210]
 I. ervoides sensu auctt. [210].
 Desc.: H; Nc; A; Nt. *Habitat:* 205.
 Et Tz.
 Description: 210.

I. ciferrii Chiov. (provisional) [347]
Desc.: - *Habitat:* – .
So.

I. circinella Baker f. [347]
Desc.: H; Nc; P; Nt. *Habitat:* 1205.
Bi Ke Rw Tz Ug Zr Zw.
Description: 210,236; *Illustration:* 173,220.

I. circinnata Harvey [347]
Desc.: S; Nc; P; Nt. *Habitat:* – .
Bw Za Zw.
Description: 222.

I. cliffordiana J.B.Gillett [210]
Desc.: H/S; Nc; P; Nt. *Habitat:* 403.
Et Ke.
Description: 24,210,347.

I. coerulea Roxb. [210]
I. articulata sensu Andrews,p.p. [210].
Desc.: H; Nc; P; Nt. *Uses:* Dyeing. *Habitat:* 403 1605.
Dj Et Ke Ne Sd So Td Ug Yd; Asia; Indian Ocean; Middle East.
Description: 24,210; *Illustration:* 24.

I. colutea (Burm.f.) Merr. [210]
I. junodii N.E.Br. [347]; *I. viscosa* Lam. [347].
Desc.: H; Nc; A; Nt. *Habitat:* 202 203 205 303 305 403 405.
Ao Bw Cv Dj Et Ke Ml Mw Mz Na Ne Nq Rw Sd Sn So St Tz Ug Yd Za Zm Zr Zw; Asia; Australasia; Middle East.
Description: 24,210; *Illustration:* 24,210,220.

I. commixta N.E.Br. [353]
Desc.: H; Nc; P. *Habitat:* – .
Za.
Description: 353.

I. comosa N.E.Br. [353]
Desc.: H; Nc; P. *Habitat:* – .
Sz Za.
Description: 353.

I. compacta N.E.Br. [353]
Desc.: H; Nc; P. *Habitat:* – .
Za.
Description: 353.

I. complicata Ecklon & Zeyher [222]
Desc.: H/S; Nc; P. *Habitat:* – .
Za.
Description: 222.

I. concava Harvey [222]
Desc.: H/S; Nc; P. *Habitat:* – .
Za.
Description: 222.

I. concinna Baker [210]
I. mossambicensis Baker f. [210].
Desc.: H; Nc; A; Nt. *Habitat:* 1305 1316.
Mz Tz.
Description: 210; *Illustration:* 210.

I. conferta J.B.Gillett [212]
   Desc.: H; Nc; Nt. *Habitat:* – .
   Ci Gh Nq Tg.
   Description: 362.

I. congesta Baker [210]
   Desc.: H; Nc; A; Nt. *Habitat:* 205 216 305 316.
   Ao Bi Cf Ci Cm Ga Gh Gw Ke Mz Nq Rw Sd Sl Sn Td Tg Tz Ug Zm Zr.
   Description: 210,236; *Illustration:* 220.

I. congolensis De Wild. & T.Durand [347]
   I. adami Berhaut [347]; *I. sparsa* sensu Cronq. [236,347].
   Desc.: H; Nc; A; Nt. *Habitat:* 305 1105.
   Bi Cf Cg Cm Et Gh Gm Gw Ml Ne Nq Sd Sn Td Tg Ug Zr.
   Description: 210.

I. conjugata Baker [210]
   Desc.: H; Nc; P; Nt. *Habitat:* 302 305 306 316.
   Ao Bi Bj Cf Ci Cm Et Gh Gn Ke Ml Nq Rw Sd Td Tz Ug Zm Zr.
   Description: 210,236.

I. corallinosperma Torre [216]
   Desc.: S; Nc; P; Nt. *Habitat:* 202.
   Ao.
   Description: 357.

I. cordifolia Roth [212]
   Desc.: H; Nc; A; Nt. *Uses:* Human food; Livestock fodder. *Habitat:* 1605 1707.
   Cv Et Mr Ne Sd Td Yd; Asia.
   Description: 24.

I. coriacea Aiton [222]
   Desc.: S; Nc; P. *Habitat:* – .
   Za.
   Description: 222.

I. corniculata E.Meyer [222]
   Desc.: H/S; Nc. *Habitat:* – .
   Za.
   Description: 222.

I. costata Guillemin & Perrottet [347]
   Desc.: H; Nc; A; Nt. *Habitat:* – .
   Ao Bw Cm Et Ke Mz Na Ne Nq Sd Sn Td Tz Ug Za Zm Zw.
   Description: 24; *Illustration:* 20.

   subsp. **costata** [212]
      Desc.: H; Nc; A; Nt. *Habitat:* – .
      Et Ne Nq Sd Sn Td.
      Description: 24; *Map:* 57.

   subsp. **gonioides** (Baker) J.B.Gillett [347]
      Desc.: H; Nc; A; Nt. *Habitat:* 405 1205.
      Et Ke Tz Ug.
      Description: 24,210.

   subsp. **macra** (E.Meyer) J.B.Gillett [347]
      Desc.: - *Habitat:* – .
      Bw Mz Na Za Zm Zw.

subsp. **theuschii** (O.Hoffm.) J.B.Gillett [347]
I. teuschii O.Hoffm.; *I. theuschii* O.Hoffm. [347].
Desc.: H; Nc; A; K. *Habitat:* 202.
Ao Bw.

I. crebra N.E.Br. [353]
Desc.: H; Nc; P. *Habitat:* 805.
Sz.
Description: 353.

I. crotalarioides (Klotzsch) Baker (provisional) [347]
Desc.: - *Habitat:* - .
Mz.

I. cryptantha Harvey [347]
Desc.: - *Habitat:* - .
Bw Na Za Zw; Indian Ocean.

I. cufodontii Chiov. [347]
Desc.: H; Nc; A; Nt. *Habitat:* 406.
Et Ke Tz.
Description: 24,210.

I. cuitoensis Baker f. (provisional) [347]
Desc.: H; Nc; A; K. *Habitat:* - .
Ao.
Map: 363.

I. cuneata Oliver [347]
Desc.: H; Nc; A; Nt. *Habitat:* 205 216 1305 1316.
Ke Tz.
Description: 210.

I. cuneifolia Ecklon & Zeyher [222]
Desc.: S; Nc; P. *Habitat:* - .
Za.
Description: 222.

I. cunenensis Torre [232]
Desc.: H; Nc; P; Nt. *Habitat:* 604.
Ao Na.
Description: 357; *Illustration:* 357.

I. curvata J.B.Gillett [347]
Desc.: H; Nc; A; K. *Habitat:* 203.
Tz.
Description: 210,347.

I. cylindrica DC. [222]
Desc.: H/S; Nc; P. *Habitat:* - .
Za.
Description: 222.

I. cytisoides Thunb. [222]
Desc.: S; Nc; P. *Habitat:* - .
Za.
Description: 222; *Illustration:* 396.

I. daleoides Harvey [347]
Desc.: H; Nc; A; Nt. *Habitat:* - .
Ao Bw Na Za Zm Zw.
Description: 222.

I. damarana Merxm. & A.Schreiber [232]
Desc.: H; Nc; A; K. *Habitat:* 604.
Na.
Description: 367; *Illustration:* 367.

I. dasyantha Baker f. [210]
Desc.: - *Habitat:* 202.
Mw.

I. dasycephala Baker f. [347]
Desc.: H; Nc. *Habitat:* –.
Cm Nq.

I. dauensis J.B.Gillett [347]
Desc.: H; Nc; P; Nt. *Habitat:* 403.
Et Ke.
Description: 210; *Illustration:* 210.

I. dealbata Harvey [222]
Desc.: S; Nc; P. *Habitat:* –.
Za.
Description: 222.

I. declinata E.Meyer [222]
Desc.: H/S; Nc. *Habitat:* –.
Za.
Description: 222.

I. deightonii J.B.Gillett [347]
Desc.: H; Nc; A; Nt. *Habitat:* 305 316.
Ci Gh Gn Gw Lr Nq Sd Sl Zm.
Description: 362.

  subsp. **deightonii** [347,363]
Desc.: H; Nc; A; Nt. *Habitat:* –.
Ci Gh Gn Gw Lr Nq Sd Sl.
Description: 362.

  subsp. **rhodesica** J.B.Gillett [363]
Desc.: H; Nc; A; K. *Habitat:* –.
Zm.
Description: 363.

I. dekindtii Tisser. (provisional) [216]
Desc.: S; Nc; P; K. *Habitat:* 202.
Ao.

I. delagoaensis J.B.Gillett [347]
I. delagoensis J.B.Gillett [327].
Desc.: H; Nc; P. *Habitat:* –.
Mz Za Zw.
Description: 347.

I. dembianensis (Chiov.) J.B.Gillett [363]
I. colutea var. *dembianensis* (Chiov.) J.B.Gillett [363].
Desc.: H; Nc; A; K. *Habitat:* –.
Et.
Description: 24,363.

I. demissa Taubert [347]
I. bakeriana P.Viguier [347].
Desc.: H; Nc; A; Nt. *Habitat:* –.
Ke Mw Mz Na Tz Zm Zr Zw; Indian Ocean.
Description: 210,236; *Illustration:* 210.

I. dendroides Jacq. [347]
I. dalabaca A.Chev. [347]; *I. kengeleensis* De Wild. [347]; *I. sesbaniifolia* A.Chev. [347].
Desc.: H; Nc; A; Nt. *Uses:* Medicinal. *Habitat:* 205 216 305 316 405 416 1205 1216.
Ao Bi Bj Cf Ci Cm Et Ga Gh Gm Gn Gw Hv Ke Lr Ml Mw Mz Ne Nq Rw Sd Sl Sn Td Tg Tz Ug Zm Zr Zw.
Description: 210,236,347; *Illustration:* 220,236.

I. densa N.E.Br. [353]
Desc.: H; Nc; P; Nt. *Habitat:* – .
Sz Za.
Description: 353.

I. denudata Thunb. [222]
Desc.: S; Nc; P. *Habitat:* – .
Za.
Description: 222.

I. depressa Harvey [222]
Desc.: H/S; Nc; P. *Habitat:* – .
Za.
Description: 222.

I. desertorum Torre [216]
Desc.: S; Nc; P; K. *Habitat:* 604.
Ao.
Description: 357; *Illustration:* 357.

I. digitata Thunb. [222]
Desc.: H/S; Nc. *Habitat:* – .
Za.
Description: 222.

I. dillwynioides Benth. [222]
Desc.: H/S; Nc. *Habitat:* – .
Za.
Description: 222.

I. dimidiata Walp. [347]
Desc.: H; Nc. *Habitat:* – .
Ls Mw Mz Za Zw.
Description: 222.

I. diphylla Vent. [347]
Desc.: H; Nc; A; Nt. *Uses:* Dyeing; Medicinal. *Habitat:* 1605.
Bj Ga Ml Mr Ne Nq Sd Sn Td Tg.
Description: 29.

I. disjuncta J.B.Gillett [347]
I. semhaensis Vierh. [347].
Desc.: H; Nc; A; Nt. *Uses:* Livestock fodder. *Habitat:* 607 1707.
Dz Ly Mr Na Ne Sd Td Yd Za; Middle East.
Description: 368; *Map:* 332; *Illustration:* 368.

I. dissimilis N.E.Br. [353]
Desc.: H; Nc; P. *Habitat:* – .
Za.
Description: 353.

I. dissitiflora Oliver [210]
Desc.: H; Nc; A; K. *Habitat:* 205.
Tz.
Description: 210.

I. disticha Ecklon & Zeyher [222]
Desc.: H/S; Nc. *Habitat:* – .
Za.
Description: 222.

I. dolichothyrsa Baker f. (provisional) [216]
Desc.: S; Nc; P; K. *Habitat:* 202.
Ao.

I. dregeana E.Meyer [222]
Desc.: H/S; Nc. *Habitat:* – .
Za.
Description: 222.

I. drepanocarpa Taubert [210]
Desc.: H; Nc; P; Nt. *Habitat:* 205 305 1205.
Ao Bi Cf Nq Rw Tz Ug Zm Zr.
Description: 210,236; *Map:* 363. *Illustration::* 210,220.

I. dyeri Britten [210]
Desc.: H; Nc; A; Nt. *Habitat:* – .
Ke Mw Mz Tz Za Zm Zw.
Description: 210.

I. egens N.E.Br. [247]
Desc.: H; Nc; P. *Habitat:* – .
Za.
Description: 247.

I. elliotii (Baker f.) J.B.Gillett [347]
Desc.: H/S; Nc; P; Nt. *Habitat:* – .
Gn Lr Sl Sn.

I. elliptica E.Meyer [222]
Desc.: Nc. *Habitat:* – .
Za.
Description: 222.

I. elwakensis J.B.Gillett [347]
Desc.: H; Nc; P; K. *Habitat:* 403.
Ke.
Description: 210,347.

I. emarginella A.Rich. [210,347]
I. cameronii Baker [210].
Desc.: H/S; Nc; P; Nt. *Uses:* Dyeing. *Habitat:* 202 205 305 1205.
Ao Bi Cf Cm Et Ke Mw Mz Nq Rw Sd Tz Ug Zm Zr Zw.
Description: 210,236; *Illustration:* 210,220.

I. emarginelloides J.B.Gillett [347]
Desc.: H/S; Nc; P; Nt. *Habitat:* 202.
Tz Zm.
Description: 210,347.

I. enormis N.E.Br. [353]
Desc.: H/S; Nc; P. *Habitat:* – .
Za.
Description: 353.

I. eremophila Thulin [24]
Desc.: S; Nc; P; Nt. *Habitat:* 405.
Et So.
Description: 24,354; *Map:* 354; *Illustration:* 354.

I. eriocarpa E.Meyer [222]
Desc.: S; Nc; P. *Habitat:* –.
Sz Za.
Description: 222.

I. erythrogramma Baker [210]
Desc.: H; Nc; A; Nt. *Habitat:* 202.
Ao Mw Mz Tz Zm Zr Zw.
Description: 210,236.

I. evansiana Burtt Davy [369]
Desc.: H; Nc; P. *Habitat:* –.
Za.
Description: 369.

I. evansii Schltr. [370]
Desc.: H; Nc; P. *Habitat:* 805.
Za.
Description: 370.

I. exellii Torre [216]
Desc.: H; Nc; A; K. *Habitat:* 202.
Ao Tz.
Map: 363; *Illustration:* 216.

I. exigua E.Meyer [222]
Desc.: Nc. *Habitat:* –.
Za.
Description: 222.

I. eylesiana J.B.Gillett [347]
Desc.: - *Habitat:* –.
Zm Zw.

I. fanshawei J.B.Gillett [347]
Desc.: H; Nc; A; Nt. *Habitat:* 202.
Ao Zm Zw.
Description: 347.

I. fastigiata E.Meyer [347]
Desc.: H/S; Nc. *Habitat:* –.
Ls Sz Za.
Description: 222.

I. faulknerae J.B.Gillett [347]
Desc.: H; Nc; A; Nt. *Habitat:* –.
Mw Mz.
Description: 347.

I. filicaulis Ecklon & Zeyher [222]
Desc.: H/S; Nc. *Habitat:* –.
Za.
Description: 222.

I. filifolia Thunb. [222]
Desc.: H/S; Nc; A. *Habitat:* –.
Za.
Description: 222,407; *Map:* 407. *Illustration::* 396,407.

I. filiformis Thunb. [222]
Desc.: S; Nc; P. *Habitat:* –.
Za.
Description: 222; *Illustration:* 399.

I. filipes Harvey   [222]
Desc.: H; Nc; A; Nt. *Habitat:* – .
Ao Bw Ls Na Za Zm Zw.
Description: 222.

I. flabellata Harvey   [222]
Desc.: S; Nc; P. *Habitat:* – .
Za.
Description: 222.

I. flavicans Baker   [347]
Desc.: H; Nc; P; Nt. *Habitat:* 202.
Ao Bw Mz Na Za Zm Zw.

I. fleckii Baker f.   [232]
Desc.: S; Nc; P. *Habitat:* – .
Na Za.
Description: 350.

I. floribunda N.E.Br.   [353]
Desc.: H; Nc; P. *Habitat:* – .
Za.
Description: 353.

I. foliosa E.Meyer   [222]
Desc.: S; Nc; P. *Habitat:* – .
Za.
Description: 222.

I. frondosa N.E.Br.   [353]
Desc.: H; Nc; P. *Habitat:* – .
Za.
Description: 353.

I. frutescens L.f.   [222]
Desc.: S; Nc; P. *Habitat:* – .
Za.
Description: 222.

I. fulcrata Harvey   [222]
Desc.: H/S; Nc. *Habitat:* – .
Za.
Description: 222.

I. fulgens Baker   [210]
Desc.: S; Nc; P; Nt. *Habitat:* – .
Mz Tz; Indian Ocean.
Description: 210.

  subsp. **fulgens**   [210]
Desc.: S; Nc; P; Nt. *Habitat:* 1303.
Mz Tz.
Description: 210.

I. fulvopilosa Brenan   [210]
I. pilosa var. *multiflora* Baker f. [210].
Desc.: H; Nc; A; Nt. *Habitat:* 202 205 216 305 316 1205 1216.
Ao Bi Ci Cm Gh Mw Mz Nq Sd Sl Tg Tz Ug Zm Zr Zw.
Description: 210,236.

I. fuscosetosa Baker [210]
Desc.: H; Nc; A; Nt. *Habitat*: 805 806.
Mw Tz Zr.
Description: 210,236.

I. gairdnerae Baker f. [210]
Desc.: H; Nc; A; Nt. *Habitat*: 203.
Na Tz Zm Zw.
Description: 210,347.

I. galegoides DC. [212]
Desc.: - *Uses:* Cover crop; Poison. *Habitat*: Cult.
Cm(I); Asia.

I. galpinii N.E.Br. [353]
Desc.: H/S; Nc; P. *Habitat*: – .
Sz Za.
Description: 353.

I. garckeana Vatke [347]
I. garkeana Vatke [279]; *I. rhynchocarpa* var. *quadrangularis* Berhaut [347]; *I. tetragona* Lebrun & Taton [347].
Desc.: S; Nc; P; Nt. *Habitat*: 202 206 302 306 1202 1206.
Bi Et Ke Mw Mz Rw Sd Sn Td Tz Ug Za Zm Zr Zw.
Description: 24,210; *Illustration*: 220.

I. garissaensis J.B.Gillett [210]
Desc.: H; Nc; A; K. *Habitat*: 403.
Ke.
Description: 210; *Illustration*: 363.

I. geminata Baker [347]
I. congolensis sensu Hutch. & Dalziel, p.p. [347].
Desc.: H/S; Nc; A; Nt. *Habitat*: – .
Bj Cm Gh Ml Nq Tg.

I. gerrardiana Harvey [222]
Desc.: H/S; Nc; P. *Habitat*: – .
Za.
Description: 222.

I. giessii A.Schreiber [355]
I. giesii A.Schreiber [355].
Desc.: H; Nc; A; K. *Habitat*: – .
Na.
Description: 355; *Illustration*: 355.

I. gifbergensis Stirton & J.K.Jarvie [407]
Desc.: S; Nc; P; Nt. *Habitat*: 504.
Za.
Description: 407; *Map*: 407; *Illustration*: 407.

I. gillettii Raimondo & Moggi (provisional) [8]
Desc.: - *Habitat*: – .
So.

I. glabella Fourc. [371]
Desc.: S; Nc; P. *Habitat*: – .
Za.
Description: 371.

I. glaucescens Ecklon & Zeyher [222]
Desc.: H/S; Nc. *Habitat:* – .
Za.
Description: 222.

I. glaucifolia Cronq. [347]
Desc.: S; Nc; P; Nt. *Habitat:* 205.
Zm Zr.
Description: 236.

I. glomerata E.Meyer [222]
Desc.: H/S; Nc; P. *Habitat:* – .
Za.
Description: 222; *Illustration:* 396.

I. gloriosa Cronq. [236]
Desc.: H; Nc; P; K. *Habitat:* – .
Zr.
Description: 236.

I. gracilis Sprengel [222]
Desc.: H; Nc. *Habitat:* – .
Za.
Description: 222.

I. graniticola J.B.Gillett [363]
Desc.: H; Nc; A; K. *Habitat:* 205.
Tz.
Description: 210,363; *Illustration:* 363.

I. grata E.Meyer [222]
Desc.: S; Nc; P. *Habitat:* – .
Za.
Description: 222.

I. griseoides Harms [347]
Desc.: H/S; Nc; A; Nt. *Habitat:* 202.
Ao Mw Tz Zm.
Description: 210.

I. grisophylla Fourc. [371]
Desc.: S; Nc; P. *Habitat:* – .
Za.
Description: 371.

I. guerrana Torre [216]
I. guerrae Torre [216].
Desc.: H; Nc; Nt. *Habitat:* 607.
Ao Na.
Description: 357; *Illustration:* 357.

I. guthriei Bolus [372]
Desc.: H/S; Nc; P. *Habitat:* – .
Za.
Description: 372.

I. gyrata Thulin [354]
Desc.: H; Nc; P; Nt. *Habitat:* – .
Et Ke.
Description: 354; *Map:* 354; *Illustration:* 354.

I. hamulosa Schltr. [373]
   Desc.: H/S; Nc; P. *Habitat:* – .
   Za.
   Description: 373.

I. hantamensis Diels (provisional) [374]
   Desc.: H; Nc; P. *Habitat:* – .
   Za.
   Description: 374.

I. hedranophylla Ecklon & Zeyher (provisional) [222]
   Desc.: S; Nc. *Habitat:* – .
   Za.
   Description: 222.

I. hedyantha Ecklon & Zeyher [347]
   I. goetzei Harms [210].
   Desc.: H/S; Nc; A; Nt. *Habitat:* 205 805.
   Ke Ls Mw Mz Sz Tz Za Zm Zw.
   Description: 210.

I. hermannioides J.B.Gillett [210]
   Desc.: H; Nc; P; K. *Habitat:* 202.
   Tz.
   Description: 210,347.

I. heterocarpa Baker (provisional) [347]
   Desc.: H; Nc; P; K. *Habitat:* 202.
   Ao.

I. heterophylla Thunb. [222]
   Desc.: H/S; Nc; P. *Habitat:* – .
   Za.
   Description: 222.

I. heterotricha DC. [347]
   I. rudis N.E.Br. [347].
   Desc.: H; Nc; P; Nt. *Habitat:* – .
   Ao Bw Na Za Zw.

I. heudelotii Baker [347]
   I. djalonica Hutch. & Dalziel [347]; *I. fairchildii* Baker f. [347].
   Desc.: H/S; Nc; P; Nt. *Habitat:* 1103.
   Cm Gh Gn Gw Lr Nq Sl Sn Tg.

I. hewittii Baker f. [347]
   I. dehniae Merxm. [347].
   Desc.: - *Habitat:* – .
   Mw Zm Zw.

I. hilaris Ecklon & Zeyher [347]
   I. hybrida N.E.Br. [347].
   Desc.: H/S; Nc; P; Nt. *Habitat:* 205 805.
   Ls Mw Mz Sz Tz Za Zm Zr Zw.
   Description: 210,236; *Illustration:* 410.

I. hirsuta L. [347]
   Desc.: H; Nc; A; Nt. *Uses:* Cover crop; Livestock fodder; Medicinal. *Habitat:* 216 316 416 1116 1216.
   Ao Bi Bj Bw Cf Cg Ci Cm Cv Et Ga Gh Gm Gn Gq Gw Ke Lr Ml Mw Mz Na Ne Nq Sd Sl Sn St Td Tg Tz Ug Zm Zr Zw; Asia; Australasia; Indian Ocean; South America.
   Description: 210,236; *Illustration:* 210,236.

I. hirta E.Meyer [222]
Desc.: H/S; Nc; P. *Habitat:* – .
Za.
Description: 222.

I. hispida Ecklon & Zeyher [222]
Desc.: S; Nc; P. *Habitat:* 504.
Za.
Description: 222.

I. hochstetteri Baker [347]
I. anabaptista Baker [210]; *I. arenaria* sensu Andrews,p.p. [29,347].
Desc.: H; Nc; A; Nt. *Uses:* Livestock fodder. *Habitat:* 305 405 1205 1605.
Dj Et Ke Ml Na Ne Nq Sd So Td Tz Ug Zr; Asia; Middle East.
Description: 210; *Illustration:* 24,210,455.

subsp. **streyana** (Merxm.) A.Schreiber [375]
I. streyana Merxm. [375].
Desc.: - *Habitat:* – .
Na.
Description: 375.

I. hofmanniana Schinz [376]
Desc.: H/S; Nc; P. *Habitat:* – .
Na.
Description: 376.

I. hololeuca Harvey [222]
Desc.: H; Nc; P. *Habitat:* – .
Na Za.
Description: 222.

I. holubii N.E.Br. [353]
Desc.: H; Nc; A; Nt. *Habitat:* – .
Bw Na Za Zw.
Description: 353.

I. homblei Baker f. & Martin [347]
Desc.: S; Nc; P; Nt. *Habitat:* 203 205 803 805.
Ao Bi Cm Ke Mw Rw Tz Ug Za Zm Zr.
Description: 210.

subsp. **homblei** [210]
Desc.: S; Nc; P; Nt. *Habitat:* 203 205 803 805.
Mw Tz Za Zm Zr.
Description: 210.

subsp. **longiflora** J.B.Gillett [210]
Desc.: S; Nc; P; Nt. *Habitat:* 803 805.
Ao Bi Cm Ke Rw Ug.
Description: 210.

I. huillensis Baker f. [216]
Desc.: H/S; Nc; P; K. *Habitat:* 202.
Ao.

I. humifusa Ecklon & Zeyher [222]
Desc.: H/S; Nc. *Habitat:* – .
Za.
Description: 222; *Illustration:* 411.

I. hundtii Rossberg [347]
Desc.: H; Nc; P; K. *Habitat:* – .
Ao.

I. hutchinsoniana J.B.Gillett [347]
Desc.: H; Nc; A; K. *Habitat:* 305.
Nq.
Description: 362.

I. incana Thunb. [222]
Desc.: H/S; Nc; P. *Habitat:* – .
Ls Za.
Description: 222; *Illustration:* 396.

I. ingrata N.E.Br. [353]
Desc.: H; Nc; P. *Habitat:* – .
Za.
Description: 353.

I. inhambanensis Klotzsch [347]
I. polycarpa Harvey [347].
Desc.: - *Habitat:* – .
Bw Mz Na Za Zw.

I. insularis Chiov. [347]
I. parvula Del. (suspected synonym) [210,347].
Desc.: H; Nc; A; Nt. *Habitat:* 405.
Dj Et Ke Sd So.
Description: 210.

I. intermedia Harvey [222]
Desc.: H/S; Nc. *Habitat:* – .
Za.
Description: 222.

I. ionii J.K.Jarvie & Stirton [407]
Desc.: H; Nc; P; Nt. *Habitat:* – .
Za.
Description: 407; *Map:* 407; *Illustration:* 407.

I. ischnoclada Harms [347]
Desc.: H; Nc; A; Nt. *Habitat:* 202 216.
Mw Mz Tz.
Description: 210.

I. kelleri Baker f. (provisional) [24,347]
Desc.: S; Nc; P; K. *Habitat:* 403.
Et.
Description: 24.

I. kerstingii Harms [347]
Desc.: H; Nc; A; Nt. *Habitat:* 316.
Gh Hv Nq Tg.

I. kirkii Oliver [347]
I. smithioides R.Viguier [347].
Desc.: H; Nc; A; Nt. *Habitat:* 1305.
Mz Tz; Indian Ocean.
Description: 347,377; *Illustration:* 377.

I. knoblecheri Kotschy [347]
Desc.: H/S; Nc; P; K. *Habitat:* – .
Sd.
Description: 29.

I. kongwaensis J.B.Gillett [347]
Desc.: H; Nc; A; K. *Habitat:* 403.
Tz.
Description: 210,347.

I. krookii A.Zahlbr. (provisional) [378]
Desc.: - *Habitat:* – .
Za.
Description: 378.

I. kuntzei Harms [347]
Desc.: H; Nc; P; Nt. *Habitat:* 1305.
Mz Tz.
Description: 210.

I. langebergensis L.Bolus [379]
Desc.: H/S; Nc; P. *Habitat:* – .
Za.
Description: 379; *Illustration:* 379.

I. lasiantha Desv. [347]
I. psilostachya Baker [347].
Desc.: H; Nc; A; K. *Habitat:* 202.
Ao.

I. latisepala J.B.Gillett [347,362]
Desc.: H; Nc; P; K. *Habitat:* – .
Nq.
Description: 362.

I. laxiracemosa Baker f. [210]
I. laxeracemosa Baker f. [347].
Desc.: H; Nc; A; Nt. *Habitat:* 1305.
Mz Tz Za.
Description: 210.

I. leendertziae N.E.Br. (provisional) [347]
Desc.: H; Nc; P. *Habitat:* – .
Za.
Description: 247.

I. leipzigiae Bremek. [358]
Desc.: H; Nc; P. *Habitat:* – .
Za.
Description: 358.

I. lepida N.E.Br. [353]
Desc.: H; Nc; P. *Habitat:* – .
Za.
Description: 353.

I. leprieurii Baker f. [347]
Desc.: H; Nc; Nt. *Habitat:* – .
bu Bj Gh Gm Gw Hv Ml Ne Nq Sl Sn Tg Zr.
Description: 236.

I. leptocarpa Ecklon & Zeyher [222]
Desc.: H/S; Nc. *Habitat:* – .
Za.
Description: 222.

I. leptoclada Harms [347]
Desc.: H; Nc; P; Nt. *Habitat:* – .
Bj Gh Gm Hv Ml Sn.

I. letestui Tisser. [347]
I. mittuensis Baker f. [347].
Desc.: H; Nc; P. *Habitat:* – .
Cf Sd.

I. limosa L.Bolus [379]
Desc.: H; Nc; A. *Habitat:* – .
Za.
Description: 379; *Illustration:* 379.

I. linifolia (L.f.) Retz. [347]
Desc.: H; Nc; A; Nt. *Uses:* Human food. *Habitat:* – .
Et Sd; Asia; Australasia.
Description: 24; *Illustration:* 24.

I. livingstoniana J.B.Gillett [347]
Desc.: H/S; Nc; P; Nt. *Habitat:* 202.
Zm Zw.
Description: 347.

I. lobata J.B.Gillett [347]
Desc.: H; Nc; A; Nt. *Habitat:* 205 1305.
Ke Mz Tz Zw.
Description: 210.

I. longibarbata Engl. [210]
I. longebarbata Engl. [347]; *I. schlechteri* Baker f. [347].
Desc.: H; Nc; A; Nt. *Habitat:* 205 305 803 805 815.
Ao Cm Et Ga Ke Ls Mw Mz Nq Rw Sz Tz Ug Za Zm Zr Zw.
Description: 210,236.

I. longicalyx J.B.Gillett [347]
Desc.: H; Nc; A; Nt. *Habitat:* – .
Cf Cm Gn Nq Sd Sl Td Tg.
Description: 362; *Map:* 57.

I. longiflora Taubert [347]
Desc.: - *Habitat:* – .
Mz.

I. longimucronata Baker f. [210]
I. longemucronata Baker f. [347].
Desc.: H; Nc; P; Nt. *Habitat:* 1303 1305.
Ke Tz.
Description: 210.

I. longipedicellata J.B.Gillett [380]
Desc.: H; Nc; P; K. *Habitat:* 805.
Zw.
Description: 380.

I. longipes N.E.Br. [350]
Desc.: H; Nc; P. *Habitat:* –.
Za.
Description: 350.

I. longiracemosa Baillon [210]
I. longeracemosa Baillon [347].
Desc.: H/S; Nc; P; Nt. *Habitat:* 1305.
Ke Tz; Asia; Indian Ocean.
Description: 210.

I. longispina J.B.Gillett [347]
Desc.: H/S; Nc; P; K. *Habitat:* –.
Na.
Description: 347.

I. lotononoides Baker f. [347]
Desc.: - *Habitat:* –.
Cf Eg Sd.

I. lupatana Baker f. [347]
I. commiphoroides Chiov. [347]; *I. goniocarpa* Baker f. [210].
Desc.: H/S; Nc; P; Nt. *Habitat:* 203 403.
Et Ke Mw Mz Tz Za Zm Zw.
Description: 210.

I. lyallii Baker [347]
Desc.: - *Habitat:* –.
Mw Mz Za Zw; Indian Ocean.

subsp. **lyallii** [347]
I. obermeijerae Bremek. [347]; *I. obermejerae* Bremek. [347]; *I. obermeyerae* Bremek. [279].
Desc.: - *Habitat:* –.
Mz Za Zw; Indian Ocean.

subsp. **nyassica** J.B.Gillett [347]
Desc.: - *Habitat:* –.
Mw Mz.

I. lydenburgensis N.E.Br. [353]
I. lydenbergensis N.E.Br. [347]; *I. lydenburghensis* N.E.Br. [279].
Desc.: - *Habitat:* –.
Mz Sz Za Zw.
Description: 353.

I. macrantha Harms [347]
Desc.: H; Nc; A; K. *Habitat:* 403 803.
Et Ug.
Description: 210.

I. macrocalyx Guillemin & Perrottet [347]
Desc.: - *Habitat:* –.
Ci Ga Gh Gw Ml Ne Nq Sl Sn Td Tg.

I. macrophylla Schum. & Thonn. [212,347]
Desc.: S; C/Nc; P; Nt. *Uses:* Medicinal. *Habitat:* 1103.
Bj Ci Cm Ga Gh Gm Gn Gw Lr Nq Sl Sn Tg.

I. malacostachys Benth. [222]
Desc.: S; Nc; P. *Habitat:* –.
Sz Za.
Description: 222,233.

I. malindiensis J.B.Gillett [210]
Desc.: H/S; Nc; A; K. *Habitat:* 1302 1303.
Ke.
Description: 210,363; *Illustration:* 363.

I. malongensis Cronq. [347]
Desc.: H/S; Nc; P; Nt. *Habitat:* 203.
Tz Zm Zr.
Description: 210,236.

I. manyoniensis Baker f. [210]
Desc.: H; Nc; K. *Habitat:* 202.
Tz.
Description: 210.

I. maritima Baker [347]
Desc.: H; Nc; P; Nt. *Habitat:* – .
Ao Na Za.

I. marmorata Balf.f. (provisional) [90]
Desc.: S; Nc; P; K. *Habitat:* – .
Yd.
Description: 90; *Illustration:* 90.

I. masaiensis J.B.Gillett [210]
I. colutea var. *grandiflora* J.B.Gillett [210].
Desc.: H; Nc; A; Nt. *Habitat:* 403.
Ke Tz.
Description: 210,363.

I. masonae N.E.Br. [353]
Desc.: H; Nc; P. *Habitat:* – .
Za.
Description: 353.

I. mauritanica (L.) Thunb. [278]
Desc.: H/S; Nc; P. *Habitat:* – .
Za.
Illustration: 396,399.

I. medicaginea Baker [347]
Desc.: H; Nc. *Habitat:* 202.
Ao.

I. megacephala J.B.Gillett [347]
Desc.: H; Nc; P; Nt. *Habitat:* 1102.
Cm Gn.
Description: 362.

I. melanadenia Harvey [347]
Desc.: - *Habitat:* – .
Bw Za Zw.
Description: 222.

I. mendesii Torre [216]
Desc.: H; Nc; A; K. *Habitat:* 202.
Ao.
Description: 357; *Illustration:* 357.

I. mendoncae J.B.Gillett [347]
Desc.: H; Nc; P; K. *Habitat:* 205.
Mz.
Description: 347.

I. merxmuelleri A.Schreiber [355]
Desc.: S; Nc; P; K. *Habitat:* – .
Na.
Description: 355; *Illustration:* 355.

I. micrantha E.Meyer (provisional) [222]
Desc.: H/S; Nc; P. *Habitat:* – .
Za.
Description: 222.

I. microcalyx Baker [347]
Desc.: H/S; Nc; A; Nt. *Habitat:* 205 1205.
Ao Bi Cg Mw Mz Rw Tz Ug Zm Zr.
Description: 210,236.

I. microcarpa Desv. [347]
Desc.: H; Nc; P; Nt. *Habitat:* 216 316 416 1316.
Ao(U) Et(U) Gh(U) Ke(U) Ml(U) Mz(U) Ne(U) Nq(U) Sd(U) Sn(U) Tz(U) Zm(U) Zw(U); Central America; Indian Ocean; South America.
Description: 210.

I. microcharoides Taubert [347]
Desc.: H; Nc; A; Nt. *Habitat:* 403 405.
Ke Tz.
Description: 210.

I. micropetala Baker f. [347]
Desc.: H; Nc; A; Nt. *Habitat:* – .
Tz Zm.
Description: 210.

I. mildbraediana J.B.Gillett [347]
Desc.: H; Nc; A; Nt. *Habitat:* 1102 1105.
Ao Cf Cg Cm Ga Nq Sd Tz.
Description: 210.

I. mildrediana Torre [216]
Desc.: H/S; Nc; P. *Habitat:* – .
Description: 357; *Illustration:* 357.

I. milne-redheadii J.B.Gillett [210]
Desc.: H; Nc; A; Nt. *Habitat:* 202.
Mw Tz Zm Zr.
Description: 210,347.

I. mimosoides Baker [210]
I. brevipetiolata Cronq. [347].
Desc.: H; Nc; A; Nt. *Habitat:* 202 302 803 805.
Ao Cm Et Ke Mw Mz Nq Rw Tz Ug Zm Zr Zw.
Description: 210; *Illustration:* 220.

I. mischocarpa Schltr. [381]
Desc.: H; Nc; P. *Habitat:* – .
Za.
Description: 381.

I. mollicoma N.E.Br. [353]
I. nelsonii N.E.Br. [353].
Desc.: H; Nc; P. *Habitat:* – .
Sz Za.
Description: 233,353.

I. mollis Ecklon & Zeyher [222]
Desc.: H; Nc. *Habitat*: – .
Za.
Description: 222.

I. monantha Baker f. [210]
Desc.: H; Nc; A; Nt. *Habitat*: 202 205.
Bi Mw Tz Zm Zr Zw.
Description: 210,236.

I. monanthoides J.B.Gillett [210]
Desc.: H; Nc; A; Nt. *Habitat*: 302.
Ke Ug.
Description: 210; *Illustration*: 363.

I. monostachya Ecklon & Zeyher [222]
Desc.: H/S; Nc. *Habitat*: – .
Za.
Description: 222.

I. mooneyi Thulin [24]
Desc.: H; Nc; A; K. *Habitat*: 403 405 803 805.
Et.
Description: 24,354; *Map*: 354; *Illustration*: 354.

I. mundtiana Ecklon & Zeyher [222]
Desc.: H/S; Nc. *Habitat*: – .
Za.
Description: 222.

I. mupensis Torre [210]
Desc.: H; Nc; P; Nt. *Habitat*: 202 205.
Ao Tz Zm.
Description: 210; *Illustration*: 357,363.

  subsp. **abercornensis** J.B.Gillett [210]
Desc.: H; Nc; P; Nt. *Habitat*: 202 205.
Tz Zm.
Description: 210; *Illustration*: 363.

  subsp. **mupensis** [210]
Desc.: H; Nc; P; K. *Habitat*: 202.
Ao.
Description: 357; *Illustration*: 357.

I. mwanzae J.B.Gillett [347]
Desc.: H; Nc; A; K. *Habitat*: 1205.
Tz.
Description: 210,347.

I. nairobiensis Baker f. [210]
Desc.: H; Nc; P; Nt. *Habitat*: 405 805.
Ke Tz.
Description: 210.

  subsp. **nairobiensis** [210]
Desc.: H; Nc; P; Nt. *Habitat*: 405 805.
Ke Tz.
Description: 210.

subsp. **viscida** J.B.Gillett [210]
Desc.: H; Nc; P; K. *Habitat:* 805.
Ke.
Description: 210.

I. nambalensis Harms (provisional) [216]
Desc.: H/S; Nc; P; K. *Habitat:* – .
Ao.

I. natalensis Bolus [372]
Desc.: S; Nc; P. *Habitat:* – .
Za.
Description: 372.

I. nebrowniana J.B.Gillett [347]
Desc.: H/S; Nc; P. *Habitat:* – .
Za.
Description: 347.

I. nephrocarpa Balf.f. [347]
Desc.: H; Nc; A; Nt. *Habitat:* – .
Yd; Middle East.
Description: 90; *Illustration:* 90.

I. nephrocarpoides J.B.Gillett [347]
I. nephrocarpa sensu Balf.f.,p.p. [347].
Desc.: H; Nc; P; K. *Habitat:* – .
Yd.
Description: 347.

I. nigricans Pers. [347]
Desc.: H; Nc; A; Nt. *Habitat:* – .
Cm Gh Ml Nq Td Tg.

I. nigritana Hook.f. [347]
Desc.: H/S; Nc; P; Nt. *Habitat:* – .
Cf Cg Ci Gh Hv Ml Nq Sn Td Tg Zr.
Description: 236; *Illustration:* 20.

I. nitida T.M.Salter [382]
Desc.: H; Nc; P. *Habitat:* – .
Za.
Description: 382.

I. notata N.E.Br. [366]
Desc.: H/S; Nc; P. *Habitat:* – .
Za.
Description: 366.

I. nudicaulis E.Meyer [222]
Desc.: S; Nc; P. *Habitat:* – .
Na Za.
Description: 222.

I. nummularia Baker [347]
Desc.: H; Nc; P; K. *Habitat:* 202.
Ao.

I. nummulariifolia (L.) Alston [347]
I. echinata Willd. [347].
Desc.: H; Nc; A; Nt. *Uses:* Livestock fodder. *Habitat:* 216 316 1316.
Ao Cf Ci Cm Gh Gn Gw Hv Ml Mz Na Ne Nq Sd Sn Td Tg Tz Zm Zr Zw; Asia; Indian Ocean.
Description: 210,236; *Illustration:* 210.

I. nyassica Gilli [210]
I. dasyantha var. *brevior* J.B.Gillett [210]; *I. dasyantha* var. *viscidior* J.B.Gillett [210].
Desc.: H; Nc; A; Nt. *Habitat:* 202.
Mw Tz.
Description: 210.

I. obcordata Ecklon & Zeyher [222]
Desc.: S; Nc; P. *Habitat:* – .
Za.
Description: 222.

I. oblongifolia Forsskal [347]
Desc.: S; Nc; P; Nt. *Uses:* Livestock fodder; Medicinal. *Habitat:* 403 405 1402 1603 1605.
Ao Cm Dj Eg Et Ml Mr Ne Nq Sd Sn So Td Yd; Asia; Middle East.
Description: 24.

I. obscura N.E.Br. [353]
Desc.: H; Nc; P. *Habitat:* – .
Za.
Description: 353.

I. ogadensis J.B.Gillett [347]
Desc.: H/S; Nc; P; Nt. *Habitat:* – .
Et So.
Description: 24,347.

I. oligophylla Klotzsch [347]
Desc.: H; Nc; P; K. *Habitat:* 1312.
Mz Tz.
Description: 210.

I. omariana J.B.Gillett [210]
Desc.: H; Nc; A; K. *Habitat:* 205.
Tz.
Description: 210; *Illustration:* 363.

I. omissa J.B.Gillett [347]
Desc.: H/S; Nc; P; Nt. *Uses:* Medicinal. *Habitat:* – .
Bj Gh Gw Hv Ml Nq Tg.
Description: 362.

I. ormocarpoides Baker [347]
I. moniliformis Baker f. [210].
Desc.: S; Nc; P; Nt. *Habitat:* – .
Mw Mz Na Tz Zm Zw; Indian Ocean.
Description: 210.

I. oubanguiensis Tisser. [347]
Desc.: H/S; Nc; A; Nt. *Habitat:* – .
Cf Gh Sd.

I. ovata Thunb. [222]
Desc.: H/S; Nc; P. *Habitat:* – .
Za.
Description: 222.

I. ovina Harvey [222]
Desc.: H/S; Nc. *Habitat:* – .
Za.
Description: 222.

I. oxalidea Baker [347]
I. supralevis N.E.Br. [347].
Desc.: H; Nc; P; Nt. *Habitat:* 202.
Ao Cm Sz Za Zm Zr Zw.
Description: 233,247.

I. oxytropis Harvey [222]
Desc.: H/S; Nc. *Habitat:* – .
Za.
Description: 222.

I. oxytropoides Schltr. (provisional) [279]
Desc.: - *Habitat:* – .
Za.

I. paniculata Pers. [347]
Desc.: H; Nc; A; Nt. *Habitat:* 205 305 405 1205.
Ao Bj Cf Cg Ci Cm Ga Gh Gm Gn Gw Hv Ke Mw Mz Nq Sl Sn Td Tg Tz Ug Zr Zw.
Description: 210,236; *Illustration:* 210,236.

  subsp. **gazensis** (Baker f.) J.B.Gillett [210]
Desc.: H; Nc; A; Nt. *Habitat:* 203 205.
Mw Mz Tz Zw.
Description: 210.

  subsp. **paniculata** [210]
Desc.: H; Nc; A; Nt. *Habitat:* 205 305 405 1205.
Ao Bj Cf Cg Ci Cm Gh Gm Gn Gw Hv Ke Mz Nq Sl Tg Tz Ug Zr.
Description: 210; *Illustration:* 210,236.

I. pappei Fourc. [371]
Desc.: S; Nc; P. *Habitat:* – .
Za.
Description: 371.

I. paracapitata J.B.Gillett [347]
I. capitata sensu Cronq. [236,347].
Desc.: H; Nc; A; Nt. *Habitat:* 105 1205.
Ao Bi Cf Cg Ga Ke Nq Ug Zm Zr.
Description: 210; *Illustration:* 236.

I. paraglaucifolia Torre [216]
Desc.: H; Nc; A; K. *Habitat:* – .
Ao.
Description: 357.

I. paraoxalidea Torre [216]
Desc.: H; Nc; P; K. *Habitat:* – .
Ao.
Description: 357; *Illustration:* 216,357.

I. parviflora Wight & Arn. [210]
Desc.: H; Nc; A; Nt. *Habitat:* 205 216 305 316 405 416 1214.
Ao Bw Cm Cv Et Ke Na Ne Sd Sn Tz Ug Za Zm Zr Zw; Asia; Australasia; North America.
Description: 210,236.

I. patula Baker [363]
Desc.: H/S; Nc; P; K. *Habitat:* – .
Mw.
Description: 363.

I. pauciflora Ecklon & Zeyher [222]
Desc.: Nc. *Habitat:* – .
Za.
Description: 222.

I. paucistrigosa J.B.Gillett [210]
Desc.: S; Nc; P; K. *Habitat:* 202.
Tz.
Description: 210,347.

I. pauxilla N.E.Br. [247]
Desc.: H; Nc; P. *Habitat:* 1405.
Za.
Description: 247.

I. peltata J.B.Gillett [210]
Desc.: H; Nc; P; Nt. *Habitat:* 202.
Tz Zm Zr.
Description: 210,383; *Illustration:* 383.

I. petiolata Cronq. [347]
Desc.: H; Nc; A; K. *Habitat:* 202 205.
Zr.
Description: 236.

I. phillipsiae Baker f. (provisional) [347]
Desc.: H; Nc; P; K. *Habitat:* – .
Et So.

I. phyllanthoides Baker [347]
Desc.: H/S; Nc; P; K. *Habitat:* 202.
Ao.

I. pilgeriana Schltr. (provisional) [279]
I. pilgerana Schltr. [279].
Desc.: - *Habitat:* – .
Za.

I. pilosa Poiret [347]
Desc.: H; Nc; A; Nt. *Uses:* Livestock fodder. *Habitat:* 306.
Ao Cm Et Gh Gw Ml Ne Nq Sd Sn Td Tg.
Description: 24.

I. placida N.E.Br. [353]
Desc.: H/S; Nc; P. *Habitat:* – .
Za.
Description: 353.

I. pobeguinii J.B.Gillett [347,362]
Desc.: H; Nc; P; K. *Habitat:* – .
Gn.
Description: 362.

I. podocarpa Baker f. & Martin [210]
Desc.: S; Nc; P; Nt. *Habitat:* 202.
Ao Bi Cg Tz Zm Zr.
Description: 210,236.

I. podophylla Harvey [347]
Desc.: H/S; Nc; P. *Habitat:* – .
Mz Za.
Description: 222.

I. poliotes Ecklon & Zeyher [222]
Desc.: H/S; Nc. *Habitat:* – .
Za.
Description: 222.

I. polysphaera Baker [347]
Desc.: H; Nc; A; Nt. *Habitat:* 205 216 305 316.
Ao Bi Cf Cg Ci Cm Gh Hv Nq Rw Sd Tg Tz Ug Zm Zr.
Description: 210,236.

I. pongolana N.E.Br. [353]
Desc.: H; Nc; P. *Habitat:* – .
Za.
Description: 353.

I. porrecta Ecklon & Zeyher [222]
Desc.: H/S; Nc. *Habitat:* – .
Ls Za.
Description: 222; *Illustration:* 400.

I. praetermissa Baker f. [347]
I. welwitschii sensu Cronq.,p.p. [236,347].
Desc.: - *Habitat:* – .
Cf Cm Sd Zm Zr.

I. praticola Baker f. [347]
Desc.: H; Nc; A; Nt. *Habitat:* – .
Bw Mw Mz Tz Za Zm Zw.
Description: 210; *Illustration:* 210.

I. pretoriana Harms [347]
I. arrecta Harvey [347]; *I. confusa* Prain & Baker f. [347].
Desc.: - *Habitat:* – .
Za.

I. prieureana Guillemin & Perrottet [347]
I. komiensis Tisser. [347].
Desc.: H; Nc; Nt. *Habitat:* 302 305.
Cf Cm Et Gh Gm Ml Ne Nq Sd Sn Td.
Description: 24.

I. procumbens L. [222]
I. discolor E.Meyer [222].
Desc.: H; Nc; P. *Habitat:* – .
Za.
Description: 222; *Illustration:* 411.

I. procumbens Torre (provisional) [216]
Desc.: H; Nc; P; K. *Habitat:* – .
Ao.
Description: 357; *Illustration:* 216,357.

I. pruinosa Baker [216]
Desc.: S; Nc; P; K. *Habitat:* 202.
Ao.

I. pseudo-indigofera (Merxm.) J.B.Gillett [347]
Microcharis galpinii N.E.Br. [347]; *Microcharis pseudo-indigofera* Merxm. [347].
Desc.: - *Habitat:* – .
Mz Sz Za Zw.
Description: 233.

I. pseudoevansii Hilliard & B.L.Burtt [352]
Desc.: H; Nc; P. *Habitat:* 805.
Za.
Description: 352.

I. pseudointricata J.B.Gillett [347]
I. intricata sensu auctt. [347].
Desc.: H/S; Nc; P; K. *Habitat:* – .
Yd.
Description: 347.

I. pseudosubulata Baker f. [347]
Desc.: H/S; Nc; P; Nt. *Habitat:* 1102.
Cf Sd Zr.
Description: 29,236.

I. psilocarpa Schltr. [381]
Desc.: H; Nc; P. *Habitat:* – .
Za.
Description: 381.

I. psoraleoides L. [222]
Desc.: H/S; Nc; P. *Habitat:* – .
Za.
Description: 222; *Illustration:* 396.

I. pulchella Roxb. [347]
Desc.: S; Nc; P. *Habitat:* Cult.
Ke(I).

I. pulchra Willd. [347]
I. dupuisii Micheli [210].
Desc.: H/S; Nc; A; Nt. *Uses:* Medicinal. *Habitat:* 302 1102.
Ao Bi Bj Cf Ci Cm Et Ga Gh Gm Gn Gw Hv Lr Ml Ne Nq Sd Sl Sn Td Tg Tz Ug Zm Zr.
Description: 210,236.

I. pungens E.Meyer [347]
Desc.: S; Nc; P. *Habitat:* – .
Na Za.
Description: 222.

I. quarrei Cronq. [347]
Desc.: H; Nc; A. *Habitat:* 202.
Zm Zr.
Description: 236.

I. quinquefolia E.Meyer [222]
Desc.: S; Nc; P. *Habitat:* – .
Za.
Description: 222.

I. radicifera Cronq. [347]
Desc.: H; Nc; P; Nt. *Habitat:* 203 205.
Bw Cm Nq Tz Zm Zr Zw.
Description: 210,236.

I. ramosissima J.B.Gillett [210]
Desc.: H; Nc; P; K. *Habitat:* 805.
Tz.
Description: 210; *Illustration:* 363.

I. rautanenii Baker f. [347]
Desc.: S; Nc; P; Nt. *Habitat:* – .
Ao Na.
Description: 350.

I. reducta N.E.Br. [353]
I. atrinota N.E.Br. [353].
Desc.: H/S; Nc; P. *Habitat:* – .
Za.

I. rehmannii Baker f. [350]
Desc.: H/S; Nc; P. *Habitat:* – .
Za.
Description: 350.

I. remota Baker f. (provisional) [8]
I. pentaphylla Harvey [8].
Desc.: H; Nc; P. *Habitat:* – .
Za.

I. repens Cronq. [347]
Desc.: H; Nc; P; K. *Habitat:* 1205 1213.
Zr.
Description: 236.

I. rhodantha Fourc. [371]
Desc.: S; Nc; P. *Habitat:* – .
Za.
Description: 371.

I. rhynchocarpa Baker [347]
I. gyrocarpa Baker f. [347].
Desc.: H/S; Nc; P; Nt. *Habitat:* 202 302.
Ao Bi Cf Mw Mz Nq Rw Td Tg Tz Zm Zr Zw.
Description: 210,236; *Illustration:* 210.

I. rhytidocarpa Harvey [347]
Desc.: H; Nc; A; Nt. *Habitat:* – .
Ao Bw Mz Na Za Zw.
Description: 222.

   subsp. **angolensis** J.B.Gillett [347]
   I. anabaptista sensu auctt. [347].
   Desc.: H; Nc; A; Nt. *Habitat:* – .
   Ao Bw Na.
   Description: 347.

   subsp. **rhytidocarpa** [347]
   Desc.: H; Nc; Nt. *Habitat:* – .
   Mz Za Zw.
   Description: 222.

I. richardsiae J.B.Gillett [347]
Desc.: H; Nc; A; Nt. *Habitat:* 205.
Ao Mw Mz Tz Zm Zw.
Description: 210.

I. ripae N.E.Br. [353]
Desc.: H; Nc; P. *Habitat:* – .
Za.
Description: 353.

I. roseo-caerulea Baker f. [347]
Desc.: S; Nc; P; Nt. *Habitat:* 803 815.
Et Mw Rw Tz Ug Zr.
Description: 24,210.

I. rostrata Bolus [372]
Desc.: H; Nc; P. *Habitat:* –.
Ls Sz Za.
Description: 233,372.

I. rothii Baker [347]
Desc.: S/T; Nc; P; K. *Habitat:* 803.
Et.
Description: 24; *Illustration:* 24.

I. rubroglandulosa G.Germishuizen [406]
Desc.: H; Nc; P; Nt. *Habitat:* 1505.
Za.
Description: 406; *Map:* 406; *Illustration:* 406.

I. rufescens E.Meyer [222]
Desc.: H/S; Nc; P. *Habitat:* –.
Za.
Description: 222.

I. ruspolii Baker f. [347]
Desc.: S; Nc; P; Nt. *Habitat:* 403 405.
Et So.
Description: 24.

I. salteri Baker f. (provisional) [279]
Desc.: – *Habitat:* –.
Za.

I. sanguinea N.E.Br. [347]
Desc.: H; Nc; P. *Habitat:* –.
Mz Sz Za.
Description: 233,247.

I. santosii Torre [216]
Desc.: S; Nc; P; K. *Habitat:* 607.
Ao.
Description: 357; *Illustration:* 357.

I. sarmentosa L.f. [222]
Desc.: H/S; Nc. *Habitat:* –.
Za.
Description: 222.

I. scarciesii Scott Elliot [347]
Desc.: H; Nc; P; K. *Uses:* Medicinal. *Habitat:* –.
Gn.

I. schimperi Jaub. & Spach [347]
I. baukeana Vatke [347]; *I. oblongifolia* sensu Brenan [35,210]; *I. tettensis* Klotzsch [347].
Desc.: H/S; Nc; P; Nt. *Uses:* Livestock fodder. *Habitat:* 205 305 405.
Ao Bw Dj Et Ke Mw Mz Na Sd So Sz Tz Ug Za Zm Zw.
Description: 210; *Illustration:* 384.

I. schinzii N.E.Br. [247]
Desc.: H/S; Nc; P. *Habitat:* –.
Za.
Description: 247.

I. schliebenii Harms [347]
Desc.: H; Nc; A; Nt. *Habitat:* 202 205 802 805.
Tz Zr.
Description: 210,236.

I. sebungweensis J.B.Gillett [347]
Desc.: H/S; Nc; P; K. *Habitat:* – .
Zw.
Description: 347.

I. secundiflora Poiret [347]
Desc.: H; Nc; A; Nt. *Uses:* Livestock fodder. *Habitat:* 205 216 305 316 405 416.
Ao Cf Cm Et Gh Gm Gw Ke Ml Mr Mw Ne Nq Rw Sd Sn Td Tg Tz Ug Zm Zr.
Description: 210; *Illustration:* 220.

I. sedgewickiana Vatke (provisional) [8]
Desc.: S; Nc; P. *Habitat:* – .
So.

I. semitrijuga Forsskal [347]
Desc.: H; Nc; P; Nt. *Habitat:* 403 407.
Et So; Middle East.
Description: 24.

I. senegalensis Lam. [347]
Desc.: H; Nc; A; Nt. *Habitat:* – .
Cm Hv Ml Mr Ne Nq Sn Td Za(U).

I. sesquijuga Chiov. [347]
Desc.: H; Nc; A; K. *Habitat:* – .
So.
Description: 81.

I. sessiliflora DC. [347]
Desc.: H; Nc; A; Nt. *Habitat:* 1605 1707.
Dz Eg Et Ly Ml Mr Ne Sd Sn Td; Asia; Middle East.
Description: 24,368; *Illustration:* 368.

I. sessilifolia DC. [347]
I. falcata E.Meyer [347]; *I. patens* Ecklon & Zeyher [347].
Desc.: S; Nc; P; Nt. *Uses:* Poison. *Habitat:* – .
Na Za.

I. setiflora Baker [347]
I. accepta N.E.Br. [347].
Desc.: H; Nc; A; Nt. *Habitat:* 202.
Ao Mw Mz Tz Za Zm Zr Zw.
Description: 210.

I. setosa N.E.Br. [385]
Desc.: H; Nc; P. *Habitat:* – .
Za.
Description: 385.

I. sieberiana Scheele [386]
Desc.: H/S; Nc; P. *Habitat:* – .
Za.

I. simplicifolia Lam. [210,347]
Desc.: H; Nc; A; Nt. *Habitat:* 202 205 216 305 316 405 1205 1216.
Ao Bi Cf Cg Ci Cm Ga Gh Gn Lr Ml Mz Ne Nq Sd Sl Sn Td Tg Tz Ug Zm Zr.
Description: 210,236; *Illustration:* 210.

I. sisalis J.B.Gillett [347]
Desc.: H; Nc; A; Nt. *Habitat:* 1302 1303 1305.
Ke Tz.
Description: 210; *Illustration:* 210.

I. smutsii J.B.Gillett [210]
Desc.: H; Nc; P; Nt. *Habitat:* 202.
Tz Zm.
Description: 210,363.

I. sokotrana Vierh. (provisional) [8]
Desc.: S/T; Nc; P; K. *Habitat:* – .
Yd.

I. sordida Harvey [347]
Desc.: - *Habitat:* – .
Bw Na Za Zw.

I. sparsa Baker [347]
Desc.: H; Nc; A; K. *Habitat:* – .
Et.
Description: 24.

I. sparteola Chiov. [81,347]
Desc.: H/S; Nc; P; K. *Habitat:* – .
So.
Description: 81; *Illustration:* 81.

I. spathulata J.B.Gillett [347]
Desc.: H; Nc; A; Nt. *Habitat:* 205.
Tz Zm.
Description: 210,347.

I. spicata Forsskal [347]
I. bolusii N.E.Br. [347]; *I. endecaphylla* Jacq. [347]; *I. hendecaphylla* Jacq. [347]; *I. neglecta* N.E.Br. [347]; *I. parvula* sensu Robyns [173,210].
Desc.: H; Nc; P; Nt. *Uses:* Cover crop; Livestock fodder; Poison. *Habitat:* 116 216 316 416 1116 1216 1316.
Ao Bj Cf Cg Ci Cm Dj Et Ga Gh Gw Ke Lr Ml Mw Mz Ne Nq Rw Sd Sn St Sz Td Tg Tz Ug Za Zm Zr Zw; Asia; Indian Ocean; Middle East.
Description: 24,210; *Illustration:* 24,210,220,384.

I. spinescens E.Meyer [222]
Desc.: S; Nc; P. *Habitat:* – .
Ls Za.
Description: 222.

I. spiniflora Boiss. [347]
Desc.: H/S; Nc; P; Nt. *Habitat:* 403 405.
Et Sd So; Middle East.
Description: 24.

I. spinosa Forsskal [347]
I. intricata sensu Hutch. & E.A.Bruce [347].
Desc.: H/S; Nc; P; Nt. *Habitat:* 403 405.
Dj Et Ke Sd So Tz; Middle East.
Description: 24,210; *Illustration:* 210.

I. splendens Ficalho & Hiern (provisional) [216]
Desc.: S; Nc; P; K. *Habitat:* – .
Ao.

I. stenophylla Guillemin & Perrottet [347]
Desc.: H; Nc; A; Nt. *Habitat:* 305 316 1205 1216.
Bi Cf Ci Cm Gh Gm Gn Gw Hv Ml Ne Nq Sd Sn Td Tg Tz Ug Zr.
Description: 210,236.

I. stipularis L. [222]
Desc.: H; Nc. *Habitat:* – .
Za.
Description: 222.

I. stipulosa Chiov. [347]
Desc.: H/S; Nc; P; K. *Habitat:* 403.
Et.
Description: 24.

I. stricta L.f. [222]
Desc.: S; Nc; P. *Habitat:* – .
Za.
Description: 222.

I. strigosa Sprengel (provisional) [387]
Desc.: H; Nc; P. *Habitat:* – .
Za.
Description: 387.

I. strigulosa Baker f. (provisional) [347]
Desc.: H; Nc; K. *Habitat:* 202.
Ao.

I. strobilifera (Hochst.) Baker [347]
Desc.: H; Nc; A; Nt. *Habitat:* 202 203 302 303 1303.
Cm Ke Ml Mw Mz Ne Nq Sd So Td Tz Zm Zw.
Description: 210; *Illustration:* 210.

  subsp. **lanuginosa** (Baker f.) J.B.Gillett [210]
I. lanuginosa Baker f. [347].
Desc.: H; Nc; A; Nt. *Habitat:* 1303.
Ke Mw Mz So Tz.
Description: 210; *Illustration:* 210.

  subsp. **strobilifera** [347]
Desc.: H; Nc; A; Nt. *Habitat:* 202 203 302 303 1303.
Cm Ke Ml Mw Ne Nq Sd Tz Zm Zw.
Description: 210.

I. suaveolens Jaub. & Spach [347]
Desc.: H/S; Nc; P; Nt. *Habitat:* – .
Et Ne Sd So.
Description: 24.

I. subargentea De Wild. [347]
I. kandoensis Baker f. [347]; *I. microcephala* Baker f. [210]; *I. shinyangensis* Milne-Redh. [210].
Desc.: H; Nc; A; Nt. *Habitat:* 205 216 305 316 1205 1216.
Bi Cm Et Ke Rw Tz Ug Zm Zr.
Description: 210,236; *Illustration:* 236.

I. subcorymbosa Baker [347]
I. sp.nr.subcorymbosa Baker [35,210].
Desc.: S; Nc; P; Nt. *Habitat:* 202 203.
Ao Mw Mz Tz Za Zm Zw.
Description: 210.

I. subulifera Baker [347]
I. mounyinensis Tisser. [347].
Desc.: H; Nc; A; Nt. *Habitat*: 202.
Ao Mw Tz Zm Zr Zw.
Description: 210,236.

I. suffruticosa Miller [347]
I. anil L. [347].
Desc.: H; Nc; P; Nt. *Uses*: Cover crop; Dyeing. *Habitat*: – .
Ao(U) Ci(U) Cv(U) Ga(U) Gm(U) Lr Na(U) Nq(U) Sl Sn(U) St(U) Zr(U) Zw(U); Asia; Caribbean; Indian Ocean; South America.
Description: 29,236.

I. sulcata DC. [222]
Desc.: S; Nc; P. *Habitat*: – .
Za.
Description: 222.

I. superba Stirton [335]
Desc.: S; Nc; P; K. *Habitat*: 504.
Za.
Description: 335; *Map*: 335; *Illustration*: 335.

I. sutherlandoides Baker [347]
Desc.: S; Nc; P; Nt. *Habitat*: 202.
Ao Tz Zm Zr.
Description: 210.

I. swaziensis Bolus [347]
I. oliveri sensu Brenan [35,210]; *I. perplexa* N.E.Br. [210].
Desc.: H/S; Nc; P; Nt. *Habitat*: 803 1303.
Ke Mw Mz Sd Sz Tz Ug Za Zm Zw.
Description: 210; *Illustration*: 210.

I. taborensis J.B.Gillett [347]
Desc.: H; Nc; P; K. *Uses*: Medicinal. *Habitat*: 202 205.
Tz.
Description: 210,347.

I. tanaensis J.B.Gillett [210,347]
Desc.: H/S; Nc; P; K. *Habitat*: 403.
Ke.
Description: 210,347.

I. tanganyikensis Baker f. [347]
I. cuneata sensu Cronq. [236,347].
Desc.: - *Habitat*: 403 405 1203 1205.
Bi Et Ke Rw So Tz Ug Zr.
Description: 210; *Illustration*: 220.

I. taruffiana Torre [216]
Desc.: H/S; Nc; P; K. *Habitat*: – .
Ao.
Description: 357; *Illustration*: 216,357.

I. taylori J.B.Gillett [347]
Desc.: H; Nc; P; K. *Habitat*: 202.
Tz.
Description: 210,347.

Legumes of Africa: A Checklist

I. teixeirae Torre [216]
Desc.: H; Nc; P; Nt. *Habitat:* 604.
Ao Na.
Description: 357; *Illustration:* 216,357.

I. tenuis Milne-Redh. [347]
Desc.: H; Nc; A; Nt. *Habitat:* 205.
Bi Tz Zm Zw.
Description: 210.

subsp. **major** J.B.Gillett [347]
Desc.: - *Habitat:* – .
Zw.
Description: 347.

subsp. **tenuis** [347]
Desc.: H; Nc; A; Nt. *Habitat:* 205.
Tz Zm.
Description: 210.

I. tenuissima E.Meyer [222]
Desc.: H; Nc; A. *Habitat:* 1505.
Za.
Description: 222.

I. terminalis Baker [347]
Desc.: H/S; Nc; P; Nt. *Habitat:* – .
Ci Ml Nq Sn.

I. tetragonoloba E.Meyer (provisional) [222]
Desc.: H/S; Nc. *Habitat:* – .
Za.
Description: 222.

I. tetraptera Taubert [216]
Desc.: S; Nc; P; Nt. *Habitat:* 103 1003.
Ao Ga Zr.
Description: 236.

I. tetrasperma Pers. [347]
Desc.: H; Nc; A; Nt. *Habitat:* 1105 1116.
Ci Gh Tg.
Description: 347.

I. thesioides J.K.Jarvie & Stirton [393]
Desc.: H/S; Nc; P; K. *Habitat:* 504.
Za.
Description: 393; *Illustration:* 393.

I. thikaensis J.B.Gillett [210]
Desc.: H/S; Nc; P; K. *Habitat:* 405 416.
Ke.
Description: 210,363.

I. thomsonii Baker f. [347]
Desc.: H; Nc; P; Nt. *Habitat:* 205 805.
Mw Tz Zm Zr.
Description: 210,236.

I. tinctoria L. [347]
Desc.: H/S; Nc; P; Nt. *Uses:* Cover crop; Dyeing. *Habitat:* 203 206 216 303 316 403 416 1203 1216.
Ao Bj Bw Cf Ci Cm Cv Et Ga Gh Gm Gn Gw Ke Ml Mw Mz Ne Nq Sd Sn So St Td Tg Tz Ug

Yd Zm Zw; Asia; Australasia; Indian Ocean; Middle East; South America.
Description: 210.

I. tisserantii (Pellegrin) Pellegrin [347]
Desc.: H; Nc; P; Nt. *Habitat:* 1102.
Cf Zr.
Description: 236.

I. tomentosa Ecklon & Zeyher [222]
Desc.: H/S; Nc. *Habitat:* –.
Za.
Description: 222.

I. torrei J.B.Gillett [347]
Desc.: H/S; Nc; P; K. *Habitat:* –.
Mz.
Description: 347.

I. torulosa E.Meyer [347]
Desc.: H; Nc; P. *Habitat:* –.
Za.
Description: 222.

I. trachyphylla Oliver [347]
I. johnstonii Baker f. [210].
Desc.: H; Nc; A; Nt. *Habitat:* 202.
Mw Mz Tz Zm Zr.
Description: 210,236,389; *Illustration:* 389.

I. trialata A.Chev. [347]
Desc.: H; Nc; P; Nt. *Habitat:* –.
Ci Gh.

I. trichopoda Guillemin & Perrottet [347]
Desc.: H; Nc; A; Nt. *Habitat:* –.
Cf Cm Gh Sn.
Illustration: 20.

I. trifolioides Baker f. [390]
Desc.: H; Nc; P. *Habitat:* 1505.
Za.
Description: 390.

I. trigonelloides Jaub. & Spach [347]
Desc.: H; Nc. *Habitat:* –.
Bw Et Na.
Description: 24.

I. triquetra E.Meyer [222]
Desc.: H; Nc. *Habitat:* –.
Za.
Description: 222.

I. tristis E.Meyer [222]
Desc.: H/S; Nc. *Habitat:* –.
Ls Za.
Description: 222.

I. tristoides N.E.Br. [353]
Desc.: H; Nc; P; Nt. *Habitat:* –.
Sz Za.
Description: 353.

I. trita L.f.   [210]
   I. carinata De Wild. [210]; *I. quartiniana* A.Rich. [210]; *I. retroflexa* Baillon [210]; *I. subulata* Poiret [210].
   Desc.: H/S; C/Nc; P; Nt. *Habitat:* 203 216 303 316 403 416 1203 1216.
   Ao Bi Bw Cg Ci Et Ga Gh Ke Lr Mw Mz Na Nq Rw Sd Sl Sn So St Sz Tg Tz Ug Za Zm Zr Zw; Asia; Caribbean; Central America; Indian Ocean.
   Description: 210.

I. tritoides Baker   [347]
   Desc.: H; Nc; P; K. *Habitat:* 403 1605.
   Dj Et Sd So; Middle East.
   Description: 24.

I. ufipaensis J.B.Gillett   [210]
   I. sp.no.C3j5A J.B.Gillett [210].
   Desc.: H; Nc; P; K. *Habitat:* – .
   Tz.

I. ugandensis Baker f.   [347]
   Desc.: H; Nc; A; K. *Habitat:* 203 205 1203 1205.
   Tz Ug.
   Description: 210.

I. vanderystii J.B.Gillett   [347]
   Desc.: H; Nc. *Habitat:* – .
   Zr.
   Description: 347.

I. varia E.Meyer   [222]
   Desc.: H; Nc. *Habitat:* – .
   Za.
   Description: 222.

I. velutina E.Meyer   [222]
   Desc.: H/S; Nc; P. *Habitat:* – .
   Sz Za.
   Description: 222.

I. venusta Ecklon & Zeyher   [222]
   Desc.: H; Nc. *Habitat:* – .
   Za.
   Description: 222.

I. vestita Harvey   [222]
   Desc.: H/S; Nc. *Habitat:* – .
   Za.
   Description: 222.

I. vicioides Jaub. & Spach   [347]
   I. cognata N.E.Br. [347]; *I. rogersii* R.E.Fries [347]; *I. semlikiensis* Robyns & Boutique [347]; *I. transvaalensis* Baker f. [347].
   Desc.: H; Nc; A; Nt. *Habitat:* 202 205 402 405.
   Ao Bw Cf Cm Et Ke Mw Mz Na Rw Sd Tz Za Zm Zr Zw.
   Description: 210,236; *Illustration:* 220.

I. viminea E.Meyer   [222]
   Desc.: H/S; Nc. *Habitat:* – .
   Za.
   Description: 222.

I. viridiflora Chiov. [347]
Desc.: H; Nc; P; K. *Habitat:* – .
So.
Description: 81.

I. viscidissima Baker [347]
Desc.: H; Nc; A; Nt. *Habitat:* 202.
Ao Mw Tz Zm Zw.
Description: 210.

  subsp. **orientalis** J.B.Gillett [210]
  Desc.: H; Nc; A; K. *Habitat:* 202.
  Tz.
  Description: 210,363.

  subsp. **viscidissima** [210]
  Desc.: H; Nc; A; Nt. *Habitat:* 202.
  Ao Mw Tz Zm Zw.
  Description: 210.

I. vohemarensis Baillon [347]
I. minimifolia Chiov. [347]; *I. suaveolens* sensu auctt. [347]; *I. uhehensis* Harms [347].
Desc.: H; Nc; A; Nt. *Habitat:* 305 405 1305.
Et Ke Mz Tz Ug Zr; Indian Ocean.
Description: 210; *Illustration:* 24,210.

I. volkensii Taubert [347]
I. boranensis Chiov. [347]; *I. subhirtella* Chiov. [347].
Desc.: H; Nc; P; Nt. *Habitat:* 403 405 416.
Et Ke Sd So Tz Ug.
Description: 210; *Illustration:* 210.

I. wajirensis J.B.Gillett [347]
Desc.: H; Nc; P; K. *Habitat:* 403.
Ke.
Description: 210,347.

I. welwitschii Baker [347]
Desc.: H; Nc; A; Nt. *Habitat:* 205 305 1205.
Ao Bi Cm Et Ga Gh Mw Mz Nq Sd Tz Ug Zm Zr.
Description: 210.

I. wildiana J.B.Gillett [347]
Desc.: H/S; Nc; P; Nt. *Habitat:* 205.
Mw Ug Zw.
Description: 210,347.

I. williamsonii (Harvey) N.E.Br. [347]
Desc.: - *Habitat:* – .
Mz Za Zw.

I. wilmaniae J.B.Gillett [347]
Desc.: H; Nc; A; Nt. *Habitat:* 604.
Na Za.

I. wituensis Baker f. [347]
Desc.: H; Nc; A; Nt. *Habitat:* 1305.
Ke Mz Nq Tz.
Description: 210.

I. woodii Bolus [372]
Desc.: H/S; Nc; P. *Habitat:* – .
Za.
Description: 372.

I. zanzibarica J.B.Gillett [210]
Desc.: H; Nc; P; Nt. *Habitat:* 1305.
Ke Tz.
Description: 210,363; *Map:* 363.

I. zavattarii Chiov. [347]
Desc.: H; Nc; P; Nt. *Habitat:* 405 805.
Et Ke Ug.
Description: 210.

I. zenkeri Baker f. [210]
I. colutea sensu J.B.Gillett, p.p.; *I. multifoliolata* De Wild. [210]; *I. viscosa* sensu Cronq. [210]; *I. zenkeri* var. *brevifoliolata* De Wild. [210].
Desc.: H; Nc; A; Nt. *Habitat:* 202 205 216 302 1202 1205 1216.
Bi Cm Et Ga Ke Mw Mz Rw Tz Ug Zr Zw.
Description: 210,363; *Illustration:* 24,210,220.

I. zeyheri Sprengel [222]
Desc.: H/S; Nc. *Habitat:* – .
Ls Sz Za.
Description: 222.

I. sp.92 Torre (provisional) [216]
Desc.: H; Nc; A. *Habitat:* – .
Ao.

I. sp.93 Torre (provisional) [216]
Desc.: H/S; Nc; P. *Habitat:* – .
Ao.

I. sp.94 Torre (provisional) [216]
Desc.: - *Habitat:* – .
Ao.

I. sp.A Thulin (provisional) [24]
I. arenaria var. *strigosa* A.Terracc. [24].
Desc.: H; Nc; P. *Habitat:* 407.
Et.
Description: 24.

I. sp.aff.amitinae J.B.Gillett [347]
Desc.: - *Habitat:* – .
Mz.

I. sp.B Thulin (provisional) [24]
Desc.: H/S; Nc; P. *Habitat:* 403.
Et.
Description: 24.

I. sp.C Thulin (provisional) [24]
Desc.: H/S; Nc; P. *Habitat:* 403.
Et So.
Description: 24.

I. sp.D Thulin (provisional) [24]
Desc.: H; Nc; P. *Habitat:* 403.
Et Ke So.
Description: 24.

RHYNCHOTROPIS Harms
See Ref.347.

R. marginata (N.E.Br.) J.B.Gillett [347]
Crotalaria marginata N.E.Br. [347]; *R. praecox* Baker f. [347].
Desc.: H; Nc; P; Nt. *Habitat:* 202.
Zm Zr.
Description: 236; *Illustration:* 236.

R. poggei (Taubert) Harms [236]
Desc.: H; Nc; P; Nt. *Habitat:* 202.
Ao Zm Zr.
Description: 236.

LIPARIEAE

AMPHITHALEA Ecklon & Zeyher
See Ref.395.

A. alba R.Granby [395]
Desc.: H/S; Nc; P. *Habitat:* –.
Za.
Description: 395; *Map:* 395; *Illustration:* 395.

A. axillaris R.Granby [395]
Desc.: S; Nc; P. *Habitat:* –.
Za.
Description: 395; *Map:* 395; *Illustration:* 395.

A. biovulata (Bolus) R.Granby [395]
Psoralea biovulata Bolus [395].
Desc.: H/S; Nc; P. *Habitat:* –.
Za.
Description: 395; *Map:* 395; *Illustration:* 395.

A. bodkinii Dummer [395]
Desc.: H/S; Nc; P. *Habitat:* –.
Za.
Description: 395; *Map:* 395; *Illustration:* 395.

A. concava R.Granby [395]
Desc.: H/S; Nc; P. *Habitat:* –.
Za.
Description: 395; *Map:* 395; *Illustration:* 395.

A. cuneifolia Ecklon & Zeyher [395]
Desc.: S; Nc; P. *Habitat:* –.
Za.
Description: 395; *Map:* 395; *Illustration:* 395.

A. ericifolia (L.) Ecklon & Zeyher [395]
Desc.: H/S; Nc; P. *Habitat:* –.
Za.
Description: 395; *Map:* 395; *Illustration:* 395,396.

subsp. **erecta** R.Granby [395]
Desc.: S; Nc; P. *Habitat:* –.
Za.
Description: 395; *Illustration:* 395.

subsp. **ericifolia** [395]
Desc.: H/S; Nc; P. *Habitat:* – .
Za.
Description: 395; *Illustration:* 395.

subsp. **minuta** R.Granby [395]
Desc.: H/S; Nc; P. *Habitat:* – .
Za.
Description: 395.

subsp. **scoparia** R.Granby [395]
Desc.: H/S; Nc; P. *Habitat:* – .
Za.
Description: 395; *Illustration:* 395.

A. **fourcadei** Compton [395]
Desc.: S; Nc; P. *Habitat:* – .
Za.
Description: 395; *Map:* 395; *Illustration:* 395.

A. **imbricata** (L.) Druce [395]
A. densa Ecklon & Zeyher [395].
Desc.: S; Nc; P. *Habitat:* – .
Za.
Description: 395; *Map:* 395. *Illustration:* 395,396,397.

A. **intermedia** Ecklon & Zeyher [395]
Desc.: H/S; Nc; P. *Habitat:* – .
Za.
Description: 395; *Map:* 395; *Illustration:* 395.

A. **micrantha** (E.Meyer) Walp. [395]
A. pocockiae Bolus [395].
Desc.: S; Nc; P. *Habitat:* – .
Za.
Description: 395; *Map:* 395; *Illustration:* 395.

A. **oppositifolia** L.Bolus [395]
Desc.: S; Nc; P. *Habitat:* – .
Za.
Description: 395; *Map:* 395; *Illustration:* 395.

A. **phylicoides** Ecklon & Zeyher [395]
Desc.: S; Nc; P. *Habitat:* – .
Za.
Description: 395; *Map:* 395; *Illustration:* 395.

A. **sericea** Schltr. [395]
Desc.: S; Nc; P. *Habitat:* – .
Za.
Description: 395; *Map:* 395; *Illustration:* 395.

A. **speciosa** Schltr. [395]
Desc.: S; Nc; P. *Habitat:* – .
Za.
Description: 395; *Map:* 395; *Illustration:* 395.

A. **stokoei** L.Bolus [395]
Desc.: H/S; Nc; P. *Habitat:* – .
Za.
Description: 395; *Map:* 395; *Illustration:* 395.

A. tomentosa (Thunb.) R.Granby [395]
Lathriogyne parvifolia Ecklon & Zeyher [395].
Desc.: H/S; Nc; P. *Habitat:* –.
Za.
Description: 395; *Map:* 395; *Illustration:* 395.

A. violacea (E.Meyer) Benth. [395]
Desc.: S; Nc; P. *Habitat:* –.
Za.
Description: 395; *Map:* 395; *Illustration:* 395.

A. virgata Ecklon & Zeyher [395]
Desc.: H/S; Nc; P. *Habitat:* –.
Za.
Description: 395; *Map:* 395; *Illustration:* 395.

A. williamsonii Harvey [395]
Desc.: H/S; Nc; P. *Habitat:* –.
Za.
Description: 395; *Map:* 395; *Illustration:* 395.

COELIDIUM Walp.
See Ref.398.

C. bowiei Benth. [398]
Desc.: H/S; Nc; P. *Habitat:* –.
Za.
Description: 398; *Map:* 398; *Illustration:* 398.

C. bullatum Benth. [398]
Desc.: H/S; Nc; P. *Habitat:* –.
Za.
Description: 398; *Map:* 398; *Illustration:* 398.

C. cedarbergensis R.Granby [398]
Desc.: H/S; Nc; P. *Habitat:* –.
Za.
Description: 398; *Map:* 398; *Illustration:* 398.

C. ciliare (Ecklon & Zeyher) Walp. [398]
Desc.: H/S; Nc; P. *Habitat:* –.
Za.
Description: 398; *Map:* 398; *Illustration:* 398.

C. cymbifolium C.A.Smith [398]
Desc.: H/S; Nc; P. *Habitat:* –.
Za.
Description: 398; *Map:* 398; *Illustration:* 398.

C. dahlgrenii R.Granby [398]
Desc.: H/S; Nc; P. *Habitat:* –.
Za.
Description: 398; *Map:* 398; *Illustration:* 398.

C. esterhuyseniae R.Granby [398]
Desc.: H/S; Nc; P. *Habitat:* –.
Za.
Description: 398; *Map:* 398; *Illustration:* 398.

C. flavum R.Granby [582]
Desc.: S; Nc; P; K. *Habitat:* 504.
Za.
Description: 582; *Illustration:* 582.

C. humile Schltr. [398]
Desc.: H/S; Nc; P. *Habitat:* –.
Za.
Description: 398; *Map:* 398; *Illustration:* 398.

C. minimum R.Granby [398]
Desc.: H/S; Nc; P. *Habitat:* –.
Za.
Description: 398; *Illustration:* 398.

C. muirii R.Granby [398]
Desc.: S; Nc; P. *Habitat:* –.
Za.
Description: 398; *Map:* 398; *Illustration:* 398.

C. muraltioides Benth. [398]
Desc.: H/S; Nc; P. *Habitat:* –.
Za.
Description: 398; *Map:* 398; *Illustration:* 398.

C. obtusilobum R.Granby [398]
Desc.: H/S; Nc; P. *Habitat:* –.
Za.
Description: 398; *Map:* 398; *Illustration:* 398.

C. pageae L.Bolus [398]
Desc.: S; Nc; P. *Habitat:* –.
Za.
Description: 398; *Map:* 398; *Illustration:* 398.

C. parvifolium (Thunb.) Druce [398]
C. fourcadei Compton [398].
Desc.: S; Nc; P. *Habitat:* –.
Description: 398; *Map:* 398; *Illustration:* 398.

C. perplexum (Ecklon & Zeyher) R.Granby [398]
Amphithalea perplexa Ecklon & Zeyher [398].
Desc.: S; Nc; P. *Habitat:* –.
Za.
Description: 398; *Map:* 398; *Illustration:* 398.

C. purpureum R.Granby [398]
Desc.: H/S; Nc; P. *Habitat:* –.
Za.
Description: 398; *Map:* 398; *Illustration:* 398.

C. spinosum Harvey [398]
Desc.: H/S; Nc; P. *Habitat:* –.
Za.
Description: 398; *Map:* 398; *Illustration:* 398.

C. tortile (E.Meyer) Druce [398]
Desc.: H/S; Nc; P. *Habitat:* –.
Za.
Description: 398; *Map:* 398; *Illustration:* 398.

C. villosum (Schltr.) R.Granby [398]
Desc.: H/S; Nc; P. *Habitat:* –.
Za.
Description: 398; *Map:* 398; *Illustration:* 398.

HYPOCALYPTUS Thunb.
See Ref.388.

H. coluteoides (Lam.) R.Dahlgren [388]
Crotalaria purpurea Vent. [388].
Desc.: S; Nc; P. *Habitat:* – .
Za.
Description: 388; *Map:* 388; *Illustration:* 388,399.

H. oxalidifolius (Sims) Baillon [388]
Loddigesia oxalidifolia Sims [388].
Desc.: H/S; Nc; P. *Habitat:* – .
Za.
Description: 388; *Map:* 388; *Illustration:* 388,400.

H. sophoroides (P.Bergius) Baillon [388]
H. obcordatus Thunb. [388].
Desc.: S/T; Nc; P. *Habitat:* – .
Za.
Description: 388; *Map:* 388. *Illustration:* 388,397,400.

LIPARIA L.
See Ref.401.

L. parva Walp. [401]
L. crassinervia Meissner [401].
Desc.: H/S; Nc; P. *Habitat:* – .
Za.
Description: 401; *Map:* 401; *Illustration:* 396,401.

L. splendens (Burm.f.) Bos & De Wit [401]
L. sphaerica L. [401].
Desc.: S; Nc; P. *Habitat:* – .
Za.
Description: 401; *Map:* 401. *Illustration:* 396,397,399.

subsp. comantha (Ecklon & Zeyher) Bos & De Wit [401]
L. burchellii Benth. [401]; *L. comantha* Ecklon & Zeyher [401].
Desc.: S; Nc; P. *Habitat:* – .
Za.
Description: 401; *Map:* 401; *Illustration:* 401.

subsp. splendens [401]
Desc.: S; Nc; P. *Habitat:* – .
Za.
Description: 401; *Map:* 401; *Illustration:* 401.

PRIESTLEYA DC.
Genus currently being revised by R.Granby.

P. angustifolia Ecklon & Zeyher [278]
Desc.: S; Nc; P. *Habitat:* – .
Za.
Description: 222.

P. calycina L.Bolus [278]
Desc.: S; Nc; P. *Habitat:* – .
Za.
Description: 402.

P. capitata (Thunb.) DC. [278]
Desc.: S; Nc; P. *Habitat:* – .
Za.
Description: 222.

P. elliptica DC. [278]
Desc.: H/S; Nc; P. *Habitat:* – .
Za.
Description: 222.

P. glauca T.M.Salter [278]
Desc.: H/S; Nc; P. *Habitat:* – .
Za.
Description: 403; *Illustration:* 403.

P. graminifolia DC. [222]
Desc.: S; Nc; P. *Habitat:* – .
Za.
Description: 222.

P. guthriei L.Bolus [278]
Desc.: S; Nc; P. *Habitat:* – .
Za.
Description: 402.

P. hirsuta (Thunb.) DC. [278]
Desc.: S; Nc; P. *Habitat:* – .
Za.
Description: 222; *Illustration:* 400.

P. laevigata (L.) Druce [278]
Desc.: S; Nc; P. *Habitat:* – .
Za.

P. latifolia Benth. [278]
Desc.: S; Nc; P. *Habitat:* – .
Za.
Description: 222.

P. leiocarpa Ecklon & Zeyher (provisional) [278]
Desc.: H/S; Nc; P. *Habitat:* – .
Za.
Description: 222.

P. myrtifolia (Thunb.) DC. (provisional) [278]
Desc.: S; Nc; P. *Habitat:* – .
Za.
Description: 222.

P. schlechteri L.Bolus [279]
Desc.: - *Habitat:* – .
Za.
Description: 402.

P. sericea (L.) E.Meyer (provisional) [278]
P. reflexa (Thunb.) Druce [278].
Desc.: H/S; Nc; P. *Habitat:* – .
Za.
Description: 222.

P. stokoei L.Bolus (provisional) [278]
Desc.: H/S; Nc; P. *Habitat:* – .
Za.
Description: 402.

P. tecta (Thunb.) DC. [278]
Desc.: S; Nc; P. *Habitat:* – .
Za.
Description: 222.

P. teres (Thunb.) DC. [278]
Desc.: H/S; Nc; P. *Habitat:* – .
Za.
Description: 222.

P. thunbergii Benth. (provisional) [278]
Desc.: S; Nc; P. *Habitat:* – .
Za.
Description: 222.

P. tomentosa (L.) Druce [278]
Desc.: S; Nc; P. *Habitat:* – .
Za.
Illustration: 396,397.

P. umbellifera (Thunb.) DC. [278]
Desc.: H/S; Nc; P. *Habitat:* – .
Za.
Description: 222.

P. vestita (Thunb.) DC. [278]
Desc.: S; Nc; P. *Habitat:* – .
Za.
Description: 222; *Illustration:* 399.

P. villosa DC. [278]
Desc.: S; Nc; P. *Habitat:* – .
Za.
Description: 222.

LOTEAE

ACMISPON Raf.

A. roudairei (Bonnet) Lassen [544]
Lotus roudairei Bonnet [544].
Desc.: H; Nc; P; Nt. *Habitat:* 1707.
Dz Eh Ma Tn.
Description: 360,529; *Illustration:* 529.

ANTHYLLIS L.

A. barba-jovis L. [368]
Desc.: S; Nc; P; Nt. *Habitat:* 705.
Dz Ly(I) Tn; Europe.
Description: 360,368.

A. cytisoides L. [360]
Desc.: S; Nc; P; Nt. *Habitat:* 701.
Dz Ma; Europe.
Description: 360; *Illustration:* 360,531.

A. henoniana Battand. [368]
A. sericea Lagasca [368]; *A. sericea* subsp. *henonia* (Cosson) Maire [368]; *A. sericea* subsp. *henoniana* (Cosson) Maire [454].
Desc.: S; Nc; P; Nt. *Habitat:* – .
Dz Ly Tn; Europe.
Description: 360,368,529; *Illustration:* 360,368,529.

  subsp. **henoniana** [454]
  Desc.: S; Nc; P; Nt. *Habitat:* – .
  Dz Ly Tn.

A. montana L. [360]
Desc.: H; Nc; P; Nt. *Habitat:* 708.
Dz; Europe.
Description: 360; *Illustration:* 548.

A. polycephala Desf. [360]
Desc.: H; Nc; P; Nt. *Habitat:* 708.
Dz Ma; Europe.
Description: 360; *Illustration:* 360.

A. tejedensis Boiss. [454]
Desc.: - Habitat: – .
Dz; Europe.

A. terniflora (Lagasca) Pau [454]
Desc.: - Habitat: – .
Ma; Europe.

A. vulneraria L. [454]
Desc.: H; Nc; P; Nt. *Habitat:* – .
Dz Eg Et Ly Ma Tn; Europe.
Description: 24,368; *Illustration:* 24,368,548.

  subsp. **abyssinica** (Sagorski) Cullen [24]
  A. abyssinica (Sagorski) W.Becker [24].
  Desc.: H; Nc; A; K. *Habitat:* 805.
  Et.
  Description: 24; *Illustration:* 24.

  subsp. **atlantis** Emb. & Maire [545]
  A. nivalis (Willk.) G.Beck [545].
  Desc.: - Habitat: – .
  Ma; Europe.

  subsp. **fatmae** Font Quer [545]
  Desc.: - Habitat: – .
  Ma.

  subsp. **fruticans** Emb. [545]
  Desc.: H/S; Nc; P. *Habitat:* – .
  Ma.

  subsp. **iframensis** Cullen [545]
  Desc.: - Habitat: – .
  Ma.

subsp. **matris-filiae** Emb. & Maire [545]
Desc.: - Habitat: - .
Ma.

subsp. **maura** (G.Beck) Maire [545]
A. maura G.Beck [545].
Desc.: H; Nc; P; Nt. *Habitat: - .*
Dz Eg Ly Ma Tn; Europe.
Description: 368; *Illustration:* 368.

subsp. **rifana** (Emb. & Maire) Cullen [545]
Desc.: - Habitat: - .
Ma.

subsp. **saharae** (Sagorski) Maire [545]
A. saharae Sagorski [545].
Desc.: H; Nc; P; Nt. *Habitat:* 1805.
Dz Ma.
Description: 360.

subsp. **stenophylloides** Cullen [545]
Desc.: - Habitat: - .
Dz Ma.

subsp. **warnieri** Emb. & Maire [545]
Desc.: - Habitat: - .
Ma.

CYTISOPSIS Jaub. & Spach

C. ahmedii (Battand. & Pitard) Lassen [544]
Cytisus ahmedii Battand. & Pitard [544]; *Lyauteya ahmedii* (Battand. & Pitard) Maire [544].
Desc.: S; Nc; P; K. *Habitat:* 1804.
Ma.
Description: 360.

DORYCNIOPSIS Boiss.

D. gerardii (L.) Boiss. [454]
Anthyllis gerardii L. [454].
Desc.: - Habitat: - .
Ma; Europe.

DORYCNIUM Miller

D. herbaceum Villars [454]
Desc.: H; Nc; P; Nt. *Habitat: - .*
Dz; Europe; Middle East.

subsp. **gracile** (Jordan) Nyman [454]
D. herbaceum subsp. *jordanianum* Quezel & Santa [454].
Desc.: H; Nc; P; Nt. *Habitat:* 705.
Dz; Europe.
Description: 360.

D. hirsutum (L.) Ser. [454]
Bonjeania hirsuta (L.) Reichb. [454]; *Lotus hirsutus* L. [454].
Desc.: H/S; Nc; P; Nt. *Habitat:* 1805.
Dz Ly; Europe; Middle East.
Description: 360,368; *Illustration:* 360,548.

D. pentaphyllum Scop. [454]
Desc.: H/S; Nc; P; Nt. *Habitat:* – .
Dz Tn; Europe; Middle East.
Description: 360; *Illustration:* 360.

subsp. **pentaphyllum** [454]
D. pentaphyllum subsp. *suffruticosum* Rouy [454].
Desc.: H/S; Nc; P; Nt. *Habitat:* – .
Dz Tn; Europe.
Description: 360; *Illustration:* 360.

D. rectum (L.) Ser. [454]
Bonjeania recta (L.) Reichb. [454]; *Lotus rectus* L. [454].
Desc.: S; Nc; P; Nt. *Uses:* Livestock fodder. *Habitat:* 1804.
Dz Ly Ma Tn; Europe; Middle East.
Description: 360,368,456; *Illustration:* 360,456,548.

HYMENOCARPOS Savi

H. circinnatus (L.) Savi [454]
H. nummularius (DC.) G.Don [454].
Desc.: H; Nc; A; Nt. *Habitat:* 705 1805.
Dz Eg Ly Tn; Europe; Middle East.
Description: 360,368; *Illustration:* 360,368,455.

H. cornicina (L.) Lassen [454]
Anthyllis cornicina L. [544].
Desc.: - *Habitat:* – .
Ma; Europe.

H. hamosus (Desf.) Lassen [454]
Anthyllis hamosus Desf. [454,544]; *Cornicina hamosa* (Desf.) Boiss. .
Desc.: H; Nc; A; Nt. *Habitat:* 705.
Dz Ma Tn; Europe.
Description: 360.

H. lotoides (L.) Lassen [454]
Anthyllis lotoides L. [454,544]; *Cornicina lotoides* (L.) Boiss. [454,544].
Desc.: - *Habitat:* – .
Ma; Europe.

LOTUS L.

L. angustissimus L. [454]
Desc.: H; Nc; A; Nt. *Habitat:* 705.
Dz Eg Ma Za(I); Europe; Middle East.
Description: 360.

L. arabicus L. [546]
Desc.: H; Nc; A; Nt. *Habitat:* – .
Ao Cm Eg Et Gm Ma Ml Mr Mw Mz Nq Sd Sn Tz Za Zw; Asia; Middle East.
Description: 24,210,546; *Illustration:* 210,529.

L. arborescens Cout. [268]
Desc.: H/S; Nc; P; K. *Habitat:* – .
Cv.

L. arenarius Brot. [212]
Desc.: H; Nc; A; Nt. *Habitat:* 1707.
Eg(U) Ma Sn; Europe.
Description: 456; *Illustration:* 456.

L. assakensis Brand [454]
   Desc.: K. *Habitat:* – .
   Ma.

L. becquetii Boutique [546]
   Desc.: H; Nc; P; Nt. *Habitat:* 805.
   Bi Ke Rw Sd Ug.
   Description: 210,220,467; *Illustration:* 210,220,467.

L. benoistii (Maire) Lassen [454]
   Benedictella benoistii Maire [544].
   Desc.: K. *Habitat:* – .
   Ma.

L. biflorus Desr. [454]
   Tetragonolobus biflorus (Desr.) Ser. [454].
   Desc.: H; Nc; A; Nt. *Habitat:* 702 703.
   Dz Tn; Europe.
   Description: 360.

L. bollei Christ [268]
   Desc.: - *Habitat:* – .
   Cv Es.

L. borkouanus Quezel [549]
   Desc.: H; Nc; A; K. *Habitat:* – .
   Td.
   Description: 549; *Illustration:* 549.

L. brunneri Webb [268]
   Desc.: H; Nc; P; K. *Uses:* Poison. *Habitat:* – .
   Cv.

L. candidissimus A.Chev. [268]
   Desc.: H; Nc; P; K. *Habitat:* – .
   Cv.
   Description: 446.

L. castellanus Boiss. & Reuter [454]
   L. subbiflorus sensu Heyn [454]; *L. subbiflorus* subsp. *castellanus* (Boiss. & Reuter) P.Ball [454].
   Desc.: - *Habitat:* – .
   Dz; Europe.

L. chazaliei H.Boissieu [454]
   L. ifniensis Caball. [454].
   Desc.: - *Habitat:* – .
   Ma.

L. collinus (Boiss.) Heldr. [454]
   L. creticus subsp. *collinus* (Boiss.) Briq. [454].
   Desc.: H; Nc; P; Nt. *Habitat:* 705.
   Dz Ly Ma Tn; Europe; Middle East.
   Description: 360,368.

L. conimbricensis Brot. [454]
   Desc.: H; Nc; A; Nt. *Habitat:* 705.
   Dz Ly Ma Tn; Europe; Middle East.
   Description: 360,368; *Illustration:* 360.

L. conjugatus L. [454]
   Desc.: H; Nc; A; Nt. *Habitat:* 705.
   Dz Ma Tn; Europe; Middle East.

subsp. conjugatus [454]
Tetragonolobus gussonei Huet (suspected synonym) [32].
Desc.: - Habitat: - .
Dz Tn; Europe.

subsp. requienii (Sang.) Greuter [454]
L. requienii Sang.; *Tetragonolobus conjugatus* subsp. *requienii* (Sang.) Dominguez & Galiano [454]; *Tetragonolobus requienii* (Sang.) Sang. [454].
Desc.: - Habitat: 705.
Dz Ma; Europe; Middle East.
Description: 360; *Illustration:* 360.

L. corniculatus L. [454]
L. caucasicus Kuprian. [454].
Desc.: H; Nc; P; Nt. *Habitat:* 705 805.
Dz Eg Et Ke Ly Ma Sd Tn Tz.
Description: 210,360,368; *Illustration:* 368.

L. coronillaefolius Webb [268]
Desc.: H; Nc; P; K. *Habitat: -* .
Cv.
Description: 446.

L. creticus L. [454]
L. carthaginiensis Andreanszky (suspected synonym) [454].
Desc.: H; Nc; P; Nt. *Habitat:* 705 1805.
Dz Eg Ly Ma Tn; Europe; Middle East.
Description: 454; *Illustration:* 454.

L. cytisoides L. [454]
L. creticus subsp. *cytisoides* (L.) Asch. [454].
Desc.: H; Nc; P; Nt. *Habitat:* 705 1805.
Dz Eg Ly Ma Tn; Europe; Middle East.
Description: 360,368; *Illustration:* 368.

L. deserti Tackh. & Boulos [454]
Desc.: - Habitat: - .
Eg; Middle East.

L. discolor E.Meyer [546]
L. sp.?new A J.B.Gillett [24].
Desc.: H; Nc; P; Nt. *Habitat: -* .
Ao Bi Cm Et Ke Mw Nq Tz Ug Za Zm Zr Zw.
Description: 210,467; *Illustration:* 210,467,546.

subsp. discolor [546]
Desc.: H; Nc; P; Nt. *Habitat: -* .
Ao Cm Et Ke Mw Tz Ug Za Zm Zr.
Description: 210,467; *Illustration:* 210,467.

subsp. mollis J.B.Gillett [546]
Desc.: H; Nc; P; K. *Habitat: -* .
Mw Zw.
Description: 546.

L. drepanocarpus Durieu [454]
Desc.: H; Nc; P; Nt. *Habitat: -* .
Dz Tn; Europe.
Description: 360.

Loteae: Lotus

L. edulis L. [454]
Desc.: H; Nc; A; Nt. Habitat: 702 705.
Dz Eg Ly Ma Tn; Europe; Middle East.
Description: 360,368; Illustration: 360,368.

L. ehrenbergii Vierh. (provisional) [546]
Desc.: - Habitat: -.
Eg.

L. garcinii DC. [546]
Desc.: - Habitat: -.
So Yd; Asia; Middle East.

L. gebelia Vent. [454]
Desc.: H; Nc; P; Nt. Habitat: -.
Eg(U) Ly; Middle East.
Description: 368.

L. glaber Miller [454]
L. corniculatus subsp. tenuifolius (L.) P.Fourn. [454]; L. tenuifolius Reichb. [454]; L. tenuis Willd. [454].
Desc.: H; Nc; P; Nt. Habitat: -.
Eg Ly Ma; Europe; Middle East.

L. glareosus Boiss. & Reuter [454]
L. corniculatus subsp. carpetanus (Lacaita) Rivas Mart. [454].
Desc.: - Habitat: -.
Ma; Europe.

L. glinoides Del. [454]
Desc.: H; Nc; A; Nt. Habitat: 1707.
Dz Eg Ly Ma; Middle East.
Description: 360,368,546; Map: 546. Illustration: 368,529.

L. goetzei Harms [546]
L. oehleri Harms
Desc.: H; Nc; P; Nt. Habitat: 803 805.
Et Ke Mw Tz Ug.
Description: 210; Illustration: 210.

L. halophilus Boiss. & Spruner [454]
L. pusillus Viv. [454].
Desc.: H; Nc; A; Nt. Habitat: 1805.
Dz Eg Ly Ma Tn; Europe; Middle East.
Description: 360,368; Illustration: 368,529.

L. hebecarpus J.B.Gillett [546]
Desc.: H; Nc; A; Nt. Habitat: 403.
Dj Et Sd.
Description: 24,546.

L. hirtulus Cout. [268]
Desc.: H; Nc; P; K. Habitat: -.
Cv.
Description: 446.

L. jacobaeus L. [212]
Desc.: H; Nc; P; Nt. Habitat: -.
Cv Gm.
Description: 212.

L. jolyi Battand. [454]
  L. jolyi subsp. battandieri Quezel & Santa [454].
  Desc.: H; Nc; P; Nt. Uses: Poison. Habitat: 1707.
  Dz Eh Ly Ma.
  Description: 360,368; Illustration: 529.

L. lalambensis Schweinf. [546]
  Desc.: H; Nc; A; Nt. Habitat: 805 816.
  Et; Middle East.
  Description: 24,546.

L. latifolius Brand [268]
  Desc.: H; Nc; P; K. Habitat: – .
  Cv.

L. lebrunii Boutique (provisional) [546]
  Desc.: H; Nc; P; K. Habitat: 805.
  Zr.
  Description: 467; Illustration: 467.

L. maritimus L. [454]
  Tetragonolobus maritimus (L.) Roth [454]; Tetragonolobus siliquosus Roth [454].
  Desc.: H; Nc; P; Nt. Habitat: 705.
  Dz Ma Tn; Europe; Middle East.
  Description: 360,456; Illustration: 456.

L. maroccanus Ball [454]
  Desc.: H; Nc; P; K. Habitat: – .
  Ma.
  Description: 456.

L. melilotoides Webb [268]
  Desc.: H; Nc; P; K. Habitat: – .
  Cv.

L. mlanjeanus J.B.Gillett [546]
  L. discolor sensu Brenan [297,546]; L. minor (Wright) Baker f. .
  Desc.: H; Nc; P; K. Habitat: – .
  Mw.
  Description: 546.

L. mollis Balf.f. [90]
  Desc.: H; Nc; P; K. Habitat: – .
  Yd.
  Description: 90; Illustration: 90.

L. namulensis Brand [546]
  L. eylesii Baker f. [546].
  Desc.: - Habitat: – .
  Mz Za Zw.

L. nubicus Baker [546]
  Desc.: H; Nc; A; K. Habitat: 1605.
  Eg Sd.
  Description: 546.

L. oliveirae A.Chev. [268]
  Desc.: H; Nc; P; K. Habitat: – .
  Cv.
  Description: 446.

L. ononopsis Balf.f. [90]
Desc.: H; Nc; P; K. *Habitat:* – .
Yd.
Description: 90; *Illustration:* 90.

L. ornithopodioides L. [454]
Desc.: H; Nc; A; Nt. *Habitat:* 702 705.
Dz Eg Ly Ma Tn; Europe; Middle East.
Description: 360,368; *Illustration:* 368.

L. oxyphyllus Harms (provisional) [546]
Desc.: H; Nc; P. *Habitat:* 805.
Tz.
Description: 210.

L. palustris Willd. [546]
L. angustissimus subsp. *palustris* (Willd.) Ponert [546].
Desc.: H; Nc; P; Nt. *Habitat:* 705 1805.
Dz Eg Et Ma Tn.
Description: 360,456; *Illustration:* 456.

L. parviflorus Desf. [454]
Desc.: H; Nc; A; Nt. *Habitat:* – .
Dz Ma Tn; Europe; Middle East.
Description: 360; *Illustration:* 360.

L. pedunculatus Cav. [454]
L. granadensis Zert. [454]; *L. uliginosus* Schk. [454].
Desc.: H; Nc; P; Nt. *Habitat:* 705.
Dz Eg Ly Ma Tn Za(I); Europe; Middle East.
Description: 360,368.

L. peregrinus L. [454]
L. carmeli Boiss. [454]; *L. peregrinus* subsp. *carmeli* (Boiss.) Ponert [454].
Desc.: H; Nc; A; Nt. *Habitat:* – .
Eg Ly; Europe; Middle East.
Description: 368.

L. polyphyllos Clarke [454]
Desc.: H/S; Nc; P; Nt. *Habitat:* – .
Eg Ly Tn.
Description: 368; *Illustration:* 368.

L. preslii Ten. [454]
L. corniculatus subsp. *decumbens* sensu auctt. [454]; *L. corniculatus* subsp. *preslii* (Ten.) P.Fourn. [454].
Desc.: H; Nc; P; Nt. *Habitat:* – .
Dz Ma Tn; Europe.

L. pseudocreticus Maire et al.
Desc.: - *Habitat:* – .
Ma.

L. purpureus Webb [268]
Desc.: H; Nc; P; K. *Habitat:* – .
Cv.

L. quinatus (Forsskal) J.B.Gillett [454]
Dorycnium quinatum (Forsskal) C.Chr. [546]; *L. brachycarpus* var. *montanus* (A.Rich.) Cuf. [546]; *L. montanus* A.Rich. [24].
Desc.: H; Nc; P; Nt. *Habitat:* 805.
Dj Et So; Middle East.
Description: 24; *Illustration:* 24.

L. schimperi Boiss. [546]
L. glinoides sensu auctt. [546].
Desc.: H; Nc; A; Nt. *Habitat:* 403.
Eg Et Sd Yd; Asia; Middle East.
Description: 24,546; *Map:* 546.

L. schoelleri Schweinf. [24]
L. corniculatus var. *eremanthus* Chiov. [24]; *L. corniculatus* var. *schoelleri* (Schweinf.) Lanza [24]; *L. mearnsii* De Wild. [24].
Desc.: H; Nc; P; Nt. *Habitat:* 805.
Et Ke Sd.
Description: 24; *Illustration:* 24.

L. simoneae Maire et al. [454]
Desc.: K. *Habitat:* – .
Ma.

L. subbiflorus Lagasca [454]
L. hispidus DC. [454]; *L. suaveolens* Pers. [454].
Desc.: H; Nc; A; Nt. *Habitat:* 705.
Dz Ly Ma Tn Za Zw(I); Europe; Middle East.
Description: 360,368; *Illustration:* 360.

L. subdigitatus Boutique [546]
Desc.: H; Nc; P; Nt. *Habitat:* 202 205.
Tz Zr.
Description: 210,467; *Illustration:* 210,467.

L. tetragonolobus L. [454]
Tetragonolobus purpureus Moench [454].
Desc.: H; Nc; A; Nt. *Habitat:* 702 705 1816.
Dz Eg Ly Ma Tn; Europe; Middle East.
Description: 360,368,456; *Illustration:* 360,368,456.

L. tibesticus Maire (provisional) [549]
Desc.: - *Habitat:* – .
Td.

L. torulosus (Chiov.) Fiori [546]
Desc.: H; Nc; A; Nt. *Habitat:* – .
Et Sd.
Description: 546.

L. weilleri Maire [454]
Desc.: K. *Habitat:* – .
Ma.

L. wildii J.B.Gillett [546]
Desc.: H; Nc; P; Nt. *Habitat:* 805.
Mz Zw.
Description: 546.

VERMIFRUX J.B.Gillett

V. abyssinica (A.Rich.) J.B.Gillett [24]
Helminthocarpon abyssinicum A.Rich. [24].
Desc.: H; Nc; P; Nt. *Habitat:* 803 805.
Et Sd So; Middle East.
Description: 24; *Illustration:* 24.

MILLETTIEAE

AGANOPE Miq.
See Ref.419.

A. gabonica (Baillon) Polhill [419]
Ostryocarpus major Stapf [419]; *Ostryoderris gabonica* (Baillon) Dunn [419].
Desc.: S; C; P; Nt. Habitat: 101.
Cm Ga Lr Nq Sl Tg.
Description: 230.

A. impressa (Dunn) Polhill [419]
Ostryoderris impressa Dunn [419].
Desc.: S; C; P; Nt. Habitat: 101.
Cm Ga Nq Zr.
Description: 230.

A. leucobotrya (Dunn) Polhill [419]
Ostryoderris leucobotrya Dunn [419].
Desc.: S/T; C/Nc; P; Nt. Habitat: 101.
Ci Gh Nq Sl.
Description: 212.

A. lucida (Baker) Polhill [419]
Dalbergia laurentii De Wild. [419]; *Millettia breviflora* De Wild. [419]; *Ostryocarpus lucidus* (Baker) Dunn [419]; *Ostryoderris laurentii* (De Wild.) Harms [419]; *Ostryoderris lucida* (Baker) Baker f. [419].
Desc.: S; C/Nc; P; Nt. Habitat: – .
Ao Cf Cm Ga Zr.

CRAIBIA Harms
See Ref.420.

C. affinis (De Wild.) De Wild. [210]
Desc.: S/T; Nc; P; Nt. Habitat: 201 203.
Tz Zm Zr.
Description: 210.

C. atlantica Dunn [212]
Desc.: T; Nc; P; Nt. Habitat: 101.
Ci Cm Gh Nq.
Description: 3,212; Illustration: 12.

C. brevicaudata (Vatke) Dunn [210]
Desc.: S/T; Nc; P; Nt. Habitat: 201 203 1301.
Ao Et Ke Mw Mz Tz Zm Zr Zw.
Description: 210.

subsp. **baptistarum** (Buettner) J.B.Gillett [210]
C. baptistarum (Buettner) Dunn [210]; *C. gazensis* (Baker f.) Baker f. [210]; *C. wentzeliana* (Harms) Harms [210].
Desc.: S/T; Nc; P; Nt. Habitat: 201.
Ao Mw Tz Zm Zr Zw.
Description: 210.

subsp. **brevicaudata** [210]
Desc.: S/T; Nc; P; Nt. Habitat: 1301.
Et Ke Tz.
Description: 210.

subsp. **burttii** (Baker f.) J.B.Gillett [210]
Desc.: S/T; Nc; P; Nt. *Habitat:* 203 401.
Ke Tz.
Description: 210.

subsp. **schliebenii** (Harms) J.B.Gillett [210]
C. gazensis sensu Brenan [35,210].
Desc.: S/T; Nc; P; Nt. *Habitat:* 801 1301.
Mz Tz.
Description: 210.

C. brownii Dunn [210]
C. elliottii Dunn [210].
Desc.: T; Nc; P; Nt. *Habitat:* 801 1201 1301.
Ke Tz Ug Zr.
Description: 210; *Illustration:* 42,210.

C. grandiflora (Micheli) Baker f. [210]
C. mildbraedii Harms [210].
Desc.: S/T; Nc; P; Nt. *Uses:* Medicinal; Timber. *Habitat:* 201 301 1201.
Bi Cf Sd Tz Zm Zr.
Description: 210,236; *Illustration:* 236.

C. laurentii (De Wild.) De Wild. [210]
C. utilis M.B.Moss [210].
Desc.: T; Nc; P; Nt. *Habitat:* 301 401.
Cm Et Ke Sd Ug Zr.
Description: 210,236; *Illustration:* 210.

C. lujai De Wild. [236]
Desc.: T; Nc; P; K. *Habitat:* 101.
Zr.
Description: 236.

C. macrantha (Pellegrin) J.B.Gillett [420]
C. filipes var. *macrantha* Pellegrin [420].
Desc.: T; Nc; P; K. *Habitat:* 101.
Ga.
Description: 420.

C. simplex Dunn [212]
Desc.: S/T; Nc; P; Nt. *Habitat:* 101.
Ga Nq.
Description: 212.

C. zimmermannii (Harms) Dunn [210]
Desc.: T; Nc; P; Nt. *Habitat:* 1301 1501 1509.
Ke Mz Tz Za.
Description: 210; *Illustration:* 226.

DALBERGIELLA Baker f.

D. gossweileri Baker f. [216]
Desc.: S; C; P; K. *Habitat:* 101.
Ao Cm.

D. nyassae Baker f. [210]
Desc.: T; Nc; P; Nt. *Uses:* Medicinal; Poison. *Habitat:* 202 203.
Mw Mz Tz Zm Zw.
Description: 210; *Illustration:* 210.

D. welwitschii (Baker) Baker f. [212]
Desc.: S; C; P; Nt. *Uses:* Medicinal; Timber. *Habitat:* 101.
Ao Cf Cm Ga Gh Gn Lr Nq Sl Tg Zr.
Description: 212,230.

DERRIS Lour.

D. elliptica (Roxb.) Benth. [230]
Desc.: S; C/Nc; P; Nt. *Habitat:* Cult.
Zr(I).
Description: 230,261.

D. ferruginea (Roxb.) Benth. [210]
D. elliptica sensu Brenan [35,210].
Desc.: S; C/Nc; P. *Uses:* Fish poison. *Habitat:* Cult.
Tz(I); Asia.
Description: 210.

D. malaccensis Prain [230]
Desc.: S; C/Nc; P. *Uses:* Fish poison. *Habitat:* Cult.
Zr(I).
Description: 230,261.

D. microphylla (Miq.) Backer [210]
D. dalbergioides Baker [210].
Desc.: T; Nc; P. *Uses:* Ornamental. *Habitat:* Cult.
Gh(I) Sl(I) Tz(I) Ug(I) Za(I) Zr(I); Asia.
Description: 210.

D. trifoliata Lour. [210]
D. uliginosa (Willd.) Benth. [210].
Desc.: S; C; P; Nt. *Uses:* Fish poison; Insecticide. *Habitat:* 1303 1312.
Ke Mz Tz Za; Asia; Australasia; Indian Ocean.
Description: 210,261; *Illustration:* 210,261.

DEWEVREA Micheli

D. bilabiata Micheli [236]
Desc.: S; C; P; Nt. *Uses:* Fish poison; Human food; Insecticide. *Habitat:* 101.
Cf Cm Zr.
Description: 236.

D. gossweileri Baker f. (provisional) [216]
Desc.: S; Nc; P; K. *Habitat:* 101.
Ao.
Illustration: 216.

LEPTODERRIS Dunn

L. aurantiaca Dunn [212]
Desc.: S; C; P; Nt. *Habitat:* 101.
Cm Ga Nq.

L. brachyptera (Benth.) Dunn [212]
Desc.: S; C; P; Nt. *Habitat:* 101 1101.
Ao Bj Cm Gh Gn Gq Gw Lr Nq Sl Sn Tg.
Description: 212.

L. claessensii De Wild. (provisional) [230]
Desc.: S; C; P; K. *Habitat:* 1001.
Zr.
Description: 230.

L. congolensis (De Wild.) Dunn [212]
Desc.: S; C; P; Nt. *Habitat:* 101.
Ao Cm Ga Nq Zr.

L. coriacea De Wild. [230]
Desc.: S; C; P; K. *Habitat:* 101.
Zr.
Description: 230.

L. cyclocarpa Dunn [212]
Desc.: S; C; P; Nt. *Habitat:* 101.
Gh Gn.
Description: 212.

L. cylindrica De Wild. [230]
Desc.: S; C; P; K. *Habitat:* 101.
Zr.
Description: 230.

L. fasciculata (Benth.) Dunn [210]
L. ferruginea De Wild. [210]; *L. rutshuruensis* Hauman [210]; *Lonchocarpus sp.A* Hepper [210,212].
Desc.: S/T; C/Nc; P; Nt. *Uses:* Medicinal. *Habitat:* 101 1101 1201.
Cf Cm Ga Gn Gq Gw Lr Nq Sl Sn Ug Zr.
Description: 210.

L. gilletii De Wild. (provisional) [230]
Desc.: S; C; P; K. *Habitat:* – .
Zr.
Description: 230.

L. glabrata (Baker) Dunn [210]
Desc.: S; C/Nc; P; Nt. *Habitat:* 101 1201.
Ao Cf Cm Ug Zr.
Description: 210,230.

L. goetzei (Harms) Dunn [210]
Desc.: S; C; P; Nt. *Habitat:* 201 203 206.
Ao Mw Tz Zm Zr.
Description: 210,230; *Illustration:* 210.

L. harmsiana Dunn [210]
Desc.: S; C; P; K. *Habitat:* 1301.
Tz.
Description: 210.

L. hypargyrea (Harms) Dunn [216]
L. giorgii De Wild. [216].
Desc.: S; C; P; Nt. *Habitat:* 101.
Ao Cg Cm Ga Zr.
Description: 230.

L. laurentii (De Wild.) De Wild. [216]
Desc.: S; C; P; Nt. *Habitat:* 101.
Ao Zr.
Description: 230.

L. ledermannii Harms [212]
Desc.: S; C; P; K. *Habitat:* 801.
Cm.
Description: 212.

L. macrothyrsa (Harms) Dunn (provisional) [15]
Desc.: S; C; P; K. *Habitat:* 101.
Cm.
Description: 15.

L. micrantha Dunn [212]
Desc.: S; C; P; Nt. *Habitat:* 101 1101.
Gh Nq Sl.
Description: 212.

L. miegei Ake Assi & Mangenot [421]
Desc.: S; C; P; K. *Habitat:* 101.
Ci.
Description: 421; *Illustration:* 421.

L. mildbraedii Harms (provisional) [422]
Desc.: S; C; P; K. *Habitat:* – .
Cm.
Description: 422.

L. nobilis (Baker) Dunn [216]
Desc.: S; C; P; Nt. *Uses:* Medicinal. *Habitat:* 201 203 1001 1101.
Ao Cf Zm Zr.
Description: 28,230.

L. oxytropis Harms (provisional) [182]
Desc.: S; C; P, K. *Habitat:* – .
Gq.
Description: 182.

L. pycnantha Harms (provisional) [182]
Desc.: S; C; P; K. *Habitat:* – .
Cm Gq.
Description: 182.

L. reygaertii De Wild. (provisional) [230]
Desc.: S; C; P; K. *Habitat:* 101.
Zr.
Description: 230; *Illustration:* 230.

L. tomentella Harms (provisional) [423]
Desc.: S; C; P; K. *Habitat:* 101.
Cm.
Description: 423.

L. trifoliolata Hepper [212]
Desc.: S; C; P; K. *Habitat:* 101.
Sl.
Description: 214.

L. velutina Dunn (provisional) [424]
Desc.: S; C; P; K. *Habitat:* – .
Ga.
Description: 424.

LONCHOCARPUS Kunth

L. brachybotrys Dunn (provisional) [425]
Desc.: T; Nc; P; K. *Habitat:* – .
Cf.
Description: 425.

L. bussei Harms [210]
   L. fischeri Harms   [210]; *L. laxiflorus* sensu Brenan   [35,210]; *L. laxiflorus* sensu Dale & Greenway,p.p.   [42,210]; *L. menyhartii* Schinz   [210].
   Desc.: T; Nc; P; Nt. *Uses:* Medicinal. *Habitat:* 203 1302 1303 1306 1311.
   Ke Mw Mz Tz Zm Zw.
   Description: 210; *Illustration:* 210.

L. capassa Rolfe [210]
   Capassa violacea Klotzsch   [210].
   Desc.: T; Nc; P; Nt. *Uses:* Fish poison; Medicinal; Poison; Timber. *Habitat:* 202 211 1503.
   Ao Bw Mw Mz Na Sz Tz Za Zm Zr Zw.
   Description: 210; *Illustration:* 22,28,226,410.

L. cyanescens (Schum. & Thonn.) Benth. [212]
   Philenoptera cyanescens (Schum. & Thonn.) Roberty .
   Desc.: S; C/Nc; P; Nt. *Uses:* Dyeing; Medicinal. *Habitat:* 301 303 1101 1103.
   Bj Ci Cm Gh Gn Gq Gw Hv Lr Ml Ne Nq Sl Tg.
   Description: 212; *Illustration:* 212.

L. eriocalyx Harms [210]
   L. barlassinae Chiov.   [210]; *L. bussei* sensu Dale & Greenway   [42,210]; *L. scheffleri* Baker f. [210].
   Desc.: S/T; Nc; P; Nt. *Uses:* Medicinal. *Habitat:* 202 203 206 403.
   Ke Tz Zm Zr Zw.
   Description: 210,230; *Illustration:* 210.

   subsp. **eriocalyx** [210]
      Desc.: S/T; Nc; P; Nt. *Habitat:* 202 203 206 403.
      Ke Tz Zm Zr.
      Description: 210.

   subsp. **wankiensis** Mendonça & Sousa [235]
      Desc.: T; Nc; P; Nt. *Habitat:* 202.
      Zm Zw.
      Description: 235.

L. kanurii Brenan & J.B.Gillett [426]
   Desc.: T; Nc; P; Nt. *Habitat:* 403.
   Ke So.
   Description: 426,427; *Illustration:* 426,427.

L. katangensis De Wild. [230]
   L. hockii De Wild.   [230].
   Desc.: T; Nc; P; Nt. *Uses:* Miscellaneous; Timber. *Habitat:* 202 206.
   Zm Zr.
   Description: 28,230.

L. laxiflorus Guillemin & Perrottet [210]
   Philenoptera laxiflora (Guillemin & Perrottet) Roberty   [210].
   Desc.: T; Nc; P; Nt. *Uses:* Dyeing; Livestock fodder; Medicinal. *Habitat:* 302 306 1602.
   Ci Cm Cv(U) Et Gh Gm Gn Gw Hv Ml Ne Nq Sd Sn Td Tg Ug Zr.
   Description: 210,230; *Map:* 57. *Illustration:* 9,10,29.

L. madagascariensis (Vatke) Polhill [210]
   Millettia madagascariensis Vatke   [210].
   Desc.: S/T; C/Nc; P; Nt. *Habitat:* 1303.
   Tz; Indian Ocean.
   Description: 210.

L. nelsii (Schinz) Heering & Grimme [210]
   Desc.: T; Nc; P; Nt. *Habitat:* 201 202.
   Ao Bw Na Tz Zm Zr Zw.
   Description: 210.

subsp. katangensis (De Wild.) Mendonça & Sousa   [210]
Desc.: T; Nc; P; Nt. *Habitat:* 202.
Tz Zm Zr.
Description: 210.

subsp. nelsii   [210]
Desc.: T; Nc; P; Nt. *Habitat:* 201 202.
Ao Bw Na Zm Zw.
Description: 210.

L. pallescens Baker   [216]
Desc.: S/T; Nc; P; Nt. *Habitat:* 201.
Ao.

L. sericeus (Poiret) Kunth   [212]
Desc.: T; Nc; P; Nt. *Uses:* Medicinal; Ornamental; Poison; Timber. *Habitat:* 101 1101.
Ao Bj Ci Cm Ga Gh Gm Gn Gq Gw Lr Nq Sl Sn St Tg Za(I) Zr; South America.
Description: 3,212,230; *Illustration:* 3,12.

L. subulidentatus Buettner (provisional)   [230]
Desc.: S; Nc; P; K. *Habitat:* – .
Zr.
Description: 230.

L. sutherlandii (Harvey) Dunn   [226]
Millettia sutherlandii Harvey   [226].
Desc.. T; Nc; P; Nt. *Habitat:* 1501.
Za.
Description: 226; *Illustration:* 226.

L. velutinus Benth.   [210]
Desc.: T; Nc; P. *Habitat:* – .
Ug(I); Central America.
Description: 210.

L. violaceus Kunth   [8]
Desc.: T; Nc; P. *Habitat:* Cult.
Zw(I).

L. sp.1 F.White (provisional)   [28]
Desc.: T; Nc; P; K. *Habitat:* 203.
Zm.
Description: 28.

MILLETTIA Wight & Arn.
See Ref.429, but this is very out-of-date and a revision of the genus is much needed.

M. aboensis (Hook.f.) Baker   [212]
Desc.: T; Nc; P; Nt. *Habitat:* 101.
Cm Gq Nq.
Description: 3.

M. achtenii De Wild.   [236]
Desc.: S; Nc; P; K. *Habitat:* 101.
Zr.
Description: 236.

M. acuticarinata Baker f.   [216]
Desc.: S/T; Nc; P; K. *Habitat:* 1001.
Ao.

M. angustidentata De Wild. [210]
M. inaequalisepala Hauman [210].
Desc.: S; C; P; Nt. *Uses:* Medicinal. *Habitat:* 203.
Tz Zr.
Description: 210.

M. angustistipellata De Wild. [236]
Desc.: S; C; P; K. *Habitat:* 1001.
Zr.
Description: 236.

M. aromatica Dunn [216]
Desc.: S/T; Nc; P; Nt. *Habitat:* – .
Ao.

M. barteri (Benth.) Dunn [212]
Desc.: S; C; P; Nt. *Uses:* Fibre; Fish poison. *Habitat:* 101 1101.
Ao Cg Ci Cm Ga Gh Gn Gq Gw Lr Nq Sd Sl Sn St Tg Zr.
Description: 236.

M. bequaertii De Wild. [236]
Desc.: T; Nc; P; K. *Habitat:* 101 1201.
Zr.
Description: 236.

M. bibracteolata Pellegrin [428]
Desc.: S; C; P; K. *Habitat:* – .
Ga.
Description: 428.

M. bicolor Dunn [429]
Desc.: S; C; P; K. *Habitat:* – .
Cg.
Description: 429.

M. bipindensis Harms [236]
Desc.: S; C; P; K. *Habitat:* 101.
Cm Ga Zr.
Description: 236.

M. bussei Harms [210]
Desc.: S/T; Nc; P; Nt. *Habitat:* 1301 1302 1306.
Mz Tz.
Description: 210.

M. cabrae De Wild. (provisional) [236]
Desc.: S; Nc; P; K. *Habitat:* 101.
Zr.
Description: 236.

M. chrysophylla Dunn [212]
Desc.: S/T; C/Nc; P; Nt. *Habitat:* 101 1101.
Ci Cm Ga Gh Gn Lr Nq Sl Tg.
Description: 3.

M. comosa (Micheli) Hauman [236]
Lonchocarpus comosus Micheli [236]; *M. vermoesenii* De Wild. [236].
Desc.: S; C; P; Nt. *Uses:* Fibre. *Habitat:* 101 116.
Ao Cm Zr.
Description: 236.

M. conraui Harms [212]
Desc.: T; Nc; P; Nt. *Habitat:* 101.
Cm Nq.
Description: 3.

M. coruscans Dunn [429]
Desc.: T; Nc; P; K. *Habitat:* – .
Cm Gq.
Description: 429.

M. dinklagei Harms [212]
Desc.: S/T; Nc; P; Nt. *Habitat:* 101.
Cm Lr Nq Sl.
Description: 212.

M. discolor De Wild. (provisional) [236]
Desc.: S; C/Nc; P; K. *Habitat:* – .
Zr.
Description: 236.

M. drastica Baker [212]
Desc.: S/T; C/Nc; P; Nt. *Uses:* Medicinal; Timber. *Habitat:* 101.
Ao Cm Ga Gq Nq Sd Zr.
Description: 3,236; *Illustration:* 236.

M. dubia De Wild. [236]
Desc.: S; C; P; K. *Habitat:* 101.
Zr.
Description: 236.

M. duchesnei De Wild. [236]
Desc.: S; C; P; Nt. *Habitat:* 101.
Cm Zr.
Description: 236; *Illustration:* 236.

M. dura Dunn [210]
M. drastica sensu Eggeling & Dale [9,210].
Desc.: S/T; Nc; P; Nt. *Uses:* Ornamental; Timber. *Habitat:* 801 1201.
Bi Ke Rw Tz Ug Za(I) Zr.
Description: 210,236; *Illustration:* 9,210.

M. eetveldeana (Micheli) Hauman [210]
Lonchocarpus eetveldeanus Micheli [210]; *M. sp.* Eggeling & Dale [9,210].
Desc.: S/T; Nc; P; Nt. *Habitat:* 101 1201.
Ao Cg Mz Tz Ug Zm Zr.
Description: 210,236; *Illustration:* 236.

M. elongatistyla J.B.Gillett [210]
Desc.: T; Nc; P; K. *Habitat:* 1301.
Tz.
Description: 210.

M. elskensii De Wild. [236]
M. yangambiensis De Wild. [236].
Desc.: S; C; P; Nt. *Uses:* Medicinal. *Habitat:* 101.
Zr.
Description: 236; *Illustration:* 236.

M. eriocarpa Dunn [210]
Desc.: T; Nc; P; K. *Habitat:* 1301.
Tz.
Description: 210.

M. exauriculata Hauman [236]
  Desc.: S; C; P; K. *Habitat:* 101.
  Zr.
  Description: 236.

M. ferruginea (Hochst.) Baker [24]
  Desc.: T; Nc; P; Nt. *Habitat:* 401 402 801.
  Et.
  Description: 24; *Illustration:* 24.

  subsp. **darassana** (Cuf.) J.B.Gillett
    Desc.: T; Nc; P; K. *Uses:* Fish poison. *Habitat:* 401 402.
    Et.
    Description: 24; *Illustration:* 24.

  subsp. **ferruginea** [24]
    Desc.: T; Nc; P; K. *Habitat:* 801.
    Et.
    Description: 24.

M. fulgens Dunn (provisional) [216]
  Desc.: S; Nc; P; Nt. *Habitat:* 101.
  Ao Ga Zr.
  Description: 236.

M. gagnepainiana Dunn [429]
  Desc.: S; C; P; K. *Habitat:* – .
  Ga.
  Description: 429.

M. goossensii (Hauman) Polhill [419]
  Lonchocarpus goossensii Hauman [419].
  Desc.: S; Nc; P; K. *Uses:* Medicinal. *Habitat:* 101.
  Zr.
  Description: 236.

M. gossweileri Baker f. [236]
  Desc.: S; C; P; Nt. *Habitat:* 101.
  Ao Zr.
  Description: 236.

M. gracilis Baker [216]
  Desc.: T; Nc; P; K. *Habitat:* 101.
  Ao.

M. grandis (E.Meyer) Skeels [226]
  M. caffra Meissner [226].
  Desc.: T; Nc; P; Nt. *Uses:* Medicinal; Ornamental; Timber. *Habitat:* 1501 1509.
  Mw(I) Mz Za Zw(I).
  Description: 226; *Illustration:* 226.

M. griffoniana Baillon [419]
  Lonchocarpus griffonianus (Baillon) Dunn [419].
  Desc.: T; Nc; P; Nt. *Habitat:* 101 1001 1101.
  Ao Bj Cf Ci Cm Ga Gh Gq Nq Zr.
  Description: 3,212,230; *Illustration:* 12.

M. harmsiana De Wild. [236]
  Desc.: S; C; P; Nt. *Habitat:* 101.
  Gq Zr.
  Description: 236.

M. hedraeantha Harms [430]
Desc.: T; Nc; P; K. *Habitat:* – .
Cm.
Description: 430.

M. hockii De Wild. [236]
Desc.: T; Nc; P; K. *Habitat:* 201.
Zr.
Description: 236.

M. hylobia Hauman [236]
Desc.: T; Nc; P; K. *Habitat:* 101.
Zr.
Description: 236.

M. hypolampra Harms [212]
Desc.: S; C; P; Nt. *Habitat:* 101.
Cm Nq.

M. impressa Harms [210]
Desc.: S; C; P; Nt. *Habitat:* 101 1301 1306.
Ao Cg Mz Tz Zr.
Description: 210.

  subsp. **goetzeana** (Harms) J.B.Gillett [210]
  M. goetzeana Harms [210].
  Desc.: S; C; P; Nt. *Habitat:* 1301 1306.
  Mz Tz.
  Description: 210.

  subsp. **impressa** [210]
  Desc.: S; C; P; Nt. *Habitat:* 101.
  Ao Cg Zr.
  Description: 210,236.

M. irvinei Hutch. & Dalziel [212]
Desc.: S/T; Nc; P; K. *Uses:* Fibre. *Habitat:* – .
Gh.

M. klainei Dunn (provisional) [429]
Desc.: S; C; P; K. *Habitat:* – .
Ga.
Description: 429.

M. lacus-alberti J.B.Gillett [210]
M. sp.nr.M.lucens Eggeling & Dale [9,210].
Desc.: S; C/Nc; P; Nt. *Habitat:* 1201.
Ug Zr.
Description: 210.

M. lane-poolei Dunn [212]
Desc.: T; Nc; P; Nt. *Uses:* Timber. *Habitat:* 101.
Ci Lr Sl.

M. lasiantha Dunn [210]
Desc.: S; C; P; Nt. *Habitat:* 201 1301.
Ke Mw Mz Tz.
Description: 210.

M. lastoursvillensis Pellegrin [428]
Desc.: S; C; P; K. *Habitat:* – .
Ga.
Description: 428.

M. laurentii De Wild. [236]
Desc.: T; Nc; P; Nt. *Uses:* Ornamental; Timber. *Habitat:* 101.
Cg Cm Ga Gq Rw(I) Zr.
Description: 236.

M. le-testui Pellegrin [431]
Desc.: S; C; P; K. *Habitat:* 101.
Ao Ga Zr.
Description: 431.

M. lebrunii Hauman [236]
Desc.: S; C; P; K. *Habitat:* 101.
Zr.
Description: 236.

M. lecomtei Dunn (provisional) [429]
Desc.: T; Nc; P. *Habitat:* – .
Ga.
Description: 429.

M. leonensis Hepper [212]
Desc.: S; C/Nc; P; K. *Habitat:* 101.
Sl.
Description: 214; *Illustration:* 214.

M. leucantha Vatke [210]
Desc.: S/T; C/Nc; P; K. *Habitat:* 401.
Ke.
Description: 210.

M. limbutuensis De Wild. (provisional) [236]
Desc.: T; Nc; P; K. *Habitat:* 101.
Zr.
Description: 236.

M. lucens (Scott Elliot) Dunn [212]
Desc.: S; C; P; Nt. *Habitat:* – .
Lr Sl.

M. macrophylla Benth. [212]
Desc.: T; Nc; P; Nt. *Habitat:* 101.
Cg Cm Gq Nq.
Description: 3.

M. macroura Harms [236]
Desc.: S/T; C/Nc; P; Nt. *Uses:* Timber. *Habitat:* 101 116 1001.
Cg Zr.
Description: 236.

M. makondensis Harms [210]
Desc.: S; Nc; P; Nt. *Habitat:* 1302.
Mz Tz.
Description: 210.

M. mannii Baker [212]
Desc.: T; Nc; P; Nt. *Habitat:* 101.
Cm Ga.

M. mavangensis Pellegrin [428]
Desc.: S; C; P; K. *Habitat:* – .
Ga.
Description: 428.

M. mavoundiensis Pellegrin [428]
Desc.: S; C; P; K. *Habitat:* – .
Ga.
Description: 428.

M. micans Taubert [210]
Desc.: T; Nc; P; K. *Habitat:* 1302 1306.
Tz.
Description: 210.

M. mildbraedii Harms (provisional) [430]
Desc.: S; P. *Habitat:* 103.
Gq.
Description: 430.

M. mossambicensis J.B.Gillett [432]
Desc.: T; Nc; P; K. *Habitat:* 1302.
Mz.
Description: 432.

M. nudiflora Baker [216]
Desc.: T; Nc; P; K. *Habitat:* 101.
Ao.

M. nutans Sousa [216]
Desc.: T; Nc; P; K. *Habitat:* 101.
Ao.

M. nyangensis Pellegrin [218]
Desc.: S; C; P; K. *Habitat:* 101.
Ga.
Description: 218.

M. oblata Dunn [210]
Desc.: S/T; Nc; P; Nt. *Uses:* Medicinal. *Habitat:* 201 203 801.
Ke Tz Zm(I).
Description: 210.

  subsp. **burttii** J.B.Gillett [210]
  Desc.: S/T; Nc; P; K. *Habitat:* 203.
  Tz.
  Description: 210.

  subsp. **intermedia** J.B.Gillett [210]
  Desc.: T; Nc; P; K. *Habitat:* 801.
  Tz.
  Description: 210.

  subsp. **oblata** [210]
  Desc.: T; Nc; P; K. *Habitat:* 1301.
  Tz.
  Description: 210.

  subsp. **stolzii** J.B.Gillett [210]
  Desc.: T; Nc; P; K. *Habitat:* 801 Cult.
  Tz Zm(I).
  Description: 210.

  subsp. **teitensis** J.B.Gillett [210]
  Desc.: T; Nc; P; K. *Habitat:* 801.
  Ke.
  Description: 210.

M. oyemensis Pellegrin [431]
Desc.: S; C; P; K. *Habitat:* – .
Ga.
Description: 431.

M. pallens Stapf [212]
Desc.: S/T; Nc; P; Nt. *Uses:* Timber. *Habitat:* 103.
Ci Gn Lr Sl.

M. paucijuga Harms [210]
Desc.: S; Nc; P; K. *Habitat:* 403.
Tz.
Description: 210.

M. pilosa Hutch. & Dalziel [212]
Desc.: S; Nc; P; K. *Habitat:* – .
Nq.

M. psilopetala Harms [210]
Desc.: S/T; C/Nc; P; Nt. *Habitat:* 101.
Ug Zr.
Description: 210,236; *Illustration:* 236.

M. puguensis J.B.Gillett [210]
Desc.: S; C; P; K. *Habitat:* 1301.
Tz.
Description: 210,432.

M. rhodantha Baillon [212]
Desc.: T; Nc; P; Nt. *Uses:* Timber. *Habitat:* 101 1101.
Ci Gh Gn Sl.
Description: 3; *Illustration:* 12.

M. sacleuxii Dunn [210]
Desc.: T; Nc; P; K. *Habitat:* 1301.
Tz.
Description: 210.

M. sanagana Harms [212]
Desc.: S/T; Nc; P; Nt. *Habitat:* 101.
Cm Gn Gq Lr Sl.

M. sapinii De Wild. [216]
Desc.: S; C/Nc; P; Nt. *Habitat:* 101.
Ao Zr.
Description: 236.

M. schliebenii Harms [210]
Desc.: T; Nc; P; K. *Habitat:* 1306 1309.
Tz.
Description: 210.

M. semseii J.B.Gillett [210]
Desc.: S/T; Nc; P; K. *Habitat:* 1301.
Tz.
Description: 210.

M. sericantha Harms (provisional) [210]
Desc.: S/T; Nc; P; K. *Habitat:* 1301.
Tz.
Description: 210.

M. soyauxii Dunn (provisional) [429]
Desc.: S; C; P; K. *Habitat:* 101.
Ga.
Description: 429.

M. stenopetala Hauman [236]
Desc.: P; K. *Habitat:* 101.
Zr.
Description: 236.

M. stipellatissima Hauman [236]
Desc.: S; C; P; K. *Habitat:* 101.
Zr.
Description: 236.

M. stuhlmannii Taubert [210]
Desc.: T; Nc; P; Nt. *Habitat:* 202.
Mz Tz Zw.
Description: 210.

M. takou J.G.Lorougnon [433]
Desc.: S; Nc; P; K. *Habitat:* 101.
Ci.
Description: 433; *Illustration:* 433.

M. tanaensis J.B.Gillett [210]
M. usaramensis sensu auctt.,p.p. [42,210,429].
Desc.: S; Nc; P; K. *Habitat:* 403.
Ke.
Description: 210.

M. theuszii (Buettner) De Wild. [216]
Desc.: S; C; P; Nt. *Habitat:* 101 103 116.
Ao Ga Zr.
Description: 236.

M. thollonii Dunn (provisional) [429]
Desc.: S; C; P; K. *Habitat:* – .
Cg.
Description: 429.

M. thonneri De Wild. [236]
Desc.: S; Nc; P; K. *Habitat:* 101.
Zr.
Description: 236.

M. thonningii (Schum. & Thonn.) Baker [212]
Desc.: T; Nc; P; Nt. *Uses:* Ornamental; Timber. *Habitat:* 302 1101.
Ao(I) Bj Gh Gq Gw Lr Nq St(U) Tg Zr(U)Zw(I).
Description: 3,236; *Illustration:* 3.

M. urophylloides De Wild. [236]
M. atenensis De Wild. [236].
Desc.: S; C; P; Nt. *Habitat:* 101.
Cg Zr.
Description: 236; *Illustration:* 236.

M. usaramensis Taubert [210]
Desc.: S/T; Nc; P; Nt. *Habitat:* 1303.
Ke Mw Mz Tz Zw.
Description: 210; *Illustration:* 210.

subsp. **australis** J.B.Gillett [210]
Desc.: S/T; Nc; P; Nt. *Habitat:* – .
Mw Mz Zw.
Description: 210.

subsp. **usaramensis** [210]
Desc.: S/T; Nc; P; Nt. *Habitat:* 1303.
Ke Mz Tz.
Description: 210; *Illustration:* 210.

M. vankerckhovenii De Wild. [236]
Desc.: S; C; P; K. *Habitat:* 101.
Zr.
Description: 236.

M. versicolor Baker [236]
Desc.: S/T; Nc; P; Nt. *Uses:* Miscellaneous; Ornamental; Timber. *Habitat:* 1001 1101.
Ao Cg Cm Ga Zr.
Description: 236.

M. warneckei Harms [212]
M. porphyrocalyx Dunn [212].
Desc.: S/T; C/Nc; P; Nt. *Habitat:* 101 1101.
Gh Gn Lr Sl Tg.

M. wellensii De Wild. [236]
Desc.: S; C; P; K. *Habitat:* 101.
Cf Zr.
Description: 236.

M. zechiana Harms [212]
M. stapfiana Dunn [212].
Desc.: S/T; Nc; P; Nt. *Habitat:* 101 1101.
Ci Cm Gh Gn Lr Nq Sl Tg.
Description: 3; *Illustration:* 12.

M. sp.1 F.White (provisional) [28]
Desc.: S; C/Nc; P; K. *Habitat:* 203.
Zm.
Description: 28.

M. sp.A J.B.Gillett et al. (provisional) [210]
Desc.: S; Nc; P; K. *Habitat:* 201.
Tz.
Description: 210.

MUNDULEA (DC.) Benth.

M. sericea (Willd.) A.Chev. [210]
Desc.: S/T; Nc; P; Nt. *Uses:* Fish poison; Insecticide; Poison. *Habitat:* 202 203 302 403 1603 Cult.
Ao Bj Cf Ci Cm Gn Ke Ml Mw Mz Na Nq Sd So Sz Tz Ug Za Zm Zw; Asia; Indian Ocean.
Description: 210; *Illustration:* 29,210,261,435.

OSTRYOCARPUS Hook.f.

O. riparius Hook.f. [212]
Desc.: S; C; P; Nt. *Uses:* Fibre; Fish poison. *Habitat:* 101 1101.
Ci Cm Ga Gn Gq Gw Lr Nq Sl Zr.
Description: 212; *Illustration:* 19,212.

O. zenkerianus (Harms) Dunn (provisional) [15]
Millettia zenkeriana Harms [15].
Desc.: S; Nc; P; K. *Habitat:* 101.
Cm.
Description: 15.

PLATYSEPALUM Baker
See Ref.436.

P. chevalieri Harms [236]
Desc.: T; Nc; P; Nt. *Uses:* Medicinal; Timber. *Habitat:* 101.
Cf Cg Zr.
Description: 236.

P. chrysophyllum Hauman (provisional) [236]
Desc.: S; Nc; P; K. *Habitat:* 101.
Zr.
Description: 236.

P. cuspidatum Taubert (provisional) [236]
Desc.: T; Nc; P; K. *Habitat:* 1001.
Zr.
Description: 236.

P. ferrugineum Taubert (provisional) [236]
Desc.: T; Nc; P; K. *Habitat:* – .
Zr.
Description: 236.

P. hirsutum (Dunn) Hepper [212]
Millettia hirsuta Dunn [212].
Desc.: S; C; P; Nt. *Habitat:* 101.
Ci Gh Gn Lr Nq Sl.
Description: 212.

P. hypoleucum Taubert (provisional) [236]
Desc.: S/T; Nc; P; K. *Habitat:* 1001.
Zr.
Description: 236.

P. inopinatum Harms [210]
Desc.: S/T; C/Nc; P; Nt. *Habitat:* 1301.
Mz Tz.
Description: 210; *Illustration:* 210.

P. poggei Taubert (provisional) [236]
Desc.: S; C/Nc; P; K. *Habitat:* 101.
Zr.
Description: 236.

P. pulchrum Hauman [236]
Desc.: S; C; P; K. *Habitat:* 101.
Zr.
Description: 236; *Illustration:* 236.

P. scaberulum Harms (provisional) [436]
Desc.: - *Habitat:* – .
Cm.
Description: 331.

P. vanderystii De Wild. [236]
Desc.: S/T; C/Nc; P; K. Habitat: 101 1001.
Cg Zr.
Description: 236.

P. violaceum Baker [212]
P. ledermannii Harms [236]; *P. polyanthum* Harms [236]; *P. vanhouttei* De Wild. [212].
Desc.: S/T; Nc; P; Nt. Habitat: 101.
Ao Cm Ga Gq Nq Zr.
Description: 3,212,236; Illustration: 216.

PONGAMIA Vent.

P. pinnata (L.) Pierre [210]
Desc.: T; Nc; P. Uses: Ornamental. Habitat: Cult.
Eg(I) Sd(I) Tz(I) Ug(I) Zr(I); Asia.
Description: 210,261; Illustration: 261.

PTYCHOLOBIUM Harms
See Ref.439.

P. biflorum (E.Meyer) Brummitt [232]
Desc.: H/S; Nc; P; Nt. Habitat: – .
Ao Bw Na Za.
Description: 232; Illustration: 439.

subsp. **angolense** (Baker) Brummitt [232]
Sylitra angolense Baker [439].
Desc.: H/S; Nc; P; Nt. Habitat: – .
Ao Bw Na.
Description: 232.

subsp. **biflorum** [232]
Sylitra biflora E.Meyer [439].
Desc.: H/S; Nc; P; Nt. Habitat: – .
Bw Na Za.
Description: 232; Illustration: 439.

P. contortum (N.E.Br.) Brummitt [439]
Sylitra contorta (N.E.Br.) Baker f. [439]
Desc.: H; Nc; P; Nt. Habitat: – .
Bw Za Zw.
Illustration: 439.

P. plicatum (Oliver) Harms [439]
Tephrosia plicata Oliver [439].
Desc.: H; Nc; P; Nt. Habitat: – .
Dj Et Ml Mz Td Za Zw; Middle East.
Illustration: 439.

subsp. **plicatum** [439]
Desc.: H; Nc; P; Nt. Habitat: – .
Dj Et Ml Mz Td Za Zw.
Illustration: 439.

REQUIENIA DC.
See Ref.439.

R. obcordata (Poiret) DC. [29]
Tephrosia obcordata (Poiret) Baker [29].
Desc.: H; Nc; P; Nt. Habitat: 1605.
Cf Ml Ne Nq Sd Sn Td.
Description: 212; Map: 332.

R. pseudosphaerosperma (Schinz) Brummitt   [232]
Tephrosia sphaerosperma sensu auctt. [232].
Desc.: H; Nc; A; Nt. *Habitat:* – .
Bw Na Za.
Description: 232.

R. sphaerosperma DC.   [232]
Tephrosia sphaerosperma (DC.) Baker [232].
Desc.: H; Nc; A; Nt. *Habitat:* – .
Bw Na Za Zm.
Description: 232; *Illustration:* 439.

SCHEFFLERODENDRON Harms
See Ref.437.

S. adenopetalum (Taubert) Harms   [236]
Desc.: T; Nc; P; Nt. *Habitat:* 101 1001.
Ao Cm Ga Zr.
Description: 236; *Map:* 437.

S. gabonense Pellegrin   [438]
Desc.: T; Nc; P; K. *Habitat:* – .
Ga.
Description: 438; *Map:* 437.

S. gilbertianum J.Leonard & J.-M.Latour   [236]
Desc.: T; Nc; P; K. *Habitat:* 101.
Zr.
Description: 236; *Map:* 437; *Illustration:* 236.

S. usambarense Harms   [210]
Desc.: T; Nc; P; Nt. *Uses:* Timber. *Habitat:* 101 1301.
Ga Tz Zr.
Description: 210,236; *Map:* 437. *Illustration:* 210,236.

TEPHROSIA Pers.
See Refs.449, 441, and 442.

T. acaciaefolia Baker   [210]
T. acaciifolia Baker [210].
Desc.: H; Nc; A; Nt. *Habitat:* 206.
Ao Mw Mz Na Tz Za Zm Zw.
Description: 210.

T. aemula (E.Meyer) Harvey (provisional)   [440]
Desc.: H; Nc; P; K. *Habitat:* – .
Za.
Description: 440.

T. aequilata Baker   [210]
Desc.: S; Nc; P; Nt. *Uses:* Medicinal. *Habitat:* 803 804 805.
Bi Ke Mw Tz Ug Zm Zr Zw.
Description: 210; *Map:* 441.

   subsp. **aequilata**   [210,441]
T. meyeri-johannis Taubert [441].
Desc.: S; Nc; P; Nt. *Habitat:* – .
Bi Ke Mz Tz Ug Zm Zr.
Description: 441; *Map:* 441.

subsp. **australis** Brummitt [441]
Desc.: S; Nc; P; Nt. *Habitat:* – .
Mw Za Zw.
Description: 441; *Map:* 441.

subsp. **gorongosana** Brummitt [441]
Desc.: S; Nc; P; K. *Habitat:* – .
Mz.
Description: 441; *Map:* 441.

subsp. **mlanjeana** Brummitt [441]
Desc.: S; Nc; P; K. *Habitat:* 803.
Mw.
Description: 441; *Map:* 441.

subsp. **namuliana** Brummitt [441]
Desc.: S; Nc; P; K. *Habitat:* – .
Mz.
Description: 441; *Map:* 441.

subsp. **nyasae** (Baker f.) Brummitt [441]
T. nyasae Baker f. [441]; *T. zombensis* Baker [441].
Desc.: S; Nc; P; K. *Habitat:* – .
Mw.
Map: 441.

T. albissima H.M.Forbes [442]
Desc.: H; Nc. *Habitat:* – .
Za.
Description: 440.

subsp. **albissima** [442]
T. galpinii H.M.Forbes [442].
Desc.: H; Nc. *Habitat:* – .
Za.
Description: 440.

subsp. **zuluensis** (H.M.Forbes) B.D.Schrire [442]
T. unifolia H.M.Forbes [442]; *T. zuluensis* H.M.Forbes [442].
Desc.: H; Nc; P; K. *Habitat:* – .
Za.
Description: 440.

T. alpestris Taubert (provisional) [210]
Desc.: H; Nc; A; K. *Habitat:* 803.
Tz.
Description: 210.

T. amoena E.Meyer [440]
Desc.: H; Nc; P; K. *Habitat:* – .
Za.
Description: 440.

T. andongensis Baker [216]
Desc.: H/S; Nc; P; K. *Habitat:* – .
Ao.

T. apollinea (Del.) DC. [24]
Desc.: H/S; Nc; P; Nt. *Habitat:* – .
Dj Eg Et Sd So Yd; Middle East.
Description: 24,29; *Illustration:* 455.

T. argyrolampra Harms [210]
T. dasyphylla sensu Cronq.,p.p. [210,236].
Desc.: H; Nc; P; Nt. *Habitat*: 805.
Bi Tz.
Description: 210.

T. argyrotricha Harms [210]
T. argyrotricha var. *burttii* (Baker f.) J.B.Gillett [210]; *T. burttii* Baker f. [210].
Desc.: H; Nc; A; Nt. *Habitat*: 202 216.
Bi Mz Tz Zm.
Description: 210.

T. athiensis Baker f. [210]
Desc.: H; Nc; P; K. *Habitat*: 405.
Ke.
Description: 210.

T. aurantiaca Harms [210]
Desc.: H; Nc; P; Nt. *Habitat*: 805.
Mw Tz Zm Zr.
Description: 210.

T. bachmannii Harms [440]
Desc.: S; Nc; P; K. *Habitat*: – .
Za.
Description: 440.

T. berhautiana Lescot [444]
T. simplicifolia sensu Berhaut [20,444].
Desc.: H; Nc; A; Nt. *Habitat*: 302.
Hv Sn.
Description: 444; *Illustration*: 444.

T. bracteolata Guillemin & Perrottet [210]
Desc.: H; Nc; A; Nt. *Uses*: Livestock fodder. *Habitat*: 205 305.
Ao Bj Ci Cm Cv Et Gh Gn Gw Hv Ml Mr Mw Ne Nq Sd Sl Sn Td Tg Tz Ug Zm Zr.
Description: 210,236; *Map*: 441. *Illustration*: 24,236,441.

T. brummittii B.D.Schrire [442]
Desc.: H; Nc; P; Nt. *Habitat*: 1505.
Mz Sz Za.
Description: 442.

T. burchellii Burtt Davy [232]
Desc.: H; Nc; A; Nt. *Habitat*: – .
Bw Na Za.
Description: 232.

T. caerulea Baker f. [232]
Desc.: H; Nc; A; Nt. *Habitat*: – .
Bw Mz Na Tz Zm Zw.
Description: 232,441.

subsp. **caerulea** [232]
Desc.: H; Nc; A; Nt. *Habitat*: – .
Bw Mw Mz Tz Zm Zw.
Description: 232.

subsp. **otaviensis** (Dinter) A.Schreiber & Brummitt [232]
T. longipes sensu A.Schreiber [232,375]; *T. otaviensis* Dinter [232].
Desc.: H; Nc; A; K. *Habitat*: – .
Bw Na.
Description: 232.

T. candida (Roxb.) DC. [442]
  Desc.: S; Nc; P; Nt. *Uses:* Cover crop; Fish poison; Poison. *Habitat:* Cult.
  Cm(I) Gh(I) Ke(I) Mw(I) Mz(I) Sl(I) Tz(I) Ug(I) Zr(I) Zw(I); Asia.
  Description: 210,261.

T. capensis (Jacq.) Pers. [440]
  Desc.: H; Nc; P; Nt. *Habitat:* – .
  Ls Za.
  Description: 440; *Illustration:* 396,399,400.

T. capitata Verdc. [277]
  Desc.: H; Nc; P; K. *Habitat:* 803.
  Cm.
  Description: 277; *Illustration:* 277.

T. cephalantha Baker [232]
  T. hypargyrea Harms [216].
  Desc.: H/S; Nc; P; Nt. *Habitat:* 202.
  Ao Bw Na Zm Zr Zw.
  Description: 232,236.

T. cephalophora Harms [210]
  Desc.: H; Nc; P; K. *Habitat:* 805.
  Tz.
  Description: 210.

T. chimanimaniana Brummitt [441]
  Desc.: S; Nc; P; K. *Habitat:* 805.
  Zw.
  Description: 441.

T. chisumpae Brummitt [439]
  Caulocarpus gossweileri Baker f. [439].
  Desc.: H; Nc; P; Nt. *Habitat:* 202.
  Ao Zm.
  Description: 439; *Illustration:* 439.

T. cordata Hutch. & Burtt Davy [441]
  Desc.: H; Nc; P; Nt. *Habitat:* – .
  Sz Za.
  Description: 440.

T. cordatistipula J.B.Gillett [210]
  Desc.: H; Nc; A; Nt. *Habitat:* 305.
  Sd Ug.
  Description: 210,449.

T. coronilloides Baker [441]
  Desc.: H/S; Nc; P; K. *Habitat:* 202.
  Ao Zm Zw.
  Description: 216,449.

T. curvata De Wild. [210]
  T. wittei Baker f. [236].
  Desc.: H/S; Nc; P; Nt. *Habitat:* 202.
  Tz Zm Zr.
  Description: 210.

T. dasyphylla Baker [210]
  Desc.: H; Nc; P; Nt. *Uses:* Fish poison. *Habitat:* 202 805.
  Ao Mz Tz Zm Zr Zw.
  Description: 210; *Map:* 441.

subsp. **amplissima** Brummitt [441]
Desc.: H; Nc; P; Nt. *Habitat*: 202.
Ao Tz Zm Zr.
Description: 210.

subsp. **butayei** (De Wild. & T.Durand) Brummitt [441]
T. butayei De Wild. & T.Durand [441].
Desc.: H; Nc; P; K. *Habitat*: – .
Zr.
Description: 441.

subsp. **dasyphylla** [210]
Desc.: H; Nc; P; Nt. *Habitat*: 805.
Ao Mz Tz Zm Zr Zw.
Description: 210; *Map*: 441.

subsp. **youngii** (Torre) Brummitt [441]
T. youngii Torre [441].
Desc.: H/S; Nc; P; K. *Habitat*: – .
Ao.
Description: 441; *Illustration*: 216.

T. decora Baker [210]
T. delicata Baker f. [210]; *T. lateritia* Merxm. [8].
Desc.: H; Nc; A; Nt. *Habitat*: 202 216.
Ao Mw Mz Tz Zm Zr Zw.
Description: 210.

T. deflexa Baker [212]
Desc.: H/S; Nc; P; Nt. *Habitat*: 302.
Gm Gw Sn.
Description: 212.

T. densiflora Hook.f. [212]
Desc.: H/S; Nc; P; Nt. *Uses*: Fish poison; Poison. *Habitat*: 302 Cult.
Cm Gh Gn Ml Nq Sl Td.
Description: 212.

T. desertorum Scheele [8]
Desc.: H. *Habitat*: – .
So; Middle East.

T. dichroocarpa A.Rich. [24]
Desc.: S; Nc; P; K. *Habitat*: 805 816.
Et.
Description: 24.

T. disperma Baker [216]
Desc.: H; Nc; A; K. *Habitat*: – .
Ao.

T. djalonica Hutch. & Dalziel [212]
Desc.: H; Nc; A; K. *Habitat*: – .
Gn.
Description: 212.

T. dregeana E.Meyer [232]
Desc.: H; Nc; A; Nt. *Habitat*: 1405.
Ao Bw Na Za.
Description: 232.

T. drepanocarpa Baker [210]
Desc.: H; Nc; P; Nt. *Habitat:* 205 216 405 416.
Ao Ke Mz Tz.
Description: 210.

T. dura Baker [445]
Desc.: H; Nc; P; Nt. *Habitat:* – .
So; Middle East.
Description: 445.

T. elata Defl. [210]
T. bequaertii De Wild. [210]; *T. heckmanniana* sensu Cronq.,p.p. [210]; *T. rigidula* sensu auctt. [35,210].
Desc.: H/S; Nc; A; Nt. *Habitat:* 203 205 303 305 1203 1205.
Et Ke Rw Sd Tz Ug Zr Zw; Middle East.
Description: 210; *Map:* 441.

T. elegans Schum. [210]
Desc.: H; Nc; A; Nt. *Uses:* Poison. *Habitat:* 202 205 305.
Ao Ci Cm Gh Gn Gw Hv Ml Nq Sd Sl Sn Tg Tz Ug Zm Zr.
Description: 210,236; *Illustration:* 236.

T. elongata E.Meyer [210]
T. tzaneenensis H.M.Forbes [441].
Desc.: H; Nc; P; Nt. *Habitat:* 805.
Mw Tz Za Zw.
Description: 210.

T. emeroides A.Rich. [210]
Desc.: H; Nc; P; Nt. *Habitat:* 803.
Et Ke Sd So Ug.
Description: 24,210; *Illustration:* 24.

T. euchroa Verd. [440]
Desc.: H; Nc; P; Nt. *Habitat:* 202.
Za Zw.
Description: 449,450.

T. euprepes Brummitt [441]
Desc.: H; Nc; A; Nt. *Habitat:* 202 203.
Bw Mz Zm Zw.
Description: 441.

T. faulknerae Brummitt [441]
Desc.: H; Nc; A; K. *Habitat:* 1302.
Mz.
Description: 441.

T. festina Brummitt [441]
Desc.: S; Nc; P; K. *Habitat:* 803.
Zw.
Description: 441.

T. filiflora Chiov. [81]
Desc.: H; Nc; P; K. *Habitat:* 404.
So.
Description: 81; *Illustration:* 81.

T. flexuosa G.Don [212]
Desc.: S; Nc; P; Nt. *Habitat:* 302.
Cg Ci Gh Gm Gn Gw Ml Nq Sl Sn St Tg Zr.
Description: 212,224.

T. forbesii Baker [441]
Desc.: H; Nc; P; Nt. *Habitat:* – .
Mz Za Zw.
Description: 441.

subsp. **forbesii** [441]
Desc.: H; Nc; P; K. *Habitat:* – .
Mz.
Description: 441.

subsp. **inhacensis** Brummitt [441]
Desc.: H; Nc; P; K. *Habitat:* 1502 1505.
Mz.
Description: 441.

subsp. **interior** Brummitt [441]
Desc.: - *Habitat:* – .
Mz Za Zw.
Description: 441.

T. fulvinervis A.Rich. [24]
Desc.: H; Nc; A; K. *Habitat:* 402.
Et.
Description: 24.

T. glomeruliflora Meissner [440]
Desc.: H; Nc; P; Nt. *Habitat:* 1505.
Mz Za Zw.
Description: 440.

subsp. **glomeruliflora** [442]
Desc.: H; Nc; P; Nt. *Habitat:* – .
Za.

subsp. **meisneri** (Hutch. & Burtt Davy) B.D.Schrire [442]
T. incarnata Brummitt [442]; *T. meisneri* Hutch. & Burtt Davy [442]; *T. shiluwanensis* sensu Goodier & Phipps [441,442].
Desc.: H; Nc; A; Nt. *Habitat:* – .
Mz Za Zw.
Description: 441.

T. gobensis Brummitt [441]
Desc.: H/S; Nc; P; K. *Habitat:* – .
Mz Sz.
Description: 441.

T. gorgonea Cout. [446]
Desc.: H; Nc; A; K. *Habitat:* – .
Cv.
Description: 446.

T. gossweileri Baker f. [216]
Desc.: H/S; Nc; P; K. *Habitat:* 202.
Ao.

T. gracilenta H.M.Forbes [440]
Desc.: H; Nc; P; K. *Habitat:* – .
Za.
Description: 440.

T. gracilipes Guillemin & Perrottet [212]
Desc.: H; Nc; A; Nt. Habitat: 1605.
Et Hv Mr Ne Sd Sn.
Description: 24; Map: 447.

T. grandibracteata Merxm. [441]
Desc.: S; Nc; P; K. Habitat: 803 805.
Zw.
Description: 441.

T. grandiflora (Aiton) Pers. [440]
Desc.: S; Nc; P; Nt. Uses: Medicinal. Habitat: 1503.
Za.
Description: 440; Illustration: 448.

T. griseola H.M.Forbes [440]
Desc.: H/S; Nc; P; K. Habitat: – .
Na.
Description: 440.

T. heckmanniana Harms [210]
T. elata subsp. heckmanniana (Harms) Brummitt [210].
Desc.: H; Nc; A; Nt. Habitat: 202 216.
Ao Bi Mw Mz Tz Zm Zr Zw.
Description: 210; Map: 441.

T. hildebrandtii Vatke [210]
T. boranensis Chiov. [210].
Desc.: H; Nc; P; Nt. Habitat: 403 805.
Et Ke Tz.
Description: 210; Illustration: 210.

T. hochstetteri Chiov. [24]
Desc.: H; Nc; A; Nt. Habitat: 805.
Et.
Description: 24.

T. hockii De Wild. [236]
T. aurantiaca subsp. hockii (De Wild.) J.Dewit [236].
Desc.: H/S; Nc; P; Nt. Habitat: 202 203.
Zm Zr.
Description: 236.

subsp. **hirsutostyla** (J.Dewit) J.B.Gillett [449]
Desc.: H; Nc; P; Nt. Habitat: 202.
Zm Zr.
Description: 449.

subsp. **hockii** [449]
T. aurantiaca subsp. lutea (R.E.Fries) J.Dewit [449].
Desc.: H; Nc; P; Nt. Habitat: 202.
Zm Zr.

T. holstii Taubert [210]
T. paniculata subsp. holstii (Taubert) Brummitt [210].
Desc.: H; Nc; A; Nt. Uses: Poison. Habitat: 803 805.
Et Ke Tz.
Description: 24,210; Map: 441; Illustration: 24.

T. huillensis Baker [216]
Desc.: H/S; Nc; P; K. Habitat: 203.
Ao.

T. humilis Guillemin & Perrottet [24]
Desc.: H; Nc; A; Nt. *Habitat:* 302 305.
Et Gm Hv Nq Sd Sn Td.
Description: 24.

T. inandensis H.M.Forbes [440]
Desc.: H; Nc; P; K. *Habitat:* – .
Za.
Description: 440.

T. interrupta Engl. [210]
Desc.: S; Nc; P; Nt. *Uses:* Poison. *Habitat:* 803 805.
Bi Et Ke Mw Mz Rw Sd Tz Ug Zr.
Description: 24,210; *Illustration:* 24,210.

  subsp. **elongatiflora** J.B.Gillett [210]
  Desc.: S; Nc; P; Nt. *Habitat:* 803 805.
  Ao Mw Mz Tz.
  Description: 210.

  subsp. **interrupta** [210]
  Dolichos genistiformis Chiov. [210]; *T. dichroocarpa* sensu auctt.,p.p. [210].
  Desc.: S; Nc; P; Nt. *Habitat:* 805.
  Et Ke Sd Tz Ug.
  Description: 24,210; *Illustration:* 24,210.

  subsp. **mildbraedii** (Harms) J.B.Gillett [210]
  T. atroviolacea Baker f. [210]; *T. mildbraedii* Harms [210]; *T. nyikensis* sensu Brenan [35,210].
  Desc.: S; Nc; P; Nt. *Uses:* Medicinal. *Habitat:* 803 805.
  Bi Mw Mz Rw Tz Ug Zr.
  Description: 210.

T. iringae Baker f. [210]
Desc.: H/S; Nc; P; K. *Habitat:* 805.
Tz.
Description: 210.

T. kalamboensis Brummitt & J.B.Gillett [210]
Desc.: H; Nc; P; K. *Habitat:* 202.
Tz.
Description: 210.

T. kasikiensis Baker f. [210]
Desc.: H/S; Nc; A; Nt. *Habitat:* 803.
Tz Zm Zr.
Description: 210.

  subsp. **chinsaliana** Brummitt [441]
  Desc.: H/S; Nc; A; K. *Habitat:* – .
  Zm.
  Description: 441.

  subsp. **kasikiensis** [441]
  Desc.: H; Nc; A; Nt. *Habitat:* – .
  Tz Zm Zr.

T. kassasii Boulos [443]
Desc.: H; Nc; P; X. *Habitat:* – .
Eg.
Description: 443,455; *Illustration:* 443,455.

T. katangensis De Wild. [236]
   Desc.: H; Nc; P; K. *Habitat:* – .
   Zr.
   Description: 236.

T. kazibensis Cronq. [236]
   Desc.: S; Nc; P; K. *Habitat:* 202.
   Zr.
   Description: 236.

T. kindu De Wild. [236]
   Desc.: H/S; Nc; P; Nt. *Habitat:* 202 205.
   Ao Zm Zr.
   Description: 236.

T. kraussiana Meissner [440]
   Desc.: S; Nc; P; Nt. *Uses:* Medicinal. *Habitat:* – .
   Sz Za.
   Description: 440; *Illustration:* 448.

T. laevigata Baker [216]
   Desc.: H; Nc; P; K. *Habitat:* 202.
   Ao.

T. lebrunii Cronq. [210]
   Desc.: H; Nc; P; Nt. *Habitat:* 805 1105.
   Sd Ug Zr.
   Description: 210.

T. lepida Baker f. [210]
   Desc.: H; Nc; A; Nt. *Habitat:* 202.
   Bi Tz Zm Zr Zw.
   Description: 210.

   subsp. **lepida** [210]
   Desc.: H; Nc; A; Nt. *Habitat:* – .
   Bi Zm Zr Zw.
   Description: 210.

   subsp. **nigrescens** Brummitt [210]
   Desc.: H; Nc; A; Nt. *Habitat:* 202.
   Tz Zm.
   Description: 210.

T. letestui Tisser. [451]
   T. letestui Tisser. [451].
   Desc.: H; Nc; P; Nt. *Habitat:* – .
   Cf Gh Hv.
   Description: 451.

T. limpopoensis J.B.Gillett (provisional) [441]
   Desc.: H/S; Nc; P. *Habitat:* – .
   Za Zw.
   Description: 450.

T. linearis (Willd.) Pers. [210]
   T. discolor E.Meyer [210]; *T. linearis* subsp. *discolor* (E.Meyer) J.B.Gillett [210]; *T. linearis* var. *discolor* (E.Meyer) Brummitt [210].
   Desc.: H; Nc; A; Nt. *Uses:* Human food; Livestock fodder. *Habitat:* 205 216 305 316 1205 1216 1305 1316.
   Ao Bi Bj Cf Cg Cm Et Gh Gm Gw Ke Ml Mw Mz Ne Nq Sd Sl Sn Td Tg Tz Ug Za Zm Zw.
   Description: 210; *Illustration:* 24,173,449.

T. longipes Meissner [441]
Desc.: H; Nc; A; Nt. *Habitat*: – .
Ao Bi Bw Mz Sz Za Zm Zw.
Description: 441.

 subsp. **longipes** [441]
 T. lurida sensu Suesseng. & Merxm. [441].
 Desc.: H; Nc; A. *Habitat*: – .
 Ao Bi Bw Mz Sz Za Zm Zw.
 Description: 441.

 subsp. **swynnertonii** (Baker f.) Brummitt [441]
 Desc.: H/S; Nc; P; K. *Habitat*: – .
 Zw.

T. lortii Baker f. [210]
Desc.: H; Nc; P; Nt. *Habitat*: 403.
Et Ke So Tz.
Description: 24,210.

T. lupinifolia DC. [210]
Lupinophyllum lupinifolium (DC.) Hutch. [210].
Desc.: H; C/Nc; A; Nt. *Uses*: Medicinal; Poison. *Habitat*: 205 305.
Ao Bi Cg Gw Mw Na Ne Nq Sd Sn Td Tz Za Zm Zr Zw.
Description: 210; *Illustration*: 210,439.

T. lurida Sonder [210]
T. angustissima Engl. [210]; *T. laxiflora* R.E.Fries [210]; *T. longipes* var. *lurida* (Sonder) J.B.Gillett [210]; *T. paucijuga* sensu Cronq. [210].
Desc.: H/S; Nc; P; Nt. *Uses*: Medicinal. *Habitat*: 205 403 805.
Ke Sz Tz Za Zm Zr Zw.
Description: 210.

T. macropoda (E.Meyer) Harvey [442]
T. diffusa (E.Meyer) Harvey [442]; *T. spathacea* sensu H.M.Forbes [440,442].
Desc.: H; Nc; P; Nt. *Habitat*: – .
Za.
Description: 440.

T. malvina Brummitt [210]
T. capensis sensu auctt. [236,441].
Desc.: H; Nc; P; Nt. *Habitat*: 202.
Bi Mw Tz Zm Zr.
Description: 210.

T. manikensis De Wild. [236]
Desc.: H; Nc; P; K. *Habitat*: 205.
Zr.
Description: 236.

T. marginella H.M.Forbes [440]
Desc.: H; Nc; P; K. *Habitat*: – .
Za.
Description: 440.

T. maxima (L.) Pers. [210]
Desc.: S; Nc; P; Nt. *Habitat*: 1305.
Tz; Asia.
Description: 210.

T. melanocalyx Baker [216]
Desc.: H; Nc; P; K. *Habitat:* 205.
Ao.

T. meyeriana J.B.Gillett [452]
T. diffusa sensu auctt. [452].
Desc.: H; Nc; P; K. *Uses:* Cover crop; Medicinal. *Habitat:* – .
Za.
Description: 440.

T. micrantha J.B.Gillett [210]
Desc.: H; Nc; A; Nt. *Habitat:* 202.
Bi Mw Mz Tz Zm Zw.
Description: 210.

T. miranda Brummitt [441]
Desc.: S; Nc; P; K. *Habitat:* – .
Mz.
Description: 441.

T. monophylla Schinz [232]
Desc.: H; Nc; A; K. *Habitat:* – .
Na.
Description: 232.

T. montana Brummitt [441]
Desc.: S; Nc; P; Nt. *Habitat:* 803 805.
Mz Zw.
Description: 441.

T. moroubensis Tisser. [451]
Desc.: H; Nc; A; K. *Habitat:* – .
Cf.
Description: 451.

T. mossiensis A.Chev. [212]
Desc.: S; Nc; P; Nt. *Habitat:* – .
Ci Cm Gh Gw Ml Ne Nq Sn Tg.
Description: 212; *Map:* 447.

T. muenzneri Harms [210]
Desc.: H; Nc; P; Nt. *Habitat:* 205.
Tz Zm.
Description: 210.

  subsp. **muenzneri** [441]
  Desc.: H; Nc; P; K. *Habitat:* 205.
  Tz.
  Description: 441.

  subsp. **pedalis** Brummitt [441]
  Desc.: H; Nc; P; K. *Habitat:* 202.
  Zm.
  Description: 441.

T. multijuga R.G.Young [441]
T. woodii Burtt Davy [441].
Desc.: H; Nc; A; Nt. *Habitat:* – .
Mz Za.
Description: 441.

T. nana Schweinf. [210]
T. barbigera Baker [210].
Desc.: H; Nc; A; Nt. *Habitat*: 205 305 1205.
Ao Bi Cg Cm Et Ga Gh Gm Gn Gw Hv Ke Lr Mz Ne Nq Rw Sd Sl Sn Tg Tz Ug Zm Zr.
Description: 24,210; *Map*: 441. *Illustration*: 412,441.

T. natalensis H.M.Forbes [442]
Desc.: H; Nc; A. *Habitat*: – .
Za.
Description: 440.

subsp. **natalensis** [442]
T. apiculata H.M.Forbes [442].
Desc.: H; Nc; P; K. *Habitat*: – .
Za.
Description: 440.

subsp. **pseudocapitata** (H.M.Forbes) B.D.Schrire [442]
T. pseudocapitata H.M.Forbes [442].
Desc.: H; Nc; A; K. *Habitat*: – .
Za.
Description: 440.

T. newtoniana Torre [216]
Desc.: H; Nc; P; K. *Habitat*: 202.
Ao.
Illustration: 216.

T. noctiflora Baker [210]
Desc.: H/S; Nc; A; Nt. *Uses*: Cover crop; Fish poison. *Habitat*: 203 205 1303 1305 Cult.
Ci(I) Cm(I) Gh(I) Ke Lr Mw Mz Sl(I) Tz Ug(U) Za Zr(U) Zw; Asia; Indian Ocean.
Description: 210,236.

T. nseleensis De Wild. [236]
Desc.: H; Nc; P; K. *Habitat*: 1005.
Zr.
Description: 236.

T. nubica (Boiss.) Baker [210]
Desc.: H; Nc; A; Nt. *Habitat*: 403 1603.
Dj Et Ke Mr Ne Sd Td.
Description: 24,210; *Illustration*: 455.

T. nyikensis Baker [210]
Desc.: H/S; Nc; P; Nt. *Habitat*: 203 205 805 1205.
Bi Ke Mw Mz Rw Tz Zr.
Description: 210,236.

subsp. **nyikensis** [210]
Desc.: H/S; Nc; P; Nt. *Habitat*: 203 205 805.
Mw Mz Tz.
Description: 210.

subsp. **victoriensis** Brummitt & J.B.Gillett [210]
Desc.: H/S; Nc; P; Nt. *Habitat*: 1205.
Bi Ke Rw Tz Ug Zr.
Description: 210.

T. obbiadensis Chiov. [24]
Desc.: S; Nc; P; Nt. *Habitat*: 403.
Et So.
Description: 24; *Illustration*: 24.

T. odorata Balf.f. [90]
Desc.: H; Nc; K. *Habitat:* – .
Yd.
Description: 90.

T. oubanguiensis Tisser. [451]
Desc.: H; Nc; P; K. *Habitat:* – .
Cf.
Description: 451.

T. oxygona Baker [232]
Desc.: S; Nc; P. *Habitat:* – .
Ao Na.
Description: 440.

subsp. **lactea** (Schinz) A.Schreiber [232]
T. lactea Schinz [232].
Desc.: S; Nc; P; K. *Habitat:* – .
Na.
Description: 440.

subsp. **oxygona** [232]
Desc.: S; Nc; P; Nt. *Habitat:* – .
Ao Na.
Description: 232.

T. pallens (Aiton) Pers. [440]
Desc.: H; Nc; P; K. *Habitat:* – .
Za.
Description: 440.

T. pallida H.M.Forbes (provisional) [440]
Desc.: H/S; Nc; P; K. *Habitat:* – .
Na.
Description: 440.

T. paniculata Baker [210]
T. eriosemoides Oliver [210]; *T. paniculata* var. *schizocalyx* (Taubert) J.B.Gillett [210]; *T. preussii* Taubert [210].
Desc.: H; Nc; A; Nt. *Habitat:* 203 205 805 1205.
Ao Bi Cm Ke Mw Mz Nq Rw Sl Tz Ug Zm Zr Zw.
Description: 210,236; *Map:* 441.

T. paradoxa Brummitt (provisional) [210,441]
Desc.: H; Nc; A; Nt. *Habitat:* – .
Mw Mz Rw Tz Zm Zr Zw.
Description: 210.

T. paucijuga Harms [210]
Desc.: H/S; Nc; P; Nt. *Habitat:* 202.
Tz.
Description: 210.

T. pearsonii Baker f. [216]
Desc.: H/S; Nc; P; K. *Habitat:* 203.
Ao.

T. pedicellata Baker [212]
Desc.: H; Nc; P; Nt. *Habitat:* 305 316.
Cv Gh Gn Gw Hv Ne Nq Sd Sl Sn Tg.

T. pentaphylla (Roxb.) G.Don [210]
T. senticosa sensu auctt. [210]; *T. similis* Chiov. [210].
Desc.: H; Nc; A; Nt. *Habitat:* – .
Et Ke Mz Sd So Tz Ug; Asia; Middle East.
Description: 24,210; *Illustration:* 24.

T. pietersii H.M.Forbes [440]
Desc.: H; Nc; P; K. *Habitat:* – .
Za.
Description: 440.

T. platycarpa Guillemin & Perrottet [212]
Desc.: H; Nc; A; Nt. *Habitat:* 305 316.
Ci Cm Gh Gm Gn Hv Ml Ne Nq Sd Sn St Td Tg.
Description: 212.

T. polyphylla (Chiov.) J.B.Gillett [210]
Desc.: H; Nc; A; Nt. *Habitat:* 403.
Et Ke So Tz Ug.
Description: 210.

T. polystachya E.Meyer [441]
Desc.: H/S; Nc; A; Nt. *Habitat:* – .
Mz Za.
Description: 440,441.

T. pondoensis (Codd) B.D.Schrire [442]
Mundulea pondoensis Codd [434]
Desc.: S/T; Nc; P; K. *Habitat:* – .
Za.
Description: 434; *Illustration:* 434.

T. praecana Brummitt [441]
Desc.: S; Nc; P; K. *Habitat:* – .
Mz Zw.
Description: 441.

T. pseudolongipes Baker f. [29]
Desc.: H; Nc; A; K. *Habitat:* – .
Sd.
Description: 29.

T. pumila (Lam.) Pers. [210]
T. procumbens sensu auctt. [210]; *T. purpurea* var. *pumila* sensu Cronq.,p.p. [210,236]; *T. quartiniana* var. *inflexa* (Chiov.) Cuf. [24]; *T. uniflora* sensu Hepper,p.p. [210,212].
Desc.: H; Nc; A; Nt. *Habitat:* 205 216 305 403 405 416 1205 1216.
Ao Bi Bw Et Gh Ke Mw Mz Rw Sd So Tg Tz Ug Za Zm Zr Zw; Indian Ocean.
Description: 24,210; *Illustration:* 24,210.

T. punctata J.B.Gillett [210]
T. kasikiensis sensu Cronq.,p.p. [210,236].
Desc.: H; Nc; A; Nt. *Habitat:* 202 205.
Tz Zm Zr.
Description: 210.

subsp. **punctata** [441]
Desc.: H; Nc; A; Nt. *Habitat:* – .
Tz Zm.
Description: 441.

subsp. **redheadii** Brummitt [441]
Desc.: H; Nc; A; Nt. *Habitat:* – .
Zm Zr.
Description: 441.

T. purpurea (L.) Pers. [210]
Desc.: H/S; Nc; A; Nt. *Uses:* Fish poison; Medicinal; Poison. *Habitat:* 205 305 405 1205 1305.
Ao Bi Bj Bw Cf Ci Cm Dj Dz Et Gh Gm Gw Ke Ml Mr Mw Mz Na Ne Nq Sd Sn So Td Tg Tz Ug Yd Za Zr Zw; Asia; Indian Ocean.
Description: 210; *Map:* 441; *Illustration:* 210.

subsp. **altissima** Brummitt [441]
Desc.: H; Nc; A; Nt. *Habitat:* – .
Mw Mz Zw.
Description: 441; *Map:* 441.

subsp. **canescens** (E.Meyer) Brummitt [441]
T. canescens E.Meyer [441].
Desc.: H; Nc; P; Nt. *Habitat:* 1512.
Mz Za.
Description: 441; *Map:* 441.

subsp. **dunensis** Brummitt [441]
T. evansii sensu auctt. [441].
Desc.: H; Nc; P; Nt. *Habitat:* 1312.
Ke Mw Mz So Tz; Indian Ocean.
Description: 210.

subsp. **leptostachya** (DC.) Brummitt [441]
T. delagoensis H.M.Forbes [441]; *T. leptostachya* DC. [441]; *T. transvaalensis* Hutch. & Burtt Davy [441].
Desc.: H; Nc; P; Nt. *Habitat:* 205 216 302 305 316 405 1205 1305 1316 1605 1616.
Ao Bi Bj Bw Cf Cm Dj Dz Et Gh Gm Ke Ml Mr Mw Mz Na Ne Nq Sd Sn So Td Tz Ug Za Zr Zw; Indian Ocean.
Description: 24,210; *Map:* 441; *Illustration:* 210.

subsp. **purpurea** [210]
T. wallichii Fawcett & Rendle [441].
Desc.: H/S; Nc; P; Nt. *Habitat:* – .
Ci(I) Gh(I) Gw(U) Ke(I) Zw(I); Asia; Indian Ocean.
Description: 210; *Map:* 441.

T. radicans Baker [210]
T. rensburghii Verdc. [210].
Desc.: H; Nc; P; Nt. *Habitat:* 205 305.
Ao Mw Na Nq Tz Za Zm Zr Zw.
Description: 210.

T. reptans Baker [210]
T. granitica Viguier [210]; *T. iringae* sensu Cronq.,p.p. [210,236].
Desc.: H; Nc; A; Nt. *Habitat:* 205 403.
Bi Et Ke Mw Mz Tz Ug Za Zm Zw; Indian Ocean.
Description: 24,210.

T. retusa Burtt Davy [440]
Desc.: H; Nc; A; Nt. *Habitat:* – .
Sz Za.
Description: 440.

T. rhodesica Baker f. [210]
T. evansii Hutch. & Burtt Davy [441]; *T. polystachyoides* Baker f. [210].
Desc.: H/S; Nc; P; Nt. *Habitat:* 205 216 1205.
Bi Bw Ke Mw Mz Na Tz Ug Za Zm Zr Zw.
Description: 210; *Map:* 441.

T. richardsiae J.B.Gillett [210]
Desc.: H/S; Nc; A; Nt. *Habitat:* 202 206.
Mw Tz Zm.
Description: 210.

subsp. **erucifera** Brummitt [441]
Desc.: - *Habitat:* –.
Zm.
Description: 441.

subsp. **richardsiae** [441]
Desc.: H/S; Nc; P; Nt. *Habitat:* –.
Zm.
Description: 441.

T. rigidula Baker [441]
T. bracteolata sensu Torre [216,441]; *T. longipes* var. *lurida* sensu Torre [216,441]; *T. secunda* Baker [441].
Desc.: H; Nc; A; K. *Habitat:* –.
Ao.
Description: 441.

T. ringoetii Baker f. [441]
T. longipes var. *ringoetii* (Baker f.) J.B.Gillett [441]; *T. stormsii* sensu Cronq.,p.p. [236,441].
Desc.: H; Nc; A; Nt. *Habitat:* –.
Zm Zr.
Description: 441.

T. robinsoniana Brummitt [441]
Desc.: S; Nc; P; K. *Habitat:* –.
Zm.
Description: 441.

T. rupicola J.B.Gillett [441]
Desc.: S; Nc; P; K. *Habitat:* –.
Zw.
Description: 449.

subsp. **dreweana** Brummitt [441]
Desc.: S; Nc; P; K. *Habitat:* –.
Zw.
Description: 441.

subsp. **rupicola** [441]
Desc.: S; Nc; P; K. *Habitat:* –.
Zw.
Description: 441.

T. schweinfurthii Defl. [24]
T. franchetii Hutch. & E.A.Bruce [24].
Desc.: H; Nc; P; Nt. *Habitat:* 403.
Dj Et Ke So; Middle East.
Description: 24; *Illustration:* 24.

T. semiglabra Sonder [440]
Desc.: H; Nc; P; Nt. *Uses:* Medicinal. *Habitat:* 1405.
Bw Ls Za.
Description: 440.

T. sengaensis Baker f. [210]
Desc.: H; Nc; P; Nt. *Habitat:* 805.
Tz Zr.
Description: 210.

T. senna Kunth [453]
T. cathartica (Sessé & Mociño) Urban [453].
Desc.: H; Nc; P; Nt. *Habitat:* – .
Zr(I); Caribbean.
Description: 453.

T. shiluwanensis Schinz [440]
T. medleyi H.M.Forbes [440,442]; *T. spathacea* Hutch. & Burtt Davy [442]; *T. wyliei* H.M.Forbes [442].
Desc.: H; Nc; P. *Habitat:* – .
Za.
Description: 440.

T. sinapou (Buc'hoz) A.Chev. [210]
T. toxicaria (Sw.) Pers. [210].
Desc.: - *Uses:* Cover crop; Fish poison; Insecticide; Poison. *Habitat:* Cult.
Tz(I) Zr(I); South America.
Description: 210.

T. sparsiflora H.M.Forbes (provisional) [440]
Desc.: H; Nc; P; Nt. *Habitat:* – .
Bw Za.
Description: 440.

T. stormsii De Wild. [210]
Desc.: H; Nc; A; Nt. *Habitat:* 202 216.
Bi Ke Mw Mz Rw Tz Zm Zr Zw.
Description: 210.

T. stricta (L.f.) Pers. [440]
Desc.: H; Nc; P. *Habitat:* – .
Za.
Description: 440.

T. subpraecox Cronq. [236]
T. aurantiaca subsp. *hockii* (De Wild.) J.Dewit [236].
Desc.: H; Nc; P; K. *Habitat:* 205.
Zr.
Description: 236.

T. subtriflora Baker [210]
Desc.: H; Nc; A; Nt. *Habitat:* 202 403 416.
Ao Cv Et Ke Mr Ne Sd So Tz Yd; Asia; Indian Ocean; Middle East.
Description: 24,210; *Illustration:* 24.

T. subulata Hutch. & Burtt Davy [440]
Desc.: H; Nc; P. *Habitat:* – .
Za.
Description: 440.

T. sylitroides Baker f. [216]
Desc.: H; Nc; A; K. *Habitat:* – .
Ao.

T. sylviae Berhaut [20]
Desc.: H; Nc; A; K. *Habitat:* 305.
Sn.
Description: 20.

T. tanganyikensis De Wild. [210]
Desc.: H; Nc; P; K. *Habitat:* 202.
Tz.
Description: 210.

T. uniflora Pers. [210]
T. transjubensis Chiov. [210].
Desc.: H/S; Nc; P; Nt. *Habitat*: 316 403 405 1605.
Ao Cv Et Gh Hv Ke Ml Mr Mz Na Ne Nq Sd Sn So Td Tz Yd Za Zw.
Description: 210; *Illustration*: 210,455.

T. verdickii De Wild. [236]
T. aurantiaca subsp. *verdickii* (De Wild.) J.Dewit [236].
Desc.: H/S; Nc; P; K. *Habitat*: 205.
Zr.
Description: 236.

T. vicioides A.Rich. (provisional) [24]
T. quartiniana Cuf. [24].
Desc.: H; Nc; P; Nt. *Habitat*: 1605.
Eg Et Ml Mr Ne Sd So Td Yd.
Description: 24.

T. villosa (L.) Pers. [210]
Desc.: H; Nc; A; Nt. *Uses*: Poison. *Habitat*: 403.
Ao Eg Et Ke Mz Na Sd So Tz Ug Za Zw; Asia; Indian Ocean.
Description: 210; *Map*: 441; *Illustration*: 210.

subsp. **ehrenbergiana** (Schweinf.) Brummitt [210]
T. ehrenbergiana Schweinf. [210].
Desc.: H; Nc; A; Nt. *Habitat*: 403.
Ao Eg Et Ke Mz Na Sd So Tz Ug Za Zw; Indian Ocean.
Description: 24,210; *Map*: 441. *Illustration*: 24,210.

T. virgata H.M.Forbes [440]
Desc.: H; Nc; P; K. *Habitat*: – .
Za.
Description: 440.

T. vogelii Hook.f. [210]
Desc.: H; Nc; P; Nt. *Uses*: Fish poison; Insecticide; Medicinal; Poison. *Habitat*: 205 216 305 316 Cult.
Bi Ci Cm Et Ga Gh Gq Gw Ke(U) Lr Mw Mz Nq Rw Sd Sl St Tz(U) Ug(U) Zm Zr Zw.
Description: 24,210,236; *Illustration*: 236.

T. whyteana Baker f. [441]
Desc.: S; Nc; P; Nt. *Habitat*: – .
Mw Mz.
Description: 441.

subsp. **gemina** Brummitt [441]
Desc.: S; Nc; P; K. *Habitat*: – .
Mz.
Description: 441.

subsp. **whyteana** [441]
Desc.: S; Nc; P; K. *Habitat*: – .
Mw.
Description: 441.

T. zambiana Brummitt [441]
Desc.: H; Nc; P; K. *Habitat*: – .
Zm.
Description: 441.

T. zoutspanbergensis Bremek. [440]
Desc.: S; Nc; P; Nt. Habitat: – .
Bw Za Zw.
Description: 440.

T. sp.A J.B.Gillett et al. (provisional) [210]
Desc.: H; Nc; A; K. Habitat: – .
Tz.
Description: 210.

XERODERRIS Roberty

X. stuhlmannii (Taubert) Mendonça & Sousa [210]
Ostryoderris chevalieri Dunn [3]; Ostryoderris stuhlmannii (Taubert) Harms [210].
Desc.: T; Nc; P; Nt. Uses: Medicinal; Tanning; Timber. Habitat: 202 302.
Bj Ci Gh Gn Gw Hv Ke Ml Mw Mz Nq Sl Sn Sz Tg Tz Za Zm Zr Zw.
Description: 3,210,236; Illustration: 210.

PHASEOLEAE

ADENODOLICHOS Harms

A. acutifoliolatus Verdc. [210]
Desc.: H/S; Nc; P; K. Habitat: 202.
Tz.
Description: 210,271; Illustration: 271.

A. anchietae (Hiern) Harms [216]
A. euryphyllus Harms [216].
Desc.: H; Nc; P; K. Habitat: 202.
Ao.

A. baumii Harms [216]
Desc.: H; Nc; P; Nt. Habitat: 202.
Ao Zm Zr.
Description: 230.

A. bequaertii De Wild. [230]
Desc.: H; Nc; P; K. Habitat: 202.
Zr.
Description: 230.

A. brevipetiolatus R.Wilczek [230]
Desc.: H; Nc; P; K. Habitat: 202.
Zr.
Description: 230.

A. caeruleus R.Wilczek [230]
Desc.: H; Nc; P; K. Habitat: 202.
Zr.
Description: 230.

A. exellii Torre [216]
Desc.: H/S; Nc; P; K. Habitat: 202.
Ao.
Description: 241; Illustration: 241.

References

ERRATA

Due to a regrettable oversight by the author, the final eighteen references were omitted from the bibliography as sent to the printer and three, 565, 566 & 567, were duplicated. In these cases it should be clear from the context which reference is the correct one. The missing eighteen references are listed here; users may wish to attach this slip after p.619, and to make a note on p.533.

565. Gillett,J.B. (1963). *Trigonella laciniata* in Zambia—a probable case of long-distance transport of seeds by birds. Kew Bulletin 19:387-388.
566. Zohary,M. & Heller,D. (1984). The genus *Trifolium*. The Israel Academy of Sciences and Humanities, Jerusalem.
567. Gillett,J.B. (1952). The genus *Trifolium* in Southern Arabia and in Africa south of the Sahara. Kew Bulletin 7:367-404.
568. Thulin,M. (1976). Two new species of *Trifolium* from Ethiopia. Bot. Not. 129:167-171.
569. Gillett,J.B. (1970). Further notes on *Trifolium* L. in tropical Africa. Kew Bulletin 24:217-220.
570. Gibbs,P.E. (1967). A revision of the genus *Adenocarpus*. Bol. Soc. Brot. 2,41:67-121.
571. Dummer,R.A. (1912). In: Diagnoses Africanae XLIX. Kew Bulletin 1912:270-283.
572. Polhill,R.M. (1968). *Argyrolobium* Eckl. & Zeyh. (Leguminosae) in Tropical Africa. Kew Bulletin 22:145-168.
573. Hilliard,O.M. & Burtt,B.L. (1987). The Botany of the Southern Natal Drakensberg. National Botanic Garden, Capetown, South Africa. (Ann. Kirstenbosch Bot. Gard. 15).
574. Harms,H. (1917). Weitere Beobachtungen über Kleistogamie bei afrikanischen Arten der Gattung *Argyrolobium*. Ber. Deut. Bot. Ges. 35:175-186.
575. Stirton,C.H. (1984). A new species of *Argyrolobium* (Fabaceae) from the Southern Cape. J. S. Afr. Bot. 50:443-448.
576. Hilliard,O.M. & Burtt,B.L. (1983). Notes on some plants of southern Africa chiefly from Natal: X. Notes R.B.G. Edinburgh 41:299-319.
577. Suessenguth,K. & Merxmüller,H. (1952). Cyperaceae und Papilionaceae aus Ostafrika. Mitt. Bot. St. München 1(5):163-166.
578. Gibbs,P.E. (1968). Taxonomy and distribution of the genus *Calicotome*. Notes R.B.G. Edinburgh 28:275-286.
579. Gibbs,P.E. (1968). A revision of the genus *Genista* L. Notes R.B.G. Edinburgh 27:11-99.
580. Stirton,C.H. (1982). The genus *Medicago* in southern Africa. Bothalia 14:27-35.
581. Small,E. & Brookes,B.S. (1984). Reduction of the geocarpic *Factorovskya* to *Medicago*. Taxon 33:622-635.
582. Granby,R. (1987). *Coelidium flavum* R.Granby, a new species of Fabaceae—Liparieae from the Cape Province. Nordic J. Bot. 7:51-52.

A. grandifoliolatus De Wild. [230]
Desc.: H; Nc; P; K. *Habitat:* 202.
Zr.
Description: 230.

A. harmsianus De Wild. (provisional) [230]
Desc.: H; Nc; P; K. *Habitat:* 202.
Zr.
Description: 230.

A. helenae Buscal. & Muschler (provisional) [272]
Desc.: - *Habitat:* - .
Zr Zw.

A. huillensis Torre [216]
Desc.: H; Nc; P; K. *Habitat:* - .
Ao.
Description: 241.

A. kaessneri Harms [210]
Desc.: S; Nc; P; Nt. *Habitat:* 202.
Tz Zr.
Description: 210,230.

A. katangensis R.Wilczek [230]
Desc.: H; Nc; P; K. *Habitat:* 202.
Zr.
Description: 230.

A. mendesii Torre [216]
Desc.: H; Nc; P; K. *Habitat:* 202.
Ao.
Description: 241.

A. oblongifoliolatus R.Wilczek [230]
Desc.: H; Nc; P; K. *Habitat:* - .
Zr.
Description: 230.

A. obtusifolius R.E.Fries (provisional) [273]
Desc.: H; Nc; P; K. *Habitat:* - .
Zw.
Description: 273.

A. paniculatus (Hua) Hutch. [210]
Desc.: S; Nc; P; Nt. *Habitat:* 302 306.
Cm Gh Gn Nq Sd Td Tg Ug Zr.
Description: 210,230.

A. punctatus (Micheli) Harms [210]
Desc.: H/S; Nc; P; Nt. *Habitat:* 202.
Ao Mw Mz Tz Zm Zr Zw.
Description: 210; *Illustration:* 210.

subsp. **bussei** (Harms) Verdc. [210]
A. adenophorus (Harms) Harms [210]; *A. bussei* Harms [210].
Desc.: H/S; Nc; P; Nt. *Habitat:* 202.
Ao Mw Mz Tz Zm Zr.
Description: 210,230; *Illustration:* 210.

subsp. **punctatus** [210]
Desc.: H/S; Nc; P; Nt. *Habitat:* 202.
Ao Mw Mz Tz Zm Zr Zw.
Description: 210,230.

A. rhomboideus (O.Hoffm.) Harms [230]
Desc.: H; Nc; P; Nt. *Habitat:* 202 205.
Ao Mw Zm Zr.
Description: 230; *Illustration:* 230.

A. rupestris Verdc. [210]
Desc.: H; Nc; P; Nt. *Habitat:* 202.
Tz Zm.
Description: 210,271; *Illustration:* 271.

A. salviifoliolatus R.Wilczek [230]
Desc.: H; Nc; P; K. *Habitat:* 202.
Zr.
Description: 230.

A. upembaensis R.Wilczek [230]
Desc.: H; Nc; P; K. *Habitat:* 202.
Zr.
Description: 230.

ALISTILUS N.E.Br.

A. bechuanicus N.E.Br. [8]
Desc.: H; C; P; Nt. *Habitat:* – .
Bw Na Za.

AMPHICARPAEA Nuttall

A. africana (Hook.f.) Harms [210]
Amphicarpa africana (Hook.f.) Harms [210].
Desc.: H; C; P; Nt. *Habitat:* 801.
Bi Cm Et Ke Mw Nq Sd Tz Ug Zm Zr.
Description: 24,210,230; *Illustration:* 24,210,230.

CAJANUS DC.
See Ref.274.

C. cajan (L.) Millsp. [210]
Desc.: H/S; Nc; A; Nt. *Uses:* Human food. *Habitat:* 216 316 416 Cult.
Ao(I) Bi(I) Ci(I) Cm(I) Eg(I) Et(I) Gh(I) Gn(I) Gw(I) Ke(I) Lr(I) Ml(I) Mw(I) Mz(I) Ne(I) Nq(I) Rw(I) Sd(I) Sl(I) Sn(I) St(I) Sz(I) Td(I) Tg(I) Tz(I) Ug(I) Za(I) Zm(I) Zr(I) Zw(I).
Description: 210,230,274; *Map:* 274. *Illustration:* 24,210,220,274.

C. kerstingii Harms [212]
Desc.: S; Nc; P; K. *Habitat:* 302.
Bj Gh Hv Ml Nq Sn Tg.
Description: 274; *Map:* 274; *Illustration:* 274.

C. scarabaeoides (L.) Thouars [274]
Atylosia scarabaeoides (L.) Benth. [274].
Desc.: H; C/Nc; P; Nt. *Habitat:* – .
Gh(I) Gw(I) Nq(I) Sl(I) Sn(I) Tz(I) Zm(I); Asia; Indian Ocean.
Description: 210,274; *Map:* 274. *Illustration:* 210,274.

CALOPOGONIUM Desv.

C. mucunoides Desv. [210]
Desc.: H; C; P. *Uses:* Cover crop. *Habitat:* – .
Bi(I) Ci(I) Cm(I) Gh(I) Gn(I) Gw(I) Ke(I) Lr(I) Mw(I) Nq(I) Sl(I) St(I) Tg(I) Tz(I) Ug(I) Zr(I); Caribbean; Central America; South America.
Description: 210,261; *Illustration:* 261.

CANAVALIA DC.
See Ref.342.

C. africana Dunn [343]
C. ferruginea Piper [210]; *C. gladiata* sensu Robyns, p.p. [210,230]; *C. virosa* sensu J.B.Gillett et al. [210,343].
Desc.: H; C; P; Nt. *Habitat:* 203 205 303 305 403 405.
Ao Ci Cm Et Gh Gw Ke Mw Mz Rw Sd Sl Td Tg Tz Ug Yd Za Zm ZrZw; Asia; Middle East.
Description: 24,210,344; *Illustration:* 24,220,344,410.

C. bonariensis Lindley [342]
Desc.: H; C; P. *Habitat:* – .
Za(I).

C. cathartica Thouars [210]
C. microcarpa (DC.) Piper [210].
Desc.: H; C; P; Nt. *Habitat:* 1301 1303.
Ke Tz; Asia; Australasia; Indian Ocean; Pacific Ocean.
Description: 210; *Illustration:* 210.

C. ensiformis (L.) DC. [210]
Desc.: H; C; A; Nt. *Uses:* Cover crop; Human food. *Habitat:* Cult.
Ao(I) Bj(I) Ci(I) Cm(I) Et(I) Gh(I) Gn(I) Gw(I) Ke(I) Ml(I) Mz(I) Ne(I) Nq(I) Sd(I) Sl(I) Sn(I) St(I) Tg(I) Tz(I) Zr(I) Zw(I).
Description: 24,210,230; *Illustration:* 230.

C. gladiata (Jacq.) DC. [210]
Desc.: H; C; A; Nt. *Habitat:* Cult.
Bi(I) Mz(I) Tz(I) Zm(I) Zr(I) Zw(I).
Description: 210.

C. plagiosperma Piper [224]
Desc.: H; Nc; P; Nt. *Habitat:* – .
Gw(I).
Description: 224.

C. regalis Piper & Dunn [216]
Desc.: H; C; Nt. *Habitat:* – .
Ao(I) Gh(U) Nq(U) Sd(U) Sn(U) Zr(U).

C. rosea (Sw.) DC. [210]
C. maritima Thouars [210]; *C. moneta* Welw. [216]; *C. obtusifolia* (Lam.) DC. [210].
Desc.: H; C/Nc; P; Nt. *Habitat:* 112 1312.
Ao Bj Ci Cm Gh Gm Gq Gw Ke Lr Mz Nq Sl Sn St Tg Tz Za Zr.
Description: 210,230.

CARISSOA Baker f.

C. angolensis Baker f. [216]
Desc.: H/S; Nc; P; K. *Habitat:* – .
Ao.

CENTROSEMA (DC.) Benth.

C. plumieri (Pers.) Benth. [210]
C. plumiere (Turp.) Benth. [217].
Desc.: H; C; P; Nt. *Habitat:* 101 116 Cult.
Gh(I) Ke(I) Nq(I) St(I) Tz(I) Zr(I); South America.
Description: 210,230.

C. pubescens Benth. [210]
Desc.: H; C; P; Nt. *Habitat:* 101 116 1101 1116 Cult.
Ao(I) Ci(I) Cm(I) Ga(I) Gh(I) Gn(I) Gq(I) Gw(I) Ke(I) Lr(I) Mz(I) Nq(I) Sl(I) St(I) Tg(I) Tz(I) Ug(I) Zm(I) Zr(I) Zw(I).
Description: 210,230; *Illustration:* 210.

C. virginianum (L.) Benth. [212]
Desc.: H; C; A. *Habitat:* – .
Gh(I).
Description: 212.

CLITORIA L.

C. falcata Lam. [210]
C. rubiginosa Pers. [210].
Desc.: H; C; P; Nt. *Habitat:* – .
Gh(I) Gw(I) Lr(I) Nq(I) Sl(I) Sn(I) Tz(I); Caribbean; Central America; South America.
Description: 210.

C. kaessneri Harms [216]
Desc.: H/S; Nc; P; Nt. *Habitat:* 202.
Ao Zm Zr.
Description: 230.

C. laurifolia Poiret [230]
C. cajanifolia (Presl) Benth. [230].
Desc.: H; Nc; P. *Habitat:* – .
Tz(I) Zr(I); South America.
Description: 230.

C. ternatea L. [210]
C. tanganicensis Micheli [210]; *C. tanganyicensis* Micheli [210]; *C. ternatea* var. *angustifolia* Baker f. [210].
Desc.: H; C; P; Nt. *Uses:* Ornamental. *Habitat:* 205 206 305 306 405 406.
Ao Bi Bj Cm Cv Et Ga Gh Gm Gn Gw Ke Mw Mz Ne(I) Nq Sd Sl Sn So St Tg Tz Ug Za Zm Zr Zw; Asia; Australasia; Indian Ocean; North America; South America.
Description: 24,210,230; *Illustration:* 24,210,230.

CLITORIOPSIS R.Wilczek

C. mollis R.Wilczek [230]
Desc.: H; Nc; P; K. *Habitat:* 302 1102.
Sd(U) Zr.
Description: 230; *Illustration:* 230.

DECORSEA R.Viguier

D. dinteri (Harms) Verdc. [275]
Phaseolus dinteri Harms [275].
Desc.: H; Nc; P; K. *Habitat:* – .
Na.
Description: 232.

D. galpinii (Burtt Davy) Verdc. [275]
Dolichos galpinii Burtt Davy [275].
Desc.: - Habitat: - .
Za.

D. schlechteri (Harms) Verdc. [210]
Dolichos schlechteri Burtt Davy [210]; *Phaseolus schlechteri* Harms [210].
Desc.: H; C; P; Nt. Habitat: 202.
Bw Mw Mz Tz Za Zm Zw.
Description: 210; Illustration: 210,275.

DIOCLEA Kunth

D. reflexa Hook.f. [212]
Desc.: H/S; C; P; Nt. Habitat: 101.
Ao Bj Ci Cm Ga Gh Gq Gw Lr Nq Sl St Tg Tz(I) Zr.
Description: 212,230; Illustration: 230.

D. virgata (Rich.) Amshoff (provisional) [8]
Desc.: - Habitat: - .
Nq(U).

DIPOGON Liebm.
See Ref.276.

D. lignosus (L.) Verdc. [276]
Dolichos gibbosus Thunb. [276]; *Dolichos lignosus* L. [276]; *Verdcourtia lignosa* (L.) Wilczek [276].
Desc.: H; C; P; Nt. Habitat: 504.
Za; Asia; Australasia; North America; South America.
Description: 276; Map: 276. Illustration: 276,396,400.

DOLICHOS L.
See Ref.275.

D. aciphyllus R.Wilczek [230]
Desc.: H; Nc; P; K. Habitat: 205.
Zr.
Description: 230.

D. angustifolius Ecklon & Zeyher [222]
Desc.: H; C/Nc; P. Habitat: - .
Za.
Description: 222.

D. angustissimus E.Meyer [232]
Desc.: H; Nc. Habitat: - .
Na Za.
Description: 232.

D. antunesii Harms [216]
D. simplicifolius sensu Torre (suspected synonym) [210,216].
Desc.: H; Nc; P; K. Habitat: 202.
Ao.

D. argyros R.Wilczek [230]
Desc.: H; Nc; P; K. Habitat: 205.
Zr.
Description: 230.

D. axilliflorus Verdc. [277]
Desc.: H; C; P; K. Habitat: 302 305.
Cm.
Description: 277; Illustration: 277.

D. bellus Harms (provisional) [210]
Desc.: H; Nc; P; K. Habitat: 805.
Tz.
Description: 210.

D. bianoensis R.Wilczek [210]
Desc.: H; Nc; P; Nt. Habitat: 205.
Tz Zm Zr.
Description: 210,230.

subsp. **bianoensis** [275]
Desc.: H; Nc; P; K. Habitat: – .
Zr.
Description: 230.

subsp. **orientalis** Verdc. [275]
Desc.: H; Nc; P; K. Habitat: 205.
Tz Zm.
Description: 210,275.

D. capensis L. (provisional) [275]
Desc.: – Habitat: – .
Za(U).

D. cardiophyllus Harms [210]
Desc.: H; Nc; P; K. Habitat: 205.
Tz.
Description: 210.

D. complanatus De Wild. [230]
Desc.: H; Nc; P; K. Habitat: 205.
Zr.
Description: 230; Illustration: 230.

D. compressus R.Wilczek [210]
Desc.: H; Nc; P; Nt. Habitat: 303 306 1203 1206.
Ke Sd Ug Zr.
Description: 210,230.

D. corymbosus R.Wilczek [230]
Desc.: H; Nc; P; K. Habitat: 205.
Zr.
Description: 230.

D. decumbens Thunb. [278]
Desc.: H; C/Nc; P; K. Habitat: – .
Za.

D. dinklagei Harms [275]
Adenodolichos dinklagei (Harms) Roberty [275].
Desc.: H/S; Nc; P; Nt. Habitat: 302.
Ci Gn Lr Sl.
Description: 212.

D. dongaluta Baker [216]
Desc.: H; P; K. Habitat: – .
Ao.

D. elatus Baker [216]
Desc.: H/S; Nc; P; K. *Habitat:* 202.
Ao.
Description: 216.

D. falciformis E.Meyer [222]
Desc.: H; C; P; Nt. *Habitat:* – .
Sz Za.
Description: 222.

D. filifoliolus Verdc. [275]
Desc.: H; Nc; P; K. *Habitat:* 205 206.
Zm.
Description: 275; *Illustration:* 275.

D. glabratus R.Wilczek [230]
Desc.: H; Nc; P; K. *Habitat:* – .
Zr.
Description: 230.

D. glabrescens R.Wilczek [230]
Desc.: H; Nc; P; K. *Habitat:* – .
Zr.
Description: 230.

D. grandistipulatus Harms [275]
Desc.: H; Nc; P; Nt. *Habitat:* – .
Cm Gh Nq Td.
Description: 212.

D. gululu De Wild. [210]
Desc.: H; Nc; P; Nt. *Habitat:* 202 205.
Ao Mz Tz Zm Zr.
Description: 210,230.

D. hastiformis E.Meyer [278]
D. hastaeformis E.Meyer [279]; *Vigna debilis* Fourc. [280].
Desc.: H; C/Nc; P; K. *Habitat:* – .
Za.

D. homblei De Wild. [230]
Desc.: H; Nc; P; Nt. *Habitat:* – .
Ao Zr.
Description: 230.

D. ichthyophone Verdc. [275]
Desc.: H; Nc; P; K. *Habitat:* 205 805.
Tz.
Description: 210,275.

D. junodii (Harms) Verdc. [275]
Vigna junodii Harms [275].
Desc.: H; C/Nc; P; Nt. *Habitat:* – .
Bw Mz Na.
Description: 232.

D. karaviaensis R.Wilczek [230]
Desc.: H; Nc; P; K. *Habitat:* – .
Zr.
Description: 230.

D. katali De Wild. [230]
Desc.: H; C; K. *Habitat:* 202.
Zr.
Description: 230.

D. kilimandscharicus Taubert [275]
Desc.: H; Nc; P; Nt. *Uses:* Fish poison. *Habitat:* 202 205 1202 1205.
Ao Et Ke Mw Mz Rw Sd Tz Zm Zw.
Description: 24,210; *Illustration:* 220.

subsp. **kilimandscharicus** [210]
D. goetzei Harms [210]; *D. lupiniflorus* N.E.Br. [210]; *D. lupinoides* Baker [210]; *D. malosanus* Baker [210]; *D. splendens* sensu auctt. [210].
Desc.: H; Nc; P; Nt. *Habitat:* 202 205 1202 1205.
Ao Bi Et Mw Mz Rw Sd Tz Ug Zm Zw.
Description: 210; *Illustration:* 220,230.

subsp. **parviflorus** Verdc. [210]
Desc.: H; Nc; P; Nt. *Habitat:* 1203 1205.
Ke Tz.
Description: 210.

D. linearifolius I.M.Johnston [216]
Desc.: H; Nc; P; Nt. *Habitat:* 202.
Ao Zm.
Description: 216.

D. linearis E.Meyer [232]
Desc.: H; C. *Habitat:* – .
Na Za.
Description: 232.

D. longipes Buchwald (provisional) [210]
Desc.: H; P. *Habitat:* – .
Tz.
Description: 210.

D. lualabensis R.Wilczek [210]
Desc.: H; Nc; P; Nt. *Habitat:* 205.
Tz Zm Zr.
Description: 210,230.

subsp. **lualabensis** [275]
Desc.: H; Nc; P; Nt. *Habitat:* – .
Zr.
Description: 230.

subsp. **ufipaensis** Verdc. [275]
Desc.: H; Nc; P; Nt. *Habitat:* 205.
Tz Zm.
Description: 210.

D. luticola Verdc. [210]
Desc.: H; Nc; P; Nt. *Habitat:* 405.
Et Ke Tz.
Description: 24,210,275.

D. magnificus Verdc. [275]
Desc.: H; Nc; P; K. *Habitat:* 202.
Zm.
Description: 275; *Illustration:* 275.

D. mendoncae Torre [275]
Desc.: H; Nc; P; Nt. *Habitat*: –.
Ao Zm.
Description: 241; *Illustration*: 216,241.

D. nimbaensis Schnell [275]
Desc.: H; Nc; P; Nt. *Habitat*: –.
Gn Sl.
Description: 212.

D. oliveri Schweinf. [210]
Desc.: H/S; C/Nc; P; Nt. *Habitat*: 403 405 406.
Et Ke Sd Tz Ug Zw.
Description: 24,210.

D. peglerae L.Bolus [281]
Desc.: H; C; P; K. *Habitat*: 1501.
Za.
Description: 281; *Illustration*: 281.

D. petiolatus R.Wilczek [210]
Desc.: H; Nc; P; Nt. *Habitat*: 202 206.
Mw Tz Zm Zr.
Description: 210,230.

D. pratensis (E.Meyer) Taubert [275]
Chloryllis pratensis E.Meyer [275]; *D.Chloryllis* Harvey [275].
Desc.: H; C/Nc; P. *Habitat*: –.
Za.
Description: 222.

D. pseudocajanus Baker [210]
Desc.: H; Nc; P; Nt. *Habitat*: 202 302.
Ao Bi Cm Gh Tz Zm Zr.
Description: 210,230.

D. pseudocomplanatus R.Wilczek [230]
Desc.: H; Nc; P; Nt. *Habitat*: 205.
Zm Zr.
Description: 230.

D. quarrei R.Wilczek [230]
Desc.: H; Nc; P; K. *Habitat*: –.
Zr.
Description: 230.

D. reptans Verdc. [275]
Desc.: H; Nc; P; Nt. *Habitat*: 302.
Cm Nq.
Description: 275.

D. schweinfurthii Harms [210]
D. lelyi Hutch. [212].
Desc.: H; Nc; P; Nt. *Habitat*: 305 306 1205 1206.
Cm Et Gh Gn Gw Ml Nq Sd Tg Tz Ug.
Description: 24,210; *Illustration*: 346.

D. sericeus E.Meyer [275]
Desc.: H; C/Nc; P; Nt. *Habitat*: –.
Bi Cm Et Ke Mw Mz Nq Rw Sd Tz Ug Za Zm Zr Zw.
Description: 210; *Illustration*: 210,220.

subsp. **formosus** (A.Rich.) Verdc. [275]
D. formosus A.Rich. [275].
Desc.: H; C/Nc; P; Nt. *Habitat:* 801 803.
Et Ke Sd Ug.
Description: 24,210,230; *Illustration:* 24.

subsp. **glabrescens** Verdc. [210]
Desc.: H; C/Nc; P; Nt. *Habitat:* 401 403.
Ke Tz.
Description: 210; *Illustration:* 210.

subsp. **pseudofalcatus** Verdc. [210]
Desc.: H; C/Nc; P; Nt. *Habitat:* 405 406 1205 1206.
Ke Tz Ug Zr.
Description: 210.

subsp. **sericeus** [275]
D. formosus sensu auctt. [275]; *D. shuteroides* Baker [275].
Desc.: H; C/Nc; P; Nt. *Habitat:* 101 201 203 1201 1203.
Bi Cm Et Ke Mw Mz Rw Sd Tz Ug Za Zm Zr Zw.
Description: 24,210; *Illustration:* 220.

D. sericophyllus R.Wilczek [230]
Desc.: H; Nc; P; K. *Habitat:* – .
Zr.
Description: 230.

D. serpens De Wild. [230]
Desc.: H; Nc; P; K. *Habitat:* – .
Zr.
Description: 230.

D. simplicifolius Hook.f. [210]
Desc.: H; Nc; P; Nt. *Habitat:* 202.
Mw Mz Tz Zm.
Description: 210.

D. smilacinus E.Meyer (provisional) [222]
Desc.: H; C; P. *Habitat:* – .
Za.
Description: 222.

D. splendens Baker [216]
Desc.: H; Nc; P; K. *Habitat:* 202.
Ao.

D. subcapitatus R.Wilczek [230]
Desc.: H; Nc; P; K. *Habitat:* 202 205.
Zr.
Description: 230; *Illustration:* 230.

D. tonkouiensis Portères [275]
Desc.: H/S; Nc; P; Nt. *Habitat:* – .
Ci Gn Lr Sl.
Description: 212.

D. trilobus L. [275]
Desc.: H; C; P; Nt. *Habitat:* 101 202 203 1201 1302 1303.
Ao Bi Cm Et Gh Ke Mz Na Nq Rw Sl Sn So Tg Tz Ug Za Zm Zw; Asia.
Description: 210; *Illustration:* 220.

subsp. **occidentalis** Verdc. [275]
D. falcatus sensu Hepper [212,275].
Desc.: H; C; P; Nt. *Habitat:* 101 1201.
Gh Nq Sl Sn Tg Ug.
Description: 210.

subsp. **transvaalicus** Verdc. [275]
D. falcatus sensu Burtt Davy [275].
Desc.: - *Habitat:* – .
Za.

subsp. **trilobus** [275]
D. falcatus Willd. [210]; *D. schliebenii* Harms [275]; *Vigna tenuis* Franchet [275].
Desc.: H; C; P; Nt. *Habitat:* 202 203 1302 1303.
Ao Et Ke Mz Na Rw So Tz Ug Za Zw.
Description: 24,210; *Illustration:* 220.

D. trinervatus Baker [210]
D. tricostatus Baker f. [210].
Desc.: H; Nc; P; Nt. *Habitat:* 202.
Ao Mw Mz Tz Zm Zr Zw.
Description: 210,230; *Illustration:* 230.

D. ungoniensis Harms (provisional) [210]
Desc.: H; Nc; P; K. *Habitat:* – .
Tz.
Description: 210.

D. xiphophyllus Baker [210]
D. monophyllus Taubert (suspected synonym) [210].
Desc.: H; Nc; P; Nt. *Habitat:* 205.
Tz Zm.
Description: 210.

D. zovuanyi R.Wilczek [230]
Desc.: H; Nc; P; K. *Uses:* Fish poison. *Habitat:* – .
Zr.
Description: 230.

D. sp.A J.B.Gillett et al. (provisional) [210]
Desc.: H; P; K. *Habitat:* 202 216.
Tz.
Description: 210.

D. sp.B J.B.Gillett et al. (provisional) [210]
Desc.: H; Nc; P; K. *Habitat:* 202.
Tz.
Description: 210.

D. sp.C J.B.Gillett et al. (provisional) [210]
Desc.: H; Nc; P. *Habitat:* 205.
Tz.
Description: 210.

DUMASIA DC.

D. villosa DC. [210]
Desc.: H; C; P; Nt. *Habitat:* 201 401 801.
Et Ke Mw Mz Tz Ug Za Zm Zr Zw; Asia; Indian Ocean.
Description: 24,210,230; *Illustration:* 24,210.

EMINIA Taubert
See Ref.282.

E. antennulifera (Baker) Taubert [210]
E. major Harms [210].
Desc.: H; C/Nc; P; Nt. Habitat: 202 203.
Mw Mz Tz Zm Zw.
Description: 210,282; Map: 283; Illustration: 210.

E. benguellensis Torre [216]
Desc.: H/S; Nc; P; K. Habitat: 202.
Ao.
Description: 241,282; Map: 283. Illustration: 216,241.

E. harmsiana De Wild. [230]
Desc.: H; Nc; P; Nt. Habitat: – .
Zm Zr.
Description: 230,282; Map: 283.

E. holubii (Hemsley) Taubert [282]
E. noldeana Harms [282]; E. polyadenia Hauman [282].
Desc.: H; Nc; P; Nt. Uses: Human food. Habitat: 202.
Ao Bw Zm Zr Zw.
Description: 230,282; Map: 283; Illustration: 230.

ERIOSEMA (DC.) G.Don

E. acuminatum (Ecklon & Zeyher) Stirton [312]
Desc.: H; Nc; P. Habitat: – .
Za.
Description: 312; Map: 312; Illustration: 312.

E. adamaouense Jacq.-Fel. [313]
Desc.: H/S; Nc; P; K. Habitat: 305.
Cm.
Description: 313; Illustration: 313.

E. adamii Jacq.-Fel. [313]
E. adami Jacq.-Fel. [313].
Desc.: H; Nc; P; K. Uses: Human food. Habitat: – .
Gn.
Description: 313; Illustration: 313.

E. affine De Wild. [210]
Desc.: H/S; Nc; P; Nt. Habitat: 202.
Ao Mw Tz Zm Zr Zw.
Description: 210,230; Illustration: 314.

E. afzelii Baker [212]
Desc.: H; Nc; P; Nt. Habitat: – .
Gn Gw Sl Sn.

E. albo-griseum Baker f. [216]
Desc.: H/S; Nc; P; K. Habitat: 202 205.
Ao.

subsp. **albo-griseum** Baker [216]
Desc.: H; Nc; P; K. Habitat: 202.
Ao.

subsp. **huillense** Torre [216]
Desc.: H; Nc; P; K. *Habitat*: 205.
Ao.
Description: 241.

E. andohii Milne-Redh. [212]
Desc.: S; Nc; P; Nt. *Habitat*: – .
Ci Gh Hv Tg.
Description: 315; *Map*: 315; *Illustration*: 315.

E. angustifolium Burtt Davy [247]
Desc.: H; Nc; P; K. *Habitat*: – .
Za.
Description: 247.

E. arachnoideum Verdc. [210]
Desc.: H; Nc; P; K. *Habitat*: 805.
Tz.
Description: 210,271; *Illustration*: 271.

E. bauchiense Hutch. & Dalziel [210]
E. bianoense Hauman [210]; *E. upembae* Hauman [210].
Desc.: H; Nc; P; Nt. *Habitat*: 205 305 805.
Cm Mw Nq Tz Zm Zr.
Description: 210; *Illustration*: 230.

E. benguellense Rossberg [216]
Desc.: H/S; Nc; P; K. *Habitat*: – .
Ao.

E. bieense Torre [216]
Desc.: H; Nc; P; K. *Habitat*: – .
Ao.
Description: 241; *Illustration*: 216,241.

E. bogdanii Verdc. [210]
Desc.: H; Nc; P; K. *Habitat*: 406.
Ke.
Description: 210.

E. brachybotrys Harms [230]
Desc.: H/S; Nc; P; K. *Habitat*: 202.
Zr.
Description: 230; *Illustration*: 314.

E. buchananii Baker f. [210]
Desc.: H; Nc; P; Nt. *Habitat*: 205 206 216 405 805.
Ke Mw Mz Tz Ug Za Zm Zw.
Description: 210.

E. burkei Harvey [210]
E. burkei var. *leucanthum* (Baker f.) Hauman [210]; *E. leucanthum* Baker f. [210].
Desc.: H; Nc; P; Nt. *Habitat*: 205 206.
Ao Mw Sz Tz Za Zm Zr Zw.
Description: 210,230; *Map*: 315.

E. chicamba Baker f. [216]
Desc.: H; Nc; P; K. *Habitat*: – .
Ao.

E. chrysadenium Taubert [210]
E. bequaertii sensu auctt. [210].
Desc.: H; Nc; P; Nt. *Habitat:* 202 205 305 805 1205.
Ao Bi Cf Cm Mw Nq Rw Tz Ug Zm Zr Zw.
Description: 210; *Map.* 316; *Illustration:* 220.

E. claessensii De Wild. (provisional) [230]
Desc.: H/S; Nc; P; Nt. *Habitat:* 202.
Zm Zr.
Description: 230; *Illustration:* 314.

E. cordatum E.Meyer [271]
Desc.: H; Nc; P; Nt. *Habitat:* 1302.
Mz Za Zw.
Description: 317; *Illustration:* 318.

E. cordifolium A.Rich. [210]
Desc.: H; Nc; P; Nt. *Uses:* Human food. *Habitat:* 305 805 1205.
Et Ke Nq Rw Sd Ug.
Description: 24,210,230; *Illustration:* 24,314.

E. cyclophyllum Baker f. [216]
Desc.: H; Nc; P; K. *Habitat:* 205.
Ao.

E. decumbens Hauman [230]
Desc.: H; Nc; P; Nt. *Habitat:* 205.
Zm Zr.
Description: 230.

E. distinctum N.E.Br. [271]
Desc.: H; Nc; P; Nt. *Habitat:* 805 1505.
Za.
Description: 318; *Map:* 318; *Illustration:* 318.

E. dregei E.Meyer [312]
Desc.: H; Nc; P; K. *Habitat:* 1505.
Za.
Description: 312; *Map:* 312; *Illustration:* 312.

E. elliotii Baker f. [210]
E. piotii J.P.Lebrun [8].
Desc.: H; Nc; P; Nt. *Habitat:* 405 416 805 1205.
Et Ke Nq Tz Ug.
Description: 24,210.

E. ellipticifolium Schinz [320]
E. nanum Burtt Davy [320].
Desc.: H; Nc; P; K. *Habitat:* – .
Sz Za.
Description: 320; *Map:* 320; *Illustration:* 320.

E. ellipticum Baker [210]
Desc.: H/S; Nc; P; Nt. *Habitat:* 202 206 806.
Ao Mw Mz Tz Zm Zw.
Description: 28,210; *Illustration:* 210.

E. englerianum Harms [230]
E. engleranum Harms [28]; *E. hockii* De Wild. [230].
Desc.: H/S; Nc; P; Nt. *Habitat:* 202 203.
Mw Mz Zm Zr Zw.
Description: 8,230; *Illustration:* 230.

Phaseoleae: Eriosema

E. erici-rosenii R.E.Fries [210]
E. chrysadenium var. *intermedium* Hauman [210].
Desc.: H; Nc; P; Nt. *Habitat:* 1102 1105 1106 1202 1205 1206.
Ao Bi Cf Cm Rw Tz Ug Zm Zr.
Description: 210,230; *Map:* 316. *Illustration:* 220,314.

E. flemingioides Baker [210]
E. angolense Baker f. (suspected synonym) [210].
Desc.: H/S; Nc; P; Nt. *Habitat:* 205 305.
Ao Cf Ci Cm Ke Nq Sd Ug Zm Zr.
Description: 210,230.

E. flexuosum Staner
Desc.: H; Nc; P; Nt. *Habitat:* 205 216.
Bi Mw Tz Zm Zr.
Description: 210,230; *Map:* 316; *Illustration:* 230.

E. gironcourtianum Jacq.-Fel. [313]
Desc.: H; Nc; P; K. *Habitat:* 1103.
Bj.
Description: 313; *Illustration:* 313.

E. glomeratum (Guillemin & Perrottet) Hook.f. [210]
Desc.: H; Nc; P; Nt. *Uses:* Human food; Poison. *Habitat:* 205 305 1303 1305.
Ao Cf Ci Cm Gh Gm Gn Ke Lr Nq Sd Sl Sn Td Tg Tz Ug Zm Zr.
Description: 210,230; *Illustration:* 314.

E. gossweileri Baker f. [216]
Desc.: H; Nc; P; K. *Habitat:* – .
Ao.

E. gracillimum Baker f. (provisional) [216]
Desc.: H; Nc; P; K. *Habitat:* 202.
Ao Cm.

E. griseum Baker [210]
Desc.: H; Nc; P; Nt. *Uses:* Medicinal. *Habitat:* 205 305 306.
Ao Bj Ci Cm Gh Gn Hv Nq Sd Td Tg Ug Zr.
Description: 210,230.

E. gunniae Stirton [319]
Desc.: H; Nc; P; K. *Habitat:* 205.
Za.
Description: 319; *Illustration:* 319.

Eriosema harmsiana Dinter [232]
Desc.: H; Nc; P; K. *Habitat:* – .
Na.
Description: 232.

E. hereroense Schinz (provisional) [232]
Desc.: - *Habitat:* – .
Na.

E. humile Hauman [230]
E. praecox sensu auctt. [230].
Desc.: H; Nc; P; K. *Habitat:* 1002.
Zr.
Description: 230; *Illustration:* 314.

E. jurionianum Staner & Craene   [210]
E. humbertii Staner & Craene [210]; *E. jurionianum* var. *ituriense* Staner & Craene [210].
Desc.: H; Nc; P; Nt. *Habitat:* 805 806.
Et Ke Tz Ug Zr.
Description: 24,210,230.

E. kankolo Hauman   [210]
Desc.: H; Nc; P; Nt. *Habitat:* 202 205.
Tz Zm Zr.
Description: 210,230.

  subsp. **kankolo**   [271]
  E. cryptanthum Milne-Redh. [210]; *E. occultiflorum* J.B.Gillett [210].
  Desc.: H; Nc; P; Nt. *Habitat:* – .
  Zm Zr.
  Description: 210,230.

  subsp. **lanceolatum** Verdc.   [210]
  Desc.: H; Nc; P; Nt. *Habitat:* 202 205.
  Tz Zm.
  Description: 210.

E. kraussianum Meissner   [279]
Desc.: - *Habitat:* – .
Za.

E. kwangoense Hauman   [230]
Desc.: H; Nc; P; K. *Habitat:* 202.
Zr.
Description: 230.

E. latericola Jacq.-Fel.   [313]
Desc.: H; Nc; P; K. *Habitat:* 1105.
Gn.
Description: 313; *Illustration:* 313.

E. latifolium (Harvey) Stirton   [312]
E. squarrosum var. *latifolium* Harvey [312]; *E. zeyheri* var. *latifolium* Baker f. [312].
Desc.: H; Nc; P; K. *Habitat:* 1505.
Za.
Description: 312; *Map:* 312; *Illustration:* 312.

E. laurentii De Wild.   [210]
Desc.: H; Nc; P; Nt. *Habitat:* 1103 1105 1203 1205.
Ao Cf Ci Gn Gw Lr Nq Sd Sl Tz Ug Zr.
Description: 210,230.

  subsp. **arenicola** Verdc.   [271]
  Desc.: H/S; Nc; P; Nt. *Habitat:* 105.
  Lr Sl.
  Description: 271.

  subsp. **laurentii**   [210]
  Desc.: H; Nc; P; Nt. *Habitat:* 1103 1105 1203 1205.
  Ao Cf Sd Tz Ug Zr.
  Description: 210,230.

E. lebrunii Staner & Craene   [210]
E. schoutedenianum sensu Hepper [210,212].
Desc.: H; Nc; P; Nt. *Habitat:* 205 305 1205.
Bi Cm Mw Tz Zr Zw.
Description: 210,230; *Illustration:* 314.

E. letouzeyi Jacq.-Fel. [313]
Desc.: H; Nc; P; Nt. *Habitat:* 302.
Cf Cm Td.
Description: 313; *Illustration:* 313.

E. linifolium Baker f. [212]
Desc.: H; Nc; P; Nt. *Habitat:* – .
Cf Cm Ml Ne Nq Sd Td.
Description: 212,313.

E. longipedunculatum (A.Rich.) Baker [271]
Desc.: H; Nc; P; K. *Habitat:* – .
Et.
Description: 24.

E. longiunguiculatum Hauman [230]
Desc.: H; Nc; P; K. *Habitat:* 1002.
Zr.
Description: 230.

E. lucipetum Stirton [317]
Desc.: H; Nc; P; K. *Habitat:* – .
Za.
Description: 317; *Map:* 317; *Illustration:* 317.

E. luteopetalum Stirton [312]
Desc.: H; Nc; P; K. *Habitat:* 1505.
Za.
Description: 312; *Map:* 312; *Illustration:* 312.

E. macrostipulum Baker f. [210]
E. erectum Baker f. [210]; *E. macrostipula* Baker f. [29]; *E. sousae* M.Exell [210]; *E. suborbiculare* Hauman [210].
Desc.: H; Nc; P; Nt. *Habitat:* 202 205 302 305.
Bi Cf Ci Gn Hv Ke Ml Mw Mz Nq Rw Sd Tz Ug Zm Zr Zw.
Description: 210,230.

E. manikense De Wild. [230]
Desc.: H; Nc; P; K. *Habitat:* 202.
Zr.
Description: 230; *Map:* 316.

E. molle Milne-Redh. [212]
Desc.: S; Nc; P; Nt. *Habitat:* – .
Bj Ci Gh Tg.
Description: 315; *Map:* 315; *Illustration:* 315.

E. montanum Baker f. [210]
Desc.: H/S; Nc; P; Nt. *Habitat:* 203 205 305 805 1205.
Ao Bi Cf Cm Et Ke Mw Nq Rw Tz Ug Zm Zr Zw.
Description: 28,210; *Illustration:* 220.

E. monticola Taubert [210]
E. monticolum Taubert [212].
Desc.: H; Nc; P; Nt. *Habitat:* 1105 1205.
Ao Bi Cm Gh Nq Tg Tz Ug.
Description: 210.

E. naviculare Stirton [321]
Desc.: H; Nc; P; K. *Habitat:* 205.
Za.
Description: 321; *Illustration:* 321.

E. nutans Schinz [210]
> *E. buchananii* var. *richardii* (Baker f. & Haydon) Staner [210]; *E. polystachyum* sensu auctt. [271]; *E. richardii* Baker f. & Haydon [210].
> *Desc.:* H; Nc; P; Nt. *Habitat:* 205 206 305 306 405 406 1205 1206.
> Et Ke Mw Mz Nq Rw Sd Tz Ug Za Zm Zr Zw.
> *Description:* 24,210,317,322; *Illustration:* 24,220,317,322.

E. parviflorum E.Meyer [210]
> *Desc.:* H; Nc; P; Nt. *Habitat:* 203 205 1103 1105 1203 1205.
> Cf Cg Ci Cm Ga Gh Gq Ke Lr Mz Nq Rw Sl Tz Ug Za Zm Zr.
> *Description:* 210,317; *Illustration:* 317.

subsp. **parviflorum** [210]
> *Desc.:* H; Nc; P; Nt. *Habitat:* 203 205 1203 1205.
> Cm Ke Mz Rw Tz Ug Za Zm Zr.
> *Description:* 210,317; *Illustration:* 220,317.

subsp. **podostachyum** (Hook.f.) J.K.Morton [271]
> *E. parviflorum* subsp. *parviflorum* sensu Hepper [112,271]*E. parviflorum* subsp. *sarmentosum* Staner & Craene [271].
> *Desc.:* H; Nc; P; Nt. *Habitat:* 1105.
> Cm Ga Gh Gq Lr Nq Sl.
> *Description:* 271.

E. pauciflorum Klotzsch [210]
> *E. andongense* Baker f. [216].
> *Desc.:* H; Nc; P; Nt. *Habitat:* 202 205 216 302 305 1303 1305.
> Ao Bi Bw Cf Gh Ke Mw Mz Na Rw Sd Td Tz Za Zm Zw.
> *Description:* 210,230.

E. pellegrinii Tisser. [216]
> *Desc.:* H; Nc; P; Nt. *Habitat:* 205 206 305 306.
> Ao Cf Ci Hv Ml Zr.
> *Description:* 230.

E. pentaphyllum Harms [210]
> *Desc.:* H; Nc; P; Nt. *Habitat:* 202 205 1202 1205.
> Bi Rw Tz Zm Zr.
> *Description:* 210,230; *Map:* 316; *Illustration:* 314.

E. populifolium Harvey [271]
> *Desc.:* H; Nc; P; K. *Habitat:* 1405.
> Za.
> *Description:* 318; *Map:* 318; *Illustration:* 318.

subsp. **capensis** Stirton & Gordon-Gray [318]
> *Desc.:* H; Nc; P; K. *Habitat:* – .
> Za.
> *Description:* 318; *Map:* 318; *Illustration:* 318.

subsp. **populifolium** [318]
> *Desc.:* H; Nc; P; K. *Habitat:* – .
> Za.
> *Description:* 318; *Map:* 318; *Illustration:* 318.

E. preptum Stirton [319]
> *Desc.:* H; Nc; P. *Habitat:* 1505.
> Za.
> *Description:* 312,319; *Map:* 312,319. *Illustration:* 319.

E. prunelloides Baker f. [216]
Desc.: H; Nc; P; Nt. *Habitat*: 202.
Ao Zm Zr.
Description: 230.

E. pseudodistinctum Verdc. [271]
Desc.: H; Nc; P; K. *Habitat*: 806.
Tz.
Description: 210,271; *Illustration*: 271.

E. pseudostolzii Verdc. [210]
Desc.: H; Nc; P; K. *Habitat*: 202 805.
Tz.
Description: 210,271; *Illustration*: 271.

E. psiloblepharum Baker f. [216]
Desc.: H; Nc; P; K. *Habitat*: – .

E. psoraleoides (Lam.) G.Don [210]
E. cajanoides (Guillemin & Perrottet) Hook.f. [210]; *E. proschii* Briq. [210]; *E. psoraloides* (Lam.) G.Don [29].
Desc.: H/S; Nc; P; Nt. *Uses*: Fish poison; Medicinal. *Habitat*: 205 206 216 305 306 316 1105 1106 1116 1205 1206 1216.
Ao Bi Bj Bw Cf Cg Ci Cm Et Gh Gm Gn Gw Hv Ke Ml Mw Mz Nq Rw Sd Sl Sn Sz Tg Tz Ug Za Zm Zr Zw; Indian Ocean.
Description: 210,230,317; *Illustration*: 212,220,230,410.

E. pulcherrimum Taubert [230]
Desc.: H; Nc; P; Nt. *Uses*: Human food; Medicinal. *Habitat*: 202 302 1002 1102.
Cf Cg Cm Ga Gh Ml Nq Sd Tg Zr.
Description: 29,230; *Illustration*: 230.

E. pumilum Verdc. [210]
Desc.: H; Nc; P; Nt. *Habitat*: 202.
Mw Tz Zm.
Description: 210,271; *Illustration*: 271.

E. pygmaeum Baker [216]
Desc.: H; Nc; P; K. *Habitat*: 202.
Ao.

E. quarrei Baker f. [230]
Desc.: H/S; Nc; P; Nt. *Habitat*: 202 205.
Zm Zr.
Description: 230; *Illustration*: 314.

E. ramosum Baker f. [216]
Desc.: H; Nc; P; Nt. *Habitat*: 202.
Ao Cm Mw Zm Zw.

E. raynaliorum Jacq.-Fel. [313]
Desc.: H; Nc; P; K. *Habitat*: 302.
Cm.
Description: 313; *Illustration*: 313.

E. rhodesicum R.E.Fries [210]
E. mirabile R.E.Fries [210]; *E. praecox* R.E.Fries [210].
Desc.: H; Nc; P; Nt. *Habitat*: 205 305 405 805 1205.
Ao Bi Cm Et Gh Ke Mw Mz Nq Rw Tz Ug Zm Zw.
Description: 210,230; *Illustration*: 216,230,241.

E. rhynchosioides Baker [210]
Desc.: H; Nc; P; Nt. *Habitat:* 202 203.
Bi Tz Zm Zw.
Description: 210.

E. robinsonii Verdc. [210]
Desc.: H; Nc; P; K. *Habitat:* 205.
Tz.
Description: 210,271; *Illustration:* 210,271.

E. robustum Baker [210]
Desc.: H/S; Nc; P; Nt. *Habitat:* 303 305 306 1203 1205 1206.
Bi Cm Et Ke Rw Tz Ug Zr.
Description: 24,210,230; *Map:* 316.

E. rossii Stirton [312]
Desc.: H; Nc; P; K. *Habitat:* 1505.
Za.
Description: 312; *Map:* 312; *Illustration:* 312.

E. sacleuxii Tisser. [313]
Desc.: H; Nc; P; Nt. *Habitat:* – .
Cf Hv Td.
Description: 313.

E. salignum E.Meyer [279]
Desc.: H; Nc; P. *Habitat:* – .
Ls Za.

E. schweinfurthii Baker f. [210]
Desc.: H; Nc; P; K. *Habitat:* – .
Cf Sd Ug Zr.
Description: 210,230.

E. scioanum Avetta [210]
Desc.: H; Nc; P; Nt. *Habitat:* 305 803 805 1203 1205.
Bi Cm Et Ke Nq Rw Tz Ug Zr.
Description: 24,210; *Illustration:* 24,220.

subsp. **lejeunei** (Staner & Craene) Verdc. [210]
E. lejeunei Staner & Craene [210]; *E. montanum* var. *hirsutum* Hauman [210].
Desc.: H; Nc; P; Nt. *Habitat:* 305 805 1203 1205.
Bi Cm Ke Nq Rw Tz Ug Zr.
Description: 210,230; *Map:* 316. *Illustration:* 220,314.

subsp. **scioanum** [210]
Desc.: H; Nc; P; K. *Habitat:* 805.
Et.
Description: 24,210; *Illustration:* 24.

E. shirense Baker f. [210]
E. filipendulum Baker f. [210].
Desc.: H; Nc; P; Nt. *Habitat:* 202 205 302 305 802 805 1202 1205.
Ao Bi Cf Ci Cm Et Ke Mw Mz Nq Rw Tz Ug Zm Zw.
Description: 24,210,230; *Illustration:* 220,314.

E. sparsiflorum Baker f. [210]
Desc.: H; Nc; P; Nt. *Habitat:* 305 306 1105 1106.
Cf Cm Et Gn Ke Ml Nq Sd Ug Zr.
Description: 210,230; *Illustration:* 313.

E. speciosum Baker (provisional) [316]
Desc.: - Habitat: –.
Ao.
Map: 316.

E. spicatum Hook.f. [271]
Desc.: H/S; Nc; P; Nt. *Habitat:* 302 306 805 1102 1106.
Ci Cm Ga Gn Gw Lr Sl.

subsp. **collinum** (Hepper) J.K.Morton [271]
E. parviflorum subsp. *collinum* Hepper [271].
Desc.: H/S; Nc; P; Nt. *Habitat:* 805.
Gn Lr Sl.

subsp. **spicatum** [271]
E. parviflorum subsp. *laxiusculum* Staner & Craene [271].
Desc.: H/S; Nc; P; Nt. *Habitat:* 302 306 1102 1106.
Ci Ga Gn Gw Sl.

E. squarrosum (Thunb.) Walp. [312]
E. zeyheri E.Meyer [312]
Desc.: H; Nc; P; Nt. *Habitat:* 1505.
Za.
Description: 312; *Map:* 312; *Illustration:* 312.

E. stanerianum Hauman [210]
E. staneranum Hauman [210].
Desc.: H/S; Nc; P; Nt. *Habitat:* 205 1205.
Bi Tz Ug Zm Zr.
Description: 210,230; *Map:* 316.

E. tenuicaule Hauman [230]
Desc.: H; Nc; P; K. *Habitat:* 205.
Zr.
Description: 230.

E. tephrosioides Harms [216]
Desc.: H/S; Nc; P; Nt. *Uses:* Medicinal. *Habitat:* 202.
Ao Zm Zr.
Description: 230; *Illustration:* 314.

E. terniflorum Baker f. [216]
E. antunesii Harms [216].
Desc.: H; Nc; P; K. *Habitat:* 202 205.
Ao Zr.
Description: 230.

E. tessmannii Baker f. & Haydon [210]
E. tisserantii var. *angustifolium* Hauman [210].
Desc.: H; Nc; P; Nt. *Habitat:* 305 1105.
Cf Cm Sl Ug Zr.
Description: 210.

E. tisserantii Staner & Craene [230]
Desc.: H; Nc; P; Nt. *Habitat:* 1102.
Cf Zr.
Description: 230; *Illustration:* 314.

E. transvaalense Stirton [319]
Desc.: H; Nc; P; K. *Habitat:* –.
Za.
Description: 319; *Illustration:* 319.

E. tuberosum A.Rich. (provisional) [24]
Desc.: H; Nc; P; K. *Habitat:* 306.
Et.
Description: 24.

E. ukingense Harms [210]
E. stolzii Harms [210].
Desc.: H; Nc; P; Nt. *Habitat:* 805.
Mw Tz Zm.
Description: 210.

E. umtamvunense Stirton [312]
Desc.: H; Nc; P; K. *Habitat:* 1505.
Za.
Description: 312; *Map:* 312; *Illustration:* 312.

E. vanderystii (De Wild.) Hauman [210]
E. velutinum Baker f. & Haydon [210].
Desc.: H; Nc; P; Nt. *Habitat:* 205 206 305 306 1005 1105.
Ao Cf Ke Tz Ug Zm Zr.
Description: 210,230; *Map:* 316; *Illustration:* 210.

E. verdickii De Wild. [210]
E. schoutedenianum Staner & Craene [210].
Desc.: H; Nc; P; Nt. *Uses:* Human food. *Habitat:* 202 206 302 306.
Cm Et Mw Nq Sd Tz Zm Zr.
Description: 210,230; *Illustration:* 314.

E. welwitschii Baker f. (provisional) [216]
Desc.: H; Nc; P; K. *Habitat:* – .
Ao.

E. youngii Baker f. [210]
E. tenue Hepper [210]; *E. tenue* var. *rufum* Hepper [210].
Desc.: H; Nc; P; Nt. *Habitat:* 205 206 305 306.
Ao Cm Gn Mw Nq Tz Ug Zm.
Description: 210; *Illustration:* 214.

E. zuluense Stirton [317]
Desc.: H; Nc; P; K. *Habitat:* – .
Za.
Description: 317; *Map:* 317; *Illustration:* 317.

ERYTHRINA L.
See Ref.285.

E. abyssinica DC. [210]
Desc.: S/T; Nc; P; Nt. *Habitat:* 202 206 402 406 1202 1206.
Ao Et Ke Mw Mz Rw Sd Tz Ug Zm Zr Zw.
Description: 210,284; *Illustration:* 9,29,220,284.

subsp. **abyssinica** [210]
E. eggelingii Baker f. [210]; *E. huillensis* Baker [216]; *E. platyphyllos* Baker f. [210]; *E. suberifera* Baker [210]; *E. tomentosa* Lam. [210]; *E. webberi* Baker f.,p.p. [210].
Desc.: S/T; Nc; P; Nt. *Uses:* Ornamental; Poison. *Habitat:* 202 206 402 406 1202 1206.
Ao Bi Et Ke Mw Mz Rw Sd Tz Ug Zm Zr Zw.
Description: 210,230,285; *Illustration:* 9,285.

E. acanthocarpa E.Meyer [285]
Desc.: S; Nc; P; K. *Habitat:* – .
Za.
Description: 285,286; *Illustration:* 286,287.

E. addisoniae Hutch. & Dalziel [212]
Desc.: T; Nc; P; Nt. *Habitat:* 101.
Cg Ci Gh Gn Nq Sl.
Description: 3; *Illustration:* 3,285.

E. baumii Harms [216]
Desc.: H/S; Nc; P; Nt. *Habitat:* 205.
Ao Na Zm Zr.
Description: 28,230,288; *Illustration:* 285,288.

E. berteroana Urban [210]
Desc.: - *Uses:* Ornamental. *Habitat:* Cult.
Tz(I).

E. bidwillii Lindley [210]
Desc.: - *Uses:* Ornamental. *Habitat:* Cult.
Tz(I).

E. brucei Schweinf. [24]
Desc.: T; Nc; P; K. *Habitat:* 801 802.
Et Ke(I).
Description: 24; *Illustration:* 24,285.

E. burana Chiov. [24]
Desc.: T; Nc; P; K. *Habitat:* 402 403.
Et Ke(I).
Description: 24; *Illustration:* 24,285.

E. burttii Baker f. [210]
E. burtii Baker f. [210].
Desc.: T; Nc; P; Nt. *Habitat:* 403.
Ke Tz.
Description: 210; *Illustration:* 210.

E. caffra Thunb. [210]
Desc.: T; Nc; P; Nt. *Uses:* Ornamental. *Habitat:* 1501.
Ke(I) Mz Za.
Description: 288,289; *Illustration:* 285,287,289.

E. coddii Krukoff & Barneby [285]
Desc.: T; Nc; P. *Habitat:* – .
Zw(I).
Description: 285; *Illustration:* 285.

E. corallodendron L. [210]
Desc.: T; Nc; P. *Uses:* Ornamental. *Habitat:* – .
Ke(I) Za(I); Caribbean.
Illustration: 287.

E. crista-galli L. [210]
Desc.: - *Uses:* Ornamental. *Habitat:* Cult.
Eg(I) Et(I) Ke(I) Mz(I) Rw(I) Sd(I) Tz(I) Ug(I) Za(I) Zw(I).
Description: 24; *Illustration:* 287.

E. decora Harms [232]
Desc.: S/T; Nc; P; K. *Habitat:* – .
Na.
Description: 232; *Illustration:* 285,287.

E. droogmansiana De Wild. & T.Durand [230]
E. hylobia Harms [290]; *E. sp.* Eggeling [9,290]; *E. sp.C* J.B.Gillett et al. [210,290]; *E. sp D* J.B.Gillett et al. [210,290].
Desc.: S/T; Nc; P; Nt. *Uses:* Timber. *Habitat:* 101 1201.

Ao Cm Ga St(U) Ug Zr.
Description: 230; *Illustration:* 230,285.

E. dyeri E.F.Hennessy [394]
Desc.: T; Nc; P; K. *Habitat:* – .
Za.
Description: 394; *Illustration:* 394.

E. excelsa Baker [210]
E. bagshawei Baker f. [210]; *E. seretii* De Wild. [210].
Desc.: T; Nc; P; Nt. *Habitat:* 101 201 1201.
Ci Cm Ke Nq Sd Tz Ug Zm Zr.
Description: 28,210,230; *Illustration:* 285.

E. falcata Benth. [285]
Desc.: T; Nc; P. *Habitat:* Cult.
Ke(I) Za(I).

E. fusca Lour. [210]
E. glauca Willd. [210]; *E. ovalifolia* Roxb. [210].
Desc.: T; Nc; P; Nt. *Uses:* Ornamental. *Habitat:* 1312 Cult.
Cm(I) Gh(I) Nq(I) Tz Ug(I) Za(I); Asia; Australasia; Indian Ocean; Pacific Ocean; South America.
Description: 210; *Illustration:* 291.

E. greenwayi Verdc. [210]
Desc.: T; Nc; P; K. *Habitat:* 202.
Tz.
Description: 210; *Illustration:* 285.

E. haerdii Verdc. [210]
Desc.: T; Nc; P; K. *Habitat:* 1306.
Tz.
Description: 210; *Illustration:* 285.

E. hennessyae Krukoff & Barneby [285]
Desc.: T; Nc; P. *Habitat:* – .
Za.

E. humeana Sprengel [210]
E. hastifolia Bertol. f. [210]; *E. humei* E.Meyer [210].
Desc.: S; Nc; P; Nt. *Uses:* Ornamental. *Habitat:* 203 1403.
Ke(I) Mz Sz Za Zw.
Illustration: 285,287.

E. johnsoniae E.F.Hennessy [285,291,292]
Desc.: T; Nc; P; K. *Habitat:* 1501.
Za.
Description: 292; *Illustration:* 292.

E. lanigera Duvign. & R.Majot-Rochez [230]
E. sp.B J.B.Gillett et al. [285].
Desc.: T; Nc; P; K. *Habitat:* – .
Zr.
Description: 230.

E. latissima E.Meyer [285]
E. gibbsae Baker [285].
Desc.: T; Nc; P; Nt. *Habitat:* 202 206.
Bw Mz Sz Za Zw.
Description: 293; *Illustration:* 285,287,293,410.

E. livingstoniana Baker [285]
Desc.: T; Nc; P; Nt. *Habitat:* 202 1302.
Mw Mz Za(I) Zw.
Description: 294; *Illustration:* 285,287,294.

E. lysistemon Hutch. [210]
E. caffra sensu auctt. [210].
Desc.: T; Nc; P; Nt. *Uses:* Ornamental. *Habitat:* 203.
Bw Et(I) Ke(I) Mw Mz Sz Tz Za Zw.
Description: 24,210; *Illustration:* 285,287,288,410.

E. melanacantha Harms [210]
Desc.: T; Nc; P; Nt. *Habitat:* 403.
Et Ke So Tz Yd.
Description: 210; *Illustration:* 285.

subsp. **melanacantha** [24]
E. rotundato-obovata Baker f. [295].
Desc.: T; Nc; P; Nt. *Habitat:* 403.
Et Ke Tz.
Description: 295; *Map:* 295.

subsp. **somala** (Chiov.) J.B.Gillett [295]
E. melanacantha var. *somala* Chiov. [295].
Desc.: T; Nc; P; Nt. *Habitat:* 403.
Et So Yd.
Description: 24,295; *Map:* 295; *Illustration:* 24.

E. mendesii Torre [216]
Desc.: S; Nc; P; Nt. *Habitat:* – .
Ao Bw Na Zm.
Illustration: 216,241,285,287.

E. mildbraedii Harms [210]
E. buesgenii Harms [285]; *E. problematica* Duvign. & R.Majot-Rochez [285].
Desc.: T; Nc; P; Nt. *Habitat:* 101 1201.
Ci Cm Gh Gn Lr Nq Sl Tg Ug Zr.
Description: 3,12,210,230; *Illustration:* 12,285.

E. mitis Jacq. [210]
E. umbrosa Kunth [210].
Desc.: - *Uses:* Ornamental. *Habitat:* – .
Ug(I).

E. montana Rose & Standley [285]
Desc.: - *Habitat:* – .
Tz(I); North America.

E. orophila Ghesq. [230]
Desc.: T; Nc; P; K. *Uses:* Ornamental; Timber. *Habitat:* 801.
Zr.
Description: 230; *Illustration:* 285.

E. poeppigiana (Walp.) O.F.Cook [210]
Desc.: T; Nc; P. *Uses:* Ornamental. *Habitat:* Cult.
Ke(I) Nq(I) Sl(I) St(I) Tz(I) Ug(I) Za(I).

E. pygmaea Torre [216]
Desc.: S; Nc; P; K. *Habitat:* – .
Ao.
Description: 241; *Illustration:* 241.

E. sacleuxii Hua [210]
 E. webberi Baker f.,p.p. [210].
 Desc.: T; Nc; P; Nt. *Habitat:* 1301 1302 1303 1306.
 Ke Tz.
 Description: 210; *Illustration:* 285.

E. schliebenii Harms [210]
 Desc.: T; Nc; P; K. *Habitat:* 1302.
 Tz.
 Description: 210; *Illustration:* 285.

E. senegalensis DC. [212]
 Desc.: S/T; Nc; P; Nt. *Habitat:* 302.
 Bj Ci Cm Gh Gm Gn Gw Lr Ml Ne Nq Sl Sn Td Tg.
 Description: 3,12; *Illustration:* 3,10,285.

E. sigmoidea Hua [212]
 E. eriotricha Harms [285]; *E. sudanica* Baker f. [285].
 Desc.: S/T; Nc; P; Nt. *Habitat:* 302.
 Cf Ci Cm Gn Gw Ml Nq Sd Sn Td Tg.
 Description: 3,29; *Map:* 57; *Illustration:* 10,285.

E. speciosa Andr. [285]
 Desc.: - *Habitat:* Cult.
 Eg(I).

E. tholloniana Hua [230]
 Desc.: S/T; Nc; P; Nt. *Habitat:* 103 116.
 Ga Nq Zr.
 Description: 230; *Illustration:* 285.

E. variegata L. [210]
 E. indica Lam. [210].
 Desc.: T; Nc; P; Nt. *Habitat:* 1312 Cult.
 Cv(I) Eg(I) Nq(I) Sd(I) Sn(I) St(I) Tz Ug(I); Asia; Indian Ocean; Pacific Ocean.
 Description: 210.

E. velutina Willd. [2]
 Desc.: - *Uses:* Ornamental. *Habitat:* – .
 Ug(I).

E. vogelii Hook.f. [212]
 E. bancoensis Aubrev. [212].
 Desc.: T; Nc; P; Nt. *Habitat:* 101 103 116.
 Ci Gh Gq Nq.
 Description: 3,12; *Illustration:* 3,12,285.

E. warneckei Baker f. (provisional) [210]
 Desc.: T; Nc; P; K. *Habitat:* 1301.
 Tz.
 Description: 210.

E. zeyheri Harvey [285]
 Desc.: S; Nc; P; Nt. *Habitat:* 206 1402.
 Bw Ls Za Zw.
 Illustration: 285,287,296.

E. sp.1 F.White (provisional) [28]
 Desc.: T; Nc; P; K. *Habitat:* 202.
 Zm.
 Description: 28.

E. sp.A J.B.Gillett et al. (provisional)   [210]
Desc.: T; Nc; P; K. *Habitat:* – .
Tz.
Description: 210.

E. sp.cf.E.buesgenii Hepper (provisional)   [212]
Desc.: – *Habitat:* 101.
Cm Nq.

FAGELIA DC.

F. bituminosa (L.) DC.   [278]
Bolusafra bituminosa (L.) Kuntze [278].
Desc.: H/S; Nc; P; K. *Habitat:* – .
Za.
Illustration: 396.

FLEMINGIA Aiton f.

F. faginea (Guillemin & Perrottet) Baker   [212]
Moghania faginea (Guillemin & Perrottet) Kuntze [212].
Desc.: S; Nc; P; Nt. *Habitat:* 302.
Ci Gh Gm Gn Gw Hv Ml Sn Tg.
Description: 212.

F. grahamiana Wight & Arn.   [210]
F. rhodocarpa Baker [210]; *Moghania grahamiana* (Wight & Arn.) Kuntze [210]; *Moghania rhodocarpa* (Baker) Hauman [210]; *Moghania rhodocarpa* (Baker) Kuntze [24].
Desc.: H/S; C/Nc; P; Nt. *Habitat:* 202 205 206 302 305 306.
Cm Et Gh Ke Mw Mz Sd Sz Tz Ug Za Zm Zr Zw; Asia.
Description: 24,210,230; *Illustration:* 24,210.

F. macrophylla (Willd.) Merrill   [210]
F. congesta Aiton f. [210].
Desc.: – *Habitat:* Cult.
Ci(I) Gh(I) Tg(I) Tz(I) Zr(I) Zw(I); Asia.
Description: 261; *Illustration:* 261.

F. strobilifera (L.) Aiton f.   [210]
Desc.: – *Habitat:* – .
Ke(I) Zw(I).
Description: 261; *Illustration:* 261.

GALACTIA P.Browne

G. argentifolia S.Moore   [210]
Desc.: H; Nc; P; Nt. *Habitat:* 1305 1306.
Ke Tz.
Description: 210; *Illustration:* 210.

G. dubia DC.   [279]
Desc.: H; C; P. *Habitat:* – .
Za.

G. tenuiflora (Willd.) Wight & Arn.   [210]
Desc.: H; C; P; Nt. *Habitat:* 205 206 305 306 405 406 1205 1206 1303.
Ao Cf Ci Et Gh Ke Mz Nq Sd Tg Tz Ug Za Zr Zw; Asia; Indian Ocean.
Description: 24,210,230; *Illustration:* 24.

Legumes of Africa: A Checklist

GLYCINE Willd.

Glycine wightii has been transferred to the genus *Neonotonia*, but since there are no available combinations for the subspecies, this is not followed here.

G. max (L.) Merr. [210]
Desc.: H; Nc; A. *Habitat:* Cult.
Et(I) Ke(I) Tz(I).
Description: 24; *Illustration:* 261.

G. tabacina (Labill.) Benth. [210]
Desc.: - *Habitat:* Cult.
Ke(I).

G. wightii (Wight & Arn.) Verdc. [210]
Desc.: H; C; P; Nt. *Uses:* Human food; Livestock fodder. *Habitat:* 202 203 205 302 303 305 402 403 405 1202 1203 1205 1302.1303;1305
Ao Bi Bw Cm Et Ga Gh Gn Ke Lr Mw Mz Nq Rw Sd Sl St(I) Td Tg Tz Ug Za Zm Zr Zw; Asia.
Description: 210,230; *Illustration:* 24,210,220,230.

subsp. petitiana (A.Rich.) Verdc. [210]
G. javanica var. *mearnsii* (De Wild.) Hauman [210]; *G. petitiana* (A.Rich.) Schweinf. [210].
Desc.: H; C; P; Nt. *Habitat:* 201 205 206 401 405 406.
Et Ke Mw Tz Zm.
Description: 24,210; *Illustration:* 24.

subsp. pseudojavanica (Taubert) Verdc.
G. javanica subsp. *pseudojavanica* (Taubert) Hauman [210].
Desc.: H; C; P; Nt. *Habitat:* 303 305 403 405 1203 1205.
Cm Gh Ke Lr Nq Rw Sd Sl Tg Tz Ug Zr.
Description: 210; *Illustration:* 220.

subsp. wightii [210]
G. claessensii De Wild. [210]; *G. javanica* sensu auctt. [210]; *G. javanica* subsp. *micrantha* (A.Rich.) F.J.Herm. [210]; *G. moniliformis* A.Rich. [210].
Desc.: H; C; P; Nt. *Habitat:* 202 203 205 302 303 305 402 403 405 1202 1203 1205 1302.1303;1305
Ao Bi Bw Cm Et Ga Gh Gn Ke Mw Mz Nq Rw Sd Td Tg Tz Ug Za Zm Zr Zw.
Description: 210; *Illustration:* 220,230.

LABLAB Adans.

L.purpureus (L.) Sweet [275]
Dolichos lablab L. [210]; *L. niger* Medikus [275]; *L. vulgaris* (L.) Savi [210].
Desc.: H; C/Nc; A; Nt. *Uses:* Human food. *Habitat:* 203 205 216 303 305 316 403 405 416 1203 1205 1216.
Ao Bw Ci Cm Cv(U) Et Ga Gh Ke Mz Na Ne Nq Rw Sd Sl Sn Td Tg Tz Ug Za Zm Zw; Indian Ocean.
Description: 210,230; *Illustration:* 24,210,220,230.

subsp. bengalensis (Jacq.) Verdc. [275]
Dolichos lablab subsp. *bengalensis* (Jacq.) Rivals [275]; *L. niger* subsp. *bengalensis* (Jacq.) Verdc. [275].
Desc.: - *Habitat:* Cult.
Ke(I) Tz(I).
Illustration: 210.

subsp. purpureus [275]
Desc.: H; C/Nc; A; Nt. *Uses:* Human food. *Habitat:* Cult.
Et(I) Tz(I) Ug(I).
Description: 24.

subsp. **uncinatus** Verdc. [275]
L. niger var. *crenatifructus* Cuf. [210]; *L. niger* var. *uncinatus* (A.Rich.) Cuf. [210].
Desc.: H; C/Nc; A; Nt. *Habitat*: 203 205 216 303 305 316 403 405 416 1203 1205 1216.
Bw Et Ke Mw Mz Na Ne Rw Sd Tz Ug Za Zm Zw.
Description: 24,210; *Illustration:* 24,210,220.

MACROPTILUM (Benth.) Urban

M. atropurpureum (DC.) Urban [210]
Desc.: H; Nc; A; Nt. *Uses:* Livestock fodder. *Habitat:* 416 Cult.
Et(I) Ke(I) Ug(I).
Description: 24,261.

M. lathyroides (L.) Urban [210]
Desc.: H; C; A; Nt. *Habitat:* Cult.
Et(I) Ke(I) Tz(I).
Description: 24,261; *Illustration:* 261.

MACROTYLOMA (Wight & Arn.)
See Ref.298.

M. africanum (Wilczek) Verdc. [210]
Dolichos africanus R.Wilczek [210]; *Dolichos sp.4* Brenan [210,297].
Desc.: H; C/Nc; A; Nt. *Habitat:* 203 205 303 305 403 405.
Ao Bi Cm Et Ke Ml Mw Nq Rw Tz Zm Zr Zw.
Description: 210,230,298; *Map:* 298. *Illustration:* 220,298.

M. axillare (E.Meyer) Verdc. [210]
Dolichos axillaris E.Meyer [210].
Desc.: H; C/Nc; P; Nt. *Habitat:* 205 206 305 306 405 406 1205 1206 1405 1406.
Ao Bi Bw Cm Et Gh Gn Ke Mw Mz Na Nq Rw Sl Sn So Sz Tg Tz Ug Za Zm Zr Zw; Asia; Indian Ocean.
Description: 210,230,298; *Map:* 298. *Illustration:* 24,220,298.

M. bieense (Torre) Verdc. [275]
Dolichos bieensis Torre [275].
Desc.: H/S; Nc; P; K. *Habitat:* 202.
Ao.
Description: 241,298; *Map:* 298. *Illustration:* 216,241,298.

M. biflorum (Schum. & Thonn.) Hepper [298]
Dolichos chrysanthus A.Chev. [275]; *M. chrysanthum* (A.Chev.) Verdc. [298].
Desc.: H; C/Nc; P; Nt. *Habitat:* 202 302.
Ao Cf Cg Ci Cm Gh Gn Gw Hv Ml Nq Sd Sl Td Tg Zm Zr.
Description: 230,298; *Map:* 298. *Illustration:* 230,298.

M. brevicaule (Baker) Verdc. [298]
Dolichos brevicaulis Baker [298].
Desc.: H; Nc; P; Nt. *Habitat:* 302.
Cm Gh Nq.
Description: 298; *Map:* 298; *Illustration:* 298.

M. coddii Verdc. [298]
Desc.: H; Nc; P; K. *Habitat:* 1405.
Za.
Description: 298; *Map:* 298; *Illustration:* 298.

M. daltonii (Webb) Verdc. [210]
Dolichos daltonii Webb [210].
Desc.: H; C/Nc; A; Nt. *Habitat:* 202 203 205 206 303 305 306.
Ao Bw Cv Et Ke Mw Na Nq Sd Sn Tz Ug Zm Zr Zw.
Description: 210,230,298; *Map:* 298. *Illustration:* 298.

M. decipiens Verdc. [298]
Desc.: H; Nc; P; K. *Habitat*: 202.
Mz.
Description: 298; *Map*: 298; *Illustration*: 298.

M. densiflorum (Baker) Verdc. [210]
Dolichos densiflorus Baker [210]; *Dolichos hendrickxii* De Wild. [210].
Desc.: H; Nc; P; Nt. *Habitat*: 202.
Ao Mw Tz Zm Zr Zw.
Description: 210,230,298; *Map*: 298. *Illustration*: 298.

M. dewildemanianum (Wilczek) Verdc. [210]
Dolichos dewildemanianus R.Wilczek [210].
Desc.: H; Nc; P; Nt. *Habitat*: 203 205 803 805.
Mw Tz Zm Zr.
Description: 210,230,298; *Map*: 298. *Illustration*: 298.

M. ellipticum (R.E.Fries) Verdc. [210]
Dolichos ellipticus R.E.Fries [210]; *Dolichos eriocaulus* Harms [275].
Desc.: H; Nc; P; Nt. *Habitat*: 202.
Ao Mw Tz Zm Zr.
Description: 210,230,298; *Map*: 298. *Illustration*: 210,298.

M. fimbriatum (Harms) Verdc. [210]
Dolichos esculentus De Wild. [275]; *Dolichos fimbriatus* Harms [210].
Desc.: H; Nc; P; Nt. *Habitat*: 202 205.
Ao Mw Mz Tz Zm Zr.
Description: 210,230,298; *Map*: 298. *Illustration*: 298.

M. geocarpum (Harms) Marechal & Baudet [298]
Kerstingiella geocarpa Harms [298].
Desc.: H; Nc; A; Nt. *Uses*: Human food. *Habitat*: 302 Cult.
Bj(U) Cf(U) Ci(U) Cm Gh(U) Gw(U) Nq Sn(U) Td(U) Tg(U).
Description: 212,298; *Map*: 298; *Illustration*: 298.

M. hockii (De Wild.) Verdc. [275]
Dolichos hockii De Wild. [275].
Desc.: H; Nc; P; Nt. *Habitat*: 202.
Zm Zr.
Description: 230,298; *Map*: 298; *Illustration*: 298.

M. maranguense (Taubert) Verdc. [210]
Dolichos taubertii Baker f. [210]; *Dolichos zanzibarensis* Baker f. [210].
Desc.: H; C/Nc; P; Nt. *Uses*: Human food. *Habitat*: 205 405 1205.
Bi Ke Rw Sz Tz Ug Za Zr; Australasia.
Description: 210,298; *Map*: 298. *Illustration*: 220,298.

M. oliganthum (Brenan) Verdc. [210]
Dolichos oliganthus Brenan [210].
Desc.: H; C/Nc; P; Nt. *Habitat*: 202.
Mw Tz Zm Zw.
Description: 210,298; *Map*: 298; *Illustration*: 298.

M. prostratum Verdc. [210]
Desc.: H; C/Nc; P; Nt. *Habitat*: 202.
Mw Tz Zm.
Description: 210,298; *Map*: 298; *Illustration*: 298.

M. rupestre (Baker) Verdc. [275]
Dolichos kassaiensis R.Wilczek [298]; *Dolichos rupestris* Baker [275]; *M. kassaiense* (Wilczek) Verdc. [298].
Desc.: H; Nc; P; Nt. *Habitat*: 202 205.
Ao Na Zm Zr Zw.
Description: 298; *Map*: 298; *Illustration*: 298.

M. schweinfurthii Verdc. [24]
Desc.: H; Nc; A; Nt. *Habitat*: 402.
Et Nq Sd Tg.
Description: 24,298; *Map*: 298; *Illustration*: 298.

M. stenophyllum (Harms) Verdc. [210]
Dolichos stenophyllus Harms [210].
Desc.: H; C/Nc; A; Nt. *Habitat*: 305 306 405 406 1205 1206.
Ao Bi Cf Ci Cm Et Gw Ml Nq Sd Sn Td Tg Tz Ug Zr.
Description: 210,230,298; *Map*: 298. *Illustration*: 298.

M. stipulosum (Baker) Verdc. [210]
Dolichos fischeri Harms [210]; *Dolichos katangensis* De Wild. [298]; *Dolichos nanus* Harms (suspected synonym) [298]; *Dolichos stipulosus* Baker [210]; *M. katangense* (De Wild.) Verdc. [298].
Desc.: H; Nc; P; Nt. *Uses*: Medicinal. *Habitat*: 202 205 1202 1205.
Ao Bi Ke Mw Rw Tz Zm Zr Zw.
Description: 210,230,298; *Map*: 298. *Illustration*: 298.

M. tenuiflorum (Micheli) Verdc. [210]
Dolichos baumannii Harms [210]; *Dolichos tenuiflorus* (Micheli) R.Wilczek [210]; *Galactia sp.* Brenan [210,297].
Desc.: H; Nc; P; Nt. *Habitat*: 206 306 1206.
Ao Bi Cf Cg Cm Et Ga Gn Ml Sl Tg Ug Zr.
Description: 210,230,298; *Map*: 298. *Illustration*: 298.

M. uniflorum (Lam.) Verdc. [210]
Dolichos benadirianus Chiov. [210]; *Dolichos biflorus* sensu auctt. [275]; *Dolichos uniflorus* Lam. [210].
Desc.: H; C; A; Nt. *Habitat*: 202 403 1305 1306.
Ao Bw Et Ke Mz Na Rw Sd So Tz Ug Za Zr Zw.
Description: 24,210,298; *Map*: 298. *Illustration*: 298.

MUCUNA Adans.

M. coriacea Baker [210]
Desc.: H/S; C; P; Nt. *Habitat*: 202 206 1206.
Mw Mz Tz Ug Za Zm Zr Zw.
Description: 210,230; *Illustration*: 210.

subsp. **coriacea** [210]
M. rhynchosioides Taubert [210].
Desc.: H/S; C; P; Nt. *Habitat*: 202 206.
Mw Mz Tz Zm Zw.
Description: 210; *Illustration*: 210.

subsp. **irritans** (Burtt Davy) Verdc. [210]
M. coriacea sensu Hauman [210,230]; *M. irritans* Burtt Davy [210].
Desc.: H/S; C; P; Nt. *Habitat*: 202 205 1202.
Mw Mz Sz Tz Ug Za Zr Zw.
Description: 210; *Illustration*: 410.

M. ferox Verdc. [299]
Desc.: H; C; P; Nt. *Habitat*: 1302.
Mw Tz.
Description: 299; *Illustration*: 299.

M. flagellipes Hook.f. [210]
Desc.: S; C; P; Nt. *Uses*: Dyeing. *Habitat*: 101.
Ao Ci Cm Ga Gh Gq Lr Nq Sl Ug Zr.
Description: 210,230; *Illustration*: 210.

M. gigantea (Willd.) DC. [210]
Desc.: S; C; P; Nt. *Habitat:* 1201 1203 1301 1303.
Ke Mz Tz Ug Za Zr; Asia; Australasia; Indian Ocean; Pacific Ocean.
Description: 210; *Illustration:* 210.

subsp. **quadrialata** (Baker) Verdc. [210]
M. longipedicellata Hauman [210]; *M. quadrialata* Baker [210].
Desc.: S; C; P; Nt. *Habitat:* 1201 1203 1301 1303.
Ke Mz Tz Ug Za Zr; Indian Ocean.
Description: 210; *Illustration:* 210.

M. glabrialata (Hauman) Verdc. [210]
M. coriacea var. *glabrialata* Hauman [210]; *M. sp.1* F.White [28,210].
Desc.: H; C; P; Nt. *Habitat:* 202.
Mw Mz Tz Zm Zr.
Description: 210; *Illustration:* 270.

M. melanocarpa A.Rich. [24]
Desc.: H; C; P; K. *Habitat:* 401 402 801 802.
Et.
Description: 24; *Illustration:* 24.

M. poggei Taubert [210]
M. pesa De Wild. [210]; *M. rubro-aurantiaca* De Wild. [210].
Desc.: H/S; C; P; Nt. *Uses:* Dyeing; Fish poison; Poison. *Habitat:* 201 203 301 303 401 403 1101 1201 1203.
Ao Bi Cf Ci Cm Gh Gw Ke Lr Mw Mz Nq Sd Sl Tg Tz Ug Zm Zr Zw.
Description: 210; *Illustration:* 210,230.

M. pruriens (L.) DC. [210]
M. cochinchinensis (Lour.) A.Chev. [300]; *M. nivea* (Roxb.) DC. [300].
Desc.: H; C; A; Nt. *Uses:* Cover crop; Human food; Livestock fodder; Medicinal. *Uses:* Poison.
Habitat: 101 116 201 203 206 303 306 403 406 1101 1116 1201 1203.1206;1216
Ao Bi Ci Cm Et Gh Gn Gq Gw Ke Lr Mw Mz Nq Sd Sl Sn St Td Tg Tz Ug Za Zm Zr Zw; Asia; Indian Ocean; South America.
Description: 24,210,230; *Illustration:* 210,230.

M. sloanei Fawcett & Rendle [216]
M. urens sensu auctt. [212].
Desc.: H; C; P; Nt. *Habitat:* 101.
Ao Ci Cm Gh Gq Gw Lr Nq Sl St Tg Zr.
Description: 217,230; *Illustration:* 230.

M. stans Baker [210]
M. erecta Baker [210].
Desc.: H/S; Nc; P; Nt. *Habitat:* 203 205 206 302 403 406 1206.
Ao Bi Cf Cm Ke Mw Mz Nq Rw Tz Ug Zm Zr.
Description: 210,230; *Illustration:* 210,220.

NEONOTONIA Lackey

N. verdcourtii Isely [301]
Glycine sp.A J.B.Gillett et al. [210,301].
Desc.: H; C; P; K. *Habitat:* 405 805.
Tz.
Description: 210,301; *Map:* 301.

NEORAUTANENIA Schinz

N. amboensis Schinz [270]
N. brachypus (Harms) C.A.Smith [270]; *N. coriacea* C.A.Smith [270]; *N. edulis* C.A.Smith [270]; *N. lugardii* C.A.Smith [270]; *N. rogersii* (L.Bolus) C.A.Smith [270]; *N. seineri* (Harms) C.A.Smith [270].

Desc.: - Habitat: – .
Bw Mz Na Za Zw.

N. ficifolius (Benth.) C.A.Smith [270]
N. deserticola C.A.Smith [270].
Desc.: - Habitat: – .
Bw Za.

N. mitis (A.Rich.) Verdc. [270]
Dolichos orbicularis (Baker) Baker f. [270]; *N. orbicularis* (Baker) Torre [270]; *N. pseudopachyrhiza* (Harms) Milne-Redh. [270]; *N. pseudopachyrrhiza* (Harms) Milne-Redh. [270]; *Pueraria hochstetteri* Chiov. [270].
Desc.: H; Nc; P; Nt. *Uses:* Miscellaneous; Poison. *Habitat:* 203 205 206 305 306 405 406 1203 1205 1206.
Ao Bi Cm Et Gh Ke Mw Mz Na Nq Rw Sd Td Tg Tz Ug Zm Zr.
Description: 24,210,230; *Illustration:* 24,210,230.

NESPHOSTYLIS Verdc.

N. holosericea (Baker) Verdc. [210]
Sphenostylis calantha Harms [210]; *Sphenostylis holosericea* (Baker) Harms [210]; *Sphenostylis kerstingii* Harms [210].
Desc.: H; C; P; Nt. *Habitat:* 203 205 216 303 305 316.
Ao Ci Gh Gw Mz Nq Sn Tg Tz.
Description: 210; *Illustration:* 210,270.

OPHRESTIA H.M.Forbes

O. digitata (Harms) Verdc. [210]
Glycine digitata Harms [210]; *Paraglycine digitata* (Harms) F.J.Herm. [210].
Desc.: H; Nc; P; K. *Habitat:* 805 806.
Tz.
Description: 210; *Illustration:* 302.

O. hedysaroides (Willd.) Verdc. [210]
Glycine hedysaroides Willd. [210]; *Paraglycine hedysaroides* (Willd.) F.J.Herm. [210].
Desc.: H; C; P; Nt. *Habitat:* 203 205 303 305 1303 1305.
Ao Bj Ci Gh Ke Tg Tz Zr.
Description: 210,230; *Illustration:* 210.

O. oblongifolia (E.Meyer) H.M.Forbes [270]
O. nervosa H.M.Forbes [270]; *O. retusa* H.M.Forbes [270]; *O. swazica* H.M.Forbes [270]; *Tephrosia oblongifolia* E.Meyer [270].
Desc.: - Habitat: – .
Za.

O. radicosa (A.Rich.) Verdc. [210]
Glycine radicosa (A.Rich.) Baker f. [210]; *Glycine schliebenii* var. *enneaneura* Hauman; *Glycine schliebenii* var. *rufescens* Hauman [210]; *Paraglycine radicosa* (A.Rich.) F.J.Herm. [210]; *Paraglycine radicosa* var. *rufescens* (Hauman) F.J.Herm. [210].
Desc.: H; C; P; Nt. *Habitat:* 205 405 1205.
Bi Et Ke Mw Rw Tz Ug Zm Zr Zw.
Description: 24,210; *Illustration:* 24,220.

O. torrei Verdc. [270]
Paraglycine sp.nov. Torre [216,270].
Desc.: H; Nc; P; Nt. *Habitat:* 202.
Ao Zm.
Description: 270; *Illustration:* 270.

O. unicostata (F.J.Herm.) Verdc. [270]
Desc.: H; Nc; P; K. *Habitat:* – .
Zm.

O. unifoliolata (Baker f.) Verdc. [270]
Glycine unifoliolata Baker f. [270]; *Paraglycine unifoliolata* (Baker f.) F.J.Herm. [270].
Desc.: H; Nc; P; Nt. *Habitat:* 202.
Ao Mw Zm Zr.
Description: 230.

O. upembae (Hauman) Verdc. [270]
Glycine upembae Hauman [270]; *Paraglycine upembae* (Hauman) F.J.Herm. [270].
Desc.: H; C; P; K. *Uses:* Human food. *Habitat:* 202.
Zr.
Description: 230.

OTOPTERA DC.

O. burchellii DC. [232]
Desc.: H/S; C; P; Nt. *Habitat:* – .
Bw Na Za Zw.

PACHYRHIZUS DC.

P. erosus (L.) Urban [210]
Desc.: - Habitat: Cult.
Tz(I).

PARACALYX Ali

P. balfouri (Vierh.) Ali [303]
Desc.: - Habitat: – .
Yd.

P. microphyllus (Chiov.) Ali [303]
Cylista microphylla Chiov. [303].
Desc.: - Habitat: – .
So.
Description: 81; *Illustration:* 81.

P. nogalensis (Chiov.) Ali [303]
Cylista nogalensis Chiov. [303].
Desc.: - Habitat: – .
So.
Description: 81; *Illustration:* 81.

P. schweinfurthii (R.Wagner & Vierh.) Ali [303]
Cylista schweinfurthii R.Wagner & Vierh. [303].
Desc.: - Habitat: – .
Yd.

P. somalorum (Vierh.) Ali [24]
Cylista somalorum Vierh. [24].
Desc.: H; C/Nc; P; Nt. *Habitat:* 403.
Et So.
Description: 24; *Illustration:* 24.

PHASEOLUS L.

P. adenanthus G.Meyer [210]
Desc.: H; C; P; Nt. *Habitat:* 112 1303.
Ao Cm Ga Gm Gn Gw Lr Nq Sd Sl Sn St Tg Tz Zr; Indian Ocean; South America.
Description: 210,230.

P. cibellii Chiov. (provisional) [210]
Desc.: H; C; P. *Habitat:* – .
So.

P. coccineus L. [210]
P. multiflorus Lam. [210].
Desc.: H; C; A. *Uses:* Human food. *Habitat:* Cult.
Et(I) Ke(I) Rw(I) Tz(I).
Description: 24.

P. lunatus L. [210]
Desc.: H; C/Nc; A; Nt. *Uses:* Human food; Poison. *Habitat:* 203 303 403 1203 Cult.
Ao(I) Bj(I) Ci(I) Et(I) Ga(I) Gh(I) Gn(I) Gq(I) Gw(I) Ke(I) Lr(I) Ml(I) Mw(I) Ne(I) Nq(I) Rw(I) Sd(I) Sl(I) Sn(I) St(I) Tg(I) Tz(I) Ug(I) Zm(I) Zr(I) Zw(I).
Description: 24,210,230; *Illustration:* 24,210.

P. massaiensis Taubert (provisional) [210]
Desc.: H; Nc; P. *Habitat:* – .
Tz.
Description: 210.

P. vulgaris L. [210]
Desc.: H; C/Nc; A; Nt. *Uses:* Human food. *Habitat:* Cult.
Ao(I) Et(I) Ke(I) Nq(I) Rw(I) Sn(I) St(I) Tg(I) Tz(I) Ug(I) Zm(I) Zr(I).
Description: 24,210.

PHYSOSTIGMA Balf.

P. coriaceum Merxm. (provisional) [216]
Desc.: - *Habitat:* – .
Ao.

P. cylindrospermum (Baker) Holmes [216]
Desc.: S; C; P; Nt. *Habitat:* 101.
Ao Cm Ga Zr.
Description: 304; *Map:* 304.

P. laxius Merxm. (provisional) [210]
Desc.: H; C; P; K. *Habitat:* 206.
Tz.
Description: 210; *Map:* 304.

P. mesoponticum Taubert [210]
Desc.: H; C/Nc; P; Nt. *Uses:* Poison. *Habitat:* 205 206.
Ao Mw Mz Tz Zm Zr.
Description: 210,230; *Map:* 304. *Illustration:* 210,230,305.

P. venenosum Balf. [212]
Desc.: S; C; P; Nt. *Uses:* Poison. *Habitat:* 101.
gh Ci Cm Ga Gh Gq Lr Nq Sl Zr.
Description: 212,230,304.

PSEUDEMINIA Verdc.

P. benguellensis (Torre) Verdc. [275]
Rhynchosia benguellensis Torre [275].
Desc.: H; Nc; P; K. *Habitat:* – .
Ao.
Description: 241; *Illustration:* 216,241.

P. comosa (Baker) Verdc. [210]
Eriosema lobophyllum Harms [210]; *Eriosema urostachyum* Harms [210]; *Rhynchosia comosa* Baker [210].
Desc.: H; C; P; Nt. *Habitat*: 202 203.
Mw Mz Tz Zm Zw.
Description: 210; *Illustration*: 210,275.

P. mendoncae (Torre) Verdc. [275]
Rhynchosia mendoncae Torre [275].
Desc.: H; Nc; P; K. *Habitat*: – .
Ao.
Description: 241; *Illustration*: 216,241.

P. muxiria (Baker) Verdc. [275]
Eriosema muxiria Baker [275]; *Rhynchosia muxiria* (Baker) Torre [275].
Desc.: H; Nc; P; K. *Habitat*: 202.
Ao.
Description: 241.

PSEUDERIOSEMA Hauman

P. andongense (Baker) Hauman [210]
Glycine holophylla Taubert [210].
Desc.: H; C/Nc; P; Nt. *Habitat*: 202 203 205 302 303 305.
Ao Bj Cf Cm Gh Mw Nq Sd Td Tz Ug Zm Zr.
Description: 210,230; *Illustration*: 210,230.

subsp. **andongense** [210]
Psoralea andongense Baker [210].
Desc.: H; C/Nc; P; Nt. *Habitat*: 203 205 303 305.
Ao Bj Cf Cm Gh Nq Sd Ug Zm.
Description: 210; *Illustration*: 210.

subsp. **bequaertii** (De Wild.) Verdc. [210]
Glycine bequaertii De Wild. [210]; *P. bequaertii* (De Wild.) Hauman [210]; *P. bequaertii* (De Wild.) Hauman [210].
Desc.: H; C/Nc; P; Nt. *Habitat*: 202 203 205.
Tz Zr.
Description: 210,230; *Illustration*: 210.

P. borianii (Schweinf.) Hauman [210]
Desc.: H; Nc; P; Nt. *Habitat*: 203 205 303 305 403 405 1203 1205.
Bi Et Ke Mw Sd Tz Ug Zm Zr.
Description: 24,210; *Illustration*: 24.

subsp. **borianii** [210]
Glycine borianii (Schweinf.) Baker [210].
Desc.: H; Nc; P; Nt. *Habitat*: 205 305 405 1205.
Et Mw Sd Tz Ug Zm Zr.
Description: 210.

subsp. **longipedunculatum** Verdc. [210]
Desc.: H; Nc; P; Nt. *Habitat*: 1303 1305.
Ke Tz.
Description: 210.

P. homblei (De Wild.) Hauman (provisional) [230,270]
Glycine homblei De Wild. [230].
Desc.: H; Nc; P; K. *Habitat*: 202.
Zr.
Description: 230.

P. longipes (Harms) Hauman   [210]
Glycine longipes Harms [210].
Desc.: H; Nc; P; Nt. *Habitat:* 202.
Tz Zm.
Description: 210.

P. moeroense (De Wild.) Hauman   [230]
Desc.: H; Nc; P; K. *Habitat:* 202.
Zr.
Description: 230.

PSEUDOVIGNA (Harms) Verdc.

P. argentea (Willd.) Verdc.   [210]
Dolichos argenteus Willd. [210].
Desc.: H; C/Nc; P; Nt. *Habitat:* 1305.
Bj Gh Ke Mz Tg Tz Zw(I).
Description: 210; *Illustration:* 210,275.

P. puerarioides Ern   [306]
Desc.: H; C; P; Nt. *Habitat:* 1103.
Gh Nq Tg.
Description: 306; *Illustration:* 306.

PSOPHOCARPUS DC.
See Ref.308.

P. grandiflorus R.Wilczek   [210]
P. palustris sensu Westphal [307,308].
Desc.: H; C; P; Nt. *Uses:* Human food. *Habitat:* 801 803 Cult.
Bi Et Ug Zr.
Description: 210,230,308; *Map:* 308. *Illustration:* 24,307,308.

P. lancifolius Harms   [210]
Desc.: H; C; P; Nt. *Uses:* Human food. *Habitat:* 205 405 1205.
Bi Et Ke Mw Nq Rw Tz Ug Zm Zr Zw.
Description: 210,230,308; *Map:* 308. *Illustration:* 210,230,308.

P. lecomtei Tisser.   [308]
Desc.: H; Nc; P; Nt. *Uses:* Fish poison. *Habitat:* 206 1106.
Cf Zr.
Description: 230,308; *Map:* 308; *Illustration:* 308.

P. lukafuensis (De Wild.) R.Wilczek   [308]
Vignopsis lukafuensis De Wild. [308].
Desc.: H; C; P; Nt. *Habitat:* 202 205.
Zm Zr.
Description: 230,308; *Map:* 308; *Illustration:* 308.

P. monophyllus Harms   [308]
Desc.: H; Nc; P; Nt. *Habitat:* 302 1102.
Ci Gn Gw Hv Ml.
Description: 308; *Map:* 308; *Illustration:* 308.

P. obovalis Tisser.   [308]
Desc.: H; Nc; P; K. *Habitat:* 302 316.
Cf Sd.
Description: 308; *Map:* 308; *Illustration:* 308.

P. palustris Desv.   [308]
P. palmettorum Gullemin,Perrottet & A.Rich. [308].
Desc.: H; C; P; Nt. *Habitat:* 1101 1103 1105.
Bj Cf Ci Cm Gh Gm Gn Gw Lr Ml Nq Sd Sl Sn Tg.
Description: 308; *Map:* 308; *Illustration:* 308.

P. scandens (Endl.) Verdc. [210]
P. golungensis Romariz [308]; *P. palmettorum* sensu Andrews [29,308]; *P. palustris* sensu auctt. [210].
Desc.: H; C; P; Nt. *Uses:* Human food. *Habitat:* 201 205 213 1205 1213.
Ao Bi Cf Cg Cm Ga Ke Mw Mz Nq Sd St Tz Ug Zm Zr; Caribbean; Indian Ocean; South America.
Description: 210,230,308; *Map:* 308. *Illustration:* 308.

P. tetragonolobus (L.) DC. [308]
Desc.: H; C; A. *Habitat:* – .
Ci(I) Cm(I) Eg Gh(I) Nq(I) Sl(I) Tz(I) Zm(I); Asia; Australasia.
Description: 308; *Illustration:* 308.

PUERARIA DC.

P. phaseoloides (Roxb.) Benth. [210]
P. javanica (Benth.) Benth. [210].
Desc.: H; C; P; Nt. *Uses:* Cover crop; Livestock fodder; Medicinal. *Habitat:* – .
Ao(I) Cm(I) Gh(I) Lr(I) Nq(I) Sl(I) St(I) Tg(I) Tz(I).
Description: 210,309; *Illustration:* 210,309.

P. thunbergiana (Sieber & Zucc.) Benth. [212]
Desc.: H; C/Nc; A. *Habitat:* – .
Sl(I).

RHYNCHOSIA Lour.

R. adenodes Ecklon & Zeyher [323]
R. effusa (E.Meyer) Druce [323].
Desc.: H; Nc; P; K. *Habitat:* – .
Za.
Description: 323.

R. affinis De Wild. (provisional) [230]
Desc.: H; Nc; P; K. *Habitat:* – .
Description: 230.

R. albae-pauli Berhaut (provisional) [271]
R. alba-pauli Berhaut [271]; *R. albiflora* sensu auctt. [212,271].
Desc.: - *Habitat:* – .
Sd Sn Td.
Description: 324.

R. albissima Gand. [210]
R. albomarginata Chiov. (suspected synonym) [210].
Desc.: H/S; Nc; P; Nt. *Habitat:* 405 1305.
Et Ke Mz So Sz Tz Ug Za Zw.

R. alluaudii Sacl. [210]
Eriosema endlichii Harms [210].
Desc.: H/S; Nc; P; Nt. *Habitat:* 403 405.
Et Ke Rw Tz.
Description: 210; *Illustration:* 220.

R. ambacensis (Hiern) Schumann [216]
Desc.: H; Nc; P; Nt. *Habitat:* – .
Ao Cm Nq.

subsp. **ambacensis** [216]
Desc.: H; Nc; P; Nt. *Habitat:* – .
Ao Nq.

subsp. **cameroonensis** Verdc. [277]
Desc.: H; C; P; K. *Habitat*: 302.
Cm.
Description: 277.

subsp. **chellensis** Torre [216]
Desc.: H; Nc; P; K. *Habitat*: 202.
Ao.
Description: 241; *Illustration*: 216,241.

R. angulosa Schinz [323]
Desc.: H; Nc; P; Nt. *Habitat*: – .
Sz Za.
Description: 233,323.

R. angustifolia DC. [323]
Desc.: H; C; P. *Habitat*: – .
Za.

R. argentea Harvey [323]
Desc.: H; C; P. *Habitat*: – .
Za.
Description: 323.

R. arida Stirton [319]
Desc.: S; Nc; P; K. *Habitat*: 604.
Za.
Description: 319; *Map*: 319; *Illustration*: 319.

R. axilliflora Hauman (provisional) [230]
Desc.: H; Nc; P; K. *Habitat*: 202.
Zr.
Description: 230; *Illustration*: 230.

R. bakeri Schinz [323]
Desc.: H; Nc; P; K. *Habitat*: – .
Za.
Description: 323.

R. barbertonensis Stirton [312]
Eriosema rogersii Schinz [312].
Desc.: - *Habitat*: – .
Za.

R. baumii Harms [216]
Desc.: H; Nc; P; Nt. *Habitat*: 202.
Ao Zr.
Description: 230.

R. biballensis Torre [216]
Desc.: H; Nc; P; K. *Habitat*: – .
Ao.
Description: 241; *Illustration*: 216,241.

R. braunii Harms [210]
Desc.: H; C/Nc; P; K. *Habitat*: – .
Tz.
Description: 210.

R. brunnea Baker f. [212]
Desc.: H; C; P; Nt. *Habitat*: 101.
Gh Lr Sl.

R. buchananii Harms [271]
Desc.: H; Nc; P; Nt. *Habitat:* – .
Mw Mz Zm Zr Zw.
Description: 230.

R. buettneri Harms [212]
Desc.: S; C/Nc; P; Nt. *Habitat:* 1102.
Cf Ci Cm Gh Gn Gw Nq Tg Zr.
Description: 230.

R. bullata Harvey [323]
Desc.: S; Nc; P. *Habitat:* – .
Za.
Description: 323.

R. burkei Burtt Davy & Baker f. [323]
Desc.: H; C/Nc; P. *Habitat:* – .
Za.
Description: 323.

R. calobotrya Harms [210]
Desc.: H; C; P; K. *Habitat:* 1303.
Tz.
Description: 210.

R. calvescens Meikle [325]
Desc.: H; C/Nc; P; K. *Habitat:* – .
Za.
Description: 325; *Illustration:* 325.

R. calycina E.Meyer (provisional) [278]
Desc.: H; C; P. *Habitat:* – .
Za.

R. candida (Hiern) Torre [271]
R. fontis-francisci Dinter [232]; *R. memnonia* var. *candida* (Hiern) Baker f. [232].
Desc.: H; Nc; P; Nt. *Habitat:* 604.
Ao Na.

R. capensis (Burm.f.) Schinz [275]
R. glandulosa (Thunb.) DC. [275].
Desc.: H; C/Nc; P; Nt. *Habitat:* – .
Sz Za.
Description: 323; *Illustration:* 396.

R. caribaea (Jacq.) DC. [325]
Desc.: H; C/Nc; P; Nt. *Habitat:* – .
Na Sz Za.
Description: 233,323,325.

R. castroi Baker f. [216]
Desc.: H; Nc; P; K. *Habitat:* 202.
Ao.

R. chevalieri Harms [212]
Desc.: H; Nc; P; K. *Habitat:* – .
Ml.

R. chrysantha A.Zahlbr. [323]
Desc.: H; C/Nc; P. *Habitat:* – .
Za.
Description: 323.

R. chrysoscias Harvey & Sonder [323]
Desc.: H/S; C; P. *Habitat:* – .
Za.
Description: 323,348; *Illustration:* 348.

R. ciliata (Thunb.) Druce [271]
R. puberula (Ecklon & Zeyher) Steudel [271].
Desc.: H; C/Nc; P; Nt. *Habitat:* 1405.
Sz Za.
Description: 323.

R. cliffordii Hutch. & E.A.Bruce [271]
Desc.: H; Nc; P; Nt. *Habitat:* 403.
Et So.
Description: 24; *Illustration:* 24.

R. clivorum S.Moore [210]
R. oreophila Harms [210]; *R. pycnantha* Harms [210].
Desc.: H/S; Nc; P; Nt. *Habitat:* 806.
Mw Sz Tz Za Zm Zr Zw.
Description: 210.

R. confusa Burtt Davy [323]
Desc.: H; C/Nc; P; K. *Habitat:* – .
Za.
Description: 323.

R. congensis Baker [210]
Desc.: H; C; P; Nt. *Habitat:* 101 1101 1301 1303 1305.
Ao Cm Gw Ke Nq Tz Ug Zr.
Description: 210.

  subsp. **congensis** [210]
Desc.: H; C; P; Nt. *Habitat:* 101 1101.
Ao Cm Gw Nq Zr.
Description: 210.

  subsp. **orientalis** Verdc. [210]
Desc.: H; C; P; Nt. *Habitat:* 1303 1305.
Ke Tz.
Description: 210.

  subsp. **pseudobuettneri** Verdc. [210]
Desc.: H; C; P; K. *Habitat:* 1301.
Tz.
Description: 210.

R. connata Baker f. (provisional) [323]
Desc.: H; C; P. *Habitat:* – .
Za.
Description: 323.

R. cooperi (Baker f.) Burtt Davy [327]
R. adenodes var. *cooperi* Baker f. [327].
Desc.: H; C; P. *Habitat:* – .
Za.
Description: 323.

R. crassifolia Harvey [323]
Desc.: H; Nc; P. *Habitat:* 205 1405.
Sz Za.
Description: 233,323.

R. crispa Verdc. [210]
Desc.: H; Nc; P; K. *Habitat:* 1205.
Ug.
Description: 210.

R. dekindtii Harms [216]
Desc.: H; Nc; P; K. *Habitat:* 202.
Ao.

R. densiflora (Roth) DC. [210]
Desc.: H; C/Nc; P; Nt. *Habitat:* 203 205 206 303 305 306 403 405 406 1203 1205 1206.
Ao Bw Et Ke Mw Mz Na Nq Rw Sd St Sz Tg Tz Ug Za Zm Zr Zw; Asia.
Description: 210.

subsp. **chrysadenia** (Taubert) Verdc. [210]
R. chrysadenia Taubert [210]; *R. densiflora* sensu Baker f. [210,323]; *R. schweinfurthii* Harms [210].
Desc.: H; C/Nc; P; Nt. *Habitat:* 203 206 403 406.
Bw Et Ke Mz Na Sd Sz Tz Ug Za Zm Zw.
Description: 210.

subsp. **debilis** (G.Don) Verdc. [210]
R. debilis G.Don [210].
Desc.: H; C/Nc; P; Nt. *Habitat:* 101 1201.
Ao Bj Cm Ga Gh Gw Mw Nq Sl St Tg Ug Zm Zr.
Description: 210.

subsp. **stuhlmannii** (Harms) Verdc. [210]
R. stuhlmannii Harms [210].
Desc.: H; C/Nc; P; Nt. *Habitat:* 403 405 406 1203 1205 1206.
Ke Mz Rw Tz Ug.
Description: 210.

R. dieterlenae Baker f. [323]
Desc.: H; C; P; K. *Habitat:* – .
Ls.
Description: 323.

R. divaricata Baker [210]
Desc.: H/S; C/Nc; P; Nt. *Habitat:* 202.
Mw Mz Tz Zm Zr Zw.
Description: 210,230.

R. elegans A.Rich. [210]
R. buramensis E.A.Bruce & Hutch. [24].
Desc.: H; C; P; Nt. *Habitat:* 202 303 403.
Et Ke So Tz Ug Zr.
Description: 210,230.

R. erecta Thunb. (provisional) [278]
Desc.: H; C; P. *Habitat:* – .
Za.

R. erlangeri Harms [24]
Desc.: S; Nc; P; K. *Habitat:* 403.
Et.
Description: 24,328; *Map:* 328.

R. erythraeae Schweinf. [24]
Desc.: S; Nc; P; K. *Habitat:* 403 405.
Et.
Description: 24,328; *Map:* 328; *Illustration:* 24.

R. exellii Torre [216]
Desc.: H; C; P; K. *Habitat:* – .
Ao.
Description: 241; *Illustration:* 216,241.

R. ferruginea A.Rich. [210]
R. aureovillosa Hauman [210]; *R. friesiorum* Harms
Desc.: H; C; P; Nt. *Habitat:* 801 803 805 1205.
Et Ke Rw Tz Ug Zr.
Description: 210.

R. ferulifolia Harvey [278]
R. ferulaefolia Harvey [323].
Desc.: H; Nc; P. *Habitat:* – .
Za.
Description: 323; *Illustration:* 396,399.

R. fleckii Schinz [323]
Desc.: H; Nc; P; Nt. *Habitat:* 1405.
Bw Na.
Description: 323.

R. foliosa Markoetter [329]
Desc.: H; Nc; P. *Habitat:* 805.
Za.
Description: 329.

R. galpinii Baker f. [323]
Desc.: H; Nc; P; K. *Habitat:* 1405.
Sz Za.
Description: 233,323.

R. gandensis Torre [216]
Desc.: H; Nc; P; K. *Habitat:* 202.
Ao.
Description: 241; *Illustration:* 241.

R. gansole Chiov. [330]
Desc.: S; Nc; P; K. *Habitat:* – .
So.
Description: 330.

R. genistoides Burtt Davy [247]
Desc.: - *Habitat:* 203.
Za.
Description: 247.

R. goetzei Harms [210]
R. manobotrya Harms [210]; *R. rhodesica* Baker f. [210].
Desc.: H/S; C/Nc; P; Nt. *Habitat:* 202 205.
Ao Bi Mw Mz Rw Tz Zm Zr Zw.
Description: 210,230; *Illustration:* 220.

R. gossweileri Baker f. [216]
Desc.: H; Nc; P; K. *Habitat:* 202.
Ao.

R. grandiflora Steudel [323]
R. simplicifolia E.Meyer [323].
Desc.: H; Nc; P. *Habitat:* – .
Za.
Description: 323.

Legumes of Africa: A Checklist

R. hagenbeckii Harms [210]
Desc.: - Habitat: - .
Ke(I); South America.

R. harmsiana A.Zahlbr. [323]
Desc.: H; C; P. Habitat: - .
Sz Za.
Description: 323.

R. harveyi Ecklon & Zeyher [323]
Desc.: H; C/Nc; P. Habitat: - .
Za.
Description: 323.

R. heterophylla Hauman [210]
Desc.: H/S; Nc; P; Nt. Habitat: 202.
Tz Zm Zr.
Description: 210,230.

R. hirsuta Ecklon & Zeyher [323]
Desc.: H; C/Nc; P. Habitat: 1405.
Za.
Description: 323.

R. hirta (Andrews) Meikle & Verdc. [210]
Cyanospermum tomentosum (Roxb.) Wight & Arn. [210]; R. albidiflora (Sims) Alston [210]; R. albiflora (Sims) Alston [210].
Desc.: H/S; C; P; Nt. Habitat: 101 1001 1003 1201 1203.
Bi Ci Cm Ke Nq Rw Sd Tg Tz Ug Za Zm Zr; Asia; Indian Ocean.
Description: 210,230; Illustration: 220.

R. holosericea Schinz [232]
Desc.: H; C/Nc; P; Nt. Habitat: - .
Bw Na Za Zw.

R. holstii Harms [210]
Desc.: H; C/Nc; P; Nt. Habitat: 205 405 406 1206.
Ke Tz Ug Zr Zw.
Description: 210; Illustration: 271.

R. holtzii Harms [210]
Desc.: H; C; P; K. Habitat: 1301.
Tz.
Description: 210.

R. huillensis (Hiern) Schumann [216]
Desc.: S; Nc; P; K. Habitat: - .
Ao.

R. insignis (O.Hoffm.) R.E.Fries [210]
Desc.: H/S; Nc; P; Nt. Habitat: 202 805.
Ao Mw Mz Tz Zm Zr Zw.
Description: 210,230.

R. jacottetii Schinz [323]
Desc.: H; C/Nc; P. Habitat: - .
Za.
Description: 323.

R. kilimandscharica Harms [210]
Desc.: H; C/Nc; P; Nt. Habitat: 403 405 1203 1205.
Ke Rw Tz Ug Zr.
Description: 210,230.

R. komatiensis Harms   [323]
Desc.: S; Nc; P; Nt. *Habitat*: – .
Sz Za.
Description: 233,323.

R. laetissima Baker   [216]
Desc.: H; C; P; K. *Habitat*: – .
Ao.

R. ledermannii Harms   [331]
Desc.: H; C. *Habitat*: 305.
Cm.
Description: 331.

R. leucoscias Harvey   [323]
Desc.: H; C; P; K. *Habitat*: – .
Za.
Description: 323.

R. longiflora Schinz   [323]
Desc.: H; C; P; K. *Habitat*: 203.
Za.
Description: 323.

R. longissima Hauman   [230]
Desc.: H; C; P; K. *Habitat*: 201.
Zr.
Description: 230.

R. lukafuensis Baker f.   [230]
Desc.: H; Nc; P; K. *Habitat*: – .
Zr.
Description: 230.

R. luteola (Hiern) Schumann   [210]
   R. baumii sensu Hauman [271]; *R. sericosemium* Harms [210]; *R. verdickii* De Wild. [210].
   Desc.: H/S; C/Nc; P; Nt. *Habitat*: 202 203 205.
   Ao Bi Mw Mz Nq Rw Tz Zm Zr Zw.
   Description: 210,230; *Illustration*: 210,220.

R. macrantha Hauman   [230]
Desc.: H; C; P; K. *Habitat*: 205.
Zr.
Description: 230.

R. malacophylla (Sprengel) Bojer   [210]
   R. senaarensis Schweinf. [210].
   Desc.: H; C/Nc; P; Nt. *Habitat*: 403.
   Cm Et Ke Sd So Tz Ug.
   Description: 210.

R. malacotricha Harms   [24]
Desc.: H/S; C/Nc; P; K. *Habitat*: 403 405.
Et.
Description: 24,328; *Map*: 328.

R. mannii Baker   [210]
Desc.: H; C; P; Nt. *Habitat*: 101 1201.
Ao Cf Cm Ga Gq Lr Nq Ug Zr.
Description: 210,230; *Illustration*: 230.

R. mensensis Schweinf. (provisional) [24]
Desc.: H; C; P; Nt. *Habitat:* 403 405.
Et; Middle East.
Description: 24.

R. micrantha Harms [210]
Desc.: H; Nc; P; Nt. *Habitat:* 203 205 1203 1205 1303 1305.
Bi Ke Mz Rw Tz Ug Zm Zr.
Description: 210,230.

R. microscias Harvey [323]
Desc.: H; C; P. *Habitat:* – .
Za.
Description: 323.

R. minima (L.) DC. [210]
R. hockii De Wild. [210]; *R. ischnoclada* Harms [210]; *R. memnonia* (Del.) DC. [271].
Desc.: H; C/Nc; P; Nt. *Habitat:* 203 205 206 303 305 306 403 405 406.
Bi Cf Ci Cm Cv Et Gh Ke Ml Na Ne Nq Rw Sd Sl Sn So St Sz Td Tg Tz Ug Za Zr; Asia; Australasia; Middle East.
Description: 24,210,230; *Illustration:* 24,29,220,230.

R. mollis Burtt Davy [247]
Desc.: H; C/Nc; P; K. *Habitat:* – .
Za.
Description: 247.

R. monophylla Schltr. [210]
R. prostrata Suesseng. [210]; *R. reptans* Suesseng. [210].
Desc.: H; Nc; P; Nt. *Habitat:* 203.
Sz Tz Za Zm Zw.
Description: 210.

R. namaensis Schinz [232]
R. dinteri Schinz [232].
Desc.: H; Nc; P; K. *Habitat:* – .
Na.

R. nervosa Harvey [323]
Desc.: H; C/Nc; P; Nt. *Habitat:* 203 1405.
Sz Za.
Description: 233,323.

R. nitens Harvey [323]
Desc.: H; Nc; P; Nt. *Habitat:* 203 1403.
Sz Za.
Description: 233,323.

R. nitida Harvey (provisional) [323]
Desc.: H; C; P; K. *Habitat:* – .
Za.
Description: 323.

R. nyasica Baker [210]
R. imbricata Baker [210].
Desc.: H/S; Nc; P; Nt. *Habitat:* 202 203 206 302 303 306.
Ao Cm Et Gh Gn Ke Ml Mw Mz Nq Rw Sd Sl Td Tg Tz Ug Zm Zr.
Description: 210,230.

R. nyikensis Baker [210]
Desc.: H; C; P; Nt. *Habitat:* 201 203 801.
Mw Tz Zm.
Description: 210.

R. oblatifoliolata Verdc. [210]
Desc.: H; C/Nc; P; Nt. *Habitat*: 403.
Et Ke.
Description: 210.

R. oblongifoliolata Hauman [230]
Desc.: H; Nc; P; K. *Habitat*: 202.
Zr.
Description: 230.

R. orthobotrya Harms [210]
R. gorsii Berhaut [271]; *R. imbricata* sensu Hauman [210,230]; *R. karaguensis* Harms [210]; *R. viscosa* sensu Brenan [35,210].
Desc.: H; C/Nc; P; Nt. *Habitat*: 302 303 305 403 405 406 1202 1203 1205.
Cf Cm Et Gh Ke Nq Rw Sd Sn Td Tg Tz Ug Zr.
Description: 210,230; *Illustration*: 220,230.

R. ovata J.M.Wood & Evans [323]
Desc.: H; Nc; P. *Habitat*: – .
Za.
Description: 323.

R. ovatifoliolata Torre [216]
Desc.: H; Nc; P; K. *Habitat*: – .
Ao.
Description: 241; *Illustration*: 241.

R. parviflora E.Meyer (provisional) [278]
Desc.: H; C; P. *Habitat*: – .
Za.

R. pauciflora Bolus [323]
Desc.: H; Nc; P; K. *Habitat*: – .
Sz Za.
Description: 233,323.

R. peglerae Baker f. [323]
Desc.: H; Nc; P. *Habitat*: – .
Za.
Description: 323.

R. pentheri A.Zahlbr. [323]
Desc.: H; Nc; P; Nt. *Habitat*: – .
Bw Sz Za.
Description: 233,323.

R. picta (E.Meyer) Burtt Davy [247]
Desc.: H; C; P. *Habitat*: – .
Za.

R. pinnata Harvey [323]
Desc.: H; Nc; P. *Habitat*: – .
Za.
Description: 323.

R. preussii (Harms) Harms [212]
Desc.: H; C; P; Nt. *Habitat*: 101.
Cm Ga Gq Zr.
Description: 230.

R. procurrens (Hiern) Schumann [210]
   Desc.: H; C; P; Nt. Habitat: 202 203 302 303.
   Ao Cf Cm Gh Mw Nq Rw Sd Td Tz Zm Zr Zw.
   Description: 210.

   subsp. **floribunda** (Baker) Verdc. [210]
      R. floribunda Baker [210].
      Desc.: H; C; P; Nt. Habitat: 203.
      Mw Tz Zm Zr Zw.
      Description: 210.

   subsp. **latisepala** (Hauman) Verdc. [210]
      R. floribunda sensu Meikle [210,212]; R. resinosa sensu Robyns [173,210]; R. resinosa var. latisepala Hauman [210].
      Desc.: H; C; P; Nt. Habitat: 303 306 1206.
      Cf Cm Gh Ke Nq Rw Sd Ug Zr.
      Description: 210.

   subsp. **procurrens** [210]
      R. resinosa var. schliebenii (Harms) Hauman [210]; R. schliebenii Harms [210].
      Desc.: H; C; P; Nt. Habitat: 202 216.
      Ao Tz Zm Zr.
      Description: 210.

R. pseudoteramnoides Hauman [210]
   Desc.: H; Nc; P; Nt. Habitat: 205 302 1205.
   Ao Bi Tz Ug Zr.
   Description: 210,230.

R. pseudoviscosa Harms [210]
   R. fagelioides Engl. [210].
   Desc.: H; C/Nc; P; Nt. Habitat: 203 205 303 305 1205 1305.
   Ke Mw Mz Sd Tz Ug.
   Description: 210.

R. pubescens DC. (provisional) [271]
   Desc.: - Habitat: - .

R. pulchra (Vatke) Harms [210]
   Desc.: S; C/Nc; P; Nt. Habitat: 402 403.
   Ke Tz.
   Description: 210.

R. pulverulenta Stocks [210]
   R. elachistantha Chiov. [210].
   Desc.: H; C/Nc; P; Nt. Habitat: 402 403 405.
   Et Ke Sd So Tz Yd; Asia; Middle East.
   Description: 210; Map: 332.

R. pycnostachya (DC.) Meikle [212]
   R. calycina Guillemin & Perrottet [212].
   Desc.: H; C; P; Nt. Habitat: - .
   Ci Cm Gh Gm Gn Gq Gw Lr Ml Nq Sl Sn Td Tg Zr.
   Description: 230.

R. quadrata Harvey [323]
   Desc.: H; Nc; P. Habitat: - .
   Za.
   Description: 323.

R. ramosa Verdc. [271]
Desc.: H; Nc; P; K. *Habitat:* 405.
Et So.
Description: 24,271; *Illustration:* 271.

R. reptabunda N.E.Br. [323]
Desc.: H; C/Nc; P. *Habitat:* 1405.
Za.
Description: 323.

R. resinosa (A.Rich.) Baker [210]
R. mildbraedii Harms [210].
Desc.: H/S; C/Nc; P; Nt. *Habitat:* 202 203 205 302 303 305.
Ao Bi Cm Et Gn Ke Nq Rw Sd Sl Tz Ug Za Zm Zr.
Description: 210,230; *Illustration:* 220.

R. rotundifolia Walp. [323]
Desc.: H; C/Nc; P. *Habitat:* – .
Za.
Description: 323.

R. rudolfii Harms [323]
Desc.: H; Nc; P. *Habitat:* 805.
Za.
Description: 323.

R. salicifolia Hauman [230]
Desc.: H; Nc; P; K. *Habitat:* 202.
Zr.
Description: 230.

R. schlechteri Baker f. [323]
Desc.: H; Nc; P. *Habitat:* – .
Za.
Description: 323.

R. scutulaefolia Baker f. [216]
Desc.: H; Nc; P; K. *Habitat:* – .
Ao.

R. secunda Ecklon & Zeyher [323]
Desc.: H; C; P. *Habitat:* – .
Za.
Description: 323.

R. sordida (E.Meyer) Schinz [271]
R. orthodanum Harvey [271].
Desc.: H; Nc; P; Nt. *Habitat:* 1405.
Sz Za.
Description: 233,323.

R. speciosa Verdc. [210]
Desc.: H/S; Nc; P; K. *Habitat:* 801.
Ke.
Description: 210,271; *Illustration:* 210,271.

R. spectabilis Schinz [323]
Desc.: S; Nc; P. *Habitat:* 203.
Za.
Description: 323.

R. splendens Schweinf. (provisional) [24]
Desc.: H/S; Nc; P; K. *Habitat:* – .
Et Sd.
Description: 24.

R. stenodon Baker f. [323]
Desc.: H; C; P; K. *Habitat:* – .
Sz Za.
Description: 323.

R. stipata Meikle [333]
Desc.: H; C; P; K. *Habitat:* 805.
Zw.
Description: 333.

R. sublobata (Schum.) Meikle [210]
R. caribaea sensu auctt. [210]; *R. transjubensis* Chiov. [24].
Desc.: H; C/Nc; P; Nt. *Habitat:* 202 203 205 302 303 305 402 403 405 1202 1203 1205.
Ao Bi Bj Cf Cm Et Gh Ke Ml Na Ne Nq Rw Sd Sn So Sz Td Tg Tz Ug Za Zm Zr.
Description: 210,325; *Illustration:* 210,230,325.

R. teixeirae Torre [216]
Desc.: H; Nc; P; K. *Habitat:* 202.
Ao.
Description: 241; *Illustration:* 216,241.

R. teramnoides Harms [29]
Desc.: H; C; P; K. *Habitat:* – .
Sd.
Description: 29.

R. thorncroftii (Baker f.) Burtt Davy [247]
Desc.: H; C/Nc; P; Nt. *Habitat:* – .
Sz Za.
Description: 233,247.

R. totta (Thunb.) DC. [210]
R. airica Bruneau & H.Gillet [78]; *R. elegantissima* Schinz [210]; *R. filicaulis* Baker [210]; *R. lynesii* Baker f. & Martin (suspected synonym) [57]; *R. tibestica* Bruneau,H.Gillet & Quezel [57]; *R. venulosa* (Hiern) Schumann [210].
Desc.: H; C/Nc; P; Nt. *Habitat:* 205 405 1205.
Ao Bw Et Ke Mz Na Ne Sd So Sz Td Tz Ug Za Zm Zw.
Description: 210,549; *Illustration:* 24,334,549.

R. tricuspidata Baker f. [210]
Desc.: S; C/Nc; P; Nt. *Habitat:* 805.
Sd Ug Zw.
Description: 210.

subsp. **imatongensis** Verdc. [210]
Desc.: S; C/Nc; P; K. *Habitat:* 805.
Sd Ug.
Description: 210.

subsp. **tricuspidata** [210]
Desc.: S; C/Nc; P; K. *Habitat:* – .
Zw.
Description: 210.

R. usambarensis Taubert [210]
Desc.: H; C; P; Nt. *Habitat:* 403 405 1201.
Et Ke Rw Tz Ug.
Description: 210.

subsp. **inelegans** Verdc. [210]
Desc.: H; C/Nc; P; Nt. *Habitat:* 403.
Ke Tz.
Description: 210.

subsp. **usambarensis** [210]
Desc.: H; C; P; Nt. *Habitat:* 403 1201.
Et Ke Tz Ug.
Description: 210.

R. velutina Wight & Arn. [210]
R. klotzschii Cuf. [210].
Desc.: H; C/Nc; P; Nt. *Habitat:* 1302 1303.
Ke Mz So Tz; Asia; Indian Ocean.
Description: 210.

R. vendae Stirton [335]
Desc.: H; C; P; K. *Uses:* Medicinal. *Habitat:* – .
Za.
Description: 335; *Map:* 335; *Illustration:* 335.

R. verdcourtii Thulin [328]
R. sp.C J.B.Gillett et al. [328].
Desc.: H; C/Nc; P; Nt. *Habitat:* 403 405.
Et Ke Tz Ug.
Description: 24,328; *Map:* 328. *Illustration:* 24,328.

R. villosa (Meissner) Druce [323]
Eriosema villosum (Meissner) Burtt Davy [312]; *R. sigmoides* Harvey [323].
Desc.: H; Nc; P. *Habitat:* – .
Za.
Description: 323.

R. villosula Burtt Davy (provisional) [247]
Desc.: H; C; P; K. *Habitat:* – .
Za.

R. viscidula Steudel [323]
Desc.: H; C/Nc; P. *Habitat:* – .
Za.
Description: 323.

R. viscosa (Roth) DC. [210]
Desc.: H; C/Nc; P; Nt. *Habitat:* 303 305 403 405 1203 1205.
Ao Cf Cm Et Gh Gw Ke Nq Sd Sl Tg Tz Ug Zr; Asia; Indian Ocean.
Description: 210.

subsp. **stipulosa** (A.Rich.) Verdc. (provisional) [271]
R. stipulosa A.Rich. [271].
Desc.: H; C/Nc; P; Nt. *Habitat:* – .
Et.
Description: 24.

subsp. **violacea** (Hiern) Verdc. [210]
R. violacea (Hiern) Schumann [210].
Desc.: H; C/Nc; P; Nt. *Habitat:* 1101 1103 1201 1203.
Ao Cf Cm Gh Gw Nq Sd Sl Tg Ug Zr.
Description: 210.

subsp. **viscosa** [210]
R. breviracemosa Hauman [210].
Desc.: H; C/Nc; P; Nt. *Habitat:* 1203 1205 1303 1305.
Ke Tz Ug Zr.
Description: 210,230.

R. wellmaniana Harms (provisional)   [331]
   Desc.: - *Habitat:* - .
   Ao.
   Description: 331.

R. woodii Schinz   [323]
   Desc.: H/S; Nc; P; Nt. *Habitat:* - .
   Sz Za.
   Description: 233,323.

R. zernyi Harms   [210]
   Desc.: H; C/Nc; P; Nt. *Habitat:* 203.
   Mw Tz Zm.
   Description: 210.

R. sp.A J.B.Gillett et al. (provisional)   [210]
   Desc.: H; Nc; P; Nt. *Habitat:* 202.
   Tz Zm.
   Description: 210.

R. sp.B J.B.Gillett et al.   [210]
   Desc.: H; C; P. *Habitat:* - .
   Ke(U).
   Description: 210.

SHUTERIA Wight & Arn.

S. vestita Wight & Arn.   [210]
   Desc.: - *Habitat:* - .
   Cm(I) Ke(I).

SPATHIONEMA Taubert

S. kilimandscharicum Taubert   [210]
   Desc.: H; C; P; Nt. *Habitat:* 403 405.
   Ke Tz.
   Description: 210; *Illustration:* 210.

SPHENOSTYLIS E.Meyer

S. angustifolia Sonder   [310]
   Desc.: H; Nc; P; K. *Habitat:* - .
   Za.
   Description: 310; *Illustration:* 310.

S. briartii (De Wild.) Baker f.   [210]
   Desc.: H; C/Nc; P; Nt. *Uses:* Human food. *Habitat:* 202 205 206.
   Ao Bi Mw Tz Zm Zr.
   Description: 210,230.

S. gossweileri Baker f. (provisional)   [270]
   Desc.: H; Nc; P; K. *Habitat:* - .
   Ao.

S. marginata E.Meyer   [210]
   Desc.: H; C/Nc; P; Nt. *Habitat:* 202 203 205.
   Ao Mw Mz Za Zm Zr Zw.
   Description: 210.

subsp. **erecta** (Baker f.) Verdc. [210]
S. erecta (Baker f.) Baker f. [210].
Desc.: H; C/Nc; P; Nt. *Uses:* Human food; Medicinal. *Habitat:* 202 203 205.
Ao Bi Mw Mz Tz Zm Zr Zw.
Description: 210,230.

subsp. **marginata** [210]
Desc.: H; C/Nc; P; Nt. *Habitat:* – .
Sz Za.
Description: 210.

subsp. **obtusifolia** (Harms) Verdc. [270]
S. marginata sensu R.Wilczek [230,270]; *S. obtusifolia* Harms [270].
Desc.: H; C/Nc; P; Nt. *Habitat:* 205.
Ao Mw Zm Zr Zw.
Description: 230.

S. schweinfurthii Harms [212]
Desc.: H/S; Nc; P; Nt. *Habitat:* 302 305.
Ao Bj Cf Ci Cm Gh Ml Nq Sd Td Tg.
Description: 212.

subsp. **benguellensis** Torre [216]
Desc.: H/S; Nc; P; K. *Habitat:* 202.
Ao.
Description: 241; *Illustration:* 216,241.

subsp. **schweinfurthii** [212]
Desc.: H/S; Nc; P; Nt. *Habitat:* 302 306.
Bj Cf Ci Cm Gh Ml Nq Sd Td Tg.
Description: 212.

S. stenocarpa (A.Rich.) Harms [210]
S. congensis A.Chev. (suspected synonym) [210].
Desc.: H; C/Nc; P; Nt. *Habitat:* 202 205 206 302 305 306 1202 1205 1206.
Ao Bi Ci Cm Et Gh Gn Ke Mw Mz Nq Td Tg Tz Ug Zm Zr Zw.
Description: 210,230; *Illustration:* 210,230.

TERAMNUS P.Browne

T. buettneri (Harms) Baker f. [270]
Desc.: H/S; Nc; P; Nt. *Habitat:* 302.
Cf Ci Gh Nq Tg.

T. labialis (L.f.) Sprengel [210]
Desc.: H; C/Nc; P; Nt. *Habitat:* 202 203 205 302 303 305 402 403 405 1202 1203 1205.
Ao Bi Cm Et Gh Gw Ke Lr Ml Mz Nq Rw Sd Sl So St Sz Td Tg Tz Ug Za Zm Zr Zw; Asia; Australasia; Caribbean; Indian Ocean; South America.
Description: 24,210; *Illustration:* 24,210,220.

subsp. **arabicus** Verdc. [210]
Desc.: H; C/Nc; P; Nt. *Habitat:* 203 205 303 305 403 405 1203 1205.
Et Gh Ke Ml Mz Nq Sd Sn St Tz Ug Zm Zw; Caribbean; Indian Ocean; Middle East; South America.
Description: 24,210; *Illustration:* 210.

subsp. **labialis** [210]
T. axilliflorus sensu Hauman [210,230].
Desc.: H; C/Nc; P; Nt. *Habitat:* 201 202 203 205 302 303 305 402 403 405 1202 1203 1205.
Ao Bi Cm Et Gh Gw Ke Lr Mz Nq Rw Sl So Sz Tg Tz Ug Za Zm Zr Zw; Asia; Australasia; Indian Ocean.
Description: 24,210; *Illustration:* 24,220.

T. micans (Baker) Baker f. [210]
  T. stolzii Baker f. [210].
  Desc.: H; C; P; Nt. *Habitat:* 203 205 303 305 403 405 1203 1205.
  Ao Ci Cm Et Gw Ke Lr Mw Nq Sd Sl Tz Ug Zm Zr.
  Description: 24,210,230; *Illustration:* 210.

T. repens (Taubert) Baker f. [210]
  Desc.: H; C/Nc; P; Nt. *Habitat:* 203 205 302 305 403 405 1203 1205.
  Ao Bi Et Ke Rw Sd Tz Ug Yd Zm Zr Zw; Asia; Indian Ocean.
  Description: 24,210,230; *Illustration:* 210,220.

  subsp. **gracilis** (Chiov.) Verdc. [210]
    T. gracilis Chiov. [210].
    Desc.: H; C/Nc; P; Nt. *Habitat:* 303 1303.
    Et Ke Sd Tz Yd Zr; Asia; Indian Ocean.
    Description: 210; *Illustration:* 210.

  subsp. **repens** [210]
    Desc.: H; C/Nc; P; Nt. *Habitat:* 205 405 1205.
    Ao Bi Ke Rw Sd Tz Ug Zm Zw.
    Description: 210.

T. uncinatus (L.) Sw. [210]
  Desc.: H; C/Nc; P; Nt. *Habitat:* 202 203 205 302 303 305 402 403 406 1202 1203 1205.
  Ao Cm Et Gw Ke Nq Rw Sd Sl Sn Td Tz Ug Zm Zr; Caribbean; Central America; South America.
  Description: 24,210.

  subsp. **axilliflorus** (Kotschy) Verdc. [210]
    T. axilliflorus (Kotschy) Baker f. [210]; *T. gilletii* (De Wild.) Baker f. [210].
    Desc.: H; C/Nc; P; Nt. *Habitat:* 203 205 303 305 1203 1205.
    Ao Bi Et Gh Gw Nq Sd Sl Sn Tz Ug Zm Zr.
    Description: 24,210,230.

  subsp. **ringoetii** (De Wild.) Verdc. [210]
    Glycine ringoetii De Wild. [210]; *T. andongensis* (Baker) Baker f. [210].
    Desc.: H; C/Nc; P; Nt. *Habitat:* 202 203 205 302 303 305 402 403 405 1202 1203 1205.
    Ao Bi Cf Cm Et Gh Ke Mw Mz Nq Rw Sl Td Tz Ug Zm Zr Zw.
    Description: 24,210; *Illustration:* 24,220.

  subsp. **uncinatus** [210]
    Desc.: H; C/Nc; P; Nt. *Habitat:* Cult.
    Ke(I) Zw(I).
    Description: 210.

VATOVAEA Chiov.

V. pseudolablab (Harms) J.B.Gillett [210]
  V. biloba Chiov. [210].
  Desc.: H; C; P; Nt. *Habitat:* 403 405.
  Et Ke Sd So Tz Ug.
  Description: 24,210; *Map:* 304. *Illustration:* 24,210.

VIGNA Savi

V. aconitifolia (Jacq.) Maréchal [24]
  Desc.: H; Nc; A. *Uses:* Human food; Livestock fodder. *Habitat:* – .
  Et(I).
  Description: 24.

V. ambacensis Baker [210]
  V. abyssinica Taubert [210]; *V. pubigera* Baker [210]; *V. stuhlmannii* Harms [210].
  Desc.: H; C/Nc; A; Nt. *Habitat:* 1003 1105 1203 1205.
  Ao Bi Bj Cm Et Gh Gw Ke Ml Mw Ne Nq Sd Sl Td Tg Tz Ug Zr.
  Description: 24,210,230.

V. angularis (Willd.) Ohwi & Ohashi   [210]
Azukia angularis (Willd.) Ohwi [336]; *Phaseolus angularis* (Willd.) W.Wight [210].
Desc.: - *Habitat:* Cult.
Ke(I).

V. antunesii Harms (provisional)   [210,216]
Desc.: H; C; P; Nt. *Habitat:* -.
Ao Zm.

V. bequaertii R.Wilczek   [230]
V. fischeri sensu Robyns [173,230].
Desc.: H; C; P; Nt. *Habitat:* 1102 1202.
Bi Zr.
Description: 230; *Illustration:* 337.

V. comosa Baker   [210]
Desc.: H; C/Nc; P; Nt. *Habitat:* 203 205 303 1103 1105 1205.
Ao Bi Cg Cm Ke Lr Mw Nq Rw Sd Sl Tz Ug Zm Zr.
Description: 210,230.

  subsp. **abercornensis** Verdc.   [280]
  Desc.: H; C/Nc; P; K. *Habitat:* 202 205.
  Zm.
  Description: 280.

  subsp. **comosa**   [210]
  V. lebrunii Baker f. [210]; *V. micrantha* Harms [210]; *V. micrantha* var. *lebrunii* (Baker f.) Wilczek [210]; *V. ntemensis* Pellegrin (suspected synonym) [280].
  Desc.: H; C/Nc; P; Nt. *Habitat:* 203 1103 1105 1205.
  Ao Bi Cg Cm Ga Ke Mw Nq Rw Sd Sl Tz Ug Zm Zr.
  Description: 210,230.

V. davyi Bolus   [280]
Desc.: H; C; P; K. *Habitat:* -.
Za.

V. debanensis Martelli (provisional)   [24]
Desc.: H; C; P; K. *Habitat:* 402 405 802 805.
Et.
Description: 24.

V. decipiens Harvey   [280]
V. longiloba Burtt Davy [280]; *V. pongolensis* Burtt Davy [280]; *V. pseudotriloba* Harms [280].
Desc.: - *Habitat:* -.
Na Za.

V. desmodioides R.Wilczek   [210]
Desc.: H; C; P; Nt. *Habitat:* 101 1101 1201.
Cf Nq Sl Ug Zr.
Description: 210,230; *Illustration:* 230.

V. dolomitica R.Wilczek   [230]
Desc.: H; Nc; P; K. *Habitat:* 206.
Zr.
Description: 230.

V. filicaulis Hepper   [212]
Desc.: H; C; Nt. *Habitat:* -.
Ci Gh Gw Td Tg.
Description: 214; *Illustration:* 20.

V. fischeri Harms [210]
>   *Desc.:* H; C/Nc; P; Nt. *Habitat:* 203 205 305 805 1205.
>   Bi Cm Et Ke Mw Tz Zm Zr.
>   *Description:* 24,210,230.

V. friesiorum Harms [210]
>   *V. ulugurensis* Harms [210].
>   *Desc.:* H; C/Nc; P; Nt. *Habitat:* 405 406 805 1205.
>   Et Ke Rw Tz Ug Zr.
>   *Description:* 24,210,230.

V. frutescens A.Rich. [210]
>   *Desc.:* H; C/Nc; P; Nt. *Habitat:* 202 203 205 302 303 305 402 403 405 1202 1203 1205.
>   Ao Bw Et Ke Mw Mz Nq Rw Sd Tg Tz Ug Zm Zr Zw.
>   *Description:* 210; *Illustration:* 220.

>   subsp. **frutescens** [210]
>   > *V. buchneri* Harms [210]; *V. esculenta* (De Wild.) De Wild. [210]; *V. fragrans* Baker f. [210]; *V. harmsiana* Buscal. & Muschler [210]; *V. keniensis* Harms [210]; *V. sudanica* Baker f. [210]; *V. taubertii* Harms [210]; *V. violacea* Hutch. [210].
>   > *Desc.:* H; C/Nc; P; Nt. *Habitat:* 202 203 205 302 303 305 402 403 405 1202 1203 1205.
>   > Ao Bi Bw Cm Et Gh Ke Mw Mz Na Nq Rw Sd Tg Tz Ug Zm Zr.
>   > *Description:* 210,230; *Illustration:* 220.

>   subsp. **incana** (Taubert) Verdc. [210]
>   > *V. incana* Taubert [210]; *V. ledermannii* Harms (suspected synonym) [336].
>   > *Desc.:* H; C/Nc; P; Nt. *Habitat:* 402 405.
>   > Cm Ke Tz.
>   > *Description:* 210.

>   subsp. **kotschyi** (Schweinf.) Verdc. [210]
>   > *V. kotschyi* Schweinf. [210].
>   > *Desc.:* H; C/Nc; P; Nt. *Habitat:* 302 305.
>   > Cf Et Sd.
>   > *Description:* 24.

V. gazensis Baker f. [280]
>   *Desc.:* H; C; P; Nt. *Habitat:* 201 203.
>   Ao Mw Mz Zw; Indian Ocean.

V. gracilis (Guillemin & Perrottet) Hook.f. [212]
>   *V. occidentalis* Baker f. [212].
>   *Desc.:* H; C; P; Nt.*Habitat:* 105 305 1105.
>   Ao Cg Ci Cm Ga Gh Gm Gn Gw Lr Ml Nq Sl Sn St Zr.
>   *Description:* 230.

V. haumaniana R.Wilczek [210]
>   *Desc.:* H/S; Nc; P; Nt.*Habitat:* 202.
>   Tz Zm Zr.
>   *Description:* 210,230; *Illustration:* 230.

V. heterophylla A.Rich. [210]
>   *V. chiovendae* Baker [210].
>   *Desc.:* H; C/Nc; A; Nt.*Uses:* Human food.*Habitat:* 205 405.
>   Et Ke Mw Rw Tz Ug Zm Zr.
>   *Description:* 24,210,230.

V. hosei (Craib) Backer [336]
>   *V. parkeri* subsp. *acutifolia* Verdc. [336]; *V. parkeri* subsp. *maranguensis* (Taubert) Verdc.,p.p. [336].
>   *Desc.:* H; Nc; P.*Habitat:* – .
>   Mz Rw(I) Tz; Asia.

V. huillensis Baker (provisional) [216]
Desc.: -Habitat: – .
Ao Zm.

V. hundtii Rossberg [216]
Desc.: H; Nc; P; K.Habitat: 202.
Ao.

V. jaegeri Harms (provisional) [210]
Desc.: H; C.Habitat: 405.
Tz.
Description: 210.

V. juncea Milne-Redh. [210]
Haydonia juncea (Milne-Redh.) Marechal [210].
Desc.: H; C/Nc; P; Nt.Habitat: 202.
Tz Zm Zr.
Description: 210,230.

V. juruana (Harms) Verdc. [280]
V. campestris sensu auctt. [212,230,280].
Desc.: H; C; P; Nt.Habitat: – .
Cf(I) Ci(I) Cm(I) Ga(I) Gh(I) Gn(I) Nq(I) Sl(I) Zr(I); South America.
Description: 230; *Illustration:* 230.

V. kassneri R.Wilczek [230]
Desc.: H; C; P; K.Habitat: 202.
Zr.
Description: 230.

V. kirkii (Baker) J.B.Gillett [210]
V. macrorhyncha sensu Robyns,p.p. [173,210]; *V. schliebenii* Harms [210].
Desc.: H; C; A; Nt.Habitat: 205 405 1105 1205 1305.
Bi Cm Gm Gw Ke Mw Sd Tz Ug Zm Zr.
Description: 210,230.

V. laurentii De Wild. [230]
Desc.: H; C; P; Nt.Habitat: 1005 1105 1205.
Bi Zr.
Description: 230.

V. lobatifolia Baker [216]
V. dinteri Harms [216].
Desc.: H; Nc; P; Nt.Uses: Human food.*Habitat: – .*
Ao Bw Na Za Zm.
Description: 232.

V. longifolia (Benth.) Verdc. [280]
Phaseolus trichocarpus C.Wright; *V. paludosa* Milne-Redh. [280].
Desc.: H; C; P; Nt.Habitat: – .
Gh(I) Gw(I) Sl(I); South America.
Description: 280.

V. longissima Hutch. [212]
Desc.: H; C/Nc; P; Nt.Habitat: 202 302.
Cm Nq Zm Zr.
Description: 230,346; *Illustration:* 346.

V. luteola (Jacq.) Benth. [210]
V. bukobensis Harms [210]; *V. bukombensis* Harms [230]; *V. nigerica* A.Chev. [336]; *V. nilotica* (Del.) Hook.f. [210].
Desc.: H; C; P; Nt.Habitat: 113 213 313 413 1213.
Ao Bi Bj Bw Ci Eg Et Gh Gw Ke Lr Mw Ne Rw Sd Sl Sn Td Tg Tz Ug Yd Za Zm Zr Zw;

Middle East.
Description: 24,210,230; *Illustration:* 220.

V. macrorhyncha (Harms) Milne-Redh. [210]
Phaseolus schimperi Taubert [210]; *V. macrorrhyncha* (Harms) Milne-Redh. [210]; *V. proboscidella* Chiov. [336].
Desc.: H; C/Nc; P; Nt.*Habitat:* 202 205 302 305 402 405 1202 1205.
Bi Et Ke Mw Nq Rw Sd So Tz Ug Zm Zr Zw.
Description: 210,230; *Illustration:* 210,220,230.

V. marchali A.Chev. (provisional) [212]
Desc.: -*Habitat:* 1613.
Ml Ne.

V. marina (Burm.) Merr. [210]
V. lutea (Sw.) A.Gray [210]; *V. oblonga* Benth. (suspected synonym) [210]; *V. retusa* (E.Meyer) Walp. [336].
Desc.: H; C/Nc; P; Nt.*Habitat:* 112 1303 1312.
Cm Ga Gh Gq Lr Mz Nq St Tz Za.
Description: 210,217.

V. membranacea A.Rich. [210]
Desc.: H; C/Nc; A; Nt.*Habitat:* 403 405 1203 1205 1303.
Bi Et Ke Rw Sd So Tz Ug Zr.
Description: 210.

subsp. **caesia** (Chiov.) Verdc. [210]
V. caesia Chiov. [210].
Desc.: H; C/Nc; A; Nt.*Habitat:* 403 1303.
Et Ke So Tz.
Description: 24,210.

subsp. **hapalantha** (Harms) Verdc. [210]
V. hapalantha Harms [210].
Desc.: H; C/Nc; A; K.*Habitat:* 1303 1305.
Ke.
Description: 210.

subsp. **macrodon** (Robyns & Boutique) Verdc. [210]
V. macrodon Robyns & Boutique [210].
Desc.: H; C; A; Nt.*Habitat:* 401 1201.
Bi Ke Tz Ug Zr.
Description: 210,230.

subsp. **membranacea** [210]
V. leptodon Harms [210]; *V. membranaceoides* Robyns & Boutique [210].
Desc.: H; C/Nc; A; Nt.*Habitat:* 403 405 1205.
Bi Et Ke Rw Sd Tz Ug Zr.
Description: 24,210,230.

V. mendesii Torre [216]
Desc.: H; C; P; K.*Habitat:* – .
Ao.
Description: 241; *Illustration:* 216,241.

V. mildbraedii Harms (provisional) [230]
Desc.: H; C; P; K.*Habitat:* 1205.
Rw.
Description: 230; *Illustration:* 220.

V. monophylla Taubert [210]
Haydonia monophylla (Taubert) R.Wilczek [210].
Desc.: H; C/Nc; P; Nt.*Habitat:* 202 205 206 302 305 306 1202 1205 1206.
Bi Et Ke Mw Rw Tz Ug Zm Zr Zw.
Description: 24,210,230; *Illustration:* 24,210,220,230.

V. multinervis Hutch. & Dalziel [210]
V. linearifolia Hutch. [210].
Desc.: H; C/Nc; A; Nt.*Habitat:* 205 305 1205.
Ao Cf Cm Et Gh Nq Rw Sd Td Tg Tz Ug Zm Zr.
Description: 24,210,230; *Illustration:* 24,220.

V. mungo (L.) Hepper [210]
Azukia mungo (L.) Masam.; *Phaseolus mungo* L. [210].
Desc.: H; C/Nc; A.*Habitat:* Cult.
Ga(I) Tz(I) Za(I) Zr(I).

V. nervosa Markoetter [280]
V. galpinii Burtt Davy [210].
Desc.: H; C.*Habitat:* – .
Za Zw.

V. nigritia Hook.f. [212]
V. tisserantii A.Chev. [212].
Desc.: H; C; Nt.*Habitat:* 1002 1102.
Ao Cf Ci Cm Gh Gn Gw Lr Nq Sl Tg Zr.
Description: 230.

V. nuda N.E.Br. [210]
V. ringoetii (De Wild.) De Wild. [336].
Desc.: H; C/Nc; P; Nt.*Habitat:* 205 805.
Ao Bi Mw Tz Zr Zw.
Description: 210,230; *Illustration:* 338.

V. oblongifolia A.Rich. [210]
V. lancifolia A.Rich. [210]; *V. parviflora* Baker [210]; *V. wilmsii* Burtt Davy [210].
Desc.: H; C/Nc; A; Nt.*Habitat:* 202 203 205 302 303 305 402 403 405.
Ao Bi Bw Cm Et Gh Ke Mw Na Nq Rw Sd Tz Ug Za Zm Zr Zw.
Description: 24,210,230.

V. parkeri Baker [210]
Desc.: H; C/Nc; P; Nt.*Habitat:* 405 1205 1206.
Et Ke Mz Rw Tz Ug Zr; Indian Ocean.
Description: 24,210.

subsp. maranguensis (Taubert) Verdc. [210]
V. gracilis sensu auctt. [210]; *V. maranguensis* Taubert [210].
Desc.: H; C/Nc; P; Nt.*Uses:* Livestock fodder.*Habitat:* 205 405 805 1205 1206.
Bi Cm Et Ke Rw Tz Ug Zm Zr.
Description: 24,210,230; *Illustration:* 220.

V. phoenix Brummitt [339]
V. pygmaea var. *grandiflora* Verdc. [339].
Desc.: H; C; P; Nt.*Habitat:* 205 805.
Mw Tz Zm Zr.
Description: 339; *Illustration:* 339.

V. platyloba Hiern [210]
Desc.: H; C/Nc; P; Nt.*Habitat:* 202 203.
Ao Mw Mz Tz Zm Zr.
Description: 210.

V. praecox Verdc. [210]
Desc.: H; C; P; Nt.*Habitat:* 403.
Ke Tz.
Description: 210,280; *Illustration:* 280.

V. procera Hiern [216]
Desc.: H; Nc; P; K.*Habitat:* 202 205.
Ao.

V. pygmaea R.E.Fries [210]
Desc.: H; Nc; P; Nt.*Habitat:* 202.
Ao Bi Cm Mw Mz Tz Zm Zr Zw.
Description: 210,230; *Illustration:* 339.

V. racemosa (G.Don) Hutch. & Dalziel [210]
Desc.: H; C; P; Nt.*Habitat:* 305 1005 1105 1205.
Ao Bi Cf Ci Cm Gh Gm Gw Hv Lr Ml Ne Nq Rw Sd Sl Sn St Td Tg Tz Ug Zm Zr.
Description: 210,230.

V. radiata (L.) Wilczek [210]
Azukia radiata (L.) Ohwi [210]; *Phaseolus aureus* Roxb. [210]; *Phaseolus trinervius* Wight & Arn. [280]; *Rudua aurea* (Roxb.) Maekwa [336].
Desc.: H; C/Nc; A; Nt.*Habitat:* 205 Cult.
Ao(I) Cm(I) Et(I) Gh(I) Ke(I) Mw(I) Mz(I) Ne(I) Nq(I) Sd(I)Sl(I) Tg(I) Tz(I) Ug(I) Za(I) Zm(I) Zr; Asia.
Description: 24,210.

V. radicans Baker (provisional) [216]
Desc.: H; Nc; P; K.*Habitat:* – .
Ao.

V. ramanniana Rossberg (provisional) [216]
Desc.: H; C.*Habitat:* – .
Ao.

V. reticulata Hook.f. [210]
V. andongensis Baker [280]; *V. polytricha* Baker [210].
Desc.: H; C/Nc; A; Nt.*Uses:* Human food.*Habitat:* 202 205 302 305 1202 1205 1302 1305.
Ao Bi Ci Cm Et Gh Gw Ke Mw Mz Nq Rw Sd Sl Sn Td Tg Tz Ug Zm Zw; Indian Ocean.
Description: 24,210,230.

V. richardsiae Verdc. [210]
Desc.: H; C/Nc; Nt.*Habitat:* – .
Tz Zm.
Description: 210.

V. schimperi Baker [210]
Desc.: H; C; P; Nt.*Habitat:* 803 805 1203 1205.
Et Ke Rw Sd Tz Ug Zr.
Description: 24,210,230; *Illustration:* 24,173.

V. somaliensis Baker f. (provisional) [280]
Desc.: H; K.*Habitat:* – .
So.
Description: 68.

V. stenophylla Harms [212]
Desc.: H; Nc; P; Nt.*Habitat:* – .
Bj Ci Cm Gh Ne Sl.

V. subterranea (L.) Verdc. [24,340]
Voandzeia subterranea (L.) Thouars [340]; *Voandzeia subterranea* (L.) DC. [340].
Desc.: H; Nc; A; Nt.*Uses:* Human food.*Habitat:* 302 Cult.
Ao(I) Bj(I) Cf(U) Ci(I) Cm Et(I) Gh(I) Gw(I) Ke(I) Ml(I) Mz(I) Na Nq Sd(I) Sn(I) Sz(I) Td(I) Tg(I) Tz(I) Ug(I) Zm(I) Zr(I).
Description: 210,212,230; *Illustration:* 210,341.

V. trilobata (L.) Verdc. [280]
Phaseolus trilobatus (L.) Schreber [280]; *Phaseolus trilobus* sensu auctt. [280].
Desc.: -Habitat: – .
Gh(I) Sd(I).

V. triphylla (Wilczek) Verdc. [210]
Haydonia triphylla R.Wilczek [210].
Desc.: H; C; Nt.*Habitat:* 205 305.
Ao Cf Et Ke Nq Zm Zr.
Description: 210,230; *Illustration:* 230.

V. umbellata (Thunb.) Ohwi & Ohashi [210]
Azukia umbellata (Thunb.) Ohwi [210]; *Phaseolus calcaratus* Roxb. [210]; *V. calcarata* (Roxb.) Kurz [210].
Desc.: H; C/Nc; A; Nt.*Habitat:* Cult.
Gh(I) Ke(I) Sl(I) Tz(I) Zm(I) Zr(I).

V. unguiculata (L.) Walp. [210]
Dolichos biflorus L. [210]; *V. sinensis* (L.) Hassk. [210]; *V. sinensis* subsp. *sinensis* (L.) Hassk. [210].
Desc.: H; C/Nc; A; Nt.*Uses:* Human food.*Habitat:* 202 203 205 302 303 305 402 403 405 Cult.
Ao Bi Bw Ci Cm Et Gh Gm Gn Gq Gw Ke Lr Mw Mz Na Ne Nq Rw Sd Sl St Td Tg Tz Ug Za Zm Zr.
Description: 210,230; *Illustration:* 210,230.

subsp. cylindrica (L.) Eselt. [210]
V. unguiculata subsp. *Catjang* (Burm.) Chiov. [210].
Desc.: H; C/Nc; A; Nt.*Uses:* Human food.*Habitat:* Cult.
Cm(I) Et(I) Gw(I) Ke(I) Mw(I) Nq(I) Rw(I) Sd(I) Sl(I) Tz(I) Ug(I).
Description: 210; *Illustration:* 220.

subsp. dekindtiana (Harms) Verdc. [210]
V. alba (G.Don) Baker f. [210]; *V. baoulensis* A.Chev. [210]; *V. coerulea* Baker [210]; *V. dekindtiana* Harms [210]; *V. hispida* (E.Meyer) Walp. [336]; *V. malosana* Baker [280]; *V. scabrida* Burtt Davy [280].
Desc.: H; C/Nc; A; Nt.*Uses:* Human food.*Habitat:* 203 205 216 303 305 316 403 405 416 1203 1205 Cult.
Ao Bi Bw Ci Cm Et Gh Gm Gn Gq Gw Ke Lr Mw Mz Na Ne Nq Sd Sl St Tg Tz Ug Zm Zr Zw.
Description: 24,210,230; *Illustration:* 210,230.

subsp. mensensis (Schweinf.) Verdc. [210]
V. mensensis Schweinf. [210]; *V. mensensis* var. *hastata* sensu Robyns [173,210].
Desc.: H; C; A; Nt.*Habitat:* 203 401 1201 1203.
Et Ke Mw Tz Ug Zm Zr.
Description: 210,230.

subsp. sesquipedalis (L.) Verdc. [210]
V. sinensis subsp. *sesquipedalis* (L.) Eselt. [280].
Desc.: H; C; A; Nt.*Uses:* Human food.*Habitat:* Cult.
Et(I) Ke(I).
Description: 210.

subsp. stenophylla (Harvey) Marechal et al. [336]
V. angustifoliolata Verdc. [336]; *V. stenophylla* (Harvey) Burtt Davy [336].
Desc.: -Habitat: – .
Mz Za.

subsp. **tenuis** (E.Meyer) Marechal et al. [336]
Dolichos reticulatus Schltr. [336]; *V. tenuis* (E.Meyer) Dietr. [336].
Desc.: -Habitat: – .
Za.

subsp. **unguiculata** [210]
Desc.: H; C/Nc; A; Nt.*Uses:* Human food.*Habitat:* Cult.
Cm Et Gh Gq Gw Ke Na Nq Sd Sl Tg Tz Zm.
Description: 210.

V. venulosa Baker [212]
Desc.: H; C; Nt.*Habitat:* 305 1105.
Cm Gn Gw Lr Ml Sl Sn Td Tg.
Description: 224.

V. vexillata (L.) A.Rich. [210]
V. angustifolia (Schum. & Thonn.) Hook.f. [280]; *V. capensis* (Thunb.) Burtt Davy [336]; *V. dolichoneura* Harms [210]; *V. senegalensis* A.Chev. [212].
Desc.: H; C/Nc; P; Nt.*Uses:* Cover crop; Human food; Medicinal.*Habitat:* 202 205 302 305 402 405 1102 1105 1202 1205.
Ao Bi Bw Ci Cm Et Gh Gm Gq Gw Ke Lr Mw Mz Ne Nq Rw Sd Sl Sn So Sz Td Tg Tz Ug Za Zm Zr Zw; Asia; Australasia.
Description: 210,230; *Illustration:* 24,220,230.

V. wittei Baker f. [210]
V. stenodactyla Harms [210].
Desc.: H; Nc; A; Nt.*Habitat:* 202 205 302.
Ao Bi Cm Mw Na Nq Tz Zm Zr.
Description: 210,230.

V. sp.A J.B.Gillett et al. [210]
Desc.: H; C; P; Nt.*Habitat:* 205 1205.
Tz Ug Zm.
Description: 210.

V. sp.B J.B.Gillett et al. (provisional) [210]
Desc.: H; C; P; K.*Habitat:* – .
Ke.
Description: 210.

V. sp.C J.B.Gillett et al. (provisional) [210]
Desc.: H/S; C; P; K.*Habitat:* 403 1303.
Tz.
Description: 210.

V. sp.nr.oblongifolia Hepper (provisional) [212]
Desc.: H; C.*Habitat:* – .
Cm.
Description: 212.

WAJIRA Thulin

W. albescens Thulin [311]
Desc.: H; C/Nc; P; K.*Habitat:* 403.
Ke.
Description: 311; *Illustration:* 311.

PODALYRIEAE

CYCLOPIA Vent.
See Ref.408.

C. aurescens Kies [408]
Desc.: S; Nc; P. *Habitat:* – .
Za.
Description: 408; *Map:* 408; *Illustration:* 408.

C. bolusii Hofmeyer & E.Phillips [408]
Desc.: H/S; Nc; P. *Habitat:* – .
Za.
Description: 408; *Map:* 408; *Illustration:* 408.

C. bowieana Harvey [408]
Desc.: S; Nc; P. *Uses:* Human food. *Habitat:* – .
Za.
Description: 408; *Map:* 408; *Illustration:* 408.

C. burtonii Hofmeyer & E.Phillips [408]
Desc.: H/S; Nc; P. *Uses:* Human food. *Habitat:* – .
Za.
Description: 408; *Map:* 408; *Illustration:* 408.

C. buxifolia (Burm.f.) Kies [408]
C. latifolia DC. [408].
Desc.: S; Nc; P. *Habitat:* – .
Za.
Description: 408; *Map:* 408; *Illustration:* 408.

C. capensis T.M.Salter [408]
Desc.: S; Nc; P. *Habitat:* – .
Za.
Description: 408; *Map:* 408; *Illustration:* 408.

C. dregeana Kies [408]
Desc.: S; Nc; P. *Habitat:* – .
Za.
Description: 408; *Map:* 408; *Illustration:* 408.

C. falcata (Harvey) Kies [408]
C. subternata Vogel [408].
Desc.: S; Nc; P. *Uses:* Human food. *Habitat:* – .
Za.
Description: 408; *Map:* 408; *Illustration:* 400,408.

C. filiformis Kies [408]
Desc.: H/S; Nc; P. *Habitat:* – .
Za.
Description: 408; *Map:* 408; *Illustration:* 408.

C. galioides (Bergius) DC. [408]
Desc.: S; Nc; P. *Habitat:* – .
Za.
Description: 408; *Map:* 408; *Illustration:* 396,408.

C. genistoides (L.) Vent. [408]
  Desc.: S; Nc; P. *Uses:* Human food. *Habitat:* – .
  Za.
  Description: 408; *Map:* 408. *Illustration:* 396,397,399,408.

C. intermedia E.Meyer [408]
  Desc.: S; Nc; P. *Uses:* Human food. *Habitat:* – .
  Za.
  Description: 408; *Map:* 408; *Illustration:* 408.

C. longiflora Vogel [408]
  Desc.: H/S; Nc; P. *Habitat:* – .
  Za.
  Description: 408; *Map:* 408; *Illustration:* 408.

C. maculata (Andrews) Kies [408]
  C. tenuifolia Lehm. [408].
  Desc.: S; Nc; P. *Uses:* Human food. *Habitat:* – .
  Za.
  Description: 408; *Map:* 408; *Illustration:* 408.

C. meyeriana Walp. [408]
  Desc.: S; Nc; P. *Habitat:* – .
  Za.
  Description: 408; *Map:* 408; *Illustration:* 408.

C. montana Hofmeyer & E.Phillips
  Desc.: S; Nc; P. *Habitat:* – .
  Za.
  Description: 408; *Map:* 408; *Illustration:* 408.

C. plicata Kies [408]
  Desc.: H/S; Nc; P. *Habitat:* – .
  Za.
  Description: 408; *Map:* 408; *Illustration:* 408.

C. pubescens Ecklon & Zeyher [408]
  Desc.: S; Nc; P. *Habitat:* – .
  Za.
  Description: 408; *Map:* 408; *Illustration:* 408.

C. sessiliflora Ecklon & Zeyher [408]
  Desc.: S; Nc; P. *Uses:* Human food. *Habitat:* – .
  Za.
  Description: 408; *Map:* 408; *Illustration:* 408.

PODALYRIA Willd.

P. argentea Salisb. [279]
  P. angustifolia Ecklon & Zeyher [279]; *P. biflora* Sims [279]; *P. cuneifolia* Ecklon & Zeyher [279]; *P. pedunculata* Ecklon & Zeyher [279]; *P. subbiflora* Benth. [279].
  Desc.: - *Habitat:* – .
  Za.
  Description: 222.

P. biflora (Retz.) Lam. [278]
  P. argentea Ecklon & Zeyher [222].
  Desc.: H/S; Nc; P. *Habitat:* – .
  Za.
  Description: 222; *Illustration:* 396.

P. burchellii DC. [278]
P. burchellii Ecklon & Zeyher [279]; *P. lancifolia* Ecklon & Zeyher [279].
Desc.: S; Nc; P. *Habitat:* – .
Za.
Description: 222.

P. buxifolia Willd. [278]
Desc.: H/S; Nc; P. *Habitat:* – .
Za.
Description: 222.

P. calyptrata (Retz.) Willd. [413]
P. calyptrata var. *lanceolata* E.Meyer; *P. kunthii* Walp. [413]; *P. lanceolata* (E.Meyer) Benth. [413]; *P. styracifolia* Sims [413]; *P. subbiflora* DC. [413].
Desc.: S/T; Nc; P; Nt. *Uses:* Ornamental. *Habitat:* – .
Za; Asia.
Description: 413; *Illustration:* 396,397,399,413.

P. canescens E.Meyer [278]
Desc.: S; Nc; P. *Habitat:* – .
Za.
Description: 222.

P. chrysantha Adamson [278]
Desc.: S; Nc; P. *Habitat:* – .
Za.
Description: 414.

P. cordata R.Br. [278]
P. hirsuta Willd. [222].
Desc.: S; Nc; P. *Habitat:* – .
Za.
Description: 222.

P. cuneifolia Vent. (provisional) [278]
Desc.: S; Nc; P. *Habitat:* – .
Za.
Description: 222.

P. glauca DC. [278]
P. buxifolia Lam. [222,278]; *P. sparsiflora* Ecklon & Zeyher [222].
Desc.: H/S; Nc; P. *Habitat:* – .
Za.
Description: 222; *Illustration:* 400.

P. hamata E.Meyer (provisional) [222]
Desc.: S; Nc; P. *Habitat:* – .
Za.

P. hirsuta (Aiton) Willd. (provisional) [8]
Desc.: S; Nc; P. *Habitat:* – .
Za.

P. insignis Compton [278]
P. insigens Compton [279].
Desc.: S; Nc; P. *Habitat:* – .
Za.
Description: 415.

P. leipoldtii L.Bolus (provisional) [278]
Desc.: S; Nc; P. *Habitat:* – .
Za.

P. microphylla E.Meyer [278]
Desc.: S; Nc; P. *Habitat*: – .
Za.
Description: 222.

P. montana Hutch. (provisional) [8]
Desc.: S; Nc; P. *Habitat*: – .
Za.

P. myrtillifolia Willd. [278]
Desc.: S; Nc; P. *Habitat*: – .
Za.
Description: 222.

P. oleaefolia Salisb. [8]
Desc.: S; Nc; P. *Habitat*: – .
Za.

P. orbicularis E.Meyer [278]
Desc.: S; Nc; P. *Habitat*: – .
Za.
Description: 222.

P. pearsonii E.Phillips [278]
Desc.: S; Nc; P. *Habitat*: – .
Za.
Description: 416.

P. pulcherrima Schinz [279]
Desc.: S; Nc; P. *Habitat*: – .
Za.

P. racemulosa DC. (provisional) [279]
Desc.: S; Nc; P. *Habitat*: – .
Za.

P. reticulata Harvey [278]
Desc.: S; Nc; P. *Habitat*: – .
Za.
Description: 222.

P. sericea R.Br. [278]
P. canescens Ecklon & Zeyher [222].
Desc.: S; Nc; P. *Habitat*: – .
Za.
Description: 222; *Illustration*: 396,397.

P. speciosa Ecklon & Zeyher [278]
Desc.: S; Nc; P. *Habitat*: – .
Za.
Description: 222.

P. tayloriana L.Bolus [278]
Desc.: S; Nc; P. *Habitat*: – .
Za.
Description: 414.

P. uncinata Hutch. (provisional) [279]
P. uncinulata Hutch. [8].
Desc.: - *Habitat*: – .
Za.

P. velutina Benth. [279]
Desc.: S; Nc; P. *Habitat:* – .
Za.
Description: 222.

VIRGILIA Poiret

V. divaricata Adamson [417]
V. capensis sensu Pole Evans [417,418].
Desc.: T; Nc; P. *Habitat:* – .
Za.
Description: 417; *Map:* 417; *Illustration:* 400.

V. oroboides (P.Bergius) T.M.Salter [417]
Desc.: T; Nc; P. *Habitat:* – .
Ke(I) Tz(I) Za Zw(I); Asia; Australasia; Pacific Ocean.
Description: 417; *Map:* 417. *Illustration:* 396,397,417.

subsp. **ferruginea** B.-E. van Wyk [417]
Desc.: T; Nc; P. *Habitat:* – .
Za.
Description: 417; *Map:* 417.

subsp. **oroboides** [417]
V. capensis (L.) Lam. [417]; *V. capensis* subsp. *albescens* Yakovlev [417].
Desc.: T; Nc; P. *Habitat:* – .
Za.
Description: 417; *Map:* 417.

PSORALEEAE

BITUMINARIA Fabr.

B. bituminosa (L.) Stirton [454]
Aspalthium bituminosum (L.) Medikus [454]; *Psoralea bituminosa* L. [454].
Desc.: H; Nc; P; Nt. *Habitat:* 702 703.
Dz Ly Ma Tn; Europe; Middle East.
Description: 360,368,456; *Illustration:* 368,456.

CULLEN Medikus
See Ref.319.

C. americanum (L.) Rydb. [454]
Psoralea americana L. [454].
Desc.: - *Habitat:* – .
Dz Ma Tn.

C. biflora (Harvey) Stirton [319]
Psoralea biflora Harvey [319].
Desc.: H/S; Nc; P; Nt. *Habitat:* – .
Na Za.
Description: 232.

C. holubii (Burtt Davy) Stirton [319]
Psoralea holubii Burtt Davy [319].
Desc.: H; Nc; P. *Habitat:* – .
Za.

C. obtusifolia (DC.) Stirton [319]
Psoralea obtusifolia DC. [319].
Desc.: H/S; Nc; P; Nt. *Habitat:* – .
Ao Bw Na Za Zw.
Description: 232.

C. plicata (Del.) Stirton [319]
Psoralea plicata Del. [319].
Desc.: H/S; Nc; P; Nt. *Habitat:* 1605 1707.
Dj Dz Eg Eh Et Ly Ml Mr Ne Sd Sn So Td; Asia; Middle East.
Description: 212,360,368; *Map:* 550. *Illustration:* 368.

OTHOLOBIUM Stirton
See Ref.551.

O. acuminatum (Lam.) Stirton [551]
Psoralea acuminata Lam. [551].
Desc.: H/S; Nc; P. *Habitat:* – .
Za.

O. argenteum (Thunb.) Stirton [551]
Psoralea argentea Thunb. [551].
Desc.: S; Nc; P. *Habitat:* – .
Za.
Description: 222,552.

O. bolusii (H.M.Forbes) Stirton [551]
Psoralea bolusii H.M.Forbes [551].
Desc.: H/S; Nc; P. *Habitat:* – .
Za.
Description: 552.

O. bowieanum (Harvey) Stirton [551]
Psoralea bowieana Harvey [551].
Desc.: H/S; Nc; P. *Habitat:* – .
Za.
Description: 222,552.

O. bracteolatum (Ecklon & Zeyher) Stirton [551]
Psoralea bracteata var. *bracteolata* (Ecklon & Zeyher) Harvey [551]; *Psoralea bracteolata* Ecklon & Zeyher [551].
Desc.: - *Habitat:* – .
Za.
Description: 222.

O. caffrum (Ecklon & Zeyher) Stirton [551]
Psoralea caffra Ecklon & Zeyher [551]; *Psoralea royffei* H.M.Forbes [551].
Desc.: S; Nc; P. *Habitat:* – .
Za.
Description: 222,552; *Illustration:* 448.

O. candicans (Ecklon & Zeyher) Stirton [551]
Psoralea candicans Ecklon & Zeyher [551].
Desc.: S; Nc; P. *Habitat:* – .
Za.
Description: 222,552.

O. carneum (E.Meyer) Stirton [551]
Psoralea carnea E.Meyer [551].
Desc.: S; Nc; P. *Habitat:* – .
Za.
Description: 222,552.

O. decumbens (Aiton) Stirton [551]
Psoralea decumbens Aiton [551].
Desc.: H/S; Nc; P. *Habitat:* – .
Za.
Description: 222,483,552; *Illustration:* 396.

O. foliosum (Oliver) Stirton [551]
Psoralea foliosa Oliver [551].
Desc.: S; Nc; P; Nt. *Habitat:* 803 805.
Ke Mw Tz Za Zm Zw.
Description: 28,210; *Illustration:* 210.

O. fruticans (L.) Stirton [551]
Psoralea bracteata P.Bergius [551]; *Psoralea fruticans* (L.) Druce [551].
Desc.: H/S; Nc; P. *Habitat:* – .
Za.
Description: 483,552; *Illustration:* 396.

O. hamatum (Harvey) Stirton [551]
Psoralea hamata Harvey [551].
Desc.: S; Nc; P. *Habitat:* – .
Za.
Description: 222,552.

O. heterosepalum (Fourc.) Stirton [551]
Psoralea heterosepala Fourc. [551].
Desc.: S; Nc; P. *Habitat:* – .
Za.
Description: 371.

O. hirtum (L.) Stirton [551]
Psoralea hirta L. [551]; *Psoralea stachydis* L.f. [551]; *Psoralea stachyos* Thunb. [551].
Desc.: S; Nc; P. *Habitat:* – .
Za.
Description: 222,483,552; *Illustration:* 396.

O. macradenium (Harvey) Stirton [551]
Psoralea macradenia Harvey [551].
Desc.: S; Nc; P. *Habitat:* – .
Za.
Description: 222,552.

O. mundianum (Ecklon & Zeyher) Stirton [551]
Psoralea mundiana Ecklon & Zeyher [551]; *Psoralea mundtiana* Ecklon & Zeyher [552].
Desc.: S; Nc; P. *Habitat:* – .
Za.
Description: 222,552.

O. obliquum (E.Meyer) Stirton [551]
Psoralea obliqua E.Meyer [551].
Desc.: S; Nc; P. *Habitat:* – .
Za.
Description: 222,552; *Illustration:* 399.

O. parviflorum (E.Meyer) Stirton [551]
Psoralea parviflora E.Meyer [551].
Desc.: - *Habitat:* – .
Za.

O. pictum Stirton [551]
Desc.: S; Nc; P. *Habitat:* – .
Za.
Description: 553; *Map:* 553; *Illustration:* 553.

O. polyphyllum (Ecklon & Zeyher) Stirton [551]
   Psoralea polyphylla Ecklon & Zeyher [551].
   Desc.: S; Nc; P. Habitat: – .
   Za.
   Description: 222,552.

O. polystictum (Ecklon & Zeyher) Stirton [551]
   Psoralea polysticta Harvey [551].
   Desc.: S; Nc; P. Habitat: – .
   Ls Za.
   Description: 222,552.

O. pungens Stirton [551]
   Desc.: S; Nc; P. Habitat: 504.
   Za.
   Description: 554; Illustration: 554.

O. racemosum (Thunb.) Stirton [551]
   Psoralea racemosa Thunb. [551].
   Desc.: H/S; Nc; P. Habitat: – .
   Za.
   Description: 222,552.

O. rotundifolium (L.f.) Stirton [551]
   Psoralea rotundifolia L.f. [551].
   Desc.: H/S; Nc; P. Habitat: – .
   Za.
   Description: 222,552.

O. rubicundum Stirton [551]
   Desc.: H/S; Nc; P; K. Habitat: – .
   Za.
   Description: 553; Map: 553; Illustration: 553.

O. sericeum (Poiret) Stirton [551]
   Eriosema capitatum E.Meyer [551]; *Psoralea sericea* Poiret [551]; *Psoralea tomentosa* Thunb. [551].
   Desc.: H/S; Nc; P. Habitat: – .
   Za.
   Description: 222.

O. spicatum (L.) Stirton [551]
   Psoralea spicata L. [551].
   Desc.: S; Nc; P. Habitat: – .
   Za.
   Description: 222,483,552.

O. stachyerum (Ecklon & Zeyher) Stirton [551]
   Psoralea stachyera Ecklon & Zeyher [551].
   Desc.: - Habitat: – .
   Za.

O. striatum (Thunb.) Stirton [551]
   Psoralea striata Thunb. [551].
   Desc.: S/T; Nc; P. Habitat: – .
   Za.
   Description: 222,552.

O. swartbergense Stirton [551]
   Desc.: H/S; Nc; P; K. Habitat: – .
   Za.
   Description: 551; Illustration: 551.

O. thomii (Harvey) Stirton [551]
Psoralea thomii Harvey [551].
Desc.: H/S; Nc; P. Habitat: – .
Za.
Description: 222,552.

O. trianthum (E.Meyer) Stirton [551]
Psoralea triantha E.Meyer [551].
Desc.: S; Nc; P. Habitat: – .
Za.
Description: 222,483,552.

O. uncinatum (Ecklon & Zeyher) Stirton [551]
Psoralea uncinata Ecklon & Zeyher [551].
Desc.: S; Nc; P. Habitat: – .
Za.
Description: 222,483,552.

O. venustum (Ecklon & Zeyher) Stirton [551]
Psoralea venusta Ecklon & Zeyher [551].
Desc.: H/S; Nc; P. Habitat: – .
Za.
Description: 222,552.

O. wilmsii (Harms) Stirton [551]
Psoralea wilmsii Harms [551].
Desc.: S; Nc; P. Habitat: – .
Sz Za.
Description: 233,552.

O. zeyheri (Harvey) Stirton [551]
Psoralea zeyheri Harvey [551].
Desc.: H/S; Nc; P. Habitat: – .
Za.
Description: 222,552.

PSORALEA L.
See Ref.552, but this is somewhat out-of-date.

P. aculeata L. [278]
Desc.: S; Nc; P. Habitat: – .
Za.
Description: 222,483,552; Illustration: 397.

P. affinis Ecklon & Zeyher [278]
P. pinnata var. subglabra Harvey
Desc.: T; Nc; P. Habitat: – .
Ls Sz Za.
Description: 222,552.

P. alata (Thunb.) T.M.Salter [278]
Hallia alata Thunb. [278].
Desc.: H; Nc; P. Habitat: – .
Za.
Description: 222,483.

P. aphylla L. [278]
Desc.: S; Nc; P. Habitat: – .
Za.
Description: 222,483,552; Illustration: 396,399.

P. arborea Sims [278]
P. pinnata sensu Compton [8,233]; *P. pinnata* var. *latifolia* Harvey
Desc.: S/T; Nc; P; Nt. Habitat: – .
Sz Za.
Description: 222,233; Illustration: 555.

P. asarina (P.Bergius) T.M.Salter [278]
Hallia asarina (P.Bergius) Thunb. [278].
Desc.: H; Nc; P. Habitat: – .
Za.
Description: 222,483.

P. axillaris L.f. [278]
Desc.: S; Nc; P. Habitat: – .
Za.
Description: 222,552.

P. ensifolia (Houtt.) Merrill [278]
P. capitata L.f. [278].
Desc.: H; Nc; P. Habitat: – .
Za.
Description: 222,483,552.

P. fascicularis DC. [222]
Desc.: H/S; Nc; P. Habitat: – .
Za.
Description: 222,483,552.

P. filifolia Ecklon & Zeyher [8]
Desc.: - Habitat: – .
Za.

P. glabra E.Meyer [8]
P. pinnata var. *glabra* (E.Meyer) Harvey [8].
Desc.: - Habitat: – .
Za.
Description: 222.

P. glaucescens Ecklon & Zeyher [8]
P. oligophylla var. *glaucescens* (Ecklon & Zeyher) Harvey
Desc.: - Habitat: – .
Za.
Description: 222.

P. glaucina Harvey [278]
Desc.: H/S; Nc; P. Habitat: – .
Za.
Description: 222,483,552.

P. gueinzii Harvey [278]
P. guenzii Harvey [278].
Desc.: H/S; Nc; P. Habitat: – .
Za.
Description: 222,552.

P. imbricata (L.f.) T.M.Salter [278]
Hallia imbricata (L.f.) Thunb. [278].
Desc.: H/S; Nc; P. Habitat: – .
Za.
Description: 222,483.

P. implexa Stirton [556]
Desc.: H; Nc; P; K. *Habitat*: 504.
Za.
Description: 556; *Map*: 556; *Illustration*: 556.

P. keetii H.M.Forbes [278]
Desc.: S; Nc; P. *Habitat*: –.
Za.
Description: 552.

P. kraussiana Meissner (provisional) [8]
Desc.: - *Habitat*: –.
Za.

P. laevigata L.f. [8]
Desc.: - *Habitat*: –.
Za.

P. laxa T.M.Salter [278]
Hallia virgata Thunb. [483].
Desc.: H; Nc; P. *Habitat*: –.
Za.
Description: 483; *Illustration*: 396.

P. monophylla (L.) Stirton [278]
Hallia cordata (L.) Thunb. [278]; *P. asarina* sensu Kidd; *P. cordata* (L.) T.M.Salter [278].
Desc.: - *Habitat*: –.
Za.
Description: 483; *Illustration*: 396.

P. odoratissima Jacq. [278]
Desc.: T; Nc; P. *Habitat*: –.
Za.
Description: 222,552.

P. oligophylla Ecklon & Zeyher [278]
Desc.: S; Nc; P. *Habitat*: –.
Za.
Description: 222,552; *Illustration*: 400,448.

P. oreophila Schltr. [278]
Desc.: H; Nc; P. *Habitat*: –.
Za.
Description: 552.

P. pinnata L. [278]
Desc.: T; Nc; P; Nt. *Uses*: Medicinal. *Habitat*: –.
Mz Za.
Description: 222,483,552; *Illustration*: 396,399,448.

P. plauta Stirton [279]
P. planta Stirton [279].
Desc.: - *Habitat*: –.
Za.
Description: 557.

P. punctata Desv. (provisional) [8]
Desc.: - *Habitat*: –.
Za(U).

P. repens P.Bergius [278]
Desc.: H; Nc; P. *Habitat:* – .
Za.
Description: 222,483,552.

P. restioides Ecklon & Zeyher [278]
Desc.: H; Nc; P. *Habitat:* – .
Za.
Description: 222,483,552.

P. speciosa Ecklon & Zeyher (provisional)
Desc.: - *Habitat:* – .
Za.

P. tenuissima E.Meyer [278]
Desc.: H; Nc; P. *Habitat:* – .
Za.
Description: 222,552.

P. triflora Thunb. (provisional) [8]
Desc.: - *Habitat:* – .
Za.

P. trullata Stirton [278]
Desc.: H/S; Nc; P. *Habitat:* – .
Za.
Description: 556; *Map:* 556; *Illustration:* 556.

P. verrucosa Willd. [278]
Desc.: S; Nc; P. *Habitat:* – .
Za.
Description: 222,552.

ROBINIEAE

GLIRICIDIA Kunth

G. sepium (Jacq.) Walp. [210]
Desc.: T; Nc; P; Nt. *Uses:* Ornamental. *Habitat:* Cult.
Cm(I) Gh(I) Nq(I) Sl(I) Tz(I) Ug(I) Zw(I); South America.
Description: 3; *Illustration:* 3,261.

SESBANIA Scop.
See Ref.267.

S. bispinosa (Jacq.) W.Wright [210]
Desc.: H/S; Nc; A; Nt. *Habitat:* 213 413.
Bw Ke Ls Mz Na So Tz Za; Asia; Caribbean; Indian Ocean; Pacific Ocean.
Description: 210.

S. brevipedunculata J.B.Gillett [267]
Desc.: H; Nc; A; Nt. *Habitat:* 213.
Ao Bw Za Zm Zw.
Description: 267; *Illustration:* 267.

S. cannabina (Retz.) Pers. [210]
Desc.: - *Uses:* Fibre. *Habitat:* – .
Gh(U); Asia; Australasia; Indian Ocean.
Description: 261; *Illustration:* 261.

S. cinerascens Baker [267]
Desc.: H/S; Nc; P; Nt. *Habitat:* – .
Ao Bw Na Td Zm Zr.
Description: 267.

S. coerulescens Harms [210]
S. caerulescens Harms [267].
Desc.: S/T; Nc; A; Nt. *Habitat:* 213.
Ao Na Zm Zr Zw.
Description: 28,236.

S. dalzielii E.Phillips & Hutch. [212]
Desc.: S; Nc; A; Nt. *Habitat:* – .
Ml Ne Nq Sn Td.
Description: 212; *Illustration:* 267.

S. dummeri E.Phillips & Hutch. [210]
Desc.: S/T; Nc; P; Nt. *Habitat:* 413 1213.
Et Ke Rw Ug Zr.
Description: 210,236; *Illustration:* 220,267.

S. goetzei Harms [210]
Desc.: S/T; Nc; P; Nt. *Habitat:* 213 214 413 414.
Et Ke Mw Tz Zm.
Description: 24,210; *Illustration:* 24.

subsp. **goetzei** [210]
Desc.: S/T; Nc; P; Nt. *Habitat:* 213 214 413 414.
Et Ke Mw Tz Zm.
Description: 24,210; *Illustration:* 24.

subsp. **multiflora** J.B.Gillett [210]
Desc.: S/T; Nc; P; K. *Habitat:* 413 414.
Tz.
Description: 210.

S. grandiflora (L.) Poiret [210]
Desc.: S/T; Nc; P. *Uses:* Gum; Human food; Livestock fodder; Medicinal; Ornamental. *Habitat:* Cult.
Cv(I) Et(I) Ga(I) Gh(I) Mw(I) Nq(I) Sl(I) Sn(I) Tz(I); Asia.
Description: 212,261; *Illustration:* 261.

S. greenwayi J.B.Gillett [210]
Desc.: H; Nc; A; Nt. *Habitat:* 213 413 1313.
Mz So Tz Zm.
Description: 210,267; *Illustration:* 267.

S. hepperi J.B.Gillett
S. arabica sensu Hepper [212,267].
Desc.: H; Nc; A; Nt. *Habitat:* 313.
Cm Et Gh Gn Ml Nq Sd.
Description: 24,267.

S. hirtistyla J.B.Gillett [210]
Desc.: H; Nc; P; Nt. *Habitat:* 213 413.
Tz.
Description: 210,267.

S. kapangensis Cronq. [28]
Desc.: S/T; Nc; P; Nt. *Habitat:* 213.
Zm Zr.
Description: 28,236.

S. keniensis J.B.Gillett [210]
S. goetzei var. glabra Chiov. [210].
Desc.: S/T; Nc; P; Nt. Uses: Timber. Habitat: 413.
Ke Tz.
Description: 210; Illustration: 210,267.

S. leptocarpa DC. [212]
S. arabica Steudel [267].
Desc.: H/S; Nc; P; Nt. Habitat: 213 313 413.
Ci Cm Cv(U) Et Gh Hv Ml Mz Ne Nq Sd Sn So Td Zm Zr; Middle East.
Description: 24,212.

S. macowaniana Schinz [267]
Desc.: H; Nc; A; Nt. Habitat: – .
Bw Na.
Illustration: 267.

S. macrantha E.Phillips & Hutch. [210]
S. cinerascens sensu auctt. [210].
Desc.: H/S; Nc; P; Nt. Habitat: 213 313 413 1213.
Ao Bi Ci Cm Gn Ke Mw Mz Nq Rw Sl Tz Ug Za Zm Zr Zw.
Description: 210,236; Illustration: 210,216.

S. microphylla E.Phillips & Hutch. [210]
S. leptocarpa sensu Cronq. [210,236].
Desc.: H; Nc; A; Nt. Habitat: 213 313 413 1213.
Ao Bw Na Sd Td Tz Ug Zm Zr Zw.
Description: 210.

S. mossambicensis Klotzsch [267]
Desc.: - Habitat: 202 213.
Mz Za Zm Zw.
Illustration: 267.

subsp. **minimiflora** J.B.Gillett [267]
Desc.: - Habitat: 202 213.
Mz Zm.
Description: 267.

subsp. **mossambicensis** [267]
Desc.: - Habitat: – .
Mz Zw.
Illustration: 267.

S. notialis J.B.Gillett [267]
Desc.: H; Nc; A; K. Habitat: 1413.
Bw Za.
Description: 267.

S. pachycarpa DC. [210]
Desc.: H/S; Nc; A; Nt. Uses: Fibre; Livestock fodder. Habitat: 213 313.
Ao Cm Cv Et Ga Gh Gm Gn Gw Ml Na Ne Nq Sd Sl Sn Td Tg Ug Zr.
Description: 24,210; Illustration: 236.

subsp. **dinterana** J.B.Gillett [267]
Desc.: H/S; Nc; P; Nt. Habitat: – .
Ao Na.

subsp. **pachycarpa** [210]
S. bispinosa sensu auctt. [210]; S. cannabina sensu F.W.Andrews [29,210]; S. sinuo-carinata Ali [210].
Desc.: H/S; Nc; A; Nt. Habitat: – .
Ao Cf Cg Ci Cm Cv Et Ga Gh Gm Gn Gw Ml Ne Nq Sd Sl Sn Ug Zr.

S. paucisemina J.B.Gillett   [210]
Desc.: H; Nc; A; K. *Habitat:* 213 413.
Tz.
Description: 210,267; *Illustration:* 267.

S. punicea (Cav.) Benth.   [8]
Desc.: H/S; Nc; P. *Uses:* Ornamental. *Habitat:* – .
Ls(I) Mw(I) Za(I) Zm(I) Zw(I).
Illustration: 410.

S. quadrata J.B.Gillett   [210]
Desc.: H; Nc; P; Nt. *Habitat:* 413 1213.
Bi Et Ke So Tz Ug.
Description: 24,210; *Illustration:* 24,210,267.

S. rogersii E.Phillips & Hutch.   [28]
Desc.: S; Nc; A; Nt. *Habitat:* 213.
Bw Mw Zm Zw.
Description: 28; *Map:* 267.

S. rostrata Bremek. & Oberm.   [210]
S. hirticalyx Cronq. [210]; *S. pachycalyx* sensu auctt.; *S. pachycarpa* sensu auctt. [210].
Desc.: H/S; Nc; A; Nt. *Uses:* Medicinal. *Habitat:* 213 313 1613.
Bw Cf Cm Et Ml Mr Mw Mz Na Ne Nq Sd Sn Td Tz Zr Zw; Indian Ocean.
Description: 210.

S. sericea (Willd.) Link   [210]
S. pubescens DC. [210].
Desc.: H; Nc; A; Nt. *Uses:* Fish poison. *Habitat:* 213 313 413 1213.
Ao Bi Bj Et Ga Gh Gq Ke Ml Mw Ne Nq Sd Sn So St Td Tg Tz Ug Zr; Asia; Caribbean; Indian Ocean; South America.
Description: 210.

S. sesban (L.) Merr.   [210]
S. aegyptiaca Poiret [210]; *S. confaloniana* (Chiov.) Chiov. [210]; *S. pubescens* sensu auctt. [210].
Desc.: S/T; Nc; P; Nt. *Uses:* Fibre; Livestock fodder; Medicinal; Ornamental; Timber. *Habitat:* 213 313 413 1213.
Ao Bw Ci Cm Dj Eg Et Gh Gm Gw Ke Ml Mw Mz Na Nq Rw Sd Sl Sn So Sz Td Tg Ug Za Zm Zw; Asia; Australasia; South Atlantic & S.Oceans.
Description: 210,236; *Illustration:* 24,173,236.

   subsp. **punctata** (DC.) J.B.Gillett   [267]
   Desc.: S/T; Nc; P; Nt. *Habitat:* – .
   Ci Cm Cv(U) Gh Gm Hv Ml Na Nq Sl Sn Tg.
   Description: 267.

   subsp. **sesban**   [267]
   Desc.: S/T; Nc; P; Nt. *Habitat:* – .
   Ao Bw Eg(I) Et Gw Ke Mw Mz Na Nq Rw Sd Sn(I) So Sz Td Tg Tz Ug Za Zm Zr Zw; Asia.
   Description: 267; *Illustration:* 220.

S. somaliensis J.B.Gillett   [210]
Desc.: H/S; Nc; P; Nt. *Uses:* Livestock fodder. *Habitat:* 413.
Et Ke So.
Description: 24,210.

S. speciosa Taubert   [210]
Desc.: H; Nc; P; K. *Uses:* Cover crop. *Habitat:* 1313.
Ke Tz; Asia.
Description: 210.

S. sphaerosperma Welw. [267]
S. pterocarpa Welw. [267]; S. sphaerocarpa Welw. [267].
Desc.: H; Nc; A; Nt. Habitat: – .
Ao Na.
Illustration: 267.

S. subalata J.B.Gillett [210,267]
Desc.: H; Nc; A; K. Habitat: 213.
Tz.
Description: 210,267; Illustration: 267.

S. sudanica J.B.Gillett [267]
Desc.: H; Nc; A; K. Habitat: 313.
Gh Sd Tg.
Description: 267.

subsp. **occidentalis** J.B.Gillett [267]
S. dalzielii sensu Hepper,p.p. [267]; S. leptocarpa sensu Hepper,p.p. [267].
Desc.: H; Nc; A; K. Habitat: – .
Gh Tg.
Description: 267.

subsp. **sudanica** [267]
Desc.: H; Nc; A; K. Habitat: – .
Sd.
Description: 267.

S. tetraptera Baker [210]
S. hamata E.Phillips & Hutch. [210].
Desc.: H; Nc; A; Nt. Habitat: 213 313.
Et Mw Mz Ne Sd Td Tz Za Zw.
Description: 210; Map: 267; Illustration: 24,267.

S. transvaalensis J.B.Gillett [267]
Desc.: H; Nc; A; Nt. Habitat: 213.
Bw Za.
Description: 267; Illustration: 267.

S. wildemanii E.Phillips & Hutch. [236]
S. wildemannii E.Phillips & Hutch. [236].
Desc.: H; Nc; A; K. Habitat: – .
Zr.
Description: 236.

SOPHOREAE

AIRYANTHA Brummitt
See Ref.532.

A. schweinfurthii (Taubert) Brummitt [532]
Desc.: S/T; C/Nc; P; Nt. Habitat: 101.
Cf Ci Cm Gh Gq Nq Zr.
Description: 532; Map: 532; Illustration: 532.

subsp. **confusa** (Hutch. & Dalziel) Brummitt [532]
Baphia confusa Hutch. & Dalziel [532]; Baphiastrum confusum (Hutch. & Dalziel) Pellegrin [532].
Desc.: S/T; C/Nc; P; Nt. Habitat: – .
Ci Gh Gq Nq.
Description: 532; Map: 532; Illustration: 532.

subsp. **schweinfurthii** [532]
Baphia schweinfurthii Taubert [532]; *Baphiastrum spathaceum* sensu L.Touss. [467,532]; *Baphiastrum tisseranti* Pellegrin [532]; *Baphiastrum tisserantii* Pellegrin [532].
Desc.: S/T; C/Nc; P; Nt. *Habitat:* 101.
Cf Cm Zr.
Description: 532; *Map:* 532.

AMPHIMAS Harms

A. ferrugineus Pellegrin [111]
Desc.: T; Nc; P; Nt. *Habitat:* 101.
Ao Cm Ga Zr.
Description: 111,112; *Illustration:* 111,112.

A. pterocarpoides Harms [11]
Desc.: T; Nc; P; Nt. *Uses:* Medicinal; Timber. *Habitat:* 101 1101.
Cf Ci Cm Gh Gn Lr Nq Sd Sl Zr.
Description: 3,7,13; *Illustration:* 7,12,13.

A. sp. Torre & Hillc. (provisional) [110]
Desc.: T; Nc; P. *Habitat:* 101.
Ao.

A. tessmannii Harms (provisional) [533]
Desc.: T; Nc; P; K. *Habitat:* 101.
Gq.
Description: 533.

ANGYLOCALYX Taubert
See Ref.534.

A. boutiqueanus L.Touss. [534]
A. ramiflorus sensu auctt. [534].
Desc.: S; Nc; P; K. *Habitat:* 101.
Zr.
Description: 467; *Map:* 534; *Illustration:* 534.

A. braunii Harms [210]
Desc.: S/T; Nc; P; Nt. *Habitat:* 1301.
Ke Tz.
Description: 210,534; *Map:* 534; *Illustration:* 210.

A. oligophyllus (Baker) Baker f. [11]
A. claessensii De Wild. [534]; *A. ramiflorus* Taubert [11]; *A. wellensii* De Wild. [534].
Desc.: S; Nc; P; Nt. *Uses:* Timber. *Habitat:* 101.
Ao Bj Ci Cm Ga Gh Lr Nq Zr.
Description: 11,467; *Map:* 534.

A. pynaertii De Wild. [534]
A. gossweileri Baker f. [534]; *A. zenkeri* Harms [534]; *A. zenkeri* var. *gossweileri* (Baker f.) Pellegrin [534].
Desc.: T; Nc; P; Nt. *Uses:* Timber. *Habitat:* 101.
Ao Cm Ga Nq Zr.
Description: 3,467,534; *Map:* 534. *Illustration:* 467,534.

A. schumannianus Taubert [467]
A. vermeulenii De Wild. [534].
Desc.: S; Nc; P; Nt. *Habitat:* 101.
Ga Zr.
Description: 467; *Map:* 534; *Illustration:* 534.

A. talbotii Hutch. & Dalziel (provisional)   [11]
   Desc.: P; Nt. *Habitat:* – .
   Cm Nq.
   Description: 11; *Map:* 534.

A. sp. Yakovlev et al. (provisional)   [534]
   Desc.: S; Nc; P; K. *Habitat:* 101.
   Zr.
   Description: 534.

BAPHIA Lodd.
   See Ref.535.

B. abyssinica Brummitt   [535]
   Desc.: T; Nc; P; Nt. *Habitat:* 401.
   Et Sd.
   Description: 24,535,536; *Map:* 535. *Illustration:* 24,536.

B. angolensis Baker   [535]
   B. buettneri sensu Hillc.,p.p. [216,535]; *B. verschuerenii* De Wild. [535].
   Desc.: T; Nc; P; Nt. *Habitat:* 101.
   Ao Zr.
   Description: 467,535; *Map:* 535; *Illustration:* 535.

B. aurivellera Taubert   [535]
   B. sp. sensu Hillc. [535].
   Desc.: S; Nc; P; Nt. *Habitat:* – .
   Ao Zr.
   Description: 535; *Map:* 535.

B. bequaertii De Wild.   [535]
   B. ringoetii De Wild. [535].
   Desc.: S/T; Nc; P; Nt. *Habitat:* 202.
   Ao Zm Zr.
   Description: 28,467,535; *Map:* 535. *Illustration:* 28,467,535.

B. bergeri De Wild.   [535]
   Desc.: S/T; Nc; P; K. *Habitat:* 101.
   Zr.
   Description: 467,535; *Map:* 535.

B. brachybotrys Harms   [535]
   B. verschuerenii sensu L.Touss.,p.p. [467,535].
   Desc.: S; Nc; P; Nt. *Habitat:* 101.
   Ao Ga Zr.
   Description: 535; *Map:* 535.

B. breteleriana M.O.Soladoye   [535]
   Desc.: T; Nc; P; Nt. *Habitat:* 101.
   Cm Ga.
   Description: 535,537; *Map:* 535. *Illustration:* 535,537.

B. buettneri Harms   [535]
   Desc.: S/T; Nc; P; Nt. *Habitat:* 101.
   Ao Cm Ga Gq.
   Description: 535; *Map:* 535.

   subsp. **buettneri**   [535]
      Desc.: S/T; Nc; P; Nt. *Habitat:* 101.
      Ao Ga.
      Description: 535; *Map:* 535.

subsp. **hylophila** (Harms) M.O.Soladoye [535]
  B. bipindensis Harms [535]; *B. hylophila* Harms [535].
  Desc.: S/T; Nc; P; Nt. *Habitat:* 101.
  Cm Ga Gq.
  Description: 535; *Map:* 535.

B. burttii Baker f. [535]
  Desc.: S; Nc; P; K. *Habitat:* 203.
  Tz.
  Description: 210,535; *Map:* 535.

B. capparidifolia Baker [535]
  Desc.: S; Nc; P; Nt. *Habitat:* 101 203 1101 1201 1203.
  Ao Ci Cm Ga Gn Lr Nq Sl Tz Ug Zm Zr; Indian Ocean.
  Description: 210,535; *Map:* 535; *Illustration:* 535.

  subsp. **bangweolensis** (R.E.Fries) Brummitt [535]
    B. bangweolensis R.E.Fries [535]; *B. giorgii* De Wild. [535].
    Desc.: S; Nc; P; Nt. *Habitat:* 203.
    Tz Zm Zr.
    Description: 210,535; *Map:* 535; *Illustration:* 535.

  subsp. **multiflora** (Harms) Brummitt [535]
    B. albido-lenticellata De Wild. [535]; *B. goossensii* De Wild. [535]; *B. multiflora* Harms [535]; *B. polygalacea* sensu L.Touss. [467,535]; *B. polygalacea* var. *hepperi* Cavaco [535].
    Desc.: S; C/Nc; P; Nt. *Habitat:* 101 1201 1203.
    Ao Bi Cm Ga Rw Tz Ug Zr.
    Description: 210,535; *Map:* 535; *Illustration:* 535.

  subsp. **polygalacea** Brummitt [535]
    B. leptobotrys var. *nigerica* Baker f. [535]; *B. polygalacea* (Hook.f.) Baker [535].
    Desc.: S; Nc; P; Nt. *Uses:* Fish poison; Timber. *Habitat:* 101 1101.
    Ci Cm Gn Lr Nq Sl.
    Description: 535; *Map:* 535; *Illustration:* 535.

B. chrysophylla Taubert [535]
  Desc.: S/T; Nc; P; K. *Habitat:* 101 1001 1010.
  Zr.
  Description: 467,535; *Map:* 535.

  subsp. **chrysophylla** [535]
    B. gilletii De Wild. [535].
    Desc.: S/T; Nc; P; K. *Habitat:* 101 1001.
    Zr.
    Description: 535; *Map:* 535.

  subsp. **claessensii** (De Wild.) Brummitt [535]
    B. claessensii De Wild. [535].
    Desc.: S; Nc; P; K. *Habitat:* 1001 1010.
    Zr.
    Description: 467,535; *Map:* 535.

B. cordifolia Harms [535]
  Desc.: S/T; Nc; P; K. *Habitat:* 202 203 1302 1303.
  Tz.
  Description: 210,535; *Map:* 535; *Illustration:* 535.

B. cuspidata Taubert [535]
  Desc.: S; C; P; Nt. *Habitat:* 101.
  Cm Ga Gq.
  Description: 535; *Map:* 535.

B. dewevrei De Wild. [535]
Desc.: S/T; Nc; P; Nt. *Habitat:* 101.
Zr.
Description: 467,535; *Map:* 535.

B. dewildeana M.O.Soladoye [535]
B. gracilipes sensu Keay et al. [3,535].
Desc.: T; Nc; P; Nt. *Habitat:* 101.
Cm Nq.
Description: 535,537; *Map:* 535. *Illustration:* 535,537.

B. dubia De Wild. [535]
Desc.: S/T; Nc; P; Nt. *Habitat:* 101.
Gq Zr.
Description: 467,535; *Map:* 535.

B. eriocalyx Harms [535]
Desc.: S; C; P; Nt. *Habitat:* 101.
Cm Ga Nq Zr.
Description: 467,535; *Map:* 535.

B. gossweileri Baker f. [535]
Desc.: S/T; Nc; P; Nt. *Habitat:* 101.
Ao Ga.
Description: 535; *Map:* 535.

B. heudelotiana Baillon [535]
Desc.: S; Nc; P; Nt. *Habitat:* 1101 1103.
Gn Sl Sn.
Description: 535; *Map:* 535.

B. incerta De Wild. [535]
Desc.: S/T; Nc; P; K. *Habitat:* 101.
Zr.
Description: 467,535; *Map:* 535.

subsp. **incerta** [535]
Desc.: S/T; Nc; P; K. *Habitat:* 101.
Zr.
Description: 467,535; *Map:* 535.

subsp. **lebrunii** (L.Touss.) M.O.Soladoye [535]
B. lebrunii L.Touss. [535].
Desc.: S; Nc; P; K. *Habitat:* 101.
Zr.
Description: 467,535; *Map:* 535.

B. kirkii Baker [535]
Desc.: T; Nc; P; K. *Uses:* Human food; Ornamental; Timber. *Habitat:* 1301 1303 Cult.
Ke(I) Mz Tz.
Description: 210,535; *Map:* 535; *Illustration:* 210.

subsp. **kirkii** [535]
Desc.: T; Nc; P; Nt. *Uses:* Human food; Ornamental; Timber. *Habitat:* 1301 1303.
Ke(I) Tz.
Description: 210,535; *Map:* 535; *Illustration:* 210.

subsp. **ovata** (Sim) M.O.Soladoye [535]
B. ovata Sim [535].
Desc.: T; Nc; P; K. *Habitat:* 1301 1303 1501 1503.
Mz.
Description: 535; *Map:* 535.

B. latiloi M.O.Soladoye [535]
B. sp.A Hepper [535].
Desc.: S/T; Nc; P; Nt. *Habitat:* 101.
Cm Nq.
Description: 535,537; *Map:* 535. *Illustration:* 535,537.

B. laurentii De Wild. [535]
B. lescrauwaetii De Wild. [535].
Desc.: S/T; Nc; P; K. *Habitat:* 101.
Zr.
Description: 467,535; *Map:* 535.

B. laurifolia Baillon [535]
B. densiflora Harms [535].
Desc.: S/T; Nc; P; Nt. *Habitat:* 101.
Cf Cg Cm Ga Gq Nq Zr.
Description: 3,467,535; *Map:* 535.

B. leptobotrys Harms [535]
Desc.: S; C/Nc; P; Nt. *Habitat:* 101.
Cm Ga Nq.
Description: 535; *Map:* 535; *Illustration:* 535.

subsp. **leptobotrys** [535]
Desc.: S; C/Nc; P; Nt. *Habitat:* 101.
Cm Nq.
Description: 535; *Map:* 535; *Illustration:* 535.

subsp. **silvatica** (Harms) M.O.Soladoye [535]
B. silvatica Harms [535].
Desc.: S/T; C/Nc; P; Nt. *Habitat:* 101.
Cm Ga.
Description: 535; *Map:* 535.

B. leptostemma Baillon [535]
Desc.: S/T; Nc; P; Nt. *Habitat:* 101.
Cm Ga Nq.
Description: 535; *Map:* 535.

subsp. **gracilipes** (Harms) M.O.Soladoye [535]
B. conraui Harms [535]; *B. gracilipes* Harms [535].
Desc.: S/T; Nc; P; Nt. *Habitat:* 101.
Cm Nq.
Description: 535; *Map:* 535.

subsp. **leptostemma** [535]
Desc.: S/T; Nc; P; Nt. *Habitat:* 101.
Cm Ga.
Description: 535; *Map:* 535.

B. letestui Pellegrin [535]
Desc.: S; Nc; P; Nt. *Habitat:* 101.
Ao Cg Ga Zr.
Description: 467,535; *Map:* 535.

B. longipedicellata De Wild. [535]
Desc.: S; Nc; P; K. *Habitat:* 101 401.
Ke Zr.
Description: 210,467,535; *Map:* 535. *Illustration:* 536.

subsp. **keniensis** (Brummitt) M.O.Soladoye [535]
B. keniensis Brummitt [535].
Desc.: S; Nc; P; K. *Habitat:* 401.
Ke.
Description. 210,535,536, *Map.* 535. *Illustration.* 210,536.

subsp. **longipedicellata** [535]
Desc.: S/T; Nc; P; K. *Habitat:* 101.
Zr.
Description: 535; *Map:* 535.

B. macrocalyx Harms [535]
Desc.: T; Nc; P; Nt. *Habitat:* 1302 1303.
Mz Tz.
Description: 210,535; *Map:* 535. *Illustration:* 41,535.

B. mambillensis M.O.Soladoye [535]
Desc.: S/T; Nc; P; Nt. *Habitat:* 101.
Cm Nq.
Description: 535,537; *Map:* 535. *Illustration:* 535,537.

B. marceliana De Wild. [535]
Desc.: S/T; Nc; P; Nt. *Habitat:* 101 1001.
Ao Zr.
Description: 467,535; *Map:* 535.

subsp. **marceliana** [535]
Desc.: S/T; Nc; P; Nt. *Habitat:* 101 1001.
Zr.
Description: 535; *Map:* 535.

subsp. **marquesii** (M.Exell) M.O.Soladoye [535]
B. marquesii M.Exell [535].
Desc.: T; Nc; P; K. *Habitat:* 1001.
Ao.
Description: 535; *Map:* 535.

B. massaiensis Taubert [535]
Desc.: S/T; Nc; P; Nt. *Habitat:* 202 203.
Ao Bw Mz Na Tz Za Zm Zr Zw.
Description: 210,535; *Map:* 535; *Illustration:* 535.

subsp. **busseana** (Harms) M.O.Soladoye [535]
B. busseana Harms [535].
Desc.: S/T; Nc; P; K. *Habitat:* 202.
Tz.
Description: 535; *Map:* 535.

subsp. **floribunda** Brummitt [535]
B. massaiensis sensu auctt. [28,467,535].
Desc.: S/T; Nc; P; Nt. *Habitat:* 202.
Zm Zr.
Description: 535; *Map:* 535; *Illustration:* 535.

subsp. **gomesii** (Baker f.) Brummitt [535]
B. gomesii Baker f. [535].
Desc.: S/T; Nc; P; Nt. *Habitat:* 1301 1302 1303.
Mz Tz.
Description: 535; *Map:* 535; *Illustration:* 535.

subsp. **massaiensis** [535]
Desc.: S/T; Nc; P; Nt. *Habitat:* 202 203.
Tz.
Description: 210,535; *Map:* 535; *Illustration:* 535.

subsp. **obovata** (Schinz) Brummitt [535]
B. cornifolia Harms [535]; *B. henriquesiana* Taubert [535]; *B. massaiensis* subsp. *cornifolia* (Harms) Brummitt [535]; *B. obovata* Schinz [535]; *B. sp.1* F.White [535]; *B. whitei* Brummitt [535,536].
Desc.: S/T; Nc; P; Nt. *Uses:* Livestock fodder; Medicinal; Timber. *Habitat:* 202.
Ao Bw Na Za Zm Zw.
Description: 535; *Map:* 535; *Illustration:* 535.

B. maxima Baker [535]
B. compacta De Wild. [535].
Desc.: S/T; C/Nc; P; Nt. *Habitat:* 101.
Cm Ga Nq Zr.
Description: 467,535; *Map:* 535.

B. nitida Lodd. [535]
Desc.: S/T; Nc; P; Nt. *Uses:* Dyeing; Medicinal; Ornamental; Timber. *Habitat:* 101.
Bj Ci Cm Ga Gh Gq Lr Nq Sl Sn St Tg.
Description: 3,535; *Map:* 535; *Illustration:* 3,535.

B. obanensis Baker f. [535]
Desc.: T; Nc; P; K. *Habitat:* 101.
Cm Nq.
Description: 535; *Map:* 535.

B. pauloi Brummitt [535]
Desc.: T; Nc; P; K. *Habitat:* 1301.
Tz.
Description: 210,535,536; *Map:* 535. *Illustration:* 536.

B. pilosa Baillon [535]
Desc.: S; C; P; Nt. *Habitat:* 101.
Ao Cg Cm Ga Zr.
Description: 535; *Map:* 535.

subsp. **batangensis** (Harms) M.O.Soladoye [535]
B. batangensis Harms [535]; *B. calophylla* Harms [535]; *B. elegans* Lester-Garl. [535]; *B. klainei* De Wild. [535].
Desc.: S; C; P; Nt. *Habitat:* 101.
Cg Cm Ga.
Description: 535; *Map:* 535.

subsp. **pilosa** [535]
B. calophylla sensu L.Touss. [467,535]; *B. vermeulenii* De Wild. [535].
Desc.: S; C; P; Nt. *Habitat:* 101.
Ao Ga Zr.
Description: 535; *Map:* 535.

B. pubescens Hook.f. [535]
B. bancoensis Aubrev. [535].
Desc.: S/T; Nc; P; Nt. *Uses:* Dyeing; Medicinal; Timber. *Habitat:* 101 1101.
Bj Ci Cm Ga Gh Lr Nq Tg Zr.
Description: 3,12,535; *Map:* 535.

B. puguensis Brummitt [535]
Desc.: S/T; Nc; P; K. *Habitat:* 1301.
Tz.
Description: 210,535,536; *Map:* 535. *Illustration:* 536.

B. punctulata Harms [535]
Desc.: S/T; Nc; P; Nt. *Habitat:* 202 203 1201 1301 1303.
Mz Tz Zr.
Description: 210,535; *Map:* 535.

subsp. **descampsii** (De Wild.) M.O.Soladoye [535]
B. descampsii De Wild. [535].
Desc.: S/T; Nc; P; Nt. *Habitat:* 202 203.
Tz Zr.
Description: 210,467,535; *Map:* 535.

subsp. **palmensis** M.O.Soladoye [535]
Desc.: S; Nc; P; K. *Habitat:* 1301.
Mz.
Description: 535; *Map:* 535.

subsp. **punctulata** [535]
Desc.: T; Nc; P; K. *Habitat:* 1303.
Tz.
Description: 535; *Map:* 535.

B. racemosa (Hochst.) Baker [535]
Desc.: S/T; Nc; P; K. *Uses:* Timber. *Habitat:* 1501.
Za.
Description: 535; *Map:* 535.

B. semseiana Brummitt [535]
Desc.: T; Nc; P; K. *Habitat:* 201 203.
Tz.
Description: 210,535,536; *Map:* 535. *Illustration:* 536.

B. spathacea Hook.f. [535]
Desc.: S/T; C/Nc; P; Nt. *Habitat:* 101.
Cm Ga Lr Sl Zr.
Description: 535; *Map:* 535.

subsp. **polyantha** (Harms) M.O.Soladoye [535]
B. polyantha Harms [535].
Desc.: S/T; C/Nc; P; Nt. *Habitat:* 101.
Cm Ga Zr.
Description: 467,535; *Map:* 535.

subsp. **spathacea** [535]
Desc.: S; C/Nc; P; Nt. *Habitat:* 101.
Lr Sl.
Description: 535; *Map:* 535.

B. speciosa J.B.Gillett & Brummitt [535]
B. sp.2 F.White [535].
Desc.: S/T; Nc; P; K. *Habitat:* 203.
Zm.
Description: 28,535; *Map:* 535; *Illustration:* 535.

B. wollastonii Baker f. [535]
Desc.: S/T; Nc; P; Nt. *Habitat:* 101 301 1201.
Ug Zr.
Description: 210,535; *Map:* 535.

B. sp.B Hepper (provisional) [212]
Desc.: - *Habitat:* - .
Nq.

BAPHIASTRUM Harms

B. boonei (De Wild.) Vermoesen (provisional)   [467,532]
Desc.: S; C; P; Nt. *Habitat:* 101.
Cm Ga Zr.
Description: 467; *Illustration:* 532.

B. brachycarpum Harms   [532]
Desc.: S/T; C/Nc; P; K. *Habitat:* 101.
Cm.
Description: 331.

BOLUSANTHUS Harms

B. speciosus (Bolus) Harms   [210]
Desc.: T; Nc; P; Nt. *Uses:* Medicinal; Ornamental; Timber. *Habitat:* 202 Cult.
Bw Ke(I) Mw Mz Sz Ug(I) Za Zm Zw.
Description: 28,210; *Illustration:* 410.

BOWRINGIA Benth.

B. discolor J.Hall   [538]
Desc.: S; C; P; Nt. *Habitat:* –.
Ci Gh.
Description: 538.

B. mildbraedii Harms   [212]
Desc.: S; C; P; Nt. *Habitat:* 101.
Ao Cf Cm Gh Nq Zr.
Description: 212,467; *Map:* 539. *Illustration:* 331,532.

CADIA Forsskal

C. purpurea (Picciv.) Aiton   [210]
Desc.: S; Nc; P; Nt. *Habitat:* 801 803.
Et Ke So; Middle East.
Description: 24,210,540; *Map:* 210. *Illustration:* 24,210,540.

CALPURNIA E.Meyer

C. aurea (Aiton) Benth.   [210]
Desc.: S/T; Nc; P; Nt. *Uses:* Ornamental. *Habitat:* 401 801 1501 Cult.
Ao Cf Et Ke So Sz Tz Ug Za Zr; Asia.
Description: 24,210,541; *Map:* 541. *Illustration:* 24,210.

   subsp. **aurea**   [210]
   C. subdecandra (L'Her.) Schweick. [210].
   Desc.: S/T; Nc; P; Nt. *Uses:* Medicinal. *Habitat:* 401 801.
   Ao Cf Et Ke Sd Sz Tz Ug Zr.
   Description: 24,210,541; *Map:* 541. *Illustration:* 24,42,210.

   subsp. **sylvatica** (Burchell) Brummitt   [210]
   Desc.: – *Habitat:* –.
   Za.
   Description: 210,541; *Map:* 210.

C. capensis (Burm.f.) Druce   [8,210]
Desc.: S/T; Nc; P; Nt. *Habitat:* –.
Bw Za.

C. glabrata Brummitt   [542]
C. floribunda Harvey [542].
Desc.: S; Nc; P. *Habitat:* –.
Sz Za.
Description: 226.

C. robinioides (DC.) E.Meyer [279]
Desc.: - *Habitat*: – .
Ls Za.

C. sericea Harvey [279]
Desc.: - *Habitat*: – .
Za.
Description: 222.

C. villosa Harvey [279]
C. intrusa (Aiton f.) E.Meyer [279].
Desc.: S/T; Nc; P; K. *Uses*: Medicinal. *Habitat*: – .
Ls Za.
Description: 222.

C. woodii Schinz [210,279]
Desc.: S; Nc; P; K. *Habitat*: – .
Za.

CAMOENSIA Benth.

C. brevicalyx Benth. [212]
Desc.: S; C; P; Nt. *Habitat*: 101.
Ao Cm Ga Gq Nq Zr.
Description: 212,467.

C. scandens (Welw.) J.B.Gillett [210]
C. maxima Benth. [210].
Desc.: S; C; P; Nt. *Uses*: Ornamental. *Habitat*: – .
Ao Tz(I) Zr; Asia; North America; South America.
Description: 210,467.

CASTANOSPERMUM Cunn.

C. australe Cunn. & Fraser [210]
Desc.: T; Nc; P. *Uses*: Ornamental. *Habitat*: Cult.
Ke(I) Tz(I) Ug(I) Za(I) Zw(I); Australasia.
Description: 210.

DALHOUSIEA Benth.

D. africana S.Moore [467]
Desc.: S; C; P; Nt. *Habitat*: 101.
Ao Cg Cm Ga Gq Zr.
Description: 467; *Illustration*: 532.

DICRAEOPETALUM Harms

D. stipulare Harms [210]
Acosmium stipulare (Harms) Yakovlev [210].
Desc.: T; Nc; P; K. *Uses*: Tanning. *Habitat*: 403.
Et Ke So.
Description: 24,210,540; *Map*: 540. *Illustration*: 540.

HAPLORMOSIA Harms

H. monophylla (Harms) Harms [212]
Desc.: S/T; Nc; P; Nt. *Uses*: Timber. *Habitat*: 101.
Ci Cm Lr Nq Sl.
Description: 13,212; *Illustration*: 12,13.

LEUCOMPHALOS Planchon

L. capparideus Planchon [212]
Desc.: S; C; P; Nt. *Habitat:* 101.
Cm Ga Gq Nq.
Description: 212; *Map:* 539; *Illustration:* 532,539.

MYROXYLON L.f.

M. balsamum (L.) Harms [210]
Desc.: T; Nc; P. *Uses:* Medicinal. *Habitat:* Cult.
Gh(I) Sl(I) Tz(I) Ug(I) Zr(I); South America.
Description: 210.

PERICOPSIS Thwaites

P. angolensis (Baker)van Meeuwen [210]
Afrormosia angolensis (Baker) De Wild. [210]; *Afrormosia angolensis* var. *brasseuriana* (De Wild.) Louis [210]; *Afrormosia angolensis* var. *subtomentosa* (De Wild.) Louis [210]; *Afrormosia schliebenii* Harms [210]; *P. angolensis* var. *subtomentosa* (De Wild.)van Meeuwen [210]; *P. schliebenii* (Harms)van Meeuwen [210].
Desc.: T; Nc; P; Nt. *Uses:* Medicinal; Timber. *Habitat:* 202 206.
Ao Mw Mz Rw Tz Zm Zr Zw.
Description: 210,220,467; *Illustration:* 210,220.

P. elata (Harms)van Meeuwen [210]
Afrormosia elata Harms [210].
Desc.: T; Nc; P; Nt. *Uses:* Timber. *Habitat:* 101.
Ci Cm Gh Nq Ug(I) Zr.
Description: 3,467; *Illustration:* 12,467.

P. laxiflora (Baker)van Meeuwen [210]
Afrormosia laxiflora (Baker) Harms [212].
Desc.: T; Nc; P; Nt. *Uses:* Medicinal; Timber. *Habitat:* 302.
Bj Cf Ci Cm Gh Gn Gw Ml Ne Nq Sd Sl Sn Td Tg.
Description: 3,212; *Illustration:* 10.

PLATYCELYPHIUM Harms

P. voense (Engl.) Wild [210]
Commiphora voensis Engl. [210]; *P. cyananthum* Harms [210].
Desc.: T; Nc; P; Nt. *Uses:* Livestock fodder. *Habitat:* 403.
Et Ke So Tz.
Description: 210,540; *Map:* 540. *Illustration:* 24,210,540.

SOPHORA L.

S. davidii (Franchet) Pavol. [210]
S. viciifolia Hance [210].
Desc.: S; Nc; P. *Uses:* Ornamental. *Habitat:* Cult.
Ke(I) Za(I); Asia.
Description: 210.

S. inhambanensis Klotzsch [210]
Desc.: S; Nc; P; Nt. *Habitat:* 1312 1512.
Ke Mz Tz Za.
Description: 210; *Map:* 543; *Illustration:* 210.

S. japonica L. [210]
Desc.: T; Nc; P. *Uses:* Medicinal; Ornamental. *Habitat:* Cult.
Eg(I) Ke(I) Za(I) Zw(I); Asia.
Description: 210.

S. secundiflora (Ortega) DC. [210]
Desc.: S/T; Nc; P. *Uses:* Ornamental. *Habitat:* Cult.
Ke(I); Central America; North America.
Description: 210.

S. tomentosa L. [210]
Desc.: S; Nc; P; Nt. *Uses:* Fish poison; Insecticide; Medicinal. *Habitat:* 112 1312.
Ci Gh Lr Mz Nq Sl Sn St Tg Tz; Asia; Australasia; Caribbean; Indian Ocean; Pacific Ocean; South America.
Description: 210,212; *Map:* 543; *Illustration:* 212.

subsp. **occidentalis** (L.) Brummitt [210]
S. occidentalis L. [210].
Desc.: S; Nc; P; Nt. *Habitat:* 112.
Ci Gh Lr Nq Sl Sn St Tg; Caribbean; South America.
Description: 212; *Map:* 543; *Illustration:* 212.

subsp. **tomentosa** [210]
S. occidentalis sensu R.O.Williams [54,210].
Desc.: S; Nc; P; Nt. *Uses:* Fish poison. *Habitat:* 1312.
Ke Mz Tz; Asia; Australasia; Indian Ocean; Pacific Ocean.
Map: 543.

S. velutina Lindley [543]
Desc.: S; Nc; P; Nt. *Habitat:* 202.
Zw; Asia.
Description: 543; *Map:* 543.

subsp. **zimbabweensis** J.B.Gillett & Brummitt [543]
Desc.: S; Nc; P; K. *Habitat:* 202.
Zw.
Description: 543; *Map:* 543.

XANTHOCERCIS Baillon

X. zambesiaca (Baker) Dumaz-le Grand [28]
Pseudocadia zambesiaca (Baker) Harms [28].
Desc.: T; Nc; P; Nt. *Uses:* Human food; Poison; Timber. *Habitat:* 202.
Mw Mz Za Zm Zw.
Description: 28; *Illustration:* 226.

SWARTZIEAE

BAPHIOPSIS Baker

B. parviflora Baker [106]
B. stuhlmannii Taubert [106]
Desc.: S/T; Nc; P; Nt. *Habitat:* 101 1201.
Ao Cm Ga Tz Ug Zr.
Description: 106,111,113; *Illustration:* 106,111,112.

CORDYLA Lour.

C. africana Lour. [106]
Desc.: T; Nc; P; Nt. *Uses:* Human food; Timber. *Habitat:* 202 401 1301 1501.
Ke Mw Mz Sz Tz Za Zm Zw.
Description: 106,107; *Map:* 208; *Illustration:* 42,106,107.

C. densiflora Milne-Redh. [106]
Desc.: T; Nc; P; I. *Habitat:* 202 203.
Tz.
Description: 106; *Map;* 208.

C. pinnata (A.Rich.) Milne-Redh. [11]
Desc.: T; Nc; P; Nt. *Habitat:* 302.
Ci Cm Gm Ml Nq Sn.
Description: 10,11; *Map:* 208; *Illustration:* 10.

C. richardii Milne-Redh. [106]
Desc.: S/T; Nc; P; Nt. *Habitat:* 302.
Sd Ug.
Description: 106; *Map:* 208.

C. somalensis J.B.Gillett [24]
Desc.: S/T; Nc; P; Nt. *Habitat:* -.
Et So.
Description: 24; *Illustration:* 24.

subsp. **littoralis** J.B.Gillett [24]
Desc.: S/T;N;P;I. *Habitat:* 403.
So.
Description: 24: *Illustration:* 24.

subsp. **somalensis** [24]
Desc.: ST; Nc; P; Nt. *Habitat:* 403.
Et So.
Description: 24; *Illustration:* 24.

C. sp. Keay et al. (provisional) [3]
Desc.: T;Nc;P. *Habitat:* 302.
Nq.
Description: 3.

C. sp.A Keay (provisional) [11]
Desc.: -. *Habitat:* 1102.
Tg.

C. sp.B Keay (provisional) [11]
Desc.: -. *Habitat:* -.
Nq.

C. sp.C Keay (provisional) [11]
Desc.: -. *Habitat:* -.
Ci.

MILDBRAEDIODENDRON Harms

M. excelsum Harms [106]
Desc.: T; Nc; P; Nt. *Habitat:* 101 1201.
Cf Cm Gh Nq Sd Ug Zr.
Description: 106,111,113; *Illustration:* 106,111,112.

SWARTZIA Schreber

S. fistuloides Harms [11]
Desc.: T; Nc; P; Nt. *Uses:* Timber. *Habitat:* 101.
Ao Ci Cm Ga Gh Gq Nq Zr.
Description: 3,111; *Illustration:* 12,111,112.

S. madagascariensis Desv. [106]
Desc.: S/T; Nc; P; Nc. *Uses:* Fish poison; Medicinal; Poison; Timber. *Habitat:* 202 206 302 306.
Ao Bj Bw Cf Ci Cm Gh Gm Gn Gw Ml Mz Na Ne Nq Sn Td Tz Zm Zr Zw.
Description: 3,106,113; *Illustration:* 10,106,111.

THERMOPSIDEAE

ANAGYRIS L.

A. foetida L. [368]
Desc.: S; Nc; P; Nt. *Uses:* Poison. *Habitat:* – .
Dz,Ly,Ma,Tn; Asia; Europe; Middle East.
Description: 360,368,526; *Illustration:* 368,526,531.

TRIFOLIEAE

MEDICAGO L.

M. arabica (L.) Hudson [454]
M. maculata Willd. [454].
Desc.: H; Nc; A; Nt. *Habitat:* 705.
Dz Eg Ly Ma Tn Za(I); Europe; Middle East.
Description: 360,368.

M. arborea L. [454]
Desc.: S; Nc; P; Nt. *Habitat:* Cult.
Et(I) Za(I); Europe; Middle East.
Description: 24.

M. ciliaris (L.) All. [454]
Desc.: H; Nc; A; Nt. *Habitat:* 705.
Dz Eg Ma Tn; Europe; Middle East.
Description: 360,456; *Illustration:* 360,456.

M. coronata (L.) Bartal. [454]
Desc.: H; Nc; A; Nt. *Habitat:* – .
Eg Ly; Europe; Middle East.
Description: 368,455; *Illustration:* 368,455.

M. cyrenaea Maire & Weiller (provisional) [454]
Desc.: H; Nc; A; Nt. *Habitat:* – .
Ly.
Description: 368.

M. disciformis DC. [454]
Desc.: H; Nc; A; Nt. *Habitat:* – .
Ly; Europe; Middle East.
Description: 368; *Illustration:* 368.

M. doliata Carmign. [454]
M. aculeata sensu auctt. [454];*M. turbinata* sensu auctt. [454].
Desc.: H; Nc; A; Nt. *Habitat:* 705.
Dz Ma Tn; Europe; Middle East.
Description: 360,456; *Illustration:* 360,456.

M. falcata L. [454]
  Desc.: H; Nc; P; Nt. *Habitat:* – .
  Ma Za(I); Europe; Middle East.

  subsp. **falcata** [454]
    M. sativa subsp. *falcata* (L.) Arcang. [454].
    Desc.: H; Nc; P; Nt. *Habitat:* – .
    Ma; Europe; Middle East.

M. glomerata Balbis [454]
  M. sativa subsp. *glomerata* (Balbis) Tutin [454].
  Desc.: H; Nc; P; Nt. *Habitat:* – .
  Dz; Europe.

M. granadensis Willd. [454]
  M. granatensis Willd. [455].
  Desc.: H; Nc; A; Nt. *Habitat:* – .
  Eg; Middle East.
  Description: 455.

M. hypogaea E.Small [581]
  Factorovskya aschersoniana (Urban) Eig [581];*Trigonella aschersoniana* Urban [581].
  Desc.: H; Nc; A; Nt. *Habitat:* 1805.
  Eg Ly; Middle East.
  Description: 368,455,581; *Illustration:* 368,581.

M. intertexta (L.) Miller [454]
  Desc.: H; Nc; A; Nt. *Habitat:* 702 705.
  Dz Ma Tn Za(I); Europe.
  Description: 360; *Illustration:* 360.

M. italica (Miller) Fiori [454]
  Desc.: H; Nc; A; Nt. *Habitat:* 705.
  Dz Ly Ma Tn; Europe; Middle East.
  Description: 360,368; *Illustration:* 360,368.

  subsp. **italica** [454]
    M. italica subsp. *corrugata* (Durieu) Negre [454];*M. italica* subsp. *helix* (Willd.) Emb. & Maire [454];*M. italica* subsp. *maroccana* Negre [454];*M. tornata* subsp. *helix* (Willd.) Ooststr. & Reichg. [454].
    Desc.: H; Nc; A; Nt. *Habitat:* – .
    Dz Ly Ma Tn; Europe; Middle East.
    Description: 360; *Illustration:* 360.

  subsp. **tornata** (L.) Emb. & Maire [454]
    M. muricata sensu auctt. [454];*M. tornata* (L.) Miller [454].
    Desc.: H; Nc; A; Nt. *Habitat:* – .
    Dz Ma; Europe.
    Description: 360; *Illustration:* 360.

M. laciniata (L.) Miller [454]
  M. aschersoniana Urban [454];*M. laciniata* subsp. *schimperiana* P.Fourn. [454].
  Desc.: H; Nc; A; Nt. *Habitat:* 802 805 1805.
  Bw Dz Eg Eh Et Ke Ls Ly Ma Na(I) So Tn Tz Yd Za(I); Asia; Middle East.
  Description: 210,360,368; *Illustration:* 210,368.

M. littoralis Loisel. [454]
  M. littoralis Loisel. [360,454];*M. littoralis* subsp. *tricycla* (DC.) J.M.Lainz [454];*M. truncatula* subsp. *littoralis* (Loisel.) Ponert [454].
  Desc.: H; Nc; A; Nt. *Habitat:* 705 712 1805.
  Dz Eg Ly Ma Tn; Europe; Middle East.
  Description: 360,368; *Illustration:* 368.

M. lupulina L. [454]
Desc.: H; Nc; A; Nt. *Habitat*: 703 705 805 816.
Dz Eg Et Ke(U) Ly Ma So(U) Tn Tz(U) Za; Europe; Middle East.
Description: 210,360,368; *Illustration*: 360,368.

M. marina L. [454]
Desc.: H; Nc; P; Nt. *Habitat*: 712.
Dz Eg Ly Ma Tn; Europe; Middle East.
Description: 360,368; *Illustration*: 368.

M. minima (L.) Bartal. [454]
M. minima subsp. *brevispina* (Benth.) Ponert [454].
Desc.: H; Nc; A; Nt. *Habitat*: 703 705 805 816.
Dj Dz Eg Et(U) Ly Ma Sd So Tn Yd(U); Asia; Europe; Middle East.
Description: 24,360,368; *Illustration*: 368.

M. murex Willd. [454]
Desc.: H; Nc; A; Nt. *Habitat*: 703 705.
Dz Ly Ma Tn; Europe; Middle East.
Description: 360,368.

subsp. **murex** [454]
Desc.: H; Nc; A; Nt. *Habitat*: - .
Ma; Europe; Middle East.

subsp. **sphaerocarpa** (Bertol.) K.A.Lesins & I.Lesins [454]
M. sphaerocarpa Bertol. [454].
Desc.: H; Nc; A; Nt. *Habitat*: - .
Dz Ly Ma Tn; Europe; Middle East.
Description: 368.

M. orbicularis (L.) Bartal. [454]
Desc.: H; Nc; A; Nt. *Habitat*: 702 705 803 805 816.
Dz Eg Et(I) Ly Ma Tn Za(I); Asia; Europe; Middle East.
Description: 24,360,368; *Illustration*: 368.

M. polymorpha L. [454]
M. denticulata Willd. [454];*M. hispida* Gaertner [454];*M. polymorpha* subsp. *hispida* (Gaertner) Ponert [454];*M. polymorpha* subsp. *lappacea* Bonafe [454].
Desc.: H; Nc; A; Nt. *Habitat*: 703 705 805 816.
Dj Dz Eg Et(U) Ke(U) Ly Ma Tn Tz(U) Yd Za(I); Asia; Europe; Middle East.
Description: 210,360,368; *Illustration*: 24,360,368.

M. rigidula (L.) All. [454]
Desc.: H; Nc; A; Nt. *Habitat*: 703.
Dz Eg Ly Ma Tn; Europe; Middle East.
Description: 360,368; *Illustration*: 368.

M. rotata Boiss. [454]
Desc.: H; Nc; A; Nt. *Habitat*: - .
Ma(U); Middle East.
Description: 456; *Illustration*: 456.

M. rugosa Desr. [454]
Desc.: H; Nc; A; Nt. *Habitat*: 705.
Dz Ly Tn; Europe; Middle East.
Description: 360,368; *Illustration*: 368.

M. sativa L. [454]
Desc.: H; Nc; P; Nt. *Uses*: Human food; Livestock fodder. *Habitat*: Cult.
Dz(I) Eg(I) Et(I) Ke(I) Ly(I) Ma(I) Ne(I) Td(I) Tn(I) Za(I); Europe; Middle East.
Description: 24,360,368.

subsp. **microcarpa** Urban [454]
: *M. sativa* subsp. *coerulea* (Ledeb.) Schmalh. [455].
 Desc.: H; Nc; P; Nt. *Habitat:* Cult.
 Eg(I); Europe; Middle East.
 Description: 455.

subsp. **sativa** [454]
: *Desc.*: H; Nc; P; Nt. *Habitat:* – .
 Dz(I) Eg(I) Ly(I) Ma(I) Tn(I); Europe; Middle East.

M. sauvagei Negre [454]
: *Desc.*: H; Nc; K. *Habitat:* – .
 Ma.

M. scutellata (L.) Miller [454]
: *Desc.*: H; Nc; A; Nt. *Habitat:* 705 716.
 Dz Ma Tn Za(I); Europe; Middle East.
 Description: 360,456; *Illustration:* 360,456.

M. secundiflora Durieu [454]
: *Desc.*: H; Nc; A; Nt. *Habitat:* 703 705.
 Dz Ma Tn; Europe.
 Description: 360; *Illustration:* 360.

M. soleirolii Duby [454]
: *Desc.*: H; Nc; A; Nt. *Habitat:* 702 705.
 Dz Tn; Europe.
 Description: 360; *Illustration:* 360.

M. suffruticosa DC. [454]
: *Desc.*: Nc; Nt. *Habitat:* – .
 Ma; Europe.

M. truncatula Gaertner [454]
: *M. truncatula* subsp. *longiaculeata* (Urban) Ponert [454].
 Desc.: H; Nc; A; Nt. *Habitat:* 703 705.
 Dz Eg Ly Ma Tn; Europe; Middle East.
 Description: 360,368,456; *Illustration:* 360,368,456.

M. tuberculata (Retz.) Willd. [454]
: *M. turbinata* (L.) All. [454].
 Desc.: H; Nc; A; Nt. *Habitat:* 705 1805.
 Dz Eg Ly Ma Tn; Europe; Middle East.
 Description: 360,368,456; *Illustration:* 360,368,456.

M. tunetana (Murb.) A.W.Hill (provisional) [454]
: *Desc.*: H; Nc. *Habitat:* – .
 Dz Tn.

MELILOTUS Miller

M. alba Medikus [454]
: *M. albus* Medikus [368].
 Desc.: H; Nc; A; Nt. *Habitat:* – .
 Dz(I) Eg Et(I) Ke(I) Ls(I) Ly Tz(I) Za(I) Zw(I); Asia; Europe; Middle East.
 Description: 24,210,368.

M. elegans Ser. [454]
: *M. abyssinica* Baker [24];*M. lippoldiana* Lowe [8].
 Desc.: H; Nc; A; Nt. *Habitat:* 705 816.
 Cv(U) Dz Eg Et Ma Tn.
 Description: 24,360; *Illustration:* 24,360.

M. indica (L.) All. [454]
   M. parviflora Desf. [454].
   Desc.: H; Nc; A; Nt. *Habitat:* 716 816 1816.
   Dj Dz Eg Et(I) Ke(I) Ly Ma Ne(I) Sd(I) Td(U) Tn Ug(I) Yd(U); Asia; Europe; Middle East.
   Description: 24,210,368; *Illustration:* 210,360.

M. infesta Guss. [454]
   Desc.: H; Nc; A; Nt. *Habitat:* 705.
   Dz Ma Tn.
   Description: 360; *Illustration:* 360.

M. italica (L.) Lam. [454]
   Desc.: H; Nc; A; Nt. *Habitat:* 716 1816.
   Dz(I) Ly Ma; Europe; Middle East.
   Description: 368.

M. macrocarpa Cosson & Durieu [454]
   Desc.: H; Nc; A; Nt. *Habitat:* 703.
   Dz Tn.
   Description: 360; *Illustration:* 360.

M. messanensis (L.) All. [454]
   M. sicula (Vitman) B.D.Jackson [454].
   Desc.: H; Nc; A; Nt. *Habitat:* 705 1816.
   Dz Eg Et(I) Ly Tn Za(I); Europe; Middle East.
   Description: 24,360,368; *Illustration:* 360,368.

M. neapolitana Ten. [454]
   Desc.: H; Nc; A; Nt. *Habitat:* – .
   Dz Tn; Europe; Middle East.
   Description: 360.

M. officinalis (L.) Lam. [454]
   Desc.: H; Nc; A; Nt. *Uses:* Livestock fodder. *Habitat:* 816.
   Ke(I) Ly(I) Za(I); Europe; Middle East.
   Description: 210,368; *Illustration:* 210.

M. segetalis (Brot.) Ser. [454]
   M. infesta sensu auctt. [454].
   Desc.: H; Nc; A; Nt. *Habitat:* 705.
   Dz Ma Tn; Europe; Middle East.
   Description: 360,456; *Illustration:* 360.

M. serratifolia Tackh. & Boulos [454]
   Desc.: H; Nc; A; K. *Habitat:* – .
   Eg.
   Description: 455.

M. speciosa Durieu [454]
   Desc.: H; Nc; A; Nt. *Habitat:* 705.
   Dz Ma.
   Description: 360.

M. suaveolens Ledeb. [24,454]
   M. altissima sensu auctt. [24]; *M. officinalis* sensu auctt. [24].
   Desc.: H; Nc; A; Nt. *Habitat:* 405 805 816.
   Et(U) Tz(I); Asia.
   Description: 24,210; *Illustration:* 210.

M. sulcata Desf. [454]
   Desc.: H; Nc; A; Nt. *Uses:* Livestock fodder. *Habitat:* 705 716 1816.
   Dz Eg Ke(I) Ly Ma Tn; Europe; Middle East.
   Description: 360,368,456; *Illustration:* 360,368,456.

ONONIS L.

O. alba Poiret [454]
Desc.: H; Nc; A; Nt. *Habitat:* 702 703.
Dz Ma Tn; Europe.
Description: 360; *Illustration:* 360.

subsp. alba [454]
O. alba subsp. *poiretiana* Maire [454].
Desc.: H; Nc; A; Nt. *Habitat:* 702 703.
Dz Tn; Europe.
Description: 360.

subsp. monophylla (Desf.) Murb. [454]
Desc.: H; Nc; A; K. *Habitat:* 702 703.
Dz.
Description: 360.

subsp. tuna (Pomel) Maire [454]
Desc.: H; Nc; A; Nt. *Habitat:* – .
Dz Ma Tn.

O. alopecuroides L. [454]
Desc.: H; Nc; A; Nt. *Habitat:* 702 705.
Dz Ma Tn; Europe; Middle East.
Description: 360,456; *Illustration:* 360,456.

subsp. alopecuroides [454]
Desc.: H; Nc; A; Nt. *Habitat:* 702 705.
Dz Ma Tn; Europe; Middle East.
Description: 360,456; *Illustration:* 360,456.

subsp. salzmanniana (Boiss. & Reuter) Maire [454]
Desc.: H; Nc; A; Nt. *Habitat:* – .
Dz Ma; Europe.
Description: 456.

subsp. simulata (Pau & Font Quer) Maire [454]
Desc.: H; Nc; A; K. *Habitat:* – .
Ma.

O. antennata Pomel [454]
Desc.: H; Nc; A; Nt. *Habitat:* 705 712.
Dz Ma.
Description: 360; *Illustration:* 360.

subsp. antennata [454]
Desc.: H; Nc; A; Nt. *Habitat:* – .
Dz Ma.
Description: 360.

subsp. massesylia (Pomel) Sirj. [454]
Desc.: H; Nc; A; Nt. *Habitat:* – .
Dz Ma.
Description: 360.

subsp. natricoides Sirj. [454]
Desc.: H; Nc; A; Nt. *Habitat:* – .
Dz Ma.
Description: 360.

O. antiquorum L. [454]
Desc.: H/S; Nc; P; Nt. *Habitat:* 702 705.
Dz Ly Ma Tn; Europe; Middle East.
Description: 360,368,456; *Illustration:* 360,368,456.

subsp. **antiquorum** [454]
O. antiquorum subsp. *pungens* (Pomel) Negre [454];*O. spinosa* subsp. *antiquorum* (L.) Arcang. [454].
Desc.: H/S; Nc; P; Nt. *Habitat:* 702 705.
Dz Ly Ma Tn; Europe; Middle East.
Description: 360,368,456; *Illustration:* 368,456.

O. aragonensis Asso [454]
Desc.: S; Nc; P; Nt. *Habitat:* 708.
Dz Ma; Europe.
Description: 360.

O. atlantica Ball [454]
Desc.: Nc; K. *Habitat:* – .
Ma.

O. avellana Pomel [454]
Desc.: H; Nc; A; K. *Habitat:* 705.
Dz.
Description: 360.

O. biflora Desf. [454]
Desc.: H; Nc; A; Nt. *Habitat:* 703 716.
Dz Ma Tn; Europe; Middle East.
Description: 360.

O. cephalantha Pomel [454]
Desc.: H; Nc; A; Nt. *Habitat:* 702.
Dz Ma.
Description: 360; *Illustration:* 360.

subsp. **cephalantha** [454]
O. cephalantha subsp. *munbyana* Maire
Desc.: H; Nc; A; K. *Habitat:* 702.
Dz.
Description: 360; *Illustration:* 360.

subsp. **pseudocephalantha** (Emb. & Maire) Maire [454]
Desc.: H; Nc; A; K. *Habitat:* – .
Ma.

O. cephalothes Boiss. [454]
Desc.: - *Habitat:* – .
Ma; Europe.

O. cintrana Brot. [454]
Desc.: - *Habitat:* – .
Ma; Europe.

O. cossoniana Boiss. & Reuter [454]
Desc.: H; Nc; A; Nt. *Habitat:* 705 712.
Dz Ma Tn; Europe.
Description: 360.

O. crinita Pomel [454]
Desc.: H; Nc; A; K. *Habitat:* 705.
Dz.
Description: 360.

O. cristata Miller [454]
O. cenisia L. [454].
Desc.: H; Nc; P; Nt. *Habitat:* 708.
Dz Ma; Europe.
Description: 360.

O. diffusa Ten. [454]
O. serrata subsp. *diffusa* (Ten.) Rouy [454].
Desc.: H; Nc; A; Nt. *Habitat:* 703 712.
Dz Eg Ly Ma Tn; Europe; Middle East.
Description: 360,455.

O. euphrasiifolia Desf. [454]
O. euphrasiaefolia Desf. [360].
Desc.: H; Nc; A; Nt. *Habitat:* 705 712.
Dz Ma.
Description: 360.

O. filicaulis Boiss. [454]
Desc.: Nt. *Habitat:* – .
Ma; Europe.

O. fruticosa L. [454]
Desc.: S; Nc; P; Nt. *Habitat:* 703.
Dz Ma; Europe.
Description: 360.

O. hirta Poiret [454]
Desc.: H; Nc; A; Nt. *Habitat:* 705.
Dz Ma; Europe; Middle East.
Description: 360; *Illustration:* 360.

O. hispida Desf. [454]
Desc.: H/S; Nc; P; Nt. *Habitat:* 702 703.
Dz Ly Ma Tn; Europe.
Description: 360,368; *Illustration:* 368.

subsp. **arborescens** (Desf.) Sirj. [454]
Desc.: S; Nc; P; Nt. *Habitat:* 702 703.
Dz Ly Ma.
Description: 360.

subsp. **hispida** [454]
Desc.: S; Nc; P; Nt. *Habitat:* 702 703.
Dz Ma Tn; Europe.
Description: 360.

O. incisa Battand. [454]
Desc.: H; Nc; A; K. *Habitat:* 1805.
Dz.
Description: 360.

O. jahandiezii Maire & Weiller (provisional) [454]
Desc.: K. *Habitat:* – .
Ma.

O. laxiflora Desf. [454]
Desc.: H; Nc; A; Nt. *Habitat:* 702.
Dz Ma Tn; Europe.
Description: 360.

O. maweana Ball [454]
Desc.: Nc; Nt. *Habitat:* – .
Ma; Europe.

O. megalostachys Munby [454]
Desc.: H; Nc; A; K. *Habitat:* 703.
Dz.
Description: 360.

O. minutissima L. [454]
Desc.: H; Nc; P; Nt. *Habitat:* 705.
Dz Ma; Europe.
Description: 360.

O. mitissima L. [454]
Desc.: H; Nc; A; Nt. *Habitat:* 703.
Dz Eg Ma Tn; Europe; Middle East.
Description: 360,455,456; *Illustration:* 456.

O. natrix L. [454]
Desc.: H; Nc; A; Nt. *Habitat:* 705.
Dz Eg Ly Ma Tn; Europe; Middle East.
Description: 360,368,456; *Illustration:* 368,456.

subsp. **angustissima** (Lam.) Sirj. [454]
O. angustissima Lam. [454].
Desc.: H/S; Nc; P; Nt. *Habitat:* – .
Dz Ly(U) Ma.
Description: 360,368; *Illustration:* 368.

subsp. **arganietorum** (Maire) Sirj. [454]
Desc.: H/S; Nc; P; K. *Habitat:* – .
Ma.

subsp. **candeliana** (Maire) Maire [454]
Desc.: H/S; Nc; P; K. *Habitat:* – .
Ma.

subsp. **falcata** (Viv.) Sirj. [454]
Desc.: H/S; Nc; P; Nt. *Habitat:* – .
Dz Ly Tn.

subsp. **filifolia** (Murb.) Sirj. [454]
Desc.: H/S; Nc; P; Nt. *Habitat:* – .
Dz Tn.

subsp. **garianica** Maire & Weiller [454]
Desc.: H/S; Nc; P; K. *Habitat:* – .
Ly.

subsp. **hesperia** Maire [454]
Desc.: H/S; Nc; P; K. *Habitat:* – .
Ma.

subsp. **hispanica** (L.f.) Coutinho [454]
Desc.: H/S; Nc; P; Nt. *Habitat:* 705.
Dz Ma; Europe; Middle East.
Description: 360.

subsp. **mauritii** (Maire & Sennen) Maire [454]
Desc.: H/S; Nc; P; K. *Habitat:* – .
Ma.

subsp. **natrix** [454]
Desc.: H/S; Nc; P; Nt. *Habitat:* 705.
Dz Ma Tn; Europe; Middle East.
Description: 360.

subsp. **polyclada** (Murb.) Sirj. [454]
Desc.: H/S; Nc; P; Nt. *Habitat:* 705.
Dz Ma Tn.
Description: 360.

subsp. **prostrata** (Braun-Blanquet & Wilczek) Sirj. [454]
Desc.: H/S; Nc; P; K. *Habitat:* – .
Ma.

subsp. **ramosissima** (Desf.) Battand. [454]
Desc.: H/S; Nc; P; Nt. *Habitat:* 705.
Dz Ly Ma Tn; Europe.
Description: 360.

O. ornithopodioides L. [454]
Desc.: H; Nc; A; Nt. *Habitat:* 702.
Dz Ly Ma Tn; Europe; Middle East.
Description: 360,368; *Illustration:* 360.

O. pedicellaris (Battand.) Sirj. [454]
Desc.: Nc; K. *Habitat:* – .
Ma.

O. pendula Desf. [454]
Desc.: H; Nc; A; Nt. *Habitat:* 702 705.
Dz Ly Ma Tn; Europe.
Description: 360,368; *Illustration:* 368.

subsp. **broussonetii** (DC.) Emb. & Maire [454]
Desc.: H; Nc; A; K. *Habitat:* – .
Ma.

O. peyerimhoffii Battand. [454]
Desc.: Nc; K. *Habitat:* – .
Ma.

O. pinnata Brot. [454]
Desc.: Nc; Nt. *Habitat:* – .
Ma; Europe.

O. polyphylla Ball [454]
Desc.: Nc; K. *Habitat:* – .
Ma.

O. polysperma Barratte & Murb. [454]
Desc.: H; Nc; A; K. *Habitat:* 1805.
Ma.
Description: 456; *Illustration:* 456.

O. pseudocintrana Andreanszky [454]
Desc.: Nc; K. *Habitat:* – .
Ma.

O. pseudoserotina Battand. & Pitard [454]
Desc.: Nc; K. *Habitat:* – .
Ma.

O. pubescens L. [454]
Desc.: H; Nc; A; Nt. *Habitat:* 702.
Dz Ma; Europe; Middle East.
Description: 360.

O. pusilla L. [454]
Desc.: H; Nc; P; Nt. *Habitat:* 703.
Dz Ma Tn; Europe; Middle East.
Description: 360.

O. reclinata L. [454]
Desc.: H; Nc; A; Nt. *Habitat:* 703 705 805.
Dz Eg Et Ke Ly Ma Tn; Europe; Middle East.
Description: 24,360,368; *Illustration:* 24,368.

O. rosea Durieu [454]
Desc.: H; Nc; A; Nt. *Habitat:* 705.
Dz Tn.
Description: 360.

O. serotina Pomel [454]
Desc.: H; Nc; P; K. *Habitat:* 702.
Dz.
Description: 360.

O. serrata Forsskal [454]
Desc.: H; Nc; A; Nt. *Habitat:* 705 712 1816.
Dz Eg Ly Ma Tn; Europe; Middle East.
Description: 360,368,456; *Illustration:* 368,456.

O. sicula Guss. [454]
Desc.: H; Nc; A; Nt. *Habitat:* 702 1805.
Dj Dz Eg Ly Ma Tn; Europe; Middle East.
Description: 360,368,456; *Illustration:* 456.

O. sieberi DC. [454]
Desc.: Nc; Nt. *Habitat:* – .
Tn; Europe.

O. speciosa Lagasca [454]
Desc.: Nc; Nt. *Habitat:* – .
Ma; Europe.

O. subcordata Cav. [454]
Desc.: Nc; Nt. *Habitat:* – .
Ma; Europe.

O. subspicata Lagasca [454]
Desc.: Nc; Nt. *Habitat:* – .
Ma; Europe.

O. thomsonii Oliver [454]
Desc.: Nc; K. *Habitat:* – .
Ma.

O. tournefortii Cosson [454]
Desc.: Nc; Nt. *Habitat:* – .
Ma; Europe.

O. tridentata L. [454]
Desc.: Nc; Nt. *Habitat:* – .
Ma; Europe.

O. vaginalis Vahl [454]
Desc.: H/S; Nc; P; Nt. *Habitat:* 1805.
Eg Ly Tn; Middle East.
Description: 368,455.

O. variegata L. [454]
Desc.: H; Nc; A; Nt. *Habitat:* 705 712.
Dz Eg Ly Ma Tn; Europe; Middle East.
Description: 360,368,455; *Illustration:* 368.

O. villosissima Desf. [454]
Desc.: H; Nc; A; Nt. *Habitat:* 705.
Dz Ma.
Description: 360.

O. viscosa L. [454]
Desc.: H; Nc; A; Nt. *Habitat:* 702 703.
Dz Ly Ma Tn; Europe; Middle East.
Description: 360,368,456; *Illustration:* 368,456.

subsp. **brachycarpa** (DC.) Battand. [454]
Desc.: H; Nc; A; Nt. *Habitat:* – .
Dz Ma Tn; Europe.

subsp. **breviflora** (DC.) Nyman [454]
Desc.: H; Nc; A; Nt. *Habitat:* 702 703.
Dz Ly Ma Tn; Europe; Middle East.
Description: 360,368; *Illustration:* 368.

subsp. **porrigens** Ball [454]
Desc.: H; Nc; A; K. *Habitat:* – .
Ma.

subsp. **viscosa** [454]
Desc.: H; Nc; A; Nt. *Habitat:* 702 703.
Dz Ma; Europe.
Description: 360.

O. zygantha Maire & Wilczek [454]
Desc.: Nc; K. *Habitat:* – .
Ma.

PAROCHETUS D.Don

P. communis D.Don [210]
P. communis var. *grossecrenatus* Cuf. [24]; *P. major* D.Don [210].
Desc.: H; Nc; P; Nt. *Habitat:* 801 803 815.
Et Ke Mw Mz Rw Tz Ug Zr; Asia.
Description: 24,210,467; *Illustration:* 24,210,220.

TRIFOLIUM L.
See Ref.566.

T. abyssinicum D.Heller [566]
T. calocephalum Fresen. [566].
Desc.: H; Nc; A; K. *Habitat:* 805.
Et.
Description: 24,566; *Illustration:* 24,566.

T. acaule A.Rich. [566]
T. petitianum A.Rich. [24].
Desc.: H; Nc; P; Nt. *Habitat:* 805 808.
Et Ke Ug.
Description: 24,210,566; *Illustration:* 566.

T. acutiflorum Murb. (provisional) [454]
Desc.: H; Nc; A; X. *Habitat:* – .
Ma.
Description: 456; *Illustration:* 456.

T. africanum Ser. [566]
Desc.: H; Nc; P; Nt. *Uses:* Livestock fodder. *Habitat:* 805 1405.
Ls Za.
Description: 566; *Illustration:* 566.

T. alexandrinum L. [566]
Desc.: H; Nc; A; Nt. *Uses:* Livestock fodder. *Habitat:* 1816 Cult.
Eg(U) Sd(I) Zw(I); Europe; Middle East.
Description: 368,455,566; *Illustration:* 566.

T. angustifolium L. [566]
Desc.: H; Nc; A; Nt. *Habitat:* 702.
Dz Eg Es Ls(I) Ly Ma; Europe; Middle East.
Description: 360,368,566; *Illustration:* 368,456,566.

T. argutum Sol. [566]
T. xerocephalum Fenzl [454].
Desc.: H; Nc; A; Nt. *Habitat:* – .
Eg; Europe; Middle East.
Description: 455,566; *Illustration:* 566.

T. arvense L. [566]
Desc.: H; Nc; A; Nt. *Habitat:* 703 705 804 805.
Dj Dz Eg Et Ly Ma Sd Tn; Europe; Middle East.
Description: 360,368,566; *Illustration:* 368,566.

T. baccarinii Chiov. [566]
T. marginatum (Baker) Cuf. [24].
Desc.: H; Nc; A; Nt. *Habitat:* 805 1205.
Cm Et Ke Nq Rw Tz Ug Zr.
Description: 210,220,566; *Illustration:* 220,566,567.

T. bilineatum Fresen. [566]
Desc.: H; Nc; A; K. *Habitat:* 805.
Et.
Description: 24,566; *Illustration:* 24,566.

T. bocconei Savi [566]
Desc.: H; Nc; A; Nt. *Habitat:* 702.
Dz Es Ma Tn; Europe; Middle East.
Description: 360,566; *Illustration:* 360,566.

T. bullatum Boiss. & Hausskn. [566]
Desc.: H; Nc; A; Nt. *Habitat:* – .
Eg(U); Middle East.
Description: 566; *Illustration:* 566.

T. burchellianum Ser. [566]
Desc.: H; Nc; P; Nt. *Habitat:* 804 805 815.
Ao Et Ke Ls Tz Ug Za.
Description: 210,566; *Illustration:* 210,567.

subsp. **burchellianum** [566]
Desc.: H; Nc; P; Nt. *Habitat:* 805.
Ao Ls Za.
Description: 566; *Illustration:* 566.

subsp. johnstonii (Oliver) J.B.Gillett [566]
T. basileianum Chiov. [566]; *T. johnstonii* Oliver [566].
Desc.: H; Nc; P; Nt. *Habitat:* 804 805 815.
Et Ke Tz Ug Za(I).
Description: 24,210,566; *Illustration:* 24,210.

T. campestre Schreber [566]
Desc.: H; Nc; A; Nt. *Habitat:* 703 705 805.
Dj Dz Eg Et Ly Ma Sd Tn Za(I) Zw(I); Europe; Middle East.
Description: 368,456,566; *Illustration:* 368,456,566.

T. cernuum Brot. [566]
Desc.: H; Nc; A; Nt. *Habitat:* 705 716.
Ma Za(I); Europe.
Description: 566; *Illustration:* 566.

T. cheranganiense J.B.Gillett [567]
Desc.: H; Nc; P; Nt. *Habitat:* 805.
Ke Ug Za(I).
Description: 210,566,567; *Illustration:* 566.

T. cherleri L. [566]
Desc.: H; Nc; A; Nt. *Habitat:* 702 703 705.
Dz Es Ly Tn; Europe; Middle East.
Description: 360,368,566; *Illustration:* 566.

T. chilaloense Thulin [566]
Desc.: H; Nc; A; K. *Habitat:* 801.
Et.
Description: 24,566,568; *Illustration:* 566,568.

T. clusii Godron & Gren. [566]
Desc.: H; Nc; A; Nt. *Habitat:* – .
Eg Ma Tn(U); Europe; Middle East.
Description: 566; *Illustration:* 566.

T. congestum Guss. [566]
Desc.: H; Nc; A; Nt. *Habitat:* – .
Dz; Europe.
Description: 360,566; *Illustration:* 566.

T. constantinopolitanum Ser. [566]
Desc.: H; Nc; A; Nt. *Habitat:* – .
Dz(U); Europe; Middle East.
Description: 566; *Illustration:* 566.

T. cryptopodium A.Rich. [566]
T. cryptopodium var. *kilimandscharicum* (Taubert) J.B.Gillett [210]; *T. kilimandscharicum* Taubert [567]; *T. stolzii* sensu Cuf. [24,39].
Desc.: H; Nc; P; Nt. *Habitat:* 804 805 808.
Et Tz Ug.
Description: 210,566; *Illustration:* 566,567.

T. dasyurum C.Presl [566]
T. formosum Urv. [454].
Desc.: H; Nc; A; Nt. *Habitat:* – .
Eg Ly; Europe; Middle East.
Description: 368,455,566; *Illustration:* 455,566.

T. decorum Chiov. [566]
Desc.: H; Nc; A; K. *Habitat:* 805.
Et.
Description: 24,566; *Illustration:* 566.

T. dubium Sibth. [566]
Desc.: H; Nc; A; Nt. *Habitat:* 816.
Ma Tn Tz(I); Europe; Middle East.
Description: 566; *Illustration:* 566.

T. echinatum M.Bieb. [566]
Desc.: H; Nc; A; Nt. *Habitat:* – .
Ly; Europe; Middle East.
Description: 566; *Illustration:* 566.

T. elgonense J.B.Gillett [566]
Desc.: H; Nc; A; Nt. *Habitat:* 801 804 805 808.
Et Ke Sd Ug.
Description: 210,566,567; *Illustration:* 210,566,567.

T. erubescens Fenzl [566]
Desc.: H; Nc; A; Nt. *Habitat:* – .
Et; Middle East.
Description: 566; *Illustration:* 566.

T. filiforme L. [454]
Chrysaspis micrantha (Viv.) Hendrych [454]; *T. micranthum* Viv. [454].
Desc.: H; Nc; A; Nt. *Habitat:* – .
Dz Es Ly Ma Tn Za(I); Europe; Middle East.
Description: 360,368,566; *Illustration:* 566.

T. fragiferum L. [566]
Desc.: H; Nc; P; Nt. *Habitat:* 705 805.
Dz Eg Et Ly Ma Tn; Asia; Europe; Middle East.
Description: 360,368,566; *Illustration:* 566.

T. gemellum Willd. [566]
T. phleoides subsp. *gemellum* (Willd.) Gibelli & Belli [454].
Desc.: H; Nc; A; Nt. *Habitat:* 703 705.
Dz Ma; Europe.
Description: 360,566; *Illustration:* 566.

T. gillettianum Jacq.-Fel. [566]
Desc.: H; Nc; A; K. *Habitat:* 305.
Cm.
Description: 566; *Illustration:* 566.

T. glomeratum L. [566]
Desc.: H; Nc; A; Nt. *Habitat:* 705 716.
Cv Dz Es Ma Tn Za(I); Europe; Middle East; South America.
Description: 566; *Illustration:* 566.

T. hirtum All. [566]
Desc.: H; Nc; A; Nt. *Habitat:* 702 705.
Dz Ma Tn; Europe; Middle East.
Description: 360,566; *Illustration:* 566.

T. hybridum L.
Desc.: H; Nc; P; Nt. *Uses:* Livestock fodder. *Habitat:* – .
Ma Za(I); Europe; Middle East.
Description: 566; *Illustration:* 566.

T. incarnatum L. [566]
Desc.: H; Nc; A; Nt. *Habitat:* – .
Eg(I) Ma(I) Za(I); Europe; Middle East.
Description: 566; *Illustration:* 566.

T. infamia-ponertii Greuter [454]
T. *angustifolium* subsp. *gibellianum* Pign. [454]; T. *angustifolium* subsp. *intermedium* (Gibelli & Belli) Arcang. [454]; T. *angustifolium* var. *intermedium* Gibelli & Belli [454].
Desc.: H; Nc; A; Nt. *Habitat:* – .
Dz Ma Tn; Europe; Middle East.
Description: 566; *Illustration*: 566.

T. isthmocarpum Brot. [566]
T. *mauritanicum* Ball [566]; T. *rubicundum* Ball [566].
Desc.: H; Nc; A; Nt. *Habitat:* 702 705.
Dz Ly(U) Ma Tn; Europe; Middle East.
Description: 368,456,566; *Illustration*: 360,566.

T. juliani Battand. [566]
Desc.: H; Nc; A; Nt. *Habitat:* – .
Dz Tn; Europe.
Description: 360,566; *Illustration*: 566.

T. lanceolatum (J.B.Gillett) J.B.Gillett [566]
T. *rueppellianum* var. *lanceolatum* J.B.Gillett [566].
Desc.: H; Nc; A; Nt. *Habitat:* 805 816.
Et(U) Ke Tz.
Description: 210,566,567; *Illustration*: 566.

T. lappaceum L. [566]
Desc.: H; Nc; A; Nt. *Habitat:* 702 705 1816.
Dz Es Ly Ma Tn; Europe; Middle East.
Description: 360,368,566; *Illustration*: 368,566.

T. leucanthum M.Bieb. [566]
Desc.: H; Nc; A; Nt. *Habitat:* 705.
Dz Ly; Europe; Middle East.
Description: 360,368,566.

T. ligusticum Loisel. [566]
Desc.: H; Nc; A; Nt. *Habitat:* 702 703.
Dz Ma Tn; Europe; Middle East.
Description: 360,566; *Illustration*: 566.

T. lugardii Bullock [210]
Desc.: H; Nc; A; K. *Habitat:* 803 805.
Ke Ug.
Description: 210,566; *Illustration*: 566.

T. masaiense J.B.Gillett [566]
Desc.: H; Nc; A; K. *Habitat:* 805.
Tz Ug Zw(I).
Description: 210,566,567; *Illustration*: 566,567.

 subsp. **masaiense** [567]
Desc.: H; Nc; A; K. *Habitat:* 805.
Tz.
Description: 210,566,567; *Illustration*: 566.

 subsp. **morotoense** J.B.Gillett [566]
Desc.: H; Nc; A; K. *Habitat:* 805.
Ug.
Description: 210,566,569.

T. mattirolianum Chiov. (provisional) [566]
Desc.: H; Nc; A; K. *Habitat:* 805 816.
Et.
Description: 24,566; *Illustration*: 566.

T. michelianum Savi [566]
Desc.: H; Nc; A; Nt. *Habitat:* 705.
Dz Ma; Europe; Middle East.
Description: 360,566; *Illustration:* 360,566.

T. miegeanum Maire [566]
Desc.: H; Nc; A; K. *Habitat:* 705.
Ma.
Description: 566; *Illustration:* 566.

T. montanum L. [566]
Desc.: H; Nc; P; Nt. *Habitat:* – .
Ma(U); Europe; Middle East.
Description: 566; *Illustration:* 566.

  subsp. **humboldtianum** (A.Braun & Asch.) Hossain [566]
Desc.: H; Nc; P; Nt. *Habitat:* – .
Ma(U); Middle East.
Description: 566.

T. multinerve A.Rich. [569]
T. multinerve (Hochst.) A.Rich. [210].
Desc.: H; Nc; A; Nt. *Habitat:* 804 805.
Et Ke Rw Sd Ug Zr.
Description: 210,220,566; *Illustration:* 24,566,567.

T. nigrescens Viv. [566]
Desc.: H; Nc; A; Nt. *Habitat:* 702 705.
Dz Eg Ly(U) Ma Tn; Europe; Middle East.
Description: 360,368,566; *Illustration:* 360.

T. obscurum Savi [566]
T. isodon Murb. [566].
Desc.: H; Nc; A; Nt. *Habitat:* 705.
Dz Ma; Europe.
Description: 360,566; *Illustration:* 566.

T. ochroleucum Hudson [566]
Desc.: H; Nc; P; Nt. *Habitat:* 701.
Dz Ma; Europe; Middle East.
Description: 360,566; *Illustration:* 566.

T. ornithopodioides (L.) Smith [566]
T. melilotus-ornithopodioides (L.) Asch. & Graebner [454]; *T. melilotus-ornithopodioides* subsp.
uniflorum (Munby) Maire [454]; *Trigonella ornithopodioides* (L.) DC. [566].
Desc.: H; Nc; A; Nt. *Habitat:* 705.
Dz Ma Za(I); Europe.
Description: 360,566; *Illustration:* 566.

T. pallidum Waldst. & Kit. [566]
Desc.: H; Nc; A; Nt. *Habitat:* 702 703.
Dz Ma Tn; Europe; Middle East.
Description: 360,566; *Illustration:* 566.

T. patens Schreber [566]
Desc.: H; Nc; A; Nt. *Habitat:* – .
Eg; Europe; Middle East.
Description: 455,566; *Illustration:* 566.

T. phleoides Willd. [566]
T. phleoides subsp. *audigieri* Fouc. [454].
Desc.: H; Nc; A; Nt. *Habitat:* – .
Dz Ma Tn; Europe; Middle East.
Description: 360,566; *Illustration:* 566.

T. physodes M.Bieb. [566]
Desc.: H; Nc; P; Nt. *Habitat:* 702.
Dz Ma; Europe; Middle East.
Description: 360,566; *Illustration:* 566.

T. pichisermollii J.B.Gillett [566]
Desc.: H; Nc; A; K. *Habitat:* 805.
Et.
Description: 24,566,567; *Illustration:* 566.

T. polystachyum Fresen. [566]
Ochreata polystachya (Fresen.) Bobrov [567]; *T. mauginianum* Fiori (suspected synonym) [24].
Desc.: H; Nc; P; Nt. *Habitat:* 805.
Ao Et Ke Sd Ug Zm Zr.
Description: 210,467,566; *Illustration:* 24,566,567.

T. pratense L. [566]
Desc.: H; Nc; P; Nt. *Uses:* Livestock fodder. *Habitat:* 702 705.
Dz Et(I) Ma Tn Za(I); Europe; Middle East.
Description: 360,566; *Illustration:* 566.

T. pseudostriatum Baker f. [566]
Desc.: H; Nc; A; Nt. *Uses:* Livestock fodder. *Habitat:* 805.
Bi Mw Rw Tz Ug Zr.
Description: 210,467,566; *Illustration:* 220,566.

T. purpureum Loisel. [566]
T. angustifolium subsp. *purpureum* (Loisel.) Ponert [454]; *T. desvauxii* Boiss. & Blanche [566].
Desc.: H; Nc; A; Nt. *Habitat:* – .
Dz Eg Ly Ma Tn; Europe; Middle East.
Description: 368,455,566; *Illustration:* 368,566.

T. purseglovei J.B.Gillett [566]
T. rueppellianum sensu Robyns,p.p. [173,210].
Desc.: H; Nc; P; Nt. *Habitat:* 805.
Rw Ug Zr.
Description: 210,467,566; *Illustration:* 467,566,567.

T. quartinianum A.Rich. [566]
Desc.: H; Nc; A; Nt. *Habitat:* 805.
Et Ug.
Description: 24,210,566; *Illustration:* 24,566.

T. repens L. [566]
Desc.: H; Nc; P; Nt. *Habitat:* 705.
Dz Eg Et(I) Ke(I) Ma Tn Tz(I) Za(I); Europe; Middle East.
Description: 360,566; *Illustration:* 566.

T. resupinatum L. [566]
Desc.: H; Nc; A; Nt. *Habitat:* 705.
Dz Eg Et(U) Ly Ma Tn Za(I); Asia; Europe; Middle East.
Description: 360,368,566; *Illustration:* 566.

T. retusum L. [566]
T. parviflorum Ehrh. [454].
Desc.: H; Nc; A; Nt. *Habitat:* 705.
Dz Ma; Europe; Middle East.
Description: 360,566; *Illustration:* 566.

T. rueppellianum Fresen. [566]
T. preussii Baker f. [210]; *T. rueppellianum* var. *preussii* (Baker f.) J.B.Gillett [210]; *T. subrotundum* sensu auctt.,p.p. [210].
Desc.: H; Nc; A; Nt. *Habitat:* 804 805 816.

Cm Et Gq Ke Mw(I) Nq Sd Tz Ug Zr Zw(I).
Description: 210,467,566; *Illustration:* 24,566,567.

T. scabrum L. [566]
Desc.: H; Nc; A; Nt. *Habitat:* 705.
Dz Eg Ly Ma Tn; Europe; Middle East.
Description: 360,368,566; *Illustration:* 368,566.

T. schimperi A.Rich. [569]
Desc.: H; Nc; A; K. *Habitat:* 805.
Et.
Description: 24,566; *Illustration:* 24,566.

T. scutatum Boiss.
Desc.: H; Nc; A; Nt. *Habitat:* – .
Ly; Middle East.
Description: 566; *Illustration:* 566.

T. semipilosum Fresen. [566]
T. johnstonii sensu Edwards & Bogdan [384,567]; *T. repens* sensu Baker f. [68,567].
Desc.: H; Nc; P; Nt. *Uses:* Livestock fodder. *Habitat:* 805.
Et Ke Mw(U) Tz Ug(U) Za(I) Zw(I); Middle East.
Description: 24,210,566; *Illustration:* 24,210,566.

T. simense Fresen. [566]
T. simensis Fresen. [567].
Desc.: H; Nc; A; Nt. *Habitat:* 805.
Bi Cm Et Gq Ke Mw Rw Sd Tz Ug Zm Zr.
Description: 210,467,566; *Illustration:* 210,566,567.

T. somalense Taubert [566]
Desc.: H; Nc; P; K. *Habitat:* – .
Et.
Description: 24,566; *Illustration:* 566,567.

T. spananthum Thulin [566]
Desc.: H; Nc; P; K. *Habitat:* 805.
Et.
Description: 24,566,568; *Illustration:* 566,568.

T. spumosum L. [566]
Desc.: H; Nc; A; Nt. *Habitat:* 702 703.
Bi(I) Dz Ma Tn; Europe; Middle East.
Description: 360,566; *Illustration:* 360,566.

T. squamosum L. [566]
T. maritimum Hudson [454].
Desc.: H; Nc; A; Nt. *Habitat:* 705.
Dz Ly(U) Ma Tn; Europe; Middle East.
Description: 360,368,566; *Illustration:* 360,566.

T. squarrosum L. [566]
Desc.: H; Nc; A; Nt. *Habitat:* 702 703 705 716.
Bi(I) Dz Ma Mr Tn; Europe; Middle East.
Description: 360,566; *Illustration:* 360,566.

T. stellatum L. [566]
Desc.: H; Nc; A; Nt. *Habitat:* 703 705.
Dz Eg Ly Ma Tn; Europe; Middle East.
Description: 368,456,566; *Illustration:* 368,456,566.

T. steudneri Schweinf. [566]
Desc.: H; Nc; A; Nt. *Uses:* Livestock fodder. *Habitat:* 805.
Et Ke Ug Za(I).
Description: 24,210,566; *Illustration:* 24,384,566.

T. stipulaceum Thunb. [566]
Desc.: H; Nc; A; K. *Habitat:* – .
Za.
Description: 222,483,566; *Illustration:* 566.

T. stolzii Harms (provisional) [566]
T. wentzelianum var. *stolzii* (Harms) J.B.Gillett [566].
Desc.: H; Nc; P; K. *Habitat:* 805 816.
Tz.
Description: 210,566; *Illustration:* 566.

T. striatum L. [566]
Desc.: H; Nc; A; Nt. *Habitat:* 703 705.
Dz Ma Tn; Europe; Middle East.
Description: 360,566; *Illustration:* 360,566.

T. strictum L. [566]
T. laevigatum Desf. [566].
Desc.: H; Nc; A; Nt. *Habitat:* 705.
Dz Ly Ma Tn; Europe; Middle East.
Description: 360,368,566; *Illustration:* 360,566.

T. subterraneum L. [566]
Desc.: H; Nc; A; Nt. *Uses:* Livestock fodder. *Habitat:* 705.
Dz Et(I) Ke(I) Ly Ma Tn Za(I); Australasia; Europe; Middle East.
Description: 360,368,566; *Illustration:* 360,368,566.

subsp. **brachycalycinum** Katzn. & F.Morley [566]
Desc.: H; Nc; A; Nt. *Habitat:* – .
Dz Ma Tn; Europe; Middle East.
Description: 566; *Illustration:* 566.

subsp. **subterraneum** [566]
Desc.: H; Nc; A; Nt. *Habitat:* – .
Dz Ma Tn; Europe; Middle East.
Description: 566; *Illustration:* 566.

T. suffocatum L. [566]
Desc.: H; Nc; A; Nt. *Habitat:* 705.
Dz Ly Ma Tn Za(I); Europe; Middle East.
Description: 360,368,566; *Illustration:* 368,566.

T. sylvaticum Loisel. [566]
Desc.: H; Nc; A; Nt. *Habitat:* – .
Ma; Europe; Middle East.
Description: 566; *Illustration:* 566.

T. tastetii (Pau) Font Quer [454]
Desc.: H; Nc; K. *Habitat:* – .
Ma.

T. tembense Fresen. [566]
T. goetzenii Engl. [567]; *T. rueppellianum* sensu Robyns, p.p. [173,567].
Desc.: H; Nc; A; Nt. *Habitat:* 804 805 808.
Et Ke Rw Tz Ug Zr.
Description: 210,467,566; *Illustration:* 24,210,566.

T. thalii Villars [566]
T. humile Ball [566].
Desc.: H; Nc; P; Nt. Habitat: 705.
Ma; Europe.
Description: 566; Illustration: 566.

T. tomentosum L. [566]
T. curvisepalum Tackh. [454].
Desc.: H; Nc; A; Nt. Habitat: 705.
Dz Eg Ly Ma Sd Tn Za(I); Europe; Middle East.
Description: 360,368,566; Illustration: 360,368,566.

T. tunetanum Murb. (provisional) [454]
T. squarrosum subsp. tunetanum (Murb.) Pottier-Alapetite [454].
Desc.: H; Nc; K. Habitat: – .
Tn.

T. ukingense Harms [566]
Desc.: H; Nc; A; K. Habitat: 805.
Tz.
Description: 210,566; Illustration: 567.

T. uniflorum L. [566]
Desc.: H; Nc; P; Nt. Habitat: – .
Ly; Europe; Middle East.
Description: 368,566; Illustration: 368,566.

T. usambarense Taubert [566]
T. pseudocryptopodium Fiori [566].
Desc.: H; Nc; A; Nt. Uses: Livestock fodder. Habitat: 405 805 1205.
Cm Et Gq Ke Mw Mz Nq Rw Tz Ug Za(I) Zm Zr Zw(I).
Description: 210,467,566; Illustration: 220,566,567.

T. wentzelianum Harms [566]
Desc.: H; Nc; P; K. Habitat: 805.
Tz.
Description: 210,566; Illustration: 566,567.

T. sp.A Thulin (provisional) [24]
Desc.: H; Nc; A; K. Habitat: – .
Et.
Description: 24.

TRIGONELLA L.

T. anguina Del. [454]
Desc.: H; Nc; A; Nt. Habitat: 1707.
Dz Eg Eh Ly Ma Ml Tn Za(I) Zw(I); Middle East.
Description: 360,368,456; Illustration: 360,368,529.

T. arabica Del. [454]
Desc.: H; Nc; A; Nt. Habitat: – .
Eg; Middle East.
Description: 455; Illustration: 455.

T. balachowskyi Leredde [454]
Desc.: H; Nc; A; K. Habitat: – .
Dz.
Description: 360,529; Illustration: 529.

T. berythea Boiss. & Blanche [454]
Desc.: H; Nc; A; Nt. *Habitat:* – .
Eg; Middle East.
Description: 455.

T. coerulescens (M.Bieb.) Hal. [454]
Desc.: H; Nc; A; Nt. *Habitat:* – .
Ly; Europe; Middle East.
Description: 368; *Illustration:* 368.

T. esculenta Willd. [454]
T. corniculata sensu auctt. [454].
Desc.: H; Nc; A; Nt. *Habitat:* – .
Dz(I); Europe.

T. falcata Balf.f. [90]
Desc.: H; Nc; A; K. *Habitat:* – .
Yd.
Description: 90.

T. foenum-graecum L. [454]
Desc.: H; Nc; A; Nt. *Uses:* Human food. *Habitat:* 716 Cult.
Dz(I) Et(I) Ke(I) Ly(I) Ma(I) Ml(I) Tn(I) Tz(I) Zw(I); Europe; Middle East.
Description: 24,368; *Illustration:* 24,368.

T. gladiata M.Bieb. [454]
Desc.: H; Nc; A; Nt. *Habitat:* 1805.
Dz Ly Ma Tn.
Description: 360,368,456; *Illustration:* 360,456.

T. hamosa L. [454]
Desc.: H; Nc; A; Nt. *Habitat:* 1816.
Dj Dz(I) Eg Na(U) Sd Za(U); Middle East.
Description: 455; *Illustration:* 455.

T. laciniata L. [454]
Desc.: H; Nc; A; Nt. *Habitat:* – .
Dz(I) Eg Sd Zm; Middle East.
Description: 368,455; *Illustration:* 455.

T. maritima Poiret [454]
Desc.: H; Nc; A; Nt. *Habitat:* – .
Dz Eg Ly Tn; Europe; Middle East.
Description: 360,368; *Illustration:* 368,529.

T. media Urban (provisional) [454]
Desc.: H; Nc; A; K. *Habitat:* – .
Eg.
Description: 455.

T. monantha C.Meyer [454]
Desc.: H; Nc; A; Nt. *Habitat:* Cult.
Ke(I); Middle East.

subsp. **noeana** (Boiss.) Huber-Morath [454]
T. noeana Boiss. [454].
Desc.: H; Nc; A; Nt. *Habitat:* Cult.
Ke(I); Middle East.

T. monspeliaca L. [454]
Desc.: H; Nc; A; Nt. *Habitat:* – .
Dz Eg Ly Ma Tn; Europe; Middle East.
Description: 360,368,455; *Illustration:* 360,456.

T. occulta Ser. [454]
Desc.: H; Nc; A; K. *Habitat:* – .
Eg Sd.
Description: 29,455.

T. ovalis Boiss. [454]
Desc.: H; Nc; A; Nt. *Habitat:* 705.
Dz Ma; Europe.
Description: 360; *Illustration:* 360.

T. polyceratia L. [454]
T. polycerata L. [360].
Desc.: H; Nc; A; Nt. *Habitat:* 705.
Dz Ma Tn; Europe.
Description: 360,456; *Illustration:* 360,456,529.

T. stellata Forsskal [454]
Desc.: H; Nc; A; Nt. *Habitat:* 1707.
Dz Eg Ly Tn; Middle East.
Description: 360,368; *Illustration:* 360,368,529.

VICIEAE

LATHYRUS L.

L. allardii Battand. (provisional) [454]
Desc.: H; C; A; X. *Habitat:* – .
Dz.
Description: 360.

L. amphicarpos L. [454]
L. quadrimarginatus Bory & Chaub. [454].
Desc.: H; C; A; Nt. *Habitat:* 703 705.
Dz Ma.
Description: 360.

L. angulatus L. [454]
Desc.: H; C; A; Nt. *Habitat:* – .
Dz Ma Za(I).
Description: 360,483.

L. annuus L. [454]
Desc.: H; C; A; Nt. *Habitat:* – .
Dz Eg Ly Ma Tn; Europe; Middle East.
Description: 360,368,456; *Illustration:* 360,456.

L. aphaca L. [454]
Desc.: H; C; A; Nt. *Habitat:* 703 705.
Dz Eg Et(I) Ke(I) Ly Ma Tn; Europe; Middle East.
Description: 24,360,368; *Illustration:* 360,368,455.

L. brachyodon Murb. [454]
Desc.: H; K. *Habitat:* – .
Tn.

L. cicera L. [454]
Desc.: H; C/Nc; A; Nt. *Habitat:* 703 705.
Dz Ly Ma Tn Za; Europe; Middle East.
Description: 360,368,456; *Illustration:* 368,456.

L. clymenum L. [454]
L. articulatus L. [454].
Desc.: H; C; A; Nt. *Habitat:* – .
Dz Ke(I) Ly Ma Tn; Europe; Middle East.
Description: 368,456; *Illustration:* 456.

L. coerulescens Boiss. & Reuter (provisional) [454]
Desc.: H; K. *Habitat:* – .
Ma.

L. filiformis (Lam.) Gay [454]
L. filiformis subsp. *numidicus* Quezel & Santa (suspected synonym) [454].
Desc.: H; Nc; Nt. *Habitat:* 701.
Dz Ma.
Description: 360.

L. fissus Ball [454]
Desc.: H; K. *Habitat:* – .
Ma.

L. gorgonei Parl. [454]
L. gorgonei subsp. *tiriopolitanus* (Davidov) Ponert [454].
Desc.: H; C; A; Nt. *Habitat:* – .
Ly; Europe.
Description: 368; *Illustration:* 454.

L. hierosolymitanus Boiss. (provisional) [454]
Desc.: H; C; A; Nt. *Habitat:* – .
Eg Ly.
Description: 368,455.

L. hirsutus L. [454]
Desc.: H; C; A; Nt. *Habitat:* 705.
Dz Eg Ke(I) Ma Tn Zw(I); Europe; Middle East.
Description: 360.

L. hygrophilus Taubert [210]
L. kilimandscharicus Taubert [210].
Desc.: H; C; P; Nt. *Habitat:* 803 804 805 815.
Et Ke Mw Sd Tz Ug Zr.
Description: 210,220,230; *Illustration:* 210,220,230.

L. inconspicuus L. [454]
Desc.: H; C/Nc; A; Nt. *Habitat:* 705.
Dz; Europe; Middle East.
Description: 360.

L. latifolius L. [454]
L. sylvestris subsp. *latifolius* (L.) P.Fourn. [454].
Desc.: H; C; P; Nt. *Habitat:* 702 703 705.
Dz Ke(I) Ma Tn Za(I).
Description: 360.

L. linifolius (Reichard) Bassler [454]
L. macrorrhizus Wimmer [454];*L. montanus* Bernh. [454].
Desc.: H; Nc; P; Nt. *Habitat:* 701.
Dz; Europe.
Description: 360.

L. marmoratus Boiss. & Blanche [454]
Desc.: H; C; A; Nt. *Habitat:* – .
Eg; Middle East.
Description: 455.

L. niger (L.) Bernh. [454]
Desc.: H; Nc; P; Nt. *Habitat:* 701.
Dz Ma Tn; Europe.
Description: 360.

subsp. **niger** [454]
Desc.: H; Nc; P; Nt. *Habitat:* 701.
Dz Ma Tn; Europe; Middle East.
Description: 360.

L. nissolia L. [454]
Desc.: H; C; A; Nt. *Habitat:* 703 705.
Dz Ma Tn; Europe.
Description: 360.

L. numidicus Battand. [454]
Desc.: H; C; A; Nt. *Habitat:* – .
Dz Tn.
Description: 360.

L. ochrus (L.) DC. [454]
Desc.: H; C; A; Nt. *Uses:* Livestock fodder. *Habitat:* 716 1816.
Dz Ly Ma Tn; Europe; Middle East.
Description: 360,368,456; *Illustration:* 360,368,456.

L. odoratus L. [454]
Desc.: H; C; A; Nt. *Uses:* Ornamental. *Habitat:* – .
Dz(I) Et(I) Ly(I) Rw(I); Europe.
Description: 24,360,368.

L. pratensis L. [454]
Desc.: H; C; P; Nt. *Habitat:* 805.
Et Ma; Europe; Middle East.
Description: 24.

L. pseudocicera Pampan. [454]
L. gorgonei subsp. *lineatus* (Post) Ponert [454].
Desc.: H; C; A; Nt. *Habitat:* – .
Eg Ly; Middle East.
Description: 368,455; *Illustration:* 455.

L. sativus L. [454]
Desc.: H; C; A; Nt. *Habitat:* Cult.
Ao(I) Dz(I) Eg(I) Et(I) Ke(I) Ly(I) Ma(I) Sd(I) Tn(I) Tz(I) Za(I).
Description: 24,360,368.

L. saxatilis (Vent.) Vis. [454]
Desc.: H; Nc; A; Nt. *Habitat:* 705.
Dz Ly; Europe; Middle East.
Description: 360,368; *Illustration:* 368.

L. setifolius L. [454]
Desc.: H; C; A; Nt. *Habitat:* 705.
Dz Eg Ly Ma Tn; Europe; Middle East.
Description: 360,368; *Illustration:* 360.

L. sphaericus Retz. [454]
L. hygrophilus sensu Robyns,p.p. [173,210].
Desc.: H; C/Nc; A; Nt. *Habitat:* 702 703 803 805.
Dz Eg Et Ke Ma Tn Tz Ug Zr; Europe; Middle East.
Description: 24,210,456; *Illustration:* 24,220,456.

L. tingitanus L. [454]
L. coruscans Emb. & Maire [454].
Desc.: H; C; A; Nt. *Uses:* Ornamental. *Habitat:* 701.
Dz Ma; Europe.
Description: 360.

L. zalaghensis Andreanszky [454]
Desc.: H; K. *Habitat:* – .
Ma.

LENS Miller

L. culinaris Medikus [454]
L. esculenta Moench [454];*Vicia Lens* (L.) Cosson & Germ. [454].
Desc.: H; C/Nc; A; Nt. *Uses:* Human food. *Habitat:* Cult.
Dz(I) Et(I) Ke(I) Ly Ma(I) Tn(I) Tz(I) Za(I) Zw(I); Europe; Middle East.
Description: 24,368,456; *Illustration:* 368,456.

L. ervoides (Brign.) Grande [454]
L. lenticula (Schreber) Webb & Berth. [454].
Desc.: H; C/Nc; A; Nt. *Habitat:* 701 805.
Dz Et Ma Ug Zr; Europe; Middle East.
Description: 24,210; *Illustration:* 24,210.

L. lamottei Cefr. (provisional) [454]
Desc.: H; Nt. *Habitat:* – .
Dz Ma; Europe.

L. nigricans (M.Bieb.) Godron [454]
L. esculenta subsp. *nigricans* (M.Bieb.) Thell. [454].
Desc.: H; C; A; Nt. *Habitat:* 703 705.
Dz Ma Tn.
Description: 360.

L. villosa (Pomel) Battand. (provisional) [454]
Desc.: H; Nt. *Habitat:* – .
Dz Ma.

PISUM L.

P. sativum L. [454]
Desc.: H; C; A; Nt. *Uses:* Human food. *Habitat:* Cult.
Dz Eg Et(I) Ke Ly Ma Rw(I) Tn Ug(I).
Description: 220,368,455; *Illustration:* 24,220.

subsp. **elatius** (M.Bieb.) Asch. & Graebner [454]
P. elatius M.Bieb. [454].
Desc.: - *Habitat:* – .
Dz Eg(I) Ly Ma Tn; Europe; Middle East.
Description: 368.

subsp. **humile** (Holmboe) Greuter et al. [454]
P. sativum subsp. *pumilio* (Meikle) Ponert [454].
Desc.: H; C; A; Nt. *Habitat:* – .
Eg; Middle East.
Description: 455.

subsp. **sativum** [454]
P. arvense L. [454];*P. sativum* subsp. *arvense* (L.) Asch. & Graebner [454];*P. sativum* subsp. *hortense* (Neilr.) Asch. & Graebner [454].
Desc.: H; C; A; Nt. *Uses:* Human food. *Habitat:* Cult.
Dz(I) Eg(I) Et(I) Ke(I) Ly(I) Ma(I) Rw(I) Ug(I).
Description: 24,220; *Illustration:* 24,220.

VICIA L.

V. articulata Hornem. [454]
Desc.: H; Nt. Habitat: – .
Eg Ma.

V. benghalensis L. [454]
V. atropurpurea Desf. [454].
Desc.: H; C; A; Nt. Uses: Livestock fodder. Habitat: 705 716 816 Cult.
Dz Ke(I) Ma Tn Za(I); Europe.
Description: 210,456; Illustration: 456.

V. bithynica (L.) L. [454]
Desc.: H; C; P; Nt. Habitat: 705.
Dz Tn; Europe; Middle East.
Description: 360; Illustration: 360.

V. cedretorum Font Quer [454]
Desc.: H; K. Habitat: – .
Ma.

V. delmasii Emb. & Maire [454]
Desc.: H; K. Habitat: – .
Ma.

V. disperma DC. [454]
Desc.: H; C; A; Nt. Habitat: 703 705.
Dz Ma Tn; Europe.
Description: 360; Illustration: 360.

V. durandii Boiss. [454]
Desc.: H; Nt. Habitat: – .
Ma; Europe.

V. ervilia (L.) Willd. [454]
Desc.: H; Nc; A; Nt. Uses: Livestock fodder. Habitat: 1805 Cult.
Dz(I) Eg Ke(I) Ly Ma(I).
Description: 360,368; Illustration: 368.

V. faba L. [454]
Desc.: H; Nc; A; Nt. Habitat: Cult. Uses: Human food.
Dz(I) Et(I) Ke(I) Ly(I) Ma(I) Rw(I) Td(I) Tn(I).
Description: 24,368.

V. fairchildiana Maire [454]
Desc.: H; K. Habitat: – .
Ma.

V. fulgens Battand. [454]
Desc.: H; C; P; K. Habitat: 703 705.
Dz.
Description: 360.

V. glauca C.Presl [454]
Desc.: H; Nc; P; Nt. Habitat: 708.
Dz Ma; Europe.
Description: 360; Illustration: 360.

V. hirsuta (L.) Gray [454]
Desc.: H; C; A; Nt. Habitat: 702 703 803 805.
Ao Dz Eg Et Ke Ma Rw Tn Tz Ug Za(I) Zr; Asia; Europe.
Description: 24,210,220; Illustration: 210,220.

V. hybrida L. [454]
V. hybrida var. *cyrenaica* Maire & Weill [454].
Desc.: H; C/Nc; A; Nt. *Habitat*: 702 703.
Dz Eg Ly Ma(U); Europe; Middle East.
Description: 360,368.

V. lathyroides L. [454]
Desc.: H; Nc; A; Nt. *Habitat*: 702 703.
Dz Ma; Europe; Middle East.
Description: 360.

V. laxiflora Brot. [454]
V. tenuissima Schinz & Thell. [454];*V. tetrasperma* subsp. *gracilis* (DC.) Hook.f. [454].
Desc.: H; C; A; Nt. *Habitat*: – .
Dz Eg Ly Ma Tn; Europe; Middle East.
Description: 368; *Illustration*: 368.

V. lecomtei Humbert & Maire [454]
Desc.: H; K. *Habitat*: – .
Ma.

subsp. **embergeri** (Font Quer & Maire) Maire [454]
Desc.: H; K. *Habitat*: – .
Ma.

subsp. **lecomtei** [454]
Desc.: H; K. *Habitat*: – .
Ma.

V. leucantha Biv. [454]
Desc.: H; C; A; Nt. *Habitat*: 703 705.
Dz Ma Tn; Europe.
Description: 360; *Illustration*: 360.

V. lutea L. [454]
Desc.: H; C/Nc; A; Nt. *Habitat*: 703 705.
Dz Eg Ly Ma Tn Za(I); Europe; Middle East.
Description: 360,368,456; *Illustration*: 360,368,456.

V. monantha Retz. [454]
V. biflora Desf. [454];*V. monantha* subsp. *calcarata* (Desf.) Pottier-Alapetite [454];*V. monantha* subsp. *cinerea* (M.Bieb.) Maire [454];*V. monantha* subsp. *eubiflora* Maire [454].
Desc.: H; C; A; Nt. *Habitat*: – .
Dz Eg Ke(I) Ly Ma Tn; Europe; Middle East.
Description: 360,368,456; *Illustration*: 368,456.

V. monardii Boiss. & Reuter [454]
Desc.: H; C; A; Nt. *Habitat*: 703 705.
Dz Tn.
Description: 360; *Illustration*: 360.

V. murbeckii Maire [454]
Desc.: H; K. *Habitat*: – .
Ma.

V. narbonensis L. [454]
V. serratifolia sensu auctt. [454];*V. serratifolia* subsp. *salmonea* Mout. [454].
Desc.: H; C/Nc; A; Nt. *Habitat*: 703.
Dz Eg Ke(I) Ly Ma Tn; Europe; Middle East.
Description: 360,368; *Illustration*: 368.

V. ochroleuca Ten. [454]
   Desc.: H; C; A; Nt. *Habitat:* 701.
   Dz; Europe.
   Description: 360.

  subsp. **atlantica** (Pomel) Quezel & Santa (provisional) [454]
    Desc.: H; C; A; K. *Habitat:* 701.
    Dz.
    Description: 360.

  subsp. **baborensis** (Battand. & Trabut) Quezel & Santa (provisional) [454]
    V. baborensis Battand. & Trabut [454].
    Desc.: H; C; A; K. *Habitat:* 701.
    Dz.
    Description: 360.

V. onobrychioides L. [454]
   Desc.: H; C; A; Nt. *Habitat:* 701.
   Dz Ma Tn.
   Description: 360; *Illustration:* 360.

V. pannonica Crantz [454]
   Desc.: H; C; A; Nt. *Habitat:* 716.
   Dz(I) Ke(I) Ly(U) Ma(U); Europe; Middle East.
   Description: 360,368.

V. paucifolia Baker [210]
   Desc.: H; C; P; Nt. *Habitat:* 203 205 803 805 1203 1205.
   Et Ke Mw Rw Tz Zm Zr.
   Description: 210,220,230; *Illustration:* 210,220.

  subsp. **malosana** (Baker) Verdc. [210]
    V. paucifolia var. *malosana* (Baker) Brenan
    Desc.: H; C; P; Nt. *Habitat:* 203 205 803 805.
    Mw Tz Zm.
    Description: 210; *Illustration:* 210.

  subsp. **paucifolia** [210]
    V. paucifolia var. *paucifolia* Baker [210].
    Desc.: H; C; P; Nt. *Habitat:* 803 805 1203 1205.
    Et Ke Tz Zr.
    Description: 24,210; *Illustration:* 24,210.

V. peregrina L. [454]
   Desc.: H; Nc; A; Nt. *Habitat:* 703.
   Dz Eg Ly Ma; Asia; Europe; Middle East.
   Description: 360,368; *Illustration:* 360.

V. pubescens (DC.) Link [454]
   V. tetrasperma subsp. *pubescens* (DC.) Asch. & Graebner [454].
   Desc.: H; C; A; Nt. *Habitat:* 703 705.
   Dz Ly Ma Tn.
   Description: 360.

V. sativa L. [454]
   Desc.: H; C/Nc; A; Nt. *Habitat:* – .
   Dz Eg Et(U) Ke(U) Ly Ma Rw(U) Sd(U) Tn Tz(U) Ug(U) Za(I) Zr(U) Zw(I); Europe; Middle East.
   Description: 24,368,456; *Illustration:* 368,456.

subsp. **amphicarpa** (L.) Battand. [454]
Desc.: H; C; A; Nt. *Habitat:* – .
Dz Eg Ly Ma Tn; Europe; Middle East.
Description: 360,455.

subsp. **macrocarpa** (Moris) Arcang. [454]
Desc.: H; C; A; Nt. *Habitat:* – .
Dz Ma; Europe; Middle East.

subsp. **nigra** (L.) Ehrh. [454]
V. angustifolia L. [454]; *V. angustifolia* subsp. *segetalis* (Thuill.) Mettin & Hanelt [454]; *V. sativa* var. *angustifolia* L. [210]; *V. sativa* subsp. *consobrina* (Pomel) Quezel & Santa [454]; *V. sativa* subsp. *cordata* (Hoppe) Battand. [454]; *V. sativa* subsp. *cuneata* (Guss.) Maire [454]; *V. sativa* subsp. *heterophylla* (C.Presl) J.Duvign. [454].
Desc.: H; C; A; Nt. *Habitat:* 703 705 803 805 815.
Dz Eg Et(U) Ke Ly Ma Sd(U) Tz(U) Ug(U) Za(I) Zr(U) Zw(U); Asia; Europe; Middle East.
Description: 24,210.

subsp. **sativa** [454]
Desc.: H; C; A; Nt. *Uses:* Livestock fodder. *Habitat:* 716 1816 Cult.
Dz(U) Eg(U) Ke(I) Ly(U) Ma(U) Rw(I) Tn; Europe; Middle East.
Description: 24,210.

V. sepium L. [454]
V. basilei Sennen & Mauricio [454].
Desc.: H; C; P; Nt. *Habitat:* – .
Ma; Europe; Middle East.

V. serratifolia Jacq. [454]
V. narbonensis var. *serratifolia* (Jacq.) Ser. [455]; *V. narbonensis* subsp. *serratifolia* (Jacq.) Nyman [454].
Desc.: H; Nt. *Habitat:* – .
Dz(U) Eg(I); Europe.
Description: 455.

V. sicula (Raf.) Guss. [454]
Desc.: H; Nc; P; Nt. *Habitat:* – .
Dz Ly Ma Tn; Europe.
Description: 360,368; *Illustration:* 360.

V. suberviformis Maire [454]
Desc.: H; K. *Habitat:* – .
Ma.

V. tenuifolia Roth [454]
Desc.: H; C; P; Nt. *Habitat:* 701.
Dz Ma.
Description: 360.

subsp. **villosa** (Battand.) Greuter [454]
Desc.: H; C; P; Nt. *Habitat:* – .
Dz Ma.

V. tetrasperma (L.) Schreber [454]
Desc.: H; C; A; Nt. *Habitat:* 703 705.
Dz Eg Ly Ma Tn Za(I); Europe; Middle East.
Description: 360,368,456; *Illustration:* 456.

V. vicioides (Desf.) Cout. [454]
Desc.: H; C; A; Nt. *Habitat:* 703 705.
Dz Ma.
Description: 360,456; *Illustration:* 456.

V. villosa Roth [454]
Desc.: H; C/Nc; A; Nt. *Uses:* Livestock fodder. *Habitat:* 703 816.
Dz Eg Et(I) Ke(I) Ly Ma Tn; Europe; Middle East.
Description: 210,368,456; *Illustration:* 368,456.

subsp. **eriocarpa** (Hausskn.) P.W.Ball [454]
Desc.: H; C/Nc; A; Nt. *Habitat:* – .
Ke(I); Europe; Middle East.
Description: 210.

subsp. **garbiensis** (Font Quer & Pau) Maire [454]
Desc.: H; C/Nc; A; K. *Habitat:* – .
Ma.

subsp. **microphylla** (Urv.) P.W.Ball [454]
V. microphylla Urv. [454].
Desc.: H; C/Nc; A; Nt. *Habitat:* – .
Eg Ly; Europe; Middle East.
Description: 455.

subsp. **pseudocracca** (Bertol.) Rouy [454]
Desc.: H; C/Nc; A; Nt. *Habitat:* 703.
Dz Ly Ma Tn.
Description: 360.

subsp. **simulans** Maire [454]
Desc.: H; C/Nc; A; K. *Habitat:* – .
Ma.

subsp. **varia** (Host) Corbiere [454]
V. villosa subsp. *dasycarpa* (Ten.) Cav. [454].
Desc.: H; C; A; Nt. *Habitat:* – .
Dz Eg Ly Ma Tn; Europe; Middle East.
Description: 368,455; *Illustration:* 368.

subsp. **villosa** [210,454]
Desc.: H; C; A; Nt. *Habitat:* Cult.
Ke(I); Europe; Middle East.
Description: 210.

V. sp.A J.B.Gillett et al. (provisional) [210]
Desc.: H; C/Nc; P; K. *Habitat:* 816.
Ke.
Description: 210.

GEOGRAPHICAL BIBLIOGRAPHY

Algeria ....360; 454; 526; 529.
Angola .... 30; 110; 216.
Benin .... 10; 212.
Burundi...7; 113; 213; 230; 236; 250; 467.
Botswana ....6; 19; 107; 237.
Burkina Fasso...10; 11; 212.
Cameroun ....10; 11; 111; 212.
Cape Verde Islands...268; 446.
Central African Rep. .... 10.
Chad ....10; 64; 529.
Congo...
Djibouti...239.
Egypt.. 454; 455; 529.
Equatorial Guinea .... 11; 212.
Ethiopia ....24; [39].
Gabon .... [16]; 112.
Gambia ....10; 11; 212.
Ghana..10; 11; 212.
Guinea...10; 11; 212.
Guinea Bissau... 5; 10; 11; 212; 224.
Ivory Coast ....10; 11; 12; 212.
Kenya..1; 42; 106; 210.
Lesotho .... 18; 107; 359.
Liberia...11; 13; 212.
Libya .... 83; 141; 368; 454; 526; 529.
Malawi...6; 237.
Mali...10; 11; 212; 529.
Mauritania... 11; 212; 529.
Morocco ....454; 456; 526; 529.
Mozambique ....6; 237.
Namibia .... 18; 40; 107; 232.
Niger... 10; 11; 78; 86; 212; 529.
Nigeria ....3; 11; 212.
Rwanda..7; 38; 113; 213; 220; 230; 236; 250; 467.
Sao Tome & Principe..4; 217.
Senegal ....10; 11; 20; 212; 225.
Sierra Leone .... 11; 212.
Socotra .... [90].
Somalia ....[81]; [482].
South Africa.. 18; 107; [222]; 278; 279; 327; [483].
Sudan..29.
Swaziland ....18; 107; 233; 326.
Tanzania ....1; 106; 210.
Togo..10; 11; 23; 212.
Tunisia...454; 526; 529.
Uganda ....1; 2; 9; 43; 106; 210.
Western Sahara...238.
Zaire ....7; 113; 173; 213; 230; 236; 250; 467.
Zambia..6; 28; 237.
Zimbabwe...6; 237.

Items in square brackets are old, incomplete, or out-of-date accounts.

BIBLIOGRAPHY

1. Brenan, J.P.M. (1959). Leguminosae subfamily Mimosoideae. In Hubbard, C.E. & Milne-Redhead, E. (Eds.) Flora of Tropical East Africa. Crown Agents, London.
2. Dale, I.R. (1953). A descriptive list of the introduced trees of Uganda. Govt.Printer, Entebbe, Uganda.
3. Keay, R.W.J., Onochie, C.F.A. & Stanfield, D.P. (1964). Nigerian Trees, Vol.2. Dept.of Forest Research, Ibadan, Nigeria.
4. Liberato, Maria Candida (1973). Mimosaceae. In Flora de São Tomé e Principe. Ministerio do Ultramar, Lisbon.
5. Liberato, Maria Candida (1972). Mimosaceae. In Flora da Guinea Portuguesa. Ministerio do Ultramar, Lisbon.
6. Brenan, J.P.M. (1970). Mimosoideae. In Brenan, J.P.M., Exell, A.W., Fernandez, A. & Wild, H. (Eds.) Flora Zambeziaca Vol.3 pt.1.
7. Robyns, W. (Ed.) (1952). Flore du Congo Belge. Vol.3. Mimosoideae. Publ. I.N.E.A.C., Bruxelles.
8. Lock, J.M. (1985). Specimen in Herb.Kew.
9. Eggeling, W.J. & Dale, I.R. (1952). The Indigenous Trees of the Uganda Protectorate, 2nd Edn. Govt.Printer, Entebbe, Uganda.
10. Aubréville, A. (1950). La Flore Forestière Soudano-Guinéene. Editions Géographiques, Maritimes, et Coloniales, Paris.
11. Keay, R.W.J. (1958). Flora of West Tropical Africa.Ed.2;Vol.1. part 2. Crown Agents, London.
12. Aubréville, A. (1959). La Flore Forestière de la Côte d'Ivoire. Ed.2. Publ.15, Centre Technique Forestier Tropicale, France.
13. Voorhoeve, A.G. (1965). Liberian High Forest Trees. PUDOC, Wageningen.
14. Dalziel, J.M. (1937). The Useful Plants of West Tropical Africa. Crown Agents, London.
15. Harms, H. (1899). Leguminosae africanae II. Engl., Bot. J.26:253-324.
16. Pellegrin, F. (1949). Les Légumineuses du Gabon. Mem. Inst. d'études Centrafricaines 1.
17. Taylor, C.J. (1960). Synecology and silviculture in Ghana. Nelson & Sons Ltd.
18. Hall, J.B.& Swaine, M.D. (1981). Distribution and ecology of vascular plants in a tropical rain forest : Forest Vegetation in Ghana. W.Junk, The Hague.
19. Ross, J.H. (1975). Mimosoideae. In Ross, J.H. (Ed.) Flora of Southern Africa;Vol.16 pt.1.
20. Berhaut, J. (1956). Flore du Sénégal, 2nd Edn. Editions Clairafrique, Dakar.
21. Brenan, J.P.M. & Brummitt, R.K. (1965). The variation of *Dichrostachys cinerea* (L.)Wight & Arn. Bol. Soc. Brot., Ser.2, 39:61-115.
22. Drummond, R.B. & Coates Palgrave, K. (1973). Common Trees of the Highveld. Longman Rhodesia, Salisbury.
23. Ern, H. (1984). Leguminosae. In Brunel, J.F., Hiepko, P. & Scholz, H. (Eds.) Flore analytique du Togo: Phanerogames. GTZ, Eichborn, West Germany.
24. Thulin, M. (1983). Leguminosae of Ethiopia. Opera Botanica 68: 1-223.
25. Ross, J.H. (1974). The genus *Elephantorrhiza*. Bothalia 11:247-57.
26. Phillips, E.P. (1923). Species of *Elephantorrhiza* in the South African

Herbaria. Bothalia 1:187-193.
27. Brenan, J.P.M. & Brummitt, R.K. (1965). New & little-known species from the Flora Zambesiaca area. Bol. Soc. Brot. Ser.2, 39:189-205.
28. White, F. (1962). Forest Flora of Northern Rhodesia. Oxford University Press.
29. Andrews, F.W. (1952). The Flowering Plants of the Anglo-Egyptian Sudan, Vol.2. T.Buncle & Co., Arbroath.
30. Torre, A.R. (1956). Mimosoideae.In Exell, A.W. & Mendonça, F.A. (Eds.) Conspectus Florae Angolensis Vol.2 pt.2. Junta de Investigaçoes do Ultramar, Lisbon.
31. Brenan, J.P.M. (1966). Notes on Mimosoideae XI: The genus *Entada*, its subdivisions and a key to the African species. Kew Bull. 20:361-378.
32. Lock, J.M. (1985). Personal observation.
33. White, F. (1983). The Vegetation of Africa. UNESCO, Paris.
34. Brenan, J.P.M. (1978). Notes on Mimosoideae XIII. New species of *Entada* & *Acacia* from Africa. Kew Bull. 32:545-550.
35. Brenan, J.P.M. & Greenway, P.J. (1949). Check-list of the forest trees and shrubs of the British Empire. No.5. Tanganyika Territory. Imperial Forestry Institute, Oxford.
36. De Wit, H. (1961). Typification and correct names of *Acacia villosa* Willd. and *Leucaena glauca* (L.)Benth. Taxon 10:50-54.
37. Burkart, A. (1948). Las especies de *Mimosa* de la Flora Argentina. Darwiniana 8:9-231.
38. Troupin, G. (1982). Flore des plantes ligneuses du Rwanda. Musée royale de l'Afrique Centrale – Tervuren, Belgique. Annales, Serie In-8, Sciences Economiques 12.
39. Cufodontis, G. (1955). Enumeratio Plantarum Aethiopiae; Spermatophyta; Leguminosae. Bull. Jard. Bot. Natn. Belg., Suppl.
40. Schreiber, A. (1967). 58.Mimosaceae. 59.Caesalpinioideae. In Merxmüller, H., (Ed.) Prodromus einer Flora von Südwestafrika.
41. Engler, A. (1912). Pflanzenwelt Afrikas 3.1. In Engler, A. & Drude, O. (Eds.) Die Vegetation der Erde:IX. Wilhelm Engelmann, Leipzig.
42. Dale, I.R. & Greenway, P.J. (1961). Kenya Trees and Shrubs. Buchanan's Kenya Estates Ltd., Nairobi.
43. Hamilton, A. (1981). A field guide to Uganda Forest Trees. Kampala, Uganda.
44. Lisowski, S. (1982). *Pseudoprosopis bampsiana* sp.nov. (Mimosaceae) de Guinée. Bull. Jard. Bot. Natn. Belg. 52:383-386.
45. Brenan, J.P.M. (1984). A new record and a new taxon in the genus *Pseudoprosopis* (Leguminosae) from Africa.Kew Bull. 39:657-658.
46. Villiers, J-F. (1983). *Pseudoprosopis*. Distributiones Plantarum Africanarum 814-820. (suppl.to Bull. Jard. Bot. Natn. Belg.).
47. Villiers, J-F. (1983). Le genre *Pseudoprosopis* Harms (Mimosaceae) en Afrique. Bull. Jard. Bot. Natn. Belg. 53:417-436.
48. Mendonca, F.A. (1954). Contribuições para o Conhecimento da Flora de Moçambique, 2. Mem. Junta Inv. Ultramar, Ser.Bot.
49. Thulin, M., Guinet, P. & Hunde, A. (1981). *Calliandra* (Leguminosae) in continental Africa. Nordic J. Bot.1:27-34.

50. Ross, J.H. (1979). A conspectus of the African *Acacia* species. Mem. Bot. Surv. S.Afr.44:1-150.
51. Hopkins, H.C. (1983). The taxonomy, reproductive biology and economic potential of *Parkia* (Leguminosae – Mimosoideae) in Africa. Bot. J. Linn. Soc.87:135-167.
52. Verdcourt, B. & Trump, E.C. (1969). Common Poisonous Plants of East Africa. Collins, London.
53. Knapp, R. (1973). Die Vegetation von Afrika. Gustav Fischer, Stuttgart.
54. Williams, R.O. (1949). The Useful and Ornamental Plants in Zanzibar & Pemba. Zanzibar.
55. Brenan, J.P.M. (1953). The Albizia gummifera complex. Kew Bull.7:507-537.
56. Coates Palgrave, O.H. (1956). Trees of Central Africa. National Publication Trust, Rhodesia & Nyasaland.
57. Wickens, G.E. (1976). The flora of Jebel Marra (Sudan Republic) and its geographical affinities. Kew Bull. Addnl Series 5.
58. Gomes e Sousa, A. (1966). Dendrologia de Moçambique: Estudo Geral. Mem.1, Inst. Invest. Agron. Moçamb., Centro de Documentaçao Agraria.
59. Brenan, J.P.M. (1963). Leguminosae. In:Tropical African Plants 27. Kew Bull. 17:161-181.
60. Gerstner, J. (1947). *Albizia suluensis*, sp.nov. In:Plantae novae Africanae Ser.27). J. S.Afr. Bot. 13:62.
61. Brenan, J.P.M. (1975). Notes on Mimosoideae XII. A new subspecies of *Albizia tanganyicensis* from Kenya. Kew Bull.29:717-9.
62. Wickens, G.E. (1969). A study of *Acacia albida*. Kew Bull. 23:181-202.
63. Hunde, A. (1979). *A.amythethophylla*, the correct name of a widespread African tree. Botaniska Notiser 132:393.
64. Lebrun, J-P., Andru, A., Gaston, A., & Mosnier, M. (1972). Catalogue des Plantes Vasculaires du Tchad Meridional. IEMVPT Étude Botanique 1. Maisons-Alfort.
65. Ross, J.H. (1972). *Acacia ataxacantha*.Flowering Plants of Africa 42:t.1652.
66. Ross, J.H. (1971). The *Acacia* species with glandular glutinous pods in Southern Africa. Bothalia 10:351-354.
67. Ross, J.H. (1971). *Acacia brevispica* & *A.schweinfurthii*. Bothalia 10:419-429.
68. Baker, E.G. (1930). The Leguminosae of Tropical Africa. J.Bot., Suppl.Vol.
69. Court, A.B. (1972). In Willis, J.H. (Ed.) A Handbook to Plants in Victoria , Vol.2.
70. Ross, J.H. (1971). A note on the *A.giraffae* x *A.haematoxylon* hybrid. Bothalia 10:359-362.
71. Ross, J.H. (1975). Notes on African *Acacia* species. Bothalia 11:443-7.
72. Miller, O.B. (1948). Check-lists of the tress and shrubs of the British Empire. No.6. Bechuanaland Protectorate. Imperial Forestry Institute, Oxford.
73. Wood, J.R.I. (1983). The identity of *Acacia oerfota* (Forssk.)Schweinf. (Leguminosae – Mimosoideae). Kew Bull. 37:451-3.
74. Brenan, J.P.M. & Exell, A.W. (1957). *Acacia pennata* & its relatives in tropical Africa. Bol. Soc. Brot., Ser. 2, 31:99-142.
75. Ross, J.H. (1971). *Acacia karroo* in southern Africa. Bothalia 10:385-401.

76. Bogdan, A.V. (1949). Nature E. Africa Ser.2;1:14.
77. Sousa, P. (1948). Anais Jta. Invest. colon.3, 3
78. Peyre de Fabregues, B.& Lebrun (1976). Catalogue des plantes vasculaires du Niger. IEMVPT Étude Botanique 3. Maisons-Alfort.
79. Hunde, A. (1982). Two new species of *Acacia* (Leguminosae – Mimosoideae) from Ethiopia and Yemen. Nordic J. Bot.2:337-342.
80. Burtt, B.D. (1942). Some East African vegetation communities. J. Ecol.30:67-146.
81. Chiovenda, E. (1929). Flora Somala. Sindicatore Italiano Arti Grafiche, Rome.
82. Brenan, J.P.M. et al. (1977). Distribution maps of African *Acacia* species: *A.seyal*, *A.albida*, and species of the '*pennata*' group. Bull. Int. Group for Study of Mimosoideae, 5: 31-45.
83. Jafri, S.M.H. (1978). 60.Mimosaceae. In Jafri, S.M.H. & El Gadi, A. (Eds.) Flora of Libya.
84. Ross, J.H. (1971). *Acacia xanthophloea*. Flowering Plants of Africa 41:t.1637.
85. Ross, J.H. (1982). *Albizia tanganyicensis*. Flowering Plants of Africa 47:t.1860.
86. Boudouresque, E., Kaghan, S. & Lebrun, J.-P. (1978). Premier supplement au Catalogue des plantes vasculaires du Niger. Adansonia 18:377-390.
87. Villiers, J-F. (1984). Le genre *Calpocalyx* (Leguminosae – Mimosoideae) en Afrique. Bull. Mus. Nat. Hist. Nat., Ser.4, 6. Sect.B:297-311.
88. Villiers, J-F. (1982). Une nouvelle espèce du genre *Entada* Adans. (Leguminosae – Mimosoideae) en Afrique occidentale. Bull. Mus. Nat. Hist. Nat. Ser.4, 4 Sect.B:193-197.
89. Woodrow, G.M. (1898). The Flora of Western India. Part III. J. Bombay Nat. Hist. Soc.11:420-430.
90. Balfour, I.B. (1888). Botany of Socotra. Trans. Roy. Soc. Edinb.31: 1-446.
91. see 82.
92. Ross, J.H. (1968). *Acacia burkei* Benth. in southern Africa. Bol. Soc. Brot., Ser.2, 42:275-304.
93. Ross, J.H. (1970). *Acacia caffra*. Flowering Plants of Africa 40:t.1586.
94. Ross, J.H. (1979). *Acacia hebeclada* subsp. *hebeclada*. Flowering Plants of Africa 45:t.1796.
95. Verdoorn, I.C. (1942). *Acacia mellei*. Flowering Plants of Africa 22:t.860.
96. Ross, J.H. (1974). Notes on *Acacia* species in Southern Africa:IV. Bothalia 11:231-234.
97. Ross, J.H. (1979). *Acacia nigrescens*. Flowering Plants of Africa 45:t.1797.
98. Ross, J.H. (1968). *Acacia nigrescens* Oliver in Africa, with particular reference to Natal. Bol. Soc. Brot., Ser.2, 42:181-205.
99. Ross, J.H. (1971). *Acacia nilotica* subsp. *kraussiana*. Flowering Plants of Africa 41:t.1636.
100. Verdoorn, I.C. (1942). *Acacia robusta*. Flowering Plants of South Africa 22:t.851.
101. Ross, J.H. (1975). The *Acacia senegal* complex. Bothalia 11:453-462.
102. Ross, J.H. (1973). Notes on *Acacia* species in Southern Africa:III. Bothalia 11:127-131.

References

103. Ross, J.H. (1981). *Elephantorrhiza burkei*. Flowering Plants of Africa 47:t.1860.
104. Caballe, G. (1980). Charactères de croissance et déterminisme chorologique de la liane *Entada gigas* (L.)Fawcett & Rendle (Leguminosae – Mimosoideae) en forêt dense du Gabon. Adansonia. Ser.2, 20:309-320.
105. Brenan, J.P.M. (1955). Notes on Mimosoideae: I. Kew Bull.10:161-192.
106. Brenan, J.P.M. (1967). Leguminosae subfamily Caesalpinioideae. In Milne-Redhead, E. & Polhill, R.M. (Eds.) Flora of Tropical East Africa.
107. Ross, J.H. (1982). Caesalpinioideae. In Ross, J.H. (Ed.) Flora of Southern Africa Vol.16, pt.2.
108. Brummitt, R.K. & Ross, J.H. (1976). A reconsideration of the genus *Adenolobus* (Leguminosae – Caesalpinioideae). Kew Bull.31:399-406.
109. Torre, A.R. & Hillcoat, D. (1955). In Exell, A.W. & Mendonça, F.A. (Eds.) Novidades da Flora de Angola IV. Bot. Soc. Brot., 2, 29:29-44.
110. Torre, A.R. & Hillcoat, D. (1958). Caesalpinioideae. In Exell, A.W. & Mendonça, F.A. (Eds.). Conspectus Florae Angolensis 2, pt 2. Junta de Investigaçoes Ultramar, Lisbon.
111. Aubréville, A. (1965). 9.Légumineuses – Césalpinioidées. In Aubréville, A. & Leroy, J.-F. (Eds.) Flore du Cameroun.
112. Aubréville, A. (1967). 15.Légumineuses – Caesalpinioidées. In Aubréville, A. (Ed.). Flore du Gabon.
113. Robyns, W. (1952). Flore du Congo Belge. Vol.3. Caesalpinioideae. Publ. I.N.E.A.C., Bruxelles.
114. Léonard, J. (1957). Genera des Cynometreae et des Amherstieae africaines. Leguminosae – Caesalpinioideae. Mem. Acad. Roy. Belg., Sciences, 30:1-314.
115. Aubréville, A. (1968). Les Caesalpinoidées de la flore Camerouno-Congolaise. Considerations taxonomiques, chorologiques, écologiques, historiques et évolutives. Adansonia 8:147-175.
116. De Wildeman, E. (1906). Flore du Bas- et du Moyen-Congo. Ann. Mus. Congo. Bot., Ser.V, 1:1-345.
117. Léonard, J. (1952). Notulae Systematicae:XII. Les genres *Macrolobium* Schreb. et *Gilbertiodendron* J.Léonard au Congo Belge. Bull. Jard. Bot. Natn. Belg. 22:185-191.
118. Pellegrin, F. (1921). De quelques bois du Mayombe (Gabon). Bull. Soc. Bot. Fr.68:11-16.
119. Aubréville, A.& Pellegrin (1958). De quelques Césalpiniées africaines. Bull. Soc. Bot. France 104:495-498.
120. De Wit, H.C.D. (1956). A revision of Malaysian Bauhinieae. Reinwardtia 3:381-541.
121. Watt, J.M. & Breyer-Brandwijk, M (1962). Medicinal & Poisonous Plants of Southern & Eastern Africa. Livingstone, Edinburgh & London.
122. Brummitt, R.K. (1986). The genus *Baikiaea* Bentham. In Piearce, G.D. (Ed.) The Zambezi Teak Forests. Forest Dept., Ndola, Zambia.
123. Larsen, K. & Larsen, S.S. (1975). The genus *Bauhinia* in Thailand. Nat. Hist. Bull. Siam Soc. 25:1-22.
124. Ross, J.H. (1980). *Bauhinia bowkeri*. Flowering Plants of Africa 46:t.1816.
125. Roti-Michelozzi, G. (1957). Adumbratio Florae Aethiopicae 6.

Caesalpinioideae (excl. gen. *Cassia*). Webbia 13:133-228.
126. Brummitt, R.K. & Ross, J.H. (1975). The relationship of *Bauhinia petersiana* and *B.macrantha* (Leguminosae – Caesalpinioideae). Kew Bull. 30:593-595.
127. Tolken, H.R. (1969). *Bauhinia petersiana*. Flowering Plants of Africa 39:t.1532.
128. Brummitt, R.K. & Ross, J.H. (1981). A new combination for an African *Bauhinia* (Leguminosae – Caesalpinioideae). Kew Bull. 37:236.
129. Tolken, H.R. (1969). *Bauhinia macrantha*. Flowering Plants of Africa 39:t.1531.
130. von Maydell, H.-J. (1983). Arbres et arbustes du Sahel. Leurs caracteristiques et leur utilizations. Schrifenreihe der GTZ, 147. Deutsche GTZ, Eschborn.
131. Lock, J.M. (1984). Forage & Browse Plants for Arid & semi-arid Africa. IBPGR / RBG, Kew.
132. Ross, J.H. (1980). *Bauhinia tomentosa*. Flowering Plants of Africa 46:t.1817.
133. Kennedy, J.D. (1936). Forest Flora of Southern Nigeria. Govt. Printer, Lagos.
134. Brenan, J.P.M. (1963). Notes on African Caesalpinioideae. Kew Bull. 17:197-214.
135. Hoyle, A.C. (1955). Notulae Systematicae:II. A new species of *Brachystegia* from Southern Nigeria (Caealpiniaceae). Bull. Jard. Bot. Natn. Belg. 25:183-190.
136. Schnell, R. (1976). Introduction à la phytogéographie des pays tropicaux. 3. La flore et la végétation de l'Afrique. Gauthier Villars, Paris.
137. Chevalier, A. (1946). Sur diverses Legumineuses Caesalpiniées à feuilles multi- et parvifoliolées vivant dans les forêts de l'Afrique tropicale et donnant des bois recherchées. Rev. Bot. Appliq.26:585-621.
138. Killick, D.J.B. (1967). *Burkea africana*. Flowering Plants of Africa 38:t.1505.
139. Sprague, T.A. (1908). In Diagnoses Africanae: XXIV. Kew Bull. 1908:286-300.
140. Thulin, M. (1980). A new *Caesalpinia* (Leguminosae) from northeast Kenya. Kew Bull. 34:819-20.
141. Jafri, S.M.N. (1978). 61.Caesalpiniaceae. In Jafri, S.M.N. & El Gadi, A. (Eds.) Flora of Libya.
142. Schreiber, A. (1980). Die Gattung *Caesalpinia* in Südwestafrika. Mitt. Bot. St.Munchen 16. Beih., 51-71.
143. Bolus, L. (1920). *Caesalpinia pearsoni*. In Novitates africanae. Ann. Bolus Herb.3:1-15.
144. Polhill, R.M. (1987). Fl.Mascareignes; Leguminosae – Caesalpinioideae; typescript.
145. Brown, N.E. (1901). *Caesalpinia rostrata*. Hooker's Ic. Pl., Ser.4, 8:t.2702.
146. Ross, J.H. (1980). *Cassia abbreviata* subsp. *beareana*. Flowering Plants of Africa 46:t.1819.
147. Mendonça, F.A. & Torre, A.R. (1955). In Exell, A.W. & Mendonça, F.A. (Eds.) Novidades da Flora de Angola:IV. Bol. Soc. Brot., Ser. 2, 29:32.
148. Brenan, J.P.M. (1969). *Cassia burttii, C.thyrsoidea, C.afrofistula*. Hooker's

Ic. Pl.Ser.5, 7:tt.3658-60.
149. Valenti, G.S. (1971). Adumbratio Florae Aethiopicae 6.Caesalpinioideae; gen. *Cassia*. Webbia 26:1-99.
150. Germishuizen, G. (1983). *Cassia burttii*. Flowering Plants of Africa 47:t.1868.
151. Irwin, H.S. & Barneby, R.C. (1982). The American Cassiinae. A synoptical revision of Leguminosae tribe Cassieae subtribe Cassiinae in the New World. Mem. New York B. G. 35:1-918.
152. Steyaert, R.L. (1950). Note sur les *Cassias* africain et asiatiques de la Section Chamaecrista, avec descriptions de nouvelles espèces. Bull. Jard. Bot. Natn. Belg. 20:249.
153. Brenan, J.P.M. (1958). New and noteworthy *Cassias* from Tropical Africa. Kew Bull. 13:231-252.
154. Gordon-Gray, K.D. (1978). Studies on the genus *Cassia* in South Africa:2. Notes on *Cassia italica* (Mill.)Lam. ex F.W.Andrews. J. S. Afr. Bot. 44:67-81.
155. Larsen, K. & Larsen, S.S. (1975). Note on the genus *Cassia*. Nat. Hist. Bull. Siam Soc. 25:205
156. Milne-Redhead, E. (1938). *Cassia mannii*. Hookers Ic. Pl., Ser.5, 4:t.3368.
157. Ake-Assi, L. (1982). Une espèce nouvelle de *Cassia* L. (Césalpinacées) de Cote d'Ivoire. Bull. IFAN 44. Ser.A.:67-70.
158. Brenan, J.P.M. (1960). New and noteworthy *Cassias* from Tropical Africa:II. Kew Bull. 14:178-188.
159. Ghesquière, J. (1932). Les *Cassia* africains de la section Chamaecrista Benth. Bull. Jard. Bot. Natn. Belg.9:139-169.
160. Hillcoat, D., Lweis, G.P. & Verdcourt, B. (1980). A new species of *Ceratonia* (Leguminosae – Caesalpinioideae) from Arabia & the Somali Republic. Kew Bull. 35:261-71.
161. Hoyle, A.C. (1932). *Chidlowia*; a new tree genus of Caesalpiniaceae from West Tropical Africa. Kew Bull. 1932:101-103.
162. Léonard, J. (1950). Étude botanique des copaliers du Congo Belge. Publ. INEAC. Ser.Sci., 45:1-158.
163. Warburg, O.(Ed.) (1903). Kunene-Sambesi Expedition H.Baum 1903. Kolonial-Wirtschaftlichen Komites, Berlin.
164. Hemsley, W.B. (1907). *Cordeauxia edulis*. Hooker's Ic. Pl., Ser.4, 9:tt.2838-9.
165. Oliver, D. (1895). *Crudia senegalensis*. Hooker's Ic. Pl., Ser.4, 4:t.2378.
166. Léonard, J. (1950). Notulae Systematicae:VIII. Pittosporaceae et Caesalpiniaceae – Amherstieae congolanae novae. Bull. Jard. Bot. Natn. Belg.20:227-231.
167. Harms, H. (1911). Einige Nutzhölzer Kameruns: II. Leguminosae. Notizbl. Bot. Gart. Berl. app.21, 2:9-75.
168. Letouzey, R. (1984). *Cryptosepalum elegans* Letouzey, Caesalpiniaceae nouvelle du Cameroun. Bull. Mus. nat. Hist. nat., Ser.4, 6, B.Adansonia, 1:37-9.
169. Duvigneaud, P. & Brenan, J.P.M. (1966). The genus *Cryptosepalum* Benth. (Leguminosae) in the areas of the Flora of Tropical East Africa & Flora Zambeziaca. Kew Bull. 20:1-23.

170. Milne-Redhead, E. (1933). *Cryptosepalum pseudotaxus*. Hooker's Ic. Pl.ser.5, 2:t.3196.
171. Letouzey, R. & Mouranche, R. (1952). Ekop du Cameroun. Centre Technique Forestier Tropicale, Nogent-sur-Marne.
172. Bentham, G. (1865). Description of some new genera & species of tropical Leguminosae. Trans. Linn. Soc. 25:297-320.
173. Robyns, W. (1948). Flore du Parc National Albert. Vol.1. Gymnospermes et Choripetalées. Inst.des Parcs Natn. du Congo Belge, Bruxelles.
174. Liben, L. (1970). Répartition géographique de trois Caesalpiniacées forestières d'Afrique equatoriale. Bull. Jard. Bot. Natn. Belg.40:295-8.
175. Léonard, J. (1951). Notulae Systematicae:XI. Les *Cynometra* et les genres voisins en Afrique tropicale. Bull. Jard. Bot. Natn. Belg.21:373-450.
176. Torre, A.R da (1967). Taxa angolensia nova vel minus cognita:V. Bol. Soc. Brot., Ser.2, 41:151.
177. Harms, H. (1915). Leguminosae africanae:VIII. Engl., Bot. J. 53:455-76.
178. Pellegrin, F. (1940). In Nouveautés Africains. Not. Syst.14:56-62
179. Harms, H. (1910). Leguminosae africanae:V. Engl., Bot. J.45:293-316.
180. Letouzey, R. (1977). *Didelotia pauli-sitai* R.Letouzey. Caesalpiniacée nouvelle du Congo. Adansonia, Ser.2, 17:125-7.
181. Bamps, P. (1980). Notes sur quelques légumineuses du Zaire occidentale. Bull. Jard. Bot. Natn. Belg.50:505-14.
182. Harms, H. (1922). Leguminosae Africanae. Notizbl. Bot. Gard. Berlin 8:145-56.
183. Léonard, J. (1950). Notulae Systematicae:IX. Nouvelles observations sur le genre *Guibourtia* (Caesalpiniaceae). Bull. Jard. Bot. Natn. Belg.20:269-84.
184. Léonard, J. (1949). Notulae Systematicae:IV. Caesalpiniaceae – Amherstieae africanae americanaeque. Bull. Jard. Bot. Natn. Belg.19:383-408.
185. Brummitt, R.K. & Ross, J.H. (1974). The African species of *Hoffmannseggia* (Leguminosae – Caesalpinioideae). Kew Bull.29:415-424.
186. Bolus, F., Bolus, L. & Glover, R. (1914). Flowering plants collected on the Great Karasberg by the Percy Sladen Memorial Expedition 1912-1913. Ann. Bolus Herb.1:9-19.
187. Langenheim, J.H. & Lee, Y-T. (1974). Reinstatement of the genus *Hymenaea* (Leguminosae – Caesalpinioideae) in Africa. Brittonia 26:3-21.
188. Gossweiler, J. (1953). II Parte – Descrição de espécies. Agron. Angol.7:133-560.
189. Villiers, J-F. (1976). Une nouvelle espèce du genre *Julbernardia* Pellegrin (Césalpiniacées) en Afrique occidentale. Adansonia, Ser.2, 16:157-62.
190. Breyne, H. & Evrard, C. (1975). *Julbernardia pellegriniana* Troupin, Césalpiniacée nouvelle pur la flore du Zaire. Bull. Jard. Bot. Natn. Belg.45:307-12.
191. Troupin, G. (1950). Contribution à l'étude systematique de *Berlinia* et genres voisins (Caesalpiniaceae – Amherstieae). Bull. Jard. Bot. Natn. Belg.20:285-324.
192. Halle, F. & Normand, D. (1960). Sur une espèce nouvelle d'Andoung, *Monopetalanthus durandii* (Caesalpiniaceae). Not. Syst.16:136-140.
193. Devred, R. & Bamps, P. (1960). Un nouveau *Monopetalanthus* au Congo Belge. Bull. Jard. Bot. Natn. Belg.30:111-114.

194. Léonard, J. (1951). Notulae Systematicae:X. Leguminosae – Caesalpinioideae africanae novae. Bull. Jard. Bot. Natn. Belg.21:127-39.
195. Mendes, E.J. (1963). Additiones et adnotationes florae Angolensis VII. Bol. Soc. Brot., Ser.2, 37:161-2.
196. Léonard, J. (1950). Observations sur les genres africaines *Oxystigma* & *Pterygopodium*. Bull. Inst. Roy. col. Belge 21:744-753.
197. Brenan, J.P.M. (1980). A new species of *Parkinsonia* (Leguminosae) from Somalia. Kew Bull. 35:563-5.
198. Verdoorn, I.C. (1963). *Peltophorum africanum*. Flowering Plants of Africa 36:t.1434.
199. Codd, L.E. (1956). The *Schotia* species of southern Africa. Bothalia 6:515-533.
200. Codd, L.E. (1973). *Schotia afra* var. *angustifolia*. Flowering Plants of Africa 42:t.1665.
201. Dyer, R.A. (1940). *Schotia brachypetala*. Flowering Plants of South Africa 20:t.777.
202. Anon (1935). *Schotia capitata*. Flowering Plants of South Africa 15:t.574.
203. Léonard, J. & Voorhoeve, A.G. (1964). Notulae systematicae:35. The genera *Stachyothyrsus* Harms & *Kaoue* Pellegrin (African Caesalpiniaceae). Bull. Jard. Bot. Natn. Belg. 34:419-423.
204. Swaine, M.D. & Hall, J.B. (1981). The monospecific tropical forest of the Ghanaian endemic tree *Talbotiella gentii*. In Synge, H. (Ed.) The biological aspects of rare plant conservation. John Wiley, Chichester etc.
205. see 184.
206. Verdoorn, I.C. (1959). *Bauhinia esculenta*. Flowering Plants of Africa 33:t.1311.
207. Brenan, J.P.M. (1986). The genus *Adenopodia* (Leguminosae). Kew Bull. 41:73-90.
208. Milne-Redhead, E. (1937). The genus *Cordyla* Loureiro. Feddes Repert.41:227-235.
209. Polhill, R.M. (1969). Notes on East African Dalbergieae (Leguminosae). Kew Bull. 23:483-490.
210. Gillett, J.B., Polhill, R.M. & Verdcourt, B. (1971). Leguminosae subfam. Papilionoideae. In Milne-Redhead, E. & Polhill, R.M. (Eds.) Flora of Tropical East Africa. Crown Agents, London.
211. Mendonça, F.A. & Sousa, E.P. (1968). New and little-known species from the Flora Zambesiaca area. XXI. Notes on the genera *Lonchocarpus*, *Pterocarpus* & *Xeroderris*. Bol. Soc. Brot., Ser. 2, 42:263-275.
212. Hepper, F.N. (1958). Leguminosae subfam. Papilionoideae. In Keay, R.W.J. (Ed.) Flora of West Tropical Africa, Edn.2. Crown Agents, London.
213. Robyns, W. (Ed.) (1954). Papilionoideae – Dalbergieae, Vicieae, Phaseoleae. In Flore du Congo Belge, Vol.6.
214. Hepper, F.N. (1956). New taxa of Papilionaceae from West Tropical Africa. Kew Bull. 11:113-34.
215. Rojo, J.P. (1972). *Pterocarpus* (Leguminosae – Papilionoideae) revised for the World. Phanerog. Monogr. 5:1-119.
216. Torre, A. R., et al. (1962-66) Papilionoideae. In Exell, A. W. &

Fernandez, A.(Eds) (1966). Conspectus Florae Angolensis 3.
217. Liberato, Maria Candida (1972). Papilionaceae. In Flora de Sao Tome e Principe. Ministerio de Ultramar, Lisbon.
218. Pellegrin, F. (1945). Plantae letestuanae novae 28. Bull. Soc. Bot. Fr.93:110-1.
219. Cavaco, A. (1959). Contribution à l'étude de la flore de Lunda d'après les récoltes de Gossweiler (1946-48). Publ. Cult. Comp. Diam. Angola 42.
220. Troupin, G. (1984). Flore du Rwanda: Spermatophytes. Vol.II. Musée Royal de l'Afrique Centrale -Tervuren – Belgique; Annales Series In-8 – Sciences Economiques, 13.
221. Pellegrin, F. (1945). *Dalbergia* (Papilionées) nouveaux de Gabon. Bull. Soc. Bot. France 92:91-2.
222. Harvey, W.H. & Sonder, O.W. (1865). Flora Capensis Vol.2. Hodges, Smith & Co., Dublin.
223. Harms, H. (1939). Zwei neue Leguminosen aus Angola: *Dalbergia noldeae* & *Eminia noldeae*. Feddes Rep.46:267-8.
224. D'Orey, J. & Liberato. Maria C. (1971). Papilionoideae. In Flora da Guiné Portuguesa. Ministerio de Ultramar, Lisbon.
225. Lebrun, J.-P. (1973). Énumération des Plantes vasculaires du Sénégal. IEMVPT Étude Botanique No.2.
226. Palmer, E. & Pitman, N. (1977). Trees of Southern Africa, Vol.2. A.A.Balkema, Cape Town.
227. Schinz, H. (1902). Beitrage zur Kenntnis der Afrikanischen-Flora (Neue Folge). Bull. Herb. Boiss., 2, 2:997-9.
228. Sousa, E.P.de (1966). Novos taxa da flora de Angola:V. Bol. Soc. Brot., Ser.2, 40:273-5.
229. Thulin, M. (1984). The identity of *Calpurnia uarandensis* Chiov. (Leguminosae). Kew Bull. 39:163-6.
230. see 213.
231. Boaler, S.B. (1966). Ecology of *Pterocarpus angolensis* DC. M.O.D. Overseas Research Publication 12.
232. Schreiber, A. (1980). 60.Papilionaceae. In Merxmüller, H. (Ed.) Prodromus einer Flora von Südwestafrika.
233. Compton, L. (1966). Flora of Swaziland. J. S. Afr. Bot., Suppl.Vol.11.
234. Dyer, R.A. (1940). *Pterocarpus rotundifolius*. Flowering Plants of South Africa 16:t.622.
235. See 211.
236. Robyns, W. (Ed.) (1954). Papilionoideae – Galegeae, Hedysareae. In Flore du Congo Belge, Vol 5.
237. Verdcourt, B. (1974). Summary of the Leguminosae – Papilionoideae – Hedysareae (sensu lato) of Flora Zambesiaca. Kirkia 9:359-556.
238. Guinea, E. (1948). Catálogo razonado de las plantas del Sáhara español. Anales Jard. Bot. Madrid 8:357-431.
239. Bavazzano, R. (1972). Contributo alla cognoscenza della flora del Territoria francese degli Afar e degli Issa. Webbia 26:267-364.
240. Trochain, J-L. & Koechlin, J. (1959). *Aeschynomene* (Papilionacées – Hédysarées) et *Dorstenia* (Moracées) nouveaux de la République du Congo. Bull. Soc. Bot. Fr.106:141-4.

241. Torre, A.R. (1965). Taxa angolensia nova vel minus cognita:IV. Bol. Soc. Brot., Ser.2, 39:207-32.
242. Verdcourt, B. (1972). Studies in the Leguminosae – Papilionoideae – Hedysareae for the Flora Zambesiaca: 2. Kew Bull. 27:435-445.
243. Verdcourt, B. (1970). Studies in the Leguminosae – Papilionoideae for the 'Flora of Tropical East Africa': 1. Kew Bull. 24:1-70.
244. Gossweiler, J. & Mendonça, F. (1939). Carta fitogeográphica de Angola. Gov. Geral de Angola, Luanda.
245. Verdcourt, B. (1974). Studies in the Leguminosae – Papilionoideae – Hedysareae for the Flora Zambesiaca: 3. Kew Bull.28:429-431.
246. Gillett, J.B. (1960). What is *Aeschynomene leptobotrya* Harms ex Bak.f.? Kew Bull. 14:332-4.
247. Burtt Davy, J. (1932). Manual of the flowering plants & ferns of the Transvaal, pt.II. Longmans, Green & Co., London.
248. Gillett, J.B. (1966). *Ormocarpum* Beauv. & *Arthrocarpum* Balf.f. in south-western Asia and Africa. Kew Bull. 20:323-55.
249. Gledhill, D. (1968). The *Geissaspis, Bryaspis, Humularia* complex. Bol. Soc. Brot., 2, 42:305-19.
250. see 236.
251. Duvigneaud, P. (1954). Le genre '*Geissaspis*' dans le Congo méridionale et les pays limitrophes. Bull. Soc. Roy. Bot. Belg. 86:145-205.
252. Symoens, J.-J. (1961). Contributions à la flore du Katanga. Un *Humularia* nouveau du plateau des Kibara. Publ. Univ.de l'etat à Elisab.1:191-5.
253. Glover, P. (1947). Check list of British and Italian Somaliland trees, shrubs & herbs. Crown Agents, London.
254. Chiovenda, E. (1915). Species novae vel minus cognitae e regio aethiopica. Ann. Bot. Roma 13:371-410.
255. Milne-Redhead, E. (1954). *Zornia* in Tropical Africa. Bol. Soc. Brot.ser.2, 28:79-104.
256. Mohlenbrock, R.H. (1961). A monograph of the leguminous genus *Zornia*. Webbia 16:1-141.
257. Hutchinson, J. & Bruce, E.A. (1941). Enumeration of the plants collected by Mr J.B.Gillett in Somaliland and Eastern Abyssinia. Kew Bull. 1941:76-199.
258. Romariz, C. (1952). 'Tipos'existentes no LISU – II. Portugaliae Acta Biol.B, 3:264-293.
259. Schubert, B.G. (1971). A new species of *Desmodium* from Africa. Kew Bull. 25:61-63.
260. see 232.
261. Verdcourt, B. (1979). A Manual of New Guinea Legumes. Office of Forests, Lae, Papua New Guinea.
262. Lebrun, J-P. & Gaston, A. (1976). Premier supplément au catalogue des plantes vasculaires du Tchad méridionale. Adansonia, Ser.2, 2:381-390.
263. Schindler, A.K. (1925). *Desmodii* generumque affinium species et combinationes novae. Feddes Repert.21:1-21.
264. Chevalier, A. & Sillans, R. (1952). Sur quatre *Droogmansia* de l'Afrique tropicale au NW de l'Equateur. Rev. Bot. Appliq. 32:44-52.
265. Schindler, A, K, (1924). Über einige kleine Gattungen aus der

Verwandtschaft von *Desmodium* Desv. Feddes Repert.20:266-286.
266. Schindler, A.K. (1926). *Desmodii* generumque affinium species et combinationes novae. II. Feddes Repert.22:250-88.
267. Gillett, J.B. (1963). Sesbania in Africa (excluding Madagascar) and Southern Arabia. Kew Bull. 17:91-159.
268. Sunding, P. (1973). Check-list of the vascular plants of Cape Verde Islands. Bot.Garden, University of Oslo.
269. Breteler, F.J. (1960). Revision of *Abrus* Adanson (Papilionaceae) with special reference to Africa. Blumea 10:607-624.
270. Verdcourt, B. (1970). Studies in the Leguminosae – Papilionoideae for the 'Flora of Tropical East Africa': II. Kew Bull. 24:235-307.
271. Verdcourt, B. (1971). Studies in the Leguminosae – Papilionoideae for the 'Flora of Tropical East Africa': V. Kew Bull. 25:65-169.
272. Index Kewensis (1895 –). Index Kewensis plantarum phanaerogamarum. Oxford, Clarendon Press.
273. Fries, R.E. (1914). Wiss. Ergebn. Schwed. Rhod.-Kongo-Exped. 1. Botanische Untersuchungen. Stockholm.
274. Van der Maesen, L.J.G (1985). *Cajanus* DC. & *Atylosia* Wight & Arn. Agric. Univ. Wageningen Papers 85-4:1-225.
275. Verdcourt, B. (1970). Studies in the Leguminosae – Papilionoideae for the 'Flora of Tropical East Africa': III. Kew Bull. 24:379-447.
276. Stirton, C.H. (1981). The genus *Dipogon* (Leguminosae – Papilionoideae). Bothalia 13:327-330.
277. Verdcourt, B. (1977). New taxa of Leguminosae – Papilionoideae from Cameroun. Kew Bull. 33:103-7.
278. Bond, P. & Goldblatt, P. (1984). Plants of the Cape Flora – a descriptive catalogue. J. S. Afr. Bot. Special Vol.13.
279. Gibbs-Russell, G.E. et al. (1984). List of species of South African Plants. Mem. Bot. Surv. S. Africa 48.
280. Verdcourt, B. (1970). Studies in the Leguminosae – Papilionoideae for the 'Flora of Tropical East Africa': IV. Kew Bull. 24:507-569.
281. Bolus, L. (1947). *Dolichos peglerae*. Flowering Plants of Africa 26:t.1028.
282. Pauwels, L. (1983). Révision du genre africain *Eminia*. Bull. Jard. Bot. Natn. Belg.53:153-160.
283. Pauwels, L. (1983). *Eminia*. Dist.Pl.Afr.24:800-803. [Bull. Jard. Bot. Natn. Belg., Suppl.].
284. Hennessy, E.F. (1977). Erythrina abyssinica. Flowering Plants of Africa 44:t.1738.
285. Krukoff, B.A. & Barneby, R.C. (1974). Conspectus of species of the genus *Erythrina*. Lloydia 37:332-459.
286. Phillips, J. (1926). *Erythrina acanthocarpa*. Flowering Plants of South Africa 5:t.203.
287. Hennessy, E.F. (1972). South African Erythrinas. Natal Branch of Wildlife Protection & Conservation Society of South Africa; Durban.
288. Codd, L.E. (1956). Notes on certain South African *Erythrina* species. Bothalia 6:507-11.
289. Hennessy, E.F. (1976). *Erythrina caffra*. Flowering Plants of Africa 43:t.1709.

290. Verdcourt, B. & Synnott, T.J. (1975). The occurrence of *Erythrina droogmansiana* (Leguminosae) in East Africa. Kew Bull. 30:471-3.
291. Hennessy, E.F. (1977). *Erythrina fusca*. Flowering Plants of Africa 44:t.1754.
292. Hennessy, E.F. (1985). *Erythrina johnsoniae*. Flowering Plants of Africa 48:t.1911.
293. Hennessy, E.F. (1976). *Erythrina latissima*. Flowering Plants of Africa 43:t.1710.
294. Hennessy, E.F. (1977). *Erythrina livingstoniana*. Flowering Plants of Africa 44:t.1737.
295. Gillett, J.B. (1972). A further note on *Erythrina melanacantha* (Leguminosae – Papilionoideae) including a new subspecies from Somalia. Kew Bull. 27:289-91.
296. Dyer, R.A. (1947). *Erythrina zeyheri*. Flowering Plants of Africa 26:t.1011.
297. Brenan, J.P.M. (1954). Plants collected by the Vernay Nyasaland Expedition of 1946. Mem. N.Y. Bot. Gard. 8:191-510.
298. Verdcourt, B. (1982). A revision of *Macrotyloma* (Leguminosae). Hooker's Ic. Pl. 38:1-138.
299. Verdcourt, B. (1981). New taxa of *Mucuna* (Leguminosae – Phaseoleae) from East Africa & Australia. Kew Bull. 35:743-52.
300. Wilmot-Dear, M. (1986). A revision of *Mucuna* (Leguminosae – Phaseoleae) in China and Japan. Kew Bull. 39:23-65.
301. Isely, D., Pohl, R.W. & Palmer, R.G. (1980). *Neonotonia verdcourtii* (Leguminosae); a new *Glycine*-like species from Africa. Iowa State J.Res.55:157-62.
302. Hermann, F.J. (1962). A revision of the genus *Glycine* and its immediate allies. USDA Tech. Bull.1268.
303. Ali, S.I. (1968). *Paracalyx* Ali, a new papilionaceous genus. Univ. Stud. Karachi 5:93-97.
304. Gillett, J.B. (1966). Notes on Leguminosae (Phaseoleae). Kew Bull. 20:103-11.
305. Milne-Redhead, E. (1933). *Physostigma mesoponticum*. Hooker's Ic. Pl.33:t.3214.
306. Ern, H. (1980). *Pseudovigna puerarioides*, eine neue Leguminose aus West Afrika. Willdenowia 10:151-5.
307. Westphal, E. (1974). Pulses in Ethiopia; their taxonomy and agricultural significance. PUDOC, Wageningen.
308. Verdcourt, B. & Halliday, P. (1978). A revision of *Psophocarpus* (Leguminosae – Papilionoideae – Phaseoleae). Kew Bull. 33:191-227.
309. Van der Maesen, L.J.G. (1985). Revision of the genus *Pueraria* DC. with some notes on *Teyleria* Backer. Agric.Univ.Wageningen Papers 85-1:1-132.
310. Dyer, R.A. (1947). *Sphenostylis angustifolia*. Flowering Plants of Africa 26:t.1010.
311. Thulin, M. (1982). *Wajira*, a new genus and species from Kenya. Nordic J. Bot.2:475-8.
312. Stirton, C.H. (1986). The *Eriosema squarrosum* complex (Papilionoideae, Fabaceae) in South Africa. Bothalia 16:11-22.
313. Jacques-Félix, H. (1971). Observations sur les espèces du genre *Eriosema* de

République Centrafricaine, du Cameroun et d'Afrique Occidentale. Adansonia, Ser.2, 11:141-99.
314. Staner, P. & de Craene, A. (1934). Les *Eriosema* de la flore Congolaise. Ann.Mus.Congo Belge, Bot., Ser.VI, 1:37-92.
315. Milne-Redhead, E. (1951). In: Tropical African Plants;XXI. Kew Bull. 5:357-8.
316. Baudet, J.C. (1973). *Eriosema*. Distrib. Pl. Afr.7:177-87. [Bull. Jard. Bot. Natn. Belg., Suppl.].
317. Stirton, C.H. (1981). The *Eriosema cordatum* complex:2 – The *Eriosema cordatum* and *E.nutans* groups. Bothalia 13:281-306.
318. Stirton, C.D. & Gordon-Gray, K.D (1978). The *Eriosema cordatum* complex:1 – The *Eriosema populifolium* group. Bothalia 12:395-404.
319. Stirton, C.H. (1981). Studies in the Leguminosae – Papilionoideae of southern Africa. Bothalia 13:317-25.
320. Stirton, C.H. (1977). The identity of *Eriosema nanum*. Bothalia 12:199-203.
321. Stirton, C.H. (1983). A new species of *Eriosema* (Fabaceae) from the Eastern Transvaal. J. S. Afr. Bot.49:451-454.
322. Stirton, C.H. (1984). *Eriosema nutans*. Flowering Plants of Africa 48:t.1900.
323. Baker, E.G. (1923). Revision of the South African species of *Rhynchosia*. Bothalia 1:113-138.
324. Berhaut, J. (1954). Précisions sur quelque plantes du Sénégal et nouveautes. Mem. Soc. Bot. Fr.1953-4:1-12.
325. Meikle, R.D. (1951). The identification of *Rhynchosia caribaea* (Jacq.)DC. and allied species. Kew Bull. 6:171-80.
326. Kemp, E. (1983). A Flora Check-list for Swaziland. Occ.Paper 2, Swaziland National Trust Commission.
327. Ross, J.H. (1973). The Flora of Natal. Bot.Survey Memoir 39. Botanical Research Institute.
328. Thulin, M. (1981). Notes on some species of *Rhynchosia* (Leguminosae – Papilionoideae) from north-eastern Africa and Yemen. Nordic J.Bot.1:37-42.
329. Markoetter, E.I. (1930). 'n Plantegeografiese Skets en die Flora van Witzieshoek, OVS: Oliviershoekpas, Natal; en Koolhoek, OVS. Ann.Univ.Stellenbosch 8, A, 1:1-50.
330. Chiovenda, E. (1940). Plantae novae aut minus notae ex Aethiopia:28. Atti R. Acad. Ital. Mem. Cl. Sc. Fis.9.
331. Harms, H. (1913). Leguminosae africanae VI. Engl., Bot. J.49:419-54.
332. Lebrun, J.-P. (1977). Éléments pour un atlas des plantes vasculaires de l'Afrique seche. Vol.1. IEMVPT Étude Botanique 4.
333. Wild, H. (1964). The endemic species of the Chimanimani Mountains and their significance. Kirkia 4:125-57.
334. Bruneau de Mire, P. & Gillet, H. (1956). Contribution à l'étude de la flore du Massif de Aïr. J. Ag. Trop. Bot. Appl.3:422-38.
335. Stirton, C.H. (1982). In:Notes on African Plants. Bothalia 14:69-82.
336. Marechal, R., Mascherpa, J.-M. & Stanier, F. (1978). Étude taxonomique d'un groupe complexe d'espèces des genres *Phaseolus* et *Vigna* (Papilionaceae) sur la base de données morphologiques et polliniques, traitées par l'analyse informatique. Boissiera 28:1-273.

337. Wilczek, R. (1954). Groupes nouveaux des Phaseoleae – Phaseolinae du Congo Belge et du Ruanda-Urundi. Bull. Jard. Bot. Brux.24:405-450.
338. Milne-Redhead, E. (1933). *Vigna nuda*. Hooker's Ic. Pl.33:t.3213.
339. Brummitt, R.K. (1976). Notes arising from the Wye College expedition to Malawi. Kew Bull. 31:155-79.
340. Verdcourt, B. (1980). The correct name for the Bambara Groundnut. Kew Bull. 35:474.
341. Hepper, F.N. (1963). Plants of the 1957-58 West African Expedition, II: the Bambara Groundnut (*Voandzeia subterranea*) and Kersting's Groundnut (*Kerstingiella geocarpa*) wild in West Africa. Kew Bull. 16:395-403.
342. Sauer, J. (1964). Revision of *Canavalia*. Brittonia 16:106-81.
343. Verdcourt, B. (1987). Three corrections to the Flora of Tropical East Africa. Kew Bull. 42:657-60.
344. Germishuizen, G. (1983). *Canavalia virosa*. Flowering Plants of Africa 47:t.1869.
345. Rodgers, W.A. (1983). A note on the distribution and conservation of *Oxystigma msoo* Harms. Bull. Jard. Bot. Br. 53:161-164.
346. Hutchinson, J. (1921). A contribution to the flora of Northern Nigeria. Plants collected on the Bauchi Plateau by Mr H.V.Lely. Kew Bull. 1921:353-407.
347. Gillett, J.B. (1958). *Indigofera* (*Microcharis*) in Tropical Africa. Kew Bull., Addnl.Ser.1:1-166.
348. Oliver, D. (1871). *Rhynchosia chrysoscias*. Bot. Mag.97:t.5913.
349. Dinter, K. (1922). Index der aus Deutsch-Südwestafrika bis zum Jahre 1917 bekannt gewordenen Pflanzenarten. XII. Feddes Repert.18:423-44.
350. Schinz, H. (1904). Beitrage zur Kenntnis der Afrikanishen Flora (XVII). Viert. Nat. Ges. Zurich 49:171-242.
351. Schlechter, R. (1907). Beitrage zur Kenntnis der Flora von Natal. Engl., Bot. J.40:89-96.
352. Hilliard, O. & Burtt, B.L. (1986). Notes on some plants of Southern Africa. Notes R.B.G. Edinb.43:207-11.
353. Brown, N.E. (1925). New species of *Indigofera* from the Transvaal and Swaziland. Kew Bull. 1925:142-59.
354. Thulin, M. (1982). New & noteworthy species of *Indigofera* from N.E.Africa. Nordic J. Bot.2:41-50.
355. Schreiber, A. (1970). Einige neue Fabaceen aus Südwestafrika. Mitt. Bot. St. Munchen 8:137-46.
356. Milne-Redhead, E. (1936). In: Tropical African Plants: XIV. Kew Bull. 1936:470.
357. Torre, A.R.de (1960). Taxa angolensia nova vel minus cognita – 1. Mem. Jta Invest. Ultramar 19:23-66.
358. Bremekamp, C.E.B. (1933). New or otherwise noteworthy plants from the Northern Transvaal. Ann. Tvl. Mus.15:233-64.
359. Jacot Guillarmod, A. (1971). Flora of Lesotho. Lehre; Cramer.
360. Quezel, P. & Santa, S. (1962). Nouvelle flore de l'Algérie et des régions désertiques meridionales. I. C.N.R.S., Paris.
361. Gilli, A. (1971). Beitrage zur Flora von Tanganyika und Kenya. III. Choripetalae. Ann. Naturhist. Mus. Wien 74:421-456.

362. Gillett, J.B. (1956). *Indigofera*. New species, varieties and names from West Tropical Africa. Kew Bull. 10:573-85.
363. Gillett, J.B. (1970). Additions to our knowledge of *Indigofera* L.in East Tropical Africa. Kew Bull. 24:465-506.
364. Burtt Davy, J. (1921). New or noteworthy South African plants (1). Kew Bull. 1921:49-52.
365. Meisner, C.F. (1843). Contributions towards a flora of South Africa. Hookers Lond. J. Bot.2:53-105.
366. Brown, N.E. (1906). In:Diagnoses Africanae: XVI. Kew Bull. 1906:98-109.
367. Merxmüller, H. & Schreiber, A. (1957). Einige neue Leguminosen aus Südwestafrikas. Bull. Jard. Bot. Brux.27:267-277.
368. Jafri, S.M.N. (1980). 86.Fabaceae. In Jafri, S.M.N. & El Gadi, A. (Eds.) Flora of Libya.
369. Burtt Davy, J. (1921). New or noteworthy South African Plants – III. Kew Bull. 1921:278-84.
370. see 352.
371. Fourcade, H.G. (1932). Contributions to the flora of the Knysna and neighbouring divisions. Trans. Roy. Soc. S. Afr.21:75-102.
372. Bolus, H. (1896). Contributions to the flora of South Africa. J. Bot.34:16-25.
373. Schlechter, R. (1897). Plantae Schlechterianae novae vel minus cognitae describuntur – I. Engl., Bot. J.24:434-59.
374. Diels, L. (1909). Formationen und Florenelemente im nordwestlichen Kapland. Engl., Bot. J.44:91-124.
375. Schreiber, A. (1957). Beitrage zur Kenntnis der Leguminosen Südwestafrikas. Mitt. Bot. Stats. Munchen 2:283-99.
376. Schinz, H. (1888). Beitrage zur Kenntnis der Flora von Deutsch-Südwestafrika und der angrenzenden Gebiete. Verh. Bot. Ver. Brand.30:162.
377. Oliver, D. (1883). *Indigofera kirkii*. Hooker's Ic. Pl. 15:t.1416.
378. Zahlbruckner, A. (1905). Plantae Pentherianae. Ann. Nat. Hofs. Wien 20:1-58.
379. Bolus, L. (1915). Leguminosae.In: List of the plants collected in the Percy Sladen Memorial Expeditions, 1908-9, 1910-11, continued. Ann. S. Afr. Mus.9:193-272.
380. Gillett, J.B. (1960). *Indigofera*: new taxa from Central Africa. Kew Bull. 14:287-8.
381. Schlechter, R. (1899). Plantae Schlechterianae novae vel minus cognitae describuntur – II. Engl., Bot. Jahrb.27:86-220.
382. Salter, T.M. (1939). In:Plantae Africanae Novae, Series XII. J. S. Afr. Bot.5:61-73.
383. Gillett, J.B. (1967). *Indigofera peltata*. Hooker's Ic. Pl.37:t.3625, 1-3.
384. Edwards, D.C. & Bogdan, A.V. (1951). Important Grassland Plants of Kenya. Pitman; Nairobi & London.
385. Brown, N.E. (1912). In: Diagnoses Africanae: XLIX. Kew Bull. 1912:270-283.
386. Scheele, A. (1843). Botanische beitrage. Linnaea 17:335-352.
387. Sprengel, C.P.J. (1822). Neue Entdeckungen in ganzen Umfang der Pflanzenkunde. III.

388. Dahlgren, R. (1972). The genus *Hypocalyptus* Thunb.(Fabaceae). Bot. Not.125:102-125.
389. Oliver, D. (1881). *Indigofera trachyphylla*. Hooker's Ic. Pl.14: t.1352.
390. Baker E.G. (1905). Report on some South African species of *Indigofera* in the Albany Muscum Herbarium. Rec. Albany Museum 1:279-81.
391. Van der Maesen, L.J.G. (1972). *Cicer* L., a monograph of the genus, with special reference to the chickenpea (*Cicer arietinum* L.), its ecology and cultivation. Med. Landbouwhogesch. Wageningen, 72.
392. Santos Guerra, A. & Lewis, G.P. (1986). A new species of *Cicer* (Leguminosae – Papilionoideae) from the Canary Is. Kew Bulletin 41:459-62.
393. Jarvie, J.K. & Stirton, C.H. (1986). A new species of *Indigofera* from the southern Cape. Bothalia 16:230-1.
394. Hennessy, E.F. (1986). A fourth natural *Erythrina* hybrid from South Africa. Bothalia 16:48-51.
395. Granby, R. (1985). Revision of the genus *Amphithalea* (Liparieae – Fabaceae). Opera Bot.80:1-34.
396. Kidd, M.M. (1983). Cape Peninsula. South African Wild Flower Guide 3. Bot. Soc. of South Africa, Kirstenbosch.
397. Rice, E.G. & Compton, R.H. (1951). Wild Flowers of the Cape of Good Hope. Bot. Soc. of South Africa, Kirstenbosch.
398. Granby, R. (1980). Revision of the genus *Coelidium* (Liparieae – Fabaceae). Opera Bot.54:1-47.
399. Burman, L. & Bean, A. (1985). Hottentots Holland to Hermanus. South African Wild Flower Guide 5. Bot. Soc. of South Africa, Kirstenbosch.
400. Moriarty, A. & Snijman, D. (1982). Outenqua, Tsitsikamma & Eastern Little Karoo. South African Wild Flower Guide 2. Bot. Soc. of South Africa, Kirstenbosch.
401. Bos, J.J. (1967). The genus *Liparia* L.(Papilionaceae). J. S. Afr. Bot.33:269-92.
402. Bolus, L. (1928). In:Novitates Africanae. Ann. Bolus Herb.4:124-6.
403. Salter, T.M. (1942). In Plantae Novae Africanae. Series XVIII. J. S. Afr. Bot.8:245-70.
404. Ross, J.H. (1981). An analysis of the African *Acacia* species: their distribution, possible origins and relationships. Bothalia 13:389-413.
405. Ake Assi, L. (1983). Quelques vertus medicinales de *Cassia occidentalis* L. (Césalpinacées) en Basse Côte d'Ivoire. Bothalia 14:617-620.
406. Germishuizen, G. (1987). A new species of *Indigofera* from Natal and Transkei. Bothalia 17:33-34.
407. Jarvie, J.K. & Stirton, C.H. (1987). The *Indigofera filifolia* complex (Fabaceae) in southern Africa. Bothalia 17:1-6.
408. Kies, P. (1951). Revision of the genus *Cyclopia* and notes on some other sources of bush tea. Bothalia 6:161-176.
409. Ducke, A. (1925). As Leguminosas do Estado do Pará. Arch. Jard. Bot. Rio de Janiero 4:211-346.
410. Onderstall, J. (1984). Transvaal Lowveld & Escarpment. South African Wild Flower Guide 4. Bot. Soc. of South Africa, Kirstenbosch.
411. Le Roux, A. & Schelpe, E.A.C.L.E (1981). Namaqualand and Clanwilliam. South African Wild Flower Guide 1. Bot. Soc. of South Africa,

Kirstenbosch.
412. Lind, E.M. & Tallantire, A.C. (1962). Some Common Flowering Plants of Uganda. University Press, Oxford.
413. Schelpe, A.S.L. (1987). *Podalyria calyptrata*. Flowering Plants of Africa 47:t.1958.
414. Adamson, R.S. (1934). In: Novitates Africanae. J. Bot.72:20-22.
415. Compton, R.H. (1953). Plantae Novae Africanae. Series XXXI. J. S. Afr. Bot.19:109-134.
416. Phillips, E.P. (1913). Contributions to the Flora of S.Africa:1. Ann. S. Afr. Mus.9:111-127.
417. Van Wyk, B.-E. (1986). A revision of the genus *Virgilia* (Fabaceae). S. Afr. J. Bot.52:347-353.
418. Pole Evans, A. (1928). *Virgilia capensis*. Flowering Plants of S.Africa 8:t.305.
419. Polhill, R.M. (1971). Some observations on generic limits in Dalbergieae – Lonchocarpineae Benth. (Leguminosae). Kew Bull.25:259-273.
420. Gillett, J.B. (1960). The genus *Craibia*. Kew Bull.14:189-197.
421. Ake Assi, L. & Mangenot, G. (1975). *Leptoderris miegei*, sp.nov. Boissiera 24a:313-5.
422. Harms, H. (1925). In: Vermischte Diagnosen II. Notizbl. Bot. Gart. Berlin 9:290-8.
423. Harms, H. (1916). Eine neue Art der Leguminosen-Gattung *Leptoderris* Dunn aus Kamerun. Feddes Repert.14:343-4.
424. Dunn, S.T. (1914). *Leptoderris velutina*. In Diagnoses Africanae:LX. Kew Bull. 1914:245-9.
425. Dunn, S.T. (1914). *Lonchocarpus brachybotrys*. In Diagnoses Africanae:LXI. Kew Bull. 1914:334-9.
426. Brenan, J.P.M. & Gillett, J.B. (1983). A new species of *Lonchocarpus* (Leguminosae) from northern Kenya. Kew Bull. 38:493-6.
427. Brenan, J.P.M. & Gillett, J.B. (1986). A supplementary note on *Lonchocarpus kanurii* (Leguminosae). Kew Bull. 41:65-67.
428. Pellegrin, F. (1949). Plantae letestuanae novae:XXX. Bull. Soc. bot. Fr.95:259-61.
429. Dunn, S.T. (1912). A revision of the genus *Millettia* Wight & Arn. J. Linn. Soc. (Bot.) 41:123-243.
430. Harms, H. (1915). Zwei neue Arten der Gattung *Millettia* aus Afrika. Feddes Repert.14:197-8.
431. Pellegrin, F. (1923). Plantae Lestuanae, ou plantes nouvelles récoltées par M. Le Testu de 1907 à 1919 dans le Mayombe congolais. Bull. Mus. Hist. Nat. Paris 29:109-111
432. Gillett, J.B. (1961). Notes on *Millettia* Wight & Arn. in East Africa. Kew Bull. 15:19-40.
433. Lorougnon, J.G. (1979). Une espèce nouvelle de *Millettia* Wight & Arn. (Papilionacées) de Côte d'Ivoire. In Kunkel, G.(Ed.) Taxonomic aspects of African taxonomic botany (Proc.IX Plenary Mtg.AETFAT) :150-2.
434. Codd, L.E. (1978). A new species of *Mundulea* (Fabaceae). Bothalia 12:448-9.
435. Letty, C. (1962). Wild Flowers of the Transvaal. Trustees of the Wild

Flowers of the Transvaal Book Fund. Pretoria.
436. Gillett, J.B. (1960). A key to the species of *Platysepalum* Baker, with notes. Kew Bull. 14:464-467.
437. Léonard, J. & Latour, J.-M. (1950). Les espèces Congolaises du genre *Schefflerodendron* (Papilionaceae). Bull. Soc. Roy. Bot. Belg.82:295-301.
438. Pellegrin, F. (1945). Le genre *Schefflerodendron* (Papilionées) au Gabon. Bull. Soc. Bot. Fr.92:163-4.
439. Brummitt, R.K. (1980). Reconsideration of the genera *Ptycholobium*, *Caulocarpus*, *Lupinophyllum* and *Requienia* in relation to *Tephrosia* (Leguminosae – Papilionoideae). Kew Bull.35:459-73.
440. Forbes, H.M.L. (1948). I. A revision of the South African species of *Tephrosia* Pers. II. The segregation therefrom of the genus *Ophrestia* Forbes. Bothalia 4:953-1006.
441. Brummitt, R.K. (1968). New and little-known species from the Flora Zambesiaca area. XX. *Tephrosia*. Bol. Soc. Brot., ser.2, 41:219-393.
442. Schrire, B.D. (1987). A synopsis of *Tephrosia* subg. *Barbistyla* (Fabaceae) in southern Africa. Bothalia 17:7-15.
443. Boulos, L. (1966). Flora of the Nile region in Egyptian Nubia. Feddes Repert.73:184-215.
444. Lescot, M. (1969). Une nouvelle papilionacée Sénégalaise: *Tephrosia berhautiana* Lescot. Adansonia, Ser.2, 9:311-315.
445. Baker, J.G. (1894). In:Botany of the Hadramaut Expedition. Kew Bull.1894:328-43.
446. Chevalier, A. (1935). Les îles du Cap Vert. Flore de l'Archipel. Rev. Bot. Appl.15:733-1090.
447. Nongonierma, A. (1971). Contribution à l'étude systématique des *Tephrosia* de l'Ouest Africain: Utilisation et valeur des caractères des graines et des plantules. Bull.IFAN Ser.A, 33:776-953.
448. Batten, A & Bokelmann, H. (1966). Wild Flowers of the Eastern Cape Province. Books of Africa, Cape Town.
449. Gillett, J.B. (1958). Notes on *Tephrosia* in Tropical Africa. Kew Bull.13:111-13.
450. Gillett, J.B. (1959). The indumentum of the style in the taxonomy of *Tephrosia* in Africa, with notes on *T.virgata* H.M.Forbes and *T.euchroa* Verdoorn. Kew Bull. 13:414-419.
451. Tisserant, C. (1930). *Tephrosia* nouveaux de l'Oubangui-Chari (Légumineuses – Papilionées). Bull. Mus. Hist. Nat. Paris, 1930, II, ii:677.
452. Gillett, J.B. (1970). The correct application of the name *Tephrosia diffusa*. J. S. Afr. Bot.36:270.
453. Proctor, G.R. (1984). Flora of the Cayman Islands. Kew Bull. Addnl. Series 11.
454. Greuter, W. (Ed.) (in press). MedChecklist Vol.2. [Draft of Oct.1986].
455. Tackholm, V. (1974). Students'Flora of Egypt, Ed.2. Cairo University, Cairo.
456. Negre, R. (1961). Petite flore des régions arides du Maroc occidentale.1. C.N.R.S., Paris.
457. Thulin, M. (1985). Revision of *Taverniera* (Leguminosae – Papilionoideae.

Acta Univ. Upsalienses: Symb. Bot. Ups.25:44-95.
458. Dominguez, E. (1976). Revisión de las especies anuales del género *Hippocrepis*. Lagascalia 5:225-261.
459. Dahlgren, R. (1984). A new species of *Aspalathus* (Fabaceae) from the Prince Albert District. S. Afr. J. Bot.3:259-261.
460. Bentham, G. (1873). *Bolusia capensis*. Hooker's Ic. Pl.12:t.1163.
461. Polhill, R.M. (1982). Crotalaria in Africa & Madagascar. A.A.Balkema, Rotterdam.
462. Milne-Redhead, E. (1934). *Bolusia resupinata*. Hookers Ic. Pl.33:3246.
463. Corbishley, A.G. (1920). In: Diagnoses africanae:LXXIV. Kew Bulletin 1920:329-335.
464. Dummer, R.A. (1912). In:Diagnoses Africanae XLVIII. Kew Bull.1912:224-240.
465. Pearse, R.O. (1972). Mountain Splendour;the Wild Flowers of the Drakensberg. Howard Timmins, Cape Town.
466. Thulin, M. (1982). New species of *Crotalaria* (Leguminosae – Papilionoideae) from Ethiopia. Nordic J. Bot.2:115-9.
467. Robyns, W. (ed.) (1953). Genisteae, Sophoreae. In Flore Du Congo Belge 4.
468. Polhill, R.M. (1968). Miscellaneous notes on African species of *Crotalaria*: 2. Kew Bull. 22:168-348.
469. Polhill, R.M. (1971). Miscellaneous notes on African species of *Crotalaria*: 3. Kew Bull. 25:275-290.
470. Polhill, R.M. (1974). *Crotalaria laburnurnifolia* subsp. *australis*. Flowering Plants of Africa 43:t.1689.
471. Milne-Redhead, E. (1947). In:Tropical African Plants: XIX. Kew Bull. 2:25-27.
472. Bond, P. (1941). In: Plantae Novae Africanae XVII. J. S. Afr. Bot.7:187-208.
473. Oliver, D. (1885). *Crotalaria thomsonii*. Hooker's Ic. Pl.15:t.1494.
474. Milne-Redhead, E. (1951). In:Tropical African Plants:XXI. Kew Bulletin 5:335-384.
475. Agnew, A.D.Q. (1974). Upland Kenya Wild Flowers. Oxford University Press.
476. Wilczek, R. (1953). Papilionaceae Genisteae Congolanae Novae (*Robynsiophyton*, *Crotalaria*, *Argyrolobium*). Bull. Jard. Bot. Brux.23:125-221.
477. Dyer, R.A. (1942). *Crotalaria dura*. Flowering Plants of South Africa 22:t.878.
478. Milne-Redhead, E. (1934). *Priotropis (Crotalaria) inopinata*. Hooker's Ic. Pl.34:t.3317.
479. Milne-Redhead, E. (1935). In:Tropical African Plants: XIII. Kew Bull. 1935:275-7.
480. Chiovenda, E. (1939). In:Cufodontis, G. et al.: Missione Biologica nel Paese dei Borana, 4:Raccolte Botaniche.
481. Lebrun, J.-P. (1971). Plantes rares ou intéressantes de la République du Niger III. Adansonia ser.2, 11:107-117.
482. Chiovenda, E. (1932). Flora Somala 2. Modena, R. Orto Botanico.
483. Adamson, R.S. & Salter, T.M. (1950). Flora of the Cape Peninsula. Juta,

References

Cape Town.
484. Verdoorn, I.C. (1951). *Crotalaria recta*. Flowering Plants of Africa, 28:t.1104.
485. Duvigneaud, P. & Timperman, J. (1959). Études sur le genre *Crotalaria*. Bull. Soc. Roy. Bot. Belg.91:135-176.
486. Wood, J.M. (1900). Natal Plants, 3. Bennett & Davis, Durban.
487. Milne-Redhead, E. (1934). *Crotalaria annua*. Hooker's Ic. Pl.33: t.3243.
488. De Wildeman, E. & Durand, T. (1899). Illustrations de la Flore du Congo. Ann. Mus. Congo, Bot., Ser.1, 1.
489. Timperman, J. (1959). Quelques espèces nouvelles du genre *Crotalaria* de la flore du Katanga. Bull. Soc. Roy. Bot. Belg.91:163-76.
490. Milne-Redhead, E. (1934). *Crotalaria streptorrhyncha*. Hooker's Ic. Pl., 33:t.3245.
491. Duvigneaud, P. (1959). Plantes 'cobaltophytes' dans le Haut-Katanga. Bull. Soc. Roy. Bot. Belg.91:111-34.
492. Baker, E.G. (1914). The African species of *Crotalaria*. J. Linn. Soc., Bot., 42:241-425.
493. Pedley, L. (1987). *Racosperma* Martius (Leguminosae: Mimosoideae) in New Zealand. A checklist. Austrobaileya 2:358-9.
494. Pedley, L. (1987). *Racosperma* Martius (Leguminosae: Mimosoideae) in Queensland: a checklist. Austrobaileya 2:344-57.
495. Dahlgren, R. (1975). Studies on *Wiborgia* Thunb. and related species of *Lebeckia* Thunb. (Fabaceae). Opera Botanica 38:1-83.
496. Druce, G.C. (1917). Nomenclatorial notes: chiefly African and Australian. Bot. Soc. & Exch. Cl. Rept 1916, Suppl.2:601-653.
497. Bolus, H. (1887). *Lebeckia inflata*. Hooker's Ic. Pl.16:t.1576.
498. Bolus, H. (1886). *Lebeckia longipes*. Hooker's Ic. Pl.16:t.1552.
499. Salter, T.M. (1939). In:Plantae Novae Africanae, Series XI. J. S. Afr. Bot.5:41-4.
500. Dahlgren, R. (1967). A new species of *Lebeckia* (Leguminosae) from the Cape Province. Bot. Not.120:268-71
501. Schreiber, A. (1974). Über die identität von *Lebeckia elongata* Hutch. (Papilionaceae – Genisteae). Mitt. Bot. Munchen 11:579-84.
502. Gandoger, M. (1913). L'herbier africain de Sonder. Bull. Soc. Bot. Fr.60:454-462.
503. Brown, N.E. (1901). In: Diagnoses Africanae: XIII. Kew Bull.1901:119-138.
504. Dummer, R.A. (1912). In: Diagnoses Africanae :XLVIII. Kew Bull. 1912:224-240.
505. Stirton, C.H. (1986). *Melolobium involucratum* (Fabaceae), a new combination for South Africa. S. Afr. J. Bot.52:354-6.
506. Dahlgren, R. & Goldblatt, P. (1981). A note of the rediscovery of *Argyrolobium involucratum* (Thunb.)Harvey and the generic borderline between *Argyrolobium* and *Melolobium*. Ann. Miss. Bot. Gar.68:558-61.
507. Polhill, R.M. (1974). A revison of *Pearsonia* (Leguminosae – Papilionoideae). Kew Bull. 29:383-410.
508. Stirton, C.H. (1986). *Polhillia*, a new genus of papilionoid legumes endemic to South Africa. J. S. Afr. Bot.52:167-80.
509. Stirton, C.H. (1982). A new species of *Rafnia* from the Cape. Bothalia

14:74-6.
510. Salter, T.M. (1946). In:Plantae Novae Africanae: Series XXV. J. S. Afr. Bot.12:35-42.
511. Dahlgren, R. (1960). Revision of *Aspalathus*. Part I. The species with flat leaflets. Opera Botanica 4:1-393.
512. Dahlgren, R. (1961). Revision of *Aspalathus*. Part II. The species with ericoid and pinoid leaflets. 1. The *A.nigra* group. 2. The *A.triquetra* group. Opera Botanica 6(2):1-120.
513. Fourcade, H.G. (1941). Check-list of the flowering plants of the Divisions of Goerge, Knysna, Humansdorp & Uniondale. Mem. Bot. Surv. S.Africa, 20.
514. Dahlgren, R. (1963). Revision of *Aspalathus* Part II. The species with ericoid and pinoid leaflets. 3. The *Aspalathus ciliaris* group and some related groups. Opera Botanica 8(1):1-183.
515. Dahlgren, R. (1965). Revision of *Aspalathus* Part II. The species with ericoid and pinoid leaflets 4. The *A.ericifolia, parviflora, calcarata, desertorum, macrantha, pinea, rostrata, filicaulis, laricifolia,* and *longifolia* groups. Opera Botanica 10(1):1-231.
516. Dahlgren, R. (1961). Additions to a revision of the *Aspalathus* species with flat leaflets. Bot. Not.114:313-321.
517. Dahlgren, R. (1966). Revision of Aspalathus Part II. The species with ericoid and pinoid leaflets. 5. The *Aspalathus carnosa, aciphylla, pachyloba, arida, pinguis, spinosa* and *sanguinea* groups and some other groups. Opera Botanica 11(1):1-266.
518. Dahlgren, R. (1968). Revision of *Aspalathus* Part II. The species with ericoid and pinoid leaflets. 6. The *A.frankenioides, nivea, juniperina, rubens,* and *divaricata* groups, and some other groups. Opera Botanica 21:1-309.
519. Dahlgren, R. (1967). Some new & rediscovered species of *Aspalathus*. Bot. Not.120:26-40.
520. Dahlgren, R. (1968). Revision of the genus *Aspalathus*. Part II. The species with ericoid and pinoid leaflets. 7. Subgenus *Nortiera*, with remarks on rooibos tea cultivation. Bot.Not.121:165-208.
521. Dahlgren, R. (1968). Revision of the genus *Aspalathus*. Part III. The species with flat and simple leaves. Opera Botanica 22:1-126.
522. Dummer, R.A. (1913). A synopsis of the species of *Lotononis* Ecklon & Zeyher, and *Pleiospora* Harvey. Trans. Roy. Soc. S.Afr.3, 2:276-330.
523. De Wildeman, E. (1906). *Lotononis*. Pl. Nov. Herb. Hort. Then.1, 6:t.40-41.
524. Dahlgren, R. (1964). The genus *Euchlora* Ecklon & Zeyher as distinct from *Lotononis*. Bot. Not. 117:371-388.
525. Baker, E.G. (1932). New African species of Leguminosae. J. Bot.70:251-255.
526. Maire, R. (Quezel, P., Ed.) (1987). Flore de l'Afrique du Nord, Vol.16. Dicotyledonae: Rosales: Leguminosae: Mimosoideae, Caesalpinoideae, Papilionoideae (part). Editions Lechevalier, Paris.
527. Bentham, G. (1843). Enumeration of Leguminosae, indigenous to Southern Asia and Central and Southern Africa. Hookers Lond. J. Bot.2:559-613.
528. Polhill, R.M. (1976). Genisteae (Adans.)Benth. & related tribes (Leguminosae). Bot. Syst.1:143-360.

529. Ozenda, P. (1977). Flore du Sahara, Ed.2. Edns. C.N.R.S., Paris.
530. Wild, H. (1965). The Flora of the Great Dyke of Southern Rhodesia with special reference to the serpentine soils. Kirkia 5:49-86.
531. Polunin, O. & Huxley, A. (1965). Flowers of the Mediterranean. Chatto & Windus, London.
532. Brummitt, R.K. (1968). A new genus of the tribe Sophoreae (Leguminosae) from western Africa and Borneo. Kew Bull. 22:375-86.
533. Harms, H. (1913). Neue arten der Leguminosae-Gattung *Amphimas* Pierre. Feddes Repert.12:10-13.
534. Yakovlev, G.P., Yaksenko-Khmelevsky, A.A. & Zoubkova, J.G. (1968). Taxonomie et phylogenie du genre *Angylocalyx* et de la tribu des Angylocalyceae. Adansonia, Ser.2, 8:317-335.
535. Soladoye, M.O. (1985). A revision of *Baphia* (Leguminosae – Papilionoideae). Kew Bull. 40:291-386.
536. Brummitt, R.K. (1968). The genus *Baphia* in east & north-east tropical Africa. Kew Bull. 22:513-36.
537. Soladoye, M.O. (1985). New species of *Baphia* (Leguminosae – Papilionoideae) from Lower Guinea. Kew Bull. 37:295-303.
538. Hall, J.B. (1974). A new species of *Bowringia* (Leguminosae) from Ghana. Kew Bull. 29:497-8.
539. Halle, N. (1965). Présence des graines bicolores chez le *Leucomphalos capparideus* Benth. ex Planch. Webbia 19:847-853.
540. Van der Maesen, L.J.G. (1970). Primitiae Africanae 8. A revision of the genus *Cadia* Forsskal (Caesalpinoideae) and some remarks regarding *Dicraeopetalum* Harms (Papilionoideae) and *Platycelyphium* Harms (Papilionoideae). Acta Bot. Neerl.19:227-48.
541. Brummitt, R.K. (1967). *Calpurnia aurea* (Ait.)Benth., a Cape species in tropical Africa and southern India. Kirkia 6:123-132.
542. Brummitt, R.K. (1970). A new species of *Calpurnia* E.Mey. from the Transvaal and Swaziland. Kew Bull. 24:71-73.
543. Brummitt, R.K. & Gillett, J.B. (1966). Notes on the genus *Sophora* in Africa, including an Asian species found near Zimbabwe. Kirkia 5:259-70.
544. Greuter, W. & Raus, T.(Eds.) (1986). Med-Checklist Notulae, 13. Willdenowia 16, 1:103-116.
545. Cullen, J. (1976). The *Anthyllis vulneraria* complex: a résumé. Notes R.B.G. Edinb.35:1-38.
546. Gillett, J.B. (1958). *Lotus* in Africa south of the Sahara (excluding the Cape Verde Islands and Socotra) and its distinction from *Dorycnium*. Kew Bull. 13:361-81.
547. Greuter, W. & Raus, T. (Eds.) (1987). Med-Checklist Notulae, 14. Willdenowia 16:439-452.
548. Polunin, O. (1969). Flowers of Europe. Oxford University Press.
549. Quezel, P. (1958). Mission Botanique au Tibesti. Univ. Alger. Inst. Res. Sah., Mem.4.
550. Lebrun, J.-P. (1979). Éléments pour un atlas des plantes vasculaires de l'Afrique sèche, 2. IEMVPT Études Bot.9.
551. Stirton, C.H. (1986). Notes on the genus *Otholobium* (Psoraleeae, Fabaceae). J. S. Afr. Bot.52:1-6.

552. Forbes, H.M.L. (1930). The genus *Psoralea* L. Bothalia 3:116-136.
553. Stirton, C.H. (1983). Two new species of *Otholobium* (Fabaceae). J. S. Afr. Bot.49:337-42.
554. Stirton, C.H. (1983). A new species of *Otholobium* in South Africa. Bothalia 14:72-3.
555. Verdoorn, I.C. (1947). *Psoralea pinnata* var. *latifolia*. Flowering Plants of Africa 26:1029.
556. Stirton, C.H. (1983). Two new species of *Psoralea* (Fabaceae) in South Africa. J. S. Afr. Bot.49:329-35.
557. Stirton, C.H. (1984). Name changes in *Psoralea* (Fabaceae). J. S. Afr. Bot.50:461-462.
558. Gillett, J.B. (1964). *Astragalus* L. (Leguminosae) in the highlands of tropical Africa. Kew Bull. 17:413-423.
559. Hedberg, O. (1957). Afroalpine vascular plants – a taxonomic revision. Symb. Bot. Upsal.15:1-411.
560. Gillett, J.B. (1964). *Biserrula* L. (Leguminosae) in tropical Africa and the number of fertile stamens in this genus. Kew Bull. 17:503-6.
561. Boudet, G. & Lebrun, J.-P. (1986). Catalogue des plantes vasculaires du Mali. IEMVPT, Études et Synthèses 16.
562. Gillett, J.B. (1963). *Galega* L.(Leguminosae)in tropical Africa. Kew Bull. 17:81-85.
563. Bolus, L. (1915). Notes on *Lessertia* with descriptions of six new species and a key. Ann. Bolus Herb.1:87-96.
564. Phillips, E.P. & Dyer, R.A. (1934). The genus *Sutherlandia* R.Br. Revista Sudam. de Botan.1:69-80.
565. Lock, J.M. (1988). *Cassia* sens.lat. (Leguminosae – Caesalpinioideae) in Africa. Kew Bull. 43:333-342.
566. Gunn, C.R. (1983). A nomenclator of legume (Fabaceae) genera. U.S. Department of Agriculture Technical Bulletin No.1680.
567. Schweinfurth, G. (1863). Bericht über die von M.v.Beurmann 1862 aus dem mittleren Sudan eingesandten Pflanzenproben. Zeitschrift für Allgemeine Erdkunde, n.s, 15: 293-299.

INDEX

A
Abreae *100*
Abrus *100*
   canescens Baker *100*
   fruticulosus sensu Torre *100*
   gorsei Berhaut *100*
   laevigatus E.Meyer *100*
   precatorius L. *100*
     subsp. africanus Verdc. *100*
   pulchellus Thwaites *100*
     subsp. suffruticosus (Boutique) Verdc. *100*
     subsp. tenuiflorus (Benth.) Verdc. *100*
   schimperi Baker *100*
     subsp. africanus (Vatke) Verdc. *100*
     subsp. oblongus Verdc. *100*
     subsp. schimperi Baker *101*
   somalensis Taubert *101*
   sp. Verdc. *101*
   sp.A J.B.Gillett et al. *101*
   stictosperma Berhaut *100*
   suffruticosus Boutique *100*
   wittei Baker f. *101*
Acacia *62*
   abyssinica Benth. *62*
     subsp. abyssinica *62*
     subsp. calophylla Brenan *62*
   abyssinica sensu auctt. *76*
   adansonii Guillemin & Perrottet *72*
   adenocalyx Brenan & Exell *62*
   adstringens (Schum. & Thonn.) Berhaut *72*
   adunca G.Don *62*
   albida Del. *79*
   amboensis Schinz *76*
   amythethophylla A.Rich. *62*
   ancistroclada Brenan *62*
   andongensis Hiern *62*
   aneura F.Muell. *62*
   ankokib Chiov. *63*
   antunesii Harms *63*
   arabica sensu auctt. *72*
   arenaria Schinz *63*
   armata R.Br. *63*
   asak (Forsskal) Willd. *63*
   ataxacantha DC. *63*
   ataxacantha sensu P.Sousa *71*
   auriculiformis A.Cunn. *63*
   baileyana F.Muell. *63*
   balfourii G.M.Woodrow *63*
   bavazzanoi Pichi-Serm. *63*
   benthamiana Rochebr. *72*
   benthamii Rochebr. *72*
   bequaertii De Wild. *68*
   binervia (Wendl.) Macbr. *63*
   borleae Burtt Davy *63*
   brevispica Harms *64*
     subsp. brevispica *64*
     subsp. dregeana (Benth.) Brenan *64*
   bricchettiana Chiov. *64*
   bullockii Brenan *64*
   burkei Benth. *64*
   burttii Baker f. *64*
   bussei Sjost. *64*
     var. benadirensis Chiov. *69*
   caffra (Thunb.) Willd. *64*
     var. campylacantha (A.Rich.) Aubrev. *74*
   callicoma Meissner *64*
   campylacantha A.Rich. *74*
   caraniana Chiov. *64*
   catechu subsp. suma (Roxb.) Roberty *74*
   cf.uncinata sensu Torre *75*
   chariensis A.Chev. *69*
   chariessa Milne-Redh. *64*
   cheilanthifolia Chiov. *65*
   chrysothrix Taubert *76*
   ciliolata Brenan & Exell *65*
   cinerea Schinz *67*
   circummarginata Chiov. *76*
   clavigera E.Meyer *75*
     subsp. clavigera E.Meyer *75*
     subsp. usambarensis (Taubert) Brenan *75*
   condyloclada Chiov. *65*
   cufodontii Chiov. *76*
   cultriformis G.Don *65*
   cyanophylla Lindley *65, 76*
   cyclops G.Don *65*
   davyi N.E.Br. *65*
   davyi sensu auctt. *76*
   dealbata Link *65*
   decurrens Willd. *65*
   dekindtiana A.Chev. *69*
   delagoensis Harms *78*
   dolichocephala Harms *65*
   drepanolobium Sjost. *65*
   dudgeoni Holland *65*
   dulcis Marloth & Engl. *66*
   edgeworthii T.Anderson *66*
   eggelingii Baker f. *74*
   ehrenbergiana Hayne *66*
   elata Benth. *66*
   elatior Brenan *66*
     subsp. elatior *66*

Acacia (cont.)
    subsp. turkanae Brenan 66
  eriadenia Benth. 63
  eriocarpa Brenan 66
  erioloba E.Meyer 66
  erubescens Oliver 66
  erythraea Chiov. 66
  erythrocalyx Brenan 66
  erythrophloea Brenan 66
  etbaica Schweinf. 67
    subsp. australis Brenan 67
    subsp. etbaica 67
    subsp. platycarpa Brenan 67
    subsp. uncinata Brenan 67
  exuvialis Verd. 67
  farnesiana (L.) Willd. 67
  fimbriata G.Don 67
  fischeri Harms 67
  fistula Schweinf. 76
  flava (Forsskal) Schweinf. 66
    var. seyal (Del.) Roberty 76
  fleckii Schinz 67
  formicarum Harms 65
  formicarum sensu Burtt 74
  galpinii Burtt Davy 67
  gerrardii Benth. 67
  gillettiae Burtt Davy 70
  giraffae Willd. 66, 68
  giraffae sensu auctt. 66
  glaucophylla A.Rich. 63
  glaucophylla sensu Brenan 76
  gloveri Gilliland 64
  goeringii Schinz 70
  goetzei Harms 68
    subsp. goetzei 68
    subsp. microphylla Brenan 68
  gorinii Chiov. 73
  gossweileri Baker f. 68
  gourmaensis A.Chev. 68
  grandicornuta Gerstner 68
  gummifera Willd. 68
  haematoxylon Willd. 68
  hamulosa Benth. 68
  hebeclada DC. 68
    subsp. chobiensis (O.Miller) A.Schreiber 68
    subsp. hebeclada 68
    subsp. tristis A.Schreiber 69
  hebecladoides Harms 67
  hecatophylla A.Rich. 69
  hereroensis Engl. 69
  hermannii Baker f. 63
  heteracantha Burchell 77
  hockii De Wild. 69
  homalophylla Benth. 69
  horrida (L.) Willd. 69
    subsp. benadirensis (Chiov.) Hillc. & Brenan 69
  horrida sensu auctt. 69
  humifusa Chiov. 66
  impervia Gilliland 79
  inconflagrabilis Gerstner 69
  joachimii Harms 68
  kamerunensis Gand. 69
  karroo Hayne 69
  kinionge De Wild. 68
  kinionge sensu Brenan 76
  kirkii Harms 69
    Oliver 69
    subsp. kirkii 69
    subsp. mildbraedii (Harms) Brenan 70
  kraussiana Benth. 70
  laeta Benth. 70
  lahai Benth. 70
  lasiopetala Oliver 70
  lathouwersii Staner 65
  latistipulata Harms 70
  latronum subsp. benadirensis (Chiov.) Brenan 69
  leucophaea Willd. 70
  leucospira Brenan 70
  likatunensis Burchell 77
  longifolia (Andrews) Willd. 70
  luederitzii Engl. 70
  lugardiae N.E.Br. 63
  lujae De Wild. 70
  macalusoi Mattei 70
  macrostachya DC. 71
  macrothyrsa Harms 62
  maidenii F.Muell. 71
  malacocephala Harms 71
  manubensis J.Ross 71
  mauroceana DC. 71
  mbuluensis Brenan 71
  mearnsii De Wild. 71
  melanoxylon R.Br. 71
  mellei Verd. 69
  mellifera (Vahl) Benth. 71
    subsp. detinens (Burchell) Brenan 71
    subsp. mellifera 71
  mildbraedii Harms 70
  mildbraedii sensu Bogdan 69
  misera Vatke 75
  mollissima sensu auctt. 71
  monticola Brenan & Exell 71
  montigena Brenan & Exell 71
  montis-usti Merxm. & A.Schreiber 72
  mossambicensis sensu Baker f. 68
  natalitia E.Meyer 69
  nebrownii Burtt Davy 72
  negrii Pichi-Serm. 72

Acacia (*cont.*)
  nervulosa Chiov. *83*
  nigrescens Oliver *72*
  nilotica (L.) Del. *72*
    subsp. adansonii (Guillemin & Perrottet) Brenan *72*
    subsp. adstringens (Schum. & Thonn.) Roberty *72*
    subsp. indica (Benth.) Brenan *72*
    subsp. kraussiana (Benth.) Brenan *72*
    subsp. leiocarpa Brenan *72*
    subsp. nilotica *72*
    subsp. subalata (Vatke) Brenan *72*
    subsp. subalata sensu auctt. *72*
    subsp. tomentosa (Benth.) Brenan *73*
  nubica Benth. *73*
  obbiadensis Chiov. *83*
  oerfota (Forsskal) Schweinf. *73*
  ogadensis Chiov. *73*
  oliveri Vatke *73*
  orfota sensu auctt. *73*
  orfota sensu Brenan *69*
  origena A.Hunde *73*
  oxyosprion Chiov. *76*
  paolii Chiov. *73*
    subsp. paolii *73*
    subsp. paucijuga Brenan *73*
  pappii Gand. *78*
  paradoxa Chiov. *68*
  passargei Harms *72*
  pendula G.Don *73*
  pennata sensu Baker f. *64*
  pennivenia Balf.f. *73*
  pentagona (Schum.) Hook.f. *73*
  pentaptera Welw. *73*
  permixta Burtt Davy *74*
  persiciflora Pax *74*
  petersiana Bolle *78*
  pilispina Pichi-Serm. *74*
  podalyriifolia G.Don *74*
  polyacantha Willd. *74*
    subsp. campylacantha (A.Rich.) Brenan *74*
  prasinata A.Hunde *74*
  pseudofistula Harms *74*
  pseudonigrescens Brenan & J.Ross *74*
  pseudosocotrana Chiov. *66*
  puccioniana Chiov. *74*
  purpurascens Vatke *76*
  purpurea Bolle *74*
  pycnantha Benth. *75*
  quintanilhae Torre *75*
  raddiana Savi *77*
  redacta J.Ross. *85*
  reficiens Wawra *75*
    subsp. misera (Vatke) Brenan *75*
    subsp. reficiens *75*
  rehmanniana Schinz *75*
  retinens Sim *70*
  retinoides Schldl. *75*
  robusta Burchell *75*
    subsp. clavigera (E.Meyer) Brenan *75*
    subsp. robusta *75*
    subsp. usambarensis (Taubert) Brenan *75*
  robynsiana Merxm. & A.Schreiber *76*
  rogersii Burtt Davy *72*
  rovumae Oliver *76*
  rovumae sensu Burtt *77*
  sacleuxii A.Chev. *75*
  saligna (Labill.) Wendl. *76*
  sarcophylla Chiov. *76*
  schinoides Benth. *76*
  schlechteri Harms *76*
  schliebenii Harms *72*
  schweinfurthii Brenan & Exell *76*
  senegal (L.) Willd. *76*
    subsp. modesta (Wallich) Roberty *76*
    subsp. senegalensis Roberty *76*
  senegal sensu O.B.Miller *67*
  sennii Chiov. *79*
  seyal Del. *76*
    var. multijuga Baker f. *69*
  sieberana DC. *76*
  sieberiana DC. *76*
    subsp. vermoesenii (De Wild.) Troupin *76*
  silvicola G.Gilbert & Boutique,p.p. *73*
  socotrana Balf.f. *66*
  somalensis Vatke *77*
  somalensis sensu Brenan *76*
  sp.B Brenan *73*
  sp.C Brenan *79*
  sp.D Brenan *79*
  sp.E Brenan *79*
  sp.F Brenan *79*
  sp.1 F.White *76*
  sp.131 J.Ross *79*
  sp.132 J.Ross *79*
  sp.133 J.Ross *79*
  spinosa Marloth & Engl. *76*
  spirocarpa A.Rich. *78*
  stefanini Chiov. *75*
  stenocarpa A.Rich. *76*
  stenocarpa sensu auctt. *69*
  stolonifera Burchell *68*
  stuhlmannii Taubert *77*
  subalata Vatke *72*
  subalata sensu auctt. *72*
  sultani Chiov. *66*

Acacia (*cont.*)
  swazica Burtt Davy 77
  tanganyikensis Brenan 77
  taylori Brenan & Exell 77
  tenuispina Verd. 77
  tephrodermis Brenan 77
  terminalis sensu Court 66
  thomasii Harms 77
  thomasii sensu Brenan 76
  torrei Brenan 77
  tortilis (Forsskal) Hayne 77
    subsp. heteracantha (Burchell) Brenan 77
    subsp. raddiana (Savi) Brenan 77
    subsp. spirocarpa (A.Rich.) Brenan 78
    subsp. tortilis 78
  tristis Oliver 69
  turnbulliana Brenan 78
  uluguruensis Harms 68
  uncinata sensu auctt. 70
  usambarensis Taubert 75
  van-meelii G.Gilbert & Boutique 68
  venosa Benth. 78
  vermoesenii De Wild. 76
  vestita Ker Gawler 78
  viscidula Benth. 78
  visite Griseb. 78
  volkii Suesseng. 76
  walteri Suesseng. 72
  walwalensis Gilliland 78
  welwitschii Oliver 78
    subsp. delagoensis (Harms) J.Ross & Brenan 78
    subsp. welwitschii 78
  woodii Burtt Davy 76
  xanthophloea Benth. 78
  xiphocarpa Benth. 62
  zanzibarica (S.Moore) Taubert 79
  zizyphispina Chiov. 79
Acacieae 62
Acmispon 339
  roudairei (Bonnet) Lassen 339
Acosmium stipulare (Harms) Yakovlev 474
Acrocarpus 19
  fraxinifolius Arn. 19
Adenanthera 86
  gilletii De Wild. 97
  klainei Baker f. 97
  microsperma Teijsm. 86
  pavonina L. 86
Adenocarpus 266
  anagyroides Cosson & Bal. 266
  artemisiifolius Jah. et al. 266
  bacquei Battand. & Pitard 266
  benguellensis Baker 267

  boudyi Battand. & Maire 266
  cincinnatus (Ball) Maire 266
  complicatus (L.) Gren. & Godron 266
    subsp. commutatus (Guss.) Cout. 266
    subsp. intermedius Cout. 266
    subsp. nainii (Maire) P.Gibbs 266
  decorticans Boiss. 267
  faurei Maire 267
  mannii (Hook.f.) Hook.f. 267
  segonnei Maire 281
  telonensis (Loisel.) DC. 267
  umbellatus Battand. 267
Adenodolichos 386
  acutifoliolatus Verdc. 386
  adenophorus (Harms) Harms 387
  anchietae (Hiern) Harms 386
  baumii Harms 386
  bequaertii De Wild. 386
  brevipetiolatus R.Wilczek 386
  bussei Harms 387
  caeruleus R.Wilczek 386
  dinklagei (Harms) Roberty 392
  euryphyllus Harms 386
  exellii Torre 386
  grandifoliolatus De Wild. 387
  harmsianus De Wild. 387
  helenae Buscal. & Muschler 387
  huillensis Torre 387
  kaessneri Harms 387
  katangensis R.Wilczek 387
  mendesii Torre 387
  oblongifoliolatus R.Wilczek 387
  obtusifolius R.E.Fries 387
  paniculatus (Hua) Hutch. 387
  punctatus (Micheli) Harms 387
    subsp. bussei (Harms) Verdc. 387
    subsp. punctatus 388
  rhomboideus (O.Hoffm.) Harms 388
  rupestris Verdc. 388
  salviifoliolatus R.Wilczek 388
  upembaensis R.Wilczek 388
Adenolobus 40
  garipensis (E.Meyer) Torre & Hillc. 40
  mossamedensis Torre & Hillc. 41
  pechuelii (Kuntze) Torre & Hillc. 40
    subsp. mossamedensis (Torre & Hillcoat) Brummitt & J.Ross 41
    subsp. pechuelii 41
  rufescens (Lam.) Schmitz 42
Adenopodia 87
  rotundifolia (Harms) Brenan 87
  scelerata (A.Chev.) Brenan 87
  schlechteri (Harms) Brenan 87
  spicata (E.Meyer) C.Presl 87
Aeschynomene 101

Aeschynomene (*cont.*)
  abyssinica (A.Rich.) Vatke *101*
  acutangula Baker *101*
  afraspera J.Léonard *101*
  americana L. *101*
  angolense Rossberg *101*
  aphylla Wild *101*
  aspera sensu auctt. *101*
  batekensis Troch. & Koechlin *102*
  baumii Harms *102*
  bella Harms *102*
  benguellensis Torre *102*
  bracteosa Baker *102*
  bullockii J.Léonard *102*
  burttii Baker f. *102*
  chimanimaniensis Verdc. *102*
  crassicaulis Harms *102*
  crassicaulis sensu Gossw. & Mendonca *103*
  cristata Vatke *102*
  curtisiae Johnston *102*
  debilis Baker *102*
  deightonii Hepper *103*
  dimidiata Baker *103*
    subsp. bequaertii (De Wild.) J.Léonard *103*
    subsp. dimidiata *103*
  elaphroxylon (Guillemin & Perrottet) Taubert *103*
  falcata (Poiret) DC. *103*
  fluitans Peter *103*
  fulgida Baker *103*
  gazensis Baker f. *103*
  glabrescens Baker *103*
  glauca R.E.Fries *103*
  glutinosa Taubert *107*
  goetzei Harms *103*
  gracilipes Taubert *104*
  grandistipulata Harms *104*
  heurckeana Baker *104*
  indica L. *104*
  inyangensis Wild *104*
  kassneri (Harms) Verdc. *102*
  katangensis De Wild. *104*
    subsp. katangensis *104*
    subsp. sublignosa (De Wild.) J.Léonard *104*
  kerstingii Harms *104*
  latericola Verdc. *104*
  lateritia Harms *104*
  leptobotrya Baker f. *107*
  leptophylla Harms *104*
    subsp. leptophylla *105*
    subsp. magnifoliolata J.Léonard *105*
  maximistipulata Torre *105*
  mediocris Verdc. *105*
  megalophylla Harms *105*
  micrantha DC. *105*
  mimosifolia Vatke *105*
  minutiflora Taubert *105*
    subsp. grandiflora Verdc. *105*
    subsp. minutiflora *105*
  mossambicensis Verdc. *105*
    subsp. longestipitata Verdc. *105*
    subsp. mossambicensis *106*
  mossoensis J.Léonard *106*
  multicaulis Harms *106*
  neglecta Hepper *106*
  nematopoda Harms *106*
  nilotica Taubert *106*
  nodulosa (Baker) Baker f. *106*
  nyassana Taubert *106*
  nyikensis Baker *106*
    var. gracilis Suesseng. *105*
  oligophylla Harms *106*
  pararubrofarinacea J.Léonard *106*
  pfundii Taubert *106*
  pseudoglabrescens Verdc. *107*
  ptundii Taubert *106*
  pulchella Baker *107*
  pygmaea Baker *107*
  rehmannii Schinz *107*
  rhodesica Harms *107*
  rubrofarinacea (Taubert) F.White *107*
  rubroviolacea J.Léonard *107*
  ruspoliana Harms *107*
  sansibarica Taubert *107*
  schimperi A.Rich. *107*
  schlechteri Baker f. *103*
  schliebenii Harms *107*
  semilunaris Hutch. *108*
  sensitiva Sw. *108*
  siifolia Baker *108*
  solitariiflora J.Léonard *108*
  sp.A Hepper *109*
    J.B.Gillett et al. *109*
  sp.aff.mimosifolia Exell & Fernandez *109*
  sp.B J.B.Gillett et al. *109*
    Verdc. *109*
  sp.C J.B.Gillett et al. *109*
    Verdc. *109*
  sp.D J.B.Gillett et al. *109*
    Verdc. *109*
  sp.E J.B.Gillett et al. *109*
    Verdc. *109*
  sp.F J.B.Gillett et al. *110*
    Verdc. *110*
  sp.G J.B.Gillett et al. *110*
    Verdc. *110*
  sp.H J.B.Gillett et al. *110*
  sp.nr.bella F.White *110*
  sparsiflora Baker *108*

Aeschynomene (*cont.*)
   stellaris (Baker) Roberty *111*
   stipitata Burtt Davy *108*
   stipulosa Verdc. *108*
   stolzii Harms *108*
   sublignosa De Wild. *104*
   tambacoundensis Berhaut *108*
   telekii Schweinf. *107*
   tenuirama Baker *108*
   trigonocarpa Baker f. *108*
   uniflora E.Meyer *108*
   upembensis J.Léonard *109*
   venulosa Verdc. *109*
   walteri Harms *105*
Aeschynomeneae *101*
Afrormosia angolensis (Baker) De Wild. *475*
     var. brasseuriana (De Wild.) Louis *475*
     var. subtomentosa (De Wild.) Louis *475*
   elata Harms *475*
   laxiflora (Baker) Harms *475*
   schliebenii Harms *475*
Afzelia *45*
   africana Pers. *45*
   bella Harms *45*
   bella sensu Eggeling & Dale *45*
   bipindensis Harms *45*
   bracteata Benth. *45*
   caudata Hoyle,p.p. *45*
Afzelia cuanzensis sensu auctt. *45*
   pachyloba Harms *45*
   peturei De Wild. *45*
   quanzensis Welw. *45*
Aganope *349*
   gabonica (Baillon) Polhill *349*
   impressa (Dunn) Polhill *349*
   leucobotrya (Dunn) Polhill *349*
   lucida (Baker) Polhill *349*
Airyantha *464*
   schweinfurthii (Taubert) Brummitt *464*
     subsp. confusa (Hutch. & Dalziel) Brummitt *464*
     subsp. schweinfurthii *465*
Albizia *80*
   adianthifolia (Schum.) W.Wight *80*
   altissima Hook.f. *80*
   amaniensis Baker f. *84*
   amara (Roxb.) Boivin *80*
     subsp. amara *80*
     subsp. sericocephala (Benth.) Brenan *80*
   amara sensu G.Gilbert & Boutique *80*
   anthelmintica Brongn. *80*
   antunesiana Harms *80*
   aylmeri Hutch. *80*

   boromoensis Aubrev. & Pellegrin *83*
   brachycalyx Oliver *83*
   brevifolia Schinz *80*
   carbonaria Britton *81*
   caribaea (Urban) Britton & Rose *81*
   chevalieri Harms *81*
   chinensis (Osbeck) Merr. *81*
   coriaria Oliver *81*
   dinklagei (Harms) Harms *81*
   distachya (Vent.) J.F.Macbr. *82*
   ealaensis De Wild. *82*
   eggelingii Baker f. *82*
   elliptica Fourn. *83*
   eriorhachis Harms *81*
   euryphylla Harms *81*
   evansii Burtt Davy *83*
   falcata (L.) Backer *81*
   falcataria (L.) Fosb. *81*
   ferruginea (Guillemin & Perrottet) Benth. *81*
   forbesii Benth. *81*
   gillardinii G.Gilbert & Boutique *81*
   glaberrima (Schum. & Thonn.) Benth. *82*
   glaberrima sensu auctt. *83*
   glabrescens Oliver *82*
   gracilifolia Harms *80*
   grandibracteata Taubert *82*
   gummifera (J.Gmelin) C.A.Smith *82*
   gummifera sensu R.O.Williams *80*
   harveyi Fourn. *82*
   intermedia De Wild. & T.Durand *82*
   isenbergiana (A.Rich.) Fourn. *82*
   laevicorticata Zimm. *82*
   laurentii De Wild. *82*
   lebbeck (L.) Benth. *82*
   lebbek sensu auctt. *82*
   leptophylla Harms *82*
   letestui Pellegrin *82*
   lophantha (Willd.) Benth. *82*
   malacophylla (A.Rich.) Walp. *83*
   maranguensis Engl. *84*
   mossamedensis Torre *83*
   nyasica Dunkley *84*
   obbiadensis (Chiov.) Brenan *83*
   obliquifoliolata De Wild. *83*
   odoratissima (L.f.) Benth. *83*
   ogadensis (Chiov.) Chiov. *73*
   oliveri Pellegrin *83*
   pallida Fourn. *83*
   petersiana (Bolle) Oliver *83*
     subsp. evansii (Burtt Davy) Brenan *83*
     subsp. petersiana *83*
   procera (Roxb.) Benth. *83*
   quartiniana (A.Rich.) Walp. *83*

Albizia (*cont*.)
   rhodesica Burtt Davy *84*
   rhombifolia Benth. *83*
   rogersii Burtt Davy *80*
   saman (Jacq.) F.Muell. *84*
   saponaria (Lour.) Miq. *84*
   sassa sensu Aubrev. *80*
   schimperana Oliver *84*
   schimperiana Oliver *84*
   sericocephala Benth. *80*
   sp.prob.zygia F.White *95*
   stipulata Boivin *81*
   struthiofolia O.Miller *80*
   struthiophylla Milne-Redh. *80*
   suluensis Gerstner *84*
   tanganyicensis Baker f. *84*
     subsp. adamsoniorum Brenan *84*
     subsp. tanganyicensis Baker f. *84*
   versicolor Oliver *84*
   warneckei Harms *82*
   welwitschii Oliver *84*
   zimmermannii Harms *84*
   zygia (DC.) J.F.Macbr. *84*
Alhagi *251*
   camelorum Fischer *251*
   graecorum Boiss. *251*
   mannifera Desv. *251*
   maurorum Medikus *251*
   maurorum sensu auctt. *251*
   pseudalhagi Desv. *251*
Alistilus *388*
   bechuanicus N.E.Br. *388*
Alysicarpus *243*
   ferrugineus A.Rich. *243*
   glumaceus (Vahl) DC. *243*
     subsp. glumaceus *243*
     subsp. hispidicarpus (Fiori) J.Leonard *244*
     subsp. macalusoi (Mattei) Verdc. *244*
   longifolius Wight & Arn. *244*
   macalusoi Mattei *244*
   monilifer (L.) DC. *244*
   ovalifolius (Schum.) J.Leonard *244*
   polygonoides Romariz *244*
   quartinianus A.Rich. *244*
   rugosus (Willd.) DC. *244*
     subsp. perennirufus J.Leonard *244*
     subsp. reticulatus Verdc. *244*
     subsp. rugosus *244*
   sp.A J.B.Gillett et al. *245*
   squamosus Gand. *244*
   vaginalis (L.) DC. *244*
   zeyheri Harvey *245*
Amblygonocarpus *87*
   andongensis (Oliver) Exell & Torre *87*
   obtusangulus (Oliver) Harms *87*

   schweinfurthii Harms *87*
Amherstieae *1*
Amphicarpa africana (Hook.f.) Harms *388*
Amphicarpaea *388*
   africana (Hook.f.) Harms *388*
Amphimas *465*
   ferrugineus Pellegrin *465*
   pterocarpoides Harms *465*
   sp. Torre & Hillc. *465*
   tessmannii Harms *465*
Amphinomia bainesii (Baker) A.Schreiber *215*
   brachyantha (Harms) A.Schreiber *216*
   bullonii (Emb. & Maire) Font Quer & Rothm. *216*
   curtii (Harms) A.Schreiber *217*
   decipiens (E.Meyer) A.Schreiber *218*
   desertorum (Dummer) A.Schreiber *232*
   dinteri (Schinz) A.Schreiber *222*
   furcata Merxm. & A.Schreiber *218*
   leptoloba (Bolus) A.Schreiber *219*
   listioides (Dinter & Harms) A.Schreiber *219*
   lotoidea (Del.) Maire *222*
   lupinifolia (Boiss.) Pau *220*
   maroccana (Ball) Font Quer & Rothm. *220*
   mirabilis (Dinter) A.Schreiber *221*
   pallidirosea (Dinter & Harms) A.Schreiber *221*
   platycarpa (Viv.) Cuf. *222*
   rabenaviana (Dinter & Harms) A.Schreiber *223*
   schonfelderi Merxm. & A.Schreiber *223*
   stipulosa (Baker f.) A.Schreiber *224*
   strigillosa Merxm. & A.Schreiber *224*
   tapetiformis (Emb. & Maire) Maire *224*
Amphithalea *333*
   alba R.Granby *333*
   axillaris R.Granby *333*
   biovulata (Bolus) R.Granby *333*
   bodkinii Dummer *333*
   concava R.Granby *333*
   cuneifolia Ecklon & Zeyher *333*
   densa Ecklon & Zeyher *334*
   ericifolia (L.) Ecklon & Zeyher *333*
     subsp. erecta R.Granby *333*
     subsp. ericifolia *334*
     subsp. minuta R.Granby *334*
     subsp. scoparia R.Granby *334*
   fourcadei Compton *334*
   imbricata (L.) Druce *334*
   intermedia Ecklon & Zeyher *334*
   micrantha (E.Meyer) Walp. *334*
   oppositifolia L.Bolus *334*

Amphithalea (cont.)
  perplexa Ecklon & Zeyher *336*
  phylicoides Ecklon & Zeyher *334*
  pocockiae Bolus *334*
  sericea Schltr. *334*
  speciosa Schltr. *334*
  stokoei L.Bolus *334*
  tomentosa (Thunb.) R.Granby *335*
  violacea (E.Meyer) Benth. *335*
  virgata Ecklon & Zeyher *335*
  williamsonii Harvey *335*
Anagyris *478*
  foetida L. *478*
Andira *234*
  inermis (Wright) DC. *234*
    subsp.inermis *234*
    subsp. grandiflora (Guillemin & Perrottet) Polhill *234*
    subsp. rooseveltii (De Wild.) Polhill *234*
  inermis sensu Hepper *234*
  inermis sensu Keay et al. *234*
Angylocalyx *465*
  boutiqueanus L.Touss. *465*
  braunii Harms *465*
  claessensii De Wild. *465*
  gossweileri Baker f. *465*
  oligophyllus (Baker) Baker f. *465*
  pynaertii De Wild. *465*
  ramiflorus Taubert *465*
  ramiflorus sensu auctt. *465*
  schumannianus Taubert *465*
  sp. Yakovlev et al. *466*
  talbotii Hutch. & Dalziel *466*
  vermeulenii De Wild. *465*
  wellensii De Wild. *465*
  zenkeri Harms *465*
    var. gossweileri (Baker f.) Pellegrin *465*
Anthonotha *1*
  acuminata (De Wild.) J.Léonard *1*
  brieyi (De Wild.) J.Léonard *1*
  cladantha (Harms) J.Léonard *1*
  conchyliophora (Pellegrin) J.Léonard *1*
  crassifolia (Baillon) J.Léonard *1*
  elongata (Hutch.) J.Léonard *1*
  ernae (Dinkl.) J.Léonard *1*
  explicans (Baillon) J.Léonard *1*
  ferruginea (Harms) J.Léonard *2*
  fragrans (Baker f.) Exell & Hillc. *2*
  gabunensis J.Léonard *2*
  gilletii (De Wild.) J.Léonard *2*
  graciliflora (Harms) J.Léonard *2*
  isopetala (Harms) J.Léonard *2*
  lamprophylla (Harms) J.Léonard *2*
  lebrunii (J.Léonard) J.Léonard *2*
  leptorrhachis (Harms) J.Léonard *2*
  macrophylla P.Beauv. *2*
  nigerica (Baker f.) J.Léonard *3*
  noldeae (Rossberg) Exell & Hillc. *3*
  obanensis (Baker f.) J.Léonard *3*
  pellegrini Aubrév. *3*
  pellegrinii Aubrév. *3*
  pynaertii (De Wild.) Exell & Hillc. *3*
  sargosii (Pellegrin) J.Léonard *3*
  sassandraensis Aubrév. & Pellegrin *3*
  sp.A Keay *4*
  stipulacea (Benth.) J.Léonard *3*
  triplisomeris (Pellegrin) J.Léonard *3*
  trunciflora (Harms) J.Léonard *3*
  vignei (Hoyle) J.Léonard *4*
Anthyllis *339*
  abyssinica (Sagorski) W.Becker *340*
  barba-jovis L. *339*
  cornicina L. *342*
  cytisoides L. *340*
  gerardii L. *341*
  hamosus Desf. *342*
  henoniana Battand. *340*
    subsp. henoniana *340*
  lotoides L. *342*
  maura G.Beck *341*
  montana L. *340*
  nivalis (Willk.) G.Beck *340*
  polycephala Desf. *340*
  saharae Sagorski *341*
  sericea Lagasca *340*
    subsp. henonia (Cosson) Maire *340*
    subsp. henoniana (Cosson) Maire *340*
  tejedensis Boiss. *340*
  terniflora (Lagasca) Pau *340*
  tetraphylla L. *128*
  vulneraria L. *340*
    subsp. abyssinica (Sagorski) Cullen *340*
    subsp. atlantis Emb. & Maire *340*
    subsp. fatmae Font Quer *340*
    subsp. fruticans Emb. *340*
    subsp. iframensis Cullen *340*
    subsp. matris-filiae Emb. & Maire *341*
    subsp. maura (G.Beck) Maire *341*
    subsp. rifana (Emb. & Maire) Cullen *341*
    subsp. saharae (Sagorski) Maire *341*
    subsp. stenophylloides Cullen *341*
    subsp. warnieri Emb. & Maire *341*
Antopetitia *123*
  abyssinica A.Rich. *123*
Aphanocalyx *4*
  cynometroides Oliver *4*
  cynometroides sensu auctt. *4*

Aphanocalyx (*cont.*)
   djumaensis (De Wild.) J.Léonard *4*
   margininervatus J.Léonard *4*
   margininervatus sensu auctt. *4*
Arachis *110*
   benthamii Handro *110*
   diogoi Hoehne *110*
   glabrata Benth. *110*
   hagenbeckii Harms *110*
   hypogaea L. *110*
   repens Handro *110*
   villosulicarpa Hoehne *110*
Argyrocytisus *267*
   battandieri (Maire) C.Raynaud *267*
Argyrolobium *267*
   aberdaricum Harms *272*
   abyssinicum Jaub. & Spach *267*
   aciculare Dummer *267*
   adscendens Walp. *267*
   aequinoctiale Baker *267*
   aequinoctiale sensu auctt. *269*
   amplexicaule (E.Meyer) Dummer *267*
   andrewsianum (E.Meyer) Steudel *273*
   angustifolium Ecklon & Zeyher *274*
   arabicum (Decne.) Jaub. & Spach *267*
   ascendens Walp. *267*
   baptisioides Walp. *268*
   barbatum Walp. *268*
   bequaertii De Wild. *269*
   bodkinii Dummer *268*
   brevicalyx Stirton *268*
   buaricum Harms *267*
   campicola Harms *268*
   candicans Ecklon & Zeyher *268*
   collinum Ecklon & Zeyher *268*
   confertum Polhill *268*
   connatum Harvey *230*
   crassifolium Ecklon & Zeyher *268*
   crinitum Walp. *268*
   dekindtii Harms *269*
   dorycnoides Baker *271*
   eylesii Baker f. *268*
   filiforme Ecklon & Zeyher *268*
   fischeri Taubert *269*
   friesianum Harms *269*
   frutescens Burtt Davy *269*
   glaucum Schinz *269*
   harmsianum Harms *269*
   harveyanum Oliver *269*
   helenae Buscal. & Muschler *269*
   hirsuticaule Harms *269*
   humile E.Phillips *269*
   incanum Ecklon & Zeyher *269*
   involucratum (Thunb.) Harvey *227*
   keniense Harms *269*
   kilimandscharicum Taubert *272*
   lanceolatum Ecklon & Zeyher *269*
   lancifolium Burtt Davy *269*
   lejeunei R.Wilczek *274*
   leptocladum Harm *267*
   leucophyllum Baker *269*
   leucophyllum sensu Brenan,p.p. *269*
   longifolium (Meissner) Walp. *270*
   longipes N.E.Br. *270*
   lunaris (L.) Druce *270*
   lydenburgense Harms *270*
   macrophyllum Harms *270*
   marginatum Bolus *270*
   megarrhizum Bolus *270*
   microphyllum Ball *270*
   mildbraedii Harms *269*
   molle Ecklon & Zeyher *270*
   monticolum Baker f. *269*
   muddii Dummer *270*
   muirii L.Bolus *270*
   nanum Burtt Davy *270*
      Harms *270*
   natalense Dummer *271*
   nigrescens Dummer *271*
   nitens Burtt Davy *271*
   obsoletum Harvey *271*
   pachyphyllum Schltr. *271*
   patens Ecklon & Zeyher *271*
   pauciflorum Ecklon & Zeyher *271*
   petiolare Walp. *271*
   petitianum A.Rich. *272*
   pilosum Harvey *267*
   podalyrioides Dummer *271*
   polyphyllum Ecklon & Zeyher *271*
   pumilum Ecklon & Zeyher *271*
   ramosissimum Baker *271*
   rarum Dummer *272*
   rivae (Harms) Cuf. *269*
   rogersii N.E.Br. *272*
   rufopilosum De Wild. *269*
   rupestre (E.Meyer) Walp. *272*
      subsp. aberdaricum (Harms) Polhill *272*
      subsp. kilimandscharicum (Taubert) Polhill *272*
      subsp. remotum (A.Rich.) Polhill *272*
      subsp. rupestre *272*
   saharae Pomel *272*
   sandersonii Harvey *272*
   sankeyi Dummer *272*
   schimperianum A.Rich. *272*
   sericeum Ecklon & Zeyher *272*
   sericosemium Harms *273*
   shirense Taubert *273*
   speciosum Ecklon & Zeyher *273*
   splendens Walp. *273*
   stipulaceum Ecklon & Zeyher *273*

Argyrolobium (cont.)
  stolzii Harms *273*
  stuhlmannii Taubert *273*
  summomontanum Hilliard & B.L.Burtt *273*
  sutherlandii Harvey *273*
  terme Walp. *273*
  thodei Harms *273*
  thomii Harvey *273*
  tomentosum (Andrews) Druce *273*
  tortum Suesseng. *273*
  transvaalense Schinz *274*
  tuberosum Ecklon & Zeyher *274*
  tysonii Harms *274*
  umbellatum Vogel *274*
  uniflorum (Decne.) Jaub. & Spach *274*
  Harvey *269*
  vaginiferum Harms *274*
  variopile N.E.Br. *274*
  velutinum Ecklon & Zeyher *274*
  virgatum Baker *272*
  virgatum sensu auctt. *272*
  wilmsii Harms *274*
  woodii Dummer *274*
  zanonii (Turra) P.Ball *274*
    subsp. fallax (Ball) Greuter *274*
    subsp. grandiflorum (Boiss. & Reuter) Greuter *275*
    subsp. stipulaceum (Ball) Greuter *275*
    subsp. zanonii *275*
Arthrocarpum *111*
  gracile Balf.f. *111*
  somalense Hillc. & J.B.Gillett *111*
Arthrosamanea altissima (Hook.f.) G.Gilbert & Boutique *80*
  leptophylla (Harms) G.Gilbert & Boutique *82*
    var. guineensis G.Gilbert & Boutique *86*
  obliquifoliolata (De Wild.) G.Gilbert & Boutique *83*
Aspalathus *128*
  abietina Thunb. *128*
  acanthes Ecklon & Zeyher *128*
  acanthiloba R.Dahlgren *128*
  acanthoclada R.Dahlgren *128*
  acanthophylla Ecklon & Zeyher *128*
  acicularis E.Meyer *128*
    subsp. acicularis *128*
    subsp. planifolia R.Dahlgren *128*
  acidota R.Dahlgren *128*
  acifera R.Dahlgren *129*
  aciloba R.Dahlgren *129*
  aciphylla Harvey *129*
    var. nana Harvey *132*
  aculeata Thunb. *129*
  acuminata Lam. *129*
    subsp. acuminata *129*
    subsp. magniflora R.Dahlgren *129*
    subsp. pungens (Thunb.) R.Dahlgren *129*
  acutiflora R.Dahlgren *129*
  adelphea Ecklon & Zeyher *143*
  aemula E.Meyer *154*
  aemula sensu auctt. *130*
  affinis Thunb. *150*
  agardhiana DC. *129*
  albens L. *129*
  alopecurus Benth. *129*
  alpestris (Benth.) R.Dahlgren *129*
  alternifolia Harvey *147*
  altissima R.Dahlgren *130*
  altissima sensu auctt. *130*
  angustifolia (Lam.) R.Dahlgren *130*
    subsp. angustifolia *130*
    subsp. robusta (E.Phillips) R.Dahlgren *130*
  angustissima E.Meyer *139*
  anthylloides L. *131*
  araneosa L. *130*
  arenaria R.Dahlgren *130*
  argentea L. *130*
  argentea sensu auctt. *158*
  argyraea DC. *149*
  argyrella MacOwan *130*
  argyrophanes R.Dahlgren *130*
  arida E.Meyer *130*
    var. grandiflora Benth. *135*
    subsp. arida *130*
    subsp. erecta (E.Meyer) R.Dahlgren *131*
    subsp. procumbens (E.Meyer) R.Dahlgren *131*
  arida sensu auctt. *131*
  aristata Compton *131*
  aristifolia R.Dahlgren *131*
  armata Thunb. *129*
  ascendens E.Meyer *151*
  aspalathoides (L.) R.Dahlgren *131*
  asparagoides L.f. *131*
    subsp. asparagoides *131*
    subsp. rubro-fusca (Ecklon & Zeyher) R.Dahlgren *131*
  astroites L. *131*
  astroites sensu Fourc. *141*
  attenuata R.Dahlgren *131*
  aurantiaca R.Dahlgren *131*
  barbata (Lam.) R.Dahlgren *131*
  barbigera R.Dahlgren *132*
  batodes Ecklon & Zeyher *132*
    subsp. batodes *132*
    subsp. spinulifolia R.Dahlgren *132*

Aspalathus (cont.)
  benthamii Harvey 156
  bidouwensis R.Dahlgren 132
  biflora E.Meyer 132
    subsp. biflora 132
    subsp. longicarpa R.Dahlgren 132
  bodkinii Bolus 132
  borbonifolia R.Dahlgren 132
  bowieana (Benth.) R.Dahlgren 132
  bracteata Thunb. 132
  burchelliana Benth. 133
  caerulescens E.Meyer 213
  caespitosa R.Dahlgren 133
  calcarata Harvey 133
  calcarea R.Dahlgren 133
  callosa L. 133
  campestris R.Dahlgren 133
  canaliculata E.Meyer 157
  candicans Aiton f. 133
  candidula R.Dahlgren 133
  canescens L. 144
  capensis (Walp.) R.Dahlgren 133
  capillaris (Thunb.) Benth. 132
  capitata L. 133
  capitella Benth. 157
  carinata sensu Fourc. 147
  carnosa Bergius 133
  cephalotes Thunb. 133
    subsp. cephalotes 134
    subsp. obscuriflora R.Dahlgren 134
    subsp. violacea R.Dahlgren 134
  cerrantha Ecklon & Zeyher 134
  chamissonis Vogel 128
  chenopoda L. 134
    subsp. chenopoda 134
    subsp. gracilis (Ecklon & Zeyher) R.Dahlgren 134
  chortophila Ecklon & Zeyher 134
    subsp. chortophila 134
    subsp. congesta R.Dahlgren 134
    subsp. kougaensis R.Dahlgren 134
  chrysantha R.Dahlgren 134
  ciliaris L. 135
  ciliatistyla L.Bolus 146
  cinerascens E.Meyer 135
  citrina R.Dahlgren 135
  cliffortiifolia R.Dahlgren 135
  cliffortioides Bolus 155
  collina Ecklon & Zeyher 135
    subsp. collina 135
    subsp. luculenta R.Dahlgren 135
  commutata (J.Vogel) R.Dahlgren 135
  comosa Thunb. 148
  compacta R.Dahlgren 135
  complicata (Benth.) R.Dahlgren 135
  comptonii R.Dahlgren 135
  concava Bolus 135
  concavifolia (Ecklon & Zeyher) R.Dahlgren 136
  condensata R.Dahlgren 136
  conferta Benth. 154
  confusa R.Dahlgren 136
  contaminata (Thunb.) Druce 145
  cordata (L.) R.Dahlgren 136
  corniculata R.Dahlgren 136
  corrudaefolia Bergius 136
  corrudifolia Bergius 136
  corymbosa E.Meyer 145
  costulata Benth. 136
  crassisepala R.Dahlgren 136
  crenata (L.) R.Dahlgren 136
  cuspidata R.Dahlgren 136
    subsp. cuspidata 136
    subsp. humifusa R.Dahlgren 137
    subsp. stricticlada R.Dahlgren 137
  cymbiformis DC. 137
  cytisoides Lam. 137
  dasyantha Ecklon & Zeyher 137
  decora R.Dahlgren 137
  densifolia Benth. 137
  desertorum Bolus 137
  dianthophora E.Phillips 137
  diffusa Ecklon & Zeyher 137
  digitifolia R.Dahlgren 137
  divaricata Thunb. 137
    var. microphylla (DC.) Harvey 146
    subsp. brevicarpa R.Dahlgren 138
    subsp. divaricata 138
    subsp. gracilior R.Dahlgren 138
    subsp. horizontalis R.Dahlgren 138
    subsp. leptocoma (Ecklon & Zeyher) R.Dahlgren 138
  dunsdoniana R.Dahlgren 138
  elliptica (E.Phillips) R.Dahlgren 138
  elongata Ecklon & Zeyher 151
  ericifolia L. 138
    subsp. ericifolia 138
    subsp. minuta R.Dahlgren 138
    subsp. puberula (Ecklon & Zeyher) R.Dahlgren 138
    subsp. pusilla R.Dahlgren 138
  eriophylla sensu auctt. 130
  erythrodes Ecklon & Zeyher 139
  esterhuyseniae R.Dahlgren 139
  excelsa R.Dahlgren 139
  exigua Ecklon & Zeyher 154
  exilis Harvey 129
  falcata Benth. 144
  fasciculata (Thunb.) R.Dahlgren 139
  ferox Harvey 139
  ferruginea Benth. 158
  filicaulis Ecklon & Zeyher 139
  flexuosa Thunb. 139

Index

Aspalathus (cont.)
  florifera R.Dahlgren *139*
  florulenta R.Dahlgren *139*
  forbesii Harvey *139*
  fornicata Benth. *128*
  fourcadei L.Bolus *139*
  frankenioides DC. *139*
  fusca Thunb. *140*
  galeata E.Meyer *140*
  galioides sensu auctt. *143*
  genistoides L. *136*
  gerrardii Bolus *140*
  glabrata R.Dahlgren *140*
  glabrescens R.Dahlgren *140*
  glauca Ecklon & Zeyher *156*
  globosa Andrews *140*
  globulosa E.Meyer *140*
  glossoides R.Dahlgren *140*
  gracilifolia R.Dahlgren *143*
  grandiflora Benth. *140*
  granulata R.Dahlgren *140*
  grobleri R.Dahlgren *140*
  heterophylla L.f. *140*
    subsp. heterophylla *141*
    subsp. lagopus (Thunb.) R.Dahlgren *141*
    subsp. lotoides (Thunb.) R.Dahlgren *141*
  heterophylla sensu auctt. *155*
  hirta E.Meyer *141*
    subsp. hirta *141*
    subsp. stellaris R.Dahlgren *141*
  hispida Thunb. *141*
    subsp. albiflora (Ecklon & Zeyher) R.Dahlgren *141*
    subsp. hispida *141*
  humilis Bolus *141*
  hypnoides R.Dahlgren *141*
  hystrix L.f. *141*
  incana R.Dahlgren *142*
  incompta Thunb. *142*
  incurva Thunb. *142*
  incurva sensu auctt.,p.p. *145*
  incurvifolia Walp. *142*
  iniquua Ecklon & Zeyher *143*
  inops Ecklon & Zeyher *142*
  intermedia Ecklon & Zeyher *142*
  intervallaris Bolus *142*
  intricata Compton *142*
    subsp. anthospermoides (R.Dahlgren) R.Dahlgren *142*
    subsp. intricata *142*
    subsp. oxyclada (Compton) R.Dahlgren *142*
  involucrata E.Meyer *139*
  jacobaea E.Meyer *151*
  joubertiana Ecklon & Zeyher *142*
    subsp. glabripetala R.Dahlgren *143*
    subsp. joubertiana *143*
    subsp. longispica R.Dahlgren *143*
    subsp. shawii (L.Bolus) R.Dahlgren *143*
  juniperina Thunb. *143*
    subsp. gracilifolia (R.Dahlgren) R.Dahlgren *143*
    subsp. grandis R.Dahlgren *143*
    subsp. juniperina *143*
    subsp. monticola R.Dahlgren *143*
  kannaensis Ecklon & Zeyher *139*
  karrooensis R.Dahlgren *143*
  kraussiana Meissner *131*
  lactea Thunb. *143*
    var. zeyheri Harvey *161*
    subsp. adelphea R.Dahlgren *143*
    subsp. breviloba R.Dahlgren *144*
    subsp. lactea *144*
  laeta Bolus *144*
  lamarckiana R.Dahlgren *144*
  lanata E.Meyer *144*
  lanceicarpa R.Dahlgren *144*
  lanceifolia R.Dahlgren *144*
  lanifera R.Dahlgren *144*
  laricifolia Bergius *144*
    subsp. canescens (L.) R.Dahlgren *144*
    subsp. laricifolia *144*
  laricifolia sensu auctt.,p.p. *134*
  latifolia Bolus *144*
  leiantha (E.Phillips) R.Dahlgren *145*
  leipoldtii Schltr. *156*
  lenticula Bolus *145*
  lepida E.Meyer *156*
  leptophylla Ecklon & Zeyher *159*
  leptoptera Bolus *145*
  leucocephala E.Meyer *151*
  leucophaea Harvey *135*
  leucophylla R.Dahlgren *145*
    subsp. leucophylla *145*
    subsp. septentrionalis R.Dahlgren *145*
  linearifolia DC. *153*
  linearis (Burm.f.) R.Dahlgren *145*
    subsp. latipetala R.Dahlgren *145*
    subsp. linearis *145*
    subsp. pinifolia (Marloth) R.Dahlgren *145*
  linguiloba R.Dahlgren *145*
  linifolius sensu auctt. *155*
  longifolia Benth. *145*
  longipes Harvey *146*
  lotiflora R.Dahlgren *146*
  lotoides Thunb. *141*
  macrantha Harvey *146*

545

Aspalathus (*cont.*)
 macrocarpa Ecklon & Zeyher *146*
 marginalis Ecklon & Zeyher *146*
 marginata Harvey *146*
 meyeri Harvey *151*
 micrantha E.Meyer *141*
 microdon Benth. *157*
 microphylla DC. *146*
 millefolia R.Dahlgren *146*
 mollis Harvey,p.p. *138*
 monosperma (DC.) R.Dahlgren *146*
 mundiana Ecklon & Zeyher *146*
 mundtiana Ecklon & Zeyher *146*
 munita Bolus *132*
 muraltioides Ecklon & Zeyher *146*
 myrtillifolia Benth. *146*
 neglecta T.M.Salter *155*
 nervosa E.Meyer *156*
 nigra L. *147*
 nivalis Marloth *148*
 nivea Thunb. *147*
 nudiflora Harvey *147*
 obliqua R.Dahlgren *147*
 oblongifolia R.Dahlgren *147*
 obtusata Thunb. *156*
 obtusifolia R.Dahlgren *147*
 odontoloba R.Dahlgren *147*
 oliveri R.Dahlgren *147*
 opaca Ecklon & Zeyher *147*
  subsp. opaca *147*
  subsp. pappeana (Harvey) R.Dahlgren *147*
  subsp. rostriloba R.Dahlgren *147*
 orbiculata Benth. *148*
 oxyclada Compton *142*
 pachyloba Benth. *148*
  subsp. macroclada R.Dahlgren *148*
  subsp. pachyloba *148*
  subsp. rugulicarpa R.Dahlgren *148*
  subsp. succulentifolia R.Dahlgren *148*
  subsp. villicaulis R.Dahlgren *148*
 pallescens Ecklon & Zeyher *148*
 pallidiflora R.Dahlgren *148*
 pappeana Harvey *147*
 parviflora Bergius *148*
 parviflora sensu auctt. *157*
 patens R.Dahlgren *148*
 pedicellata Harvey *148*
 pedunculata Houtt. *149*
  L'Her. *132*
 pendula R.Dahlgren *149*
 pentheri Gand. *150*
 perfoliata (Lam.) R.Dahlgren *149*
  subsp. perfoliata *149*
  subsp. phillipsii R.Dahlgren *149*
 perforata (Thunb.) R.Dahlgren *149*
 phylicoides Compton *143*
 pigmentosa R.Dahlgren *149*
 pilantha R.Dahlgren *149*
 pileata L.Bolus *140*
 pilosa L. *158*
 pinea Thunb. *149*
  subsp. caudata R.Dahlgren *149*
  subsp. pinea *149*
 pinguis Thunb. *150*
  subsp. australis R.Dahlgren *150*
  subsp. longissima R.Dahlgren *150*
  subsp. occidentalis R.Dahlgren *150*
  subsp. pinguis *150*
 poliotes Ecklon & Zeyher *142*
 polycephala E.Meyer *150*
  subsp. lanatifolia (E.Meyer) R.Dahlgren *150*
  subsp. polycephala *150*
  subsp. rigida (Schltr.) R.Dahlgren *150*
 potbergensis R.Dahlgren *150*
 proboscidea R.Dahlgren *150*
 propinqua E.Meyer *158*
 prostrata Ecklon & Zeyher *150*
 psoraleoides (Presl) Benth. *151*
 pulicifolia R.Dahlgren *151*
 pumila R.Dahlgren *151*
 pungens Thunb. *129*
 purpurea Ecklon & Zeyher *158*
 pycnantha R.Dahlgren *151*
 quadrata L.Bolus *151*
 quinquefolia L. *151*
  subsp. acocksii R.Dahlgren *151*
  subsp. compacta R.Dahlgren *151*
  subsp. quinquefolia *151*
  subsp. virgata (Thunb.) R.Dahlgren *151*
 radiata R.Dahlgren *151*
  subsp. pseudosericea R.Dahlgren *151*
  subsp. radiata *152*
 ramosissima R.Dahlgren *152*
 ramulosa E.Meyer *152*
 rectistyla R.Dahlgren *152*
 recurva Benth. *152*
 recurvispina R.Dahlgren *152*
 remota L.Bolus *133*
  L.Bolus,p.p. *129*
 repens R.Dahlgren *152*
 retroflexa L. *152*
  var. parviflora Harvey *136*
  subsp. amoena R.Dahlgren *152*
  subsp. angustipetala R.Dahlgren *152*
  subsp. bicolor (Ecklon & Zeyher) R.Dahlgren *152*
  subsp. empetrifolia R.Dahlgren *152*

Aspalathus (cont.)
    subsp. retroflexa *153*
  rigescens E.Meyer *155*
  rigida Schltr. *150*
  rigidifolia R.Dahlgren *153*
  robusta Bolus *135*
  rosea R.Dahlgren *153*
  rostrata Benth. *153*
  rostripetala R.Dahlgren *153*
  rubens Thunb. *153*
  rubescens Ecklon & Zeyher *143*
  rubiginosa R.Dahlgren *153*
  rubro-fusca Ecklon & Zeyher *131*
  rubrocalyx Compton *144*
  rugosa Thunb. *153*
    subsp. linearifolia (DC.) R.Dahlgren *153*
    subsp. rugosa *153*
  rupestris R.Dahlgren *153*
  rycroftii R.Dahlgren *153*
  salicifolia R.Dahlgren *154*
  salteri L.Bolus *154*
  sanguinea Thunb. *154*
    subsp. foliosa R.Dahlgren *154*
    subsp. sanguinea *154*
  sarcodes Benth. *133*
  sceptrum-aureum R.Dahlgren *154*
  schlechteri Bolus *147*
  secunda E.Meyer *154*
  securifolia Ecklon & Zeyher *154*
    subsp. crassa R.Dahlgren *154*
    subsp. securifolia *154*
  sericea Bergius *154*
    Thunb. *271*
    subsp. aemula (E.Meyer) R.Dahlgren *154*
    subsp. sericea *155*
  sericea sensu auctt. *130*
  serpens R.Dahlgren *155*
  setacea Ecklon & Zeyher *155*
  shawii L.Bolus *143*
  simii Bolus *155*
    subsp. katbergensis R.Dahlgren *155*
    subsp. simii *155*
  simsiana Ecklon & Zeyher *136*
  smithii R.Dahlgren *155*
  spathulata Ecklon & Zeyher *154*
  spectabilis R.Dahlgren *155*
  sphaerocephala Schltr. *159*
  spicata Thunb. *155*
    var. cephalotes sensu Fourc. *134*
    subsp. cliffortioides (Bolus) R.Dahlgren *155*
    subsp. neglecta (T.M.Salter) R.Dahlgren *155*
    subsp. spicata *156*
  spicata sensu auctt. *133*
  spicata sensu Fourc. *134*
  spiculata R.Dahlgren *156*
  spinescens Thunb. *156*
    subsp. lepida (E.Meyer) R.Dahlgren *156*
    subsp. spinescens *156*
  spinosa L. *156*
    subsp. flavispina (Benth.) R.Dahlgren *156*
    subsp. glauca (Ecklon & Zeyher) R.Dahlgren *156*
    subsp. obtusata (Thunb.) R.Dahlgren *156*
    subsp. spinosa *156*
  spinosissima R.Dahlgren *156*
    subsp. spinosissima *156*
    subsp. tenuiflora R.Dahlgren *157*
  staurantha Ecklon & Zeyher *158*
  stellaris Ecklon & Zeyher *131*
  stenophylla Ecklon & Zeyher *157*
    subsp. colorata R.Dahlgren *157*
    subsp. garciana Benth. *157*
    subsp. stenophylla *157*
  steudeliana Brongn. *157*
  stokoei L.Bolus *157*
  suaveolens Ecklon & Zeyher *157*
  submissa R.Dahlgren *157*
  subtingens Ecklon & Zeyher *143*
  subulata Thunb. *157*
  suffruticosa sensu auctt. *155*
  suffruticosa sensu auctt.,p.p. *132*
  sulphurea R.Dahlgren *157*
  taylorii R.Dahlgren *157*
  tenuifolia sensu auctt. *149*
  tenuissima R.Dahlgren *158*
  teres Ecklon & Zeyher *158*
    subsp. teres *158*
    subsp. thodei R.Dahlgren *158*
  ternata (Thunb.) Druce *158*
  thymifolia var. albiflora (Ecklon & Zeyher) Benth. *141*
  thymifolia sensu auctt. *141*
  tridentata L. *158*
    subsp. fragilis R.Dahlgren *158*
    subsp. rotunda R.Dahlgren *158*
    subsp. staurantha (Ecklon & Zeyher) R.Dahlgren *158*
    subsp. tridentata *158*
  triquetra Thunb. *158*
  truncata Ecklon & Zeyher *158*
    subsp. sphaerocephala (Schltr.) R.Dahlgren *159*
    subsp. truncata *159*
  tuberculata Walp. *159*
  tylodes Ecklon & Zeyher *159*
  ulicina Ecklon & Zeyher *159*

Aspalathus (*cont.*)
        subsp. kardouwensis R.Dahlgren
            159
        subsp. ulicina *159*
    undulata Ecklon & Zeyher *139*
    uniflora L. *159*
        subsp. uniflora *159*
        subsp. willdenowiana (Benth.)
            R.Dahlgren *159*
    uniflora sensu auctt. *137*
    vaccinifolia R.Dahlgren *159*
    vacciniifolia R.Dahlgren *159*
    varians kl & Zeyher *160*
        subsp. isolata R.Dahlgren *160*
        subsp. varians *160*
    variegata Ecklon & Zeyher *160*
    venosa E.Meyer *160*
    verbasciformis R.Dahlgren *160*
    vermiculata Lam. *160*
    verrucosa sensu auctt. *159*
    villosa Thunb. *160*
    virgata Thunb. *151*
    vulnerans Thunb. *160*
    vulpina R.Dahlgren *160*
    willdenowiana Benth. *159*
    wittebergensis Compton & Barnes *160*
        subsp. anthospermoides R.Dahlgren
            142
        subsp. intricata (Compton)
            R.Dahlgren *142*
        subsp. oxyclada (Compton)
            R.Dahlgren *142*
        subsp. wittebergensis Compton &
            Barnes *160*
    wurmbeana E.Meyer *160*
    zeyheri (Harvey) R.Dahlgren *161*
Aspalthium bituminosum (L.) Medikus *453*
Astracantha *251*
    granatensis (Lam.) Podl. *251*
Astragalus *251*
    abyssinicus Hochst. *253*
    abyssinicus sensu Cronq., p.p. *253*
    abyssinicus sensu Cronq.,p.p. *253*
    abyssinicus sensu Edwards & Bogdan
        253
    akkensis Cosson *251*
    alexandrinus Boiss. *254*
    algarbiensis Bunge *251*
    algerianus E.Sheldon *252*
    alopecuroides L. *252*
        subsp. alopecuroides *252*
    annularis Forsskal *252*
    antiatlanticus Emb. & Maire *252*
    armatus Willd. *252*
        subsp. armatus *252*
        subsp. numidicus (Cosson & Durieu)
            Emb. & Maire *252*

    asterias Steven *252*
        subsp. aristidis (Battand.) Greuter
            252
        subsp. asterias *252*
        subsp. astraboides (Pomel) Greuter
            252
        subsp. polyactinus (Boiss.) Greuter
            253
        subsp. radiatus (Battand.) Greuter
            253
    atropilosulus (Hochst.) Bunge *253*
        subsp. abyssinicus (Hochst.)
            J.B.Gillett *253*
        subsp. atropilosulus *253*
        subsp. bequaertii (De Wild.)
            J.B.Gillett *253*
        subsp. burkeanus (Harvey) J.B.Gillett
            253
    baeticus L. *253*
    battiscombei Baker f. *260*
    beershabensis Rech.f. *254*
    bequaertii De Wild. *253*
    boeticus L. *253*
    bombycinus Boiss. *253*
    bourgeanus Cosson *253*
    burkeanus Harvey *253*
    caprinus L. *253*
        subsp. alexandrinus (Boiss.)
            Pottier-Alapetite *254*
        subsp. caprinus *254*
        subsp. lanigerus (Desf.) Maire *254*
    coerulescens Hochst. *253*
    contortuplicatus L. *254*
    corrugatus Bertol. *254*
    cruciatus Link *254*
        subsp. aristidis Battand. *252*
        subsp. astraboides (Pomel) Battand.
            252
        subsp. radiatus Battand. *253*
    cruciatus sensu Negre *253*
    cymbicarpos Brot. *254*
    depressus L. *254*
        subsp. atlantis Maire *254*
        subsp. depressus *254*
    deserti-syriaci Eig *254*
    echinatus Murray *254*
    edulis Bunge *254*
    elgonensis Bullock *253*
    embergeri Jah. et al. *254*
    epiglottis L. *254*
        subsp. asperulus (Dufour) Nyman
            255
        subsp. epiglottis *255*
    eremophilus Boiss. *255*
    exscapus L. *255*
        subsp. maurus Humbert & Maire

Astragalus (cont.)
  255
  falciformis Desf. 255
  fatmensis Chiov. 260
  faurei Maire 255
  font-queri Maire & Sennen 255
  fontanesii subsp. numidicus (Cosson & Durieu) Maire 252
    subsp. tragacanthoides Maire 252
  froedinii Murb. 255
  fruticosus Forsskal 255
    subsp. gombo (Bunge) Jafri 256
  geniculatus Desf. 255
  geniorum Maire 255
  ghizensis Del. 256
  glaux L. 255
  gombiformis Pomel 256
  gombo Bunge 256
    subsp. gombo 256
    subsp. gomboeformis (Pomel) Ott 256
  gomboeformis Pomel 256
  graecus Boiss. & Spruner 256
  granatensis Lam. 251
  gryphus Bunge 256
  gyzensis Bunge 256
  hamosus L. 256
    subsp. embergeri (Jah. et al.) Maire 254
  hauarensis Boiss. 256
  hispidulus DC. 256
    subsp. kralikianus Tackh. & Boulos 257
    subsp. kralikii (Cosson) Poitier-Alapetite 257
  ibrahimianus Maire 256
  incanus L. 256
    subsp. incanus 256
    subsp. incurvus (Desf.) Maire 256
    subsp. nummularioides (Desf.) Maire 257
  intercedens Rech.f. 257
  kahiricus DC. 257
  kralikii Battand. 257
  leucacanthus Boiss. 260
  longidentatus Chater 258
  lusitanicus Lam. 257
    subsp. lusitanicus 257
  mairei Emb. & Maire 257
  mareoticus Del. 257
  maris-mortui Eig 257
  maroccanus Braun-Blanquet & Maire 257
  mauritanicus Cosson 258
  maurorum Murb. 257
  mesatlanticus Andreanszky 257
  monspessulanus L. 257
    subsp. monspessulanus 258
  narbonensis Gouan 252
  onobrychis L. 258
  pauciflorus Lazaro 258
  pelecinus (L.) Barneby 258
    subsp. leiocarpus (A.Rich.) Lock ined. 258
    subsp. pelecinus 258
  peregrinus Vahl 258
    subsp. peregrinus 258
    subsp. warionii Eig 258
    subsp. warionis (Gand.) Maire 258
  pseudogombo Fernandez Casas 257
  pseudotrigonus Battand. & Trabut 260
  reesei Maire 258
  reinei Ball 258
    subsp. nemorosus (Battand.) Maire 258
    subsp. reinei 259
  rene-mairei Eig 253
  schimperi Boiss. 259
  schimperi sensu Cuf. 255
  schizotropis Murb. 259
  scorpioides Willd. 259
  sesameus L. 259
  sieberi DC. 259
  sinaicus Boiss. 259
  solandri Lowe 259
  somalensis Harms 261
    var. lindblomii Harms 261
  spinosus (Forsskal) Muschler 259
  stella Gouan 259
  tachdirtensis Andreanszky 259
  taubertianus E.A.Durand & Barratte 259
  tenuifoliosus Maire 252
  tenuifolius Desf. 252
  tenuirugis Boiss. 254
  tomentosus Lam. 255
  tragacantha L. 259
  tribuloides Del. 260
  tridens sensu Jex-Blake 261
  trigonus DC. 260
  turolensis Pau 260
    subsp. exsul (Font Quer) Maire 260
  venosus sensu Edwards & Bogdan 253
  venosus sensu Hedb. 253
  vogelii (Webb) Bornm. 260
    subsp. fatimensis Maire 260
    subsp. prolixus (Bunge) Maire 260
    subsp. vogelii 260
  warionis Gand. 258
  weilleri Emb. et al. 260
Atylosia scarabaeoides (L.) Benth. 388
Aubrevillea 87
  kerstingii (Harms) Pellegrin 87

Aubrevillea (cont.)
   platycarpa Pellegrin 87
Augouardia 45
   letestui Pellegrin 45
Azukia angularis (Willd.) Ohwi 441
   mungo (L.) Masam. 445
   radiata (L.) Ohwi 446
   umbellata (Thunb.) Ohwi 447

B

Baikiaea 45
   eminii Taubert 46
   fragrantissima Baker f. 45
   ghesquiereana J.Léonard 46
   insignis Benth. 46
      subsp. insignis 46
      subsp. minor (Oliver) J.Léonard 46
   minor Oliver 46
   plurijuga Harms 46
   robynsii Ghesq. 46
   suzannae Ghesq. 46
   zenkeri Harms 46
Bakerophyton lateritium (Harms) Maheshw. 104
   pulchellum (Baker) Maheshw. 107
Bandeiraea simplicifolia (DC.) Benth. 43
   speciosa Benth. 44
   tenuiflora Benth. 43
   tessmannii De Wild. 44
Baphia 466
   abyssinica Brummitt 466
   albido-lenticellata De Wild. 467
   angolensis Baker 466
   aurivellera Taubert 466
   bancoensis Aubrev. 471
   bangweolensis R.E.Fries 467
   batangensis Harms 471
   bequaertii De Wild. 466
   bergeri De Wild. 466
   bipindensis Harms 467
   brachybotrys Harms 466
   breteleriana M.O.Soladoye 466
   buettneri Harms 466
      subsp. buettneri 466
      subsp. hylophila (Harms) M.O.Soladoye 467
   buettneri sensu Hillc.,p.p. 466
   burttii Baker f. 467
   busseana Harms 470
   calophylla Harms 471
   calophylla sensu L.Touss. 471
   capparidifolia Baker 467
      subsp. bangweolensis (R.E.Fries) Brummitt 467
      subsp. multiflora (Harms) Brummitt 467
      subsp. polygalacea Brummitt 467
   chrysophylla Taubert 467
      subsp. chrysophylla 467
      subsp. claessensii (De Wild.) Brummitt 467
   claessensii De Wild. 467
   compacta De Wild. 471
   confusa Hutch. & Dalziel 464
   conraui Harms 469
   cordifolia Harms 467
   cornifolia Harms 471
   cuspidata Taubert 467
   densiflora Harms 469
   descampsii De Wild. 472
   dewevrei De Wild. 468
   dewildeana M.O.Soladoye 468
   dubia De Wild. 468
   elegans Lester-Garl. 471
   eriocalyx Harms 468
   gilletii De Wild. 467
   giorgii De Wild. 467
   gomesii Baker f. 470
   goossensii De Wild. 467
   gossweileri Baker f. 468
   gracilipes Harms 469
   gracilipes sensu Keay et al. 468
   henriquesiana Taubert 471
   heudelotiana Baillon 468
   hylophila Harms 467
   incerta De Wild. 468
      subsp. incerta 468
      subsp. lebrunii (L.Touss.) M.O.Soladoye 468
   keniensis Brummitt 470
   kirkii Baker 468
      subsp. kirkii 468
      subsp. ovata (Sim) M.O.Soladoye 468
   klainei De Wild. 471
   latiloi M.O.Soladoye 469
   laurentii De Wild. 469
   laurifolia Baillon 469
   lebrunii L.Touss. 468
   leptobotrys Harms 469
      var. nigerica Baker f. 467
      subsp. leptobotrys 469
      subsp. silvatica (Harms) M.O.Soladoye 469
   leptostemma Baillon 469
      subsp. gracilipes (Harms) M.O.Soladoye 469
      subsp. leptostemma 469
   lescrauwaetii De Wild. 469
   letestui Pellegrin 469
   longipedicellata De Wild. 469
      subsp. keniensis (Brummitt) M.O.Soladoye 470

Baphia (*cont.*)
   subsp. longipedicellata *470*
  macrocalyx Harms *470*
  mambillensis M.O.Soladoye *470*
  marceliana De Wild. *470*
   subsp. marceliana *470*
   subsp. marquesii (M.Exell) M.O.Soladoye *470*
  marquesii M.Exell *470*
  massaiensis Taubert *470*
   subsp. busseana (Harms) M.O.Soladoye *470*
   subsp. cornifolia (Harms) Brummitt *471*
   subsp. floribunda Brummitt *470*
   subsp. gomesii (Baker f.) Brummitt *470*
   subsp. massaiensis *471*
   subsp. obovata (Schinz) Brummitt *471*
  massaiensis sensu auctt. *470*
  maxima Baker *471*
  multiflora Harms *467*
  nitida Lodd. *471*
  obanensis Baker f. *471*
  obovata Schinz *471*
  ovata Sim *468*
  pauloi Brummitt *471*
  pilosa Baillon *471*
   subsp. batangensis (Harms) M.O.Soladoye *471*
   subsp. pilosa *471*
  polyantha Harms *472*
  polygalacea (Hook.f.) Baker *467*
   var. hepperi Cavaco *467*
  polygalacea sensu L.Touss. *467*
  pubescens Hook.f. *471*
  puguensis Brummitt *471*
  punctulata Harms *472*
   subsp. descampsii (De Wild.) M.O.Soladoye *472*
   subsp. palmensis M.O.Soladoye *472*
   subsp. punctulata *472*
  racemosa (Hochst.) Baker *472*
  ringoetii De Wild. *466*
  schweinfurthii Taubert *465*
  semseiana Brummitt *472*
  silvatica Harms *469*
  sp. sensu Hillc. *466*
  sp.A Hepper *469*
  sp.B Hepper *472*
  sp.1 F.White *471*
  sp.2 F.White *472*
  spathacea Hook.f. *472*
   subsp. polyantha (Harms) M.O.Soladoye *472*
   subsp. spathacea *472*
  speciosa J.B.Gillett & Brummitt *472*
  vermeulenii De Wild. *471*
  verschuerenii De Wild. *466*
  verschuerenii sensu L.Touss.,p.p. *466*
  whitei Brummitt *471*
  wollastonii Baker f. *472*
Baphiastrum *473*
  boonei (De Wild.) Vermoesen *473*
  brachycarpum Harms *473*
  confusum (Hutch. & Dalziel) Pellegrin *464*
  spathaceum sensu L.Touss. *465*
  tisseranti Pellegrin *465*
  tisserantii Pellegrin *465*
Baphiopsis *476*
  parviflora Baker *476*
  stuhlmannii Taubert *476*
Bauhinia *41*
  acuminata L. *41*
  argentea Chiov. *44*
  bainesii Schinz *44*
  binata Blanco *41*
  bowkeri Harvey *41*
  buscalionii Mattei *41*
  candicans Benth. *41*
  ellenbeckii Harms *41*
  esculenta Burchell *44*
  exellii Torre & Hillc. *41*
  farek Desv. *41*
  fassoglensis Schweinf. *44*
  galpinii N.E.Br. *41*
  garipensis E.Meyer *40*
  gossweileri Baker f. *43*
  humifusa Pichi-Serm. & Roti-Michel. *44*
  kalantha Harms *42*
  kirkii Oliver *44*
  loesneriana Harms *42*
  macrantha Oliver *42*
  macrosiphon Harms *43*
  mendoncae Torre & Hillc. *42*
  mombassae Vatke *42*
  monandra Kurz *42*
  mossamedensis (Torre & Hillc.) Cusset *41*
  natalensis Hook. *42*
  pechuelii Kuntze *41*
  petersiana Bolle *42*
   subsp. macrantha (Oliver) Brummitt & J.Ross *42*
   subsp. petersiana Bolle *42*
   subsp. serpae (Ficalho & Hiern) Brummitt & J.Ross *42*
  punctata sensu Bolle *41*
  purpurea L. *42*
  racemosa Lam. *42*

Bauhinia (*cont.*)
   reticulata DC. *44*
   richardiana DC. *42*
   rufescens Lam. *42*
   serpae Ficalho & Hiern *42*
   somalensis Pichi-Serm. & Roti-Michel. *43*
   taitensis Taubert *43*
   thonningii Schum. *44*
   tomentosa L. *43*
   urbaniana Schinz *43*
   vahlii Wight & Arn. *43*
   variegata *43*
   volkensii Taubert *43*
   wituensis Harms *43*
Benedictella benoistii Maire *343*
Berlinia *4*
   acuminata sensu Aubrév.,p.p. *4*
   auriculata Benth. *4*
   auriculata sensu Aubrév. *5*
   auriculata sensu Brenan *5*
   bifoliolata Harms *19*
   bifurcata (A.Chev.) Troupin *16*
   bisulcata (A.Chev.) Troupin *16*
   bracteosa Benth. *4*
   bracteosa sensu Aubrév. *5*
   brieyi De Wild. *15*
   bruneelii (De Wild.) Torre & Hillc. *4*
   cabrae De Wild. *5*
   confusa Hoyle *4*
   congolensis (Baker f.) Keay *4*
   coriacea Keay *5*
   craibiana Baker f. *5*
   dalzielii (Craib & Stapf) Baker f. *14*
   delevoyi De Wild. *5*
   doka (Craib & Stapf) Baker f. *14*
   eminii Taubert *15*
   gilletii De Wild. *5*
   giorgii De Wild. *5*
   grandiflora (Vahl) Hutch. & Dalziel *5*
      var. bruneelii (De Wild.) Hauman *4*
   grandiflora sensu Kennedy *5*
   heudelotiana Baillon *5*
   hollandii Hutch. & Dalziel *5*
   laurentii De Wild. *5*
   ledermannii Harms *16*
   lundensis Torre & Hillc. *5*
   mengei De Wild. *19*
   occidentalis Keay *5*
   orientalis Brenan *5*
   paniculata var. gossweileri Baker f. *15*
   paniculata sensu Gossw. *15*
   polyphylla Harms *16*
   preussii De Wild. *5*
   sapinii De Wild. *5*
   sp. Torre & Hillc. *6*
   sp.1 F.White *6*
   tomentella Keay *5*
   viridicans Baker f. *5*
Biserrula leiocarpa A.Rich. *258*
   pelecinus L. *258*
      var. leiocarpa (A.Rich.) Chiov. *258*
      var. subintegra Baker f. *258*
      subsp. leiocarpa (A.Rich.) J.B.Gillett *258*
Bituminaria *453*
   bituminosa (L.) Stirton *453*
Bolusafra bituminosa (L.) Kuntze *413*
Bolusanthus *473*
   speciosus (Bolus) Harms *473*
Bolusia *161*
   amboensis (Schinz) Harms *161*
   capensis Benth. *161*
   ervoides (Baker) Torre *161*
   resupinata Milne-Redh. *161*
   rhodesiana Corbishley *161*
   sp. J.B.Gillett et al. *161*
Bonjeania hirsuta (L.) Reichb. *341*
   recta (L.) Reichb. *342*
Borbonia alpestris Benth. *129*
   angustifolia Lam. *130*
   barbata Lam. *131*
   ciliata Willd. *149*
   commutata J.Vogel *135*
   complicata Benth. *135*
   cordata L. *136*
   crenata L. *136*
   crenata sensu auctt. *149*
   elliptica E.Phillips *138*
   lanceolata L. *130*
      subsp. robusta E.Phillips *130*
   latifolia Benth. *138*
   leiantha E.Phillips *145*
   monosperma DC. *146*
   multiflora (Harvey) E.Phillips *149*
   parviflora Lam. *136*
   perfoliata Lam. *149*
   perforata Thunb. *149*
   pinifolia Marloth *145*
   trinervia sensu auctt. *129*
   undulata Thunb. *135*
   villosa Harvey *144*
Bowringia *473*
   discolor J.Hall *473*
   mildbraedii Harms *473*
Brachystegia *6*
   allenii Burtt Davy & Hutch. *6*
   angustistipulata De Wild. *6*
   bakerana Burtt Davy & Hutch. *6*
   bakeriana Burtt Davy & Hutch. *6*
   bequaertii De Wild. *6*
   boehmii Taubert *6*
   burttii C.Jackson *7*

Brachystegia (cont.)
  bussei Harms 6
  cynometroides Harms 6
  eurycoma Harms 6
  floribunda Benth. 6
  glaberrima R.E.Fries 6
  glaucescens Burtt Davy & Hutch. 7
  gossweileri Burtt Davy & Hutch. 7
  kalongensis De Wild. 7
  kennedyi Hoyle 7
  klainei Harms 57
  laurentii (De Wild.) Hoyle 7
  leonensis Burtt Davy & Hutch. 7
  longifolia Benth. 7
  luishiensis De Wild. 7
  lujae De Wild. 7
  manga De Wild. 7
  microphylla Harms 7
  mildbraedii Harms 7
  nigerica Hoyle & A.Jones 8
  nzang Pellegrin 7
  puberula Burtt Davy & Hutch. 8
  rizomatosa Gossw. 8
  russelliae I.M.Johnston 8
  sp. Heitz 7
  sp.cf.bakeriana Hoyle 8
  sp.nr.russelliae F.White 9
  spiciformis Benth. 8
  stipulata De Wild. 8
  subfalcato-foliolata De Wild. 8
  tamarindoides Benth. 8
  tamarindoides sensu Brenan 7
  taxifolia Harms 8
  torrei Hoyle 8
  utilis Burtt Davy & Hutch. 8
  wangermeeana De Wild. 8
  zenkeri Harms 8
Brownea 46
  ariza Benth. 46
  coccinea Jacq. 46
  grandiceps Jacq. 46
  latifolia Jacq. 46
  rosa-de-monte Berg 46
Bryaspis 111
  humularioides D.Gledhill 111
    subsp. falcistipulata D.Gledhill 111
    subsp. humularioides 111
  lupulina (Benth.) Duvign. 111
Buchenroedera 161
  alpina Ecklon & Zeyher 162
  amajubica Burtt Davy 161
  caerulescens& (E.Meyer) Presl 213
  glabrescens Dummer 161
  glabriflora N.E.Br. 213
  gracilis Ecklon & Zeyher 162
  griquana Schltr. 161
  holosericea Benth. 161
  jacottetii Schinz 162
  lotononoides Scott Elliot 162
  macowanii Dummer 162
  meyeri Presl 162
  multiflora Ecklon & Zeyher 162
  pauciflora Schltr. 162
  sparsiflora J.M.Wood & Evans 162
  spicata Harvey 162
  tenuifolia Ecklon & Zeyher 162
  trichodes Presl 162
  umbellata Harvey 162
  uniflora Dummer 162
  viminea Presl 162
Burkea 20
  africana Hook. 20
Bussea 20
  eggelingii Verdc. 20
  gossweileri Baker f. 20
  massaiensis (Taubert) Harms 20
    subsp. massaiensis 20
    subsp. rhodesica Brenan 20
  occidentalis Hutch. 20
  xylocarpa (Sprague) Sprague & Craib 20

C
Cadia 473
  purpurea (Picciv.) Aiton 473
Caesalpinia 20
  bessac Chiov. 20
  bonduc (L.) Roxb. 20
  coriaria (Jacq.) Willd. 20
  crista sensu auctt. 20
  dalei Brenan & J.B.Gillett 21
  dauensis Thulin 21
  decapetala (Roth) Alston 21
  digyna Rottler 21
  erianthera Chiov. 21
  erlangeri Harms 23
  gillettii Hutch. & E.A.Bruce 25
  gilliesii (Hook.) Dietr. 21
  glandulosopedicellata R.Wilczek 21
  homblei R.Wilczek 21
  insolita (Harms) Brenan & J.B.Gillett 21
  leiostachya (Benth.) Ducke 21
  major sensu Brenan 23
  merxmuelleriana A.Schreiber 21
  mexicana A.Gray 21
  oligophylla Harms 22
  paucijuga Oliver 22
  pearsonii L.Bolus 22
  pectinata Cav. 22
  peltophoroides Benth. 22
  pulcherrima (L.) Sw. 22
  punctata Willd. 22

Caesalpinia (cont.)
    rostrata N.E.Br. 22
    rubra (Engl.) Brenan 22
    sappan L. 22
    sepiaria Roxb. 21
    sp. I.R.Dale 21
    sp.A Brenan 21
    spicata Dalz. 22
    spinosa (Molina) O.Kuntze 22
    tinctoria (Kunth) Benth. 22
    trothae Harms 22, 23
        subsp. trothae 22
    volkensii Harms 23
    welwitschiana (Oliver) Brenan 23
Caesalpinieae 19
Cajanus 388
    cajan (L.) Millsp. 388
    kerstingii Harms 388
    scarabaeoides (L.) Thouars 388
Calicotome 275
    fontanesii Rothm. 275
    infesta (C.Presl) Guss. 275
        subsp. infesta 275
        subsp. intermedia (C.Presl) Greuter 275
    spinosa (L.) Link 275
    villosa (Poiret) Link 275
        var. intermedia (C.Presl) Ball 275
        subsp. intermedia (C.Presl) Quezel & Santa 275
Calliandra 85
    brevipes Benth. 85
    gilbertii Thulin & A.Hunde 85
    haematocephala Hassk. 85
    houstoni (Miller) Benth. 85
    houstoniana (Miller) Standley 85
    inaequilatera Rusby 85
    portoricensis (Jacq.) Benth. 85
    redacta (J.Ross) Thulin & A.Hunde 85
    surinamensis Benth. 85
    tweediei Benth. 85
Calopogonium 389
    mucunoides Desv. 389
Calpocalyx 87
    atlanticus J-F.Villiers 87
    aubrevillei Pellegrin 87
    brevibracteatus Harms 88
    brevibracteatus sensu Keay et al. 88
    brevifolius J-F.Villiers 88
    cauliflorus Hoyle 88
    crawfordianus Mendes 88
    dinklagei Harms 88
    heitzii Pellegrin 88
    klainei Harms 88
    letestui Pellegrin 88
    ngouniensis Pellegrin 88
    ngounyensis Pellegrin 88

    winkleri (Harms) Harms 88
Calpurnia 473
    aurea (Aiton) Benth. 473
        subsp. aurea 473
        subsp. sylvatica (Burchell) Brummitt 473
    capensis (Burm.f.) Druce 473
    floribunda Harvey 473
    glabrata Brummitt 473
    intrusa (Aiton f.) E.Meyer 474
    robinioides (DC.) E.Meyer 474
    sericea Harvey 474
    subdecandra (L'Her.) Schweick. 473
    uarandensis Chiov. 240
    villosa Harvey 474
    woodii Schinz 474
Camoensia 474
    brevicalyx Benth. 474
    maxima Benth. 474
    scandens (Welw.) J.B.Gillett 474
Canavalia 389
    africana Dunn 389
    bonariensis Lindley 389
    cathartica Thouars 389
    ensiformis (L.) DC. 389
    ferruginea Piper 389
    gladiata (Jacq.) DC. 389
    gladiata sensu Robyns, p.p. 389
    maritima Thouars 389
    microcarpa (DC.) Piper 389
    moneta Welw. 389
    obtusifolia (Lam.) DC. 389
    plagiosperma Piper 389
    regalis Piper & Dunn 389
    rosea (Sw.) DC. 389
    virosa sensu J.B.Gillett et al. 389
Capassa violacea Klotzsch 354
Carissoa 389
    angolensis Baker f. 389
Cassia 27
    abbreviata Oliver 27
        subsp. abbreviata 27
        subsp. beareana (Holmes) Brenan 27
        subsp. kassneri (Baker f.) Brenan 27
    absus L. 30
    acutifolia Del. 36
    adenensis Benth. 37
    africana (Stey.) Mendonça & Torre 30
    afrofistula Brenan 27
    agnes (De Wit) Brenan 28
    alata L. 36
    angolensis Hiern 27
    arachoides Burchell 38
    arereh Del. 27
    artemisioides DC. 28
    aschrek Forsskal 38

Index

Cassia (cont.)
- aubrevillei Pellegrin 28
- auriculata L. 36
- baccarinii Chiov. 36
- bacillaris L.f. 36
- barclayana Sweet 28
- beareana Holmes 27
- beareana sensu R.O.Williams 27
- bicapsularis L. 37
- biensis (Stey.) Mendonça & Torre 30
- brewsteri F.Muell. 28
- burttii Baker f. 28
- capensis Thunb. 30
- coluteoides Colladon 39
- comosa (E.Meyer) Vogel 30
- corymbosa Lam. 37
- densistipulata Taubert 36
- didymobotrya Fresen. 37
- duboisii Stey. 30
- ellisae Brenan 37
- eremophila Vogel 28
- exilis Vatke 30
- falcinella Oliver 30
- fallacina Chiov. 30
- fenarolii Mendonça & Torre 31
- ferruginea Schrader 28
- fistula L. 28
- fistula sensu Brenan 27
- floribunda Cav. 39
- fruticosa Miller 36
- ghesquiereana Brenan 31
- glauca Lam. 40
- goratensis Fresen. 39
- gossweileri Baker f. 37
- gracilior (Ghesq.) Stey. 31
- grandis L.f. 28
- grantii Oliver 31
- hildebrandtii Vatke 31
- hirsuta L. 37
- hochstetteri Ghesq. 30
- holosericea Fresen. 37
- huillensis Mendonça & Torre 31
- humifusa Brenan 37
- italica (Miller) Sprengel 38
  - subsp.micrantha Brenan 38
  - subsp. arachoides (Burchell) Brenan 38
- jaegeri Keay 31
- javanica L. 28
  - var. indochinensis Gagnepain 28
  - subsp. javanica 28
  - subsp. nodosa (Roxb.) K.& S.Larsen 28
- kalulensis Stey. 31
- kassneri Baker f. 27
- katangensis (Ghesq.) Stey. 31
- kirkii Oliver 31
- kotschyana Oliver 29
- laevigata Willd. 39
- lechenaultiana DC. 32
- leiandra Benth. 28
- ligustrina L. 38
- longiracemosa Vatke 38
- mannii Oliver 29
- marginata Roxb. 29
- marilandica L. 38
- marylandica L. 38
- meelii Stey. 32
- mimosoides L. 32
- moschata Benth. 28
- multijuga Rich. 38
- nairobiensis L.Bailey 37
- newtonii Mendonça & Torre 32
- nigricans Vahl 32
- nodosa Roxb. 28
- obovata Colladon 38
- obtusifolia L. 38
- occidentalis L. 38
- paralias Brenan 32
- parva Stey. 32
- pendula Willd. 39
- petersiana Bolle 39
- plumosa (E.Meyer) Vogel 32
- podocarpa Guillemin & Perrottet 39
- polyphylla Jacq. 39
- polytricha Brenan 32
- psilocarpa Welw. 29
- puccioniana Chiov. 32
- quarrei (Ghesq.) Stey. 33
- renigera Benth. 29
- retusa Vogel 29
- robynsiana Ghesq. 33
- rotundifolia Pers. 33
- roxburghii DC. 29
- ruspolii Chiov. 39
- schmitzii Stey. 33
- senna L. 36
- siamea Lam. 39
- sieberana DC. 29
- sieberiana DC. 29
- sieberiana sensu Brenan 29
- singueana Del. 39
- sinqueana Del. 39
- socotrana Serr.-Val. 39
- sophera L. 40
- sp.A Brenan 29
- sp.aff.mannii Aubrév.,p.p. 28
- sp.B Brenan 29
- sparsa Stey. 33
- spectabilis DC. 40
- splendida Vogel 40
- surattensis Burm.f. 40
- thyrsoidea Brenan 29

Cassia (*cont.*)
　tomentosa L.f. *38*
　tora L. *40*
　tora sensu auctt. *38*
　truncata Brenan *40*
　tuhovalyana Ake Assi *40*
　usambarensis Taubert *33*
　wildemaniana Ghesq. *31*
　wildemaniana sensu auctt. *33*
　wittei Ghesq. *33*
　zambesiaca Oliver *33*
　zanzibarensis Vatke *39*
Cassieae *27*
Castanospermum *474*
　australe Cunn. & Fraser *474*
Cathormion altissimum (Hook.f.) Hutch. & Dandy *80*
　dinklagei (Harms) Hutch. & Dandy *81*
　eriorhachis (Harms) Dandy. *81*
　leptophyllum (Harms) Keay *82*
　　var. guineense (G.Gilbert & Boutique) G.Gilbert & Boutique *86*
　　　subsp. guineensis (G.Gilbert & Boutique) Cavaco. *86*
　obliquifoliolatum (De Wild.) G.Gilbert & Boutique *83*
　rhombifolium (Hook.f.) Hutch. & Dandy *83*
Caulocarpus gossweileri Baker f. *370*
Centrolobium *234*
　paraense Tul. *234*
Centrosema *390*
　plumiere (Turp.) Benth. *390*
　plumieri (Pers.) Benth. *390*
　pubescens Benth. *390*
　virginianum (L.) Benth. *390*
Ceratonia *29*
　oreothauma Hillc.,G.P.Lewis & Verdc. *29*
　　subsp. somalensis Hillc.,G.P.Lewis & Verdc. *29*
　siliqua L. *29*
Cercideae *40*
Chamaecrista *30*
　absus (L.) Irwin & Barneby *30*
　africana (Stey.) Lock *30*
　biensis (Stey.) Lock *30*
　capensis (Thunb.) E.Meyer *30*
　comosa E.Meyer *30*
　dimidiata (Roxb.) Lock *30*
　duboisii (Stey.) Lock *30*
　exilis (Vatke) Lock *30*
　falcinella (Oliver) Lock *30*
　fallacina (Chiov.) Lock *30*
　fenarolii (Mendonça & Torre) Lock *31*
　ghesquiereana (Brenan) Lock *31*
　gracilior (Ghesq.) Lock *31*
　grantii (Oliver) Standley *31*
　hildebrandtii (Vatke) Lock *31*
　huillensis (Mendonça & Torre) Lock *31*
　jaegeri (Keay) Lock *31*
　kalulensis (Stey.) Lock *31*
　katangensis (Ghesq.) Lock *31*
　kirkii (Oliver) Standley *31*
　meelii (Stey.) Lock *32*
　mimosoides (L.) Greene *32*
　newtonii (Mendonça & Torre) Lock *32*
　nictitans (L.) Moench *32*
　nigricans (Vahl) Greene *32*
　paralias (Brenan) Lock *32*
　parva (Stey.) Lock *32*
　plumosa E.Meyer *32*
　polytricha (Brenan) Lock *32*
　puccioniana (Chiov.) Lock *32*
　robynsiana (Ghesq.) Lock *33*
　rotundifolia (Pers.) Greene *33*
　schmitzii (Stey.) Lock *33*
　stricta E.Meyer *33*
　usambarensis (Taubert) Standley *33*
　wittei (Ghesq.) Lock *33*
　zambesiaca (Oliver) Lock *33*
Chamaecytisus *275*
　pulvinatus (Quezel) C.Raynaud *275*
Chamaespartium tridentatum (L.) P.Gibbs *282*
　　subsp. lasianthum (Spach) Sojak *282*
Chidlowia *23*
　sanguinea Hoyle *23*
Chloryllis pratensis E.Meyer *395*
Chronanthus biflorus (Desf.) Frodin & Heyw. *276*
Chrysaspis micrantha (Viv.) Hendrych *492*
Cicer *123*
　arietinum L. *123*
　atlanticum Maire *123*
　canariense A.Santos Guerra & G.P.Lewis *123*
　cuneatum A.Rich. *123*
Cicereae *123*
Clitoria *390*
　cajanifolia (Presl) Benth. *390*
　falcata Lam. *390*
　kaessneri Harms *390*
　laurifolia Poiret *390*
　rubiginosa Pers. *390*
　tanganicensis Micheli *390*
　tanganyicensis Micheli *390*
　ternatea L. *390*
　　var. angustifolia Baker f. *390*
Clitoriopsis *390*
　mollis R.Wilczek *390*
Coelidium *335*

Coelidium (*cont.*)
    bowiei Benth. *335*
    bullatum Benth. *335*
    cedarbergensis R.Granby *335*
    ciliare (Ecklon & Zeyher) Walp. *335*
    cymbifolium C.A.Smith *335*
    dahlgrenii R.Granby *335*
    esterhuyseniae R.Granby *335*
    flavum R.Granby *335*
    fourcadei Compton *336*
    humile Schltr. *336*
    minimum R.Granby *336*
    muirii R.Granby *336*
    muraltioides Benth. *336*
    obtusilobum R.Granby *336*
    pageae L.Bolus *336*
    parvifolium (Thunb.) Druce *336*
    perplexum (Ecklon & Zeyher) R.Granby *336*
    purpureum R.Granby *336*
    spinosum Harvey *336*
    tortile (E.Meyer) Druce *336*
    villosum (Schltr.) R.Granby *336*
Colophospermum *47*
    mopane (Benth.) J.Léonard *47*
Colutea *260*
    abyssinica Kunth & Bouche *260*
    arborescens subsp. atlantica (Browicz) Ponert *260*
    arborescens sensu auctt. *260*
    atlantica Browicz *260*
    istria sensu auctt. *260*
Commiphora voensis Engl. *475*
Copaifera *47*
    arnoldiana (De Wild. & T.Durand) T.& H.Durand *53*
    baumiana Harms *47*
    carrissoana M.Exell *53*
    coleosperma Benth. *53*
    copallifera (Bennett) Milne-Redh. *53*
    demeusei Harms *53*
    ehie A.Chev. *54*
    gossweileri M.Exell *53*
    guibourtiana Benth. *53*
    letestui (Pellegrin) Pellegrin *59*
    mildbraedii Harms *47*
    mopane Benth. *47*
    officinalis L. *47*
    religiosa J.Léonard *47*
    salikounda Heckel *47*
    salikounda sensu auctt. *47*
    salikounda sensu Kennedy *47*
    schliebenii Harms *54*
    sp.aff.salikounda J.Léonard *47*
    tessmannii Harms *54*
Cordeauxia *23*
    edulis Hemsley *23*

Cordyla *476*
    africana Lour. *476*
    densiflora Lour. *477*
    pinnata (A.Rich.) Milne-Redh. *477*
    richardii Milne-Redh. *477*
    somalensis J.B.Gillett *477*
        subsp. littoralis J.B.Gillett *477*
        subsp. somalensis *477*
    sp. Keay et al. *477*
    sp.A Keay *477*
    sp.B Keay *477*
    sp.C Keay *477*
Cornicina hamosa (Desf.) Boiss. *342*
    lotoides (L.) Boiss. *342*
Coronilla *124*
    arenivaga Pau *124*
    atlantica Boiss. & Reuter *127*
    emerus L. *125*
        subsp. emeroides (Boiss. & Spruner) Holmboe *125*
    glauca L. *124*
    ifniensis Caball. *124*
    juncea L. *124*
        subsp. pomelii Battand. *124*
    minima L. *124*
        subsp. clusii Murb. *124*
    pentaphylloides (Rouy) A.W.Hill *124*
    ramosissima (Ball) Ball *124*
    repanda (Poiret) Guss. *124*
        subsp. dura (Cav.) Cout. *124*
        subsp. repanda *124*
    scorpioides (L.) Koch *124*
    securidaca L. *127*
    speciosa Uhrova *125*
    valentina L. *124*
        subsp. eu-valentina Maire *125*
        subsp. glauca (L.) Battand. *124*
        subsp. pentaphylla (Desf.) Battand. *124*
        subsp. speciosa (Uhrova) Greuter & Burdet *125*
        subsp. valentina *125*
    viminalis Salisb. *125*
Coronilleae *123*
Corothamnus balansae (Boiss.) Ponert *276*
Craibia *349*
    affinis (De Wild.) De Wild. *349*
    atlantica Dunn *349*
    baptistarum (Buettner) Dunn *349*
    brevicaudata (Vatke) Dunn *349*
        subsp. baptistarum (Buettner) J.B.Gillett *349*
        subsp. brevicaudata *349*
        subsp. burttii (Baker f.) J.B.Gillett *350*
        subsp. schliebenii (Harms) J.B.Gillett

Craibia (*cont.*)
    350
  brownii Dunn *350*
  elliottii Dunn *350*
  filipes var. macrantha Pellegrin *350*
  gazensis (Baker f.) Baker f. *349*
  gazensis sensu Brenan *350*
  grandiflora (Micheli) Baker f. *350*
  laurentii (De Wild.) De Wild. *350*
  lujai De Wild. *350*
  macrantha (Pellegrin) J.B.Gillett *350*
  mildbraedii Harms *350*
  simplex Dunn *350*
  utilis M.B.Moss *350*
  wentzeliana (Harms) Harms *349*
  zimmermannii (Harms) Dunn *350*
Crotalaria *163*
  abbreviata Baker f. *163*
  abscondita Baker *163*
  acervata Baker f. *206*
  acervata sensu Hepper *206*
  aculeata De Wild. *163*
    var. claessensii (De Wild.) R.Wilczek *163*
    subsp. aculeata *163*
    subsp. claessensii (De Wild.) Polhill *163*
  aculeata sensu Brenan,p.p. *210*
  acuminata DC. *161*
  acuminatissima Baker f. *177*
  acuminatissima sensu R.Wilczek *165*
  adamii R.Wilczek *163*
  adamsonii Baker f. *163*
  adenocarpoides Taubert *163*
  adenocarpoides sensu R.Wilczek,p.p. *165*
  adolfi Harms *163*
  aegyptiaca Benth. *163*
  afrocentralis Polhill *163*
  agatiflora Schweinf. *164*
    subsp. agatiflora *164*
    subsp. engleri (Baker f.) Polhill *164*
    subsp. erlangeri Baker f. *164*
    subsp. imperialis (Taubert) Polhill *164*
    subsp. vaginifera Polhill *164*
  agatiflora sensu auctt. *164*
  alata D.Don *164*
  alata sensu Hepper *205*
  albertiana Baker f. *169*
  albicaulis Franchet *164*
  alemanniana Torre *164*
  alexandri Baker f. *164*
  alticola Polhill *164*
  amadiensis De Wild. *179*
  amoena Baker *165*
  anagyroides Kunth *191*
  andromedifolia R.Wilczek *165*
  angulicaulis Harms *165*
  angustissima E.Meyer *178*
  anisophylla (Hiern) Baker *165*
  ankaranensis M.Pelt. *168*
  annua Milne-Redh. *165*
  anthyllopsis Baker *165*
  antunesii Baker f. *165*
  antunesii sensu Torre,p.p. *165*
  arcuata Polhill *165*
  arenaria Benth. *165*
  arenicola (De Wild.) Dummer *215*
  argenteotomentosa R.Wilczek *165*
    subsp. argenteotomentosa *165*
    subsp. dolosa Polhill *165*
  argyraea Baker *166*
  argyrolobioides Baker *166*
  arthroophylla Verd. *195*
  arushae Polhill *166*
  assurgens Polhill *166*
  astragalina sensu R.Wilczek *194*
  astragalinoides Baker f. *194*
  atrorubens Benth. *166*
  aurantiaca Baker *186*
  aurea Baker f. *166*
  australis (Baker f.) Verd. *185*
  awasensis Thulin *166*
  axillaris Aiton *166*
  axilliflora Baker f. *166*
  axillifloroides R.Wilczek *166*
    var. gracilis R.Wilczek *206*
  azaisii Sacl. *200*
  bagamoyoensis Baker f. *186*
  bakerana Rossberg *166*
  bakeriana Rossberg *166*
  balbi Chiov. *166*
  ballyi Polhill *167*
  bamendae Hepper *167*
  barkae Schweinf. *167*
    subsp. barkae *167*
    subsp. cordisepala Polhill *167*
    subsp. teitensis (Sacl.) Polhill *167*
    subsp. zimmermannii (Baker f.) Polhill *167*
  barnabassii Baker f. *167*
    var. cunenensis Torre *208*
  basipeta R.Wilczek *167*
  baumii Harms *167*
  becquetii R.Wilczek *167*
    subsp. becquetii *168*
    subsp. turgida Polhill *168*
  bemba R.Wilczek *168*
  benadirensis Chiov. *168*
  benguellensis Baker f. *168*
    var. bailundensis Torre *168*
  bequaertii Baker f. *168*

Crotalaria (cont.)
    bernieri Baillon *168*
    bianoensis Timp. *199*
    bicolor I.M.Johnston *200*
    bieberi Cuf. *201*
    blanda Polhill *168*
    boehmii Taubert *168*
    bogdaniana Polhill *168*
    bondii Torre *168*
    bongensis Baker f. *168*
    boranica Baker f. *169*
        subsp. boranica *169*
        subsp. trichocarpa Polhill *169*
    boudetii Polhill *169*
    boutiqueana R.Wilczek *169*
    brachycarpa (Benth.) Verd. *169*
    bredoi R.Wilczek *169*
    brevicornuta Polhill *169*
    brevidens Benth. *169*
    brevidens sensu auctt. *193*
    breyeri N.E.Br. *192*
    burkeana Benth. *169*
    burttii Baker f. *169*
    cabui R.Wilczek *169*
    caespitosa Baker *205*
    callensii R.Wilczek *170*
    calliantha Polhill *170*
    calycina Schrank *170*
    camisassae Chiov. *174*
    campestris Polhill *170*
    cannabina Baker f. *193*
    capensis Jacq. *170*
    capillipes Polhill *170*
    carrissoana Torre *170*
    carsonii Baker f. *170*
    carsonioides R.Wilczek *170*
    caudata Baker *170*
    cephalotes A.Rich. *170*
        var. moeroensis Baker f. *170*
    cernua Schinz *204*
    chamaepeuce Polhill *170*
    chirindae Baker f. *171*
    chondrocarpa Polhill *171*
    chrysochlora Harms *171*
    chrysotricha Polhill *171*
    cinerea Verd. *180*
    cistoides Baker *171*
        subsp. cistoides *171*
        subsp. orientalis Polhill *171*
    claessensii De Wild. *163*
    cleomifolia Baker *171*
    cleomoides Klotzsch *210*
    cobalticola Duvign. & Plancke *171*
    collina Polhill *171*
    colorata Schinz *171*
        subsp. colorata *171*
        subsp. erecta (Schinz) Polhill *172*
    comanestiana Volkens & Schweinf. *172*
    comosa Baker *172*
    concinna Polhill *172*
    confertiflora Polhill *172*
    confusa Hepper *172*
    congesta Polhill *172*
    congoensis Baker f. *172*
    cordata Baker *172*
    cornetii Taubert & Dewevre *172*
    corymbosa Torre *172*
    crebra Polhill *172*
    criniramea Polhill *173*
    cuspidata Taubert *173*
    cyanea Baker *173*
    cylindrica A.Rich. *173*
        subsp. afrorientalis Polhill *173*
        subsp. cylindrica *173*
    cylindrocarpa DC. *173*
    cylindrocarpa sensu auctt. *180*
    cylindrostachys Baker *173*
    dalensis Torre *173*
    damarensis Engl. *173*
        var. maraisiana Torre *197*
    dasyclada Polhill *173*
    debilis Polhill *173*
    decaulescens R.Wilczek *178*
    decora Polhill *174*
    decumbens Baker *200*
    dedzana Polhill *174*
    deflersii Schweinf. *174*
    deightonii Hepper *174*
    delicata Baker f. *217*
    densicephala Baker *174*
    depressa Polhill *174*
    desaegeri R.Wilczek *174*
    descampsii Micheli *174*
    deserticola Baker f. *174*
        subsp. deserticola *174*
        subsp. orientalis Polhill *174*
    dewildemaniana R.Wilczek *174*
        subsp. dewildemaniana *175*
        subsp. oxyrhyncha Polhill *175*
    dilatata Polhill *175*
    dilloniana sensu R.Wilczek *196*
    diloloensis Baker f. *180*
        var. prostrata R.Wilczek *180*
    diminuta Polhill *175*
    dinteri Schinz *175*
    distans Benth. *175*
        subsp. distans *175*
        subsp. macaulayae (Baker f.) Polhill *175*
        subsp. macrotropis (Baker f.) Polhill *175*
        subsp. mediocris Polhill *175*
    distantiflora Baker f. *175*

Crotalaria (cont.)
   doidgeae Verd. *175*
   dolichantha Polhill *176*
   dolichonyx Baker f. & Martin *176*
   doniana Baker *176*
   drummondii Milne-Redh. *202*
   duboisii R.Wilczek *176*
      subsp. duboisii *176*
      subsp. mutica Polhill *176*
   dumosa Franchet *176*
   dura J.M.Wood & Evans *176*
      subsp. dura *176*
      subsp. mozambica Polhill *176*
   durandiana R.Wilczek *176*
   duvigneaudii Timp. *176*
   ebenoides (Guillemin & Perrottet) Walp. *177*
   effusa E.Meyer *182*
   egregia Polhill *177*
   elata Baker *186*
   eldomae Baker f. *185*
   elisabethae Baker f. *177*
   emarginata Benth. *177*
   emarginella Vatke *177*
   engleri Baker f. *164*
   ephemera Polhill *177*
   eremicola Baker f. *177*
      subsp. eremicola *177*
      subsp. parviflora Polhill *177*
   ericoides Torre *177*
   erisemoides Ficalho & Hiern *218*
   erlangeri (Baker f.) Hutch. & E.A.Bruce *164*
   ervoides Baker *161*
   erythrophleba Baker *177*
   eurycalyx Polhill *177*
   exaltata Polhill *178*
   excisa (Thunb.) Baker f. *178*
      subsp. excisa *178*
      subsp. namaquensis Polhill *178*
   exelliana R.Wilczek *178*
   exilipes Polhill *178*
   exilis Polhill *178*
   eximia Polhill *178*
   falcata DC. *195*
   fallax Chiov. *178*
   fascicularis Polhill *178*
   fenarolii Torre *178*
   filicaulis Baker *178*
   filicauloides R.Wilczek *178*
   filifolia De Wild. *176*
   fischeri Taubert *208*
   flavicarinata Baker f. *179*
   florida Baker *179*
     var. richardsiana Torre *179*
   forbesii Baker *210*
     var. vanmeelii R.Wilczek *210*
   francoisiana Duvign. & Timp. *200*
   friesii Verd. *179*
   fulvella Merxm. *163*
   fwamboensis Baker f. *206*
   gamwelliae Baker f. *179*
   gazensis Baker f. *179*
      subsp. gazensis *179*
      subsp. herbacea Polhill *179*
   geminiflora Baker f. *167*
   germainii R.Wilczek *179*
   gillettii Polhill *179*
   glabripedicellata R.Wilczek *179*
   glauca Willd. *179*
   glaucifolia Baker *180*
   glaucoides Baker f. *180*
   globifera E.Meyer *180*
   gnidioides R.Wilczek *180*
   goetzei Harms *180*
   goodiiformis Vatke *180*
   goreensis Guillemin & Perrottet *180*
   gracilicaulis Baker f. *206*
   graminicola Baker f. *180*
   grandibracteata Taubert *180*
   grandibracteata sensu Brenan,p.p. *164*
   grandistipulata Harms *180*
   grantiana Harvey *210*
   grantii Baker *198*
   grata Polhill *180*
   greenwayi Baker f. *181*
   griquensis Bolus *181*
   griseofusca Baker f. *181*
   gweloensis (Baker f.) Milne-Redh. *209*
   harmsiana Taubert *170*
   harmsiana sensu Hepper *194*
   haumaniana R.Wilczek *181*
   heidmannii Schinz *181*
   hemsleyi Milne-Redh. *181*
   herpetoclada Rossberg *181*
   heterotricha Polhill *181*
   hoffmannii R.Wilczek *181*
   holoptera Baker *181*
   homalocarpa Baker f. *167*
   horrida Polhill *181*
   huillensis Taubert *181*
      subsp. huillensis *182*
      subsp. zambesiaca Polhill *182*
   humilis Ecklon & Zeyher *182*
   hyssopifolia Klotzsch *182*
   hyssopifolia sensu R.Wilczek *199*
   imperialis Taubert *164*
   imperialis sensu Dale & Greenway *164*
   impressa Walp. *182*
      subsp. onobrychis (A.Rich.) Cuf. *194*
   impressa sensu F.W.Andrews *194*
   incana L. *182*

Crotalaria (cont.)
    subsp. incana *182*
    subsp. purpurascens (Lam.)
      Milne-Redh. *182*
  incompta N.E.Br. *182*
  incrassifolia Polhill *182*
  inflexa Polhill *182*
  inhabilis Verd. *192*
  inopinata (Harms) Polhill *182*
  insignis Polhill *183*
  intermedia Kotschy *169*
    var. abyssinica Engl. *169*
    var. dorumaensis (Wilczek) Polhill *169*
    var. parviflora (Baker f.) Polhill *169*
  intermedia sensu auctt. *193*
  intonsa Polhill *183*
  involutifolia Polhill *183*
  inyangensis Polhill *183*
  ionoptera Polhill *183*
  iringana Harms *183*
  ivantalensis Baker *183*
  jacksonii Baker f. *183*
  jerokoensis Baker f. *183*
  jijigensis Thulin *183*
  johannis Torre *183*
  johnstonii Baker *183*
  jubae Polhill *184*
  juncea L. *184*
  junodiana Baker f. *186*
  jurioniana R.Wilczek *184*
  kamatinii R.Wilczek *177*
  kambanguensis R.Wilczek *184*
  kambolensis Baker f. *184*
  kandoensis Baker f. *184*
  kapiriensis De Wild. *184*
  karagwensis Taubert *184*
  kasaiensis R.Wilczek *202*
  kasikiensis Baker f. *166*
  kassneri Baker f. *184*
  katongaensis R.Wilczek *204*
  keilii sensu R.Wilczek,p.p. *164*
  kelaensis Baker f. *184*
  keniensis Baker f. *184*
  kerkvoordei R.Wilczek *184*
  kibaraensis R.Wilczek *185*
  kikangaensis De Wild. *174*
  kipandensis Baker f. *185*
  kipilaensis R.Wilczek *185*
  kipiriensis R.Wilczek *179*
  kirkii Baker *185*
  kuiririensis Baker f. *185*
  kundelunguensis Baker f. *185*
  kurtii Schinz *185*
  kutchiensis Baker f. *200*
  kwengeensis R.Wilczek *185*
  laburnifolia L. *185*
    subsp. australis (Baker f.) Polhill *185*
    subsp. eldomae (Baker f.) Polhill *185*
    subsp. laburnifolia *185*
    subsp. petiolaris (Franchet) Polhill *186*
    subsp. tenuicarpa Polhill *186*
  laburnifolia sensu Brenan *167*
  laburnoides Klotzsch *186*
  lachnocarpa Baker,p.p. *186*
  lachnocarpa sensu auctt. *180*
  lachnocarpoides Engl. *186*
  lachnophora A.Rich. *186*
  lachnosema Stapf *186*
  lanceolata E.Meyer *186*
    var. malangensis Baker f. *206*
    subsp. contigua Polhill *186*
    subsp. contigua sensu Polhill,p.p. *166*
    subsp. exigua Polhill *186*
    subsp. lanceolata *186*
    subsp. prognatha Polhill *186*
  lanceolata sensu auctt. *193*
  lancifoliolata Torre *187*
  lasiocarpa Polhill *187*
  lathyroides Guillemin & Perrottet *187*
  lathyroides sensu R.Wilczek *206*
  latifoliolata (De Wild.) R.Wilczek *186*
  lawalreeana R.Wilczek *187*
  laxa Franchet *177*
  laxiflora Baker *187*
  lebeckioides Bond *187*
  lebrunii Baker f. *187*
  ledermannii Baker f. *187*
  leonardiana Timp. *187*
  lepidissima Baker f. *187*
  leprieurii Guillemin & Perrottet *187*
  leptocarpa Balf.f. *187*
    subsp. aberrans Polhill *188*
    subsp. contracta Polhill *188*
    subsp. leptocarpa *188*
  leptoclada Harms *188*
  leubnitziana Schinz *188*
  leucoclada Baker *188*
  limosa Polhill *188*
  linearifolia De Wild. *187*
  linearifoliolata Chiov. *188*
  lisowskii Polhill *188*
  loandae Baker f. *188*
    var. annua Torre *188*
  longibracteata De Wild. *171*
  longiclavata Polhill *188*
  longidens Verd. *188*
  longifoliolata De Wild. *180*
  longipedunculata R.Wilczek *206*

Crotalaria (cont.)
longistyla Baker f. *210*
longithyrsa Baker f. *189*
lotiformis Milne-Redh. *189*
lotoides Benth. *189*
lotononis Baker *180*
lugardiorum Bullock *184*
lukafuensis De Wild. *189*
lukomae Baker f. *189*
lukomae sensu R.Wilczek,p.p. *199*
lukuluensis Baker f. *206*
lukwangulensis Harms *189*
lunata Polhill *189*
lundensis Torre *189*
luniemuensis R.Wilczek *206*
luondeensis R.Wilczek *189*
lusamboensis R.Wilczek *189*
lusingaensis R.Wilczek *189*
luteo-violacea Torre *177*
luxenii Baker f. *189*
lynesii Baker f. & Martin *192*
mabobo R.Wilczek *167*
macaulayae Baker f. *175*
macaulayae sensu R.Wilczek *175*
macrantha Polhill *190*
macrocalyx Benth. *190*
macrocarpa E.Meyer *190*
  subsp. macrocarpa *190*
  subsp. matopoensis Polhill *190*
macrotropis Baker f. *175*
madecassa R.Viguier *208*
malaissei Polhill *190*
malangensis Baker f. *200*
  var. capituliformis R.Wilczek *200*
  var. overlaetii R.Wilczek *200*
malindiensis Polhill *190*
manganifera Polhill *190*
marginata N.E.Br. *333*
massaiensis Taubert *190*
mauensis Baker f. *190*
maxillaris sensu auctt. *203*
megistantha Taubert *164*
melanocalyx Polhill *190*
mendesii Torre *190*
mendoncae Torre *191*
mentiens Polhill *191*
mesopontica Taubert *191*
  subsp. glabrescens (Wilczek) Milne-Redh. *191*
  subsp. mesopontica *191*
mesoponticoides R.Wilczek *206*
meyerana Steudel *191*
micans Link *191*
micheliana R.Wilczek *191*
microcarpa Benth. *191*
microcereus Timp. *176*
microphylla Vahl *191*

microthamnus R.Wilczek *191*
mildbraedii Baker f. *191*
milneana R.Wilczek *192*
minutissima Baker f. *192*
miranda Milne-Redh. *192*
misella Polhill *192*
mocubensis Polhill *192*
modesta Polhill *192*
mokoroensis R.Wilczek *166*
mollii Polhill *192*
monteiroi Baker f. *192*
mortelmansii R.Wilczek *200*
mortonii Hepper *192*
morumbensis Baker f. *192*
mossamedesiana Baker f. *167*
mucronata Desv. *195*
muenzneri Baker f. *192*
mullendersii R.Wilczek *200*
multicaulis Torre *184*
multicolor Merxm. *195*
mumbwae Baker f. *177*
namaquensis (Bolus) Dummer *221*
naragutensis Hutch. *192*
natalensis Baker f. *193*
natalitia Meissner *193*
  var. procumbens Baker f. *201*
  var. pseudo-rhodesiae Merxm. *201*
nematophylla Baker f. *193*
newtoniana Torre *193*
nicholsonii Baker f. *206*
nicholsonii sensu Torre,p.p. *208*
nigrescens Chiov. *173*
nigricans Baker *193*
nogalensis Chiov. *177*
noldeae Rossberg *163*
nuda Polhill *193*
nudiflora Polhill *193*
nyikensis Baker *193*
obscura DC. *193*
occidentalis Hepper *193*
ochroleuca G.Don *193*
oligosperma Polhill *193*
oligostachya Baker *194*
onobrychis A.Rich. *194*
ononoides Benth. *194*
  var. grandiflora R.Wilczek *163*
onusta Polhill *194*
oocarpa Baker *194*
  subsp. microcarpa Milne-Redh. *194*
  subsp. oocarpa *194*
oosterboschiana Timp. *195*
oreadum Baker f. *206*
orientalis Verd. *194*
  subsp. allenii (Verd.) Polhill & A.Schreiber *194*
  subsp. orientalis *194*

Crotalaria (*cont.*)
  orixensis Willd. *194*
  orthoclada Baker *194*
  orthoclada sensu auctt. *170*
  ovata Polhill *195*
  oxthoibos Baker f. & Martin *208*
  oxyphylla Harms *195*
  oxyphylloides R.Wilczek *195*
  oxyptera E.Meyer *221*
  pallida Aiton *195*
  pallidicaulis Harms *195*
  paolii Cuf. *190*
  paracistoides Torre *195*
  paraspartea Polhill *195*
  parvula Baker *195*
  passerinoides Taubert *195*
  patula Polhill *195*
  pauciflora Baker *210*
  paulina Schrank *195*
  pearsonii Baker f. *196*
  pentaphylla Baker f. *196*
  perbracteolata Polhill *196*
  peregrina Polhill *196*
  perlaxa Polhill *196*
  perrottetii DC. *196*
  persica (Burm.f.) Merrill *196*
  peschiana Duvign. & Timp. *196*
  petiolaris Franchet *186*
  petitiana (A.Rich.) Walp. *196*
  petitiana sensu F.W.Andrews,p.p. *172*
  phillipsiae Baker *196*
  phylicoides Wild *196*
  phylloloba Harms *196*
  phyllostachys Baker *197*
  piedboeufii R.Wilczek *184*
  pilosiflora Baker *197*
  pisicarpa Baker *197*
  pittardiana Torre *197*
  platycalyx Baker *200*
  platysepala Harvey *197*
  pleiophylla Polhill *197*
  plowdenii Baker *197*
  podocarpa DC. *197*
  poeciľantha Polhill *197*
  polhillii Thulin *197*
  poliochlora Harms *197*
  polyantha Taubert *197*
  polycarpa Benth. *204*
  polychroma Polhill *198*
  polyclados Baker *173*
  polygaloides Baker *198*
    subsp. orientalis Polhill *198*
    subsp. polygaloides *198*
  polysperma Kotschy *198*
  polytricha Polhill *198*
  praecox Milne-Redh. *180*
  praetexta Polhill *198*
  preladoi Baker f. *198*
  prittwitzii Baker f. *198*
  prolongata Baker *198*
  prolongata sensu Torre,p.p. *173*
  protensa Baker *198*
  psammophila Harms *198*
  pseudo-alexandri R.Wilczek *199*
  pseudo-seretii R.Wilczek *199*
  pseudodelicata Torre *222*
  pseudodiloloensis R.Wilczek *199*
  pseudoflorida R.Wilczek *179*
  pseudokipandensis R.Wilczek *185*
  pseudonatalitia R.Wilczek *198*
  pseudopodocarpa R.E.Fries *173*
  pseudoquangensis Torre *199*
  pseudospartium Baker f. *199*
  pseudotenuirama Torre *199*
  pseudovirgultatis Torre *199*
  pterocalyx Harms *199*
  pteropoda Balf.f. *199*
  pterospartioides Torre *199*
  pudica Polhill *199*
  purpurascens Lam. *182*
  purpurea Vent. *337*
  pycnocephala Baker f. *206*
  pycnostachya Benth. *199*
    subsp. donaldsonii (Baker f.) Polhill *200*
    subsp. pycnostachya *200*
    subsp. tropeae (Mattei) Polhill *200*
  pygmaea Polhill *200*
  quangensis Taubert *200*
  quarrei Baker f. *200*
  quartiniana A.Rich. *200*
  raffillii Milne-Redh. *201*
  rathjensiana Schwartz *177*
  reclinata Polhill *200*
  recta A.Rich. *200*
  recumbens Polhill *200*
  renierana R.Wilczek *200*
  reptans Taubert *201*
  retusa L. *201*
  rhizoclada Polhill *201*
  rhodesiae Baker f. *201*
  rhopalocarpa Chiov. *174*
  rhynchocarpa Polhill *201*
  rhynchotropioides Baker f. *201*
  rigidula Baker f. *192*
  ringoetii Baker f. *201*
  riparia Polhill *201*
  robinsoniana Torre *179*
  robynsii R.Wilczek *184*
  rogersii Baker f. *201*
    var. kilwaensis R.Wilczek *201*
  rosenii (Pax) Polhill *201*
  rufocarpa Gilli *209*

Crotalaria (cont.)
- rufocaulis Gilli *201*
- rupicola Baker f. *201*
- ruspoliana Chiov. *202*
- sacculata Chiov. *202*
- saharae Cosson *202*
- saltiana Andrews *202*
- sapinii De Wild. *202*
    - subsp. kasaiensis (Wilczek) Polhill *202*
    - subsp. sapinii *202*
- sapinii sensu Torre,p.p. *168*
- saxatilis Vatke *180*
- scassellatii Chiov. *202*
- schinzii Baker f. *202*
- schlechteri Baker f. *202*
- schliebenii Polhill *202*
- schmitzii R.Wilczek *202*
- schultzei Harms *172*
- seemeniana Harms *203*
- senegalensis (Pers.) DC. *203*
- sengae R.Wilczek *166*
- sengensis Baker f. *203*
- serengetiana Polhill *203*
- seretii De Wild. *173*
- sericea Retz. *204*
- sericifolia Harms *203*
- serpens E.Meyer *224*
- sertulifera Taubert *203*
- sessilis De Wild. *203*
- shamvaensis sensu Torre *203*
- shirensis (Baker f.) Milne-Redh. *203*
- sidamaensis Chiov. *202*
- simoma Polhill *203*
- simulans Milne-Redh. *203*
- singuliflora Baker f. *166*
- singulifloroides R.Wilczek *203*
- somalensis Chiov. *203*
    - subsp. fusula Polhill *204*
    - subsp. somalensis *204*
- sp.A Hepper *173*
- sp.F J.B.Gillett et al. *172*
- sparsifolia Baker *204*
- spartea Baker *204*
- spartioides DC. *204*
- spathulato-foliolata Torre *204*
- spectabilis Roth *204*
- sphaerocarpa DC. *204*
    - subsp. polycarpa (Benth.) Hepper *204*
    - subsp. sphaerocarpa *204*
- spinosa Benth. *204*
    - subsp. aculeata sensu Robyns *163*
- spinosa sensu auctt. *163*
- stanerana Baker f. *205*
- stenopoda Baker f. *205*
- stenoptera Baker *205*
- stenorhampha Harms *205*
- stenothyrsa Taubert *205*
- steudneri Schweinf. *205*
- stipularia Desv. *205*
- stolzii (Baker f.) Polhill *205*
- streptorrhyncha Milne-Redh. *205*
- striata DC. *195*
- strigulosa Balf.f. *205*
- stuhlmannii Taubert *205*
- subcaespitosa Polhill *205*
- subcalvata Polhill *206*
- subcapitata De Wild. *206*
    - subsp. oreadum (Baker f.) Polhill *206*
    - subsp. subcapitata *206*
- subdisperma Baker f. *182*
- subsessilis Harms *206*
- subspicata *206*
- subtilis Polhill *206*
- subumbellata Torre *177*
- sylvicola Baker f. *206*
- symoensiana Timp. *165*
- szaferana R.Wilczek *206*
- szaferiana R.Wilczek *206*
- tabularis Baker f. *206*
- tabularis sensu Torre *208*
- tamboensis R.Wilczek *206*
- taubertii Baker f. *167*
- teitensis Sacl. *167*
- teixeirae Torre *207*
- tenuipedicellata Baker f. *207*
- tenuirama Baker *207*
- tenuirama sensu R.Wilczek,p.p. *182*
- tenuirostrata Polhill *207*
- teretifolia Milne-Redh. *207*
- tetraptera Torre *207*
- thaumasiophylla Harms *209*
- thebaica (Del.) DC. *207*
- thomasii Harms *207*
- thomensis Baker f. *210*
- thomsonii Oliver *180*
- torrei Polhill *207*
- trifoliolata Baker f. *207*
- trinervia Polhill *207*
- tristis Polhill *207*
- tropeae Mattei *200*
- tropeae sensu J.B.Gillett et al. *200*
- tsavoana Polhill *208*
- tunguensis (Lima) Polhill *201*
- uguenensis Taubert *208*
- ukambensis Vatke *208*
- ukingensis Harms *208*
- ulbrichiana Harms *208*
- umbellifera R.E.Fries *208*
- uncinata Baker *208*
- uncinella Lam. *208*

Crotalaria (cont.)
    unicaulis Bullock *208*
    upembaensis R.Wilczek *206*
    vagans Polhill *208*
    valida Baker *208*
    valida sensu auctt.,p.p. *186*
    vallicola Baker f. *208*
    vandenbrandii R.Wilczek *209*
    vanderystii R.Wilczek *209*
    vanmeelii R.Wilczek *209*
    varicosa lhi (accepte [461] *209*
    variegata k (accepte [461] *209*
        var. humpatensis Torre *209*
    variifolia lhi (accepte [461] *209*
    vasculosa Benth. *209*
    vatkeana Engl. *209*
    verdcourtii Polhill *209*
    verrucosa L. *209*
    versicolor Baker *198*
    vialettei Battand. *209*
    vialis Milne-Redh. *209*
    virgulata Klotzsch *210*
        subsp. forbesii (Baker) Polhill *210*
        subsp. grantiana (Harvey) Polhill *210*
        subsp. longistyla (Baker f.) Polhill *210*
        subsp. pauciflora (Baker) Polhill *210*
        subsp. virgulata *210*
    virgultalis sensu auctt.,p.p. *204*
    virgultatis DC. *210*
    vogelii Benth. *187*
    welwitschii Baker *210*
    wilczekiana Timp. *210*
    wildemanii Baker f. & Martin *191*
    wissmannii Schwartz *163*
    xanthoclada var. stolzii Baker f. *205*
    xassenguensis Torre *200*
    youngii Baker f. *210*
    zanzibarica Benth. *210*
    zimmermannii Baker f. *167*
Crotalarieae *128*
Crudia *47*
    bibundina Harms *47*
    gabonensis Harms *47*
    gossweileri Baker f. *47*
    harmsiana De Wild. *47*
    klainei De Wild. *47*
    laurentii De Wild. *48*
    ledermannii Harms *48*
    michelsonii J.Léonard *48*
    senegalensis Benth. *48*
    senegalensis sensu Oliver *47*
    sp.A Keay *48*
    sp.aff.gabonensis Aubrév. *47*
    sp.aff.senegalensis Aubrév. *48*
    zenkeri Harms *48*

Cryptosepalum *9*
    arboreum Baker f. *9*
    bifolium De Wild. *9*
    boehmii Harms *9*
    busseanum Harms *9*
    congolanum (De Wild.) J.Léonard *9*
    crassiusculum Duvign. *9*
    curtisiorum I.M.Johnston *9*
    dasycladum Harms *9*
    debeerstii De Wild. *9*
    delevoyi De Wild. *9*
    diphyllum Duvign. *9*
    elegans Duvign. *9*
        Letouzey *9*
    exfoliatum De Wild. *9*
        subsp. craspedoneuron Duvign. & Brenan *9*
        subsp. exfoliatum *9*
        subsp. pseudotaxus (Baker f.) Duvign. & Brenan *9*
        subsp. suffruticans (Duvign.) Duvign. & Brennan *9*
    exfoliatum sensu Pellegrin *10*
    fruticosum Hutch. *9*
    hockii De Wild. *9*
    katangense (De Wild.) J.Léonard *9*
    maraviense Oliver *9*
    mimosoides Oliver *10*
    minutifolium (A.Chev.) Hutch. & Dalziel *10*
    pellegrinianum (J.Léonard) J.Léonard *10*
    pseudotaxus Baker f. *9*
    puchellum Harms *9*
    robynsii De Wild. *9*
    sp.Tani Letouzey & Mouranche *10*
    staudtii Harms *10*
    subelegans Duvign. *9*
    suffruticans Duvign. *9*
    tetraphyllum (Hook.f.) Benth. *10*
    verdickii De Wild. *9*
Cullen *453*
    americanum (L.) Rydb. *453*
    biflora (Harvey) Stirton *453*
    holubii (Burtt Davy) Stirton *453*
    obtusifolia (DC.) Stirton *454*
    plicata (Del.) Stirton *454*
Cyamopsis *289*
    dentata (N.E.Br.) Torre *289*
    senegalensis Guillemin & Perrottet *289*
    serrata Schinz *289*
    stenophylla (Bonnet) A.Chev. *289*
    tetragonoloba (L.) Taubert *289*
Cyanospermum tomentosum (Roxb.) Wight & Arn. *430*
Cyanothyrsus soyauxii Harms *51*

Cyanothyrsus (*cont.*)
Cyclocarpa *111*
   stellaris Baker *111*
Cyclopia *449*
   aurescens Kies *449*
   bolusii Hofmeyer & E.Phillips *449*
   bowieana Harvey *449*
   burtonii Hofmeyer & E.Phillips *449*
   buxifolia (Burm.f.) Kies *449*
   capensis T.M.Salter *449*
   dregeana Kies *449*
   falcata (Harvey) Kies *449*
   filiformis Kies *449*
   galioides (Bergius) DC. *449*
   genistoides (L.) Vent. *450*
   intermedia E.Meyer *450*
   latifolia DC. *449*
   longiflora Vogel *450*
   maculata (Andrews) Kies *450*
   meyeriana Walp. *450*
   montana Hofmeyer & E.Phillips *450*
   plicata Kies *450*
   pubescens Ecklon & Zeyher *450*
   sessiliflora Ecklon & Zeyher *450*
   subternata Vogel *449*
   tenuifolia Lehm. *450*
Cylicodiscus *88*
   battiscombei Baker f. *95*
   gabunensis Harms *88*
   paucijugus (Harms) Verdc. *95*
Cylista microphylla Chiov. *420*
   nogalensis Chiov. *420*
   schweinfurthii R.Wagner & Vierh. *420*
   somalorum Vierh. *420*
Cymonetra glandulosa (Portères) Roberty *52*
Cynometra *48*
   ?djumaensis De Wild. *4*
   alexandri C.H.Wright *48*
   ananta Hutch. & Dalziel *48*
   aubrevillei Pellegrin *56*
   bipetala Pellegrin *56*
   brachyrrhachis Harms *48*
   brachyura Harms *55*
   capparidacea (Taubert) Harms *61*
   cauliflora L. *48*
   citrina (Taubert) Harms *61*
   congensis De Wild. *48*
   dacremontii Lebrun *52*
   egregia Hora & Greenway *61*
   engleri Harms *48*
   escherichii Harms *52*
   felicis (A.Chev.) Pellegrin *55*
   filifera Harms *49*
   gilletii De Wild. *50*
   gillmanii J.Léonard *49*
   glandulosa (Portères) J.Léonard *52*
   greenwayi Brenan *49*
   grotei Harms *61*
   hankei Harms *49*
   hedinii A.Chev. *17*
   henkei Harms *49*
   kisantuense De Wild. *52*
   leonensis Hutch. & Dalziel *49*
Cynometra leptantha Harms *56*
   letestui (Pellegrin) J.Léonard *49*
   longipedicellata Harms *49*
   longituba Harms *58*
   lujae De Wild. *49*
   mannii Oliver *49*
   megalophylla Harms *49*
   michelsonii J.Léonard *49*
   mildbraedii Harms *53*
   multijuga Harms *58*
   mundungu Pellegrin *55*
   nyangensis Pellegrin *50*
   oddonii De Wild. *50*
   pachycarpa A.Chev. *7*
   palustris J.Léonard *50*
   pedicellata De Wild. *50*
   pierreana Harms *53*
   pierreana sensu Aubrév. *52*
   purpureo-caerulea Baker f. *56*
   sanagaensis Aubrév. *50*
   sankuruensis Vermoesen *48*
   schlechteri Harms *50*
   schliebenii Harms *61*
   sessiliflora Harms *50*
   sp. Zing Letouzey & Mouranche *10*
   sp.A Brenan *51*
   sp.B Brenan *51*
   sp.13 Brenan *51*
   sp.14 Brenan *49*
   sp.15 Brenan *59*
   suaheliensis (Taubert) Baker f. *50*
   trinitensis Oliver *50*
   ulugurensis Harms *50*
   vogelii Hook.f. *50*
   webberi Baker f. *50*
Cytisophyllum *275*
   sessilifolium (L.) O.F.Lang *275*
Cytisopsis *341*
   ahmedii (Battand. & Pitard) Lassen *341*
Cytisus *276*
   ahmedii Battand. & Pitard *341*
   albidus DC. *276*
   arboreus (Desf.) DC. *276*
      subsp. arboreus *276*
      subsp. baeticus (Webb) Maire *276*
      subsp. catalaunicus (Webb) Maire *276*
      subsp. malacitanus (Boiss.) Malagarr. *276*

Index

Cytisus (cont.)
  balansae (Boiss.) Ball *276*
    subsp. balansae *276*
  battandieri Maire *267*
  candicans (L.) Lam. *279*
  fontanesii Ball *276*
    subsp. plumosus (Boiss.) Fernandez Casas *276*
  grandiflorus DC. *276*
    var. barbarus (Jah. & Maire) Maire *277*
    var. haplophyllus Maire & Sennen *277*
    subsp. barbarus (Jah. & Maire) Maire *277*
    subsp. grandiflorus *277*
    subsp. haplophyllus (Maire & Sennen) Maire *277*
  ifniensis Font Quer *276*
  linifolius (L.) Lam. *279*
  malacitanus Boiss. *276*
    subsp. catalaunicus (Webb) Heyw. *276*
  maurus Humbert & Maire *277*
  megalanthus (Pau & Font Quer) Font Quer *277*
  monspessulanus L. *279*
  osmariensis (Cosson) Ball *280*
  palmensis (Christ) Hutch. *277*
  pulvinatus Quezel *275*
  purgans subsp. balansae (Boiss.) Maire *276*
  purgans sensu auctt. *276*
  scoparius L. *277*
  segonnei (Maire) Maire *281*
  striatus (Hill) Rothm. *277*
  tridentatus (L.) Vukot. *282*
  triflorus L'Her. *277*
  villosus Pourret *277*

D
Dalbergia *235*
  acariiantha Harms *235*
  acutifoliolata Mendonça & Sousa *235*
  adami Berhaut *235*
  afzeliana G.Don *235*
  ajudana Harms *235*
  albiflora Hutch. & Dalziel *235*
    subsp. albiflora *235*
    subsp. echinocarpa Hepper *235*
  altissima Baker f. *235*
  arbutifolia Baker *235*
    subsp. aberrans Polhill *235*
    subsp. arbutifolia *235*
  armata E.Meyer *236*
  assamica Benth. *236*
  bakeri Baker *236*
  baronii Baker *236*
  bignonae Berhaut *236*
  boehmii Taubert *236*
    subsp. boehmii *236*
    subsp. stuhlmannii (Taubert) Polhill *236*
  bracteolata Baker *236*
  carringtoniana Sousa *236*
  commiphoroides Baker f. *236*
  congensis Baker f. *236*
  crispa Hepper *236*
  dalzielii Hutch. & Dalziel *237*
  ealaensis De Wild. *237*
  ecastaphyllum (L.) Taubert *237*
  elata Harms *236*
  eremicola Polhill *237*
  fischeri Taubert *237*
  florifera De Wild. *237*
  fouilloyana Pellegrin *237*
  gentilii De Wild. *237*
  gilbertii Cronq. *237*
  gilletii De Wild. *238*
  goetzei Harms *236*
  gossweileri Baker f. *237*
  grandibracteata De Wild. *237*
  harmsiana De Wild. *236*
  heudelotii Stapf *237*
  hostilis Benth. *238*
  isangiensis De Wild. *240*
  kisantuensis De Wild. & T.Durand *238*
  lactea Vatke *238*
  lanceolaria L.f. *238*
  lastoursvillensis Pellegrin *238*
  latifolia Roxb. *238*
  laurentii De Wild. *349*
  laxiflora Micheli *238*
  librevillensis Pellegrin *238*
  louisii Cronq. *238*
  macrosperma Baker *238*
  macrothyrsa Harms *240*
  macrothyrsa sensu Cuf. *238*
  malangensis Sousa *238*
  martinii F.White *238*
  mayumbensis Baker f. *239*
  megalocarpa Harms *235*
  melanoxylon Guillemin & Perrottet *239*
  microcarpa Baker f. *239*
  microphylla Chiov. *239*
  multijuga E.Meyer *239*
  ngounyensis Pellegrin *239*
  nitidula Baker *239*
  noldeae Harms *239*
  oblongifolia G.Don *239*
  obovata E.Meyer *239*
  ochracea Harms *235*
  oligophylla Hutch. & Dalziel *239*

Dalbergia (*cont.*)
    pachycarpa (De Wild. & T.Durand) De Wild. *239*
    pachycarpa sensu Kennedy *241*
    pluriflora Baker f. *239*
    rufa G.Don *239*
    rugosa Hepper *240*
    sambesiaca Schinz *240*
    saxatilis Hook.f. *240*
    saxatilis sensu Cavaco *238*
    sessiliflora Harms *239*
    setifera Hutch. & Dalziel *240*
    sissoo DC. *240*
    sp. Dale & Greenway *237*
    sp.A Hepper *240*
        Sousa *240*
        Troupin *240*
    sp.B Sousa *240*
    sp.nr.macrosperma Baker *241*
    sp.nr.pachycarpa (De Wild. & T.Durand) De Wild. *241*
    sp.1 F.White *240*
    sp.2 F.White *237*
    teixeirae Sousa *240*
    uarandensis (Chiov.) Thulin *240*
    vacciniifolia Vatke *240*
    vacciniifolia sensu Brenan,p.p. *235*
Dalbergieae *234*
Dalbergiella *350*
    gossweileri Baker f. *350*
    nyassae Baker f. *350*
    welwitschii (Baker) Baker f. *351*
Dalhousiea *474*
    africana S.Moore *474*
Daniellia *51*
    alsteeniana Duvign. *51*
    ealaensis Baker f. *51*
    fosteri Holland *51*
    klainei A.Chev. *51*
    mortehanii De Wild. *51*
    oblonga Oliver *51*
    ogea (Harms) Holland *51*
    oliveri (Rolfe) Hutch. & Dalziel *51*
    punchii Holland *51*
    pynaertii De Wild. *51*
    similis Holland *51*
    soyauxii (Harms) Rolfe *51*
    sp. J.Léonard *51*
    thurifera Bennett *51*
    thurifera sensu J.Léonard *51*
Decorsea *390*
    dinteri (Harms) Verdc. *390*
    galpinii (Burtt Davy) Verdc. *391*
    schlechteri (Harms) Verdc. *391*
Delonix *23*
    baccal (Chiov.) Baker f. *23*
    elata (L.) Gamble *23*
    regia (Hook.) Raf. *23*
Dendrolobium umbellatum (L.) Benth. *248*
Derris *351*
    dalbergioides Baker *351*
    elliptica (Roxb.) Benth. *351*
    elliptica sensu Brenan *351*
    ferruginea (Roxb.) Benth. *351*
    malaccensis Prain *351*
    microphylla (Miq.) Backer *351*
    trifoliata Lour. *351*
    uliginosa (Willd.) Benth. *351*
Desmanthus *88*
    virgatus (L.) Willd. *88*
Desmodieae *243*
Desmodium *245*
    adscendens (Sw.) DC. *245*
    aparine Chiov. *247*
    appressipilum B.G.Schubert *245*
    asperum Desv. *245*
    barbatum (L.) Benth. *245*
        subsp. dimorphum (Baker) Laundon *245*
    caffrum (E.Meyer) Druce *245*
    canum (J.Gmelin) Schinz & Thell. *246*
    cordifolium (Harms) Schindler *245*
    delicatulum A.Rich. *245*
    dichotomum (Willd.) DC. *245*
    dimorphum Baker *245*
    discolor Vogel *245*
    distortum (Aublet) Macbr. *245*
    dregeanum Benth. *245*
    frutescens sensu auctt. *246*
    fulvescens B.G.Schubert *246*
    gangeticum (L.) DC. *246*
        var. maculatum (L.) Baker *246*
    gyroides (Link) DC. *246*
    helenae Buscal. & Muschler *246*
    heterocarpon (L.) DC. *246*
    hirtum Guillemin & Perrottet *246*
    incanum (Sw.) DC. *246*
    intortum (Miller) Urban *246*
    lasiocarpum (P.Beauv.) DC. *248*
    laxiflorum DC. *246*
    linearifolium G.Don *246*
    mauritianum sensu auctt. *247*
    natalitium Sonder *246*
    ospriostreblum Chiov. *246*
    oxalidifolium G.Don *245*
    pilosiusculum DC. *247*
    polycarpum sensu R.O.Williams *246*
    procumbens (Miller) Hitchc. *247*
    psilocarpum Gray *247*
    ramosissimum G.Don *247*
    repandum (Vahl) DC. *247*
    salicifolium (Poiret) DC. *247*
    sandvicense E.Meyer *247*

Desmodium (cont.)
   scalpe DC. 247
   schweinfurthii Schindler 247
   scorpiurus (Sw.) Desv. 247
   setigerum (E.Meyer) Harvey 247
   spirale DC. 247
   stolzii Schindler 247
   tanganyikense Baker 247
   tortuosum (Sw.) DC. 247
   tortuosum sensu Hepper,p.p. 246
   triflorum (L.) DC. 248
   umbellatum (L.) DC. 248
   uncinatum (Jacq.) DC. 248
   velutinum (Willd.) DC. 248
   wittei B.G.Schubert 248
   zenkeri Schindler 248
Detarieae 45
Detarium 52
   beurmannianum Schweinf. 52
   heudelotianum Baillon 52
   macrocarpum Harms 52
   microcarpum Guillemin & Perrottet 52
   senegalense J.Gmelin 52
   senegalense sensu auctt. 52
Dewevrea 351
   bilabiata Micheli 351
   gossweileri Baker f. 351
Dialium 33
   angolense Oliver 33
   aubrevillei Pellegrin 33
   bipindense Harms 33
   bipindense sensu Eggeling 34
   connaroides Baker f. 33
   corbisieri Staner 34
   densiflorum Harms 34
   dinklagei Harms 34
   engleranum Henriq. 34
   englerianum Henriq. 34
   eurysepalum Harms 34
   evrardii Stey. 33
   excelsum Stey. 34
   fleuryi Pellegrin 33
   gossweileri Baker f. 34
   graciliflorum Harms 34
   guineense Willd. 34
   hexasepalum Harms 34
   holtzii Harms 34
   kasaiense Stey. 35
   lacourtianum Vermoesen 34
   latifolium Harms 35
   letestui Pellegrin 59
   mayumbense Baker f. 36
   orientale Baker f. 35
   ovatum Hutch. & Dalziel 35
   pachyphyllum Harms 35
   pentandrum Stey. 35
   pobeguinii Pellegrin 35

   poggei Harms 35
   polyanthum Harms 35
   quinquepetalum Pellegrin 35
   reygaertii De Wild. 35
   schlechteri Harms 35
   simsii Phillips 34
   soyauxii Harms 35
   sp. Eggeling 34
      Torre & Hillc. 36
   sp.nr.bipindense Eggeling 34
   staudtii Harms 34
   tessmannii Harms 36
   yambataense Vermoesen 35
   zenkeri Harms 36
Dichilus 211
   gracilis Ecklon & Zeyher 211
   lebeckioides DC. 211
   pilosus Schinz 211
   strictus E.Meyer 211
Dichrostachys 89
   arborea N.E.Br. 89
   cinerea (L.) Wight & Arn. 89
      subsp. africana Brenan & Brummitt 89
      subsp. argillicola Brenan & Brummitt 89
      subsp. forbesii (Benth.) Brenan & Brummitt 89
      subsp. keniensis Brenan & Brummitt 89
      subsp. nyassana (Taubert) Brenan 89
      subsp. platycarpa (W.Bull) Brenan & Brummitt 89
   dehiscens Balf.f. 89
   glomerata (Forsskal) Chiov. 89
      subsp. nyassana (Taubert) Brenan 89
   kirkii Benth. 89
   nyassana Taubert 89
   platycarpa W.Bull 89
      Welw. 89
   sp.A Brenan 89
   sp.B Brenan. 85
Dicraeopetalum 474
   stipulare Harms 474
Didelotia 10
   africana Baillon 10
   afzelii Taubert 10
   brevipaniculata J.Léonard 10
   engleri Dinkl. & Harms 10
   idae Oldeman,de Wit & J.Léonard 10
   ledermannii Harms 11
   letouzeyi Pellegrin 11
   minutiflora (A.Chev.) J.Léonard 11
   morelii Aubrév. 11
   pauli-sitai Letouzey 11
   sp. Keay 11

Didelotia (*cont.*)
    Keay,p.p. *19*
    sp.nr.unifoliolata Keay *10*
    unifoliolata J.Léonard *11*
Dioclea *391*
    reflexa Hook.f. *391*
    virgata (Rich.) Amshoff *391*
Dipetalanthus felicis A.Chev. *55*
    pellegrinii A.Chev. *56*
Dipogon *391*
    lignosus (L.) Verdc. *391*
Distemonanthus *36*
    benthamianus Baillon *36*
Dolichos *391*
    aciphyllus R.Wilczek *391*
    africanus R.Wilczek *415*
    angustifolius Ecklon & Zeyher *391*
    angustissimus E.Meyer *391*
    antunesii Harms *391*
    argenteus Willd. *423*
    argyros R.Wilczek *391*
    axillaris E.Meyer *415*
    axilliflorus Verdc. *392*
    baumannii Harms *417*
    bellus Harms *392*
    benadirianus Chiov. *417*
    bianoensis R.Wilczek *392*
        subsp. bianoensis *392*
        subsp. orientalis Verdc. *392*
    bieensis Torre *415*
    biflorus L. *447*
    biflorus sensu auctt. *417*
    brevicaulis Baker *415*
    capensis L. *392*
    cardiophyllus Harms *392*
    Chloryllis Harvey *395*
    chrysanthus A.Chev. *415*
    complanatus De Wild. *392*
    compressus R.Wilczek *392*
    corymbosus R.Wilczek *392*
    daltonii Webb *415*
    decumbens Thunb. *392*
    densiflorus Baker *416*
    dewildemanianus R.Wilczek *416*
    dinklagei Harms *392*
    dongaluta Baker *392*
    elatus Baker *393*
    ellipticus R.E.Fries *416*
    eriocaulus Harms *416*
    esculentus De Wild. *416*
    falcatus Willd. *397*
    falcatus sensu Burtt Davy *397*
    falcatus sensu Hepper *397*
    falciformis E.Meyer *393*
    filifoliolus Verdc. *393*
    fimbriatus Harms *416*
    fischeri Harms *417*
    formosus A.Rich. *396*
    formosus sensu auctt. *396*
    galpinii Burtt Davy *391*
    genistiformis Chiov. *375*
    gibbosus Thunb. *391*
    glabratus R.Wilczek *393*
    glabrescens R.Wilczek *393*
    goetzei Harms *394*
    grandistipulatus Harms *393*
    gululu De Wild. *393*
    hastaeformis E.Meyer *393*
    hastiformis E.Meyer *393*
    hendrickxii De Wild. *416*
    hockii De Wild. *416*
    homblei De Wild. *393*
    ichthyophone Verdc. *393*
    junodii (Harms) Verdc. *393*
    karaviaensis R.Wilczek *393*
    kassaiensis R.Wilczek *416*
    katali De Wild. *394*
    katangensis De Wild. *417*
    kilimandscharicus Taubert *394*
        subsp. kilimandscharicus *394*
        subsp. parviflorus Verdc. *394*
    lablab L. *414*
        subsp. bengalensis (Jacq.) Rivals *414*
    lelyi Hutch. *395*
    lignosus L. *391*
    linearifolius I.M.Johnston *394*
    linearis E.Meyer *394*
    longipes Buchwald *394*
    lualabensis R.Wilczek *394*
        subsp. lualabensis *394*
        subsp. ufipaensis Verdc. *394*
    lupiniflorus N.E.Br. *394*
    lupinoides Baker *394*
    luticola Verdc. *394*
    magnificus Verdc. *394*
    malosanus Baker *394*
    mendoncae Torre *395*
    monophyllus Taubert *397*
    nanus Harms *417*
    nimbaensis Schnell *395*
    oliganthus Brenan *416*
    oliveri Schweinf. *395*
    orbicularis (Baker) Baker f. *419*
    peglerae L.Bolus *395*
    petiolatus R.Wilczek *395*
    pratensis (E.Meyer) Taubert *395*
    pseudocajanus Baker *395*
    pseudocomplanatus R.Wilczek *395*
    quarrei R.Wilczek *395*
    reptans Verdc. *395*
    reticulatus Schltr. *448*
    rupestris Baker *416*

Index

Dolichos (cont.)
   schlechteri Burtt Davy *391*
   schliebenii Harms *397*
   schweinfurthii Harms *395*
   sericeus E.Meyer *395*
      subsp. formosus (A.Rich.) Verdc. *396*
      subsp. glabrescens Verdc. *396*
      subsp. pseudofalcatus Verdc. *396*
      subsp. sericeus *396*
   sericophyllus R.Wilczek *396*
   serpens De Wild. *396*
   shuteroides Baker *396*
   simplicifolius Hook.f. *396*
   simplicifolius sensu Torre *391*
   smilacinus E.Meyer *396*
   sp.A J.B.Gillett et al. *397*
   sp.B J.B.Gillett et al. *397*
   sp.C J.B.Gillett et al. *397*
   sp.4 Brenan *415*
   splendens Baker *396*
   splendens sensu auctt. *394*
   stenophyllus Harms *417*
   stipulosus Baker *417*
   subcapitatus R.Wilczek *396*
   taubertii Baker f. *416*
   tenuiflorus (Micheli) R.Wilczek *417*
   tonkouiensis Portères *396*
   tricostatus Baker f. *397*
   trilobus L. *396*
      subsp. occidentalis Verdc. *397*
      subsp. transvaalicus Verdc. *397*
      subsp. trilobus *397*
   trinervatus Baker *397*
   ungoniensis Harms *397*
   uniflorus Lam. *417*
   xiphophyllus Baker *397*
   zanzibarensis Baker f. *416*
   zovuanyi R.Wilczek *397*
Dorycniopsis *341*
   gerardii (L.) Boiss. *341*
Dorycnium *341*
   herbaceum Villars *341*
      subsp. gracile (Jordan) Nyman *341*
      subsp. jordanianum Quezel & Santa *341*
   hirsutum (L.) Ser. *341*
   pentaphyllum Scop. *342*
      subsp. pentaphyllum *342*
      subsp. suffruticosum Rouy *342*
   quinatum (Forsskal) C.Chr. *347*
   rectum (L.) Ser. *342*
Drepanocarpus lunatus (L.f.) G.Meyer *241*
Droogmansia *248*
   angolensis Torre *248*
   cf.whytei Torre *250*
   chevalieri (Harms) Hutch. & Dalziel *248*
   dorae Torre *248*
   elongata B.G.Schubert *248*
   giorgii De Wild. *248*
   gossweileri Torre *249*
   grandiflora B.G.Schubert *249*
   hockii De Wild. *249*
   lancifolia Schindler *249*
   ledermannii Schindler *249*
   longipes R.E.Fries *249*
   longirhachis B.G.Schubert *249*
   longistipitata De Wild. *249*
   megalantha (Taubert) De Wild. *249*
   mildbraedii Schindler *249*
   montana Jacq.-Fel. *249*
   munamensis De Wild. *249*
   platypus (Baker) Schindler *249*
   pteropus (Baker) De Wild. *249*
   quarrei De Wild. *249*
   reducta De Wild. *249*
   scaettaiana A.Chev. & Sillans *249*
   sillansii A.Chev. *250*
   tenuis B.G.Schubert *250*
   tisserantii Sillans *250*
   van-meelii B.G.Schubert *250*
   vanderystii De Wild. *250*
   velutina B.G.Schubert *250*
   whytei Schindler *249*
Dumasia *397*
   villosa DC. *397*
Duparquetia *36*
   orchidacea Baillon *36*

E
Ebenus *285*
   armitagei Schweinf. & Taubert *285*
   pinnata Aiton *285*
Elephantorrhiza *90*
   burkei Benth. *90*
   elephantina (Burchell) Skeels *90*
   goetzei (Harms) Harms *90*
      subsp. goetzei *90*
      subsp. lata Brenan & Brummitt *90*
   obliqua Burtt Davy *90*
   praetermissa J.Ross *90*
   rangei Harms *90*
   schinziana Dinter *90*
   sp.1 F.White *90*
      J.Ross *90*
   suffruticosa Schinz *90*
   woodii E.Phillips *90*
Eminia *398*
   antennulifera (Baker) Taubert *398*
   benguellensis Torre *398*
   harmsiana De Wild. *398*
   holubii (Hemsley) Taubert *398*

Eminia (cont.)
    major Harms *398*
    noldeana Harms *398*
    polyadenia Hauman *398*
Englerodendron *11*
    sargosii Pellegrin *3*
    usambarense Harms *11*
Entada *91*
    abyssinica A.Rich. *91*
    africana Guillemin & Perrottet *91*
    arenaria Schinz *91*
        subsp. arenaria *91*
        subsp. microcarpa (Brenan) J.Ross *91*
    bacillaris F.White *91*
    camerunensis J-F.Villiers *91*
    chrysostachys (Benth.) Drake *91*
    dolichorrhachis Brenan *91*
    flexuosa Hutch. & Dalziel *92*
    flexuosa sensu Brenan *92*
    gigas (L.) Fawcett & Rendle *91*
        G.Gilbert & Boutique *92*
    gogo (Blanco) I.M.Johnston *92*
    hockii De Wild. *92*
    kirkii Oliver *91*
    leptostachya Harms *92*
    mannii (Oliver) Tisser. *92*
    mannii sensu Raponda-Walker & Sillans *97*
    mossambicensis Torre *92*
    nana Harms *91*
       subsp. microcarpa Brenan *91*
    nudiflora Brenan *92*
    phaneroneura Brenan *92*
    phaseoloides sensu auctt. *92*
    planoseminata (De Wild.) G.Gilbert & Boutique *91*
    pursaetha DC. *92*
    rheedei Sprengel *92*
    rotundifolia Harms *87*
    scelerata A.Chev. *87*
    schlechteri (Harms) Harms *87*
    sp.nr.wahlbergii F.White *92*
    sp.1 F.White *91*
    sp.2 F.White *91*
    spicata (E.Meyer) Druce *87*
    spinescens Brenan *92*
    stuhlmannii (Taubert) Harms *92*
    sudanica Schweinf. *91*
    umbonata (De Wild.) G.Gilbert & Boutique *91*
    wahlbergii Harvey *92*
Entadopsis abyssinica (A.Rich.) G.Gilbert & Boutique *91*
    flexuosa (Hutch. & Dalziel) G.Gilbert & Boutique *92*
        G.Gilbert & Boutique,p.p. *92*
    hockii (De Wild.) G.Gilbert & Boutique *92*
    leptostachya (Harms) Cuf. *92*
    mannii (Oliver) G.Gilbert & Boutique *92*
    nana (Harms) G.Gilbert & Boutique *91*
    rotundifolia (Harms) Pedro *87*
    scelerata (A.Chev.) G.Gilbert & Boutique *87*
    stuhlmannii (Taubert) Pedro *92*
    sudanica (Schweinf.) G.Gilbert & Boutique *91*
    wahlbergii (Harvey) Pedro *92*
Enterolobium *85*
    contortisiliquum (Vell.) Morong *85*
    cyclocarpum (Jacq.) Griseb. *85*
    saman (Jacq.) Prain *84*
    timbouva Martius *85*
Erinacea *277*
    anthyllis Link *277*
    pungens Boiss. *277*
Eriosema *398*
    acuminatum (Ecklon & Zeyher) Stirton *398*
    adamaouense Jacq.-Fel. *398*
    adami Jacq.-Fel. *398*
    adamii Jacq.-Fel. *398*
    affine De Wild. *398*
    afzelii Baker *398*
    albo-griseum Baker f. *398*
       subsp. albo-griseum Baker *398*
       subsp. huillense Torre *399*
    andohii Milne-Redh. *399*
    andongense Baker f. *404*
    angolense Baker f. *401*
    angustifolium Burtt Davy *399*
    antunesii Harms *407*
    arachnoideum Verdc. *399*
    bauchiense Hutch. & Dalziel *399*
    benguellense Rossberg *399*
    bequaertii sensu auctt. *400*
    bianoense Hauman *399*
    bieense Torre *399*
    bogdanii Verdc. *399*
    brachybotrys Harms *399*
    buchananii Baker f. *399*
       var. richardii (Baker f. & Haydon) Staner *404*
    burkei Harvey *399*
       var. leucanthum (Baker f.) Hauman *399*
    cajanoides (Guillemin & Perrottet) Hook.f. *405*
    capitatum E.Meyer *456*
    chicamba Baker f. *399*
    chrysadenium Taubert *400*

Index

Eriosema (cont.)
    var. intermedium Hauman *401*
  claessensii De Wild. *400*
  cordatum E.Meyer *400*
  cordifolium A.Rich. *400*
  cryptanthum Milne-Redh. *402*
  cyclophyllum Baker f. *400*
  decumbens Hauman *400*
  distinctum N.E.Br. *400*
  dregei E.Meyer *400*
  elliotii Baker f. *400*
  ellipticifolium Schinz *400*
  ellipticum Baker f. *400*
  endlichii Harms *424*
  engleranum Harms *400*
  englerianum Harms *400*
  erectum Baker f. *403*
  erici-rosenii R.E.Fries *401*
  filipendulum Baker f. *406*
  flemingioides Baker *401*
  flexuosum Staner *401*
  gironcourtianum Jacq.-Fel. *401*
  glomeratum (Guillemin & Perrottet) Hook.f. *401*
  gossweileri Baker f. *401*
  gracillimum Baker f. *401*
  griseum Baker *401*
  gunniae Stirton *401*
  harmsiana Dinter *401*
  hereroense Schinz *401*
  hockii De Wild. *400*
  humbertii Staner & Craene *402*
  humile Hauman *401*
  jurionianum Staner & Craene *402*
    var. ituriense Staner & Craene *402*
  kankolo Hauman *402*
    subsp. kankolo *402*
    subsp. lanceolatum Verdc. *402*
  kraussianum Meissner *402*
  kwangoense Hauman *402*
  latericola Jacq.-Fel. *402*
  latifolium (Harvey) Stirton *402*
  laurentii De Wild. *402*
    subsp. arenicola Verdc. *402*
    subsp. laurentii *402*
  lebrunii Staner & Craene *402*
  lejeunei Staner & Craene *406*
  letouzeyi Jacq.-Fel. *403*
  leucanthum Baker f. *399*
  linifolium Baker f. *403*
  lobophyllum Harms *422*
  longipedunculatum (A.Rich.) Baker *403*
  longiunguiculatum Hauman *403*
  lucipetum Stirton *403*
  luteopetalum Stirton *403*
  macrostipula Baker f. *403*
  macrostipulum Baker f. *403*
  manikense De Wild. *403*
  mirabile R.E.Fries *405*
  molle Milne-Redh. *403*
  montanum Baker f. *403*
    var. hirsutum Hauman *406*
  monticola Taubert *403*
  monticolum Taubert *403*
  muxiria Baker *422*
  nanum Burtt Davy *400*
  naviculare Stirton *403*
  nutans Schinz *404*
  occultiflorum J.B.Gillett *402*
  parviflorum E.Meyer *404*
    subsp. collinum Hepper *407*
    subsp. laxiusculum Staner & Craene *407*
    subsp. parviflorum *404*
    subsp. parviflorum sensu Hepper *404*
    subsp. podostachyum (Hook.f.) J.K.Morton *404*
    subsp. sarmentosum Staner & Craene *404*
  pauciflorum Klotzsch *404*
  pellegrinii Tisser. *404*
  pentaphyllum Harms *404*
  piotii J.P.Lebrun *400*
  polystachyum sensu auctt. *404*
  populifolium Harvey *404*
    subsp. capensis Stirton & Gordon-Gray *404*
    subsp. populifolium *404*
  praecox R.E.Fries *405*
  praecox sensu auctt. *401*
  preptum Stirton *404*
  proschii Briq. *405*
  prunelloides Baker f. *405*
  pseudodistinctum Verdc. *405*
  pseudostolzii Verdc. *405*
  psiloblepharum Baker f. *405*
  psoraleoides (Lam.) G.Don *405*
  psoraloides (Lam.) G.Don *405*
  pulcherrimum Taubert *405*
  pumilum Verdc. *405*
  pygmaeum Baker *405*
  quarrei Baker f. *405*
  ramosum Baker f. *405*
  raynaliorum Jacq.-Fel. *405*
  rhodesicum R.E.Fries *405*
  rhynchosioides Baker *406*
  richardii Baker f. & Haydon *404*
  robinsonii Verdc. *406*
  robustum Baker *406*
  rogersii Schinz *425*
  rossii Stirton *406*
  sacleuxii Tisser. *406*

Eriosema (*cont.*)
- salignum E.Meyer *406*
- schoutedenianum Staner & Craene *408*
- schoutedenianum sensu Hepper *402*
- schweinfurthii Baker f. *406*
- scioanum Avetta *406*
  - subsp. lejeunei (Staner & Craene) Verdc. *406*
  - subsp. scioanum *406*
- shirense Baker f. *406*
- sousae M.Exell *403*
- sparsiflorum Baker f. *406*
- speciosum Baker *407*
- spicatum Hook.f. *407*
  - subsp. collinum (Hepper) J.K.Morton *407*
  - subsp. spicatum *407*
- squarrosum (Thunb.) Walp. *407*
  - var. latifolium Harvey *402*
- staneranum Hauman *407*
- stanerianum Hauman *407*
- stolzii Harms *408*
- suborbiculare Hauman *403*
- tenue Hepper *408*
  - var. rufum Hepper *408*
- tenuicaule Hauman *407*
- tephrosioides Harms *407*
- terniflorum Baker f. *407*
- tessmannii Baker f. & Haydon *407*
- tisserantii Staner & Craene *407*
  - var. angustifolium Hauman *407*
- transvaalense Stirton *407*
- tuberosum A.Rich. *408*
- ukingense Harms *408*
- umtamvunense Stirton *408*
- upembae Hauman *399*
- urostachyum Harms *422*
- vanderystii (De Wild.) Hauman *408*
- velutinum Baker f. & Haydon *408*
- verdickii De Wild. *408*
- villosum (Meissner) Burtt Davy *437*
- welwitschii Baker f. *408*
- youngii Baker f. *408*
- zeyheri E.Meyer *407*
  - var. latifolium Baker f. *402*
- zuluense Stirton *408*

Erythrina *408*
- abyssinica DC. *408*
  - subsp. abyssinica *408*
- acanthocarpa E.Meyer *408*
- addisoniae Hutch. & Dalziel *409*
- bagshawei Baker f. *410*
- bancoensis Aubrev. *412*
- baumii Harms *409*
- berteroana Urban *409*
- bidwillii Lindley *409*
- brucei Schweinf. *409*
- buesgenii Harms *411*
- burana Chiov. *409*
- burtii Baker f. *409*
- burttii Baker f. *409*
- caffra Thunb. *409*
- caffra sensu auctt. *411*
- coddii Krukoff & Barneby *409*
- corallodendron L. *409*
- crista-galli L. *409*
- decora Harms *409*
- droogmansiana De Wild. & T.Durand *409*
- dyeri E.F.Hennessy *410*
- eggelingii Baker f. *408*
- eriotricha Harms *412*
- excelsa Baker *410*
- falcata Benth. *410*
- fusca Lour. *410*
- gibbsae Baker *410*
- glauca Willd. *410*
- greenwayi Verdc. *410*
- haerdii Verdc. *410*
- hastifolia Bertol. f. *410*
- hennessyae Krukoff & Barneby *410*
- huillensis Baker *408*
- humeana Sprengel *410*
- humei E.Meyer *410*
- hylobia Harms *409*
- indica Lam. *412*
- johnsoniae E.F.Hennessy *410*
- lanigera Duvign. & R.Majot-Rochez *410*
- latissima E.Meyer *410*
- livingstoniana Baker *411*
- lysistemon Hutch. *411*
- melanacantha Harms *411*
  - var. somala Chiov. *411*
  - subsp. melanacantha *411*
  - subsp. somala (Chiov.) J.B.Gillett *411*
- mendesii Torre *411*
- mildbraedii Harms *411*
- mitis Jacq. *411*
- montana Rose & Standley *411*
- orophila Ghesq. *411*
- ovalifolia Roxb. *410*
- platyphyllos Baker f. *408*
- poeppigiana (Walp.) O.F.Cook *411*
- problematica Duvign. & R.Majot-Rochez *411*
- pygmaea Torre *411*
- rotundato-obovata Baker f. *411*
- sacleuxii Hua *412*
- schliebenii Harms *412*
- senegalensis DC. *412*
- seretii De Wild. *410*

Erythrina (cont.)
  sigmoidea Hua *412*
  sp. Eggeling *409*
  sp.A J.B.Gillett et al. *413*
  sp.B J.B.Gillett et al. *410*
  sp.C J.B.Gillett et al. *409*
  sp.cf.E.buesgenii Hepper *413*
  sp.D J.B.Gillett et al. *409*
  sp.1 F.White *412*
  speciosa Andr. *412*
  suberifera Baker *408*
  sudanica Baker f. *412*
  tholloniana Hua *412*
  tomentosa Lam. *408*
  umbrosa Kunth *411*
  variegata *412*
  velutina Willd. *412*
  vogelii Hook.f. *412*
  warneckei Baker f. *412*
  webberi Baker f.,p.p. *408, 412*
  zeyheri Harvey *412*
Erythrophleum *23*
  africanum (Benth.) Harms *23*
  guineense G.Don *24*
    var. swaziense Burtt Davy *24*
  ivorense A.Chev. *23*
  lasianthum Corbishley *24*
  letestui A.Chev. *24*
  micranthum Holland *23*
  suaveolens (Guillemin & Perrottet) Brenan *24*
  suaveolens sensu auctt. *24*
Euchlora hirsuta (Thunb.) Druce *224*
  serpens (E.Meyer) Ecklon & Zeyher *224*
Eurypetalum *52*
  batesii Baker f. *52*
  tessmannii Harms *52*
  unijugum Harms *52*

F
Factorovskya aschersoniana (Urban) Eig *479*
Fagelia *413*
  bituminosa (L.) DC. *413*
Faidherbia *79*
  albida (Del.) A.Chev. *79*
Fillaeopsis *93*
  discophora Harms *93*
Flemingia *413*
  congesta Aiton f. *413*
  faginea (Guillemin & Perrottet) Baker *413*
  grahamiana Wight & Arn. *413*
  macrophylla (Willd.) Merrill *413*
  rhodocarpa Baker *413*
  strobilifera (L.) Aiton f. *413*

G
Galactia *413*
  argentifolia S.Moore *413*
  dubia DC. *413*
  sp. Brenan *417*
  tenuiflora (Willd.) Wight & Arn. *413*
Galega *260*
  battiscombei (Baker f.) J.B.Gillett *260*
  lindblomii (Harms) J.B.Gillett *261*
  officinalis L. *261*
  somalensis (Harms) J.B.Gillett *261*
Galegeae *251*
Gamwellia flava Baker f. *229*
  subsp. mitwabaensis Timp. *229*
Geissaspis *111*
  affinis De Wild. *111*
  apiculata De Wild. *112*
  bequaertii De Wild. *112*
  bifoliolata Micheli *112*
  castroi Baker f. *114*
  chevalieri De Wild. *112*
  ciliato-denticulata De Wild. *112*
  clevei De Wild. *107*
  corbisieri De Wild. *112*
  descampsii De Wild. & T.Durand *112*
  drepanocephala Baker *112*
  elisabethvilleana De Wild. *113*
  emarginata Harms *112*
  incognita De Wild. *114*
  kapandensis De Wild. *112*
  kassneri De Wild. *113*
  katangensis De Wild. *113*
  keilii De Wild. *111*
  ledermannii De Wild. *113*
  luentensis De Wild. *112*
  lupulina Benth. *111*
  meyeri-johannis Harms & De Wild. *113*
  minima Hutch. *113*
  princei De Wild. *112*
  psittacorhyncha (Webb) Taubert *111*
  renieri De Wild. *114*
  robynsii De Wild. *114*
  rosea De Wild. *114*
  rubrofarinacea (Taubert) Baker f. *107*
  subscabra De Wild. *114*
  welwitschii var. kapiriensis De Wild. *113*
Genista *277*
  acanthoclada DC. *277*
    subsp. acanthoclada *278*
  anglica L. *278*
    subsp. ancistrocarpa (Spach) Maire *278*
  aspalathoides Lam. *278*
    subsp. erinaceoides (Loisel.) Maire *279*

Genista (*cont.*)
    biflora var. plumosa Boiss. *276*
    candicans L. *279*
    capitellata Cosson *278*
    carpetana Lange *278*
        subsp. nociva (Pau & Font Quer) C.Vicioso & Lainz *278*
    cephalantha Spach *278*
        subsp. cephalantha *278*
        subsp. demnatensis (Murb.) C.Raynaud *278*
    cinerea (Vill.) DC. *278*
        subsp. cinerea *278*
        subsp. ramosissima (Desf.) Quezel & Santa *280*
    clavata Poiret *279*
    demnatensis Murb. *278*
    erioclada Spach *279*
        subsp. atlantica (Spach) Maire *279*
    ferox Poiret *279*
        subsp. microphylla (Ball) Font Quer *279*
    florida L. *279*
    hirsuta Vahl *279*
        subsp. erioclada (Spach) C.Raynaud *279*
    ifniensis Caball. *279*
    linifolia L. *279*
    lobelii DC. *279*
        subsp. longipes (Pau) Heyw. *279*
    longipes Pau *279*
    microcephala Cosson & Durieu *279*
        var. capitellata (Cosson) Maire *278*
    monspessulana (L.) L.Johnson *279*
    nociva Pau & Font Quer *278*
    numidica Spach *280*
        subsp. filiramea (Pomel) Battand. *280*
        subsp. ischnoclada (Pomel) Battand. *280*
        subsp. numidica *280*
        subsp. sarotes (Pomel) Battand. *280*
    osmariensis Cosson *280*
    oxycedrina Pomel *280*
    pseudopilosa Cosson *280*
    quadriflora Munby *280*
    ramosissima (Desf.) Poiret *280*
    retamoides Spach *281*
    saharae Cosson & Durieu *233*
    scorpius (L.) DC. *280*
        subsp. intermedia Emb. & Maire *280*
        subsp. myriantha (Ball) Maire *281*
    segonnei (Maire) P.Gibbs *281*
    spartioides Spach *281*
        subsp. pseudoretamoides Maire *281*
        subsp. retamoides (Spach) Maire *281*
        subsp. spartioides *281*
    spinulosa Pomel *281*
    tournefortii Spach *281*
    triacanthos Brot. *281*
        subsp. triacanthos *281*
        subsp. vepres (Pomel) P.Gibbs *281*
    tricuspidata Desf. *281*
        subsp. duriaei (Spach) Battand. *281*
    tridens (Cav.) DC. *282*
    tridentata L. *282*
        subsp. lasiantha (Spach) Greuter *282*
        subsp. riphaea (Pau & Font Quer) Greuter *282*
    ulicina Spach *282*
    umbellata (L'Her.) Poiret *282*
        subsp. umbellata *282*
    vepres Pomel *281*
Genisteae *266*
Genistella riphaea Pau & Font Quer *282*
Gigasiphon *43*
    gossweileri (Baker f.) Torre & Hillc. *43*
    humblotianum sensu Dale & Greenway *43*
    macrosiphon (Harms) Brenan *43*
Gilbertiodendron *11*
    aylmeri (Hutch. & Dalziel) J.Léonard *11*
    barbulatum (Pellegrin) J.Léonard *11*
    bilineatum (Hutch. & Dalziel) J.Léonard *11*
    brachystegioides (Harms.) J.Léonard *12*
    breynii Bamps *12*
    demonstrans (Baillon) J.Léonard *12*
    dewevrei (De Wild.) J.Léonard *12*
    dinklagei (Harms) J.Léonard *12*
    grandiflorum (De Wild.) J.Léonard *12*
    grandistipulatum (De Wild.) J.Léonard *12*
    imenoense (Pellegrin) J.Léonard *12*
    ivorense (A.Chev.) J.Léonard *12*
    klainei (Pellegrin) J.Léonard *12*
    limba (Scott Elliot) J.Léonard *12*
    limosum (Pellegrin) J.Léonard *13*
    mayombense (Pellegrin) J.Léonard *13*
    ngounyense (Pellegrin) J.Léonard *13*
    obliquum (Stapf) J.Léonard *13*
    ogoouense (Pellegrin) J.Léonard *13*
    pachyanthum (Harms) J.Léonard *13*
    preussii (Harms) J.Léonard *13*
    quadrifolium (Harms) J.Léonard *13*
    sp. J.Léonard *13*
    sp.A Keay *14*
    sp.aff.G.dewevrei Aubrév. *14*
    splendidum (Hutch. & Dalziel) J.Léonard *13*

Gilbertiodendron (*cont.*)
   stipulaceum (Benth.) J.Léonard *13*
   straussianum (Harms) J.Léonard *14*
   taiense Aubrév. *13*
   unijugum (Pellegrin) J.Léonard *14*
   zenkeri (Harms) J.Léonard *14*
Gilletiodendron *52*
   escherichii (Harms) J.Léonard *52*
   glandulosum (Portères) J.Léonard *52*
   kisantuense (De Wild.) J.Léonard *52*
   mildbraedii (Harms) Vermoesen *53*
   pierreanum (Harms) J.Léonard *53*
Gleditsia *24*
   amorphoides (Griseb.) Taubert *24*
   triacanthos L. *24*
Gliricidia *460*
   sepium (Jacq.) Walp. *460*
Glycine *414*
   bequaertii De Wild. *422*
   borianii (Schweinf.) Baker *422*
   claessensii De Wild. *414*
   digitata Harms *419*
   hedysaroides Willd. *419*
   holophylla Taubert *422*
   homblei De Wild. *422*
   javanica var. mearnsii (De Wild.) Hauman *414*
     subsp. micrantha (A.Rich.) F.J.Herm. *414*
     subsp. pseudojavanica (Taubert) Hauman *414*
   javanica sensu auctt. *414*
   longipes Harms *423*
   max (L.) Merr. *414*
   moniliformis A.Rich. *414*
   petitiana (A.Rich.) Schweinf. *414*
   radicosa (A.Rich.) Baker f. *419*
   ringoetii De Wild. *440*
   schliebenii var. enneaneura Hauman *419*
     var. rufescens Hauman *419*
   sp.A J.B.Gillett et al. *418*
   tabacina (Labill.) Benth. *414*
   unifoliolata Baker f. *420*
   upembae Hauman *420*
   wightii (Wight & Arn.) Verdc. *414*
     subsp. petitiana (A.Rich.) Verdc. *414*
     subsp. pseudojavanica (Taubert) Verdc. *414*
     subsp. wightii *414*
Glycyrrhiza *261*
   foetida Desf. *261*
   glabra L. *261*
Gossweilerodendron *53*
   balsamiferum (Vermoesen) Harms *53*
   joveri Aubrév. *53*

Griffonia *43*
   physocarpa Baillon *43*
   simplicifolia (DC.) Baillon *43*
   speciosa (Benth.) Taubert *44*
   tessmannii (De Wild.) Compère *44*
Guibourtia *53*
   arnoldiana (De Wild. & T.Durand) J.Léonard *53*
   carrissoana (M.Exell) J.Léonard *53*
   coleosperma (Benth.) J.Léonard *53*
   coleosperma sensu Heitz *54*
   conjugata (Bolle) J.Léonard *53*
   copallifera Bennett *53*
   demeusei (Harms) J.Léonard *53*
   dinklagei (Harms) J.Léonard *54*
   ehie (A.Chev.) J.Léonard *54*
   gossweileri (M.Exell) Torre & Hillc. *53*
   leonensis J.Léonard *54*
   liberiensis J.Léonard *54*
   pellegriniana J.Léonard *54*
   schliebenii (Harms) J.Léonard *54*
   sousae J.Léonard *54*
   tessmannii (Harms) J.Léonard *54*
   vuilletiana (A.Chev.) A.Chev. *53*
   vuilletii (A.Chev.) A.Chev. *53*

H
Haematoxylon campechianum L. *24*
Haematoxylum *24*
   campechianum L. *24*
   dinteri (Harms) Harms *24*
Hallia alata Thunb. *457*
   asarina (P.Bergius) Thunb. *458*
   cordata (L.) Thunb. *459*
   imbricata (L.f.) Thunb. *458*
   virgata Thunb. *459*
Hammatolobium kremerianum (Cosson) C.Mueller *127*
Haplormosia *474*
   monophylla (Harms) Harms *474*
Haydonia juncea (Milne-Redh.) Marechal *443*
   monophylla (Taubert) R.Wilczek *445*
   triphylla R.Wilczek *447*
Hedysareae *285*
Hedysarum *285*
   aculeolatum Boiss. *285*
     subsp. aculeolatum *285*
     subsp. mauritanicum (Pomel) Maire *285*
   argentatum Maire *286*
   argyreum Greuter & Burdet *286*
   carnosum Desf. *286*
   coronarium L. *286*
   flexuosum L. *286*
   fruticulosum Schum. & Thonn. *247*

Hedysarum (*cont.*)
   granulatum Schum. *248*
   humile L. *286*
   lanceolatum Schum. & Thonn. *246*
   membranaceum Cosson & Bal. *286*
   naudinianum Cosson & Durieu *286*
   pallidum Desf. *286*
   perralderianum Cosson *286*
   perrauderianum Cosson & Durieu *286*
   spinosissimum L. *286*
      subsp. capitatum (Rouy) Asch. & Graebner *286*
      subsp. eu-spinosissimum Briq. *286*
      subsp. spinosissimum *286*
Helminthocarpon abyssinicum A.Rich. *348*
Herminiera elaphroxylon Guillemin & Perrottet *103*
Hesperolaburnum *282*
   platycarpum (Maire) Maire *282*
Hippocrepis *125*
   atlantica Ball *125*
   bicontorta Loisel. *125*
   biflora Sprengel *126*
   brevipetala (Murb.) Dominguez *125*
   ciliata Willd. *125*
   constricta Kunze *125*
   cyclocarpa Murb. *125*
   emerus (L.) Lassen *125*
      subsp. emeroides (Boiss. & Spruner) Greuter & Burdet *125*
   liouvillei Maire *126*
      subsp. acutiflora Emb. *126*
      subsp. liouvillei *126*
   maura Braun-Blanquet & Maire *126*
   minor Munby *126*
      var. brevipetala Murb. *125*
      subsp. brevipetala (Murb.) Pottier-Alapetite *125*
      subsp. munbyana Quezel & Santa *126*
   monticola Lassen *126*
   multisiliquosa L. *126*
      subsp. ciliata (Willd.) Maire *125*
      subsp. confusa (Pau) Maire *126*
      subsp. constricta (Kunze) Maire *125*
      subsp. eilatensis Zoh. *125*
   neglecta Lassen *126*
   salzmannii Boiss. & Reuter *126*
      subsp. maura (Braun-Blanquet & Maire) Maire *126*
      subsp. salzmannii *126*
   unisiliquosa L. *126*
      subsp. biflora (Sprengel) O.Bolos & Vigo *126*
      subsp. linnaeana Maire *126*
      subsp. unisiliquosa *126*
   unisiliquosa sensu auctt. *126*

Hoffmannseggia *24*
   burchellii (DC.) Oliver *24*
      subsp. burchellii *24*
      subsp. rubro-violacea (Baker f.) Brummitt & J.Ross *24*
   insolita Harms *21*
   lactea (Schinz) Schinz *24*
   pearsonii Phillips *24*
   rubra Engl. *22*
   rubro-violacea Baker f. *24*
   sandersonii (Harvey) Engl. *25*
Humularia *111*
   affinis (De Wild.) Duvign. *111*
   anceps Duvign. *111*
   apiculata (De Wild.) Duvign. *112*
   bakerana (De Wild.) Duvign. *112*
   bakeriana (De Wild.) Duvign. *112*
   bequaertii (De Wild.) Duvign. *112*
   bianoensis Duvign. *106*
   bifoliolata (Micheli) Duvign. *112*
   callensii Duvign. *112*
   chevalieri (De Wild.) Duvign. *112*
   ciliato-denticulata (De Wild.) Duvign. *112*
   corbisieri (De Wild.) Duvign. *112*
   descampsii (De Wild. & T.Durand) Duvign. *112*
   drepanocephala (Baker) Duvign. *112*
   duvigneaudii Symoens *112*
   elegantula Duvign. *113*
   elisabethvilleana (De Wild.) Duvign. *113*
   flabelliformis Duvign. *113*
   kapiriensis (De Wild.) Duvign. *113*
   kassneri (De Wild.) Duvign. *113*
   katangensis (De Wild.) Duvign. *113*
      var. glabrescens Duvign. *112*
   ledermannii (De Wild.) Duvign. *113*
   luentensis (De Wild.) Duvign. *112*
   lundaensis Duvign. *114*
   maclouniei (De Wild.) Duvign. *107*
   magnistipulata Torre *113*
   megalophylla (Harms) Duvign. *114*
   mendoncae (Baker) Duvign. *113*
   meyeri-johannis (Harms & De Wild.) Duvign. *113*
   minima (Hutch.) Duvign. *113*
      subsp. flabelliformis (Duvign.) Verdc. *114*
      subsp. minima *114*
   multifoliolata Verdc. *114*
   pseudaeschynomene Verdc. *114*
   purpureocoerulea Duvign. *112*
   renieri (De Wild.) Duvign. *114*
   reptans Verdc. *114*
   rosea (De Wild.) Duvign. *114*

Index

Humularia (cont.)
  rubrofarinacea (Taubert) Duvign. *107*
  sp.nov.aff.kassneri Torre *115*
  submarginalis Verdc. *114*
  sudanica Duvign. *114*
  tenuis Duvign. *114*
  upembae Duvign. *114*
  welwitschii (Taubert) Duvign. *114*
  wittei Duvign. *115*
Hylodendron *54*
  gabunense Taubert *54*
Hymenaea *54*
  courbaril L. *54*
  verrucosa Gaertner *54*
Hymenocarpos *342*
  circinnatus (L.) Savi *342*
  cornicina (L.) Lassen *342*
  hamosus (Desf.) Lassen *342*
  lotoides (L.) Lassen *342*
  nummularius (DC.) G.Don *342*
Hymenostegia *55*
  afzelii (Oliver) Harms *55*
  aubrevillei Pellegrin *55*
  bakeriana Hutch. & Dalziel *55*
  brachyura (Harms) J.Léonard *55*
  breteleri Aubrév. *55*
  discifer (Harms) Pellegrin *58*
  emarginata (Hutch. & Dalziel) Hutch. & Dalziel *58*
  felicis (A.Chev.) J.Léonard *55*
  floribunda (Benth.) Harms *55*
  gabonensis (A.Chev.) Pellegrin *58*
  gracilipes Hutch. & Dalziel *55*
  klainei Pellegrin *55*
  laxiflora (Benth.) Harms *55*
  letestui Pellegrin *49*
  mundungu (Pellegrin) J.Léonard *55*
  neoaubrevillei J.Léonard *56*
  ngounyensis Pellegrin *56*
  normandii Pellegrin *56*
  pellegrinii (A.Chev.) J.Léonard *56*
  sp. Aubrév. *56*
  stephanii (A.Chev.) Baker f. *57*
  talbotii Baker f. *56*
Hypocalyptus *337*
  coluteoides (Lam.) R.Dahlgren *337*
  obcordatus Thunb. *337*
  oxalidifolius (Sims) Baillon *337*
  sophoroides (P.Bergius) Baillon *337*

I
Ibadja walkeri A.Chev. *57*
Indigofera *289*
  acanthoclada Dinter *289*
  acanthorhachis Dinter *289*
  accepta N.E.Br. *324*
  achyranthoides Taubert *289*
  acutiflora N.E.Br. *289*
  acutisepala Baker f. *289*
  adami Berhaut *298*
  adenocarpa E.Meyer *290*
  adenoides Baker f. *290*
  adscendens Ecklon & Zeyher *290*
  affinis Harvey *295*
  alopecurus Schltr. *290*
  alpina Ecklon & Zeyher *290*
  alternans DC. *290*
  ambelacensis Schweinf. *290*
  amitina N.E.Br. *290*
  ammophila Thulin *290*
  amoena Aiton *290*
  amorphoides Jaub. & Spach *290*
  anabaptista Baker *308*
  anabaptista sensu auctt. *322*
  anabibensis A.Schreiber *290*
  andrewsiana J.B.Gillett *291*
  angustata E.Meyer *291*
  angustifolia L. *291*
  angustiloba Baker f. *291*
  anil L. *327*
  annua Milne-Redh. *291*
  antunesiana Harms *291*
  aquae-nitentis Bremek. *291*
  arabica Jaub. & Spach *291*
  arenaria var. strigosa A.Terracc. *332*
  arenaria sensu Andrews,p.p. *308*
  arenophila Schinz *291*
  argentea Burm.f. *291*
  argyraea Ecklon & Zeyher *291*
  argyroides E.Meyer *291*
  arrecta A.Rich. *291*
    Harvey *320*
  articulata Gouan *292*
  articulata sensu Andrews,p.p. *297*
  asparagoides Taubert *292*
    subsp. asparagoides *292*
    subsp. ephemera J.B.Gillett *292*
  aspera DC. *292*
  asterocalycina Gilli *292*
  astragalina DC. *292*
  atrata N.E.Br. *292*
  atricephala J.B.Gillett *292*
  atriceps Hook.f. *292*
    subsp. alboglandulosa (Engl.) J.B.Gillett *292*
    subsp. atriceps *292*
    subsp. glandulosissima (R.E.Fries) J.B.Gillett *292*
    subsp. kaessneri (Baker f.) J.B.Gillett *293*
    subsp. ramosa (Cronq.) J.B.Gillett *293*
    subsp. rhodesiaca J.B.Gillett *293*

Indigofera (*cont.*)
    subsp. setosissima (Harms)
        J.B.Gillett *293*
    subsp. ufipaensis J.B.Gillett *293*
atrinota N.E.Br. *322*
auricoma E.Meyer *293*
australis Willd. *293*
bainesii Baker *293*
bakeriana P.Viguier *300*
bangweolensis R.E.Fries *293*
barteri Hutch. & Dalziel *293*
basiflora J.B.Gillett *293*
baukeana Vatke *323*
baumiana Harms *293*
benguellensis Baker *293*
berhautiana J.B.Gillett *294*
bifrons E.Meyer *294*
biglandulosa J.B.Gillett *294*
binderi Kotschy *294*
bogdanii J.B.Gillett *294*
bolusii N.E.Br. *325*
bongensis Kotschy & Peyr. *294*
boranensis Chiov. *331*
boranica Thulin *294*
brachynema J.B.Gillett *294*
brachystachya E.Meyer *294*
bracteolata DC. *294*
brassii Baker *294*
brevicalyx Baker f. *294*
brevifilamenta J.B.Gillett *295*
brevifolia N.E.Br. *295*
brevipetiolata Cronq. *314*
breviracemosa Torre *295*
brevistaminea J.B.Gillett *295*
breviviscosa J.B.Gillett *295*
buchananii Burtt Davy *295*
buchneri Taubert *295*
burchellii DC. *295*
burkeana Harvey *295*
burttii Baker f. *295*
bussei J.B.Gillett *295*
butayei De Wild. *295*
cameronii Baker *302*
cana Thulin *296*
candicans Aiton *296*
candidissima Dinter *296*
candolleana Meissner *296*
capillaris Thunb. *296*
capitata Kotschy *296*
capitata sensu Cronq. *318*
cardiophylla Harvey *296*
carinata De Wild. *330*
cavallii Chiov. *296*
cecilii N.E.Br. *296*
charlierana Schinz *296*
charlieriana Schinz *296*
chevalieri Tisser. *296*

chirensis J.B.Gillett *296*
ciferrii Chiov. *297*
circinella Baker f. *297*
circinnata Harvey *297*
cliffordiana J.B.Gillett *297*
coerulea Roxb. *297*
cognata N.E.Br. *330*
colutea (Burm.f.) Merr. *297*
    var. dembianensis (Chiov.)
        J.B.Gillett *300*
    var. grandiflora J.B.Gillett *313*
    var. linearis J.B.Gillett *294*
colutea sensu J.B.Gillett, p.p. *332*
commiphoroides Chiov. *312*
commixta N.E.Br. *297*
comosa N.E.Br. *297*
compacta N.E.Br. *297*
complicata Ecklon & Zeyher *297*
concava Harvey *297*
concinna Baker *297*
conferta J.B.Gillett *298*
confusa Prain & Baker f. *320*
congesta Baker *298*
congolensis De Wild. & T.Durand *298*
congolensis sensu Hutch. & Dalziel, p.p.
    305
conjugata Baker *298*
corallinosperma Torre *298*
cordifolia Roth *298*
coriacea Aiton *298*
corniculata E.Meyer *298*
costata Guillemin & Perrottet *298*
    subsp. costata *298*
    subsp. gonioides (Baker) J.B.Gillett
        298
    subsp. macra (E.Meyer) J.B.Gillett
        298
    subsp. theuschii (O.Hoffm.)
        J.B.Gillett *299*
crebra N.E.Br. *299*
crotalarioides (Klotzsch) Baker *299*
cryptantha Harvey *299*
cufodontii Chiov. *299*
cuitoensis Baker f. *299*
cuneata Oliver *299*
cuneata sensu Cronq. *327*
cuneifolia Ecklon & Zeyher *299*
cunenensis Torre *299*
curvata J.B.Gillett *299*
cylindrica DC. *299*
cytisoides Thunb. *299*
dalabaca A.Chev. *301*
daleoides Harvey *299*
damarana Merxm. & A.Schreiber *300*
dasyantha Baker f. *300*
    var. brevior J.B.Gillett *317*

Indigofera (*cont.*)
    var. viscidior J.B.Gillett *317*
  dasycephala Baker f. *300*
  dauensis J.B.Gillett *300*
  dealbata Harvey *300*
  declinata E.Meyer *300*
  dehniae Merxm. *307*
  deightonii J.B.Gillett *300*
    subsp. deightonii *300*
    subsp. rhodesica J.B.Gillett *300*
  dekindtii Tisser. *300*
  delagoaensis J.B.Gillett *300*
  delagoensis J.B.Gillett *300*
  dembianensis (Chiov.) J.B.Gillett *300*
  demissa Taubert *300*
  dendroides Jacq. *301*
  densa N.E.Br. *301*
  dentata N.E.Br. *289*
  denudata Thunb. *301*
  depressa Harvey *301*
  desertorum Torre *301*
  digitata Thunb. *301*
  dillwynioides Benth. *301*
  dimidiata Walp. *301*
  diphylla Vent. *301*
  discolor E.Meyer *320*
  disjuncta J.B.Gillett *301*
  dissimilis N.E.Br. *301*
  dissitiflora Oliver *301*
  disticha Ecklon & Zeyher *302*
  djalonica Hutch. & Dalziel *307*
  dolichothyrsa Baker f. *302*
  dregeana E.Meyer *302*
  drepanocarpa Taubert *302*
  dupuisii Micheli *321*
  dyeri Britten *302*
  echinata Willd. *316*
  egens N.E.Br. *302*
  elliotii (Baker f.) J.B.Gillett *302*
  elliptica E.Meyer *302*
  elwakensis J.B.Gillett *302*
  emarginella A.Rich. *302*
  emarginelloides J.B.Gillett *302*
  endecaphylla Jacq. *325*
  enormis N.E.Br. *302*
  eremophila Thulin *302*
  eriocarpa E.Meyer *303*
  ervoides sensu auctt. *296*
  erythrogramma Baker *303*
  evansiana Burtt Davy *303*
  evansii Schltr. *303*
  exellii Torre *303*
  exigua E.Meyer *303*
  eylesiana J.B.Gillett *303*
  fairchildii Baker f. *307*
  falcata E.Meyer *324*
  fanshawei J.B.Gillett *303*
  fastigiata E.Meyer *303*
  faulknerae J.B.Gillett *303*
  filicaulis Ecklon & Zeyher *303*
  filifolia Thunb. *303*
  filiformis Thunb. *303*
  filipes Harvey *304*
  flabellata Harvey *304*
  flavicans Baker *304*
  fleckii Baker f. *304*
  floribunda N.E.Br. *304*
  foliosa E.Meyer *304*
  frondosa N.E.Br. *304*
  frutescens L.f. *304*
  fulcrata Harvey *304*
  fulgens Baker *304*
    subsp. fulgens *304*
  fulvopilosa Brenan *304*
  fuscosetosa Baker *305*
  gairdnerae Baker f. *305*
  galegoides DC. *305*
  galpinii N.E.Br. *305*
  garckeana Vatke *305*
  garissaensis J.B.Gillett *305*
  garkeana Vatke *305*
  geminata Baker *305*
  geminata sensu Cuf. *294*
  gerrardiana Harvey *305*
  giesii A.Schreiber *305*
  giessii A.Schreiber *305*
  gifbergensis Stirton & J.K.Jarvie *305*
  gillettii Raimondo & Moggi *305*
  glabella Fourc. *305*
  glaucescens Ecklon & Zeyher *306*
  glaucifolia Cronq. *306*
  glomerata E.Meyer *306*
  gloriosa Cronq. *306*
  goetzei Harms *307*
  goniocarpa Baker f. *312*
  gracilis Sprengel *306*
  graniticola J.B.Gillett *306*
  grata E.Meyer *306*
  griseoides Harms *306*
  grisophylla Fourc. *306*
  guerrae Torre *306*
  guerrana Torre *306*
  guthriei Bolus *306*
  gyrata Thulin *306*
  gyrocarpa Baker f. *322*
  hamulosa Schltr. *307*
  hantamensis Diels *307*
  hedranophylla Ecklon & Zeyher *307*
  hedyantha Ecklon & Zeyher *307*
  hendecaphylla Jacq. *325*
  hermannioides J.B.Gillett *307*
  heterocarpa Baker *307*
  heterophylla Thunb. *307*

Indigofera (cont.)
- heterotricha DC. *307*
- heudelotii Baker *307*
- hewittii Baker f. *307*
- hilaris Ecklon & Zeyher *307*
- hirsuta L. *307*
- hirta E.Meyer *308*
- hispida Ecklon & Zeyher *308*
- hochstetteri Baker *308*
    - subsp. streyana (Merxm.) A.Schreiber *308*
- hofmanniana Schinz *308*
- hololeuca Harvey *308*
- holubii N.E.Br. *308*
- homblei Baker f. & Martin *308*
    - subsp. homblei *308*
    - subsp. longiflora J.B.Gillett *308*
- huillensis Baker f. *308*
- humifusa Ecklon & Zeyher *308*
- hundtii Rossberg *309*
- hutchinsoniana J.B.Gillett *309*
- hybrida N.E.Br. *307*
- incana Thunb. *309*
- ingrata N.E.Br. *309*
- inhambanensis Klotzsch *309*
- insularis Chiov. *309*
- intermedia Harvey *309*
- intricata sensu auctt. *321*
- intricata sensu Hutch. & E.A.Bruce *325*
- ionii J.K.Jarvie & Stirton *309*
- ischnoclada Harms *309*
- johnstonii Baker f. *329*
- junodii N.E.Br. *297*
- kaessneri Baker f. *293*
- kandoensis Baker f. *326*
- kelleri Baker f. *309*
- kengeleensis De Wild. *301*
- kerstingii Harms *309*
- kirkii Oliver *309*
- knoblecheri Kotschy *310*
- komiensis Tisser. *320*
- kongwaensis J.B.Gillett *310*
- krookii A.Zahlbr. *310*
- kuntzei Harms *310*
- langebergensis L.Bolus *310*
- lanuginosa Baker f. *326*
- lasiantha Desv. *310*
- latisepala J.B.Gillett *310*
- laxeracemosa Baker f. *310*
- laxiracemosa Baker f. *310*
- leendertziae N.E.Br. *310*
- leipzigiae Bremek. *310*
- lepida N.E.Br. *310*
- leprieurii Baker f. *310*
- leptocarpa Ecklon & Zeyher *311*
- leptoclada Harms *311*
- letestui Tisser. *311*
- limosa L.Bolus *311*
- linifolia (L.f.) Retz. *311*
- livingstoniana J.B.Gillett *311*
- lobata J.B.Gillett *311*
- longebarbata Engl. *311*
- longemucronata Baker f. *311*
- longeracemosa Baillon *312*
- longibarbata Engl. *311*
- longicalyx J.B.Gillett *311*
- longiflora Taubert *311*
- longimucronata Baker f. *311*
- longipedicellata J.B.Gillett *311*
- longipes N.E.Br. *312*
- longiracemosa Baillon *312*
- longispina J.B.Gillett *312*
- lotononoides Baker f. *312*
- lupatana Baker f. *312*
- lyallii Baker *312*
    - subsp. lyallii *312*
    - subsp. nyassica J.B.Gillett *312*
- lydenbergensis N.E.Br. *312*
- lydenburgensis N.E.Br. *312*
- lydenburghensis N.E.Br. *312*
- macrantha Harms *312*
- macrocalyx Guillemin & Perrottet *312*
- macrophylla Schum. & Thonn. *312*
- malacostachys Benth. *312*
- malindiensis J.B.Gillett *313*
- malongensis Cronq. *313*
- manyoniensis Baker f. *313*
- maritima Baker *313*
- marmorata Balf.f. *313*
- masaiensis J.B.Gillett *313*
- masonae N.E.Br. *313*
- mauritanica (L.) Thunb. *313*
- medicaginea Baker *313*
- medicaginea sensu auctt. *291*
- medicaginea sensu Cronq.,p.p. *295*
- megacephala J.B.Gillett *313*
- melanadenia Harvey *313*
- mendesii Torre *313*
- mendoncae J.B.Gillett *313*
- merxmuelleri A.Schreiber *314*
- micrantha E.Meyer *314*
- microcalyx Baker *314*
- microcarpa Desv. *314*
- microcephala Baker f. *326*
- microcharoides Taubert *314*
- micropetala Baker f. *314*
- mildbraediana J.B.Gillett *314*
- mildrediana Torre *314*
- milne-redheadii J.B.Gillett *314*
- mimosoides Baker *314*
- minimifolia Chiov. *331*
- mischocarpa Schltr. *314*
- mittuensis Baker f. *311*

Indigofera (*cont.*)
   mollicoma N.E.Br. *314*
   mollis Ecklon & Zeyher *315*
   monantha Baker f. *315*
   monanthoides J.B.Gillett *315*
   moniliformis Baker f. *317*
   monostachya Ecklon & Zeyher *315*
   mooneyi Thulin *315*
   mossambicensis Baker f. *297*
   mounyinensis Tisser. *327*
   multifoliolata De Wild. *332*
   mundtiana Ecklon & Zeyher *315*
   mupensis Torre *315*
      subsp. abercornensis J.B.Gillett *315*
      subsp. mupensis *315*
   mwanzae J.B.Gillett *315*
   nairobiensis Baker f. *315*
      subsp. nairobiensis *315*
      subsp. viscida J.B.Gillett *316*
   nambalensis Harms *316*
   natalensis Bolus *316*
   nebrowniana J.B.Gillett *316*
   neglecta N.E.Br. *325*
   nelsonii N.E.Br. *314*
   nephrocarpa Balf.f. *316*
   nephrocarpa sensu Balf.f.,p.p. *316*
   nephrocarpoides J.B.Gillett *316*
   nigricans Pers. *316*
   nigritana Hook.f. *316*
   nitida T.M.Salter *316*
   notata N.E.Br. *316*
   nudicaulis E.Meyer *316*
   nummularia Baker *316*
   nummulariifolia (L.) Alston *316*
   nyassica Gilli *317*
   obcordata Ecklon & Zeyher *317*
   obermeijerae Bremek. *312*
   obermejerae Bremek. *312*
   obermeyerae Bremek. *312*
   oblongifolia Forsskal *317*
   oblongifolia sensu Brenan *323*
   obscura N.E.Br. *317*
   ogadensis J.B.Gillett *317*
   oligophylla Klotzsch *317*
   oliveri sensu Brenan *327*
   omariana J.B.Gillett *317*
   omissa J.B.Gillett *317*
   ormocarpoides Baker *317*
   oubanguiensis Tisser. *317*
   ovata Thunb. *317*
   ovina Harvey *317*
   oxalidea Baker *318*
   oxytropis Harvey *318*
   oxytropoides Schltr. *318*
   paniculata Pers. *318*
      subsp. gazensis (Baker f.) J.B.Gillett *318*
      subsp. paniculata *318*
   pappei Fourc. *318*
   paracapitata J.B.Gillett *318*
   paraglaucifolia Torre *318*
   paraoxalidea Torre *318*
   parviflora Wight & Arn. *318*
   parvula Del. *309*
   parvula sensu Robyns *325*
   patens Ecklon & Zeyher *324*
   patula Baker *318*
   pauciflora Ecklon & Zeyher *319*
   paucistrigosa J.B.Gillett *319*
   pauxilla N.E.Br. *319*
   pechuelii Kuntze *290*
   peltata J.B.Gillett *319*
   pentaphylla Harvey *322*
   perplexa N.E.Br. *327*
   petiolata Cronq. *319*
   phillipsiae Baker f. *319*
   phyllanthoides Baker *319*
   pilgerana Schltr. *319*
   pilgeriana Schltr. *319*
   pilosa Poiret *319*
      var. multiflora Baker f. *304*
   placida N.E.Br. *319*
   pobeguinii J.B.Gillett *319*
   podocarpa Baker f. & Martin *319*
   podophylla Harvey *319*
   poliotes Ecklon & Zeyher *320*
   polycarpa Harvey *309*
   polysphaera Baker *320*
   pongolana N.E.Br. *320*
   porrecta Ecklon & Zeyher *320*
   praetermissa Baker f. *320*
   praticola Baker f. *320*
   pretoriana Harms *320*
   prieureana Guillemin & Perrottet *320*
   procumbens L. *320*
      Torre *320*
   pruinosa Baker *320*
   pseudo-indigofera (Merxm.) J.B.Gillett *320*
   pseudoevansii Hilliard & B.L.Burtt *321*
   pseudointricata J.B.Gillett *321*
   pseudosubulata Baker f. *321*
   psilocarpa Schltr. *321*
   psilostachya Baker *310*
   psoraleoides L. *321*
   pulchella Roxb. *321*
   pulchra Willd. *321*
   pungens E.Meyer *321*
   quarrei Cronq. *321*
   quartiniana A.Rich. *330*
   quinquefolia E.Meyer *321*
   radicifera Cronq. *321*
   ramosa Cronq. *293*

Indigofera (*cont.*)
   ramosissima J.B.Gillett *321*
   rautanenii Baker f. *322*
   reducta N.E.Br. *322*
   rehmannii Baker f. *322*
   relaxata N.E.Br. *296*
   remota Baker f. *322*
   repens Cronq. *322*
   retroflexa Baillon *330*
   rhodantha Fourc. *322*
   rhynchocarpa Baker *322*
      var. quadrangularis Berhaut *305*
   rhytidocarpa Harvey *322*
      subsp. angolensis J.B.Gillett *322*
      subsp. rhytidocarpa *322*
   richardsiae J.B.Gillett *322*
   ripae N.E.Br. *322*
   rogersii R.E.Fries *330*
   roseo-caerulea Baker f. *323*
   rostrata Bolus *323*
   rothii Baker *323*
   rubroglandulosa G.Germishuizen *323*
   rudis N.E.Br. *307*
   rufescens E.Meyer *323*
   ruspolii Baker f. *323*
   salteri Baker f. *323*
   sanguinea N.E.Br. *323*
   santosii Torre *323*
   sarmentosa L.f. *323*
   scarciesii Scott Elliot *323*
   schimperi Jaub. & Spach *323*
   schinzii N.E.Br. *323*
   schlechteri Baker f. *311*
   schliebenii Harms *324*
   sebungweensis J.B.Gillett *324*
   secundiflora Poiret *324*
   sedgewickiana Vatke *324*
   semhaensis Vierh. *301*
   semitrijuga Forsskal *324*
   semlikiensis Robyns & Boutique *330*
   senegalensis Lam. *324*
   sesbaniifolia A.Chev. *301*
   sesquijuga Chiov. *324*
   sessiliflora DC. *324*
   sessilifolia DC. *324*
   setiflora Baker *324*
   setosa N.E.Br. *324*
   setosissima Harms *293*
      var. major Cronq. *292*
   shinyangensis Milne-Redh. *326*
   sieberiana Scheele *324*
   simplicifolia Lam. *324*
   sisalis J.B.Gillett *325*
   smithioides R.Viguier *309*
   smutsii J.B.Gillett *325*
   sokotrana Vierh. *325*
   sordida Harvey *325*
   sp.A Thulin *332*
   sp.aff.amitinae J.B.Gillett *332*
   sp.B Thulin *332*
   sp.C Thulin *332*
   sp.D Thulin *332*
   sp.no.C3j5A J.B.Gillett *330*
   sp.nr.subcorymbosa Baker *326*
   sp.92 Torre *332*
   sp.93 Torre *332*
   sp.94 Torre *332*
   sparsa Baker *325*
   sparsa sensu Cronq. *298*
   sparteola Chiov. *325*
   spathulata J.B.Gillett *325*
   spicata Forsskal *325*
   spinescens E.Meyer *325*
   spiniflora Boiss. *325*
   spinosa Forsskal *325*
   splendens Ficalho & Hiern *325*
   stenophylla Ecklon & Zeyher *291*
      Guillemin & Perrottet *326*
   stipularis L. *326*
      Link *290*
   stipulosa Chiov. *326*
   streyana Merxm. *308*
   stricta L.f. *326*
   strigosa Sprengel *326*
   strigulosa Baker f. *326*
   strobilifera (Hochst.) Baker *326*
      subsp. lanuginosa (Baker f.)
         J.B.Gillett *326*
      subsp. strobilifera *326*
   suaveolens Jaub. & Spach *326*
   suaveolens sensu auctt. *331*
   subargentea De Wild. *326*
   subcorymbosa Baker *326*
   subhirtella Chiov. *331*
   subulata Poiret *330*
   subulifera Baker *327*
   suffruticosa Miller *327*
   sulcata DC. *327*
   superba Stirton *327*
   supralevis N.E.Br. *318*
   sutherlandoides Baker *327*
   swaziensis Bolus *327*
   taborensis J.B.Gillett *327*
   tanaensis J.B.Gillett *327*
   tanganyikensis Baker f. *327*
   taruffiana Torre *327*
   taylori J.B.Gillett *327*
   teixeirae Torre *328*
   tenuis Milne-Redh. *328*
      subsp. major J.B.Gillett *328*
      subsp. tenuis *328*
   tenuissima E.Meyer *328*
   terminalis Baker *328*

Indigofera (*cont.*)
   tetragona Lebrun & Taton *305*
   tetragonoloba E.Meyer *328*
   tetraptera Taubert *328*
   tetrasperma Pers. *328*
   tettensis Klotzsch *323*
   teuschii O.Hoffm. *299*
   thesioides J.K.Jarvie & Stirton *328*
   theuschii O.Hoffm. *299*
   thikaensis J.B.Gillett *328*
   thomsonii Baker f. *328*
   tinctoria L. *328*
   tisserantii (Pellegrin) Pellegrin *329*
   tomentosa Ecklon & Zeyher *329*
   torrei J.B.Gillett *329*
   torulosa E.Meyer *329*
   trachyphylla Oliver *329*
   transvaalensis Baker f. *330*
   trialata A.Chev. *329*
   trichopoda Guillemin & Perrottet *329*
   trifolioides Baker f. *329*
   trigonelloides Jaub. & Spach *329*
   triquetra E.Meyer *329*
   tristis E.Meyer *329*
   tristoides N.E.Br. *329*
   trita L.f. *330*
   tritoides Baker *330*
   ufipaensis J.B.Gillett *330*
   ugandensis Baker f. *330*
   uhehensis Harms *331*
   vanderystii J.B.Gillett *330*
   varia Mey (accepte [222] *330*
   variabilis N.E.Br. *293*
   velutina E.Meyer *330*
   venusta Ecklon & Zeyher *330*
   vestita Harvey *330*
   vicioides Jaub. & Spach *330*
   viminea E.Meyer *330*
   viridiflora Chiov. *331*
   viscidissima Baker *331*
     subsp. orientalis J.B.Gillett *331*
     subsp. viscidissima *331*
   viscosa Lam. *297*
   viscosa sensu Cronq. *332*
   vohemarensis Baillon *331*
   volkensii Taubert *331*
   wajirensis J.B.Gillett *331*
   wauensis Cronq. *289*
   welwitschii Baker *331*
   welwitschii sensu Cronq.,p.p. *320*
   wildemanii Baker f. *290*
   wildiana J.B.Gillett *331*
   williamsonii (Harvey) N.E.Br. *331*
   wilmaniae J.B.Gillett *331*
   wituensis Baker f. *331*
   woodii Bolus *332*
   zanzibarica J.B.Gillett *332*
   zavattarii Chiov. *332*
   zenkeri Baker f. *332*
     var. brevifoliolata De Wild. *332*
   zeyheri Sprengel *332*
Indigofereae *289*
Inga *86*
   edulis Martius *86*
   rodrigueziana Pittier *86*
   vera sensu Brenan *86*
Ingeae *80*
Intsia *56*
   bijuga (Colebr.) O.Kuntze *56*
Isoberlinia *14*
   angolensis (Benth.) Hoyle & Brenan *14*
   baumii (Harms) Duvign. *15*
   dalzielii Craib & Stapf *14*
   densiflora (Baker) Milne-Redh. *14*
   doka Craib & Stapf *14*
   globiflora (Benth.) Greenway *15*
   magnistipulata (Harms) Milne-Redh. *15*
   niembaensis (De Wild.) Duvign. *14*
   paniculata (Benth.) Greenway *15*
   paradoxa Hauman *14*
   scheffleri (Harms) Greenway *14*
   tomentosa (Harms) Craib & Stapf *14*
   tomentosa sensu Torre & Hillc. *14*
Isomacrolobium *15*
   conchyliophorum (Pellegrin) Aubrév. & Pellegrin *1*
   elongatum (Hutch.) Aubrév. & Pellegrin *1*
   gabunense (J.Léonard) Aubrév. & Pellegrin *2*
   graciliflorum (Harms) Aubrév. & Pellegrin *2*
   hallei Aubrév. *15*
   isopetalum (Harms) Aubrév. & Pellegrin *2*
   lebrunii (J Léonard) Aubrév. & Pellegrin *2*
   leptorrhachis (Harms) Aubrév. & Pellegrin *2*
   nigericum (Baker f.) Aubrév. & Pellegrin *3*
   obanense (Baker f.) Aubrév. & Pellegrin *3*
   sargosii (Pellegrin) Aubrév. & Pellegrin *3*
   vignei (Hoyle) Aubrév. & Pellegrin *4*

J
Julbernardia *15*
   baumii (Harms) Troupin *15*
   bifoliolata (Harms) Troupin *19*
   brieyi (De Wild.) Troupin *15*
   globiflora (Benth.) Troupin *15*

Julbernardia (*cont.*)
   gossweileri (Baker f.) Torre & Hillc. *15*
   hochreutineri Pellegrin *15*
   letouzeyi J-F.Villiers *15*
   magnistipulata (Harms) Troupin *15*
   microphylla Troupin *16*
   normandii Pellegrin *15*
   ogoouensis Pellegrin *16*
   paniculata (Benth.) Troupin *15*
   pellegriniana Troupin *15*
   polyphylla (Harms) Troupin *16*
   seretii (De Wild.) Troupin *16*
   unijugata J.Léonard *16*

K
Kaoue germainii R.Wilczek *26*
   stapfiana (A.Chev.) Pellegrin *26*
Kerstingiella geocarpa Harms *416*
Kotschya *115*
   aeschynomenoides (Baker) J.Dewit & Duvign. *115*
   africana Endl. *115*
   bullockii Verdc. *115*
   capitulifera (Baker) J.Dewit & Duvign. *115*
      var. robusta J.Dewit & Duvign. *115*
   carsonii (Baker) J.Dewit & Duvign. *115*
      subsp. carsonii *115*
      subsp. reflexa (Portères) Verdc. *115*
   coalescens J.Dewit & Duvign. *115*
   eurycalyx (Harms) J.Dewit & Duvign. *115*
      subsp. eurycalyx *116*
      subsp. venulosa Verdc. *116*
   goetzei (Harms) Verdc. *116*
   imbricata Verdc. *116*
   longiloba Verdc. *116*
   lutea (Portères) Hepper *116*
   micrantha (Harms) Hepper *116*
   ochreata (Taubert) J.Dewit & Duvign. *116*
   oubanguiensis (Tisser.) Verdc. *116*
   parvifolia (Burtt Davy) Verdc. *116*
   platyphylla (Brenan) Verdc. *116*
   princeana (Harms) Verdc. *117*
   prittwitzii (Harms) Verdc. *117*
   recurvifolia (Taubert) F.White *117*
      subsp. aethiopica Verdc. *117*
      subsp. keniensis Verdc. *117*
      subsp. longifolia Verdc. *117*
      subsp. recurvifolia *117*
   scaberrima (Taubert) Wild *117*
   schweinfurthii (Taubert) J.Dewit & Duvign. *117*
   sp.A Verdc. *118*
   sp.1 F.White *118*
   speciosa (Hutch.) Hepper *117*
   stolonifera (Brenan) J.Dewit & Duvign. *117*
   strigosa (Benth.) J.Dewit & Duvign. *118*
   strobilantha (Baker) J.Dewit & Duvign. *118*
   suberifera Verdc. *118*
   thymodora (Baker f.) Wild *118*
      subsp. septentrionalis Verdc. *118*
      subsp. thymodora *118*
   uguenensis (Taubert) F.White *118*
   uniflora (A.Chev.) Hepper *118*
   volkensii (Taubert) J.Dewit & Duvign. *115*

L
Lablab *414*
   niger Medikus *414*
      var. crenatifructus Cuf. *415*
      var. uncinatus (A.Rich.) Cuf. *415*
      subsp. bengalensis (Jacq.) Verdc. *414*
   purpureus (L.) Sweet *414*
      subsp. bengalensis (Jacq.) Verdc. *414*
      subsp. purpureus *414*
      subsp. uncinatus Verdc. *415*
   vulgaris (L.) Savi *414*
Laburnum platycarpum Maire *282*
Lagonychium farctum (Banks & Sol.) Bobrov *96*
Lathriogyne parvifolia Ecklon & Zeyher *335*
Lathyrus *500*
   allardii Battand. *500*
   amphicarpos L. *500*
   angulatus L. *500*
   annuus L. *500*
   aphaca L. *500*
   articulatus L. *501*
   brachyodon Murb. *500*
   cicera L. *500*
   clymenum L. *501*
   coerulescens Boiss. & Reuter *501*
   coruscans Emb. & Maire *503*
   filiformis (Lam.) Gay *501*
      subsp. numidicus Quezel & Santa *501*
   fissus Ball *501*
   gorgonei Parl. *501*
      subsp. lineatus (Post) Ponert *502*
      subsp. tiriopolitanus (Davidov) Ponert *501*
   hierosolymitanus Boiss. *501*
   hirsutus L. *501*
   hygrophilus Taubert *501*

Lathyrus (cont.)
   hygrophilus sensu Robyns,p.p. *502*
   inconspicuus L. *501*
   kilimandscharicus Taubert *501*
   latifolius L. *501*
   linifolius (Reichard) Bassler *501*
   macrorrhizus Wimmer *501*
   marmoratus Boiss. & Blanche *501*
   montanus Bernh. *501*
   niger (L.) Bernh. *502*
      subsp. niger *502*
   nissolia L. *502*
   numidicus Battand. *502*
   ochrus (L.) DC. *502*
   odoratus L. *502*
   pratensis L.pratensis L. *502*
   pseudocicera Pampan. *502*
   quadrimarginatus Bory & Chaub. *500*
   sativus L. *502*
   saxatilis (Vent.) Vis. *502*
   setifolius L. *502*
   sphaericus Retz. *502*
   sylvestris subsp. latifolius (L.) P.Fourn. *501*
   tingitanus L. *503*
   zalaghensis Andreanszky *503*
Lebeckia *211*
   acanthoclada Dinter *211*
   ambigua E.Meyer *211*
   armata E.Meyer *214*
   bowieana Benth. *211*
   candicans Dinter *212*
   candolleana Walp. *211*
   capensis (L.) Druce *211*
   carnosa (E.Meyer) Druce *211*
   cinerea E.Meyer *211*
   contaminata (L.) Thunb. *211*
   cuspidosa (DC.) Skeels *213*
   cytisoides Thunb. *211*
   densa Thunb. *211*
   dinteri Harms *212*
   elongata Hutch. *214*
   fasciculata Benth. *212*
   gracilis Ecklon & Zeyher *212*
   grandiflora Benth. *212*
   halenbergensis Merxm. & A.Schreiber *212*
   humilis Thunb. *212*
   inflata Bolus *212*
   leipoldtiana R.Dahlgren *212*
   leptophylla Benth. *212*
   leucoclada Schltr. *212*
   linearifolia E.Meyer *212*
   longipes Bolus *212*
   lotononoides Schltr. *212*
   macowanii T.M.Salter *213*
   macrantha Harvey *213*
   marginata E.Meyer *213*
   melilotoides R.Dahlgren *213*
   meyeriana Ecklon & Zeyher *213*
   microphylla E.Meyer *213*
   mucronata Benth. *213*
   multiflora E.Meyer *213*
   obovata Schinz *213*
   parvifolia (Schinz) Harms *213*
   pauciflora Ecklon & Zeyher *213*
   plukenetiana E.Meyer *213*
   psiloloba Walp. *213*
   pungens Thunb. *214*
   schlechteriana Schinz *214*
   sepiaria (L.) Thunb. *214*
   sericea Thunb. *214*
   sessilifolia (Ecklon & Zeyher) Benth. *214*
   simsiana Ecklon & Zeyher *214*
   spathulifolia Dinter *211*
   spinescens Harvey *214*
   subnuda DC. *214*
   subsecunda Gand. *214*
   waltersii Stirton *230*
   wrightii (Harvey) Bolus *214*
Lebruniodendron *56*
   unijugatum (Harms) J.Léonard *56*
Lens *503*
   culinaris Medikus *503*
   ervoides (Brign.) Grande *503*
   esculenta Moench *503*
      subsp. nigricans (M.Bieb.) Thell. *503*
   lamottei Cefr. *503*
   lenticula (Schreber) Webb & Berth. *503*
   nigricans (M.Bieb.) Godron *503*
   villosa (Pomel) Battand. *503*
Leonardendron gabunense (J.Léonard) Aubrév. *2*
Leonardoxa *56*
   africana (Baillon) Aubrév. *56*
   bequaertii (De Wild.) Aubrév. *56*
   romii (De Wild.) Aubrév. *57*
Leptoderris *351*
   aurantiaca Dunn *351*
   brachyptera (Benth.) Dunn *351*
   claessensii De Wild. *351*
   congolensis (De Wild.) Dunn *352*
   coriacea De Wild. *352*
   cyclocarpa Dunn *352*
   cylindrica De Wild. *352*
   fasciculata (Benth.) Dunn *352*
   ferruginea De Wild. *352*
   gilletii De Wild. *352*
   giorgii De Wild. *352*
   glabrata (Baker) Dunn *352*
   goetzei (Harms) Dunn *352*

Leptoderris (*cont.*)
   harmsiana Dunn *352*
   hypargyrea (Harms) Dunn *352*
   laurentii (De Wild.) De Wild. *352*
   ledermannii Harms *352*
   macrothyrsa (Harms) Dunn *353*
   micrantha Dunn *353*
   miegei Ake Assi & Mangenot *353*
   mildbraedii Harms *353*
   nobilis (Baker) Dunn *353*
   oxytropis Harms *353*
   pycnantha Harms *353*
   reygaertii De Wild. *353*
   rutshuruensis Hauman *352*
   tomentella Harms *353*
   trifoliolata Hepper *353*
   velutina Dunn *353*
Lessertia *261*
   acanthorachis (Dinter) Dinter *261*
   affinis Burtt Davy *261*
   annularis Burchell *261*
   argentea Harvey *261*
   benguellensis Baker f. *261*
   brachypus Harvey *261*
   brachystachya DC. *262*
   candida E.Meyer *262*
   capensis (P.Bergius) Druce *262*
   capitata E.Meyer *262*
   carnosa Ecklon & Zeyher *262*
   cryptantha Dinter *262*
   depressa Harvey *262*
   diffusa R.Br. *262*
   distans Burtt Davy *262*
   dykei L.Bolus *262*
   emarginata Schinz *262*
   eremicola Dinter *262*
   excisa DC. *263*
   falciformis DC. *263*
   flanaganii L.Bolus *263*
   flexuosa E.Meyer *263*
   fruticosa Lindley *263*
   glabricaulis L.Bolus *263*
   globosa L.Bolus *263*
   harveyana L.Bolus *263*
   herbacea (L.) Druce *263*
   incana Schinz *263*
   inflata Harvey *263*
   kensitii L.Bolus *263*
   linearis (Thunb.) DC. *263*
   macrostachya DC. *264*
   margaritacea E.Meyer *264*
   microcarpa E.Meyer *264*
   miniata T.M.Salter *264*
   mossii R.G.Young *264*
   muricata T.M.Salter *264*
   pappeana Harvey *264*
   parviflora Harvey *264*
   pauciflora Harvey *264*
   perennans DC. *264*
   phillipsiana Burtt Davy *264*
   physodes Ecklon & Zeyher *264*
   polystachya Harvey *264*
   prostrata DC. *264*
   pulchra Sims *262*
   rigida E.Meyer *265*
   schlechteri L.Bolus *264*
   spinescens E.Meyer *265*
   stenoloba E.Meyer *265*
   stipulata Baker f. *265*
   stricta L.Bolus *265*
   subcanescens Gand. *264*
   subumbellata Harvey *265*
   tenuifolia E.Meyer *265*
   thodei L.Bolus *265*
   tomentosa DC. *265*
Leucaena *93*
   esculenta (DC.) Benth. *93*
   glabrata Rose *93*
   glauca sensu auctt. *93*
   guatamalensis Britton & Rose *93*
   latisiliqua (L.) Gillis *93*
   leucocephala (Lam.) De Wit *93*
   pulverulenta (Schldl.) Benth. *93*
Leucomphalos *475*
   capparideus Planchon *475*
Librevillea *57*
   klainei (Harms) Hoyle *57*
Liparia *337*
   burchellii Benth. *337*
   comantha Ecklon & Zeyher *337*
   crassinervia Meissner *337*
   parva Walp. *337*
   sphaerica L.sphaerica L.; *337*
   splendens (Burm.f.) Bos & De Wit *337*
      subsp. comantha (Ecklon & Zeyher) Bos & De Wit *337*
      subsp. splendens *337*
Liparieae *333*
Listia heterophylla E.Meyer *219*
Loddigesia oxalidifolia Sims *337*
Loesenera *57*
   gabonensis Pellegrin *57*
   kalantha Harms *57*
   talbotii Baker f. *57*
   walkeri (A.Chev.) J.Léonard *57*
Lonchocarpus *353*
   barlassinae Chiov. *354*
   brachybotrys Dunn *353*
   bussei Harms *354*
   bussei sensu Dale & Greenway *354*
   capassa Rolfe *354*
   comosus Micheli *356*
   cyanescens (Schum. & Thonn.) Benth.

Lonchocarpus (*cont.*)
354
   eetveldeanus Micheli *357*
   eriocalyx Harms *354*
      subsp. eriocalyx *354*
      subsp. wankiensis Mendonça & Sousa *354*
   fischeri Harms *354*
   goossensii Hauman *358*
   griffonianus (Baillon) Dunn *358*
   hockii De Wild. *354*
   kanurii Brenan & J.B.Gillett *354*
   katangensis De Wild. *354*
   laxiflorus Guillemin & Perrottet *354*
   laxiflorus sensu Brenan *354*
   laxiflorus sensu Dale & Greenway,p.p. *354*
   madagascariensis (Vatke) Polhill *354*
   menyhartii Schinz *354*
   nelsii (Schinz) Heering & Grimme *354*
      subsp. katangensis (De Wild.) Mendonça & Sousa *355*
      subsp. nelsii *355*
   pallescens Baker *355*
   scheffleri Baker f. *354*
   sericeus (Poiret) Kunth *355*
   sp.A Hepper *352*
   sp.1 F.White *355*
   subulidentatus Buettner *355*
   sutherlandii (Harvey) Dunn *355*
   velutinus Benth. *355*
   violaceus Kunth *355*
Loteae *339*
Lotononis *214*
   abyssinica Kotschy *222*
   acuminata Ecklon & Zeyher *214*
   adpressa N.E.Br. *214*
   affinis Burtt Davy *215*
   ambigua Dummer *215*
   angolensis Baker *215*
   angustifolia (E.Meyer) Steudel *215*
   anthylloides Harvey *215*
   arenicola De Wild. *215*
   argentae Ecklon & Zeyher *215*
   argentea Ecklon & Zeyher *215*
   argyrella MacOwan *215*
   arida Dummer *215*
   azurea Benth. *215*
   bachmanniana Dummer *215*
   bainesii Baker *215*
   barberae Dummer *216*
   basutica E.Phillips *216*
   benthamiana Dummer *216*
   biflora (Bolus) Dummer *216*
   bolusii Dummer *216*
   brachyantha Harms *216*
   brachyloba Benth. *216*
   bracteata Benth. *228*
   brierleyae Baker f. *216*
   bullonii Emb. & Maire *216*
   burchellii Benth. *216*
   calycina (E.Meyer) Benth. *216*
   carinalis Harvey *216*
   carinata Benth. *216*
   carnosa Benth. *217*
   clandestina (E.Meyer) Benth. *217*
      var. steingroeveriana Schinz *224*
   corymbosa Benth. *217*
   crumanina Benth. *217*
   curtii Harms *217*
   cytisoides Benth. *217*
   debilis Benth. *217*
   decipiens De Wild. *218*
   delicata (Baker f.) Polhill *217*
   delicatula De Wild. *217*
   depressa Ecklon & Zeyher *217*
   desertorum Dummer *232*
   dichiloides Sonder *217*
   dichotoma (Del.) Boiss. *222*
   dieterlenii E.Phillips *217*
   digitata Harvey *217*
   dinteri Schinz *222*
   divaricata ckl & Zeyher) Benth. *218*
   dregeana Dummer *218*
   eriantha Benth. *218*
   eriosemoides (Ficalho & Hiern) Torre *218*
   erisemoides (Ficalho & Hiern) Torre *218*
   evansiana Burtt Davy *218*
   exstipulata L.Bolus *218*
   falcata (E.Meyer) Benth. *218*
   flava Dummer *218*
   florifera Dummer *218*
   foliosa Bolus *218*
   furcata (Merxm. & A.Schreiber) A.Schreiber *218*
   galpinii Dummer *218*
   genuflexa Benth. *218*
   gerrardii Dummer *221*
   gracilis Benth. *219*
   grandifolia Bolus *229*
   grandis Dummer & Jennings *219*
   hirsuta Schinz *219*
   humifusa Benth. *219*
   humilior Dummer *219*
   involucrata (Bergius) Benth. *219*
      Benth.,p.p. *225*
   lanceolata Benth. *219*
   laxa Ecklon & Zeyher *219*
   lenticula (E.Meyer) Benth. *219*
   leobordea Benth. *222*
   leptoloba Bolus *219*

Lotononis (*cont.*)
- leucoclada (Schltr.) Dummer *219*
- listii Polhill *219*
- listioides Dinter & Harms *219*
- longiflora Bolus *220*
- lotoidea Del. *222*
- lupinifolia (Boiss.) Benth. *220*
- macra Schltr. *220*
- macrocarpa Ecklon & Zeyher *220*
- macrosepala Conrath *220*
- maculata Dummer *220*
- magnistipulata Dummer *220*
- maira K.Schum. *220*
- marlothii Engl. *220*
- maroccana Ball *220*
- maximiliana Schltr. *220*
- maximiliani De Wild. *220*
- micrantha (E.Meyer) Benth. *220*
- microphylla Harvey *220*
- minor Dummer & Jennings *220*
- mirabilis Dinter *221*
- mollis Benth. *221*
- monophylla Harvey *221*
- montana Schinz *225*
- mucronata Conrath *221*
- myriantha Baker *221*
- namaquensis Bolus *221*
- neglecta Dummer *221*
- newtonii Dummer *221*
- oocarpa Wilman *223*
- ornata Dummer *223*
- orthorrhiza Conrath *221*
- oxyptera (E.Meyer) Benth. *221*
- pallens Benth. *221*
- pallidirosea Dinter & Harms *221*
- parviflora Burtt Davy *222*
- pauciflora Dummer *222*
- peduncularis Benth. *222*
- pentaphylla Benth. *222*
- perplexa (E.Meyer) Ecklon & Zeyher *222*
- platycarpa (Viv.) Pichi-Serm. *222*
- platycarpos (Viv.) Pichi-Serm. *222*
- polycephala Benth. *222*
- pottiae Burtt Davy *222*
- procumbens Bolus *222*
- prostrata (L.) Benth. *222*
- pseudodelicata (Torre) Polhill *222*
- pulchra Dummer *222*
- pumila Ecklon & Zeyher *223*
- pungens Ecklon & Zeyher *223*
- pusilla Dummer *223*
- quinata Benth. *223*
- rabenaviana Dinter & Harms *223*
- rara Dummer *223*
- rehmannii Dummer *223*
- rigida Benth. *223*
- rosea Dummer *223*
- sabulosa T.M.Salter *223*
- schlechteri Schinz *225*
- schonfelderi (Merxm. & A.Schreiber) A.Schreiber *223*
- schwansiana Dinter *223*
- sericoflora Dummer *223*
- sericophylla Benth. *224*
- serpens (E.Meyer) R.Dahlgren *224*
- serpentinicola H.Wild *224*
- solitudinis Dummer *224*
- sp. A.Schreiber *226*
- speciosa Hutch. *224*
- spicata Compton *224*
- steingroeveriana Dummer *224*
- stipulosa Baker f. *224*
- stolzii Harms *224*
- strigillosa (Merxm. & A.Schreiber) A.Schreiber *224*
- sutherlandii Dummer *224*
- tapetiformis Emb. & Maire *224*
- tenella Ecklon & Zeyher *225*
- tenuifolia (Ecklon & Zeyher) Dummer *225*
- tenuipes Burtt Davy *225*
- tenuis Baker *225*
- transvaalensis Dummer *225*
- trichopoda (E.Meyer) Benth. *225*
- trisegmentata E.Phillips *225*
- umbellata (L.) Benth. *225*
- uniflora Kensit *230*
- varia .Meyer) Steu (accepte [522] *225*
- versicolor Benth. *225*
- viborgioides Benth. *225*
- villosa Benth. *225*
- wilmsii Dummer *225*
- woodii Bolus *225*
- wrightii Harvey *214*
- wyliei J.M.Wood *226*

Lotophyllus argenteus Link *275*
- var. fallax (Ball) Maire *274*
- subsp. grandiflorus (Boiss. & Reuter) Quezel & Santa *275*
- subsp. linneanus (Walp.) Quezel & Santa *275*
- subsp. stipulaceus (Ball) Quezel & Santa *275*

Lotus *342*
- angustissimus L. *342*
  - subsp. palustris (Willd.) Ponert *347*
- arabicus L. *342*
- arborescens Cout. *342*
- arenarius Brot. *342*
- assakensis Brand *343*
- becquetii Boutique *343*
- benoistii (Maire) Lassen *343*

Lotus (*cont.*)
  biflorus Desr. *343*
  bollei Christ *343*
  borkouanus Quezel *343*
  brachycarpus var. montanus (A.Rich.) Cuf. *347*
  brunneri Webb *343*
  candidissimus A.Chev. *343*
  carmeli Boiss. *347*
  carthaginiensis Andreanszky *344*
  castellanus Boiss. & Reuter *343*
  caucasicus Kuprian. *344*
  chazaliei H.Boissieu *343*
  collinus (Boiss.) Heldr. *343*
  conimbricensis Brot. *343*
  conjugatus L. *343*
    subsp. conjugatus *344*
    subsp. requienii (Sang.) Greuter *344*
  corniculatus L. *344*
    var. eremanthus Chiov. *348*
    var. schoelleri (Schweinf.) Lanza *348*
    subsp. carpetanus (Lacaita) Rivas Mart. *345*
    subsp. decumbens sensu auctt. *347*
    subsp. preslii (Ten.) P.Fourn. *347*
    subsp. tenuifolius (L.) P.Fourn. *345*
  coronillaefolius Webb *344*
  creticus L. *344*
    subsp. collinus (Boiss.) Briq. *343*
    subsp. cytisoides (L.) Asch. *344*
  cytisoides L. *344*
  deserti Tackh. & Boulos *344*
  discolor E.Meyer *344*
    subsp. discolor *344*
    subsp. mollis J.B.Gillett *344*
  discolor sensu Brenan *346*
  drepanocarpus Durieu *344*
  edulis L.edulis L. *345*
  ehrenbergii Vierh. *345*
  eylesii Baker f. *346*
  garcinii DC. *345*
  gebelia Vent. *345*
  glaber Miller *345*
  glareosus Boiss. & Reuter *345*
  glinoides Del. *345*
  glinoides sensu auctt. *348*
  goetzei Harms *345*
  granadensis Zert. *347*
  halophilus Boiss. & Spruner *345*
  hebecarpus J.B.Gillett *345*
  hirsutus L. *341*
  hirtulus Cout. *345*
  hispidus DC. *348*
  ifniensis Caball. *343*
  jacobaeus L. *345*
  jolyi Battand. *346*
    subsp. battandieri Quezel & Santa *346*
  lalambensis Schweinf. *346*
  latifolius Brand *346*
  lebrunii Boutique *346*
  maritimus L.maritimus L. *346*
  maroccanus Ball *346*
  mearnsii De Wild. *348*
  melilotoides Webb *346*
  minor (Wright) Baker f. *346*
  mlanjeanus J.B.Gillett *346*
  mollis Balf.f. *346*
  montanus A.Rich. *347*
  namulensis Brand *346*
  nubicus Baker *346*
  oehleri Harms *345*
  oliveirae A.Chev. *346*
  ononopsis Balf.f. *347*
  ornithopodioides L. *347*
  oxyphyllus Harms *347*
  palustris Willd. *347*
  parviflorus Desf. *347*
  pedunculatus Cav. *347*
  peregrinus L. *347*
    subsp. carmeli (Boiss.) Ponert *347*
  polyphyllos Clarke *347*
  preslii Ten. *347*
  pseudocreticus Maire et al. *347*
  purpureus Webb *347*
  pusillus Viv. *345*
  quinatus (Forsskal) J.B.Gillett *347*
  rectus L. *342*
  requienii Sang. *344*
  roudairei Bonnet *339*
  schimperi Boiss. *348*
  schoelleri Schweinf. *348*
  simoneae Maire et al. *348*
  sp.?new A J.B.Gillett *344*
  suaveolens Pers. *348*
  subbiflorus Lagasca *348*
    subsp. castellanus (Boiss. & Reuter) P.Ball *343*
  subbiflorus sensu Heyn *343*
  subdigitatus Boutique *348*
  tenuifolius Reichb. *345*
  tenuis Willd. *345*
  tetragonolobus L. *348*
  tibesticus Maire *348*
  torulosus (Chiov.) Fiori *348*
  uliginosus Schk. *347*
  weilleri Maire *348*
  wildii J.B.Gillett *348*
Lupinophyllum lupinifolium (DC.) Hutch. *377*
Lupinus *282*
  albus L. *282*

Lupinus (cont.)
    subsp. albus L. *282*
  angustifolius L. *282*
    subsp. reticulatus (Desv.) Arcang. *283*
  atlanticus Gladst. *283*
  cosentinii Guss. *283*
  digitatus Forsskal *283*
  ehrenbergii Schldl. *283*
  hirsutus sensu auctt. *283*
  luteus L. *283*
  luthereaui Maire *283*
  micranthus Guss. *283*
  mutabilis Sweet *283*
  pilosus Murray *283*
  princei Harms *283*
  pubescens Benth. *283*
  somalensis Baker f. *283*
  somalensis sensu auctt.,p.p. *283*
  tassilicus Maire *283*
Lyauteya ahmedii (Battand. & Pitard) Maire *341*
Lygos monosperma (L.) Heyw. *284*
  raetam (Forsskal) Heyw. *284*
    var. bovei (Spach) Tackh. & Boulos *284*
  sphaerocarpa (L.) Heyw. *284*
Lysidice *57*
  rhodostegia Hance *57*
Lysiphyllum binatum (Blanco) De Wit *41*

M
Machaerium *241*
  lunatum (L.f.) Ducke *241*
Macroberlinia bracteosa (Benth.) Hauman *4*
Macrolobium *16*
  acuminatum De Wild. *1*
  aylmeri Hutch. & Dalziel *11*
  bambolense Louis *13*
  barbulatum Pellegrin *11*
  benthamii Baker f. *13*
  bilineatum Hutch. & Dalziel *11*
  brachystegioides Harms *12*
    var. sulphureum Pellegrin *13*
  brieyi De Wild. *1*
  chevalieri Harms *12*
  chrysophylloides Hutch. & Dalziel *2*
  cladanthum Harms *1*
  coeruleoides De Wild. *18*
  coeruleum (Taubert) Harms *18*
  conchyliophorum Pellegrin *1*
  crassifolium (Baillon) J.Léonard *1*
    A.Chev. *16*
  dawei Hutch. & Burtt Davy *18*
  demonstrans (Baillon) Oliver *12*
  dewevrei De Wild. *12*
  dinklagei Harms *12*
  diphyllum Harms *19*
  diphyllum sensu auctt. *60*
  ecoucense Pellegrin *13*
  ecoukense Pellegrin *13*
  elongatum Hutch. *1*
  ernae Dinkl. *1*
  explicans (Baillon) Keay *1*
  ferrugineum Harms *2*
  fragrans Baker f. *2*
  gilletii De Wild. *2*
  graciliflorum Harms *2*
  graciliflorum sensu Pellegrin *2*
  grandiflorum De Wild. *12*
  grandistipulatum De Wild. *12*
  heudelotianum sensu Aubrév. *1*
  heudelotii Benth. *1*
  imenoense Pellegrin *12*
  isopetalum Harms *2*
  ivorense (A.Chev.) Pellegrin *12*
  klainei Pellegrin *12*
  lebrunii J.Léonard *2*
  leptorrhachis Harms *2*
  limba Scott Elliot *12*
  limosum Pellegrin *13*
  macrophyllum (P.Beauv.) J.F.Macbr. *2*
  mayombense Pellegrin *13*
  ngouniense Pellegrin *13*
  ngounyense Pellegrin *13*
  nigericum (Baker f.) J.Léonard *3*
  noldeae Rossberg *3*
  obanense Baker f. *3*
  obliquum Stapf *13*
  ogoouense Pellegrin *13*
  pachyanthum Harms *13*
  preussii Harms *13*
  pynaertii De Wild. *3*
  quadrifolium Harms *13*
  sargosii (Pellegrin) Pellegrin *3*
  sp. Troupin *19*
  sp.aff.obanense Aubrév. *4*
  splendidum (Hutch. & Dalziel) Pellegrin *13*
  stipulaceum Benth. *3*
  straussianum Harms *14*
  triplisomere Pellegrin *3*
  trunciflorum Harms *3*
  unijugum Pellegrin *14*
  vignei Hoyle *4*
  zenkeri Harms *14*
Macroptilum *415*
  atropurpureum (DC.) Urban *415*
  lathyroides (L.) Urban *415*
Macrotyloma *415*
  africanum (Wilczek) Verdc. *415*
  axillare (E.Meyer) Verdc. *415*

Macrotyloma (cont.)
  bieense (Torre) Verdc. *415*
  biflorum (Schum. & Thonn.) Hepper *415*
  brevicaule (Baker) Verdc. *415*
  chrysanthum (A.Chev.) Verdc. *415*
  coddii Verdc. *415*
  daltonii (Webb) Verdc. *415*
  decipiens Verdc. *416*
  densiflorum (Baker) Verdc. *416*
  dewildemanianum (Wilczek) Verdc. *416*
  ellipticum (R.E.Fries) Verdc. *416*
  fimbriatum (Harms) Verdc. *416*
  geocarpum (Harms) Marechal & Baudet *416*
  hockii (De Wild.) Verdc. *416*
  kassaiense (Wilczek) Verdc. *416*
  katangense (De Wild.) Verdc. *417*
  maranguense (Taubert) Verdc. *416*
  oliganthum (Brenan) Verdc. *416*
  prostratum Verdc. *416*
  rupestre (Baker) Verdc. *416*
  schweinfurthii Verdc. *417*
  stenophyllum (Harms) Verdc. *417*
  stipulosum (Baker) Verdc. *417*
  tenuiflorum (Micheli) Verdc. *417*
  uniflorum (Lam.) Verdc. *417*
Medicago *478*
  aculeata sensu auctt. *478*
  arabica (L.) Hudson *478*
  arborea L. *478*
  aschersoniana Urban *479*
  ciliaris (L.) All. *478*
  coronata (L.) Bartal. *478*
  cyrenaea Maire & Weiller *478*
  denticulata Willd. *480*
  disciformis DC. *478*
  doliata Carmign. *478*
  falcata L. *479*
    subsp. falcata *479*
  glomerata Balbis *479*
  granadensis Willd. *479*
  granatensis Willd. *479*
  hispida Gaertner *480*
  hypogaea E.Small *479*
  intertexta (L.) Miller *479*
  italica (Miller) Fiori *479*
    subsp. corrugata (Durieu) Negre *479*
    subsp. helix (Willd.) Emb. & Maire *479*
    subsp. italica *479*
    subsp. maroccana Negre *479*
    subsp. tornata (L.) Emb. & Maire *479*
  laciniata (L.) Miller *479*
    subsp. schimperiana P.Fourn. *479*
  litoralis Loisel. *479*
  littoralis Loisel. *479*
    subsp. tricycla (DC.) J.M.Lainz *479*
  lupulina L. *480*
  maculata Willd. *478*
  marina L. *480*
  minima (L.) Bartal. *480*
    subsp. brevispina (Benth.) Ponert *480*
  murex Willd. *480*
    subsp. murex *480*
    subsp. sphaerocarpa (Bertol.) K.A.Lesins & I.Lesins *480*
  muricata sensu auctt. *479*
  orbicularis (L.) Bartal. *480*
  polymorpha L. *480*
    subsp. hispida (Gaertner) Ponert *480*
    subsp. lappacea Bonafe *480*
  rigidula (L.) All. *480*
  rotata Boiss. *480*
  rugosa Desr. *480*
  sativa L. *480*
    subsp. coerulea (Ledeb.) Schmalh. *481*
    subsp. falcata (L.) Arcang. *479*
    subsp. glomerata (Balbis) Tutin *479*
    subsp. microcarpa Urban *481*
    subsp. sativa *481*
  sauvagei Negre *481*
  scutellata (L.) Miller *481*
  secundiflora Durieu *481*
  soleirolii Duby *481*
  sphaerocarpa Bertol. *480*
  suffruticosa DC. *481*
  tornata (L.) Miller *479*
    subsp. helix (Willd.) Ooststr. & Reichg. *479*
  truncatula Gaertner *481*
    subsp. littoralis (Loisel.) Ponert *479*
    subsp. longiaculeata (Urban) Ponert *481*
  tuberculata (Retz.) Willd. *481*
  tunetana (Murb.) A.W.Hill *481*
  turbinata (L.) All. *481*
  turbinata sensu auctt. *478*
Melilotus *481*
  abyssinica Baker *481*
  alba Medikus *481*
  albus Medikus *481*
  altissima sensu auctt. *482*
  elegans Ser. *481*
  indica (L.) All. *482*
  infesta Guss. *482*
  infesta sensu auctt. *482*
  italica (L.) Lam. *482*
  lippoldiana Lowe *481*

Melilotus (*cont.*)
    macrocarpa Cosson & Durieu *482*
    messanensis (L.) All. *482*
    neapolitana Ten. *482*
    officinalis (L.) Lam. *482*
    officinalis sensu auctt. *482*
    parviflora Desf. *482*
    segetalis (Brot.) Ser. *482*
    serratifolia Tackh. & Boulos *482*
    sicula (Vitman) B.D.Jackson *482*
    speciosa Durieu *482*
    suaveolens Ledeb. *482*
    sulcata Desf. *482*
Meliniella *250*
    micrantha Harms *250*
Melolobium *226*
    accedens Burtt Davy *226*
    adenodes Ecklon & Zeyher *226*
    aethiopicum (L.) Druce *226*
    alpinum Ecklon & Zeyher *226*
    brachycarpum Harms *227*
    burchellii N.E.Br. *226*
    calycinum Benth. *226*
    canaliculatum (E.Meyer) Benth. *226*
    candicans (E.Meyer) Ecklon & Zeyher *226*
    canescens (E.Meyer) Benth. *226*
    cernuum Ecklon & Zeyher *226*
    decorum Dummer *226*
    decumbens (E.Meyer) Burtt Davy *227*
    exudans Harvey *227*
    glanduliferum Dummer *227*
    glanduliferum sensu auctt. *227*
    humile Ecklon & Zeyher *227*
    involucratum (Thunb.) Stirton *227*
    karasbergense L.Bolus *227*
    macrocalyx Dummer *227*
    microphyllum (L.f.) Ecklon & Zeyher *227*
        var. decumbens Harvey *227*
    mixtum Dummer *227*
    mixtum sensu auctt. *227*
    obcordatum Harvey *227*
    parviflorum Benth. *227*
    peglerae Dummer *227*
    psammophilum Harms *227*
    stenophyllum Harms *227*
    stipulatum (Thunb.) Harvey *228*
    subspicatum nra (accepte [279] *228*
    velutinum E.Meyer *228*
    villosum Harms *228*
    viscidulum Steudel *228*
    wilmsii Harms *228*
Mezoneuron *25*
    angolense Oliver *25*
    benthamianum Baillon *25*
    cucullatum (Roxb.) Wight & Arn. *25*

welwitschianum Oliver *23*
Mezoneurum angolense Oliver *25*
Michelsonia *16*
    microphylla (Troupin) Hauman *16*
    polyphylla (Harms) Hauman *16*
Microberlinia *16*
    bisulcata A.Chev. *16*
    brazzavillensis A.Chev. *16*
Microcharis galpinii N.E.Br. *320*
    pseudo-indigofera Merxm. *320*
Mildbraediodendron *477*
    excelsum Harms *477*
Millettia *355*
    aboensis (Hook.f.) Baker *355*
    achtenii De Wild. *355*
    acuticarinata Baker f. *355*
    angustidentata De Wild. *356*
    angustistipellata De Wild. *356*
    aromatica Dunn *356*
    atenensis De Wild. *363*
    barteri (Benth.) Dunn *356*
    bequaertii De Wild. *356*
    bibracteolata Pellegrin *356*
    bicolor Dunn *356*
    bipindensis Harms *356*
    breviflora De Wild. *349*
    bussei Harms *356*
    cabrae De Wild. *356*
    caffra Meissner *358*
    chrysophylla Dunn *356*
    comosa (Micheli) Hauman *356*
    conraui Harms *357*
    coruscans Dunn *357*
    dinklagei Harms *357*
    discolor De Wild. *357*
    drastica Baker *357*
    drastica sensu Eggeling & Dale *357*
    dubia De Wild. *357*
    duchesnei De Wild. *357*
    dura Dunn *357*
    eetveldeana (Micheli) Hauman *357*
    elongatistyla J.B.Gillett *357*
    elskensii De Wild. *357*
    eriocarpa Dunn *357*
    exauriculata Hauman *358*
    ferruginea (Hochst.) Baker *358*
        subsp. darassana (Cuf.) J.B.Gillett *358*
        subsp. ferruginea *358*
    fulgens Dunn *358*
    gagnepainiana Dunn *358*
    goetzeana Harms *359*
    goossensii (Hauman) Polhill *358*
    gossweileri Baker f. *358*
    gracilis Baker *358*
    grandis (E.Meyer) Skeels *358*

Millettia (cont.)
- griffoniana Baillon *358*
- harmsiana De Wild. *358*
- hedraeantha Harms *359*
- hirsuta Dunn *365*
- hockii De Wild. *359*
- hylobia Hauman *359*
- hypolampra Harms *359*
- impressa Harms *359*
    - subsp. goetzeana (Harms) J.B.Gillett *359*
    - subsp. impressa *359*
- inaequalisepala Hauman *356*
- irvinei Hutch. & Dalziel *359*
- klainei Dunn *359*
- lacus-alberti J.B.Gillett *359*
- lane-poolei Dunn *359*
- lasiantha Dunn *359*
- lastoursvillensis Pellegrin *359*
- laurentii De Wild. *360*
- le-testui Pellegrin *360*
- lebrunii Hauman *360*
- lecomtei Dunn *360*
- leonensis Hepper *360*
- leucantha Vatke *360*
- limbutuensis De Wild. *360*
- lucens (Scott Elliot) Dunn *360*
- macrophylla Benth. *360*
- macroura Harms *360*
- madagascariensis Vatke *354*
- makondensis Harms *360*
- mannii Baker *360*
- mavangensis Pellegrin *360*
- mavoundiensis Pellegrin *361*
- micans Taubert *361*
- mildbraedii Harms *361*
- mossambicensis J.B.Gillett *361*
- nudiflora Baker *361*
- nutans Sousa *361*
- nyangensis Pellegrin *361*
- oblata Dunn *361*
    - subsp. burttii J.B.Gillett *361*
    - subsp. intermedia J.B.Gillett *361*
    - subsp. oblata *361*
    - subsp. stolzii J.B.Gillett *361*
    - subsp. teitensis J.B.Gillett *361*
- oyemensis Pellegrin *362*
- pallens Stapf *362*
- paucijuga Harms *362*
- pilosa Hutch. & Dalziel *362*
- porphyrocalyx Dunn *364*
- psilopetala Harms *362*
- puguensis J.B.Gillett *362*
- rhodantha Baillon *362*
- sacleuxii Dunn *362*
- sanagana Harms *362*
- sapinii De Wild. *362*
- schliebenii Harms *362*
- semseii J.B.Gillett *362*
- sericantha Harms *362*
- soyauxii Dunn *363*
- sp. Eggeling & Dale *357*
- sp.A J.B.Gillett et al. *364*
- sp.nov. aff. M.macrophylla sensu Eggeling *234*
- sp.nr.M.lucens Eggeling & Dale *359*
- sp.1 F.White *364*
- stapfiana Dunn *364*
- stenopetala Hauman *363*
- stipellatissima Hauman *363*
- stuhlmannii Taubert *363*
- sutherlandii Harvey *355*
- takou J.G.Lorougnon *363*
- tanaensis J.B.Gillett *363*
- theuszii (Buettner) De Wild. *363*
- thollonii Dunn *363*
- thonneri De Wild. *363*
- thonningii (Schum. & Thonn.) Baker *363*
- urophylloides De Wild. *363*
- usaramensis Taubert *363*
    - subsp. australis J.B.Gillett *364*
    - subsp. usaramensis *364*
- usaramensis sensu auctt.,p.p. *363*
- vankerckhovenii De Wild. *364*
- vermoesenii De Wild. *356*
- versicolor Baker *364*
- warneckei Harms *364*
- wellensii De Wild. *364*
- yangambiensis De Wild. *357*
- zechiana Harms *364*
- zenkeriana Harms *365*

Millettieae *349*

Mimosa *93*
- asperata L. *94*
- bimucronata (DC.) Kuntze *93*
- bracaatinga Hoehne *94*
- busseana Harms *93*
- caesalpiniifolia Benth. *93*
- elliptica Benth. *93*
- invisa Colla *93*
- latispinosa Lam. *94*
- mossambicensis Brenan *94*
- pigra L. *94*
- polydactyla Willd. *94*
- pudica L. *94*
- rubicaulis Lam. *94*
- scabrella Benth. *94*
- suffruticosa (Vatke) Drake *94*
- violacea Bolle *94*

Mimoseae *86*

Moghania faginea (Guillemin & Perrottet) Kuntze *413*

Moghania (*cont*.)
    grahamiana (Wight & Arn.) Kuntze *413*
    rhodocarpa (Baker) Hauman *413*
    (Baker) Kuntze *413*
Monopetalanthus *16*
    breynei Bamps *16*
    compactus Hutch. & Dalziel *16*
    coriaceus Aubrév. *17*
    durandii F.Hallé & Normand *17*
    emarginatus Hutch. & Dalziel *58*
    evrardii Bamps *17*
    hedinii (A.Chev.) Pellegrin *17*
    heitzii Pellegrin *17*
    jensenii Gram *17*
    ledermannii Harms *17*
    leonardii Devred & Bamps *18*
    letestui Pellegrin *17*
    longiracemosus A.Chev. *17*
    microphyllus Harms *17*
    pectinatus A.Chev. *17*
    pellegrinii A.Chev. *17*
    pteridophyllus Harms *18*
    richardsiae J.Léonard *18*
    sp. Aubrév. *18*
    sp.A Keay *10*
    sp.B Keay *18*
    sp.C Keay *18*
    trapnellii J.Léonard *18*
Mucuna *417*
    cochinchinensis (Lour.) A.Chev. *418*
    coriacea Baker *417*
        var. glabrialata Hauman *418*
        subsp. coriacea *417*
        subsp. irritans (Burtt Davy) Verdc. *417*
    coriacea sensu Hauman *417*
    erecta Baker *418*
    ferox Verdc. *417*
    flagellipes Hook.f. *417*
    gigantea (Willd.) DC. *418*
        subsp. quadrialata (Baker) Verdc. *418*
    glabrialata (Hauman) Verdc. *418*
    irritans Burtt Davy *417*
    longipedicellata Hauman *418*
    melanocarpa A.Rich. *418*
    nivea (Roxb.) DC. *418*
    pesa De Wild. *418*
    poggei Taubert *418*
    pruriens (L.) DC. *418*
    quadrialata Baker *418*
    rhynchosioides Taubert *417*
    rubro-aurantiaca De Wild. *418*
    sloanei Fawcett & Rendle *418*
    sp.1 F.White *418*
    stans Baker *418*
    urens sensu auctt. *418*

Mundulea *364*
    pondoensis Codd *381*
    sericea (Willd.) A.Chev. *364*
Myroxylon *475*
    balsamum (L.) Harms *475*

N
Neochevalierodendron *57*
    stephanii (A.Chev.) J.Léonard *57*
Neonotonia *418*
    verdcourtii Isely *418*
Neorautanenia *418*
    amboensis Schinz *418*
    brachypus (Harms) C.A.Smith *418*
    coriacea C.A.Smith *418*
    deserticola C.A.Smith *419*
    edulis C.A.Smith *418*
    ficifolius (Benth.) C.A.Smith *419*
    lugardii C.A.Smith *418*
    mitis (A.Rich.) Verdc. *419*
    orbicularis (Baker) Torre *419*
    pseudopachyrhiza (Harms) Milne-Redh. *419*
    pseudopachyrrhiza (Harms) Milne-Redh. *419*
    rogersii (L.Bolus) C.A.Smith *418*
    seineri (Harms) C.A.Smith *418*
Neptunia *94*
    natans (L.) Druce *94*
    oleracea Lour. *94*
    prostrata (Lam.) Baillon *94*
Nesphostylis *419*
    holosericea (Baker) Verdc. *419*
Newtonia *94*
    aubrevillei (Pellegrin) Keay *94*
        subsp. aubrevillei *94*
        subsp. lasiantha Brenan & Brummitt *95*
    buchananii (Baker) G.Gilbert & Boutique *95*
    duparquetiana (Baillon) Keay *95*
    elliotii (Harms) Keay *95*
    erlangeri (Harms) Brenan *95*
    glandulifera (Pellegrin) G.Gilbert & Boutique *95*
    griffoniana (Baillon) Baker f. *95*
    hildebrandtii (Vatke) Torre *95*
    klainei Harms *95*
    leucocarpa (Harms) G.Gilbert & Boutique *95*
    paucijuga (Harms) Brenan *95*
    zenkeri Harms *95*

O
Ochreata polystachya (Fresen.) Bobrov *495*
Oddoniodendron *18*

Oddoniodendron (cont.)
  gilletii De Wild. *18*
  micranthum (Harms) Baker f. *18*
  normandii Aubrév. *18*
  romeroi Mendes *18*
Oligostemon pictus Benth. *36*
Onobrychis *287*
  alba (Waldst. & Kit.) Desv. *287*
    subsp. mairei (Sirj.) Maire *287*
  argentea Boiss. *287*
    subsp. cristata (Pomel) Battand. *287*
  armatus Pampan. *287*
  cadevallii Jah. et al. *287*
  caput-galli Lam. *287*
  crista-galli (L.) Lam. *287*
  jahandiezii Sirj. *287*
  kabylica (Bomm.) Sirj. *287*
  mairei Sirj. *287*
  paucidentata Pomel *287*
  peduncularis (Cav.) DC. *287*
    subsp. jahandiezii (Sirj.) Maire *287*
    subsp. peduncularis *287*
  ptolemaica (Del.) DC. *288*
    subsp. macroptera C.Towns. *288*
  saxatilis (L.) Lam. *288*
  viciifolia Scop. *288*
Ononis *483*
  alba Poiret *483*
    subsp. alba *483*
    subsp. monophylla (Desf.) Murb. *483*
    subsp. poiretiana Maire *483*
    subsp. tuna (Pomel) Maire *483*
  alopecuroides L. *483*
    subsp. alopecuroides *483*
    subsp. salzmanniana (Boiss. & Reuter) Maire *483*
    subsp. simulata (Pau & Font Quer) Maire *483*
  angustissima Lam. *486*
  antennata Pomel *483*
    subsp. antennata *483*
    subsp. massesylia (Pomel) Sirj. *483*
    subsp. natricoides Sirj. *483*
  antiquorum L. *484*
    subsp. antiquorum *484*
    subsp. pungens (Pomel) Negre *484*
  aragonensis Asso *484*
  atlantica Ball *484*
  avellana Pomel *484*
  biflora Desf. *484*
  cenisia L. *485*
  cephalantha Pomel *484*
    subsp. cephalantha *484*
    subsp. munbyana Maire *484*
    subsp. pseudocephalantha (Emb. & Maire) Maire *484*
  cephalothes Boiss. *484*
  cintrana Brot. *484*
  cossoniana Boiss. & Reuter *484*
  crinita Pomel *484*
  cristata Miller *485*
  diffusa Ten. *485*
  euphrasiaefolia Desf. *485*
  euphrasiifolia Desf. *485*
  filicaulis Boiss. *485*
  fruticosa L. *485*
  hirta Poiret *485*
  hispida Desf. *485*
    subsp. arborescens (Desf.) Sirj. *485*
    subsp. hispida *485*
  incisa Battand. *485*
  jahandiezii Maire & Weiller *485*
  laxiflora· Desf. *485*
  maweana Ball *486*
  megalostachys Munby *486*
  minutissima L. *486*
  mitissima L. *486*
  natrix L. *486*
    subsp. angustissima (Lam.) Sirj. *486*
    subsp. arganietorum (Maire) Sirj. *486*
    subsp. candeliana (Maire) Maire *486*
    subsp. falcata (Viv.) Sirj. *486*
    subsp. filifolia (Murb.) Sirj. *486*
    subsp. garianica Maire & Weiller *486*
    subsp. hesperia Maire *486*
    subsp. hispanica (L.f.) Coutinho *486*
    subsp. mauritii (Maire & Sennen) Maire *486*
    subsp. natrix *487*
    subsp. polyclada (Murb.) Sirj. *487*
    subsp. prostrata (Braun-Blanquet & Wilczek) Sirj. *487*
    subsp. ramosissima (Desf.) Battand. *487*
  ornithopodioides L. *487*
  pedicellaris (Battand.) Sirj. *487*
  pendula Desf. *487*
    subsp. broussonetii (DC.) Emb. & Maire *487*
  peyerimhoffii Battand. *487*
  pinnata Brot. *487*
  polyphylla Ball *487*
  polysperma Barratte & Murb. *487*
  pseudocintrana Andreanszky *487*
  pseudoserotina Battand. & Pitard *487*
  pubescens L. *488*
  pusilla L. *488*
  reclinata L. *488*
  rosea Durieu *488*
  serotina Pomel *488*

Ononis (cont.)
  serrata Forsskal 488
    subsp. diffusa (Ten.) Rouy 485
  sicula Guss. 488
  sieberi DC. 488
  speciosa Lagasca 488
  spinosa subsp. antiquorum (L.) Arcang. 484
  subcordata Cav. 488
  subspicata 488
  thomsonii Oliver 488
  tournefortii Cosson 488
  tridentata L. 488
  vaginalis Vahl 489
  variegata L. 489
  villosissima Desf. 489
  viscosa L. 489
    subsp. brachycarpa (DC.) Battand. 489
    subsp. breviflora (DC.) Nyman 489
    subsp. porrigens Ball 489
    subsp. viscosa 489
  zygantha Maire & Wilczek 489
Ophrestia 419
  digitata (Harms) Verdc. 419
  hedysaroides (Willd.) Verdc. 419
  nervosa H.M.Forbes 419
  oblongifolia (E.Meyer) H.M.Forbes 419
  radicosa (A.Rich.) Verdc. 419
  retusa H.M.Forbes 419
  swazica H.M.Forbes 419
  torrei Verdc. 419
  unicostata (F.J.Herm.) Verdc. 420
  unifoliolata (Baker f.) Verdc. 420
  upembae (Hauman) Verdc. 420
Ormocarpum 118
  aromaticum Baker f. 120
  bibracteatum sensu auctt. 119
  bibracteatum sensu P.Glover 119
  caeruleum Balf.f. 118
  coeruleum Balf.f. 118
  flavum J.B.Gillett 118
  guineense (Willd.) Hutch. & Dalziel 119
    subsp. hispidum (Willd.) Brenan & J.Léonard 119
  keniense J.B.Gillett 119
  kirkii S.Moore 119
  klainei Tisser. 119
  megalophyllum Harms 119
  melanodictyotum Chiov. 120
  mimosoides S.Moore 119
  mimosoides sensu auctt. 120
  muricatum Chiov. 119
  pubescens (Hochst.) Cuf. 119
  pubescens sensu Cuf.,p.p. 119
Ormocarpum schliebenii Harms 119
  sennoides (Willd.) DC. 119
    subsp. hispidum (Willd.) Brenan & J.Léonard 119
    subsp. hispidum sensu Dale & Greenway 119
    subsp. sennoides 119
    subsp. zanzibaricum Brenan & J.B.Gillett 119
  somalense J.B.Gillett 120
  sp.A Hepper 119
  sp.B J.B.Gillett 120
  sp.nr.trachycarpum Eggeling & Dale 120
  sp.5 Verdc. 120
  sp.6 Verdc. 120
  trachycarpum (Taubert) Harms 120
  trichocarpum (Taubert) Engl. 120
  verrucosum P.Beauv. 120
Ornithopus 127
  compressus L. 127
  coriandrinus Hochst. 123
  ebracteatus Brot. 127
  isthmocarpus Cosson 127
  perpusillus L. 127
  pinnatus (Miller) Druce 127
  sativus Brot. 127
    subsp. isthmocarpus (Cosson) Dostal 127
    subsp. roseus (Dufour) Dostal 127
  sativus sensu auctt. 127
  uncinatus Maire & Sam. 127
Ostryocarpus 364
  lucidus (Baker) Dunn 349
  major Stapf 349
  riparius Hook.f. 364
  zenkerianus (Harms) Dunn 365
Ostryoderris brownii Hoyle 234
  chevalieri Dunn 386
  gabonica (Baillon) Dunn 349
  impressa Dunn 349
  laurentii (De Wild.) Harms 349
  leucobotrya Dunn 349
  lucida (Baker) Baker f. 349
  stuhlmannii (Taubert) Harms 386
Otholobium 454
  acuminatum (Lam.) Stirton 454
  argenteum (Thunb.) Stirton 454
  bolusii (H.M.Forbes) Stirton 454
  bowieanum (Harvey) Stirton 454
  bracteolatum (Ecklon & Zeyher) Stirton 454
  caffrum (Ecklon & Zeyher) Stirton 454
  candicans (Ecklon & Zeyher) Stirton 454
  carneum (E.Meyer) Stirton 454
  decumbens (Aiton) Stirton 455

Index

Otholobium (cont.)
   foliosum (Oliver) Stirton 455
   fruticans (L.) Stirton 455
   hamatum (Harvey) Stirton 455
   heterosepalum (Fourc.) Stirton 455
   hirtum (L.) Stirton 455
   macradenium (Harvey) Stirton 455
   mundianum (Ecklon & Zeyher) Stirton 455
   obliquum (E.Meyer) Stirton 455
   parviflorum (E.Meyer) Stirton 455
   pictum Stirton 455
   polyphyllum (Ecklon & Zeyher) Stirton 456
   polystictum (Ecklon & Zeyher) Stirton 456
   pungens Stirton 456
   racemosum (Thunb.) Stirton 456
   rotundifolium (L.f.) Stirton 456
   rubicundum Stirton 456
   sericeum (Poiret) Stirton 456
   spicatum (L.) Stirton 456
   stachyerum (Ecklon & Zeyher) Stirton 456
   striatum (Thunb.) Stirton 456
   swartbergense Stirton 456
   thomii (Harvey) Stirton 457
   trianthum (E.Meyer) Stirton 457
   uncinatum (Ecklon & Zeyher) Stirton 457
   venustum (Ecklon & Zeyher) Stirton 457
   wilmsii (Harms) Stirton 457
   zeyheri (Harvey) Stirton 457
Otoptera 420
   burchellii DC. 420
Oxymitra mortehanii De Wild. 58
   oxyphyllum (Harms) J.Léonard 58
Oxystigma 57
   buchholzii Harms 57
   dewevrei De Wild. 57
   gilbertii J.Léonard 57
   mafuta De Wild. 57
   mannii (Baillon) Harms 58
   mortehanii De Wild. 58
   msoo Harms 58
   oxyphyllum (Harms) J.Léonard 58
   sp. Keay, Onochie & Stanfield 58
      Torre & Hillc. 58
   stapfiana A.Chev. 26

P
Pachyelasma 25
   tessmannii (Harms) Harms 25
Pachyrhizus 420
   erosus (L.) Urban 420
Pahudia bequaertii (De Wild.) De Wit 45

   brieyi (De Wild.) De Wit 45
Paraberlinia bifoliolata Pellegrin 15
Paracalyx 420
   balfouri (Vierh.) Ali 420
   microphyllus (Chiov.) Ali 420
   nogalensis (Chiov.) Ali 420
   schweinfurthii (R.Wagner & Vierh.) Ali 420
   somalorum (Vierh.) Ali 420
Paradaniellia oliveri Rolfe 51
Paraglycine digitata (Harms) F.J.Herm. 419
   hedysaroides (Willd.) F.J.Herm. 419
   radicosa (A.Rich.) F.J.Herm. 419
      var. rufescens (Hauman) F.J.Herm. 419
   sp.nov. Torre 419
   unifoliolata (Baker f.) F.J.Herm. 420
   upembae (Hauman) F.J.Herm. 420
Paramacrolobium 18
   coeruleum (Taubert) J.Léonard 18
Parkia 98
   africana R.Br. 99
   agboensis A.Chev. 98
   bicolor A.Chev. 98
   biglandulosa Wight & Arn. 99
   biglobosa (Jacq.) Don 99
   bussei Harms 99
   clappertoniana Keay 99
   filicoidea Oliver 99
   filicoidea sensu auctt. 99
   hildebrandtii Harms 99
   intermedia Oliver 99
   javanica (Lam.) Merr. 99
   klainei A.Chev. 98
   oliveri J.F.Macbr. 99
   roxburghii G.Don 99
   zenkeri Harms 98
Parkieae 98
Parkinsonia 25
   aculeata L. 25
   africana Sonder 25
   anacantha Brenan 25
   raimondoi Brenan 25
   scioana (Chiov.) Brenan 25
Parochetus 489
   communis D.Don 489
      var. grossecrenatus Cuf. 489
   major D.Don 489
Pauletia bowkeri (Harvey) Schmitz 41
   tomentosa (L.) Schmitz 43
Pearsonia 228
   aristata (Schinz) Dummer 228
   atherstonei Dummer 229
   bracteata (Benth.) Polhill 228
   cajanifolia (Harvey) Polhill 228

Legumes of Africa: A Checklist

Pearsonia (*cont.*)
    subsp. cajanifolia *228*
    subsp. cryptantha (Baker) Polhill *228*
  filifolia (Bolus) Dummer *229*
  flava (Baker f.) Polhill *228*
    subsp. flava *229*
    subsp. mitwabaensis (Timp.) Polhill *229*
  grandifolia (Bolus) Polhill *229*
    subsp. grandifolia *229*
    subsp. latibracteolata (Dummer) Polhill *229*
  haygarthii (N.E.Br.) Dummer *229*
  marginata (Schinz) Dummer *229*
  mesopontica Polhill *229*
  metallifera Wild *229*
  mucronata Baker f. *230*
    Burtt Davy *229*
  multiflora (Schinz) Dummer *229*
  obovata (Schinz) Polhill *229*
  podalyriifolia Dummer *229*
  propinqua Dummer *229*
  rogersii (Kensit) Dummer *229*
  sessilifolia (Harvey) Dummer *229*
    subsp. filifolia (Bolus) Polhill *229*
    subsp. marginata (Schinz) Polhill *229*
    subsp. sessilifolia *230*
    subsp. swaziensis (Bolus) Polhill *230*
  swaziensis (Bolus) Dummer *230*
  uniflora (Kensit) Polhill *230*
Pellegriniodendron *19*
  diphyllum (Harms) J.Léonard *19*
Peltophoropsis scioana Chiov. *25*
Peltophorum *26*
  africanum Sonder *26*
  dasyrhachis (Miq.) Baker *26*
  dubium (Sprengel) Taubert *26*
  ferrugineum (Decne.) Benth. *26*
  inerme (Roxb.) Naves *26*
  pterocarpum (DC.) K.Heyne *26*
  roxburghii (G.Don) Degener *26*
  vogelianum Benth. *26*
Pentaclethra *99*
  eetveldeana De Wild. & T.Durand *99*
  macrophylla Benth. *99*
Pericopsis *475*
  angolensis (Baker)van Meeuwen *475*
    var. subtomentosa (De Wild.)van Meeuwen *475*
  elata (Harms)van Meeuwen *475*
  laxiflora (Baker)van Meeuwen *475*
  schliebenii (Harms)van Meeuwen *475*
Perlebia galpinii (N.E.Br.) Schmitz *41*
  macrantha subsp. serpae (Ficalho & Hiern) Schmitz *42*
  natalensis (Hook.) Schmitz *42*
  petersiana (Bolle) Schmitz *42*
  urbaniana (Schinz) Schmitz *43*
Phaenohoffmannia cajanifolia (Harvey) Kuntze *228*
  subsp. cryptantha (Baker) J.B.Gillett *228*
  grandifolia (Bolus) J.B.Gillett *229*
  latibracteolata (Dummer) J.B.Gillett *229*
  obovata (Schinz) J.B.Gillett *229*
Phaseoleae *386*
Phaseolus *420*
  adenanthus G.Meyer *420*
  amboensis Schinz *161*
  angularis (Willd.) W.Wight *441*
  aureus Roxb. *446*
  calcaratus Roxb. *447*
  cibellii Chiov. *421*
  coccineus L. *421*
  dinteri Harms *390*
  lunatus L. *421*
  massaiensis Taubert *421*
  multiflorus Lam. *421*
  mungo L. *445*
  schimperi Taubert *444*
  schlechteri Harms *391*
  trichocarpus C.Wright *443*
  trilobatus (L.) Schreber *447*
  trilobus sensu auctt. *447*
  trinervius Wight & Arn. *446*
  vulgaris L. *421*
Philenoptera cyanescens (Schum. & Thonn.) Roberty *354*
  laxiflora (Guillemin & Perrottet) Roberty *354*
Physanthyllis tetraphylla (L.) Boiss. *128*
Physostigma *421*
  coriaceum Merxm. *421*
  cylindrospermum (Baker) Holmes *421*
  laxius Merxm. *421*
  mesoponticum Taubert *421*
  venenosum Balf. *421*
Piliostigma *44*
  malabaricum (Roxb.) Benth. *44*
  reticulatum (DC.) Hochst. *44*
  thonningii (Schum.) Milne-Redh. *44*
Piptadenia africana Hook.f. *96*
  aubrevillei Pellegrin *94*
  buchananii Baker *95*
  claessensii De Wild. *97*
  duparquetiana (Baillon) Pellegrin *95*
  erlangeri Harms *95*
  glandulifera Pellegrin *95*
  griffoniana Baillon *95*

Piptadenia (*cont.*)
   hildebrandtii Vatke 95
   insignis (Baillon) Baker f. 95
   paucijuga Harms 95
   winkleri Harms. 88
   zenkeri (Harms) Pellegrin 95
Piptadeniastrum 96
   africanum (Hook.f.) Brenan 96
Pisum 503
   arvense L. 503
   elatius M.Bieb. 503
   sativum L. 503
      subsp. arvense (L.) Asch. & Graebner 503
      subsp. elatius (M.Bieb.) Asch. & Graebner 503
      subsp. hortense (Neilr.) Asch. & Graebner 503
      subsp. humile (Holmboe) Greuter et al. 503
      subsp. pumilio (Meikle) Ponert 503
      subsp. sativum 503
Pithecellobium 86
   caribaeum Urban 81
   dinklagei (Harms) Harms 81
   dulce (Roxb.) Benth. 86
   glaberrimum (Schum. & Thonn.) Aubrev. 82
   glaberrimum sensu Aubrev.,p.p. 83
   obliquifoliolatum (De Wild.) J.Léonard. 83
   pruinosum Benth. 86
   saman (Jacq.) Benth. 84
   unguis-cati (L.) Benth. 86
Pithecolobium stuhlmannii Taubert (suspected synonym) [1] 80
Plagiosiphon 58
   discifer Harms 58
   emarginatus (Hutch. & Dalziel) J.Léonard 58
   gabonensis (A.Chev.) J.Léonard 58
   longitubus (Harms) J.Léonard 58
   multijugus (Harms) J.Léonard 58
Platycelyphium 475
   cyananthum Harms 475
   voense (Engl.) Wild 475
Platysepalum 365
   chevalieri Harms 365
   chrysophyllum Hauman 365
   cuspidatum Taubert 365
   ferrugineum Taubert 365
   hirsutum (Dunn) Hepper 365
   hypoleucum Taubert 365
   inopinatum Harms 365
   ledermannii Harms 366
   poggei Taubert 365
   polyanthum Harms 366
   pulchrum Hauman 365
   scaberulum Harms 365
   vanderystii De Wild. 366
   vanhouttei De Wild. 366
   violaceum Baker 366
Pleiospoïa bolusii Dummer 228
Pleiospora cajanifolia Harvey 228
   grandifolia (Bolus) Dummer 229
   holosericea Schinz 228
   latibracteolata Dummer 229
   macrophylla Dummer 228
   obovata Schinz 229
   paniculata Dummer 228
Podalyria 450
   angustifolia Ecklon & Zeyher 450
   argentea Ecklon & Zeyher 450
   Salisb. 450
   biflora (Retz.) Lam. 450
   Sims 450
   burchellii DC. 451
   Ecklon & Zeyher 451
   buxifolia Lam. 451
   Willd. 451
   calyptrata (Retz.) Willd. 451
      var. lanceolata E.Meyer 451
   canescens E.Meyer 451
   Ecklon & Zeyher 452
   chrysantha Adamson 451
   cordata R.Br. 451
   cuneifolia Ecklon & Zeyher 450
   Vent. 451
   glauca DC. 451
   hamata E.Meyer 451
   hirsuta (Aiton) Willd. 451
   Willd. 451
   insigens Compton 451
   insignis Compton 451
   kunthii Walp. 451
   lanceolata (E.Meyer) Benth. 451
   lancifolia Ecklon & Zeyher 451
   leipoldtii L.Bolus 451
   microphylla E.Meyer 452
   montana Hutch. 452
   myrtillifolia Willd. 452
   oleaefolia Salisb. 452
   orbicularis E.Meyer 452
   pearsonii E.Phillips 452
   pedunculata Ecklon & Zeyher 450
   pulcherrima Schinz 452
   racemulosa DC. 452
   reticulata Harvey 452
   sericea R.Br. 452
   sparsiflora Ecklon & Zeyher 451
   speciosa Ecklon & Zeyher 452
   styracifolia Sims 451
   subbiflora Benth. 450

Podalyria (cont.)
    DC. *451*
    tayloriana L.Bolus *452*
    uncinata Hutch. *452*
    uncinulata Hutch. *452*
    velutina Benth. *453*
Podalyrieae *449*
Poinciana pulcherrima L. *22*
Polhillia *230*
    canescens Stirton *230*
    connatum (Harvey) Stirton *230*
    pallens Stirton *230*
    sp.A Stirton *230*
    waltersii (Stirton) Stirton *230*
Polystemonanthus *19*
    dinklagei Harms *19*
Pongamia *366*
    pinnata (L.) Pierre *366*
Priestleya *337*
    angustifolia Ecklon & Zeyher *337*
    calycina L.Bolus *337*
    capitata (Thunb.) DC. *338*
    elliptica DC. *338*
    glauca T.M.Salter *338*
    graminifolia DC. *338*
    guthriei L.Bolus *338*
    hirsuta (Thunb.) DC. *338*
    laevigata (L.) Druce *338*
    latifolia Benth. *338*
    leiocarpa Ecklon & Zeyher *338*
    myrtifolia (Thunb.) DC. *338*
    reflexa (Thunb.) Druce *338*
    schlechteri L.Bolus *338*
    sericea (L.) E.Meyer *338*
    stokoei L.Bolus *339*
    tecta (Thunb.) DC. *339*
    teres (Thunb.) DC. *339*
    thunbergii Benth. *339*
    tomentosa (L.) Druce *339*
    umbellifera (Thunb.) DC. *339*
    vestita (Thunb.) DC. *339*
    villosa DC. *339*
Priotropis inopinata Harms *182*
Prosopis *96*
    africana (Guillemin & Perrottet) Taubert *96*
    alba Griseb. *96*
    chilensis sensu auctt. *96*
    farcta (Banks & Sol.) J.F.Macbr. *96*
    glandulosa Torrey *96*
    juliflora sensu auctt. *96*
    limensis Benth. *96*
    pubescens Benth. *96*
    stephaniana (Willd.) Sprengel *96*
    velutina Wooton *96*
Pseudarthria *250*
    confertiflora (A.Rich.) Baker *250*

    crenata Hiern *250*
    fagifolia Baker *250*
    hookeri Wight & Arn. *250*
    macrophylla Baker *251*
Pseudeminia *421*
    benguellensis (Torre) Verdc. *421*
    comosa (Baker) Verdc. *422*
    mendoncae (Torre) Verdc. *422*
    muxiria (Baker) Verdc. *422*
Pseuderiosema *422*
    andongense (Baker) Hauman *422*
        subsp. andongense *422*
        subsp. bequaertii (De Wild.) Verdc. *422*
    bequaertii (De Wild.) Hauman *422*
Pseuderiosema borianii (Schweinf.) Hauman *422*
    subsp. borianii *422*
    subsp. longipedunculatum Verdc. *422*
    homblei (De Wild.) Hauman *422*
    longipes (Harms) Hauman *423*
    moeroense (De Wild.) Hauman *423*
Pseudoberlinia baumii (Harms) Duvign. *15*
    globiflora (Benth.) Duvign. *15*
    paniculata (Benth.) Duvign. *15*
Pseudocadia zambesiaca (Baker) Harms *476*
Pseudomacrolobium *19*
    mengei (De Wild.) Hauman *19*
Pseudoprosopis *96*
    bampsiana Lisowski *96*
    claessensii (De Wild.) G.Gilbert & Boutique *96*
    euryphylla Harms *96*
        subsp. euryphylla *97*
        subsp. puguensis Brenan *97*
    fischeri (Taubert) Harms *97*
    gilletii (De Wild.) J-F.Villiers *97*
    sericea (Hutch. & Dalziel) Brenan *97*
    uncinata Evrard *97*
Pseudovigna *423*
    argentea (Willd.) Verdc. *423*
    puerarioides Ern *423*
Psophocarpus *423*
    golungensis Romariz *424*
    grandiflorus R.Wilczek *423*
    lancifolius Harms *423*
    lecomtei Tisser. *423*
    lukafuensis (De Wild.) R.Wilczek *423*
    monophyllus Harms *423*
    obovalis Tisser. *423*
    palmettorum Gullemin,Perrottet & A.Rich. *423*
    palmettorum sensu Andrews *424*
    palustris Desv. *423*

Psophocarpus (*cont.*)
    palustris sensu auctt. *424*
    palustris sensu Westphal *423*
    scandens (Endl.) Verdc. *424*
    tetragonolobus (L.) DC. *424*
Psoralea *457*
    aculeata L. *457*
    acuminata Lam. *454*
    affinis Ecklon & Zeyher *457*
    alata (Thunb.) T.M.Salter *457*
    americana L. *453*
    andongense Baker *422*
    aphylla L. *457*
    arborea Sims *458*
    argentea Thunb. *454*
    asarina (P.Bergius) T.M.Salter *458*
    asarina sensu Kidd *459*
    axillaris L.f. *458*
    biflora Harvey *453*
    biovulata Bolus *333*
    bituminosa L. *453*
    bolusii H.M.Forbes *454*
    bowieana Harvey *454*
    bracteata P.Bergius *455*
        var. bracteolata (Ecklon & Zeyher) Harvey *454*
    bracteolata Ecklon & Zeyher *454*
    caffra Ecklon & Zeyher *454*
    candicans Ecklon & Zeyher *454*
    capitata L.f. *458*
    carnea E.Meyer *454*
    cordata (L.) T.M.Salter *459*
    decumbens Aiton *455*
    ensifolia (Houtt.) Merrill *458*
    fascicularis DC. *458*
    filifolia Ecklon & Zeyher *458*
    foliosa Oliver *455*
    fruticans (L.) Druce *455*
    glabra E.Meyer *458*
    glaucescens Ecklon & Zeyher *458*
    glaucina Harvey *458*
    gueinzii Harvey *458*
    guenzii Harvey *458*
    hamata Harvey *455*
    heterosepala Fourc. *455*
    hirta L. *455*
    holubii Burtt Davy *453*
    imbricata (L.f.) T.M.Salter *458*
    implexa Stirton *459*
    keetii H.M.Forbes *459*
    kraussiana Meissner *459*
    laevigata L.f. *459*
    laxa T.M.Salter *459*
    macradenia Harvey *455*
    monophylla (L.) Stirton *459*
    mundiana Ecklon & Zeyher *455*
    mundtiana Ecklon & Zeyher *455*
    obliqua E.Meyer *455*
    obtusifolia DC. *454*
    odoratissima Jacq. *459*
    oligophylla Ecklon & Zeyher *459*
        var. glaucescens (Ecklon & Zeyher) Harvey *458*
    oreophila Schltr. *459*
    parviflora E.Meyer *455*
    pinnata L. *459*
        var. glabra (E.Meyer) Harvey *458*
        var. latifolia Harvey *458*
        var. subglabra Harvey *457*
    pinnata sensu Compton *458*
    planta Stirton *459*
    plauta Stirton *459*
    plicata Del. *454*
    polyphylla Ecklon & Zeyher *456*
    polysticta Harvey *456*
    punctata Desv. *459*
    racemosa Thunb. *456*
    repens P.Bergius *460*
    restioides Ecklon & Zeyher *460*
    rotundifolia L.f. *456*
    royffei H.M.Forbes *454*
    sericea Poiret *456*
    speciosa Ecklon & Zeyher *460*
    spicata L. *456*
    stachydis L.f. *455*
    stachyera Ecklon & Zeyher *456*
    stachyos Thunb. *455*
    striata Thunb. *456*
    tenuissima E.Meyer *460*
    thomii Harvey *457*
    tomentosa Thunb. *456*
    triantha E.Meyer *457*
    triflora Thunb. *460*
    trullata Stirton *460*
    uncinata Ecklon & Zeyher *457*
    venusta Ecklon & Zeyher *457*
    verrucosa Willd. *460*
    wilmsii Harms *457*
    zeyheri Harvey *457*
Psoraleeae *453*
Pterocarpus *241*
    abyssinicus Hochst. *242*
    albopubescens Hauman *241*
    angolensis DC. *241*
    antunesii (Taubert) Harms *241*
    brenanii L.Barbosa & Torre *241*
    casteelsii De Wild. *241*
    chrysothrix Taubert *243*
    claessensii De Wild. *241*
    erinaceus Poiret *241*
    gilletii De Wild. *241*
    hockii De Wild. *242*
    holtzii Harms *243*

Pterocarpus (cont.)
  homblei De Wild. 242
  indicus Willd. 242
  leucens Guillemin & Perrottet 242
  lucens Guillemin & Perrottet 242
  megalocarpus Harms 243
  mildbraedii Harms 242
    subsp. mildbraedii 242
    subsp. usambarensis (Verdc.) Polhill 242
  mutondo De Wild. 242
  osun Craib 242
  polyanthus Harms 242
  rotundifolius (Sonder) Druce 242
    subsp. polyanthus (Harms) Mendonça & Sousa 242
    subsp. rotundifolius 242
  santalinoides DC. 243
  soyauxii Taubert 243
  sp.(odoratus De Wild.?) sensu Brenan 243
  sp.(tinctorius Baker) sensu Brenan 243
  stolzii Harms 243
  tessmannii Harms 243
  tinctorius Welw. 243
  usambarensis Verdc. 242
  velutinus De Wild. 243
  zenkeri Harms 243
Pterogyne 26
  nitens Tul. 26
Pterolobium 26
  exosum (J.Gmelin) Baker f. 26
  stellatum (Forsskal) Brenan 26
Pterygopodium oxyphyllum Harms 58
Ptycholobium 366
  biflorum (E.Meyer) Brummitt 366
    subsp. angolense (Baker) Brummitt 366
    subsp. biflorum 366
  contortum (N.E.Br.) Brummitt 366
  plicatum (Oliver) Harms 366
    subsp. plicatum 366
Pueraria 424
  hochstetteri Chiov. 419
  javanica (Benth.) Benth. 424
  phaseoloides (Roxb.) Benth. 424
  thunbergiana (Sieber & Zucc.) Benth. 424
Pycnospora 251
  lutescens (Poiret) Schindler 251
Pynaertiodendron congolanum De Wild. 9
  congolanum sensu Pellegrin 10
  pellegrinianum J.Léonard 10

R
Racosperma aduncum (G.Don) Pedley 62
  aneurum (Benth.) Pedley 62
  auriculiforme (Benth.) Pedley 63
  baileyanum (F.Muell.) Pedley 63
  cultriforme (G.Don) Pedley 65
  dealbatum (Link) Pedley 65
  decurrens (Willd.) Pedley 65
  elatum (Benth.) Pedley 66
  fimbriatum (G.Don) Pedley 67
  maidenii (F.Muell.) Pedley 71
  mearnsii (De Wild.) Pedley 71
  melanoxylon (R.Br.) Martius 71
  pendulum (G.Don) Pedley 73
  podalyriifolium (G.Don) Pedley 74
  salignum (Labill.) Pedley 76
  viscidulum (Benth.) Pedley 78
Rafnia 230
  affinis Harvey 230
  amplexicaulis Thunb. 230
  angulata Thunb. 231
  axillaris Thunb. 231
  capensis (L.) Druce 231
  crassifolia Harvey 231
  crispa Stirton 231
  cuneifolia Thunb. 231
  dichotoma Ecklon & Zeyher 231
  diffusa Thunb. 231
  divaricata kl & Zeyher 231
  elliptica Thunb. 231
  ericifolia T.M.Salter 231
  fastigiata Ecklon & Zeyher 231
  humilis Ecklon & Zeyher 231
  lancea DC. 232
  opposita Thunb. 232
  ovata E.Meyer 232
  perfoliata E.Meyer 232
  racemosa Ecklon & Zeyher 232
  retroflexa Thunb. 232
  spicata Thunb. 232
  thunbergii Harvey 232
  triflora Thunb. 232
  virens E.Meyer 232
Requienia 366
  obcordata (Poiret) DC. 366
  pseudosphaerosperma (Schinz) Brummitt 367
  sphaerosperma DC. 367
Retama 284
  dasycarpa Cosson 284
  monosperma (L.) Boiss. 284
    subsp. bovei (Spach) Maire 284
    subsp. monosperma 284
  raetam (Forsskal) Webb 284
    subsp. raetam 284
  sphaerocarpa (L.) Boiss. 284
Rhynchosia 424
  adenodes Ecklon & Zeyher 424
    var. cooperi Baker f. 427

Rhynchosia (*cont.*)
   affinis De Wild. *424*
   airica Bruneau & H.Gillet *436*
   alba-pauli Berhaut *424*
   albae-pauli Berhaut *424*
   albidiflora (Sims) Alston *430*
   albiflora (Sims) Alston *430*
   albiflora sensu auctt. *424*
   albissima Gand. *424*
   albomarginata Chiov. *424*
   alluaudii Sacl. *424*
   ambacensis (Hiern) Schumann *424*
      subsp. ambacensis *424*
      subsp. cameroonensis Verdc. *425*
      subsp. chellensis Torre *425*
   angulosa Schinz *425*
   angustifolia DC. *425*
   argentea Harvey *425*
   arida Stirton *425*
   aureovillosa Hauman *429*
   axilliflora Hauman *425*
   bakeri Schinz *425*
   barbertonensis Stirton *425*
   baumii Harms *425*
   baumii sensu Hauman *431*
   benguellensis Torre *421*
   biballensis Torre *425*
   braunii Harms *425*
   breviracemosa Hauman *437*
   brunnea Baker f. *425*
   buchananii Harms *426*
   buettneri Harms *426*
   bullata Harvey *426*
   buramensis E.A.Bruce & Hutch. *428*
   burkei Burtt Davy & Baker f. *426*
   calobotrya Harms *426*
   calvescens Meikle *426*
   calycina E.Meyer *426*
      Guillemin & Perrottet *434*
   candida (Hiern) Torre *426*
   capensis (Burm.f.) Schinz *426*
   caribaea (Jacq.) DC. *426*
   caribaea sensu auctt. *436*
   castroi Baker f. *426*
   chevalieri Harms *426*
   chrysadenia Taubert *428*
   chrysantha A.Zahlbr. *426*
   chrysoscias Harvey & Sonder *427*
   ciliata (Thunb.) Druce *427*
   cliffordii Hutch. & E.A.Bruce *427*
   clivorum S.Moore *427*
   comosa Baker *422*
   confusa Burtt Davy *427*
   congensis Baker *427*
      subsp. congensis *427*
      subsp. orientalis Verdc. *427*
      subsp. pseudobuettneri Verdc. *427*
   connata Baker f. *427*
   cooperi (Baker f.) Burtt Davy *427*
   crassifolia Harvey *427*
   crispa Verdc. *428*
   debilis G.Don *428*
   dekindtii Harms *428*
   densiflora (Roth) DC. *428*
      subsp. chrysadenia (Taubert) Verdc. *428*
      subsp. debilis (G.Don) Verdc. *428*
      subsp. stuhlmannii (Harms) Verdc. *428*
   densiflora sensu Baker f. *428*
   dieterlenae Baker f. *428*
   dinteri Schinz *432*
   divaricata *428*
   effusa (E.Meyer) Druce *424*
   elachistantha Chiov. *434*
   elegans A.Rich. *428*
   elegantissima Schinz *436*
   erecta Thunb. *428*
   erlangeri Harms *428*
   erythraeae Schweinf. *428*
   exellii Torre *429*
   fagelioides Engl. *434*
   ferruginea A.Rich. *429*
   ferulaefolia Harvey *429*
   ferulifolia Harvey *429*
   filicaulis Baker *436*
   fleckii Schinz *429*
   floribunda Baker *434*
   floribunda sensu Meikle *434*
   foliosa Markoetter *429*
   fontis-francisci Dinter *426*
   friesiorum Harms *429*
   galpinii Baker f. *429*
   gandensis Torre *429*
   gansole Chiov. *429*
   genistoides Burtt Davy *429*
   glandulosa (Thunb.) DC. *426*
   goetzei Harms *429*
   gorsii Berhaut *433*
   gossweileri Baker f. *429*
   grandiflora Steudel *429*
   hagenbeckii Harms *430*
   harmsiana A.Zahlbr. *430*
   harveyi Ecklon & Zeyher *430*
   heterophylla Hauman *430*
   hirsuta Ecklon & Zeyher *430*
   hirta (Andrews) Meikle & Verdc. *430*
   hockii De Wild. *432*
   holosericea Schinz *430*
   holstii Harms *430*
   holtzii Harms *430*
   huillensis (Hiern) Schumann *430*
   imbricata Baker *432*

Rhynchosia (*cont.*)
- imbricata sensu Hauman *433*
- insignis (O.Hoffm.) R.E.Fries *430*
- ischnoclada Harms *432*
- jacottetii Schinz *430*
- karaguensis Harms *433*
- kilimandscharica Harms *430*
- klotzschii Cuf. *437*
- komatiensis Harms *431*
- laetissima Baker *431*
- ledermannii Harms *431*
- leucoscias Harvey *431*
- longiflora Schinz *431*
- longissima Hauman *431*
- lukafuensis Baker f. *431*
- luteola (Hiern) Schumann *431*
- lynesii Baker f. & Martin *436*
- macrantha Hauman *431*
- malacophylla (Sprengel) Bojer *431*
- malacotricha Harms *431*
- mannii Baker *431*
- manobotrya Harms *429*
- memnonia (Del.) DC. *432*
    - var. candida (Hiern) Baker f. *426*
- mendoncae Torre *422*
- mensensis Schweinf. *432*
- micrantha Harms *432*
- microscias Harvey *432*
- mildbraedii Harms *435*
- minima (L.) DC. *432*
- mollis Burtt Davy *432*
- monophylla Schltr. *432*
- muxiria (Baker) Torre *422*
- namaensis Schinz *432*
- nervosa Harvey *432*
- nitens Harvey *432*
- nitida Harvey *432*
- nyasica Baker *432*
- nyikensis Baker *432*
- oblatifoliolata Verdc. *433*
- oblongifoliolata Hauman *433*
- oreophila Harms *427*
- orthobotrya Harms *433*
- orthodanum Harvey *435*
- ovata J.M.Wood & Evans *433*
- ovatifoliolata Torre *433*
- parviflora E.Meyer *433*
- pauciflora Bolus *433*
- peglerae Baker f. *433*
- pentheri A.Zahlbr. *433*
- picta (E.Meyer) Burtt Davy *433*
- pinnata Harvey *433*
- preussii (Harms) Harms *433*
- procurrens (Hiern) Schumann *434*
    - subsp. floribunda (Baker) Verdc. *434*
    - subsp. latisepala (Hauman) Verdc. *434*
    - subsp. procurrens *434*
- prostrata Suesseng. *432*
- pseudoteramnoides Hauman *434*
- pseudoviscosa Harms *434*
- puberula (Ecklon & Zeyher) Steudel *427*
- pubescens DC. *434*
- pulchra (Vatke) Harms *434*
- pulverulenta Stocks *434*
- pycnantha Harms *427*
- pycnostachya (DC.) Meikle *434*
- quadrata Harvey *434*
- ramosa Verdc. *435*
- reptabunda N.E.Br. *435*
- reptans Suesseng. *432*
- resinosa (A.Rich.) Baker *435*
    - var. latisepala Hauman *434*
    - var. schliebenii (Harms) Hauman *434*
- resinosa sensu Robyns *434*
- rhodesica Baker f. *429*
- rotundifolia Walp. *435*
- rudolfii Harms *435*
- salicifolia Hauman *435*
- schlechteri Baker f. *435*
- schliebenii Harms *434*
- schweinfurthii Harms *428*
- scutulaefolia Baker f. *435*
- secunda Ecklon & Zeyher *435*
- senaarensis Schweinf. *431*
- sericosemium Harms *431*
- sigmoides Harvey *437*
- simplicifolia E.Meyer *429*
- sordida (E.Meyer) Schinz *435*
- sp.A J.B.Gillett et al. *438*
- sp.B J.B.Gillett et al. *438*
- sp.C J.B.Gillett et al. *437*
- speciosa Verdc. *435*
- spectabilis Schinz *435*
- splendens Schweinf. *436*
- stenodon Baker f. *436*
- stipata Meikle *436*
- stipulosa A.Rich. *437*
- stuhlmannii Harms *428*
- sublobata (Schum.) Meikle *436*
- teixeirae Torre *436*
- teramnoides Harms *436*
- thorncroftii (Baker f.) Burtt Davy *436*
- tibestica Bruneau,H.Gillet & Quezel *436*
- totta (Thunb.) DC. *436*
- transjubensis Chiov. *436*
- tricuspidata Baker f. *436*
    - subsp. imatongensis Verdc. *436*
    - subsp. tricuspidata *436*

Rhynchosia (*cont.*)
  usambarensis Taubert *436*
    subsp. inelegans Verdc. *437*
    subsp. usambarensis *437*
  velutina Wight & Arn. *437*
  vendae Stirton *437*
  venulosa (Hiern) Schumann *436*
  verdcourtii Thulin *437*
  verdickii De Wild. *431*
  villosa (Meissner) Druce *437*
  villosula Burtt Davy *437*
  violacea (Hiern) Schumann *437*
  viscidula Steudel *437*
  viscosa (Roth) DC. *437*
    subsp. stipulosa (A.Rich.) Verdc. *437*
    subsp. violacea (Hiern) Verdc. *437*
    subsp. viscosa *437*
  viscosa sensu Brenan *433*
  wellmaniana Harms *438*
  woodii Schinz *438*
  zernyi Harms *438*
Rhynchotropis *333*
  marginata (N.E.Br.) J.B.Gillett *333*
  poggei (Taubert) Harms *333*
  praecox Baker f. *333*
Robinieae *460*
Robynsiophyton *232*
  vanderystii R.Wilczek *232*
Rothia *232*
  hirsuta (Guillemin & Perrottet) Baker *232*
Rudua aurea (Roxb.) Maekwa *446*

S

Samanea *86*
  dinklagei (Harms) Keay. *81*
  guineensis (G.Gilbert & Boutique) Brenan & Brummitt *86*
  leptophylla (Harms) Brenan & Brummitt *82*
  saman (Jacq.) Merr. *84*
  sp.1 F.White *82*
Saraca *59*
  indica L. *59*
Sarcobotrya strigosa (Benth.) R.Viguier *118*
Sarothamnus maurus (Humbert & Maire) C.Raynaud *277*
  scoparius (L.) Koch *277*
  striatus (Hill) Samp. *277*
Schefflerodendron *367*
  adenopetalum (Taubert) Harms *367*
  gabonense Pellegrin *367*
  gilbertianum J.Leonard & J.-M.Latour *367*
  usambarense Harms *367*

Schizolobium *26*
  excelsum Vogel *26*
  parahybum (Vell.) Blake *26*
Schotia *59*
  afra (L.) Thunb. *59*
  africana (Baillon) Keay *56*
  bequaertii (De Wild.) De Wild. *56*
    var. rubriflora (De Wild.) J.Léonard *56*
  bergeri De Wild. *56*
  brachypetala Sonder *59*
  capitata Bolle *59*
  claessensii (De Wild.) Lebrun *56*
  humboldtioides Oliver *56*
  latifolia Jacq. *59*
  latifolia sensu Dale *59*
  romii De Wild. *57*
  rubriflora (De Wild.) De Wild. *56*
  semireducta Merxm. *59*
  sp. J.Ross *59*
  transvaalensis Rolfe *59*
Schrankia *97*
  leptocarpa DC. *97*
Scorodophloeus *59*
  fischeri (Taubert) J.Léonard *59*
  zenkeri Harms *59*
Scorpiurus *127*
  muricatus L. *127*
  oliverii Palau *127*
  subvillosus L. *127*
  sulcatus L. *127*
  vermiculatus L. *127*
Securigera *127*
  atlantica Boiss. & Reuter *127*
  securidaca (L.) Degen & Doerfler *127*
Senna *36*
  acutifolia (Del.) Batka *36*
  alata (L.) Roxb. *36*
  alexandrina Miller *36*
  auriculata (L.) Roxb. *36*
  baccarinii (Chiov.) Lock *36*
  bacillaris (L.f.) Irwin & Barneby *36*
  bicapsularis (L.) Roxb. *37*
  corymbosa (Lam.) Irwin & Barneby *37*
  didymobotrya (Fresen) Irwin & Barneby *37*
  dimidiata Roxb. *30*
  ellisae (Brenan) Lock *37*
  gossweileri (Baker f.) Lock *37*
  hirsuta (L.) Irwin & Barneby *37*
  holosericea (Fresen.) Greuter *37*
  hookeriana Batka *37*
  humifusa (Brenan) Lock *37*
  italica Miller *37*
    subsp. arachoides (Burchell) Lock *38*

Senna (cont.)
    subsp. italica *38*
    subsp. micrantha (Brenan) Lock *38*
  ligustrina (L.) Irwin & Barneby *38*
  longiracemosa (Vatke) Lock *38*
  marylandica (L.) Link *38*
  multiglandulosa (Jacq.) Irwin & Barneby *38*
  multijuga (Rich.) Irwin & Barneby *38*
  obtusifolia (L.) Irwin & Barneby *38*
  occidentalis (L.) Link *38*
  pendula (Willd.) Irwin & Barneby *39*
    var. glabrata (Vogel) Irwin & Barneby *39*
  petersiana (Bolle) Lock *39*
  podocarpa (Guillemin & Perrottet) Lock *39*
  polyphylla (Jacq.) Irwin & Barneby *39*
  ruspolii (Chiov.) Lock *39*
  septemtrionalis (Viv.) Irwin & Barneby *39*
  siamea (Lam.) Irwin & Barneby *39*
  singueana (Del.) Lock *39*
  socotrana (Serr.-Val.) Lock *39*
  sophera (L.) Roxb. *40*
  spectabilis (DC.) Irwin & Barneby *40*
  splendida (Vogel) Irwin & Barneby *40*
  surattensis (Burm.f.) Irwin & Barneby *40*
  tora (L.) Roxb. *40*
  truncata Brenan *40*
  tuhovalyana (Ake Assi) Lock *40*
Seretoberlinia seretii (De Wild.) Duvign. *16*
Sesbania *460*
  aegyptiaca Poiret *463*
  arabica Steudel *462*
  arabica sensu Hepper *461*
  bispinosa (Jacq.) W.Wright *460*
  bispinosa sensu auctt. *462*
  brevipedunculata J.B.Gillett *460*
  caerulescens Harms *461*
  cannabina (Retz.) Pers. *460*
  cannabina sensu F.W.Andrews *462*
  cinerascens Baker *461*
  cinerascens sensu auctt. *462*
  coerulescens Harms *461*
  confaloniana (Chiov.) Chiov. *463*
  dalzielii E.Phillips & Hutch. *461*
  dalzielii sensu Hepper,p.p. *464*
  dummeri E.Phillips & Hutch. *461*
  goetzei Harms *461*
    var. glabra Chiov. *462*
    subsp. goetzei *461*
    subsp. multiflora J.B.Gillett *461*
  grandiflora (L.) Poiret *461*
  greenwayi J.B.Gillett *461*
  hamata E.Phillips & Hutch. *464*
  hepperi J.B.Gillett *461*
  hirticalyx Cronq. *463*
  hirtistyla J.B.Gillett *461*
  kapangensis Cronq. *461*
  keniensis J.B.Gillett *462*
  leptocarpa DC. *462*
  leptocarpa sensu Cronq. *462*
  leptocarpa sensu Hepper,p.p. *464*
  macowaniana Schinz *462*
  macrantha E.Phillips & Hutch. *462*
  microphylla E.Phillips & Hutch. *462*
  mossambicensis Klotzsch *462*
    subsp. minimiflora J.B.Gillett *462*
    subsp. mossambicensis *462*
  notialis J.B.Gillett *462*
  pachycalyx sensu auctt. *463*
  pachycarpa DC. *462*
    subsp. dinterana J.B.Gillett *462*
    subsp. pachycarpa *462*
  pachycarpa sensu auctt. *463*
  paucisemina J.B.Gillett *463*
  pterocarpa Welw. *464*
  pubescens DC. *463*
  pubescens sensu auctt. *463*
  punicea (Cav.) Benth. *463*
  quadrata J.B.Gillett *463*
  rogersii E.Phillips & Hutch. *463*
  rostrata Bremek. & Oberm. *463*
  sericea (Willd.) Link *463*
  sesban (L.) Merr. *463*
    subsp. punctata (DC.) J.B.Gillett *463*
    subsp. sesban *463*
  sinuo-carinata Ali *462*
  somaliensis J.B.Gillett *463*
  speciosa Taubert *463*
  sphaerocarpa Welw. *464*
  sphaerosperma Welw. *464*
  subalata J.B.Gillett *464*
  sudanica J.B.Gillett *464*
    subsp. occidentalis J.B.Gillett *464*
    subsp. sudanica *464*
  tetraptera Baker *464*
  transvaalensis J.B.Gillett *464*
  wildemanii E.Phillips & Hutch. *464*
  wildemannii E.Phillips & Hutch. *464*
Shuteria *438*
  vestita Wight & Arn. *438*
Sindora *59*
  klaineana Pellegrin *59*
Sindoropsis *59*
  letestui (Pellegrin) J.Léonard *59*
Smithia *120*
  abyssinica (A.Rich.) Verdc. *120*
  aeschynomenoides Baker *115*
  bequaertii De Wild. *115*

Index

Smithia (*cont.*)
   bernieri Baillon *108*
   burttii Baker f. *115*
   elliotii Baker f. *120*
   erubescens (E.Meyer) Baker f. *120*
   erubescens sensu J.Dewit & Duvign. *120*
   eurycalyx Harms *115*
   goetzei Harms *116*
   grandidieri Baillon *103*
   kotschyi Benth. *115*
   lutea Portères *116*
   micrantha Harms *116*
   mildbraedii Harms *115*
   ochreata Taubert *116*
   oubanguiensis Tisser. *116*
   parvifolia Burtt Davy *116*
   platyphylla Brenan *116*
   princeana Harms *117*
   prittwitzii Harms *117*
   recurvifolia Taubert *117*
   reflexa Portères *115*
   rosea R.Viguier *120*
   scaberrima Taubert *117*
   schweinfurthii Taubert *117*
   speciosa Hutch. *117*
   stolonifera Brenan *117*
   strigosa Benth. *118*
   strobilantha Baker *118*
   strobilantha sensu Brenan *117*
   trochainii Berhaut *102*
   uguenensis Taubert *118*
   uguenensis sensu auctt. *116*
   uniflora A.Chev. *118*
   volkensii Taubert *115*
Sophora *475*
   davidii (Franchet) Pavol. *475*
   inhambanensis Klotzsch *475*
   japonica L. *475*
   occidentalis L. *476*
   occidentalis sensu R.O.Williams *476*
   secundiflora (Ortega) DC. *476*
   tomentosa L. *476*
      subsp. occidentalis (L.) Brummitt *476*
      subsp. tomentosa *476*
   velutina Lindley *476*
      subsp. zimbabweensis J.B.Gillett & Brummitt *476*
   viciifolia Hance *475*
Sophoreae *464*
Spartidium *233*
   saharae (Cosson & Durieu) Pomel *233*
Spartium *284*
   biflorum Desf. *276*
   junceum L. *284*
Spathionema *438*
   kilimandscharicum Taubert *438*
Sphenostylis *438*
   angustifolia Sonder *438*
   briartii (De Wild.) Baker f. *438*
   calantha Harms *419*
   congensis A.Chev. *439*
   erecta (Baker f.) Baker f. *439*
   gossweileri Baker f. *438*
   holosericea (Baker) Harms *419*
   kerstingii Harms *419*
   marginata E.Meyer *438*
      subsp. erecta (Baker f.) Verdc. *439*
      subsp. marginata *439*
      subsp. obtusifolia (Harms) Verdc. *439*
   marginata sensu R.Wilczek *439*
   obtusifolia Harms *439*
   schweinfurthii Harms *439*
      subsp. benguellensis Torre *439*
      subsp. schweinfurthii *439*
   stenocarpa (A.Rich.) Harms *439*
Stachyothyrsus *26*
   stapfiana (A.Chev.) J.Léonard & Voorh. *26*
   staudtii Harms *26*
   tessmannii Harms *27*
Stauracanthus *284*
   boivinii (Webb) Samp. *284*
   genistoides (Brot.) Samp. *284*
      subsp. spectabilis (Webb) Rothm. *285*
Stemonocoleus *60*
   micranthus Harms *60*
Stryphnodendron *97*
   barbatimao sensu Brenan *97*
   obovatum Benth. *97*
Stuhlmannia *27*
   moavi Taubert *27*
Stylosanthes *120*
   bojeri Vogel *121*
   erecta P.Beauv. *120*
   flavicans Baker *121*
   fruticosa (Retz.) Alston *121*
   gracilis Kunth *121*
   guianensis (Aublet) Sw. *121*
   guyanensis (Aublet) Sw. *121*
   humilis Kunth *121*
   montevidensis Vogel *121*
   mucronata Willd. *121*
   suborbicularis Chiov. *121*
   suborbiculata Chiov. *121*
   sundaica Taubert *121*
   viscosa Sw. *121*
Sutherlandia *265*
   frutescens (L.) R.Br. *265*
   humilis E.Phillips & R.A.Dyer *265*

Sutherlandia (*cont.*)
    microphylla Burchell 265
    montana E.Phillips & R.A.Dyer 266
    speciosa E.Phillips & R.A.Dyer 266
    tomentosa Ecklon & Zeyher 266
Swartzia 477
    fistuloides Harms 477
    madagascariensis Desv. 478
Swartzieae 476
Sylitra angolense Baker 366
    biflora E.Meyer 366
    contorta (N.E.Br.) Baker f. 366

T

Talbotiella 60
    batesii Baker f. 60
    eketensis Baker f. 60
    gentii Hutch. & Greenway 60
Tamarindus 19
    indica L. 19
Taverniera 288
    abyssinica A.Rich. 288
    aegyptiaca Boiss. 288
    cuneifolia (Roth) Ali 288
    glabra Boiss. 288
    lappacea (Forsskal) DC. 288
    longisetosa Thulin 288
    multinoda Thulin 288
    oligantha (Franchet) Thulin 288
    schimperi Jaub. & Spach 288
        var. oligantha Franchet 288
        var. oligantha sensu Cuf.,p.p. 288
    sericophylla Balf.f. 289
    stefaninii Chiov. 288
Teline linifolia (L.) Webb & Berth. 279
    osmariensis (Cosson) P.Gibbs & Dingw. 280
    segonnei (Maire) C.Raynaud 281
Tephrosia 367
    acaciaefolia Baker 367
    acaciifolia Baker 367
    aemula (E.Meyer) Harvey 367
    aequilata Baker 367
        subsp. aequilata 367
        subsp. australis Brummitt 368
        subsp. gorongosana Brummitt 368
        subsp. mlanjeana Brummitt 368
        subsp. namuliana Brummitt 368
        subsp. nyasae (Baker f.) Brummitt 368
    albissima H.M.Forbes 368
        subsp. albissima 368
        subsp. zuluensis (H.M.Forbes) B.D.Schrire 368
    alpestris Taubert 368
    amoena E.Meyer 368
    andongensis Baker 368
    angustissima Engl. 377
    apiculata H.M.Forbes 379
    apollinea (Del.) DC. 368
    argyrolampra Harms 369
    argyrotricha Harms 369
        var. burttii (Baker f.) J.B.Gillett 369
    athiensis Baker f. 369
    atroviolacea Baker f. 375
    aurantiaca Harms 369
        subsp. hockii (De Wild.) J.Dewit 374, 384
        subsp. lutea (R.E.Fries) J.Dewit 374
        subsp. verdickii (De Wild.) J.Dewit 385
    bachmannii Harms 369
    barbigera Baker 379
    bequaertii De Wild. 372
    berhautiana Lescot 369
    boranensis Chiov. 374
    bracteolata Guillemin & Perrottet 369
    bracteolata sensu Torre 383
    brummittii B.D.Schrire 369
    burchellii Burtt Davy 369
    burttii Baker f. 369
    butayei De Wild. & T.Durand 371
    caerulea Baker f. 369
        subsp. caerulea 369
        subsp. otaviensis (Dinter) A.Schreiber & Brummitt 369
    candida (Roxb.) DC. 370
    canescens E.Meyer 382
    capensis (Jacq.) Pers. 370
    capensis sensu auctt. 377
    capitata Verdc. 370
    cathartica (Sessé & Mociño) Urban 384
    cephalantha Baker 370
    cephalophora Harms 370
    chimanimaniana Brummitt 370
    chisumpae Brummitt 370
    cordata Hutch. & Burtt Davy 370
    cordatistipula J.B.Gillett 370
    coronilloides Baker 370
    curvata De Wild. 370
    dasyphylla Baker 370
        subsp. amplissima Brummitt 371
        subsp. butayei (De Wild. & T.Durand) Brummitt 371
        subsp. dasyphylla 371
        subsp. youngii (Torre) Brummitt 371
    dasyphylla sensu Cronq.,p.p. 369
    decora Baker 371
    deflexa Baker 371
    delagoensis H.M.Forbes 382
    delicata Baker f. 371
    densiflora Hook.f. 371

Index

Tephrosia (cont.)
- desertorum Scheele *371*
- dichroocarpa A.Rich. *371*
- dichroocarpa sensu auctt.,p.p. *375*
- diffusa (E.Meyer) Harvey *377*
- diffusa sensu auctt. *378*
- discolor E.Meyer *376*
- disperma Baker *371*
- djalonica Hutch. & Dalziel *371*
- dregeana E.Meyer *371*
- drepanocarpa Baker *372*
- dura Baker *372*
- ehrenbergiana Schweinf. *385*
- elata Defl. *372*
    - subsp. heckmanniana (Harms) Brummitt *374*
- elegans Schum. *372*
- elongata E.Meyer *372*
- emeroides A.Rich. *372*
- eriosemoides Oliver *380*
- euchroa Verd. *372*
- euprepes Brummitt *372*
- evansii Hutch. & Burtt Davy *382*
- evansii sensu auctt. *382*
- faulknerae Brummitt *372*
- festina Brummitt *372*
- filiflora Chiov. *372*
- flexuosa G.Don *372*
- forbesii Baker *373*
    - subsp. forbesii *373*
    - subsp. inhacensis Brummitt *373*
    - subsp. interior Brummitt *373*
- franchetii Hutch. & E.A.Bruce *383*
- fulvinervis A.Rich. *373*
- galpinii H.M.Forbes *368*
- glomeruliflora Meissner *373*
    - subsp. glomeruliflora *373*
    - subsp. meisneri (Hutch. & Burtt Davy) B.D.Schrire *373*
- gobensis Brummitt *373*
- gorgonea Cout. *373*
- gossweileri Baker f. *373*
- gracilenta H.M.Forbes *373*
- gracilipes Guillemin & Perrottet *374*
- grandibracteata Merxm. *374*
- grandiflora (Aiton) Pers. *374*
- granitica Viguier *382*
- griseola H.M.Forbes *374*
- heckmanniana Harms *374*
- heckmanniana sensu Cronq.,p.p. *372*
- hildebrandtii Vatke *374*
- hochstetteri Chiov. *374*
- hockii De Wild. *374*
    - subsp. hirsutostyla (J.Dewit) J.B.Gillett *374*
    - subsp. hockii *374*
- holstii Taubert *374*
- huillensis Baker *374*
- humilis Guillemin & Perrottet *375*
- hypargyrea Harms *370*
- inandensis H.M.Forbes *375*
- incarnata Brummitt *373*
- interrupta Engl. *375*
    - subsp. elongatiflora J.B.Gillett *375*
    - subsp. interrupta *375*
    - subsp. mildbraedii (Harms) J.B.Gillett *375*
- iringae Baker f. *375*
- iringae sensu Cronq.,p.p. *382*
- kalamboensis Brummitt & J.B.Gillett *375*
- kasikiensis Baker f. *375*
    - subsp. chinsaliana Brummitt *375*
    - subsp. kasikiensis *375*
- kasikiensis sensu Cronq.,p.p. *381*
- kassasii Boulos *375*
- katangensis De Wild. *376*
- kazibensis Cronq. *376*
- kindu De Wild. *376*
- kraussiana Meissner *376*
- lactea Schinz *380*
- laevigata Baker *376*
- lateritia Merxm. *371*
- laxiflora R.E.Fries *377*
- lebrunii Cronq. *376*
- lepida Baker f. *376*
    - subsp. lepida *376*
    - subsp. nigrescens Brummitt *376*
- leptostachya DC. *382*
- letestui Tisser. *376*
- Tephrosia limpopoensis J.B.Gillett *376*
- linearis (Willd.) Pers. *376*
    - var. discolor (E.Meyer) Brummitt *376*
    - subsp. discolor (E.Meyer) J.B.Gillett *376*
- longipes Meissner *377*
    - var. lurida (Sonder) J.B.Gillett *377*
    - var. lurida sensu Torre *383*
    - var. ringoetii (Baker f.) J.B.Gillett *383*
    - subsp. longipes *377*
    - subsp. swynnertonii (Baker f.) Brummitt *377*
- longipes sensu A.Schreiber *369*
- lortii Baker f. *377*
- lupinifolia DC. *377*
- lurida Sonder *377*
- lurida sensu Suesseng. & Merxm. *377*
- macropoda (E.Meyer) Harvey *377*
- malvina Brummitt *377*
- manikensis De Wild. *377*
- marginella H.M.Forbes *377*

Tephrosia (*cont.*)
  maxima (L.) Pers. *377*
  medleyi H.M.Forbes *384*
  meisneri Hutch. & Burtt Davy *373*
  melanocalyx Baker *378*
  meyeri-johannis Taubert *367*
  meyeriana J.B.Gillett *378*
  micrantha J.B.Gillett *378*
  mildbraedii Harms *375*
  miranda Brummitt *378*
  monophylla Schinz *378*
  montana Brummitt *378*
  moroubensis Tisser. *378*
  mossiensis A.Chev. *378*
  muenzneri Harms *378*
    subsp. muenzneri *378*
    subsp. pedalis Brummitt *378*
  multijuga R.G.Young *378*
  nana Schweinf. *379*
  natalensis H.M.Forbes *379*
    subsp. natalensis *379*
    subsp. pseudocapitata (H.M.Forbes) B.D.Schrire *379*
  newtoniana Torre *379*
  noctiflora Baker *379*
  nseleensis De Wild. *379*
  nubica (Boiss.) Baker *379*
  nyasae Baker f. *368*
  nyikensis Baker *379*
    subsp. nyikensis *379*
    subsp. victoriensis Brummitt & J.B.Gillett *379*
  nyikensis sensu Brenan *375*
  obbiadensis Chiov. *379*
  obcordata (Poiret) Baker *366*
  oblongifolia E.Meyer *419*
  odorata Balf.f. *380*
  otaviensis Dinter *369*
  oubanguiensis Tisser. *380*
  oxygona Baker *380*
    subsp. lactea (Schinz) A.Schreiber *380*
    subsp. oxygona *380*
  pallens (Aiton) Pers. *380*
  pallida H.M.Forbes *380*
  paniculata Baker *380*
    var. schizocalyx (Taubert) J.B.Gillett *380*
    subsp. holstii (Taubert) Brummitt *374*
  paradoxa Brummitt *380*
  paucijuga Harms *380*
  paucijuga sensu Cronq. *377*
  pearsonii Baker f. *380*
  pedicellata Baker *380*
  pentaphylla (Roxb.) G.Don *381*
  pietersii H.M.Forbes *381*
  platycarpa Guillemin & Perrottet *381*
  plicata Oliver *366*
  polyphylla (Chiov.) J.B.Gillett *381*
  polystachya E.Meyer *381*
  polystachyoides Baker f. *382*
  pondoensis (Codd) B.D.Schrire *381*
  praecana Brummitt *381*
  preussii Taubert *380*
  procumbens sensu auctt. *381*
  pseudocapitata H.M.Forbes *379*
  pseudolongipes Baker f. *381*
  pumila (Lam.) Pers. *381*
  punctata J.B.Gillett *381*
    subsp. punctata *381*
    subsp. redheadii Brummitt *382*
  purpurea (L.) Pers. *382*
    var. pumila sensu Cronq.,p.p. *381*
    subsp. altissima Brummitt *382*
    subsp. canescens (E.Meyer) Brummitt *382*
    subsp. dunensis Brummitt *382*
    subsp. leptostachya (DC.) Brummitt *382*
    subsp. purpurea *382*
  quartiniana Cuf. *385*
    var. inflexa (Chiov.) Cuf. *381*
  radicans Baker *382*
  rensburghii Verdc. *382*
  reptans Baker *382*
  retusa Burtt Davy *382*
  rhodesica Baker f. *382*
  richardsiae J.B.Gillett *383*
    subsp. erucifera Brummitt *383*
    subsp. richardsiae *383*
  rigidula Baker *383*
  rigidula sensu auctt. *372*
  ringoetii Baker f. *383*
  robinsoniana Brummitt *383*
  rupicola J.B.Gillett *383*
    subsp. dreweana Brummitt *383*
    subsp. rupicola *383*
  schweinfurthii Defl. *383*
  secunda Baker *383*
  semiglabra Sonder *383*
  sengaensis Baker f. *383*
  senna Kunth *384*
  senticosa sensu auctt. *381*
  shiluwanensis Schinz *384*
  shiluwanensis sensu Goodier & Phipps *373*
  similis Chiov. *381*
  simplicifolia sensu Berhaut *369*
  sinapou (Buc'hoz) A.Chev. *384*
  sp.A J.B.Gillett et al. *386*
  sparsiflora H.M.Forbes *384*
  spathacea Hutch. & Burtt Davy *384*

Tephrosia (cont.)
    spathacea sensu H.M.Forbes *377*
    sphaerosperma (DC.) Baker *367*
    sphaerosperma sensu auctt. *367*
    stormsii De Wild. *384*
    stormsii sensu Cronq.,p.p. *383*
    stricta (L.f.) Pers. *384*
    subpraecox Cronq. *384*
    subtriflora Baker *384*
    subulata Hutch. & Burtt Davy *384*
    sylitroides Baker f. *384*
    sylviae Berhaut *384*
    tanganyikensis De Wild. *384*
    toxicaria (Sw.) Pers. *384*
    transjubensis Chiov. *385*
    transvaalensis Hutch. & Burtt Davy *382*
    tzaneenensis H.M.Forbes *372*
    uniflora Pers. *385*
    uniflora sensu Hepper,p.p. *381*
    unifolia H.M.Forbes *368*
    verdickii De Wild. *385*
    vicioides A.Rich. *385*
    villosa (L.) Pers. *385*
        subsp. ehrenbergiana (Schweinf.) Brummitt *385*
    virgata H.M.Forbes *385*
    vogelii Hook.f. *385*
    wallichii Fawcett & Rendle *382*
    whyteana Baker f. *385*
        subsp. gemina Brummitt *385*
        subsp. whyteana *385*
    wittei Baker f. *370*
    woodii Burtt Davy *378*
    wyliei H.M.Forbes *384*
    youngii Torre *371*
    zambiana Brummitt *385*
    zombensis Baker *368*
    zoutspanbergensis Bremek. *386*
    zuluensis H.M.Forbes *368*
Teramnus *439*
    andongensis (Baker) Baker f. *440*
    axilliflorus (Kotschy) Baker f. *440*
    axilliflorus sensu Hauman *439*
    buettneri (Harms) Baker f. *439*
    gilletii (De Wild.) Baker f. *440*
    gracilis Chiov. *440*
    labialis (L.f.) Sprengel *439*
        subsp. arabicus Verdc. *439*
        subsp. labialis *439*
    micans (Baker) Baker f. *440*
    repens (Taubert) Baker f. *440*
        subsp. gracilis (Chiov.) Verdc. *440*
        subsp. repens *440*
    stolzii Baker f. *440*
    uncinatus (L.) Sw. *440*
        subsp. axilliflorus (Kotschy) Verdc. *440*
        subsp. ringoetii (De Wild.) Verdc. *440*
        subsp. uncinatus *440*
Tessmannia *60*
    africana Harms *60*
    anomala (Micheli) Harms *60*
    baikiaeoides Hutch. & Dalziel *60*
    burttii Harms *60*
    camoneana Torre *60*
    claessensii De Wild. *60*
    copallifera J.Léonard *60*
    dawei J.Léonard *60*
    densiflora Harms *61*
    dewildemaniana Harms *61*
    lescrauwaetii (De Wild.) Harms *61*
    martiniana Harms *61*
    parvifolia Harms *60*
    yangambiensis J.Léonard *61*
Tetraberlinia *19*
    bifoliolata (Harms) Hauman *19*
    microphylla (Troupin) Aubrév. *16*
    moreliana Aubrév. *19*
    polyphylla (Harms) J.Léonard *16*
    tubmaniana J.Léonard *19*
Tetragonolobus biflorus (Desr.) Ser. *343*
    conjugatus subsp. requienii (Sang.) Dominguez & Galiano *344*
    gussonei Huet *344*
    maritimus (L.) Roth *346*
    purpureus Moench *348*
    requienii (Sang.) Sang. *344*
    siliquosus Roth *346*
Tetrapleura *97*
    andongensis var. schweinfurthii (Harms) Aubrev. *87*
    chevalieri (Harms) Baker f. *97*
    tetraptera (Schum. & Thonn.) Taubert *97*
Thermopsideae *478*
Tipuana *243*
    tipu (Benth.) Kuntze *243*
Toubaouate brevipaniculata (J.Léonard) Aubrév. & Pellegrin *10*
Trachylobium hornemannianum Hayne *54*
    verrucosum (Gaertner) Oliver *54*
Trifolieae *478*
Trifolium *489*
    abyssinicum D.Heller *489*
    acaule A.Rich. *489*
    acutiflorum Murb. *490*
    africanum Ser. *490*
    alexandrinum L. *490*
    angustifolium L. *490*
        var. intermedium Gibelli & Belli *493*
        subsp. gibellianum Pign. *493*

Trifolium (*cont.*)
> subsp. intermedium (Gibelli & Belli) Arcang. *493*
> subsp. purpureum (Loisel.) Ponert *495*

argutum Sol. *490*
arvense L. *490*
baccarinii Chiov. *490*
basileianum Chiov. *491*
bilineatum Fresen. *490*
bocconei Savi *490*
bullatum Boiss. & Hausskn. *490*
burchellianum Ser. *490*
> subsp. burchellianum *490*
> subsp. johnstonii (Oliver) J.B.Gillett *491*

calocephalum Fresen. *489*
campestre Schreber *491*
cernuum Brot. *491*
cheranganiense J.B.Gillett *491*
cherleri L. *491*
chilaloense Thulin *491*
clusii Godron & Gren. *491*
congestum Guss. *491*
constantinopolitanum Ser. *491*
cryptopodium A.Rich. *491*
> var. kilimandscharicum (Taubert) J.B.Gillett *491*

curvisepalum Tackh. *498*
dasyurum C.Presl *491*
decorum Chiov. *491*
desvauxii Boiss. & Blanche *495*
dubium Sibth. *492*
echinatum M.Bieb. *492*
elgonense J.B.Gillett *492*
erubescens Fenzl *492*
filiforme L. *492*
formosum Urv. *491*
fragiferum L. *492*
gemellum Willd. *492*
gillettianum Jacq.-Fel. *492*
glomeratum L. *492*
goetzenii Engl. *497*
hirtum All. *492*
humile Ball *498*
hybridum L. *492*
incarnatum L. *492*
infamia-ponertii Greuter *493*
isodon Murb. *494*
isthmocarpum Brot. *493*
johnstonii Oliver *491*
johnstonii sensu Edwards & Bogdan *496*
juliani Battand. *493*
kilimandscharicum Taubert *491*
laevigatum Desf. *497*
lanceolatum (J.B.Gillett) J.B.Gillett *493*
lappaceum L. *493*
leucanthum M.Bieb. *493*
ligusticum Loisel. *493*
lugardii Bullock *493*
marginatum (Baker) Cuf. *490*
maritimum Hudson *496*
masaiense J.B.Gillett *493*
> subsp. masaiense *493*
> subsp. morotoense J.B.Gillett *493*

mattirolianum Chiov. *493*
mauginianum Fiori *495*
mauritanicum Ball *493*
melilotus-ornithopodioides (L.) Asch. & Graebner *494*
> subsp. uniflorum (Munby) Maire *494*

michelianum Savi *494*
micranthum Viv. *492*
miegeanum Maire *494*
montanum L. *494*
> subsp. humboldtianum (A.Braun & Asch.) Hossain *494*

multinerve (Hochst.) A.Rich. *494*
A.Rich. *494*
nigrescens Viv. *494*
obscurum Savi *494*
ochroleucum Hudson *494*
ornithopodioides (L.) Smith *494*
pallidum Waldst. & Kit. *494*
parviflorum Ehrh. *495*
patens Schreber *494*
petitianum A.Rich. *489*
phleoides Willd. *494*
> subsp. audigieri Fouc. *494*
> subsp. gemellum (Willd.) Gibelli & Belli *492*

physodes M.Bieb. *495*
pichisermollii J.B.Gillett *495*
polystachyum Fresen. *495*
pratense L. *495*
preussii Baker f. *495*
pseudocryptopodium Fiori *498*
pseudostriatum Baker f. *495*
purpureum Loisel. *495*
purseglovei J.B.Gillett *495*
quartinianum A.Rich. *495*
repens L. *495*
repens sensu Baker f. *496*
resupinatum L. *495*
retusum L. *495*
rubicundum Ball *493*
rueppellianum Fresen. *495*
> var. lanceolatum J.B.Gillett *493*
> var. preussii (Baker f.) J.B.Gillett *495*

rueppellianum sensu Robyns, p.p. *497*

Trifolium (cont.)
- rueppellianum sensu Robyns,p.p. *495*
- scabrum L. *496*
- schimperi A.Rich. *496*
- scutatum Boiss. *496*
- semipilosum Fresen. *496*
- simense Fresen. *496*
- simensis Fresen. *496*
- somalense Taubert *496*
- sp.A Thulin *498*
- spananthum Thulin *496*
- spumosum L. *496*
- squamosum L. *496*
- squarrosum L. *496*
    - subsp. tunetanum (Murb.) Pottier-Alapetite *498*
- stellatum L. *496*
- steudneri Schweinf. *497*
- stipulaceum Thunb. *497*
- stolzii Harms *497*
- stolzii sensu Cuf. *491*
- striatum L. *497*
- strictum L. *497*
- subrotundum sensu auctt.,p.p. *495*
- subterraneum L. *497*
    - subsp. brachycalycinum Katzn. & F.Morley *497*
    - subsp. subterraneum *497*
- suffocatum L. *497*
- sylvaticum Loisel. *497*
- tastetii (Pau) Font Quer *497*
- tembense Fresen. *497*
- thalii Villars *498*
- tomentosum L. *498*
- tunetanum Murb. *498*
- ukingense Harms *498*
- uniflorum L. *498*
- usambarense Taubert *498*
- wentzelianum Harms *498*
    - var. stolzii (Harms) J.B.Gillett *497*
- xerocephalum Fenzl *490*

Trigonella *498*
- anguina Del. *498*
- arabica Del. *498*
- aschersoniana Urban *479*
- balachowskyi Leredde *498*
- berythea Boiss. & Blanche *499*
- coerulescens (M.Bieb.) Hal. *499*
- corniculata sensu auctt. *499*
- esculenta Willd. *499*
- falcata Balf.f. *499*
- foenum-graecum L. *499*
- gladiata M.Bieb. *499*
- hamosa L. *499*
- laciniata L. *499*
- maritima Poiret *499*
- media Urban *499*
- monantha C.Meyer *499*
    - subsp. noeana (Boiss.) Huber-Morath *499*
- monspeliaca L. *499*
- noeana Boiss. *499*
- occulta Ser. *500*
- ornithopodioides (L.) DC. *494*
- ovalis Boiss. *500*
- polycerata L. *500*
- polyceratia L. *500*
- stellata Forsskal *500*

Tripetalanthus emarginatus (Hutch. & Dalziel) A.Chev. *58*
- gabonensis A.Chev. *58*

Triplisomeris ernae (Dinkl.) Aubrév. & Pellegrin *1*
- explicans (Baillon) Aubrév. & Pellegrin *1*
- pellegrinii Aubrév. *3*
- triplisomeris (Pellegrin) Aubrév. & Pellegrin *3*

Tripodion *127*
- kremerianum (Cosson) Lassen *127*
- tetraphyllum (L.) Fourr. *128*

Tylosema *44*
- argentea (Chiov.) Brenan *44*
- esculentum (Burchell) A.Schreiber *44*
- fassoglense (Schweinf.) Torro & Hillc. *44*
- fassoglensis (Schweinf.) Torre & Hillc. *44*
- humifusa (Pichi-Serm. & Roti-Michel.) Brenan *44*

U

Ulex *285*
- africanus Webb *285*
- boivinii Webb *284*
- europaeus L. *285*
- parviflorus Pourret *285*
    - subsp. africanus (Webb) Greuter *285*
    - subsp. funkii (Webb) Guinea *285*
- scaber G.Kunze *285*

Umtiza *61*
- listerana Sim *61*

Uraria *251*
- aphrodisiaca Welw. *251*
- gossweileri Baker f. *251*
- picta (Jacq.) DC. *251*

V

Vatovaea *440*
- biloba Chiov. *440*
- pseudolablab (Harms) J.B.Gillett *440*

Verdcourtia lignosa (L.) Wilczek *391*

Vermifrux *348*

Vermifrux (*cont.*)
  abyssinica (A.Rich.) J.B.Gillett *348*
Vicia *504*
  angustifolia L. *507*
    subsp. segetalis (Thuill.) Mettin & Hanelt *507*
  articulata Hornem. *504*
  atropurpurea Desf. *504*
  baborensis Battand. & Trabut *506*
  basilei Sennen & Mauricio *507*
  benghalensis L. *504*
  biflora Desf. *505*
  bithynica (L.) L. *504*
  cedretorum Font Quer *504*
  delmasii Emb. & Maire *504*
  disperma DC. *504*
  durandii Boiss. *504*
  ervilia (L.) Willd. *504*
  faba L. *504*
  fairchildiana Maire *504*
  fulgens Battand. *504*
  glauca C.Presl *504*
  hirsuta (L.) Gray *504*
  hybrida L. *505*
    var. cyrenaica Maire & Weill *505*
  lathyroides L. *505*
  laxiflora Brot. *505*
  lecomtei Humbert & Maire *505*
    subsp. embergeri (Font Quer & Maire) Maire *505*
    subsp. lecomtei *505*
  Lens (L.) Cosson & Germ. *503*
  leucantha Biv. *505*
  lutea L. *505*
  microphylla Urv. *508*
  monantha Retz. *505*
    subsp. calcarata (Desf.) Pottier-Alapetite *505*
    subsp. cinerea (M.Bieb.) Maire *505*
    subsp. eubiflora Maire *505*
  monardii Boiss. & Reuter *505*
  murbeckii Maire *505*
  narbonensis L. *505*
    var. serratifolia (Jacq.) Ser. *507*
    subsp. serratifolia (Jacq.) Nyman *507*
  ochroleuca Ten. *506*
    subsp. atlantica (Pomel) Quezel & Santa *506*
    subsp. baborensis (Battand. & Trabut) Quezel & Santa *506*
  onobrychioides L. *506*
  pannonica Crantz *506*
  paucifolia Baker *506*
    var. malosana (Baker) Brenan *506*
    var. paucifolia Baker *506*
    subsp. malosana (Baker) Verdc. *506*

  subsp. paucifolia *506*
  peregrina L. *506*
  pubescens (DC.) Link *506*
  sativa L. *506*
    var. angustifolia L. *507*
    subsp. amphicarpa (L.) Battand. *507*
    subsp. consobrina (Pomel) Quezel & Santa *507*
    subsp. cordata (Hoppe) Battand. *507*
    subsp. cuneata (Guss.) Maire *507*
    subsp. heterophylla (C.Presl) J.Duvign. *507*
    subsp. macrocarpa (Moris) Arcang. *507*
    subsp. nigra (L.) Ehrh. *507*
    subsp. sativa *507*
  sepium L. *507*
  serratifolia Jacq. *507*
    subsp. salmonea Mout. *505*
  serratifolia sensu auctt. *505*
  sicula (Raf.) Guss. *507*
  sp.A J.B.Gillett et al. *508*
  suberviformis Maire *507*
  tenuifolia Roth *507*
    subsp. villosa (Battand.) Greuter *507*
  tenuissima Schinz & Thell. *505*
  tetrasperma (L.) Schreber *507*
    subsp. gracilis (DC.) Hook.f. *505*
    subsp. pubescens (DC.) Asch. & Graebner *506*
  vicioides (Desf.) Cout. *507*
  villosa Roth *508*
    subsp. dasycarpa (Ten.) Cav. *508*
    subsp. eriocarpa (Hausskn.) P.W.Ball *508*
    subsp. garbiensis (Font Quer & Pau) Maire *508*
    subsp. microphylla (Urv.) P.W.Ball *508*
    subsp. pseudocracca (Bertol.) Rouy *508*
    subsp. simulans Maire *508*
    subsp. varia (Host) Corbiere *508*
    subsp. villosa *508*
Vicieae *500*
Vigna *440*
  abyssinica Taubert *440*
  aconitifolia (Jacq.) Maréchal *440*
  alba (G.Don) Baker f. *447*
  ambacensis Baker *440*
  andongensis Baker *446*
  angularis (Willd.) Ohwi & Ohashi *441*
  angustifolia (Schum. & Thonn.) Hook.f. *448*
  angustifoliolata Verdc. *447*
  antunesii Harms *441*

Index

Vigna (cont.)
baoulensis A.Chev. *447*
bequaertii R.Wilczek *441*
buchneri Harms *442*
bukobensis Harms *443*
bukombensis Harms *443*
caesia Chiov. *444*
calcarata (Roxb.) Kurz *447*
campestris sensu auctt. *443*
capensis (Thunb.) Burtt Davy *448*
chiovendae Baker *442*
coerulea Baker *447*
comosa Baker *441*
    subsp. comosa *441*
    subsp. abercornensis Verdc. *441*
davyi Bolus *441*
debanensis Martelli *441*
debilis Fourc. *393*
decipiens Harvey *441*
dekindtiana Harms *447*
desmodioides R.Wilczek *441*
dinteri Harms *443*
dolichoneura Harms *448*
dolomitica R.Wilczek *441*
esculenta (De Wild.) De Wild. *442*
filicaulis Hepper *441*
fischeri Harms *442*
fischeri sensu Robyns *441*
fragrans Baker f. *442*
friesiorum Harms *442*
frutescens A.Rich. *442*
    subsp. frutescens *442*
    subsp. incana (Taubert) Verdc. *442*
    subsp. kotschyi (Schweinf.) Verdc. *442*
galpinii Burtt Davy *445*
gazensis Baker f. *442*
gracilis (Guillemin & Perrottet) Hook.f. *442*
gracilis sensu auctt. *445*
hapalantha Harms *444*
harmsiana Buscal. & Muschler *442*
haumaniana R.Wilczek *442*
heterophylla A.Rich. *442*
hispida (E.Meyer) Walp. *447*
hosei (Craib) Backer *442*
huillensis Baker *443*
hundtii Rossberg *443*
incana Taubert *442*
jaegeri Harms *443*
juncea Milne-Redh. *443*
junodii Harms *393*
juruana (Harms) Verdc. *443*
kassneri R.Wilczek *443*
keniensis Harms *442*
kirkii (Baker) J.B.Gillett *443*
kotschyi Schweinf. *442*
lancifolia A.Rich. *445*
laurentii De Wild. *443*
lebrunii Baker f. *441*
ledermannii Harms *442*
leptodon Harms *444*
linearifolia Hutch. *445*
lobatifolia Baker *443*
longifolia (Benth.) Verdc. *443*
longiloba Burtt Davy *441*
longissima Hutch. *443*
lutea (Sw.) A.Gray *444*
luteola (Jacq.) Benth. *443*
macrodon Robyns & Boutique *444*
macrorhyncha (Harms) Milne-Redh. *444*
macrorhyncha sensu Robyns, p.p. *443*
macrorrhyncha (Harms) Milne-Redh. *444*
malosana Baker *447*
maranguensis Taubert *445*
marchali A.Chev. *444*
marina (Burm.) Merr. *444*
membranacea A.Rich. *444*
    subsp. caesia (Chiov.) Verdc. *444*
    subsp. hapalantha (Harms) Verdc. *444*
    subsp. macrodon (Robyns & Boutique) Verdc. *444*
    subsp. membranacea *444*
membranaceoides Robyns & Boutique *444*
mendesii Torre *444*
mensensis Schweinf. *447*
    var. hastata sensu Robyns *447*
micrantha Harms *441*
    var. lebrunii (Baker f.) Wilczek *441*
mildbraedii Harms *444*
monophylla Taubert *445*
multinervis Hutch. & Dalziel *445*
mungo (L.) Hepper *445*
nervosa Markoetter *445*
nigerica A.Chev. *443*
nigritia Hook.f. *445*
nilotica (Del.) Hook.f. *443*
ntemensis Pellegrin *441*
nuda N.E.Br. *445*
oblonga Benth. *444*
oblongifolia A.Rich. *445*
occidentalis Baker f. *442*
paludosa Milne-Redh. *443*
parkeri Baker *442*
    subsp. acutifolia Verdc. *442*
    subsp. maranguensis (Taubert) Verdc. *445*
    subsp. maranguensis (Taubert) Verdc., p.p. *442*

Vigna (cont.)
- parviflora Baker 445
- phoenix Brummitt 445
- platyloba Hiern 445
- polytricha Baker 446
- pongolensis Burtt Davy 441
- praecox Verdc. 446
- proboscidella Chiov. 444
- procera Hiern 446
- pseudotriloba Harms 441
- pubigera Baker 440
- pygmaea R.E.Fries 446
  - var. grandiflora Verdc. 445
- racemosa (G.Don) Hutch. & Dalziel 446
- radiata (L.) Wilczek 446
- radicans Baker 446
- ramanniana Rossberg 446
- reticulata Hook.f. 446
- retusa (E.Meyer) Walp. 444
- richardsiae Verdc. 446
- ringoetii (De Wild.) De Wild. 445
- scabrida Burtt Davy 447
- schimperi Baker 446
- schliebenii Harms 443
- senegalensis A.Chev. 448
- sinensis (L.) Hassk. 447
  - subsp. sesquipedalis (L.) Eselt. 447
  - subsp. sinensis (L.) Hassk. 447
- somaliensis Baker f. 446
- sp.A J.B.Gillett et al. 448
- sp.B J.B.Gillett et al. 448
- sp.C J.B.Gillett et al. 448
- sp.nr.oblongifolia Hepper 448
- stenodactyla Harms 448
- stenophylla (Harvey) Burtt Davy 447
  Harms 446
- stuhlmannii Harms 440
- subterranea (L.) Verdc. 447
- sudanica Baker f. 442
- taubertii Harms 442
- tenuis (E.Meyer) Dietr. 448
  Franchet 397
- tisserantii A.Chev. 445
- trilobata (L.) Verdc. 447
- triphylla (Wilczek) Verdc. 447
- ulugurensis Harms 442
- umbellata (Thunb.) Ohwi & Ohashi 447
- unguiculata (L.) Walp. 447
  - subsp. Catjang (Burm.) Chiov. 447
  - subsp. cylindrica (L.) Eselt. 447
  - subsp. dekindtiana (Harms) Verdc. 447
  - subsp. mensensis (Schweinf.) Verdc. 447
  - subsp. sesquipedalis (L.) Verdc. 447
  - subsp. stenophylla (Harvey)

  Marechal et al. 447
  - subsp. tenuis (E.Meyer) Marechal et al. 448
  - subsp. unguiculata 448
- venulosa Baker 448
- vexillata (L.) A.Rich. 448
- violacea Hutch. 442
- wilmsii Burtt Davy 445
- wittei Baker f. 448

Vignopsis lukafuensis De Wild. 423

Virgilia 453
- capensis (L.) Lam. 453
  - subsp. albescens Yakovlev 453
  - capensis sensu Pole Evans 453
- divaricata 453
- oroboides (P.Bergius) T.M.Salter 453
  - subsp. ferruginea B.-E. van Wyk 453
  - subsp. oroboides 453

Voandzeia subterranea (L.) DC. 447
  (L.) Thouars 447

Vouapa stipulacea (Benth.) Taubert 3

W

Wagatea spicata (Dalz.) Wight 22

Wajira 448
- albescens Thulin 448

Wiborgia 233
- apterophora R.Dahlgren 233
- armata (Thunb.) Harvey 233
- cuspidata Benth. 233
- flexuosa E.Meyer 233
- fusca Thunb. 233
  - subsp. fusca 233
  - subsp. macrocarpa R.Dahlgren 233
- humilis (Thunb.) R.Dahlgren 233
- incurvata E.Meyer 233
- leptoptera R.Dahlgren 233
  - subsp. cedarbergensis R.Dahlgren 233
  - subsp. leptoptera 233
- monoptera E.Meyer 233
- mucronata (L.f.) Druce 233
- obcordata (P.Bergius) Thunb. 234
- sericea Thunb. 234
- spinescens Ecklon & Zeyher 233
- tenuifolia E.Meyer 234
- tetraptera E.Meyer 234

X

Xanthocercis 476
  zambesiaca (Baker) Dumaz-le Grand 476

Xerocladia 98
  viridiramis (Burchell) Taubert 98

Xeroderris 386

Xeroderris (*cont.*)
   stuhlmannii (Taubert) Mendonça & Sousa *386*
Xylia *98*
   africana Harms *98*
   africana sensu Torre *98*
   dinklagei (Taubert) Roberty *88*
   dolabriformis Benth. *98*
   evansii Hutch. *98*
   ghesquierei Robyns *98*
   mendoncae Torre *98*
   schliebenii Harms *98*
   torreana Brenan *98*
   xylocarpa (Roxb.) Taubert *98*

Z

Zenkerella *61*
   capparidacea (Taubert) J.Léonard *61*
   citrina Taubert *61*
   egregia J.Léonard *61*
   grotei (Harms) J.Léonard *61*
   schliebenii (Harms) J.Léonard *61*
Zingania minutiflora A.Chev. *11*
Zornia *121*
   albolutescens Mohl. *121*
   apiculata Milne-Redh. *121*
   apiculata sensu Milne-Redh.,p.p. *121*
   brevipes Milne-Redh. *121*
   capensis Pers. *121*
      subsp. capensis *121*
      subsp. tropica Milne-Redh. *122*
   diphylla sensu auctt. *122*
   diphylla sensu auctt.,p.p. *122*
   diphylla sensu Hutch. & E.A.Bruce *121*
   durumuensis De Wild. *122*
   glochidiata DC. *122*
   latifolia Smith *122*
   lelyi Hutch. & Dalziel *122*
   linearis E.Meyer *122*
   milneana Mohl. *122*
   obovata (Baker f.) Mohl. *123*
   pratensis Milne-Redh. *122*
      subsp. barbata J.Léonard & Milne-Redh. *122*
      subsp. pratensis *122*
   punctatissima Milne-Redh. *122*
   reptans Harms *122*
   setifera Mohl. *122*
   setosa Baker f. *123*
      subsp. obovata (Baker f.) J.Léonard & Milne-Redh. *123*
      subsp. setosa *123*
   songeensis Milne-Redh. *123*
   tetraphylla sensu auctt. *123*
   tropica (Milne-Redh.) Mohl. *122*

KEY TO ABBREVIATIONS (see also pp. ii-v).

Descriptors: H - Herb, S - Shrub, T - Tree; C - Climbing,
Nc - Not Climbing; A - Annual, P - Perennial; X - Extinct,
E - Endangered, V - Vulnerable, I - Indeterminate,
K - Insufficiently known, Nt - Neither rare nor threatened.

Habitat: First digit (of three), or first two digits (of four) - Phytochorion. Last two digits - Major vegetation type.

Phytochoria:

1	-	Guineo-Congolian RCE	10	-	Guinea-Congolia/Zambezia RTZ
2	-	Zambezian RCE	11	-	Guinea-Congolia/Sudania RTZ
3	-	Sudanian RCE	12	-	Lake Victoria RM
4	-	Somalia-Masai RCE	13	-	Zanzibar-Inhambane RM
5	-	Cape RCE	14	-	Kalahari-Highveld RTZ
6	-	Karoo-Namib RCE	15	-	Tongaland-Pondoland RM
7	-	Mediterranean RCE	16	-	Sahel RTZ
8	-	Afromontane ACE	17	-	Sahara RTZ
9	-	Afroalpine ACEFI	18	-	Mediterranean/Sahara RTZ

Major Vegetation Types:

01	-	Forest	09	-	Scrub Forest
02	-	Woodland	10	-	Transition Woodland
03	-	Bushland and Thicket	11	-	Scrub Woodland
04	-	Shrubland	12	-	Mangrove (and Strand Vegetation)
05	-	Grassland	13	-	Freshwater Swamp & Aquatic
06	-	Wooded Grassland	14	-	Saline and Brackish Swamp
07	-	Desert	15	-	Bamboo
08	-	Afroalpine Vegetation	16	-	Anthropic Landscapes

Countries:

Ao	-	Angola	Gm	-	The Gambia	Rw	-	Rwanda
Bi	-	Burundi	Gn	-	Guinea	Sd	-	Sudan
Bj	-	Benin	Gq	-	Equatorial Guinea	Sl	-	Sierra Leone
Bw	-	Botswana	Gw	-	Guinea Bissau	Sn	-	Senegal
Cf	-	Centr.African Rep.	Hv	-	Burkina Faso	So	-	Somalia
Cg	-	Congo	Ke	-	Kenya	St	-	S.Tomé & Principe
Ci	-	Ivory Coast	Ls	-	Lesotho	Sz	-	Swaziland
Cm	-	Cameroun	Lr	-	Liberia	Td	-	Chad
Cv	-	Cape Verde Is.	Ly	-	Lybia	Tg	-	Togo
Dj	-	Djibouti	Ma	-	Morocco	Tn	-	Tunisia
Dz	-	Algeria	Ml	-	Mali	Tz	-	Tanzania
Eg	-	Egypt	Mr	-	Mauritania	Ug	-	Uganda
Eh	-	Western Sahara	Mw	-	Malawi	Yd	-	S.Yemen (Socotra)
Es	-	Spain (Canary Is.)	Mz	-	Mozambique	Za	-	South Africa
Et	-	Ethiopia	Na	-	Namibia	Zm	-	Zambia
Ga	-	Gabon	Ne	-	Niger	Zr	-	Zaire
Gh	-	Ghana	Nq	-	Nigeria	Zw	-	Zimbabwe